नवीनतम पाठ्यक्रम व पैटर्न पर अ

सरल
अंकगणित

प्रतियोगी परीक्षाओं के लिए

(वर्णनात्मक एवं वस्तुनिष्ठ प्रश्नों सहित)

विभिन्न प्रतियोगी परीक्षाओं जैसे–

- एस.एस.सी. स्नातक व मैट्रिक स्तर
- रेलवे भर्ती बोर्ड प्रवेश परीक्षा
- यू.डी.सी., एल.डी.सी., इनकम टैक्स इंस्पेक्टर
- पुलिस सब–इंस्पेक्टर
- बैंक पी.ओ., स्पेशलिस्ट ऑफीसर
- पी.सी.एस.
- सी.डी.एस., एन.डी.ए.
- एल.आई.सी. प्रशासनिक आफीसर ग्रेड
- एम.बी.ए., मैट परीक्षा आदि के लिए सर्वोत्तम पुस्तक

डॉ. आर० एस० अग्रवाल

S.CHAND
PUBLISHING
empowering minds

एस चन्द एण्ड कम्पनी लिमिटेड

(ISO 9001 Certified Company)

राम नगर, नई दिल्ली–110 055

S. CHAND
PUBLISHING
empowering minds

एस चन्द एण्ड कम्पनी लिमिटेड

(ISO 9001 Certified Company)

मुख्य कार्यालय: 7361, रामनगर, कुतुब रोड, नई दिल्ली-110 055

फोन: 23672080-81-82, 66672000, **फैक्स:** 91-11-23677446

www.**schandpublishing.com**; e-mail: **info@schandpublishing.com**

शाखाएँ :

अहमदाबाद	:	Ph: 27541965, 27542369, ahmedabad@schandpublishing.com
बेंगलुरु	:	Ph: 22268048, 22354008, bangalore@schandpublishing.com
भोपाल	:	Ph: 4209587, bhopal@schandpublishing.com
कोलकाता	:	Ph: 23353914, 23357458, kolkata@schandpublishing.com
जालंधर	:	Ph: 2401630, jalandhar@schandpublishing.com
जयपुर	:	Ph: 2219175, 2219176, jaipur@schandpublishing.com
चेन्नई	:	Ph: 28410027, 28410058, chennai@schandpublishing.com
कोयम्बटूर	:	Ph: 2323620, 4217136, coimbatore@schandpublishing.com (Marketing Office)
चण्डीगढ़	:	Ph: 2625356, 2625546, 4025418, chandigarh@schandpublishing.com
कटक	:	Ph: 2332580, 2332581, cuttack@schandpublishing.com
देहरादून	:	Ph: 2711101, 2710861, dehradun@schandpublishing.com
गुवाहाटी	:	Ph: 2738811, 2735640, guwahati@schandpublishing.com
हैदराबाद	:	Ph: 27550194, 27550195, hyderabad@schandpublishing.com
कोची	:	Ph: 2809208, 2808207, cochin@schandpublishing.com
लखनऊ	:	Ph: 4065646, lucknow@schandpublishing.com
मुम्बई	:	Ph: 22690881, 22610885, 22610886, mumbai@schandpublishing.com
नागपुर	:	Ph: 2720523, 2777666, nagpur@schandpublishing.com
पटना	:	Ph: 2300489, 2260011, patna@schandpublishing.com
पुणे	:	Ph: 64017298, pune@schandpublishing.com
रांची	:	Ph: 2361178, ranchi@schandpublishing.com
रायपुर	:	Ph: 2443142, raipur@schandpublishing.com (Marketing Office)
साहिबाबाद	:	Ph: 2771235, 2771238, delhibr-sahibabad@schandpublishing.com

प्रथम संस्करण 2013, संशोधित संस्करण 2013 (Thrice), 2014 (Thrice), पुन: मुद्रित 2015, 2016
संशोधित संस्करण 2017, पुन: मुद्रित 2017, 2018 (Thrice), पुन: मुद्रित 2019

ISBN : 978-93-5253-566-8

भारत में,
निरजा पब्लिशर्स एवं प्रिन्टर्स (प्रा.) लि., 54/3/2, जिंदल पैडी कम्पॉउंड, काशीपुर रोड़ रुद्रपुर-263153 उत्तराखंड
द्वारा मुद्रित एवं एस चंद एण्ड कम्पनी लिमिटेड, 7361, रामनगर, नई दिल्ली-110 055 द्वारा प्रकाशित।

संशोधित संस्करण

अंकगणित हमेशा से पाठकों के लिए एक महत्त्वपूर्ण विषय रहा है। शास्त्रीय पाठ्यक्रम एवं प्रतियोगी परीक्षाओं में गणित की समान विशेषता है। प्रशिक्षकों का हमेशा से ही यह प्रयास रहा है कि अंकगणित को छात्रों के लिए सरलतापूर्वक प्रस्तुत किया जाए।

गणित को सरल एवं रोचक बनाने हेतु इससे जुड़े हुए सभी विषयों जैसे बीजगणित, त्रिकोणमिति, कोण, त्रिभुज आदि, को सहज शैली में प्रस्तुत करना आवश्यक है।

प्रस्तुत पुस्तक इन सभी आवश्यकताओं को ध्यान में रखते हुए बनाई गई है। इनमें नवीनतम शैली पर आधारित प्रतियोगी परीक्षाओं में पूछे गए प्रश्नों का समावेश किया गया है। इस पुस्तक में विषयात्मक एवं वस्तुनिष्ठ दोनों प्रकार के प्रश्नों को सम्मिलित किया गया है।

इस संस्करण में एक नया अतिरिक्त प्रश्न–उत्तर संग्रह जोड़ा गया है, जिसमें हाल ही की प्रतियोगी परीक्षाओं में से लिए गए प्रश्न हल सहित सम्मिलित किए गए हैं। आशा है कि नवीनतम शैली पर आधारित यह पुस्तक छात्रों को विभिन्न परीक्षाओं में सफल होने में सहायक सिद्ध होगी।

लेखक

प्राक्कथन

हमारी पुस्तक 'अंकगणित' की अपार सफलता के पश्चात् हमारे पाठकों से प्राप्त सुझावों के आधार पर समस्त प्रतियोगी परीक्षाओं में वर्तमान में पूछे गए प्रश्नों के स्तर को ध्यान में रखते हुए इस नई पुस्तक **'सरल अंकगणित'** को प्रस्तुत करने में हम अत्यन्त हर्ष का अनुभव कर रहे हैं। यह पुस्तक एस०एस०सी० असिस्टेंट ग्रेड, यू०डी०सी०, एल०डी०सी०, आयकर सहायक ग्रेड, पुलिस सब-इंस्पेक्टर, बैंक पी०ओ०, स्पेशलिस्ट ऑफीसर, एल०आई०सी०, पी०सी०एस०, रेलवे परीक्षा, मैनेजमैन्ट परीक्षा, एन०डी०ए०, सी०डी०एस० आदि सभी महत्त्वपूर्ण प्रतियोगी परीक्षाओं के लिए अत्यन्त उपयोगी है।

हाल ही में **एस०एस०सी० परीक्षाओं** के पाठ्यक्रम में हुए संशोधन के तहत जिन नए विषयों का समावेश हुआ है, वे सभी इस पुस्तक में उपलब्ध हैं। जैसे, बीजगणित, रैखिक व द्विघात समीकरण, त्रिकोणमिति, रेखायें तथा कोण, त्रिभुज, चतुर्भुज, वृत्त, बहुभुज आदि।

अधिकतर परीक्षाओं में वस्तुनिष्ठ व कुछ में विषयात्मक प्रश्न पूछे जाते हैं। अतः सभी परीक्षाओं की आपूर्ति हेतु दोनों प्रकार के प्रश्नों का अपार भण्डार इस पुस्तक में निहित है और वह भी, पूर्ण हल सहित। विभिन्न परीक्षाओं में पूछे गये प्रश्नों के विवरण परीक्षार्थियों से पूछकर उनकी स्मृति के आधार पर तथा बाजार में उपलब्ध विभिन्न प्रकार की पत्रिकाओं आदि से दिये गये हैं।

पुस्तक में सुधार लाने हेतु आपके विचार सादर आमन्त्रित हैं।

लेखक

विषय-सूची

भाग-1 : अंकगणितीय योग्यता

भाग 1 : अंकगणितीय योग्यता

1 संख्या पद्धति (NUMBER SYSTEM)

हम जानते हैं कि किसी संख्या को लिखने के लिए दस अंकों का प्रयोग किया जाता है.

ये अंक हैं **0, 1, 2, 3, 4, 5, 6, 7, 8 तथा 9.**

किसी संख्या को लिखने के लिए हम दायीं ओर से बायीं ओर क्रमश: इकाई, दहाई, सैंकड़ा, हजार, दस-हजार, लाख, दस-लाख, करोड़, दस-करोड़ आदि स्थान लेते हैं.

इन स्थानों की तालिका बनाकर हम किसी भी संख्या को सुविधापूर्वक लिख सकते हैं.

उदाहरण 1. निम्नलिखित संख्याओं को शब्दों में लिखिये :

(*i*) 61487029 (*ii*) 723892514 (*iii*) 5894160723

हल : स्थानों की तालिका बनाकर लिखने पर :

अरब	दस-करोड़	करोड़	दस लाख	लाख	दस हजार	हजार	सैंकड़ा	दहाई	इकाई
(*i*)		6	1	4	8	7	0	2	9
(*ii*)	7	2	3	8	9	2	5	1	4
(*iii*) 5	8	9	4	1	6	0	7	2	3

अत: दी गई संख्यायें हैं क्रमशः

(*i*) छ: करोड़ चौदह लाख सत्तासी हजार उनतीस. (*ii*) बहत्तर करोड़ अठतीस लाख बानवे हजार पाँच सौ चौदह.

(*iii*) पाँच अरब नवासी करोड़ इक्तालीस लाख साठ हजार सात सौ तेईस.

उदाहरण 2 : निम्नलिखित संख्याओं को अंकों में लिखिये :

(*i*) सात करोड़ चार लाख पाँच हजार नौ. (*ii*) चौदह करोड़ आठ लाख चार हजार एक सौ सोलह.

(*iii*) आठ लाख अस्सी. (*iv*) ग्यारह करोड़ तेईस लाख एक हजार नौ सौ तेईस.

हल : स्थानों की तालिका बनाकर संख्याओं को लिखने पर :

	दस-करोड़	करोड़	दस लाख	लाख	दस हजार	हजार	सैकड़ा	दहाई	इकाई
(*i*)		7	0	4	0	5	0	0	9
(*ii*)	1	4	0	8	0	4	1	1	6
(*iii*)				8	0	0	0	8	0
(*iv*)	1	1	2	3	0	1	9	2	3

दी गई संख्या में अंकों का जातीय मान (Local Value) :

किसी दी गई संख्या में किसी अंक का जातीय मान उसका अपना मान है, चाहे वह किसी भी स्थान पर क्यों न हो।

जैसे : संख्या 63578 में 3 का जातीय मान 3 है, 6 का जातीय मान 6 है आदि.

दी गई संख्या में अंकों का स्थानीय मान (Place Value) :

किसी दी गई संख्या में :

इकाई अंक का स्थानीय मान = (इकाई अंक) × 1;

दहाई अंक का स्थानीय मान = (दहाई अंक) × 10;

सैंकड़े के अंक का स्थानीय मान = (सैंकड़े का अंक) × 100 आदि.

उदाहरण 3. संख्या 32567809 में निम्न अंकों के स्थानीय मान लिखिए :

(i) 3 (ii) 5 (iii) 7 (iv) 8 (v) 0

हल : इन्हें स्थानीय तालिका में लिखने पर :

करोड़	दस लाख	लाख	दस हजार	हजार	सैंकड़ा	दहाई	इकाई
3	2	5	6	7	8	0	9

(*i*) 3 का स्थानीय मान = (3 × 10000000) = 30000000.

(*ii*) 5 का स्थानीय मान = (5 × 100000) = 500000.

(*iii*) 7 का स्थानीय मान = (7 × 1000) = 7000.

(*iv*) 8 का स्थानीय मान = (8 × 100) = 800.

(*v*) 0 का स्थानीय मान = (0 × 10) = 0.

उदाहरण 4 : संख्या 536487 में निम्न अंकों के जातीय मान लिखिये :

(*i*) 5 (*ii*) 4 (*iii*) 8

हल : (*i*) 5 का जातीय मान = 5. (*ii*) 4 का जातीय मान = 4. (*iii*) 8 का जातीय मान = 8.

विभक्ति के नियम

I. 2 से विभक्त होने के नियम :

यदि किसी संख्या का इकाई अंक 0, 2, 4, 6, 8 में से कोई हो, तो वह संख्या 2 से पूर्णतया विभक्त होगी.

जैसे : निम्नलिखित में से प्रत्येक संख्या 2 से पूर्णतया विभक्त होगी :

(*i*) 97532 (*ii*) 180634 (*iii*) 7809516 (*iv*) 3579108 (*v*) 1579340

II. 3 से विभक्त होने के नियम :

यदि दी गई संख्या के सभी अंकों का योग 3 से पूर्णतया विभक्त हो जाये तो वह संख्या 3 से पूर्णतया विभक्त होगी.

जैसे : (*i*) संख्या 75684 लें :

इसके अंकों का योग = (7 + 5 + 6 + 8 + 4) = 30, जो 3 से पूर्णतया विभक्त होता है.

अत: दी गई संख्या 75684 पूर्णतया 3 से विभक्त होगी.

(*ii*) संख्या 963421 लें :

इसके अंकों का योग = (9 + 6 + 3 + 4 + 2 + 1) = 25, जो 3 से पूर्णतया विभक्त नहीं होती.

अत: दी गई संख्या 963421 पूर्णतया 3 से विभक्त नहीं होगी.

III. 9 से विभक्त होने का नियम :

यदि किसी दी गई संख्या के सभी अंकों का योग 9 से पूर्णतया विभक्त हो, तो दी गई संख्या 9 से पूर्णतया विभक्त होगी.

जैसे : (*i*) संख्या 754623 लें :

इसके अंकों का योग = (7 + 5 + 4 + 6 + 2 + 3) = 27, जो 9 से पूर्णतया विभक्त होता है.

अत: दी गई संख्या 754623 पूर्णतया 9 से विभक्त होगी.

(*ii*) संख्या 375693 लें :

इसके अंकों का योग = (3 + 7 + 5 + 6 + 9 + 3) = 33, जो 9 से पूर्णतया विभक्त नहीं होती.

अत: दी गई संख्या 375693 पूर्णतया 9 से विभक्त नहीं होगी.

IV. 5 से विभक्त होने का नियम :

यदि किसी दी गई संख्या का इकाई अंक 5 अथवा 0 हो, तो वह संख्या 5 से पूर्णतया विभक्त होगी.

जैसे : 86735 तथा 68730 में से प्रत्येक 5 से विभक्त होगी.

V. 4 से विभक्त होने का नियम :

कोई दी गई संख्या 4 से विभक्त तभी होगी जब उसके दहाई और इकाई अंकों से बनी संख्या 4 से पूर्णतया विभक्त हो.

जैसे : (*i*) संख्या 978132 लीजिए.

इसके दहाई और इकाई अंकों से बनी संख्या 32 है, जो 4 से पूर्णतया विभक्त होगी है.

अतः दी गई संख्या 978132 पूर्णतया 4 से विभक्त होगी.

(*ii*) संख्या 844254 लीजिए.

इसके दहाई और इकाई अंकों से बनी संख्या 54 है, जो 4 से पूर्णतया विभक्त नहीं होती.

अतः दी गई संख्या 844254 पूर्णतया 4 से विभक्त नहीं होगी.

VI. 8 से विभक्त होने का नियम :

कोई दी गई संख्या 8 से विभक्त तभी होगी जब उसके सैंकड़े, दहाई तथा इकाई अंकों से बनी संख्या 8 से पूर्णतया विभक्त हो.

जैसे : (*i*) संख्या 6795416 लीजिए.

इसके सैंकड़े दहाई और इकाई अंकों से बनी संख्या 416 है जो 8 से पूर्णतया विभक्त होती है.

अतः दी गई संख्या 8 से पूर्णतया विभक्त होगी.

VII. 11 से विभक्त होने का नियम :

कोई दी गई संख्या 11 से तभी विभक्त होगी जबकि इकाई से बायीं ओर चलने पर सम-स्थानों के अंकों के योग तथा विषम-स्थानों के अंकों के योग का अन्तर 0 हो अथवा 11 से पूर्णतया विभक्त हो.

जैसे : (*i*) संख्या 80164591 में

(सम स्थानों के अंकों का योग) – (विषम स्थानों के अंकों का योग)

$= (9 + 4 + 1 + 8) - (1 + 5 + 6 + 0) = (22 - 12) = 10$, जो 11 से विभक्त नहीं होता.

अतः दी गई संख्या 80164591 पूर्णतया 11 से विभक्त नहीं होगी.

(*ii*) संख्या 23697069 में

(विषम स्थानों के अंकों का योग) – (सम स्थानों के अंकों का योग)

$= (9 + 0 + 9 + 3) - (6 + 7 + 6 + 2) = (21 - 21) = 0$.

अतः दी गई संख्या 23697069 पूर्णतया 11 से विभक्त होगी.

(*iii*) संख्या 938245 लीजिए.

इसके (सम स्थानों के अंकों का योग) – (विषम स्थानों के अंकों का योग)

$= (4 + 8 + 9) - (5 + 2 + 3) = (21 - 10) = 11$, जो 11 से पूर्णतया विभक्त होता है.

अतः दी गई संख्या 938245 पूर्णतया 11 से विभक्त होगी.

VIII. 7 से विभक्त होने का नियम :

यदि इकाई अंक को छोड़कर शेष बची संख्या में से इकाई अंक का दुगुना घटा देने के बाद बची संख्या 7 से विभक्त हो, तो दी गई संख्या 7 से विभक्त होगी.

जैसे : (*i*) संख्या 882 लें.

$(88 - 2 \times 2) = 84$, जो 7 से पूर्णतया विभक्त होती है. अतः 882 भी 7 से पूर्णतया विभक्त होगी.

(*ii*) संख्या 663 लें.

$(66 - 2 \times 3) = 60$, जो 7 से पूर्णतया विभक्त नहीं होती.

$\therefore$ 663 भी 7 से पूर्णतया विभक्त नहीं होगी.

सहअभाज्य संख्यायें (Co-Primes) : यदि a तथा b दो ऐसी संख्यायें हैं जिनका महत्तम समापवर्तक (HCF) 1 हो, तो ऐसी संख्यायें सहअभाज्य संख्यायें कहलाती हैं.

जैसे : (2, 3), (3, 5), (6, 7), (9, 11), (21, 65) आदि.

एक विशेष नियम : यदि कोई दी गई संख्या दो सहअभाज्य संख्याओं a तथा b में से प्रत्येक से पूर्णतया विभक्त हो, तो वह संख्या ab से भी पूर्णतया विभक्त होगी.

जैसे : 19752 लीजिए.

इसका इकाई अंक 2 है, अत: दी गई संख्या 2 से विभक्त होगी.

$(1+9+7+5+2)=24$, जो 3 से पूर्णतया विभक्त होती है, अत: दी गई संख्या 3 से भी विभक्त होगी.

स्पष्ट है कि 2 तथा 3 सहभाज्य संख्यायें हैं.

अत: 19752 पूर्णतया 6 से विभक्त होगी.

उदाहरण 5 : कोई संख्या यदि 4 तथा 6 दोनों से विभक्त होती है, तो क्या यह आवश्यक है कि यह संख्या 24 से विभक्त हो ? इसकी विवेचना कीजिए.

उदाहरण देकर स्पष्ट कीजिए.

हल : नहीं, उदाहरण हेतु 36 लीजिए.

यह 4 तथा 6 दोनों से विभक्त होता है, परन्तु 24 से विभक्त नहीं होता.

ध्यान रहे, 4 तथा 6 सह-अभाज्य संख्यायें नहीं हैं.

सम-संख्यायें (Even Numbers) : जो प्राकृत संख्यायें 2 से पूर्णतया विभक्त हो जायें, उन्हें सम-संख्यायें कहते हैं. जैसे : (*i*) 32 (*ii*) 46 (*iii*) 54 (*iv*) 98 (*v*) 90 आदि सभी सम-संख्यायें हैं.

विषम-संख्यायें (Odd Numbers) : जो प्राकृत संख्यायें 2 से पूर्णतया विभक्त न हों उन्हें विषम संख्यायें कहते हैं.

जैसे : (*i*) 23 (*ii*) 35 (*iii*) 57 (*iv*) 81 आदि सभी विषम संख्यायें हैं.

अभाज्य संख्यायें (Prime Numbers) : ऐसी प्राकृत संख्या जिसके दो तथा केवल दो गुणनखण्ड हों, अभाज्य संख्या कहलाती है.

जैसे : 100 से कम सभी अभाज्य संख्यायें नीचे दी गई हैं :

2, 3, 5, 7, 11, 13, 17, 19, 23, 29, 31, 37, 41, 43, 47, 53, 59, 61, 67, 71, 73, 79, 83, 89, 97.

इनकी संख्या 25 है.

जाँच (Test) : माना a कोई दी गई संख्या है तथा n वह छोटी से छोटी प्राकृत संख्या है कि $n^2 \geq a$.

अब दी गई संख्या को n तथा इससे छोटी प्रत्येक अभाज्य संख्या से विभक्त करके देखें. यदि इनमें से किसी भी संख्या से a पूर्णतया विभक्त नहीं होता तो a एक अभाज्य संख्या होगी, अन्यथा नहीं.

उदाहरण 6. जाँच करें कि 173 एक अभाज्य संख्या है अथवा नहीं.

हल : हम जानते हैं कि $(14)^2 > 173$.

14 से छोटी सभी अभाज्य संख्यायें हैं 2, 3, 5, 7, 11, 13.

स्पष्ट है कि 173 इनमें से किसी भी संख्या से पूर्णतया विभक्त नहीं होता. अत: 173 एक अभाज्य संख्या है.

उदाहरण 7. जाँच करें कि 341 एक अभाज्य संख्या है, अथवा नहीं.

हल : हम जानते हैं कि $(19)^2 > 341$.

19 से छोटी सभी अभाज्य संख्यायें हैं 2, 3, 5, 7, 11, 13, 17.

स्पष्ट है 341 इनमें से 11 से पूर्णतया विभक्त होता है.

अत: 341 एक अभाज्य संख्या नहीं है.

उदाहरण 8. जाँच करें कि 437 एक अभाज्य संख्या है अथवा नहीं.

हल : हम जानते हैं कि $(21)^2 > 437$.

21 से छोटी सभी अभाज्य संख्यायें हैं 2, 3, 5, 7, 11, 13, 17, 19.

स्पष्ट है कि 437 इनमें से 19 से पूर्णतया विभक्त होता है.

अत: 437 एक अभाज्य संख्या नहीं है.

उदाहरण 9. जाँच करें कि 811 एक अभाज्य संख्या है अथवा नहीं.

हल : हम जानते हैं कि $(29)^2 > 811$.

29 से छोटी सभी अभाज्य संख्यायें हैं 2, 3, 5, 7, 11, 13, 17, 19, 23

भाग देने से ज्ञात होगा कि 811 इनमें से किसी से भी पूर्णतया विभक्त नहीं होता.

अत: 811 एक अभाज्य संख्या है.

संख्याओं में भाग संक्रिया (DIVISION ON NUMBERS)

माना किसी संख्या a को संख्या b से विभक्त करने पर भागफल q तथा शेषफल r है. तब

$a = bq + r$, जहाँ $0 \le r < b$
a = भाज्य (dividend); b = भाजक (divisor); q = भागफल (quotient); r = शेषफल (remainder).

$$b\,\big)\,\overline{a}\,\big(\,q$$
$$\underline{r}$$

भाज्य = (भाजक × भागफल) + शेषफल

उदाहरण 10. 1043 को किसी संख्या से भाग देने पर भागफल 11 तथा शेषफल 20 प्राप्त होता है. भाजक ज्ञात कीजिए.

हल : यहाँ भाज्य = 1043, भागफल = 11 तथा शेषफल = 20.

$$\text{भाजक} = \frac{(\text{भाज्य}) - (\text{शेषफल})}{\text{भागफल}} = \frac{(1043-20)}{11} = \frac{1023}{11} = 93.$$

उदाहरण 11. 1000 में से छोटी से छोटी कौन-सी संख्या घटाई जाये कि शेष बची संख्या 19 से पूर्णतया विभक्त हो जाये?

हल : 1000 को 19 से भाग देने पर शेषफल = 12.

अत: अभीष्ट संख्या = 12.

```
19 ) 1000 ( 52
      95
      --
       50
       38
       --
       12
```

उदाहरण 12. किसी संख्या को 195 से भाग देने पर 47 शेष बचते हैं. इस संख्या को 15 से भाग देने पर शेष क्या बचेगा?

हल : माना दी गई संख्या को 195 से भाग देने पर भागफल = q तथा शेषफल = 47.

तब, दी गई संख्या = $195 \times q + 47 = 15 \times (13q) + 15 \times 3 + 2 = 15 \times (13q + 3) + 2$.

अत: उस संख्या को 15 से भाग देने पर भागफल = 2.

कुछ विशेष सूत्र (FORMULAE)

(i) $(a+b)^2 = (a^2 + b^2 + 2ab)$

(ii) $(a-b)^2 = (a^2 + b^2 - 2ab)$

(iii) $(a+b)^2 + (a-b)^2 = 2(a^2 + b^2)$

(iv) $(a+b)^2 - (a-b)^2 = 4ab$

(v) $(a^2 - b^2) = (a+b)(a-b)$

(vi) $(a+b)^3 = a^3 + b^3 + 3ab(a+b)$

(vii) $(a-b)^3 = a^3 - b^3 - 3ab(a-b)$

(viii) $(a^3 + b^3) = (a+b)(a^2 - ab + b^2)$

(ix) $(a^3 - b^3) = (a-b)(a^2 + ab + b^2)$

समान्तर श्रेढ़ी (A.P.) :

श्रेढ़ी $a, a+d, a+2d, a+3d, \ldots\ldots\ldots\ldots$ एक समान्तर श्रेढ़ी है, जिसमें प्रथम पद = a तथा सार्वअन्तर = d है.

nवाँ पद, $T_n = a + (n-1)d$.

n पदों का योग, $S_n = \frac{n}{2}[2a+(n-1)d]$.

n पदों का योग, $S_n = \frac{n}{2}(a+l)$, जहाँ l = अन्तिम पद.

गुणोतर श्रेढ़ी (G.P.)

श्रेढ़ी $a, ar, ar^2, ...$ एक गुणोतर श्रेढ़ी है जिसमें प्रथम पद = a, सार्वअनुपात = r.

nवाँ पद, $T_n = ar^{n-1}$ तथा **n पदों का योग,** $S_n = \frac{a(r^n-1)}{(r-1)} = \frac{a(1-r^n)}{(1-r)}$.

साधित उदाहरण

प्रश्न 1. **6784 × 786 + 6784 × 214 = ?**

हल : वितरण नियम द्वारा :

6784 × 786 + 6784 × 214 = 6784 × (786 + 214) = 6784 × 1000 = 6784000.

प्रश्न 2. **8765 × 974 – 8765 × 874 = ?**

हल : वितरण नियम द्वारा :

8765 × 974 – 8765 × 874 = 8765 × (974 – 874) = 8765 × 100 = 876500.

प्रश्न 3. (*i*) **1509 × 1509 = ?** (*ii*) **1994 × 1994 = ?**

हल : (*i*) $1509 \times 1509 = (1509)^2 = (1500+9)^2$

$= (1500)^2 + 9^2 + 2 \times 1500 \times 9 \left[\because (a+b)^2 = a^2+b^2-2ab\right]$

$= 2250000 + 81 + 27000 = 2277081.$

(*ii*) $1994 \times 1994 = (1994)^2 = (2000-6)^2$

$= (2000)^2 + 6^2 - 2 \times 2000 \times 6 \left[\because (a-b)^2 = a^2+b^2-2ab\right]$

$= 4000000 + 36 - 24000$

$= 4000036 - 24000 = 3976036.$

प्रश्न 4. **883 × 883 – 117 × 117 = ?**

हल : $883 \times 883 - 117 \times 117 = (883)^2 - (117)^2$

$= (883+117)(883-117) \left[\because (a^2-b^2) = (a+b)(a-b)\right]$

$= 1000 \times 766 = 766000.$

प्रश्न 5. **(220 × 220 + 180 × 180) = ?**

हल : $(a^2+b^2) = \frac{1}{2}.\left\{(a+b)^2+(a-b)^2\right\} = \frac{1}{2}.\left\{(220+180)^2+(220-180)^2\right\}$

$= \frac{1}{2} \times \left\{(400)^2+(40)^2\right\} = \frac{1}{2} \times (160000+1600) = \frac{1}{2} \times 161600 = 80800.$

प्रश्न 6. $\frac{(867+289)^2-(867-289)^2}{(867 \times 289)} = ?$

हल : दिया गया व्यंजक $= \frac{(a+b)^2-(a-b)^2}{ab}$, जहाँ $a = 867$ तथा $b = 289$

$= \frac{4ab}{ab} = 4 \left[\because (a+b)^2-(a-b)^2 = 4ab\right]$

प्रश्न 7. $\frac{(956+479)^2+(956-479)^2}{(956 \times 956+479 \times 479)} = ?$

हल : दिया गया व्यंजक $= \frac{(a+b)^2+(a-b)^2}{(a^2+b^2)}$, जहाँ $a = 956$ तथा $b = 479$

$$= \frac{2(a^2+b^2)}{(a^2+b^2)} = 2 \quad \left[\because (a+b)^2 + (a-b)^2 = 2(a^2+b^2)\right]$$

प्रश्न 8. $\dfrac{783\times783\times783+217\times217\times217}{783\times783-783\times217+217\times217}=?$

हल : दिया गया व्यंजक $= \dfrac{(783)^3+(217)^3}{(783)^2-783\times217+(217)^2} = \dfrac{(a^3+b^3)}{(a^2-ab+b^2)}$, जहाँ $a = 783$ तथा $b = 217$

$$= (a+b) = (783+217) = 1000.$$

प्रश्न 9. $\dfrac{693\times693\times693-383\times383\times383}{693\times693+693\times383+383\times383}=?$

हल : दिया गया व्यंजक $= \dfrac{(693)^3-(383)^3}{(693)^2+693\times383+(383)^2} = \dfrac{(a^3-b^3)}{(a^2+ab+b^2)}$, जहाँ $a = 693$ तथा $b = 383$

$$= (a-b) = (693-383) = 310.$$

प्रश्न 10. (476 × 198 × 359 × 242) में इकाई अंक क्या होगा?

हल : दी गई संख्याओं के इकाई अंकों का गुणनफल = (6 × 8 × 9 × 2) = 864.

अत: अभीष्ट अंक = 4.

प्रश्न 11. $(3527)^{654}$ **में इकाई अंक क्या होगा?**

हल : अभीष्ट अंक $(7)^{654}$ में इकाई अंक $= [(7^4)^{163}\times7^2]$ में इकाई अंक = (1 × 49) में इकाई अंक = 9.

∴ $(3527)^{654}$ में इकाई अंक = 9.

प्रश्न 12. $(7^{65}\times6^{41}\times3^{57})$ **में इकाई अंक क्या होगा?**

हल : 7^{65} का इकाई अंक $= (7^4)^{16}\times7$ का इकाई अंक = (1 × 7) = 7.

6^{41} का इकाई अंक = 6.

3^{57} का इकाई अंक $= (3^4)^{14}\times3$ का इकाई अंक = (1 × 3) = 3.

अभीष्ट अंक = (7 × 6 × 3) का इकाई अंक = 126 का इकाई अंक = 6.

प्रश्न 13. 10690 को किसी संख्या से भाग देने पर भागफल = 73 तथा शेषफल = 32 प्राप्त होता है. भाजक कितना है?

हल : दिया है : भाज्य = 10690, भागफल = 73 तथा शेषफल = 32.

भाज्य = (भाजक × भागफल) + शेषफल

⇒ (भाजक × भागफल) = (भाज्य) – (शेषफल)

⇒ भाजक $= \dfrac{(\text{भाज्य})-(\text{शेषफल})}{\text{भागफल}}$

$$= \frac{(10690-32)}{73} = \frac{10658}{73} = 146.$$

```
73 ) 10658 ( 146
     73
     335
     292
      438
      438
       x
```

प्रश्न 14. 3100 में से कौन-सी छोटी से छोटी संख्या घटाई जाए कि शेष बची संख्या 17 से पूर्णतया विभक्त हो?

हल : 3100 को 17 से भाग देने पर शेषफल = 6.

∴ अभीष्ट संख्या = 6.

```
17 ) 3100 ( 182
     17
     140
     136
       40
       34
        6
```

प्रश्न 15. 4508 के समीपतम कौन-सी संख्या है जो 21 से पूर्णतया विभक्त हो ?

हल : 4508 को 21 से भाग देने पर शेषफल = 14.

अभीष्ट संख्या = 4508 + (21 – 14)

= (4508 + 7) = 4515.

```
21 ) 4508 ( 214
     42
     ---
      30
      21
      ---
       98
       84
       ---
       14
```

प्रश्नमाला 1A

निम्नलिखित प्रश्नों में से प्रत्येक में प्रश्नचिन्ह (?) के स्थान पर कौन-सी संख्या होगी ?

1. 7960 + 2956 – 8050 + 4028 = ? **(बैंक पी०ओ० परीक्षा, 2010)**

(*a*) 6984 (*b*) 6884 (*c*) 6894 (*d*) 6954 (*e*) इनमें से कोई नहीं

2. 87878 – 7878 – 6666 – 777 – 33 = ? **(बैंक पी०ओ० परीक्षा, 2010)**

(*a*) 73354 (*b*) 75224 (*c*) 72534 (*d*) 72524 (*e*) इनमें से कोई नहीं

3. 8888 + 848 + 88 – ? = 7337 + 737 **(बैंक पी०ओ० परीक्षा, 2009)**

(*a*) 1750 (*b*) 1650 (*c*) 1550 (*d*) 1450 (*e*) इनमें से कोई नहीं

4. 74156 – ? – 321 – 20 + 520 = 69894 **(बैंक पी०ओ० परीक्षा, 2008)**

(*a*) 3451 (*b*) 4441 (*c*) 5401 (*d*) 4531 (*e*) इनमें से कोई नहीं

5. 85793 – ? + 151 = 77477 **(बैंक पी०ओ० परीक्षा, 2006)**

(*a*) 8467 (*b*) 8476 (*c*) 8674 (*d*) 8764 (*e*) इनमें से कोई नहीं

6. 8125 – 4018 – 1219 = ?

(*a*) 2798 (*b*) 2888 (*c*) 2978 (*d*) 2988 (*e*) इनमें से कोई नहीं

7. 20111 × 21 × 11 = ? **(बैंक पी०ओ० परीक्षा, 2006)**

(*a*) 4645641 (*b*) 4645461 (*c*) 4645611 (*d*) 4645645 (*e*) इनमें से कोई नहीं

8. 916 × ? × 3 = 214344 **(बैंक पी०ओ० परीक्षा, 2007)**

(*a*) 78 (*b*) 68 (*c*) 84 (*d*) 66 (*e*) इनमें से कोई नहीं

9. 587 × 999 = ? **(एम०बी०ए० परीक्षा, 2005)**

(*a*) 586413 (*b*) 587523 (*c*) 614823 (*d*) 615173

10. 72519 × 9999 = ?

(*a*) 725117481 (*b*) 674217481 (*c*) 685126481 (*d*) इनमें से कोई नहीं

11. 2056 × 987 = ?

(*a*) 1936372 (*b*) 2029272 (*c*) 1896172 (*d*) इनमें से कोई नहीं

12. 1904 × 1904 = ?

(*a*) 3654316 (*b*) 3625216 (*c*) 3632646 (*d*) इनमें से कोई नहीं

13. 1397 × 1397 = ?

(*a*) 1951609 (*b*) 2031719 (*c*) 1981709 (*d*) इनमें से कोई नहीं

14. $(999)^2 - (998)^2 = ?$ **(एम०बी०ए० परीक्षा, 2008)**

(*a*) 1 (*b*) 999 (*c*) 1997 (*d*) 998

15. (106 × 106 – 94 × 94) = ? **(रेलवे परीक्षा, 2006)**

(*a*) 2400 (*b*) 2000 (*c*) 1904 (*d*) 1906

16. $(217 \times 217 + 183 \times 183) = ?$
(*a*) 79698 (*b*) 80578 (*c*) 80698 (*d*) 81268

17. $(456 \times 456 + 144 \times 144 + 2 \times 456 \times 144) = ?$
(*a*) 250000 (*b*) 360000 (*c*) 375600 (*d*) 361600

18. $\frac{(589+187)^2-(589-187)^2}{589\times187} = ?$
(*a*) 4 (*b*) 2 (*c*) 402 (*d*) $\frac{201}{388}$

19. $\frac{(735\times735\times735-105\times105\times105)}{(735\times735+735\times105+105\times105)} = ?$
(*a*) 630 (*b*) $\frac{1}{630}$ (*c*) $\frac{1}{7}$ (*d*) इनमें से कोई नहीं

20. $\frac{(680\times680+320\times320-680\times320)}{(680\times680\times680+320\times320\times320)} = ?$
(*a*) 1000 (*b*) $\frac{1}{1000}$ (*c*) 360 (*d*) $\frac{1}{360}$

21. $\frac{(963\times963\times963+137\times137\times137)}{(963\times963-963\times137+137\times137)} = ?$
(*a*) 1000 (*b*) 826 (*c*) 1100 (*d*) इनमें से कोई नहीं

22. $\frac{(256\times256-144\times144)}{112} = ?$ **(एस०एस०सी० परीक्षा, 2010)**
(*a*) 420 (*b*) 400 (*c*) 360 (*d*) 320

23. यदि a तथा b ऐसे धन पूर्णांक हैं कि $a^2 - b^2 = 19$ है, तो a का मान क्या होगा ? **(एस०एस०सी०, 2010)**
(*a*) 19 (*b*) 20 (*c*) 9 (*d*) 10

24. $\left(4^{61}+4^{62}+4^{63}+4^{64}\right)$ निम्नलिखित में से किससे विभाज्य है ?
(*a*) 3 (*b*) 10 (*c*) 11 (*d*) 13

25. यदि n एक सम संख्या है, तो $(6^n - 1)$ निम्नलिखित में से किससे पूर्णतया विभक्त होगा ?
(*a*) 30 (*b*) 36 (*c*) 6 (*d*) 35

26. संख्या $(2137)^{753}$ में इकाई का अंक क्या है ? **(ए०ए०ओ० परीक्षा, 2010)**
(*a*) 1 (*b*) 3 (*c*) 7 (*d*) 9

27. संख्या $(13)^{2003}$ में इकाई का अंक कितना है ? **(ए०ए०ओ० परीक्षा, 2010)**
(*a*) 7 (*b*) 9 (*c*) 3 (*d*) 1

28. संख्या $(22)^{23}$ में इकाई का अंक कितना है ? **(एस०एस०सी० परीक्षा, 2008)**
(*a*) 2 (*b*) 4 (*c*) 6 (*d*) 8

29. 7^{105} में इकाई का अंक कितना है ? **(एस०एस०सी० परीक्षा, 2005)**
(*a*) 5 (*b*) 7 (*c*) 9 (*d*) 1

30. $(584 \times 328 \times 547 \times 613)$ में इकाई अंक कितना है ?
(*a*) 2 (*b*) 3 (*c*) 4 (*d*) 5

31. $(5627)^{153} \times (671)^{72}$ में इकाई का अंक कितना है ?
(*a*) 1 (*b*) 3 (*c*) 7 (*d*) 9

32. $(7^{95} - 3^{58})$ का इकाई अंक कितना है ?
(*a*) 0 (*b*) 4 (*c*) 6 (*d*) 7

33. $(3694)^{1793} \times (615)^{317} \times (841)^{491}$ में इकाई अंक कितना है ?
(*a*) 0 (*b*) 2 (*c*) 3 (*d*) 5

34. $(3^{61} \times 6^{43} \times 7^{82})$ में इकाई अंक कितना है ?
(*a*) 3 (*b*) 2 (*c*) 6 (*d*) 8

35. $(17)^{1999} + (11)^{1999} - (7)^{1999}$ के इकाई का अंक कितना है ? **(एस०एस०सी० परीक्षा, 2010)**
(*a*) 1 (*b*) 2 (*c*) 3 (*d*) इनमें से कोई नहीं

36. 867943 में 7 के स्थानीय तथा जातीय मान में क्या अन्तर है ?
(*a*) 943 (*b*) 7936 (*c*) 6993 (*d*) इनमें से कोई नहीं

37. 689235 में 9 तथा 3 के स्थानीय मानों का अन्तर कितना है ?
(*a*) 9200 (*b*) 8970 (*c*) 6 (*d*) 40

38. यदि a तथा b पूर्णांक हों, जहाँ $b > 0$ तो दो पूर्णांक q तथा r ऐसे होंगे कि : **(एम०बी०ए० परीक्षा, 2008)**
(*a*) $a = bq + r$, जहाँ $0 \le r < b$ (*b*) $b = aq + r$, जहाँ $0 < r \le b$
(*c*) $b = rq + a$, जहाँ $0 \le r < b$ (*d*) इनमें से कोई नहीं

39. यदि a तथा b दो वास्तविक संख्यायें ऐसी हों कि $ab = 0$, तो **(रेलवे परीक्षा, 2006)**
(*a*) $a = 0$ तथा $b = 0$ (*b*) $a = 0$ अथवा $b = 0$ अथवा दोनों में से प्रत्येक 0
(*c*) $a = 0$ तथा $b \neq 0$ (*d*) $b = 0$ तथा $a \neq 0$

40. सबसे छोटी अभाज्य संख्या कौन-सी है ?
(*a*) 0 (*b*) 1 (*c*) 2 (*d*) 3

41. 70 से छोटी अभाज्य संख्यायें कितनी हैं ?
(*a*) 17 (*b*) 18 (*c*) 19 (*d*) 20

42. 50 तथा 90 के बीच सभी अभाज्य संख्याओं का योग कितना है ?
(*a*) 485 (*b*) 572 (*c*) 722 (*d*) 635

43. 110 तथा 120 के बीच कितनी अभाज्य संख्यायें हैं ? **(एम०बी०ए० परीक्षा, 2006)**
(*a*) 0 (*b*) 1 (*c*) 2 (*d*) 3 (*e*) 4

44. निम्नलिखित में से कौन-सी संख्या एक अभाज्य संख्या है ?
(*a*) 161 (*b*) 221 (*c*) 373 (*d*) 437

45. प्राकृत संख्या n के लिए $(n^3 - n)$ सर्वदा किस बड़ी से बड़ी संख्या से विभक्त होगा ? **(एस०एस०सी०, 2010)**
(*a*) 3 (*b*) 6 (*c*) 12 (*d*) 18

46. संख्याओं 1, 2, 3, 4, ..., 98, 99, 100 को परस्पर गुणा किया जाता है. गुणनफल के दाईं ओर अन्त में शून्यों की संख्या कितनी होगी ? **(एस०एस०सी० परीक्षा, 2009)**
(*a*) 24 (*b*) 22 (*c*) 21 (*d*) 11

47. भाग की एक क्रिया में भागफल 403, भाजक 100 तथा शेषफल 58 है. भाज्य कितना है ?
(*a*) 40458 (*b*) 34058 (*c*) 43058 (*d*) 40358
(रेलवे परीक्षा, 2010)

48. 48 को किस संख्या से गुणा करने पर प्राप्त गुणनफल, 173 तथा 240 के गुणनफल के बराबर होगा ?
(*a*) 545 (*b*) 685 (*c*) 865 (*d*) 495
(दिल्ली पुलिस परीक्षा, 2010)

49. 3428 में से कौन-सी न्यूनतम संख्या घटाने पर प्राप्त संख्या 13 से पूर्णतया विभक्त होती है ?
(*a*) 8 (*b*) 4 (*c*) 22 (*d*) 35 (*e*) इनमें से कोई नहीं
(बैंक पी०ओ० परीक्षा, 2010)

50. किसी संख्या को 136 से भाग देने पर शेषफल 36 प्राप्त होता है. उसी संख्या को यदि 17 से भाग दें तो शेषफल क्या होगा ? **(एस०एस०सी० परीक्षा, 2010)**
(*a*) 9 (*b*) 7 (*c*) 3 (*d*) 2

51. किसी संख्या को 156 से भाग देने पर 29 शेष बचते हैं. उसी संख्या को 13 से भाग देने पर शेष क्या बचेगा?
(*a*) 1 (*b*) 2 (*c*) 3 (*d*) 6

52. 4000 में से छोटी से छोटी कौन-सी संख्या घटाई जाये कि शेष बची संख्या 19 से पूर्णत: विभक्त हो जाये?
(*a*) 20 (*b*) 30 (*c*) 40 (*d*) 10

53. छ: अंकों की वह छोटी से छोटी संख्या कौन-सी है जो 111 से पूर्णतया विभक्त हो?
(*a*) 111111 (*b*) 110011 (*c*) 100011 (*d*) इनमें से कोई नहीं

54. 5 अंकों की वह बड़ी से बड़ी संख्या ज्ञात करो जो 463 से पूर्णत: विभक्त हो? **(मैनेजमैन्ट परीक्षा, 2010)**
(*a*) 99082 (*b*) 99545 (*c*) 99568 (*d*) 99999

55. 7865321 को किसी संख्या से भाग देने पर भागफल 33612 तथा शेषफल 113 प्राप्त होता है. भाजक कितना है?
(*a*) 243 (*b*) 234 (*c*) 423 (*d*) 432
(मैनेजमैन्ट परीक्षा, 2010)

56. एक संख्या को क्रमश: 9, 11, 13 से विभक्त करने पर क्रमश: 8, 9, 8 शेष बचते हैं. यदि विभाजकों के क्रम को उलट दिया जाये तो शेष क्या बचेगा? **(रेलवे परीक्षा, 2006)**
(*a*) 8, 9, 8 (*b*) 9, 8, 8 (*c*) 10, 1, 6 (*d*) 10, 8, 9 (*e*) इनमें से कोई नहीं

57. $(17)^{200}$ को 18 से भाग देने पर शेषफल क्या होगा? **(एस०एस०सी० परीक्षा, 2006)**
(*a*) 1 (*b*) 2 (*c*) 16 (*d*) 17

58. किसी संख्या n को 4 से भाग देने पर शेषफल 3 प्राप्त होता है. संख्या $2n$ को 4 से भाग देने पर शेषफल कितना होगा?
(*a*) 4 (*b*) 2 (*c*) 1 (*d*) इनमें से कोई नहीं

59. 6735*1 में * का अल्पतम मान क्या होगा जिससे प्राप्त संख्या 9 से पूर्णतया विभक्त हो?
(*a*) 7 (*b*) 9 (*c*) 5 (*d*) 4
(रेलवे परीक्षा, 2005)

60. किसी दो-अंकीय संख्या को दो बार साथ-साथ लिखकर एक चार-अंकीय संख्या बनाई जाती है जैसे : 1515, 3737 आदि. इस रूप की कोई संख्या निम्न में से किस संख्या से पूर्णत: विभक्त होगी?
(*a*) 7 (*b*) 11 (*c*) 13 (*d*) 101
(एस०एस०सी० परीक्षा, 2010)

61. 803642 में कम से कम क्या जोड़ा जाये कि योगफल 11 से पूर्णतया विभक्त हो?
(*a*) 1 (*b*) 4 (*c*) 7 (*d*) 9
(एस०एस०सी० परीक्षा, 2003)

62. 156 * 942 में लुप्त अंक ज्ञात करें जिससे यह संख्या 11 से पूर्णतया विभक्त हो?
(*a*) 4 (*b*) 7 (*c*) 8 (*d*) 9
(एस०एस०सी० परीक्षा, 2009)

63. 41116 में कम से कम क्या जोड़ा जाये कि योगफल 8 से पूर्णतया विभक्त हो?
(*a*) 8 (*b*) 5 (*c*) 4 (*d*) 12
(बैंक पी०ओ० परीक्षा, 2006)

64. यदि $1y3y6$ पूर्णतया 11 से विभक्त हो, तो y का मान क्या होगा? **(रेलवे परीक्षा, 2005)**
(*a*) 6 (*b*) 1 (*c*) 2 (*d*) 5

65. यदि 671 * 483 पूर्णतया 9 से विभक्त हो, तो * के स्थान पर कौन-सा अंक होगा?
(*a*) 2 (*b*) 5 (*c*) 7 (*d*) 8

66. निम्नलिखित में से कौन-सी संख्या 18 से विभक्त नहीं होती? **(एस०एस०सी० परीक्षा, 2005)**
(*a*) 34056 (*b*) 54036 (*c*) 50436 (*d*) 65043

67. निम्नलिखित में से कौन-सी संख्या 24 से पूर्णतया विभक्त होगी?
(*a*) 35718 (*b*) 63810 (*c*) 537804 (*d*) 3125736

68. किसी संख्या को 7 से गुणा करने पर गुणनफल का प्रत्येक अंक 3 प्राप्त होता है. ऐसी सबसे छोटी संख्या क्या है ?
(*a*) 47649 (*b*) 47719 (*c*) 47619 (*d*) 48619
(एस०एस०सी० परीक्षा, 2006)

69. 1 से 200 के बीच कितने पूर्णांक हैं जो 2 तथा 3 दोनों से विभक्त हों ? **(रेलवे परीक्षा, 2004)**
(*a*) 25 (*b*) 27 (*c*) 29 (*d*) 33

70. एक संख्या को 13 से विभक्त करने पर 1 शेष बचता है. यदि भागफल को 5 से भाग दें तो 3 शेष बचता है. यदि इस संख्या को 65 से भाग दें, तो शेषफल क्या होगा ? **(एस०एस०सी० परीक्षा, 2005)**
(*a*) 16 (*b*) 18 (*c*) 28 (*d*) 40

71. किसी संख्या मे 7 जोड़कर योगफल को 5 से गुणा करके गुणनफल को 9 से भाग देते हैं. इस प्रकार प्राप्त भागफल में से 3 घटाने पर 12 शेष बचते हैं. शेषफल कितना है ? **(एस०एस०सी० परीक्षा, 2005)**
(*a*) 20 (*b*) 30 (*c*) 40 (*d*) 60

72. किसी संख्या को 4 से भाग देने पर शेषफल 2 प्राप्त होता है. इससे प्राप्त भागफल को 5 से भाग देने पर शेषफल 3 प्राप्त होता है. इस प्रकार प्राप्त भागफल को 6 से भाग देने पर शेषफल 5 प्राप्त होता है. यदि अन्तिम भागफल 7 हो, तो संख्या क्या थी ? **(ए०ए०ओ० परीक्षा, 2010)**
(*a*) 962 (*b*) 954 (*c*) 946 (*d*) 938

73. चार प्राकृत संख्यायें इस प्रकार हैं कि उन्हें तीन-तीन करके जोड़ने पर योग क्रमशः 180, 197, 208 तथा 222 प्राप्त होता है. इन संख्याओं का माध्य कितना है ? **(ए०ए०ओ० परीक्षा, 2010)**
(*a*) $89\frac{2}{3}$ (*b*) $80\frac{7}{8}$ (*c*) $67\frac{1}{2}$ (*d*) $67\frac{1}{4}$

74. 3 अंकों वाली एक संख्या $4a3$ को 3 अंकों वाली दूसरी संख्या 984 में जोड़ने पर 4-अंकों वाली संख्या $13b7$ प्राप्त होती है, जो 11 से विभाज्य है. तब, $3a + 4b = ?$ **(ए०ए०ओ० परीक्षा, 2010)**
(*a*) 31 (*b*) 35 (*c*) 37 (*d*) 39

75. दो ऐसी संख्यायें हैं कि पहली संख्या को दो बार तथा दूसरी संख्या को तीन बार जोड़ा जाये तो योग 100 प्राप्त होता है. इसी प्रकार, पहली संख्या को तीन बार तथा दूसरी संख्या को दो बार जोड़ने पर योग 120 प्राप्त होता है. इनमें बड़ी संख्या कौन-सी है ? **(बैंक पी०ओ० परीक्षा, 2010)**
(*a*) 32 (*b*) 12 (*c*) 35 (*d*) 14 (*e*) इनमें से कोई नहीं

उत्तरमाला (प्रश्नमाला 1A)

1. (*c*)	**2.** (*d*)	**3.** (*a*)	**4.** (*b*)	**5.** (*a*)	**6.** (*b*)	**7.** (*a*)	**8.** (*a*)	**9.** (*a*)	**10.** (*a*)
11. (*b*)	**12.** (*b*)	**13.** (*a*)	**14.** (*c*)	**15.** (*a*)	**16.** (*b*)	**17.** (*b*)	**18.** (*a*)	**19.** (*d*)	**20.** (*b*)
21. (*d*)	**22.** (*b*)	**23.** (*d*)	**24.** (*b*)	**25.** (*d*)	**26.** (*c*)	**27.** (*a*)	**28.** (*d*)	**29.** (*b*)	**30.** (*a*)
31. (*c*)	**32.** (*b*)	**33.** (*a*)	**34.** (*b*)	**35.** (*a*)	**36.** (*c*)	**37.** (*b*)	**38.** (*a*)	**39.** (*b*)	**40.** (*c*)
41. (*c*)	**42.** (*d*)	**43.** (*b*)	**44.** (*c*)	**45.** (*b*)	**46.** (*c*)	**47.** (*d*)	**48.** (*c*)	**49.** (*e*)	**50.** (*d*)
51. (*c*)	**52.** (*d*)	**53.** (*c*)	**54.** (*b*)	**55.** (*b*)	**56.** (*c*)	**57.** (*a*)	**58.** (*b*)	**59.** (*c*)	**60.** (*d*)
61. (*c*)	**62.** (*d*)	**63.** (*c*)	**64.** (*d*)	**65.** (*c*)	**66.** (*d*)	**67.** (*a*)	**68.** (*c*)	**69.** (*d*)	**70.** (*d*)
71. (*a*)	**72.** (*b*)	**73.** (*d*)	**74.** (*d*)	**75.** (*a*)					

दिये गए प्रश्नों के हल प्रश्नमाला 1A

1.
```
   7960
 + 2956
 + 4028
 ------
  14944
 - 8050
 ------
   6894
```

2.
```
 - 7878
 - 6666
  - 777
   - 33
 ------
- 15354
```

```
  87878
- 15354
 ------
  72524
```

3. $8888 + 848 + 88 - x = 7337 + 737 \Rightarrow 9824 - x = 8074 \Rightarrow x = 9824 - 8074 = 1750.$

4. माना $74156 - x - 321 - 20 + 520 = 69894$. तब,

$x = 74156 - 341 + 520 - 69894 = 4441.$

$$\begin{array}{r} 74156 \\ +\ 520 \\ \hline 74676 \\ -\ 70235 \\ \hline 4441 \end{array} \qquad \begin{array}{r} -\ 69894 \\ -\ 341 \\ \hline -\ 70235 \end{array}$$

5. माना $85793 - x + 151 = 77477$

$\Rightarrow 85944 = x + 77477$

$\Rightarrow x = 85944 - 77477 = 8467.$

$$\begin{array}{r} 85944 \\ -\ 77477 \\ \hline 8467 \end{array}$$

6. $x = 8125 - 4018 - 1219 = 8125 - 5237 = 2888.$

7. $20111 \times 21 \times 11 = 20111 \times 231.$

$= (20000 + 100 + 10 + 1) \times 231$

$= 4620000 + 23100 + 2310 + 231$

$= 4645641.$

$$\begin{array}{r} 4620000 \\ 23100 \\ 2310 \\ +\ 231 \\ \hline 4645641 \end{array}$$

8. माना $916 \times x \times 3 = 214344.$

तब, $x = \frac{214344}{916 \times 3} = \frac{71448}{916} = 78.$

$$\begin{array}{r} 916\,)\,71448\,(\,78 \\ 6412 \\ \hline 7328 \\ 7328 \\ \hline \times \end{array}$$

9. $587 \times 999 = 587 \times (1000 - 1)$

$= 587 \times 1000 - 587 \times 1$

$= 587000 - 587 = 586413.$

10. $72519 \times 9999 = 72519 \times (10000 - 1)$

$= 72519 \times 10000 - 72519 \times 1$

$= 725190000 - 72519$

$= 725117481.$

$$\begin{array}{r} 725190000 \\ -\ 72519 \\ \hline 725117481 \end{array}$$

11. $2056 \times 987 = 2056 \times (1000 - 13) = 2056 \times 1000 - 2056 \times 13$

$= 2056000 - 26728 = 2029272.$

12. $1904 \times 1904 = (1904)^2 = (1900 + 4)^2 = (1900)^2 + 4^2 + 2 \times 1900 \times 4$

$= 3610000 + 16 + 15200 = 3625216.$

13. $1397 \times 1397 = (1397)^2 = (1400 - 3)^2 = (1400)^2 + 3^2 - 2 \times 1400 \times 3$

$= 1960000 + 9 - 8400 = 1951609.$

14. $(999)^2 - (998)^2 = (999 + 998)(999 - 998) \quad [\because (a^2 - b^2) = (a + b)(a - b)]$

$= (1997 \times 1) = 1997.$

15. $(106 \times 106 - 94 \times 94) = (106)^2 - (94)^2$

$= (106 + 94)(106 - 94) \quad [\because (a^2 - b^2) = (a + b)(a - b)]$

$= (200 \times 12) = 2400.$

16. $(217 \times 217 + 183 \times 183) = (217)^2 + (183)^2 = (200 + 17)^2 + (200 - 17)^2$

$= 2 \times [(200)^2 + (17)^2] \quad [(a + b)^2 + (a - b)^2 = 2(a^2 + b^2)]$

$= 2 \times (40000 + 289) = (2 \times 40289) = 80578.$

17. दिया गया व्यंजक $= (a^2 + b^2 + 2ab)$, जहाँ $a = 456$ तथा $b = 144$

$= (a + b)^2 = (456 + 144)^2 = (600)^2 = 360000.$

18. दिया गया व्यंजक $= \dfrac{(a+b)^2-(a-b)^2}{ab} = \dfrac{4ab}{ab} = 4$, जहाँ $a = 589$ तथा $b = 187$.

19. दिया गया व्यंजक $= \dfrac{(963)^3+(137)^3}{(963)^2-963\times137+(137)^2} = \dfrac{(a^3+b^3)}{(a^2-ab+b^2)}$, जहाँ $a = 963$ तथा $b = 137$

$= (a + b) = (963 + 137) = 1100.$

20. दिया गया व्यंजक $= \dfrac{(680)^2+(320)^2-680\times320}{(680)^3+(320)^3} = \dfrac{(a^2+b^2-ab)}{(a^3+b^3)}$, जहाँ $a = 680$ तथा $b = 320$

$= \dfrac{1}{(a+b)} = \dfrac{1}{(680+320)} = \dfrac{1}{1000}.$

21. दिया गया व्यंजक $= \dfrac{(735)^3-(105)^3}{(735)^2+735\times105+(105)^2} = \dfrac{(a^3-b^3)}{(a^2+ab+b^2)}$, जहाँ $a = 735$ तथा $b = 105$

$= (a - b) = (735 - 105) = 630.$

22. दिया गया व्यंजक $= \dfrac{(256)^2-(144)^2}{(256-144)} = (256+144) = 400.$

23. $(a^2-b^2) = 19 \Rightarrow (a+b)(a-b) = 19\times1 \Rightarrow a+b = 19$ तथा $a-b = 1 \Rightarrow 2a = 20 \Rightarrow a = 10.$

24. $(4^{61}+4^{62}+4^{63}+4^{64}) = 4^{61}(1+4+4^2+4^3) = 4^{61}(1+4+16+64) = 4^{61}\times85$

$= 4^{60}\times4\times85 = 4^{60}\times34\times10$, जो 10 से विभाज्य है.

25. $n = 2 \Rightarrow (6^2-1) = 35\times1.$

$n = 4 \Rightarrow (6^4-1) = (6^2-1)(6^2+1) = 35\times37.$

$n = 6 \Rightarrow (6^6-1) = (6^2-1)(6^4+6^2+1) = 35\times(1296+36+1) = 35\times1333.$

26. $(2137)^{753}$ में इकाई का अंक $= (7)^{753}$ में इकाई का अंक.

(7^4) में इकाई का अंक = 1.

$(7^4)^{188}$ में इकाई का अंक = 1.

$(7)^{753} = (7^4)^{188}\times7$. अत: $(7)^{753}$ में इकाई का अंक $= (1 \times 7) = 7$.

27. $(13)^{2003}$ में इकाई का अंक $= (3)^{2003}$ में इकाई का अंक

(3^4) में इकाई का अंक = 1

$(3^4)^{500}$ में इकाई का अंक = 1.

$\left(3^{2003}\right) = 3^{(2000+3)} = (3^4)^{500}\times3^3$

$\therefore 3^{2003}$ में इकाई का अंक $= (1 \times 27)$ में इकाई का अंक = 7.

$\therefore (13)^{2003}$ में इकाई का अंक = 7.

28. $(22)^{23}$ में इकाई का अंक $= (2)^{23}$ में इकाई का अंक

2^4 में इकाई का अंक $= 6 \Rightarrow (2^4)^5$ में इकाई का अंक = 6.

$2^{23} = (2^4)^5\times2^3$. इसमें इकाई का अंक $= (6\times8)$ में इकाई का अंक = 8.

29. 7^4 का इकाई अंक = 1. अब, $7^{105} = (7^4)^{26}\times7$

$(7^4)^{26}$ का इकाई का अंक = 1

$(7^4)^{26}\times7$ का इकाई का अंक $= (1 \times 7) = 7$.

अत: अभीष्ट अंक = 7.

30. दिये गये गुणनफल में इकाई का अंक

$= (4\times8\times7\times3)$ में इकाई का अंक = 672 में इकाई का अंक = 2.

31. अभीष्ट अंक $= (7)^{153}\times(1)^{72}$ का इकाई अंक $= (7^4)^{38}\times7\times1$ का इकाई अंक = (1 × 7) का इकाई अंक = 7.

32. 7^{95} का इकाई अंक $= (7^4)^{23}\times7^3$ का इकाई अंक = (1 × 3) = 3.

3^{58} का इकाई अंक $= (3^4)^{14}\times3^2$ का इकाई अंक = (1 × 9) = 9

$(7^{95}-3^{58})$ का इकाई अंक = (13 – 9) = 4.

33. $(3694)^{1793}$ में इकाई अंक $= (4)^{1793}$ में इकाई अंक $= \left\{(4^2)^{896}\times4\right\}$ में इकाई अंक

= (6 × 4) में इकाई अंक = 4.

$(615)^{317}$ में इकाई अंक $= (5)^{317}$ में इकाई अंक = 5.

$(841)^{491}$ में इकाई अंक $= (1)^{491}$ में इकाई अंक = 1.

अभीष्ट अंक = (4 × 5 × 1) का इकाई अंक = 0.

34. $3^{61} = (3^4)^{15}\times3 = (81)^{15}\times3$

$\therefore 3^{61}$ में इकाई अंक = (1 × 3) = 3.

6^{43} में इकाई अंक = 6.

$7^{82} = (7^4)^{20}\times7^2$.

$\therefore 7^{82}$ में इकाई अंक = (1 × 49) में इकाई अंक = 9.

अभीष्ट अंक = (3 × 6 × 9) में इकाई अंक = 162 का इकाई अंक = 2.

35. $(17)^{1999}$ में इकाई अंक $= (7)^{1999}$ में इकाई अंक

$= (7^4)^{499}\times7^3$ में इकाई अंक $= (1\times343)$ में इकाई अंक = 3

$(11)^{1999}$ में इकाई अंक = 1

$(7)^{1999}$ में इकाई अंक $= (7^4)^{499}\times7^3$ में इकाई अंक $= (1\times343)$ में इकाई अंक = 3.

दिये गये व्यंजक में इकाई अंक = 3 + 1 – 3 = 1.

36. 7 का स्थानीय मान = 7000 तथा 7 का जातीय मान = 7.

अभीष्ट अन्तर = (7000 – 7) = 6993.

37. 9 का स्थानीय मान = 9000, 3 का स्थानीय मान = 30.

अभीष्ट अन्तर = (9000 – 30) = 8970.

38. स्पष्ट है कि $a = bq + r$, जहाँ $0 \le r < b$.

39. $ab = 0 \Rightarrow a = 0$ अथवा $b = 0$ अथवा दोनों में से प्रत्येक 0.

40. सबसे छोटी अभाज्य संख्या 2 है.

41. 70 से छोटी अभाज्य संख्यायें हैं :

2, 3, 5, 7, 11, 13, 17, 19, 23, 29, 31, 37, 41, 43, 47, 53, 59, 61, 67. इनकी संख्या 19 है.

42. अभीष्ट योग = (53 + 59 + 61 + 67 + 71 + 73 + 79 + 83 + 89) = 635.

43. 110 तथा 120 के बीच केवल एक ही अभाज्य संख्या है, जो 113 है.

44. चूँकि 161 का गुणनखण्ड 7 है, अत: यह अभाज्य संख्या नहीं है.

चूँकि 221 का गुणनखण्ड 13 है, अत: यह अभाज्य संख्या नहीं है.

चूँकि 437 का गुणनखण्ड 19 है, अत: यह अभाज्य संख्या नहीं है.

अब, $20 > \sqrt{373}$.

20 से कम अभाज्य संख्यायें हैं : 2, 3, 5, 7, 11, 13, 17, 19.

स्पष्ट है कि 373 इनमें से किसी से विभक्त नहीं होता.

अत: 373 एक अभाज्य संख्या है.

45. $(n^3 - n) = n(n^2 - 1) = n\,(n-1)\,(n+1)$.
$n = 1 \Rightarrow (n^3 - n) = 0$; $n = 2 \Rightarrow (n^3 - n) = 2 \times 1 \times 3 = 6$;
$n = 3 \Rightarrow (n^3 - n) = 3 \times 2 \times 4 = 6 \times 4$; $n = 4 \Rightarrow (n^3 - n) = 4 \times 3 \times 5 = 6 \times 10$.
$\therefore (n^3 - n)$ सदैव 6 से विभक्त होगा.

46. 1 से 10 तक की गिनतियों के गुणनफल में शून्यों की संख्या = 2,
11 से 20 तक की गिनतियों के गुणनफल में शून्यों की संख्या = 2,
21 से 30 तक की गिनतियों के गुणनफल में शून्यों की संख्या = 2,
....
....
81 से 90 तक की गिनतियों के गुणनफल में शून्यों की संख्या = 2
91 से 100 तक की गिनतियों के गुणनफल में शून्यों की संख्या = 3
शून्यों की कुल संख्या = (9 × 2 + 3) = 21.

47. भाज्य = (भाजक × भागफल) + शेषफल = (100 × 403) + 58 = 40300 + 58 = 40358.

48. माना $48 \times x = 173 \times 240 \Rightarrow x = \frac{173 \times 240}{48} = 865.$

49. 3428 को 13 से भाग देने पर शेषफल = 9.
∴ घटाई जाने वाली संख्या = 9.

50. माना दी गई संख्या को 136 से भाग देने पर भागफल k तथा शेषफल 36 प्राप्त होता है.
तब, दी गई संख्या = $136k + 36 = (17 \times 8k) + (17 \times 2) + 2 = 17 \times (8k + 2) + 2$.
अत: दी गई संख्या को 17 से भाग देने पर शेषफल = 2.

51. माना दी गई संख्या को 156 से भाग देने पर भागफल k तथा शेषफल 29 प्राप्त होता है.
तब, दी गई संख्या = $156k + 29 = (13 \times 12k) + (13 \times 2) + 3 = 13 \times (12k + 2) + 3$.
अत: दी गई संख्या को 13 से भाग देने पर शेषफल = 3.

52. 4000 को 19 से भाग देने पर शेषफल = 10.
अत: घटाई जाने वाली संख्या = 10.

53. छ: अंकों की छोटी से छोटी संख्या = 100000
अभीष्ट संख्या = 100000 + (111 – 100) = 100011.

```
111 ) 100000 ( 900
       999
       ----
        100
```

54. 5 अंकों की बड़ी से बड़ी संख्या = 99999

```
463 ) 99999 ( 215
      926
      ----
       739
       463
       ----
       2769
       2315
       ----
        454
```

अभीष्ट संख्या = (99999 – 454) = 99545.

55. दिया है : भाज्य = 7865321, भागफल = 33612, शेषफल = 113.

$$\text{भाजक} = \frac{\text{भाज्य - शेषफल}}{\text{भागफल}} = \frac{7865321 - 113}{33612} = 234.$$

56.

9	a	8
11	b	9
13	c	8
	1	

$c = 13 \times 1 + 8 = 21,\ b = 11 \times 21 + 9 = 240,\ a = 9 \times 240 + 8 = 2168$

13	2168	10
11	166	1
9	15	6
	1	

अत: अभीष्ट शेषफल 10, 1, 6 हैं.

57. यदि n एक समसंख्या हो, तो $(x^n - 1)$ सदैव $(x + 1)$ से विभक्त होगा.

$\therefore \left[(17)^{200} - 1\right]$ सदैव (17 + 1) अर्थात 18 से विभक्त होगा.

अत: $(17)^{200}$ को 18 से भाग देने पर शेषफल = 1.

58. माना n को 4 से भाग देने पर भागफल = q तथा शेषफल = 3.

तब, $n = 4q + 3 \Rightarrow 2n = 8q + 6 = 4(2q + 1) = 2.$

अत: $2n$ को 4 से भाग देने पर शेषफल = 2.

59. माना * के स्थान पर x लें. तब

$(6 + 7 + 3 + 5 + x + 1)$ अर्थात $(22 + x)$ पूर्णतया 9 से विभक्त होगा.

स्पष्ट है कि $x = 5$.

60. माना अभीष्ट संख्या $xyxy$ है.

तब यह संख्या $= 1000x + 100y + 10x + y$

$= 100\,(10x + y) + (10x + y) = (10x + y) \times (100 + 1) = (10x + y) \times 101.$

अत: ऐसी संख्या 101 से सदैव विभक्त होगी.

61. माना इकाई अंक में x जोड़ना होगा. तब, $(4+3+8) - [(2+x)+6+0] = 15 - (8+x) = 7 - x.$

$\therefore\ 7 - x = 0 \ \Rightarrow\ x = 7.$

अत: इकाई में 7 जोड़ने पर प्राप्त संख्या 11 से पूर्णतया विभक्त होगी.

62. माना लुप्त अंक = x. तब,

$(2+9+6+1) - (4+x+5) = 18 - (9+x) = (9-x)$.

$\therefore\ 9 - x = 0\ \Rightarrow x = 9.$

अत: लुप्त अंक = 9.

63. माना जोड़ी जाने वाली संख्या = x. तब,

प्रथम तीन अंकों से बनी संख्या = 116.

स्पष्ट है कि $(116 + x)$ पूर्णतया 8 से विभक्त होना चाहिए.

अत: $x = 4$. अर्थात जोड़ी जाने वाली संख्या = 4.

64. 11 से विभक्त होने के लिए $(6+3+1) - (y+y) = 0 \Rightarrow 2y = 10 \Rightarrow y = 5.$

65. माना विलुप्त अंक = x. तब,

$(6+7+1+x+4+8+3) = (29+x)$ पूर्णतया 9 से विभक्त होना चाहिए.

$\therefore\ x = 7.$

66. 2 तथा 9 सहअभाज्य संख्यायें हैं जिनका गुणनफल 18 है.

अत: किसी संख्या को 18 से विभक्त होने के लिए 9 तथा 2 में से प्रत्येक से विभक्त होना चाहिए.

परन्तु 65043 स्पष्ट रूप से 2 से विभक्त नहीं होती.

अत: यह 18 से विभक्त नहीं होगी.

67. 3 तथा 8 सहअभाज्य संख्यायें हैं जिनका गुणनफल 24 है.

स्पष्ट है कि 718 पूर्णतया 8 से विभक्त नहीं होती.

अत: 35718 पूर्णतया 24 से विभक्त नहीं होगी.

68. स्पष्ट है कि $\frac{333333}{7} = 47619$

$\therefore$ अभीष्ट संख्या = 47619.

69. अभीष्ट संख्यायें हैं 6, 12, 18, ..., 198.

यह एक समान्तर श्रेढ़ी है जिसमें $a = 6, d = 6$ तथा $l = 198$.

माना $T_n = 198$. तब, $a + (n-1)d = 198$.

$\therefore\ 6 + (n-1) \times 6 = 198 \Rightarrow (n-1) = \frac{192}{6} = 32 \Rightarrow n = 33.$

70. अभीष्ट संख्या = $13q + 1$ तथा $q = 5Q + 3$ $\Rightarrow$ अभीष्ट संख्या = $13 \times (5Q + 3) + 1 = 65Q + 40$

$\Rightarrow$ उस संख्या को 65 से भाग देने पर शेषफल = 40.

71. माना अभीष्ट संख्या = x. तब

$\frac{(x+7)\times 5}{9} - 3 = 12 \Rightarrow 5x + 35 - 27 = 108 \Rightarrow 5x + 8 = 108 \Rightarrow 5x = 100 \Rightarrow x = 20.$

अतः अभीष्ट संख्या = 20.

72. संख्या = $4 \times Q + 2$, $Q = 5q + 3$ तथा $q = 6 \times 7 + 5 = 47$.

$\therefore\ Q = 5 \times 47 + 3 = 238 \Rightarrow$ संख्या $= 4 \times 238 + 2 = 954$.

73. $a + b + c = 180, b + c + d = 197, c + d + a = 208$ तथा $d + a + b = 222$.

इन्हें जोड़ने पर : $3(a + b + c + d) = 807 \Rightarrow a + b + c + d = 269$

इन संख्याओं का माध्य $= \frac{a+b+c+d}{4} = \frac{269}{4} = 67\frac{1}{4}$.

74.
$$\begin{array}{r} 4a3 \\ +\,984 \\ \hline 13b7 \\ \hline \end{array}$$

चूँकि 13b7, 11 से विभाज्य है, अतः $(7 + 3) - (b + 1) = 0 \Rightarrow b = 9$.

$1397 - 984 = 413 \Rightarrow a = 1, b = 9.$

$\therefore\ 3a + 4b = 3 \times 1 + 4 \times 9 = 3 + 36 = 39.$

75. $2x + 3y = 100$ ...(i)

$3x + 2y = 120$ ...(ii)

इन्हें हल करने पर $y = 12$ तथा $x = 32$.

अतः बड़ी संख्या = 32.

प्रश्नमाला 1B

1. किसी संख्या को 4 से भाग देने पर भागफल तथा शेषफल का योग 8 है तथा इनके वर्गों का योग 34 है. संख्या ज्ञात कीजिए. **(एस०एस०सी० परीक्षा, 2009)**
2. एक तीन अंकों से बनी संख्या के अंकों का योग 6 है. अंक पलटने से प्राप्त संख्या मूल संख्या से 198 अधिक है. यदि मध्य अंक शेष दोनों अंकों के औसत के बराबर हो, तो मूल संख्या ज्ञात कीजिए. **(एस०एस०सी० परीक्षा, 2009)**
3. किसी संख्या को 713 से भाग देने पर शेषफल 115 प्राप्त होता है. इसी संख्या को 31 से भाग देने पर शेषफल कितना होगा ? **(एस०एस०सी० परीक्षा, 2008)**
4. यदि $(683^{125} - 598^{125}) - (647^{125} - 598^{125})$ को 36 से विभक्त करें तो शेषफल क्या होगा ? **(एस०एस०सी० परीक्षा, 2008)**
5. $(527^{379} + 473^{379})$ तथा $(527^{166} - 473^{166})$ के सार्व-गुणनखण्ड ज्ञात कीजिए. **(एस०एस०सी० परीक्षा, 2008)**

6. एक छात्र को किसी संख्या को 34 से गुणा करना था. उसने त्रुटिवश 3 को 8 पढ़ लिया तथा उस संख्या को 84 से गुणा कर दिया. इससे उसका उत्तर ठीक उत्तर से 5600 अधिक था. वह संख्या कौनसी थी ? **(एस०एस०सी० परीक्षा, 2007)**

7. $(23^{19}+19^{19})$ तथा $(23^{23}+19^{23})$ के सार्व-गुणनखण्ड ज्ञात कीजिए. **(एस०एस०सी० परीक्षा, 2007)**

8. भाग के एक प्रश्न में भाजक, भागफल का 10 गुना है तथा शेषफल का 5 गुना है. यदि शेषफल 46 हो, तो भाज्य ज्ञात कीजिए. **(एस०एस०सी० परीक्षा, 2007)**

9. चार प्राकृत संख्याओं में से तीन को क्रमागत लेकर जोड़ने पर योगफल क्रमशः 180, 197, 208 तथा 222 प्राप्त होता है. संख्यायें ज्ञात कीजिए. **(एस०एस०सी० परीक्षा, 2007)**

10. एक तीन अंकों की संख्या $2a3$ को 326 में जोड़ने पर तीन अंकों की संख्या $5b9$ प्राप्त होती है, जो 9 से पूर्णतया विभक्त होती है. $(5a-2b)$ का मान ज्ञात कीजिए. **(एस०एस०सी० परीक्षा, 2007)**

11. $(3257)^{683}$ को 3256 से भाग देने पर शेषफल क्या होगा ? **(एस०एस०सी० परीक्षा, 2006)**

12. 84159 के समीपतम कौन-सी संख्या है जो 97 से पूर्णतया विभक्त हो जाये ?

13. 36920 में छोटी से छोटी क्या संख्या जोड़ी जाये कि योगफल 137 से पूर्णतया विभक्त हो जाये ?

14. 434081 में से छोटी से छोटी क्या संख्या घटाई जाये कि शेष संख्या 287 से पूर्णतया विभक्त हो जाये ?

15. छः अंकों की वह छोटी से छोटी संख्या ज्ञात करो जो 67 से पूर्णतया विभक्त हो जाये.

16. किसी संख्या को 783 से भाग देने पर 48 शेष बचता है. उस संख्या को 29 से भाग देने पर शेषफल क्या होगा ?

17. किसी संख्या को 11 से गुणा करने पर वह 180 से उतनी अधिक हो जाती है जितनी वह आरंभ में 180 से कम थी. संख्या ज्ञात कीजिए. **(एस०एस०सी० परीक्षा, 2002)**

18. $\dfrac{(719-187)^2+(719+187)^2}{(719\times719+187\times187)}$ का मान ज्ञात कीजिए.

19. $\dfrac{(824\times824\times824-395\times395\times395)}{(824\times824+824\times395+395\times395)}$ का मान ज्ञात कीजिए.

20. $\dfrac{(917\times917\times917+283\times283\times283)}{(917\times917-917\times283+283\times283)}$ का मान ज्ञात कीजिए.

उत्तरमाला (प्रश्नमाला 1B)

1. 23 **2.** 123 **3.** 22 **4.** शून्य **5.** 1000 **6.** 112 **7.** 42 **8.** 5336 **9.** 89, 72, 61, 47
10. 2 **11.** 1 **12.** 84196 **13.** 70 **14.** 137 **15.** 100031 **16.** 19 **17.** 30
18. 2 **19.** 429 **20.** 1200

दिये गए प्रश्नों के हल | प्रश्नमाला 1B

1. माना दी गई संख्या को 4 से भाग देने पर भागफल $= a$ तथा शेषफल $= b$.

तब, $a+b=8 \quad ...(i)$ तथा $a^2+b^2=34 \quad ...(ii)$

$\therefore (a+b)^2=8^2=64 \Rightarrow a^2+b^2+2ab=64 \Rightarrow 34+2ab=64 \Rightarrow 2ab=30 \Rightarrow ab=15.$

$\therefore (a-b)^2=(a+b)^2-4ab=(8^2-4\times15)=(64-60)=4=2^2$

अतः $(a-b)=2$.

$a+b=8$ तथा $a-b=2$ को हल करने पर $a=5, b=3$.

अभीष्ट संख्या $=4a+b=(4\times5+3)=23$.

2. माना सैंकड़े, दहाई तथा इकाई अंक क्रमशः x, y तथा z हैं.

तब, अभीष्ट संख्या $=100x+10y+z$.

$x+y+z=6 \quad ...(i) \qquad y=\dfrac{x+z}{2} \Rightarrow x+z=2y \quad ...(ii)$

तथा $(100z+10y+x)-(100x+10y+z)=198 \Rightarrow 99z-99x=198 \Rightarrow z-x=2 \quad ...(iii)$

(*ii*) तथा (*i*) से $3y = 6 \Rightarrow y = 2$. अतः $z + x = 4$ ...(*iv*)

(*iii*) तथा (*iv*) को हल करने पर $z = 3, x = 1$.

अतः अभीष्ट संख्या = $(100 \times 1 + 10 \times 2 + 3) = 123$.

3. माना दी गई संख्या = x तथा इसे 713 से भाग देने पर माना भागफल = k तथा शेषफल = 115. तब

$x = 713k + 115 = 31 \times 23k + 31 \times 3 + 22 = 31 \times (23k + 3) + 22$.

अतः दी गई संख्या को 31 से भाग देने पर शेषफल = 22.

4. $(683^{125} - 598^{125}) - (647^{125} - 598^{125})$

$= (683^{125} - 598^{125} - 647^{125} + 598^{125}) = (683^{125} - 647^{125})$.

हम जानते हैं कि n के सभी मानों के लिए $(x^n - y^n)$ सदैव $(x - y)$ से पूर्णतया विभक्त होता है.

अतः दिया गया व्यंजक $(683 - 647) = 36$ से पूर्णतया विभक्त होगा.

5. यदि n विषम हो, तो $(x^n + y^n)$ पूर्णतया $(x + y)$ से विभक्त होगा.

$n = 379$ विषम है, अतः $(527^{379} + 473^{379})$ पूर्णतया $(527 + 473) = 1000$ से विभक्त होगा.

यदि n सम हो, तो $(x^n - y^n)$ पूर्णतया $(x + y)$ से विभक्त होगा.

$n = 166$ सम है, अतः $(527^{166} - 473^{166})$ पूर्णतया $(527 + 473) = 1000$ से विभक्त होगा.

अतः अभीष्ट सार्व गुणनखण्ड = 1000.

6. माना अभीष्ट संख्या = x. तब, $84x - 34x = 5600 \Rightarrow 50x = 5600 \Rightarrow x = 112$.

अतः अभीष्ट संख्या = 112.

7. यदि n एक विषम संख्या हो, तो $(x^n + y^n)$ सदैव $(x + y)$ से पूर्णतया विभक्त होगा.

$n = 19$ विषम है, अतः $(23^{19} + 19^{19})$ पूर्णतया $(23 + 19) = 42$ से विभक्त होगा.

$n = 23$ विषम है, अतः $(23^{23} + 19^{23})$ पूर्णतया $(23 + 19) = 42$ से विभक्त होगा.

अतः अभीष्ट गुणनखण्ड = 42.

8. भाजक = (5 × शेषफल) = $(5 \times 46) = 230$.

$$\text{भागफल} = \frac{\text{भाजक}}{10} = \frac{230}{10} = 23.$$

भाज्य = (भाजक × भागफल) + शेषफल = $(230 \times 23) + 46 = (5290 + 46) = 5336$.

9. माना चार प्राकृत संख्यायें a, b, c तथा d हैं. तब

$a + b + c = 180, b + c + d = 197, c + d + a = 208$ तथा $d + a + b = 222$.

चारों समीकरणों को जोड़ने पर : $3(a + b + c + d) = 807 \Rightarrow a + b + c + d = 269$.

$\therefore\ d = (269 - 180) = 89, a = (269 - 197) = 72, b = (269 - 208) = 61$ तथा $c = (269 - 222) = 47$.

अतः अभीष्ट संख्यायें 89, 72, 61, 47 हैं.

10. $(5 + b + 9)$ पूर्णतया 9 से विभक्त होता है. अतः $b = 4$.

$$\therefore \quad \begin{array}{r} 2a3 \\ +\ 326 \\ \hline 549 \end{array}$$

अतः $a = 2$.

$\therefore\ (5a - 2b) = (5 \times 2 - 2 \times 4) = (10 - 8) = 2$.

11. हम जानते हैं कि $(x^n - 1)$ सदैव $(x - 1)$ से पूर्णतया विभक्त होगा.

$\therefore \left[(3257)^{683} - 1\right]$ पूर्णतया $(3257 - 1)$ से विभक्त होगा

$\Rightarrow \left[(3257)^{683} - 1\right]$ पूर्णतया 3256 से विभक्त होगा

$\Rightarrow (3257)^{683}$ को 3256 से भाग देने पर 1 शेष बचेगा.

12. 84159 को 97 से भाग देने पर शेषफल = 60.
अत: अभीष्ट संख्या = 84159 + (97 – 60) = (84159 + 37) = 84196.

13. 36920 को 137 से भाग देने पर शेषफल = 67.
$\therefore$ अभीष्ट संख्या = (137 – 67) = 70.

14. 434081 को 287 से भाग देने पर शेषफल = 137.
$\therefore$ अभीष्ट संख्या = 137.

15. 6 अंकों की छोटी से छोटी संख्या = 100000.
100000 को 67 से भाग देने पर शेषफल = 36.
$\therefore$ अभीष्ट संख्या = 100000 + (67 – 36)
= (100000 + 31) = 100031.

```
67 ) 100000 ( 1492
     67
     ---
     330
     268
     ---
      620
      603
      ---
       170
       134
       ---
        36
       ---
```

16. माना दी गई संख्या को 783 से भाग देने पर भागफल = q तथा शेषफल = 48.
तब, दी गई संख्या = $(783q + 48) = (29 \times 27q) + (29 + 19)$
$= 29 \times (27q + 1) + 19.$
अत: दी गई संख्या को 29 से भाग देने पर शेषफल = 19.

17. माना अभीष्ट संख्या = x. तब,
$11x - 180 = 180 - x \Rightarrow 12x = 360 \Rightarrow x = 30.$
अत: अभीष्ट संख्या = 30.

18. माना $a = 719$ तथा $b = 187$. तब

दिया गया व्यंजक $= \dfrac{(a-b)^2 + (a+b)^2}{(a^2+b^2)} = \dfrac{2(a^2+b^2)}{(a^2+b^2)} = 2.$

19. माना $a = 824$ तथा $b = 395$. तब

दिया गया व्यंजक $= \dfrac{(a^3-b^3)}{(a^2+ab+b^2)} = (a-b) = (824-395) = 429.$

20. माना $a = 917$ तथा $b = 283$. तब

दिया गया व्यंजक $= \dfrac{(a^3+b^3)}{(a^2-ab+b^2)} = (a+b) = (917+283) = 1200.$

2 महत्तम समापवर्तक तथा लघुत्तम समापवर्त्य
(HCF AND LCM)

परिभाषायें तथा सामान्य नियम

1. गुणनखण्ड तथा गुणज :

यदि a, b को पूर्णतया विभक्त कर दे तो a को b का गुणनखण्ड कहते हैं तथा b को a का गुणज कहते हैं.

उदाहरण : (*i*) 5 है 15 का गुणनखण्ड, अत: 15 है 5 का गुणज.

(*ii*) 35 के सभी गुणनखण्ड हैं 1, 5, 7, 35.

2. महत्तम समापवर्तक (म०स०) :

दो या दो से अधिक संख्याओं का म०स० वह बड़ी से बड़ी संख्या है जो प्रत्येक दी गई संख्या को पूर्णतया विभक्त कर दे.

जैसे : 35 तथा 42 का म०स० = 7.

3. लघुत्तम समापवर्त्य (ल०स०) :

वह छोटी से छोटी संख्या जो प्रत्येक दी गई संख्या द्वारा पूर्णतया विभक्त हो जाये, दी गई संख्या का लघुत्तम समापवर्त्य कहलाती है.

जैसे : 12, 15, 18, 27 का ल०स०

$= 3 \times 2 \times 3 \times 2 \times 5 \times 3 = 540.$

3	12, 15, 18, 27
2	4, 5, 6, 9
3	2, 5, 3, 9
	2, 5, 1, 3

4. दो संख्याओं का गुणनफल = (इनका म०स०) × (इनका ल०स०).

5. भिन्नों का म०स० $= \dfrac{\text{अंशों का म०स०}}{\text{हरों का ल०स०}}$

6. भिन्नों का ल०स० $= \dfrac{\text{अंशों का ल०स०}}{\text{हरों का म०स०}}$

साधित उदाहरण

प्रश्न 1. $\dfrac{368}{437}$ **का सरलतम रूप क्या है ?**

(*a*) $\dfrac{15}{17}$ (*b*) $\dfrac{16}{17}$ (*c*) $\dfrac{15}{19}$ (*d*) $\dfrac{16}{19}$

हल : 368 तथा 437 का म०स० = 23.

$\therefore \dfrac{368}{437} = \dfrac{368 \div 23}{437 \div 23} = \dfrac{16}{19}.$

अत: सही उत्तर (*d*) है.

```
368 ) 437 ( 1
      368
      ----
       69 ) 368 ( 5
            345
            ----
             23 ) 69 ( 3
                  69
                  --
                   x
```

$\therefore$ 368 तथा 437 का म०स० = 23.

प्रश्न 2. 84, 126, 140 का महत्तम समापवर्तक कितना है ?

हल : 84, 126 तथा 140 में से प्रत्येक के गुणनखण्ड लेने पर :

2	84
2	42
3	21
	7

2	126
3	63
3	21
	7

2	140
2	70
5	35
	7

$\therefore\ 84 = 2^2 \times 3 \times 7;\quad 126 = 2 \times 3^2 \times 7$ तथा $140 = 2^2 \times 5 \times 7$.

अत: 84, 126, 140 का म०स० = (2 × 7) = 14.

प्रश्न 3. 15, 18, 24, 27, 36 का लघुत्तम समापवर्त्य क्या होगा?

हल : संक्षिप्त विधि द्वारा :

3	15, 18, 24, 27, 36
3	5, 6, 8, 9, 12
2	5, 2, 8, 3, 4
2	5, 1, 4, 3, 2
	5, 1, 2, 3, 1

$\therefore$ ल०स० = $(3 \times 3 \times 2 \times 2 \times 5 \times 2 \times 3) = 1080$.

प्रश्न 4. $\frac{14}{33}, \frac{42}{55}, \frac{21}{22}$ **का महत्तम समापवर्तक ज्ञात कीजिए.**

हल : अभीष्ट म०स० $= \frac{\text{14, 42, 21 का म०स०}}{\text{33, 55, 22 का ल०स०}} = \frac{7}{330}$.

11	33, 55, 22
	3, 5, 2

प्रश्न 5. $\frac{11}{14}, \frac{55}{42}, \frac{33}{35}, \frac{44}{63}$ **का लघुत्तम समापवर्त्य ज्ञात कीजिए.**

हल : अभीष्ट ल०स० $= \frac{\text{11, 55, 33, 44 का ल०स०}}{\text{14, 42, 35, 63 का म० स०}} = \frac{660}{7}$.

[$\because$ 14, 42, 35, 63 का म०स० = 7].

11	11, 55, 33, 44
	1, 5, 3, 4

प्रश्न 6. 1.75, 5.6 तथा 7 का महत्तम समापवर्तक ज्ञात कीजिए.

हल : $1.75 = \frac{175}{100} = \frac{7}{4}, 5.6 = \frac{56}{10} = \frac{28}{5}$ तथा $7 = \frac{7}{1}$.

अभीष्ट म०स० $= \frac{7}{4}, \frac{28}{5}, \frac{7}{1}$ का म० स० $= \frac{\text{7, 28, 7 का म० स०}}{\text{4, 5, 1 का ल०स०}} = \frac{7}{20} = 0.35$.

प्रश्न 7. 0.36, 1.2, 4.8 का लघुत्तम समापवर्त्य ज्ञात कीजिए.

हल : $0.36 = \frac{36}{100} = \frac{9}{25}$; $1.2 = \frac{12}{10} = \frac{6}{5}$ तथा $4.8 = \frac{48}{10} = \frac{24}{5}$.

अभीष्ट ल०स० $= \frac{9}{25}, \frac{6}{5}, \frac{24}{5}$ का ल०स०

$= \frac{\text{9, 6, 24 का ल०स०}}{\text{25, 5, 5 का म० स०}} = \frac{72}{5} = 14.4$.

3	9, 6, 24
2	3, 2, 8
	3, 1, 4

[ल०स० = $3 \times 2 \times 3 \times 4 = 72$]

प्रश्न 8. दो संख्याओं का लघुत्तम समापवर्त्य 1920 तथा महत्तम समापवर्तक 16 है. यदि इनमें से एक संख्या 128 हो, तो दूसरी संख्या क्या होगी?

हल : माना दूसरी संख्या $= x$. तब $x \times 128 = 1920 \times 16$ [दो संख्याओं का गुणनफल = (ल०स. × म०स०)]

$$\Rightarrow x = \frac{1920 \times 16}{128} = 240.$$

अत: दूसरी संख्या = 240.

प्रश्न 9. वह दो से छोटी संख्या कौन-सी है जो 8, 12, 18, 24 में से प्रत्येक से पूर्णतया विभक्त हो जाये?

हल : अभीष्ट संख्या = 8, 12, 18, 24 का ल०स०

$= (2 \times 2 \times 2 \times 3 \times 3) = 72$

2	8, 12, 18, 24
2	4, 6, 9, 12
2	2, 3, 9, 6
3	1, 3, 9, 3
-	1, 1, 3, 1

प्रश्न 10. वह छोटी से छोटी संख्या कौन-सी है जिसे 14, 21, 28, 35 में से प्रत्येक से भाग देने पर प्रत्येक दशा में 5 शेष बचे?

हल : अभीष्ट संख्या = (14, 21, 28, 35 का ल०स०) + 5

$= (2 \times 7 \times 3 \times 2 \times 5) + 5$

$= (420 + 5) = 425$.

2	14, 21, 28, 35
7	7, 21, 14, 35
	1, 3, 2, 5

प्रश्न 11. वह छोटी से छोटी संख्या ज्ञात करो जिसमें से 8 घटाने पर शेष बची संख्या 16, 18, 20, 24 में से प्रत्येक से पूर्णतया विभक्त हो जाये.

2	16, 18, 20, 24
2	8, 9, 10, 12
2	4, 9, 5, 6
3	2, 9, 5, 3
	2, 3, 5, 1

हल : अभीष्ट संख्या = (16, 18, 20, 24 का ल०स०) + 8
= $(2 \times 2 \times 2 \times 3 \times 2 \times 3 \times 5) + 8$
= $(720 + 8) = 728$.

प्रश्न 12. वह छोटी से छोटी संख्या ज्ञात करो जिसे 20, 25 तथा 30 से भाग देने पर क्रमशः 8, 13 तथा 18 शेष बचें.

5	20, 25, 30
2	4, 5, 6
	2, 5, 3

हल : यहाँ प्रत्येक भाजक तथा संगत शेषफल का अन्तर
= $(20 - 8) = (25 - 13) = (30 - 18) = 12$
अभीष्ट संख्या = (20, 25, 30 का ल०स०) − 12
= $(5 \times 2 \times 2 \times 5 \times 3) - 12 = (300 - 12) = 288$.

प्रश्न 13. वह छोटी से छोटी संख्या कौन-सी होगी जिसे 3, 5, 6, 8, 10, 12 से भाग देने पर प्रत्येक दशा में 2 शेष बचे परन्तु 13 से पूर्णतया विभक्त हो.

3	3, 5, 6, 8, 10, 12
2	1, 5, 2, 8, 10, 4
2	1, 5, 1, 4, 5, 2
5	1, 5, 1, 2, 5, 1
	1, 1, 1, 2, 1, 1

हल : 3, 5, 6, 8, 10, 12 का ल०स० = $(3 \times 2 \times 2 \times 5 \times 2) = 120$.
माना अभीष्ट संख्या = $(120k + 2)$, जो 13 से पूर्णतया विभक्त होगी.
स्पष्ट है कि $k = 8$ रखने पर अभीष्ट संख्या
$(120 \times 8 + 2) = 962$ प्राप्त होगी, जो 13 से पूर्णतया विभक्त होती है.

प्रश्न 14. पाँच अंकों की वह बड़ी से बड़ी संख्या ज्ञात करो जो 12, 16, 18, 24, 32 में से प्रत्येक से पूर्णतया विभक्त हो.

2	12, 16, 18, 24, 32
2	6, 8, 9, 12, 16
2	3, 4, 9, 6, 8
2	3, 2, 9, 3, 4
3	3, 1, 9, 3, 2
	1, 1, 3, 1, 2

हल : 5 अंकों की बड़ी से बड़ी संख्या = 99999.
12, 16, 18, 24, 32 का ल०स० = $(2^4 \times 3^2 \times 2) = 288$
अब, 99999 को 288 से भाग देने पर शेषफल = 63.
अभीष्ट संख्या = $(99999 - 63) = 99936$.

प्रश्न 15. चार अंकों की वह बड़ी से बड़ी संख्या ज्ञात करो जिसे 12, 18, 21, 24 में से प्रत्येक से भाग देने पर हर दशा में 7 शेष बचे.

2	12, 18, 21, 24
3	6, 9, 21, 12
2	2, 3, 7, 4
	1, 3, 7, 2

हल : 4 अंकों की बड़ी से बड़ी संख्या = 9999.
12, 18, 21, 24 का ल०स० = $(2 \times 3 \times 2 \times 3 \times 7 \times 2) = 504$.
अब 9999 को 504 से भाग देने पर शेषफल = 423.
अभीष्ट संख्या = $(9999 - 423 + 7) = 9583$.

प्रश्नमाला 2A

निम्नलिखित प्रश्नों में से प्रत्येक में ठीक उत्तर को चिन्हांकित (✓) कीजिए :

1. $\frac{611}{1363}$ का सरलतम रूप क्या है ?

   (*a*) $\frac{23}{29}$ (*b*) $\frac{13}{29}$ (*c*) $\frac{13}{23}$ (*d*) $\frac{17}{23}$

2. $\frac{777}{1147}$ का सरलतम रूप क्या है ?

   (*a*) $\frac{17}{19}$ (*b*) $\frac{19}{21}$ (*c*) $\frac{13}{29}$ (*d*) $\frac{21}{31}$

3. $\frac{128352}{238368}$ का सरलतम रूप क्या है ?

(a) $\frac{3}{4}$ (b) $\frac{5}{13}$ (c) $\frac{7}{13}$ (d) $\frac{9}{13}$

4. 1134, 1344 तथा 1701 का महत्तम समापवर्तक कितना है ?

(a) 42 (b) 21 (c) 23 (d) 29

5. 96, 528, 2160, 3520 का महत्तम समापवर्तक कितना है ? **(रेलवे परीक्षा, 2009)**

(a) 8 (b) 16 (c) 12 (d) 24

6. 2.4, 0.36 तथा 7.2 का महत्तम समापवर्तक कितना है ? **(एस०एस०सी० परीक्षा, 2009)**

(a) 12 (b) 1.2 (c) 0.12 (d) 120

7. $\frac{7}{9}, \frac{14}{15}, \frac{7}{10}$ का महत्तम समापवर्तक कितना है ?

(a) $\frac{7}{45}$ (b) $\frac{7}{90}$ (c) $\frac{14}{45}$ (d) $\frac{7}{675}$

8. $\frac{9}{10}, \frac{12}{25}, \frac{18}{35}, \frac{21}{40}$ का महत्तम समापवर्तक कितना है ?

(a) $\frac{3}{5}$ (b) $\frac{3}{1400}$ (c) $\frac{9}{100}$ (d) $\frac{252}{5}$

9. तीन संख्यायें 1 : 2 : 3 के अनुपात में हैं तथा इनका महत्तम समापवर्तक 12 है. ये संख्यायें हैं :

(a) 6, 12, 18 (b) 12, 24, 30 (c) 12, 24, 36 (d) 5, 12, 15

10. दो संख्यायें 5 : 6 के अनुपात में हैं. यदि इनका महत्तम समापवर्तक 4 हो, तो इनका लघुत्तम समापवर्त्य कितना होगा ? **(एस०एस०सी० परीक्षा, 2010)**

(a) 90 (b) 96 (c) 120 (d) 150

11. 24, 36, 40 का लघुत्तम समापवर्त्य कितना है ?

(a) 120 (b) 240 (c) 360 (d) 480

12. 22, 54, 108, 135, 198 का लघुत्तम समापवर्त्य कितना है ?

(a) 330 (b) 1980 (c) 5940 (d) 11880

13. $\frac{2}{3}, \frac{3}{5}, \frac{4}{7}, \frac{9}{13}$ का लघुत्तम समापवर्त्य कितना है ?

(a) 36 (b) $\frac{1}{36}$ (c) $\frac{1}{1365}$ (d) $\frac{12}{455}$

14. 1.08, 0.36 तथा 0.9 का लघुत्तम समापवर्त्य कितना है ?

(a) 1.08 (b) 0.9 (c) 10.8 (d) 5.4

15. दो संख्याओं के महत्तम समापवर्तक तथा लघुत्तम समापवर्त्य क्रमश: 8 तथा 48 हैं. यदि इनमें से एक संख्या 24 हो, तो दूसरी संख्या क्या होगी ? **(एस०एस०सी० परीक्षा, 2010)**

(a) 48 (b) 36 (c) 16 (d) 24

16. 12 के दो गुणजों का लघुत्तम समापवर्त्य 1056 है. यदि इनमें से एक संख्या 132 हो, तो दूसरी संख्या क्या होगी ? **(एस०एस०सी० परीक्षा, 2009)**

(a) 12 (b) 72 (c) 96 (d) 84

17. दो संख्यायें 3 : 4 के अनुपात में हैं तथा इनका लघुत्तम समापवर्त्य 84 है. इनमें से बड़ी संख्या कौन-सी होगी ? **(एस०एस०सी० परीक्षा, 2010)**

(a) 21 (b) 24 (c) 28 (d) 84

18. 29 से बड़ी दो संख्याओं का महत्तम समापवर्तक 29 तथा लघुत्तम समापवर्त्य 4147 है. इन संख्याओं का योग कितना है ? **(एस०एस०सी० परीक्षा, 2009)**

(a) 966 (b) 696 (c) 669 (d) 666

19. दो संख्याओं का योग 36 है. इनका महत्तम समापवर्तक 3 तथा लघुत्तम समापवर्त्य 105 है. इन संख्याओं के व्युत्क्रमों का योग कितना होगा? **(एस०एस०सी० परीक्षा, 2010)**

(*a*) $\frac{2}{35}$ (*b*) $\frac{3}{25}$ (*c*) $\frac{4}{35}$ (*d*) $\frac{2}{25}$

20. दो संख्याओं के महत्तम समापवर्तक तथा लघुत्तम समापवर्त्य का योग 680 है. यदि लघुत्तम समापवर्त्य, महत्तम समापवर्तक का 84 गुना हो तथा एक संख्या 56 हो, तो दूसरी संख्या क्या होगी?

(*a*) 36 (*b*) 84 (*c*) 96 (*d*) 112

(एस०एस०सी० परीक्षा, 2005)

21. दो संख्याओं का लघुत्तम समापवर्त्य 120 है. निम्नलिखित में से कौन-सी संख्या इन संख्याओं का महत्तम समापवर्तक नहीं हो सकती?

(*a*) 8 (*b*) 12 (*c*) 24 (*d*) 35

22. ऐसी संख्याओं के कितने जोड़े होंगे जिनका महत्तम समापवर्तक 16 तथा लघुत्तम समापवर्त्य 136 हो?

(*a*) केवल एक (*b*) केवल दो (*c*) अनन्त (*d*) कोई नहीं

23. वह न्यूनतम पूर्ण वर्ग संख्या क्या होगी जो 12, 15 तथा 25 से पूर्णतया विभक्त हो?

(*a*) 400 (*b*) 900 (*c*) 1300 (*d*) 1600

(एस०एस०सी० परीक्षा, 2010)

24. वह न्यूनतम संख्या कौन-सी है जिसे 8, 10 अथवा 12 से विभक्त करने पर प्रत्येक दशा में 7 शेष बचे?

(*a*) 127 (*b*) 137 (*c*) 177 (*d*) 267 (*e*) इनमें से कोई नहीं

(बैंक पी०ओ० परीक्षा, 2010)

25. वह छोटी से छोटी संख्या कौन-सी है जिसमें से 11 घटाने पर प्राप्त शेषफल 14, 15, 21, 32 तथा 60 में से प्रत्येक से पूर्णतया विभक्त हो जाये?

(*a*) 3352 (*b*) 3349 (*c*) 3371 (*d*) 3381

26. वह छोटी से छोटी संख्या कौन-सी है जिसमें 9 जोड़ने पर प्राप्त संख्या 24, 32, 36, 54 में से प्रत्येक से पूर्णतया विभक्त हो जाये?

(*a*) 462 (*b*) 855 (*c*) 871 (*d*) इनमें से कोई नहीं

27. वह छोटी से छोटी संख्या कौन-सी होगी जिसे 5, 6, 8, 9, 12 से भाग देने पर प्रत्येक दशा में 1 शेष बचे परन्तु 13 से पूर्णतया विभक्त हो?

(*a*) 361 (*b*) 721 (*c*) 1801 (*d*) 3601

28. वह छोटी से छोटी संख्या कौन-सी है जिसे 8, 9, 12, 15 से भाग देने पर प्रत्येक दशा में 1 शेष बचे?

(*a*) 179 (*b*) 181 (*c*) 359 (*d*) 361

(रेलवे परीक्षा, 2005)

29. 1856 में से कौन-सी न्यूनतम संख्या घटाई जाये कि शेषफल को 7, 12 और 16 से विभक्त करने पर प्रत्येक दशा में शेष 4 बचे? **(एस०एस०सी० परीक्षा, 2010)**

(*a*) 137 (*b*) 140 (*c*) 172 (*d*) 1361

30. वह छोटी से छोटी संख्या कौन-सी है जिसे क्रमशः 12, 15 तथा 16 से भाग देने पर 7, 10 तथा 11 शेष बचे?

(*a*) 115 (*b*) 235 (*c*) 247 (*d*) 475

31. वह बड़ी से बड़ी संख्या कौन-सी है जिसे 5834 में से घटाने पर प्राप्त संख्या 20, 28, 32 तथा 35 में से प्रत्येक से पूर्णतः विभक्त हो? **(एस०एस.सी० परीक्षा, 2010)**

(*a*) 1120 (*b*) 234 (*c*) 4714 (*d*) इनमें से कोई नहीं

32. चार अंकों की बड़ी से बड़ी संख्या कौन-सी है जो 12, 15, 18, 27 में से प्रत्येक से पूर्णतया विभक्त हो?

(*a*) 9690 (*b*) 9720 (*c*) 9930 (*d*) 9960

(एस०एस०सी० परीक्षा, 2006)

33. वह बड़ी से बड़ी संख्या कौन-सी है जिससे 1657 तथा 2037 को भाग दिये जाने पर क्रमशः 6 तथा 5 शेष बचे?

(*a*) 127 (*b*) 133 (*c*) 235 (*d*) 305

(एस०एस०सी० परीक्षा, 2006)

34. वह बड़ी से बड़ी संख्या कौन-सी है जिससे 187, 233, 279 को भाग देने पर प्रत्येक दशा में समान शेष बचे?
(*a*) 30 (*b*) 36 (*c*) 46 (*d*) 56

35. वह बड़ी से बड़ी संख्या कौन-सी है जिससे 964, 1238, 1400 को विभक्त करने पर क्रमशः 41, 31 तथा 51 शेष बचे?
(*a*) 61 (*b*) 71 (*c*) 73 (*d*) 81

36. तीन ड्रमों में क्रमशः 2527 लीटर, 1653 लीटर तथा 2261 लीटर दूध है. वह बड़े से बड़ा किस माप का डिब्बा होगा जो प्रत्येक ड्रम के दूध को डिब्बों की पूर्ण संख्या में नाप दे?
(*a*) 19 लीटर (*b*) 20 लीटर (*c*) 29 लीटर (*d*) 31 लीटर

37. 78 सेमी०, 104 सेमी०, 117 सेमी० तथा 169 सेमी० लम्बी धातु की चार छड़ों को अधिकतम लम्बाई की बराबर छड़ों में काटने पर प्राप्त सभी छड़ों की अधिकतम संख्या कितनी होगी? **(एस०एस०सी० परीक्षा, 2008)**
(*a*) 27 (*b*) 36 (*c*) 43 (*d*) 48

38. एक कमरा 15 मी० 17 सेमी० लम्बा तथा 9 मी० 2 सेमी० चौड़ा है. इसकी छत के निचले भाग में कम से कम कितनी वर्गाकार टाइलें लगेंगी? **(एम०बी०ए० परीक्षा, 2006)**
(*a*) 656 (*b*) 738 (*c*) 814 (*d*) 902

39. अमित, सुचेता और नीति एक वृत्ताकार रास्ते के गिर्द एक ही बिंदु से एक साथ दौड़ना आरम्भ करते हैं तथा क्रमशः 18, 24 और 32 सेकण्ड में एक चक्कर पूरा करते हैं. वे तीनों कितने समय बाद प्रारम्भिक बिंदु पर मिलेंगे?
(*a*) 196 सेकण्ड (*b*) 288 सेकण्ड (*c*) 324 सेकण्ड
(*d*) निर्धारित नहीं किया जा सकता (*e*) इनमें से कोई नहीं **(बैंक पी०ओ० परीक्षा. 2010)**

40. तीन विभिन्न चौराहों पर आवागमन सूचक बत्तियाँ क्रमशः 48 सेकण्ड, 72 सेकण्ड तथा 108 सेकण्ड के बाद बदलती हैं. यदि वे एक साथ 8 : 20 : 00 बजे बदली गई हों, तो फिर वे एक साथ कितने बजे बदलेंगी?
(*a*) 8 : 20 : 08 बजे (*b*) 8 : 24 : 10 बजे (*c*) 8 : 27 : 12 बजे (*d*) 8 : 30 : 15 बजे

41. छः घण्टियाँ एक साथ बजनी आरम्भ हुई. यदि ये घण्टियाँ क्रमशः 2, 4, 6, 8, 10, 12 सेकण्ड के अन्तराल से बजें तो 30 मिनट में कितनी बार ये इक्कट्ठी बजेंगी?
(*a*) 4 बार (*b*) 10 बार (*c*) 16 बार (*d*) इनमें से कोई नहीं

42. पत्थरों के एक ढ़ेर को क्रमशः 32, 40, 72 के ढ़ेर बनाने पर 10, 18 तथा 50 पत्थर शेष बचते हैं. इस ढ़ेर में कम से कम कितने पत्थर हैं? **(एम०बी०ए० परीक्षा, 2005)**
(*a*) 1412 (*b*) 1416 (*c*) 1418 (*d*) 1420

उत्तरमाला (प्रश्नमाला 2A)

1. (*b*)	**2.** (*d*)	**3.** (*c*)	**4.** (*b*)	**5.** (*b*)	**6.** (*c*)	**7.** (*b*)	**8.** (*b*)	**9.** (*c*)	**10.** (*c*)
11. (*c*)	**12.** (*c*)	**13.** (*a*)	**14.** (*d*)	**15.** (*c*)	**16.** (*c*)	**17.** (*c*)	**18.** (*b*)	**19.** (*c*)	**20.** (*c*)
21. (*d*)	**22.** (*d*)	**23.** (*b*)	**24.** (*a*)	**25.** (*c*)	**26.** (*b*)	**27.** (*d*)	**28.** (*d*)	**29.** (*c*)	**30.** (*b*)
31. (*c*)	**32.** (*b*)	**33.** (*a*)	**34.** (*c*)	**35.** (*b*)	**36.** (*a*)	**37.** (*b*)	**38.** (*c*)	**39.** (*b*)	**40.** (*c*)
41. (*c*)	**42.** (*c*)								

दिये गये प्रश्नों के हल | प्रश्नमाला 2A

1.
```
611 ) 1363 ( 2
      1222
      141 ) 611 ( 4
            564
            47 ) 141 ( 3
                 141
                  x
```
∴ 611 तथा 1363 का म०स० = 47.

अतः $\frac{611}{1363} = \frac{611 \div 47}{1363 \div 47} = \frac{13}{29}$.

2.
```
777 ) 1147 ( 1
      777
      370 ) 777 ( 2
            740
            37 ) 370 ( 10
                 37
                  0
```
∴ 777 तथा 1147 का म०स० = 37.

अतः $\frac{777}{1147} = \frac{777 \div 37}{1147 \div 37} = \frac{21}{31}$.

3.
```
128352) 238368 (1
        128352
        110016) 128352 (1
                110016
                 18336) 110016 (6
                        110016
                           x
```

$$\frac{128352}{238368} = \frac{128352 \div 18336}{238368 \div 18336} = \frac{7}{13}.$$

4.
```
1134) 1344 (1
      1134
       210) 1134 (5
            1050
              84) 210 (2
                  168
                   42) 84 (2
                       84
                        x
```

```
42) 1701 (40
    168
      21) 42 (2
          42
           x
```

$\therefore$ 1134, 1344 तथा 1701 का म०स० = 21.

5.

2	96
2	48
2	24
2	12
2	6
	3

2	528
2	264
2	132
2	66
3	33
	11

2	2160
2	1080
2	540
2	270
3	135
3	45
3	15
	5

2	3520
2	1760
2	880
2	440
2	220
2	110
5	55
	11

$96 = 2^5 \times 3,\ 528 = 2^4 \times 3 \times 11,\ 2160 = 2^4 \times 3^3 \times 5$ तथा $3520 = 2^6 \times 5 \times 11$

अभीष्ट म०स० $= 2^4 = 16.$

6. दी गई संख्यायें दशमलव के दो स्थानों तक क्रमश: 2.40, 0.36 तथा 7.20 हैं.

अब 240, 36 तथा 720 का म०स० = 12.

$\therefore$ 2.40, 0.36 तथा 7.20 का म०स० = 0.12.

7. $\frac{7}{9}, \frac{14}{15}, \frac{7}{10}$ का म० स० $= \frac{7, 14, 7 \text{ का म० स०}}{9, 15, 10 \text{ का ल०स०}} = \frac{7}{90}.$

8. $\frac{9}{10}, \frac{12}{25}, \frac{18}{35}, \frac{21}{40}$ का म० स० $= \frac{9, 12, 18, 21 \text{ का म० स०}}{10, 25, 35, 40 \text{ का ल०स०}} = \frac{3}{1400}.$

5	10, 25, 35, 40
2	2, 5, 7, 8
	1, 5, 7, 4

$\therefore$ 10, 25, 35, 40 का ल०स० = 5 × 2 × 5 × 7 × 4 = 1400.

दी गई भिन्नों का म०स० $= \frac{3}{1400}.$

9. माना अभीष्ट संख्यायें x, $2x$ तथा $3x$ हैं. तब, इनका म०स० $= x$. $\quad \therefore x = 12.$

अत: ये संख्यायें हैं 12, 24, 36.

10. माना ये संख्यायें $5x$ तथा $6x$ हैं. तब इनका म.स० $= x$.

$\therefore x = 4$. अत: ये संख्यायें (5 × 4) = 20 तथा (6 × 4) = 24 है.

4	20, 24
	5, 6

इनका ल०स० = 4 × 5 × 6 = 120.

11.

4	24, 36, 40
3	6, 9, 10
2	2, 3, 10
	1, 3, 5

$\therefore$ ल०स० = 4 × 3 × 2 × 3 × 5 = 360.

12.

2	22, 54, 108, 135, 198
11	11, 27, 54, 135, 99
3	1, 27, 54, 135, 9
3	1, 9, 18, 45, 3
3	1, 3, 6, 15, 1
	1, 1, 2, 5, 1

$\therefore$ ल०स० = 2 × 11 × 3 × 3 × 3 × 2 × 5 = 5940.

13. $\frac{2}{3}, \frac{3}{5}, \frac{4}{7}, \frac{9}{13}$ का ल०स० $= \frac{2, 3, 4, 9 \text{ का ल०स०}}{3, 5, 7, 13 \text{ का म०स०}} = \frac{36}{1} = 36.$

2	2, 3, 4, 9
3	1, 3, 2, 9
	1, 1, 2, 3

14. दी गई संख्यायें हैं 1.08, 0.36 तथा 0.90

अब 108, 36, 90 का ल०स० $= 18 \times 2 \times 3 \times 5$
$= 540.$

अभीष्ट ल०स० $= 5.4.$

18	108, 36, 90
2	6, 2, 5
	3, 1, 5

15. माना दूसरी संख्या $= x$. तब

(पहली संख्या × दूसरी संख्या) = (इनका म०स०) × (इनका ल०स०)

$\Rightarrow (24 \times x) = (8 \times 48) \Rightarrow x = \frac{8 \times 48}{24} = 16.$ अत: अभीष्ट संख्या = 16.

16. एक संख्या $= 132 = 12 \times 11$. माना दूसरी संख्या $= 12x$. तब इनका ल०स० $= 132x$.

$\therefore 132x = 1056 \Rightarrow x = \frac{1056}{132} = 8.$ अत: दूसरी संख्या $= (12 \times 8) = 96.$

17. माना ये संख्यायें $3x$ तथा $4x$ हैं. तब, इनका ल०स० $= 12x$.

$\therefore 12x = 84 \Rightarrow x = 7.$ अत: ये संख्यायें $(3 \times 7) = 21$ तथा $(4 \times 7) = 28$ हैं. इनमें से बड़ी संख्या 28 है.

18. माना अभीष्ट संख्यायें $29a$ तथा $29b$ हैं. तब, $29a \times 29b = 29 \times 4147 \Rightarrow a \times b = \frac{4147}{29} = 143 = 11 \times 13$

$\therefore$ ये संख्यायें हैं (29×11) तथा (29×13) अर्थात 319 तथा 377.

इन संख्याओं का योग $= (319 + 377) = 696.$

19. माना ये संख्यायें x तथा y हैं. तब $x + y = 36$ तथा $xy = (3 \times 105) = 315.$

$\therefore \left(\frac{1}{x} + \frac{1}{y}\right) = \frac{(x+y)}{xy} = \frac{36}{315} = \frac{4}{35}.$

अत: इन संख्याओं के व्युत्क्रमों का योग $= \frac{4}{35}.$

20. म०स० + ल०स० $= 680 \Rightarrow$ म०स० $+ 84 \times$ (म०स०) $= 680$. $\therefore 85 \times$(म०स०) $= 680 \Rightarrow$ म० स० $= \frac{680}{85} = 8.$

$\therefore$ ल०स० $= (84 \times 8) = 672 \Rightarrow$ दूसरी संख्या $= \frac{8 \times 672}{56} = 96.$

21. स्पष्ट है कि दो संख्याओं का महत्तम समापवर्तक इन संख्याओं के लघुत्तम समापवर्त्य को सदैव पूर्णतया विभक्त करता है. अत: किन्हीं दो संख्याओं का ल०स० 120 तथा म०स० 35 नहीं हो सकता.

22. स्पष्ट है कि दो संख्याओं का महत्तम समापवर्तक इन संख्याओं के लघुत्तम समापवर्त्य को सदैव पूर्णतया विभक्त करता है. अत: ऐसी संख्याओं का कोई जोड़ा नहीं है.

23. 12, 15, 25 का ल०स० $= 3 \times 5 \times 4 \times 5$
$= 3 \times 2^2 \times 5^2.$

अभीष्ट पूर्ण वर्ग $= (3^2 \times 2^2 \times 5^2) = 900.$

3	12, 15, 25
5	4, 5, 25
	4, 1, 5

24. अभीष्ट संख्या = (8, 10, 12 का ल०स०) + 7
$= (2 \times 2 \times 2 \times 5 \times 3) + 7 = 127.$

2	8, 10, 12
2	4, 5, 6
	2, 5, 3

25. अभीष्ट संख्या = (14, 15, 21, 32, 60 का ल०स०) + 11
$= (2 \times 2 \times 3 \times 5 \times 7 \times 8) + 11$
$= (3360 + 11) = 3371.$

2	14, 15, 21, 32, 60
2	7, 15, 21, 16, 30
3	7, 15, 21, 8, 15
5	7, 5, 7, 8, 5
7	7, 1, 7, 8, 1
	1, 1, 1, 8, 1

26. अभीष्ट संख्या = (24, 32, 36, 54 का ल०स०) – 9
= (2 × 2 × 2 × 3 × 3 × 4 × 3) – 9
= (864 – 9) = 855.

2	24, 32, 36, 54
2	12, 16, 18, 27
2	6, 8, 9, 27
3	3, 4, 9, 27
3	1, 4, 3, 9
	1, 4, 1, 3

27. 5, 6, 8, 9, 12 का ल०स० = (2 × 3 × 2 × 5 × 2 × 3) = 360.
माना अभीष्ट संख्या = 360*k* + 1, जो 13 का गुणज है.
∴ अभीष्ट संख्या = (360 × 10 + 1) = 3601.

2	5, 6, 8, 9, 12
3	5, 3, 4, 9, 6
2	5, 1, 4, 3, 2
	5, 1, 2, 3, 1

28. 8, 9, 12, 15 का ल०स० = (2 × 2 × 3 × 2 × 3 × 5)
= 360.
अभीष्ट संख्या = (360 + 1) = 361.

2	8, 9, 12, 15
2	4, 9, 6, 15
3	2, 9, 3, 15
	2, 3, 1, 5

29. 7, 12, 16 का ल०स० = (4 × 7 × 3 × 4) = 336
1856 को 336 से भाग देने पर शेषफल = 176.
∴ अभीष्ट संख्या = 176 – 4 = 172.

4	7, 12, 16
	7, 3, 4

336) 1856 (5
1680
176

30. यहाँ (12 – 7) = (15 – 10) = (16 – 11) = 5.
∴ अभीष्ट संख्या = (12, 15, 16 का ल०स०) – 5
= (2 × 2 × 3 × 5 × 4) – 5
= (240 – 5) = 235.

2	12, 15, 16
2	6, 15, 8
3	3, 15, 4
	1, 5, 4

31. 20, 28, 32, 35 का ल०स० = (4 × 7 × 5 × 8) = 1120.
अभीष्ट संख्या = (5834 – 1120) = 4714.

4	20, 28, 32, 35
7	5, 7, 8, 35
5	5, 1, 8, 5
	1, 1, 8, 1

32. 12, 15, 18, 27 का ल०स० = (3 × 2 × 3 × 2 × 5 × 3)
= 540
चार अंकों की बड़ी से बड़ी संख्या = 9999
9999 को 540 से भाग देने पर शेषफल = 279.
∴ अभीष्ट संख्या = (9999 – 279) = 9720.

3	12, 15, 18, 27
2	4, 5, 6, 9
3	2, 5, 3, 9
	2, 5, 1, 3

540) 9999 (18
540
4599
4320
279

33. अभीष्ट संख्या = (1657 – 6) तथा (2037 – 5) का म०स०
= 1651 तथा 2032 का म०स०
= 127.

1651) 2032 (1
1651
381) 1651 (4
1524
127) 381 (3
381
x

34. अभीष्ट संख्या = {(233 – 187), (279 – 233), (279 – 187)} का म०स० = {46, 46, 92} का म०स० = 46.

35. अभीष्ट संख्या = {(964 – 41), (1238 – 31), (1400 – 51)} का म०स०
= (923, 1207, 1349) का म०स० = 71.

36. अभीष्ट माप = 2527 लीटर, 1653 लीटर तथा 2261 लीटर का म॰स॰

7	2527
19	361
	19

3	1653
19	551
	29

7	2261
17	323
	19

$2527 = 7 \times (19)^2; 1653 = 3 \times 19 \times 29$ तथा $2261 = 7 \times 17 \times 19.$

अत: म॰स॰ = 19 तथा अभीष्ट माप = 19 लीटर.

37. प्रत्येक छड़ की लम्बाई = 78 सेमी॰, 104 सेमी॰, 117 सेमी॰, 169 सेमी॰ का म॰स॰ = 13 सेमी॰

अभीष्ट छड़ों की संख्या $= \left(\frac{78}{13} + \frac{104}{13} + \frac{117}{13} + \frac{169}{13}\right) = (6+8+9+13) = 36.$

38. प्रत्येक वर्गाकार टाइल की अधिकतम लम्बाई = 1517 सेमी॰ तथा 902 सेमी॰ का म॰स॰

```
902 ) 1517 ( 
      902
      615 ) 902 ( 1
            615
            287 ) 615 ( 2
                  574
                   41 ) 287 ( 7
                        287
                         x
```

इन टाइलों की संख्या $= \frac{\cancel{1517}^{37} \times \cancel{902}^{22}}{\cancel{41} \times 41} = 814.$

39. अभीष्ट संख्या = 18 से॰, 24 से॰, 32 से॰ का ल॰स॰

= (2 × 3 × 4 × 3 × 4) सेमी॰ = 288 सेकण्ड.

2	18, 24, 32
3	9, 12, 16
4	3, 4, 16
	3, 1, 4

40. एक साथ बदले जाने का समय अन्तराल = 48 से॰, 72 से॰, 108 सै॰ का ल॰स॰

= (4 × 3 × 2 × 3 × 2 × 3) सै॰

= 432 सै॰ = 7 मिनट 12 सै॰.

अत: वे पुन: 8:27:12 बजे एक साथ बदलेंगी.

4	48, 72, 108
3	12, 18, 27
2	4, 6, 9
3	2, 3, 9
	2, 1, 3

41. एक साथ इकट्ठे बजने का अन्तराल

= 2, 4, 6, 8, 10, 12 से॰ का ल॰स॰

= (2 × 2 × 3 × 2 × 5) से॰ = 120 से॰

= 2 मिनट.

अत: ये 30 मिनट में $\left(\frac{30}{2} + 1\right)$ अर्थात 16 बार इकट्ठी बजेंगी.

2	2, 4, 6, 8, 10, 12
2	1, 2, 3, 4, 5, 6
3	1, 1, 3, 2, 5, 3
	1, 1, 1, 2, 5, 1

42. स्पष्ट है कि (32 – 10) = (40 – 18) = (72 – 50) = 22.

∴ अभीष्ट संख्या = (32, 40, 72 का ल॰स॰) – 22.

= (2 × 2 × 2 × 4 × 5 × 9) – 22

= (1440 – 22) = 1418.

2	32, 40, 72
2	16, 20, 36
2	8, 10, 18
	4, 5, 9

प्रश्नमाला 2B

1. 7 का वह छोटे से छोटा गुणज क्या होगा जिसे क्रमशः 2, 3, 4, 5 तथा 6 से विभक्त करने पर क्रमशः 1, 2, 3, 4 तथा 5 शेष बचे? **(एस०एस०सी० परीक्षा, 2009)**
2. 5 अंकों की वह बड़ी से बड़ी संख्या ज्ञात करो जिसे 15, 18, 21, 24 से भाग देने पर क्रमशः 11, 14, 17, 20 शेष बचे.
3. 4 अंकों की वह बड़ी से बड़ी संख्या ज्ञात करो जो 16, 24, 56 तथा 72 में से प्रत्येक से पूर्णतया विभक्त हो.
4. वह छोटी से छोटी संख्या कौन-सी है जिसे 5, 6, 8, 9, 12 से भाग देने पर प्रत्येक दशा में 1 शेष बचे परन्तु 13 से भाग देने पर शेषफल शून्य हो.
5. वह बड़ी से बड़ी संख्या कौन-सी है जिससे 2270, 3739 तथा 6677 में से प्रत्येक को भाग देने पर शेषफल समान हो?
6. दो अंकों वाली दो संख्याओं का गुणनफल 2028 है तथा इनका महत्तम समापवर्तक 13 है. संख्यायें ज्ञात कीजिए. **(एस०एस०सी० परीक्षा, 2001)**
7. ऐसी दो संख्यायें ज्ञात कीजिए जिनका योग 216 तथा महत्तम समापवर्तक 27 हो.
8. तीन अंकों वाली ऐसी दो संख्यायें ज्ञात कीजिए जिनका लघुत्तम समापवर्त्य 5760 तथा महत्तम समापवर्तक 80 हो. **(एस०एस०सी० परीक्षा, 2005)**
9. दो संख्याओं का अनुपात 3 : 5 है तथा इनका लघुत्तम समापवर्त्य 300 है. संख्यायें ज्ञात कीजिए.
10. एक खोखले वर्ग के रूप में कम से कम कितने लड़कों को खड़ा किया जा सकता है जबकि वर्ग की प्रत्येक भुजा 12, 15 अथवा 18 लड़कों से बनाई जा सके? यदि यह वर्ग ठोस हो, तो कम से कम लड़कों की संख्या कितनी होगी?
11. तीन खेतों के क्षेत्रफल क्रमशः 165 वर्ग मीटर तथा 285 वर्ग मीटर हैं. इनमें बराबर-बराबर नाप की फूलों की आयताकार क्यारियाँ बनानी हैं. यदि प्रत्येक क्यारी की चौड़ाई 3 मीटर हो, तो प्रत्येक की लम्बाई कितनी है?

उत्तरमाला (प्रश्नमाला 2B)

1. 119 **2.** 98276 **3.** 9072 **4.** 3601 **5.** 1469 **6.** 52, 39
7. (27, 189) अथवा (81, 135) **8.** 640, 720 **9.** 60, 100 **10.** 3600 **11.** 5 मीटर

दिये गए प्रश्नों के हल प्रश्नमाला 2B

1. स्पष्ट है कि प्रत्येक भाजक तथा उसके संगत शेषफल का अन्तर 1 है.

i.e. $(2-1)=(3-2)=(4-3)=(5-4)=(6-5)=1$.

अब 2, 3, 4, 5, 6 का ल०स० $=(2\times3\times2\times5)=60$.

माना अभीष्ट संख्या $=(60k-1)$, जो 7 से पूर्णतया विभक्त होगी. स्पष्ट है कि $k=2$.

$\therefore$ अभीष्ट संख्या $=(60\times2-1)=119$.

2	2, 3, 4, 5, 6
3	1, 3, 2, 5, 3
	1, 1, 2, 5, 1

2. 15, 18, 21, 24 का ल०स०

$=(3\times2\times5\times3\times7\times4)=2520$.

3	15, 18, 21, 24
2	5, 6, 7, 8
	5, 3, 7, 4

भाजक तथा संगत शेषफल का अन्तर

$=(15-11)=(18-14)=(21-17)=(24-20)=4$.

5 अंकों की बड़ी से बड़ी संख्या = 99999.

99999 को 2520 से भाग देने पर शेषफल = 1719

अभीष्ट संख्या $=(99999-1719)-4=98276$.

2520) 99999 (39
7560
24399
22680
1719

3. 16, 24, 56, 72 का ल०स० = 1008.

चार अंकों की बड़ी से बड़ी संख्या = 9999.

9999 को 1008 से भाग देने पर शेषफल = 927

$\therefore$ अभीष्ट संख्या $=(9999-927)=9072$.

1008) 9999 (9
9072
927

4. 5, 6, 8, 9, 12 में से प्रत्येक से विभक्त होने वाली संख्या
= 5, 6, 8, 9, 12 का ल०स०
$= (2 \times 2 \times 3 \times 5 \times 2 \times 3) = 360$.
माना अभीष्ट संख्या $= (360k + 1)$, जो 13 से विभक्त हो.
स्पष्ट है कि $k = 10$. अतः अभीष्ट संख्या $= (360 \times 10 + 1) = 3601$.

2	5, 6, 8, 9, 12
2	5, 3, 4, 9, 6
3	5, 3, 2, 9, 3
	5, 1, 2, 3, 1

5. अभीष्ट संख्या = (3739 – 2270), (6677 – 3739), (6677 – 2270) का म०स०
= 1469, 2938, 4407 का म०स० = 1469.

6. माना अभीष्ट संख्यायें $13a$ तथा $13b$ हैं जहाँ a तथा b सहअभाज्य हैं.
$\therefore (13a \times 13b) = 2028 \Rightarrow ab = \frac{2028}{13 \times 13} = 12.$
$\therefore (a = 12, b = 1)$ अथवा $(a = 4, b = 3)$
∴ अभीष्ट संख्यायें $(13 \times 12, 13 \times 1)$ अथवा $(13 \times 4, 13 \times 3)$ हैं.
स्पष्ट है कि इनमें से 2 अंकों वाली संख्यायें 52 तथा 39 हैं.

7. माना अभीष्ट संख्यायें $27a$ तथा $27b$ हैं जहाँ a तथा b सहअभाज्य हैं.
अब $(27a + 27b) = 216 \Rightarrow 27(a + b) = 216 \Rightarrow (a + b) = 8$
$\therefore (a = 1, b = 7)$ अथवा $(a = 3, b = 5)$
अतः अभीष्ट संख्यायें $(27 \times 1, 27 \times 7)$ अथवा $(27 \times 3, 27 \times 5)$ हैं.
अर्थात ये संख्यायें (27, 189) अथवा (81, 135) हैं.

8. माना दी गई संख्यायें $80a$ तथा $80b$, जहाँ a तथा b सहअभाज्य हैं.
तब, इनका लघुत्तम समापवर्त्य $= 80ab$.
$\therefore 80ab = 5760 \Rightarrow ab = \frac{5760}{80} = 72$
(a, b) के अभीष्ट मान (72, 1) अथवा (8, 9) हैं.
अभीष्ट संख्यायें $(80 \times 72, 80 \times 1)$ अथवा $(80 \times 8, 80 \times 9)$ हैं.
इनमें 3 अंकों वाली संख्यायें 640 तथा 720 हैं.

9. माना अभीष्ट संख्यायें $3x$ तथा $5x$ हैं.
इनका लघुत्तम समापवर्त्य $= 15x$.
$\therefore 15x = 300 \Rightarrow x = 20.$
अतः अभीष्ट संख्यायें 60 तथा 100 हैं.

10. 12, 15, 18 का लघुत्तम समापवर्त्य $= (3 \times 2 \times 2 \times 5 \times 3) = 180$.
खोखले वर्ग की प्रत्येक भुजा पर लड़कों की संख्या = 180
कुल लड़कों की संख्या $= (180 \times 4) = 720$.
$720 = (2^2 \times 2^2 \times 3^2 \times 5)$
ठोस वर्ग बनाने हेतु कम से कम लड़कों की संख्या $= (2^2 \times 2^2 \times 3^2 \times 5^2) = 3600$.

3	12, 15, 18
2	4, 5, 6
	2, 5, 3

11. प्रत्येक क्यारी का क्षेत्रफल = (165 वर्ग मी०, 195 वर्ग मी०, 285 वर्ग मी०) का म०स०
= 15 वर्ग मीटर.
प्रत्येक क्यारी की चौड़ाई = 3 मीटर
प्रत्येक क्यारी की लम्बाई $= \frac{15}{3}$ मीटर = 5 मीटर.

3 दशमलव भिन्नें (DECIMALS)

सामान्य नियम

दशमलव भिन्नें : ऐसी भिन्न जिसका हर 10 की घात में हो, दशमलव भिन्न कहलाती है. हम लिखते हैं :

$\frac{1}{10}=.1,\ \frac{2}{10}=.2,\ \frac{3}{10}=.3,\ \frac{4}{10}=.4,........,\ \frac{9}{10}=.9.$

$\frac{1}{100}=.01,\ \frac{2}{100}=.02,\ \frac{3}{100}=.03,\ ....,\frac{9}{100}=.09,\ \frac{10}{100}=\frac{1}{10}=.10.$

$\frac{11}{100}=.11,\ \frac{12}{100}=.12,\ \frac{13}{100}=.13,\ ....,\frac{27}{100}=.27,\ \frac{44}{100}=.44,....,\ \frac{99}{100}=.99.$

$\frac{1}{1000}=.001,\ \frac{2}{1000}=.002,....,\ \frac{9}{1000}=.009,\ \frac{11}{1000}=.011,\ \frac{12}{1000}=.012,$

$\frac{99}{1000}=.099,\ \frac{100}{1000}=\frac{1}{10}=.1,\ \frac{101}{1000}=.101,\ \frac{102}{1000}=.102,\ ....,\ \frac{999}{1000}=.999.$

दशमलव भिन्न को साधारण भिन्न में बदलना :

नियम : दी गई दशमलव भिन्न को अंश में बिना दशमलव बिन्दु के लिखें तथा हर में दशमलव बिन्दु के नीचे 1 के साथ उतनी शून्य लगायें जितने दशमलव बिन्दु के बाद के अंक हैं.

साधित उदाहरण

प्रश्न 1. नीचे दी गई प्रत्येक भिन्न को साधारण भिन्न में बदलें :

(*i*) 0.6 (*i*) 6.75 (*i*) 0.2345 (*i*) 0.00024

हल : (*i*) (*i*) $0.6=\frac{6}{10}=\frac{3}{5}$.

(*ii*) $6.75=\frac{675}{100}=\frac{27}{4}=6\frac{3}{4}$.

(*iii*) $0.2345=\frac{2345}{1000}=\frac{469}{200}=2\frac{69}{200}$.

(*iv*) $0.00024=\frac{24}{100000}=\frac{3}{12500}$.

टिप्पणी 1. दशमलव बिंदु के बाद के अंकों के अन्त में कितनी ही शून्य लगा दें, संख्या के मान में परिवर्तन नहीं होता.
जैसे : 0.8 = 0.80 = 0.800 आदि.

टिप्पणी 2. यदि किसी भिन्न के अंश तथा हर में दशमलव स्थानों की संख्या समान हो, तो हम अंश तथा हर दोनों में से दशमलव बिन्दु हटा देते हैं.

प्रश्न 2. सरल कीजिए : (*i*) $\frac{9.2}{11.5}$ (*ii*) $\frac{0.252}{0.312}$ (*iii*) $\frac{.25}{.0125}$.

हल : (*i*) $\frac{9.2}{11.5}=\frac{92}{115}=\frac{92\div 23}{115\div 23}=\frac{4}{5}$. [∵ 92 तथा 115 का म० स० = 23]

(*ii*) $\frac{0.252}{0.312}=\frac{252}{312}=\frac{252\div 12}{312\div 12}=\frac{21}{26}$. [∵ 252 तथा 312 का म० स० = 12]

(*iii*) $\frac{.25}{.0125}=\frac{.2500}{.0125}=\frac{2500}{125}=20$.

दशमलव भिन्नों को जोड़ना :

नियम : दी गई दशमलव भिन्नों को इस प्रकार लिखते हैं कि उनके दशमलव बिंदु एक दूसरे के ऊपर-नीचे रहें. अब इन संख्याओं को सामान्य विधि से जोड़ते हैं. उत्तर में दशमलव बिन्दु के ठीक नीचे दशमलव बिंदु लगाते हैं.

इसी प्रकार घटाने की प्रक्रिया की जाती है.

प्रश्न 3. सरल कीजिए :

(*i*) 348 + 36.4 + 9.35 + 0.473 + 0.0067 + 0.8
(*ii*) 0.874 + 2.96 + 3.5 + 16.467 + 0.0678
(*iii*) 82.064 – 37.8962.

हल : (*i*)

$$\begin{array}{r} 348 \\ 36.4 \\ 9.35 \\ 0.473 \\ 0.0067 \\ +\ 0.8 \\ \hline 395.0297 \\ \hline \end{array}$$

(*ii*)

$$\begin{array}{r} 0.874 \\ 2.96 \\ 3.5 \\ 16.467 \\ +\ 0.0678 \\ \hline 23.8688 \\ \hline \end{array}$$

(*iii*)

$$\begin{array}{r} 82.0640 \\ -\ 37.8962 \\ \hline 44.1678 \\ \hline \end{array}$$

दशमलव भिन्न को एक पूर्णांक से गुणा करना :

नियम : बिना दशमलव बिन्दु का ध्यान रखे इस संख्या को दिये गये पूर्णांक से गुणा करके गुणनफल में दशमलव बिन्दु उतने अंकों से पहले लगायें जितने कि दी गई दशमलव भिन्न वाली संख्या में हैं.

प्रश्न 4. सरल करें: (*i*) 24.7156 ×12 (*ii*) 0.000865 × 43.

हल : (*i*) 247156 × 12 = 2965872.

अब गुणनफल में दशमलव के 4 स्थान लेने पर :

24.7156 × 12 = 296.5872.

(*ii*) 865 × 43 = 37195.

अब गुणनफल में दशमलव के 6 स्थान लेने पर :

0.000865 × 43 = 0.037195.

दशमलव भिन्नों की गुणा :

नियम : दी गई संख्याओं को बिना दशमलव बिन्दु के गुणा कर लेते हैं. गुणनफल में दशमलव बिंदु उतने स्थानों पूर्व लेते हैं, जितना कि दी गई भिन्नों के दशमलव स्थानों का योग है.

प्रश्न 5. सरल कीजिए : (*i*) 13.6 × 1.24 (*ii*) 2.3 × 1.05 × 0.007

हल : (*i*) 136 × 124 = 16864.

दी गई संख्याओं में दशमलव स्थानों का योग = (1 + 2) = 3.

अत: गुणनफल में दशमलव के तीन स्थान लेने पर :

13.6 × 1.24 = 16.864.

(*ii*) बिना दशमलव के गुणा करने पर :

23 × 105 × 7 = 16905.

दी गई संख्याओं में दशमलव स्थानों का योग = (1 + 2 + 3) = 6.

अत: गुणनफल में दशमलव के 6 स्थान लेने पर :

2.3 × 1.05 × 0.007 = 0.016905.

दशमलव भिन्न को एक पूर्णांक से भाग देना :

नियम : दशमलव भिन्न को बिना दशमलव का ध्यान रखे दिये गये पूर्णांक से भाग दें तथा भागफल में उतने स्थानों से पूर्व दशमलव बिन्दु लगायें जितने दशमलव स्थान दी गई भिन्न में हैं.

प्रश्न 6. सरल करें : (*i*) .0221 ÷ 17 (*ii*) 17.968 ÷ 8

हल : (*i*) 221 ÷ 17 = 13.

दशमलव स्थान = 4.

$\therefore$ 0.0221 ÷ 17 = 0.0013.

(*ii*) 17968 ÷ 8 = 2246.

दशमलव स्थान = 3.

$\therefore$ 17.968 ÷ 8 = 2.246.

दशमलव भिन्न को दशमलव भिन्न से भाग देना :

नियम : भाज्य तथा भाजक प्रत्येक को 10 की ऐसी घात से गुणा करें कि भाजक एक पूर्णांक बन जाये. अब ऊपर दी गई विधि से भाग दें.

प्रश्न 7. हल करें : (*i*) 0·0256 ÷ 0·016 (*ii*) 0·01845 ÷ 0·15.

हल : (*i*) $\frac{0.0256}{0.016} = \frac{0.0256\times1000}{0.016\times1000} = \frac{25.6}{16} = 1.6.$

(*ii*) $\frac{0\cdot01845}{0\cdot15} = \frac{0\cdot01845\times100}{0\cdot15\times100} = \frac{1\cdot845}{15} = 0\cdot123.$

दशमलव भिन्नों के महत्तम समापवर्तक तथा लघुत्तम समापवर्त्य ज्ञात करना :

नियम : दी गई भिन्नों में, यदि आवश्यक हो तो कुछ शून्य लगाकर, दशमलव अंक समान कर लें. बिना दशमलव बिन्दु का ध्यान रखे, इन संख्याओं का महत्तम समापवर्तक तथा लघुत्तम समापवर्त्य ज्ञात करें. अब उतने स्थानों पूर्व दशमलव बिन्दु लगायें, जितने दशमलव स्थान प्रत्येक संख्या में हैं.

प्रश्न 8. 0·27, 1·8 तथा 0·036 का महत्तम समापवर्तक तथा लघुत्तम समापवर्त्य ज्ञात करें.

हल : दशमलव स्थान बराबर लेने पर दी गई संख्यायें हैं : 0·270, 1·800, 0·036.

बिना दशमलव बिन्दु के ये संख्यायें हैं : 270, 1800, 36.

अब 270, 1800, 36 का म०स० = 18.

अतः दी गई संख्याओं का म०स० = ·018.

270, 1800, 36 का ल०स० = 18 × 5 × 2 × 3 × 10 = 5400.

$\therefore$ दी गई संख्याओं का ल०स० = 5·400 अर्थात 5·4.

18	270 –	1800 –	36
5	15 –	100 –	2
2	3 –	20 –	2
	3 –	10 –	1

पुनरावृत्त दशमलव भिन्नें : यदि किसी दशमलव भिन्न में दशमलव के एक अथवा अधिक अंकों की लगातार पुनरावृत्ति हो तो ऐसी भिन्नें पुनरावृत्त दशमलव भिन्नें कहलाती हैं. ऐसी भिन्नों को व्यक्त करने के लिए पुनरावृत्त अंकों के सबसे पहले तथा अन्तिम अंक के ऊपर बिन्दु लगाते हैं अथवा पुनरावृत्त अंकों पर रेखा खींच देते हैं.

उदाहरणार्थ : (*i*) $\frac{2}{3} = 0\cdot6666\ldots = 0\cdot\dot{6} = 0\cdot\overline{6}.$

(*ii*) $\frac{22}{7} = 3\cdot142857142857\ldots = 3\cdot\dot{1}4285\dot{7} = 3\cdot\overline{142857}.$

(*iii*) $\frac{17}{90} = \cdot1888\ldots = 0\cdot1\dot{8} = 0\cdot1\overline{8}.$

शुद्ध-पुनरावृत्त दशमलव भिन्न : ऐसी भिन्न जिसमें दशमलव बिन्दु के बाद के सभी अंकों की पुनरावृत्ति हो, शुद्ध पुनरावृत्त दशमलव भिन्न कहलाती हैं. जैसे : $0\cdot\overline{3}, 3\cdot\overline{142857}$ आदि.

शुद्ध-पुनरावृत्त दशमलव भिन्न को साधारण भिन्न में बदलना :

नियम : शुद्ध पुनरावृत्त दशमलव भिन्न को बिना दशमलव बिंदु के अंश में लिखें तथा हर में 9 उतनी बार लें जितने अंकों की पुनरावृत्ति होती है.

प्रश्न 9. निम्नलिखित दशमलव भिन्नों को साधारण भिन्नों में बदलें :

(*i*) 0·3333 .... (*ii*) 0·676767..... (*iii*) 0·32513251....

हल : (*i*) $0\cdot3333.... = 0.\overline{3} = \frac{3}{9} = \frac{1}{3}$. (*ii*) $0\cdot676767 .... = 0\cdot\overline{67} = \frac{67}{99}$.

(*iii*) $0\cdot32513251.... = 0\cdot\overline{3251} = \frac{3251}{9999}$.

मिश्रित-पुनरावृत्त दशमलव भिन्न : ऐसी भिन्न जिसमें दशमलव बिन्दु के बाद के कुछ अंकों की पुनरावृत्ति नहीं होती तथा कुछ अंकों की पुनरावृत्ति होती है, मिश्रित-पुनरावृत्त दशमलव भिन्न कहलाती है.

मिश्रित-पुनरावृत्त दशमलव भिन्न को साधारण भिन्न में बदलना :

नियम : एक बार पुनरावृत्त भाग में से अपुनरावृत्त भाग घटाकर अंश में लेते हैं तथा हर में जितने पुनरावृत्त अंक हैं उतनी बार 9 लेकर उनके आगे उतनी शून्य लगाते हैं जितने अपुनरावृत्त अंक हैं.

प्रश्न 10. निम्नलिखित दशमलव भिन्नों को साधारण भिन्नों में बदलो :

(*i*) $0\cdot1\overline{8}$ (*ii*) $0\cdot57\overline{6}$ (*iii*) $0\cdot12\overline{54}$ (*iv*) $3\cdot00\overline{72}$

हल : (*i*) $0\cdot1\overline{8} = \frac{(18-1)}{90} = \frac{17}{90}$. (*ii*) $0\cdot57\overline{6} = \frac{(576-57)}{900} = \frac{519}{900}$.

(*iii*) $0\cdot12\overline{54} = \frac{(1254-12)}{9900} = \frac{1242}{9900} = \frac{69}{550}$.

(*iv*) $3\cdot00\overline{72} = 3 + 0\cdot00\overline{72} = 3 + \frac{(72\ 00)}{9900} = 3 + \frac{2}{275} = 3\frac{2}{275}$.

प्रश्न 11. संख्याओं $\frac{2}{7}, \frac{3}{8}, \frac{5}{11}, \frac{9}{16}$ को अवरोही क्रम में लिखिये.

हल : प्रत्येक दी गई संख्या को दशमलव भिन्न में व्यक्त करने पर :

$\frac{2}{7} = 0\cdot285, \frac{3}{8} = 0\cdot375, \frac{5}{11} = 0\cdot454$ तथा $\frac{9}{16} = 0\cdot562$.

अवरोही क्रम में लेने पर : $0\cdot562 > 0\cdot454 > 0\cdot375 > 0\cdot285$

अत: $\frac{9}{16} > \frac{5}{11} > \frac{3}{8} > \frac{2}{7}$.

प्रश्न 12. संख्याओं $\frac{7}{9}, \frac{11}{13}, \frac{16}{19}, \frac{21}{25}$ को आरोही क्रम में लिखिये.

हल : प्रत्येक दी गई संख्या को दशमलव भिन्न में व्यक्त करने पर :

$\frac{7}{9} = 0\cdot777, \frac{11}{13} = 0\cdot846, \frac{16}{19} = 0\cdot842$ तथा $\frac{21}{25} = 0\cdot840$.

आरोही क्रम में लेने पर : $0\cdot777 < 0\cdot840 < 0\cdot842 < 0\cdot846$

अत: $\frac{7}{9} < \frac{21}{25} < \frac{16}{19} < \frac{11}{13}$.

प्रश्नमाला 3A

नीचे लिखे प्रश्नों में से प्रत्येक में ठीक उत्तर को चिन्हांकित (✓) कीजिए :

1. $33\cdot333 + 3\cdot033 - 2\cdot003 = ?$ **(बैंक पी०ओ० परीक्षा, 2009)**

(*a*) 33·363 (*b*) 33·463 (*c*) 34·363 (*d*) 34·463 (*e*) इनमें से कोई नहीं

2. $515\cdot15 - 15\cdot51 - 1\cdot51 - 5\cdot11 - 1\cdot11 = ?$ **(बैंक पी०ओ० परीक्षा, 2009)**

(*a*) 491·91 (*b*) 419·91 (*c*) 499·19 (*d*) 411·19 (*e*) इनमें से कोई नहीं

3. $534{\cdot}596 + 61{\cdot}472 - 496{\cdot}708 = ? + 27{\cdot}271$ **(बैंक पी०ओ० परीक्षा, 2010)**
(*a*) 126·631 (*b*) 62·069 (*c*) 72·089 (*d*) 132·788 (*e*) इनमें से कोई नहीं

4. $4433{\cdot}764 - 2211{\cdot}993 - 1133{\cdot}667 + 3377{\cdot}442 = ?$ **(बैंक पी०ओ० परीक्षा, 2010)**
(*a*) 4466 (*b*) 4377 (*c*) 3633 (*d*) 4144 (*e*) 3344

5. $65{\cdot}4 \div 13{\cdot}08 \times 20 = ?$ **(बैंक पी०ओ० परीक्षा, 2010)**
(*a*) 100 (*b*) 150 (*c*) 0·25 (*d*) 25·02 (*e*) इनमें से कोई नहीं

6. $4895 + 364 \times 0{\cdot}75 - 49 = ?$ **(बैंक पी०ओ० परीक्षा, 2008)**
(*a*) 5119 (*b*) 3895 (*c*) 3907 (*d*) 5210 (*e*) इनमें से कोई नहीं

7. $(0{\cdot}05 \times 5 - 0{\cdot}005 \times 5) = ?$ **(एस०एस०सी० परीक्षा, 2005)**
(*a*) 0·0225 (*b*) 0·225 (*c*) 0·250 (*d*) 0·275

8. $(13\cdot96)^2 - (15\cdot03)^2 + (18\cdot09)^2 - 32\cdot65 = ?$ **(बैंक पी०ओ० परीक्षा, 2010)**
(*a*) 223 (*b*) 264 (*c*) 334 (*d*) 354 (*e*) 201

9. $12{\cdot}28 \times 1{\cdot}5 - 36 \div 2{\cdot}4 = ?$ **(बैंक पी०ओ० परीक्षा, 2009)**
(*a*) 3·24 (*b*) 7·325 (*c*) 6·42 (*d*) 4·32 (*e*) इनमें से कोई नहीं

10. $666{\cdot}66 + 66{\cdot}66 + 6{\cdot}66 + 6 + 0{\cdot}66 = ?$ **(बैंक पी०ओ० परीक्षा, 2008)**
(*a*) 746·64 (*b*) 764·64 (*c*) 766·64 (*d*) 744·64 (*e*) इनमें से कोई नहीं

11. $(0\cdot25)^2 + (0\cdot15)^2 = ?$
(*a*) 0·0085 (*b*) 0·8 (*c*) 0·085 (*d*) 0·625 (*e*) इनमें से कोई नहीं

12. $4985{\cdot}23 + 4632{\cdot}14 - ? = 4022{\cdot}12$ **(बैंक पी०ओ० परीक्षा, 2008)**
(*a*) 5955·25 (*b*) 5595·25 (*c*) 5295·55 (*d*) 5255·95 (*e*) इनमें से कोई नहीं

13. $256 \times 0{\cdot}5 = 1024 \div ? \times 4$ **(बैंक पी०ओ० परीक्षा, 2007)**
(*a*) 128 (*b*) 8 (*c*) 32 (*d*) 28 (*e*) इनमें से कोई नहीं

14. $? \div 25 \div 12 = 248{\cdot}76$ **(बैंक पी०ओ० परीक्षा, 2007)**
(*a*) 74628 (*b*) 497·52 (*c*) 62452 (*d*) 870·66 (*e*) इनमें से कोई नहीं

15. $\frac{12\cdot1}{19\cdot8} = ?$ **(रेलवे परीक्षा, 2006)**
(*a*) $\frac{7}{9}$ (*b*) $\frac{11}{18}$ (*c*) $\frac{13}{17}$ (*d*) $\frac{11}{19}$

16. $\frac{1999}{2111} = ?$ **(रेलवे परीक्षा, 2006)**
(*a*) 0·946 (*b*) 0·904 (*c*) 0·893 (*d*) 0·981

17. $0{\cdot}9 \div 0{\cdot}75 = ?$ **(बैंक पी०ओ० परीक्षा, 2006)**
(*a*) 1·4 (*b*) 1·8 (*c*) 1·1 (*d*) 1·35 (*e*) इनमें से कोई नहीं

18. $48 \div 7{\cdot}5 \times 84{\cdot}5 \div 20 = ?$
(*a*) 1·527 (*b*) 2·704 (*c*) 1·834 (*d*) 2·914 (*e*) इनमें से कोई नहीं

19. $\cdot0027 \times \cdot027 \times \cdot3 = ?$
(*a*) ·02187000 (*b*) ·00218700 (*c*) ·00021870 (*d*) ·00002187

20. $8{\cdot}32 \times 0{\cdot}999 = ?$
(*a*) 0·831168 (*b*) 8·31168 (*c*) 83·1168 (*d*) इनमें से कोई नहीं

21. $\cdot351 \times \cdot867 + \cdot351 \times \cdot133 = ?$
(*a*) ·827 (*b*) 3·51897 (*c*) 8·97351 (*d*) 0·351

22. $19{\cdot}105 \times 16{\cdot}035 - 19{\cdot}105 \times 6{\cdot}035 = ?$

(*a*) 191·05 (*b*) 171·265 (*c*) 161·25 (*d*) इनमें से कोई नहीं

23. $(4{\cdot}7 \times 13{\cdot}23 + 4{\cdot}7 \times 9{\cdot}43 + 4{\cdot}7 \times 77{\cdot}34) = ?$

(*a*) 47 (*b*) 470 (*c*) 4700 (*d*) 47000

24. $\dfrac{0\cdot21\times0\cdot21\times0\cdot21+0\cdot021\times0\cdot021\times0\cdot021}{0\cdot63\times0\cdot63\times0\cdot63+0\cdot063\times0\cdot063\times0\cdot063} = ?$

(*a*) $\dfrac{1}{85}$ (*b*) $\dfrac{1}{42}$ (*c*) $\dfrac{1}{27}$ (*d*) $\dfrac{1}{90}$

25. $\dfrac{(0\cdot06)^2+(0\cdot47)^2+(0\cdot079)^2}{(0\cdot006)^2+(0\cdot047)^2+(0\cdot0079)^2} = ?$

(*a*) 0·1 (*b*) 10 (*c*) 100 (*d*) 1000

26. $\left\{\dfrac{(0\cdot1)^2-(0\cdot01)^2}{0\cdot0001}+1\right\} = ?$ (एस०एस०सी० परीक्षा, 2010)

(*a*) 1010 (*b*) 110 (*c*) 101 (*d*) 100

27. $\dfrac{3\cdot25\times3\cdot20-3\cdot20\times3\cdot05}{0\cdot064} = ?$ (एस०एस०सी० परीक्षा, 2010)

(*a*) 1 (*b*) $\dfrac{1}{2}$ (*c*) $\dfrac{1}{10}$ (*d*) 10

28. $\dfrac{(0\cdot6)^4-(0\cdot5)^4}{(0\cdot6)^2+(0\cdot5)^2} = ?$

(*a*) 1·1 (*b*) 0·1 (*c*) 0·11 (*d*) 1·11

29. $(2\cdot89)^3+(2\cdot11)^3+15\times2\cdot89\times2\cdot11 = ?$

(*a*) 125 (*b*) 500 (*c*) 5 (*d*) 25

30. $\dfrac{0\cdot41\times0\cdot41\times0\cdot41+0\cdot69\times0\cdot69\times0\cdot69}{0\cdot41\times0\cdot41-0\cdot41\times0\cdot69+0\cdot69\times0\cdot69} = ?$

(*a*) 0·28 (*b*) 1·1 (*c*) 11 (*d*) 2·8

31. $\dfrac{0\cdot1\times0\cdot1\times0\cdot1+0\cdot02\times0\cdot02\times0\cdot02}{0.2\times0.2\times0.2+0.04\times0.04\times0.04} = ?$ (होटल मैनेजमैन्ट परीक्षा, 2003)

(*a*) 0·0125 (*b*) 0·125 (*c*) 0·25 (*d*) 0·5

32. $\dfrac{(2\cdot75)^3-(2\cdot25)^3}{(2\cdot75)^2+2\cdot75\times2\cdot25+(2\cdot25)^2} = ?$ (एस०एस०सी० परीक्षा, 2010)

(*a*) 0·3 (*b*) 0·5 (*c*) 3 (*d*) 5

33. $\dfrac{(0\cdot289+0\cdot147)^2-(0\cdot289-0\cdot147)^2}{0\cdot147\times0\cdot289} = ?$

(*a*) 0·258 (*b*) 0·236 (*c*) 0·142 (*d*) 4

34. $\dfrac{(0\cdot125+0\cdot027)}{0\cdot25-0\cdot15+0\cdot09} = ?$ (एस०एस०सी० परीक्षा, 2010)

(*a*) 0·3 (*b*) 0·5 (*c*) 0·8 (*d*) 0·9

35. $\dfrac{(0\cdot96)^3-(0\cdot1)^3}{(0\cdot96)^2+0\cdot096+(0\cdot1)^2} = ?$ (रेलवे परीक्षा, 2009)

(*a*) 0·86 (*b*) 0·95 (*c*) 0·97 (*d*) 1·06

36. $\dfrac{(1\cdot5)^3+(4\cdot7)^3+(3\cdot8)^3-3\times1\cdot5\times4\cdot7\times3\cdot8}{(1\cdot5)^2+(4\cdot7)^2+(3\cdot8)^2-1\cdot5\times4\cdot7-4\cdot7\times3\cdot8-3\cdot8\times1\cdot5}=?$ **(एस०एस०सी० परीक्षा, 2005)**

(*a*) 0 (*b*) 1 (*c*) 10 (*d*) 30

37. $\dfrac{(3\cdot473+\cdot598)^2+(3\cdot473-\cdot598)^2}{3\cdot473\times3\cdot473+\cdot598\times\cdot598}=?$

(*a*) 4·071 (*b*) 2·875 (*c*) 2 (*d*) 4

38. $\dfrac{5\cdot32\times56+5\cdot32\times44}{(7\cdot66)^2-(2\cdot34)^2}=?$

(*a*) 7·2 (*b*) 8·5 (*c*) 10 (*d*) 12

39. $0\cdot8\times ?=\cdot0004$

(*a*) ·5 (*b*) ·005 (*c*) ·0005 (*d*) 5

40. $\cdot009\div ?=\cdot01$

(*a*) 9 (*b*) ·9 (*c*) ·09 (*d*) ·0009

41. $\dfrac{1}{\cdot04}=?$

(*a*) ·025 (*b*) ·25 (*c*) 2·5 (*d*) 25

42. यदि 4137 ÷ 1·75 = 2364 हो, तो 41·37 ÷ 17·5 = ?

(*a*) 23·64 (*b*) 2·364 (*c*) ·2364 (*d*) 236·4

43. यदि 4571 ÷ 3·265 = 1400 हो, तो 457·1 ÷ 32·65 = ?

(*a*) ·14 (*b*) 1·4 (*c*) 14 (*d*) ·014

44. यदि 148 × 74 = 10952 हो, तो 0·10952 ÷ 14·8 = ?

(*a*) ·74 (*b*) ·074 (*c*) ·0074 (*d*) ·00074

45. यदि $\dfrac{1}{3\cdot718}=0\cdot2689$ हो, तो $\dfrac{1}{\cdot0003718}=?$

(*a*) 0·2689 (*b*) 2·689 (*c*) 2689 (*d*) 26890

46. $\cdot000066\div11=?$

(*a*) ·006 (*b*) ·0006 (*c*) ·000006 (*d*) ·00006

47. $3\cdot5\div0\cdot0007=?$

(*a*) 5000 (*b*) 500 (*c*) ·005 (*d*) ·0005

48. $4\div0\cdot0025=?$

(*a*) 160 (*b*) 16 (*c*) ·0016 (*d*) इनमें से कोई नहीं

49. $4\cdot8438\div\cdot069=?$

(*a*) 60·2 (*b*) 70·2 (*c*) 69·2 (*d*) 71·2

50. $86\cdot04\div4000=?$

(*a*) ·10215 (*b*) ·02151 (*c*) ·15201 (*d*) ·21015

51. $\dfrac{1}{11}=?$ **(एस०एस०सी० परीक्षा, 2008)**

(*a*) $0\cdot009$ (*b*) $0\cdot0\overline{9}$ (*c*) $0\cdot\overline{09}$ (*d*) $0\cdot00\overline{9}$

52. 18·484848 ..... को $\dfrac{p}{q}$ के रूप में निरूपित करने पर लिखेंगे :

(*a*) $\dfrac{462}{25}$ (*b*) $\dfrac{610}{33}$ (*c*) $\dfrac{200}{11}$ (*d*) $\dfrac{609}{33}$

53. $2\cdot1\overline{36}=?$ **(जीवन बीमा निगम परीक्षा, 2006)**

(*a*) $\frac{47}{220}$ (*b*) $\frac{68}{495}$ (*c*) $2\frac{11}{27}$ (*d*) $2\frac{3}{22}$

54. $1\cdot\overline{27}=?$ **(एस०एस०सी० परीक्षा, 2010)**

(*a*) $\frac{127}{100}$ (*b*) $\frac{73}{100}$ (*c*) $\frac{14}{11}$ (*d*) $\frac{11}{14}$

55. $(0\cdot\overline{63}+0\cdot\overline{37})=?$

(*a*) 1·01 (*b*) $0\cdot\overline{101}$ (*c*) $1\cdot\overline{01}$ (*d*) $1\cdot00\overline{1}$

56. $(3\cdot\overline{87}-2\cdot\overline{59})=?$ **(जनरल बीमा परीक्षा, 2003)**

(*a*) 1·2 (*b*) $1\cdot\overline{2}$ (*c*) $1\cdot\overline{27}$ (*d*) $1\cdot\overline{28}$

57. $1\cdot\overline{2}\times0\cdot\overline{03}=?$ **(एस०एस०सी० परीक्षा, 2009)**

(*a*) 0·04 (*b*) $0\cdot0\overline{36}$ (*c*) $1\cdot\overline{13}$ (*d*) $0\cdot\overline{037}$

58. 1·08, 0·36, 0·9 का महत्तम समापवर्तक = ?

(*a*) 0·03 (*b*) 0·9 (*c*) 0·18 (*d*) 0·108

59. 0·54, 1·8, 7·2 का लघुत्तम समापवर्त्य = ?

(*a*) 21·6 (*b*) 2·16 (*c*) 216 (*d*) 0·216

60. $\frac{4}{9}, \sqrt{\frac{9}{49}}, 0\cdot\overline{45}$ तथा $(0\cdot8)^2$ में से सबसे छोटी संख्या कौन-सी है? **(एस०एस०सी० परीक्षा, 2009)**

(*a*) $\frac{4}{9}$ (*b*) $\sqrt{\frac{9}{49}}$ (*c*) $0\cdot\overline{45}$ (*d*) $(0\cdot8)^2$

61. $\frac{15}{16}, \frac{19}{20}, \frac{24}{25}, \frac{34}{35}$ में से सबसे छोटी भिन्न कौन-सी है? **(एस०एस०सी० परीक्षा, 2010)**

(*a*) $\frac{34}{35}$ (*b*) $\frac{15}{16}$ (*c*) $\frac{19}{20}$ (*d*) $\frac{24}{25}$

62. निम्नलिखित में से किसमें भिन्नें अवरोही क्रम में हैं?

(*a*) $\frac{5}{7}, \frac{9}{11}, \frac{7}{9}, \frac{3}{5}$ (*b*) $\frac{3}{5}, \frac{5}{7}, \frac{7}{9}, \frac{9}{11}$ (*c*) $\frac{9}{11}, \frac{7}{9}, \frac{5}{7}, \frac{3}{5}$

(*d*) $\frac{9}{11}, \frac{5}{7}, \frac{3}{5}, \frac{7}{9}$ (*e*) इनमें से कोई नहीं

63. $\frac{3}{5}, \frac{1}{8}, \frac{8}{11}, \frac{4}{9}, \frac{2}{7}, \frac{5}{7}, \frac{5}{12}$ में से सभी भिन्नों को अवरोही क्रम में लें, तो तीसरी भिन्न क्या होगी?

(*a*) $\frac{1}{8}$ (*b*) $\frac{4}{9}$ (*c*) $\frac{5}{12}$ (*d*) $\frac{8}{11}$ (*e*) इनमें से कोई नहीं

(बैंक पी०ओ० परीक्षा, 2009)

64. यदि भिन्नों $\frac{5}{14}, \frac{6}{11}, \frac{7}{9}, \frac{8}{13}, \frac{9}{10}$ को आरोही क्रम में लें तो चौथे स्थान पर कौन-सी भिन्न होगी?

(*a*) $\frac{7}{9}$ (*b*) $\frac{5}{14}$ (*c*) $\frac{8}{13}$ (*d*) $\frac{9}{10}$ (*e*) इनमें से कोई नहीं

(बैंक पी०ओ० परीक्षा, 2008)

65. यदि भिन्नों $\frac{4}{9}, \frac{2}{7}, \frac{3}{8}, \frac{6}{13}, \frac{5}{11}$ को अवरोही क्रम में लें तो दूसरी भिन्न कौन-सी होगी ?

(*a*) $\frac{4}{9}$ (*b*) $\frac{2}{7}$ (*c*) $\frac{3}{8}$ (*d*) $\frac{6}{13}$ (*e*) $\frac{5}{11}$

(बैंक पी०ओ० परीक्षा, 2009)

उत्तरमाला (प्रश्नमाला 3A)

1. (*c*)	**2.** (*a*)	**3.** (*c*)	**4.** (*a*)	**5.** (*a*)	**6.** (*a*)	**7.** (*b*)	**8.** (*b*)	**9.** (*e*)	**10.** (*a*)
11. (*c*)	**12.** (*b*)	**13.** (*c*)	**14.** (*a*)	**15.** (*b*)	**16.** (*a*)	**17.** (*e*)	**18.** (*e*)	**19.** (*d*)	**20.** (*b*)
21. (*d*)	**22.** (*a*)	**23.** (*b*)	**24.** (*c*)	**25.** (*c*)	**26.** (*d*)	**27.** (*d*)	**28.** (*c*)	**29.** (*a*)	**30.** (*b*)
31. (*b*)	**32.** (*b*)	**33.** (*d*)	**34.** (*c*)	**35.** (*a*)	**36.** (*c*)	**37.** (*c*)	**38.** (*c*)	**39.** (*c*)	**40.** (*b*)
41. (*d*)	**42.** (*b*)	**43.** (*c*)	**44.** (*c*)	**45.** (*c*)	**46.** (*c*)	**47.** (*a*)	**48.** (*d*)	**49.** (*b*)	**50.** (*b*)
51. (*c*)	**52.** (*b*)	**53.** (*d*)	**54.** (*c*)	**55.** (*c*)	**56.** (*d*)	**57.** (*d*)	**58.** (*c*)	**59.** (*a*)	**60.** (*b*)
61. (*b*)	**62.** (*c*)	**63.** (*e*)	**64.** (*a*)	**65.** (*e*)					

दिये गए प्रश्नों के हल प्रश्नमाला 3A

1.
$$\begin{array}{r} 33{\cdot}333 \\ +\,3{\cdot}033 \\ \hline 36{\cdot}366 \\ -\,2{\cdot}003 \\ \hline 34{\cdot}363 \\ \hline \end{array}$$

2.
$$\begin{array}{r} 15{\cdot}51 \\ 1{\cdot}51 \\ 5{\cdot}11 \\ +\,1{\cdot}11 \\ \hline 23{\cdot}24 \\ \hline \end{array} \qquad \begin{array}{r} 515{\cdot}15 \\ -\,23{\cdot}24 \\ \hline 491{\cdot}91 \\ \hline \end{array}$$

3. $534{\cdot}596 + 61{\cdot}472 - 496{\cdot}708 = x + 27{\cdot}271$

$\Rightarrow x = 534{\cdot}596 + 61{\cdot}472 - 496{\cdot}708 - 27{\cdot}271$

$$\begin{array}{r} 534{\cdot}596 \\ +\,61{\cdot}472 \\ \hline 596{\cdot}068 \\ -\,523{\cdot}979 \\ \hline 72{\cdot}089 \\ \hline \end{array} \qquad \begin{array}{r} 496{\cdot}708 \\ 27{\cdot}271 \\ \hline 523{\cdot}979 \\ \hline \end{array}$$

4.
$$\begin{array}{r} 4433{\cdot}764 \\ +\,3377{\cdot}442 \\ \hline 7811{\cdot}206 \\ 3345{\cdot}660 \\ \hline 4465{\cdot}546 \\ \hline \end{array} \sim 4466. \qquad \begin{array}{r} -\,2211{\cdot}993 \\ -\,1133{\cdot}667 \\ \hline -\,3345{\cdot}660 \\ \hline \end{array}$$

5. दिया गया व्यंजक $= 65\cdot4 \times \frac{1}{13\cdot08} \times 20 = 100.$

6. दिया गया व्यंजक $= 4895 + 364 \times \frac{75}{100} - 49$

$= 4895 + 364 \times \frac{3}{4} - 49 = 4895 + 273 - 49 = 5119.$

$$\begin{array}{r} 4895 \\ +\,273 \\ \hline 5168 \\ -\,49 \\ \hline 5119 \\ \hline \end{array}$$

7. दिया गया व्यंजक $0\cdot25 - 0\cdot025 = 0\cdot225.$

$$\begin{array}{r} {\cdot}250 \\ -\,{\cdot}025 \\ \hline {\cdot}225 \\ \hline \end{array}$$

8. दिया गया व्यंजक $\approx (14)^2 - (15)^2 + (18)^2 - 33 \approx 196 - 225 + 324 - 33 = (520 - 258) = 262$ (लगभग)

9. दिया गया व्यंजक $= \frac{1228}{100} \times \frac{15}{10} - 36 \times \frac{1}{2\cdot4} = \frac{614 \times 3}{100} - \frac{360}{24} = \frac{1842}{100} - 15 = 18\cdot42 - 15 = 3\cdot42.$

10.
$$\begin{array}{r} 666{\cdot}66 \\ 66{\cdot}66 \\ 6{\cdot}66 \\ 6{\cdot}00 \\ 0{\cdot}66 \\ \hline 746{\cdot}64 \\ \hline \end{array}$$

11. $(0\cdot25)^2 + (0\cdot15)^2 = 0\cdot0625 + 0\cdot0225 = 0\cdot085.$

12. माना $4985\cdot23 + 4632\cdot14 - x = 4022\cdot12.$

तब, $x = 4985\cdot23 + 4632\cdot14 - 4022\cdot12$

$\Rightarrow x = 5595\cdot25$

$$\begin{array}{r} 4985{\cdot}23 \\ +\,4632{\cdot}14 \\ \hline 9617{\cdot}37 \\ -\,4022{\cdot}12 \\ \hline 5595{\cdot}25 \\ \hline \end{array}$$

13. माना $256\times0\cdot5=1024\div x\times4.$

तब, $256\times\frac{1}{2}=\frac{1024}{x}\times4\Rightarrow\frac{1024}{x}=\frac{256}{8}=32\ \Rightarrow 32x=1024\Rightarrow x=\frac{1024}{32}=32.$

14. माना $x\div25\div12=248\cdot76.$

तब $x+\frac{1}{25}\times\frac{1}{12}=248\cdot76\Rightarrow\frac{x}{300}=248\cdot76\Rightarrow x=\frac{24876}{100}\times300=74628.$

15. $\frac{12.1}{19\cdot8}=\frac{121}{198}=\frac{11}{18}.$

16. 2111) 1999·000 (·946
18999
9910
8444
14660
12666

$\therefore\ \frac{1999}{2111}=0\cdot946.$

17. $\frac{0\cdot9}{0\cdot75}=\frac{0\cdot90}{0\cdot75}=\frac{90}{75}=\frac{6}{5}=1\cdot2.$

18. $48\div7\cdot5\times84\cdot5\div20=\frac{48}{7\cdot5}\times\frac{84\cdot5}{20}=\frac{\cancel{480}^{\cancel{32}\,16}}{\cancel{75}_{\cancel{5}}}\times\frac{\cancel{845}^{169}}{\cancel{200}_{100}}=\frac{2704}{100}=27\cdot04.$

19. दशमलव स्थानों का योग = (4 + 3 + 1) = 8.
27 × 27 × 3 = 2187.
∴ अभीष्ट गुणनफल = 0·00002187.

20. $8\cdot32\times0\cdot999=8\cdot32\times(1-0\cdot001)=8\cdot32-0\cdot00832=8\cdot31168$.

8·32
·00832
8·31168

21. दिया गया व्यंजक $=\cdot351\times(\cdot867+\cdot133)=\cdot351\times1=\cdot351$.

22. दिया गया व्यंजक $=19\cdot105\times(16\cdot035-6\cdot035)=19\cdot105\times10=191\cdot05$.

23. दिया गया व्यंजक $=4\cdot7\times(13\cdot23+9\cdot43+77\cdot34)=4\cdot7\times100=470.$

24. $0\cdot21=a$ तथा $0\cdot021=b$ रखने पर :

$0\cdot63=3\times0\cdot21=3a$ तथा $0\cdot063=2\times0\cdot021=2b.$

∴ दिया गया व्यंजक $=\frac{a\times a\times a+b\times b\times b}{3a\times3a\times3a+3b\times3b\times3b}=\frac{(a^3+b^3)}{(27a^3+27b^3)}=\frac{(a^3+b^3)}{27\,(a^3+b^3)}=\frac{1}{27}.$

25. माना $0\cdot006=a,\ 0\cdot047=b$ तथा $0\cdot0079=c.$ तब

$0\cdot06=10a,\ 0\cdot47=10b$ तथा $0\cdot079=10c.$

∴ दिया गया व्यंजक $=\frac{(10a)^2+(10b)^2+(10c)^2}{a^2+b^2+c^2}=\frac{(100a^2+100b^2+100c^2)}{(a^2+b^2+c^2)}$

$=\frac{100\,(a^2+b^2+c^2)}{(a^2+b^2+c^2)}=100.$

26. दिया गया व्यंजक $=\left\{\frac{(0\cdot01-0\cdot0001)}{0\cdot0001}+1\right\}=\frac{0\cdot0099}{0\cdot0001}+1=(99+1)=100.$

27. दिया गया व्यंजक $=\frac{3\cdot20\times(3\cdot25-3\cdot05)}{0\cdot064}=\frac{3\cdot20\times0\cdot20}{0\cdot064}=\frac{3\cdot20\times0\cdot2}{0\cdot064}=\frac{320\times2}{64}=10.$

28. $0\cdot6=a$ तथा $0\cdot5=b$ रखने पर :

दिया गया व्यंजक $=\frac{(a^4-b^4)}{(a^2+b^2)}=(a^2-b^2)=(0\cdot6)^2-(0\cdot5)^2=(0\cdot36-0\cdot25)=0\cdot11.$

29. $2\cdot89 = a$ तथा $2\cdot11 = b$ रखने पर :

दिया गया व्यंजक $= a^3 + b^3 + 3ab\,(a+b) = (a+b)^3 = (2\cdot89 + 2.11)^3 = 5^3 = 125.$

30. $0\cdot41 = a$ तथा $0\cdot69 = b$ रखने पर :

दिया गया व्यंजक $= \dfrac{(a^3+b^3)}{(a^2-ab+b^2)} = (a+b) = (0\cdot41 + 0\cdot69) = 1\cdot1.$

31. $0\cdot1 = a$ तथा $0\cdot02 = b$ रखने पर :

दिया गया व्यंजक$= \dfrac{a\times a\times a + b\times b\times b}{2a\times2a\times2a + 2b\times2b\times2b} = \dfrac{(a^3+b^3)}{(8a^3+8b^3)} = \dfrac{(a^3+b^3)}{8(a^3+b^3)} = \dfrac{1}{8} = 0.125.$

32. $2\cdot75 = a$ तथा $2\cdot25 = b$ रखने पर :

दिया गया व्यंजक $= \dfrac{(a^3-b^3)}{(a^2+ab+b^2)} = (a-b) = (2\cdot75 - 2\cdot25) = 0\cdot50 = 0\cdot5.$

33. $0\cdot289 = a$ तथा $0\cdot147 = b$ रखने पर :

दिया गया व्यंजक $= \dfrac{(a+b)^2-(a-b)^2}{ab} = \dfrac{4ab}{ab} = 4.$

34. दिया गया व्यंजक $= \dfrac{(0\cdot5)^3+(0\cdot3)^3}{(0\cdot5)^2 - 0\cdot5\times0\cdot3 + (0\cdot3)^2} = \dfrac{(a^3+b^3)}{(a^2-ab+b^2)}$, जहाँ $a = 0\cdot5$ तथा $b = 0\cdot3$

$= (a+b) = (0\cdot5 + 0\cdot3) = 0\cdot8.$

35. दिया गया व्यंजक $= \dfrac{(a^3-b^3)}{(a^2+ab+b^2)} = (a-b) = 0\cdot96 - 0\cdot1 = 0\cdot86.$

36. $1\cdot5 = a, 4\cdot7 = b$ तथा $3\cdot8 = c$ रखने पर :

दिया गया व्यंजक $= \dfrac{(a^3+b^3+c^3-3abc)}{(a^2+b^2+c^2-ab-bc-ca)} = \dfrac{(a+b+c)\,(a^2+b^2+c^2-ab-bc-ca)}{(a^2+b^2+c^2-ab-bc-ca)}$

$= (a+b+c) = (1\cdot5 + 4\cdot7 + 3\cdot8) = 10.$

37. $3\cdot473 = a$ तथा $\cdot598 = b$ रखने पर :

दिया गया व्यंजक $= \dfrac{(a+b)^2+(a-b)^2}{(a^2+b^2)} = \dfrac{2(a^2+b^2)}{(a^2+b^2)} = 2.$

38. दिया गया व्यंजक $= \dfrac{5\cdot32\times(56+44)}{(7\cdot66+2\cdot34)\,(7\cdot66-2\cdot34)} = \dfrac{5\cdot32\times100}{10\times5\cdot32} = 10.$

39. माना $0\cdot8\times x = \cdot0004$. तब, $x = \dfrac{\cdot0004}{\cdot8} = \dfrac{\cdot004}{8} = \cdot0005.$

40. माना $\cdot009 \div x = \cdot01$. तब $\dfrac{\cdot009}{x} = \cdot01 \Rightarrow x = \dfrac{\cdot009}{\cdot01} = \dfrac{\cdot009}{\cdot010} = \dfrac{9}{10} = 0\cdot9.$

41. $\dfrac{1}{\cdot04} = \dfrac{1}{4}\times100 = 25.$

42. $\dfrac{41\cdot37}{17\cdot5} = \dfrac{4\cdot137}{1\cdot75} = \dfrac{4\cdot137\times1000}{1\cdot75\times1000} = \dfrac{4137}{1\cdot75}\times\dfrac{1}{1000} = \dfrac{2364}{1000} = 2\cdot364.$

43. $\dfrac{457\cdot1}{32\cdot65} = \dfrac{45\cdot71}{3\cdot265} = \dfrac{45\cdot71\times100}{3\cdot265\times100} = \dfrac{4571}{3\cdot265}\times\dfrac{1}{100} = \dfrac{1400}{100} = 14.$

44. $\dfrac{0\cdot10952}{14\cdot8} = \dfrac{0\cdot10952\times100000}{14\cdot8\times100000} = \dfrac{10952}{148}\times\dfrac{1}{10000} = \dfrac{74}{10000} = \cdot0074.$

45. $\dfrac{1}{\cdot0003718}=\dfrac{1}{\cdot0003718}\times\dfrac{10000}{10000}=\dfrac{1}{3\cdot718}\times10000=0\cdot2689\times10000=2689.$

46. $\dfrac{0\cdot000066}{11}=0\cdot000006.$

47. $\dfrac{3\cdot5}{0\cdot0007}=\dfrac{3\cdot5\times10000}{0\cdot0007\times10000}=\dfrac{35000}{7}=5000.$

48. $\dfrac{4}{\cdot0025}=\dfrac{4\times10000}{\cdot0025\times10000}=\dfrac{40000}{25}=1600.$

49. $\dfrac{4\cdot8438}{\cdot069}=\dfrac{4843\cdot8}{69}=70\cdot2.$

```
69 ) 4843·8 ( 70·2
     483
     ---
       138
       138
       ---
        x
```

50. $\dfrac{86\cdot04}{4000}=\dfrac{86\cdot04}{4}\times\dfrac{1}{1000}=21\cdot51\times\dfrac{1}{1000}=\cdot02151.$

51.
```
11 ) 1·000 ( ·090909.....
       99
       --
       10
```
$\therefore\ \dfrac{1}{11}=\cdot\overline{09}.$

52. माना $x=18\cdot484848$................तब,

$100x=1848\cdot484848$...........

घटाने पर, $99x=1830\Rightarrow x=\dfrac{1830}{99}=\dfrac{610}{33}.$

अत: 18·484848............का अभीष्ट रूप $=\dfrac{610}{33}.$

53. माना $x=2\cdot1363636$.........तब

$10x=21\cdot363636$.....

$1000x=2136\cdot363636$......

घटाने पर $990x=2115\Rightarrow x=\dfrac{2115}{990}=\dfrac{235}{110}=\dfrac{47}{22}=2\dfrac{3}{22}.$

54. माना $x=1\cdot\overline{27}$. तब $x=1\cdot272727$........ (*i*)

$\therefore\ 100x=127\cdot272727$ .... (*ii*)

(*ii*) में से (*i*) घटाने पर $99x=126\Rightarrow x=\dfrac{126}{99}=\dfrac{14}{11}.$

$\therefore\ 1\cdot\overline{27}=\dfrac{14}{11}.$

55. $0\cdot\overline{63}+0\cdot\overline{37}=\dfrac{63}{99}+\dfrac{37}{99}=\dfrac{100}{99}=1\cdot\overline{01}.$

56. माना $x=3\cdot\overline{87}$. तब, $x=3\cdot878787$.......

$\therefore\ 100x=387\cdot8787$.....

अत: $99x=384\Rightarrow x=\dfrac{384}{99}$

माना $y=2\cdot\overline{59}$. तब, $y=2\cdot595959$.......

$\therefore\ 100y=259\cdot5959$.....

अत: $99y=257\Rightarrow y=\dfrac{257}{99}.$

$\therefore\ (3\cdot\overline{87}-2\cdot\overline{59})=\left(\dfrac{384}{99}-\dfrac{257}{99}\right)=\dfrac{127}{99}=1\cdot\overline{28}.$

57. माना $x=1\cdot\overline{2}$. तब, $x=1\cdot222$ .... अत: $10x=12\cdot222$.....

$\therefore\ 9x=11\Rightarrow x=\dfrac{11}{9}.$

माना $y=0\cdot\overline{03}=0\cdot030303$........ तब $100y=3\cdot0303$....... $99y=3\Rightarrow y=\dfrac{3}{99}=\dfrac{1}{33}.$

$\therefore\ x\times y=\dfrac{11}{9}\times\dfrac{1}{33}=\dfrac{1}{27}=0\cdot037037......=0\cdot\overline{037}.$

58. प्रत्येक दी गई संख्या को दशमलव के 2 स्थानों तक लिखने पर ये संख्यायें हैं : 1·08, 0·36, 0·90.
108, 36, 90 का म०स० = 18.   ∴ दी गई संख्याओं का महत्तम समापवर्तक = 0·18.

59. प्रत्येक दी गई संख्या को दशमलव के 2 स्थानों तक लिखने पर ये संख्यायें हैं : 0·54, 1·80 तथा 7·20
54, 180, 720 का ल०स० = 2160.   ∴ दी गई संख्याओं का ल०स० = 21·60 अर्थात् 21·6.

60. $\frac{4}{9}=0\cdot444, \sqrt{\frac{9}{49}}=\frac{3}{7}=0\cdot428, 0\cdot\overline{45}=\frac{45}{99}=\frac{5}{11}=0\cdot454, (0\cdot8)^2=0\cdot8\times0\cdot8=0\cdot64$

इनमें सबसे छोटी संख्या 0·428 अर्थात् $\sqrt{\frac{9}{49}}$ है.

61. $\frac{15}{16}=0\cdot937, \frac{19}{20}=0\cdot95, \frac{24}{25}=0\cdot96, \frac{34}{35}=0\cdot971$. इनमें सबसे छोटी भिन्न है $=\frac{15}{16}$.

62. $\frac{5}{7}=0\cdot714, \frac{9}{11}=0\cdot818, \frac{7}{9}=0\cdot777, \frac{3}{5}=0\cdot6$

स्पष्ट है कि $0\cdot818>0\cdot777>0\cdot714>0\cdot6$ अर्थात $\frac{9}{11}>\frac{7}{9}>\frac{5}{7}>\frac{3}{5}$.

∴ अवरोही क्रम है : $\frac{9}{11}, \frac{7}{9}, \frac{5}{7}, \frac{3}{5}$.

63. प्रत्येग भिन्न को दशमलव में लेने पर :

$\frac{3}{5}=0\cdot6, \frac{1}{8}=0\cdot125, \frac{8}{11}=0\cdot727, \frac{4}{9}=0\cdot444, \frac{2}{7}=0\cdot285, \frac{5}{7}=0\cdot714$ तथा $\frac{5}{12}=0\cdot416$

इन्हें अवरोही क्रम में लेने पर : $0\cdot727>0\cdot714>0\cdot6>0\cdot444>0\cdot416>0\cdot285>0\cdot125$

$\Rightarrow \frac{8}{11}>\frac{5}{7}>\frac{3}{5}>\frac{4}{9}>\frac{5}{12}>\frac{2}{7}>\frac{1}{8}$ (अवरोही क्रम) इनमें तीसरी भिन्न $\frac{3}{5}$ है.

64. प्रत्येक दी गई भिन्न को दशमलव भिन्न में बदलने पर :

$\frac{5}{14}=0\cdot357, \frac{6}{11}=0\cdot545, \frac{7}{9}=0\cdot777, \frac{8}{13}=0\cdot615, \frac{9}{10}=0\cdot9$

इन्हें आरोही क्रम में लेने पर : $0\cdot357<0\cdot545<0\cdot615<0\cdot777<0\cdot9$

$\Rightarrow \frac{5}{14}<\frac{6}{11}<\frac{8}{13}<\frac{7}{9}<\frac{9}{10}$ ⇒ इनमें चौथी भिन्न $\frac{7}{9}$ है.

65. प्रत्येक दी गई भिन्न को दशमलव भिन्न में बदलने पर :

$\frac{4}{9}=0\cdot444, \frac{2}{7}=0\cdot286, \frac{3}{8}=0\cdot375, \frac{6}{13}=0.461, \frac{5}{11}=0\cdot454$

इन्हें अवरोही क्रम में लेने पर : $0\cdot461>0\cdot454>0\cdot444>0\cdot375>0\cdot286$

$\Rightarrow \frac{6}{13}>\frac{5}{11}>\frac{4}{9}>\frac{3}{8}>\frac{2}{7}$ ⇒ इनमें दूसरी भिन्न $\frac{5}{11}$ है.

प्रश्नमाला 3B

1. निम्नलिखित व्यंजक का मान ज्ञात कीजिए : **(एस०एस०सी० परीक्षा, 2007)**

$$\frac{0\cdot0347\times0\cdot0347\times0\cdot0347+0\cdot9653\times0\cdot9653\times0\cdot9653}{0\cdot0347\times0\cdot0347-0\cdot0347\times0\cdot9653+0\cdot9653\times0\cdot9653}.$$

2. सरल कीजिए : $\left[\frac{(1\cdot331)^{-1}+(1\cdot331)^{-2}+\ldots+(1\cdot331)^{-6}}{(1\cdot331)^{-2}+(1\cdot331)^{-3}+\ldots+(1\cdot331)^{-7}}\right]^{\frac{1}{3}}$ **(एस०एस०सी० परीक्षा, 2007)**

3. सरल कीजिए :

$$\left\{\frac{(2\cdot4)^6+9\,(5\cdot76)+6\,(2\cdot4)^4}{(2\cdot4)^4+6\,(5\cdot76)+9}-\frac{(0\cdot25)^3+(0\cdot43)^3-(0\cdot68)^3}{3\,(0\cdot25)\,(0\cdot43)\,(0\cdot68)}\right\}$$ **(एस०एस०सी० परीक्षा, 2007)**

4. सरल कीजिए :

$(0\cdot111)^3+(0\cdot222)^3-(0\cdot333)^3+(0\cdot333)^2\,(0\cdot222)$ **(एस०एस०सी० परीक्षा, 2004)**

5. सरल कीजिए :

$\dfrac{(0\cdot13)^2+(0\cdot21)^2}{(0\cdot39)^2+(0\cdot63)^2}-\dfrac{(0\cdot25)^3+(0\cdot43)^3-(0\cdot68)^3}{3\times(0\cdot25)\times(0\cdot43)\times(0\cdot68)}$ **(एस०एस०सी० परीक्षा, 2000)**

6. सरल कीजिए : $\dfrac{(0\cdot67)^3-0\cdot001}{(0\cdot67)^2+(0\cdot067)+(0\cdot01)}$.

7. सरल कीजिए : $\dfrac{(0\cdot06)^2+(0\cdot47)^2+(0\cdot079)^2}{(0\cdot006)^2+(0\cdot047)^2+(0\cdot0079)^2}$.

8. यदि $\dfrac{1}{3\cdot718}=\cdot2689$ हो, तो $\dfrac{1}{\cdot0003718}$ का मान क्या होगा ?

9. $(0\cdot333...)\times(0\cdot444\,...)$ को पुनरावृत्त दशमलव के रूप में लिखिये. **(एस०एस०सी० परीक्षा, 2006)**

10. नीचे लिखी भिन्नों को दशमलव भिन्नों में बदलो :

(*i*) $\dfrac{11}{12}$ (*ii*) $\dfrac{4}{13}$ (*iii*) $\dfrac{15}{44}$

11. निम्नलिखित दशमलव भिन्नों को साधारण भिन्नों में बदलो :

(*i*) 0·032 (*ii*) ·0028 (*iii*) 5·6785

12. नीचे लिखी दशमलव भिन्नों को साधारण भिन्नों में बदलो :

(*i*) $0\cdot\overline{7}$ (*ii*) $4\cdot\overline{6}$ (*iii*) $0\cdot\overline{35}$ (*iv*) $1\cdot\overline{432}$

(*v*) $0\cdot2\overline{5}$ (*vi*) $0\cdot57\overline{4}$ (*vii*) $0\cdot57\overline{92}$ (*viii*) $1\cdot005\overline{7}$

13. $\dfrac{0\cdot\overline{936}-0\cdot\overline{568}}{0\cdot\overline{45}+2\cdot\overline{67}}$ को परिमेय संख्या के रूप में व्यक्त कीजिए. **(एस०एस०सी० परीक्षा, 2004)**

14. सरल कीजिए :

(*i*) $3\cdot\overline{917}-1\cdot\overline{353}$ (*ii*) $2\cdot\overline{17}+3\cdot\overline{03}-1\cdot\overline{41}$

15. निम्नलिखित भिन्नों को अवरोही क्रम (descending order) में लिखिए :

(*i*) $\dfrac{1}{2},\dfrac{3}{7},\dfrac{3}{5},\dfrac{4}{9}$ (*ii*) $\dfrac{2}{3},\dfrac{5}{8},\dfrac{7}{10},\dfrac{13}{18}$ (*iii*) $\dfrac{11}{17},\dfrac{19}{23},\dfrac{16}{27},\dfrac{31}{35}$

उत्तरमाला (प्रश्नमाला 3B)

1. 1 **2.** 1·1 **3.** 6·76 **4.** 0 **5.** $1\dfrac{1}{9}$ **6.** 0·57 **7.** 100

8. 2689 **9.** $0\cdot\overline{148}$ **10.** (*i*) $0\cdot91\overline{6}$ (*ii*) $0\cdot\overline{307692}$ (*iii*) $0\cdot34\overline{090}$

11. (*i*) $\dfrac{4}{125}$ (*ii*) $\dfrac{7}{2500}$ (*iii*) $5\dfrac{1357}{2000}$

12. (*i*) $\dfrac{7}{9}$ (*ii*) $\dfrac{14}{3}$ (*iii*) $\dfrac{35}{99}$ (*iv*) $\dfrac{1431}{999}$ (*v*) $\dfrac{23}{90}$ (*vi*) $\dfrac{517}{900}$ (*vii*) $\dfrac{1147}{1980}$ (*viii*) $1\dfrac{13}{2250}$

13. $2\dfrac{1522}{8991}$ **14.** (*i*) $2\dfrac{564}{999}$ (*ii*) $3\dfrac{78}{99}$

15. (*i*) $\dfrac{3}{5}>\dfrac{1}{2}>\dfrac{4}{9}>\dfrac{3}{7}$ (*ii*) $\dfrac{13}{18}>\dfrac{7}{10}>\dfrac{2}{3}>\dfrac{5}{8}$ (*iii*) $\dfrac{31}{35}>\dfrac{19}{23}>\dfrac{11}{17}>\dfrac{16}{27}$

दिये गए प्रश्नों के हल **प्रश्नमाला 3B**

1. माना $0 \cdot 0347 = a$ तथा $0 \cdot 9653 = b$. तब

दिया गया व्यंजक $= \dfrac{(a^3+b^3)}{(a^2-ab+b^2)} = (a+b) = (0 \cdot 0347 + 0 \cdot 9653) = 1.$

2. दिया गया व्यंजक $= \left[\dfrac{\{(1 \cdot 331)^{-1} + (1 \cdot 331)^{-2} + ... + (1 \cdot 331)^{-6}\}}{(1 \cdot 331)^{-1}\{(1 \cdot 331)^{-1} + (1 \cdot 331)^{-2} + ... + (1 \cdot 331)^{-6}\}}\right]^{\frac{1}{3}}$

$$= \left[\frac{1}{(1 \cdot 331)^{-1}}\right]^{\frac{1}{3}} = (1 \cdot 331)^{\frac{1}{3}} = \left(\frac{1331}{1000}\right)^{\frac{1}{3}} = \left[\left(\frac{11}{10}\right)^3\right]^{\frac{1}{3}} = \left(\frac{11}{10}\right)^{\left(3 \times \frac{1}{3}\right)} = \frac{11}{10} = 1 \cdot 1.$$

3. दिया गया व्यंजक

$$= \frac{(2 \cdot 4)^6 + 9\,(2 \cdot 4)^2 + 6\,(2 \cdot 4)^4}{(2 \cdot 4)^4 + 6\,(2 \cdot 4)^2 + 9} - \frac{a^3+b^3+c^3}{(-3abc)}, \text{ जहाँ } a = 0 \cdot 25, b = 0 \cdot 43, c = -0 \cdot 68$$

$$= \frac{(2 \cdot 4)^2\left[(2 \cdot 4)^4 + 6\,(2 \cdot 4)^2 + 9\right]}{\left[(2 \cdot 4)^4 + 6\,(2 \cdot 4)^2 + 9\right]} - \frac{3abc}{(-3abc)} \left[\because a+b+c = 0 \Rightarrow a^3+b^3+c^3 = 3abc\right]$$

$$= (2 \cdot 4)^2 + 1 = (5 \cdot 76 + 1) = 6 \cdot 76.$$

4. दिया गया व्यंजक $= (0 \cdot 111)^3 + (0 \cdot 222)^3 + (-0 \cdot 333)^3 - 3 \times (0 \cdot 111) \times (0 \cdot 222)\,(-0 \cdot 333)$

$= (a^3+b^3+c^3-3abc)$, जहाँ $a = 0 \cdot 111, b = 0 \cdot 222$ तथा $c = (-0 \cdot 333)$

$= 0. \quad [\because a+b+c = 0 \Rightarrow a^3+b^3+c^3 = 3abc].$

5. दिया गया व्यंजक

$$= \frac{(0 \cdot 13)^2 + (0 \cdot 21)^2}{(3 \times 0 \cdot 13)^2 + (3 \times 0 \cdot 21)^2} - \frac{(a^3+b^3+c^3)}{(-3abc)}, \text{ जहाँ } a = 0 \cdot 25, b = 0 \cdot 43, c = -0 \cdot 68$$

$$= \frac{\left[(0 \cdot 13)^2 + (0 \cdot 21)^2\right]}{9 \times \left[(0 \cdot 13)^2 + (0 \cdot 21)^2\right]} - \frac{3abc}{(-3abc)} = \left(\frac{1}{9} + 1\right) = 1\frac{1}{9}.$$

6. दिया गया व्यंजक $= \dfrac{(0 \cdot 67)^3 - (0 \cdot 1)^3}{(0 \cdot 67)^2 + (0 \cdot 67 \times 0 \cdot 1) + (0 \cdot 1) \times (0 \cdot 1)}$

$= \dfrac{(a^3-b^3)}{(a^2+ab+b^2)}$, जहाँ $a = 0{\cdot}67$ तथा $b = 0{\cdot}1$

$= (a-b) = (0 \cdot 67 - 0 \cdot 1) = 0 \cdot 57.$

7. दिया गया व्यंजक $= \dfrac{(0 \cdot 06)^2 + (0 \cdot 47)^2 + (0 \cdot 079)^2}{(0 \cdot 006)^2 + (0 \cdot 047)^2 + (0 \cdot 0079)^2}$

$$= \frac{(10 \times 0 \cdot 006)^2 + (10 \times 0 \cdot 047)^2 + (10 \times 0 \cdot 0079)^2}{(0 \cdot 006)^2 + (0 \cdot 047)^2 + (0 \cdot 0079)^2}$$

$$= \frac{(10)^2 \times \left\{(0 \cdot 006)^2 + (0 \cdot 047)^2 + (0 \cdot 0079)^2\right\}}{\left\{(0 \cdot 006)^2 + (0 \cdot 047)^2 + (0 \cdot 0079)^2\right\}} = (10)^2 = 100.$$

8. $\dfrac{1}{\cdot 0003718} = \dfrac{1\times 10000}{10000\times \cdot 0003718} = \dfrac{10000}{3\cdot 718} = (10000\times \cdot 2689) = 2689.$

9. माना $0\cdot 333.... = x.$ तब, $10x = 3\cdot 333.....$ $\therefore\ 9x = 3 \Rightarrow x = \dfrac{3}{9} = \dfrac{1}{3}.$

माना $0\cdot 444.... = y.$ तब, $10y = 4\cdot 444....$ $\therefore\ 9y = 4 \Rightarrow y = \dfrac{4}{9}.$

अत: $(0\cdot 333....)\times(0\cdot 444....) = \left(\dfrac{1}{3}\times\dfrac{4}{9}\right) = \dfrac{4}{27} = 0\cdot\overline{148}.$

10. (*i*)
$$12\overline{)110}(\cdot 9166...$$
$$\begin{array}{r} 108 \\ \hline 20 \\ 12 \\ \hline 80 \\ 72 \\ \hline 8 \end{array}$$

$\therefore\ \dfrac{11}{12} = 0\cdot 91\overline{6}$

इसी प्रकार भाग देने पर :

(*ii*) $\dfrac{4}{13} = 0\cdot\overline{307692}$

(*iii*) $\dfrac{15}{44} = 0\cdot 340\overline{90}$

(*iv*) $\dfrac{5}{24} = 0\cdot 208\overline{3}$

11. (*i*) $\cdot 032 = \dfrac{32}{1000} = \dfrac{4}{125}.$ (*ii*) $\cdot 0028 = \dfrac{28}{10000} = \dfrac{7}{2500}.$

(*iii*) $5\cdot 6785 = \dfrac{56785}{10000} = \dfrac{11357}{2000} = 5\dfrac{1357}{2000}.$

12. (*i*) माना $x = 0\cdot\overline{7}.$ तब, $x = 0\cdot 777...$ तथा $10x = 7\cdot 777...$

घटाने पर, $9x = 7 \Rightarrow x = \dfrac{7}{9}.$

(*ii*) माना $x = 4\cdot\overline{6}.$ तब, $x = 4\cdot 666...$ तथा $10x = 46\cdot 666...$

घटाने पर, $9x = 42 \Rightarrow x = \dfrac{42}{9} = \dfrac{14}{3}.$

(*iii*) माना $x = 0\cdot\overline{35}.$ तब, $x = 0\cdot 3535...$ तथा $100x = 35\cdot 3535...$

घटाने पर, $99x = 35 \Rightarrow x = \dfrac{35}{99}.$

(*iv*) माना $x = 1\cdot\overline{432}.$ तब, $x = 1\cdot 432432... \Rightarrow 1000x = 1432\cdot 432432...$

घटाने पर, $999x = 1431 \Rightarrow x = \dfrac{1431}{999}.$

(*v*) माना $x = 0\cdot 2\overline{5}.$ तब, $x = 0\cdot 2555....$ $\therefore\ 10x = 2\cdot 555...$ तथा $100x = 25\cdot 555...$

घटाने पर, $90x = 23 \Rightarrow x = \dfrac{23}{90}.$

(*vi*) माना $x = 0\cdot 57\overline{4}.$ तब, $x = 5\cdot 5744....$ $\therefore\ 100x = 57\cdot 444...$ तथा $1000x = 574\cdot 44...$

घटाने पर, $900x = 517 \Rightarrow x = \dfrac{517}{900}.$

(*vii*) माना $x = 0\cdot 57\overline{92}.$ तब, $x = 0\cdot 579292...$ $\therefore\ 100x = 57\cdot 9292... \Rightarrow 10000x = 5792\cdot 92...$

घटाने पर, $9900x = (5792-57) = 5735 \Rightarrow x = \dfrac{5735}{9900} = \dfrac{1147}{1980}.$

(*viii*) माना $x = 1\cdot 005\overline{7}.$ तब, $x = 1\cdot 005777... \Rightarrow 1000x = 1005\cdot 777...$ तथा $10000x = 10057\cdot 77...$

घटाने पर, $9000x = (10057-1005) = 9052.$

$\therefore \quad x = \frac{9052}{9000} = \frac{2263}{2250} = 1\frac{13}{2250}.$

13. $0\cdot\overline{936} = \frac{936}{999},\ 0\cdot\overline{568} = \frac{568}{999}.$

$\therefore \quad \left(0\cdot\overline{936} - 0\cdot\overline{568}\right) = \left(\frac{936}{999} - \frac{568}{999}\right) = \frac{(936-568)}{999} = \frac{368}{999}.$

$0\cdot\overline{45} = \frac{45}{99},\ 2\cdot\overline{67} = 2 + 0\cdot\overline{67} = 2 + \frac{67}{99} = \frac{198+67}{99} = \frac{265}{99}.$

$\therefore \quad \left(0\cdot\overline{45} + 2\cdot\overline{67}\right) = \left(\frac{45}{99} + \frac{265}{99}\right) = \frac{(45+265)}{99} = \frac{310}{99}.$

दिया गया व्यंजक $= \left(\frac{\overset{184}{\cancel{368}}}{\underset{111}{\cancel{999}}} \times \frac{\overset{11}{\cancel{99}}}{\underset{155}{\cancel{310}}}\right) = \frac{2024}{17205}.$

14. (*i*) दिया गया व्यंजक $= \left(3 + 0\cdot\overline{917}\right) - \left(1 + 0\cdot\overline{353}\right)$

$= (3-1) + \left(0\cdot\overline{917} - 0\cdot\overline{353}\right) = 2 + \left(\frac{917}{999} - \frac{353}{999}\right) = 2 + \frac{564}{999} = 2\frac{564}{999}.$

(*ii*) दिया गया व्यंजक $= \left(2 + 0\cdot\overline{17}\right) + \left(3 + 0\cdot\overline{03}\right) - \left(1 + 0\cdot\overline{41}\right) = (2+3-1) + \left(0\cdot\overline{17} + 0\cdot\overline{03} - 0\cdot\overline{41}\right)$

$= 4 + \left(\frac{17}{99} + \frac{3}{99} - \frac{41}{99}\right) = \left(4 - \frac{21}{99}\right) = \frac{(396-21)}{99} = \frac{375}{99} = 3\frac{78}{99}.$

15. प्रत्येक दी गई भिन्न को दशमलव भिन्न में बदलने पर :

(*i*) $\frac{1}{2} = 0\cdot5,\ \frac{3}{7} = 0\cdot4285....,\ \frac{3}{5} = 0\cdot6,\ \frac{4}{9} = 0\cdot444...$

$\therefore \quad 0\cdot6 > 0\cdot5 > 0\cdot444... > 0\cdot4285...$

अत: $\frac{3}{5} > \frac{1}{2} > \frac{4}{9} > \frac{3}{7}.$

(*ii*) $\frac{2}{3} = 0\cdot666....,\ \frac{5}{8} = 0\cdot625,\ \frac{7}{10} = 0\cdot7,\ \frac{13}{18} = 0\cdot722...$

$\therefore \quad 0\cdot722... > 0\cdot7 > 0\cdot666... > 0\cdot625$

अर्थात् $\frac{13}{18} > \frac{7}{10} > \frac{2}{3} > \frac{5}{8}.$

(*iii*) $\frac{11}{17} = 0\cdot647....,\ \frac{19}{23} = 0\cdot826....,\ \frac{16}{27} = 0\cdot5925....,\ \frac{31}{35} = 0\cdot8857...$

$0\cdot8857... > 0\cdot826... > 0\cdot647... > 0\cdot5925...$

$\therefore \quad \frac{31}{35} > \frac{19}{23} > \frac{11}{17} > \frac{16}{27}.$

4 सरलीकरण (SIMPLIFICATION)

सामान्य नियम

ध्यान रहे कि विभिन्न संक्रियाओं को केवल निम्न क्रमानुसार लेते हैं :

(*i*) रेखा-कोष्ठक (*ii*) कोष्ठक (*iii*) का (*iv*) भाग (*v*) गुणा (vi) जोड़ (*vi*) घटा

सरलीकरण में पहले छोटे कोष्ठक ( ), फिर मंझले कोष्ठक { } तथा अन्त में बड़े कोष्ठक [ ] को हटाया जाता है. इस क्रम के लिए BODMAS याद रखें, जहाँ B, O, D, M, A, S क्रमश: Bracket, Of, Division, Multiplication, Addition तथा Subtraction के लिए है.

साधित उदाहरण

प्रश्न 1. $6010 - 6000 \div 10 = ?$

हल : पहले भाग तथा बाद में घटा को लेने पर :

दिया गया व्यंजक $= 6010 - 6000 \times \frac{1}{10} = 6010 - 600 = 5410.$

प्रश्न 2. $72 \div 9$ का $\frac{1}{3} + \frac{2}{3} \times 1\frac{1}{2} = ?$

हल : BODMAS का प्रयोग करके :

दिया गया व्यंजक $= 72 \div 9$ का $\frac{1}{3} + \frac{2}{3} \times \frac{3}{2} = 72 \div 3 + \frac{2}{3} \times \frac{3}{2} = 24 + \frac{2}{3} \times \frac{3}{2} = (24+1) = 25.$

प्रश्न 3. $2\frac{1}{2} + 3\frac{1}{4} + ? + 2\frac{1}{3} = 13\frac{5}{12}.$

हल : माना $\frac{5}{2} + \frac{13}{4} + x + \frac{7}{3} = \frac{161}{12}$. तब, $\frac{5}{2} + \frac{13}{4} + \frac{7}{3} + x = \frac{161}{12}$

$$\Rightarrow \frac{(30+39+28)}{12} + x = \frac{161}{12} \Rightarrow \frac{97}{12} + x = \frac{161}{12} \Rightarrow x = \frac{161}{12} - \frac{97}{12} = \frac{(161-97)}{12} = \frac{64}{12} = \frac{16}{3} = 5\frac{1}{3}.$$

प्रश्न 4. $\left(1\frac{1}{2} + 11\frac{1}{2} + 111\frac{1}{2} + 1111\frac{1}{2}\right) = ?$ **(एस०एस०सी० परीक्षा, 2010)**

हल : दिया गया व्यंजक $= (1+11+111+1111) + \left(\frac{1}{2} + \frac{1}{2} + \frac{1}{2} + \frac{1}{2}\right) = (1234+2) = 1236.$

प्रश्न 5. $\dfrac{1}{2 + \dfrac{1}{2 + \dfrac{1}{2 - \dfrac{1}{2}}}}$ **का मान ज्ञात कीजिए.**

हल : दिया गया व्यंजक $\dfrac{1}{2 + \dfrac{1}{2 + \dfrac{2}{3}}} = \dfrac{1}{2 + \dfrac{3}{8}} = \dfrac{8}{19}.$

प्रश्न 6. यदि $\frac{a}{b}=\frac{5}{4}$ हो, तो $\frac{(a^2+b^2)}{(a^2-b^2)}$ का मान क्या होगा?

हल : $\frac{(a^2+b^2)}{(a^2-b^2)}=\frac{\left(\frac{a^2}{b^2}+1\right)}{\left(\frac{a^2}{b^2}-1\right)}$ [अंश तथा हर को b^2 से भाग देने पर]

$$=\frac{\left\{\left(\frac{a}{b}\right)^2+1\right\}}{\left\{\left(\frac{a}{b}\right)^2-1\right\}}=\frac{\left\{\left(\frac{5}{4}\right)^2+1\right\}}{\left\{\left(\frac{5}{4}\right)^2-1\right\}}=\frac{\left(\frac{25}{16}+1\right)}{\left(\frac{25}{16}-1\right)}\quad\left[\because \frac{a}{b}=\frac{5}{4}\right]$$

$$=\frac{\frac{(25+16)}{16}}{\frac{(25-16)}{16}}=\frac{(41/16)}{(9/16)}=\frac{41}{9}.$$

प्रश्न 7. $\frac{(67895\times67895-37895\times37895)}{30000}$ का मान ज्ञात करें.

हल : दिया गया व्यंजक $=\frac{(67895)^2-(37895)^2}{(67895-37895)}=\frac{a^2-b^2}{a-b}$, जहाँ $a=67895$ तथा $b=37895$

$$=(a+b)=(67895+37895)=105790.$$

प्रश्न 8. $\left\{\frac{247\times247\times247-137\times137\times137}{247\times247+247\times137+137\times137}\right\}=?$

हल : दिया गया व्यंजक $=\frac{(247)^3-(137)^3}{(247)^2+(247\times137)+(137)^2}=\frac{(a^3-b^3)}{(a^2+ab+b^2)}$, जहाँ $a=247$ तथा $b=137$

$$=(a-b)=(247-137)=110.$$

प्रश्न 9. यदि $a*b=(a^2+b^2-ab)$ हो, तो $6*9=?$

हल : स्पष्ट है कि : $6*9=(6^2+9^2-6\times9)=(36+81-54)=63.$

प्रश्न 10. ममता के पास ₹ 100 तथा ₹ 50 के कुल 85 नोट हैं जिनका कुल मूल्य ₹ 5000 है. इनमें से ₹ 50 के नोट कितने हैं?

हल : माना ₹ 50 के नोटों की संख्या $= x$.

तब, ₹ 100 के नोटों की संख्या $= (85 - x)$.

$\therefore\quad 50x + 100(85 - x) = 5000$

$\Rightarrow\quad 50x = (8500 - 5000) = 3500 \Rightarrow x = 70.$

अत: ₹ 50 के नोटों की संख्या = 70.

प्रश्न 11. 14 पैन तथा 17 पैन्सिलों का कुल मूल्य ₹ 146 है, जबकि 17 पैन तथा 14 पैन्सिलों का मूल्य ₹ 164 है. 3 पैनों का मूल्य कितना है?

हल : माना प्रत्येक पैन का मूल्य = ₹ x तथा प्रत्येक पैन्सिल का मूल्य = ₹ y.

तब, $14x+17y=146 \quad \ldots(i) \qquad 17x+14y=164 \quad \ldots(ii)$

(i) तथा (ii) को जोड़ने पर, $31(x+y)=310 \Rightarrow x+y=10.$

(i) को (ii) में से घटाने पर, $3(x-y)=18 \Rightarrow x-y=6.$

इन्हें हल करने पर $x=8$.

अत: 3 पैनों का मूल्य = ₹ (3×8) = ₹ 24.

प्रश्न 12. एक व्यक्ति अपने वेतन का $\frac{2}{5}$ भाग मकान किराये में, शेष का $\frac{3}{10}$ भाग खाने पर तथा शेष का $\frac{1}{8}$ भाग यात्रा पर खर्च करने के बाद ₹ 1470 की बचत करता है. वह खाने पर कितना खर्च करता है?

हल : माना कुल वेतन = ₹ x.

मकान किराया $= ₹\left(\frac{2}{5}\times x\right)$. शेष $= ₹\left(x-\frac{2x}{5}\right) = ₹\,\frac{3x}{5}$.

खाने पर खर्च $= ₹\left(\frac{3x}{5}$ का $\frac{3}{10}\right) = ₹\,\frac{9x}{50}$.

शेष $= ₹\left(\frac{3x}{5}-\frac{9x}{50}\right) = ₹\,\frac{21x}{50}$; यात्रा पर खर्च $= ₹\left(\frac{1}{8}\times\frac{21x}{50}\right) = ₹\,\frac{21x}{400}$.

शेष $= ₹\left(\frac{21x}{50}-\frac{21x}{400}\right) = ₹\,\frac{(168x-21x)}{400} = ₹\,\frac{147x}{400}$.

$\therefore\ \frac{147x}{400} = 1470 \Rightarrow x = \frac{1470\times 400}{147} = 4000.$

खाने पर खर्च $= ₹\left(\frac{9}{50}\times 4000\right) = ₹\ 720.$

प्रश्नमाला 4A

निम्नलिखित प्रश्नों में से प्रत्येक में ठीक उत्तर को चिन्हांकित (✓) कीजिए :

1. $1\frac{8}{9}+3\frac{2}{7}-2\frac{1}{7}+11\frac{1}{6}=?$ **(बैंक पी०ओ० परीक्षा, 2009)**

(*a*) $7\frac{12}{223}$ (*b*) $14\frac{25}{223}$ (*c*) $14\frac{25}{126}$ (*d*) $7\frac{11}{126}$ (*e*) इनमें से कोई नहीं

2. $9\frac{3}{4}+7\frac{2}{17}-9\frac{1}{15}=?$ **(बैंक पी०ओ० परीक्षा, 2006)**

(*a*) $7\frac{719}{1020}$ (*b*) $9\frac{817}{1020}$ (*c*) $9\frac{719}{1020}$ (*d*) $7\frac{817}{1020}$ (*e*) इनमें से कोई नहीं

3. $5\frac{1}{6}\times 4\frac{3}{8}\div 2\frac{1}{8}=?$ **(बैंक पी०ओ० परीक्षा, 2008)**

(*a*) $10\frac{9}{34}$ (*b*) $10\frac{31}{102}$ (*c*) $10\frac{11}{51}$ (*d*) $10\frac{65}{102}$ (*e*) इनमें से कोई नहीं

4. $74844 \div ? = 54\times 63$ **(बैंक पी०ओ० परीक्षा, 2009)**

(*a*) 34 (*b*) 42 (*c*) 22 (*d*) 54 (*e*) इनमें से कोई नहीं

5. $\left[(84)^2 \div 28\times 12\right]\div 24 = 7\times ?$ **(बैंक पी०ओ० परीक्षा, 2009)**

(*a*) 15 (*b*) 17 (*c*) 19 (*d*) 21 (*e*) इनमें से कोई नहीं

6. $9\frac{1}{9}$ में से $3\frac{2}{3}$ घटाने पर प्राप्त अन्तर को 450 से गुणा करने पर क्या प्राप्त होगा?

(*a*) 2250 (*b*) 2045 (*c*) 2540 **(बैंक पी०ओ० परीक्षा, 2009)**

(*d*) निर्धारित नहीं किया जा सकता (*e*) इनमें से कोई नहीं

7. $1148 \div 28 \times 1408 \div 32 = ?$ (बैंक पी०ओ० परीक्षा, 2008)
(*a*) 1800 (*b*) 1804 (*c*) 1814 (*d*) 1822 (*e*) इनमें से कोई नहीं

8. $222 - \left[\frac{1}{3} \text{ का } \left\{42 + (56 - \overline{8+9})\right\} + 108\right] = ?$ (एस०एस०सी० परीक्षा, 2010)
(*a*) 87 (*b*) 78 (*c*) 47 (*d*) 37

9. $5 - \left[\frac{3}{4} + \left\{2\frac{1}{2} - \left(\frac{1}{2} + \overline{\frac{1}{6} - \frac{1}{7}}\right)\right\}\right] = ?$
(*a*) $1\frac{19}{84}$ (*b*) $2\frac{61}{84}$ (*c*) $2\frac{23}{84}$ (*d*) $2\frac{47}{84}$

10. $1 + 2 \div \left\{1 + 2 \div \left(1 + \frac{1}{3}\right)\right\} = ?$ (एस०एस०सी० परीक्षा, 2005)
(*a*) $5\frac{1}{4}$ (*b*) $4\frac{1}{5}$ (*c*) $2\frac{1}{4}$ (*d*) $1\frac{4}{5}$

11. $9 - 3\frac{3}{11}$ का $1\frac{2}{9} \div \frac{7}{9}$ का $5\frac{1}{7} = ?$
(*a*) 9 (*b*) 8 (*c*) $\frac{5}{4}$ (*d*) $8\frac{32}{81}$

12. $\dfrac{2 + 2 \times 2}{2 \div 2 \times 2} \div \dfrac{\frac{1}{2} \div \frac{1}{2} \text{ का } \frac{1}{2}}{\frac{1}{2} + \frac{1}{2} \text{ का } \frac{1}{2}} = ?$
(*a*) 1 (*b*) 2 (*c*) $1\frac{1}{3}$ (*d*) $1\frac{1}{8}$

13. $\dfrac{\frac{1}{2} \div \frac{1}{2} \text{ का } \frac{1}{2}}{\frac{1}{2} \text{ का } \frac{1}{2} + \frac{1}{2}} \div \left\{\dfrac{1\frac{1}{2}}{1\frac{1}{3}}\right\} = ?$ (रेलवे परीक्षा, 2008)
(*a*) $2\frac{10}{27}$ (*b*) $1\frac{1}{2}$ (*c*) $3\frac{1}{8}$ (*d*) इनमें से कोई नहीं

14. $\dfrac{54 \div 3 \times 16 \div 2}{180 \div 5 \times 6 \div 3} = ?$
(*a*) 2 (*b*) 4 (*c*) 6 (*d*) 8 (*e*) इनमें से कोई नहीं

15. किसी संख्या के $\frac{3}{4}$ तथा $\frac{4}{7}$ का अन्तर 100 है. वह संख्या क्या होगी ? (पी०सी०एस० परीक्षा, 2009)
(*a*) 520 (*b*) 540 (*c*) 500 (*d*) 560

16. $2\frac{1}{2}$ का $\frac{3}{4} \times \frac{1}{2} \div \frac{3}{2} + \frac{1}{2} \div \frac{3}{2}\left[\frac{2}{3} - \frac{1}{2} \text{ का } \frac{2}{3}\right] = ?$ (रेलवे परीक्षा, 2006)
(*a*) $\frac{1}{2}$ (*b*) $\frac{7}{8}$ (*c*) $2\frac{3}{5}$ (*d*) $1\frac{5}{8}$

17. $\frac{5}{6} \div \frac{6}{7} \times ? - \frac{8}{9} \div 1\frac{3}{5} + \frac{3}{4} \times 3\frac{1}{3} = 2\frac{7}{9}.$
(*a*) $\frac{7}{6}$ (*b*) $\frac{6}{7}$ (*c*) 1 (*d*) इनमें से कोई नहीं

18. $\left(999\frac{999}{1000}\times 7\right)=?$ **(एस०एस०सी० परीक्षा, 2007)**

(*a*) $6993\frac{7}{1000}$ (*b*) $7000\frac{7}{1000}$ (*c*) $6633\frac{7}{1000}$ (*d*) $6999\frac{993}{1000}$

19. $\left(999\frac{98}{99}\times 99\right)=?$ **(एस०एस०सी० परीक्षा, 2003)**

(*a*) 9899 (*b*) 98999 (*c*) 99899 (*d*) 99998

20. $\left(999\frac{1}{7}+999\frac{2}{7}+999\frac{3}{7}+999\frac{4}{7}+999\frac{5}{7}+999\frac{6}{7}\right)=?$ **(एस०एस०सी० परीक्षा, 2004)**

(*a*) 2997 (*b*) 5979 (*c*) 5997 (*d*) 5994

21. $\left(1-\frac{1}{2}\right)\left(1-\frac{1}{3}\right)\left(1-\frac{1}{4}\right)\left(1-\frac{1}{5}\right)....\left(1-\frac{1}{19}\right)\left(1-\frac{1}{20}\right)=?$

(*a*) $\frac{1}{20}$ (*b*) $\frac{2}{19}$ (*c*) $\frac{19}{10}$ (*d*) इनमें से कोई नहीं

22. $\left(2-\frac{1}{3}\right)\left(2-\frac{3}{5}\right)\left(2-\frac{5}{7}\right)....\left(2-\frac{997}{999}\right)=?$ **(रेलवे परीक्षा, 2005)**

(*a*) $\frac{1001}{3}$ (*b*) $\frac{5}{999}$ (*c*) $\frac{1001}{999}$ (*d*) इनमें से कोई नहीं

23. $\left[\left\{1+\frac{1}{10+\frac{1}{10}}\right\}\times\left\{1+\frac{1}{10+\frac{1}{10}}\right\}-\left\{1-\frac{1}{10+\frac{1}{10}}\right\}\times\left\{1-\frac{1}{10+\frac{1}{10}}\right\}\div\left\{1+\frac{1}{10+\frac{1}{10}}\right\}+\left\{1-\frac{1}{10+\frac{1}{10}}\right\}\right]=?$

(एस०एस०सी० परीक्षा, 2003)

(*a*) $\frac{20}{101}$ (*b*) $\frac{90}{101}$ (*c*) $\frac{100}{101}$ (*d*) $\frac{101}{100}$

24. $\left(1+\frac{1}{x+1}\right)\left(1+\frac{1}{x+2}\right)\left(1+\frac{1}{x+3}\right)\left(1+\frac{1}{x+4}\right)=?$ **(एम०बी०ए० परीक्षा, 2003)**

(*a*) $\frac{x+5}{x+1}$ (*b*) $\left(x+\frac{1}{x+5}\right)$ (*c*) $\frac{1}{(x+5)}$ (*d*) $\left(1+\frac{1}{x+5}\right)$

25. $\frac{1}{2}+\frac{1}{6}+\frac{1}{12}+\frac{1}{20}+\frac{1}{30}+....+\frac{1}{n(n+1)}=?$ **(एस०एस०सी० परीक्षा, 2006)**

(*a*) $\frac{1}{n}$ (*b*) $\frac{1}{(n+1)}$ (*c*) $\frac{2(n-1)}{n}$ (*d*) $\frac{n}{(n+1)}$

26. $\frac{3}{4}+\frac{5}{36}+\frac{7}{144}+....+\frac{17}{5184}+\frac{19}{8100}=?$ **(ए०ए०ओ० परीक्षा, 2010)**

(*a*) 0.9 (*b*) 0.95 (*c*) 0.99 (*d*) 1.91

27. $\frac{(147\times 147+147\times 143+143\times 143)}{(147\times 147\times 147-143\times 143\times 143)}=?$

(*a*) 4 (*b*) $\frac{1}{4}$ (*c*) 290 (*d*) $\frac{1}{290}$

28. $\frac{(458\times 458\times 458-239\times 239\times 239)}{(458\times 458+239\times 239+458\times 239)}=?$ **(रेलवे परीक्षा, 2005)**

(*a*) 697 (*b*) 219 (*c*) 447 (*d*) 349

29. $\dfrac{(967+289)^2+(967-289)^2}{(967\times967+289\times289)}=?$

(*a*) 1 (*b*) 2 (*c*) 678 (*d*) 1256

30. $\dfrac{(823+698)^2-(823-698)^2}{823\times698}=?$

(*a*) 1521 (*b*) 125 (*c*) 1 (*d*) 4

31. यदि $\left(x-\dfrac{1}{x}\right)=2$ हो, तो $\left(x^2+\dfrac{1}{x^2}\right)$ का मान क्या होगा? **(रेलवे परीक्षा, 2006)**

(*a*) 6 (*b*) 4 (*c*) 8 (*d*) 10

32. यदि $\left(x+\dfrac{1}{x}\right)=5$ हो, तो $\left(x^3+\dfrac{1}{x^3}\right)$ का मान क्या होगा? **(रेलवे परीक्षा, 2005)**

(*a*) 180 (*b*) 110 (*c*) 125 (*d*) 80

33. यदि $\left(a+\dfrac{1}{a}\right)^2=3$ हो, तो $\left(a^3+\dfrac{1}{a^3}\right)=?$

(*a*) $\dfrac{10\sqrt{3}}{3}$ (*b*) 0 (*c*) $3\sqrt{3}$ (*d*) $6\sqrt{3}$

34. यदि $\left(x-\dfrac{1}{x}\right)=2$ हो, तो $\left(x^4+\dfrac{1}{x^4}\right)=?$

(*a*) 4 (*b*) 16 (*c*) 34 (*d*) 64

35. यदि $\left(x+\dfrac{1}{x}\right)=\sqrt{13}$ हो, तो $\left(x^3-\dfrac{1}{x^3}\right)=?$ **(दिल्ली पुलिस परीक्षा, 2010)**

(*a*) 27 (*b*) 30 (*c*) 26 (*d*) 36

36. यदि $\left(4b^2+\dfrac{1}{b^2}\right)=2$ हो, तो $\left(8b^3+\dfrac{1}{b^3}\right)=?$ **(एस०एस०सी० परीक्षा, 2008)**

(*a*) 0 (*b*) 1 (*c*) 2 (*d*) 5

37. यदि $\dfrac{a}{3}=\dfrac{b}{4}=\dfrac{c}{7}$ हो, तो $\dfrac{a+b+c}{c}=?$ **(एस०एस०सी० परीक्षा, 2007)**

(*a*) 2 (*b*) $\sqrt{2}$ (*c*) 3 (*d*) 7

38. यदि $\dfrac{a}{b}=\dfrac{6}{7}$ हो, तो $\dfrac{a+2b}{a-3b}=?$ **(एस०एस०सी० परीक्षा, 2008)**

(*a*) $\dfrac{3}{4}$ (*b*) $\dfrac{-4}{3}$ (*c*) $\dfrac{7}{2}$ (*d*) $\dfrac{-3}{5}$

39. यदि $\dfrac{x}{y}=\dfrac{1}{3}$ हो, तो $\dfrac{x^2+y^2}{x^2-y^2}=?$ **(रेलवे परीक्षा, 2006)**

(*a*) $\dfrac{-5}{3}$ (*b*) $\dfrac{-5}{4}$ (*c*) $\dfrac{5}{4}$ (*d*) $\dfrac{-10}{9}$

40. यदि $4x+5y=83$ हो तथा $\dfrac{3x}{2y}=\dfrac{21}{22}$ हो, तो $y-x=?$ **(बैंक पी०ओ० परीक्षा, 2008)**

(*a*) 3 (*b*) 4 (*c*) 7 (*d*) 11 (*e*) इनमें से कोई नहीं

41. यदि $\dfrac{(x^2+y^2+z^2-64)}{(xy-yz-zx)}=-2$ हो तथा $x+y=3z$ हो, तो $z=?$ **(एस०एस०सी० परीक्षा, 2010)**

(*a*) 2 (*b*) 3 (*c*) 4 (*d*) कोई नहीं

42. $\left(\frac{1}{1\cdot4}+\frac{1}{4\cdot7}+\frac{1}{7\cdot10}+\frac{1}{10\cdot13}+\frac{1}{13\cdot16}\right)=?$ **(एस०एस०सी० परीक्षा, 2007)**

(a) $\frac{1}{3}$ (b) $\frac{5}{16}$ (c) $\frac{3}{8}$ (d) $\frac{41}{7280}$

43. यदि $x=(\sqrt{2}+1)^{\frac{-1}{3}}$ हो, तो $\left(x^3-\frac{1}{x^3}\right)$ का मान क्या होगा ? **(एस०एस०सी० परीक्षा, 2010)**

(a) 0 (b) $-\sqrt{2}$ (c) -2 (d) $3\sqrt{2}$

44. यदि $\frac{a}{b}=\frac{4}{5}$ तथा $\frac{b}{c}=\frac{15}{16}$ हो, तो $\frac{(c^2-a^2)}{(c^2+a^2)}=?$ **(एस०एस०सी० परीक्षा, 2010)**

(a) $\frac{1}{7}$ (b) $\frac{7}{25}$ (c) $\frac{3}{4}$ (d) इनमें से कोई नहीं

45. यदि $\frac{x}{2}=\frac{y}{3}=\frac{z}{5}$ हो, तो $\frac{x+y-z}{x-y+z}$ का मान कितना होगा ?

(a) 0 (b) 3 (c) 5 (d) 10

46. यदि $\frac{4x-3y}{7x+6y}=\frac{4}{13}$ हो, तो $\frac{x}{y}$ का मान क्या होगा ?

(a) $\frac{8}{21}$ (b) $\frac{3}{5}$ (c) $\frac{5}{3}$ (d) $\frac{21}{8}$

47. $37\frac{1}{2}$ में कितने $\frac{1}{8}$ हैं ?

(a) 150 (b) 200 (c) 250 (d) इनमें से कोई नहीं

48. एक परीक्षा में एक विद्यार्थी को किसी संख्या का $\frac{3}{14}$ ज्ञात करना था. त्रुटिवश उसने उस संख्या का $\frac{3}{4}$ ज्ञात किया, जो सही उत्तर से 150 अधिक था. वह संख्या है : **(रेलवे परीक्षा, 2005)**

(a) 140 (b) 70 (c) 210 (d) 280

49. एक विद्यार्थी को किसी संख्या को 27 से गुणा करने को कहा गया, त्रुटिवश उसने इसे 72 से गुणा कर दिया. यह उत्तर सही उत्तर से 405 अधिक है. जिस संख्या को गुणा करने के लिए कहा गया, वह संख्या कौन-सी है ?

(a) 45 (b) 15 (c) 9 (d) 5

(एस०एस०सी० परीक्षा, 2005)

50. $\frac{(2^n+2^{n-1})}{(2^{n+1}-2^n)}$ का मान है : **(रेलवे परीक्षा, 2006)**

(a) $\frac{1}{2}$ (b) $\frac{3}{2}$ (c) $2^{\frac{n-1}{n+1}}$ (d) इनमें से कोई नहीं

51. यदि $2=x+\cfrac{1}{1+\cfrac{1}{3+\cfrac{1}{4}}}$ हो, तो x का मान है :

(a) $\frac{12}{17}$ (b) $\frac{13}{17}$ (c) $1\frac{1}{17}$ (d) $1\frac{4}{17}$

52. यदि $\dfrac{2x}{1+\dfrac{1}{1+\dfrac{x}{1-x}}}=1$ हो, तो x का मान है :

(*a*) $\frac{1}{3}$ (*b*) $\frac{2}{3}$ (*c*) $\frac{3}{5}$ (*d*) $\frac{5}{3}$

53. $\dfrac{13}{48}=?$ **(एस०एस०सी० परीक्षा, 2006)**

(*a*) $\dfrac{1}{3+\dfrac{1}{\left(1+\dfrac{1}{16}\right)}}$ (*b*) $\dfrac{1}{2+\dfrac{1}{1+\dfrac{1}{8}}}$ (*c*) $\dfrac{1}{3+\dfrac{1}{1+\dfrac{1}{1+\dfrac{1}{8}}}}$ (*d*) $\dfrac{1}{3+\dfrac{1}{1+\dfrac{1}{2+\dfrac{1}{4}}}}$

54. यदि $a+b+c=0$ हो, तो $\left(\dfrac{a^2}{bc}+\dfrac{b^2}{ca}+\dfrac{c^2}{ab}\right)=?$ **(एम०बी०ए० परीक्षा, 2006)**

(*a*) – 1 (*b*) 0 (*c*) 1 (*d*) 3

55. $\dfrac{(x-y)^3+(y-z)^3+(z-x)^3}{9\,(x-y)\,(y-z)\,(z-x)}=?$

(*a*) 0 (*b*) $\frac{1}{9}$ (*c*) $\frac{1}{3}$ (*d*) 1

56. $\dfrac{x^2-(y-z)^2}{(x+z)^2-y^2}+\dfrac{y^2-(x-z)^2}{(x+y)^2-z^2}+\dfrac{z^2-(x-y)^2}{(y+z)^2-x^2}=?$ **(एम०बी०ए० परीक्षा, 2006)**

(*a*) – 1 (*b*) 0 (*c*) 1 (*d*) इनमें से कोई नहीं

57. यदि $x*y=3x+2y$ हो, तो $2*3+3*4=?$ **(एस०एस०सी० परीक्षा, 2005)**

(*a*) 18 (*b*) 29 (*c*) 32 (*d*) 38

58. यदि $x*y=x^2+y^2+xy+1$ हो, तो $(1*2)*3=?$ **(एस०एस०सी० परीक्षा, 2003)**

(*a*) 6 (*b*) 19 (*c*) 82 (*d*) 98

59. यदि ⊕ एक ऐसी संक्रिया है कि :

$$a\oplus b=\begin{cases}2a, & \text{यदि } a>b\\ a+b, & \text{यदि } a<b\\ a^2, & \text{यदि } a=b\end{cases}$$

तब $\dfrac{(5\oplus 7)+(4\oplus 4)}{3\,(5\oplus 5)-(15\oplus 11)-3}=?$ **(एस०एस०सी० परीक्षा, 2007)**

(*a*) $\frac{1}{3}$ (*b*) $\frac{14}{23}$ (*c*) $\frac{2}{3}$ (*d*) $\frac{14}{13}$

60. ₹ 600 को A, B, C में इस प्रकार वितरित करना है कि A के भाग के $\frac{2}{5}$ से ₹ 40 अधिक, B के भाग के $\frac{2}{7}$ से ₹ 20 अधिक तथा C के भाग के $\frac{9}{17}$ से ₹ 10 अधिक, सभी बराबर हैं. A का भाग कितना है ?

(*a*) ₹ 180 (*b*) ₹ 160 (*c*) ₹ 150 (*d*) ₹ 140

(एस०एस०सी० परीक्षा, 2010)

61. ₹ 1050 को A, B, C में इस प्रकार विभक्त करना है कि A को B तथा C के योग का $\frac{2}{5}$ तथा B को A और C के योग का $\frac{3}{7}$ प्राप्त हो. C का भाग कितना है ? **(एस०एस०सी० परीक्षा, 2006)**

(*a*) ₹ 315 (*b*) ₹ 300 (*c*) ₹ 210 (*d*) ₹ 435

62. 116 को चार भागों में इस प्रकार विभक्त किया गया है कि प्रथम भाग में 5 जोड़ने पर, द्वितीय भाग में से 4 घटाने पर, तृतीय भाग को 3 से गुणा करने पर तथा चौथे भाग को 2 से भाग देने पर समान संख्या प्राप्त हो. चौथा भाग कितना है ? **(बी०एड० प्रवेश परीक्षा, 2007)**

(*a*) 22 (*b*) 31 (*c*) 54 (*d*) 9

63. 5 लॉकेट तथा 8 जंजीरों का कुल मूल्य ₹ 145785 हो, तो ऐसे 15 लॉकेट तथा 24 जंजीरों का मूल्य कितना होगा ? **(बैंक पी०ओ० परीक्षा, 2009)**

(*a*) ₹ 325285 (*b*) ₹ 439355 (*c*) ₹ 550000
(*d*) निर्धारित नहीं किया जा सकता (*e*) इनमें से कोई नहीं

64. एक टंकी 12 बाल्टियों के पानी से भर जाती है तथा प्रत्येक बाल्टी की धारिता 13.5 लीटर है. इस टंकी को 9 लीटर क्षमता वाली कितनी बाल्टियों से भरा जा सकेगा ?

(*a*) 21 (*b*) 18 (*c*) 15 (*d*) 22

65. एक नक्शे पर 0.5 सेमी०, 10 किमी० को व्यक्त करता है. यदि नक्शे पर दो नगरों के बीच की दूरी 82.5 सेमी० हो, तो इन नगरों के बीच वास्तविक दूरी कितनी है ? **(रेवले परीक्षा, 2005)**

(*a*) 1150 किमी० (*b*) 1650 किमी० (*c*) 6500 किमी० (*d*) 150 किमी०

66. एक किसान अपनी n गायों के झुण्ड को अपने चार पुत्रों में इस प्रकार बाँटता है कि पहले पुत्र को पूरे झुण्ड की आधी गायें, दूसरे पुत्र को पूरे झुण्ड की एक-चौथाई गायें, तीसरे पुत्र को पूरे झुण्ड की $\frac{1}{5}$ गायें तथा चौथे पुत्र को 7 गायें मिलती हैं. n का मान कितना है ? **(एस०एस०सी परीक्षा, 2008)**

(*a*) 80 (*b*) 100 (*c*) 140 (*d*) 180

67. रामसिंह ने अपनी सम्पत्ति में से आधा भाग अपनी पत्नी को, बाकी बची सम्पत्ति का आधा भाग अपने पुत्र को तथा शेष सम्पत्ति का एक तिहाई अपनी पुत्री को दिया. यदि पुत्री को ₹ 125000 मिले हों, तो उसकी सारी सम्पत्ति का मूल्य कितना था ? **(लोक सेवा आयोग परीक्षा, 2009)**

(*a*) ₹ 15 लाख (*b*) ₹ 18 लाख (*c*) ₹ 20 लाख (*d*) ₹ 22 लाख

68. एक फल विक्रेता कुल सेबों की संख्या का आधा तथा 1 सेब पहले ग्राहक को; शेष का $\frac{1}{3}$ तथा 1 सेब दूसरे ग्राहक को तथा शेष का $\frac{1}{5}$ तथा 1 सेब तीसरे ग्राहक को बेचता है. इसके बाद उसके पास 3 सेब बच जाते हैं. प्रारम्भ में उसके पास कुल कितने सेब थे ? **(बी०सी०ए० परीक्षा, 2008)**

(*a*) 15 (*b*) 18 (*c*) 20 (*d*) 25

69. एक व्यक्ति को लक्ष्य पर निशाना लगाने के लिए प्रत्येक बार ₹ 1 मिलता है तथा निशाना चूकने पर उसे ₹ 1 देना पड़ता है. सौ बार निशाना लगाने पर उसे ₹ 30 मिले. कितनी बार उसका निशाना चूका ?

(*a*) 25 (*b*) 35 (*c*) 40 (*d*) 45

(लोक सेवा आयोग परीक्षा, 2009)

70. रेल के एक आधे टिकट का मूल्य पूरे किराये का आधा है, किन्तु आधे टिकट पर आरक्षण प्रभार पूरे टिकट जितना है. दो स्टेशनों के बीच एक आरक्षित प्रथम श्रेणी टिकट का मूल्य ₹ 525 है तथा एक पूरे और एक आधे आरक्षित प्रथम श्रेणी टिकटों का मूल्य ₹ 850 है. आरक्षण प्रभार कितना है ? **(बैंक पी०ओ० परीक्षा, 2008)**

(*a*) ₹ 125 (*b*) ₹ 200 (*c*) ₹ 145
(*d*) निर्धारित नहीं किया जा सकता (*d*) इनमें से कोई नहीं

71. एक टैक्सी कुछ निश्चित राशि तथा दूरी के समानुपाती राशि लेती है. यदि 16 किमी० यात्रा का चार्ज ₹ 156 तथा 24 किमी० यात्रा का चार्ज ₹ 204 हो, तो 30 किमी० यात्रा का चार्ज कितना होगा?

(*a*) ₹ 236 (*b*) ₹ 240 (*c*) ₹ 248 (*d*) ₹ 252

(बी०सी०ए० परीक्षा, 2008)

72. एक किसान के पास कुछ मुर्गियाँ तथा बकरियाँ हैं. यदि इन सबके कुल 240 सिर तथा 640 पैर हों, तो मुर्गियाँ कितनी हैं? **(बी०सी०ए० परीक्षा, 2008)**

(*a*) 80 (*b*) 120 (*c*) 140 (*d*) 160

73. एक परीक्षा में किसी परीक्षार्थी को प्रत्येक सही उत्तर के लिए 5 अंक मिलते हैं तथा प्रत्येक गलत उत्तर के 2 अंक काट लिए जाते हैं. यदि वह 140 प्रश्नों का उत्तर दे तथा 350 अंक प्राप्त करे, तो उसने कितने प्रश्नों का सही उत्तर दिया? **(जीवन बीमा निगम परीक्षा, 2006)**

(*a*) 65 (*b*) 70 (*c*) 85 (*d*) 90

74. किसी कक्षा का पहला पीरियड 10:30 बजे प्रारम्भ होता है तथा चौथा (अन्तिम) पीरियड 13:45 बजे समाप्त होता है. यदि प्रत्येक पीरियड की समयावधि एक समान हो तथा प्रत्येक पीरियड के अन्त में 5 मिनट का विश्राम दिया गया हो, तो प्रत्येक पीरियड की समयावधि कितनी है? **(एस०एस०सी० परीक्षा, 2007)**

(*a*) 35 मिनट (*b*) 40 मिनट (*c*) 45 मिनट (*d*) 42 मिनट

75. कुछ टॉफियाँ बच्चों के एक समूह में इस प्रकार बाँटी गई कि प्रत्येक को 7 टॉफियाँ मिली तथा 14 शेष बची. यदि इस समूह में दो अधिक बच्चे होते, तो कोई टॉफी नहीं बचती. इस समूह में कितने बच्चे थे?

(*a*) 70 (*b*) 56 (*c*) 63

(*d*) निर्धारित नहीं किया जा सकता (*e*) इनमें से कोई नहीं **(बैंक पी०ओ० परीक्षा, 2008)**

76. एक पार्टी में प्रत्येक व्यक्ति सभी उपस्थित व्यक्तियों से हाथ मिलाता है. यदि कुल 'हैण्ड शेक' 66 हुए हों, तो पार्टी में कितने व्यक्ति थे? **(लोक सेवा आयोग परीक्षा, 2008)**

(*a*) 11 (*b*) 12 (*c*) 22 (*d*) इनमें से कोई नहीं

77. कुछ व्यक्ति तथा समान संख्या में घोड़े कहीं जा रहे हैं. आधे व्यक्ति घोड़ों की पीठ पर बैठे हैं तथा शेष व्यक्ति घोड़ों के साथ पैदल चल रहे हैं. यदि जमीन पर कुल पैरों की संख्या 70 हो, तो घोड़े कितने हैं?

(*a*) 10 (*b*) 12 (*c*) 14 (*d*) 16

78. A तथा B में से प्रत्येक के पास कुछ रुपये हैं. यदि A, B को ₹ 50 देता है तो B के पास, A के पास बचे रुपयों से दुगुने रुपये होंगे. यदि B, A को ₹ 20 देता है, तो A के पास, B के पास बचे रुपयों से तिगुने रुपये होंगे. A के पास कितने रुपये हैं?

(*a*) ₹ 62 (*b*) ₹ 106 (*c*) ₹ 93 (*d*) ₹ 81

79. कुछ मिठाइयाँ 175 बच्चों में बराबर-बराबर वितरित की जानी थी, परन्तु 35 बच्चों के अनुपस्थित रहने के कारण प्रत्येक बच्चे को 4 मिठाई अधिक मिली. कितनी मिठाइयाँ वितरित की गईं?

(*a*) 2400 (*b*) 2480 (*c*) 2680 (*d*) इनमें से कोई नहीं

80. एक कक्षा के छात्रों को पंक्तियों में खड़ा किया जाता है. यदि प्रत्येक पंक्ति में एक छात्र अधिक खड़ा किया जाता है, तो कुल पंक्तियों की संख्या 2 कम होती. यदि प्रत्येक पंक्ति में एक छात्र कम होता तो कुल पंक्तियों की संख्या 3 अधिक होती. कक्षा में कुल कितने छात्र हैं?

(*a*) 60 (*b*) 56 (*c*) 72 (*d*) 48

81. 225 मीटर लम्बी रोड के एक ओर बराबर-बराबर दूरी पर 26 पेड़ लगाये गये हैं. इस दूरी के आरम्भ में तथा अन्त में भी पेड़ लगे हैं. दो क्रमागत पेड़ों के बीच की दूरी कितनी है? **(रेलवे परीक्षा, 2002)**

(*a*) 8 मीटर (*b*) 9 मीटर (*c*) 10 मीटर (*d*) 15 मीटर

82. एक व्यक्ति के पास ₹ 5, ₹ 10 तथा ₹ 20 के नोटों के रूप में कुल धनराशि ₹ 1575 है तथा प्रत्येक प्रकार के नोटों की संख्या समान है. उसके पास कुल कितने नोट हैं?

(*a*) 115 (*b*) 125 (*c*) 135 (*d*) 165

83. कुछ छात्रों ने एक पिकनिक मनाने की योजना बनाई. इसमें भोजन पर ₹ 5000 खर्च होने थे. परन्तु 5 विद्यार्थियों के न जाने से प्रत्येक सदस्य पर ₹ 50 अतिरिक्त खर्च बढ़ गया. कितने छात्र पिकनिक पर गये ?

(*a*) 15 (*b*) 25 (*c*) 20 (*d*) 30

84. एक 80 मीटर ऊँचे गोल खम्भे पर एक बन्दर एक मिनट में 5 मीटर चढ़ता है परन्तु दूसरे मिनट में 2 मीटर नीचे फिसल जाता है. खम्भे के ऊपरी सिरे पर पहुँचने में उसे कितना समय लगेगा ?

(*a*) 51 मिनट (*b*) 54 मिनट (*c*) 58 मिनट (*d*) 61 मिनट

(लोक सेवा आयोग परीक्षा, 2006)

85. किसी विद्यालय के सभी छात्रों को 54 छात्रों की एक-एक पंक्ति में खड़ा किये जाने पर 30 पंक्तियाँ बनती हैं. यदि उन्हें 45 छात्रों की एक-एक पंक्ति में खड़ा किया जाये तो कितनी पंक्तियाँ बनेंगी ?

(*a*) 25 (*b*) 42 (*c*) 36 (*d*) 32 (*e*) इनमें से कोई नहीं

(बैंक पी०ओ० परीक्षा, 2010)

उत्तरमाला (प्रश्नमाला 4A)

1. (*c*)	**2.** (*d*)	**3.** (*d*)	**4.** (*c*)	**5.** (*e*)	**6.** (*e*)	**7.** (*b*)	**8.** (*a*)	**9.** (*c*)	**10.** (*d*)
11. (*b*)	**12.** (*d*)	**13.** (*a*)	**14.** (*a*)	**15.** (*d*)	**16.** (*d*)	**17.** (*b*)	**18.** (*d*)	**19.** (*b*)	**20.** (*c*)
21. (*a*)	**22.** (*a*)	**23.** (*a*)	**24.** (*a*)	**25.** (*d*)	**26.** (*c*)	**27.** (*b*)	**28.** (*b*)	**29.** (*b*)	**30.** (*d*)
31. (*a*)	**32.** (*b*)	**33.** (*b*)	**34.** (*c*)	**35.** (*d*)	**36.** (*a*)	**37.** (*a*)	**38.** (*b*)	**39.** (*b*)	**40.** (*b*)
41. (*c*)	**42.** (*b*)	**43.** (*c*)	**44.** (*b*)	**45.** (*a*)	**46.** (*d*)	**47.** (*d*)	**48.** (*d*)	**49.** (*c*)	**50.** (*b*)
51. (*d*)	**52.** (*b*)	**53.** (*d*)	**54.** (*d*)	**55.** (*c*)	**56.** (*c*)	**57.** (*b*)	**58.** (*d*)	**59.** (*c*)	**60.** (*c*)
61. (*d*)	**62.** (*c*)	**63.** (*e*)	**64.** (*b*)	**65.** (*b*)	**66.** (*c*)	**67.** (*a*)	**68.** (*c*)	**69.** (*b*)	**70.** (*a*)
71. (*b*)	**72.** (*d*)	**73.** (*d*)	**74.** (*c*)	**75.** (*d*)	**76.** (*b*)	**77.** (*c*)	**78.** (*b*)	**79.** (*e*)	**80.** (*a*)
81. (*b*)	**82.** (*c*)	**83.** (*c*)	**84.** (*a*)	**85.** (*c*)					

दिये गए प्रश्नों के हल प्रश्नमाला 4A

1. दिया गया व्यंजक $= (1+3-2+11)+\left(\frac{8}{9}+\frac{1}{6}+\frac{2}{7}-\frac{1}{7}\right) = 13+\frac{(16+3)}{18}+\frac{(2-1)}{7}$

$$= 13+\frac{19}{18}+\frac{1}{7} = 13+1+\frac{1}{18}+\frac{1}{7} = 14+\frac{(7+18)}{126} = 14\frac{25}{126}.$$

2. दिया गया व्यंजक $= (9+7-9)+\left(\frac{3}{4}+\frac{2}{17}-\frac{1}{15}\right)$

$$= 7+\frac{(51+8)}{68}-\frac{1}{15} = 7+\frac{59}{68}-\frac{1}{15} = 7+\frac{(885-68)}{1020} = 7+\frac{817}{1020} = 7\frac{817}{1020}.$$

3. दिया गया व्यंजक $= \frac{31}{6}\times\frac{35}{8}\div\frac{17}{8} = \frac{31}{6}\times\frac{35}{8}\times\frac{8}{17} = \frac{1085}{102} = 10\frac{65}{102}.$

4. माना $\frac{74844}{x} = 54\times 63.$ तब, $x = \frac{74844}{54\times 63} = 22.$

5. माना $7\times x = \left[(84)^2 \div 28\times 12\right] \div 24 \Rightarrow 7\times x = \left[\frac{7056}{28}\times 12\right]\div 24 \Rightarrow 7\times x = \frac{3024}{24}$

$$\Rightarrow x = \frac{3024}{24\times 7} = 18.$$

6. $\left(9\frac{1}{9}-3\frac{2}{3}\right)\times 450 = \left(\frac{82}{9}-\frac{11}{3}\right)\times 450 = \frac{(82-33)}{9}\times 450 = 49\times 50 = 2450.$

7. दिया गया व्यंजक $= 1148 \times \frac{1}{28} \times 1408 \times \frac{1}{32} = 41 \times 44 = 1804.$

8. क्रमशः रेखा-कोष्ठक, ( ), { } तथा [ ] हटाने पर :

दिया गया व्यंजक $= 222 - \left[\frac{1}{3} \text{ का } \{42 + (56 - 17)\} + 108\right] = 222 - \left[\frac{1}{3} \text{ का } \{42 + 39\} + 108\right]$

$= 222 - \left[\frac{1}{3} \text{ का } 81 + 108\right] = 222 - [27 + 108] = 222 - 135 = 87.$

9. क्रमशः रेखा-कोष्ठक, ( ), { } तथा [ ] हटाने पर :

दिया गया व्यंजक $= 5 - \left[\frac{3}{4} + \left\{\frac{5}{2} - \left(\frac{1}{2} + \frac{1}{42}\right)\right\}\right] = 5 - \left[\frac{3}{4} + \left\{\frac{5}{2} - \frac{22}{44}\right\}\right]$

$= 5 - \left[\frac{3}{4} + \left\{\frac{5}{2} - \frac{11}{21}\right\}\right] = 5 - \left[\frac{3}{4} + \frac{(105 - 22)}{42}\right] = 5 - \left[\frac{3}{4} + \frac{83}{42}\right]$

$= 5 - \frac{63 + 166}{84} = 5 - \frac{229}{84} = \frac{420 - 229}{84} = \frac{191}{84} = 2\frac{23}{84}.$

10. क्रमशः ( ) तथा { } हटाने पर :

दिया गया व्यंजक $= 1 + 2 \div \left\{1 + 2 \div \frac{4}{3}\right\} = 1 + 2 \div \left\{1 + 2 \times \frac{3}{4}\right\}$

$= 1 + 2 \div \left\{1 + \frac{3}{2}\right\} = 1 + 2 \div \frac{5}{2} = 1 + 2 \times \frac{2}{5} = 1 + \frac{4}{5} = 1\frac{4}{5}.$

11. दिये गये व्यंजक में क्रमशः का, भाग, घटा को हल करने पर :

दिया गया व्यंजक $= 9 - \frac{36}{11}$ का $\frac{11}{9} \div \frac{7}{9}$ का $\frac{36}{7} = 9 - 4 \div 4$ [**'का'** हटाने पर]

$= 9 - 1$ ['भाग' हटाने पर] $= 8.$

12. प्रत्येक व्यंजक से क्रमशः का, भाग तथा गुणा हटाने पर :

दिया गया व्यंजक $= \frac{2 + 2 \times 2}{2 \div 2 \times 2} \div \frac{\frac{1}{2} \div \frac{1}{4}}{\frac{1}{2} + \frac{1}{4}} = \frac{2 + 2 \times 2}{2 \times \frac{1}{2} \times 2} \div \frac{\frac{1}{2} \times \frac{4}{1}}{\frac{1}{2} + \frac{1}{4}}$

$= \frac{2 + 4}{2} \div \frac{2}{\frac{1}{2} + \frac{1}{4}} = \frac{6}{2} \div \frac{2}{\left(\frac{3}{4}\right)} = 3 \div \left(2 \times \frac{4}{3}\right) = 3 \div \frac{8}{3} = 3 \times \frac{3}{8} = \frac{9}{8} = 1\frac{1}{8}.$

13. क्रमशः का, भाग, जोड़ हटाने पर :

दिया गया व्यंजक $= \frac{\frac{1}{2} \div \frac{1}{4}}{\frac{1}{4} + \frac{1}{2}} \div \frac{\left(\frac{3}{2}\right)}{\left(\frac{4}{3}\right)} = \frac{\frac{1}{2} \times 4}{\frac{(1 + 2)}{4}} \div \left(\frac{3}{2} \times \frac{3}{4}\right) = \left(2 \times \frac{4}{3}\right) \div \frac{9}{8} = \frac{8}{3} \div \frac{9}{8} = \frac{8}{3} \times \frac{8}{9} = \frac{64}{27} = 2\frac{10}{27}.$

14. अंश तथा हर में क्रमशः भाग, गुणा, जोड़, घटा को हल करने पर :

दिया गया व्यंजक $= \frac{18 \times 8}{36 \times 2} = 2.$

15. माना अभीष्ट संख्या $= x$. तब

$\frac{3}{4}x - \frac{4}{7}x = 100 \Rightarrow 21x - 16x = 2800 \Rightarrow 5x = 2800 \Rightarrow x = 560.$

16. दिया गया व्यंजक $= \frac{5}{2}$ का $\frac{3}{4}\times\frac{1}{2}\div\frac{3}{2}+\frac{1}{2}\div\frac{3}{2}\left[\frac{2}{3}-\frac{1}{2}\text{ का }\frac{2}{3}\right]$

$= \frac{15}{8}\times\frac{1}{2}\div\frac{3}{2}+\frac{1}{2}\div\frac{3}{2}\left[\frac{2}{3}-\frac{1}{3}\right]$ **[का हटाने पर]**

$= \frac{15}{8}\times\frac{1}{2}\div\frac{3}{2}+\frac{1}{2}\div\frac{3}{2}\left[\frac{1}{3}\right] = \frac{15}{8}\times\frac{1}{2}\div\frac{3}{2}+\frac{1}{2}\div\frac{1}{2}$

$= \frac{15}{8}\times\frac{1}{2}\times\frac{2}{3}+\frac{1}{2}\times\frac{2}{1} = \frac{5}{8}+1 = 1\frac{5}{8}.$

17. माना $\frac{5}{6}\div\frac{6}{7}\times x-\frac{8}{9}\div\frac{8}{5}+\frac{3}{4}\times\frac{10}{3}=\frac{25}{9}.$

तब, $\frac{5}{6}\times\frac{7}{6}\times x-\frac{8}{9}\times\frac{5}{8}+\frac{3}{4}\times\frac{10}{3}=\frac{25}{9}$ [भाग हटाने पर]

$\Rightarrow \frac{35x}{36}-\frac{5}{9}+\frac{5}{2}=\frac{25}{9} \Rightarrow \frac{35x}{36}=\frac{25}{9}+\frac{5}{9}-\frac{5}{2}$

$\Rightarrow \frac{35x}{36}=\frac{30}{9}-\frac{5}{2}=\frac{10}{3}-\frac{5}{2}=\frac{5}{6} \Rightarrow x=\frac{5}{6}\times\frac{36}{35}=\frac{6}{7}.$

18. दिया गया व्यंजक $=\left(999+\frac{999}{1000}\right)\times 7=(999\times7)+\left(\frac{999}{1000}\times7\right)=6993+\frac{6993}{1000}$

$=6993+6+\frac{993}{1000}=6999+\frac{993}{1000}=6999\frac{993}{1000}.$

19. दिया गया व्यंजक $=\left(999+\frac{98}{99}\right)\times99 = (999\times99)+\frac{98}{99}\times99=(999\times99)+98$

$=(1000-1)\times99+98=99000-99+98=99000-1=98999.$

20. दिया गया व्यंजक $=\left(999+\frac{1}{7}\right)+\left(999+\frac{2}{7}\right)+\left(999+\frac{3}{7}\right)+\left(999+\frac{4}{7}\right)+\left(999+\frac{5}{7}\right)+\left(999+\frac{6}{7}\right)$

$=(6\times999)+\left(\frac{1}{7}+\frac{2}{7}+\frac{3}{7}+\frac{4}{7}+\frac{5}{7}+\frac{6}{7}\right)=6\times(1000-1)+\frac{21}{7}=(6000-6+3)$

$=(6003-6)=5997.$

21. दिया गया व्यंजक $=\frac{1}{\cancel{2}}\times\frac{\cancel{2}}{\cancel{3}}\times\frac{\cancel{3}}{\cancel{4}}\times\frac{\cancel{4}}{\cancel{5}}\times.....\times\frac{\cancel{18}}{\cancel{19}}\times\frac{\cancel{19}}{20}=\frac{1}{20}.$

22. दिया गया व्यंजक $=\frac{\cancel{5}}{3}\times\frac{\cancel{7}}{\cancel{5}}\times\frac{\cancel{9}}{\cancel{7}}\times........\frac{1001}{\cancel{999}}=\frac{1001}{3}.$

23. माना $a=\left\{1+\frac{1}{10+\frac{1}{10}}\right\}=\left\{1+\frac{10}{101}\right\}=\frac{111}{101}.$

तथा $b=\left\{1-\frac{1}{10+\frac{1}{10}}\right\}=\left\{1-\frac{10}{101}\right\}=\frac{91}{101}.$

दिया गया व्यंजक $=\frac{(a^2-b^2)}{(a+b)}=(a-b)=\left(\frac{111}{101}-\frac{91}{101}\right)=\frac{20}{101}.$

24. दिया गया व्यंजक $= \frac{\cancel{(x+2)}}{(x+1)} \times \frac{\cancel{(x+3)}}{\cancel{(x+2)}} \times \frac{\cancel{(x+4)}}{\cancel{(x+3)}} \times \frac{(x+5)}{\cancel{(x+4)}} = \frac{(x+5)}{(x+1)}.$

25. दिया गया व्यंजक $= \frac{1}{2} + \left(\frac{1}{2} - \frac{1}{3}\right) + \left(\frac{1}{3} - \frac{1}{4}\right) + \left(\frac{1}{4} - \frac{1}{5}\right) + \ldots.. + \left(\frac{1}{n} - \frac{1}{n+1}\right) = \left(1 - \frac{1}{n+1}\right) = \frac{n}{(n+1)}.$

26. दिया गया व्यंजक $= \frac{3}{4} + \frac{5}{36} + \frac{7}{144} + \ldots. + \frac{17}{5184} + \frac{19}{8100}$

$$= \left(1 - \frac{1}{4}\right) + \left(\frac{1}{4} - \frac{1}{9}\right) + \left(\frac{1}{9} - \frac{1}{16}\right) + \ldots.\left(\frac{1}{64} - \frac{1}{81}\right) + \left(\frac{1}{81} - \frac{1}{100}\right)$$

$$= \left(1 - \frac{1}{100}\right) = \frac{99}{100} = 0.99.$$

27. दिया गया व्यंजक $= \frac{(a^2 + ab + b^2)}{(a^3 - b^3)}$, जहाँ $a = 147$ तथा $b = 143$

$$= \frac{1}{(a-b)} = \frac{1}{(147-143)} = \frac{1}{4}.$$

28. दिया गया व्यंजक $= \frac{(a^3 - b^3)}{(a^2 + b^2 + ab)} = (a-b) = (458 - 239) = 219.$

29. दिया गया व्यंजक $= \frac{(a+b)^2 + (a-b)^2}{(a^2 + b^2)} = \frac{2(a^2 + b^2)}{(a^2 + b^2)} = 2.$

30. दिया गया व्यंजक $= \frac{(a+b)^2 - (a-b)^2}{ab}$, जहाँ $a = 823$ तथा $b = 698$

$$= \frac{4ab}{ab} = 4. \quad \left[\because\ (a+b)^2 - (a-b)^2 = 4ab\right]$$

31. $\left(x - \frac{1}{x}\right) = 2 \Rightarrow \left(x - \frac{1}{x}\right)^2 = 2^2 \Rightarrow x^2 + \frac{1}{x^2} - 2 = 4 \Rightarrow x^2 + \frac{1}{x^2} = 6.$

32. $\left(x + \frac{1}{x}\right) = 5 \Rightarrow \left(x + \frac{1}{x}\right)^3 = 5^3 \Rightarrow x^3 + \frac{1}{x^3} + 3x \cdot \frac{1}{x} \cdot \left(x + \frac{1}{x}\right) = 125$

$$\Rightarrow x^3 + \frac{1}{x^3} + 3 \times 5 = 125 \Rightarrow x^3 + \frac{1}{x^3} = 110.$$

33. $\left(a + \frac{1}{a}\right)^2 = 3 \Rightarrow \left(a + \frac{1}{a}\right) = \sqrt{3} \Rightarrow \left(a + \frac{1}{a}\right)^3 = 3\sqrt{3}$

$$\Rightarrow a^3 + \frac{1}{a^3} + 3a \times \frac{1}{a} \times \left(a + \frac{1}{a}\right) = 3\sqrt{3}$$

$$\Rightarrow a^3 + \frac{1}{a^3} + 3\sqrt{3} = 3\sqrt{3} \Rightarrow \left(a^3 + \frac{1}{a^3}\right) = 0.$$

34. $\left(x - \frac{1}{x}\right)^2 = 2^2 \Rightarrow x^2 + \frac{1}{x^2} - 2 = 4 \Rightarrow \left(x^2 + \frac{1}{x^2}\right) = 6$

$$\Rightarrow \left(x^2 + \frac{1}{x^2}\right)^2 = 6^2 \Rightarrow x^4 + \frac{1}{x^4} + 2 = 36 \Rightarrow \left(x^4 + \frac{1}{x^4}\right) = 34.$$

35. $\left(x-\frac{1}{x}\right)^2=\left(x+\frac{1}{x}\right)^2-4=\left(\sqrt{13}\right)^2-4=(13-4)=9 \Rightarrow \left(x-\frac{1}{x}\right)=3.$

$\therefore \left(x-\frac{1}{x}\right)^3=3^3=27 \Rightarrow \left(x^3-\frac{1}{x^3}\right)-3x\times\frac{1}{x}\times\left(x-\frac{1}{x}\right)=27$

$\therefore \left(x^3-\frac{1}{x^3}\right)-3\times3=27 \Rightarrow \left(x^3-\frac{1}{x^3}\right)=36.$

36. $\left(4b^2+\frac{1}{b^2}\right)=2 \Rightarrow \left(2b+\frac{1}{b}\right)^2-4=2 \Rightarrow \left(2b+\frac{1}{b}\right)^2=6 \Rightarrow \left(2b+\frac{1}{b}\right)=\sqrt{6}$

$\Rightarrow \left(2b+\frac{1}{b}\right)^3=\left(\sqrt{6}\right)^3=6\sqrt{6} \Rightarrow 8b^3+\frac{1}{b^3}+3\times2b\times\frac{1}{b}\times\left(2b+\frac{1}{b}\right)=6\sqrt{6}$

$\Rightarrow \left(8b^3+\frac{1}{b^3}\right)+6\sqrt{6}=6\sqrt{6} \Rightarrow \left(8b^3+\frac{1}{b^3}\right)=0.$

37. माना $\frac{a}{3}=\frac{b}{4}=\frac{c}{7}=k.$ तब, $a=3k, b=4k, c=7k.$

$\therefore \frac{a+b+c}{c}=\frac{3k+4k+7k}{7k}=\frac{14k}{7k}=2.$

38. $\frac{a+2b}{a-3b}=\frac{\left(\frac{a}{b}\right)+2}{\left(\frac{a}{b}\right)-3}$ [अंश तथा हर को b से भाग देने पर] $=\frac{\frac{6}{7}+2}{\frac{6}{7}-3}=\frac{(6+14)}{(6-21)}=\frac{20}{-15}=\frac{-4}{3}.$

39. $\frac{x^2+y^2}{x^2-y^2}=\frac{\frac{x^2}{y^2}+1}{\frac{x^2}{y2}-1}=\frac{\left(\frac{x}{y}\right)^2+1}{\left(\frac{x}{y}\right)^2-1}$ [अंश तथा हर को y^2 से भाग देने पर]

$=\frac{\left(\frac{1}{3}\right)^2+1}{\left(\frac{1}{3}\right)^2-1}=\frac{\frac{1}{9}+1}{\frac{1}{9}-1}=\frac{(1+9)}{1-9)}=\frac{10}{-8}=\frac{-5}{4}.$

40. $\frac{3x}{2y}=\frac{21}{22} \Rightarrow \frac{x}{y}=\frac{21}{22}\times\frac{2}{3}=\frac{7}{11}.$

माना $x=7k$ तथा $y=11k.$ तब

$4x+5y=83 \Rightarrow 28k+55k=83 \Rightarrow 83k=83 \Rightarrow k=1.$

$\therefore x=7$ तथा $y=11.$ अत: $y-x=(11-7)=4.$

41. $x^2+y^2+z^2-64=-2xy+2yz+2zx$

$\Rightarrow (x^2+y^2+2xy)+z^2-64=2z\,(y+x)$

$\Rightarrow (x+y)^2+z^2-64=2z\,(x+y) \Rightarrow (3z)^2+z^2-64=2z\times3z$ $[\because \boldsymbol{x+y=3z}]$

$\Rightarrow 9z^2+z^2-6z^2=64 \Rightarrow 4z^2=64 \Rightarrow z^2=16 \Rightarrow z=4.$

42. दिया गया व्यंजक $=\frac{1}{3}\left[\left(1-\frac{1}{4}\right)+\left(\frac{1}{4}-\frac{1}{7}\right)+\left(\frac{1}{7}-\frac{1}{10}\right)+\left(\frac{1}{10}-\frac{1}{13}\right)+\left(\frac{1}{13}-\frac{1}{16}\right)\right]$

$=\frac{1}{3}\left(1-\frac{1}{16}\right)=\left(\frac{1}{3}\times\frac{15}{16}\right)=\frac{5}{16}.$

43. $x=(\sqrt{2}+1)^{\frac{-1}{3}} \Rightarrow x^3=(\sqrt{2}+1)^{-\frac{1}{3}\times 3}=(\sqrt{2}+1)^{-1}=\frac{1}{(\sqrt{2}+1)}\times\frac{(\sqrt{2}-1)}{(\sqrt{2}-1)}=(\sqrt{2}-1).$

$$\Rightarrow \frac{1}{x^3}=\frac{1}{(\sqrt{2}-1)}\times\frac{(\sqrt{2}+1)}{(\sqrt{2}+1)}=(\sqrt{2}+1).$$

$\therefore \left(x^3-\frac{1}{x^3}\right)=(\sqrt{2}-1)-(\sqrt{2}+1)=-2.$

44. $\frac{a}{c}=\left(\frac{a}{b}\times\frac{b}{c}\right)=\left(\frac{4}{5}\times\frac{15}{16}\right)=\frac{3}{4}.$

$\frac{(c^2-a^2)}{(c^2+a^2)}=\frac{1-\frac{a^2}{c^2}}{1+\frac{a^2}{c^2}}=\frac{1-\frac{9}{16}}{1+\frac{9}{16}}=\frac{\left(\frac{7}{16}\right)}{\left(\frac{25}{16}\right)}=\left(\frac{7}{16}\times\frac{16}{25}\right)=\frac{7}{25}.$

45. माना $\frac{x}{2}=\frac{y}{3}=\frac{z}{5}=k.$ तब, $x=2k, y=3k$ तथा $z=5k.$

$\therefore \frac{x+y-z}{x-y+z}=\frac{2k+3k-5k}{2k-3k+5k}=\frac{0}{4k}=0.$

46. $\frac{4x-3y}{7x+6y}=\frac{4}{13}\Rightarrow 52x-39y=28x+24y \Rightarrow 24x=63y\Rightarrow \frac{x}{y}=\frac{63}{24}=\frac{21}{8}.$

47. अभीष्ट संख्या $=\frac{37\frac{1}{2}}{\left(\frac{1}{8}\right)}=\left(\frac{75}{2}\times 8\right)=300.$

48. माना अभीष्ट संख्या $=x.$ तब $\frac{3x}{4}-\frac{3x}{14}=150$

$\therefore (21x-6x)=150\times 28\Rightarrow 15x=150\times 28\Rightarrow x=280.$

अत: अभीष्ट संख्या = 280.

49. माना अभीष्ट संख्या $=x.$ तब, $72x-27x=405\Rightarrow 45x=405\Rightarrow x=9.$

50. $\frac{\left(2^n+2^{n-1}\right)}{\left(2^{n+1}-2^n\right)}=\frac{2^{n-1}\,(2+1)}{2^n\,(2-1)}=\frac{3}{2\times 1}=\frac{3}{2}.$

51. दायाँ पक्ष $=x+\frac{1}{1+\frac{1}{(13/4)}}=x+\frac{1}{1+\frac{4}{13}}=x+\frac{1}{(17/13)}=x+\frac{13}{17}$

$\therefore x+\frac{13}{17}=2 \Rightarrow x=2-\frac{13}{17}=\frac{(34-13)}{17}=\frac{21}{17}=1\frac{4}{17}.$

52. बायाँ पक्ष $=\frac{2x}{1+\frac{1}{\frac{(1-x+x)}{1-x}}}=\frac{2x}{1+\frac{1}{\frac{1}{(1-x)}}}=\frac{2x}{1+(1-x)}=\frac{2x}{(2-x)}$

$\therefore \frac{2x}{(2-x)}=1\Rightarrow 2x=2-x\Rightarrow 3x=2\Rightarrow x=\frac{2}{3}.$

53. माना इनके मान क्रमशः A, B, C, D हैं. तब

$$A=\frac{1}{3+\frac{16}{17}}=\frac{1}{\frac{67}{17}}=\frac{17}{67},\quad B=\frac{1}{2+\frac{8}{9}}=\frac{9}{26},$$

$$C=\frac{1}{3+\frac{1}{1+\frac{8}{9}}}=\frac{1}{3+\frac{9}{17}}=\frac{17}{60},\quad D=\frac{1}{3+\frac{1}{1+\frac{4}{9}}}=\frac{1}{3+\frac{9}{13}}=\frac{13}{48}.$$

54. $a+b+c=0 \Rightarrow (a^3+b^3+c^3)=3abc.$

$$\left(\frac{a^2}{bc}+\frac{b^2}{ca}+\frac{c^2}{ab}\right)=\frac{(a^3+b^3+c^3)}{abc}=\frac{3abc}{abc}=3.$$

55. माना $x-y=a,\ y-z=b$ तथा $z-x=c.$

तब $a+b+c=0 \Rightarrow a^3+b^3+c^3=3abc.$

$\therefore$ दिया गया व्यंजक $=\dfrac{(a^3+b^3+c^3)}{9abc}=\dfrac{3abc}{9abc}=\dfrac{1}{3}.$

56. दिया गया व्यंजक

$$=\frac{[x+(y-z)][x-(y-z)]}{(x+z+y)(x+z-y)}+\frac{[y+(x-z)][y-(x-z)]}{(x+y+z)(x+y-z)}+\frac{[z+(x-y)][z-(x-y)]}{(y+z+x)(y+z-x)}$$

$$=\frac{(x+y-z)(x+z-y)}{(x+y+z)(x+z-y)}+\frac{(x+y-z)(y+z-x)}{(x+y+z)(x+y-z)}+\frac{(x+z-y)(y+z-x)}{(x+y+z)(y+z-x)}$$

$$=\frac{(x+y-z)}{(x+y+z)}+\frac{(y+z-x)}{(x+y+z)}+\frac{(x+z-y)}{(x+y+z)}=\frac{(x+y-z)+(y+z-x)+(x+z-y)}{(x+y+z)}=\frac{(x+y+z)}{(x+y+z)}=1.$$

57. $(2*3)=(3\times2+2\times3)=12,\ (3*4)=(3\times3+2\times4)=17.$

$\therefore$ अभीष्ट मान $=(12+17)=29.$

58. $(1*2)=(1^2+2^2+1\times2+1)=8.$

$(1*2)*3=(8*3)=64+9+8\times3+1=98.$

59. $(5\oplus7)=5+7=12,\ (4\oplus4)=4^2=16,\ (5\oplus5)=5^2=25,\ (15\oplus11)=2\times15=30.$

$\therefore$ दिया गया व्यंजक $=\dfrac{12+16}{3\times25-30-3}=\dfrac{28}{75-33}=\dfrac{28}{42}=\dfrac{2}{3}.$

60. माना $\dfrac{2A}{5}+40=\dfrac{2B}{7}+20=\dfrac{9C}{17}+10=x.$ तब

$$\frac{2A}{5}+40=x \Rightarrow \frac{2A}{5}=(x-40) \Rightarrow A=\frac{(5x-200)}{2}.$$

$$\frac{2B}{7}+20=x \Rightarrow \frac{2B}{7}=(x-20) \Rightarrow B=\frac{(7x-140)}{2}.$$

$$\frac{9C}{17}+10=x \Rightarrow \frac{9C}{17}=(x-10) \Rightarrow C=\frac{(17x-170)}{9}.$$

$$A+B+C=600 \Rightarrow \frac{(5x-200)}{2}+\frac{(7x-140)}{2}+\frac{(17x-170)}{9}=600$$

$$\Rightarrow (45x-1800)+(63x-1260)+(34x-340)=10800$$

$$\Rightarrow 142x-3400=10800 \Rightarrow 142x=(10800+3400) \Rightarrow 142x=14200 \Rightarrow x=100.$$

$\therefore$ A का भाग $=$ ₹ $\dfrac{(5x-200)}{2}=$ ₹ $\dfrac{(5\times100-200)}{2}=$ ₹ 150.

61. $A=\frac{2}{5}(B+C) \Rightarrow A:(B+C)=2:5$; $B=\frac{3}{7}(A+C) \Rightarrow B:(A+C)=3:7$.

$\therefore$ A का भाग $=$ ₹ $\left(\frac{2}{7}\times 1050\right)=$ ₹ 300, B का भाग $=$ ₹ $\left(\frac{3}{10}\times 1050\right)=$ ₹ 315,

C का भाग $=$ ₹ $(1050-615)=$ ₹ 435.

62. माना चार भाग A, B, C, D हैं. तब

$A+5=B-4=3C=\frac{D}{2}=K$ (माना) $\Rightarrow A=(K-5), B=(K+4), C=\frac{K}{3}$ तथा $D=2K$

$\Rightarrow (K-5)+(K+4)+\frac{K}{3}+2K=116 \Rightarrow (4K-1)+\frac{K}{3}=116 \Rightarrow 12K-3+K=348$

$\Rightarrow 13K=351 \Rightarrow K=27$. चौथा भाग $=2K=(2\times 27)=54$

63. (5 लॉकेट + 8 जंजीरों) का मूल्य = ₹ 145785.

(15 लॉकेट + 24 जंजीरों) का मूल्य = 3 × (5 लॉकेट + 8 जंजीरों) का मूल्य

= ₹ (3 × 145785) = ₹ 437355.

64. टंकी की धारिता $=(13\cdot 5\times 12)$ लीटर $=162$ लीटर.

प्रत्येक बाल्टी की धारिता = 9 लीटर.

बाल्टियों की अभीष्ट संख्या $=\frac{162}{9}=18$.

65. $\frac{1}{2}$ सेमी० व्यक्त करता है 10 किमी० को

$\Rightarrow$ 1 सेमी० व्यक्त करता है $\left(10\times\frac{2}{1}\right)=20$ किमी० को

$\Rightarrow$ $\frac{165}{2}$ सेमी० व्यक्त करता है $=\left(\frac{165}{2}\times 20\right)$ किमी० को $=1650$ किमी० को.

66. पहले पुत्र को मिली गायों की संख्या $=\frac{n}{2}$; दूसरे पुत्र को मिली गायों की संख्या $=\frac{n}{4}$;

तीसरे पुत्र को मिली गायों की संख्या $=\frac{n}{5}$.

$\therefore$ $\frac{n}{2}+\frac{n}{4}+\frac{n}{5}+7=n \Rightarrow 10n+5n+4n+140=20n \Rightarrow n=140$.

67. माना कुल सम्पत्ति का मूल्य = ₹ x, पत्नि का भाग $=$ ₹ $\frac{x}{2}$, शेष $=$ ₹ $\frac{x}{2}$.

पुत्र का भाग $=$ ₹ $\frac{x}{2}$ का $\frac{1}{2}=$ ₹ $\frac{x}{4}$. शेष $=$ ₹ $\left(\frac{x}{2}-\frac{x}{4}\right)=$ ₹ $\frac{x}{4}$.

पुत्री का भाग $=$ ₹ $\left(\frac{x}{4}\text{ का }\frac{1}{3}\right)=$ ₹ $\frac{x}{12}$.

$\therefore$ $\frac{x}{12}=125000 \Rightarrow x=$ ₹ 1500000 $=$ ₹ 15 लाख.

68. माना कुल सेब $=x$. तब

$\text{I} \rightarrow \left(\frac{x}{2}+1\right)$. शेष $=x-\left(\frac{x}{2}+1\right)=\left(\frac{x}{2}-1\right)$.

$\text{II} \rightarrow \frac{1}{3}\left(\frac{x}{2}-1\right)+1=\left(\frac{x}{6}-\frac{1}{3}+1\right)=\left(\frac{x}{6}+\frac{2}{3}\right)$. शेष $=\left(\frac{x}{2}-1\right)-\left(\frac{x}{6}+\frac{2}{3}\right)=\frac{x}{3}-\frac{5}{3}=\frac{(x-5)}{3}$.

$\text{III} \rightarrow \frac{1}{5}\left(\frac{x-5}{3}\right)+1=\frac{x-5+15}{15}=\frac{x+10}{15}$.

$\therefore \left(\frac{x}{2}+1\right)+\left(\frac{x}{6}+\frac{2}{3}\right)+\left(\frac{x+10}{15}\right)+3=x$

$\Rightarrow \frac{x}{2}+\frac{x}{6}+\frac{x}{15}+1+\frac{2}{3}+\frac{2}{3}+3=x \Rightarrow \frac{(15x+5x+2x)}{30}+\frac{7}{3}+3=x$

$\Rightarrow x-\frac{22x}{30}=\frac{16}{3} \Rightarrow \frac{8x}{30}=\frac{16}{3} \Rightarrow x=\left(\frac{16}{3}\times 30\times\frac{1}{8}\right)=20.$

अत: प्रारम्भ में कुल सेबों की संख्या = 20.

69. माना निशाना चूका = x बार. तब निशाना लगा = $(100-x)$ बार

$\therefore (100-x)-x=30 \Rightarrow 100-2x=30 \Rightarrow 2x=70 \Rightarrow x=35.$

$\therefore$ निशाना चूका = 35 बार.

70. माना पूरे टिकट का मूल्य = ₹ x तथा आरक्षण प्रभार = ₹ y. तब

$x+y=525$ ...(*i*) $\frac{3}{2}x+2y=850$ ...(*ii*)

अर्थात् $3x+4y=1700$ ...(*iii*)

(*i*) को 3 से गुणा करके (*iii*) में से घटाने पर : $y = 125$.

$\therefore$ आरक्षण प्रभार = ₹ 125.

71. माना निश्चित राशि = ₹ x तथा समानुपाती राशि = ₹ y प्रति किमी०.

तब, $x+16y=156$ ...(*i*) तथा $x+24y=204$ ...(*ii*)

इन्हें हल करने पर $(8y=48 \Rightarrow y=6)$ तथा $x=(156-96)=60.$

30 किमी० यात्रा का खर्च = ₹ $x+30y$ = ₹ $(60+30\times 6)$ = ₹ 240.

72. माना मुर्गियाँ x तथा बकरियाँ y हैं. तब,

कुल सिर = $x + y$, कुल टाँगें = $2x + 4y$

$\therefore x+y=240$ ...(*i*) तथा $2x+4y=640 \Rightarrow x+2y=320$ ...(*ii*)

इन्हें हल करने पर $x = 160$. अत: मुर्गियाँ 160 हैं.

73. माना सही उत्तर = x. तब, गलत उत्तर = $(140 - x)$.

$\therefore 5x-2(140-x)=350 \Rightarrow 5x+2x-280=350 \Rightarrow 7x=630 \Rightarrow x=90.$

सही उत्तर = 90.

74. माना प्रत्येक पीरियड़ की समयावधि = x मिनट.

कुल समयावधि = (13 : 45) – (10 : 30) = 3 घण्टे 15 मिनट = 195 मिनट

$(x+5)+(x+5)+(x+5)+x=195 \Rightarrow 4x+15=195$

$\therefore 4x=180 \Rightarrow x=45.$

अत: प्रत्येक पीरियड़ की समयावधि = 45 मिनट.

75. माना कुल बच्चों की संख्या = x.

कुल टाफियों की संख्या = $7x + 14$.

$\therefore 7x+14=(x+2)\times 7$

$\therefore$ बच्चों की संख्या को निर्धारित नहीं किया जा सकता.

76. माना पार्टी में कुल n व्यक्ति थे.

तब, ${}^nC_2=66 \Rightarrow \frac{n(n-1)}{2}=66 \Rightarrow n^2-n-132=0 \Rightarrow n^2-12n+11n-132=0$

$\Rightarrow n(n-12)+11(n-12)=0 \Rightarrow (n-12)(n+11)=0 \Rightarrow n=12 \; [\because n\neq -11]$

अत: पार्टी में 12 व्यक्ति थे.

77. माना x व्यक्ति तथा x घोड़े हैं.

$\frac{x}{2}$ व्यक्ति घोड़ों की पीठ पर हैं. x घोड़े तथा $\frac{x}{2}$ व्यक्ति पैदल चल रहे हैं.

इनके पैरों की संख्या $= 4x + 2\times\frac{x}{2} = 4x + x = 5x.$

$\therefore\ 5x = 70 \Rightarrow x = 14.$

अत: घोड़ों की संख्या = 14.

78. माना A के पास ₹ x तथा B के पास ₹ y हैं. तब

$y + 50 = 2\,(x - 50) \Rightarrow 2x - y = 150 \quad ...(i)$

$x + 20 = 3\,(y - 20) \Rightarrow x - 3y = -80 \quad ...(ii)$

इन्हें हल करने पर $x = 106.$

79. माना कुल मिठाइयों की संख्या $= x$. तब,

$\frac{x}{140} - \frac{x}{175} = 4 \Rightarrow 5x - 4x = 2800 \Rightarrow x = 2800.$

$\therefore$ कुल मिठाइयों की संख्या = 2800.

80. माना x पंक्तियाँ हैं तथा प्रत्येक पंक्ति में y छात्र हैं.

तब, कुल छात्र $= xy.$

$(x-2)\,(y+1) = xy \Rightarrow x - 2y = 2 \quad ...(i)$

$(x+3)\,(y-1) = xy \Rightarrow -x + 3y = 3 \quad ...(ii)$

इन्हें हल करने पर $x = 12$ तथा $y = 5.$

$\therefore$ छात्रों की कुल संख्या $= (12 \times 5) = 60.$

81. 26 पेड़ों के बीच में 25 फासले हैं.

अत: दो पेड़ों के बीच की दूरी $= \frac{225}{25}$ मीटर = 9 मीटर.

82. माना प्रत्येक प्रकार के नोटों की संख्या $= x$. तब

$5x + 10x + 20x = 1575 \Rightarrow 35x = 1575 \Rightarrow x = 45.$

कुल नोटों की संख्या $= 3x = (3\times 45) = 135.$

83. माना x छात्र पिकनिक पर गये. तब

$\frac{5000}{x} - \frac{5000}{x+5} = 50 \Rightarrow \frac{100}{x} - \frac{100}{x+5} = 1 \Rightarrow \frac{1}{x} - \frac{1}{x+5} = \frac{1}{100} \Rightarrow \frac{(x+5)-x}{x\,(x+5)} = \frac{1}{100}$

$\Rightarrow x(x+5) - 500 = 0 \Rightarrow x^2 + 5x - 500 = 0$

$\Rightarrow x^2 + 25x - 20x - 500 = 0 \Rightarrow x(x+25) - 20\,(x+25) = 0$

$\Rightarrow (x+25)\,(x-20) = 0 \Rightarrow x = 20 \ [\because x \neq -25]$

अत: 20 छात्र पिकनिक पर गये.

84. 2 मिनट में बन्दर की शुद्ध चढ़त = 3 मीटर.

$\therefore$ 3 मीटर चढ़ने में लिया गया समय = 2 मिनट.

75 मीटर चढ़ने में लिया गया समय $= \left(\frac{2}{3}\times 75\right)$ मिनट = 50 मिनट.

शेष 5 मीटर वह 1 मिनट में चढ़ कर खम्भे पर बैठ जायेगा.

अत: बन्दर द्वारा लिया गया समय = 51 मिनट.

85. माना अभीष्ट पंक्तियों की संख्या $= x$. तब

$54\times 30 = 45\times x \Rightarrow x = \frac{54\times 30}{45} = 36.$

$\therefore$ अभीष्ट पंक्तियों की संख्या = 36.

प्रश्नमाला 4B

सरल कीजिए :

1. $9\frac{1}{2}+\frac{3}{2}\div\frac{1}{2}$ का $\frac{5}{4}-\frac{3}{5}\times2\frac{1}{3}\div1\frac{5}{7}$ का $\left(3\frac{1}{2}-2\frac{1}{3}\right)$.

2. $\dfrac{\frac{1}{4}\times\frac{3}{4}\div1\frac{1}{4}\text{ का }\frac{2}{5}+\frac{1}{8}}{\frac{2}{5}\div1\frac{2}{3}\text{ का }\frac{3}{25}+1\frac{3}{4}-\frac{1}{2}}\div\dfrac{\frac{1}{3}-\frac{1}{3}\text{ का }\frac{3}{5}}{\frac{1}{5}-\frac{1}{5}\text{ का }\frac{5}{7}}$.

3. $1\frac{1}{2}$ का $\left(\frac{3}{4}\div\frac{7}{8}\right)+\frac{1}{2}\div\left[2\frac{4}{5}-\left\{\frac{2}{3}\div\left(\frac{1}{2}+\frac{1}{3}-\overline{\frac{1}{3}+\frac{1}{4}}\right)\right\}\right]$.

4. $\dfrac{7}{5-\frac{8}{3}}\div\dfrac{3-\frac{3}{2}}{4-\frac{3}{2}}-\dfrac{5}{7}$ का $\left\{\dfrac{1}{1\frac{3}{7}}+\dfrac{6}{5}\text{ का }\dfrac{3\frac{1}{3}-2\frac{1}{2}}{\frac{47}{21}-2}\right\}$.

5. $\dfrac{5+5\times5}{5\times5+5}\times\dfrac{\frac{1}{5}\div\frac{1}{5}\text{ का }\frac{1}{5}}{\frac{1}{5}\text{ का }\frac{1}{5}\div\frac{1}{5}}\times\left(5-\frac{1}{5}\right)\times\dfrac{1}{\left[\frac{46}{5}-\frac{1}{\left(1-\frac{2}{3}\right)}\right]}$.

6. $\left(\dfrac{47\times47\times47+35\times35\times35+18\times18\times18-47\times35\times54}{47\times47+35\times35+18\times18-47\times35-35\times18-47\times18}\right)$ का मान ज्ञात कीजिए.

7. $\dfrac{(a-b)^3+(b-c)^3+(c-a)^3}{9\,(a-b)\,(b-c)\,(c-a)}$ का मान ज्ञात कीजिए.

सरल कीजिए :

8. $1-\dfrac{5}{7+\dfrac{1}{4+\dfrac{1}{2+\dfrac{1}{3}}}}$

9. $\left[\dfrac{1\times3\times9+2\times6\times18+3\times9\times27+....}{1\times5\times25+2\times10\times50+3\times15\times75+....}\right]^{1/3}$ का मान ज्ञात कीजिए. **(एस०एस०सी० परीक्षा, 2006)**

10. रमेश कुछ निश्चित दिनों की यात्रा पर निकला. उसके पास ₹ 3600 थे. यदि वह अपनी यात्रा की अवधि 4 दिन और बढ़ा दे तो उसे अपना खर्च ₹ 30 प्रतिदिन कम करना होगा. वह कितने दिन की यात्रा पर निकला ?

11. एक व्यक्ति के पास कुछ मिठाइयाँ थी. यदि वह इन्हें 25 बच्चों में बराबर संख्या में बाँटे तो 8 मिठाइयाँ शेष बचती हैं. यदि 28 बच्चे होते तो इनमें ये मिठाइयाँ बराबर संख्या में बाँटने पर 22 मिठाइयाँ शेष बचती हैं. कुल मिठाइयों की संख्या ज्ञात कीजिए.

12. एक कैम्प में कुछ लड़कों तथा लड़कियों के समूह में से 15 लड़कियाँ चली गईं. इसके बाद लड़कों की संख्या लड़कियों से दुगुनी रह गई. इसके बाद 45 लड़के चले गये तथा लड़कियों की संख्या लड़कों से पाँच गुना हो गई. आरम्भ में लड़कियों की संख्या कितनी थी ?

13. दो परीक्षा हाल A तथा B हैं. इनमें परीक्षार्थी बैठे हैं. यदि 10 विद्यार्थियों को हाल A से हाल B में भेज दिया जाये तो दोनों कमरों में परीक्षार्थियों की संख्या बराबर हो जायेगी. यदि 20 परीक्षार्थियों को हाल B से हाल A में भेज दिया जाये, तो हाल A में परीक्षार्थियों की संख्या B की संख्या से दुगुनी हो जायेगी. हाल A में कितने परीक्षार्थी हैं ?

14. किसी कम्पनी के कर्मचारियों में से $\frac{2}{3}$ कुशल कार्यकर्ता हैं तथा शेष अकुशल. यदि कुशल कार्यकर्ताओं का $\frac{5}{9}$ तथा अकुशल कार्यकर्ताओं का $\frac{7}{8}$ अस्थायी हों, तो कुल कर्मचारियों की संख्या ज्ञात कीजिए जबकि स्थायी कर्मचारियों की कुल संख्या 292 है. **(एस०एस०सी० परीक्षा, 2000)**

15. किसी विद्यालय में विद्यार्थियों की संख्या का $\frac{3}{7}$ वाँ भाग लड़कियाँ हैं तथा शेष लड़के हैं. लड़कों की संख्या के $\frac{1}{4}$ की आयु 10 वर्ष से कम है तथा लड़कियों की संख्या के $\frac{5}{6}$ की आयु भी 10 वर्ष से कम है. यदि 10 वर्ष से अधिक आयु वाले विद्यार्थियों की संख्या 500 हो, तो विद्यालय में कुल विद्यार्थियों की संख्या ज्ञात कीजिए. **(एस०एस०सी० परीक्षा, 2002)**

16. किसी दफ्तर में काम करने वालों का $\frac{1}{3}$ भाग स्त्रियाँ हैं. आधी स्त्रियाँ विवाहित हैं तथा विवाहित स्त्रियों का $\frac{1}{3}$ भाग बच्चों वाली हैं. यदि पुरुषों की संख्या का $\frac{3}{4}$ भाग विवाहित है तथा विवाहित पुरुषों का $\frac{2}{3}$ भाग पुरुष बच्चों वाले हैं, तो काम करने वालों का कितना भाग नि:संतान है ?

17. किसी प्रश्नपत्र में दिये गये पाँचों प्रश्नों में से, विद्यार्थियों की संख्या के $\frac{1}{20}$ भाग ने सभी प्रश्नों के उत्तर दिये तथा $\frac{1}{20}$ ने किसी भी प्रश्न का उत्तर नहीं दिया. शेष विद्यार्थियों के $\frac{1}{4}$ भाग ने केवल चार प्रश्नों के उत्तर दिये और $\frac{1}{5}$ ने केवल एक प्रश्न का उत्तर दिया. यदि कुल विद्यार्थियों के $24\frac{1}{2}\%$ ने केवल तीन प्रश्नों के उत्तर दिये हों तथा 200 विद्यार्थियों ने केवल दो प्रश्नों के उत्तर दिये हों, तो विद्यार्थियों की कुल संख्या कितनी थी ? **(असिस्टैंट ग्रेड परीक्षा, 2000)**

18. 2 किमी० लम्बी एक सड़क के दोनों किनारों पर समान दूरियों पर कुल 201 पेड़ लगाये गये हैं. 50 किमी० लम्बी एक सड़क पर उसके दोनों किनारों पर कुल मिलाकर ऐसे कितने पेड़ लगाये जायेंगें ताकि दो क्रमागत पेड़ों के बीच की दूरी वही रहे जो 2 किमी० लम्बी सड़क के दो क्रमागत पेड़ों के बीच की है ? **(असिस्टैंट ग्रेड परीक्षा, 2004)**

19. $\left(\frac{1}{1\cdot4}+\frac{1}{4\cdot7}+\frac{1}{7\cdot10}+\frac{1}{10\cdot13}+\frac{1}{13\cdot16}\right)=?$

20. $\left(\frac{1}{20}+\frac{1}{30}+\frac{1}{42}+\frac{1}{56}+\frac{1}{72}+\frac{1}{90}\right)=?$

21. $\left(\frac{1}{35}+\frac{1}{63}+\frac{1}{99}+\frac{1}{143}+\frac{1}{195}+\frac{1}{255}\right)=?$

22. $\left(\frac{1}{54}+\frac{1}{108}+\frac{1}{180}+\frac{1}{270}+\frac{1}{378}\right)=?$

23. $\left(\frac{1}{2}+\frac{1}{6}+\frac{1}{12}+\frac{1}{20}+\frac{1}{30}+\frac{1}{42}+\frac{1}{56}+\frac{1}{72}+\frac{1}{90}+\frac{1}{110}+\frac{1}{132}\right)=?$ **(असिस्टैन्ट ग्रेड परीक्षा, 2000)**

उत्तरमाला (प्रश्नमाला 4B)

1. $11\frac{1}{5}$ **2.** $\frac{6}{91}$ **3.** $5\frac{1}{28}$ **4.** $1\frac{1}{2}$ **5.** 600 **6.** 100 **7.** $\frac{1}{3}$

8. $\frac{69}{224}$ **9.** $\frac{3}{5}$ **10.** 20 **11.** 358 **12.** 40 **13.** 100 **14.** 864

15. 1000 **16.** $\frac{11}{18}$ **17.** 800 **18.** 10002 **19.** $\frac{5}{16}$ **20.** $\frac{3}{20}$ **21.** $\frac{6}{85}$

22. $\frac{5}{126}$ **23.** $\frac{11}{12}$

दिये गये प्रश्नों के हल | प्रश्नमाला 4B

1. दिया गया व्यंजक $= \frac{19}{2}+\frac{3}{2}\div\frac{1}{2}$ का $\frac{5}{4}-\frac{3}{5}\times\frac{7}{3}\div\frac{12}{7}$ का $\left(\frac{7}{2}-\frac{7}{3}\right)$

$= \frac{19}{2}+\frac{3}{2}\div\frac{1}{2}$ का $\frac{5}{4}-\frac{3}{5}\times\frac{7}{3}\div\frac{12}{7}$ का $\frac{7}{6} = \frac{19}{2}+\frac{3}{2}\div\frac{5}{8}-\frac{3}{5}\times\frac{7}{3}\div 2$

$= \frac{19}{2}+\frac{3}{2}\times\frac{8}{5}-\frac{3}{5}\times\frac{7}{3}\times\frac{1}{2} = \frac{19}{2}+\frac{12}{5}-\frac{7}{10} = \frac{95+24-7}{10} = \frac{112}{10} = \frac{56}{5} = 11\frac{1}{5}.$

2. दिया गया व्यंजक $= \dfrac{\frac{1}{4}\times\frac{3}{4}\div\frac{5}{4} \text{ का } \frac{2}{5}+\frac{1}{8}}{\frac{2}{5}\div\frac{5}{3} \text{ का } \frac{3}{25}+\frac{7}{4}-\frac{1}{2}} \div \dfrac{\frac{1}{3}-\frac{1}{5}}{\frac{1}{5}-\frac{1}{7}} = \dfrac{\frac{1}{4}\times\frac{3}{4}\div\frac{1}{2}+\frac{1}{8}}{\frac{2}{5}\div\frac{1}{5}+\frac{7}{4}-\frac{1}{2}} \div \left(\frac{2}{15}\times\frac{35}{2}\right)$

$= \dfrac{\frac{1}{4}\times\frac{3}{4}\times 2+\frac{1}{8}}{\frac{2}{5}\times 5+\frac{7}{4}-\frac{1}{2}} \div \frac{7}{3} = \dfrac{\frac{3}{8}+\frac{1}{8}}{2+\frac{7}{4}-\frac{1}{2}} \div \frac{7}{3} = \frac{1}{2}\times\frac{4}{13}\times\frac{3}{7} = \frac{6}{91}.$

3. दिया गया व्यंजक $= \frac{3}{2}$ का $\left(\frac{3}{4}\times\frac{8}{7}\right)+\frac{1}{2}\div\left[\frac{14}{5}-\left\{\frac{2}{3}\div\left(\frac{1}{2}+\frac{1}{3}-\frac{7}{12}\right)\right\}\right]$

$= \frac{3}{2}$ का $\frac{6}{7}+\frac{1}{2}\div\left[\frac{14}{5}-\left\{\frac{2}{3}\div\frac{3}{12}\right\}\right] = \frac{9}{7}+\frac{1}{2}\div\left[\frac{14}{5}-\left\{\frac{2}{3}\times 4\right\}\right] = \frac{9}{7}+\frac{1}{2}\div\left[\frac{14}{5}-\frac{8}{3}\right]$

$= \frac{9}{7}+\frac{1}{2}\div\frac{2}{15} = \frac{9}{7}+\frac{1}{2}\times\frac{15}{2} = \frac{9}{7}+\frac{15}{4} = \frac{141}{28} = 5\frac{1}{28}.$

4. दिया गया व्यंजक $= \dfrac{7}{\left(\frac{7}{3}\right)} \div \dfrac{\left(\frac{3}{2}\right)}{\left(\frac{5}{2}\right)} - \frac{5}{7}$ का $\left\{\frac{7}{10}+\frac{6}{5} \text{ का } \dfrac{\frac{10}{3}-\frac{5}{2}}{\left(\frac{5}{21}\right)}\right\}$

$= \left(7\times\frac{3}{7}\right)\div\left(\frac{3}{2}\times\frac{2}{5}\right)-\frac{5}{7}$ का $\left\{\frac{7}{10}+\frac{6}{5} \text{ का } \left(\frac{5}{6}\times\frac{21}{5}\right)\right\}$

$= 3\div\frac{3}{5}-\frac{5}{7}$ का $\left\{\frac{7}{10}+\frac{6}{5} \text{ का } \frac{7}{2}\right\} = 3\div\frac{3}{5}-\frac{5}{7}$ का $\left\{\frac{7}{10}+\frac{21}{5}\right\}$

$= 3\div\frac{3}{5}-\frac{5}{7}$ का $\frac{49}{10} = 3\times\frac{5}{3}-\frac{7}{2} = 5-\frac{7}{2} = \frac{3}{2} = 1\frac{1}{2}.$

5. दिया गया व्यंजक $= \dfrac{5+25}{25+5}\times\dfrac{\frac{1}{5}\div\frac{1}{25}}{\frac{1}{25}\div\frac{1}{5}}\times\frac{24}{5}\times\dfrac{1}{\left[\frac{46}{5}-(3\times 3)\right]}$

$= 1\times\dfrac{\frac{1}{5}\times 25}{\frac{1}{25}\times 5}\times\frac{24}{5}\times\dfrac{1}{\left[\frac{46}{5}-9\right]} = \dfrac{5}{\left(\frac{1}{5}\right)}\times\frac{24}{5}\times\dfrac{1}{\left(\frac{1}{5}\right)} = 5\times 5\times\frac{24}{5}\times 5 = 600.$

6. माना $47 = a$, $35 = b$ तथा $18 = c$. तब,

दिया गया व्यंजक $= \dfrac{(a^3+b^3+c^3-3abc)}{(a^2+b^2+c^2-ab-bc-ac)} = (a+b+c) = (47+35+18) = 100.$

7. $(a-b)=x,\ (b-c)=y$ तथा $(c-a)=z$ रखने पर:

$$(x+y+z)=(a-b)+(b-c)+(c-a)=0.$$

$\therefore\ x^3+y^3+z^3=3xyz.$

अत: दिया गया व्यंजक $=\dfrac{x^3+y^3+z^3}{9\times xyz}=\dfrac{3xyz}{9xyz}=\dfrac{1}{3}.$

8. दिया गया व्यंजक $=1-\dfrac{5}{7+\dfrac{1}{4+\dfrac{1}{(7/3)}}}=1-\dfrac{5}{7+\dfrac{1}{4+\dfrac{3}{7}}}=1-\dfrac{5}{7+\dfrac{1}{(31/7)}}$

$$=1-\frac{5}{7+\dfrac{7}{31}}=1-\frac{5}{(224/31)}=1-\frac{155}{224}=\frac{69}{224}.$$

9. दिया गया व्यंजक $=\left\{\dfrac{1\times3\times9+2\times1\times2\times3\times2\times9+3\times1\times3\times3\times3\times9+\ldots.}{1\times5\times25+2\times1\times2\times5\times2\times25+3\times1\times3\times5\times3\times25+\ldots.}\right\}^{1/3}$

$$=\left\{\frac{(1\times3\times9)+2^3(1\times3\times9)+3^3(1\times3\times9)+\ldots.}{(1\times5\times25)+2^3(1\times5\times25)+3^3(1\times5\times25)+\ldots.}\right\}^{1/3}$$

$$=\left\{\frac{27(1+8+27+\ldots.)}{125(1+8+27+\ldots)}\right\}^{1/3}=\left(\frac{27}{125}\right)^{1/3}=\frac{3}{5}.$$

10. माना रमेश x दिन की यात्रा पर निकला. तब,

$$\frac{3600}{x}-\frac{3600}{(x+4)}=30\Rightarrow\frac{1}{x}-\frac{1}{(x+4)}=\frac{30}{3600}=\frac{1}{120}\Rightarrow\frac{(x+4)-x}{x(x+4)}=\frac{1}{120}$$

$\Rightarrow x^2+4x-480=0\Rightarrow(x+24)(x-20)=0\Rightarrow x=20.\quad[\because\ x\neq-24]$

अत: रमेश 20 दिन की यात्रा पर निकला था.

11. माना कुल मिठाइयों की संख्या $=(25x+8)$. तब,

$\{(25x+8)-22\}$, 28 से पूर्णतया विभक्त होगी

$\Rightarrow(25x-14)$, 28 से पूर्णतया विभक्त होगी

$\Rightarrow\{28x-(3x+14)\}$, 28 से पूर्णतया विभक्त होगी

$\Rightarrow(3x+14)$, 28 से पूर्णतया विभक्त होगी

$\Rightarrow x=14\qquad\therefore$ मिठाइयों की संख्या $=(25\times14+8)=358.$

12. माना आरम्भ में लड़कों की संख्या $=x$ तथा लड़कियों की संख्या $=y$.

15 लड़कियों के जाने के बाद शेष लड़कियों की संख्या $=(y-15)$.

अब, लड़कों की संख्या $=2\times$ (लड़कियों की संख्या)

$\therefore\ x=2(y-15)\Rightarrow 2y-x=30.\qquad\ldots(i)$

पुन: 45 लड़कों के जाने के बाद शेष लड़कों की संख्या $=(x-45)$.

अब, लड़कियों की संख्या $=5\times$ (लड़कों की संख्या)

$\therefore\ (y-15)=5(x-45)\Rightarrow 5x-y=210\qquad\ldots(ii)$

अब, (i) तथा (ii) को हल करने पर, $y=40$.

अत: आरम्भ में लड़कियों की संख्या = 40.

13. माना हाल A में परीक्षार्थियों की संख्या $=x$ तथा हाल B में परीक्षार्थियों की संख्या $=y$.

तब, $(x-10)=(y+10)\Rightarrow x-y=20.\qquad\ldots(i)$

तथा $(x+20)=2(y-20)\Rightarrow 2y-x=60.\qquad\ldots(ii)$

अब, (i) तथा (ii) को हल करने पर, $x = 100$ तथा $y = 80$.

अतः कक्ष A में परीक्षार्थियों की संख्या = 100.

14. माना कुल कर्मचारियों की संख्या = x. तब,

कुशल कार्यकर्ता $= \frac{2x}{3}$ तथा अकुशल कार्यकर्ता $= \left(x - \frac{2x}{3}\right) = \frac{x}{3}$.

अस्थायी कर्मचारी $= \left(\frac{2x}{3} \text{ का } \frac{5}{9}\right) + \left(\frac{x}{3} \text{ का } \frac{7}{8}\right) = \left(\frac{10x}{27} + \frac{7x}{24}\right) = \frac{143x}{216}$.

स्थायी कर्मचारी $= \left(x - \frac{143x}{216}\right) = \frac{73x}{216}$.

$\therefore \quad \frac{73x}{216} = 292 \Rightarrow x = \frac{(292 \times 216)}{73} = 864.$

अतः कुल कर्मचारियों की संख्या = 864.

15. माना कुल विद्यार्थियों की संख्या = x.

लड़कियों की संख्या $= \frac{3x}{7}$ तथा लड़कों की संख्या $= \left(x - \frac{3x}{7}\right) = \frac{4x}{7}$.

10 वर्ष से कम आयु के लड़के $= \left(\frac{1}{4} \times \frac{4x}{7}\right) = \frac{x}{7}$.

10 वर्ष से कम आयु की लड़कियाँ $= \left(\frac{5}{6} \times \frac{3x}{7}\right) = \frac{5x}{14}$.

$\therefore \quad \frac{x}{7} + \frac{5x}{14} + 500 = x \Rightarrow \frac{2x + 5x}{14} + 500 = x \Rightarrow \left(x - \frac{x}{2}\right) = 500 \Rightarrow x = 1000.$

अतः विद्यालय में कुल विद्यार्थियों की संख्या = 1000.

16. माना दफ्तर में काम करने वालों की कुल संख्या = x. स्त्रियों की कुल संख्या $= \frac{x}{3}$.

विवाहित स्त्रियों की संख्या $= \left(\frac{1}{2} \times \frac{x}{3}\right) = \frac{\lambda}{6}$. बच्चों वाली स्त्रियों की संख्या $= \left(\frac{1}{3} \times \frac{x}{6}\right) = \frac{x}{18}$.

पुरुषों की संख्या $= \left(x - \frac{x}{3}\right) = \frac{2x}{3}$.

विवाहित पुरुषों की संख्या $= \left(\frac{3}{4} \times \frac{2x}{3}\right) = \frac{x}{2}$. बच्चों वाले पुरुषों की संख्या $= \left(\frac{2}{3} \times \frac{x}{2}\right) = \frac{x}{3}$.

बच्चों वाले पुरुषों तथा स्त्रियों की कुल संख्या $= \left(\frac{x}{3} + \frac{x}{18}\right) = \frac{7x}{18}$.

निःसन्तान पुरुषों तथा स्त्रियों की कुल संख्या $= \left(x - \frac{7x}{18}\right) = \frac{11x}{18}$.

अतः कुल काम करने वालों का $\frac{11}{18}$ भाग निःसंतान है.

17. माना विद्यार्थियों की कुल संख्या = x.

सभी प्रश्नों के उत्तर देने वालों की संख्या $= \left(\frac{1}{20} x\right) = \frac{x}{20}$.

किसी भी प्रश्न का उत्तर न देने वालों की संख्या $= x$ का $\frac{1}{20} = \frac{x}{20}$.

शेष $= x - \left(\frac{x}{20} + \frac{x}{20}\right) = \left(x - \frac{x}{10}\right) = \frac{9x}{10}$.

चार प्रश्नों के उत्तर देने वालों की संख्या $= \left(\frac{9x}{10} \text{ का } \frac{1}{4}\right) = \frac{9x}{40}$.

एक प्रश्न का उत्तर देने वालों की संख्या $= \left(\frac{9x}{10} \text{ का } \frac{1}{5}\right) = \frac{9x}{50}$.

तीन प्रश्नों के उत्तर देने वालों की संख्या $= \left(x \text{ का } \frac{49}{2}\%\right) = \left(x \times \frac{49}{2} \times \frac{1}{100}\right) = \frac{49x}{200}$.

दो प्रश्नों के उत्तर देने वालों की संख्या $= x - \left(\frac{x}{20} + \frac{x}{20} + \frac{9x}{40} + \frac{9x}{50} + \frac{49x}{200}\right)$

$$= \left\{x - \frac{(10x + 10x + 45x + 36x + 49x)}{200}\right\} = \left(x - \frac{150x}{200}\right) = \left(x - \frac{3x}{4}\right) = \frac{x}{4}.$$

$\therefore \quad \frac{x}{4} = 200 \Rightarrow x = 800.$

अत: कुल विद्यार्थियों की संख्या = 800.

18. दो पेड़ों के बीच की दूरी $= \frac{2000}{200}$ मीटर = 10 मीटर.

एक ओर के पौधों की संख्या $= \left(\frac{50 \times 1000}{10} + 1\right) = 5001.$

दोनों ओर के पौधों की संख्या = (5001 × 2) = 10002.

19. दिया गया व्यंजक $= \frac{1}{3} \cdot \left[\left(1 - \frac{1}{4}\right) + \left(\frac{1}{4} - \frac{1}{7}\right) + \left(\frac{1}{7} - \frac{1}{10}\right) + \left(\frac{1}{10} - \frac{1}{13}\right) + \left(\frac{1}{13} - \frac{1}{16}\right)\right]$

$$= \frac{1}{3}\left(1 - \frac{1}{16}\right) = \left(\frac{1}{3} \times \frac{15}{16}\right) = \frac{5}{16}.$$

20. दिया गया व्यंजक $= \left(\frac{1}{4} - \frac{1}{5}\right) + \left(\frac{1}{5} - \frac{1}{6}\right) + \left(\frac{1}{6} - \frac{1}{7}\right) + \left(\frac{1}{7} - \frac{1}{8}\right) + \left(\frac{1}{8} - \frac{1}{9}\right) + \left(\frac{1}{9} - \frac{1}{10}\right)$

$$= \left(\frac{1}{4} - \frac{1}{10}\right) = \frac{3}{20}.$$

21. दिया गया व्यंजक $= \frac{1}{2} \cdot \left[\left(\frac{1}{5} - \frac{1}{7}\right) + \left(\frac{1}{7} - \frac{1}{9}\right) + \left(\frac{1}{9} - \frac{1}{11}\right) + \left(\frac{1}{11} - \frac{1}{13}\right) + \left(\frac{1}{13} - \frac{1}{15}\right) + \left(\frac{1}{15} - \frac{1}{17}\right)\right]$

$$= \frac{1}{2} \cdot \left(\frac{1}{5} - \frac{1}{17}\right) = \frac{1}{2} \times \frac{12}{85} = \frac{6}{85}.$$

22. दिया गया व्यंजक $= \frac{1}{3} \cdot \left[\left(\frac{1}{6} - \frac{1}{9}\right) + \left(\frac{1}{9} - \frac{1}{12}\right) + \left(\frac{1}{12} - \frac{1}{15}\right) + \left(\frac{1}{15} - \frac{1}{18}\right) + \left(\frac{1}{18} - \frac{1}{21}\right)\right]$

$$= \frac{1}{3} \cdot \left(\frac{1}{6} - \frac{1}{21}\right) = \left(\frac{1}{3} \times \frac{5}{42}\right) = \frac{5}{126}.$$

23. दी गई श्रेणी $= \left(1 - \frac{1}{2}\right) + \left(\frac{1}{2} - \frac{1}{3}\right) + \left(\frac{1}{3} - \frac{1}{4}\right) + \ldots + \left(\frac{1}{10} - \frac{1}{11}\right) + \left(\frac{1}{11} - \frac{1}{12}\right) = \left(1 - \frac{1}{12}\right) = \frac{11}{12}.$

5 वर्गमूल तथा घनमूल (SQUARE ROOT AND CUBE ROOT)

सामान्य नियम

वर्गमूल : किसी संख्या का वर्गमूल वह संख्या है जिसे अपने से गुणा करने पर दी गई संख्या प्राप्त हो. x के वर्गमूल को $\sqrt{x}$ से व्यक्त करते हैं.

जैसे : (i) $\sqrt{9}=3$ (ii) $\sqrt{16}=4$ (iii) $\sqrt{64}=8$ आदि.

घनमूल : किसी संख्या a का घनमूल b होगा, यदि $a=b^3$ हो.
हम इसे लिखते हैं : $\sqrt[3]{a}=b.$

जैसे : (i) $\sqrt[3]{8}=2$ (ii) $\sqrt[3]{125}=5$ (iii) $\sqrt[3]{216}=6.$

साधित उदाहरण

प्रश्न 1. $\mathbf{\sqrt{1225}=?}$

हल : $1225=(5\times5\times7\times7)$
$=(5^2\times7^2)$

$\therefore\ \sqrt{1225}=(5\times7)=35.$

5	1225
5	245
7	49
	7

प्रश्न 2. $\mathbf{\sqrt{4356}=?}$

हल : $4356=(2\times2\times3\times3\times11\times11)$
$=(2^2\times3^2\times11^2)$

$\therefore\ \sqrt{4356}=(2\times3\times11)=66.$

2	4356
2	2178
3	1089
3	363
11	121
	11

प्रश्न 3. $\mathbf{\sqrt{137641}=?}$

हल :

```
  3 | 13 76 41 ( 371
    |  9
    | ------
 67 |  476
    |  469
    | ------
741 |    741
    |    741
    |   -----
    |     x
```

$\therefore\ \sqrt{137641}=371.$

प्रश्न 4. $\mathbf{\sqrt{1814409}=?}$

हल :

```
   1 | 1 81 44 09 ( 1347
     | 1
     | ----
  23 |   81
     |   69
     | ------
 264 |   1244
     |   1056
     | -------
2687 |    18809
     |    18809
     |   -------
     |      x
```

$\therefore\ \sqrt{1814409}=1347.$

प्रश्न 5. $\mathbf{\sqrt{\dfrac{\cdot049\times\cdot016\times\cdot09}{\cdot81\times\cdot036\times\cdot064}}=?}$

हल : दिये गये वर्गमूल के अंश में दशमलव स्थानों का योग = (3 + 3 + 2) = 8
तथा हर में दशमलव स्थानों का योग = (2 + 3 + 3) = 8.

अत: हम दशमलव बिन्दुओं को हटा सकते हैं.

$\therefore$ दिया गया व्यंजक $=\sqrt{\dfrac{49\times16\times9}{81\times36\times64}}=\dfrac{(7\times4\times3)}{(9\times6\times8)}=\dfrac{7}{36}.$

दो विशेष सूत्र :

$(i)\ \sqrt{ab} = \sqrt{a} \times \sqrt{b} \quad (ii)\ \sqrt{\frac{a}{b}} = \frac{\sqrt{a}}{\sqrt{b}}$.

प्रश्न 6. $\frac{\sqrt{162}}{\sqrt{288}} = ?$

हल : $\frac{\sqrt{162}}{\sqrt{288}} = \sqrt{\frac{162}{288}} = \sqrt{\frac{81}{144}} = \frac{9}{12} = \frac{3}{4}$.

प्रश्न 7. $\sqrt{98} \times \sqrt{72} = ?$

हल : $\sqrt{98} \times \sqrt{72} = \sqrt{98 \times 72} = \sqrt{49 \times 2 \times 2 \times 36} = \sqrt{7^2 \times 2^2 \times 6^2} = (7 \times 2 \times 6) = 84$.

दशमलव भिन्नों के वर्गमूल : यदि दिये गये दशमलव भिन्न में दशमलव बिन्दु के बाद अंकों की संख्या विषम हो, तो अन्त में एक शून्य और लगाकर दायीं ओर दो-दो अंकों के जोड़े बनाते हैं तथा ऊपर दी गई विधि से वर्गमूल ज्ञात करते हैं.

प्रश्न 8. $\sqrt{\cdot 9} = ?$ **(दशमलव के तीन स्थानों तक ज्ञात करें)**

हल :

```
   9 | ·90 (·948
     |  81
 184 |   900
     |   736
1888 |  16400
     |  15104
```

$\therefore \sqrt{\cdot 9} = \cdot 948$.

प्रश्न 9. $\sqrt{161 \cdot 29} = ?$

हल :

```
  1 | 1 61·29 (12·7
    | 1
 22 |   61
    |   44
247 |  1729
    |  1729
    |    x
```

$\therefore \sqrt{161 \cdot 29} = 12 \cdot 7$.

प्रश्न 10. यदि $\sqrt{3} = 1 \cdot 732$ तथा $\sqrt{2} = 1 \cdot 414$ हो, तो $\left(\frac{\sqrt{3}+\sqrt{2}}{\sqrt{3}-\sqrt{2}}\right)$ का वर्गमूल ज्ञात करें.

हल : $\frac{(\sqrt{3}+\sqrt{2})}{(\sqrt{3}-\sqrt{2})} = \frac{(\sqrt{3}+\sqrt{2})}{(\sqrt{3}-\sqrt{2})} \times \frac{(\sqrt{3}+\sqrt{2})}{(\sqrt{3}+\sqrt{2})} = \frac{(\sqrt{3}+\sqrt{2})^2}{(3-2)} = (\sqrt{3}+\sqrt{2})^2$

$\therefore \sqrt{\frac{(\sqrt{3}+\sqrt{2})}{(\sqrt{3}-\sqrt{2})}} = (\sqrt{3}+\sqrt{2}) = (1 \cdot 732 + 1 \cdot 414) = 3 \cdot 146$.

प्रश्न 11. $\frac{52}{?} = \frac{?}{13}$.

हल : माना $\frac{52}{x} = \frac{x}{13}$. तब $x^2 = (52 \times 13) = (4 \times 13 \times 13) = 2^2 \times (13)^2$.

$\therefore x = (2 \times 13) = 26$. अत: लुप्त स्थान पर 26 होगा.

प्रश्न 12. छात्रों के एक समूह में प्रत्येक छात्र से उतने ही पैसे लिये गये जितने इस समूह में छात्र थे. यदि कुल धन ₹ 59·29 एकत्र किया गया हो, तो समूह में कितने छात्र थे ?

हल : माना समूह में कुल x छात्र थे. तब, प्रत्येक छात्र से लिए गए पैसे $= x$.

कुल एकत्रित धन $= (x \times x)$ पैसे $=$ ₹ $\left(\frac{x^2}{100}\right)$

$\therefore \left(\frac{x^2}{100}\right) = 59.29 \Rightarrow x^2 = 5929 \Rightarrow x = \sqrt{5929} = 77.$ अतः समूह में कुल 77 छात्र थे.

घनमूल ज्ञात करना :

दी गई संख्या को अभाज्य गुणनखण्डों के गुणनफल के रूप में व्यक्त करें. एक ही प्रकार के प्रत्येक तीन गुणनखण्डों में से एक लेकर बने गुणनखण्डों का गुणनफल ही अभीष्ट घनमूल है.

प्रश्न 13. $\sqrt[3]{74088} = ?$

हल : $74088 = (2^3 \times 7^3 \times 3^3)$

$\therefore \sqrt[3]{74088} = (2 \times 7 \times 3) = 42.$

2	74088
2	37044
2	18522
7	9261
7	1323
7	189
3	27
3	9
	3

प्रश्न 14. $\sqrt[3]{0 \cdot 000027} = ?$

हल : $\cdot 000027 = \frac{27}{10^6}$

$\therefore \sqrt[3]{\cdot 000027} = \sqrt[3]{\frac{27}{10^6}} = \frac{3}{10^2} = \frac{3}{100} = \cdot 03.$

प्रश्नमाला 5A

निम्नलिखित प्रश्नों में से प्रत्येक में ठीक उत्तर को चिन्हांकित (✓) कीजिए :

1. $\sqrt{64009} = ?$ **(रेलवे परीक्षा, 2009)**

(*a*) 803 (*b*) 423 (*c*) 253 (*d*) 323

2. $\sqrt{894916} = ?$ **(बैंक पी०ओ० परीक्षा, 2006)**

(*a*) 856 (*b*) 920 (*c*) 946 (*d*) 880 (*e*) 768

3. $\sqrt{9216} + \sqrt{12544} = ?$ **(बैंक पी०ओ० परीक्षा, 2006)**

(*a*) 200 (*b*) 196 (*c*) 218 (*d*) 208 (*e*) इनमें से कोई नहीं

4. $\sqrt{8464} + \sqrt{?} = 102$

(*a*) 100 (*b*) 225 (*c*) 400 (*d*) 625 (*e*) इनमें से कोई नहीं

5. $\sqrt{\sqrt{2500} + \sqrt{961}} = (?)^2$

(*a*) 81 (*b*) 3 (*c*) 6561 (*d*) 9 (*e*) इनमें से कोई नहीं

6. $\sqrt{5 + \sqrt{11 + \sqrt{19 + \sqrt{29 + \sqrt{49}}}}} = ?$ **(एस०एस०सी० परीक्षा, 2009)**

(*a*) 3 (*b*) 2 (*c*) 4 (*d*) 6

7. $\frac{\sqrt{24} + \sqrt{216}}{\sqrt{96}} = ?$

(*a*) $2\sqrt{6}$ (*b*) 2 (*c*) $6\sqrt{2}$ (*d*) $\frac{\sqrt{6}}{3}$

8. $\frac{?}{49} = \frac{16}{?}$ **(बैंक पी०ओ० परीक्षा, 2009)**

(*a*) 48 (*b*) 18 (*c*) 38 (*d*) 28 (*e*) इनमें से कोई नहीं

9. $\sqrt{1\frac{9}{16}} = ?$

(*a*) $1\frac{3}{4}$ (*b*) $1\frac{1}{4}$ (*c*) $1 \cdot 125$ (*d*) इनमें से कोई नहीं

10. $\sqrt{110\frac{1}{4}} = ?$

(*a*) 19·5 (*b*) 10·25 (*c*) 10·5 (*d*) 11·5

11. $\frac{\sqrt{288}}{\sqrt{128}} = ?$

(*a*) $\frac{\sqrt{3}}{2}$ (*b*) $\frac{3}{\sqrt{2}}$ (*c*) $\frac{3}{2}$ (*d*) $\sqrt{\frac{3}{2}}$

12. $\sqrt{\frac{1694}{?}} + 14 = 25$

(*a*) 11 (*b*) 12 (*c*) 14 (*d*) 22

13. $\frac{?}{2880} = \frac{180}{?}$ **(बैंक पी०ओ० परीक्षा. 2008)**

(*a*) 360 (*b*) 750 (*c*) 540 (*d*) 1080 (*e*) इनमें से कोई नहीं

14. $\sqrt{\frac{0 \cdot 009 \times 0 \cdot 036 \times 0 \cdot 016 \times 0 \cdot 08}{0 \cdot 002 \times 0 \cdot 0008 \times 0 \cdot 0002}} = ?$ **(एस०एस०सी० परीक्षा, 2010)**

(*a*) 34 (*b*) 36 (*c*) 38 (*d*) 39

15. $\sqrt{900} + \sqrt{0 \cdot 09} - \sqrt{0 \cdot 000009} = ?$ **(एस०एस०सी० परीक्षा, 2009)**

(*a*) 30·27 (*b*) 30·297 (*c*) 30·097 (*d*) 30·197

16. $\sqrt{0 \cdot 0081} = ?$ **(एस०एस०सी० परीक्षा, 2008)**

(*a*) 0·09 (*b*) 0·9 (*c*) 0·08 (*d*) 0·81

17. $\sqrt{0 \cdot 01 + \sqrt{0 \cdot 0064}} = ?$

(*a*) 0·03 (*b*) 0·3 (*c*) $0 \cdot 3\sqrt{2}$ (*d*) इनमें से कोई नहीं

18. $\sqrt{\frac{\cdot 289}{\cdot 00121}} = ?$

(*a*) $\frac{170}{11}$ (*b*) $\frac{17}{110}$ (*c*) $\frac{17}{11}$ (*d*) $\frac{0 \cdot 17}{11}$

19. $\sqrt{\frac{1 \cdot 21 \times 0 \cdot 9}{1 \cdot 1 \times 0 \cdot 11}} = ?$

(*a*) 2 (*b*) 3 (*c*) 9 (*d*) 11

20. $\sqrt{\frac{\cdot 081 \times \cdot 484}{\cdot 0064 \times 6 \cdot 25}} = ?$

(*a*) 9 (*b*) 0·9 (*c*) 99 (*d*) 0·99

21. $\sqrt{\frac{9 \cdot 5 \times 0 \cdot 0085 \times 18 \cdot 9}{\cdot 0017 \times 1 \cdot 9 \times 2 \cdot 1}} = ?$

(*a*) 0·15 (*b*) 0·5 (*c*) 15 (*d*) 250

22. यदि $\sqrt{1 + \frac{x}{144}} = \frac{13}{12}$ हो, तो $x = ?$

(*a*) 1 (*b*) 12 (*c*) 13 (*d*) 25

23. यदि $\sqrt{4^n} = 1024$ हो, तो $n = ?$ **(रेलवे परीक्षा, 2006)**

(*a*) 5 (*b*) 8 (*c*) 10 (*d*) 12

24. यदि $\sqrt{18225} = 135$ हो, तो $\left(\sqrt{18225} + \sqrt{182 \cdot 25} + \sqrt{1 \cdot 8225} + \sqrt{\cdot 018225}\right) = ?$

(*a*) 142·875 (*b*) 137·795 (*c*) 149·985 (*d*) 1499·85

25. यदि $\sqrt{6084} = 78$ हो, तो $\sqrt{60 \cdot 84} + \sqrt{0 \cdot 6084} + \sqrt{0 \cdot 006084} + \sqrt{0 \cdot 00006084}$ का मान क्या होगा?

(*a*) 0·86658 (*b*) 8·6658 (*c*) 86·658 (*d*) 866·58

(रेलवे परीक्षा, 2006)

26. $\sqrt{6 + \sqrt{6 + \sqrt{6 + \ldots\ldots\ldots \infty}}} = ?$ **(एस०एस०सी० परीक्षा, 2010)**

(*a*) 3 (*b*) 4 (*c*) 5 (*d*) 6

27. $\sqrt{0 \cdot 064} = ?$

(*a*) ·8 (*b*) ·08 (*c*) ·008 (*d*) इनमें से कोई नहीं

28. $\sqrt{0 \cdot 9} = ?$

(*a*) 0·3 (*b*) 0·03 (*c*) 0·9 (*d*) इनमें से कोई नहीं

29. $\sqrt{0 \cdot 121} = ?$

(*a*) 0·11 (*b*) ·011 (*c*) 1·1 (*d*) 1·01 (*e*) इनमें से कोई नहीं

30. $\sqrt{2 + \sqrt{2 + \sqrt{2 + \ldots\ldots\ldots \infty}}} = ?$

(*a*) 1 (*b*) 1·5 (*c*) 2 (*d*) 2·5

31. $\dfrac{\sqrt{2}}{(2 + \sqrt{2})} = ?$ **(रेलवे परीक्षा, 2009)**

(*a*) $(\sqrt{2} - 1)$ (*b*) $(\sqrt{2} + 1)$ (*c*) $2\sqrt{2}$ (*d*) $(1 - \sqrt{2})$

32. यदि $\dfrac{\sqrt{7} - 2}{\sqrt{7} + 2} = a\sqrt{7} + b$ हो, तो $a = ?$ **(एस०एस०सी० परीक्षा, 2007)**

(*a*) $\dfrac{11}{3}$ (*b*) $\dfrac{-4}{3}$ (*c*) $\dfrac{4}{3}$ (*d*) $\dfrac{-4\sqrt{7}}{3}$

33. $\dfrac{(\sqrt{7} + \sqrt{5})}{(\sqrt{7} - \sqrt{5})} + \dfrac{(\sqrt{7} - \sqrt{5})}{(\sqrt{7} + \sqrt{5})} = ?$

(*a*) 6 (*b*) 12 (*c*) 8 (*d*) 5

34. $\dfrac{1}{(\sqrt{9} - \sqrt{8})} - \dfrac{1}{(\sqrt{8} - \sqrt{7})} + \dfrac{1}{(\sqrt{7} - \sqrt{6})} - \dfrac{1}{(\sqrt{6} - \sqrt{5})} + \dfrac{1}{(\sqrt{5} - \sqrt{4})} = ?$

(*a*) 0 (*b*) 1 (*c*) 5 (*d*) $\dfrac{1}{3}$

35. यदि $\sqrt{3} = 1 \cdot 732$ हो, तो $\sqrt{\dfrac{3}{4}} = ?$

(*a*) 0·577 (*b*) 0·866 (*c*) 0·433 (*d*) इनमें से कोई नहीं

36. यदि $\sqrt{5} = 2 \cdot 24$ तथा $\sqrt{6} = 2 \cdot 45$ हो, तो $\sqrt{\dfrac{2}{3}} + \sqrt{\dfrac{5}{6}} = ?$

(*a*) 1·37 (*b*) 1·57 (*c*) 1·73 (*d*) 1·75

37. यदि $\sqrt{5} = 2 \cdot 236$ हो, तो $\dfrac{1}{\sqrt{5}} = ?$

(*a*) ·367 (*b*) ·745 (*c*) ·447 (*d*) इनमें से कोई नहीं

38. यदि $\sqrt{6} = 2\cdot449$ हो, तो $\frac{3\sqrt{2}}{2\sqrt{3}} = ?$

(*a*) ·6122 (*b*) 1·2245 (*c*) 1·3245 (*d*) ·8163

39. $\sqrt{\frac{4}{3}} - \sqrt{\frac{3}{4}} = ?$

(*a*) 1 (*b*) $\frac{-1}{2\sqrt{3}}$ (*c*) $\frac{1}{2\sqrt{3}}$ (*d*) $\frac{\sqrt{3}}{6}$

40. यदि $\sqrt{2} = 1\cdot4142$ हो, तो $\frac{(4+\sqrt{2})}{(\sqrt{2}+1)} = ?$

(*a*) 2·1236 (*b*) 2·2426 (*c*) 2·4136 (*d*) 2·3216

41. $\sqrt{8+2\sqrt{15}} = ?$

(*a*) $(\sqrt{2}+\sqrt{6})$ (*b*) $(\sqrt{5}+\sqrt{3})$ (*c*) $(2\sqrt{3}+5\sqrt{3})$ (*d*) $(2+\sqrt{6})$

42. यदि $a = \sqrt{7+2\sqrt{12}}$ तथा $b = \sqrt{7-2\sqrt{12}}$ हो, तो $(a^3+b^3) = ?$ **(एस०एस०सी० परीक्षा, 2010)**

(*a*) 40 (*b*) 44 (*c*) 48 (*d*) 52

43. $\frac{\sqrt{7}}{\sqrt{16+6\sqrt{7}} - \sqrt{16-6\sqrt{7}}} = ?$ **(एस०एस०सी० परीक्षा, 2010)**

(*a*) $\frac{1}{2}$ (*b*) $\frac{1}{3}$ (*c*) $\frac{1}{4}$ (*d*) $\frac{1}{5}$

44. यदि $\sqrt{24} = 4\cdot898$ हो, तो $\sqrt{\frac{8}{3}} = ?$ **(एस०एस०सी० परीक्षा, 2007)**

(*a*) 0·544 (*b*) 1·333 (*c*) 1·633 (*d*) 2·666

45. यदि $x = \frac{\sqrt{3}}{2}$ हो, तो $\frac{(\sqrt{1+x}+\sqrt{1-x})}{(\sqrt{1+x}-\sqrt{1-x})} = ?$ **(एस०एस०सी० परीक्षा, 2010)**

(*a*) $-\sqrt{3}$ (*b*) – 1 (*c*) 1 (*d*) $\sqrt{3}$

46. $\frac{(\sqrt{7}+\sqrt{3})}{(\sqrt{7}-\sqrt{3})} + \frac{(\sqrt{7}-\sqrt{3})}{(\sqrt{7}+\sqrt{3})} + \frac{(\sqrt{3}-1)}{(\sqrt{3}+1)} + \frac{(\sqrt{3}+1)}{(\sqrt{3}-1)} = ?$ **(एस०एस०सी० परीक्षा, 2005)**

(*a*) 7 (*b*) 4 (*c*) 6 (*d*) 9

47. यदि $a = (5+2\sqrt{6})$ हो, तो $\left(\sqrt{a} - \frac{1}{\sqrt{a}}\right) = ?$

(*a*) $2\sqrt{2}$ (*b*) $3\sqrt{2}$ (*c*) $2\sqrt{3}$ (*d*) $3\sqrt{3}$

48. यदि $a = \frac{(\sqrt{5}+1)}{(\sqrt{5}-1)}$ तथा $b = \frac{(\sqrt{5}-1)}{(\sqrt{5}+1)}$ हो, तो $\frac{(a^2+ab+b^2)}{(a^2-ab+b^2)} = ?$ **(रेलवे परीक्षा, 2006)**

(*a*) 0·75 (*b*) 1·25 (*c*) 0·6 (*d*) 1·33

49. एक माली 17956 पौधे इस प्रकार लगाता है कि प्रत्येक पंक्ति में उतने ही पौधे हैं जितनी पंक्तियाँ हैं. एक पंक्ति में कितने पौधे हैं ? **(एम०बी०ए० परीक्षा, 2006)**

(*a*) 134 (*b*) 136 (*c*) 144 (*d*) 154

50. 920 में कम से कम क्या जोड़ें कि योगफल एक पूर्ण वर्ग हो? **(बैंक पी०ओ० परीक्षा, 2006)**
(*a*) 31 (*b*) 39 (*c*) 41 (*d*) 49 (*e*) इनमें से कोई नहीं

51. 549162 में से कम से कम क्या घटाया जाये कि शेषफल एक पूर्ण वर्ग हो?
(*a*) 28 (*b*) 36 (*c*) 62 (*d*) 81

52. 5 अंकों की वह बड़ी से बड़ी संख्या कौन-सी है जो पूर्ण वर्ग हो?
(*a*) 99999 (*b*) 99764 (*c*) 99976 (*d*) 99856

53. 6 अंकों की वह छोटी से छोटी संख्या कौन-सी है जो पूर्ण वर्ग हो?
(*a*) 100036 (*b*) 100049 (*c*) 100489 (*d*) 100169

54. 294 को किस छोटी से छोटी संख्या से गुणा करें कि गुणनफल एक पूर्ण वर्ग हो?
(*a*) 2 (*b*) 3 (*c*) 6 (*d*) 24

55. 1470 को किस छोटी से छोटी संख्या से भाग दें कि भागफल एक पूर्ण वर्ग हो?
(*a*) 5 (*b*) 6 (*c*) 15 (*d*) 30

56. वह छोटी से छोटी संख्या कौन-सी है जो एक पूर्ण वर्ग है तथा 10, 12, 15, 18 में से प्रत्येक से पूर्णतया विभक्त होती है?
(*a*) 360 (*b*) 400 (*c*) 600 (*d*) 900

57. $\sqrt[3]{15625} = ?$
(*a*) 225 (*b*) 125 (*c*) 25 (*d*) 65 (*e*) इनमें से कोई नहीं

58. $\sqrt[3]{328509} = ?$ **(बैंक पी०ओ० परीक्षा, 2008)**
(*a*) 63 (*b*) 59 (*c*) 73 (*d*) 69 (*e*) इनमें से कोई नहीं

59. $\sqrt[3]{4\frac{12}{125}} = ?$ **(एस०एस०सी० परीक्षा, 2009)**
(*a*) 1·4 (*b*) 1·6 (*c*) 1·8 (*d*) 2·4

60. $\sqrt[3]{\cdot 000216} = ?$
(*a*) ·6 (*b*) ·06 (*c*) ·006 (*d*) इनमें से कोई नहीं

61. $\sqrt[3]{(13\cdot 608)^2 - (13\cdot 392)^2} = ?$ **(एस०एस०सी० परीक्षा, 2010)**
(*a*) 0·6 (*b*) ·06 (*c*) 1·8 (*d*) 2·6

62. $\sqrt[3]{\sqrt{0\cdot 000729}} + \sqrt[3]{0\cdot 008} = ?$
(*a*) 0·1 (*b*) 0·5 (*c*) 0·6 (*d*) 0·8

63. 1029 को किस छोटी से छोटी संख्या से गुणा करने पर प्राप्त संख्या एक पूर्ण घन होगी?
(*a*) 4 (*b*) 7 (*c*) 9 (*d*) 25

64. 3600 को किस छोटी से छोटी संख्या से भाग दिया जाये कि भागफल एक पूर्ण घन हो?
(*a*) 9 (*b*) 50 (*c*) 300 (*d*) 450

65. 120 तथा 300 के बीच कितनी पूर्ण वर्ग संख्यायें हैं? **(एस०एस०सी० परीक्षा, 2010)**
(*a*) 5 (*b*) 6 (*c*) 7 (*d*) 8

उत्तरमाला (प्रश्नमाला 5A)

1. (*c*)	**2.** (*c*)	**3.** (*d*)	**4.** (*a*)	**5.** (*b*)	**6.** (*a*)	**7.** (*b*)	**8.** (*d*)	**9.** (*b*)	**10.** (*c*)
11. (*c*)	**12.** (*c*)	**13.** (*e*)	**14.** (*b*)	**15.** (*b*)	**16.** (*a*)	**17.** (*b*)	**18.** (*a*)	**19.** (*b*)	**20.** (*d*)
21. (*c*)	**22.** (*d*)	**23.** (*c*)	**24.** (*c*)	**25.** (*b*)	**26.** (*a*)	**27.** (*d*)	**28.** (*c*)	**29.** (*e*)	**30.** (*c*)
31. (*a*)	**32.** (*a*)	**33.** (*b*)	**34.** (*c*)	**35.** (*b*)	**36.** (*c*)	**37.** (*c*)	**38.** (*b*)	**39.** (*d*)	**40.** (*b*)
41. (*b*)	**42.** (*d*)	**43.** (*a*)	**44.** (*c*)	**45.** (*d*)	**46.** (*d*)	**47.** (*a*)	**48.** (*d*)	**49.** (*a*)	**50.** (*c*)
51. (*d*)	**52.** (*d*)	**53.** (*c*)	**54.** (*c*)	**55.** (*d*)	**56.** (*d*)	**57.** (*c*)	**58.** (*d*)	**59.** (*b*)	**60.** (*b*)
61. (*c*)	**62.** (*b*)	**63.** (*c*)	**64.** (*d*)	**65.** (*c*)					

दिये गये प्रश्नों के हल **प्रश्नमाला 5A**

1.

$$\begin{array}{r|l} 2 & \overline{6}\ \overline{40}\ \overline{09}\ (253 \\ & 4 \\ \hline 45 & 240 \\ & 225 \\ \hline 503 & 1509 \\ & 1509 \\ \hline & \times \end{array}$$

$\therefore\ \sqrt{64009} = 253$

2.

$$\begin{array}{r|l} 9 & \overline{89}\ \overline{49}\ \overline{16}\ (946 \\ & 81 \\ \hline 184 & 849 \\ & 736 \\ \hline 1886 & 11316 \\ & 11316 \\ \hline & \times \end{array}$$

$\therefore\ \sqrt{894916} = 946$

3.

$$\begin{array}{r|l} 9 & \overline{92}\ \overline{16}\ (96 \\ & 81 \\ \hline 186 & 1116 \\ & 1116 \\ \hline & \times \end{array} \qquad \begin{array}{r|l} 1 & \overline{1}\ \overline{25}\ \overline{44}\ (112 \\ & 1 \\ \hline 21 & 25 \\ & 21 \\ \hline 222 & 444 \\ & 444 \\ \hline & \times \end{array}$$

$\therefore\ \sqrt{9216} + \sqrt{12544} = (96 + 112) = 208.$

4. माना $\sqrt{8464} + \sqrt{x} = 102.$

तब $92 + \sqrt{x} = 102$

$\Rightarrow \sqrt{x} = (102 - 92) = 10$

$\Rightarrow\ x = (10)^2 = 100.$

$$\begin{array}{r|l} 9 & \overline{84}\ \overline{64}\ (92 \\ & 81 \\ \hline 182 & 364 \\ & 364 \\ \hline & \times \end{array}$$

5. माना $\sqrt{\sqrt{2500} + \sqrt{961}} = x^2$. तब

$\sqrt{50 + 31} = x^2 \Rightarrow x^2 = \sqrt{81} = 9$

$\Rightarrow\ x = 3.$

$$\begin{array}{r|l} 3 & \overline{9}\ \overline{61}\ (31 \\ & 9 \\ \hline 61 & 61 \\ & 61 \\ \hline & \times \end{array}$$

6. दिया गया व्यंजक $= \sqrt{5 + \sqrt{11 + \sqrt{19 + \sqrt{29 + 7}}}} = \sqrt{5 + \sqrt{11 + \sqrt{19 + \sqrt{36}}}}$

$= \sqrt{5 + \sqrt{11 + \sqrt{19 + 6}}} = \sqrt{5 + \sqrt{11 + \sqrt{25}}} = \sqrt{5 + \sqrt{11 + 5}}$

$= \sqrt{5 + \sqrt{16}} = \sqrt{5 + 4} = \sqrt{9} = 3.$

7. $\dfrac{\sqrt{24} + \sqrt{216}}{\sqrt{96}} = \dfrac{\sqrt{6 \times 4} + \sqrt{6 \times 36}}{\sqrt{6 \times 16}} = \dfrac{2\sqrt{6} + 6\sqrt{6}}{4\sqrt{6}} = \dfrac{(2+6)\sqrt{6}}{4\sqrt{6}} = \dfrac{8}{4} = 2.$

8. माना $\dfrac{x}{49} = \dfrac{16}{x}$. तब, $x^2 = (16 \times 49) = (4^2 \times 7^2) = (4 \times 7)^2 = (28)^2 \Rightarrow x = 28.$

9. $\sqrt{1\frac{9}{16}} = \sqrt{\frac{25}{16}} = \dfrac{\sqrt{25}}{\sqrt{16}} = \dfrac{5}{4} = 1\dfrac{1}{4}.$

10. $\sqrt{110\frac{1}{4}} = \sqrt{\frac{441}{4}} = \dfrac{\sqrt{441}}{\sqrt{4}} = \dfrac{21}{2} = 10 \cdot 5.$

11. $\dfrac{\sqrt{288}}{\sqrt{128}} = \sqrt{\frac{288}{128}} = \sqrt{\frac{8 \times 36}{8 \times 16}} = \sqrt{\frac{36}{16}} = \dfrac{\sqrt{36}}{\sqrt{16}} = \dfrac{6}{4} = \dfrac{3}{2}.$

12. माना $\sqrt{\frac{1694}{x}} + 14 = 25 \Rightarrow \sqrt{\frac{1694}{x}} = (25 - 14) = 11$

$\therefore\ \dfrac{1694}{x} = (11)^2 = 121 \Rightarrow x = \dfrac{1694}{121} = 14.$

13. माना $\dfrac{x}{2880} = \dfrac{180}{x}$. तब $x^2 = 180 \times 2880 = 18 \times 18 \times 16 \times 100\ \Rightarrow\ x = 18 \times 4 \times 10 = 720.$

14. अंश में दशमलव स्थानों का योग = (3 + 3 + 3 + 2) = 11.
हर में दशमलव स्थानों का योग = (3 + 4 + 4) = 11.
अत: दशमलव हटाने पर :
दिया गया व्यंजक $= \sqrt{\frac{9\times36\times16\times8}{2\times8\times2}} = \sqrt{9\times36\times4} = (3\times6\times2) = 36.$

15. दिया गया व्यंजक $= \sqrt{900} + \sqrt{\frac{9}{100}} - \sqrt{\frac{9}{10^6}} = \left(30 + \frac{3}{10} - \frac{3}{10^3}\right) = \left(30 + \frac{3}{10} - \frac{3}{1000}\right)$
$= (30 + 0\cdot3 - 0\cdot003) = (30\cdot3 - 0\cdot003) = 30\cdot297.$

16. दिया गया व्यंजक $= \sqrt{\frac{81}{10000}} = \frac{9}{100} = 0\cdot09.$

17. दिया गया व्यंजक $= \sqrt{\frac{1}{100} + \sqrt{\frac{64}{10000}}} = \sqrt{\frac{1}{100} + \frac{8}{100}} = \sqrt{\frac{9}{100}} = \frac{\sqrt{9}}{\sqrt{100}} = \frac{3}{10} = 0\cdot3.$

18. $\sqrt{\frac{\cdot289}{\cdot00121}} = \sqrt{\frac{\cdot28900}{\cdot00121}}$ (दशमलव के स्थान समान करें) $= \sqrt{\frac{28900}{121}} = \frac{170}{11}.$

19. $\sqrt{\frac{1\cdot21\times0\cdot9}{1\cdot1\times0\cdot11}} = \sqrt{\frac{121\times9}{11\times11}} = \sqrt{9} = 3.$

20. अंश में दशमलव स्थानों का योग = 6, हर में दशमलव स्थानों का योग = 6.
दिया गया व्यंजक $= \sqrt{\frac{81\times484}{64\times625}} = \frac{9\times22}{8\times25} = \frac{198}{200} = \cdot99.$

21. अंश में दशमलव स्थानों का योग = 6, हर में दशमलव स्थानों का योग = 6.
$\therefore$ दिया गया व्यंजक $= \sqrt{\frac{95\times85\times189}{17\times19\times21}} = \sqrt{5\times5\times9} = (5\times3) = 15.$

22. $\sqrt{1+\frac{x}{144}} = \frac{13}{12} \Rightarrow \left(1+\frac{x}{144}\right) = \left(\frac{13}{12}\right)^2 = \frac{169}{144}$ [दोनों ओर वर्ग करने पर]
$\Rightarrow \frac{x}{144} = \left(\frac{169}{144} - 1\right) = \frac{(169-144)}{144} = \frac{25}{144} \Rightarrow x = 25.$

23. $\sqrt{4^n} = 1024 \Rightarrow 4^n = (1024)^2$ [दोनों ओर वर्ग करने पर]
$\Rightarrow 4^n = (4^5)^2 = 4^{10} \Rightarrow n = 10.$

24. दिया गया व्यंजक
$= \sqrt{18225} + \sqrt{\frac{18225}{100}} + \sqrt{\frac{18225}{10000}} + \sqrt{\frac{18225}{1000000}}$
$= \left(135 + \frac{135}{10} + \frac{135}{100} + \frac{135}{1000}\right)$
$= (135 + 13\cdot5 + 1\cdot35 + \cdot135) = 149\cdot985.$

135
13·5
1·35
·135
149·985

25. दिया गया व्यंजक
$= \sqrt{\frac{6084}{100}} + \sqrt{\frac{6084}{10000}} + \sqrt{\frac{6084}{1000000}} + \sqrt{\frac{6084}{100000000}}$
$= \left(\frac{78}{10} + \frac{78}{100} + \frac{78}{1000} + \frac{78}{10000}\right)$
$= (7\cdot8 + 0\cdot78 + 0\cdot078 + 0\cdot0078) = 8\cdot6658.$

7·8
0·78
0·078
0·0078
8·6658

26. माना दिये गये व्यंजक का मान $= x$. तब

$\sqrt{6+x} = x \Rightarrow 6+x = x^2$ [दोनों ओर वर्ग करने पर]

$\Rightarrow x^2 - x - 6 = 0 \Rightarrow x^2 - 3x + 2x - 6 = 0$

$\Rightarrow x(x-3) + 2(x-3) = 0 \Rightarrow (x-3)(x+2) = 0 \Rightarrow x = 3.$

अभीष्ट मान = 3.

27. $\sqrt{0\cdot064} = \sqrt{\dfrac{640}{10000}} = \dfrac{\sqrt{640}}{100} = \dfrac{25}{100} = \cdot25.$

$$\begin{array}{r|l} 2 & 640\,(\,25 \\ & \underline{4} \\ 45 & 240 \\ & \underline{225} \\ & \;\;15 \end{array}$$

28.

$$\begin{array}{r|l} 9 & 0\cdot\overline{90}\,(\,\cdot9 \\ & \underline{81} \\ & \;\;9 \end{array}$$

$\therefore \sqrt{0\cdot9} = \sqrt{0\cdot90} = 0\cdot9.$

29.

$$\begin{array}{r|l} 3 & 0\cdot\overline{12}\;\overline{10}\,(\,\cdot34 \\ & \underline{9} \\ 64 & 310 \\ & \underline{256} \end{array}$$

$\therefore \sqrt{0\cdot121} = \sqrt{0\cdot1210} = 0\cdot34.$

30. माना दिया गया व्यंजक $= x$. तब,

$\sqrt{2+x} = x \Rightarrow 2+x = x^2 \Rightarrow x^2 - x - 2 = 0 \Rightarrow x^2 - 2x + x - 2 = 0$

$\Rightarrow x(x-2) + (x-2) = 0 \Rightarrow (x-2)(x+1) = 0 \Rightarrow x = 2.$

$\therefore$ दिये गये व्यंजक का मान = 2.

31. $\dfrac{\sqrt{2}}{(2+\sqrt{2})} = \dfrac{\sqrt{2}}{(2+\sqrt{2})} \times \dfrac{(2-\sqrt{2})}{(2-\sqrt{2})} = \dfrac{2\sqrt{2}-2}{(4-2)} = \dfrac{2(\sqrt{2}-1)}{2} = (\sqrt{2}-1).$

32. $\dfrac{(\sqrt{7}-2)}{(\sqrt{7}+2)} = \dfrac{(\sqrt{7}-2)}{(\sqrt{7}+2)} \times \dfrac{(\sqrt{7}-2)}{(\sqrt{7}-2)} = \dfrac{(\sqrt{7}-2)^2}{(7-4)} = \dfrac{7+4-4\sqrt{7}}{3} = \dfrac{11}{3} - \dfrac{4}{3}\sqrt{7}.$

$\therefore\ a = \dfrac{11}{3}.$

33. $\dfrac{(\sqrt{7}+\sqrt{5})}{(\sqrt{7}-\sqrt{5})} + \dfrac{(\sqrt{7}-\sqrt{5})}{(\sqrt{7}+\sqrt{5})} = \dfrac{(\sqrt{7}+\sqrt{5})^2 + (\sqrt{7}-\sqrt{5})^2}{(7-5)} = \dfrac{2\left\{(\sqrt{7})^2 + (\sqrt{5})^2\right\}}{2} = (7+5) = 12.$

34. $\dfrac{1}{(\sqrt{9}-\sqrt{8})} = (\sqrt{9}+\sqrt{8}),\ \dfrac{1}{(\sqrt{8}-\sqrt{7})} = (\sqrt{8}+\sqrt{7}),\ \dfrac{1}{(\sqrt{7}-\sqrt{6})} = (\sqrt{7}+\sqrt{6})$ आदि आदि.

$\therefore$ दिया गया व्यंजक $= (\sqrt{9}+\sqrt{8}) - (\sqrt{8}+\sqrt{7}) + (\sqrt{7}+\sqrt{6}) - (\sqrt{6}+\sqrt{5}) + (\sqrt{5}+\sqrt{4})$

$= (\sqrt{9}+\sqrt{4}) = (3+2) = 5.$

35. $\sqrt{\dfrac{3}{4}} = \dfrac{\sqrt{3}}{\sqrt{4}} = \dfrac{\sqrt{3}}{2} = \dfrac{1\cdot732}{2} = 0\cdot866.$

36. $\sqrt{\dfrac{2}{3}} + \sqrt{\dfrac{5}{6}} = \dfrac{\sqrt{2}}{\sqrt{3}} + \dfrac{\sqrt{5}}{\sqrt{6}} = \dfrac{2}{\sqrt{6}} + \dfrac{\sqrt{5}}{\sqrt{6}} = \dfrac{(2+\sqrt{5})}{\sqrt{6}}.$

$= \dfrac{2+2\cdot24}{2\cdot45} = \dfrac{4\cdot24}{2\cdot45} = \dfrac{424}{245} = 1\cdot73.$

$$\begin{array}{r} 245\,)\,424\,(\,1\cdot73 \\ \underline{245}\quad\;\; \\ 1790\quad \\ \underline{1715}\quad \\ 750 \\ \underline{735} \end{array}$$

37. $\frac{1}{\sqrt{5}}=\frac{1}{\sqrt{5}}\times\frac{\sqrt{5}}{\sqrt{5}}=\frac{\sqrt{5}}{5}=\frac{2\cdot236}{5}=0\cdot447.$

38. $\frac{3\sqrt{2}}{2\sqrt{3}}=\frac{3\sqrt{2}}{2\sqrt{3}}\times\frac{\sqrt{3}}{\sqrt{3}}=\frac{\sqrt{6}}{2}=\frac{2\cdot449}{2}=1\cdot2245.$

39. $\sqrt{\frac{4}{3}}=\frac{\sqrt{4}}{\sqrt{3}}=\frac{2}{\sqrt{3}}\times\frac{\sqrt{3}}{\sqrt{3}}=\frac{2}{3}.\sqrt{3}$ तथा $\sqrt{\frac{3}{4}}=\frac{\sqrt{3}}{\sqrt{4}}=\frac{\sqrt{3}}{2}.$

$\therefore$ दिया गया व्यंजक $=\frac{2\sqrt{3}}{3}-\frac{\sqrt{3}}{2}=\frac{4\sqrt{3}-3\sqrt{3}}{6}=\frac{\sqrt{3}}{6}.$

40. $\frac{(4+\sqrt{2})}{(\sqrt{2}+1)}=\frac{(4+\sqrt{2})}{(\sqrt{2}+1)}\times\frac{(\sqrt{2}-1)}{(\sqrt{2}-1)}=\frac{(4\sqrt{2}-4+2-\sqrt{2})}{(2-1)}$

$=(3\sqrt{2}-2)=(3\times1\cdot4142-2)=(4\cdot2426-2)=2\cdot2426.$

41. $(8+2\sqrt{15})=(5+3+2\times\sqrt{5}\times\sqrt{3})=\left[(\sqrt{5})^2+(\sqrt{3})^2+2\times\sqrt{5}\times\sqrt{2}\right]=(\sqrt{5}+\sqrt{3})^2$

$\Rightarrow\sqrt{8+2\sqrt{15}}=(\sqrt{5}+\sqrt{3}).$

42. $(7+2\sqrt{12})=(4+3+2\times2\times\sqrt{3})=\left\{2^2+(\sqrt{3})^2+2\times2\times\sqrt{3}\right\}=(2+\sqrt{3})^2$

तथा $(7-2\sqrt{12})=(2-\sqrt{3})^2.$

$\therefore\ a=\sqrt{7+2\sqrt{12}}=(2+\sqrt{3})$ तथा $b=\sqrt{7-2\sqrt{12}}=(2-\sqrt{3})$

$\Rightarrow(a+b)=4$ and $ab=(4-3)=1$

$\Rightarrow(a^3+b^3)=(a+b)^3-3ab(a+b)=(4^3-3\times1\times4)=(64-12)=52.$

43. $(16+6\sqrt{7})=(9+7+2\times3\times\sqrt{7})=\left[3^2+(\sqrt{7})^2+2\times3\times\sqrt{7}\right]=(3+\sqrt{7})^2$

$\Rightarrow\sqrt{16+6\sqrt{7}}=(3+\sqrt{7})$ तथा $\sqrt{16-6\sqrt{7}}=(3-\sqrt{7})$

$\Rightarrow\sqrt{16+6\sqrt{7}}-\sqrt{16-6\sqrt{7}}=(3+\sqrt{7})-(3-\sqrt{7})=2\sqrt{7}.$

$\therefore$ दिया गया व्यंजक $=\frac{\sqrt{7}}{2\sqrt{7}}=\frac{1}{2}.$

44. $\sqrt{\frac{8}{3}}=\frac{\sqrt{8}}{\sqrt{3}}\times\frac{\sqrt{3}}{\sqrt{3}}=\frac{\sqrt{24}}{3}=\frac{1}{3}\times4\cdot898=1\cdot633.$

45. दिया गया व्यंजक $=\frac{(\sqrt{1+x}+\sqrt{1-x})}{(\sqrt{1+x}-\sqrt{1-x})}\times\frac{(\sqrt{1+x}+\sqrt{1-x})}{(\sqrt{1+x}+\sqrt{1-x})}=\frac{(\sqrt{1+x}+\sqrt{1-x})^2}{(1+x)-(1-x)}$

$=\frac{(1+x)+(1-x)+2\sqrt{1-x^2}}{2x}=\frac{2\left\{1+\sqrt{1-x^2}\right\}}{2x}=\frac{1+\sqrt{1-x^2}}{x}=\frac{1+\sqrt{1-\frac{3}{4}}}{\frac{\sqrt{3}}{2}}$

$=\frac{\left(1+\frac{1}{2}\right)}{(\sqrt{3}/2)}=\left(\frac{3}{2}\times\frac{2}{\sqrt{3}}\right)=\sqrt{3}.$

46. दिया गया व्यंजक $=\frac{(\sqrt{7}+\sqrt{3})^2+(\sqrt{7}-\sqrt{3})^2}{(7-3)}+\frac{(\sqrt{3}-1)^2+(\sqrt{3}+1)^2}{(3-1)}$

$=\frac{2\left[(\sqrt{7})^2+(\sqrt{3})^2\right]}{4}+\frac{2\left[(\sqrt{3})^2+(1)^2\right]}{2}=\left(\frac{10}{2}+4\right)=(5+4)=9.$

47. $\left(\sqrt{a}-\frac{1}{\sqrt{a}}\right)^2=\left(a+\frac{1}{a}-2\right)$

$=\left[(5+2\sqrt{6})+(5-2\sqrt{6})-2\right]=8\quad\left[\because\ a=(5+2\sqrt{6})\Rightarrow\frac{1}{a}=(5-2\sqrt{6})\right]$

$\Rightarrow\left(\sqrt{a}-\frac{1}{\sqrt{a}}\right)=\sqrt{8}=2\sqrt{2}.$

48. $(a+b)=\frac{(\sqrt{5}+1)^2+(\sqrt{5}-1)^2}{(5-1)}=\frac{2\left[(\sqrt{5})^2+1^2\right]}{4}=3,$

$(a-b)=\frac{(\sqrt{5}+1)^2-(\sqrt{5}-1)^2}{(5-1)}=\frac{4\times\sqrt{5}\times1}{4}=\sqrt{5}$ तथा $ab=1$.

$\frac{(a^2+ab+b^2)}{(a^2-ab+b^2)}=\frac{(a+b)^2-ab}{(a-b)^2+ab}=\frac{(3)^2-1}{(\sqrt{5})^2+1}=\frac{9-1}{5+1}=\frac{8}{6}=\frac{4}{3}=1\cdot33.$

49. प्रत्येक पंक्ति में पौधों की संख्या $=\sqrt{17956}=134.$

50. स्पष्ट है कि $(30)^2<920<(31)^2$

जोड़े जानी वाली संख्या $=(31)^2-920=(961-920)=41.$

51.

```
   7 | 54 91 62 ( 741
     | 49
 144 |  591
     |  576
1481 |   1562
     |   1481
     |     81
```

∴ घटाई जाने वाली संख्या = 81

52. 5 अंकों की बड़ी से बड़ी संख्या = 99999.

```
  3 | 9 99 99 (316
    | 9
 61 |  99
    |  61
626 |  3899
    |  3756
    |   143
```

अभीष्ट संख्या = (99999 – 143) = 99856.

53. 6 अंकों की छोटी से छोटी संख्या = 100000.

```
  3 | 10 00 00 ( 316
    |  9
 61 | 100
    |  61
626 |  3900
    |  3756
    |   144
```

अभीष्ट संख्या $=(317)^2=100489.$

54. $294=2\times3\times7\times7$

अभीष्ट पूर्ण वर्ग $=(2\times3\times7\times7)\times2\times3$

अतः पूर्ण वर्ग बनाने के लिए इसे 6 से गुणा करना होगा.

55. $1470=7\times7\times30$

स्पष्ट है कि इसे पूर्ण वर्ग बनाने के लिए 30 से भाग देना होगा.

56. 10, 12, 15, 18 का ल०स०

$=(2\times3\times5\times2\times3)=(2^2\times3^2\times5)$

अभीष्ट संख्या $=(2^2\times3^2\times5^2)=900.$

2	10	12	15	18
3	5	6	15	9
5	5	2	5	3
	1	2	1	3

57.

5	15625
5	3125
5	625
5	125
5	25
	5

$\therefore 15625 = (5^3 \times 5^3)$

$\Rightarrow \sqrt[3]{15625} = (5 \times 5) = 25.$

58.

3	328509
3	109503
3	36501
23	12167
23	529
	23

$\therefore 328509 = [3^3 \times (23)^3]$

$\Rightarrow \sqrt[3]{328509} = (3 \times 23) = 69.$

59. $\sqrt[3]{4\frac{12}{125}} = \sqrt[3]{\frac{512}{125}} = \sqrt[3]{\frac{8\times8\times8}{5\times5\times5}} = \frac{8}{5} = 1\cdot6.$

60. $\sqrt[3]{\cdot000216} = \sqrt[3]{\frac{216}{10^6}} = \frac{6}{10^2} = \frac{6}{100} = \cdot06.$

61. दिया गया व्यंजक $= \sqrt[3]{(13\cdot608+13\cdot392)\,(13\cdot608-13\cdot392)}$

$= \sqrt[3]{27\times0\cdot216} = \sqrt[3]{\frac{27\times216}{1000}} = \frac{3\times6}{10} = \frac{18}{10} = 1\cdot8.$

62. $\sqrt{\cdot000729} = \sqrt{\frac{729}{10^6}} = \frac{27}{10^3} = \frac{27}{1000} = \cdot027.$ $\sqrt[3]{\cdot027} = \sqrt[3]{\frac{27}{1000}} = \frac{3}{10} = 0\cdot3.$

$\sqrt[3]{\cdot008} = \sqrt[3]{\frac{8}{1000}} = \frac{2}{10} = 0\cdot2.$

दिया गया व्यंजक $= 0\cdot3 + 0\cdot2 = 0\cdot5.$

63.

7	1029
7	147
7	21
	3

$\therefore 1029 = (7^3 \times 3^1).$

इसे पूर्ण घन बनाने हेतु 3^2 अर्थात 9 से गुणा करना होगा।

64. $3600 = 5^2 \times 2^3 \times 3^2 \times 2$

पूर्ण घन बनाने के लिए इसे

$(5^2 \times 3^2 \times 2) = 450$ से भाग देना होगा।

5	3600
5	720
2	144
2	72
2	36
2	18
3	9
	3

65. 120 तथा 300 के बीच पूर्ण वर्ग संख्यायें हैं $(11)^2, (12)^2, (13)^2, (14)^2, (15)^2, (16)^2$ तथा $(17)^2$ जिनकी संख्या 7 है.

प्रश्नमाला 5B

1. यदि $\sqrt{2} = 1\cdot4142$ हो, तो $\frac{23}{(5+\sqrt{2})}$ का मान दशमलव के चार स्थानों तक ज्ञात कीजिए.

2. यदि $\sqrt{3} = 1\cdot732$ तथा $\sqrt{5} = 2\cdot236$ हो, तो $\sqrt{8+2\sqrt{15}}$ का मान ज्ञात कीजिए.

3. $\left\{\sqrt{28+10\sqrt{3}} - \frac{1}{\sqrt{7-4\sqrt{3}}}\right\}$ का मान ज्ञात कीजिए. **(एस०एस०सी० परीक्षा, 2009)**

4. यदि $\sqrt{3}=1\cdot732$ हो, तो $\left(\dfrac{2-\sqrt{3}}{2+\sqrt{3}}\right)$ का वर्गमूल ज्ञात कीजिए. **(एस०एस०सी० परीक्षा, 2008)**

5. यदि $a=\dfrac{\sqrt{3}}{2}$ हो, तो $\left(\sqrt{1+a}+\sqrt{1-a}\right)$ का मान ज्ञात कीजिए. **(एस०एस०सी० परीक्षा, 2007)**

6. यदि $x=\dfrac{1}{(2+\sqrt{3})}$ हो, तो $\dfrac{(3x-x^3)}{(1-3x^2)}$ का मान ज्ञात कीजिए. **(एस०एस०सी० परीक्षा, 2009)**

7. निम्नलिखित संख्याओं में से प्रत्येक का वर्गमूल ज्ञात कीजिए :

(*i*) 6889 (*ii*) 120409 (*iii*) 9511056

8. निम्नलिखित संख्याओं में से प्रत्येक का वर्गमूल ज्ञात कीजिए :

(*i*) 106·9156 (*ii*) ·125316 (*iii*) 12·229009

9. निम्नलिखित संख्याओं में से प्रत्येक का वर्गमूल दशमलव के तीन स्थानों तक ज्ञात कीजिए :

(*i*) 427 (*ii*) ·5 (*iii*) ·121

10. वह छोटी से छोटी संख्या ज्ञात करो जो एक पूर्ण वर्ग हो तथा 9, 12, 32 में से प्रत्येक से पूर्णतया विभक्त हो जाये.

11. 6 अंकों की वह बड़ी से बड़ी संख्या ज्ञात करो जो कि पूर्ण वर्ग हो.

12. 4 अंकों की वह छोटी से छोटी संख्या ज्ञात करो जो एक पूर्ण वर्ग हो.

13. 6 अंकों की वह छोटी से छोटी संख्या ज्ञात करो जो एक पूर्ण वर्ग हो.

14. $\sqrt{\dfrac{2}{3}}$ का मान दशमलव के 3 स्थानों तक ज्ञात कीजिए.

उत्तरमाला (प्रश्नमाला 5B)

1. 3·5858 **2.** 3·968 **3.** 3 **4.** 0·268 **5.** $\sqrt{3}$ **6.** 1
7. (*i*) 83 (*ii*) 347 (*iii*) 3084 **8.** (*i*) 10.34 (*ii*) 0.354 (*iii*) 3.497
9. (*i*) 20.663 (*ii*) 0.707 (*iii*) 0.347 **10.** 576 **11.** 998001 **12.** 1024
13. 100489 **14.** 0·816

दिये गए प्रश्नों के हल प्रश्नमाला 5B

1. $$\frac{23}{(5+\sqrt{2})}=\frac{23}{(5+\sqrt{2})}\times\frac{(5-\sqrt{2})}{(5-\sqrt{2})}=\frac{23\times(5-\sqrt{2})}{(25-2)}=(5-\sqrt{2})=(5-1\cdot4142)=3\cdot5858.$$

2. $$\left(8+2\sqrt{15}\right)=5+3+2\times\sqrt{5}\times\sqrt{3}=\left\{\left(\sqrt{5}\right)^2+\left(\sqrt{3}\right)^2+2\times\sqrt{5}\times\sqrt{3}\right\}=\left(\sqrt{5}+\sqrt{3}\right)^2.$$

$$\therefore\ \sqrt{8+2\sqrt{15}}=\left(\sqrt{5}+\sqrt{3}\right)=(2\cdot236+1\cdot732)=3\cdot968.$$

3. $$\sqrt{28+10\sqrt{3}}=\sqrt{28+2\times5\times\sqrt{3}}=\sqrt{25+3+2\times5\times\sqrt{3}}$$
$$=\sqrt{(5)^2+(\sqrt{3})^2+2\times5\times\sqrt{3}}=\sqrt{(5+\sqrt{3})^2}=(5+\sqrt{3}).$$

$$\frac{1}{(7-4\sqrt{3})}=\frac{1}{(7-4\sqrt{3})}\times\frac{(7+4\sqrt{3})}{(49-48)}=(7+4\sqrt{3})$$

$$\therefore\ \frac{1}{\sqrt{7-4\sqrt{3}}}=\sqrt{7+4\sqrt{3}}=\sqrt{7+2\times2\times\sqrt{3}}=\sqrt{4+3+2\times2\times\sqrt{3}}$$
$$=\sqrt{2^2+(\sqrt{3})^2+2\times2\times\sqrt{3}}=\sqrt{(2+\sqrt{3})^2}=(2+\sqrt{3}).$$

$\therefore$ दिया गया व्यंजक $=(5+\sqrt{3})-(2+\sqrt{3})=3.$

4. $\dfrac{(2-\sqrt{3})}{(2+\sqrt{3})}=\dfrac{(2-\sqrt{3})}{(2+\sqrt{3})}\times\dfrac{(2-\sqrt{3})}{(2-\sqrt{3})}=\dfrac{(2-\sqrt{3})^2}{(4-3)}=(2-\sqrt{3})^2.$

$\therefore$ अभीष्ट वर्गमूल $=(2-\sqrt{3})=(2-1\cdot732)=0\cdot268.$

5. माना $x=\left(\sqrt{1+a}+\sqrt{1-a}\right)$. तब,

$x^2=\left(\sqrt{1+a}+\sqrt{1-a}\right)^2=(1+a)+(1-a)+2\sqrt{1+a}\cdot\sqrt{1-a}$

$=2+2\sqrt{1-a^2}=2\left[1+\sqrt{1-a^2}\right]=2\left[1+\sqrt{\left(1-\frac{3}{4}\right)}\right]=2\left[1+\sqrt{\frac{1}{4}}\right]=2\left[1+\frac{1}{2}\right]=\left(2\times\frac{3}{2}\right)=3.$

$\therefore\ x=\sqrt{3}.$

6. $x=\dfrac{1}{(2+\sqrt{3})}\times\dfrac{(2-\sqrt{3})}{(2-\sqrt{3})}=\dfrac{(2-\sqrt{3})}{(4-3)}=(2-\sqrt{3}).$

$\therefore\ x^2=(2-\sqrt{3})^2=(4+3-4\sqrt{3})=(7-4\sqrt{3}).$

तथा $x^3=(x\times x^2)=(2-\sqrt{3})(7-4\sqrt{3})=(14+12-15\sqrt{3})=(26-15\sqrt{3}).$

$\therefore\ \dfrac{(3x-x^3)}{(1-3x^2)}=\dfrac{(6-3\sqrt{3})-(26-15\sqrt{3})}{1-(21-12\sqrt{3})}=\dfrac{-20+12\sqrt{3}}{-20+12\sqrt{3}}=1.$

7. (*i*)

```
   8 | 68 89 ( 83
     | 64
 163 |  489
     |  489
     |   x
```

$\therefore\ \sqrt{6889}=83$

(*ii*)

```
   3 | 12 04 09 ( 347
     |  9
  64 |  304
     |  256
 687 |   4809
     |   4809
     |     x
```

$\therefore\ \sqrt{120409}=347.$

(*iii*)

```
    3 | 9 51 10 56 ( 3084
      | 9
  608 |   5110
      |   4864
 6164 |    24656
      |    24656
      |      x
```

$\therefore\ \sqrt{9511056}=3084$

8. (*i*)

```
    1 | 1 06·91 56 ( 10·34
      | 1
  203 | 0691
      |  609
 2064 |   8256
      |   8256
      |     x
```

$\therefore\ \sqrt{106\cdot9156}=10\cdot34$

(*ii*)

```
   3 | ·12 53 16 ( ·354
     |   9
  65 |  353
     |  325
 704 |   2816
     |   2816
     |     x
```

$\therefore\ \sqrt{\cdot125316}=\cdot354$

(*iii*)

```
    3 | 12·22 90 09 ( 3·497
      |  9
   64 |  322
      |  256
  689 |   6690
      |   6201
 6987 |    48909
      |    48909
      |      x
```

$\therefore\ \sqrt{12\cdot229009}=3\cdot497$

9. (*i*)

```
     2 | 4 27·0000(20·663
       | 4
   406 |   2700
       |   2436
  4126 |    26400
       |    24756
 41323 |     164400
       |     123969
```

$\therefore\ \sqrt{427}=20\cdot663$

(*ii*)

```
    7 | ·5000 ( ·707
      |  49
 1407 |  10000
      |   9849
```

$\therefore\ \sqrt{\cdot5}=\cdot707$

(*iii*)

```
   3 | ·12 10 00 ( ·347
     |   9
  64 |  310
     |  256
 687 |   5400
     |   4809
```

$\therefore\ \sqrt{\cdot121}=\cdot347$

10. 9, 12, 32 का ल०स० $= 3 \times 3 \times 4 \times 4 \times 2$

$= (3^2 \times 4^2 \times 2)$.

अभीष्ट संख्या $= (3^2 \times 4^2 \times 2^2) = 576$.

3	9, 12, 32
4	3, 4, 32
	3, 1, 8

11. 6 अंकों की बड़ी से बड़ी संख्या = 999999.

इसका वर्गमूल लेने पर :

अभीष्ट संख्या

= (999999 – 1998) = 998001.

9	$\overline{99}\,\overline{99}\,\overline{99}$ (999
	81
189	1899
	1701
1989	19899
	17901
	1998

12. 4 अंकों की छोटी से छोटी संख्या = 1000.

इसका वर्गमूल लेने पर :

3	$\overline{10}\,\overline{00}$ (31
	9
61	100
	61
	39

अभीष्ट संख्या $= (32)^2 = 1024$.

13. 6 अंकों की छोटी से छोटी संख्या = 100000.

इसका वर्गमूल लेने पर :

3	$\overline{10}\,\overline{00}\,\overline{00}$ (316
	9
61	100
	61
626	3900
	3756
	144

अभीष्ट संख्या $= (317)^2 = 100489$.

14. $\sqrt{\frac{2}{3}} = \frac{\sqrt{2}}{\sqrt{3}} \times \frac{\sqrt{3}}{\sqrt{3}} = \frac{\sqrt{6}}{3} = \frac{2 \cdot 449}{3} = 0 \cdot 816.$

2	6·0000 (2·449
	4
44	200
	176
484	2400
	1936
4889	46400
	44001

6 औसत (AVERAGE)

सामान्य नियम

1. औसत $= \dfrac{\text{दिये गये परिमाणों का योग}}{\text{परिमाणों की संख्या}}$.

2. माना एक व्यक्ति एक निश्चित दूरी x किमी०/घण्टा की चाल से तथा उतनी ही दूरी y किमी०/घण्टा की चाल से तय करता है. तब,
पूरी यात्रा में औसत चाल $= \dfrac{2xy}{(x+y)}$ किमी०/घण्टा.

3. **समान्तर श्रेढ़ी :** $a, a+d, a+2d, a+3d, ...$ एक समान्तर श्रेढ़ी है जिसमें
प्रथम पद $= a$, सार्वअन्तर $= d$
$\therefore$ nवाँ पद $= T_n = a+(n-1)\,d$.
n पदों का योग $= S_n = \dfrac{n}{2}[2a+(n-1)d]$ तथा $S_n = \dfrac{n}{2}(a+l)$, जहाँ अन्तिम पद $= l$.

4. (*i*) प्रथम n प्राकृत संख्याओं का योग $= (1+2+3+ .... +n) = \dfrac{1}{2}n\,(n+1)$.
(*ii*) प्रथम n विषम प्राकृत संख्याओं का योग $= \{1+3+5+ .... +(2n-1)\} = n^2$.
(*iii*) प्रथम n सम प्राकृत संख्याओं का योग $= \{2+4+6+ .... +2n\} = n\,(n+1)$
(*iv*) प्रथम n प्राकृत संख्याओं के वर्गों का योग
$= \{1^2+2^2+3^2+ .... +n^2\} = \dfrac{1}{6}n\,(n+1)\,(2n+1)$.
(*v*) प्रथम n प्राकृत संख्याओं के घनों का योग
$= (1^3+2^3+3^3+ .... +n^3) = \left\{\dfrac{1}{2}n\,(n+1)\right\}^2$.

साधित उदाहरण

प्रश्न 1. प्रथम 50 प्राकृत संख्याओं का औसत कितना है?

हल : हम जानते हैं कि $(1+2+3+ .... +n) = \dfrac{1}{2}n\,(n+1)$.

$\therefore$ $(1+2+3+ .... +50) = \left(\dfrac{1}{2}\times 50\times 51\right) = 1275$.

अत: अभीष्ट औसत $= \dfrac{1275}{50} = \dfrac{51}{2} = 25\cdot 5$.

प्रश्न 2. 60 तक की सभी विषम प्राकृत संख्याओं का औसत कितना है?

हल : अभीष्ट योग $= (1+3+5+ ...... +59)$.
यह एक समान्तर श्रेढ़ी है जिसमें $a = 1$ तथा $d = 2$.
nवाँ पद $= 59 \Rightarrow a+(n-1)d = 59 \Rightarrow 1+(n-1)\times 2 = 59 \Rightarrow (n-1) = \dfrac{58}{2} = 29 \Rightarrow n = 30$.
$\therefore$ $1+3+5+ ......$ तीस पदों तक $= (30)^2 = 900$.
अत: अभीष्ट औसत $= \dfrac{900}{30} = 30$.

प्रश्न 3. 50 तक की सभी सम प्राकृत संख्याओं का औसत कितना है?

हल : इन संख्याओं का योग $= 2+4+6+8+\ldots\ldots+50$

$$= 2(1+2+3+4+\ldots\ldots+25) = \left(2\times\frac{25\times26}{2}\right) = 25\times26.$$

अभीष्ट औसत $= \frac{25\times26}{25} = 26.$

प्रश्न 4. A, B तथा C की आयु क्रमशः 32 वर्ष, 36 वर्ष तथा 46 वर्ष है. इनकी औसत आयु कितनी है?

हल : A, B तथा C की आयु का योग = (32 + 36 + 46) वर्ष = 114 वर्ष

$\therefore$ इनकी औसत आयु $= \frac{114}{3}$ वर्ष = 38 वर्ष.

प्रश्न 5. एक कक्षा के 31 छात्रों का औसत भार 30 किग्रा० है. यदि अध्यापक का भार भी सम्मिलित कर लिया जाये तो औसत भार में 500 ग्राम की वृद्धि होती है. अध्यापक का भार ज्ञात कीजिए.

हल : 31 छात्रों का कुल भार = (30 × 31) किग्रा० = 930 किग्रा०

(31 छात्र + अध्यापक) का औसत भार = (30 + 0·5) किग्रा० = 30·5 किग्रा०

(31 छात्र + अध्यापक) का कुल भार = (30·5 × 32) किग्रा० = 976 किग्रा०

अध्यापक का भार = (976 – 930) किग्रा० = 46 किग्रा०.

प्रश्न 6. एक नाव के 10 नाविकों में से 56 किग्रा० भार वाले व्यक्ति के स्थान पर नया व्यक्ति आने से औसत भार में 800 ग्राम की वृद्धि हो जाती है. नये नाविक का भार कितना है?

हल : भार में कुल वृद्धि $= \left(\frac{800}{1000}\times10\right)$ किग्रा० = 8 किग्रा०.

अत: नये नाविक का भार = (56 + 8) किग्रा० = 64 किग्रा०.

प्रश्न 7. 11 परिणामों का औसत 50 है. यदि प्रथम छः परिणामों का औसत 49 हो तथा अन्तिम छः का औसत 52 हो, तो छठा परिणाम ज्ञात कीजिए.

हल : 11 परिणामों का कुल परिमाण = (50 × 11) = 550.

प्रथम 6 परिणामों का कुल परिमाण = (49 × 6) = 294.

अन्तिम 6 परिणामों का कुल परिमाण = (52 × 6) = 312.

छठा परिणाम = (294 + 312 – 550) = 56.

प्रश्न 8. किसी वर्ष में एक परिवार के प्रथम 3 माह, अगले 4 माह तथा अन्तिम 5 माह के औसत खर्च क्रमशः ₹ 8400 मासिक, ₹ 10080 मासिक तथा ₹ 10608 मासिक हैं तथा वार्षिक बचत ₹ 8640 है. इस परिवार की औसत मासिक आय कितनी है?

हल : परिवार की 1 वर्ष की कुल आय

= ₹ (8400 × 3 + 10080 × 4 + 10608 × 5 + 8640).

= ₹ (25200 + 40320 + 53040 + 8640) = ₹ 127200.

परिवार की औसत मासिक आय $= ₹\ \frac{127200}{12} = ₹\ 10600.$

प्रश्न 9. किसी सप्ताह सोमवार, मंगलवार तथा बुधवार का औसत तापमान 40°C था; मंगलवार, बुधवार तथा बृहस्पतिवार का औसत तापमान 41°C था. यदि बृहस्पतिवार का तापमान 38°C हो, तो सोमवार का तापमान कितना था?

हल : (M + T + W) का तापमान का योग = (40 × 3) = 120° ...(*i*)

(T + W + Th) का तापमान का योग = (41 × 3) = 123° ...(*ii*)

Th का तापमान = 38°. ...(*iii*)

(*iii*) को (*ii*) में से घटाने पर, (T + W) का योग = (123 – 38) = 85°.

$\therefore$ सोमवार का तापमान = (120 – 85) = 35°.

प्रश्न 10. एक कक्षा के 24 छात्रों में से 6 की औसत ऊँचाई 1 मी० 15 सेमी०, 8 की औसत ऊँचाई 1 मीटर 5 सेमी० तथा शेष छात्रों की औसत ऊँचाई 1 मीटर 11 सेमी० है. इन सभी छात्रों की औसत ऊँचाई कितनी है?

हल : 24 छात्रों की कुल ऊँचाई का योग

$= (6 \times 1\cdot15 + 8 \times 1\cdot05 + 10 \times 1\cdot11)$ मीटर $= (6\cdot90 + 8\cdot40 + 11\cdot10)$ मीटर $= 26\cdot40$ मीटर.

अभीष्ट औसत ऊँचाई $= \frac{26\cdot40}{24}$ मीटर $= 1\cdot10$ मीटर.

प्रश्नमाला 6A

नीचे दिये गये प्रश्नों में से प्रत्येक में ठीक उत्तर को चिन्हांकित (✓) कीजिए :

1. निम्नलिखित संख्याओं का औसत कितना है?
76, 48, 84, 66, 70, 64
(*a*) 72 (*b*) 68 (*c*) 66 (*d*) 64 (*e*) इनमें से कोई नहीं

2. प्रथम 100 धनपूर्णांकों का औसत कितना है? **(एस०एस०सी० परीक्षा, 2010)**
(*a*) 100 (*b*) 51 (*c*) 50·5 (*d*) 49·5

3. प्रथम 9 अभाज्य संख्याओं का औसत कितना है?
(*a*) 9 (*b*) 11 (*c*) $11\frac{2}{9}$ (*d*) $11\frac{1}{9}$

4. प्रथम 10 सम-प्राकृत संख्याओं का औसत कितना है? **(होटल मैनेजमैन्ट परीक्षा, 2009)**
(*a*) 9 (*b*) 10 (*c*) 11 (*d*) 13

5. 100 से कम सभी विषम संख्याओं का औसत कितना है? **(एस०एस०सी० परीक्षा, 2009)**
(*a*) 49 (*b*) 49·5 (*c*) 51 (*d*) 50

6. 3 के प्रथम पाँच गुणजों का औसत कितना है? **(रेलवे परीक्षा, 2009)**
(*a*) 3 (*b*) 9 (*c*) 15 (*d*) 12

7. प्रथम 10 प्राकृत संख्याओं के वर्गों का औसत कितना है? **(एस०एस०सी० परीक्षा, 2010)**
(*a*) 35·5 (*b*) 36 (*c*) 37·5 (*d*) 38·5

8. यदि $25a + 25b = 115$ हो, तो a तथा b का औसत कितना है? **(बैंक पी०ओ० परीक्षा, 2009)**
(*a*) 4·6 (*b*) 2·5 (*c*) 4·5 (*d*) 3·4 (*e*) इनमें से कोई नहीं

9. यदि 7 क्रमागत संख्याओं का औसत 33 हो, तो इनमें से सबसे बड़ी संख्या कौन-सी है? **(एम०बी०ए०, 2008)**
(*a*) 28 (*b*) 30 (*c*) 33 (*d*) 36

10. पाँच क्रमागत समसंख्याओं A, B, C, D तथा E का औसत 66 है. B तथा E का गुणनफल कितना होगा?
(*a*) 4352 (*b*) 4340 (*c*) 4620 (*d*) 4224 (*e*) इनमें से कोई नहीं
(जीवन बीमा निगम परीक्षा, 2007)

11. 5 क्रमागत संख्याओं का औसत x है. यदि अगली दो संख्यायें मिला ली जायें, तो औसत में क्या परिवर्तन होगा?
(*a*) 1 की वृद्धि (*b*) 1·4 की वृद्धि (*c*) 2 की वृद्धि (*d*) अपरिवर्तित रहेगा

12. यदि m संख्याओं का औसत n^2 तथा n संख्याओं का औसत m^2 हो, तो $(m + n)$ संख्याओं का औसत कितना होगा?
(*a*) $\frac{m}{n}$ (*b*) $(m + n)$ (*c*) $(m - n)$ (*d*) mn

13. तीन संख्याओं का औसत 28 है. यदि पहली संख्या दूसरी संख्या की आधी तथा तीसरी संख्या दूसरी संख्या की दुगुनी हो, तो तीसरी संख्या क्या है?
(*a*) 48 (*b*) 36 (*c*) 24 (*d*) 18

14. 5 संख्याओं का औसत 306·4 है. इनमें से पहली दो संख्याओं का औसत 431 तथा अन्तिम दो संख्याओं का औसत 214·5 है. तीसरी संख्या कौन-सी है ? **(बैंक पी०ओ० परीक्षा, 2008)**

(*a*) 108 (*b*) 52 (*c*) 321 (*d*) निर्धारित नहीं किया जा सकता

(*e*) इनमें से कोई नहीं

15. 13 संख्याओं का औसत 68 है. इनमें से प्रथम 7 संख्याओं का औसत 63 है, जबकि अन्तिम 7 संख्याओं का औसत 70 है. सातवीं संख्या क्या है ?

(*a*) 31 (*b*) 47 (*c*) 49 (*d*) 56

16. A तथा B की औसत मासिक आय ₹ 14000, B तथा C की औसत मासिक आय ₹ 15600 और A तथा C की औसत मासिक आय ₹ 14400 है. B की मासिक आय कितनी है ? **(एस०एस०सी० परीक्षा, 2010)**

(*a*) ₹ 12400 (*b*) ₹ 12800 (*c*) ₹ 15200 (*d*) ₹ 16000

17. एक समूह में विद्यार्थियों के औसत अंक 63 हैं. इनमें से 3 के प्राप्तांक 78, 69 तथा 48 हैं. शेष 6 विद्यार्थियों के औसत अंक कितने हैं ? **(बैंक पी०ओ० परीक्षा, 2010)**

(*a*) 63·5 (*b*) 64 (*c*) 63 (*d*) 62·5 (*e*) इनमें से कोई नहीं

18. गणित में 28 छात्रों द्वारा प्राप्त अंकों का औसत 50 था. 8 छात्र विद्यालय छोड़कर चले गये. इससे शेष छात्रों के औसत प्राप्तांक में 5 की वृद्धि हो गई. विद्यालय छोड़कर जाने वाले छात्रों द्वारा प्राप्तांकों का औसत कितना है ?

(*a*) 50·5 (*b*) 37·5 (*c*) 42·5 (*d*) 45

19. किसी कक्षा के विद्यार्थियों का औसत प्राप्तांक 68 है. कक्षा में लड़कियों का औसत प्राप्तांक 80 तथा लड़कों का औसत प्राप्तांक 60 है. कक्षा में कितने प्रतिशत विद्यार्थी लड़के हैं ?

(*a*) 40 (*b*) 60 (*c*) 65 (*d*) 70

20. 4 धनात्मक पूर्णांकों का औसत 72·5 है. इनमें सबसे बड़ा पूर्णांक 117 तथा सबसे छोटा पूर्णांक 15 है. शेष दो पूर्णांकों का अन्तर 12 है. शेष दो में से बड़ा पूर्णांक क्या है ? **(बैंक पी०ओ० परीक्षा, 2006)**

(*a*) 70 (*b*) 73 (*c*) 84 (*d*) ज्ञात नहीं किया जा सकता

(*e*) इनमें से कोई नहीं

21. यदि a तथा b का औसत $\dfrac{\left(a^{n+1}+b^{n+1}\right)}{\left(a^{n}+b^{n}\right)}$ हो, तो $n = ?$

(*a*) 0 (*b*) 1 (*c*) 2 (*d*) 4

22. एक कार की 7 माह की पैट्रोल की औसत मासिक खपत 110 लीटर है. यदि अगले 5 माह की औसत मासिक खपत 86 लीटर हो, तो इस कार की पूरे वर्ष की औसत मासिक खपत कितनी है ?

(*a*) 98 लीटर (*b*) 100 लीटर (*c*) 96 लीटर (*d*) 102 लीटर

23. 4 कमाने वाले सदस्यों के एक परिवार की औसत मासिक आय ₹ 15130 थी. इनमें से एक पुत्री का विवाह हुआ तथा वह घर से विदा हो गई. इससे परिवार की औसत आय घटकर ₹ 14660 हो गई. विवाहित पुत्री की मासिक आय कितनी है ? **(बैंक पी०ओ० परीक्षा, 2009)**

(*a*) ₹ 15350 (*b*) ₹ 12000 (*c*) ₹ 16540 (*d*) निर्धारित नहीं किया जा सकता

24. एक व्यक्ति कार द्वारा नगर A से नगर B तक 63 किमी०/घण्टा की औसत चाल से जाता है तथा 42 किमी०/घण्टा की औसत चाल से वापिस लौटता है. पूरी यात्रा में उसकी औसत चाल कितनी है ?

(*a*) 52·5 किमी०/घण्टा (*b*) 50·4 किमी०/घण्टा (*c*) 51·8 किमी०/घण्टा (*d*) इनमें से कोई नहीं

25. 50 संख्याओं का औसत 36 ज्ञात किया गया. बाद में पता चला कि एक संख्या 48 के स्थान पर 23 ले ली गई. शुद्ध औसत क्या है ? **(एस०एस०सी० परीक्षा, 2003)**

(*a*) 35·2 (*b*) 36·1 (*c*) 36·5 (*d*) 39·1

26. एक थैले में कुल 10 गेंदें है जिनमें से कुछ लाल तथा शेष सफेद हैं. सभी गेंदों का औसत मूल्य ₹ 28 प्रति गेंद है. यदि लाल गेंदों का औसत मूल्य ₹ 25 प्रति गेंद हो तथा सफेद गेंदों का औसत मूल्य ₹ 30 प्रति गेंद हो, तो सफेद गेंदों की संख्या कितनी है ? **(एस०एस०सी० परीक्षा, 2000)**

(*a*) 3 (*b*) 5 (*c*) 6 (*d*) 7

27. एक कम्पनी ने वर्ष के पहले 3 माह में 4000 वस्तुयें प्रति माह बनाई तथा पूरे वर्ष में 4375 वस्तुयें प्रति माह की औसत से बनाई. अगले 9 माह में कितनी औसत वस्तुयें प्रति माह बनाई ?

(*a*) 4500 (*b*) 4600 (*c*) 4680 (*d*) 4710

28. सोमवार से बुधवार तक का औसत तापमान 37°C था तथा मंगलवार से बृहस्पतिवार तक का औसत तापमान 34°C था. यदि बृहस्पतिवार का तापमान सोमवार के तापमान का $\left(\frac{4}{5}\right)$ हो, तो बृहस्पतिवार को तापमान कितना था ? **(मैनेजमैन्ट परीक्षा, 2006)**

(*a*) 34°C (*b*) 35·5°C (*c*) 36°C (*d*) 36·5°C

29. एक कक्षा में 80 बच्चों की औसत आयु 15 वर्ष है. इनमें से 15 बच्चों के एक समूह की औसत आयु 16 वर्ष है तथा कक्षा के दूसरे 25 बच्चों की औसत आयु 14 वर्ष है. कक्षा के शेष बच्चों की औसत आयु कितनी है ?

(*a*) 15·25 वर्ष (*b*) 14 वर्ष (*c*) 14·75 वर्ष (*d*) निर्धारित नहीं किया जा सकता

(*e*) इनमें से कोई नहीं **(बैंक पी०ओ० परीक्षा, 2010)**

30. 36 छात्रों के समूह की औसत आयु 14 वर्ष है. शिक्षक की आयु इनमें सम्मिलित किये जाने पर औसत आयु में 1 वर्ष की वृद्धि हो जाती है. शिक्षक की आयु कितनी है ?

(*a*) 36 वर्ष (*b*) 51 वर्ष (*c*) 31 वर्ष (*d*) ज्ञात नहीं की जा सकती

31. किसी समिति के 10 सदस्यों की औसत आयु आज भी उतनी ही है जितनी यह 2 वर्ष पूर्व थी क्योंकि एक अधिक आयु वाले सदस्य को एक नवयुवक सदस्य द्वारा बदला गया है. पुराने सदस्य की तुलना में नया सदस्य कितना छोटा है ? **(एस०एस०सी० परीक्षा, 2010)**

(*a*) 20 वर्ष (*b*) 15 वर्ष (*c*) 10 वर्ष (*d*) 2 वर्ष

32. किसी क्रिकेट टीम में दो खिलाड़ियों की आयु क्रमशः 17 वर्ष तथा 20 वर्ष है. इनके स्थान पर दो नये खिलाड़ी लेने पर टीम के 11 खिलाड़ियों की औसत आयु 2 महीने कम हो जाती है. नये खिलाड़ियों की औसत आयु कितनी है ?

(*a*) 17 वर्ष 1 मास (*b*) 17 वर्ष 7 मास (*c*) 17 वर्ष 11 मास (*d*) 18 वर्ष 3 मास

33. एक परिवार में पिता तथा माता की औसत आयु 35 वर्ष है. पिता, माता तथा उनके एकमात्र पुत्र की औसत आयु 27 वर्ष है. पुत्र की आयु कितनी है ? **(एस०एस०सी० परीक्षा, 2010)**

(*a*) 12 वर्ष (*b*) 11 वर्ष (*c*) 10·5 वर्ष (*d*) 10 वर्ष

34. राम की वर्तमान आयु उसके पुत्र की वर्तमान आयु से तिगुनी है तथा उसके पिता की आयु का $\frac{2}{5}$ है. तीनों की औसत आयु 46 वर्ष है. राम की वर्तमान आयु तथा उसके पिता की वर्तमान आयु में कितना अन्तर है ?

(*a*) 68 वर्ष (*b*) 58 वर्ष (*c*) 54 वर्ष (*d*) ज्ञात नहीं किया जा सकता

35. एक कक्षा के 40 विद्यार्थियों की औसत आयु 15 वर्ष है. 10 नये विद्यार्थियों के प्रवेश करने के उपरान्त औसत आयु में 0·2 वर्ष की वृद्धि हो जाती है. नये विद्यार्थियों की औसत आयु कितनी है ? **(एस०एस०सी० परीक्षा, 2008)**

(*a*) 15·2 वर्ष (*b*) 16 वर्ष (*c*) 16·2 वर्ष (*d*) 16·4 वर्ष

36. शादी के समय एक औरत तथा उसके पति की औसत आयु 23 वर्ष थी. 5 वर्ष बाद उनके पास 1 वर्ष का बच्चा है. अब सारे परिवार की औसत आयु कितनी है ?

(*a*) 19 वर्ष (*b*) 23 वर्ष (*c*) 28·5 वर्ष (*d*) 29·3 वर्ष

37. 3 लड़कों की औसत आयु 16 वर्ष है. यदि उनकी आयु का अनुपात 4 : 5 : 7 हो, तो सबसे छोटे लड़के की आयु कितनी है ? **(एम०बी०ए० परीक्षा, 2003)**

(*a*) 8 वर्ष (*b*) 9 वर्ष (*c*) 12 वर्ष (*d*) 16 वर्ष

38. एक कक्षा में 45 विद्यार्थी हैं जिनमें से 30 लड़के तथा शेष लड़कियाँ हैं. यदि लड़कियों का औसत भार 45 किग्रा० तथा लड़कों का औसत भार 52 किग्रा० हो, तो सम्पूर्ण कक्षा का औसत भार लगभग कितना है ?

(*a*) 48 किग्रा० (*b*) 49 किग्रा० (*c*) 50 किग्रा० (*d*) 51 किग्रा०

(होटल मैनेजमैन्ट परीक्षा, 2010)

39. आठ लड़कों के समूह में से एक लड़का चला गया तथा 56 किग्रा० भार वाला नया लड़का समूह में सम्मिलित हो गया. इससे समूह के औसत भार में 2·5 किग्रा० की वृद्धि हो गई. नये लड़के का भार कितना है ?

(*a*) 38·5 किग्रा० (*b*) 38 किग्रा० (*c*) 36·5 किग्रा० (*d*) 36 किग्रा०

(रेलवे परीक्षा, 2006)

40. किसी बल्लेबाज ने बारहवीं पारी में 63 रन बनाये जिससे उसके रनों की औसत में 2 रन की वृद्धि हो जाती है. बारहवीं पारी के बाद उसके रनों का औसत कितना है ? **(एस०एस०सी० परीक्षा, 2010)**

(*a*) 41 (*b*) 42 (*c*) 34 (*d*) 35

41. क्रिकेट के एक खिलाड़ी का 10 पारियों का कुछ औसत था. 11वीं पारी में उसने 108 रन बनाये तथा इससे उसकी औसत रन संख्या में 6 की वृद्धि हो गई. अब उसकी औसत रन संख्या कितनी है ?

(*a*) 48 रन (*b*) 52 रन (*c*) 55 रन (*d*) 60 रन

42. 19वीं पारी में 98 रन बनाकर एक क्रिकेट खिलाड़ी की औसत रन संख्या में 4 रनों की वृद्धि हो गई. 19 पारियों के बाद उसकी औसत रन संख्या कितनी थी ?

(*a*) 22 (*b*) 24 (*c*) 26 (*d*) 28

43. एक क्रिकेट मैच में पहले 10 ओवर में रन रेट केवल 3·2 थी. 282 रन के लक्ष्य को पूरा करने हेतू शेष 40 ओवर के लिए रन रेट क्या होनी चाहिए ?

(*a*) 6·25 (*b*) 6·50 (*c*) 6·75 (*d*) 7·00

44. एक बल्लेबाज अपनी 51वीं पूर्ण पारी में कुछ रन बनाता है जिससे उसका औसत 59·6 से बढ़कर 60 हो जाता है. बल्लेबाज द्वारा 51वीं पारी में बनाई गई रनसंख्या कितनी है ?

(*a*) 75 (*b*) 70 (*c*) 100 (*d*) 80

45. एक दिवसीय क्रिकेट टीम के कप्तान ने उसी टीम के शेष अन्य 6 बल्लेबाजों के औसत रनों से 30 रन अधिक बनाये. यदि उस टीम के सभी बल्लेबाजों द्वारा 310 रन बनाये गये हों, तो कप्तान द्वारा कितने रन बनाये गये ?

(*a*) 60 (*b*) 70 (*c*) 50 (*d*) निर्धारित नहीं किया जा सकता

(*e*) इनमें से कोई नहीं **(बैंक पी०ओ० परीक्षा, 2005)**

उत्तरमाला (प्रश्नमाला 6A)

1. (*b*)	**2.** (*c*)	**3.** (*d*)	**4.** (*c*)	**5.** (*d*)	**6.** (*b*)	**7.** (*d*)	**8.** (*e*)	**9.** (*d*)	**10.** (*e*)
11. (*a*)	**12.** (*d*)	**13.** (*a*)	**14.** (*e*)	**15.** (*b*)	**16.** (*c*)	**17.** (*e*)	**18.** (*b*)	**19.** (*b*)	**20.** (*e*)
21. (*a*)	**22.** (*b*)	**23.** (*c*)	**24.** (*b*)	**25.** (*c*)	**26.** (*c*)	**27.** (*a*)	**28.** (*c*)	**29.** (*a*)	**30.** (*b*)
31. (*a*)	**32.** (*b*)	**33.** (*b*)	**34.** (*c*)	**35.** (*b*)	**36.** (*a*)	**37.** (*c*)	**38.** (*c*)	**39.** (*d*)	**40.** (*a*)
41. (*a*)	**42.** (*c*)	**43.** (*a*)	**44.** (*d*)	**45.** (*b*)					

दिये गये प्रश्नों के हल प्रश्नमाला 6A

1. दी गई 6 संख्याओं का योग (76 + 48+ 84 + 66 + 70 + 64) = 408

अभीष्ट औसत $= \frac{408}{6} = 68.$

2. हम जानते हैं कि : $1+2+3+ \ldots.. + n = \frac{1}{2} n\,(n+1).$

$\therefore$ प्रथम 100 धनपूर्णांकों का योग $= \left(\frac{1}{2} \times 100 \times 101\right) = 5050.$ अभीष्ट औसत $= \frac{5050}{100} = \frac{101}{2} = 50 \cdot 5.$

3. प्रथम 9 अभाज्य संख्याओं का औसत $= \frac{1}{9}(2+3+5+7+11+13+17+19+23) = \frac{100}{9} = 11\frac{1}{9}.$

4. अभीष्ट योग $= (2 + 4 + 6 + \ldots.. + 20) = 2\,(1+2+3+ \ldots... +10) = \left(2 \times \frac{1}{2} \times 10 \times 11\right) = 110$

अभीष्ट औसत $= \frac{110}{10} = 11.$

5. अभीष्ट योग = (1 + 3 + 5 + 7 + ... + 99).
माना ये संख्यायें n हैं. तब $a+(n-1)\,d=99$.
$\therefore\ 1+(n-1)\times 2=99 \Rightarrow (n-1)=\frac{98}{2}=49 \Rightarrow n=50.$
इनका योग $=\frac{n}{2}(a+l)=\frac{50}{2}\times(1+99)=(25\times 100)=2500.$
अभीष्ट औसत $=\frac{2500}{50}=50.$

6. अभीष्ट योग = (3 + 6 + 9 + 12 + 15) = 45. अभीष्ट औसत $=\frac{45}{5}=9.$

7. हम जानते हैं कि : $(1^2+2^2+3^2+.....+n^2)=\frac{1}{6}n\,(n+1)\,(2n+1)$
$\therefore\ (1^2+2^2+3^2+.....+10^2)=\left(\frac{1}{6}\times 10\times 11\times 21\right)=385.$ अत: अभीष्ट औसत $=\frac{385}{10}=38\cdot 5.$

8. $25a+25b=115 \Rightarrow 25\,(a+b)=115 \Rightarrow a+b=\frac{115}{25}=\frac{23}{5}.$
a तथा b का औसत $=\frac{1}{2}(a+b)=\left(\frac{1}{2}\times\frac{23}{5}\right)=\frac{23}{10}=2\cdot 3.$

9. माना ये संख्यायें $x, x+1, x+2, x+3, x+4, x+5$ तथा $x+6$ हैं. तब,
इनका योग = $(7x + 21)$.
$\therefore\ \frac{7x+21}{7}=33 \Rightarrow 7x+21=231 \Rightarrow 7x=(231-21)=210 \Rightarrow x=30.$
इनमें से सबसे बड़ी संख्या $(x + 6) = (30 + 6) = 36$.

10. माना $A=x, B=x+2, C=x+4, D=x+6, E=x+8.$
तब इनका औसत $=\frac{x+x+2+x+4+x+6+x+8}{5}=\frac{5x+20}{5}=(x+4).$
$\therefore\ x+4=66 \Rightarrow x=(66-4)=62.$
$(B\times E)=(x+2)\,(x+8)=(62+2)\,(62+8)=(64\times 70)=4480.$

11. माना ये संख्यायें $(x-2), (x-1), x, (x+1)$ तथा $(x+2)$ हैं.
इन 5 संख्याओं का योग $=(x-2)+(x-1)+x+(x+1)+(x+2)=5x.$
इन 5 संख्याओं का औसत $=\frac{5x}{5}=x.$
अगली दो संख्यायें $(x + 3)$ तथा $(x + 4)$ हैं.
इन 7 संख्याओं का औसत $=\frac{5x+(x+3)+(x+4)}{7}=\frac{7x+7}{7}=\frac{7(x+1)}{7}=(x+1).$
$\therefore$ औसत में 1 की वृद्धि होगी.

12. $(m + n)$ संख्याओं का औसत $=\frac{mn^2+nm^2}{m+n}=\frac{m^2n+mn^2}{m+n}=\frac{mn\,(m+n)}{(m+n)}=mn.$

13. माना संख्यायें क्रमश: n, $2n$ तथा $4n$ हैं. तब, $\frac{n+2n+4n}{3}=28 \Rightarrow 7n=84 \Rightarrow n=12.$
$\therefore$ तीसरी संख्या = $4n = (4 \times 12) = 48$.

14. 5 संख्याओं का योग = $(306\cdot 4 \times 5) = 1532$.
पहली 2 संख्याओं का योग = $(431 \times 2) = 862$.
अन्तिम 2 संख्याओं का योग = $(214\cdot 5 \times 2) = 429$.
$\therefore$ तीसरी संख्या = $1532 - (862 + 429) = (1532 - 1291) = 241$.

15. 13 संख्याओं का योग = (68 × 13) = 884.
प्रथम 7 संख्याओं का योग = (63 × 7) = 441.
अन्तिम 7 संख्याओं का योग = (70 × 7) = 490.
सातवीं संख्या = (441 + 490) – 884 = (931 – 884) = 47.

16. ₹ $(A + B)$ = (14000 × 2) = ₹ 28000, $(B + C)$ = ₹ (15600 × 2) = ₹ 31200
तथा $(A + C)$ = ₹ (14400 × 2) = ₹ 28800.
जोड़ने पर : 2 $(A + B + C)$ = ₹ (28000 + 31200 + 28800) = ₹ 88000.

$$\Rightarrow (A+B+C) = ₹\ \frac{88000}{2} = ₹\ 44000$$

$$\Rightarrow B = (A+B+C)-(A+C) = ₹\ (44000-28800) = ₹\ 15200.$$

17. समूह के कुल विद्यार्थियों की संख्या = (3 + 6) = 9.
9 विद्यार्थियों के अंकों का योग = (63 × 9) = 567.
3 विद्यार्थियों के अंकों का योग = (78 + 69 + 48) = 195.
6 विद्यार्थियों के अंकों का योग = (567 – 195) = 372. इनके औसत अंक $= \frac{372}{6} = 62.$

18. 28 छात्रों के कुल प्राप्तांक = (50 × 28) = 1400.
20 छात्रों के औसत प्राप्तांक = (50 + 5) = 55.
20 छात्रों के कुल प्राप्तांक (55 × 20) = 1100.
शेष 8 छात्रों के कुल प्राप्तांक = (1400 – 1100) = 300.
इन 8 छात्रों के औसत प्राप्तांक $= \frac{300}{8} = 37\cdot5.$

19. माना कक्षा में x लड़के तथा $(100 - x)$ लड़कियाँ हैं.
कक्षा के 100 विद्यार्थियों के कुल प्राप्तांक = (68 × 100) = 6800.
x लड़कों के कुल प्राप्तांक = $(x \times 60) = 60x$.
$(100 - x)$ लड़कियों के कुल प्राप्तांक = $(100 - x) \times 80 = (8000 - 80x)$.
$\therefore\ 60x + (8000 - 80x) = 6800 \Rightarrow 20x = (8000 - 6800) = 1200 \Rightarrow x = 60.$
अत: कक्षा में 60% विद्यार्थी लड़के हैं.

20. 4 पूर्णांकों का कुल योग = (72·5 × 4) = 290.
माना बड़ा पूर्णांक = x. तब, छोटा पूर्णांक = $(x - 12)$.
$117 + x + (x-12) + 15 = 290 \Rightarrow 2x + 120 = 290 \Rightarrow 2x = 170 \Rightarrow x = 85.$ अभीष्ट पूर्णांक = 85.

21. $$\frac{\left(a^{n+1}+b^{n+1}\right)}{(a^n+b^n)} = \frac{(a+b)}{2} \Rightarrow 2a^{n+1} + 2b^{n+1} = a^{n+1} + b^{n+1} + a^n b + ab^n$$

$$\Rightarrow a^{n+1} - a^n b = ab^n - b^{n+1} \Rightarrow a^n(a-b) = (a-b)\,b^n \Rightarrow a^n = b^n \Rightarrow n = 0.$$

22. 12 माह की कुल खपत = (110 × 7 + 86 × 5) लीटर = (770 + 430) लीटर = 1200 लीटर
पूरे वर्ष की औसत मासिक खपत $= \frac{1200}{12}$ लीटर = 100 लीटर.

23. 4 सदस्यों की कुल मासिक आय = ₹ (15130 × 4) = ₹ 60520.
3 सदस्यों की कुल मासिक आय = ₹ (14660 × 3) = ₹ 43980.
विवाहित पुत्री की मासिक आय = ₹ (60520 – 43980) = ₹ 16540.

24. यहाँ $x = 63$ तथा $y = 42$.
$\therefore$ औसत चाल $= \frac{2xy}{(x+y)}$ किमी०/घण्टा $= \frac{2\times63\times42}{(63+42)}$ किमी०/घण्टा

$= \frac{2\times63\times42}{105}$ किमी०/घण्टा $= \frac{252}{5}$ किमी०/घण्टा = 50·4 किमी०/घण्टा.

25. दी गई 50 संख्याओं का कुल योग = (36 × 50) = 1800.
इन 50 संख्याओं का सही योग = (1800 + 48 – 23) = 1825.
सही औसत $= \frac{1825}{50} = \frac{73}{2} = 36 \cdot 5.$

26. माना सफेद गेंदों की संख्या = x. तब, लाल गेंदों की संख्या = $(10 - x)$.
$30x + 25(10 - x) = 10 \times 28 \Rightarrow 5x = 30 \Rightarrow x = 6.$
अत: सफेद गेंदों की संख्या = 6.

27. 3 माह में बनी कुल वस्तुओं की संख्या = (4000 × 3) = 12000.
12 माह में बनी कुल वस्तुओं की संख्या = (4375 × 12) = 52500.
शेष 9 माह में बनी कुल वस्तुओं की संख्या = (52500 – 12000) = 40500.
अभीष्ट औसत $= \frac{40500}{9} = 4500.$

28. $(M + T + W)$ का कुल तापमान = (37 × 3)°C = 111°C. ...(*i*)
$(T + W + Th)$ का कुल तापमान = (34 × 3)°C = 102°C ...(*ii*)
$Th = \frac{4}{5}M \Rightarrow \frac{4}{5}M + T + W = 102$ ...(*iii*)
(*i*) में से (*iii*) घटाने पर $\frac{1}{5}M = 9 \Rightarrow M = 45.$ $\therefore$ $\boldsymbol{Th} = \left(\frac{4}{5} \times 45\right) = 36.$
अत: बृहस्पतिवार का तापमान = 36°C.

29. कक्षा के 80 बच्चों की आयु का योग = (15 × 80) वर्ष = 1200 वर्ष.
कक्षा के 15 बच्चों की आयु का योग = (16 × 15) वर्ष = 240 वर्ष.
कक्षा के 25 बच्चों की आयु का योग = (14 × 25) वर्ष = 350 वर्ष.
कक्षा के शेष 40 बच्चों की आयु का योग = [1200 – (240 + 350)] वर्ष = (1200 – 590) वर्ष = 610 वर्ष.
इन बच्चों की औसत आयु $= \frac{610}{40}$ वर्ष $= \frac{61}{4}$ वर्ष = 15·25 वर्ष.

30. 36 छात्रों की आयु का योग = (14 × 36) वर्ष = 504 वर्ष.
(36 छात्रों + अध्यापक) की औसत आयु = (14 +1) वर्ष = 15 वर्ष.
(36 छात्रों + अध्यापक) की आयु का योग = (15 × 37) वर्ष = 555 वर्ष.
अध्यापक की आयु = (555 – 504) वर्ष = 51 वर्ष.

31. 2 वर्ष में कुल आयु में वृद्धि = (2 × 10) वर्ष = 20 वर्ष $\therefore$ नया सदस्य पुराने सदस्य से 20 वर्ष छोटा है.

32. 11 खिलाडियों की कुल आयु में कमी = (2 × 11) मास = 22 मास $= \frac{22}{12}$ वर्ष.
नये 2 खिलाड़ियों की कुल आयु $= \left(17 + 20 - \frac{22}{12}\right)$ वर्ष $= \left(37 - \frac{11}{6}\right)$ वर्ष $= \frac{211}{6}$ वर्ष
नये 2 खिलाड़ियों की औसत आयु $= \left(\frac{1}{2} \times \frac{211}{6}\right)$ वर्ष $= \frac{211}{12}$ वर्ष = 17 वर्ष 7 मास.

33. पिता तथा माता की आयु का योग = (35 × 2) वर्ष = 70 वर्ष.
पिता, माता तथा बच्चे की आयु का योग = (27 × 3) वर्ष = 81 वर्ष.
बच्चे की आयु = (81 – 70) वर्ष = 11 वर्ष.

34. माना राम के पुत्र की आयु = x वर्ष. तब, राम की आयु = $3x$ वर्ष.
राम की आयु $= \frac{2}{5} \times$ (राम के पिता की आयु).
$\therefore$ राम के पिता की आयु $= \frac{5}{2} \times$ (राम की आयु) $= \left(\frac{5}{2} \times 3x\right)$ वर्ष $= \frac{15x}{2}$ वर्ष.

तीनों की आयु का योग = (46 × 3) वर्ष = 138 वर्ष.

$\therefore\ x+3x+\frac{15x}{2}=138 \Rightarrow 2x+6x+15x=276 \Rightarrow 23x=276 \Rightarrow x=\frac{276}{23}=12.$

राम तथा उसके पिता की वर्तमान आयु में अन्तर $=\left(\frac{15x}{2}-3x\right)$ वर्ष $=\frac{9x}{2}$ वर्ष $=\left(\frac{9}{2}\times 12\right)$ वर्ष = 54 वर्ष.

35. 40 विद्यार्थियों की औसत आयु = 15 वर्ष

40 विद्यार्थियों की कुल आयु = (15 × 40) वर्ष = 600 वर्ष.

50 विद्यार्थियों की औसत आयु = (15 + 0·2) वर्ष = 15·2 वर्ष.

50 विद्यार्थियों की कुल आयु = (15·2 × 50) वर्ष = 760 वर्ष.

10 नये विद्यार्थियों की कुल आयु = (760 – 600) वर्ष = 160 वर्ष.

इन विद्यार्थियों की औसत आयु $=\frac{160}{10}$ वर्ष = 16 वर्ष.

36. शादी के समय औरत तथा उसके पति की कुल आयु = (23 × 2) वर्ष = 46 वर्ष.

5 वर्ष बाद तीनों की आयु का योग = (46 + 5 + 5 + 1) वर्ष = 57 वर्ष

अभीष्ट औसत आयु $=\frac{57}{3}$ वर्ष = 19 वर्ष.

37. 3 लड़कों की कुल आयु = (16 × 3) वर्ष = 48 वर्ष. इनकी आयु का अनुपात = 4 : 5 : 7.

सबसे छोटे लड़के की आयु $=\left(48\times\frac{4}{16}\right)$ वर्ष = 12 वर्ष.

38. लड़कियों की संख्या = (45 – 30) = 15.

लड़कों का कुल भार = (52 × 30) किग्रा० = 1560 किग्रा०.

लड़कियों का कुल भार = (45 × 15) किग्रा० = 675 किग्रा०.

45 विद्यार्थियों का कुल भार = (1560 + 675) किग्रा० = 2235 किग्रा०.

सम्पूर्ण कक्षा का औसत भार $=\frac{2235}{45}$ किग्रा० = 49·67 किग्रा० = 50 किग्रा० लगभग.

39. भार में कुल वृद्धि = (8 × 2·5) किग्रा० = 20 किग्रा०.

जाने वाले लड़के का भार = (56 – 20) किग्रा० = 36 किग्रा०.

40. माना 11 पारियों के बाद औसत रन संख्या = x. तब, 12 पारियों के बाद औसत रन संख्या = $(x + 2)$.

$\therefore\ 12(x+2)-11x=63 \Rightarrow 12x-11x=63-24 \Rightarrow x=39.$

12 परियों के बाद औसत रन संख्या = $(x + 2)$ = (39 + 2) = 41.

41. माना 11 पारियों की औसत रन संख्या = x. तब 10 पारियों की औसत रन संख्या = $(x – 6)$.

$\therefore\ 11x - 10(x - 6) = 108 \Rightarrow x = 48.$

42. माना 19 पारियों की औसत रन संख्या = x. तब 18 पारियों की औसत रन संख्या = $(x – 4)$.

$19x-18(x-4)=98 \Rightarrow x=(98-72)=26.$

$\therefore$ अभीष्ट औसत रन संख्या = 26.

43. 10 ओवर में बने रनों की संख्या = (3·2 × 10) = 32.

अगले 40 ओवर में बनाये जाने वाले रनों की संख्या = 282 – 32 = 250.

अगले 40 ओवर के लिए रन-रेट $=\frac{250}{40}=6\cdot 25.$

44. 51वीं पारी में बने रनों की संख्या = (60 × 51) – (59·6 × 50) = (3060 – 2980) = 80.

45. माना अन्य 6 बल्लेबाजों की औसत रन संख्या = x. तब कप्तान द्वारा बनाये गये रन = $(x + 30)$.

$\therefore\ (x+30)+6x=310 \Rightarrow 7x=280 \Rightarrow x=40.$

अतः कप्तान द्वारा बनाये गये रनों की संख्या = (40 + 30) = 70.

प्रश्नमाला 6B

1. एक कस्बे की जनसंख्या में स्त्रियों तथा पुरुषों का अनुपात 11 : 10 है. यदि स्त्रियों की औसत आयु 34 वर्ष हो तथा पुरुषों की औसत आयु 32 वर्ष हो, तो सारी जनसंख्या की औसत आयु कितनी है? **(एस०एस०सी० परीक्षा, 2009)**
2. एक क्रिकेट खिलाड़ी की 40 पारियों की औसत रनसंख्या 50 है. उसकी उच्चतम रनसंख्या न्यूनतम रनसंख्या से 172 अधिक है. इन दो पारियों को छोड़कर शेष 38 पारियों की औसत रनसंख्या 48 है. उसकी उच्चतम रनसंख्या कितनी रही? **(एस०एस०सी० परीक्षा, 2008)**
3. पाँच क्रमागत धनात्मक पूर्णांकों के वर्गों का औसत 66 है. इन पूर्णांकों का औसत क्या होगा? **(एस०एस०सी० परीक्षा, 2008)**
4. 10 वर्ष पूर्व एक परिवार के 4 सदस्यों की औसत आयु 24 वर्ष थी. इसी अन्तराल में दो बच्चे पैदा हो जाने से आज भी परिवार की औसत आयु वही है. यदि इन दो बच्चों की आयु में 2 वर्ष का अन्तर हो, तो छोटे बच्चे की आयु कितनी है? **(एस०एस०सी० परीक्षा, 2007)**
5. एक कक्षा में 50 छात्र हैं. एक 40 किग्रा० भार वाला छात्र विद्यालय छोड़कर चला जाता है तथा उसके स्थान पर एक नया विद्यार्थी प्रवेश लेता है. इससे औसत भार में 100 ग्राम की कमी हो जाती है. नये विद्यार्थी का भार कितना है? **(एस०एस०सी० परीक्षा, 2006)**
6. A तथा B की औसत आयु 20 वर्ष है; B तथा C की औसत आयु 19 वर्ष है तथा A और C की औसत आयु 21 वर्ष है. A, B तथा C में से प्रत्येक की आयु ज्ञात कीजिए. **(एस०एस०सी० परीक्षा, 2006)**
7. 25 विद्यार्थियों का औसत भार 28·8 किग्रा० है. एक नये विद्यार्थी के प्रवेश लेने पर औसत भार में 300 ग्राम की कमी आ जाती है. नये विद्यार्थी का भार ज्ञात कीजिए.
8. एक क्रिकेट खिलाड़ी की 40 पारियों की औसत रन संख्या 50 है. किसी पारी में उस खिलाड़ी द्वारा प्राप्त अधिकतम एवं किसी एक पारी में उसके द्वारा प्राप्त न्यूनतम रन संख्याओं का अन्तर 172 है. यदि ये दो पारियाँ छोड़ दी जायें तो शेष 38 पारियों की औसत रन संख्या 48 है. उस खिलाड़ी द्वारा किसी पारी में प्राप्त अधिकतम रन संख्या ज्ञात कीजिए. **(एस०एस०सी० परीक्षा, 2003)**
9. कुछ व्यक्तियों के एक समूह में व्यापारियों का वर्ग A तथा नौकरी करने वालों का वर्ग B है. पूरे समूह की औसत आयु 27 वर्ष है. यदि वर्ग A के व्यक्तियों की औसत आयु 34 वर्ष तथा वर्ग B के व्यक्तियों की औसत आयु 24 वर्ष हो, तो पूरे समूह में व्यापारियों तथा नौकरी करने वालों में से प्रत्येक का प्रतिशत ज्ञात कीजिए.
10. 8 परिणामों का औसत 20 है. इनमें से प्रथम दो का औसत $15\frac{1}{2}$ तथा अगले तीन परिणामों का औसत $21\frac{1}{3}$ है. यदि छठा परिणाम सातवें से 4 कम तथा आठवें से 7 कम हो, तो अन्तिम परिणाम क्या है?
11. चार भिन्न-भिन्न प्राकृत संख्यायें दी गई हैं. इनमें से तीन संख्याओं के औसत में चौथी संख्या जोड़ने पर क्रमशः 36, 34, 30 तथा 32 प्राप्त होते हैं. ये संख्यायें ज्ञात कीजिए. **(एस०एस०सी० परीक्षा, 2009)**

उत्तरमाला (प्रश्नमाला 6B)

1. 33·05 वर्ष **2.** 174 **3.** 8 **4.** 3 वर्ष **5.** 35 किग्रा०
6. 22 वर्ष, 18 वर्ष, 20 वर्ष **7.** 21 किग्रा० **8.** 174 **9.** 30%, 70%
10. 25 **11.** $a = 15, b = 12, c = 18, d = 21$

दिये गए प्रश्नों के हल प्रश्नमाला 6B

1. माना स्त्रियों की संख्या = $11x$ तथा पुरुषों की संख्या = $10x$. तब,

सारी जनसंख्या की औसत आयु $= \frac{(34\times 11x)+(32\times 10x)}{(11x+10x)} = \frac{(374x+320x)}{21x} = \frac{694x}{21x} = 33\cdot 05$ वर्ष.

2. माना उच्चतम रन संख्या = x तब न्यूनतम रन संख्या = $(x - 172)$.

$(48\times 38) + x + (x-172) = (40\times 50)$

$\Rightarrow 1824 + 2x - 172 = 2000 \Rightarrow 2x = (2172-1824) = 348 \Rightarrow x = 174.$ $\therefore$ उच्चतम रन संख्या = 174.

3. माना पाँच क्रमागत धनात्मक पूर्णांक $x, (x+1), (x+2), (x+3)$ तथा $(x+4)$ हैं. तब

$x^2+(x+1)^2+(x+2)^2+(x+3)^2+(x+4)^2=(66\times5)$

$\Rightarrow 5x^2+(2x+4x+6x+8x)+(1+4+9+16)=330$

$\Rightarrow 5x^2+20x=300 \Rightarrow x^2+4x-60=0 \Rightarrow (x+10)(x-6)=0 \Rightarrow x=6.$

अभीष्ट औसत $=\dfrac{x+(x+1)+(x+2)+(x+3)+(x+4)}{5}=\dfrac{(5x+10)}{5}=\dfrac{(5\times6+10)}{5}=\dfrac{40}{5}=8.$

4. 10 वर्ष पहले 4 सदस्यों की कुल आयु का योग = (24 × 4) वर्ष = 96 वर्ष.

इन 4 सदस्यों की वर्तमान आयु का योग = (96 + 10 × 4) वर्ष = 136 वर्ष.

अब 6 सदस्यों की आयु का कुल योग = (24 × 6) वर्ष = 144 वर्ष

दो बच्चों की आयु का कुल योग = (144 – 136) वर्ष = 8 वर्ष.

माना नये बच्चों की आयु क्रमशः x वर्ष तथा $(x + 2)$ वर्ष है.

$\therefore\ x+(x+2)=8 \Rightarrow 2x=6 \Rightarrow x=3.$

इनमें से छोटे बच्चे की आयु = 3 वर्ष.

5. 50 छात्रों के औसत भार में कमी = 100 ग्राम प्रति छात्र.

50 छात्रों के कुल भार में कमी $=(100\times50)$ ग्राम $=\left(\dfrac{100\times50}{1000}\right)$ किग्रा० = 5 किग्रा०.

जाने वाले विद्यार्थी का भार = 40 किग्रा०.

नये विद्यार्थी का भार = (40 – 5) किग्रा० = 35 किग्रा०.

6. A तथा B की कुल आयु = (20 × 2) वर्ष = 40 वर्ष.

B तथा C की कुल आयु = (19 × 2) वर्ष = 38 वर्ष.

A तथा C की कुल आयु = (21 × 2) वर्ष = 42 वर्ष.

$2(A + B + C)$ की कुल आयु = (40 + 38 + 42) वर्ष = 120 वर्ष.

$\therefore\ (A+B+C)$ की कुल आयु $=\dfrac{120}{2}$ वर्ष = 60 वर्ष.

अतः C की आयु = (60 – 40) वर्ष = 20 वर्ष; A की आयु = (60 – 38) वर्ष = 22 वर्ष;

B की आयु = (60 – 42) वर्ष = 18 वर्ष.

7. 25 विद्यार्थियों का औसत भार = 28·800 किग्रा०.

25 विद्यार्थियों का कुल भार = (28·8 × 25) किग्रा०. = 720 किग्रा०.

26 विद्यार्थियों का औसत भार = (28·500 – 0·300) किग्रा०. = 28·500 किग्रा०.

26 विद्यार्थियों का कुल भार = (28·500 × 26) किग्रा०. = 741 किग्रा०.

नये विद्यार्थी का भार = (741 – 720) किग्रा०. = 21 किग्रा०.

8. माना अधिकतम रन संख्या = x. तब, न्यूनतम रन संख्या = $(x – 172)$.

38 पारियों की औसत रन संख्या = 48.

38 पारियों की कुल रन संख्या = (48 × 38) = 1824.

40 पारियों की कुल रन संख्या = $1824 + x + (x – 172) = (2x + 1652)$.

40 पारियों की औसत रन संख्या = 50.

$\therefore$ 40 पारियों की कुल रन संख्या = (50 × 40) = 2000.

अतः $2x+1652=2000 \Rightarrow 2x=(2000-1652)=348 \Rightarrow x=\dfrac{348}{2}=174$.

अतः अभीष्ट रन संख्या = 174.

9. माना वर्ग A में व्यक्तियों की संख्या = x.

तब, वर्ग B में व्यक्तियों की संख्या = $(100 – x)$.

वर्ग A में व्यक्तियों की औसत आयु = 34 वर्ष.

वर्ग A में व्यक्तियों की कुल आयु = $(34x)$ वर्ष.
वर्ग B में व्यक्तियों की औसत आयु = 24 वर्ष.
वर्ग B में व्यक्तियों की कुल आयु = $[24 \times (100 - x)]$ वर्ष.
पूरे समूह की कुल आयु = (27×100) वर्ष.
$\therefore\ 34x + 24\,(100 - x) = 2700 \Rightarrow (34x - 24x) = (2700 - 2400) \Rightarrow 10x = 300 \Rightarrow x = 30.$
$\therefore$ व्यापारियों का प्रतिशत = 30%.
नौकरी वालों का प्रतिशत = (100 – 30)% = 70%.

10. 8 परिणामों का औसत = 20.
8 परिणामों का कुल परिमाण = $(20 \times 8) = 160$
प्रथम दो परिणामों का औसत $= \left(\frac{31}{2}\right)$. प्रथम दो परिणामों का कुल परिमाण $= \left(\frac{31}{2} \times 2\right) = 31.$
अगले 3 परिणामों का औसत $= \left(\frac{64}{3}\right)$. अगले 3 परिणामों का कुल परिमाण $= \left(\frac{64}{3} \times 3\right) = 64.$
माना 8वाँ परिणाम = x. तब, छठा परिणाम = $(x - 7)$.
7वाँ परिणाम = $(x - 7 + 4) = (x - 3)$.
$\therefore\ 31 + 64 + x + (x - 7) + (x - 3) = 160 \Rightarrow 3x + 85 = 160 \Rightarrow 3x = 75 \Rightarrow x = 25.$
अत: 8वाँ परिणाम = 25.

11. माना अभीष्ट संख्यायें a, b, c, d हैं. तब

$$\frac{a+b+c}{3} + d = 36 \Rightarrow a+b+c+3d = 108 \qquad \ldots(i)$$

$$\frac{a+b+d}{3} + c = 34 \Rightarrow a+b+3c+d = 102 \qquad \ldots(ii)$$

$$\frac{a+c+d}{3} + b = 30 \Rightarrow a+3b+c+d = 90 \qquad \ldots(iii)$$

$$\frac{b+c+d}{3} + a = 32 \Rightarrow 3a+b+c+d = 96 \qquad \ldots(iv)$$

सभी समीकरणों को जोड़ने पर $6(a+b+c+d) = 396 \Rightarrow (a+b+c+d) = 66 \qquad \ldots(v)$
(i) में से (v) घटाने पर $2d = (108 - 66) = 42 \Rightarrow d = 21.$
(ii) में से (v) घटाने पर $2c = (102 - 66) = 36 \Rightarrow c = 18.$
(iii) में से (v) घटाने पर $2b = (90 - 66) = 24 \Rightarrow b = 12.$
(iv) में से (v) घटाने पर $2a = (96 - 66) = 30 \Rightarrow a = 15.$
अत: $a = 15, b = 12, c = 18, d = 21.$

7 संख्याओं पर आधारित प्रश्न (PROBLEMS ON NUMBERS)

साधित उदाहरण

प्रश्न 1. एक संख्या 54 से उतनी अधिक है जितनी 82 से कम. संख्या ज्ञात कीजिए.

हल : माना अभीष्ट संख्या = x. तब,

$x-54=82-x \Rightarrow 2x=(82+54)=136 \Rightarrow x=68.$

अभीष्ट संख्या = 68.

प्रश्न 2. किसी संख्या के 60% में 40 जोड़ने पर संख्या का 80% प्राप्त होता है. वह संख्या क्या है?

हल : माना अभीष्ट संख्या = x. तब,

$(x$ का $60\%)+40=(x$ का $80\%) \Rightarrow \left(x\times\frac{60}{100}\right)+40=\left(x\times\frac{80}{100}\right) \Rightarrow \frac{4x}{5}-\frac{3x}{5}=40$

$\Rightarrow \frac{x}{5}=40 \Rightarrow x=200.$ अभीष्ट संख्या = 200.

प्रश्न 3. एक संख्या के तीन-चौथाई का $\frac{2}{5}$ यदि 204 हो, तो संख्या क्या है?

हल : माना अभीष्ट संख्या = x. तब,

x का $\frac{3}{4}$ का $\frac{2}{5}=204 \Rightarrow x$ का $\frac{3}{10}=204 \Rightarrow x=\left(204\times\frac{10}{3}\right)=680.$ अभीष्ट संख्या = 680.

प्रश्न 4. दो अंकों से बनी संख्या अपने अंकों के योग का 7 गुना है. अंक पलटने से प्राप्त संख्या मूल संख्या से 18 कम है. वह संख्या क्या है?

हल : माना दहाई अंक = x तथा इकाई अंक = y.

$10x+y=7(x+y) \Rightarrow 3x-6y=0 \Rightarrow x=2y$ ...(i)

$(10x+y)-(10y+x)=18 \Rightarrow 9(x-y)=18 \Rightarrow x-y=2$ ...(ii)

$\therefore\ 2y-y=2 \Rightarrow y=2$ तथा $x=4$.

$\therefore$ दहाई अंक = 4 तथा इकाई अंक = 2. अत: अभीष्ट संख्या = 42.

प्रश्न 5. किसी भिन्न के अंश तथा हर में से प्रत्येक में 1 जोड़ने पर $\frac{2}{3}$ प्राप्त होता है. इस भिन्न के अंश तथा हर प्रत्येक में से 1 घटाने पर $\frac{1}{2}$ प्राप्त होता है. वह भिन्न ज्ञात कीजिए.

हल : माना अभीष्ट भिन्न = $\frac{a}{b}$. तब

$\frac{a+1}{b+1}=\frac{2}{3} \Rightarrow 3a+3=2b+2 \Rightarrow 3a-2b=-1$ ...(i)

तथा $\frac{a-1}{b-1}=\frac{1}{2} \Rightarrow 2a-2=b-1 \Rightarrow 2a-b=1$ ...(ii)

(ii) को 2 से गुणा करके (i) में से घटाने पर : $(3a-2b)-2(2a-b)=-1-2 \Rightarrow -a=-3 \Rightarrow a=3.$

(i) में $a=3$ रखने पर $9-2b=-1 \Rightarrow 2b=10 \Rightarrow b=5.$

अभीष्ट भिन्न = $\frac{3}{5}$.

प्रश्न 6. एक भिन्न के अंश में 25% वृद्धि तथा हर में 20% कमी करने पर प्राप्त भिन्न $\frac{5}{8}$ है. मूल भिन्न क्या है?

हल : माना मूल भिन्न $\frac{a}{b}$ है. तब, $\frac{a \text{ का } 125\%}{b \text{ का } 80\%} = \frac{5}{8} \Rightarrow \frac{25a}{16b} = \frac{5}{8} \Rightarrow \frac{a}{b} = \left(\frac{5}{8} \times \frac{16}{25}\right) = \frac{2}{5}$.

$\therefore$ अभीष्ट भिन्न $= \frac{2}{5}$.

प्रश्न 7. दो संख्यायें इस प्रकार हैं कि पहली संख्या के तिगुने तथा दूसरी संख्या के दुगुने का योग 127 है. पहली संख्या के 5 गुने तथा दूसरी संख्या के 4 गुने का अन्तर 43 है. संख्यायें ज्ञात कीजिए.

हल : माना अभीष्ट संख्यायें a तथा b हैं. तब, $3a + 2b = 127$ ...(i) तथा $5a - 4b = 43$ ...(ii)

(i) को 2 से गुणा करके (ii) में जोड़ने पर : $(6a + 4b) + (5a - 4b) = (254 + 43) \Rightarrow 11a = 297 \Rightarrow a = 27$.

(i) में $a = 27$ रखने पर : $3 \times 27 + 2b = 127 \Rightarrow 2b = (127 - 81) = 46 \Rightarrow b = 23$.

अतः अभीष्ट संख्यायें 27 तथा 23 हैं.

प्रश्नमाला 7A

निम्नलिखित प्रश्नों में से प्रत्येक में ठीक उत्तर को चिन्हांकित (✓) कीजिए :

1. किसी संख्या का $\frac{2}{5}$ का $\frac{3}{7}$ यदि 198 हो, तो वह संख्या क्या है?

(a) 1055 (b) 1145 (c) 1155 (d) 1255

2. एक संख्या का $\frac{4}{5}$ उस संख्या के दो-तिहाई से 10 अधिक है. संख्या कितनी है?

(a) 70 (b) 75 (c) 69 (d) 85 (e) इनमें से कोई नहीं

(बैंक पी०ओ० परीक्षा, 2010)

3. एक संख्या के चौथे व पाँचवें भागों का योग उसके तीसरे भाग से 28 बड़ा है. वह संख्या क्या है?

(a) 120 (b) 160 (c) 220 (d) 240

(एस०एस०सी० परीक्षा, 2010)

4. 740 का 35% एक संख्या से 34 अधिक है. इस संख्या का $\frac{2}{5}$ कितना है? **(बैंक पी०ओ० परीक्षा, 2010)**

(a) 45 (b) 90 (c) 180 (d) 120 (e) इनमें से कोई नहीं

5. यदि एक भिन्न के अंश में 150% की वृद्धि कर दें तथा हर में 350% की वृद्धि कर दें, तो परिणामी भिन्न $\frac{25}{51}$ प्राप्त होता है. मूल भिन्न क्या है? **(बैंक पी०ओ० परीक्षा, 2010)**

(a) $\frac{11}{17}$ (b) $\frac{11}{15}$ (c) $\frac{15}{17}$ (d) $\frac{13}{15}$ (e) इनमें से कोई नहीं

6. किसी संख्या के एक-तिहाई के एक-चौथाई का दो-तिहाई 6 है. वह संख्या क्या है?

(a) 108 (b) 144 (c) 96 (d) 78 (e) इनमें से कोई नहीं

7. एक संख्या के $\frac{2}{3}$ तथा $\frac{3}{5}$ तथा उसी संख्या के $\frac{1}{4}$ का $\frac{2}{5}$, इन दोनों का अन्तर 288 है. वह संख्या क्या है?

(a) 960 (b) 850 (c) 895 (d) 955 (e) इनमें से कोई नहीं

(बैंक पी०ओ० परीक्षा, 2006)

8. वह कौन-सी संख्या है जिसे 13 से गुणा करने पर उसमें 180 की वृद्धि हो जाती है? **(एस०एस०सी०, 2009)**

(a) 13 (b) 15 (c) 23 (d) 35

9. किसी संख्या को 114 से भाग देने पर 21 शेष बचते हैं. उसी संख्या को 19 से भाग देने पर शेष क्या बचेगा?

(a) 1 (b) 2 (c) 7 (d) 17

(एस०एस०सी० परीक्षा, 2010)

10. छः क्रमागत प्राकृत संख्याओं में से पहली तीन संख्याओं का योग 27 हो, तो शेष तीन संख्याओं का योगफल कितना होगा? **(एस०एस०सी० परीक्षा, 2010)**
(*a*) 36 (*b*) 35 (*c*) 25 (*d*) 24

11. पाँच क्रमबद्ध विषम संख्याओं का योग 235 है. इनमें से बीच वाली विषम संख्या कौन-सी है?
(*a*) 47 (*b*) 51 (*c*) 57 (*d*) 61

12. *a, b, c, d* तथा *e* निरन्तर पाँच सम सख्यायें हैं. यदि *a* तथा *b* का योग 162 हो, तो सभी संख्याओं का योग कितना है? **(बैंक पी०ओ० परीक्षा, 2009)**
(*a*) 400 (*b*) 380 (*c*) 420 (*d*) निर्धारित नहीं किया जा सकता
(*e*) इनमें से कोई नहीं

13. यदि तीन क्रमागत प्राकृत संख्याओं के वर्गों का योगफल 110 हो, तो इनमें सबसे छोटी प्राकृत संख्या क्या है?
(*a*) 8 (*b*) 6 (*c*) 7 (*d*) 5
(एस०एस०सी० परीक्षा, 2010)

14. दो संख्याओं का गुणनफल 1092 है. इनका योग इनके अन्तर से 42 अधिक है. इनमें से बड़ी संख्या कौन-सी है?
(*a*) 48 (*b*) 44 (*c*) 52 (*d*) 54 (*e*) इनमें से कोई नहीं
(बैंक पी०ओ० परीक्षा, 2008)

15. चार क्रमिक समसंख्याओं का योग 60 है. इन संख्याओं के वर्गों का योग कितना है?
(*a*) 2423 (*b*) 2323 (*c*) 2424 (*d*) 920 (*e*) इनमें से कोई नहीं
(बैंक पी०ओ० परीक्षा, 2009)

16. दो उत्तरोत्तर संख्याओं का गुणनफल 9506 है. इन दोनों में से छोटी संख्या कौन-सी है?
(*a*) 96 (*b*) 97 (*c*) 98 (*d*) 99 (*e*) इनमें से कोई नहीं
(बैंक पी०ओ० परीक्षा, 2009)

17. दो धनपूर्णांकों का अन्तर 3 है तथा इनके वर्गों का अन्तर 33 है. ये पूर्णांक हैं :
(*a*) 5 तथा 8 (*b*) 6 तथा 9 (*c*) 7 तथा 4 (*d*) इनमें से कोई नहीं

18. दो संख्यायें 1 : 5 के अनुपात में हैं तथा इनका गुणनफल 320 है. इन संख्याओं का योग कितना है?
(*a*) 40 (*b*) 42 (*c*) 44 (*d*) 48

19. दो संख्याओं का अनुपात 3 : 7 है. इनमें से प्रत्येक में 6 जोड़ने पर यह अनुपात 5 : 9 हो जाता है. ये संख्यायें हैं :
(*a*) 9 तथा 21 (*b*) 15 तथा 35 (*c*) 6 तथा 14 (*d*) 7 तथा 15

20. दो संख्यायें किसी तीसरी संख्या से क्रमशः 12·5% तथा 25% अधिक हैं. पहली संख्या, दूसरी संख्या के कितने प्रतिशत के बराबर है? **(एस०एस०सी० परीक्षा, 2010)**
(*a*) 90% (*b*) 87·5% (*c*) 25% (*d*) 12·5%

21. तीन संख्याओं का अनुपात 3 : 4 : 6 है तथा इनका गुणनफल 1944 है. इनमें सबसे बड़ी संख्या क्या है?
(*a*) 6 (*b*) 12 (*c*) 18 (*d*) इनमें से कोई नहीं
(मैनेजमैन्ट परीक्षा, 2006)

22. दो संख्याओं का योग 15 है तथा इनके वर्गों का योग 113 है. इन संख्याओं का गुणनफल क्या होगा?
(*a*) 48 (*b*) 54 (*c*) 56 (*d*) 50
(रेलवे परीक्षा, 2006)

23. दो संख्याओं के वर्गों का योग 3341 तथा इन संख्याओं के वर्गों का अन्तर 891 है. ये संख्यायें हैं :
(*a*) 46 तथा 25 (*b*) 46 तथा 35 (*c*) 36 तथा 25 (*d*) इनमें से कोई नहीं
(मैनेजमैन्ट परीक्षा, 2006)

24. दो संख्याओं का योग 34 तथा इनके वर्गों का योग 650 है. इन संख्याओं में से छोटी संख्या क्या है?
(*a*) 11 (*b*) 13 (*c*) 15 (*d*) 16

25. तीन संख्याओं में से पहली संख्या दूसरी संख्या से दुगुनी है तथा तीसरी संख्या की आधी है. यदि तीनों संख्याओं का औसत 56 हो, तो पहली तथा तीसरी संख्या का अन्तर कितना होगा? **(एस०एस०सी० परीक्षा, 2005)**
(*a*) 12 (*b*) 20 (*c*) 24 (*d*) 48

26. तीन संख्याओं का योग 102 है. यदि प्रथम तथा द्वितीय संख्याओं का अनुपात 2 : 3 हो तथा द्वितीय एवं तृतीय संख्याओं का अनुपात 5 : 3 हो, तो द्वितीय संख्या कौन-सी है ? **(एस०एस०सी० परीक्षा, 2005)**

(*a*) 30 (*b*) 48 (*c*) 58 (*d*) इनमें से कोई नहीं

27. तीन संख्याओं में से पहली दो संख्याओं का योग 45 है. दूसरी संख्या तथा तीसरी संख्या का योग 55 है. तीसरी संख्या तथा पहली संख्या के तिगुने का योग 90 है. तीसरी संख्या क्या है ?

(*a*) 20 (*b*) 25 (*c*) 30 (*d*) 35

28. दो संख्याओं का अन्तर 1365 है. बड़ी संख्या को छोटी संख्या से भाग देने पर भागफल 6 तथा शेषफल 15 प्राप्त होता है. इन दोनों में से छोटी संख्या क्या है ?

(*a*) 240 (*b*) 270 (*c*) 295 (*d*) 360

29. वह कौन-सी संख्या है जिसमें 27·5% कमी कर देने पर 87 प्राप्त होता है ?

(*a*) 120 (*b*) 110 (*c*) 135 (*d*) 58

30. किसी संख्या में 37·5% वृद्धि करने पर 33 प्राप्त होता है. वह संख्या क्या है ?

(*a*) 27 (*b*) 25 (*c*) 24 (*d*) 22

31. 3 के तीन क्रमागत गुणजों का योगफल 90 है. इनमें से सबसे बड़ी संख्या क्या है ?

(*a*) 27 (*b*) 30 (*c*) 33 (*d*) 66

32. दो भिन्नों का गुणनफल $\frac{14}{15}$ तथा भागफल $\frac{35}{24}$ है. इनमें से बड़ी भिन्न क्या है ? **(एस०एस०सी०, 2005)**

(*a*) $\frac{7}{4}$ (*b*) $\frac{7}{6}$ (*c*) $\frac{7}{3}$ (*d*) $\frac{4}{5}$

33. दो संख्याओं के व्युत्क्रमों का योग $\frac{46}{21}$ तथा इन संख्याओं के व्युत्क्रमों का अन्तर $\frac{10}{21}$ है. ये संख्यायें निम्न में से कौन-सी हैं ? **(रेलवे परीक्षा, 2004)**

(*a*) 3 तथा $\frac{3}{29}$ (*b*) $\frac{8}{21}$ तथा $\frac{5}{21}$ (*c*) $\frac{4}{3}$ तथा $\frac{6}{7}$ (*d*) $\frac{3}{4}$ तथा $\frac{7}{6}$

34. दो संख्याओं के योगफल तथा गुणनफल क्रमशः 12 और 35 हैं. इन संख्याओं के व्युत्क्रमों का योगफल कितना होगा ? **(एस०एस०सी० परीक्षा, 2010)**

(*a*) $\frac{1}{3}$ (*b*) $\frac{1}{5}$ (*c*) $\frac{12}{35}$ (*d*) $\frac{35}{12}$

35. एक भिन्न के अंश में 20% वृद्धि करने पर तथा हर में 5% कमी करने पर, नई भिन्न का मान $\frac{5}{2}$ हो जाता है. प्रारम्भिक भिन्न क्या है ? **(एस०एस०सी० परीक्षा, 2005)**

(*a*) $\frac{24}{19}$ (*b*) $\frac{1}{6}$ (*c*) $\frac{95}{48}$ (*d*) $\frac{48}{95}$

36. एक भिन्न के अंश में $\frac{1}{4}$ जोड़ने तथा हर में से $\frac{1}{3}$ घटा देने पर प्राप्त भिन्न $\frac{33}{64}$ है. मूल भिन्न क्या है ?

(*a*) $\frac{9}{11}$ (*b*) $\frac{5}{7}$ (*c*) $\frac{3}{7}$ (*d*) $\frac{7}{9}$ (*e*) ज्ञात नहीं किया जा सकता

(रेलवे परीक्षा, 2004)

37. किसी भिन्न के अंश में से 2 घटाने पर तथा हर में 3 जोड़ने पर यह $\frac{1}{4}$ हो जाती है. किन्तु भिन्न के अंश में 6 जोडने पर तथा हर को 3 से गुणा करने पर यह $\frac{2}{3}$ हो जाती है. मूल भिन्न क्या है ?

(*a*) $\frac{1}{5}$ (*b*) $\frac{2}{5}$ (*c*) $\frac{4}{5}$ (*d*) $\frac{3}{5}$

38. दो संख्यायें ऐसी हैं कि पहली को 2 बार तथा दूसरी को 3 बार जोड़ने पर योग 100 प्राप्त होता है. पहली संख्या को 3 बार तथा दूसरी को 2 बार जोड़ने पर योग 120 प्राप्त होता है. बड़ी संख्या कौन-सी है ?

(*a*) 32 (*b*) 12 (*c*) 14 (*d*) 35 (*e*) इनमें से कोई नहीं

(बैंक पी०ओ० परीक्षा, 2010)

39. एक द्विअंकीय संख्या के अंकों को परस्पर बदलने से प्राप्त संख्या मूल संख्या से 63 कम है. यदि संख्या के अंकों का योग 11 हो, तो मूल संख्या क्या है ? **(बैंक पी०ओ० परीक्षा, 2009)**

(*a*) 29 (*b*) 92 (*c*) 74 (*d*) निर्धारित नहीं किया जा सकता
(*e*) इनमें से कोई नहीं

40. एक द्विअंकीय संख्या के दोनों अंकों के स्थान परस्पर बदलने पर प्राप्त संख्या मूल संख्या से 27 कम है. संख्या के अंक 1 : 2 के अनुपात में हों, तो मूल संख्या क्या है ? **(बैंक पी०ओ० परीक्षा, 2009)**

(*a*) 36 (*b*) 63 (*c*) 48 (*d*) निर्धारित नहीं किया जा सकता
(*e*) इनमें से कोई नहीं

41. एक द्विअंकीय धनात्मक संख्या में इकाई का अंक दहाई के अंक के वर्ग के बराबर है. मूल संख्या तथा इसके अंकों को परस्पर बदलने पर प्राप्त संख्या का अन्तर 54 है. मूल संख्या का 40% कितना है ?

(*a*) 15·6 (*b*) 39 (*c*) 37·2 (*d*) 24 (*e*) इनमें से कोई नहीं
(बैंक पी०ओ० परीक्षा, 2008)

42. दो अंकों की एक संख्या अपने अंकों के योग से तिगुनी है. इस संख्या में 45 जोड़ने पर इसके अंक पलट जाते हैं. यह संख्या क्या है ? **(जीवन बीमा परीक्षा, 2006)**

(*a*) 23 (*b*) 27 (*c*) 32 (*d*) 72

43. दो भिन्नों के हर क्रमश: 5 तथा 7 हैं. इन दोनों भिन्नों का योग $\frac{41}{35}$ है तथा इन भिन्नों के अंश परस्पर पलट देने से भिन्नों का योग $\frac{43}{35}$ हो जाता है. ये भिन्नें हैं : **(बी०सी०ए० परीक्षा, 2008)**

(*a*) $\frac{2}{5}$ तथा $\frac{4}{7}$ (*b*) $\frac{3}{5}$ तथा $\frac{4}{7}$ (*c*) $\frac{4}{5}$ तथा $\frac{2}{7}$ (*d*) $\frac{3}{5}$ तथा $\frac{5}{7}$

44. किसी संख्या का द्विगुण वर्ग 18 का घन है. यह संख्या है :

(*a*) 54 (*b*) 108 (*c*) 432 (*d*) इनमें से कोई नहीं

45. एक संख्या को 4 से भाग देने पर भागफल, संख्या से 21 कम हो जाता है. वह संख्या है :

(*a*) 40 (*b*) 32 (*c*) 28 (*d*) 24

46. दो संख्याओं का योगफल 23 तथा गुणनफल 120 है. इनके वर्गों का योग होगा :

(*a*) 289 (*b*) 324 (*c*) 240 (*d*) इनमें से कोई नहीं

47. किसी भिन्न का अंश 2 कम करने से भिन्न का मान $\frac{1}{3}$ हो जाता है. यदि मूल भिन्न का हर, अंश से 4 अधिक हो, तो मूल भिन्न क्या है ?

(*a*) $\frac{3}{7}$ (*b*) $\frac{7}{11}$ (*c*) $\frac{5}{9}$ (*d*) $\frac{9}{13}$

48. यदि किसी दो अंकों की एक संख्या के अंक परस्पर पलट दिये जायें तथा इस प्रकार प्राप्त संख्या का आधा किया जाये तो परिणामी संख्या मूल संख्या से 14 कम है. यदि मूल संख्या के अंकों का अन्तर 2 हो, तो मूल संख्या क्या है ?

(*a*) 46 (*b*) 64 (*c*) 68 (*d*) 86 (*e*) इनमें से कोई नहीं

उत्तरमाला (प्रश्नमाला 7A)

1. (*c*)	**2.** (*b*)	**3.** (*d*)	**4.** (*b*)	**5.** (*c*)	**6.** (*a*)	**7.** (*a*)	**8.** (*b*)	**9.** (*b*)	**10.** (*a*)
11. (*a*)	**12.** (*c*)	**13.** (*d*)	**14.** (*c*)	**15.** (*d*)	**16.** (*b*)	**17.** (*c*)	**18.** (*d*)	**19.** (*a*)	**20.** (*a*)
21. (*c*)	**22.** (*c*)	**23.** (*b*)	**24.** (*a*)	**25.** (*d*)	**26.** (*d*)	**27.** (*c*)	**28.** (*b*)	**29.** (*a*)	**30.** (*c*)
31. (*c*)	**32.** (*b*)	**33.** (*d*)	**34.** (*c*)	**35.** (*c*)	**36.** (*e*)	**37.** (*c*)	**38.** (*a*)	**39.** (*b*)	**40.** (*b*)
41. (*a*)	**42.** (*b*)	**43.** (*b*)	**44.** (*a*)	**45.** (*c*)	**46.** (*a*)	**47.** (*c*)	**48.** (*a*)		

दिये गये प्रश्नों के हल | प्रश्नमाला 7A

1. माना अभीष्ट संख्या x. तब x का $\frac{2}{5}$ का $\frac{3}{7} = 198$.

$\therefore x \times \frac{6}{35} = 198 \Rightarrow x = \left(198 \times \frac{35}{6}\right) = (33 \times 35) = 1155.$

अत: संख्या = 1155.

2. माना अभीष्ट संख्या = x. तब, $\frac{4x}{5} - \frac{2x}{3} = 10 \Rightarrow 12x - 10x = 150 \Rightarrow 2x = 150 \Rightarrow x = 75.$

अत: अभीष्ट संख्या = 75.

3. माना अभीष्ट संख्या = x. तब, $\frac{x}{4} + \frac{x}{5} = \frac{x}{3} + 28$

$\therefore \frac{x}{4} + \frac{x}{5} - \frac{x}{3} = 28 \Rightarrow 15x + 12x - 20x = 1680 \Rightarrow 7x = 1680 \Rightarrow x = 240.$

अभीष्ट संख्या = 240.

4. माना अभीष्ट संख्या = x. तब,

740 का 35% $= x + 34 \Rightarrow 740 \times \frac{35}{100} = x + 34 \Rightarrow x = (259 - 34) = 225$.

इस संख्या का $\frac{2}{5} = x$ का $\frac{2}{5} = \left(225 \times \frac{2}{5}\right) = 90.$

5. माना भिन्न $= \frac{a}{b}$. तब $\frac{a \text{ का } 250\%}{b \text{ का } 450\%} = \frac{\left(a \times \frac{250}{100}\right)}{\left(b \times \frac{450}{100}\right)} = \frac{5a}{9b}$. $\therefore \frac{5a}{9b} = \frac{25}{51} \Rightarrow \frac{a}{b} = \left(\frac{25}{51} \times \frac{9}{5}\right) = \frac{15}{17}.$

6. माना अभीष्ट संख्या = x. तब, x का $\frac{1}{3}$ का $\frac{1}{4}$ का $\frac{2}{3} = 6 \Rightarrow \frac{x}{18} = 6 \Rightarrow x = (18 \times 6) = 108.$

अत: अभीष्ट संख्या = 108.

7. माना अभीष्ट संख्या = x. तब, x का $\frac{2}{3}$ का $\frac{3}{5} - x$ का $\frac{1}{4}$ का $\frac{2}{5} = 288$.

$\therefore \frac{2x}{5} - \frac{x}{10} = 288 \Rightarrow 4x - x = 288 \times 10 \Rightarrow 3x = 288 \times 10 \Rightarrow x = \frac{288 \times 10}{3} = 960.$

अत: अभीष्ट संख्या = 960.

8. माना अभीष्ट संख्या = x. तब, $13x - x = 180 \Rightarrow 12x = 180 \Rightarrow x = 15.$

अभीष्ट संख्या = 15.

9. माना संख्या = x. इसे 114 से भाग देने पर माना भागफल = q तथा शेषफल = 21.

तब, $x = 114 \times q + 21 \Rightarrow x = 19 \times 6q + 19 \times 1 + 2 \Rightarrow x = 19 \times (6q + 1) + 2$.

अत: उस स्थान को 19 से भाग देने पर शेषफल = 2.

10. माना छ: क्रमागत प्राकृत संख्यायें $x, x+1, x+2, x+3, x+4$ तथा $x+5$ हैं. तब,

$x + x + 1 + x + 2 = 27 \Rightarrow 3x + 3 = 27 \Rightarrow 3x = 24 \Rightarrow x = 8.$

अभीष्ट योग $= x + 3 + x + 4 + x + 5 = 3x + 12 = (3 \times 8 + 12) = 36.$

11. माना 5 क्रमबद्ध विषम संख्यायें $x, x+2, x+4, x+6$ तथा $x+8$ हैं.

तब, $x + x + 2 + x + 4 + x + 6 + x + 8 = 235 \Rightarrow 5x + 20 = 235 \Rightarrow 5x = 215 \Rightarrow x = 43.$

बीच वाली विषम संख्या $= x + 4 = (43 + 4) = 47.$

12. माना $a = x, b = x+2, c = x+4, d = x+6, e = x+8$ दी गई 6 समसंख्यायें हैं.
तब, $a+b = 162 \Rightarrow x+x+2 = 162 \Rightarrow 2x = 160 \Rightarrow x = 80.$
सभी संख्यायों का योग $= (5x+20) = (5\times 80+20) = 420.$

13. माना तीन क्रमागत प्राकृत संख्यायें $x, x+1$ तथा $x+2$ हैं. तब
$x^2+(x+1)^2+(x+2)^2 = 110 \Rightarrow 3x^2+6x+5 = 110$
$\therefore\ 3x^2+6x-105 = 0 \Rightarrow x^2+2x-35 = 0 \Rightarrow x^2+7x-5x-35 = 0$
$\Rightarrow x(x+7)-5(x+7) = 0 \Rightarrow (x+7)(x-5) = 0$
$\Rightarrow x = 5$ [$\because x = -7$ मान्य नहीं है]
$\therefore$ इनमें सबसे छोटी प्राकृत संख्या = 5.

14. माना ये संख्यायें a तथा b हैं. तब
$(a+b)-(a-b) = 42 \Rightarrow 2b = 42 \Rightarrow b = 21.$
$a\times b = 1092 \Rightarrow a\times 21 = 1092 \Rightarrow a = \frac{1092}{21} = 52.$
इनमें से बड़ी संख्या = 52.

15. माना चार क्रमिक समसंख्यायें $x, x+2, x+4$ तथा $x+6$ हैं.
तब, $x+x+2+x+4+x+6 = 60 \Rightarrow 4x+12 = 60 \Rightarrow 4x = 48 \Rightarrow x = 12.$
ये संख्यायें हैं : 12, 14, 16 तथा 18.
इनके वर्गों का योग $= (12)^2+(14)^2+(16)^2+(18)^2 = (144+196+256+324) = 920.$

16. माना ये संख्यायें x तथा $(x+1)$ हैं. तब, $x(x+1) = 9506 = 97\times 98 \Rightarrow x = 97$
अत: अभीष्ट संख्या = 97.

17. माना अभीष्ट धनपूर्णांक a तथा $a+3$ हैं. तब,
$(a+3)^2-a^2 = 33 \Rightarrow 6a+9 = 33 \Rightarrow 6a = 24 \Rightarrow a = 4.$
$\therefore$ अभीष्ट धनपूर्णांक 7 तथा 4 हैं.

18. माना संख्यायें x तथा $5x$ हैं. तब, $x\times 5x = 320 \Rightarrow x^2 = 64 \Rightarrow x = 8.$
इन संख्याओं का योग $= (x+5x) = 6x = (6\times 8) = 48.$

19. माना अभीष्ट संख्यायें $3x$ तथा $7x$ हैं. तब,
$\frac{3x+6}{7x+6} = \frac{5}{9} \Rightarrow 27x+54 = 35x+30 \Rightarrow 8x = 24 \Rightarrow x = 3.$
$\therefore$ अभीष्ट संख्यायें 9 तथा 21 हैं.

20. माना तीसरी संख्या = 100. तब पहली संख्या = 112·5 तथा दूसरी संख्या = 125.
माना 112·5 = 125 का $x\%$ $\Rightarrow 125\times\frac{x}{100} = \frac{225}{2} \Rightarrow x = \frac{225}{2}\times\frac{4}{5} = 90.$
$\therefore$ पहली संख्या दूसरी संख्या का 90% है.

21. माना अभीष्ट संख्यायें $3x, 4x$ तथा $6x$ हैं. तब, $3x\times 4x\times 6x = 1944 \Rightarrow x^3 = \frac{1944}{3\times 4\times 6} = 27 = 3^3 \Rightarrow x = 3.$
इनमें सबसे बड़ी संख्या $= 6x = (6\times 3) = 18.$

22. दिया है : $a+b = 15$ तथा $(a^2+b^2) = 113.$
$(a+b)^2 = (15)^2 \Rightarrow (a^2+b^2)+2ab = 225 \Rightarrow 113+2ab = 225 \Rightarrow 2ab = 112 \Rightarrow ab = 56.$

23. दिया है : $(a^2+b^2) = 3341$ तथा $(a^2-b^2) = 891.$
घटाने पर $2b^2 = (3341-891) = 2450 \Rightarrow b^2 = 1225 \Rightarrow b = \sqrt{1225} = 35.$
$a^2 = (3341-b^2) = (3341-1225) = 2116 \Rightarrow a = \sqrt{2116} = 46.$
ये संख्यायें हैं 46 तथा 35.

24. दिया है : $a+b=34$ तथा $a^2+b^2=650$.

$(a+b)^2=(34)^2 \Rightarrow a^2+b^2+2ab=1156 \Rightarrow 650+2ab=1156 \Rightarrow 2ab=1156-650=506.$

$(a^2+b^2)-2ab=(650-506) \Rightarrow (a-b)^2=144=(12)^2 \Rightarrow a-b=12.$

$a+b=34$ तथा $a-b=12$ को हल करने पर $a=23, b=11$.

इनमें से छोटी संख्या = 11.

25. माना दूसरी संख्या = x. तब, पहली संख्या = $2x$ तथा तीसरी संख्या = $4x$.

$\frac{x+2x+4x}{3}=56 \Rightarrow 7x=56\times3 \Rightarrow x=8\times3=24.$

अभीष्ट अन्तर $=(4x-2x)=2x=(2\times24)=48.$

26. $\text{I : II} = 2:3=\frac{2}{3}:1$ तथा $\text{II : III}=5:3=1:\frac{3}{5}$

$\therefore\ \text{I : II : III} = \frac{2}{3}:1:\frac{3}{5}=\left(\frac{2}{3}\times15\right):(1\times15):\left(\frac{3}{5}\times15\right)=10:15:9.$

माना ये संख्यायें $10x$, $15x$ तथा $9x$ हैं. तब,

$10x+15x+9x=102 \Rightarrow 34x=102 \Rightarrow x=3.$

$\therefore$ द्वितीय संख्या $=(15\times3)=45$.

27. माना तीन संख्यायें क्रमशः x, y तथा z हैं. तब, $x+y=45$, $y+z=55$ तथा $z+3x=90$.

इन्हें जोड़ने पर $4x+2y+2z=190 \Rightarrow 2x+y+z=95$.

$\therefore\ 2x=(2x+y+z)-(y+z)=(95-55)=40 \Rightarrow x=20$.

$z+3x=90 \Rightarrow z+3\times20=90 \Rightarrow z=(90-60)=30.$

28. माना संख्यायें x तथा $1365+x$ हैं.

$\therefore\ 1365+x=6x+15 \Rightarrow 5x=1350 \Rightarrow x=270.$

अतः छोटी संख्या = 270.

29. माना अभीष्ट संख्या = x. तब, x का 72·5% = 87.

$\therefore\ x\times\frac{72\cdot5}{100}=87 \Rightarrow x=\left(87\times\frac{1000}{725}\right)=120.$

30. माना अभीष्ट संख्या = x. तब, x का 137·5% = 33.

$\therefore\ x\times\frac{137\cdot5}{100}=33 \Rightarrow x=\left(33\times\frac{1000}{1375}\right)=24.$

31. माना अभीष्ट संख्यायें $3x$, $3(x+1)$ तथा $3(x+2)$ हैं. तब

$3x+3x+3+3x+6=90 \Rightarrow 9x+9=90 \Rightarrow 9x=81 \Rightarrow x=9.$

इनमें सबसे बड़ी संख्या $=3(x+2)=3(9+2)=(3\times11)=33.$

32. माना अभीष्ट भिन्न x तथा y हैं. तब, $xy=\frac{14}{15}$ तथा $\frac{x}{y}=\frac{35}{24}$.

इन्हें गुणा करने पर : $xy\times\frac{x}{y}=\frac{14}{15}\times\frac{35}{24}=\frac{49}{36} \Rightarrow x^2=\frac{49}{36}=\left(\frac{7}{6}\right)^2 \Rightarrow x=\frac{7}{6}.$

$\therefore\ y=\frac{14}{15}\times\frac{6}{7}=\frac{4}{5}.$

$\frac{7}{6}>\frac{4}{5}$ $[\because 35>24]$ अतः बड़ी भिन्न $=\frac{7}{6}$.

33. माना अभीष्ट भिन्न x तथा y हैं. तब,

$\frac{1}{x}+\frac{1}{y}=\frac{46}{21}$ तथा $\frac{1}{x}-\frac{1}{y}=\frac{10}{21}$

इन्हें जोड़ने पर $\frac{2}{x} = \left(\frac{46}{21} + \frac{10}{21}\right) = \frac{56}{21} = \frac{8}{3} \Rightarrow \frac{1}{x} = \frac{1}{2} \times \frac{8}{3} = \frac{4}{3} \Rightarrow x = \frac{3}{4}$.

घटाने पर $\frac{2}{y} = \left(\frac{46}{21} - \frac{10}{21}\right) = \frac{36}{21} = \frac{12}{7} \Rightarrow \frac{1}{y} = \left(\frac{1}{2} \times \frac{12}{7}\right) = \frac{6}{7} \Rightarrow y = \frac{7}{6}$.

$\therefore$ अभीष्ट भिन्नें $\frac{3}{4}$ तथा $\frac{7}{6}$ हैं.

34. माना अभीष्ट संख्यायें x तथा y हैं. तब $x + y = 12$ तथा $xy = 35$.

$\therefore \left(\frac{1}{x} + \frac{1}{y}\right) = \frac{(x+y)}{xy} = \frac{12}{35}$.

35. माना मूल भिन्न $= \frac{a}{b}$. तब $\frac{a \text{ का } 120\%}{b \text{ का } 95\%} = \frac{5}{2}$.

$$\therefore \frac{a \times \frac{120}{100}}{b \times \frac{95}{100}} = \frac{5}{2} \Rightarrow \frac{24a}{19b} = \frac{5}{2} \Rightarrow \frac{a}{b} = \left(\frac{5}{2} \times \frac{19}{24}\right) = \frac{95}{48}.$$

36. माना मूल भिन्न $= \frac{a}{b}$ तथा $\frac{a + \frac{1}{4}}{b - \frac{1}{3}} = \frac{33}{64}$. तब,

$$\frac{(4a+1)}{4} \times \frac{3}{(3b-1)} = \frac{33}{64} \Rightarrow \frac{(4a+1)}{(3b-1)} = \left(\frac{33}{64} \times \frac{4}{3}\right) = \frac{11}{16} \Rightarrow 64a + 16 = 33b - 11.$$

स्पष्ट है कि इससे $\frac{a}{b}$ ज्ञात नहीं किया जा सकता.

37. माना मूल भिन्न $= \frac{a}{b}$. तब $\frac{a-2}{b+3} = \frac{1}{4} \Rightarrow 4a - 8 = b + 3 \Rightarrow 4a - b = 11 \quad \ldots(i)$.

तथा $\frac{a+6}{3b} = \frac{2}{3} \Rightarrow 3a + 18 = 6b \Rightarrow 6b - 3a = 18 \quad \ldots(ii)$

(i) को 6 से गुणा करके (ii) में जोड़ने पर : $21a = 84 \Rightarrow a = 4$.

(i) में $a = 4$ रखने पर $16 - b = 11 \Rightarrow b = (16 - 11) = 5$.

अभीष्ट भिन्न $= \frac{4}{5}$.

38. माना अभीष्ट संख्यायें x तथा y हैं. तब, $2x + 3y = 100 \ldots(i)$ तथा $3x + 2y = 120 \ldots(ii)$

(i) को 3 से गुणा करने, (ii) को 2 से गुणा करने तथा घटाने पर :

$(6x + 9y) - (6x + 4y) = (300 - 240) \Rightarrow 5y = 60 \Rightarrow y = 12$.

(i) में $y = 12$ रखने पर $2x + 36 = 100 \Rightarrow 2x = 64 \Rightarrow x = 32$.

अत: बड़ी संख्या = 32.

39. माना दहाई अंक $= x$ तथा इकाई अंक $= y$. तब $x + y = 11 \quad \ldots(i)$

$(10x + y) - (10y + x) = 63 \Rightarrow 9(x - y) = 63 \Rightarrow x - y = 7 \quad \ldots(ii)$

(i) तथा (ii) को हल करने पर $x = 9$ तथा $y = 2$.

अभीष्ट संख्या = 92.

40. अंक परस्पर बदलने से संख्या कम होती है. अत: दहाई का अंक इकाई–अंक से बड़ा है.

माना इकाई अंक $= x$ तथा दहाई अंक $= 2x$.

$20x + x - 27 = 10x + 2x \Rightarrow 9x = 27 \Rightarrow x = 3$.

$\therefore$ इकाई अंक = 3 तथा दहाई अंक = 6. अत: अभीष्ट संख्या = 63.

41. माना मूल संख्या में दहाई अंक $= x$ तथा इकाई अंक $= x^2$.

स्पष्ट है कि अंक परस्पर बदलने से प्राप्त संख्या बड़ी होगी.

$\therefore\ (10x^2 + x) - (10x + x^2) = 54 \Rightarrow 9(x^2 - x) = 54$

$\Rightarrow x^2 - x = 6 \Rightarrow x^2 - x - 6 = 0 \Rightarrow x^2 - 3x + 2x - 6 = 0$

$\Rightarrow x(x-3) + 2(x-3) = 0 \Rightarrow (x-3)\,(x+2) = 0 \Rightarrow x = 3.$

$\therefore$ मूल संख्या = 39 तथा इसका 40% $= \left(39 \times \dfrac{40}{100}\right) = \dfrac{78}{5} = 15\cdot 6.$

42. माना दहाई अंक $= x$ तथा इकाई अंक $= y$. तब,

$(10x + y) = 3(x + y) \Rightarrow 7x = 2y \quad \ldots(i)$

$10x + y + 45 = 10y + x \Rightarrow 9(y - x) = 45 \Rightarrow y - x = 5 \quad \ldots(ii)$

$2y - 2x = 10 \Rightarrow 7x - 2x = 10 \Rightarrow 5x = 10 \Rightarrow x = 2.$

$\therefore\ 2y = 14 \Rightarrow y = 7.$

अभीष्ट संख्या = 27.

43. माना अभीष्ट भिन्नें $\dfrac{x}{5}$ तथा $\dfrac{y}{7}$ हैं. तब,

$\dfrac{x}{5} + \dfrac{y}{7} = \dfrac{41}{35} \Rightarrow 7x + 5y = 41 \ \ldots(i) \qquad \dfrac{y}{5} + \dfrac{x}{7} = \dfrac{43}{35} \Rightarrow 5x + 7y = 43 \quad \ldots(ii)$

(ii) को 7 से तथा (i) को 5 से गुणा करके घटाने पर :

$(35x + 49y) - (35x + 25y) = (301 - 205) \Rightarrow 24y = 96 \Rightarrow y = 4.$

$\therefore\ 7x + 20 = 41 \Rightarrow 7x = 21 \Rightarrow x = 3.$

$\therefore$ अभीष्ट भिन्नें हैं $\dfrac{3}{5}$ तथा $\dfrac{4}{7}$.

44. माना अभीष्ट संख्या $= x$. तब, $2 \times x^2 = (18)^3 \Rightarrow x^2 = 18 \times 18 \times 9 \Rightarrow x = (18 \times 3) = 54.$

अत: अभीष्ट संख्या 54 है.

45. माना अभीष्ट संख्या $= x$. तब, $x = 4\,(x - 21) \Rightarrow 3x = 84 \Rightarrow x = 28.$

अत: अभीष्ट संख्या = 28.

46. माना संख्यायें x तथा $(23 - x)$ हैं. तब,

$x(23 - x) = 120 \Rightarrow x^2 - 23x + 120 = 0 \Rightarrow x^2 - 15x - 8x + 120 = 0 \Rightarrow x(x - 15) - 8(x - 15) = 0$

$\Rightarrow (x - 15)\,(x - 8) = 0 \Rightarrow x = 15$ अथवा $x = 8.$

अत: ये संख्यायें 15 तथा 8 हैं.

इनके वर्गों का योग $= (15)^2 + 8^2 = (225 + 64) = 289.$

47. माना मूल भिन्न $\dfrac{a}{b}$ है. तब, $\dfrac{a-2}{b} = \dfrac{1}{3} \Rightarrow 3a - 6 = b \Rightarrow 3a - b = 6 \quad \ldots(i)$

अब $b = a + 4 \Rightarrow a - b = -4. \quad \ldots(ii)$

(i) तथा (ii) को हल करने पर : $a = 5,\ b = 9$. अत: अभीष्ट भिन्न $= \dfrac{5}{9}$.

48. माना संख्या का दहाई अंक $= x$ तथा इकाई अंक $= y$. तब

$y - x = 2. \quad \ldots(i)$

$(10x + y) - \dfrac{(10y + x)}{2} = 14 \Rightarrow (20x + 2y) - (10y + x) = 28 \Rightarrow 19x - 8y = 28 \ \ldots(ii)$

(i) तथा (ii) को हल करने पर : $x = 4,\ y = 6$. अत: अभीष्ट संख्या = 46.

8 आयु सम्बन्धी प्रश्न
(PROBLEMS ON AGES)

साधित उदाहरण

प्रश्न 1. समीना तथा सुहाना की आयु का अनुपात 7 : 3 है. 6 वर्ष बाद इनकी आयु का अनुपात 5 : 3 होगा. इनकी आयु में कितना अन्तर है?

हल : माना समीना की वर्तमान आयु = $7x$ वर्ष तथा सुहाना की वर्तमान आयु = $3x$ वर्ष.

तब $\frac{7x+6}{3x+6} = \frac{5}{3} \Rightarrow 3(7x+6) = 5(3x+6) \Rightarrow 21x+18 = 15x+30 \Rightarrow 6x = 12 \Rightarrow x = 2.$

इनकी आयु में अन्तर $= (7x-3x)$ वर्ष $= 4x$ वर्ष $= (4\times2)$ वर्ष $= 8$ वर्ष.

प्रश्न 2. रमेश की आयु अपने पुत्र राहुल की आयु से 4 गुना है. 5 वर्ष पूर्व रमेश की आयु राहुल की आयु से 9 गुना थी. रमेश की वर्तमान आयु कितनी है?

हल : माना राहुल की वर्तमान आयु = x वर्ष. तब, रमेश की वर्तमान आयु = $4x$ वर्ष.

$(4x-5) = 9\,(x-5) \Rightarrow 4x-5 = 9x-45 \Rightarrow 5x = 40 \Rightarrow x = 8.$

रमेश की वर्तमान आयु = (4×8) वर्ष = 32 वर्ष.

प्रश्न 3. 8 वर्ष पूर्व विशाल की आयु अपने पुत्र शेखर की आयु से 4 गुना थी. 8 वर्ष बाद विशाल की आयु शेखर की आयु से दुगुनी होगी. प्रत्येक की वर्तमान आयु ज्ञात कीजिए.

हल : माना 8 वर्ष पूर्व शेखर की आयु = x वर्ष तथा विशाल की आयु = $4x$ वर्ष.

शेखर की वर्तमान आयु = $(x + 8)$ वर्ष तथा विशाल की वर्तमान आयु = $(4x + 8)$ वर्ष.

$(4x+8)+8 = 2\left[(x+8)+8\right] \Rightarrow 4x+16 = 2x+32 \Rightarrow 2x = 16 \Rightarrow x = 8.$

$\therefore$ शेखर की वर्तमान आयु = $(8 + 8)$ वर्ष = 16 वर्ष.

विशाल की वर्तमान आयु = $(4 \times 8 + 8)$ वर्ष = 40 वर्ष.

प्रश्न 4. A तथा B की आयु का अन्तर 16 वर्ष है. 6 वर्ष पहले A की आयु B की आयु से तिगुनी थी. प्रत्येक की वर्तमान आयु ज्ञात कीजिए.

हल : माना 6 वर्ष पहले B की आयु = x वर्ष तथा A की आयु = $3x$ वर्ष.

B की वर्तमान आयु = $(x + 6)$ वर्ष तथा A की वर्तमान आयु = $(3x + 6)$ वर्ष.

$\therefore\ (3x+6)-(x+6) = 16 \Rightarrow 2x = 16 \Rightarrow x = 8.$

अत: B की वर्तमान आयु = $(8 + 6)$ वर्ष = 14 वर्ष.

A की वर्तमान आयु = $(3 \times 8 + 6)$ वर्ष = 30 वर्ष.

प्रश्न 5. एक व्यक्ति की आयु अपने पुत्र की आयु के तिगुने से 3 वर्ष अधिक है. यदि 3 वर्ष बाद उस व्यक्ति की आयु अपने पुत्र की आयु के दुगुने से 10 वर्ष अधिक हो, तो पुत्र की वर्तमान आयु ज्ञात कीजिए.

हल : माना पुत्र की आयु = x वर्ष. तब, व्यक्ति की आयु = $(3x + 3)$ वर्ष.

$(3x+3)+3 = 2\,(x+3)+10 \Rightarrow 3x+6 = 2x+16 \Rightarrow x = 10.$

अत: पुत्र की वर्तमान आयु = 10 वर्ष.

प्रश्न 6. रीना तथा उसकी माता की आयु का योग 49 वर्ष है. 7 वर्ष पूर्व माता की आयु रीना की आयु से चार गुना थी. रीना की माता की वर्तमान आयु ज्ञात कीजिए.

हल : माना रीना की आयु $= x$ वर्ष. अंत: उसकी माता की आयु $= (49 - x)$ वर्ष.

7 वर्ष पूर्व रीना की आयु $= (x - 7)$ वर्ष.

7 वर्ष पूर्व माता की आयु $= (49 - x - 7)$ वर्ष $= (42 - x)$ वर्ष

$\therefore\ 42 - x = 4(x - 7) \Rightarrow 42 - x = 4x - 28 \Rightarrow 5x = 70 \Rightarrow x = 14.$

$\therefore$ रीना की माता की वर्तमान आयु $= (49 - 14)$ वर्ष $= 35$ वर्ष.

प्रश्न 7. *A, B, C* की वर्तमान आयु का योग 90 वर्ष है. 6 वर्ष पूर्व उनकी आयु का अनुपात 1:2:3 था. *C* की वर्तमान आयु कितनी है?

हल : माना 6 वर्ष पूर्व A की आयु $= x$ वर्ष, B की आयु $= 2x$ वर्ष, C की आयु $= 3x$ वर्ष. तब,

A की वर्तमान आयु $= (x + 6)$ वर्ष, B की वर्तमान आयु $= (2x + 6)$ वर्ष,

C की वर्तमान आयु $= (3x + 6)$ वर्ष.

$\therefore\ (x+6)+(2x+6)+(3x+6) = 90 \Rightarrow 6x+18 = 90 \Rightarrow 6x = 72 \Rightarrow x = 12.$

$\therefore$ C की वर्तमान आयु $= (3 \times 12 + 6)$ वर्ष $= 42$ वर्ष.

प्रश्न 8. राजीव की 5 वर्ष पूर्व आयु तथा 9 वर्ष बाद आयु का गुणनफल 15 है. राजीव की वर्तमान आयु कितनी है?

हल : माना राजीव की वर्तमान आयु $= x$ वर्ष. तब

$$(x-5)(x+9) = 15 \Rightarrow x^2 + 4x - 45 = 15 \Rightarrow x^2 + 4x - 60 = 0 \Rightarrow x^2 + 10x - 6x - 60 = 0$$

$$\Rightarrow x(x+10) - 6(x+10) = 0 \Rightarrow (x+10)(x-6) = 0$$

$\Rightarrow x = 6.$ [$\because$ आयु ऋणात्मक नहीं हो सकती]

$\therefore$ राजीव की वर्तमान आयु $= 6$ वर्ष.

प्रश्नमाला 8A

निम्नलिखित प्रश्नों में से प्रत्येक में ठीक उत्तर को चिन्हांकित (✓) कीजिए :

1. A तथा B की वर्तमान आयु का अनुपात क्रमश: 4 : 5 है. 5 वर्ष बाद यह अनुपात क्रमश: 5 : 6 हो जायेगा. A की वर्तमान आयु कितनी है? **(रेलवे परीक्षा, 2010)**

(*a*) 10 वर्ष (*b*) 20 वर्ष (*c*) 25 वर्ष (*d*) 40 वर्ष

2. मीरा तथा प्रिया की वर्तमान आयु का अनुपात क्रमश: 3 : 4 है. 10 वर्ष पूर्व इनकी आयु का अनुपात क्रमश: 4 : 7 था. 5 वर्ष बाद मीरा की आयु कितनी होगी? **(बैंक पी०ओ० परीक्षा, 2010)**

(*a*) 18 वर्ष (*b*) 24 वर्ष (*c*) 23 वर्ष (*d*) 29 वर्ष (*e*) इनमें से कोई नहीं

3. 7 वर्ष पूर्व A तथा B की आयु का अनुपात क्रमश: 4 : 5 था तथा 7 वर्ष बाद इनकी आयु का अनुपात क्रमश: 5 : 6 होगा. B की वर्तमान आयु कितनी है? **(एस०एस०सी० परीक्षा, 2010)**

(*a*) 56 वर्ष (*b*) 63 वर्ष (*c*) 70 वर्ष (*d*) 77 वर्ष

4. अंजु तथा संध्या की वर्तमान आयु का अनुपात 13 : 17 है. 4 वर्ष पूर्व इनकी आयु का अनुपात क्रमश: 11:15 था. 6 वर्ष बाद इनकी आयु का अनुपात क्रमश: कितना होगा? **(बैंक पी०ओ० परीक्षा, 2010)**

(*a*) 3 : 4 (*b*) 7 : 8 (*c*) 5 : 4 (*d*) 6 : 5 (*e*) इनमें से कोई नहीं

5. एक व्यक्ति तथा उसकी पुत्री की औसत आयु 34 वर्ष है. 4 वर्ष बाद इनकी आयु का अनुपात क्रमश: 14 : 5 होगा. पुत्री की वर्तमान आयु कितनी है? **(बैंक पी०ओ० परीक्षा, 2008)**

(*a*) 12 वर्ष (*b*) 18 वर्ष (*c*) 10 वर्ष (*d*) निर्धारित नहीं की जा सकती

(*e*) इनमें से कोई नहीं

6. सुरेश की आयु उसके पिता की आयु से आधी है. 20 वर्ष बाद उसके पिता की आयु उसकी आयु से डेढ़ गुनी होगी. उसके पिता की वर्तमान आयु कितनी है?

(*a*) 40 वर्ष (*b*) 20 वर्ष (*c*) 26 वर्ष (*d*) 30 वर्ष

7. सीता तथा गीता की वर्तमान आयु का अनुपात क्रमशः 8 : 9 है तथा इनकी आयु का योग 68 वर्ष है. 10 वर्ष बाद इनकी आयु का अनुपात क्या होगा?

(*a*) 23 : 24 (*b*) 15 : 16 (*c*) 7 : 8 (*d*) 21 : 23 (*e*) इनमें से कोई नहीं

8. वीणा की वर्तमान आयु 15 वर्ष है. वीणा तथा राहुल की वर्तमान आयु का अनुपात क्रमशः 5 : 7 है. दिनेश तथा राहुल की वर्तमान आयु का अनुपात क्रमशः 5 : 3 है. 4 वर्ष बाद दिनेश की आयु कितनी होगी?

(*a*) 38 वर्ष (*b*) 35 वर्ष (*c*) 31 वर्ष (*d*) निर्धारित नहीं की जा सकती
(*e*) इनमें से कोई नहीं **(बैंक पी०ओ० परीक्षा, 2010)**

9. मीना की आयु उसकी पुत्री की आयु से 8 गुना है. 8 वर्ष बाद मीना तथा उसकी पुत्री की आयु का अनुपात क्रमशः 10 : 3 होगा. मीना की वर्तमान आयु कितनी है? **(बैंक पी०ओ० परीक्षा, 2009)**

(*a*) 32 वर्ष (*b*) 40 वर्ष (*c*) 36 वर्ष (*d*) निर्धारित नहीं की जा सकती
(*e*) इनमें से कोई नहीं

10. हमारी माँ की आयु मेरे भाई की आयु से तिगुनी है तथा मैं अपने भाई से आयु में $\frac{1}{3}$ गुना बड़ा हूँ. 4 वर्ष पहले मैं अपने भाई की वर्तमान आयु के बराबर था. मेरी माँ की वर्तमान आयु कितनी है?

(*a*) 40 वर्ष (*b*) 36 वर्ष (*c*) 44 वर्ष (*d*) 42 वर्ष

(होटल मैनेजमेन्ट परीक्षा, 2009)

11. राम की आयु उसके पुत्र की आयु की तिगुनी है तथा उसके पिता की आयु की $\frac{2}{5}$ है. इन तीनों की औसत आयु 46 वर्ष है. राम तथा उसके पिता की आयु में कितना अन्तर है?

(*a*) 68 वर्ष (*b*) 88 वर्ष (*c*) 58 वर्ष (*d*) ज्ञात नहीं किया जा सकता
(*e*) इनमें से कोई नहीं **(बैंक पी०ओ० परीक्षा, 2010)**

12. रंजना तथा राखी की आयु का अनुपात 15 : 17 है. 6 वर्ष बाद इनकी आयु का अनुपात 9 : 10 होगा. 6 वर्ष बाद रंजना की आयु कितनी होगी? **(बैंक पी०ओ० परीक्षा, 2007)**

(*a*) 40 वर्ष (*b*) 30 वर्ष (*c*) 34 वर्ष (*d*) 36 वर्ष

13. 10 वर्ष पहले पिता की आयु पुत्र की आयु से तिगुनी थी. 10 वर्ष बाद पिता की आयु पुत्र की आयु से दुगुनी होगी. इनकी वर्तमान आयु किस अनुपात में है? **(जीवन बीमा निगम परीक्षा, 2006)**

(*a*) 5 : 2 (*b*) 9 : 2 (*c*) 7 : 3 (*d*) 13 : 4

14. अंजु तथा संध्या की वर्तमान आयु का अनुपात क्रमशः 13 : 17 है. चार वर्ष पहले इनकी आयु का अनुपात क्रमशः 11 : 15 था. 6 वर्ष बाद इनकी आयु का अनुपात क्रमशः कितना होगा? **(बैंक पी०ओ० परीक्षा, 2010)**

(*a*) 3 : 4 (*b*) 7 : 8 (*c*) 5 : 4 (*d*) 6 : 5 (*e*) इनमें से कोई नहीं

15. एक वर्ष पूर्व एक महिला की आयु अपने पुत्र की आयु से चार गुना थी. 6 वर्ष बाद उसकी आयु अपने पुत्र की दुगुनी आयु से 5 वर्ष अधिक होगी. उनकी वर्तमान आयु का अनुपात क्या होगा?

(*a*) 13 : 12 (*b*) 11 : 3 (*c*) 3 : 1 (*d*) 25 : 7

(होटल मैनेजमैन्ट परीक्षा, 2009)

16. एक लड़के की आयु उसके पिता की आयु की एक-तिहाई है. 12 वर्ष बाद लड़के की आयु अपने पिता की आयु की आधी हो जायेगी. लड़के की वर्तमान आयु कितनी है? **(रेलवे परीक्षा, 2009)**

(*a*) 10 वर्ष (*b*) 11 वर्ष (*c*) 12 वर्ष (*d*) 13 वर्ष

17. *A* का विवाह 6 वर्ष पूर्व हुआ. अब उसकी आयु उसके विवाह के समय की आयु से $1\frac{1}{4}$ गुना है. उसके पुत्र की आयु उसकी आयु की $\frac{1}{10}$ गुना है. उसके पुत्र की वर्तमान आयु कितनी है?

(*a*) 2 वर्ष (*b*) 3 वर्ष (*c*) 4 वर्ष (*d*) 5 वर्ष

(जीवन बीमा निगम परीक्षा, 2009)

18. त्रिशा तथा शालिनी की आयु का अनुपात क्रमशः 7 : 6 है. 8 वर्ष बाद इनकी आयु का अनुपात 9:8 हो जायेगा. इनकी आयु में कितना अन्तर है? **(बैंक पी०ओ० परीक्षा, 2009)**

(*a*) 4 वर्ष (*b*) 8 वर्ष (*c*) 10 वर्ष (*d*) 12 वर्ष (*e*) इनमें से कोई नहीं

19. अरुण तथा दीपक की वर्तमान आयु में 14 वर्ष का अन्तर है. 7 वर्ष पहले इनकी आयु का अनुपात क्रमशः 5:7 था. दीपक की वर्तमान आयु कितनी है? **(बैंक पी०ओ० परीक्षा, 2008)**

(*a*) 49 वर्ष (*b*) 42 वर्ष (*c*) 63 वर्ष (*d*) 35 वर्ष (*e*) इनमें से कोई नहीं

20. फराह का विवाह 8 वर्ष पूर्व हुआ था. आज उसकी आयु उसकी विवाह के समय की आयु की $1\frac{2}{7}$ गुनी है. इस समय उसकी पुत्री की आयु उसकी आयु का एक-छठमांश है. 3 वर्ष पूर्व उसकी पुत्री की आयु कितनी थी?

(*a*) 6 वर्ष (*b*) 7 वर्ष (*c*) 3 वर्ष (*d*) निर्धारित नहीं की जा सकती

(*e*) इनमें से कोई नहीं **(बैंक पी०ओ० परीक्षा, 2009)**

21. एक पिता तथा पुत्र की वर्तमान आयु का योग 99 वर्ष है. जब पिता की आयु उतनी थी जितनी कि अब पुत्र की है, तब उसकी आयु पुत्र की उस समय की आयु की चार गुना थी. पुत्र तथा पिता की वर्तमान आयु में क्या अनुपात है? **(होटल मैनेजमैन्ट परीक्षा, 2009)**

(*a*) 3 : 7 (*b*) 3 : 8 (*c*) 4 : 9 (*d*) 4 : 7

22. समीर की आयु अपने पिता की आयु की एक-चौथाई तथा अपनी बहन रीमा की आयु की दो-तिहाई है. समीर, रीमा तथा उनके पिता की आयु का अनुपात क्रमशः कितना है? **(बैंक पी०ओ० परीक्षा, 2009)**

(*a*) 3 : 2 : 8 (*b*) 3 : 4 : 8 (*c*) 2 : 3 : 8 (*d*) 4 : 3 : 8 (*e*) इनमें से कोई नहीं

23. एक दम्पत्ति का एक पुत्र तथा एक पुत्री है. पिता की आयु पुत्र की आयु की चार गुनी है तथा पुत्री की आयु माता की आयु की एक-तिहाई है. यदि पत्नी की आयु पति की आयु से 6 वर्ष कम हो तथा बहन अपने भाई से 3 वर्ष बड़ी हो, तो माता की आयु कितनी है?

(*a*) 42 वर्ष (*b*) 48 वर्ष (*c*) 54 वर्ष (*d*) 63 वर्ष

24. जयेश अनिल से उतना छोटा है जितना वह प्रशान्त से बड़ा है. यदि अनिल तथा प्रशान्त की आयु का योग 48 वर्ष हो, तो जयेश की आयु कितनी है?

(*a*) 20 वर्ष (*b*) 24 वर्ष (*c*) 30 वर्ष (*d*) इनमें से कोई नहीं

25. *A* तथा *B* की वर्तमान आयु क्रमशः 36 वर्ष तथा 16 वर्ष है. कितने वर्ष बाद *A* की आयु *B* की आयु से दुगुनी होगी? **(एम०सी०ए० परीक्षा, 2005)**

(*a*) 1 वर्ष (*b*) 2 वर्ष (*c*) 3 वर्ष (*d*) 4 वर्ष

26. एक स्त्री की आयु अपने पुत्र की आयु से तिगुनी है. 5 वर्ष पूर्व पुत्र की आयु अपने पिता की आयु का (1/6) थी. यदि उसका पिता उसकी माता से 5 वर्ष बड़ा हो, तो पुत्र की वर्तमान आयु कितनी है? **(रेलवे परीक्षा, 2006)**

(*a*) 10 वर्ष (*b*) 12 वर्ष (*c*) 15 वर्ष (*d*) 18 वर्ष

27. यदि गुलजार की वर्तमान आयु में से 6 घटाकर शेषफल को 18 से भाग दें तो अनूप की आयु प्राप्त होती है. महेश की आयु 5 वर्ष है तथा अनूप महेश से 2 वर्ष छोटा है. गुलजार की वर्तमान आयु कितनी है?

(*a*) 60 वर्ष (*b*) 48 वर्ष (*c*) 84 वर्ष (*d*) 64 वर्ष

28. एक व्यक्ति तथा उसके पुत्र की आयु का योग 45 वर्ष है. 5 वर्ष पूर्व उनकी आयु का गुणनफल उस समय उस व्यक्ति की आयु का 4 गुना था. उस व्यक्ति तथा उसके पुत्र की आयु हैं क्रमशः

(*a*) 35 वर्ष, 10 वर्ष (*b*) 36 वर्ष, 9 वर्ष

(*c*) 39 वर्ष, 6 वर्ष (*d*) इनमें से कोई नहीं **(एम०बी०ए० परीक्षा, 2005)**

29. एक पिता तथा पुत्र की आयु 10 वर्ष बाद 5 : 3 के अनुपात में होगी. जबकि, 10 वर्ष पूर्व इनकी आयु 3 : 1 के अनुपात में थी. पुत्र तथा पिता की वर्तमान आयु का अनुपात है : **(एस०एस०सी० परीक्षा, 2006)**

(*a*) 1 : 2 (*b*) 1 : 3 (*c*) 2 : 3 (*d*) 2 : 5

30. एक पिता की आयु उसके पुत्र की वर्तमान आयु से दुगुनी है. यदि पुत्र की वर्तमान आयु 20 वर्ष हो, तो कितने वर्ष पहले पिता की आयु पुत्र की आयु से तीन गुना थी ?

(*a*) 8 वर्ष (*b*) 10 वर्ष (*c*) 12 वर्ष (*d*) 15 वर्ष

उत्तरमाला (प्रश्नमाला 8A)

1. (*b*)	**2.** (*c*)	**3.** (*d*)	**4.** (*e*)	**5.** (*e*)	**6.** (*a*)	**7.** (*d*)	**8.** (*e*)	**9.** (*a*)	**10.** (*b*)
11. (*e*)	**12.** (*d*)	**13.** (*c*)	**14.** (*e*)	**15.** (*d*)	**16.** (*c*)	**17.** (*b*)	**18.** (*a*)	**19.** (*e*)	**20.** (*c*)
21. (*d*)	**22.** (*c*)	**23.** (*c*)	**24.** (*b*)	**25.** (*d*)	**26.** (*a*)	**27.** (*a*)	**28.** (*b*)	**29.** (*a*)	**30.** (*b*)

दिये गये प्रश्नों के हल | प्रश्नमाला 8A

1. माना A की वर्तमान आयु $= 4x$ वर्ष तथा B की वर्तमान आयु $= 5x$ वर्ष.

5 वर्ष बाद A की आयु $= (4x + 5)$ वर्ष.

5 वर्ष बाद B की आयु $= (5x + 5)$ वर्ष.

$\therefore \frac{4x+5}{5x+5} = \frac{5}{6} \Rightarrow 24x + 30 = 25x + 25 \Rightarrow x = 5.$

अत: A की वर्तमान आयु $= (4 \times 5)$ वर्ष $= 20$ वर्ष.

2. माना मीरा की वर्तमान आयु $= 3x$ वर्ष तथा प्रिया की वर्तमान आयु $= 4x$ वर्ष.

10 वर्ष पूर्व इनकी आयु का अनुपात $= \frac{3x-10}{4x-10}$.

$\therefore \frac{3x-10}{4x-10} = \frac{4}{7} \Rightarrow 7(3x-10) = 4(4x-10) \Rightarrow 21x - 70 = 16x - 40 \Rightarrow 5x = 30 \Rightarrow x = 6.$

5 वर्ष बाद मीरा की आयु $= (3x + 5)$ वर्ष $= (3 \times 6 + 5)$ वर्ष $= 23$ वर्ष.

3. माना 7 वर्ष पूर्व A की आयु $= 4x$ वर्ष तथा B की आयु $= 5x$ वर्ष.

7 वर्ष बाद इनकी आयु का अनुपात $= \frac{4x+14}{5x+14}$.

$\therefore \frac{4x+14}{5x+14} = \frac{5}{6} \Rightarrow 24x + 84 = 25x + 70 \Rightarrow x = 14.$

B की वर्तमान आयु $= (5x + 7)$ वर्ष $= (5 \times 14 + 7)$ वर्ष $= 77$ वर्ष.

4. माना अंजु की वर्तमान आयु $= 13x$ वर्ष तथा संध्या.की वर्तमान आयु $= 17x$ वर्ष.

4 वर्ष पूर्व इनकी आयु का अनुपात $= \frac{13x-4}{17x-4}$.

$\therefore \frac{13x-4}{17x-4} = \frac{11}{15} \Rightarrow 195x - 60 = 187x - 44 \Rightarrow 8x = 16 \Rightarrow x = 2.$

6 वर्ष बाद इनकी आयु का अनुपात $= \frac{13x+6}{17x+6} = \frac{(13 \times 2 + 6)}{(17 \times 2 + 6)} = \frac{32}{40} = \frac{4}{5} = 4:5.$

5. पिता तथा पुत्री की आयु का योग $= (34 \times 2)$ वर्ष $= 68$ वर्ष.

माना 4 वर्ष बाद इनकी आयु क्रमश: $14x$ वर्ष तथा $5x$ वर्ष.

इनकी वर्तमान आयु क्रमश: $(14x - 4)$ वर्ष तथा $(5x - 4)$ वर्ष.

$\therefore 14x - 4 + 5x - 4 = 68 \Rightarrow 19x = 76 \Rightarrow x = 4.$

पुत्री की वर्तमान आयु $= (5 \times 4 - 4)$ वर्ष $= 16$ वर्ष.

6. माना पिता की आयु $= 2x$ वर्ष. तब, सुरेश की आयु $= x$ वर्ष.

$(2x + 20) = \frac{3}{2}(x + 20) \Rightarrow 2(2x + 20) = 3(x + 20) \Rightarrow 4x + 40 = 3x + 60 \Rightarrow x = 20.$

$\therefore$ पिता की वर्तमान आयु $= 2x$ वर्ष $= (2 \times 20)$ वर्ष $= 40$ वर्ष.

7. माना सीता की आयु = $8x$ वर्ष तथा गीता की आयु = $9x$ वर्ष.

$\therefore\ 8x+9x=68 \Rightarrow 17x=68 \Rightarrow x=4.$

10 वर्ष बाद इनकी आयु का अनुपात = $(8x+10):(9x+10)$

$= (8\times4+10):(9\times4+10) = 42:46 = 21:23.$

8. माना वीणा की आयु = $5x$ वर्ष तथा राहुल की आयु = $7x$ वर्ष.

$\therefore\ 5x=15 \Rightarrow x=3.$

$\therefore$ वीणा की आयु = 15 वर्ष तथा राहुल की आयु = (7×3) वर्ष = 21 वर्ष.

माना दिनेश की वर्तमान आयु = $5y$ वर्ष. तब, राहुल की आयु = $3y$ वर्ष.

$\therefore\ 3y=21 \Rightarrow y=7.$

अत: दिनेश की आयु = (5×7) वर्ष = 35 वर्ष.

4 वर्ष बाद दिनेश की आयु = $(35+4)$ वर्ष = 39 वर्ष.

9. माना पुत्री की आयु = x वर्ष. तब, मीना की आयु = $8x$ वर्ष.

$\frac{8x+8}{x+8}=\frac{10}{3} \Rightarrow 24x+24=10x+80 \Rightarrow 14x=56 \Rightarrow x=4.$

मीना की वर्तमान आयु = $8x$ वर्ष = (8×4) वर्ष = 32 वर्ष.

10. माना मेरे भाई की आयु = x वर्ष. तब, माँ की आयु = $3x$ वर्ष.

मेरी आयु = $\left(x+\frac{1}{3}x\right)$ वर्ष = $\frac{4x}{3}$ वर्ष.

$\frac{4x}{3}-4=x \Rightarrow 4x-12=3x \Rightarrow x=12.$

$\therefore$ माँ की आयु = 36 वर्ष.

11. माना पुत्र की आयु = x वर्ष. तब, राम की आयु = $3x$ वर्ष.

राम की आयु = $\frac{2}{5}\times$ पिता की आयु $\Rightarrow$ पिता की आयु = $\frac{5}{2}\times$ राम की आयु = $\left(\frac{5}{2}\times3x\right)$ वर्ष = $\frac{15x}{2}$ वर्ष.

राम, उसके पुत्र तथा राम के पिता की आयु का योग = (46×3) वर्ष = 138 वर्ष.

$3x+x+\frac{15x}{2}=138 \Rightarrow 6x+2x+15x=276 \Rightarrow 23x=276 \Rightarrow x=12.$

राम तथा उसके पिता की आयु में अन्तर = $\left(\frac{15x}{2}-3x\right)$ वर्ष = $\frac{9x}{2}$ वर्ष = $\left(\frac{9}{2}\times12\right)$ वर्ष = 54 वर्ष.

12. माना रंजना की आयु = $15x$ वर्ष तथा राखी की आयु = $17x$ वर्ष. तब,

$\frac{15x+6}{17x+6}=\frac{9}{10} \Rightarrow 10\,(15x+6)=9\,(17x+6)$

$\Rightarrow 150x+60=153x+54 \Rightarrow 3x=6 \Rightarrow x=2.$

6 वर्ष बाद रंजना की आयु = $(15x+6)$ वर्ष = $(15\times2+6)$ वर्ष = 36 वर्ष.

13. माना 10 वर्ष पहले पुत्र की आयु = x वर्ष तथा पिता की आयु = $3x$ वर्ष.

पुत्र की वर्तमान आयु = $(x+10)$ वर्ष, पिता की वर्तमान आयु = $(3x+10)$ वर्ष.

$(3x+10+10)=2\,(x+10+10) \Rightarrow 3x+20=2x+40 \Rightarrow x=20.$

पिता तथा पुत्र की वर्तमान आयु का अनुपात = $(3x+10):(x+10) = (3\times20+10):(20+10)$

$= 70:30 = 7:3.$

14. माना अंजु की वर्तमान आयु = $13x$ वर्ष तथा संध्या की वर्तमान आयु = $17x$ वर्ष.

$\frac{13x-4}{17x-4}=\frac{11}{15} \Rightarrow 15(13x-4)=11\,(17x-4)$

$\Rightarrow 195x-60=187x-44 \Rightarrow 8x=16 \Rightarrow x=2.$

6 वर्ष बाद अंजु तथा संध्या की आयु का अनुपात = $(13x + 6) : (17x + 6)$
$= (13 \times 2 + 6) : (17 \times 2 + 6) = 32 : 40 = 4 : 5.$

15. माना 1 वर्ष पूर्व पुत्र की आयु = x वर्ष तथा महिला की आयु = $4x$ वर्ष.
पुत्र की वर्तमान आयु = $(x + 1)$ वर्ष तथा महिला की वर्तमान आयु = $(4x + 1)$ वर्ष.
6 वर्ष बाद महिला की आयु = $(4x + 1 + 6)$ वर्ष = $(4x + 7)$ वर्ष.
$\therefore\ 4x+7 = 2(x+1+6)+5 \Rightarrow 4x+7 = 2x+19 \Rightarrow 2x = 12 \Rightarrow x = 6.$
महिला तथा उसके पुत्र की वर्तमान आयु का अनुपात
$= (4x+1):(x+1) = (4\times6+1):(6+1) = 25:7.$

16. माना पिता की आयु = $3x$ वर्ष तथा लड़के की आयु = x वर्ष.
12 वर्ष बाद पिता की आयु = $(3x + 12)$ वर्ष तथा लड़के की आयु = $(x + 12)$ वर्ष.
$2(x+12) = 3x+12 \Rightarrow 2x+24 = 3x+12 \Rightarrow x = 12.$
लड़के की वर्तमान आयु = 12 वर्ष.

17. माना A की 6 वर्ष पूर्व आयु = x वर्ष. तब, A की वर्तमान आयु = $(x + 6)$ वर्ष.
$(x+6) = \frac{5}{4}x \Rightarrow 4(x+6) = 5x \Rightarrow x = 24.$
$\therefore$ A की वर्तमान आयु = $(24 + 6)$ वर्ष = 30 वर्ष.
उसके पुत्र की वर्तमान आयु = $\left(\frac{1}{10}\times30\right)$ वर्ष = 3 वर्ष.

18. माना त्रिशा की आयु = $7x$ वर्ष तथा शालिनी की आयु = $6x$ वर्ष.
$\frac{7x+8}{6x+8} = \frac{9}{8} \Rightarrow 8(7x+8) = 9(6x+8) \Rightarrow 56x+64 = 54x+72 \Rightarrow 2x = 8 \Rightarrow x = 4.$
इनकी आयु में अन्तर = $(7x - 6x)$ वर्ष = x वर्ष = 4 वर्ष.

19. माना 7 वर्ष पहले अरुण की आयु = $5x$ वर्ष तथा दीपक की आयु = $7x$ वर्ष.
अरुण की वर्तमान आयु = $(5x + 7)$ वर्ष तथा दीपक की वर्तमान आयु = $(7x + 7)$ वर्ष.
$\therefore\ (7x+7)-(5x+7) = 14 \Rightarrow 2x = 14 \Rightarrow x = 7.$
दीपक की वर्तमान आयु = $(7 \times 7 + 7)$ वर्ष = 56 वर्ष.

20. माना 8 वर्ष पूर्व फराह की आयु = x वर्ष.
फराह की वर्तमान आयु = $(x + 8)$ वर्ष.
$\therefore\ x+8 = \frac{9}{7}x \Rightarrow 7(x+8) = 9x \Rightarrow 7x+56 = 9x \Rightarrow 2x = 56 \Rightarrow x = 28.$
फराह की वर्तमान आयु = $(28 + 8)$ वर्ष = 36 वर्ष.
उसकी पुत्री की आयु = $\left(36 \text{ का } \frac{1}{6}\right)$ वर्ष = 6 वर्ष
3 वर्ष पूर्व उसकी पुत्री की आयु = $(6 - 3)$ वर्ष = 3 वर्ष.

21. माना पिता की वर्तमान आयु = x वर्ष तथा पुत्र की वर्तमान आयु = y वर्ष.
तब, $x + y = 99.$
पिता की आयु y वर्ष, अब से $(x - y)$ वर्ष पहले थी $[\because\ x-(x-y) = y]$
तब पुत्र की आयु $[y - (x - y)]$ वर्ष = $(2y - x)$ वर्ष.
जब पिता की आयु $(99 - x)$ वर्ष थी तब पुत्र की आयु = $2(99 - x) - x = (198 - 3x)$ वर्ष.
$\therefore\ (99-x) = 4(198-3x) \Rightarrow 99-x = 792-12x$
$\Rightarrow 11x = 693 \Rightarrow x = 63.$
अभीष्ट अनुपात = $(99 - 63) : 63 = 36 : 63 = 4 : 7.$

22. माना पिता की आयु = x वर्ष. तब, समीर की आयु = $\frac{x}{4}$ वर्ष.

समीर की आयु = $\frac{2}{3}\times$ रीमा की आयु.

$\therefore$ रीमा की आयु = $\frac{3}{2}$ (समीर की आयु) = $\left(\frac{3}{2}\times\frac{x}{4}\right)$ वर्ष = $\frac{3x}{8}$ वर्ष.

समीर की आयु : रीमा की आयु : उनके पिता की आयु = $\frac{x}{4}:\frac{3x}{8}:x = 2x:3x:8x = 2:3:8$.

23. माना पुत्र की आयु = x वर्ष तथा पुत्री की आयु = y वर्ष.

तब, पिता की आयु = $4x$ वर्ष तथा माता की आयु = $3y$ वर्ष.

$3y = 4x - 6$ तथा $y = x + 3 \Rightarrow 4x - 3y = 6$ तथा $y - x = 3$.

अब $y - x = 3 \Rightarrow 4y - 4x = 12$.

जोड़ने पर, $4x - 3y + 4y - 4x = 18 \Rightarrow y = 18$.

$\therefore$ माता की आयु = (3×18) वर्ष = 54 वर्ष.

24. $A - J = J - P \Rightarrow A + P = 2J \Rightarrow 2J = 48 \Rightarrow J = 24$.

अत: जयेश की आयु 24 वर्ष है.

25. माना x वर्ष बाद A की आयु B से दुगुनी होगी. तब

$(36 + x) = 2\,(16 + x) \Rightarrow 36 + x = 32 + 2x \Rightarrow x = 4$.

अत: 4 वर्ष बाद A की आयु B से दुगुनी होगी.

26. माना पुत्र की आयु = x वर्ष. माता की आयु = $3x$ वर्ष, पिता की आयु = $(3x + 5)$ वर्ष. तब,

$(x-5) = \frac{1}{6}\,(3x+5-5) \Rightarrow (x-5) = \frac{1}{6}\times 3x \Rightarrow 6\,(x-5) = 3x \Rightarrow 6x - 30 = 3x \Rightarrow 30 \Rightarrow x = 10$.

$\therefore$ पुत्र की वर्तमान आयु = 10 वर्ष.

27. माना गुलजार की वर्तमान आयु = x वर्ष.

तब, $\frac{x-6}{18} = (5-2) \Rightarrow x - 6 = 54 \Rightarrow x = 60$.

अत: गुलजार की वर्तमान आयु = 60 वर्ष.

28. माना व्यक्ति की वर्तमान आयु = x वर्ष.

तब, पुत्र की वर्तमान आयु = $(45 - x)$ वर्ष.

$\therefore\ (x-5)\,(45 - x - 5) = 4\,(x-5) \Rightarrow 40 - x = 4 \Rightarrow x = 36$.

अत: व्यक्ति की वर्तमान आयु = 36 वर्ष

तथा पुत्र की वर्तमान आयु = $(45 - 36)$ वर्ष = 9 वर्ष.

29. माना 10 वर्ष बाद पिता की आयु = $5x$ वर्ष तथा पुत्र की आयु = $3x$ वर्ष.

पिता की वर्तमान आयु = $(5x - 10)$ वर्ष, पुत्र की वर्तमान आयु = $(3x - 10)$ वर्ष.

10 वर्ष पूर्व पिता की आयु = $(5x - 10 - 10)$ वर्ष = $(5x - 20)$ वर्ष.

10 वर्ष पूर्व पुत्र की आयु = $(3x - 10 - 10)$ वर्ष = $(3x - 20)$ वर्ष.

$\therefore\ \frac{5x-20}{3x-20} = \frac{3}{1} \Rightarrow 5x - 20 = 3\,(3x-20) \Rightarrow 5x - 20 = 9x - 60 \Rightarrow 4x = 40 \Rightarrow x = 10$.

पुत्र तथा पिता की वर्तमान आयु का अनुपात $= \frac{3x-10}{5x-10} = \frac{(3\times10-10)}{(5\times10-10)} = \frac{20}{40} = \frac{1}{2} = 1:2$.

30. पुत्र की वर्तमान आयु = 20 वर्ष, पिता की वर्तमान आयु = 40 वर्ष.

माना x वर्ष पहले पिता की आयु पुत्र की आयु से तिगुनी थी.

तब, $(40 - x) = 3\,(20 - x) \Rightarrow 40 - x = 60 - 3x \Rightarrow 2x = 20 \Rightarrow x = 10$.

$\therefore$ 10 वर्ष पहले पिता की आयु पुत्र की आयु से तिगुनी थी.

9 घातांक तथा करणी (SURDS AND INDICES)

सामान्य नियम

करणी : माना a एक परिमेय संख्या है तथा n एक धन-पूर्णांक है.

यदि a का nवाँ मूल एक अपरिमेय राशि हो तो $a^{1/n} = \sqrt[n]{a}$ को घात n की करणी कहा जाता है.

उदाहरण : (*i*) $\sqrt{3} = 3^{\frac{1}{2}}$, एक द्वितीय घात की करणी है.

(*ii*) $\sqrt[4]{5} = 5^{\frac{1}{4}}$, एक करणी है जिसकी घात 4 है.

घातांक के नियम (Laws of Indices) :

(*i*) $a^m \times a^n = a^{m+n}$ (*ii*) $(a^m) \div (a^n) = a^{m-n}$ (*iii*) $(a^m)^n = a^{mn}$

(*iv*) $(ab)^n = (a^n \times b^n)$ (*v*) $\left(\frac{a}{b}\right)^n = \frac{a^n}{b^n}$ (*vi*) $a^0 = 1$

करणी के नियम (Laws of Surds) :

(*i*) $\left(\sqrt[n]{a}\right)^n = \left(a^{1/n}\right)^n = a$ (*ii*) $\sqrt[n]{ab} = \sqrt[n]{a} \,.\, \sqrt[n]{b}$ (*iii*) $\sqrt[n]{\frac{a}{b}} = \frac{\sqrt[n]{a}}{\sqrt[n]{b}}$

(*iv*) $\left(\sqrt[n]{a}\right)^m = \sqrt[n]{a^m}$ (*v*) $\sqrt[m]{\sqrt[n]{a}} = \sqrt[mn]{a}$

साधित उदाहरण

प्रश्न 1. सरल कीजिए :

(*i*) $(81)^{\frac{3}{4}}$ (*ii*) $\left(\frac{1}{64}\right)^{\frac{-2}{3}}$ (*iii*) $(64)^{\frac{-1}{6}}$

हल : सरल करने पर :

(*i*) $(81)^{\frac{3}{4}} = \left(3^4\right)^{\frac{3}{4}} = 3^{\left(4\times\frac{3}{4}\right)} = 3^3 = 27.$

(*ii*) $\left(\frac{1}{64}\right)^{-\frac{2}{3}} = (64)^{\frac{2}{3}} = (4^3)^{\frac{2}{3}} = 4^{\left(3\times\frac{2}{3}\right)} = 4^2 = 16.$

(*iii*) $(64)^{-\frac{1}{6}} = \left(\frac{1}{64}\right)^{\frac{1}{6}} = \left(\frac{1}{2^6}\right)^{\frac{1}{6}} = \frac{1}{2^{\left(6\times\frac{1}{6}\right)}} = \frac{1}{2^1} = \frac{1}{2}.$

प्रश्न 2. $(\cdot 00032)^{\cdot 6} = ?$

हल : $(\cdot 00032)^{\cdot 6} = \left(\frac{32}{100000}\right)^{\frac{6}{10}} = \left(\frac{2^5}{10^5}\right)^{\frac{3}{5}} = \left\{\left(\frac{2}{10}\right)^5\right\}^{\frac{3}{5}}$

$= \left(\frac{2}{10}\right)^{\left(5\times\frac{3}{5}\right)} = \left(\frac{1}{5}\right)^3 = (\cdot 2 \times \cdot 2 \times \cdot 2) = \cdot 008.$

प्रश्न 3. $\dfrac{(625)^{6\cdot25}\times(25)^{2\cdot6}}{(625)^{6\cdot75}\times(5)^{1\cdot2}}=?$

हल : दिया गया व्यंजक $=\dfrac{(5^4)^{6\cdot25}\times(5^2)^{2\cdot6}}{(5^4)^{6\cdot75}\times(5)^{1\cdot2}}=\dfrac{(5)^{(4\times6\cdot25)}\times5^{(2\times2\cdot6)}}{(5)^{4\times6\cdot75}\times5^{(1\cdot2)}}$

$$=\frac{5^{25}\times5^{5\cdot2}}{5^{27}\times5^{1\cdot2}}=\frac{5^{(25+5\cdot2)}}{5^{(27+1\cdot2)}}=\frac{5^{30\cdot2}}{5^{28\cdot2}}=5^{(30\cdot2-28\cdot2)}=5^2=25.$$

प्रश्न 4. यदि $(\sqrt{3})^5\times9^2=3^n\times3\sqrt{3}$ हो, तो n का मान ज्ञात कीजिए.

हल : $(\sqrt{3})^5\times(3^2)^2=3^n\times3\times3^{\frac{1}{2}}\Rightarrow(3^{1/2})^5\times3^4=3^n\times3\times3^{\frac{1}{2}}$

$\Rightarrow3^{\left(\frac{5}{2}+4\right)}=3^{\left(n+1+\frac{1}{2}\right)}\Rightarrow3^{\frac{13}{2}}=3^{\left(n+\frac{3}{2}\right)}\Rightarrow n+\frac{3}{2}=\frac{13}{2}\Rightarrow n=\left(\frac{13}{2}-\frac{3}{2}\right)=\frac{10}{2}=5.$ अत: $n=5.$

प्रश्न 5. सरल कीजिए : $\left(\dfrac{x^a}{x^b}\right)^{(a^2+ab+b^2)}\cdot\left(\dfrac{x^b}{x^c}\right)^{(b^2+bc+c^2)}\cdot\left(\dfrac{x^c}{x^a}\right)^{(c^2+ca+a^2)}$

हल : दिया गया व्यंजक

$=x^{(a-b)(a^2+ab+b^2)}\cdot x^{(b-c)(b^2+bc+c^2)}\cdot x^{(c-a)(c^2+ca+a^2)}$

$=x^{(a^3-b^3)}\cdot x^{(b^3-c^3)}\cdot x^{(c^3-a^3)}=x^{(a^3-b^3+b^3-c^3+c^3-a^3)}=x^0=1.$

प्रश्न 6. $\sqrt{2}$ तथा $\sqrt[3]{3}$ में से कौन-सा बड़ा है?

हल : दी गई करणी क्रमशः घात 2 तथा 3 की हैं, जिनका ल०स० = 6. प्रत्येक को घात 6 की करणी में बदलने पर : $\sqrt{2}=2^{\frac{1}{2}}=(2^3)^{\frac{1}{6}}=(8)^{\frac{1}{6}},\ \sqrt[3]{3}=3^{\frac{1}{3}}=(3^2)^{\frac{1}{6}}=(9)^{\frac{1}{6}}.$

स्पष्ट है $(9)^{\frac{1}{6}}>(8)^{\frac{1}{6}}$. अत: $\sqrt[3]{3}>\sqrt{2}.$

प्रश्न 7. $\sqrt{2},\sqrt[3]{4},\sqrt[4]{6}$ को आरोही क्रम में लिखिए.

हल : दी गई करणियों की घात क्रमशः 2, 3, 4 हैं जिनका ल०स० = 12.

$\sqrt{2}=2^{\frac{1}{2}}=(2^6)^{\frac{1}{12}}=(64)^{\frac{1}{12}},\ \sqrt[3]{4}=4^{\frac{1}{3}}=(4^4)^{\frac{1}{12}}=(256)^{\frac{1}{12}}$ तथा $\sqrt[4]{6}=6^{\frac{1}{4}}=(6^3)^{\frac{1}{12}}=(216)^{\frac{1}{12}}.$

स्पष्ट है कि $(64)^{\frac{1}{12}}<(216)^{\frac{1}{12}}<(256)^{\frac{1}{12}}\Rightarrow\sqrt{2}<\sqrt[4]{6}<\sqrt[3]{4}.$

प्रश्न 8. यदि $3^{x-y}=27$ तथा $3^{x+y}=243$ हो, तो x का मान ज्ञात कीजिए.

हल : $3^{x-y}=27=3^3\Rightarrow x-y=3\quad\ldots(i)\qquad 3^{x+y}=243=3^5\Rightarrow x+y=5\quad\ldots(ii)$

(*i*) तथा (*ii*) को जोड़ने पर, $2x=8\Rightarrow x=4.$

(*ii*) में से (*i*) घटाने पर, $2y=2\Rightarrow y=1.$

$\therefore x=4$ तथा $y=1.$

प्रश्नमाला 9A

निम्नलिखित प्रश्नों में से प्रत्येक में ठीक उत्तर को चिन्हांकित (✓) कीजिए :

1. यदि $\left(\dfrac{3}{5}\right)^3\cdot\left(\dfrac{3}{5}\right)^{-6}=\left(\dfrac{3}{5}\right)^{2x-1}$ हो, तो $x=?$ **(एस०एस०सी० परीक्षा, 2010)**

(*a*) – 2 (*b*) 2 (*c*) – 1 (*d*) 1

2. $(23)^{2\cdot8}\times(23)^{7\cdot2}\times(23)^{3\cdot6}=(23)^?$ **(बैंक पी०ओ० परीक्षा, 2009)**
(*a*) 13·6 (*b*) 12·6 (*c*) 12·8 (*d*) 13·8 (*e*) इनमें से कोई नहीं

3. $(21)^?\times(21)^{6\cdot5}=(21)^{12\cdot4}$ **(बैंक पी०ओ० परीक्षा, 2009)**
(*a*) 18·9 (*b*) 4·4 (*c*) 6·9 (*d*) 16·4 (*e*) इनमें से कोई नहीं

4. $(34)^{56}\times(34)^{-53}=?$ **(बैंक पी०ओ० परीक्षा, 2009)**
(*a*) 39304 (*b*) 1156 (*c*) 170504 (*d*) 102 (*e*) इनमें से कोई नहीं

5. $4^{2\cdot3}\times2^{2\cdot3}\times8^{1\cdot7}=?$ **(बैंक पी०ओ० परीक्षा, 2008)**
(*a*) 64 (*b*) 512 (*c*) 16 (*d*) 4096 (*e*) इनमें से कोई नहीं

6. $8^{1\cdot3}\times4^{0\cdot6}\times16^{0\cdot2}=2^?$ **(बैंक पी०ओ० परीक्षा, 2007)**
(*a*) 2·1 (*b*) 3·8 (*c*) 5·9 (*d*) 4·7 (*e*) इनमें से कोई नहीं

7. $(1000)^{12}\div(10)^{30}=?$ **(बैंक पी०ओ० परीक्षा, 2008)**
(*a*) $(1000)^2$ (*b*) 10 (*c*) $(100)^2$ (*d*) 100 (*e*) इनमें से कोई नहीं

8. यदि m तथा n ऐसे धनपूर्णांक हैं कि $m^n=25$ हो, तो $n^m=?$ **(बी०सी०ए० परीक्षा, 2008)**
(*a*) 4 (*b*) 10 (*c*) 25 (*d*) 32

9. यदि $\sqrt{3^n}=81$ हो, तो $n=?$
(*a*) 2 (*b*) 4 (*c*) 8 (*d*) 12

10. $8^{4\cdot2}\times64^{2\cdot1}\times7^{8\cdot4}\times56^{3\cdot5}=(56)^?$ **(बैंक पी०ओ० परीक्षा, 2005)**
(*a*) 18·2 (*b*) 9·8 (*c*) 11·9 (*d*) 12·6 (*e*) इनमें से कोई नहीं

11. $\left[3^{m^2}\div(3^m)^2\right]^{1/m}=81$ हो, तो $m=?$
(*a*) – 3 (*b*) – 6 (*c*) 3 (*d*) 6

12. $(27)^{2/3}\times(64)^{2/3}=?$
(*a*) $\frac{1}{12}$ (*b*) $\frac{1}{144}$ (*c*) $\frac{1}{48}$ (*d*) 144

13. $(0\cdot6)^4\times(0\cdot36)^2\times(0\cdot216)=(0\cdot6)^?$
(*a*) 12 (*b*) 14 (*c*) 11 (*d*) 13 (*e*) इनमें से कोई नहीं

14. $(0\cdot00032)^{0\cdot6}=?$
(*a*) 0·08 (*b*) 0·008 (*c*) 0·8 (*d*) 8

15. $\dfrac{3^{n+4}-6\times3^{n+1}}{3^{n+2}}=?$
(*a*) 7 (*b*) 5 (*c*) 4 (*d*) 1

16. $\left\{\left(\sqrt[5]{x^{-3/5}}\right)^{-5/3}\right\}^5$ का सरलीकृत रूप है : **(एस०एस०सी० परीक्षा, 2010)**
(*a*) x^5 (*b*) x^{-5} (*c*) x (*d*) $\frac{1}{x}$ (*e*) इनमें से कोई नहीं

17. यदि $3^{x+y}=81$ तथा $(81)^{x-y}=3$ हो, तो $x=?$ **(एस०एस०सी० परीक्षा, 2009)**
(*a*) 42 (*b*) $\frac{15}{8}$ (*c*) $\frac{17}{8}$ (*d*) 39

18. यदि $2^{3\cdot6}\times4^{3\cdot6}\times4^{3\cdot6}\times32^{2\cdot3}=(32)^?$
(*a*) 5·9 (*b*) 9·5 (*c*) 7·7 (*d*) 13·1

19. यदि $x = 2 + 2^{2/3} + 2^{1/3}$ हो, तो $x^3 - 6x^2 + 6x = ?$ **(रेलवे परीक्षा, 2001)**

(a) 1 (b) 3 (c) 2 (d) इनमें से कोई नहीं

20. यदि $2^x = 3^y = 6^{-z}$ हो, तो $\left(\frac{1}{x} + \frac{1}{y} + \frac{1}{z}\right) = ?$

(a) 0 (b) 1 (c) $-\frac{1}{2}$ (d) $\frac{3}{2}$

21. यदि $2^x = 4^y = 8^z$ हो, तथा $\left(\frac{1}{2x} + \frac{1}{4y} + \frac{1}{6z}\right) = \frac{24}{7}$ हो, तो $z = ?$

(a) $\frac{7}{16}$ (b) $\frac{7}{32}$ (c) $\frac{7}{48}$ (d) $\frac{7}{64}$

22. यदि $a^x = b^y = c^z$ तथा $b^2 = ac$ हो, तो $y = ?$

(a) $\frac{xz}{x+y}$ (b) $\frac{xz}{2(x-z)}$ (c) $\frac{xz}{2(z-x)}$ (d) $\frac{2xz}{(z+x)}$

23. यदि $2^{x-1} + 2^{x+1} = 320$ हो, तो x का मान है :

(a) 5 (b) 6 (c) 7 (d) 8

24. यदि $2^{x+4} - 2^{x+2} = 3$ हो, तो x का मान है :

(a) – 2 (b) – 1 (c) 0 (d) 2

25. यदि $2^a + 3^b = 17$ हो तथा $2^{a+2} - 3^{b+1} = 5$ हो, तो

(a) $a = 2, b = 3$ (b) $a = -2, b = 3$ (c) $a = 2, b = -3$ (d) $a = 3, b = 2$

26. यदि $\left(\frac{a}{b}\right)^{x-1} = \left(\frac{b}{a}\right)^{x-3}$ हो, तो $x = ?$

(a) – 1 (b) 1 (c) 2 (d) 3

27. यदि $x = y^a$, $y = z^b$ तथा $z = x^c$ हो, तो $abc = ?$ **(एम०बी०ए० परीक्षा, 2006)**

(a) 1 (b) 2 (c) 3 (d) 4

28. $\frac{1}{1+a^{n-m}} + \frac{1}{1+a^{m-n}} = ?$

(a) 0 (b) $\frac{1}{2}$ (c) 1 (d) a^{m+n}

29. यदि $abc = 1$ हो, तो $\left(\frac{1}{1+a+b^{-1}} + \frac{1}{1+b+c^{-1}} + \frac{1}{1+c+a^{-1}}\right)$ का मान है :

(a) 0 (b) 1 (c) ab (d) $\frac{1}{ab}$

30. $\left(\frac{x^a}{x^b}\right)^{\frac{1}{ab}} \cdot \left(\frac{x^b}{x^c}\right)^{\frac{1}{bc}} \cdot \left(\frac{x^c}{x^a}\right)^{\frac{1}{ca}} = ?$

(a) 1 (b) $x^{\frac{1}{abc}}$ (c) $x^{\frac{1}{(ab+bc+ca)}}$ (d) इनमें से कोई नहीं

31. $\left(\frac{x^a}{x^b}\right)^{(a+b-c)} \cdot \left(\frac{x^b}{x^c}\right)^{(b+c-a)} \cdot \left(\frac{x^c}{x^a}\right)^{(c+a-b)} = ?$

(a) 1 (b) x^{abc} (c) x^{a+b+c} (d) $x^{(ab+bc+ca)}$

32. $\frac{1}{1+x^{b-a}+x^{c-a}} + \frac{1}{1+x^{a-b}+x^{c-b}} + \frac{1}{1+x^{b-c}+x^{a-c}} = ?$

(a) 0 (b) 1 (c) x^{a-b-c} (d) इनमें से कोई नहीं

33. $\frac{(2^n + 2^{n-1})}{(2^{n+1} - 2^n)}$ का मान है : **(रेलवे परीक्षा, 2006)**

(*a*) $\frac{1}{2}$ (*b*) $\frac{3}{2}$ (*c*) $2^{\frac{(n-1)}{(n+1)}}$ (*d*) इनमें से कोई नहीं

34. यदि $2^{2x-1} = \frac{1}{8^{x-3}}$ हो, तो $x = ?$ **(जीवन बीमा निगम परीक्षा, 2007)**

(*a*) -2 (*b*) -1 (*c*) 2 (*d*) 3

35. यदि $x^{-\frac{4}{5}} = 81$ हो, तो $x = ?$

(*a*) $\frac{1}{243}$ (*b*) 243 (*c*) $\frac{1}{3}$ (*d*) 3

36. यदि $(64)^{(2x-5)} = 4 \times 8^{(x-4)}$ हो, तो x का मान है :

(*a*) 2 (*b*) 11 (*c*) $\frac{10}{7}$ (*d*) $\frac{20}{9}$

37. यदि $\left(\frac{9}{4}\right)^x \cdot \left(\frac{8}{27}\right)^{(x-1)} = \frac{2}{3}$ हो, तो x का मान है :

(*a*) 1 (*b*) 2 (*c*) 3 (*d*) 4

38. $\left(64x^3 \div 27a^{-3}\right)^{-\frac{2}{3}} = ?$ **(रेलवे परीक्षा, 2006)**

(*a*) $\frac{9ax}{16}$ (*b*) $\frac{9}{16ax}$ (*c*) $\frac{3}{4}x^{-2}a^{-2}$ (*d*) $\frac{9}{16x^2a^2}$

39. $\left(\frac{32}{243}\right)^{-\frac{4}{5}} = ?$

(*a*) $\frac{4}{9}$ (*b*) $\frac{9}{4}$ (*c*) $\frac{16}{81}$ (*d*) $\frac{81}{16}$

40. $\left(\frac{1}{216}\right)^{-\frac{2}{3}} \div \left(\frac{1}{27}\right)^{-\frac{4}{3}} = ?$

(*a*) $\frac{3}{4}$ (*b*) $\frac{2}{3}$ (*c*) $\frac{4}{9}$ (*d*) $\frac{1}{8}$

41. यदि $(27)^{\frac{2}{3}} \times (81)^{-\frac{1}{2}} = 3^n$ हो, तो $n = ?$

(*a*) 0 (*b*) 1 (*c*) 27 (*d*) 81

42. $(16)^{1\cdot75} = ?$

(*a*) 64 (*b*) $64\sqrt{2}$ (*c*) 128 (*d*) $128\sqrt{2}$

43. $6^{1\cdot2} \times (36)^? \times (30)^{2\cdot4} \times (25)^{1\cdot3} = (30)^5$ **(बैंक पी०ओ० परीक्षा, 2006)**

(*a*) 0·1 (*b*) 0·7 (*c*) 1·4 (*d*) 2·6 (*e*) इनमें से कोई नहीं

44. $(0\cdot01024)^{\frac{1}{5}} = ?$

(*a*) 0·00004 (*b*) 0·04 (*c*) 0·4 (*d*) 4

45. $(3 + \sqrt{5})$ का वर्गमूल है : **(जीवन बीमा निगम परीक्षा, 2007)**

(*a*) $\left(\frac{\sqrt{3}}{2} + \frac{1}{\sqrt{2}}\right)$ (*b*) $\left(\frac{\sqrt{3}}{2} - \frac{1}{2}\right)$ (*c*) $\left(\frac{\sqrt{5}}{2} - \frac{1}{\sqrt{2}}\right)$ (*d*) $\left(\sqrt{\frac{5}{2}} + \sqrt{\frac{1}{2}}\right)$

46. यदि $x = (7 - 4\sqrt{3})$ हो, तो $\left(x + \frac{1}{x}\right)$ का मान क्या होगा ? **(रेलवे परीक्षा, 2005)**

(*a*) $3\sqrt{3}$ (*b*) $8\sqrt{3}$ (*c*) $14 + 8\sqrt{3}$ (*d*) 14

47. $\sqrt{3}, \sqrt[3]{4}, \sqrt[4]{6}, \sqrt[6]{8}$ में से सबसे बड़ी संख्या कौन-सी है? **(एस०एस०सी० परीक्षा, 2006)**

(*a*) $\sqrt{3}$ (*b*) $\sqrt[3]{4}$ (*c*) $\sqrt[4]{6}$ (*d*) $\sqrt[6]{8}$

48. $\sqrt[3]{2}, \sqrt{3}, \sqrt[3]{5}, 1\cdot5$ में से सबसे बड़ी संख्या कौन-सी है? **(एस०एस०सी० परीक्षा, 2009)**

(*a*) 1·5 (*b*) $\sqrt{3}$ (*c*) $\sqrt[3]{2}$ (*d*) $\sqrt[3]{5}$

49. $\sqrt{8-2\sqrt{15}} = ?$ **(एस०एस०सी० परीक्षा, 2007)**

(*a*) $(\sqrt{5}+\sqrt{3})$ (*b*) $(5-\sqrt{3})$ (*c*) $(\sqrt{5}-\sqrt{3})$ (*d*) $(3-\sqrt{5})$

50. $\left\{(-2)^{(-2)}\right\}^{(-2)} = ?$ **(एस०एस०सी० परीक्षा, 2005)**

(*a*) – 16 (*b*) – 8 (*c*) 8 (*d*) 16

51. यदि $\sqrt{3} = 1\cdot732$ हो, तो $\dfrac{4+3\sqrt{3}}{\sqrt{7+4\sqrt{3}}} = ?$ **(एस०एस०सी० परीक्षा, 2005)**

(*a*) ·023 (*b*) ·464 (*c*) 2·464 (*d*) 3·023

52. यदि $\sqrt{3} = 1\cdot732$ हो, तो $\dfrac{(3+\sqrt{6})}{(5\sqrt{3}-2\sqrt{12}-\sqrt{32}+\sqrt{50})} = ?$ **(एस०एस०सी० परीक्षा, 2007)**

(*a*) 4·899 (*b*) 2·551 (*c*) 1·414 (*d*) 1·732

53. $\dfrac{12}{(3+\sqrt{5}+2\sqrt{2})} = ?$ **(एस०एस०सी० परीक्षा, 2010)**

(*a*) $1-\sqrt{5}+\sqrt{2}+\sqrt{10}$ (*b*) $1+\sqrt{5}+\sqrt{2}-\sqrt{10}$

(*c*) $1+\sqrt{5}-\sqrt{2}+\sqrt{10}$ (*d*) $1-\sqrt{5}-\sqrt{2}+\sqrt{10}$

54. $\dfrac{\sqrt{7}}{\sqrt{16+6\sqrt{7}}-\sqrt{16-6\sqrt{7}}} = ?$ **(एस०एस०सी० परीक्षा, 2010)**

(*a*) $\dfrac{1}{2}$ (*b*) $\dfrac{1}{3}$ (*c*) $\dfrac{1}{4}$ (*d*) $\dfrac{1}{5}$

55. यदि $a = \sqrt{7+2\sqrt{12}}$ तथा $b = \sqrt{7-2\sqrt{12}}$ हो, तो $(a^3+b^3) = ?$ **(एस०एस०सी० परीक्षा, 2010)**

(*a*) 40 (*b*) 44 (*c*) 48 (*d*) 52

56. यदि $x^{1/3}+y^{1/3} = z^{1/3}$ हो, तो $\left\{(x+y-z)^3+27xyz\right\} = ?$ **(एस०एस०सी० परीक्षा, 2007)**

(*a*) – 1 (*b*) 1 (*c*) 0 (*d*) 27

57. 2^{50} का दुगुना क्या होगा?

(*a*) 2^{100} (*b*) 2^{55} (*c*) 2^{51} (*d*) इनमें से कोई नहीं

58. $\left(\dfrac{5^{-1}\times7^2}{5^2\times7^{-4}}\right)^{7/2} \times \left(\dfrac{5^{-2}\times7^3}{5^3\times7^{-5}}\right)^{\frac{-5}{2}} = ?$

(*a*) 150 (*b*) 125 (*c*) 175 (*d*) 90

59. यदि $a = \dfrac{\sqrt{5}+1}{\sqrt{5}-1}$ तथा $b = \dfrac{\sqrt{5}-1}{\sqrt{5}+1}$ हो, तो $\dfrac{(a^2+ab+b^2)}{(a^2-ab+b^2)} = ?$ **(एस०एस०सी० परीक्षा, 2005)**

(*a*) $\dfrac{3}{4}$ (*b*) $\dfrac{4}{3}$ (*c*) $\dfrac{3}{5}$ (*d*) $\dfrac{5}{3}$

60. यदि $x=(3+2\sqrt{2})$ हो, तो $\left(\sqrt{x}-\frac{1}{\sqrt{x}}\right)$ का मान कितना होगा ?

(a) 1 (b) 2 (c) $2\sqrt{2}$ (d) $3\sqrt{3}$

उत्तरमाला (प्रश्नमाला 9A)

1. (c)	**2.** (a)	**3.** (e)	**4.** (a)	**5.** (d)	**6.** (c)	**7.** (a)	**8.** (d)	**9.** (c)	**10.** (c)
11. (d)	**12.** (d)	**13.** (c)	**14.** (b)	**15.** (a)	**16.** (c)	**17.** (c)	**18.** (a)	**19.** (c)	**20.** (a)
21. (c)	**22.** (d)	**23.** (c)	**24.** (a)	**25.** (d)	**26.** (c)	**27.** (a)	**28.** (c)	**29.** (b)	**30.** (a)
31. (a)	**32.** (b)	**33.** (b)	**34.** (c)	**35.** (a)	**36.** (d)	**37.** (d)	**38.** (d)	**39.** (d)	**40.** (c)
41. (a)	**42.** (c)	**43.** (b)	**44.** (c)	**45.** (d)	**46.** (d)	**47.** (a)	**48.** (b)	**49.** (c)	**50.** (d)
51. (c)	**52.** (d)	**53.** (b)	**54.** (a)	**55.** (d)	**56.** (c)	**57.** (c)	**58.** (c)	**59.** (b)	**60.** (b)

दिये गये प्रश्नों के हल प्रश्नमाला 9A

1. $\left(\frac{3}{5}\right)^{3+(-6)}=\left(\frac{3}{5}\right)^{2x-1} \Rightarrow 2x-1=-3 \Rightarrow 2x=-2 \Rightarrow x=-1.$

2. $(23)^{2\cdot8+7\cdot2+3\cdot6}=(23)^x \Rightarrow (23)^{13\cdot6}=(23)^x \Rightarrow x=13\cdot6.$

3. माना $(21)^x\times(21)^{6\cdot5}=(21)^{12\cdot4}$. तब $(21)^{x+6\cdot5}=(21)^{12\cdot4}$

$\therefore\ x+6\cdot5=12\cdot4 \Rightarrow x=(12\cdot4-6\cdot5)=5\cdot9.$

4. $(34)^{56}\times(34)^{-53}=(34)^{56-53}=(34)^3=39304.$

5. $4^{2\cdot3}\times2^{2\cdot3}\times8^{1\cdot7}=(2^2)^{2\cdot3}\times2^{2\cdot3}\times(2^3)^{1\cdot7}=2^{4\cdot6}\times2^{2\cdot3}\times2^{5\cdot1}=2^{(4\cdot6+2\cdot3+5\cdot1)}=2^{12}=4096.$

6. $8^{1\cdot3}\times4^{0\cdot6}\times16^{0\cdot2}=(2^3)^{1\cdot3}\times(2^2)^{0\cdot6}\times(2^4)^{0\cdot2}=2^{3\cdot9}\times2^{1\cdot2}\times2^{0\cdot8}=2^{(3\cdot9+1\cdot2+0\cdot8)}=2^{5\cdot9}.$

7. $\frac{(1000)^{12}}{(10)^{30}}=\frac{(10^3)^{12}}{(10)^{30}}=\frac{(10)^{36}}{(10)^{30}}=(10)^{(36-30)}=10^6=(10^3)^2=(1000)^2.$

8. $5^2=25 \Rightarrow m=5$ तथा $n=2 \Rightarrow n^m=2^5=32.$

9. $\sqrt{3^n}=81 \Rightarrow (3^n)^{\frac{1}{2}}=3^4 \Rightarrow 3^{\frac{n}{2}}=3^4 \Rightarrow \frac{n}{2}=4 \Rightarrow n=8.$

10. $8^{4\cdot2}\times(8^2)^{2\cdot1}\times7^{8\cdot4}\times(56)^{3\cdot5}=(56)^x \Rightarrow 8^{4\cdot2}\times8^{4\cdot2}\times7^{8\cdot4}\times(56)^{3\cdot5}=(56)^x$

$\Rightarrow 8^{8\cdot4}\times7^{8\cdot4}\times(56)^{3\cdot5}=(56)^x \Rightarrow (8\times7)^{8\cdot4}\times(56)^{3\cdot5}=(56)^x \Rightarrow (56)^{8\cdot4+3\cdot5}=(56)^x \Rightarrow x=11\cdot9.$

11. $\left\{\frac{3^{m^2}}{3^{2m}}\right\}^{\frac{1}{m}}=81 \Rightarrow 3^{(m^2-2m)\times\frac{1}{m}}=3^4 \Rightarrow 3^{(m-2)}=3^4 \Rightarrow m-2=4 \Rightarrow m=6.$

12. $(27)^{2/3}\times(64)^{2/3}=(3^3)^{\frac{2}{3}}\times(4^3)^{\frac{2}{3}}=3^{\left(3\times\frac{2}{3}\right)}\times4^{\left(3\times\frac{2}{3}\right)}=(3^2\times4^2)=(9\times16)=144.$

13. $(0\cdot6)^4\times(0\cdot36)^2\times(0\cdot216)=(0\cdot6)^x \Rightarrow (0\cdot6)^4\times\left\{(0\cdot6)^2\right\}^2\times(0\cdot6)^3=(0\cdot6)^x$

$\Rightarrow (0\cdot6)^4\times(0\cdot6)^4\times(0\cdot6)^3=(0\cdot6)^x \Rightarrow (0\cdot6)^{(4+4+3)}=(0\cdot6)^x \Rightarrow x=(4+4+3)=11.$

14. $(0\cdot00032)^{0\cdot6}=\left(\frac{32}{10^5}\right)^{0\cdot6}=\left(\frac{2^5}{10^5}\right)^{0\cdot6}=\frac{2^{(5\times0\cdot6)}}{10^{(5\times0\cdot6)}}=\frac{2^3}{10^3}=\frac{8}{1000}=0\cdot008.$

15. $\frac{3^{n+4}-6\times3^{n+1}}{3^{n+2}}=\frac{3^{n+4}-2\times3\times3^{n+1}}{3^{n+2}}=\frac{3^{n+4}-2\times3^{n+2}}{3^{n+2}}=\frac{3^{n+2}\cdot[3^2-2]}{3^{n+2}}=(9-2)=7.$

16. दिया गया व्यंजक $= \left[\left\{\left(x^{-3/5}\right)^{\frac{1}{5}}\right\}^{\frac{-5}{3}}\right]^5 = \left[\left\{x^{\left(\frac{-3}{5}\times\frac{1}{5}\right)}\right\}^{\frac{-5}{3}}\right]^5 = \left[x^{\left\{\frac{-3}{25}\times\frac{(-5)}{3}\right\}}\right]^5 = x^{\left(\frac{1}{5}\times 5\right)} = x^1 = x.$

17. $3^{x+y} = 81$ तथा $(81)^{x-y} = 3 \Rightarrow 3^{x+y} = 3^4$ तथा $(3^4)^{x-y} = 3 = 3^1$

$\Rightarrow x + y = 4$ तथा $4x - 4y = 1 \Rightarrow 4x + 4y = 16$ तथा $4x - 4y = 1 \Rightarrow x = \frac{17}{8}.$

18. $2^{3\cdot6} \times 4^{3\cdot6} \times 4^{3\cdot6} \times 32^{2\cdot3} = (2\times4\times4)^{3\cdot6} \times (32)^{2\cdot3} = (32)^{3\cdot6} \times (32)^{2\cdot3} = (32)^{(3\cdot6+2\cdot3)} = (32)^{5\cdot9}.$

$\therefore x = 5\cdot9.$

19. $(x-2) = 2^{2/3} + 2^{1/3} \Rightarrow (x-2)^3 = (2^{2/3} + 2^{1/3})^3$

$\Rightarrow x^3 - 8 - 6x(x-2) = 2^2 + 2 + 3\times2^{2/3}\times2^{1/3}\left(2^{2/3} + 2^{1/3}\right)$

$\Rightarrow x^3 - 6x^2 + 12x - 8 = 6 + 3\times2\,(x-2)$

$\Rightarrow x^3 - 6x^2 + 12x - 8 = 6 + 6x - 12$

$\Rightarrow x^3 - 6x^2 + 6x = 2.$

20. माना $2^x = 3^y = 6^{-z} = k.$ तब $2 = (k)^{\frac{1}{x}}, 3 = (k)^{\frac{1}{y}}$ तथा $6 = (k)^{\frac{-1}{z}}.$

अब, $2\times3 = 6 \Rightarrow (k)^{\frac{1}{x}} \times (k)^{\frac{1}{y}} = (k)^{\frac{-1}{z}}$

$\Rightarrow (k)^{\left(\frac{1}{x}+\frac{1}{y}\right)} = (k)^{-\frac{1}{z}} \Rightarrow \frac{1}{x} + \frac{1}{y} = \frac{-1}{z} \Rightarrow \left(\frac{1}{x} + \frac{1}{y} + \frac{1}{z}\right) = 0.$

21. $2^x = 4^y = 8^z \Rightarrow 2^x = 2^{2y} = 2^{3z} \Rightarrow x = 2y = 3z.$

$\frac{1}{2x} + \frac{1}{4y} + \frac{1}{6z} = \frac{24}{7} \Rightarrow \frac{1}{6z} + \frac{1}{6z} + \frac{1}{6z} = \frac{24}{7} \Rightarrow \frac{3}{6z} = \frac{24}{7} \Rightarrow \frac{1}{z} = \left(\frac{24}{7}\times2\right) = \frac{48}{7}.$

अत: $z = \frac{7}{48}.$

22. माना $a^x = b^y = c^z = k.$ तब, $a = (k)^{\frac{1}{x}}, b = (k)^{\frac{1}{y}}$ तथा $c = (k)^{\frac{1}{z}}.$

$b^2 = ac \Rightarrow (k)^{\frac{2}{y}} = k^{\frac{1}{x}} \times k^{\frac{1}{z}} \Rightarrow \frac{2}{y} = \frac{1}{x} + \frac{1}{z} \Rightarrow y = \frac{2xz}{(z+x)}.$

23. $2^{x-1} + 2^{x+1} = 320 \Rightarrow 2^{x-1}(1 + 2^2) = 320$

$\Rightarrow 5\times2^{x-1} = 320 \Rightarrow 2^{x-1} = 64 = 2^6 \Rightarrow x - 1 = 6 \Rightarrow x = 7.$

24. $2^{x+4} - 2^{x+2} = 3 \Rightarrow 2^{x+2}\ (2^2 - 1) = 3 \Rightarrow 2^{x+2} = 1 = 2^0 \Rightarrow x + 2 = 0 \Rightarrow x = -2.$

25. $2^a = x$ तथा $3^b = y$ रखने पर : $x + y = 17$ ...(*i*)

$2^2\times2^a - 3\times3^b = 5 \Rightarrow 4x - 3y = 5$ ...(*ii*)

इन्हें हल करने पर $x = 8$ तथा $y = 9.$

$\therefore\ 2^a = 8 = 2^3$ तथा $3^b = 9 = 3^2 \Rightarrow a = 3$ तथा $b = 2.$

26. $\left(\frac{a}{b}\right)^{x-1} = \left(\frac{b}{a}\right)^{x-3} = \left(\frac{a}{b}\right)^{3-x} \Rightarrow x - 1 = 3 - x \Rightarrow 2x = 4 \Rightarrow x = 2.$

27. $x = y^a \Rightarrow x = (z^b)^a = (z)^{ba} = (x^c)^{ba} = x^{cba} \Rightarrow cba = 1 \Rightarrow abc = 1.$

28. दिया गया व्यंजक $= \frac{1}{1+\frac{a^n}{a^m}} + \frac{1}{1+\frac{a^m}{a^n}} = \frac{a^m}{(a^m + a^n)} + \frac{a^n}{(a^n + a^m)} = \frac{(a^m + a^n)}{(a^m + a^n)} = 1.$

29. दिया गया व्यंजक $= \dfrac{1}{(1+a+b^{-1})} + \dfrac{b^{-1}}{b^{-1}+1+b^{-1}c^{-1}} + \dfrac{a}{a+ac+1}$

$= \dfrac{1}{(1+a+b^{-1})} + \dfrac{a}{1+a+ac} + \dfrac{b^{-1}}{1+b^{-1}+b^{-1}c^{-1}}$

$= \dfrac{1}{(1+a+b^{-1})} + \dfrac{a}{(1+a+b^{-1})} + \dfrac{b^{-1}}{(1+a+b^{-1})}$ $\left[\because abc = 1 \Rightarrow b^{-1} = ac \quad (cb)^{-1} = a \Rightarrow b^{-1}c^{-1} = a\right]$

$= \dfrac{(1+a+b^{-1})}{(1+a+b^{-1})} = 1.$

30. दिया गया व्यंजक $= \left(x^{a-b}\right)^{\frac{1}{ab}} \cdot \left(x^{b-c}\right)^{\frac{1}{bc}} \cdot \left(x^{c-a}\right)^{\frac{1}{ca}}$

$= x^{\left(\frac{a-b}{ab}\right)} \cdot x^{\left(\frac{b-c}{bc}\right)} \cdot x^{\left(\frac{c-a}{ca}\right)} \cdot x^{\left(\frac{1}{b}-\frac{1}{a}\right)} \cdot x^{\left(\frac{1}{c}-\frac{1}{b}\right)} \cdot x^{\left(\frac{1}{a}-\frac{1}{c}\right)}$

$= x^{\left(\frac{1}{b}-\frac{1}{a}+\frac{1}{c}-\frac{1}{b}+\frac{1}{a}-\frac{1}{c}\right)} = x^0 = 1.$

53. दिया गया व्यंजक $= x^{(a-b)(a+b-c)} \cdot x^{(b-c)(b+c-a)} \cdot x^{(c-a)(c+a-b)}$

$= x^{(a-b)(a+b)} \cdot x^{-c(a-b)} \cdot x^{(b-c)(b+c)} \cdot x^{-a(b-c)} \cdot x^{(c-a)(c+a)} \cdot x^{-b(c-a)}$

$= x^{(a^2-b^2+b^2-c^2+c^2-a^2)} \cdot x^{-ca+bc-ab+ca-bc+ab} = (x^0 \times x^0) = (1\times1) = 1.$

32. दिया गया व्यंजक $= \dfrac{1}{1+\dfrac{x^b}{x^a}+\dfrac{x^c}{x^a}} + \dfrac{1}{1+\dfrac{x^a}{x^b}+\dfrac{x^c}{x^b}} + \dfrac{1}{1+\dfrac{x^b}{x^c}+\dfrac{x^a}{x^c}}$

$= \dfrac{x^a}{(x^a+x^b+x^c)} + \dfrac{x^b}{(x^b+x^a+x^c)} + \dfrac{x^c}{(x^c+x^b+x^a)} = \dfrac{(x^a+x^b+x^c)}{(x^a+x^b+x^c)} = 1.$

33. $\dfrac{\left(2^n+2^{n-1}\right)}{\left(2^{n+1}-2^n\right)} = \dfrac{2^{n-1}\,(2+1)}{2^n\,(2-1)} = \dfrac{3}{2}.$

34. $2^{2x-1} = \dfrac{1}{(2^3)^{x-3}} = \dfrac{1}{2^{(3x-9)}} = 2^{(9-3x)} \Rightarrow 2x-1 = 9-3x \Rightarrow 5x = 10 \Rightarrow x = 2.$

35. $x^{-\frac{4}{5}} = 81 \Rightarrow \dfrac{1}{x^{4/5}} = 81 \Rightarrow x^{4/5} = \dfrac{1}{81} \Rightarrow \left(x^{1/5}\right)^4 = \left(\dfrac{1}{3}\right)^4 \Rightarrow x^{1/5} = \dfrac{1}{3} \Rightarrow x = \left(\dfrac{1}{3}\right)^5 = \dfrac{1^5}{3^5} = \dfrac{1}{243}.$

36. $(64)^{(2x-5)} = 2^2 \times 2^{3(x-4)} \Rightarrow 2^{6(2x-5)} = 2^{3x-12+2}$

$\therefore\ 6(2x-5) = 3x-10 \Rightarrow 12x-30 = 3x-10 \Rightarrow 9x = 20 \Rightarrow x = \dfrac{20}{9}.$

37. $\left\{\left(\dfrac{3}{2}\right)^2\right\}^x \cdot \left(\dfrac{2}{3}\right)^{3(x-1)} = \dfrac{2}{3} \Rightarrow \left(\dfrac{3}{2}\right)^{2x} \cdot \left(\dfrac{2}{3}\right)^{(3x-3)} = \dfrac{2}{3} \Rightarrow \left(\dfrac{2}{3}\right)^{-2x} \cdot \left(\dfrac{2}{3}\right)^{(3x-3)} = \dfrac{2}{3}$

$\Rightarrow \left(\dfrac{2}{3}\right)^{(3x-3-2x)} = \left(\dfrac{2}{3}\right)^1 \Rightarrow x-3 = 1 \Rightarrow x = 4.$

38. $\left(\dfrac{64x^3}{27a^{-3}}\right)^{-\frac{2}{3}} = \left(\dfrac{64x^3a^3}{27}\right)^{-\frac{2}{3}} = \left(\dfrac{27}{64x^3a^3}\right)^{\frac{2}{3}} = \left\{\left(\dfrac{3}{4xa}\right)^3\right\}^{\frac{2}{3}} = \left(\dfrac{3}{4xa}\right)^{\left(3\times\frac{2}{3}\right)} = \left(\dfrac{3}{4xa}\right)^2 = \dfrac{9}{16x^2a^2}.$

39. $\left(\frac{32}{243}\right)^{-\frac{4}{5}} = \left\{\left(\frac{2}{3}\right)^5\right\}^{-\frac{4}{5}} = \left(\frac{2}{3}\right)^{\frac{5\times(-4)}{5}} = \left(\frac{2}{3}\right)^{-4} = \left(\frac{3}{2}\right)^4 = \frac{3^4}{2^4} = \frac{81}{16}.$

40. $\left(\frac{1}{216}\right)^{-\frac{2}{3}} = (216)^{\frac{2}{3}} = (6^3)^{\frac{2}{3}} = 6^{\left(3\times\frac{2}{3}\right)} = 6^2 = 36.$

$\left(\frac{1}{27}\right)^{-\frac{4}{3}} = (27)^{\frac{4}{3}} = (3^3)^{\frac{4}{3}} = 3^{\left(3\times\frac{4}{3}\right)} = 3^4 = 81.$

$\therefore$ दिया गया व्यंजक $= 36 \div 81 = \frac{36}{81} = \frac{4}{9}.$

41. $3^n = \left(3^3\right)^{\frac{2}{3}} \times \left(\frac{1}{81}\right)^{\frac{1}{2}} \Rightarrow 3^{\left(3\times\frac{2}{3}\right)} \times \frac{1}{9} = 3^2 \times \frac{1}{9} = 9 \times \frac{1}{9} = 1 \Rightarrow n = 0.$

42. $(16)^{1\cdot 75} = (16)^{\frac{175}{100}} = (16)^{\frac{7}{4}} = (2^4)^{\frac{7}{4}} = 2^{\left(4\times\frac{7}{4}\right)} = 2^7 = 128.$

43. माना $6^{1\cdot 2} \times (36)^x \times (30)^{2\cdot 4} \times (25)^{1\cdot 3} = (30)^5$

तब, $6^{1\cdot 2} \times (6^2)^x \times (30)^{2\cdot 4} \times (5^2)^{1\cdot 3} = (30)^5$

$\Rightarrow 6^{1\cdot 2} \times (6^2)^x \times (6\times 5)^{2\cdot 4} \times (5^2)^{1\cdot 3} = (30)^5 \Rightarrow 6^{(1\cdot 2+2x+2\cdot 4)} \times 5^{(2\cdot 4+2\cdot 6)} = (30)^5$

$\Rightarrow 6^{(3\cdot 6+2x)} \times 5^5 = (30)^5 \Rightarrow 3\cdot 6 + 2x = 5 \Rightarrow 2x = 1\cdot 4 \Rightarrow x = 0\cdot 7.$

44. $(0\cdot 01024)^{\frac{1}{5}} = \left(\frac{1024}{10^5}\right)^{\frac{1}{5}} = \left(\frac{4^5}{10^5}\right)^{\frac{1}{5}} = \left\{\left(\frac{4}{10}\right)^5\right\}^{\frac{1}{5}} = \left(\frac{4}{10}\right)^{\left(5\times\frac{1}{5}\right)} = \left(\frac{4}{10}\right) = 0\cdot 4.$

45. माना $\sqrt{3+\sqrt{5}} = \sqrt{a} + \sqrt{b}$. तब $(3+\sqrt{5}) = a + b + 2\sqrt{ab}$

$\therefore$ $a + b = 3$ तथा $2\sqrt{ab} = \sqrt{5} \Rightarrow 4ab = 5 \Rightarrow ab = \frac{5}{4}.$

$(a-b)^2 = (a+b)^2 - 4ab = \left(3^2 - 4\times\frac{5}{4}\right) = (9-5) = 4 \Rightarrow (a-b) = 2.$

$(a+b) = 3$ तथा $(a-b) = 2 \Rightarrow 2a = 5$ तथा $2b = 1 \Rightarrow a = \frac{5}{2}$ तथा $b = \frac{1}{2}.$

$\therefore$ अभीष्ट वर्गमूल $= \sqrt{\frac{5}{2}} + \sqrt{\frac{1}{2}}.$

46. $\frac{1}{x} = \frac{1}{(7-4\sqrt{3})} \times \frac{(7+4\sqrt{3})}{(7+4\sqrt{3})} = \frac{(7+4\sqrt{3})}{(49-48)} = (7+4\sqrt{3})$

$\therefore$ $\left(x + \frac{1}{x}\right) = (7-4\sqrt{3}) + (7+4\sqrt{3}) = 14.$

47. 2, 3, 4, 6 का ल०स० = 12.

$\sqrt{3} = 3^{\frac{1}{2}} = (3^6)^{\frac{1}{12}} = (729)^{\frac{1}{12}}, \sqrt[3]{4} = 4^{\frac{1}{3}} = (4^4)^{\frac{1}{12}} = (256)^{\frac{1}{12}},$

$\sqrt[4]{6} = 6^{\frac{1}{4}} = (6^3)^{\frac{1}{12}} = (216)^{\frac{1}{12}}, \sqrt[6]{8} = 8^{\frac{1}{6}} = (8^2)^{\frac{1}{12}} = (64)^{\frac{1}{12}}.$

$(729)^{\frac{1}{12}} > (256)^{\frac{1}{12}} > (216)^{\frac{1}{12}} > (64)^{\frac{1}{12}}.$

अतः $\sqrt{3}$ इनमें सबसे बड़ा है.

48. 3, 2 का ल०स० = 6.

$\sqrt[3]{2} = 2^{\frac{1}{3}} = (2^2)^{\frac{1}{6}} = (4)^{\frac{1}{6}}, \sqrt{3} = 3^{\frac{1}{2}} = (3^3)^{\frac{1}{6}} = (27)^{\frac{1}{6}}.$

$\sqrt[3]{5} = 5^{\frac{1}{3}} = (5^2)^{\frac{1}{6}} = (25)^{\frac{1}{6}}, \frac{3}{2} = \left\{\left(\frac{3}{2}\right)^6\right\}^{\frac{1}{6}} = \left(\frac{729}{64}\right)^{\frac{1}{6}} = \left(11\frac{25}{64}\right)^{\frac{1}{6}}.$

अत: इन सबमें बड़ा है $(27)^{\frac{1}{6}}$ अर्थात् $\sqrt{3}$.

49. $(8-2\sqrt{15}) = (\sqrt{5})^2 + (\sqrt{3})^2 - 2\times\sqrt{5}\times\sqrt{3} = (\sqrt{5}-\sqrt{3})^2 \Rightarrow \sqrt{8-2\sqrt{15}} = (\sqrt{5}-\sqrt{3}).$

50. दिया गया व्यंजक $= (-2)^{(-2)(-2)} = (-2)^4 = 16.$

51. $(7+4\sqrt{3}) = 4+3+2\times2\times\sqrt{3} = (2)^2 + (\sqrt{3})^2 + 2\times2\times\sqrt{3} = (2+\sqrt{3})^2$

$\Rightarrow \sqrt{7+4\sqrt{3}} = (2+\sqrt{3}).$

$\therefore$ दिया गया व्यंजक $= \frac{4+3\sqrt{3}}{2+\sqrt{3}} = \frac{2(2+\sqrt{3})+\sqrt{3}}{(2+\sqrt{3})} = 2+\frac{\sqrt{3}}{(2+\sqrt{3})}$

$= 2+\frac{1\cdot732}{3\cdot732} = \left(2+\frac{1732}{3732}\right) = \left(2+\frac{433}{933}\right) = 2+0\cdot464 = 2\cdot464.$

52. दिया गया व्यंजक $= \frac{(3+\sqrt{6})}{\left(5\sqrt{3}-2\sqrt{4\times3}-\sqrt{16\times2}+\sqrt{25\times2}\right)}$

$= \frac{(3+\sqrt{6})}{\left(5\sqrt{3}-4\sqrt{3}-4\sqrt{2}+5\sqrt{2}\right)} = \frac{(3+\sqrt{6})}{(\sqrt{3}+\sqrt{2})}\times\frac{(\sqrt{3}-\sqrt{2})}{(\sqrt{3}-\sqrt{2})}$

$= \left(3\sqrt{3}-3\sqrt{2}+\sqrt{18}-\sqrt{12}\right) = \left(3\sqrt{3}-3\sqrt{2}+3\sqrt{2}-2\sqrt{3}\right) = \sqrt{3} = 1\cdot732.$

53. दिया गया व्यंजक $= \frac{12}{\left(3+\sqrt{5}+2\sqrt{2}\right)}\times\frac{(3+\sqrt{5}-2\sqrt{2})}{\left(3+\sqrt{5}-2\sqrt{2}\right)} = \frac{12(3+\sqrt{5}-2\sqrt{2})}{\left(3+\sqrt{5}\right)^2-\left(2\sqrt{2}\right)^2} = \frac{12(3+\sqrt{5}-2\sqrt{2})}{9+5+6\sqrt{5}-8}$

$= \frac{12(3+\sqrt{5}-2\sqrt{2})}{6(\sqrt{5}+1)}\times\frac{\left(\sqrt{5}-1\right)}{\left(\sqrt{5}-1\right)} = \frac{1}{2}\left(3\sqrt{5}-3+5-\sqrt{5}-2\sqrt{10}+2\sqrt{2}\right)$

$= \frac{1}{2}\left(2+2\sqrt{5}+2\sqrt{2}-2\sqrt{10}\right) = (1+\sqrt{5}+\sqrt{2}-\sqrt{10}).$

54. $(16+6\sqrt{7}) = 9+7+2\times3\times\sqrt{7} = 3^2+(\sqrt{7})^2+2\times3\times\sqrt{7} = (3+\sqrt{7})^2.$

$\Rightarrow \sqrt{16+6\sqrt{7}} = (3+\sqrt{7})$ तथा $\sqrt{16-6\sqrt{7}} = (3-\sqrt{7})$

$\Rightarrow \sqrt{16+6\sqrt{7}} - \sqrt{16-6\sqrt{7}} = (3+\sqrt{7})-(3-\sqrt{7}) = 2\sqrt{7}$.

$\therefore$ दिया गया व्यंजक $= \frac{\sqrt{7}}{2\sqrt{7}} = \frac{1}{2}.$

55. $(7+2\sqrt{12}) = 4+3+2\times2\times\sqrt{3} = 2^2+(\sqrt{3})^2+2\times2\times\sqrt{3} = (2+\sqrt{3})^2$

$\Rightarrow a = \sqrt{7+2\sqrt{12}} = (2+\sqrt{3})$ तथा $b = \sqrt{7-2\sqrt{12}} = (2-\sqrt{3})$

$\Rightarrow a+b = 4$ तथा $ab = (4-3) = 1$

$\Rightarrow (a^3+b^3) = (a+b)^3 - 3ab(a+b) = (4)^3 - 3\times1\times4 = (64-12) = 52.$

56. $(x^{1/3}+y^{1/3})^3 = \left(z^{1/3}\right)^3 \Rightarrow x+y+3x^{1/3}y^{1/3}\left(x^{1/3}+y^{1/3}\right) = z$

$\Rightarrow (x+y-z) = -3x^{1/3}y^{1/3}z^{1/3} \Rightarrow (x+y-z)^3 = -27xyz \Rightarrow (x+y-z)^3 + 27xyz = 0.$

57. 2^{50} का दुगुना $= (2\times 2^{50}) = (2^{51})$.

58. दिया गया व्यंजक $= \left\{\dfrac{7^{(2+4)}}{5^{(2+1)}}\right\}^{\frac{7}{2}} \times \left\{\dfrac{7^{(3+5)}}{5^{(3+2)}}\right\}^{\frac{-5}{2}} = \left(\dfrac{7^6}{5^3}\right)^{\frac{7}{2}} \times \left(\dfrac{7^8}{5^5}\right)^{-\frac{5}{2}} = \dfrac{7^{\left(6\times\frac{7}{2}\right)}\times 7^{\left\{8\times\frac{(-5)}{2}\right\}}}{5^{\left(3\times\frac{7}{2}\right)}\times 5^{\left\{5\times\frac{(-5)}{2}\right\}}}$

$$= \frac{7^{21}\times 7^{-20}}{5^{\left(\frac{21}{2}\right)}\times 5^{\left(\frac{-25}{2}\right)}} = \frac{7^{(21-20)}}{5^{\left(\frac{21}{2}-\frac{25}{2}\right)}} = \frac{7^1}{5^{(-2)}} = (7\times 5^2) = (7\times 25) = 175.$$

59. $(a+b) = \dfrac{\sqrt{5}+1}{\sqrt{5}-1} + \dfrac{\sqrt{5}-1}{\sqrt{5}+1} = \dfrac{\left(\sqrt{5}+1\right)^2 + \left(\sqrt{5}-1\right)^2}{(5-1)} = \dfrac{2(5+1)}{4} = 3.$

$(a-b) = \dfrac{\sqrt{5}+1}{\sqrt{5}-1} - \dfrac{\sqrt{5}-1}{\sqrt{5}+1} = \dfrac{\left(\sqrt{5}+1\right)^2 - \left(\sqrt{5}-1\right)^2}{(5-1)} = \dfrac{4\times\sqrt{5}\times 1}{4} = \sqrt{5},\ ab = 1.$

$\dfrac{(a^2+ab+b^2)}{(a^2-ab+b^2)} = \dfrac{(a+b)^2 - ab}{(a+b)^2 - 3ab} = \dfrac{(9-1)}{(9-3)} = \dfrac{8}{6} = \dfrac{4}{3}.$

60. $x = \left(3+2\sqrt{2}\right) \Rightarrow \dfrac{1}{x} = \dfrac{1}{\left(3+2\sqrt{2}\right)} \times \dfrac{(3-2\sqrt{2})}{(3-2\sqrt{2})} = \dfrac{(3-2\sqrt{2})}{(9-8)} = (3-2\sqrt{2}).$

$\left(\sqrt{x} - \dfrac{1}{\sqrt{x}}\right)^2 = \left(x + \dfrac{1}{x} - 2\right) = \left(3+2\sqrt{2}+3-2\sqrt{2}-2\right) = 4.$

$\therefore \left(\sqrt{x} - \dfrac{1}{\sqrt{x}}\right) = 2.$

प्रश्नमाला 9B

1. यदि $x = \dfrac{1}{(2+\sqrt{3})}$ हो, तो $\dfrac{(3x-x^3)}{(1-3x^2)}$ का मान ज्ञात कीजिए। **(एस०एस०सी० परीक्षा, 2009)**

2. यदि $\sqrt{3} = 1\cdot 732$ हो, तो $\dfrac{(2-\sqrt{3})}{(2+\sqrt{3})}$ का मान ज्ञात कीजिए। **(एस०एस०सी० परीक्षा, 2008)**

3. $\left(3 + \dfrac{1}{\sqrt{3}} + \dfrac{1}{3+\sqrt{3}} - \dfrac{1}{3-\sqrt{3}}\right)$ का मान ज्ञात कीजिए। **(एस०एस०सी० परीक्षा, 2007)**

4. यदि $\left(\dfrac{2\sqrt{6}-\sqrt{5}}{3\sqrt{5}-2\sqrt{6}}\right) = a + \sqrt{30}\,b$ हो, तो a तथा b के मान ज्ञात कीजिए।

5. यदि $\sqrt{5} = 2\cdot 236$ हो, तो $\left(\dfrac{3-\sqrt{5}}{3+2\sqrt{5}}\right)$ का मान दशमलव के तीन स्थानों तक ज्ञात कीजिए।

6. यदि $\sqrt{2} = 1\cdot 414$ हो, तो $\left(\sqrt{63}+\sqrt{28}-\sqrt{175}+\sqrt{162}-\sqrt{32}\right)$ का मान ज्ञात कीजिए।

7. यदि $\sqrt{5} = 2\cdot 236$ तथा $\sqrt{10} = 3\cdot 162$ हो, तो $\dfrac{15}{\left(\sqrt{10}+\sqrt{20}+\sqrt{40}-\sqrt{5}-\sqrt{80}\right)}$ का मान ज्ञात कीजिए।

8. सिद्ध कीजिए कि : $\dfrac{7\sqrt{3}}{(\sqrt{10}+\sqrt{3})} - \dfrac{2\sqrt{5}}{(\sqrt{6}+\sqrt{5})} - \dfrac{3\sqrt{2}}{(\sqrt{15}+3\sqrt{2})} = 1.$

9. यदि $x=\frac{\sqrt{3}}{2}$ हो, तो $\frac{\sqrt{1+x}+\sqrt{1-x}}{\sqrt{1+x}-\sqrt{1-x}}$ का मान ज्ञात कीजिए. **(एस०एस०सी० परीक्षा, 2002)**

10. यदि $x=\left(7+4\sqrt{3}\right)$ हो, तो (*i*) $\left(x^2+\frac{1}{x^2}\right)$ (*ii*) $\left(\sqrt{x}+\frac{1}{\sqrt{x}}\right)$ के मान ज्ञात कीजिए.

11. यदि $x^{\frac{1}{a}}=y^{\frac{1}{b}}=z^{\frac{1}{c}}$ तथा $xyz=1$ हो, तो सिद्ध करो कि $a+b+c=0$.

12. यदि $3^x=5^y=(75)^z$ हो, तो सिद्ध करो कि $z=\frac{xy}{(2x+y)}$.

13. यदि $x=10^{0\cdot48}$, $y=10^{0\cdot7}$ तथा $x^z=y^2$ हो, तो z का मान ज्ञात करो.

14. यदि $a+b+c=0$ हो, तो सिद्ध करो कि $\frac{1}{\left(x^a+x^{-b}+1\right)}+\frac{1}{(x^b+x^{-c}+1)}+\frac{1}{\left(x^c+x^{-a}+1\right)}=1$.

15. $\left(\frac{1\cdot2\cdot4+2\cdot4\cdot8+3\cdot6\cdot12+.....}{1\cdot3\cdot9+2\cdot6\cdot18+3\cdot9\cdot27+.....}\right)^{\frac{1}{3}}$ का मान ज्ञात कीजिए.

उत्तरमाला (प्रश्नमाला 9B)

1. 1 **2.** 0·072 **3.** 3 **4.** $a=\frac{3}{7}$, $b=\frac{4}{21}$ **5.** 0·102 **6.** 7·07
7. 5·398 **9.** $\sqrt{3}$ **10.** (*i*) 194 (*ii*) 4 **13.** $2\frac{11}{12}$ **15.** $\frac{2}{3}$

दिये गए प्रश्नों के हल प्रश्नमाला 9B

1. $x=\frac{1}{(2+\sqrt{3})}\times\frac{(2-\sqrt{3})}{(2-\sqrt{3})}=\frac{(2-\sqrt{3})}{(4-3)}=(2-\sqrt{3})$.

$\therefore\ x^2=(2-\sqrt{3})^2=(4+3-4\sqrt{3})=(7-4\sqrt{3})$

तथा $x^3=(7-4\sqrt{3})\,(2-\sqrt{3})=(14+12-15\sqrt{3})=(26-15\sqrt{3})$.

$\therefore\ \frac{(3x-x^3)}{(1-3x^2)}=\frac{(6-3\sqrt{3})-(26-15\sqrt{3})}{\left\{1-(21-12\sqrt{3})\right\}}=\frac{(-20+12\sqrt{3})}{(-20+12\sqrt{3})}=1.$

2. दिया गया व्यंजक $=\frac{(2-\sqrt{3})}{(2+\sqrt{3})}\times\frac{(2-\sqrt{3})}{(2-\sqrt{3})}=\frac{(2-\sqrt{3})^2}{(4-3)}=(4+3-4\sqrt{3})$

$=(7-4\sqrt{3})=(7-4\times1\cdot732)=(7-6\cdot928)=0\cdot072.$

3. दिया गया व्यंजक $=3+\frac{1}{\sqrt{3}}\times\frac{\sqrt{3}}{\sqrt{3}}+\frac{1}{(3+\sqrt{3})}\times\frac{(3-\sqrt{3})}{(3-\sqrt{3})}-\frac{1}{(3-\sqrt{3})}\times\frac{(3+\sqrt{3})}{(3+\sqrt{3})}$

$=3+\frac{\sqrt{3}}{3}+\frac{(3-\sqrt{3})}{(9-3)}-\frac{(3+\sqrt{3})}{(9-3)}=3+\frac{\sqrt{3}}{3}+\frac{(3-\sqrt{3})}{6}-\frac{(3+\sqrt{3})}{6}$

$=3+\frac{\sqrt{3}}{3}+\frac{(3-\sqrt{3})-(3+\sqrt{3})}{6}=3+\frac{\sqrt{3}}{3}-\frac{\sqrt{3}}{3}=3.$

4. $\frac{(2\sqrt{6}-\sqrt{5})}{(3\sqrt{5}-2\sqrt{6})}=\frac{(2\sqrt{6}-\sqrt{5})}{(3\sqrt{5}-2\sqrt{6})}\times\frac{(3\sqrt{5}+2\sqrt{6})}{(3\sqrt{5}+2\sqrt{6})}=\frac{(2\sqrt{6}-\sqrt{5})\,(3\sqrt{5}+2\sqrt{6})}{(45-24)}$

$$= \frac{(6\sqrt{30} - 2\sqrt{30} + 24 - 15)}{21} = \frac{(4\sqrt{30} + 9)}{21} = \left(\frac{9}{21} + \frac{4\sqrt{30}}{21}\right) = \left(\frac{3}{7} + \frac{4\sqrt{30}}{21}\right)$$

$$\therefore\ (a + \sqrt{30}\ b) = \left(\frac{3}{7} + \sqrt{30} \times \frac{4}{21}\right) \Rightarrow a = \frac{3}{7} \text{ तथा } b = \frac{4}{21}.$$

5. $$\frac{(3-\sqrt{5})}{(3+2\sqrt{5})} = \frac{(3-\sqrt{5})}{(3+2\sqrt{5})} \times \frac{(3-2\sqrt{5})}{(3-2\sqrt{5})} = \frac{(3-\sqrt{5})(3-2\sqrt{5})}{(9-20)}$$

$$= \frac{(9+10) - 6\sqrt{5} - 3\sqrt{5}}{-11} = \frac{19 - 9\sqrt{5}}{-11} = \left(\frac{9}{11} \times \sqrt{5} - \frac{19}{11}\right)$$

$$= \frac{(9\sqrt{5} - 19)}{11} = \frac{(9 \times 2\cdot236 - 19)}{11} = \frac{(20\cdot124 - 19)}{11} = \frac{1\cdot124}{11} = 0\cdot102.$$

6. दिया गया व्यंजक $= \left(\sqrt{9\times7} + \sqrt{4\times7} - \sqrt{25\times7} + \sqrt{81\times2} - \sqrt{16\times2}\right)$

$$= \left(3\sqrt{7} + 2\sqrt{7} - 5\sqrt{7} + 9\sqrt{2} - 4\sqrt{2}\right) = 5\sqrt{2} = (5 \times 1\cdot414) = 7\cdot07.$$

7. दिया गया व्यंजक $= \dfrac{15}{\sqrt{10} + \sqrt{4\times5} + \sqrt{4\times10} - \sqrt{5} - \sqrt{16\times5}}$

$$= \frac{15}{\left(\sqrt{10} + 2\sqrt{5} + 2\sqrt{10} - \sqrt{5} - 4\sqrt{5}\right)} = \frac{15}{\left(3\sqrt{10} - 3\sqrt{5}\right)}$$

$$= \frac{15}{3\left(\sqrt{10} - \sqrt{5}\right)} \times \frac{\left(\sqrt{10} + \sqrt{5}\right)}{\left(\sqrt{10} + \sqrt{5}\right)} = \frac{5 \times \left(\sqrt{10} + \sqrt{5}\right)}{(10-5)} = \left(\sqrt{10} + \sqrt{5}\right)$$

$$= (3\cdot162 + 2\cdot236) = 5\cdot398.$$

8. $$\frac{7\sqrt{3}}{\left(\sqrt{10} + \sqrt{3}\right)} = \frac{7\sqrt{3}}{\left(\sqrt{10} + \sqrt{3}\right)} \times \frac{\left(\sqrt{10} - \sqrt{3}\right)}{\left(\sqrt{10} - \sqrt{3}\right)} = \frac{7\sqrt{3}\left(\sqrt{10} - \sqrt{3}\right)}{(10-3)} = \sqrt{3}\left(\sqrt{10} - \sqrt{3}\right) = \left(\sqrt{30} - 3\right).$$

$$\frac{2\sqrt{5}}{\left(\sqrt{6} + \sqrt{5}\right)} = \frac{2\sqrt{5}}{\left(\sqrt{6} + \sqrt{5}\right)} \times \frac{\left(\sqrt{6} - \sqrt{5}\right)}{\left(\sqrt{6} - \sqrt{5}\right)} = \frac{2\sqrt{5}\left(\sqrt{6} - \sqrt{5}\right)}{(6-5)} = 2\sqrt{5}\left(\sqrt{6} - \sqrt{5}\right) = 2\sqrt{30} - 10.$$

$$\frac{3\sqrt{2}}{\left(\sqrt{15} + 3\sqrt{2}\right)} = \frac{3\sqrt{2}}{\left(\sqrt{15} + 3\sqrt{2}\right)} \times \frac{\left(\sqrt{15} - 3\sqrt{2}\right)}{\left(\sqrt{15} - 3\sqrt{2}\right)} = \frac{3\sqrt{2}\left(\sqrt{15} - 3\sqrt{2}\right)}{(15-18)} = -\sqrt{2}\left(\sqrt{15} - 3\sqrt{2}\right) = \left(6 - \sqrt{30}\right).$$

$\therefore$ बायाँ पक्ष $= \left(\sqrt{30} - 3\right) - \left(2\sqrt{30} - 10\right) - \left(6 - \sqrt{30}\right)$

$= \left(\sqrt{30} - 2\sqrt{30} + \sqrt{30}\right) - 3 + 10 - 6 = 1 =$ दायाँ पक्ष.

9. $$\frac{\sqrt{1+x} + \sqrt{1-x}}{\sqrt{1+x} - \sqrt{1-x}} = \frac{\left(\sqrt{1+x} + \sqrt{1-x}\right)}{\left(\sqrt{1+x} - \sqrt{1-x}\right)} \times \frac{\left(\sqrt{1+x} + \sqrt{1-x}\right)}{\left(\sqrt{1+x} + \sqrt{1-x}\right)} = \frac{\left(\sqrt{1+x} + \sqrt{1-x}\right)^2}{(1+x) - (1-x)}$$

$$= \frac{(1+x+1-x) + 2\sqrt{1+x}\,.\,\sqrt{1-x}}{2x} = \frac{\left(1 + \sqrt{1-x^2}\right)}{x}$$

$$= \frac{1 + \sqrt{1 - \frac{3}{4}}}{\left(\frac{\sqrt{3}}{2}\right)} = \frac{1 + \sqrt{\frac{1}{4}}}{\left(\sqrt{3}/2\right)} = \frac{\left(1 + \frac{1}{2}\right)}{\left(\sqrt{3}/2\right)} = \left(\frac{3}{2} \times \frac{2}{\sqrt{3}}\right) = \sqrt{3}. \left[\because x = \frac{\sqrt{3}}{2}\right]$$

10. $\frac{1}{x}=\frac{1}{(7+4\sqrt{3})}\times\frac{(7-4\sqrt{3})}{(7-4\sqrt{3})}=\frac{(7-4\sqrt{3})}{(49-48)}=(7-4\sqrt{3}).$

$\therefore\quad \left(x+\frac{1}{x}\right)=(7+4\sqrt{3})+(7-4\sqrt{3})=14.$

$\Rightarrow\quad \left(x+\frac{1}{x}\right)^2=(14)^2\Rightarrow x^2+\frac{1}{x^2}+2x\cdot\frac{1}{x}=196\Rightarrow x^2+\frac{1}{x^2}+2=196\Rightarrow\left(x^2+\frac{1}{x^2}\right)=194.$

अब, $\left(\sqrt{x}+\frac{1}{\sqrt{x}}\right)^2=x+\frac{1}{x}+2\sqrt{x}\times\frac{1}{\sqrt{x}}=\left(x+\frac{1}{x}+2\right)=(14+2)=16.$

अतः $\left(\sqrt{x}+\frac{1}{\sqrt{x}}\right)=4.$

11. माना $x^{\frac{1}{a}}=y^{\frac{1}{b}}=z^{\frac{1}{c}}=k.$ तब $x=k^a, y=k^b, z=k^c.$

$xyz=1\Rightarrow k^a\times k^b\times k^c=1=k^0$

$\Rightarrow k^{a+b+c}=k^0\Rightarrow a+b+c=0.$

12. माना $3^x=5^y=(75)^z=K.$ तब $3=K^{\frac{1}{x}}, 5=K^{\frac{1}{y}}, 75=K^{\frac{1}{z}}.$

अब, $75=(3\times5^2)\Rightarrow K^{\frac{1}{z}}=K^{\frac{1}{x}}\times K^{\frac{2}{y}}=K^{\left(\frac{1}{x}+\frac{2}{y}\right)}\Rightarrow\frac{1}{z}=\left(\frac{1}{x}+\frac{2}{y}\right)=\frac{(y+2x)}{xy}\Rightarrow z=\frac{xy}{(y+2x)}.$

13. $x^z=y^2\Rightarrow(10^{0\cdot48})^z=(10^{0\cdot7})^2\Rightarrow10^{(0\cdot48)z}=10^{(0\cdot7\times2)}=10^{(1\cdot4)}$

$\Rightarrow0\cdot48\times z=1\cdot4\Rightarrow z=\frac{1\cdot40}{0\cdot48}=\frac{140}{48}=\frac{35}{12}=2\frac{11}{12}.$

अतः $z=2\frac{11}{12}.$

14. दिया गया व्यंजक $=\frac{1}{(x^a+x^{-b}+1)}+\frac{1}{(x^b+x^{-c}+1)}+\frac{1}{(x^c+x^{-a}+1)}$

$=\frac{x^{-a}}{\{1+x^{(-a-b)}+x^{-a}\}}+\frac{x^c}{(x^{b+c}+1+x^c)}+\frac{1}{(x^c+x^{-a}+1)}$

$=\frac{x^{-a}}{(1+x^c+x^{-a})}+\frac{x^c}{(x^{-a}+1+x^c)}+\frac{1}{(x^c+x^{-a}+1)}$ [$\because -(a+b)=c, (b+c)=-a$]

$=\frac{1}{(1+x^{-a}+x^c)}+\frac{x^{-a}}{(1+x^{-a}+x^c)}+\frac{x^c}{(1+x^{-a}+x^c)}=\frac{(1+x^{-a}+x^c)}{(1+x^{-a}+x^c)}=1.$

15. दिया गया व्यंजक $=\left(\frac{8+8\times8+8\times27+.....}{27+27\times8+27\times27+.....}\right)^{\frac{1}{3}}=\left\{\frac{8(1+8+27+....)}{27(1+8+27+.....)}\right\}^{\frac{1}{3}}$

$=\left(\frac{8}{27}\right)^{\frac{1}{3}}=\left\{\left(\frac{2}{3}\right)^3\right\}^{\frac{1}{3}}=\left(\frac{2}{3}\right)^{\left(3\times\frac{1}{3}\right)}=\left(\frac{2}{3}\right)^1=\left(\frac{2}{3}\right).$

10 प्रतिशतता (PERCENTAGE)

आवश्यक तथ्य एवं सूत्र

1. I. **प्रतिशतता:** प्रतिशत वह भिन्न है जिसका हर 100 हो.

II. x प्रतिशत का अर्थ है, **किसी वस्तु के 100 बराबर भागों में से x भाग.**
इसे $x\%$ से व्यक्त करते हैं.
स्पष्ट है कि, $x\% = \dfrac{x}{100}$.

जैसे : (i) $36\% = \dfrac{36}{100} = \dfrac{9}{25}$ (ii) $0 \cdot 6\% = \dfrac{6}{1000} = \dfrac{3}{500}$.

III. **भिन्न $\dfrac{a}{b}$ को प्रतिशत में व्यक्त करने के लिए सूत्र :**

$$\frac{a}{b} = \left(\frac{a}{b} \times 100\right)\%.$$

जैसे : (i) $\dfrac{3}{4} = \left(\dfrac{3}{4} \times 100\right)\% = 75\%$. (ii) $0 \cdot 8 = \dfrac{8}{10} = \left(\dfrac{8}{10} \times 100\right)\% = 80\%$.

2. दो आवश्यक नियम (संक्षिप्त विधि) :

(i) यदि A का मान B से $R\%$ अधिक हो, तो

$$\textbf{B का मान A से कम है} = \left\{\frac{R}{(100+R)} \times 100\right\}\%.$$

(ii) यदि A का मान B से $R\%$ कम हो, तो

$$\textbf{B का मान A से अधिक है} = \left\{\frac{R}{(100-R)} \times 100\right\}\%.$$

3. दो आवश्यक नियम (संक्षिप्त विधि):

(i) किसी वस्तु के भाव में $R\%$ वृद्धि हो जाने पर इस मद पर खर्च न बढ़े, इसके लिए

$$\textbf{वस्तु की खपत में कमी} = \left\{\frac{R}{(100+R)} \times 100\right\}\%.$$

(ii) किसी वस्तु के भाव में $R\%$ कमी आ जाने पर इस मद पर खर्च कम न हो, इसके लिए

$$\textbf{वस्तु की खपत में वृद्धि} = \left\{\frac{R}{(100-R)} \times 100\right\}\%.$$

4. जनसंख्या पर आधारित प्रश्नों के लिए सूत्र:

माना किसी शहर की जनसंख्या P है तथा यह $R\%$ वार्षिक दर से बढ़ती है. तब,

(i) n वर्ष बाद जनसंख्या $= P\left(1+\dfrac{R}{100}\right)^n$. (ii) n वर्ष पूर्व जनसंख्या $= \dfrac{P}{\left(1+\dfrac{R}{100}\right)^n}$.

(iii) माना किसी शहर की जनसंख्या P थी तथा इसमें पहले, दूसरे व तीसरे वर्ष में क्रमशः $R_1\%$, $R_2\%$ तथा $R_3\%$ वृद्धि होती है.

तब, 3 वर्ष बाद जनसंख्या $= P\left(1+\dfrac{R_1}{100}\right)\left(1+\dfrac{R_2}{100}\right)\left(1+\dfrac{R_3}{100}\right)$.

5. मशीनों के अवमूल्यन पर आधारित प्रश्नों के लिए सूत्र :

माना किसी मशीन का वर्तमान मूल्य P है तथा इसके अवमूल्यन (*Depreciation*) की दर $R\%$ वार्षिक है. तब,

(*i*) n वर्ष बाद मशीन का मूल्य $= P\left(1-\frac{R}{100}\right)^n$. (*ii*) n वर्ष पूर्व मशीन का मूल्य $= \frac{P}{\left(1-\frac{R}{100}\right)^n}$.

साधित उदाहरण

प्रश्न 1. निम्नलिखित में से प्रत्येक को साधारण भिन्न के रूप में व्यक्त कीजिए :

(*i*) 35% (*ii*) 1·6% (*iii*) 0·5% (*iv*) 125%

हल : हम जानते हैं कि :

(*i*) $35\% = \frac{35}{100} = \frac{7}{20}$. (*ii*) $1\cdot6\% = \frac{1\cdot6}{100} = \frac{16}{1000} = \frac{2}{125}$.

(*iii*) $0\cdot05\% = \frac{0\cdot05}{100} = \frac{5}{10000} = \frac{1}{2000}$. (*iv*) $125\% = \frac{125}{100} = \frac{5}{4}$.

प्रश्न 2. निम्नलिखित में से प्रत्येक को दशमलव भिन्न में व्यक्त कीजिए :

(*i*) 20% (*ii*) 8% (*iii*) 0·25% (*iv*) 0·06%

हल : हम जानते हैं कि :

(*i*) $20\% = \frac{20}{100} = \frac{1}{5} = 0\cdot2$. (*ii*) $8\% = \frac{8}{100} = 0\cdot08$.

(*iii*) $0\cdot25\% = \frac{0\cdot25}{100} = 0\cdot0025$. (*iv*) $0\cdot06\% = \frac{0\cdot06}{100} = 0\cdot0006$.

प्रश्न 3. $\frac{9}{16}$ को दर प्रतिशत में बदलें.

हल : $\frac{9}{16} = \left(\frac{9}{16}\times100\right)\% = \frac{225}{4}\% = 56\frac{1}{4}\%$.

प्रश्न 4. (*i*) 48 का कितने प्रतिशत 6 है? (*ii*) 18 का कितने प्रतिशत 36 है?

हल : (*i*) माना 48 का $x\% = 6$.

तब, $48\times\frac{x}{100} = 6 \Rightarrow \frac{12x}{25} = 6$

$\Rightarrow x = \frac{6\times25}{12} = 12\frac{1}{2}$.

$\therefore$ 48 का $12\frac{1}{2}\% = 6$ है.

(*ii*) माना 18 का $x\% = 36$.

तब, $18\times\frac{x}{100} = 36 \Rightarrow x = \frac{36\times100}{18} = 200$.

$\therefore$ 18 का $200\% = 36$ है.

प्रश्न 5. 3 किग्रा० का कितने प्रतिशत 12 ग्राम है?

हल : माना 3 किग्रा० का $x\%$ = 12 ग्राम.

तब, 3000 ग्राम का $\frac{x}{100}$ = 12 ग्राम $\Rightarrow 30x = 12 \Rightarrow x = \frac{12}{30} = \frac{2}{5} = 0\cdot4$.

अतः 3 किग्रा० का 0·4% = 12 ग्राम.

प्रश्न 6. 4 : 5 = ?%

हल : $4:5 = \left(\frac{4}{5}\times100\right)\% = 80\%$.

प्रश्न 7. ₹ 432 का $6\frac{2}{3}\%$ कितना होगा?

हलः ₹ 432 का $6\frac{2}{3}\% = ₹\left(432\times\frac{20}{3}\times\frac{1}{100}\right) = ₹\,\frac{144}{5} = ₹\,28.80.$

प्रश्न 8. किसी भिन्न के अंश में 10% वृद्धि करने तथा इसके हर को 12% कम कर देने पर $\frac{15}{64}$ प्राप्त होता है. वह भिन्न क्या है?

हलः माना अभीष्ट भिन्न $= \frac{a}{b}$. तब, $\frac{a \text{ का } 110\%}{b \text{ का } 88\%} = \frac{15}{64} \Rightarrow \frac{a\times110}{b\times88} = \frac{15}{64} \Rightarrow \frac{a}{b} = \left(\frac{15}{64}\times\frac{88}{110}\right) = \frac{3}{16}.$

$\therefore$ अभीष्ट भिन्न $= \frac{3}{16}.$

प्रश्न 9. एक व्यक्ति अपनी मासिक आय का 12% बचत करता है. यदि उसका मासिक खर्च ₹ 19360 हो, तो उसकी मासिक आय कितनी है?

हल : बचत = मासिक आय का 12% $\Rightarrow$ खर्च = मासिक आय का 88%.

माना मासिक आय = ₹ x. तब,

x का $88\% = 19360 \Rightarrow x\times\frac{88}{100} = 19360 \Rightarrow x = \left(19360\times\frac{100}{88}\right) = 22000.$

अतः मासिक आय = ₹ 22000.

प्रश्न 10. एक मेज के अंकित मूल्य में 8% कटौती करने पर इसका मूल्य ₹ 4600 है. इसका अंकित मूल्य कितना है?

हल : माना मेज का अंकित मूल्य = ₹ x. तब,

मेज का विक्रय मूल्य = ₹ x का $92\% = \left(x\times\frac{92}{100}\right) = ₹\,\frac{23x}{25}.$

$\therefore \frac{23x}{25} = 4600 \Rightarrow x = \left(4600\times\frac{25}{23}\right) = 5000.$

अतः मेज का अंकित मूल्य = ₹ 5000.

विशिष्ट चार प्रश्न : (संक्षिप्त विधि द्वारा)

प्रश्न 11. यदि A की आय B की आय से 25% अधिक हो तो B की आय A की आय से कितने प्रतिशत कम है?

हल : संक्षिप्त विधि :

$$\text{अभीष्ट } \% = \left\{\frac{R}{(100+R)}\times100\right\}\% = \left(\frac{25}{125}\times100\right)\% = 20\%.$$

प्रश्न 12. यदि A की ऊँचाई B की ऊँचाई से 20% कम हो, तो B की ऊँचाई, A की ऊँचाई से कितने प्रतिशत अधिक है?

हल : संक्षिप्त विधि :

$$\text{अभीष्ट } \% = \left\{\frac{R}{(100-R)}\times100\right\}\% = \left(\frac{20}{80}\times100\right)\% = 25\%.$$

प्रश्न 13. यदि चीनी के मूल्य में 20% वृद्धि हो जाये, तो एक गृहिणी को इसकी खपत कितने प्रतिशत कम करनी होगी कि इस पर खर्च न बढ़े?

हल : संक्षिप्त विधि :

$$\text{खपत में कमी } \% = \left\{\frac{R}{(100+R)}\times100\right\}\% = \left(\frac{20}{120}\times100\right)\% = 16\frac{2}{3}\%.$$

प्रश्न 14. चीनी के मूल्य में 10% कमी होने पर इसकी खपत में कितने प्रतिशत वृद्धि करनी होगी कि इस मद में खर्च पर कोई परिवर्तन न हो?

हल : **संक्षिप्त विधि :** खपत में वृद्धि $\% = \left\{\frac{R}{(100-R)} \times 100\right\}\% = \left(\frac{10}{90} \times 100\right)\% = 11\frac{1}{9}\%.$

परीक्षा सम्बन्धी दो विशेष प्रश्न :

प्रश्न 15. सन्नी को एक परीक्षा में उत्तीर्ण होने के लिए 36% अंक प्राप्त करने थे. उसने 24% अंक प्राप्त किये तथा 9 अंकों से अनुत्तीर्ण रहा. पूर्णांक ज्ञात कीजिए.

हल : माना पूर्णांक $= x$. तब,

x का $36\% = (x$ का $24\%) + 9 \Rightarrow (x$ का $36\%) - (x$ का $24\%) = 9$

$$\Rightarrow (x \text{ का } 12\%) = 9 \Rightarrow x \times \frac{12}{100} = 9 \Rightarrow x = \left(9 \times \frac{100}{12}\right) = 75.$$

अत: पूर्णांक = 75.

प्रश्न 16. एक परीक्षा में एक छात्र ने 30% अंक लिए तथा वह 45 अंक से अनुत्तीर्ण हो गया. दूसरे छात्र ने 42% अंक लिए जो उत्तीर्ण होने के लिए आवश्यक न्यूनतम अंकों से 45 अंक अधिक हैं. पूर्णांक तथा उत्तीर्ण होने के लिए न्यूनतम अंक ज्ञात कीजिए.

हल: माना पूर्णांक $= x$. तब,

$(x$ का $30\%) + 45 = (x$ का $42\%) - 45 \Rightarrow (x$ का $42\%) - (x$ का $30\%) = 90$

$$\Rightarrow x \text{ का } 12\% = 90 \Rightarrow x \times \frac{12}{100} = 90 \Rightarrow x = \left(90 \times \frac{100}{12}\right) = 750.$$

$\therefore$ पूर्णांक = 750. उत्तीर्ण होने के लिए न्यूनतम अंक $= \left(750 \times \frac{30}{100}\right) + 45 = (225 + 45) = 270.$

जनसंख्या सम्बन्धी प्रश्न

प्रश्न 17. एक कस्बे की जनसंख्या 176400 है. इसमें 5% वार्षिक दर से वृद्धि होती है.
***(i)* दो वर्ष बाद कस्बे की जनसंख्या कितनी होगी? *(ii)* दो वर्ष पूर्व कस्बे की जनसंख्या कितनी थी?**

हल : *(i)* 2 वर्ष बाद कस्बे की जनसंख्या $= 176400 \times \left(1 + \frac{5}{100}\right)^2 = \left(176400 \times \frac{21}{20} \times \frac{21}{20}\right) = 194481.$

(ii) 2 वर्ष पूर्व कस्बे की जनसंख्या $= \frac{176400}{\left(1 + \frac{5}{100}\right)^2} = \left(176400 \times \frac{20}{21} \times \frac{20}{21}\right) = 160000.$

मशीन के अवमूल्यन पर प्रश्न (संक्षिप्त विधि द्वारा)

$$t \text{ वर्ष बाद अवमूल्य} = (\text{क्रय मूल्य}) \times \left(1 - \frac{R}{100}\right)^t.$$

प्रश्न 18. एक मशीन ₹ 120000 में खरीदी गई. इसका 10% वार्षिक दर से अवमूल्यन हो जाता है. 2 वर्ष बाद इस मशीन का मूल्य क्या होगा?

हल : 2 वर्ष बाद मशीन का मूल्य $=$ ₹ $\left\{120000 \times \left(1 - \frac{10}{100}\right)^2\right\} =$ ₹ $\left(120000 \times \frac{9}{10} \times \frac{9}{10}\right) =$ ₹ 97200.

चुनाव सम्बन्धी प्रश्न :

प्रश्न 19. एक चुनाव में दो उम्मीदवार थे. हारने वाले उम्मीदवार ने 41% मत प्राप्त किये तथा वह 5580 मतों से पराजित हो गया. कुल मतों की संख्या कितनी थी?

हल : माना कुल मतों की संख्या $= x$.

हारने वाले उम्मीदवार द्वारा प्राप्त मत = 41%. जीतने वाले उम्मीदवार द्वारा प्राप्त मत = 59%.

(x का 59%) – (x का 41%) = 5580

$\Rightarrow \frac{59x}{100} - \frac{41x}{100} = 5580 \Rightarrow (59x - 41x) = 558000 \Rightarrow 18x = 558000 \Rightarrow x = 31000.$

अत: कुल मतों की संख्या = 31000.

प्रश्न 20. एक चुनाव में दो उम्मीदवार थे. एक उम्मीदवार ने कुल वैध मतों के 55% मत प्राप्त किये तथा 20% मत अवैध घोषित कर दिये गये. यदि कुल मतों की संख्या 7500 हो तो दूसरे उम्मीदवार ने कुल कितने वैध मत प्राप्त किये ?

हल : अवैध मत $= \left(7500 \times \frac{20}{100}\right) = 1500$. वैध मत = (7500 – 1500) = 6000.

जीतने वाले उम्मीदवार को मिले वैध मतों की संख्या $= \left(6000 \times \frac{55}{100}\right) = 3300.$

हारने वाले उम्मीदवार को मिले वैध मतों की संख्या = (6000 – 3300) = 2700.

प्रश्न 21. एक चुनाव में दो उम्मीदवार थे. इस चुनाव में 8% मतदाताओं ने अपने मत का प्रयोग नहीं किया. जीतने वाले उम्मीदवार ने कुल मतों के 48% मत लेकर दूसरे उम्मीदवार को 1100 मतों से पराजित कर दिया. इस चुनाव में कुल कितने मतदाता थे ?

हल : माना कुल मतदाता = 100.

तब, कुल मत पड़े = (100 – 8) = 92.

जीतने वाले उम्मीदवार को मिले मत = 48.

हारने वाले उम्मीदवार को मिले मत = (92 – 48) = 44.

अत: हारने वाला उम्मीदवार 4 मतों से पराजित रहा.

यदि मतों का अन्तर 4 है, तो कुल मतदाता = 100

यदि मतों का अन्तर 1100 है, तो कुल मतदाता $= \left(\frac{100}{4} \times 1100\right) = 27500.$

प्रश्न 22. एक चुनाव में दो उम्मीदवार थे. इसमें मतदाता सूची में से 10% मतदाताओं ने अपने मताधिकार का प्रयोग नहीं किया तथा कुल डाले गये मतों के 10% मत अवैध घोषित कर दिये गये. सफल उम्मीदवार कुल वैध मतों के 54% मत प्राप्त करके 1620 मतों से जीत गया. मतदाता सूची में कुल कितने मतदाता थे ? (एस०एस०सी० परीक्षा, 2003)

हल : माना कुल मतदाता = 100, डाले गये मत = 90. अवैध मत = 90 का 10% = 9.

वैध मत = (90 – 9) = 81.

मतों का अन्तर = 81 का (54% – 46%) = 81 का 8% $= \frac{(81 \times 8)}{100}$.

यदि मतों का अन्तर $\frac{(81 \times 8)}{100}$ है तो कुल मत = 100.

यदि मतों का अन्तर = 1620 है तो कुल मत $= \left(\frac{100 \times 100 \times 1620}{81 \times 8}\right) = 25000.$

प्रश्न 23. रमेश के वेतन में 20% वृद्धि कर दी गई. बढ़े हुए वेतन को 20% कम करने पर रमेश को कितने प्रतिशत लाभ अथवा हानि होगी ?

हल : माना प्रारम्भिक वेतन = ₹ 100. वृद्धि के बाद वेतन = ₹ 120.

कम करने पर वेतन = ₹ 120 का 80% = ₹ $\left(120 \times \frac{80}{100}\right)$ = ₹ 96.

कुल हानि = (100 – 96)% = 4%.

प्रश्न 24. एक वस्तु की कर की दर में 10% कमी कर दी गई तथा इसकी खपत में 10% वृद्धि कर दी गई. इससे राजस्व प्राप्ति पर क्या प्रभाव पड़ा ?

हल : माना खपत = 100 इकाई तथा कर की दर = ₹ 100 प्रति इकाई.

कुल कर = ₹ (100 × 100) = ₹ 10000.

नई खपत = 110 इकाई तथा नई दर = ₹ 90 प्रति इकाई.

अब, कुल कर = (110 × 90) = ₹ 9900.

कर में कमी % $=\left(\frac{100}{10000}\times 100\right)\% = 1\%$.

राजस्व प्राप्ति = 1% कम.

प्रश्न 25. एक आयत की लम्बाई में 10% वृद्धि तथा चौड़ाई में 10% कमी करने पर इसके क्षेत्रफल में कितने प्रतिशत वृद्धि अथवा कमी होगी?

हल : माना आयत की लम्बाई = 100 मीटर तथा चौड़ाई = 100 मीटर.

तब, आयत का क्षेत्रफल = (100 × 100) वर्ग मीटर = 10000 वर्ग मीटर.

नई लम्बाई = 110 मीटर तथा नई चौड़ाई = 90 मीटर.

∴ नया क्षेत्रफल = (110 × 90) वर्ग मीटर = 9900 वर्ग मीटर.

क्षेत्रफल में कमी % $=\left(\frac{100}{10000}\times 100\right)\% = 1\%$. अत: आयत के क्षेत्रफल में 1% कमी होगी.

प्रश्न 26. चाय के मूल्य में 10% कमी होने के कारण ₹ 270 खर्च करने पर पहले से 250 ग्राम चाय अधिक आती है. चाय का पहले वाला भाव तथा नया भाव ज्ञात करें.

हल : माना पहले चाय की दर = ₹ x प्रति किग्रा०.

नई दर = ₹ $\left(x\times\frac{90}{100}\right)$/किग्रा० = ₹ $\frac{9x}{10}$/किग्रा०.

₹ 270 में पहले चाय की मात्रा $=\frac{270}{x}$ किग्रा०.

₹ 270 में अब चाय की मात्रा $=\frac{270}{(9x/10)}$ किग्रा० $=\frac{300}{x}$ किग्रा०.

$$\therefore\ \frac{300}{x}-\frac{270}{x}=\frac{250}{1000}=\frac{1}{4}\Rightarrow\frac{(300-270)}{x}=\frac{1}{4}\Rightarrow\frac{30}{x}=\frac{1}{4}\Rightarrow x=(30\times 4)=120.$$

पहले चाय की दर = ₹ 120 प्रति किग्रा०.

नई चाय की दर = ₹ $\left(\frac{9}{10}\times 120\right)$ प्रति किग्रा० = ₹ 108 प्रति किग्रा०.

प्रश्न 27. नमक के 6 लीटर घोल में 5% नमक है. वाष्प द्वारा इस घोल में से 1 लीटर पानी निकाल दिये जाने पर शेष बचे घोल में कितने प्रतिशत नमक है?

हल : 6 लीटर घोल में नमक की मात्रा $=\left(6\times\frac{5}{100}\right)$ लीटर $=\frac{3}{10}$ लीटर.

1 लीटर पानी निकल जाने पर घोल की मात्रा = 5 लीटर.

5 लीटर में नमक $=\frac{3}{10}$ लीटर.

नमक का % $=\left(\frac{3}{10}\times\frac{1}{5}\times 100\right)\% = 6\%$.

प्रश्नमाला 10A

नीचे दिये गये प्रश्नों में से प्रत्येक में ठीक उत्तर को चिन्हांकित (✓) कीजिए :

1. ? का 52% = 182 **(बैंक पी०ओ० परीक्षा, 2010)**

(*a*) 354 (*b*) 350 (*c*) 360 (*d*) 380 (*e*) इनमें से कोई नहीं

2. 1260 का $33\frac{1}{3}\% + 755$ का 80% = ? **(बैंक पी०ओ० परीक्षा, 2010)**
(*a*) 976 (*b*) 952 (*c*) 1024 (*d*) 1048 (*e*) इनमें से कोई नहीं

3. 420 का 25% − 140 का ? % = 77 **(बैंक पी०ओ० परीक्षा, 2010)**
(*a*) 25 (*b*) 36 (*c*) 20 (*d*) 40 (*e*) इनमें से कोई नहीं

4. 365 का 36% + 56·2 का ? % = 156·69 **(बैंक पी०ओ० परीक्षा, 2010)**
(*a*) 35 (*b*) 45 (*c*) 40 (*d*) 30 (*e*) इनमें से कोई नहीं

5. 3600 का $\frac{7}{9}$ का 45% का 35% = ? **(बैंक पी०ओ० परीक्षा, 2008)**
(*a*) 441 (*b*) 414 (*c*) 444 (*d*) 411 (*e*) इनमें से कोई नहीं

6. (240 का 5·6%) − (480 का 0·3%) = ? **(बैंक पी०ओ० परीक्षा, 2006)**
(*a*) 8·43 (*b*) 9·33 (*c*) 7·53 (*d*) 8·33 (*e*) इनमें से कोई नहीं

7. (980 का 12%) − (450 का ? %) = 227 का 30% **(बैंक पी०ओ० परीक्षा, 2006)**
(*a*) 14 (*b*) 17 (*c*) 11 (*d*) 8 (*e*) इनमें से कोई नहीं

8. 530 का 20·3% + 225 का 16·8% = ? **(बैंक पी०ओ० परीक्षा, 2008)**
(*a*) 123·27 (*b*) 145·39 (*c*) 165·49 (*d*) 186·57 (*e*) इनमें से कोई नहीं

9. 220 का 18·5% + 680 का 12·4% = ? **(बैंक पी०ओ० परीक्षा, 2009)**
(*a*) 132·05 (*b*) 125·02 (*c*) 142·07 (*d*) 118·07 (*e*) इनमें से कोई नहीं

10. 0·05 = ? %
(*a*) 50 (*b*) 5 (*c*) ·05 (*d*) ·5 (*e*) इनमें से कोई नहीं

11. 5 : 4 = ? %
(*a*) 80 (*b*) 120 (*c*) 125 (*d*) 60 (*e*) 75

12. 22·5% = ?
(*a*) 2·25 (*b*) 0·225 (*c*) 0·0225 (*d*) 22·5 (*e*) इनमें से कोई नहीं

13. ? का 16% = ·008
(*a*) ·5 (*b*) ·05 (*c*) ·005 (*d*) ·0005 (*e*) इनमें से कोई नहीं

14. यदि 500 का $x\%$ = 300 का $y\%$ तथा 200 का $y\%$ का $x\%$ = 60 हो, तो x = ?
(*a*) $10\sqrt{2}$ (*b*) $20\sqrt{2}$ (*c*) $15\sqrt{2}$ (*d*) $30\sqrt{2}$ (*e*) इनमें से कोई नहीं
(बैंक पी०ओ० परीक्षा, 2009)

15. एक संख्या के 45% का 15% यदि 105·3 हो, तो इस संख्या का 24% कितना है ?
(*a*) 385·5 (*b*) 374·4 (*c*) 390 (*d*) 375 (*e*) इनमें से कोई नहीं
(बैंक पी०ओ० परीक्षा, 2009)

16. व्यंजक x^3y^2 में x तथा y के मानों में क्रमशः 25% तथा 20% कमी करने पर व्यंजक के मान में कितने प्रतिशत कमी आयेगी ?
(*a*) 63% (*b*) 66% (*c*) 71% (*d*) 73%

17. एक भिन्न के अंश में 220% वृद्धि करने तथा हर में 150% वृद्धि करने पर परिणामी भिन्न $\frac{4}{5}$ है. मूल भिन्न क्या है ? **(बैंक पी०ओ० परीक्षा, 2009)**
(*a*) $\frac{5}{8}$ (*b*) $\frac{3}{5}$ (*c*) $\frac{4}{5}$ (*d*) $\frac{5}{6}$ (*e*) इनमें से कोई नहीं

18. आधे घण्टे का 1 मिनट 10 सैकण्ड कौन-सा प्रतिशत है ?
(*a*) 2·5% (*b*) 3·89% (*c*) 3·5% (*d*) 4%

19. 6·8 किग्रा० का कितने प्रतिशत 17 ग्राम है ?
(*a*) 25% (*b*) 2·5% (*c*) 0·25% (*d*) 0·025%

20. 2 क्विन्टल, 2·5 किग्रा० का कितने प्रतिशत है ?
(*a*) 0·8% (*b*) 8% (*c*) 80% (*d*) 800% (*e*) 8000%

21. 75 मिलीलीटर, 1·75 लीटर का कितने प्रतिशत है ?
(*a*) $21\frac{2}{3}\%$ (*b*) $4\frac{2}{7}\%$ (*c*) $47\frac{2}{7}\%$ (*d*) इनमें से कोई नहीं

22. किसी भिन्न के अंश में 15% वृद्धि करने तथा हर में 8% कमी करने पर $\frac{15}{16}$ प्राप्त होता है. मूल भिन्न क्या है ?
(*a*) $\frac{3}{5}$ (*b*) $\frac{3}{4}$ (*c*) $\frac{3}{7}$ (*d*) $\frac{2}{3}$

23. दो संख्यायें एक तीसरी संख्या से क्रमश: $12\frac{1}{2}\%$ तथा 25% अधिक हैं. पहली संख्या दूसरी संख्या का कितने प्रतिशत है ? **(एस०एस०सी० परीक्षा, 2010)**
(*a*) 90% (*b*) 87·5% (*c*) 25% (*d*) 12·5%

24. $\frac{1}{2}\%$ का मान दशमलव भिन्न में क्या होगा ? **(रेलवे परीक्षा, 2006)**
(*a*) ·0005 (*b*) ·005 (*c*) ·05 (*d*) ·5

25. यदि *A* की आय *B* की आय से 10% अधिक हो, तो *B* की आय, *A* की आय से कितने प्रतिशत कम है ?
(*a*) 10% (*b*) $9\frac{1}{2}\%$ (*c*) $9\frac{1}{11}\%$ (*d*) 9%

26. यदि अनिल की ऊँचाई दीपक की ऊँचाई से 60% अधिक हो, तो दीपक की ऊँचाई, अनिल की ऊँचाई से कितने प्रतिशत कम है ?
(*a*) 60% (*b*) 40% (*c*) $37\frac{1}{2}\%$ (*d*) इनमें से कोई नहीं

27. यदि *A* की आय, *B* की आय से 25% कम हो, तो *B* की आय, *A* की आय से कितने प्रतिशत अधिक है ?
(*a*) 25% (*b*) 30% (*c*) $33\frac{1}{3}\%$ (*d*) $66\frac{2}{3}\%$
(एस०एस०सी० परीक्षा, 2010)

28. यदि *A* की आय, *B* की आय से 50% कम हो तो *B* की आय, *A* की आय से कितने प्रतिशत अधिक है ?
(*a*) 50% (*b*) 75% (*c*) 100% (*d*) 125%
(एस०एस०सी० परीक्षा, 2010)

29. किसी वस्तु की 10% तथा 10% की दो क्रमवार मूल्य वृद्धियाँ किस एकमात्र मूल्य-वृद्धि के समतुल्य है ?
(*a*) 19% (*b*) 20% (*c*) 21% (*d*) 22%
(एस०एस०सी० परीक्षा, 2010)

30. किसी वस्तु के मूल्य में पहले 10% की वृद्धि तथा इसके उपरान्त 20% की वृद्धि की गई. यदि अन्तिम बढ़ा हुआ मूल्य ₹ 33 हो, तो प्रारम्भिक मूल्य कितना था ? **(एस०एस०सी० परीक्षा, 2010)**
(*a*) ₹ 30 (*b*) ₹ 27·50 (*c*) ₹ 26·50 (*d*) ₹ 25

31. यदि किसी संख्या में 20% की वृद्धि की जाये तथा परिणामी संख्या में पुन: 20% की वृद्धि की जाये, तो कुल वृद्धि कितने प्रतिशत होगी ? **(एस०एस०सी० परीक्षा, 2010)**
(*a*) 40% (*b*) 48% (*c*) 44% (*d*) 41%

32. फलों के मूल्य में 30% कमी करने पर उनकी बिक्री 40% अधिक हो जाती है. इससे विक्रय-मूल्य पर क्या प्रभाव पड़ेगा ? **(बैंक पी०ओ० परीक्षा, 2010)**
(*a*) 22% वृद्धि (*b*) 22% कमी (*c*) 2% वृद्धि (*d*) 2% कमी (*e*) इनमें से कोई नहीं

33. चीनी के भाव में 40% वृद्धि होने पर किसी परिवार को चीनी की वार्षिक खपत कितने प्रतिशत कम करनी होगी जिससे परिवार का खर्च न बढ़े ? **(एस०एस०सी० परीक्षा, 2010)**

(*a*) $24\frac{4}{7}\%$ (*b*) $28\frac{4}{7}\%$ (*c*) $29\frac{4}{7}\%$ (*d*) $30\frac{4}{7}\%$

34. चीनी के मूल्य में 10% कमी होने पर कोई गृहिणी ₹ 1116 में 6·2 किग्रा० चीनी अधिक खरीद सकती है. चीनी का घटा हुआ मूल्य प्रति किग्रा० कितना है ? **(एस०एस०सी० परीक्षा, 2009)**

(*a*) ₹ 12 (*b*) ₹ 14 (*c*) ₹ 16 (*d*) ₹ 18

35. किसी वस्तु पर 10% कर कम कर देने पर कुल राजस्व अपरिवर्तित रहता है. इस वस्तु के उपभोग में कितने प्रतिशत वृद्धि हुई ? **(रेलवे परीक्षा, 2002)**

(*a*) $11\frac{1}{9}\%$ (*b*) 20% (*c*) 10% (*d*) $9\frac{1}{11}\%$

36. किसी वस्तु के मूल्य में 20% कटौती कर दी गई. इसे पूर्व मूल्य पर लाने हेतू कितने प्रतिशत वृद्धि करनी होगी ?

(*a*) 20% (*b*) 25% (*c*) $16\frac{2}{3}\%$ (*d*) 24%

37. किसी वस्तु पर दलाली की दर 4% से बढ़कर 5% होने पर भी एक दलाल की आय अपरिवर्तित रही. उसके व्यापार में कितने प्रतिशत कमी आई ? **(जीवन बीमा निगम परीक्षा, 2009)**

(*a*) 1% (*b*) 8% (*c*) 9% (*d*) 20%

38. किसी वस्तु पर कर में 20% वृद्धि होने पर इसकी खपत में 20% कमी कर दी गई. इस वस्तु पर कुल कर प्राप्ति में :—

(*a*) कोई अन्तर नहीं हुआ (*b*) 4% की वृद्धि हुई (*c*) 4% की कमी हुई
(*d*) 5% की कमी हुई (*e*) 5% की वृद्धि हुई

39. एक दुकानदार ₹ 45 में एक कापी बेचता है तथा 4% लाभ कमाता है. वह एक पैंसिल बॉक्स ₹ 80 में बेचता है तथा इस पर 20% लाभ कमाता है. यदि वह प्रतिदिन 10 कापियाँ तथा 6 पैंसिल बॉक्स बेचे तो 2 सप्ताह में वह कितना धन कमायेगा ? **(बैंक पी०ओ० परीक्षा, 2010)**

(*a*) ₹ 1956 (*b*) ₹ 1586 (*c*) ₹ 1496 (*d*) ₹ 1596 (*e*) इनमें से कोई नहीं

40. अमन का खर्च विमल के खर्च से 30% अधिक है तथा विमल का खर्च रमन के खर्च से 10% कम है. यदि तीनों के खर्च का योग ₹ 6447 हो, तो अमन का खर्च कितना है ? **(बैंक पी०ओ० परीक्षा, 2009)**

(*a*) ₹ 2200 (*b*) ₹ 2457 (*c*) ₹ 1890 (*d*) ₹ 2100 (*e*) इनमें से कोई नहीं

41. एक व्यक्ति की मासिक आय ₹ 13500 थी तथा उसका मासिक व्यय ₹ 9000 था. अगले वर्ष उसकी मासिक आय में 14% वृद्धि तथा व्यय में 7% वृद्धि हुई. उसकी बचत में कितने प्रतिशत वृद्धि हुई ?

(*a*) 7% (*b*) 21% (*c*) 28% (*d*) 35%

(एस०एस०सी० परीक्षा, 2005)

42. किसी बाल्टी में $66\frac{2}{3}\%$ भरी होने की तुलना में 80% भरी होने पर 2 लीटर अधिक पानी आता है. बाल्टी की धारिता (क्षमता) कितनी है ? **(एस०एस०सी० परीक्षा, 2005)**

(*a*) 10 लीटर (*b*) 15 लीटर (*c*) $16\frac{2}{3}$ लीटर (*d*) 20 लीटर

43. 50 किग्रा० शीशे व टिन के मिश्रण में 60% शीशा है. इस मिश्रण में कितना शीशा मिलाने पर बने मिश्रण में 75% शीशा हो जायेगा ? **(दिल्ली पुलिस परीक्षा, 2009)**

(*a*) 20 किग्रा० (*b*) 25 किग्रा० (*c*) 30 किग्रा० (*d*) 40 किग्रा०

44. यदि 7% लवण वाले 12 लीटर घोल को उबाल कर 4 लीटर पानी को वाष्पित कर दिया जाये तो शेष बचे घोल में लवण का प्रतिशत कितना है ? **(एस०एस०सी० परीक्षा, 2009)**

(*a*) 10·5% (*b*) 11·5% (*c*) 12% (*d*) 13%

45. 300 ग्राम चीनी के घोल में 40% चीनी है. इसमें कितने ग्राम चीनी और मिलाई जाये कि नये घोल में 50% चीनी हो ?
(*a*) 10 ग्राम (*b*) 40 ग्राम (*c*) 60 ग्राम (*d*) 80 ग्राम

46. 40% एल्कोहल के 5 लीटर विलयन में 1 लीटर पानी डालने पर नये विलयन में एल्कोहल की मात्रा कितनी होगी ?
(*a*) 30% (*b*) 33% (*c*) $33\frac{2}{3}\%$ (*d*) $33\frac{1}{3}\%$
(एस०एस०सी० परीक्षा, 2007)

47. 50% एल्कोहल की मात्रा वाले 9 ग्राम शेविंग लोशन में कितने ग्राम पानी मिलाया जाये कि लोशन में एल्कोहल की मात्रा 30% हो जाये ? **(रेलवे परीक्षा, 2005)**
(*a*) 4 ग्राम (*b*) 5 ग्राम (*c*) 6 ग्राम (*d*) 7 ग्राम

48. सेब के मूल्य में 25% कमी होने पर एक ग्राहक को ₹ 240 में 2 किग्रा० अधिक सेब मिलते हैं. घटा मूल्य प्रति किग्रा० कितना है ? **(एम०बी०ए० परीक्षा, 2004)**
(*a*) ₹ 30 (*b*) ₹ 35 (*c*) ₹ 40 (*d*) ₹ 45

49. एक परीक्षा में उत्तीर्ण होने के लिए 35% अंक लेने होते हैं. एक अभ्यर्थी को 40 अंक मिले तथा वह 30 अंकों से अनुत्तीर्ण हो गया. परीक्षा के अधिकतम अंक कितने हैं ? **(बैंक पी०ओ० परीक्षा, 2009)**
(*a*) 280 (*b*) 180 (*c*) 200 (*d*) 150 (*e*) 210

50. एक परीक्षा में लड़कियों तथा लड़कों के लिए उत्तीर्ण प्रतिशतता क्रमशः 35% तथा 40% है. एक लड़के ने 483 अंक प्राप्त किये तथा वह 117 अंकों से अनुत्तीर्ण रहा. लड़कियों के लिए न्यूनतम उत्तीर्ण अंक कितने हैं ?
(*a*) 425 (*b*) 520 (*c*) 500 (*d*) 625 (*e*) इनमें से कोई नहीं
(बैंक पी०ओ० परीक्षा, 2010)

51. किसी परीक्षा में 5% अभ्यर्थी अयोग्य घोषित हुए तथा योग्य अभ्यर्थियों में से 85% परीक्षार्थी सामान्य वर्ग के थे. यदि 4275 योग्य अभ्यर्थी अन्य वर्गों से हों, तो कुल कितने अभ्यर्थियों ने आवेदन किया ?
(*a*) 30000 (*b*) 35000 (*c*) 37000 (*d*) इनमें से कोई नहीं
(रेलवे परीक्षा, 2009)

52. एक परीक्षार्थी ने 30% अंक प्राप्त किये तथा वह 108 अंकों से अनुत्तीर्ण रहा. दूसरे परीक्षार्थी ने 52% अंक प्राप्त किये जो उत्तीर्ण होने के लिए आवश्यक अंकों से 24 अधिक हैं. उत्तीर्ण होने के लिए कम से कम कितने प्रतिशत अंक चाहियें ?
(*a*) 33% (*b*) 36% (*c*) 45% (*d*) 48%

53. एक परीक्षा में कमल ने 70% अंक प्राप्त किये. उसे चार विषयों में से तीन विषयों में क्रमशः 81%, 66% तथा 61% अंक मिले. चौथे विषय में उसे कितने अंक मिले ?
(*a*) 65% (*b*) 66% (*c*) 67% (*d*) 72%

54. एक परीक्षा में 900 लड़कियाँ तथा 1100 लड़के बैठे. इनमें से 40% लड़कियाँ तथा 50% लड़के उत्तीर्ण हुये. कुल कितने प्रतिशत विद्यार्थी अनुत्तीर्ण रहे ?
(*a*) 45% (*b*) 45·5% (*c*) 54·5% (*d*) 59·2%

55. एक परीक्षा में 42% अभ्यर्थी गणित में तथा 52% अभ्यर्थी अंग्रेजी में अनुत्तीर्ण हुए. यदि 17% अभ्यर्थी दोनों विषयों में अनुत्तीर्ण हुए हों तथा दोनों विषयों में 46 अभ्यर्थी उत्तीर्ण हुए हों, तो कुल अभ्यर्थियों की संख्या कितनी है ?
(*a*) 100 (*b*) 200 (*c*) 300 (*d*) 350
(एस०एस०सी० परीक्षा, 2009)

56. किसी कक्षा के 72% विद्यार्थियों ने जीव विज्ञान तथा 44% ने गणित विषय चुना. यदि प्रत्येक विद्यार्थी ने जीव विज्ञान तथा गणित में से कम से कम एक विषय चुना हो तथा 40 विद्यार्थियों ने ये दोनों विषय चुने हों, तो कक्षा में कुल कितने विद्यार्थी हैं ? **(एस०एस०सी० परीक्षा, 2010)**
(*a*) 200 (*b*) 240 (*c*) 250 (*d*) 320

57. अजय अपने वेतन का 25% घर के किराये, 5% खाद्यान्न, 15% यात्रा तथा 10% कपड़ों पर खर्च करता है तथा ₹ 27000 की बचत करता है. अजय की मासिक आय कितनी है? **(बैंक पी०ओ० परीक्षा, 2010)**

(*a*) ₹ 60000 (*b*) ₹ 80500 (*c*) ₹ 60700 (*d*) ₹ 70500 (*e*) इनमें से कोई नहीं

58. कौशल के मासिक वेतन का 12%, नन्दिनी के मासिक वेतन के 16% के समान है. सुरेश का मासिक वेतन नन्दिनी के मासिक वेतन का आधा है. सुरेश का वार्षिक वेतन ₹ 1·08 लाख है. कौशल का मासिक वेतन कितना है?

(*a*) ₹ 20000 (*b*) ₹ 18000 (*c*) ₹ 26000 (*d*) ₹ 24000 (*e*) इनमें से कोई नहीं

(बैंक पी०ओ० परीक्षा, 2010)

59. कोई व्यक्ति अपनी आय का 80% खर्च करता है. निर्वाह खर्च में वृद्धि होने के कारण उसके खर्च में $37\frac{1}{2}\%$ की वृद्धि होती है तथा उसकी आय में $16\frac{2}{3}\%$ की वृद्धि होती है. उस व्यक्ति की वर्तमान बचत कितनी है?

(*a*) $5\frac{3}{7}\%$ (*b*) $5\frac{5}{7}\%$ (*c*) $6\frac{2}{3}\%$ (*d*) $6\frac{1}{3}\%$

(जीवन बीमा निगम परीक्षा, 2010)

60. राम अपनी मासिक आय का 20% अपनी घरेलू आवश्यकताओं पर, शेष आय का 15% पुस्तकों पर तथा शेष आय का 30% कपड़ों पर खर्च करता है. अब, उसके पास ₹ 9520 बचते हैं. उसकी मासिक आय कितनी है?

(*a*) ₹ 15000 (*b*) ₹ 10000 (*c*) ₹ 20000 (*d*) इनमें से कोई नहीं

(रेलवे परीक्षा, 2009)

61. मि० अग्रवाल ने अपने धन का 30% भाग अपनी पत्नी को दे दिया. शेष धन का आधा अपनी पुत्री को दे दिया तथा बचे हुए धन को अपने 5 पुत्रों में बराबर-बराबर बाँट दिया. यदि प्रत्येक लड़के को ₹ 14000 मिले हों, तो उसके पास कुल कितना धन था? **(एस०एस०सी० परीक्षा, 2009)**

(*a*) ₹ 175000 (*b*) ₹ 200000 (*c*) ₹ 100000 (*d*) इनमें से कोई नहीं

62. एक विद्यालय में छात्राओं का $\frac{1}{5}$ भाग तथा छात्रों का $\frac{1}{4}$ भाग, 12 वर्ष से कम आयु के हैं. यदि विद्यालय में कुल 1000 विद्यार्थी हों तथा इनका $\frac{2}{5}$ भाग छात्रायें हों, तो 12 वर्ष तथा उससे अधिक आयु के कितने प्रतिशत विद्यार्थी हैं? **(एम०बी०ए० परीक्षा, 2006)**

(*a*) 23% (*b*) 45% (*c*) 55% (*d*) 77%

63. दिया गया है कि A की आय का 10% = B की आय का 15% = C की आय का 20%. यदि A, B तथा C की कुल आय का योग ₹ 78000 हो, तो B की आय कितनी है?

(*a*) ₹ 36000 (*b*) ₹ 30000 (*c*) ₹ 24000 (*d*) ₹ 18000

64. मोहन ने अपनी कुल सम्पत्ति अपनी पत्नी, तीन पुत्रों, दो पुत्रियों तथा 5 नात्ती-नातिनों में इस प्रकार वितरित की कि प्रत्येक नाती-नातिन को प्रत्येक पुत्र का $\frac{1}{8}$ भाग तथा प्रत्येक पुत्री का $\frac{1}{10}$ भाग मिले. उसकी पत्नी को उसके पुत्रों एवं पुत्रियों के कुल भाग का 40% मिले. यदि प्रत्येक पुत्री को ₹ 1·25 लाख मिले हों, तो उसकी पत्नी एवं तीन नाती-नातिनों को कुल कितना धन मिला? **(बैंक पी०ओ० परीक्षा, 2005)**

(*a*) ₹ 32500 (*b*) ₹ 257500 (*c*) ₹ 282500 (*d*) निर्धारित नहीं किया जा सकता

(*e*) इनमें से कोई नहीं

65. एक कालिज के सभी छात्रों में से 12% छात्रों की रुचि खेलों में है. कुल छात्रों के 10% की रुचि गायन में है तथा कुल छात्रों के तीन-चौथाई की रुचि नृत्य में है और शेष 15 छात्रों की रुचि किसी गतिविधि में नहीं है. कालिज में कुल कितने छात्र हैं? **(बैंक पी०ओ० परीक्षा, 2010)**

(*a*) 450 (*b*) 500 (*c*) 600 (*d*) निर्धारित नहीं किया जा सकता

(*e*) इनमें से कोई नहीं

66. एक मेले में किसी दिन 35000 दर्शक पहुँचे तथा उनसे ₹ 950000 प्रवेश राशि प्राप्त की गई. यदि प्रवेश शुल्क व्यस्क के लिए ₹ 40 तथा बच्चे के लिए ₹ 20 हो तथा 10% दर्शकों को नि:शुल्क पास मिला हो, तो मेले में कितने बच्चे थे ? **(होटल मैनेजमैन्ट परीक्षा, 2010)**

(*a*) 12500 (*b*) 15500 (*c*) 16000 (*d*) 31500

67. किसी विद्यालय में लड़के तथा लड़कियाँ 3 : 2 के अनुपात में हैं. यदि 20% लड़के तथा 30% लड़कियाँ छात्रवृत्ति लेने वाले हों, तो छात्रवृत्ति न लेने वाले विद्यार्थियों का प्रतिशत कितना है ? **(एस०एस०सी० परीक्षा, 2007)**

(*a*) 50% (*b*) 72% (*c*) 75% (*d*) 76%

68. किसी परिवार के चावल, मछली तथा खाद्य तेल पर किये जाने वाले व्यय 12 : 17 : 3 के अनुपात में हैं. इन वस्तुओं के मूल्यों में क्रमश: 20%, 30% तथा 50% की वृद्धि हो जाती है. परिवार के इन वस्तुओं पर किये जाने वाले व्यय में कुल कितनी वृद्धि होगी ? **(एस०एस०सी० परीक्षा, 2007)**

(*a*) $14\frac{1}{8}\%$ (*b*) $7\frac{1}{8}\%$ (*c*) $50\frac{1}{8}\%$ (*d*) $28\frac{1}{8}\%$

69. यदि *A* की आय का 5% = *B* की आय का 15% तथा *B* की आय का 10% = *C* की आय का 20% हो तथा *B* की आय ₹ 8000 हो, तो तीनों की कुल आय कितनी है ?

(*a*) ₹ 28000 (*b*) ₹ 32000 (*c*) ₹ 36000 (*d*) ₹ 24000

70. तुलसीराम का वेतन कश्यप के वेतन से 20% अधिक है. यदि तुलसीराम की बचत ₹ 720 हो जो उसके वेतन का 4% है, तो कश्यप का वेतन कितना है ? **(एस०एस०सी० परीक्षा, 2009)**

(*a*) ₹ 12000 (*b*) ₹ 15000 (*c*) ₹ 14400 (*d*) ₹ 22000

71. एक विद्यार्थी को किसी राशि का $3\frac{1}{2}\%$ ज्ञात करने के लिए कहा गया. उसने त्रुटिवश उस राशि का $5\frac{1}{2}\%$ ज्ञात किया जो ₹ 220 था. सही उत्तर क्या है ? **(एस०एस०सी० परीक्षा, 2009)**

(*a*) ₹ 120 (*b*) ₹ 140 (*c*) ₹ 160 (*d*) ₹ 150

72. 1 से 70 तक की कितने प्रतिशत संख्याओं के वर्ग के अन्त में 1 आता है ? **(रेलवे परीक्षा, 2009)**

(*a*) 14 (*b*) 21 (*c*) 18 (*d*) 20

73. एक परीक्षा में 150 प्रश्न दिये गये तथा प्रत्येक प्रश्न का 1 अंक है. मीनल ने प्रथम 75 प्रश्नों में से 80% प्रश्नों का सही उत्तर दिया. कुल 60% अंक प्राप्त करने हेतू उसे शेष प्रश्नों में से कितने प्रश्नों का सही उत्तर देना चाहिए ?

(*a*) 60 (*b*) 20 (*c*) 50 (*d*) 40 (*e*) इनमें से कोई नहीं

(बैंक पी०ओ० परीक्षा, 2006)

74. किसी जनपद की जनसंख्या 8500 है. इसमें प्रथम वर्ष में 20% वृद्धि हो तथा द्वितीय वर्ष में 25% वृद्धि हो, तो 2 वर्ष बाद इसकी जनसंख्या क्या होगी ? **(एस०एस०सी० परीक्षा, 2006)**

(*a*) 10950 (*b*) 12750 (*c*) 11950 (*d*) 12550

75. किसी सम्पत्ति का मूल्य प्रति वर्ष उसके प्रारम्भिक वर्ष की तुलना में 10% कम हो जाता है. यदि सम्पत्ति का वर्तमान मूल्य ₹ 81000 हो, तो 2 वर्ष पहले उसका मूल्य कितना था ?

(*a*) ₹ 72000 (*b*) ₹ 90000 (*c*) ₹ 100000 (*d*) इनमें से कोई नहीं

76. एक गाँव में प्रतिवर्ष 10% बच्चों की वृद्धि होती है. यदि वर्ष 2003 में बच्चों की संख्या 2000 हो, तो वर्ष 2006 में बच्चों की संख्या कितनी होगी ? **(बैंक पी०ओ० परीक्षा, 2010)**

(*a*) 2600 (*b*) 2620 (*c*) 2862 (*d*) 2682 (*e*) इनमें से कोई नहीं

77. किसी कस्बे की जनसंख्या में पहले वर्ष 5% की वृद्धि हुई तथा दूसरे वर्ष 5% की कमी हुई. यदि दूसरे वर्ष के अन्त में इसकी जनसंख्या 7980 हो, तो पहले वर्ष के प्रारम्भ में जनसंख्या कितनी थी ?

(*a*) 7890 (*b*) 8900 (*c*) 9800 (*d*) 8000

(एम०बी०ए० परीक्षा, 2010)

78. 3 वर्ष पूर्व एक कस्बे की जनसंख्या 160000 थी. यदि यह प्रतिवर्ष क्रमश: 3%, 2·5% तथा 5% की दर से बढ़ी हो, तो इसकी वर्तमान जनसंख्या कितनी है ? **(एम०बी०ए० परीक्षा, 2004)**

(*a*) 176432 (*b*) 176800 (*c*) 177366 (*d*) 178234

79. एक मकान का मूल्य ₹ 500000 है तथा इसके मूल्य में 10% प्रतिवर्ष कमी आती है. कितने वर्ष में इसका मूल्य ₹ 364500 हो जायेगा? **(एम०बी०ए० परीक्षा, 2004)**

(*a*) 3 वर्ष (*b*) 4 वर्ष (*c*) 5 वर्ष (*d*) 6 वर्ष

80. एक व्यक्ति ने ₹ 72900 में एक भूखण्ड खरीद कर उस पर ₹ 133100 की लागत से मकान बनाया. यदि भूखण्ड के मूल्य में 10% वार्षिक दर से वृद्धि हो तथा बिल्डिंग के मूल्य में 10% वार्षिक दर से कमी हो, तो कितने समय बाद दोनों का मूल्य समान हो जायेगा?

(*a*) $2\frac{1}{2}$ वर्ष (*b*) 2 वर्ष (*c*) $1\frac{1}{2}$ वर्ष (*d*) 3 वर्ष

81. 72 बच्चे एक कक्षा में कतारों तथा स्तम्भों में इस प्रकार खड़े हैं कि प्रत्येक कतार में बच्चों की संख्या, प्रत्येक स्तम्भ में बच्चों की संख्या से 12·5% अधिक है. प्रत्येक कतार में बच्चों की संख्या कितनी है?

(*a*) 9 (*b*) 8 (*c*) 18 (*d*) 12

(मैट्रो रेल दिल्ली, 2009)

82. एक आयत की लम्बाई में 10% की वृद्धि तथा चौड़ाई में 10% कमी करने पर नये आयत के क्षेत्रफल में:

(*a*) 1% की वृद्धि होगी (*b*) 1% की कमी होगी (*c*) 10% की कमी होगी

(*d*) न कोई कमी होगी तथा न वृद्धि **(एस०एस०सी० परीक्षा, 2007, 2010)**

83. किसी वर्ग की प्रत्येक भुजा में 30% वृद्धि करने पर इसके क्षेत्रफल में कितने प्रतिशत वृद्धि होगी?

(*a*) 30% (*b*) 45% (*c*) 60% (*d*) इनमें से कोई नहीं

84. एक आयत की लम्बाई में 60% वृद्धि करने पर इसकी चौड़ाई कितने प्रतिशत कम करनी होगी जिससे इसका क्षेत्रफल पूर्ववत् रहे?

(*a*) 37·5% (*b*) 60% (*c*) 30% (*d*) 32·5%

85. किसी वृत्त की त्रिज्या में 50% वृद्धि होने पर इसके क्षेत्रफल में कितने प्रतिशत वृद्धि होगी?

(*a*) 25% (*b*) 50% (*c*) 12·5% (*d*) 125%

86. किसी गोले की त्रिज्या में 50% कमी होने पर इसके पृष्ठ के क्षेत्रफल में कितने प्रतिशत कमी होगी?

(*a*) 25% (*b*) 50% (*c*) 75% (*d*) 100%

87. एक चुनाव में दो उम्मीदवार थे. एक उम्मीदवार 30% मत लेकर 16000 मतों से हार गया. कुल कितने मत पड़े?

(*a*) 24000 (*b*) 28000 (*c*) 30000 (*d*) 40000

(एस०एस०सी० परीक्षा, 2000)

88. एक चुनाव में दो उम्मीदवार थे. इसमें कुल 7500 मत पड़े. इन मतों में से 20% मतों को अवैध घोषित कर दिया गया. यदि एक उम्मीदवार को वैध मतों के 55% मत मिले हों तो दूसरे उम्मीदवार को कितने वैध मत मिले?

(*a*) 2700 (*b*) 2900 (*c*) 3000 (*d*) 3100

89. दो उम्मीदवारों के बीच एक चुनाव में एक उम्मीदवार को कुल वैध मतों के 55% मत मिले. यदि कुल मत 15200 हों तथा 15% मत अवैध घोषित कर दिये गये हों, तो दूसरे उम्मीदवार को कितने वैध मत मिले?

(*a*) 7106 (*b*) 6840 (*c*) 8360 (*d*) 5814 (*e*) इनमें से कोई नहीं

(बैंक पी०ओ० परीक्षा, 2009)

90. एक कक्षा में लड़कों की संख्या लड़कियों से 16% अधिक है. कक्षा में लड़कों की संख्या का लड़कियों की संख्या से क्रमशः अनुपात क्या है? **(बैंक पी०ओ० परीक्षा, 2010)**

(*a*) 27 : 22 (*b*) 29 : 21 (*c*) 29 : 25 (*d*) निर्धारित नहीं किया जा सकता

(*e*) इनमें से कोई नहीं

91. एक परीक्षा में रितिज ने 52%, सुनील ने 64% तथा रवि ने 74% अंक प्राप्त किये. यदि परीक्षा के अधिकतम अंक 750 हों, तो तीनों लड़कों के औसत प्राप्तांक कितने हैं? **(बैंक पी०ओ० परीक्षा, 2010)**

(*a*) 475 (*b*) 485 (*c*) 450 (*d*) 490 (*e*) इनमें से कोई नहीं

92. एक जिले की जनसंख्या 296000 है जिनमें से 166000 पुरुष हैं. कुल जनसंख्या का 50% शिक्षित हैं. यदि कुल पुरुषों का 70% शिक्षित हों, तो शिक्षित स्त्रियों की संख्या कितनी है? **(मैनेजमैन्ट परीक्षा, 2006)**

(*a*) 31800 (*b*) 32200 (*c*) 48000 (*d*) 66400

93. 605 टॉफी कुछ बच्चों में बराबर बराबर इस प्रकार बाँटी गई कि प्रत्येक बच्चे को कुल बच्चों की संख्या के 20% के बराबर टॉफी मिले. प्रत्येक बच्चे को कितनी टॉफियाँ मिली? **(बैंक पी०ओ० परीक्षा, 2006)**

(*a*) 11 (*b*) 24 (*c*) 45 (*d*) ज्ञात नहीं किया जा सकता

(*e*) इनमें से कोई नहीं

94. एक कार्यालय में 72% कर्मचारी चाय पीते हैं तथा 44% कॉफी पीते हैं. यदि प्रत्येक कर्मचारी चाय अथवा कॉफी अवश्य पीता हो तथा 40 कर्मचारी चाय तथा कॉफी दोनों पीते हों, तो इस कार्यालय में कुल कितने कर्मचारी हैं?

(*a*) 200 (*b*) 240 (*c*) 250 (*d*) 320

95. एक दुकानदार अपने ग्राहकों से क्रय-मूल्य से 15% अधिक मूल्य लेता है. यदि एक ग्राहक ने सोफा-सैट ₹ 9039 में खरीदा हो, तो दुकानदार ने इसे कितने में खरीदा? **(बैंक पी०ओ० परीक्षा, 2006)**

(*a*) ₹ 7680 (*b*) ₹ 7860 (*c*) ₹ 7660 (*d*) ₹ 7880 (*e*) इनमें से कोई नहीं

उत्तरमाला (प्रश्नमाला 10A)

1. (*b*)	**2.** (*c*)	**3.** (*c*)	**4.** (*b*)	**5.** (*a*)	**6.** (*e*)	**7.** (*c*)	**8.** (*b*)	**9.** (*b*)	**10.** (*b*)
11. (*c*)	**12.** (*b*)	**13.** (*b*)	**14.** (*d*)	**15.** (*b*)	**16.** (*a*)	**17.** (*a*)	**18.** (*b*)	**19.** (*c*)	**20.** (*e*)
21. (*b*)	**22.** (*b*)	**23.** (*a*)	**24.** (*b*)	**25.** (*c*)	**26.** (*c*)	**27.** (*c*)	**28.** (*c*)	**29.** (*c*)	**30.** (*d*)
31. (*c*)	**32.** (*d*)	**33.** (*b*)	**34.** (*d*)	**35.** (*a*)	**36.** (*b*)	**37.** (*d*)	**38.** (*c*)	**39.** (*d*)	**40.** (*b*)
41. (*c*)	**42.** (*b*)	**43.** (*c*)	**44.** (*a*)	**45.** (*c*)	**46.** (*d*)	**47.** (*c*)	**48.** (*a*)	**49.** (*c*)	**50.** (*c*)
51. (*a*)	**52.** (*d*)	**53.** (*d*)	**54.** (*c*)	**55.** (*b*)	**56.** (*c*)	**57.** (*a*)	**58.** (*d*)	**59.** (*b*)	**60.** (*c*)
61. (*b*)	**62.** (*d*)	**63.** (*c*)	**64.** (*b*)	**65.** (*b*)	**66.** (*b*)	**67.** (*d*)	**68.** (*d*)	**69.** (*c*)	**70.** (*b*)
71. (*b*)	**72.** (*d*)	**73.** (*d*)	**74.** (*b*)	**75.** (*c*)	**76.** (*e*)	**77.** (*d*)	**78.** (*c*)	**79.** (*a*)	**80.** (*d*)
81. (*a*)	**82.** (*b*)	**83.** (*c*)	**84.** (*a*)	**85.** (*d*)	**86.** (*c*)	**87.** (*d*)	**88.** (*a*)	**89.** (*d*)	**90.** (*b*)
91. (*a*)	**92.** (*a*)	**93.** (*a*)	**94.** (*c*)	**95.** (*b*)					

दिये गये प्रश्नों के हल प्रश्नमाला 10A

1. माना x का 52% = 182. तब, $x \times \frac{52}{100} = 182 \Rightarrow x = \left(182 \times \frac{100}{52}\right) = 350.$

2. 1260 का $\frac{100}{3}\% + 755$ का $80\% = \left(1260 \times \frac{100}{3} \times \frac{1}{100}\right) + \left(755 \times \frac{80}{100}\right) = (420 + 604) = 1024.$

3. माना (420 का 25%) – (140 का x%) = 77. तब,

$$\left(420 \times \frac{25}{100}\right) - 77 = \left(140 \times \frac{x}{100}\right) \Rightarrow \frac{7x}{5} = (105 - 77) = 28 \Rightarrow x = \left(28 \times \frac{5}{7}\right) = 20.$$

4. माना (365 का 36%) + (56·2 का x%) = 156·69. तब,

$$\frac{(56\cdot2 \times x)}{100} = (156\cdot69 - 131\cdot40) = 25\cdot29 \Rightarrow x = \frac{25\cdot29 \times 100}{56\cdot2} = 45.$$

5. 3600 का $\frac{7}{9}$ का 45% का $35\% = \left(3600 \times \frac{7}{9} \times \frac{45}{100} \times \frac{35}{100}\right) = 441.$

6. (240 का 5·6%) – (480 का 0·3%)

$$= \left(240 \times \frac{56}{1000}\right) - \left(480 \times \frac{3}{1000}\right) = \left(\frac{336}{25} - \frac{36}{25}\right) = \frac{(336 - 36)}{25} = \frac{300}{25} = 12.$$

7. माना (980 का 12%) – (450 का x%) = (227 का 30%). तब,

$$\left(450\times\frac{x}{100}\right)=\left(980\times\frac{12}{100}\right)-\left(227\times\frac{30}{100}\right)$$

$$\Rightarrow\frac{9x}{2}=(117\cdot6-68\cdot1)=49\cdot5\Rightarrow x=\left(49\cdot5\times\frac{2}{9}\right)=11.$$

8. 530 का 20·3% + 225 का 16·8%

$$=\left(530\times\frac{203}{1000}\right)+\left(\frac{225\times168}{1000}\right)=\left(\frac{10759}{100}+\frac{189}{5}\right)=\frac{(10759+3780)}{100}=\frac{14539}{100}=145\cdot39.$$

9. 220 का 18·5% + 680 का 12·4%

$$=\left(220\times\frac{37}{2\times100}\right)+\left(680\times\frac{124}{1000}\right)=\left(\frac{407}{10}+\frac{2108}{25}\right)=\frac{(4070+8432)}{100}=\frac{12502}{100}=125\cdot02.$$

10. $0\cdot05=\frac{5}{100}=\left(\frac{5}{100}\times100\right)\%=5\%.$ **11.** $5:4=\frac{5}{4}=\left(\frac{5}{4}\times100\right)\%=125\%.$

12. $22\cdot5\%=\frac{45}{2}\%=\left(\frac{45}{2}\times\frac{1}{100}\right)=\frac{9}{40}=0\cdot225.$

13. माना x का 16% = ·008. तब, $x\times\frac{16}{100}=\frac{8}{1000}\Rightarrow\ x=\left(\frac{8}{1000}\times\frac{100}{16}\right)=\frac{1}{20}=0\cdot05.$

14. $500\times\frac{x}{100}=300\times\frac{y}{100}\Rightarrow5x=3y\Rightarrow y=\frac{5x}{3}.$

$$200\times\frac{y}{100}\times\frac{x}{100}=60\Rightarrow2x\times\frac{5x}{3}=6000\ \Rightarrow x^2=\frac{6000\times3}{10}=1800\Rightarrow x=\sqrt{900\times2}=30\sqrt{2}.$$

15. माना $x\times\frac{45}{100}\times\frac{15}{100}=105\cdot3\Rightarrow x=105\cdot3\times\frac{400}{27}=1560.$

अब 1560 का 24% $=\left(1560\times\frac{24}{100}\right)=374\cdot4.$

16. माना $A=x^3y^2$

तथा $B=(x\text{ का }75\%)^3\times(y\text{ का }80\%)^2=\left(x\times\frac{75}{100}\right)^3\times\left(y\times\frac{80}{100}\right)^2$

$$=\left(\frac{3x}{4}\right)^3\times\left(\frac{4y}{5}\right)^2=\left(\frac{27}{64}\times\frac{16}{25}\right)(x^3y^2)=\left(\frac{27}{100}\right)(x^3y^2)=\frac{27}{100}A.$$

कमी $=(A-B)=\left(A-\frac{27}{100}A\right)=\frac{63}{100}A.$ $\therefore$ कमी % $=\left(\frac{63}{100}A\times\frac{1}{A}\times100\right)\%=63\%.$

17. माना मूल भिन्न $=\frac{x}{y}$. तब, नई भिन्न $=\dfrac{\frac{320}{100}x}{\frac{250}{100}y}=\frac{32}{25}\cdot\frac{x}{y}.$

$\therefore\ \frac{32}{25}\times\frac{x}{y}=\frac{4}{5}\Rightarrow\frac{x}{y}=\left(\frac{4}{5}\times\frac{25}{32}\right)=\frac{5}{8}.$ अत: मूल भिन्न $=\frac{5}{8}.$

18. अभीष्ट % $=\left(\frac{70}{30\times60}\times100\right)\%=\frac{35}{9}\%=3\cdot89\%.$

19. अभीष्ट $\% = \left(\frac{17}{6\cdot 8\times 1000}\times 100\right)\% = \frac{1}{4}\% = 0\cdot 25\%.$

20. अभीष्ट $\% = \left(\frac{2\times 100}{2\cdot 5}\times 100\right)\% = 8000\%.$

21. अभीष्ट $\% = \left(\frac{75}{1\cdot 75\times 1000}\times 100\right)\% = \frac{30}{7}\% = 4\frac{2}{7}\%.$

22. माना मूल भिन्न $= \frac{x}{y}$. तब, $\frac{x \text{ का } 115\%}{y \text{ का } 92\%} = \frac{15}{16}$.

$\therefore \frac{x\times\frac{115}{100}}{y\times\frac{92}{100}} = \frac{15}{16} \Rightarrow \frac{x\times 115}{y\times 92} = \frac{15}{16} \Rightarrow \frac{x}{y} = \left(\frac{15}{16}\times\frac{92}{115}\right) = \frac{3}{4}$. अत: मूल भिन्न $= \frac{3}{4}$.

23. माना तीसरी संख्या = 100. तब पहली संख्या $= 112\frac{1}{2}$ तथा दूसरी संख्या = 125.

अभीष्ट $\% = \left(\frac{225}{2\times 125}\times 100\right)\% = 90\%.$

24. $\frac{1}{2}\% = \left(\frac{1}{2}\times\frac{1}{100}\right) = \frac{1}{200} = 0\cdot 005.$

25. यहाँ $R = 10$.

अभीष्ट $\% = \left\{\frac{R}{(100+R)}\times 100\right\}\% = \left(\frac{10}{110}\times 100\right)\% = \frac{100}{11}\% = 9\frac{1}{11}\%.$

26. यहाँ $R = 60$.

अभीष्ट $\% = \left\{\frac{R}{(100+R)}\times 100\right\}\%\left(\frac{60}{160}\times 100\right)\% = \frac{75}{2}\% = 37\frac{1}{2}\%.$

27. यहाँ $R = 25$.

अभीष्ट $\% = \left\{\frac{R}{(100-R)}\times 100\right\}\% = \left(\frac{25}{75}\times 100\right)\% = \frac{100}{3}\% = 33\frac{1}{3}\%.$

28. यहाँ $R = 50$.

अभीष्ट $\% = \left\{\frac{R}{(100-R)}\times 100\right\}\% = \left(\frac{50}{50}\times 100\right)\% = 100\%.$

29. माना किसी वस्तु का प्रारम्भिक मूल्य = ₹ 100.

नया मूल्य = ₹ 100 का 110% का 110% = ₹ $\left(100\times\frac{110}{100}\times\frac{110}{100}\right)$ = ₹ 121.

एक मात्र मूल्य वृद्धि = 21%.

30. माना प्रारम्भिक मूल्य = ₹ x. तब

बढ़ा हुआ मूल्य = ₹ x का 110% का 120% = $\left(x\times\frac{110}{100}\times\frac{120}{100}\right)$ = ₹ $\frac{33x}{25}$.

$\therefore \frac{33x}{25} = 33 \Rightarrow x = \frac{33\times 25}{33} = 25$. अत: प्रारम्भिक मूल्य = ₹ 25.

31. माना संख्या = 100.

तब, परिणामी संख्या = 100 का 120% का 120% $= \left(100\times\frac{120}{100}\times\frac{120}{100}\right) = 144.$

कुल वृद्धि = 44%.

32. माना पहले मूल्य = ₹ 100 प्रति इकाई तथा कुल बिक्री = 100 इकाई.
पहले कुल मूल्य = ₹ (100 × 100) = ₹ 10000.
अब, नया मूल्य = ₹ 70 प्रति इकाई तथा नई बिक्री = 140 इकाई.
अब, कुल मूल्य = ₹ (140 × 70) = ₹ 9800.
वि० मूल्य में कमी = ₹ (10000 – 9800) = ₹ 200.
वि० मूल्य में कमी % = $\left(\frac{200}{10000}\times 100\right)\% = 2\%$.

33. माना पहले खपत = 100 इकाई तथा मूल्य प्रति इकाई = ₹ 100.
पहले कुल खर्च = ₹ (100 × 100) = ₹ 10000.
नया मूल्य = ₹ 140 प्रति इकाई तथा माना नई खपत = $(100 - x)$ इकाई.
अब खर्च = ₹ $140 \times (100 - x)$ = ₹ $(14000 - 140x)$.
$14000 - 140x = 10000 \Rightarrow 140x = 4000 \Rightarrow x = \frac{4000}{140} = \frac{200}{7}\% = 28\frac{4}{7}\%$.
खपत में कमी $= 28\frac{4}{7}\%$.

34. माना पहले भाव = ₹ x प्रति किग्रा०. अब, भाव = ₹ $\frac{90x}{100}$ प्रति किग्रा० = ₹ $\frac{9x}{10}$ प्रति किग्रा०.
$\frac{1116}{(9x/10)} - \frac{1116}{x} = 6\cdot 2 \Rightarrow \frac{1240}{x} - \frac{1116}{x} = 6\cdot 2 \Rightarrow 6\cdot 2x = (1240 - 1116) \Rightarrow x = \frac{124}{6\cdot 2} = 20.$
घटा भाव = ₹ $\left(\frac{90}{100}\times 20\right)$/किग्रा० = ₹ 18/किग्रा०.

35. माना खपत = 100 इकाई तथा कर की दर = ₹ 100 प्रति इकाई.
कुल राजस्व = ₹ (100 × 100) = ₹ 10000.
माना नई खपत = $(100 + x)$ इकाई तथा कर की दर = ₹ 90 प्रति इकाई.
अब कुल राजस्व = ₹ $[90 \times (100 + x)]$ = ₹ $(9000 + 90x)$.
$\therefore\ 9000 + 90x = 10000 \Rightarrow 90x = 1000 \Rightarrow 9x = 100 \Rightarrow x = 11\frac{1}{9}$.
उपभोग में वृद्धि $= 11\frac{1}{9}\%$.

36. माना पहले वस्तु का मूल्य = ₹ 100.
20% कटौती के बाद वस्तु का मूल्य = ₹ 80.
अभीष्ट वृद्धि = ₹ (100 – 80) = ₹ 20.
₹ 80 पर वृद्धि = ₹ 20. ₹ 100 पर वृद्धि = $\left(\frac{20}{80}\times 100\right)\% = 25\%$.

37. माना पहले व्यापार = ₹ 100 तथा बाद में व्यापार = ₹ x.
पहले दलाली = ₹ 4, बाद में दलाली = x का 5%. $\therefore x$ का $5\% = 4 \Rightarrow x \times \frac{5}{100} = 4 \Rightarrow x = 80$.
व्यापार में कमी = (100 – 80)% = 20%.

38. माना कर की दर = ₹ 100 प्रति इकाई तथा खपत = 100 इकाई.
कुल कर = ₹ (100 × 100) = ₹ 10000.
कर की नई दर = ₹ 120 प्रति इकाई तथा खपत = 80 इकाई.
अब, कुल कर = ₹ (120 × 80) = ₹ 9600.
कर में कमी = ₹ (10000 – 9600) = ₹ 400.
कर में कमी % = $\left(\frac{400}{10000}\times 100\right)\% = 4\%$.

39. कुल कापियों की बिक्री = (10 × 14) = 140.

कुल पैंसिल बॉक्स की बिक्री = (6 × 14) = 84.

140 कापियों का मूल्य = ₹ (45 × 140) = ₹ 6300.

84 पैंसिल बॉक्स का मूल्य = ₹ (80 × 84) = ₹ 6720.

कुल लाभ = (₹ 6300 का 4%) + (₹ 6720 का 20%)

$$= ₹\left[\left(6300\times\frac{4}{100}\right)+\left(6720\times\frac{20}{100}\right)\right] = ₹\,(252+1344) = ₹\,1596.$$

40. माना $R = ₹\,x$, तब, $V = ₹\,\frac{90x}{100} = ₹\,\frac{9x}{10}$ तथा $A = ₹\,\frac{130}{100}\times\frac{9x}{10} = ₹\,\frac{117x}{100}$.

$$\therefore\ x+\frac{9x}{10}+\frac{117x}{100} = 6447 \Rightarrow 100x+90x+117x = 644700$$

$$\Rightarrow 307x = 644700 \Rightarrow x = \frac{644700}{307} = 2100.$$

∴ अमन का खर्च $= ₹\left(\frac{117}{100}\times 2100\right) = ₹\,2457.$

41. पहले मासिक आय = ₹ 13500 तथा मासिक व्यय = ₹ 9000.

∴ पहले मासिक बचत = ₹ (13500 – 9000) = ₹ 4500.

अब, आय = ₹ 13500 का 114% $= ₹\left(13500\times\frac{114}{100}\right) = ₹\,15390.$

अब, व्यय = ₹ 9000 का 107% $= ₹\left(9000\times\frac{107}{100}\right) = ₹\,9630.$

अब, मासिक बचत = ₹ (15390 – 9630) = ₹ 5760.

बचत में वृद्धि = ₹ (5760 – 4500) = ₹ 1260.

बचत में वृद्धि % $= \left(\frac{1260}{4500}\times 100\right)\% = 28\%.$

42. माना बाल्टी की धारिता = x लीटर. तब,

(x का 80%) – $\left(x \text{ का } \frac{200}{3}\%\right) = 2 \Rightarrow \left(x\times\frac{80}{100}\right)-\left(x\times\frac{200}{3}\times\frac{1}{100}\right) = 2 \Rightarrow \frac{4x}{5}-\frac{2x}{3} = 2.$

$\therefore\ 12x-10x = 30 \Rightarrow 2x = 30 \Rightarrow x = 15.$

अत: बाल्टी की धारिता = 15 लीटर.

43. शीशे की मात्रा $= \left(50\times\frac{60}{100}\right)$ किग्रा॰ = 30 किग्रा॰.

टिन की मात्रा = (50 – 30) किग्रा॰ = 20 किग्रा॰.

माना शीशे की मिलाई जाने वाली मात्रा = x किग्रा॰.

कुल मिश्रण = $(50 + x)$ किग्रा॰.

शीशे का % $= \frac{(30+x)}{(50+x)}\times 100.$ अत: $\frac{(30+x)}{(50+x)}\times 100 = 75.$

$$\therefore\ \frac{(30+x)}{(50+x)} = \frac{75}{100} = \frac{3}{4} \Rightarrow 4(30+x) = 3(50+x) \Rightarrow 4x-3x = 150-120 \Rightarrow x = 30.$$

शीशे की अभीष्ट मात्रा = 30 किग्रा॰.

44. 12 लीटर घोल में लवण की मात्रा $= \left(12 \times \frac{7}{100}\right)$ लीटर $= 0{\cdot}84$ लीटर.

शेष बचे घोल की मात्रा $= (12-4)$ लीटर $= 8$ लीटर.

8 लीटर घोल में लवण $= 0{\cdot}84$ लीटर

इस घोल में लवण का $\% = \left(\frac{0{\cdot}84}{8} \times 100\right)\% = \frac{84}{8}\% = \frac{21}{2}\% = 10{\cdot}5\%$.

45. दिये गये घोल में चीनी की मात्रा $= \left(300 \times \frac{40}{100}\right)$ ग्राम $= 120$ ग्राम.

माना चीनी की मिलाई जाने वाली मात्रा $= x$ ग्राम. तब

$$\frac{120+x}{300+x} \times 100 = 50 \Rightarrow \frac{120+x}{300+x} = \frac{50}{100} = \frac{1}{2} \Rightarrow 300+x = 240+2x \Rightarrow x = 60 \text{ ग्राम.}$$

46. 5 लीटर विलयन में एल्कोहल की मात्रा $= \left(\frac{40}{100} \times 5\right)$ लीटर $= 2$ लीटर, पानी $= 3$ लीटर.

नये 6 लीटर विलयन में एल्कोहल $= 2$ लीटर.

एल्कोहल की मात्रा $\% = \left(\frac{2}{6} \times 100\right)\% = \frac{100}{3}\% = 33\frac{1}{3}\%$.

47. 9 ग्राम लोशन में एल्कोहल $= 9$ ग्राम का $50\% = \left(9 \times \frac{50}{100}\right)$ ग्राम $= 4{\cdot}5$ ग्राम.

माना इसमें x ग्राम पानी मिलाया जाये.

तब, एल्कोहल की मात्रा $\% = \left\{\frac{4{\cdot}5}{(9+x)} \times 100\right\}\%$.

$$\therefore \frac{4{\cdot}5}{(9+x)} \times 100 = 30 \Rightarrow 30(9+x) = 450 \Rightarrow 270+30x = 450 \Rightarrow 30x = 180 \Rightarrow x = 6 \text{ ग्राम.}$$

48. माना पहले भाव $=$ ₹ x प्रति किग्रा०. अब, भाव $=$ ₹ $\left(x \times \frac{75}{100}\right)$ प्रति किग्रा० $=$ ₹ $\frac{3x}{4}$ प्रति किग्रा०.

$$\therefore \frac{240}{(3x/4)} - \frac{240}{x} = 2 \Rightarrow \frac{240 \times 4}{3x} - \frac{240}{x} = 2 \Rightarrow \frac{320}{x} - \frac{240}{x} = 2 \Rightarrow 2x = 80 \Rightarrow x = 40.$$

घटा मूल्य $=$ ₹ $\left(\frac{3}{4} \times 40\right)$ प्रति किग्रा० $=$ ₹ 30 प्रति किग्रा०.

49. माना अधिकतम अंक $= x$. तब x का $35\% = 40 + 30$.

$$\therefore x \times \frac{35}{100} = 70 \Rightarrow x = \left(70 \times \frac{100}{35}\right) = 200.$$

अतः अधिकतम अंक $= 200$.

50. माना अधिकतम अंक $= x$. तब x का $40\% = 483 + 117$.

अर्थात् $x \times \frac{40}{100} = 600 \Rightarrow x = \left(600 \times \frac{100}{40}\right) = 1500$.

लड़कियों के लिए न्यूनतम उत्तीर्ण अंक $= 1500$ का $35\% = \left(1500 \times \frac{35}{100}\right) = 525$.

51. माना कुल आवेदक $= x$. योग्य अभ्यर्थी $= x$ का $95\% = \left(x \times \frac{95}{100}\right) = \frac{19x}{20}$.

अन्य वर्गों के अभ्यर्थी $= \frac{19x}{20}$ का $15\% = \left(\frac{19x}{20} \times \frac{15}{100}\right) = \frac{57x}{400}$.

$\therefore \frac{57x}{400} = 4275 \Rightarrow x = \frac{4275 \times 400}{57} = (75 \times 400) = 30000$. अतः कुल आवेदक $= 30000$.

52. माना पूर्णांक = x. तब (x का 30%) + 108 = (x का 52%) – 24

$\therefore \left(x\times\frac{52}{100}\right)-\left(x\times\frac{30}{100}\right)=108+24 \Rightarrow \frac{52x}{100}-\frac{30x}{100}=132$

$\Rightarrow (52x-30x)=13200 \Rightarrow 22x=13200 \Rightarrow x=\frac{13200}{22}=600.$

पास होने के लिए अंक % $=\left[\frac{(600 \text{ का } 30\%)+108}{600}\times 100\right]\% = \frac{(180+108)}{6}\% = \frac{288}{6}\% = 48\%.$

53. माना चौथे विषय के अंक = x. तब,

$\frac{(81+66+61+x)}{400}\times 100 = 70 \Rightarrow 208+x=280 \Rightarrow x=72\%.$ $\therefore$ चौथे विषय के अंक = 72%.

54. कुल विद्यार्थियों की संख्या = (900 + 1100) = 2000.

कुल अनुत्तीर्ण विद्यार्थियों की संख्या = (900 का 60%) + (1100 का 50%)

$=\left(900\times\frac{60}{100}\right)+\left(1100\times\frac{50}{100}\right)=(540+550)=1090.$

अनुत्तीर्ण विद्यार्थियों की % $=\left(\frac{1090}{2000}\times 100\right)\% = 54\cdot 5\%.$

55. केवल गणित में अनुत्तीर्ण = (42 – 17) = 25.

केवल अंग्रेजी में अनुत्तीर्ण = (52 – 17) = 35.

एक अथवा दोनों विषयों में अनुत्तीर्ण = (25 + 35 + 17) = 77.

दोनों विषयों में उत्तीर्ण = (100 – 77)% = 23%.

माना कुल अभ्यर्थी = x.

तब, x का 23% = 46 $\Rightarrow x\times\frac{23}{100}=46 \Rightarrow x=\left(46\times\frac{100}{23}\right)=200.$ अतः कुल अभ्यर्थी = 200.

56. माना कुल विद्यार्थी = 100 तथा माना दोनों विषयों में विद्यार्थी = x.

केवल जीव विज्ञान के विद्यार्थी = $(72-x)$, केवल गणित के विद्यार्थी = $(44-x)$.

$\therefore (72-x)+(44-x)+x=100 \Rightarrow 116-x=100 \Rightarrow x=16.$

यदि दोनों विषयों में 16 विद्यार्थी चुने गये हों, तो कुल विद्यार्थी = 100.

यदि दोनों विषयों में 40 विद्यार्थी चुने गये हों, तो कुल विद्यार्थी $=\left(\frac{100}{16}\times 40\right)=250.$

57. माना अजय की मासिक आय = ₹ x. तब

x का 25% + x का 5% + x का 15% + x का 10% + 27000 = x

$\Rightarrow x$ का 55% + 27000 = x

$\Rightarrow \left(x-x\times\frac{55}{100}\right)=27000 \Rightarrow \left(x-\frac{11x}{20}\right)=27000 \Rightarrow \frac{9x}{20}=27000 \Rightarrow x=\left(27000\times\frac{20}{9}\right)=60000.$

अतः अजय की मासिक आय = ₹ 60000.

58. K का 12% = N का 16% तथा $S=\frac{1}{2}N$

$\Rightarrow K\times\frac{12}{100}=N\times\frac{16}{100} \Rightarrow K=N\times\frac{16}{100}\times\frac{100}{12}=\frac{4}{3}\times N$ तथा $N=2S.$

$\Rightarrow N=(2\times 108000)=216000$ (वार्षिक)

$\Rightarrow K=\left(\frac{4}{3}\times 216000\right)=(4\times 72000)=288000$ (वार्षिक)

$\Rightarrow K$ का मासिक वेतन $=\frac{288000}{12}$ रु० = 24000 रु०.

59. माना पहले आय = ₹ 100 तथा खर्च = ₹ 80.

अब आय $= ₹\left(100+16\frac{2}{3}\right) = ₹\,116\frac{2}{3} = ₹\,\frac{350}{3}$.

अब, खर्च $= \left(₹\,80 + ₹\,80 \text{ का } 37\frac{1}{2}\%\right) = ₹\left(80+80\times\frac{75}{2\times100}\right) = ₹\,(80+30) = ₹\,110.$

बचत $= ₹\left(116\frac{2}{3}-110\right) = ₹\,6\frac{2}{3} = ₹\,\frac{20}{3}.$

$₹\,\frac{350}{3}$ पर बचत $= ₹\,\frac{20}{3}$. ₹ 100 पर बचत $= \left(\frac{20}{3}\times\frac{3}{350}\times100\right)\% = \frac{40}{7}\% = 5\frac{5}{7}\%.$

60. माना मासिक आय = ₹ 100.

तब, घरेलू खर्च = ₹ 20, शेष = ₹ (100 – 20) = ₹ 80.

पुस्तकों पर खर्च $= ₹\left(80\times\frac{15}{100}\right) = ₹\,12$. शेष = ₹ (80 – 12) = ₹ 68.

कपड़ों पर खर्च $= ₹\left(68\times\frac{30}{100}\right) = ₹\,\frac{204}{10}$. शेष = ₹ (68 – 20·40) = ₹ 47·60.

यदि बचत ₹ 47·60 है, तो मासिक आय = ₹ 100.

यदि बचत ₹ 9520 है, तो मासिक आय $= ₹\left(\frac{100}{47\cdot60}\times9520\right) = ₹\,20000.$

61. माना कुल धन = ₹ x. तब, पत्नी का भाग $= ₹\left(x\times\frac{30}{100}\right) = ₹\,\frac{3x}{10}.$

शेष भाग $= ₹\left(x-\frac{3x}{10}\right) = ₹\,\frac{7x}{10}$, पुत्री का भाग $= ₹\left(\frac{1}{2}\times\frac{7x}{10}\right) = ₹\,\frac{7x}{20}.$

शेष भाग $= ₹\left(\frac{7x}{10}-\frac{7x}{20}\right) = ₹\,\frac{(14x-7x)}{20} = ₹\,\frac{7x}{20}.$

प्रत्येक लड़के का भाग $= ₹\left(\frac{1}{5}\times\frac{7x}{20}\right) = ₹\,\frac{7x}{100}.$

$\therefore\ \frac{7x}{100} = 14000 \Rightarrow x = \left(14000\times\frac{100}{7}\right) = 200000.$

अतः कुल धन = ₹ 200000.

62. छात्राओं की संख्या $= \left(\frac{2}{5}\times1000\right) = 400$, छात्रों की संख्या = (1000 – 400) = 600.

12 वर्ष से कम आयु के विद्यार्थी $= \left(\frac{1}{5}\times400+\frac{1}{4}\times600\right) = (80+150) = 230.$

12 वर्ष तथा उससे अधिक आयु के विद्यार्थी = (1000 – 230) = 770.

अभीष्ट % $= \left(\frac{770}{1000}\times100\right)\% = 77\%.$

63. (A की आय) $\times\frac{10}{100}$ = (B की आय) $\times\frac{15}{100}$ = (C की आय) $\times\frac{20}{100} = x$ (माना)

तब $A\times\frac{1}{10} = B\times\frac{3}{20} = C\times\frac{1}{5} = x \Rightarrow A = 10x,\ B = \frac{20x}{3}$ तथा $C = 5x$

$\Rightarrow 10x+\frac{20x}{3}+5x = 78000\quad [\because A+B+C = 78000]$

$\Rightarrow 30x+20x+15x=234000 \Rightarrow 65x=234000 \Rightarrow x=\frac{234000}{65}=3600.$

$\therefore B$ की आय $= ₹\left(\frac{20}{3}\times 3600\right)=₹\ 24000.$

64. माना $\frac{1}{8}S=\frac{1}{10}D=K \Rightarrow S=8K$ तथा $D=10K$. अत: $GS=\left(\frac{1}{8}\times 8K\right)=K.$

$W=(3S+2D)$ का $40\%=(3\times 8K+2\times 10K)\times\frac{40}{100}=\left(44K\times\frac{2}{5}\right)=\frac{88K}{5}.$

$D=10K=(1\cdot 25\times 100000)=125000 \Rightarrow K=12500.$

$(W+3GS)=\left(\frac{88K}{5}+3K\right)=\frac{103K}{5}=₹\left(\frac{103}{5}\times 12500\right)=₹\ 257500.$

65. माना कुल छात्रों की संख्या $=x$. तब

$x\times\frac{12}{100}+x\times\frac{10}{100}+\frac{3x}{4}+15=x \Rightarrow \frac{3x}{25}+\frac{x}{10}+\frac{3x}{4}+15=x \Rightarrow 12x+10x+75x+1500=100x$

$\Rightarrow 100x-97x=1500 \Rightarrow 3x=1500 \Rightarrow x=500.$

अत: कुल छात्रों की संख्या = 500.

66. माना कुल बच्चे $=x$.

नि:शुल्क पास वालों की संख्या $=\left(35000\times\frac{10}{100}\right)=3500.$

बिना पास वाले व्यस्कों की संख्या $=35000-(3500+x)=(31500-x).$

$\therefore\ 20x+40\,(31500-x)=950000 \Rightarrow 20x=1260000-950000=310000$

$\therefore\ x=\frac{310000}{20}=15500.$

67. माना कुल विद्यार्थी = 100. तब, लड़के $=\left(100\times\frac{3}{5}\right)=60$ तथा लड़कियाँ = 40.

छात्रवृत्ति न लेने वालों की संख्या = (60 का 80%) + (40 का 70%) = (48 + 28) = 76.

अभीष्ट % = 76%.

68. माना पहले व्यय क्रमश: ₹ $12x$, ₹ $17x$ तथा ₹ $3x$ था. तब, कुल व्यय = ₹ $32x$.

अब कुल व्यय = ₹ [($12x$ का 120%) + ($17x$ का 130%) + ($3x$ का 150%)]

$=₹\left[\left(12x\times\frac{120}{100}\right)+\left(17x\times\frac{130}{100}\right)+\left(3x\times\frac{150}{100}\right)\right]=₹\ \frac{(144x+221x+45x)}{10}=₹\ 41x\ .$

व्यय में वृद्धि $\%=\left(\frac{9x}{32x}\times 100\right)\%=\frac{225}{8}\%=28\frac{1}{8}\%.$

69. A का $5\%=B$ का 15% तथा B का $10\%=C$ का 20%

$\Rightarrow A\times\frac{5}{100}=B\times\frac{15}{100}$ तथा $B\times\frac{10}{100}=C\times\frac{20}{100}$

$\Rightarrow \frac{A}{20}=\frac{3B}{20}$ तथा $\frac{B}{10}=\frac{C}{5} \Rightarrow A=3B$ तथा $B=2C$

$\Rightarrow A=(3\times 8000)=24000,\ C=\frac{1}{2}B=\left(\frac{1}{2}\times 8000\right)=4000$ तथा $B=8000$

$\Rightarrow (A+B+C)=(24000+8000+4000)=36000$ रु०.

70. माना $K =$ ₹ x. तब $T =$ ₹ $\frac{120x}{100} =$ ₹ $\frac{6x}{5}$.

$\therefore \frac{4}{100}\times\frac{6x}{5} = 720 \Rightarrow x = \left(720\times\frac{500}{24}\right) = 15000.$

अत: कश्यप का वेतन = ₹ 15000.

71. माना दी गई राशि = ₹ x. तब, x का $\frac{11}{2}\% = 220 \Rightarrow x\times\frac{11}{2}\times\frac{1}{100} = 220 \Rightarrow x = \left(220\times\frac{200}{11}\right) = 4000.$

सही उत्तर = ₹ 4000 का $\frac{7}{2}\%$ = ₹ $\left(4000\times\frac{7}{2}\times\frac{1}{100}\right)$ = ₹ 140.

72. 1 से 70 तक की वे संख्यायें जिनके वर्ग का इकाई अंक 1 है वे हैं :

1, 9, 11, 19, 21, 29, 31, 39, 41, 49, 51, 59, 61, 69. इनकी संख्या 14 है.

अभीष्ट % $= \left(\frac{14}{70}\times100\right)\% = 20\%.$

73. माना शेष प्रश्नों में से x प्रश्नों का सही उत्तर चाहिए. तब,

$\left(75\times\frac{80}{100}\right)+\left(75\times\frac{x}{100}\right) = 150$ का 60%

$\Rightarrow 60+\frac{3x}{4} = 150\times\frac{60}{100} = 90 \Rightarrow \frac{3x}{4} = 30 \Rightarrow x = \left(30\times\frac{4}{3}\right) = 40.$

$\therefore$ अभीष्ट प्रश्नों की संख्या = 40.

74. 2 वर्ष बाद जनसंख्या $= \left[8500\times\left(1+\frac{20}{100}\right)\times\left(1+\frac{25}{100}\right)\right] = \left(8500\times\frac{6}{5}\times\frac{5}{4}\right) = 12750.$

75. माना 2 वर्ष पहले सम्पत्ति का मूल्य = ₹ x. तब,

$x\left(1-\frac{10}{100}\right)^2 = 81000 \Rightarrow x\times\frac{9}{10}\times\frac{9}{10} = 81000 \Rightarrow x = \left(81000\times\frac{10}{9}\times\frac{10}{9}\right) =$ ₹ 100000.

76. वर्ष 2006 में बच्चों की संख्या $= \left[2000\times\left(1+\frac{10}{100}\right)^3\right] = \left(2000\times\frac{11}{10}\times\frac{11}{10}\times\frac{11}{10}\right) = 2662.$

77. माना पहले वर्ष के प्रारम्भ में जनसंख्या = x. तब,

$x\times\left(1+\frac{5}{100}\right)\times\left(1-\frac{5}{100}\right) = 7980 \Rightarrow x\times\frac{21}{20}\times\frac{19}{20} = 7980 \Rightarrow x = \left(7980\times\frac{20}{21}\times\frac{20}{19}\right) = 8000.$

$\therefore$ पहले वर्ष के प्रारम्भ में जनसंख्या = 8000.

78. कस्बे की वर्तमान जनसंख्या $= 160000\times\left(1+\frac{3}{100}\right)\times\left(1+\frac{5}{2\times100}\right)\times\left(1+\frac{5}{100}\right)$

$= \left(160000\times\frac{103}{100}\times\frac{41}{40}\times\frac{21}{20}\right) = 177366.$

79. माना अभीष्ट मूल्य n वर्ष में हो जायेगा. तब,

$500000\times\left(1-\frac{10}{100}\right)^n = 364500 \Rightarrow \left(\frac{9}{10}\right)^n = \frac{364500}{500000} = \frac{3645}{5000} = \frac{729}{1000} = \left(\frac{9}{10}\right)^3 \Rightarrow n = 3.$

अत: अभीष्ट मूल्य 3 वर्ष बाद हो जायेगा.

80. माना n वर्ष बाद दोनों का मूल्य समान हो जायेगा. तब,

$72900\times\left(1+\frac{10}{100}\right)^n = 133100\times\left(1-\frac{10}{100}\right)^n \Rightarrow \left(\frac{11}{10}\right)^n\times72900 = \left(\frac{9}{10}\right)^n\times133100$

$$\Rightarrow \frac{(11)^n}{(9)^n} = \frac{133100}{72900} = \frac{1331}{729} = \frac{(11)^3}{(9)^3} \Rightarrow \left(\frac{11}{9}\right)^n = \left(\frac{11}{9}\right)^3 \Rightarrow n = 3.$$

अतः 3 वर्ष बाद दोनों का मूल्य समान हो जायेगा.

81. माना प्रत्येक स्तम्भ में बच्चों की संख्या $= x$.

प्रत्येक कतार में बच्चों की संख्या $= x$ का $112 \cdot 5\% = \left(x \times \frac{225}{2 \times 100}\right) = \frac{9x}{8}$.

$\therefore\ x \times \frac{9x}{8} = 72 \Rightarrow x^2 = 72 \times \frac{8}{9} = 8 \times 8 \Rightarrow x = 8.$

अतः प्रत्येक कतार में बच्चों की संख्या $= \left(\frac{9}{8} \times 8\right) = 9.$

82. माना लम्बाई $= x$ मी० तथा चौड़ाई $= y$ मी०.

तब, क्षेत्रफल $= xy$ वर्ग मी०.

नई लम्बाई $= (x$ का $110\%)$ मी० $= \left(x \times \frac{110}{100}\right)$ मी० $= \frac{11x}{10}$ मी० .

नई चौड़ाई $= (y$ का $90\%)$ मी० $= \left(y \times \frac{90}{100}\right)$ मी० $= \frac{9y}{10}$ मी० .

नया क्षेत्रफल $= \left(\frac{11x}{10} \times \frac{9y}{10}\right)$ वर्ग मी० $= \left(\frac{99xy}{100}\right)$ वर्ग मी०.

क्षेत्रफल में कमी $= \left(xy - \frac{99xy}{100}\right)$ वर्ग मी० $= \frac{xy}{100}$ वर्ग मी०.

क्षेत्रफल में कमी $\% = \left(\frac{xy}{100} \times \frac{1}{xy} \times 100\right)\% = 1\%.$

83. माना वर्ग की प्रत्येक भुजा = 10 सेमी०. तब, इसका क्षेत्रफल = 100 वर्ग सेमी०.

प्रत्येक नई भुजा = (10 सेमी० का 130%) $= \left(10 \times \frac{130}{100}\right)$ सेमी० = 13 सेमी०.

नये वर्ग का क्षेत्रफल = (13 × 13) वर्ग सेमी० = 169 वर्ग सेमी०.

$\therefore$ क्षेत्रफल में वृद्धि = 69%.

84. माना लम्बाई $= x$ तथा चौड़ाई $= y$. तब, क्षेत्रफल $= xy$ वर्ग इकाई.

नई लम्बाई $= \left(x \times \frac{160}{100}\right) = \frac{8x}{5}$. माना नई चौड़ाई $= z$.

तब, $\frac{8x}{5} \times z = xy \Rightarrow z = \frac{5y}{8}$. चौड़ाई में कमी $= \left(y - \frac{5y}{8}\right) = \frac{3y}{8}$.

चौड़ाई में कमी $\% = \left(\frac{3y}{8} \times \frac{1}{y} \times 100\right)\% = 37 \cdot 5\%.$

85. माना प्रारम्भिक त्रिज्या $= R$ इकाई. तब, क्षेत्रफल $= \pi R^2$ वर्ग इकाई.

नई त्रिज्या $= \left(R \times \frac{150}{100}\right) = \frac{3R}{2}$. नया क्षेत्रफल $= \pi \times \left(\frac{3R}{2}\right)^2 = \frac{9\pi R^2}{4}$.

क्षेत्रफल में वृद्धि $= \left(\frac{9\pi R^2}{4} - \pi R^2\right) = \frac{5\pi R^2}{4}$

क्षेत्रफल में वृद्धि $\% = \left(\frac{5\pi R^2}{4} \times \frac{1}{\pi R^2} \times 100\right)\% = 125\%.$

86. माना गोले की त्रिज्या $= R$. तब, इसके पृष्ठ का क्षेत्रफल $= 4\pi R^2$.

नई त्रिज्या $= \left(R \times \frac{50}{100}\right) = \frac{R}{2}$. तब, इसके पृष्ठ का क्षेत्रफल $= 4\pi \times \left(\frac{R}{2}\right)^2 = \pi R^2$

पृष्ठ के क्षेत्रफल में कमी $= (4\pi R^2 - \pi R^2) = 3\pi R^2$.

पृष्ठ के क्षेत्रफल में कमी % $= \left(\frac{3\pi R^2}{4\pi R^2} \times 100\right)\% = 75\%$.

87. माना कुल मत पड़े $= x$. तब (x का 70%) – (x का 30%) = 16000

$\Rightarrow x$ का $40\% = 16000 \Rightarrow x \times \frac{40}{100} = 16000 \Rightarrow x = \left(16000 \times \frac{100}{40}\right) = 40000$.

88. वैध मत = (7500 का 80%) $= \left(7500 \times \frac{80}{100}\right) = 6000$.

दूसरे उम्मीदवार के मत = 6000 का 45% $= \left(6000 \times \frac{45}{100}\right) = 2700$.

89. अवैध मत = 15200 का 15% $= \left(15200 \times \frac{15}{100}\right) = 2280$.

वैध मत = (15200 – 2280) = 12920.

एक उम्मीदवार को मिले वैध मत = 12920 का 55% $= \left(12920 \times \frac{55}{100}\right) = 7106$.

दूसरे उम्मीदवार को मिले वैध मत = (12920 – 7106) = 5814.

90. माना लड़कियों की संख्या $= x\%$. तब लड़कों की संख्या $= (x + 16)\%$.

$\therefore x + x + 16 = 100 \Rightarrow 2x = 84 \Rightarrow x = 42$.

$\therefore$ अभीष्ट अनुपात $= \frac{x+16}{x} = \frac{42+16}{42} = \frac{58}{42} = \frac{29}{21} = 29:21$.

91. रितिज के प्राप्तांक $= \left(750 \times \frac{52}{100}\right) = 390$; सुनील के प्राप्तांक $= \left(750 \times \frac{64}{100}\right) = 480$;

रवि के प्राप्तांक $= \left(750 \times \frac{74}{100}\right) = 555$.

तीनों के औसत प्राप्तांक $= \frac{(390+480+555)}{3} = \frac{1425}{3} = 475$.

92. कुल स्त्रियाँ = (296000 – 166000) = 130000.

कुल शिक्षित व्यक्ति $= \left(296000 \times \frac{50}{100}\right) = 148000$.

शिक्षित पुरुषों की संख्या $= \left(166000 \times \frac{70}{100}\right) = 116200$.

शिक्षित स्त्रियों की संख्या = (148000 – 116200) = 31800.

93. माना कुल बच्चों की संख्या $= x$.

प्रत्येक बच्चे को मिली टॉफियों की संख्या $= x$ का $20\% = \left(x \times \frac{20}{100}\right) = \frac{x}{5}$.

$x \times \frac{x}{5} = 605 \Rightarrow x^2 = 3025 = (55)^2 \Rightarrow x = 55$.

प्रत्येक बच्चे को मिली टॉफियों की संख्या $= \frac{55}{5} = 11$.

94. माना कुल कर्मचारी $= x$. तब,

$n(A) = \left(x \times \frac{72}{100}\right) = \frac{18x}{25}, n(B) = \left(x \times \frac{44}{100}\right) = \frac{11x}{25}, n(A \cap B) = 40$.

$\therefore \quad x = n(A) + n(B) - n(A \cap B)$

$\Rightarrow \quad x = \frac{18x}{25} + \frac{11x}{25} - 40 \Rightarrow \frac{29x}{25} - x = 40 \Rightarrow 4x = (40 \times 25) \Rightarrow x = 250.$

अतः कुल कर्मचारी = 250.

95. माना दुकानदार ने इसे ₹ x में खरीदा. तब,

x का 115% = 9039 $\Rightarrow \left(x \times \frac{115}{100}\right) = 9039 \Rightarrow x = \left(9039 \times \frac{20}{23}\right) = 7860.$

अतः दुकानदार ने इसे ₹ 7860 में खरीदा.

प्रश्नमाला 10B

1. एक मशीन 2 वर्ष पूर्व ₹ 17280 में खरीदी गई. यदि इसका अवमूल्यन $16\frac{2}{3}$% वार्षिक दर से हो, तो इसका वर्तमान मूल्य कितना होगा?

2. एक मशीन 2 वर्ष पूर्व खरीदी गई. यदि $12\frac{1}{2}$% वार्षिक दर से इसका अवमूल्यन हो तथा इसका वर्तमान मूल्य ₹ 26460 हो, तो मशीन का क्रय-मूल्य कितना था?

3. एक कस्बे की जनसंख्या में पहले वर्ष 12% की वृद्धि होती है तथा दूसरे वर्ष 10% की कमी. यदि वर्तमान जनसंख्या 50400 हो, तो दो वर्ष पहले यह जनसंख्या कितनी थी? **(एस०एस०सी० परीक्षा, 2004)**

4. एक विद्यालय में लड़के तथा लड़कियाँ 3 : 2 के अनुपात में हैं. यदि 20% लड़के तथा 25% लड़कियाँ छात्रवृत्ति धारक हों, तो विद्यालय के उन विद्यार्थियों का प्रतिशत ज्ञात कीजिए जो छात्रवृत्ति धारक नहीं हैं. **(एस०एस०सी० परीक्षा, 2003)**

5. एक अधिकारी के मासिक वेतन का 10% मकान किराया भत्ता काट लिया जाता है. शेष वेतन का 20% वह पैट्रोल पर खर्च करता है. शेष वेतन का 20% वह आयकर जमा करा देता है तथा शेष वेतन का 10% वह कपड़ों पर खर्च करता है. इन खर्चों के बाद उसके पास ₹ 15552 बचें, तो उसका मासिक वेतन ज्ञात कीजिए.

6. किसी गाँव में दो-तिहाई पुरुष तथा शेष महिलायें हैं. इनमें से 70% पुरुष तथा 60% महिलायें साक्षर हैं. साक्षर पुरुषों का 30% तथा साक्षर महिलाओं का 20% स्नातक हैं. स्नातक पुरुषों का 20% तथा स्नातक महिलाओं का 15% नौकरी में हैं. उस गाँव में नौकरी करने वालों की संख्या कुल जनसंख्या का कितने प्रतिशत है?

7. एक कार के उत्पादन मूल्य में तीन मदें सम्मिलित हैं; कच्चे माल का मूल्य, श्रमिकों पर व्यय तथा अतिरिक्त मदें. किसी वर्ष में इन मुद्दों पर खर्च 4 : 3 : 2 के अनुपात में थे. अगले वर्ष कच्चे माल के मूल्य में 10% वृद्धि हो गई, श्रमिकों पर व्यय 8% बढ़ गया तथा अतिरिक्त मदों पर व्यय 5% घट गया. एक कार के उत्पादन मूल्य में प्रतिशत वृद्धि ज्ञात कीजिए.

8. किसी परीक्षा में उत्तीर्ण होने के लिए 40% अंक चाहियें. A ने उत्तीर्णांक से 10% कम अंक प्राप्त किये तथा B ने A से $11\frac{1}{9}$% कम अंक प्राप्त किये जबकि C ने, A तथा B के कुल अंकों से $41\frac{3}{17}$% कम अंक प्राप्त किये. ज्ञात कीजिए कि C इस परीक्षा में उत्तीर्ण हुआ अथवा नहीं.

9. किसी चुनाव में दो प्रत्याशी A तथा B थे. इस चुनाव में मतदाता सूची में दर्ज व्यक्तियों में से 10% ने भाग नहीं लिया तथा 60 मत अमान्य घोषित कर दिये गये. यदि A को मिले मतों की संख्या कुल सूची में दर्ज संख्या का 47% हो तथा वह B को 308 मतों से पराजित करे, तो कुल डाले गये मतों की संख्या ज्ञात कीजिए.

10. दालों के मूल्य में 30% वृद्धि होने पर एक गृहणी को उसकी खपत कितने प्रतिशत कम करनी होगी जिससे इस मद में खर्च केवल 10% बढ़े?

11. किसी वस्तु के मूल्य में 60% की वृद्धि की गई है. एक उपभोक्ता उस वस्तु की खपत में कितने प्रतिशत की कमी करे ताकि उस वस्तु पर उसके व्यय में कोई वृद्धि न हो? **(एस०एस०सी० परीक्षा, 2008)**

12. नमक और पानी के एक घोल में 15% नमक था. इसमें से 30 किग्रा० पानी वाष्पित करने के उपरान्त शेष घोल में नमक की मात्रा 20% रह गई. आरम्भिक घोल का भार ज्ञात कीजिए. **(एस०एस०सी० परीक्षा, 2008)**

13. किसी वर्ष एक गाँव की जनसंख्या 9800 थी. यदि अगले वर्ष पुरुषों की संख्या में 8% तथा महिलाओं की संख्या में 5% वृद्धि होने के उपरान्त गाँव की जनसंख्या 10458 हो गई हो, तो ज्ञात कीजिए कि वृद्धि से पहले गाँव में पुरुषों की संख्या कितनी थी? **(एस०एस०सी० परीक्षा, 2009)**

14. पानी के साथ 20% ऐल्कोहल वाले 5 लीटर मिश्रण में से 2 लीटर मिश्रण निकाल लिया जाता है तथा उसके बदले उसमें 2 लीटर पानी मिला दिया जाता है. नए मिश्रण में ऐल्कोहल की मात्रा का प्रतिशत ज्ञात कीजिए. **(एस०एस०सी० परीक्षा, 2008)**

15. चीनी के भाव में 10% कमी हो जाने पर ₹ 140 में 500 ग्राम अधिक चीनी खरीदी जा सकती है. चीनी का प्रारम्भिक भाव तथा कम भाव ज्ञात कीजिए. **(एस०एस०सी० परीक्षा, 2006)**

16. एक परीक्षा में 70% विद्यार्थी अग्रेजी में तथा 65% गणित में उत्तीर्ण हुए. यदि 27% विद्यार्थी दोनों विषयों में अनुत्तीर्ण रहे हों तथा 248 विद्यार्थी दोनों विषयों में उत्तीर्ण हुए हों, तो कुल कितने परीक्षार्थी थे? **(एस०एस०सी० परीक्षा, 2007)**

उत्तरमाला (प्रश्नमाला 10B)

1. ₹ 12000 **2.** ₹ 34560 **3.** 50000 **4.** 78% **5.** ₹ 30000 **6.** 3·4%
7. 6% **8.** उत्तीर्ण **9.** 6200 **10.** $15\frac{5}{13}\%$ **11.** 37·5% **12.** 120 किग्रा०
13. 5600 **14.** 12% **15.** ₹ 31·11 प्रति किग्रा०, ₹ 28 प्रति किग्रा० **16.** 400

दिये गये प्रश्नों के हल | प्रश्नमाला 10B

1. वर्तमान मूल्य = ₹ $\left\{17280\times\left(1-\frac{50}{3\times100}\right)^2\right\}$ = ₹ $\left(17280\times\frac{5}{6}\times\frac{5}{6}\right)$ = ₹ 12000.

2. माना मशीन का क्रय-मूल्य = ₹ x. तब,

$$x\times\left(1-\frac{25}{2\times100}\right)^2=26460\Rightarrow x\times\frac{7}{8}\times\frac{7}{8}=26460\Rightarrow x\left(26460\times\frac{8}{7}\times\frac{8}{7}\right)=34560.$$

अत: मशीन का क्रय-मूल्य = ₹ 34560.

3. माना 2 वर्ष पहले कस्बे की जनसंख्या = x. तब,

$$x\times\left(1+\frac{12}{100}\right)\times\left(1-\frac{10}{100}\right)=50400$$

$$\Rightarrow x\times\frac{28}{25}\times\frac{9}{10}=50400\Rightarrow x=\left(50400\times\frac{25}{28}\times\frac{10}{9}\right)=50000.$$

4. माना विद्यालय में लड़के = $3x$ तथा लड़कियाँ = $2x$.

छात्रवृत्ति धारक विद्यार्थियों की संख्या = ($3x$ का 20%) + ($2x$ का 25%)

$$=\left(3x\times\frac{20}{100}\right)+\left(2x\times\frac{25}{100}\right)=\left(\frac{3x}{5}+\frac{x}{2}\right)=\frac{11x}{10}.$$

उन विद्यार्थियों की संख्या जो छात्रवृत्ति धारक नहीं हैं $=\left(5x-\frac{11x}{10}\right)=\frac{39x}{10}.$

अभीष्ट % $=\left(\frac{39x}{10}\times\frac{1}{5x}\times100\right)\%=78\%.$

5. माना अधिकारी का मासिक वेतन = ₹ 100. तब, मकान किराया भत्ता = ₹ 10.

शेष वेतन = ₹ 90. पैट्रोल पर व्यय = (₹ 90 का 20%) = ₹ $\left(90\times\frac{20}{100}\right)$ = ₹ 18.

शेष वेतन = ₹ (90 – 18) = ₹ 72, आयकर = ₹ $\left(72 \times \frac{20}{100}\right)$ = ₹ 14·40.
शेष वेतन = ₹ (72 – 14·40) = ₹ 57·60.

कपड़ों पर खर्च = ₹ $\left(57 \cdot 60 \times \frac{10}{100}\right)$ = ₹ 5·76.

शेष = ₹ (57·60 – 5·76) = ₹ 51·84.

यदि शेष धन ₹ 51·84 है, तो कुल वेतन = ₹ 100.

यदि शेष धन ₹ 15552 है, तो कुल वेतन = ₹ $\left(\frac{100}{51 \cdot 84} \times 15552\right)$ = ₹ 30000.

अत: अधिकारी का मासिक वेतन = ₹ 30000.

6. माना गाँव की कुल जनसंख्या = x. तब,

पुरुषों की संख्या = $\frac{2x}{3}$, महिलाओं की संख्या = $\frac{x}{3}$.

साक्षर पुरुषों की संख्या = $\left(\frac{2x}{3} \times \frac{70}{100}\right) = \frac{7x}{15}$. साक्षर महिलाओं की संख्या = $\left(\frac{x}{3} \times \frac{60}{100}\right) = \frac{x}{5}$.

स्नातक पुरुषों की संख्या = $\left(\frac{7x}{15} \times \frac{30}{100}\right) = \frac{7x}{50}$. स्नातक महिलाओं की संख्या = $\left(\frac{x}{5} \times \frac{20}{100}\right) = \frac{x}{25}$.

नौकरी करने वाले पुरुषों की संख्या = $\left(\frac{7x}{50} \times \frac{20}{100}\right) = \frac{7x}{250}$.

नौकरी करने वाली महिलाओं की संख्या = $\left(\frac{x}{25} \times \frac{15}{100}\right) = \frac{3x}{500}$.

कुल नौकरी करने वालों की संख्या = $\left(\frac{7x}{250} + \frac{3x}{500}\right) = \frac{17x}{500}$.

अभीष्ट % = $\left(\frac{17x}{500} \times \frac{1}{x} \times 100\right)\% = \frac{17}{5}\% = 3 \cdot 4\%$.

7. माना पहले वर्ष में कच्चे माल का मूल्य = ₹ $4x$, श्रमिकों पर व्यय = ₹ $3x$ तथा अतिरिक्त मदों पर व्यय = ₹ $2x$ था.

अगले वर्ष कच्चे माल का मूल्य = ₹ $\left(4x \times \frac{110}{100}\right)$ = ₹ $\frac{22x}{5}$.

अगले वर्ष श्रमिकों पर व्यय = ₹ $\left(3x \times \frac{108}{100}\right)$ = ₹ $\frac{81x}{25}$.

अगले वर्ष अतिरिक्त मदों पर व्यय = ₹ $\left(2x \times \frac{95}{100}\right)$ = ₹ $\frac{19x}{10}$.

पहले वर्ष कुल खर्च = ₹ $(4x + 3x + 2x)$ = ₹ $9x$.

अगले वर्ष कुल खर्च = ₹ $\left(\frac{22x}{5} + \frac{81x}{25} + \frac{19x}{10}\right)$ = ₹ $\frac{(220x + 162x + 95x)}{50}$ = ₹ $\frac{477x}{50}$.

कार के उत्पादन मूल्य में वृद्धि = ₹ $\left(\frac{477x}{50} - 9x\right)$ = ₹ $\frac{27x}{50}$.

कार के उत्पादन मूल्य में वृद्धि % = $\left(\frac{27x}{50} \times \frac{1}{9x} \times 100\right)\% = 6\%$.

8. माना पूर्णांक = 100. तब, उत्तीर्णांक = 40.

A द्वारा प्राप्तांक = $\left(40 \times \frac{90}{100}\right) = 36$.

B द्वारा प्राप्तांक = 36 का $\left(100-11\frac{1}{9}\right)\% = 36$ का $\frac{800}{9}\% = \left(36\times\frac{800}{9}\times\frac{1}{100}\right) = 32.$

C द्वारा प्राप्तांक = (36 + 32) का $\left(100-\frac{700}{17}\right)\% = \left(68\times\frac{1000}{17}\times\frac{1}{100}\right) = 40.$

अत: C परीक्षा में उत्तीर्ण हुआ.

9. माना कुल मतदाता = x. डाले गये मतों की संख्या = $\left(x\times\frac{90}{100}\right) = \frac{9x}{10}$. मान्य मत = $\left(\frac{9x}{10}-60\right)$.

A को मिले मत = $\left(x\times\frac{47}{100}\right) = \frac{47x}{100}$.

B को मिले मत = $\left(\frac{9x}{10}-60-\frac{47x}{100}\right) = \frac{(90x-6000-47x)}{100} = \frac{(43x-6000)}{100}$.

$\therefore \quad \frac{47x}{100}-\frac{(43x-6000)}{100} = 308 \Rightarrow 47x-(43x-6000) = 30800 \Rightarrow 4x = 24800 \Rightarrow x = 6200.$

अत: कुल मतों की संख्या = 6200.

10. माना पहले खर्च = 1 यूनिट तथा इसका मूल्य = ₹ 100.

दाल पर पहले खर्च = ₹ 100 तथा नया खर्च = ₹ 110.

नया भाव = ₹ 130.

₹ 130 में प्राप्त = 1 यूनिट.

₹ 110 में प्राप्त = $\left(\frac{1}{130}\times 110\right)$ यूनिट = $\frac{11}{13}$ यूनिट.

खपत में कमी = $\left(1-\frac{11}{13}\right) = \frac{2}{13}$. खपत में कमी % = $\left(\frac{2}{13}\times\frac{1}{1}\times 100\right)\% = \frac{200}{13}\% = 15\frac{5}{13}\%$.

11. माना 1 इकाई का मूल्य = ₹ 100 तथा खपत = 1 इकाई.

1 इकाई का नया मूल्य = ₹ 160.

अब, ₹ 160 में प्राप्त वस्तु = 1 इकाई.

₹ 100 में प्राप्त वस्तु = $\left(\frac{1}{160}\times 100\right)$ इकाई = $\frac{5}{8}$ इकाई.

खपत में कमी = $\left(1-\frac{5}{8}\right)$ इकाई = $\frac{3}{8}$ इकाई . खपत में कमी % = $\left(\frac{3}{8}\times\frac{1}{1}\times 100\right)\% = \frac{75}{2}\% = 37\cdot 5\%$.

12. माना कुल घोल की मात्रा = x किग्रा०.

इसमें नमक की मात्रा = $\left(x\times\frac{15}{100}\right)$ किग्रा० = $\frac{3x}{20}$ किग्रा०.

वाष्पित पानी के बाद घोल की मात्रा = $(x-30)$ किग्रा०.

इसमें नमक की मात्रा = $\left[(x-30)\times\frac{20}{100}\right]$ किग्रा० = $\frac{(x-30)}{5}$ किग्रा०.

$\therefore \ \frac{x-30}{5} = \frac{3x}{20} \Rightarrow 20x-600 = 15x \Rightarrow 5x = 600 \Rightarrow x = 120.$

अत: प्रारम्भिक घोल का भार = 120 किग्रा०.

13. माना पुरुषों की संख्या = x तथा महिलाओं की संख्या = $(9800-x)$. तब

$$x\left(1+\frac{8}{100}\right)+(9800-x)\left(1+\frac{5}{100}\right) = 10458$$

$$\Rightarrow \frac{27x}{25}+\frac{21}{20}(9800-x) = 10458 \Rightarrow \frac{27x}{25}-\frac{21x}{20} = 10458-10290$$

$\Rightarrow 108x - 105x = 16800 \Rightarrow 3x = 16800 \Rightarrow x = 5600.$

$\therefore$ गाँव में पुरुषों की संख्या = 5600.

14. 3 लीटर मिश्रण में अल्कोहल $= \left(3 \times \frac{20}{100}\right)$ लीटर $= \frac{3}{5}$ लीटर .

अब, 5 लीटर मिश्रण में अल्कोहल $= \frac{3}{5}$ लीटर.

इसमें अल्कोहल का $\% = \left(\frac{3}{5} \times \frac{1}{5} \times 100\right)\% = 12\%.$

15. माना चीनी का प्रारम्भिक भाव = ₹ x प्रति किग्रा०.

₹ 140 में चीनी की मात्रा $= \frac{140}{x}$ किग्रा०.

नया भाव = ₹ $\left(x \times \frac{90}{100}\right)$ प्रति किग्रा० = ₹ $\frac{9x}{10}$ प्रति किग्रा०.

अब, ₹ 140 में चीनी की मात्रा $= \frac{140}{(9x/10)}$ किग्रा० $= \frac{1400}{9x}$ किग्रा०.

$\therefore \frac{1400}{9x} - \frac{140}{x} = \frac{1}{2} \Rightarrow \frac{(1400 - 1260)}{9x} = \frac{1}{2} \Rightarrow 9x = 2 \times 140 \Rightarrow x = \frac{280}{9}.$

प्रारम्भिक भाव = ₹ 31·11 प्रति किग्रा०.

नया भाव = ₹ $\left(\frac{280}{9} \times \frac{9}{10}\right)$ प्रति किग्रा० = ₹ 28 प्रति किग्रा०.

16. अंग्रेजी में अनुत्तीर्ण = (100 – 70) = 30, गणित में अनुत्तीर्ण = (100 – 65) = 35.

दोनों में अनुत्तीर्ण = 27.

केवल अंग्रेजी में अनुत्तीर्ण = (30 – 27) = 3, केवल गणित में अनुत्तीर्ण = (35 – 27) = 8.

एक अथवा दोनों विषयों में अनुत्तीर्ण = (3 + 8 + 27) = 38.

दोनों विषयों में उत्तीर्ण = (100 – 38) = 62%.

माना कुल विद्यार्थी = x तब x का 62% = 248.

$\therefore x \times \frac{62}{100} = 248 \Rightarrow x = \left(248 \times \frac{100}{62}\right) = 400.$

अतः कुल विद्यार्थी = 400.

11 लाभ तथा हानि (PROFIT AND LOSS)

सामान्य नियम

(*i*) **क्रय-मूल्य :** जिस मूल्य पर कोई वस्तु खरीदी जाती है वह मूल्य इस वस्तु का क्रय-मूल्य कहलाता है.

(*ii*) **विक्रय-मूल्य :** जिस मूल्य पर कोई वस्तु बेची जाती है वह मूल्य इस वस्तु का विक्रय-मूल्य कहा जाता है.

(*iii*) **लाभ = (विक्रय मूल्य) – (क्रय मूल्य).**

(*iv*) **हानि = (क्रय-मूल्य) – (विक्रय-मूल्य).**

नोट : लाभ अथवा हानि सदैव क्रय-मूल्य पर गिने जाते हैं.

(*v*) यदि क्रय-मूल्य = ₹ x तथा लाभ = 20%, तो विक्रय-मूल्य = (₹ x का 120%).

(*vi*) यदि क्रय-मूल्य = ₹ x तथा हानि = 20%, तो विक्रय-मूल्य = (₹ x का 80%).

(*vii*) लाभ % = $\left(\dfrac{\text{लाभ}}{\text{क्रय - मूल्य}}\times 100\right)\%$ तथा हानि % = $\left(\dfrac{\text{हानि}}{\text{क्रय - मूल्य}}\times 100\right)\%$.

(*viii*) यदि विक्रय मूल्य = ₹ x तथा लाभ = 20%, तो क्रय-मूल्य = ₹ $\left(\dfrac{100}{120}\times x\right)$.

(*ix*) यदि विक्रय मूल्य = ₹ x तथा हानि = 20%, तो क्रय-मूल्य = ₹ $\left(\dfrac{100}{80}\times x\right)$.

(*x*) बट्टा सदैव अंकित मूल्य पर होता है.

(*xi*) एक व्यक्ति ने अपने दो घोड़ों में से प्रत्येक को ₹ 10870 में बेचकर एक पर 16% लाभ तथा दूसरे पर 16% हानि उठाई. पूरे लेन देन में उसे कितने प्रतिशत लाभ अथवा हानि हुई ?

संक्षिप्त विधि: ऐसे प्रश्नों में सदैव हानि होती है, विक्रय-मूल्य अस्तित्वहीन है.

सूत्र है: हानि % = $\left(\dfrac{\text{उभयनिष्ठ लाभ तथा हानि \%}}{10}\right)^2\%$.

अत: ऊपर दिये गये प्रश्न में, हानि % = $\left(\dfrac{16}{10}\right)^2\% = (1\cdot 6)^2\% = 2\cdot 56\%$.

(*xii*) यदि कोई दुकानदार अपनी वस्तुयें क्रय-मूल्य पर बेचता है परन्तु त्रुटिपूर्ण बाट का प्रयोग करता है, तो

लाभ % = $\left\{\dfrac{\textbf{त्रुटि}}{\textbf{(सही मान) – (त्रुटि)}}\times \mathbf{100}\right\}\%$.

साधित उदाहरण

प्रश्न 1. एक पुस्तक का क्रय मूल्य ₹ 110 तथा विक्रय मूल्य ₹ 123·20 है. इसे बेचने पर पुस्तक विक्रेता को कितने प्रतिशत लाभ होगा ?

हल : क्रय-मूल्य = ₹ 110 तथा विक्रय-मूल्य = ₹ 123·20.

लाभ = (विक्रय मूल्य) – (क्रय मूल्य) = ₹ (123·20 – 110) = ₹ 13·20.

$\therefore$ लाभ % = $\left(\dfrac{13\cdot 20}{110}\times 100\right)\% = \left(\dfrac{1320}{110}\right)\% = 12\%$.

प्रश्न 2. एक साईकिल को ₹ 1960 में खरीद कर ₹ 1862 में बेचे जाने पर कितने प्रतिशत हानि होगी?

हल : साईकिल का क्रय-मूल्य = ₹ 1960 तथा विक्रय-मूल्य = ₹ 1862.

हानि = (क्रय-मूल्य) – (विक्रय-मूल्य) = ₹ (1960 – 1862) = ₹ 98.

हानि % $= \left(\frac{98}{1960}\times 100\right)\% = 5\%$.

प्रश्न 3. आदित्य ने एक गाय ₹ 8580 में बेचकर 4% लाभ कमाया. उसने यह गाय कितने रुपये में खरीदी?

हल : गाय का विक्रय मूल्य = ₹ 8580, लाभ % = 4%

∴ गाय का क्रय मूल्य = ₹ $\left(\frac{100}{104}\times 8580\right)$ = ₹ 8250.

प्रश्न 7. एक कुर्सी को ₹ 873 में बेचने से विक्रेता को 10% हानि होती है. कुर्सी का क्रय-मूल्य कितना है?

हल : कुर्सी का विक्रय मूल्य = ₹ 873. हानि % = 10%.

∴ कुर्सी का क्रय-मूल्य = ₹ $\left(\frac{100}{90}\times 873\right)$ = ₹ 970.

प्रश्न 8. एक घड़ी को ₹ 2880 में बेचने पर एक व्यक्ति को 10% हानि होती है. वह इसे कितने में बेचे कि उसे 5% लाभ हो?

हल : घड़ी का विक्रय मूल्य = ₹ 2880 तथा हानि = 10%.

∴ घड़ी का क्रय मूल्य = ₹ $\left(\frac{100}{90}\times 2880\right)$ = ₹ 3200.

अब, क्रय-मूल्य = ₹ 3200. इच्छित लाभ % = 5%.

∴ घड़ी का विक्रय मूल्य = ₹ $\left(\frac{105}{100}\times 3200\right)$ = ₹ 3360.

प्रश्न 9. यदि किसी वस्तु को 5% हानि की अपेक्षा 10% लाभ पर बेचा जाता तो विक्रेता को ₹ 75 अधिक मिलते. वस्तु का क्रय-मूल्य कितना है?

हल : माना वस्तु का क्रय मूल्य = ₹ x. तब

$$\frac{110x}{100}-\frac{95x}{100}=75 \Rightarrow \frac{(110x-95x)}{100}=75 \Rightarrow 15x=7500 \Rightarrow x=\frac{7500}{15}=500.$$

∴ वस्तु का क्रय-मूल्य = ₹ 500.

प्रश्न 10. एक व्यक्ति ने दो घोड़ों में से प्रत्येक को ₹ 32500 में बेचा. उसे एक घोड़े पर 15% लाभ तथा दूसरे पर 15% हानि हुई. कुल सौदे पर उसे कितने प्रतिशत लाभ अथवा हानि हुई?

हल : संक्षिप्त विधि : ऐसे सौदे में सदैव हानि होती है.

सूत्र : हानि % $= \left(\frac{\textbf{उभयनिष्ठ लाभ तथा हानि \%}}{\textbf{10}}\right)^2 \% = \left(\frac{15}{10}\right)^2 \% = \left(\frac{3}{2}\right)^2 \% = \frac{9}{4}\% = 2\cdot 25\%.$

प्रश्न 11. एक हलवाई अपने सामान को क्रयमूल्य पर ही बेचता है. परन्तु, वह 1 किग्रा० के स्थान पर 900 ग्राम तोलता है. उसका लाभ प्रतिशत ज्ञात कीजिए.

हल : सूत्र : लाभ % $= \left\{\frac{\textbf{त्रुटि}}{\textbf{सत्य माप – त्रुटि}}\times\textbf{100}\right\}\% = \left\{\frac{100}{(1000-100)}\times 100\right\}\% = \left(\frac{100}{900}\times 100\right)\%$

$$=\frac{100}{9}\% = 11\frac{1}{9}\%.$$

प्रश्न 12. यदि 15 वस्तुओं का क्रय मूल्य 12 वस्तुओं के विक्रय मूल्य के बराबर हो, तो लाभ प्रतिशत ज्ञात कीजिए.

हल : माना प्रत्येक वस्तु का क्रय मूल्य = ₹ 1.

तब, 12 वस्तुओं का क्रय मूल्य = ₹ 12.

12 वस्तुओं का विक्रय मूल्य = 15 वस्तुओं का क्रय-मूल्य = ₹ 15.

लाभ = ₹ (15 – 12) = ₹ 3.

लाभ % = $\left(\frac{3}{12}\times 100\right)\% = 25\%$.

प्रश्न 13. एक फल विक्रेता ने ₹ 15 के 6 की दर से केले खरीद कर ₹ 12 के 4 की दर से बेच दिये. उसका लाभ अथवा हानि प्रतिशत ज्ञात कीजिए.

हल : माना कुल खरीदे गये केलों की संख्या = 15, 6, 12, 4 का ल०स० = (3 × 2 × 2 × 5) = 60.

3	15, 6, 12, 4
2	5, 2, 4, 4
2	5, 1, 2, 2
	5, 1, 1, 1

60 केलों का क्रय-मूल्य = ₹ $\left(\frac{15}{6}\times 60\right)$ = ₹ 150.

60 केलों का विक्रय-मूल्य = ₹ $\left(\frac{12}{4}\times 60\right)$ = ₹ 180.

लाभ % = $\left(\frac{30}{150}\times 100\right)\% = 20\%$.

प्रश्न 14. एक दुकानदार अपने सामान पर क्रय-मूल्य से 20% अधिक अंकित करता है तथा अंकित मूल्य पर 10% की छूट देता है. उसका लाभ प्रतिशत ज्ञात कीजिए.

हल : माना सामान का क्रय-मूल्य = ₹ 100. तब, अंकित मूल्य = ₹ 120.

∴ विक्रय-मूल्य = ₹ 120 का 90% = ₹ $\left(120\times\frac{90}{100}\right)$ = ₹ 108.

अतः लाभ % = 8%.

प्रश्न 15. एक दुकानदार अंकित मूल्य पर 10% की छूट देता हैं. उसे 8% लाभ कमाने हेतु अंकित-मूल्य को क्रय-मूल्य से कितने प्रतिशत अधिक रखना होगा?

हल: माना क्रय मूल्य = ₹ 100. तब, विक्रय-मूल्य = ₹ 108.

माना अंकित मूल्य = ₹ x.

x का 90% = 108 $\Rightarrow \left(x\times\frac{90}{100}\right) = 108 \Rightarrow x = \left(108\times\frac{10}{9}\right) \Rightarrow x = 120$.

अतः अंकित मूल्य क्रय मूल्य से 20% अधिक रखना होगा.

प्रश्न 16. तीन क्रमागत बट्टों 20%, 10% तथा 5% के समतुल्य बट्टा क्या होगा?

हल : माना किसी वस्तु का अंकित मूल्य = ₹ 100.

तब, इस वस्तु का विक्रय मूल्य = ₹ 100 का 80% का 90% का 95%

= ₹ $\left(100\times\frac{80}{100}\times\frac{90}{100}\times\frac{95}{100}\right)$ = ₹ $\frac{342}{5}$ = ₹ 68·40 .

अभीष्ट समतुल्य बट्टा = (100 – 68·4)% = 31·6%.

प्रश्न 17. एक कमीज का अंकित मूल्य ₹ 600 है. दो क्रमागत बट्टे देने के बाद इसका मूल्य ₹ 432 है. यदि दूसरा बट्टा 10% हो, तो पहला बट्टा कितना है?

हल : माना पहला बट्टा = x%. तब, 600 का $(100 - x)$% का 90% = 432.

$\Rightarrow 600 \times \frac{(100-x)}{100} \times \frac{90}{100} = 432 \Rightarrow (100 - x) = \left(432\times\frac{5}{27}\right) = 80 \Rightarrow x = 20$.

अतः पहला बट्टा = 20%.

प्रश्न 18. तीन क्रमागत बट्टों 30%, 20%, 5% के समतुल्य बट्टा क्या होगा?

हल: माना किसी वस्तु का अंकित-मूल्य = ₹ 100.

तब, इस वस्तु का वि० मूल्य = ₹ 100 का 70% का 80% का 95%

= ₹ $\left(100\times\frac{70}{100}\times\frac{80}{100}\times\frac{95}{100}\right)$ = ₹ 53·20.

अभीष्ट समतुल्य बट्टा = ₹ (100 – 53·20) = ₹ 46·80.

प्रश्नमाला 11A

निम्नलिखित प्रश्नों में से प्रत्येक में ठीक उत्तर को चिन्हांकित (✓) कीजिए :

1. मीनल ने एक कार ₹ 250000 में खरीदी तथा ₹ 348000 में बेच दी. उसे कार पर कितने प्रतिशत लाभ हुआ ?
(*a*) 40% (*b*) 39·2% (*c*) 38·4% (*d*) 38% (*e*) इनमें से कोई नहीं
(बैंक पी०ओ० परीक्षा, 2010)

2. एक व्यक्ति कुछ वस्तुयें ₹ P प्रति दर्जन के भाव से खरीदता है तथा ₹ (P/8) प्रति वस्तु के भाव से बेच देता है. उसका लाभ प्रतिशत कितना है ? **(एस०एस०सी० परीक्षा, 2009)**
(*a*) 30% (*b*) 40% (*c*) 50% (*d*) 60%

3. एक व्यक्ति ने ₹ 2470 में 26 किग्रा० चावल खरीदे. इसमें से उसने ₹ 110 प्रति किग्रा० की दर से 10 किग्रा० चावल बेच दिये. ₹ 70 का लाभ कमाने के लिए उसे शेष चावल किस दर पर बेचना होगा ?
(*a*) ₹ 90 प्रति किग्रा० (*b*) ₹ 95 प्रति किग्रा० (*c*) ₹ 85 प्रति किग्रा० (*d*) ₹ 75 प्रति किग्रा०
(*e*) इनमें से कोई नहीं **(बैंक पी०ओ० परीक्षा, 2010)**

4. एक व्यक्ति ने एक घोड़ा तथा एक गाड़ी ₹ 20000 में खरीदे. उसने घोड़े को 20% लाभ पर तथा गाड़ी को 10% हानि पर बेच दिया. इस प्रकार से उसे कुल सौदे में 2% का लाभ हुआ. घोड़े का क्रय मूल्य कितना है ?
(*a*) ₹ 7200 (*b*) ₹ 7500 (*c*) ₹ 8000 (*d*) ₹ 9000
(एस०एस०सी० परीक्षा, 2010)

5. चाय के मूल्य में 10% कमी होने पर एक व्यापारी ₹ 22500 में 25 किग्रा० चाय अधिक खरीद सकता है. चाय का मूल्य प्रति किग्रा० कितना है ? **(एस०एस०सी० परीक्षा, 2010)**
(*a*) ₹ 70 (*b*) ₹ 80 (*c*) ₹ 90 (*d*) ₹ 100

6. एक व्यक्ति ने एक वस्तु 25% हानि पर ₹ 6750 में बेची. यदि वह इसे 15% लाभ पर बेचता तो इसका विक्रय मूल्य कितना होता ? **(बैंक पी०ओ० परीक्षा, 2010)**
(*a*) ₹ 10530 (*b*) ₹ 9950 (*c*) ₹ 10350 (*d*) ₹ 11340 (*e*) इनमें से कोई नहीं

7. एक वस्तु को ₹ 1754 में बेचकर उतना ही लाभ प्राप्त होता है जितनी उसे ₹ 1492 में बेचकर हानि होती है. वस्तु का लागत मूल्य कितना है ? **(बैंक पी०ओ० परीक्षा, 2009)**
(*a*) ₹ 1623 (*b*) ₹ 1523 (*c*) ₹ 1689 (*d*) ₹ 1589 (*e*) इनमें से कोई नहीं

8. एक वस्तु को किसी निर्धारित मूल्य पर बेचा जाता है. उस मूल्य के $\frac{2}{3}$ पर बेचने से 10% हानि होती है. आरंभिक निर्धारित मूल्य पर बेचने से उसे कितना प्रतिशत लाभ होगा ? **(एस०एस०सी० परीक्षा, 2010)**
(*a*) 20% (*b*) $33\frac{1}{3}\%$ (*c*) 35% (*d*) 40%

9. कोई वस्तु ₹ x में बेचने से 15% हानि होती है. इसी वस्तु को ₹ y में बेचने से 15% लाभ होता है. $(y - x)$ तथा $(y + x)$ में क्या अनुपात है ? **(होटल मैनेजमैंट, परीक्षा, 2009)**
(*a*) 20 : 23 (*b*) 20 : 3 (*c*) 3 : 20 (*d*) 17 : 23

10. किसी वस्तु के क्रय–मूल्य तथा विक्रय–मूल्य का अनुपात 20 : 21 है. उस पर लाभ प्रतिशत कितना है ?
(*a*) 5·5% (*b*) 6% (*c*) 5% (*d*) 6·25%
(एस०एस०सी० परीक्षा, 2006)

11. किसी वस्तु को ₹ 69·60 में बेचने पर 25% हानि होती है. इस वस्तु का क्रय–मूल्य कितना है ?
(*a*) ₹ 92·80 (*b*) ₹ 52·20 (*c*) ₹ 86 (*d*) ₹ 86·40

12. किसी वस्तु को 20% लाभ पर बेचने से उसे 20% हानि पर बेचने की तुलना में ₹ 60 अधिक प्राप्त होते हैं. वस्तु का क्रय–मूल्य कितना है ? **(एस०एस०सी० परीक्षा, 2009)**
(*a*) ₹ 200 (*b*) ₹ 150 (*c*) ₹ 140 (*d*) ₹ 120

13. A ने कोई वस्तु B को 25% लाभ पर, B ने वह वस्तु C को 20% लाभ पर तथा C ने D को 10% लाभ पर बेची. यदि D ने इसे ₹ 330 में खरीदा हो, तो A ने उसे कितने में खरीदा? **(एस०एस०सी० परीक्षा, 2010)**

(*a*) ₹ 200 (*b*) ₹ 250 (*c*) ₹ 275 (*d*) ₹ 290

14. एक दुकानदार चीनी को इस प्रकार बेचता है कि 950 ग्राम चीनी का विक्रय मूल्य 1 किग्रा० चीनी के क्रय-मूल्य के बराबर हो. उसका लाभ प्रतिशत कितना है? **(बैंक पी०ओ० परीक्षा, 2010)**

(*a*) $5\frac{5}{19}\%$ (*b*) $5\frac{1}{5}\%$ (*c*) 5% (*d*) $4\frac{1}{19}\%$

15. यदि किसी निर्माता का लाभांश 10%, थोक विक्रेता का लाभांश 15% तथा फुटकर विक्रेता का लाभांश 25% हो, तो उस वस्तु का उत्पादन मूल्य क्या होगा जिसका फुटकर मूल्य ₹ 1265 है? **(एस०एस०सी० परीक्षा, 2006)**

(*a*) ₹ 700 (*b*) ₹ 750 (*c*) ₹ 800 (*d*) ₹ 900

16. एक दुकानदार ₹ 1 प्रति अण्डा की दर से 144 अण्डे खरीदता है. इनमें से 20 अण्डे टूट जाते हैं. शेष अण्डों को वह ₹ 1·20 प्रति अण्डा की दर से बेच देता है. इससे उसे कितने प्रतिशत लाभ अथवा हानि हुई?

(*a*) $3\frac{1}{3}\%$ लाभ (*b*) $4\frac{1}{3}\%$ लाभ (*c*) $3\frac{1}{3}\%$ हानि (*d*) $3\frac{1}{3}\%$ लाभ

17. किसी वस्तु को ₹ 21 में बेचने से एक व्यक्ति को क्रय मूल्य के बराबर प्रतिशत हानि हुई. वस्तु का क्रय मूल्य कितना था? **(एस०एस०सी० परीक्षा, 2010)**

(*a*) ₹ 30 अथवा ₹ 70 (*b*) ₹ 35 अथवा ₹ 60 (*c*) ₹ 45 (*d*) ₹ 50

18. किसी वस्तु को बेचने पर एक व्यक्ति उसके विक्रय मूल्य के 25% के बराबर लाभ कमाता है. उसका लाभ प्रतिशत कितना है? **(एस०एस०सी० परीक्षा, 2010)**

(*a*) 20% (*b*) 25% (*c*) $16\frac{2}{3}\%$ (*d*) $33\frac{1}{3}\%$

19. एक सब्जी विक्रेता ₹ 1 में 2 की दर से नींबू खरीदता है तथा ₹ 3 में 5 की दर से उन्हें बेचता है. उसका लाभ प्रतिशत कितना है? **(एस०एस०सी० परीक्षा, 2007)**

(*a*) 10% (*b*) 15% (*c*) 20% (*d*) 25%

20. एक फल विक्रेता कुछ सन्तरे ₹ 10 में 5 की दर से खरीदकर ₹ 15 में 6 की दर से बेचता है. उसका लाभ प्रतिशत कितना है? **(रेलवे परीक्षा, 2006)**

(*a*) 50% (*b*) 40% (*c*) 30% (*d*) 25%

21. ₹ 1 के 20 की दर से बटन बेचने पर एक दुकानदार को 4% हानि होती है. इस पर 20% लाभ कमाने हेतु 1 रुपये के कितने बटन बेचे जाने चाहिए?

(*a*) 16 (*b*) 20 (*c*) 24 (*d*) 25

22. एक पुस्तक विक्रेता किसी पुस्तक को 10% लाभ पर बेचता है. यदि उसने इसे 4% कम पर खरीदा होता तथा ₹ 6 अधिक में बेचा होता, तो उसे $18\frac{3}{4}\%$ लाभ होता. पुस्तक का क्रय-मूल्य कितना है?

(*a*) ₹ 130 (*b*) ₹ 140 (*c*) ₹ 150 (*d*) ₹ 160

(एस०एस०सी० परीक्षा, 2007)

23. 36 सन्तरे बेचने पर एक फल विक्रेता को 4 सन्तरों के विक्रय मूल्य के बराबर हानि होती है. उसकी हानि प्रतिशत कितनी है?

(*a*) 10% (*b*) $12\frac{1}{2}\%$ (*c*) $11\frac{1}{9}\%$ (*d*) इनमें से कोई नहीं

24. 250 केले बेचने पर एक फल विक्रेता को 50 केलों के विक्रय मूल्य के बराबर लाभ होता है. उसका लाभ प्रतिशत कितना है?

(*a*) 5% (*b*) 10% (*c*) 20% (*d*) 25%

25. एक दुकानदार अपने सामान को क्रय-मूल्य पर ही बेचता है, परन्तु वह 1 किग्रा० के स्थान पर 960 ग्राम बाट का प्रयोग करता है. उसका लाभ प्रतिशत कितना है ? **(एस०एस०सी० परीक्षा, 2006)**

(*a*) 40% (*b*) 4% (*c*) $4\frac{1}{6}$% (*d*) इनमें से कोई नहीं

26. एक दुकानदार त्रुटिपूर्ण तराजू के माध्यम से वस्तुओं को खरीदते समय 10% का घोटाला करता है तथा बेचते समय 10% का घोटाला करता है. उसका लाभ प्रतिशत कितना है ? **(एस०एस०सी० परीक्षा, 2006)**

(*a*) 10% (*b*) 11% (*c*) 21% (*d*) 20%

27. एक बेईमान दुकानदार अपने सामान को क्रय-मूल्य पर ही बेचने का दावा करता है. परन्तु, वह त्रुटिपूर्ण बाट का प्रयोग करके $11\frac{1}{9}$% लाभ कमाता है. 1 किग्रा० के स्थान पर वह कितना सामान देता है ?

(*a*) 960 ग्राम (*b*) 940 ग्राम (*c*) 925 ग्राम (*d*) 900 ग्राम

28. एक दुकानदार 10% लाभ पर चाय बेचता है तथा वास्तविक माप से 20% कम तोल के बाट प्रयोग करता है. उसका कुल लाभ कितने प्रतिशत है ?

(*a*) 30% (*b*) 35% (*c*) $37\frac{1}{2}$% (*d*) इनमें से कोई नहीं

29. दो प्रकार की चाय के क्रय-मूल्य क्रमशः ₹ 180 प्रति किग्रा० तथा ₹ 200 प्रति किग्रा० हैं. इन्हें 5 : 3 के अनुपात में मिलाकर मिश्रण को ₹ 210 प्रति किग्रा० की दर से बेचा जाता है. इससे उसे कितने प्रतिशत लाभ होता ?

(*a*) 10% (*b*) 11% (*c*) 12% (*d*) 13%

(एस०एस०सी० परीक्षा, 2006)

30. शुद्ध घी का भाव ₹ 100 प्रति किग्रा० है. इसमें ₹ 50 प्रति किग्रा० के भाव वाला वनस्पति तेल मिलाकर मिश्रण को ₹ 96 प्रति किग्रा० बेचा जाता है. इस प्रकार 20% लाभ होता है. इन्हें किस अनुपात में मिलाया गया है ?

(*a*) 1 : 2 (*b*) 3 : 1 (*c*) 3 : 2 (*d*) इनमें से कोई नहीं

(मैनेजमैन्ट परीक्षा, 2006)

31. मुकेश ने 40 किग्रा० गेंहूँ, ₹ 12·50 प्रति किग्रा० की दर से तथा 25 किग्रा० गेंहूँ ₹ 15·10 प्रति किग्रा० की दर से खरीदा. इन्हें मिलाकर मिश्रण को किस भाव बेचे कि कुल पर 10% लाभ हो ? **(बैंक पी०ओ० परीक्षा, 2004)**

(*a*) ₹ 13·25 प्रति किग्रा० (*b*) ₹ 13·50 प्रति किग्रा० (*c*) ₹ 14·75 प्रति किग्रा०

(*d*) ₹ 14·85 प्रति किग्रा० (*e*) इनमें से कोई नहीं

32. कपड़े के एक व्यापारी ने अपने कपड़े का आधा भाग 20% लाभ पर तथा शेष कपड़े का आधा भाग 20% हानि पर बेचा तथा शेष को उसके क्रय-मूल्य पर बेच दिया. उसको कितने प्रतिशत लाभ अथवा हानि हुई ?

(*a*) 5% लाभ (*b*) न लाभ न हानि (*c*) 5% हानि (*d*) 10% लाभ

(एस०एस०सी० परीक्षा, 2010)

33. 50 किग्रा० दूध के साथ पानी की कितनी मात्रा मिलाई जाये कि मिश्रण को क्रय-मूल्य पर बेचकर 10% लाभ प्राप्त किया जा सके ? **(एस०एस०सी० परीक्षा, 2008)**

(*a*) 2·5 किग्रा० (*b*) 5 किग्रा० (*c*) 7·5 किग्रा० (*d*) 10 किग्रा०

34. किसी वस्तु का क्रय-मूल्य उस वस्तु के विक्रय मूल्य का 40% है. विक्रय मूल्य, क्रय-मूल्य का कितने प्रतिशत है ?

(*a*) 40% (*b*) 60% (*c*) 240% (*d*) 250%

35. 100 वस्तुओं में से आधी वस्तुओं को 20% लाभ पर तथा शेष वस्तुओं को 40% लाभ पर बेचा गया. यदि सभी वस्तुओं को 25% लाभ पर बेचा गया होता, तो यह लाभ पहले से ₹ 100 कम मिलता. प्रत्येक वस्तु का क्रय-मूल्य कितना है ? **(एस०एस०सी० परीक्षा, 2010)**

(*a*) ₹ 10 (*b*) ₹ 15 (*c*) ₹ 20 (*d*) ₹ 30

36. यदि 20 वस्तुओं का क्रय-मूल्य 15 वस्तुओं के विक्रय-मूल्य के बराबर हो, तो लाभ प्रतिशत कितना है ?

(*a*) $16\frac{2}{3}$% (*b*) 20% (*c*) $33\frac{1}{3}$% (*d*) $66\frac{2}{3}$%

(एस०एस०सी० परीक्षा, 2010)

37. किसी अल्मारी को ₹ 2576 में बेचने पर एक व्यक्ति को 12% लाभ होता है. यदि इसे ₹ 100 कम में खरीदा गया होता, तो कितने प्रतिशत लाभ होता? **(एस०एस०सी० परीक्षा, 2010)**

(*a*) $11\frac{1}{9}\%$ (*b*) $13\frac{1}{3}\%$ (*c*) $17\frac{1}{11}\%$ (*d*) $17\frac{9}{11}\%$

38. मनीष ने 25 किग्रा० चावल ₹ 32 प्रति किग्रा० तथा 15 किग्रा० चावल ₹ 36 प्रति किग्रा० खरीदे. दोनों को मिलाकर बने मिश्रण को ₹ 40·20 प्रति किग्रा० की दर से बेचने पर कितने प्रतिशत लाभ हुआ?

(*a*) 25% (*b*) 40% (*c*) 30% (*d*) 20% (*e*) इनमें से कोई नहीं

(बैंक पी०ओ० परीक्षा, 2009)

39. मनोज ने दो रेडियो ₹ 6400 में खरीदे. उसने एक रेडियो को 25% लाभ पर तथा दूसरे को 25% हानि पर बेच दिया. यदि दोनों रेडियों के विक्रय-मूल्य समान हों, तो प्रत्येक का विक्रय-मूल्य कितना होगा?

(*a*) ₹ 3200 (*b*) ₹ 3120 (*c*) ₹ 3280 (*d*) ₹ 3000

40. दो साईकिलें समान मूल्य पर बेची जाती हैं. इनमें से पहली साईकिल 20% लाभ पर तथा दूसरी साईकिल 20% हानि पर बेची जाती है. इससे कुल ₹ 18 की हानि हुई हो तो इनके क्रय मूल्य होंगे क्रमश:

(*a*) ₹ 180, ₹ 270 (*b*) ₹ 200, ₹ 240 (*c*) ₹ 180, ₹ 240 (*d*) ₹ 200, ₹ 270

41. एक घड़ी को 20% लाभ पर बेचा जाता है. यदि घड़ी के क्रय-मूल्य तथा विक्रय मूल्य में से प्रत्येक को ₹ 100 कम कर दिया जाये, तो लाभ 5% कम हो जाता है. घड़ी का प्रारम्भिक क्रय-मूल्य कितना है?

(*a*) ₹ 450 (*b*) ₹ 500 (*c*) ₹ 550 (*d*) ₹ 600

(ए०ए०ओ० परीक्षा, 2010)

42. एक व्यक्ति ₹ 75 प्रति किग्रा० की दर से कुछ चावल खरीदता है. इसमें से 10% चावल खराब हो जाता है. शेष चावल वह किस भाव बेचे कि उसे 20% लाभ हो?

(*a*) ₹ 90 प्रति किग्रा० (*b*) ₹ 80 प्रति किग्रा० (*c*) ₹ 100 प्रति किग्रा० (*d*) इनमें से कोई नहीं

43. एक व्यक्ति दो वस्तुयें ₹ 99 प्रति वस्तु की दर से बेचता है. उसे एक पर 10% लाभ तथा दूसरे पर 10% हानि होती है. कुल दोनों वस्तुओं पर उसे

(*a*) ₹ 2 का लाभ होता है (*b*) ₹ 2 की हानि होती है

(*c*) ₹ 1 की हानि होती है (*d*) न लाभ होता है तथा न हानि

44. किसी वस्तु को बेचने पर एक व्यक्ति को उसके विक्रय मूल्य के 25% के बराबर लाभ होता है. उसका लाभ प्रतिशत कितना है? **(एस०एस०सी० परीक्षा, 2010)**

(*a*) 20% (*b*) 25% (*c*) $16\frac{2}{3}\%$ (*d*) $33\frac{1}{3}\%$

45. किसी व्यापारी ने अपने तीन-चौथाई माल को 20% लाभ पर तथा शेष को क्रय मूल्य पर ही बेच दिया. इस सम्पूर्ण माल की बिक्री पर उसे कितने प्रतिशत लाभ मिला? **(रेलवे परीक्षा, 2005)**

(*a*) 10% (*b*) 25% (*c*) 20% (*d*) 15%

46. एक इत्र की शीशी का 15% बट्टे के बाद विक्रय मूल्य ₹ 3675·40 है. इसका अंकित मूल्य कितना है?

(*a*) ₹ 4324 (*b*) ₹ 4386 (*c*) ₹ 4400 (*d*) ₹ 4294 (*e*) इनमें से कोई नहीं

(बैंक पी०ओ० परीक्षा, 2009)

47. किसी वस्तु का क्रय मूल्य उसके अंकित मूल्य का 80% है. 12% का बट्टा देने के उपरान्त व्यापारी का लाभ प्रतिशत कितना है? **(एस०एस०सी० परीक्षा, 2010)**

(*a*) 20% (*b*) 12% (*c*) 10% (*d*) 8%

48. किसी व्यापारी ने बिक्री के लिए सिले-सिलाये वस्त्रों के मूल्य पर 25% की छूट देने की घोषणा की. यदि कोई खरीददार ₹ 400 की छूट चाहता है, तो उसे ₹ 320 मूल्य वाली कितनी कमीजें खरीदनी होंगी?

(*a*) 10 (*b*) 7 (*c*) 6 (*d*) 5

(एस०एस०सी० परीक्षा, 2010)

49. किसी वस्तु का अंकित मूल्य उसके क्रय मूल्य से 20% अधिक है. अंकित मूल्य पर 20% का बट्टा दिया जाता है. इस प्रकार की बिक्री में होगा : **(एस०एस०सी० परीक्षा, 2009)**

(*a*) न लाभ न हानि (*b*) 4% हानि (*c*) 4% लाभ (*d*) 8% लाभ

50. कोई व्यापारी एक घड़ी ₹ 450 में खरीदता है तथा इसका सूची मूल्य इस प्रकार निर्धारित करता है कि 10% बट्टा देने के उपरांत उसे 20% लाभ हो. इस घड़ी का सूची मूल्य कितना है ? **(एस०एस०सी० परीक्षा, 2010)**

(*a*) ₹ 500 (*b*) ₹ 600 (*c*) ₹ 750 (*d*) ₹ 800

51. एक पुस्तक को उस पर छपे मूल्य पर 10% बट्टा देकर बेचने से एक दुकानदार को 12% लाभ होता है. पुस्तक के क्रय मूल्य तथा उस पर छपे मूल्य का अनुपात क्या है ? **(एस०एस०सी० परीक्षा, 2010)**

(*a*) 45 : 56 (*b*) 45 : 51 (*c*) 47 : 56 (*d*) 47 : 51

52. किसी निर्माता ने एक वस्तु का अंकित मूल्य ₹ 50 निर्धारित किया तथा उसे 20% का बट्टा देकर बेच दिया. यदि उसे 25% लाभ हुआ हो तो उस वस्तु का क्रय-मूल्य कितना है ? **(एस०एस०सी० परीक्षा, 2010)**

(*a*) ₹ 40 (*b*) ₹ 35 (*c*) ₹ 32 (*d*) ₹ 30

53. एक व्यापारी अपने माल पर क्रय मूल्य से 30% अधिक मूल्य अंकित करता है तथा इस पर 15% बट्टा देता है. उस वस्तु का क्रय मूल्य कितना है जिस पर उसे ₹ 84 लाभ हो ? **(एस०एस०सी० परीक्षा, 2010)**

(*a*) ₹ 800 (*b*) ₹ 560 (*c*) ₹ 373·33 (*d*) ₹ 280

54. एक घड़ी का अंकित मूल्य ₹ 3200 है. इसे दो क्रमिक बट्टों के साथ ₹ 2448 में बेचा जाता है. यदि पहला बट्टा 10% हो, तो दूसरा बट्टा कितना है ? **(एस०एस०सी० परीक्षा, 2010)**

(*a*) 5% (*b*) 10% (*c*) 15% (*d*) 20%

55. किसी वस्तु के लिखित मूल्य पर 10% बट्टा देने पर 20% लाभ होता है. यदि बट्टा बढ़ा कर 20% कर दिया जाये, तो लाभ प्रतिशत कितना होगा ? **(एस०एस०सी० परीक्षा, 2008)**

(*a*) $6\frac{2}{3}\%$ (*b*) 5% (*c*) 8% (*d*) $5\frac{1}{3}\%$

56. एक व्यापारी अपने माल पर अंकित मूल्य पर 15% का बट्टा देता है. वह अपने माल पर लागत मूल्य से कितना अधिक मूल्य अंकित करे कि उसे 19% लाभ हो ? **(एस०एस०सी० परीक्षा, 2008)**

(*a*) 34% (*b*) 40% (*c*) 25% (*d*) 30%

57. एक रेडियो का अंकित मूल्य ₹ 4800 है. दुकानदार इस पर 10% का बट्टा देता है तथा 8% लाभ कमाता है. यदि वह कोई बट्टा न दे तो उसका लाभ प्रतिशत कितना है ? **(एस०एस०सी० परीक्षा, 2009)**

(*a*) 18% (*b*) 20% (*c*) 22% (*d*) 25%

58. नरेश ने एक टी०वी० सैट, अंकित मूल्य पर 10% बट्टा लेकर ₹ 11250 में खरीदा. इसे लाने के लिए भाड़े में ₹ 150 खर्च किये तथा इसे लगवाने पर ₹ 800 खर्च किया. बिना कोई बट्टा दिये, 15% लाभ कमाने हेतु इसे किस मूल्य पर बेचा जाना चाहिए ? **(बैंक पी०ओ० परीक्षा, 2009)**

(*a*) ₹12937·50 (*b*) ₹ 14030 (*c*) ₹ 13450 (*d*) ₹ 15467·50

(*e*) इनमें से कोई नहीं

59. $12\frac{1}{2}\%$ तथा 10% की दो अनुक्रमिक छूट के बाद चाँदी की एक प्लेट को ₹ 6300 में बेचा गया. इस प्लेट का अंकित मूल्य कितना है ? **(रेलवे परीक्षा, 2006)**

(*a*) ₹ 8000 (*b*) ₹ 7800 (*c*) ₹ 7500 (*d*) ₹ 8600

60. एक कम्पनी तीन प्रकार के क्रमवार बट्टे पेश करती है: **(एस०एस०सी० परीक्षा, 2007)**

I. 25% तथा 15% II. 30% तथा 10% III. 35% तथा 5%

किसी ग्राहक के लिए सबसे अच्छा प्रस्ताव कौन-सा है ?

(*a*) I (*b*) II (*c*) III (*d*) सभी प्रस्ताव बराबर हैं

61. 30%, 20% तथा 10% के क्रमिक बट्टों के समतुल्य एकमात्र बट्टा है: **(एस०एस०सी० परीक्षा, 2006)**

(*a*) 50% (*b*) 49·6% (*c*) 49·4% (*d*) 51%

62. 20%, 25% तथा 10% के तीन क्रमिक बट्टों के समतुल्य एकमात्र बट्टा क्या होगा ?

(*a*) 55% (*b*) 50% (*c*) 48% (*d*) 46%

(एस० एस० सी० परीक्षा, 2009)

63. किसी वस्तु का अंकित मूल्य ₹ 900 है तथा इस पर 8% और 9% के दो क्रमवार बट्टे दिये जाते हैं. यदि इन दो क्रमवार बट्टों के स्थान पर विक्रेता 16% का एकमात्र बट्टा दे तो उसे कितना लाभ अथवा हानि होगी ?

(*a*) ₹ 4·76 लाभ (*b*) ₹ 5·76 हानि (*c*) ₹ 5·76 लाभ (*d*) ₹ 4·76 हानि

(एस०एस०सी० परीक्षा, 2007)

64. किसी कमीज तथा पैन्ट के अंकित मूल्य 1 : 2 के अनुपात में हैं. दुकानदार कमीज पर 40% की छूट देता है तथा कमीज और पैन्ट दोनों को मिलाकर 30% की छूट देता है. पैन्ट पर दी गई छूट कितनी है ?

(*a*) 15% (*b*) 20% (*c*) 25% (*d*) 30%

(एस० एस० सी० परीक्षा, 2007)

65. एक पैन का अंकित मूल्य ₹ 12 है. इस पर 15% का एक बट्टा दिया गया है. इसके बाद दूसरा बट्टा दिया गया है, जिससे पैन का मूल्य ₹ 8·16 हो जाता है. दूसरे बट्टे की दर कितनी है ? **(एस०एस०सी० परीक्षा, 2007)**

(*a*) 15% (*b*) 18% (*c*) 20% (*d*) 25%

66. एक व्यापारी अपनी प्रत्येक वस्तु पर इतना मूल्य अंकित करता है कि इस मूल्य पर 20% छूट देने पर उसे 25% लाभ होता है. यदि किसी वस्तु का क्रय-मूल्य ₹ 432 हो, तो इसका अंकित मूल्य क्या होगा ?

(*a*) ₹ 675 (*b*) ₹ 625 (*c*) ₹ 648 (*d*) ₹ 540

67. किसी घड़ी के अंकित मूल्य पर 10% छूट देने के बाद घड़ी का मूल्य ₹ 1080 है. यदि छूट न दी जाती तो दुकानदार को 20% लाभ होता. घड़ी का क्रय-मूल्य कितना है ?

(*a*) ₹ 1000 (*b*) ₹ 1200 (*c*) ₹ 1296 (*d*) इनमें से कोई नहीं

उत्तरमाला (प्रश्नमाला 11A)

1. (*b*)	**2.** (*c*)	**3.** (*a*)	**4.** (*c*)	**5.** (*d*)	**6.** (*c*)	**7.** (*a*)	**8.** (*c*)	**9.** (*c*)	**10.** (*c*)
11. (*a*)	**12.** (*b*)	**13.** (*a*)	**14.** (*a*)	**15.** (*c*)	**16.** (*a*)	**17.** (*a*)	**18.** (*d*)	**19.** (*c*)	**20.** (*d*)
21. (*a*)	**22.** (*c*)	**23.** (*a*)	**24.** (*d*)	**25.** (*c*)	**26.** (*c*)	**27.** (*d*)	**28.** (*c*)	**29.** (*c*)	**30.** (*c*)
31. (*d*)	**32.** (*a*)	**33.** (*b*)	**34.** (*d*)	**35.** (*c*)	**36.** (*c*)	**37.** (*c*)	**38.** (*d*)	**39.** (*d*)	**40.** (*a*)
41. (*b*)	**42.** (*c*)	**43.** (*b*)	**44.** (*d*)	**45.** (*d*)	**46.** (*a*)	**47.** (*c*)	**48.** (*d*)	**49.** (*b*)	**50.** (*b*)
51. (*a*)	**52.** (*c*)	**53.** (*a*)	**54.** (*c*)	**55.** (*a*)	**56.** (*b*)	**57.** (*b*)	**58.** (*b*)	**59.** (*a*)	**60.** (*c*)
61. (*b*)	**62.** (*d*)	**63.** (*b*)	**64.** (*c*)	**65.** (*c*)	**66.** (*a*)	**67.** (*a*)			

दिये गये प्रश्नों के हल **प्रश्नमाला 11A**

1. कार का क्रय मूल्य = ₹ 250000, विक्रय मूल्य = ₹ 348000.

लाभ = ₹ (348000 − 250000) = ₹ 98000.

$$\text{लाभ \%} = \left(\frac{98000}{250000} \times 100\right)\% = \frac{196}{5}\% = 39 \cdot 2\%.$$

2. एक दर्जन वस्तुओं का क्रय मूल्य = ₹ P.

$$\text{एक दर्जन वस्तुओं का विक्रय मूल्य} = ₹\left(\frac{P}{8} \times 12\right) = ₹\,\frac{3P}{2}.$$

$$\text{लाभ} = ₹\left(\frac{3P}{2} - P\right) = ₹\,\frac{P}{2}.\ \text{लाभ \%} = \left(\frac{P}{2} \times \frac{1}{P} \times 100\right)\% = 50\%.$$

3. 26 किग्रा० चावल का क्रय मूल्य = ₹ 2470.

26 किग्रा० चावल का इच्छित विक्रय मूल्य = ₹ (2470 + 70) = ₹ 2540.

10 किग्रा० चावल का विक्रय मूल्य = ₹ (10 × 110) = ₹ 1100.

16 किग्रा० चावल का विक्रय मूल्य = ₹ (2540 – 1100) = ₹ 1440.

इस चावल को बेचने की दर = ₹ $\frac{1440}{16}$ प्रति किग्रा० = ₹ 90 प्रति किग्रा०.

4. माना घोड़े का क्रय मूल्य = ₹ x. तब गाड़ी का क्रय मूल्य = ₹ $(20000-x)$.

$$\left(x\times\frac{120}{100}\right)+\left\{(20000-x)\times\frac{90}{100}\right\}-20000=\left(20000\times\frac{2}{100}\right)$$

$$\Rightarrow \frac{6x}{5}+\frac{9(20000-x)}{10}=20400 \Rightarrow \frac{6x}{5}-\frac{9x}{10}=(20400-18000)$$

$$\Rightarrow \frac{(12x-9x)}{10}=2400 \Rightarrow 3x=24000 \Rightarrow x=8000.$$

∴ घोड़े का क्रय मूल्य = ₹ 8000.

5. माना पहले चाय का मूल्य = ₹ x प्रति किग्रा०. नया भाव = ₹ $\left(x\times\frac{90}{100}\right)$ = ₹ $\frac{9x}{10}$ प्रति किग्रा०.

$$\frac{22500}{(9x/10)}-\frac{22500}{x}=25 \Rightarrow \frac{22500\times10}{9x}-\frac{22500}{x}=25 \Rightarrow \frac{25000}{x}-\frac{22500}{x}=25$$

$\Rightarrow 25x=(25000-22500)=2500 \Rightarrow x=\frac{2500}{25}$ = ₹ 100 प्रति किग्रा०.

6. विक्रय मूल्य = ₹ 6750 तथा हानि = 25%.

∴ क्रय मूल्य = ₹ $\left(\frac{100}{75}\times6750\right)$ = ₹ 9000, लाभ = 15%.

∴ अभीष्ट विक्रय मूल्य = ₹ $\left(\frac{115}{100}\times9000\right)$ = ₹ 10350.

7. माना क्रय मूल्य = ₹ x. तब, $1754-x=x-1492 \Rightarrow 2x=(1754+1492)=3246 \Rightarrow x=1623$.

∴ वस्तु का लागत मूल्य = ₹ 1623.

8. माना निर्धारित मूल्य = ₹ x. अब, विक्रय मूल्य = ₹ $\frac{2x}{3}$, हानि = 10%.

∴ क्रय-मूल्य = ₹ $\left(\frac{100}{90}\times\frac{2x}{3}\right)$ = ₹ $\frac{20x}{27}$.

नया विक्रय-मूल्य = ₹ x. अतः लाभ = ₹ $\left(x-\frac{20x}{27}\right)$ = ₹ $\frac{7x}{27}$.

लाभ % = $\left(\frac{7x}{27}\times\frac{27}{20x}\times100\right)\% = 35\%$.

9. विक्रय मूल्य = ₹ x तथा हानि = 15%. ∴ क्रय मूल्य = ₹ $\left(\frac{100}{85}\times x\right)$ = ₹ $\frac{20x}{17}$.

विक्रय मूल्य = ₹ y तथा लाभ = 15%. ∴ क्रय मूल्य = ₹ $\left(\frac{100}{115}\times y\right)$ = ₹ $\frac{20y}{23}$.

$$\therefore \frac{20x}{17}=\frac{20y}{23} \Rightarrow 23x=17y \Rightarrow y=\frac{23x}{17}.$$

$$\therefore \frac{(y-x)}{(y+x)}=\frac{\left(\frac{23x}{17}-x\right)}{\left(\frac{23x}{17}+x\right)}=\frac{(23x-17x)}{(23x+17x)}=\frac{6x}{40x}=\frac{3}{20}.$$

अतः $(y-x):(y+x)=3:20$.

10. माना क्रय-मूल्य = ₹ $20x$. तब, विक्रय मूल्य = ₹ $21x$.

लाभ $\% = \left(\frac{x}{20x} \times 100\right)\% = 5\%$.

11. विक्रय मूल्य = ₹ 69.60, हानि = 25%.

क्रय-मूल्य $= ₹\left(\frac{100}{75} \times 69 \cdot 60\right) = ₹\, \frac{6960}{75} = ₹\, 92 \cdot 80$.

12. माना वस्तु का क्रय मूल्य = ₹ x. तब,

(x का 120%) – (x का 80%) = 60 $\Rightarrow \left(x \times \frac{120}{100}\right) - \left(x \times \frac{80}{100}\right) = 60$.

$\therefore\ \frac{6x}{5} - \frac{4x}{5} = 60 \Rightarrow (6x - 4x) = 300 \Rightarrow 2x = 300 \Rightarrow x = 150$.

अत: वस्तु का क्रय मूल्य ₹ 150 है.

13. माना A ने वह वस्तु ₹ x में खरीदी. तब,

x का 125% का 120% का 110% = 330

$\Rightarrow x \times \frac{125}{100} \times \frac{120}{100} \times \frac{110}{100} = 330 \Rightarrow x \times \frac{5}{4} \times \frac{6}{5} \times \frac{11}{10} = 330 \Rightarrow \frac{33x}{20} = 330 \Rightarrow x = \left(330 \times \frac{20}{33}\right) = 200.$

अत: A ने वह वस्तु ₹ 200 में खरीदी.

14. माना 1 ग्राम चीनी का क्रय-मूल्य = ₹ 1.

950 ग्राम चीनी का क्रय-मूल्य = ₹ 950.

950 ग्राम चीनी का विक्रय मूल्य = 1000 ग्राम चीनी का क्रय मूल्य = ₹ 1000.

$\therefore$ लाभ = ₹ (1000 – 950) = ₹ 50.

लाभ $\% = \left(\frac{50}{950} \times 100\right)\% = \frac{100}{19}\% = 5\frac{5}{19}\%$.

15. माना उस वस्तु का उत्पादन मूल्य = ₹ x. तब,

₹ x का 110% का 115% का 125% = 1265

$\Rightarrow x \times \frac{110}{100} \times \frac{115}{100} \times \frac{125}{100} = 1265 \Rightarrow x \times \frac{11}{10} \times \frac{23}{20} \times \frac{5}{4} = 1265 \Rightarrow x = \frac{1265 \times 10 \times 20 \times 4}{11 \times 23 \times 5} = 800.$

अत: उस वस्तु का उत्पादन मूल्य ₹ 800 है.

16. 144 अण्डों का क्रय मूल्य = ₹ 144.

(144 – 20) अण्डों का विक्रय मूल्य = ₹ (124 × 1·20) = ₹ 148·80.

लाभ = ₹ (148·80 – 144) = ₹ 4·80.

लाभ $\% = \left(\frac{4 \cdot 80}{144} \times 100\right)\% = \frac{480}{144}\% = \frac{10}{3}\% = 3\frac{1}{3}\%$.

17. माना क्रय मूल्य = ₹ x. विक्रय मूल्य = ₹ 21 तथा हानि = x%.

$\therefore\ \frac{(x-21)}{x} \times 100 = x \Rightarrow 100x - 2100 = x^2$

$\therefore\ x^2 - 100x + 2100 = 0 \Rightarrow x^2 - 70x - 30x + 2100 = 0 \Rightarrow x(x-70) - 30\,(x-70) = 0$

$\Rightarrow (x-70)\,(x-30) = 0 \Rightarrow x = 70$ अथवा $x = 30$.

18. माना विक्रय मूल्य ₹ x. तब, लाभ $= ₹\left(x \times \frac{25}{100}\right) = ₹\, \frac{x}{4}$.

$\therefore$ क्रय मूल्य $= ₹\left(x - \frac{x}{4}\right) = ₹\, \frac{3x}{4}$.

लाभ $\% = \left(\frac{x}{4} \times \frac{4}{3x} \times 100\right)\% = \frac{100}{3\%} = 33\frac{1}{3}\%$.

19. 1, 2, 3 तथा 5 का ल०स० = 30. माना उसने 30 नींबू खरीदे.

30 नींबू का क्रय मूल्य $= ₹\left(\frac{1}{2}\times 30\right) = ₹\ 15.$ $\therefore$ लाभ $\% = \left(\frac{3}{15}\times 100\right)\% = 20\%.$

20. 10, 5, 15, 6 का ल०स० = (15 × 2 × 3) = 30

माना वह 30 सन्तरे खरीदता है.

5	10, 5, 15, 6
2	2, 1, 3, 6
3	1, 1, 3, 3
	1, 1, 1, 1

30 सन्तरों का क्रय-मूल्य $= ₹\left(\frac{10}{5}\times 30\right) = ₹\ 60.$

30 सन्तरों का विक्रय-मूल्य $= ₹\left(\frac{15}{6}\times 30\right) = ₹\ 75.$

60 पर लाभ = ₹ (75 – 60) = ₹ 15.

लाभ $\% = \left(\frac{15}{60}\times 100\right)\% = 25\%.$

21. माना कुल बटन = 20, विक्रय मूल्य = ₹ 1 तथा हानि = 4%.

क्रय-मूल्य $= ₹\left(\frac{100}{96}\times 1\right) = ₹\ \frac{25}{24},$ इच्छित लाभ = 20%.

विक्रय मूल्य $= ₹\left(\frac{120}{100}\times\frac{25}{24}\right) = ₹\ \frac{5}{4}.$

₹ $\frac{5}{4}$ में बटन बेचेगा =20. ₹ 1 में बटन बेचेगा $= \left(20\times\frac{4}{5}\right) = 16.$

22. माना पुस्तक का क्रय मूल्य = ₹ x.

10% लाभ पर विक्रय मूल्य $= ₹\left(x\times\frac{110}{110}\right) = ₹\ \frac{11x}{10}.$

नया क्रय मूल्य $= ₹\left(x\times\frac{96}{110}\right) = ₹\ \frac{24x}{25}.$ नया विक्रय मूल्य $= ₹\left(\frac{24x}{25}\times\frac{475}{400}\right) = ₹\ \frac{57x}{50}.$

$\therefore\ \frac{57x}{50} - \frac{11x}{10} = 6 \Rightarrow \frac{2x}{50} = 6 \Rightarrow x = 150.$

अतः पुस्तक का क्रय-मूल्य = ₹ 150.

23. हानि = (36 सन्तरों का क्रय-मूल्य) – (36 सन्तरों का वि० मूल्य)

$\Rightarrow$ 4 सन्तरों का वि०मूल्य = (36 सन्तरों का क्रय-मूल्य) – (36 सन्तरों का वि० मूल्य)

$\Rightarrow$ 40 सन्तरों का वि०मूल्य = 36 सन्तरों का क्रय-मूल्य.

माना प्रत्येक सन्तरे का क्रय-मूल्य = ₹ 1.

तब, 40 सन्तरों का क्रय-मूल्य = ₹ 40.

40 सन्तरों का वि०मूल्य = 36 सन्तरों का क्रय-मूल्य = ₹ 36.

हानि = ₹ (40 – 36) = ₹ 4.

हानि $\% = \left(\frac{4}{40}\times 100\right)\% = 10\%.$

24. लाभ = (250 केलों का वि० मूल्य) – (250 केलों का क्रय-मूल्य)

$\Rightarrow$ 50 केलों का वि०मूल्य = (250 केलों का वि०मूल्य) – (250 केलों का क्रय-मूल्य)

$\Rightarrow$ 200 केलों का वि०मूल्य = 250 केलों का क्रय-मूल्य.

माना प्रत्येक केले का क्रय-मूल्य = ₹ 1. तब, 200 केलों का क्रय-मूल्य = ₹ 200.

200 केलों का वि० मूल्य = 250 केलों का क्रय-मूल्य = ₹ 250.

लाभ = ₹ (250 – 200) = ₹ 50.

लाभ $\% = \left(\frac{50}{200}\times 100\right)\% = 25\%.$

25. **सूत्र द्वारा :** लाभ $\% = \left\{\frac{\text{त्रुटि}}{(\text{सही मान}) - (\text{त्रुटि})} \times 100\right\}\% = \left(\frac{40}{960} \times 100\right)\% = 4\frac{1}{6}\%.$

26. **सूत्रः** लाभ $\% = \left\{\frac{(100 + \text{घोटाला }\%)^2}{100} - 100\right\}\%$

$$= \left\{\frac{(100+10)^2}{100} - 100\right\} = \frac{(110)^2 - (100)^2}{100} = \frac{(210 \times 10)}{100} = 21\%.$$

27. माना त्रुटि = x ग्राम. तब,

$$\frac{x}{(1000-x)} \times 100 = \frac{100}{9} \Rightarrow \frac{x}{1000-x} = \frac{1}{9} \Rightarrow 1000 - x = 9x \Rightarrow 10x = 1000 \Rightarrow x = 100.$$

अतः 1 किग्रा० के स्थान पर वह 900 ग्राम सामान देता है.

28. माना चाय के पैकिट पर 1 किग्रा० अंकित है.

वास्तविक माप = 1000 ग्राम का 80% = 800 ग्राम.

माना 1 ग्राम का क्रय-मूल्य = ₹ 1.

800 ग्राम का क्रय-मूल्य = ₹ 800.

800 ग्राम का वि० मूल्य = ₹ 1000 का 110% = ₹ $\left(1000 \times \frac{110}{100}\right)$ = ₹ 1100.

लाभ $\% = \left(\frac{300}{800} \times 100\right)\% = 37\frac{1}{2}\%.$

29. माना पहली प्रकार की 5 किग्रा० चाय के साथ दूसरी प्रकार की 3 किग्रा० चाय मिलाई जाती है. तब,

8 किग्रा० चाय का क्रय-मूल्य = ₹ (180 × 5 + 200 × 3) = ₹ 1500.

8 किग्रा० चाय का विक्रय-मूल्य = ₹ (210 × 8) = ₹ 1680.

लाभ $\% = \left(\frac{180}{1500} \times 100\right)\% = 12\%.$

30. माना अभीष्ट अनुपात = $x : 1$.

$(x + 1)$ किग्रा० मिश्रण का क्रय-मूल्य = ₹ $(100x + 50)$.

$(x + 1)$ किग्रा० मिश्रण का विक्रय-मूल्य = ₹ $96(x + 1)$.

लाभ $\% = \left\{\frac{(46-4x)}{(100x+50)} \times 100\right\}\% = \frac{(92-8x)}{(2x+1)}\%$

$$\therefore \frac{92-8x}{2x+1} = 20 \Rightarrow 92 - 8x = 40x + 20 \Rightarrow 48x = 72 \Rightarrow 2x = 3 \Rightarrow x = \frac{3}{2}.$$

अभीष्ट अनुपात = $\frac{3}{2} : 1 = 3 : 2.$

31. 65 किग्रा० मिश्रण का क्रय-मूल्य = ₹ $\left[\left(40 \times \frac{25}{2}\right) + \left(25 \times \frac{1510}{100}\right)\right]$ = ₹ (500 + 377·50) = ₹ 877·50.

लाभ अर्जित = 10%.

65 किग्रा० का विक्रय मूल्य = ₹ $\left(877 \cdot 50 \times \frac{110}{100}\right)$ = ₹ (87·75 × 11).

1 किग्रा० का विक्रय मूल्य = ₹ $\left(\frac{87 \cdot 75 \times 11}{65}\right)$ = ₹ (1·35 × 11) = ₹ 14·85.

32. माना कुल कपड़े का क्रय-मूल्य = ₹ x.

आधे कपड़े का क्रय मूल्य = ₹ $\frac{x}{2}$. शेष कपड़े के आधे भाग का क्रय मूल्य = ₹ $\frac{x}{4}$.

शेष कपड़े का क्रय मूल्य $= ₹\left\{x-\left(\frac{x}{2}+\frac{x}{4}\right)\right\} = ₹\left(x-\frac{3x}{4}\right) = ₹\,\frac{x}{4}$.

∴ कुल कपड़े का विक्रय मूल्य

$$= ₹\left\{\left(\frac{x}{2}\times\frac{120}{100}\right)+\left(\frac{x}{4}\times\frac{80}{100}\right)+\frac{x}{4}\right\} = ₹\left(\frac{3x}{5}+\frac{x}{5}+\frac{x}{4}\right) = ₹\left(\frac{4x}{5}+\frac{x}{4}\right) = \frac{21x}{20}.$$

लाभ $= ₹\left(\frac{21x}{20}-x\right) = ₹\,\frac{x}{20}$. लाभ $\% = \left(\frac{x}{20}\times\frac{1}{x}\times 100\right)\% = 5\%$.

33. माना 50 किग्रा० दूध में x किग्रा० पानी मिलाया जाये तथा क्रय मूल्य ₹ y प्रति किग्रा० है.

$$\frac{(50+x)\,y-50y}{50y}\times 100 = 10 \Rightarrow \frac{(50+x)-50}{50}\times 100 = 10 \Rightarrow 2x = 10 \Rightarrow x = 5.$$

अतः पानी की अभीष्ट मात्रा = 5 किग्रा०.

34. माना विक्रय-मूल्य = ₹ x. तब क्रय-मूल्य $= ₹\left(x\times\frac{4}{100}\right) = ₹\,\frac{2x}{5}$.

माना $x = \frac{2x}{5}$ का $z\% \Rightarrow \frac{2x}{5}\times\frac{z}{100} = x \Rightarrow z = \frac{500}{2} = 250.$

∴ विक्रय मूल्य = क्रय मूल्य का 250%.

35. माना प्रत्येक वस्तु का क्रय-मूल्य = ₹ x. तब

$$\left(50x\times\frac{120}{100}\right)+\left(50x\times\frac{140}{100}\right)-\left(100x\times\frac{125}{100}\right) = 100$$

$\Rightarrow 60x+70x-125x = 100 \Rightarrow 5x = 100 \Rightarrow x = 20.$

∴ प्रत्येक वस्तु का क्रय-मूल्य = ₹ 20.

36. माना प्रत्येक वस्तु का क्रय-मूल्य = ₹ 1. तब

15 वस्तुओं का क्रय-मूल्य = ₹ 15.

15 वस्तुओं का विक्रय-मूल्य = 20 वस्तुओं का क्रय मूल्य = ₹ 20.

∴ लाभ $\% = \left(\frac{5}{15}\times 100\right)\% = 33\frac{1}{3}\%$.

37. विक्रय मूल्य = ₹ 2576, लाभ = 12%.

∴ क्रय-मूल्य $= ₹\left(\frac{100}{112}\times 2576\right) = ₹\ 2300.$

नया क्रय मूल्य = ₹ (2300 – 100) = ₹ 2200, विक्रय मूल्य = ₹ 2576.

लाभ = ₹ (2576 – 2200) = ₹ 376.

अभीष्ट लाभ $\% = \left(\frac{376}{2200}\times 100\right)\% = \frac{188}{11}\% = 17\frac{1}{11}\%$.

38. 40 किग्रा० मिश्रण का मूल्य $= ₹\left[(25\times 32)+(15\times 36)\right] = ₹\ (800+540) = ₹\ 1340$.

40 किग्रा० मिश्रण का विक्रय मूल्य = ₹ (40 × 40·20) = ₹ 1608.

लाभ = ₹ (1608 – 1340) = ₹ 268.

∴ लाभ $\% = \left(\frac{268}{1340}\times 100\right)\% = 20\%$.

39. माना प्रत्येक रेडियो का विक्रय मूल्य = ₹ x. तब

$$\left(x\times\frac{100}{125}\right)+\left(x\times\frac{100}{75}\right) = 6400 \Rightarrow \frac{4x}{5}+\frac{4x}{3} = 6400$$

$\Rightarrow (12x + 20x) = 96000 \Rightarrow 32x = 96000 \Rightarrow x = 3000.$

$\therefore$ प्रत्येक रेडियो का विक्रय मूल्य = ₹ 3000.

40. माना प्रत्येक साईकिल का विक्रय मूल्य = ₹ x. तब

$$\left(x\times\frac{100}{120}\right)+\left(x\times\frac{100}{80}\right)-2x=18\Rightarrow\frac{5x}{6}+\frac{5x}{4}-2x=18\Rightarrow 10x+15x-24x=216\Rightarrow x=216.$$

$\therefore$ क्रय मूल्य होंगे ₹ $\left(\frac{5}{6}\times 216\right)$ तथा ₹ $\left(\frac{5}{4}\times 210\right)$ अर्थात् ₹ 180 तथा ₹ 270.

41. माना घड़ी का प्रारम्भिक क्रय मूल्य = ₹ x.

तब, इसका विक्रय मूल्य = ₹ $\left(x\times\frac{120}{100}\right)$ = ₹ $\frac{6x}{5}$.

नया क्रय मूल्य = ₹ $(x-100)$, नया विक्रय मूल्य = ₹ $\left(\frac{6x}{5}-100\right)$ = ₹ $\left(\frac{6x-500}{5}\right)$.

लाभ अर्जित = 25%.

$$\therefore\ (x-100)\times\frac{125}{100}=\frac{(6x-500)}{5}\Rightarrow(x-100)\times\frac{5}{4}=\frac{(6x-500)}{5}$$

$$\Rightarrow 25\,(x-100)=4\,(6x-500)\Rightarrow(25x-24x)=(2500-2000)\Rightarrow x=500.$$

अत: घड़ी का प्रारम्भिक मूल्य = ₹ 500.

42. माना वह x किग्रा० चावल खरीदता है. तब, क्रय मूल्य = ₹ $75x$.

बिक्री योग्य चावल = $\left(x\times\frac{90}{100}\right)$ किग्रा० = $\frac{9x}{10}$ किग्रा०.

20% लाभ से विक्रय मूल्य = ₹ $\left(75x\times\frac{120}{100}\right)$ = ₹ $90x$.

इस चावल का बिक्री भाव = ₹ $\left(90x\times\frac{10}{9x}\right)$ प्रति किग्रा० = ₹ 100 प्रति किग्रा०.

43. पहली वस्तु का विक्रय-मूल्य = ₹ 99, लाभ = 10%.

$\therefore$ पहली वस्तु का क्रय-मूल्य = ₹ $\left(99\times\frac{100}{110}\right)$ = ₹ 90.

दूसरी वस्तु का विक्रय-मूल्य ₹ 99, हानि = 10%.

$\therefore$ दूसरी वस्तु का क्रय-मूल्य = ₹ $\left(99\times\frac{100}{90}\right)$ = ₹ 110.

दोनों वस्तुओं का क्रय-मूल्य = ₹ (90 + 110) = ₹ 200.

दोनों वस्तुओं का विक्रय-मूल्य = ₹ (99 × 2) = ₹ 198.

हानि = ₹ (200 – 198) = ₹ 2.

44. माना विक्रय मूल्य = ₹ x. तब, लाभ = ₹ $\left(x\times\frac{25}{100}\right)$ = ₹ $\frac{x}{4}$.

क्रय-मूल्य = (विक्रय मूल्य) – (लाभ) = ₹ $\left(x-\frac{x}{4}\right)$ = ₹ $\frac{3x}{4}$.

लाभ % = $\left(\frac{x}{4}\times\frac{4}{3x}\times 100\right)\% = \frac{100}{3}\% = 33\frac{1}{3}\%.$

45. माना सारे माल का क्रय मूल्य = ₹ x.

तीन-चौथाई माल का क्रय-मूल्य = ₹ $\frac{3x}{4}$, इस पर अर्जित लाभ = 20%.

$\frac{3}{4}$ माल का विक्रय मूल्य = ₹ $\left(\frac{3x}{4}\times\frac{120}{100}\right)$ = ₹ $\frac{9x}{10}$.

$\frac{1}{4}$ माल का विक्रय मूल्य = $\frac{1}{4}$ माल का क्रय-मूल्य = ₹ $\frac{x}{4}$.

कुल विक्रय मूल्य = ₹ $\left(\frac{9x}{10}+\frac{x}{4}\right)$ = ₹ $\frac{23x}{20}$.

लाभ = ₹ $\left(\frac{23x}{20}-x\right)$ = ₹ $\frac{3x}{20}$. लाभ % = $\left(\frac{3x}{20}\times\frac{1}{x}\times 100\right)\% = 15\%$.

46. माना अंकित मूल्य = ₹ x. तब,

x का 85% = 3675·40 $\Rightarrow x\times\frac{85}{100} = 3675\cdot 40 \Rightarrow x = \left(3675\cdot 40\times\frac{100}{85}\right) = \frac{367540}{85} = 4324$.

∴ इत्र की शीशी का अंकित मूल्य = ₹ 4324.

47. माना अंकित मूल्य = ₹ 100. तब, क्रय मूल्य = ₹ 80.

बट्टा = 12% ⇒ विक्रय मूल्य = ₹ (100 – 12) = ₹ 88.

∴ लाभ % = $\left(\frac{8}{80}\times 100\right)\% = 10\%$.

48. 1 कमीज पर छूट = ₹ 320 का 25% = ₹ $\left(320\times\frac{25}{100}\right)$ = ₹ 80.

₹ 80 की छूट के लिए 1 कमीज लेना होगा.

₹ 400 की छूट के लिए कमीजों की संख्या = $\left(\frac{1}{80}\times 400\right) = 5$.

49. माना क्रय मूल्य = ₹ 100. तब, अंकित मूल्य = ₹ 120. बट्टा = 20%.

∴ विक्रय मूल्य = ₹ $\left(\frac{80}{100}\times 120\right)$ = ₹ 96.

∴ हानि = (100 – 96%) = 4%.

50. क्रय मूल्य = ₹ 450, लाभ = 20%.

∴ विक्रय मूल्य = ₹ $\left(450\times\frac{120}{100}\right)$ = ₹ 540.

माना सूची मूल्य = ₹ x. तब, बट्टा = 10%.

∴ विक्रय मूल्य = ₹ (x का 90%) = ₹ $\left(x\times\frac{90}{100}\right)$ = ₹ $\frac{9x}{10}$.

∴ $\frac{9x}{10} = 540 \Rightarrow x = \left(540\times\frac{10}{9}\right) \Rightarrow x = 600$.

अत: सूची मूल्य = ₹ 600.

51. माना पुस्तक पर छपा मूल्य = ₹ 100, बट्टा = ₹ 10.

∴ विक्रय मूल्य = ₹ (100 – 10) = ₹ 90, लाभ अर्जित = 12%.

∴ क्रय-मूल्य = ₹ $\left(\frac{100}{112}\times 90\right)$ = ₹ $\frac{1125}{14}$.

(क्रय-मूल्य) : (छपा मूल्य) = $\frac{1125}{14} : 100 = 1125 : 1400 = 45 : 56$.

52. अंकित मूल्य = ₹ 50, बट्टा = 20%.

विक्रय मूल्य = ₹ $\left(\frac{80}{100}\times 50\right)$ = ₹ 40, लाभ = 25%.

माना क्रय-मूल्य = ₹ x.

तब, x का 125% = 40 $\Rightarrow x\times\frac{125}{100} = 40 \Rightarrow \frac{5x}{4} = 40 \Rightarrow 5x = 160 \Rightarrow x = 32$.

अत: क्रय-मूल्य = ₹ 32.

53. माना क्रय-मूल्य = ₹ x. तब, अंकित मूल्य $= ₹\left(x\times\frac{130}{100}\right)= ₹\,\frac{13x}{10}$, बट्टा = 15%.

$\therefore$ विक्रय मूल्य $= ₹\left(\frac{85}{100}\times\frac{13x}{10}\right)= ₹\,\frac{221x}{200}$.

लाभ $= ₹\left(\frac{221x}{200}-x\right)= ₹\,\frac{21x}{200}$.

$\therefore\ \frac{21x}{200}=84 \Rightarrow x=\frac{84\times200}{21}=800.$

अत: क्रय मूल्य = ₹ 800.

54. माना दूसरा बट्टा = x%. तब

3200 का 90% का $(100-x)$% = 2448 $\Rightarrow 3200\times\frac{90}{100}\times\frac{(100-x)}{100}=2448$

$\therefore\ (100-x)=\left(2448\times\frac{5}{144}\right)=85 \Rightarrow x=(100-85)=15.$

अत: दूसरा बट्टा = 15%.

55. माना वस्तु का लिखित मूल्य = ₹ 100, बट्टा = 10%. विक्रय मूल्य = ₹ (100 – 10) = ₹ 90.

विक्रय मूल्य = ₹ 90, लाभ = 20% $\Rightarrow$ क्रय मूल्य $= ₹\left(\frac{100}{120}\times90\right)= ₹\,75$.

पुन: लिखित मूल्य = ₹ 100, बट्टा = 20% $\Rightarrow$ विक्रय मूल्य = ₹ (100 – 20) = ₹ 80.

अब, क्रय मूल्य = ₹ 75 तथा विक्रय मूल्य = ₹ 80.

$\therefore$ लाभ % $=\left(\frac{5}{75}\times100\right)\%=\frac{20}{3}\%=6\frac{2}{3}\%.$

56. माना लागत मूल्य = ₹ 100 तथा अंकित मूल्य = ₹ $(100+x)$.

बट्टा = 15% $\Rightarrow$ विक्रय मूल्य $= ₹\left(\frac{85}{100}\times(100-x)\right)= ₹\,\frac{17(100+x)}{20}$.

$\therefore\ \frac{17(100+x)}{20}=119 \Rightarrow 17(100+x)=119\times20 \Rightarrow (100+x)=7\times20=140 \Rightarrow x=40.$

$\therefore$ अंकित मूल्य = लागत मूल्य से 40% अधिक.

57. अंकित मूल्य = 4800. बट्टा = ₹ (4800 का 10%) $= ₹\left(4800\times\frac{10}{100}\right)= ₹\,480.$

$\therefore$ विक्रय मूल्य = ₹ (4800 – 480) = ₹ 4320, लाभ = 8%.

$\therefore$ क्रय मूल्य $= ₹\left(\frac{100}{108}\times4320\right)= ₹\,4000.$

बट्टा न देने पर विक्रय मूल्य = अंकित मूल्य = ₹ 4800.

इस दशा में लाभ % $=\left(\frac{800}{4000}\times100\right)\%=20\%.$

58. टी०वी० सैट का कुल मूल्य = ₹ (11250 + 150 + 800) = ₹ 12200.

अभीष्ट विक्रय मूल्य $= ₹\left(12200\times\frac{115}{100}\right)= ₹\,14030.$

59. माना अंकित मूल्य = ₹ x. तब

x का $87\frac{1}{2}$% का 90% = 6300 $\Rightarrow x\times\frac{175}{2}\times\frac{1}{100}\times\frac{90}{100}=6300 \Rightarrow x=\left(6300\times\frac{80}{63}\right)=8000.$

$\therefore$ प्लेट का अंकित मूल्य = ₹ 8000.

60. माना अंकित मूल्य = ₹ x. तब

I से क्रय मूल्य ₹ (x का 75% का 85%) $= ₹\left(x\times\frac{75}{100}\times\frac{85}{100}\right)= ₹\,\frac{51x}{80}= ₹\,\frac{255x}{400}.$

II से क्रय मूल्य ₹ (x का 70% का 90%) $= ₹\left(x \times \frac{70}{100} \times \frac{90}{100}\right) = ₹\ \frac{63x}{100} = ₹\ \frac{252x}{400}$.

III से क्रय मूल्य ₹ (x का 65% का 95%) $= ₹\left(x \times \frac{65}{100} \times \frac{95}{100}\right) = ₹\ \frac{247x}{400}$.

स्पष्ट है कि III का क्रय मूल्य सबसे कम है.

61. माना अंकित मूल्य = ₹ 100.

तब, विक्रय मूल्य = ₹ 100 का 70% का 80% का 90%

$$= ₹\left(100 \times \frac{70}{100} \times \frac{80}{100} \times \frac{90}{100}\right) = ₹\ \frac{252}{2} = ₹\ 50 \cdot 40$$

समतुल्ट बट्टा = (100 – 50·40)% = 49·6%.

62. माना अंकित मूल्य = ₹ 100. तब,

विक्रय मूल्य = ₹ 100 का 80% का 75% का 90% $= ₹\left(100 \times \frac{80}{100} \times \frac{95}{100}\right) = ₹\ 54$.

∴ एकमात्र समतुल्य बट्टा = (100 – 54)% = 46%.

63. दो क्रमवार बट्टे के बाद मूल्य = ₹ 900 का 92% का 92%

$$= ₹\left(900 \times \frac{92}{100} \times \frac{92}{100}\right) = ₹\ \frac{76176}{100} = ₹\ 761 \cdot 76.$$

16% बट्टे के बाद मूल्य = ₹ (900 का 84%) $= ₹\left(900 \times \frac{84}{100}\right) = ₹\ 756$.

हानि = ₹ (761.76 – 756) = ₹ 5·76.

64. माना कमीज तथा पैन्ट के मूल्य क्रमशः ₹ 100 तथा ₹ 200 हैं.

40% छूट के बाद कमीज का मूल्य = ₹ 100 का 60% = ₹ 60.

30% छूट के बाद कमीज तथा पैन्ट का मूल्य = ₹ 300 का 70% = ₹ 210.

∴ 1 पैन्ट का मूल्य = ₹ (210 – 60) = ₹ 150.

₹ 200 पर छूट = ₹ 50. ₹ 100 पर छूट $= \left(\frac{50}{200} \times 100\right)\% = 25\%$. अतः पैन्ट पर छूट = 25%.

65. अंकित मूल्य = ₹ 12. बट्टा = ₹ 12 का 15% $= ₹\left(12 \times \frac{15}{100}\right) = ₹\ 1 \cdot 80$.

पहले बट्टे के बाद मूल्य = ₹ (12 – 1·80) = ₹ 10·20. दूसरे बट्टे के बाद मूल्य = ₹ 8·16.

₹ 10·20 पर बट्टा = ₹ (10·20 – 8·16) = ₹ 2·04. ₹ 100 पर बट्टा $= \left(\frac{2 \cdot 04}{10 \cdot 20} \times 100\right)\% = 20\%$.

66. माना अंकित मूल्य = ₹ x. तब, विक्रय मूल्य $= ₹\left(x \times \frac{80}{100}\right) = ₹\ \frac{4x}{5}$.

$\left(\text{वि० मूल्य ₹ } \frac{4x}{5}, \text{ लाभ} = 25\%\right) \Rightarrow$ क्रय मूल्य $= \left(\frac{100}{125} \times \frac{4x}{5}\right) = ₹\ \frac{16x}{25}$.

$\therefore\ \frac{16x}{25} = 432 \Rightarrow x = \left(432 \times \frac{25}{16}\right) = 675$.

∴ अंकित मूल्य = ₹ 675.

67. माना घड़ी का अंकित मूल्य = ₹ x तब, x का 90% = 1080.

$\therefore\ x \times \frac{90}{100} = 1080 \Rightarrow x = \left(1080 \times \frac{100}{90}\right) = 1200$.

अब, विक्रय मूल्य = अंकित मूल्य = ₹ 1200, लाभ = 20%.

∴ क्रय मूल्य $= ₹\left(\frac{100}{120} \times 1200\right) = ₹\ 1000$.

प्रश्नमाला 11B

1. एक घड़ी को ₹ 280 में बेचने पर एक दुकानदार को क्रय-मूल्य का एक-तिहाई लाभ के रूप में प्राप्त होता है. घड़ी का क्रय-मूल्य व लाभ प्रतिशत ज्ञात कीजिए. **(एस०एस०सी० परीक्षा, 2003)**
2. एक साईकिल 3% लाभ पर बेची जाती है. यदि यह ₹ 68 अधिक में बेची जाती तो इस पर 8% लाभ होता. साईकिल का क्रय-मूल्य ज्ञात कीजिए.
3. एक पुस्तक विक्रेता किसी पुस्तक को 6% लाभ पर बेचता है. यदि वह इसे 4% कम में खरीदता तथा ₹ 23 अधिक में बेचता तो उसे 20% लाभ होता. पुस्तक का क्रय-मूल्य ज्ञात कीजिए.
4. यदि कोई वस्तु 4% हानि की अपेक्षा 4% लाभ में बेची जाये तो ₹ 106 अधिक मिलते हैं. वस्तु का क्रय-मूल्य ज्ञात कीजिए.
5. कोई वस्तु 20% लाभ पर बेची जाती है. यदि क्रय-मूल्य तथा विक्रय-मूल्य दोनों ही ₹ 20 कम होते तो लाभ 10% अधिक होता. उस वस्तु का विक्रय-मूल्य ज्ञात कीजिए. **(एस०एस०सी० परीक्षा, 2004)**
6. सचिन ने ₹ 18000 में दो पुराने स्कूटर खरीदे. एक को 25% लाभ तथा दूसरे को 20% हानि पर बेचने से उसे कुल मिलाकर न लाभ होता है तथा न हानि. स्कूटरों के अलग-अलग क्रय-मूल्य ज्ञात कीजिए. **(एस०एस०सी० परीक्षा, 2004)**
7. कोई व्यक्ति एक मेज को 25% लाभ पर तथा एक कुर्सी को $16\frac{2}{3}\%$ हानि पर बेचे तो उसे कुल ₹ 50 लाभ होता है. परन्तु, यदि वह मेज को $16\frac{2}{3}\%$ हानि पर तथा कुर्सी को 25% लाभ पर बेचे, तो उसे कोई लाभ अथवा हानि नहीं होती. मेज तथा कुर्सी के क्रय-मूल्य ज्ञात कीजिए. **(एस०एस०सी० परीक्षा, 2002)**
8. एक निर्माता एक वस्तु को 6% लाभ पर थोक व्यापारी को बेचता है. थोक व्यापारी इसे 10% लाभ पर फुटकर व्यापारी को बेचता है. फुटकर व्यापारी इस पर 20% लाभ अर्जित करके इसे ₹ 629·64 में उपभोक्ता को बेच देता है. निर्माता का लागत मूल्य ज्ञात करें.
9. एक व्यक्ति ने एक मेज तथा एक कुर्सी कुल ₹ 2000 में खरीदी. उसने मेज 20% लाभ पर तथा कुर्सी 30% लाभ पर बेची. इस प्रकार उसे 23% लाभ हुआ. मेज का क्रय-मूल्य ज्ञात कीजिए. **(एस०एस०सी० परीक्षा, 2000)**
10. अण्डों के भाव 20% गिर जाने से एक व्यक्ति ₹ 90 में अब 15 अण्डे अधिक खरीद सकता है. घटी दर तथा पूर्व दर ज्ञात कीजिए.
11. एक दुकानदार ₹ 10 में 11 पैन्सिलें खरीद कर, ₹ 11 में 10 पैन्सिलें बेच देता है. उसका लाभ प्रतिशत ज्ञात करें.
12. यदि 9 वस्तुओं का विक्रय-मूल्य, 15 वस्तुओं के क्रय-मूल्य के बराबर हो, तो इस सौदे में लाभ या हानि प्रतिशत ज्ञात कीजिए. **(एस०एस०सी० परीक्षा, 2001)**
13. यदि किसी पुस्तक के अंकित मूल्य पर 10% कमीशन दिया जाये तो एक पुस्तक विक्रेता को 20% लाभ होता है. यदि कमीशन बढ़ा कर 15% कर दिया जाये, तो लाभ प्रतिशत कितना होगा ?
14. एक व्यापारी को एक प्रकार की चीनी ₹ 24 प्रति किग्रा० की दर से बेचने पर 4% हानि होती है तथा एक दूसरे प्रकार की चीनी ₹ 30 प्रति किग्रा० की दर से बेचने पर 20% लाभ होता है. इन दोनों प्रकार की चीनी को बराबर बराबर मात्रा में मिलाकर ₹ 32 प्रति किग्रा० की दर से बेचने पर उसे कितने प्रतिशत लाभ होगा ?
15. ₹ 200 प्रति किग्रा० की चाय के प्रत्येक 3 किग्रा० के साथ दूसरी प्रकार की 2 किग्रा० चाय मिलाकर, मिश्रण को ₹ 177 प्रति किग्रा० की दर पर बेचने से दुकानदार को 18% लाभ होता है. दूसरे प्रकार की चाय का मूल्य प्रति किग्रा० ज्ञात कीजिए.
16. एक बेईमान दुकानदार अपने सामान को क्रय-मूल्य पर ही बेचने का दिखावा करता है तथा त्रुटिपूर्ण बाट का प्रयोग करके $6\frac{18}{47}\%$ का लाभ कमाता है. एक किग्रा० के स्थान पर वह कितना बाट प्रयोग करता है ?
17. एक व्यापारी अपनी वस्तुओं के मूल्य उनके क्रय मूल्य से 25% अधिक अंकित करता है तथा नकद भुगतान पर 8% की छूट देता है. ज्ञात कीजिए कि वह कितने प्रतिशत लाभ अर्जित करता है ? **(एस०एस०सी० परीक्षा, 2008)**

18. अंकित मूल्य पर 12% की छूट के बाद भी एक दुकानदार को 21% लाभ होता है. उसने अपनी वस्तुओं का अंकित मूल्य उनके क्रय मूल्य से कितने प्रतिशत अधिक पर निर्धारित किया हुआ है ? **(एस०एस०सी० परीक्षा, 2009)**

19. एक घड़ी का अंकित मूल्य ₹ 400 है. अंकित मूल्य पर 25% की कटौती देने के बाद एक व्यक्ति को ₹ 20 की हानि हुई. हानि प्रतिशत ज्ञात कीजिए. **(एस०एस०सी० परीक्षा, 2008)**

20. एक घड़ी का अंकित मूल्य ₹ 820 है. एक व्यक्ति ने दो क्रमवार कटौतियाँ लेने के उपरान्त इसे ₹ 570·72 में खरीदा. यदि पहली कटौती 20% है तो दूसरी कटौती की दर ज्ञात कीजिए. **(एस०एस०सी० परीक्षा, 2008)**

उत्तरमाला (प्रश्नमाला 11B)

1. ₹ 210, $33\frac{1}{3}\%$ **2.** ₹ 1360 **3.** ₹ 250 **4.** ₹ 1325
5. ₹ 72 **6.** ₹ 8000, ₹ 10000 **7.** ₹ 360, ₹ 240 **8.** ₹ 450
9. ₹ 1400 **10.** घटी दर = ₹ 1·20 प्रति अण्डा, पूर्व दर = ₹ 1·50 प्रति अण्डा **11.** ₹ 21
12. $66\frac{2}{3}\%$ **13.** $13\frac{1}{3}\%$ **14.** 28% **15.** ₹ 75 प्रति किग्रा० **16.** 940 ग्राम
17. 15% **18.** क्रय मूल्य से 37·5% अधिक **19.** $6\frac{1}{4}\%$ **20.** 13%

दिये गये प्रश्नों के हल | प्रश्नमाला 11B

1. माना क्रय-मूल्य = ₹ x. तब, लाभ = ₹ $\left(\frac{x}{3}\right)$. विक्रय-मूल्य = ₹ $\left(x+\frac{x}{3}\right)$ = ₹ $\frac{4x}{3}$.

$\therefore \quad \frac{4x}{3} = 280 \Rightarrow x = \left(280 \times \frac{3}{4}\right) = 210.$

घड़ी का क्रय मूल्य = ₹ 210 तथा लाभ = ₹ $\left(\frac{1}{3} \times 210\right)$ = ₹ 70.

$\therefore$ लाभ % = $\left(\frac{70}{210} \times 100\right)\% = 33\frac{1}{3}\%.$

2. माना साईकिल का क्रय मूल्य = ₹ x.

(x का 108%) – (x का 103%) = 68 $\Rightarrow \left(x \times \frac{108}{100}\right) - \left(x \times \frac{103}{100}\right) = 68$

$\Rightarrow (108x - 103x) = 6800 \Rightarrow 5x = 6800 \Rightarrow x = 1360.$

$\therefore$ साईकिल का क्रय-मूल्य = ₹ 1360.

3. माना पुस्तक का क्रय-मूल्य = ₹ x.

6% लाभ पर पुस्तक का विक्रय-मूल्य = ₹ $\left(x \times \frac{106}{100}\right)$ = ₹ $\frac{53x}{50}$.

नया क्रय-मूल्य = ₹ x का 96% = ₹ $\left(x \times \frac{96}{100}\right)$ = ₹ $\frac{24x}{25}$.

इस पर अर्जित लाभ = 20%.

नया विक्रय-मूल्य = ₹ $\left(\frac{24x}{25}\right.$ का 120%$\left.\right) = \left(\frac{24x}{25} \times \frac{120}{100}\right)$ = ₹ $\frac{144x}{125}$.

$\therefore \quad \frac{144x}{125} - \frac{53x}{50} = 23 \Rightarrow (288x - 265x) = (23 \times 250) \Rightarrow 23x = 23 \times 250 \Rightarrow x = 250.$

अतः पुस्तक का क्रय-मूल्य = ₹ 250.

4. माना वस्तु का क्रय-मूल्य = ₹ x. तब,

$\frac{104x}{100} - \frac{96x}{100} = 106 \Rightarrow 104x - 96x = 10600 \Rightarrow 8x = 10600 \Rightarrow x = 1325.$

अतः वस्तु का क्रय-मूल्य = ₹ 1325.

5. माना आरम्भ में क्रय-मूल्य = ₹ x तथा वि० मूल्य = ₹ y.

तब, $y = \left(x \times \frac{120}{100}\right) \Rightarrow 6x - 5y = 0$ ...(*i*)

नया क्रय-मूल्य = ₹ $(x - 20)$, नया विक्रय-मूल्य = ₹ $(y - 20)$.

तब, $(y - 20) = (x - 20)$ का 130%

$\Rightarrow (y - 20) = (x - 20) \times \frac{130}{100} \Rightarrow 10(y - 20) = 13(x - 20) \Rightarrow 13x - 10y = 60$ ...(*ii*)

(*ii*) में $x = \frac{5y}{6}$ रखने पर : $13 \times \frac{5y}{6} - 10y = 60 \Rightarrow 65y - 60y = 360 \Rightarrow 5y = 360 \Rightarrow y = 72$.

अत: उस वस्तु का विक्रय मूल्य = ₹ 72.

6. माना एक स्कूटर का क्रय-मूल्य = ₹ x. तब, दूसरे स्कूटर का क्र०मू० = ₹ $(18000 - x)$.

$\left(x \times \frac{125}{100}\right) + (18000 - x) \times \frac{80}{100} = 18000 \Rightarrow \frac{5x}{4} + \frac{4(18000 - x)}{5} = 18000$

$\Rightarrow 25x + 16(18000 - x) = 360000 \Rightarrow 9x = 72000 \Rightarrow x = 8000.$

एक स्कूटर का क्रय-मूल्य = ₹ 8000 तथा दूसरे स्कूटर का क्रय-मूल्य = ₹ 10000.

7. माना मेज का क्रय-मूल्य = ₹ x तथा कुर्सी का क्रय-मूल्य = ₹ y.

तब, (x का 125%) + $\left[y \text{ का } \left(100 - \frac{50}{3}\right)\%\right] - (x + y) = 50$

$\Rightarrow \left(x \times \frac{125}{100}\right) + \left(y \times \frac{250}{300}\right) - x - y = 50$

$\Rightarrow \frac{5x}{4} + \frac{5y}{6} - x - y = 50 \Rightarrow 15x + 10y - 12x - 12y = 600 \Rightarrow 3x - 2y = 600$ ...(*i*)

पुन: $x \times \left(100 - \frac{50}{3}\right)\% + (y \times 125\%) - x - y = 0 \Rightarrow \left(x \times \frac{250}{300}\right) + \left(y \times \frac{125}{100}\right) - x - y = 0$

$\Rightarrow \frac{5x}{6} + \frac{5y}{4} - x - y = 0 \Rightarrow 10x + 15y - 12x - 12y = 0 \Rightarrow 3y - 2x = 0$ ...(*ii*)

(*ii*) से $y = \frac{2x}{3}$ (*i*) में रखने पर : $3x - 2 \times \frac{2x}{3} = 600 \Rightarrow 9x - 4x = 1800 \Rightarrow 5x = 1800 \Rightarrow x = 360$.

(*ii*) में $x = 360$ रखने पर, $3y - 720 = 0 \Rightarrow 3y = 720 \Rightarrow y = 240$.

अत: मेज का क्रय-मूल्य = ₹ 360 तथा कुर्सी का क्रय-मूल्य = ₹ 240.

8. माना निर्माता को लागत मूल्य = ₹ x.

थोक व्यापारी का क्रय मूल्य = ₹ $\left(x \times \frac{106}{100}\right)$.

फुटकर व्यापारी का क्रय मूल्य = ₹ $\left(x \times \frac{106}{100} \times \frac{110}{100}\right)$.

उपभोक्ता का क्रय-मूल्य = ₹ $\left(x \times \frac{106}{100} \times \frac{110}{100} \times \frac{120}{100}\right)$ = ₹ $\frac{1749x}{1250}$.

$\therefore \frac{1749x}{1250} = \frac{62964}{100} \Rightarrow x = \left(\frac{62964 \times 1250}{1749 \times 100}\right) = 450.$

अत: निर्माता का लागत मूल्य = ₹ 450.

9. माना मेज का क्रय-मूल्य = ₹ x . तब, कुर्सी का क्रय-मूल्य = ₹ $(2000-x)$.

तब, ₹ (x का 120%) + ₹ $(2000 - x)$ का 130% = ₹ 2000 का 123%

$$\Rightarrow \left(x \times \frac{120}{100}\right) + (2000 - x) \times \frac{130}{100} = \left(2000 \times \frac{123}{100}\right)$$

$$\Rightarrow \frac{6x}{5} + (2000 - x) \times \frac{13}{10} = 2460 \Rightarrow 12x + 13(2000 - x) = 24600 \Rightarrow x = 1400.$$

अतः मेज का क्रय-मूल्य = ₹ 1400.

10. माना पहले अण्डे के भाव = ₹ x प्रति अण्डा.

अब घटी दर = ₹ $\left(x \times \frac{80}{100}\right)$ प्रति अण्डा = ₹ $\frac{4x}{5}$ प्रति अण्डा.

पहले ₹ 90 में प्राप्त अंडों की संख्या = $\frac{90}{x}$.

अब, ₹ 90 में प्राप्त अंडों की संख्या = $\left(90 \times \frac{5}{4x}\right) = \frac{225}{2x}$.

$$\therefore \quad \frac{225}{2x} - \frac{90}{x} = 15 \Rightarrow 30x = (225 - 180) = 45 \Rightarrow x = 1{\cdot}50.$$

पूर्व दर = ₹ 1·50 प्रति अण्डा, घटी दर = ₹ $\left(\frac{4}{5} \times \frac{3}{2}\right)$ प्रति अण्डा = ₹ 1·20 प्रति अण्डा.

11. माना कुल खरीदी गई पैन्सिलों की संख्या = $(10 \times 11) = 110$.

110 पैन्सिलों का क्रय-मूल्य = ₹ $\left(\frac{10}{11} \times 110\right)$ = ₹ 100.

110 पैन्सिलों का विक्रय-मूल्य = ₹ $\left(\frac{11}{10} \times 110\right)$ = ₹ 121.

₹ 100 पर लाभ = ₹ (121 – 100) = ₹ 21.

12. माना प्रत्येक वस्तु का क्रय-मूल्य = ₹ 1. तब,

9 वस्तुओं का क्रय-मूल्य = ₹ 9.

9 वस्तुओं का विक्रय-मूल्य

= 15 वस्तुओं का क्रय मूल्य = ₹ 15.

∴ क्रय-मूल्य = ₹ 9, विक्रय-मूल्य = ₹ 15.

∴ लाभ = ₹ (15 – 9) = ₹ 6.

लाभ % = $\left(\frac{6}{9} \times 100\right)\% = 66\frac{2}{3}\%$.

13. माना अंकित मूल्य = ₹ 100.

10% कमीशन देने के बाद वि० मूल्य = ₹ 90.

लाभ अर्जित = 20%.

∴ क्रय-मूल्य = ₹ $\left(\frac{100}{120} \times 90\right)$ = ₹ 75.

15% कमीशन देने के बाद वि० मूल्य = ₹ 85.

लाभ % = $\left(\frac{10}{75} \times 100\right)\% = 13\frac{1}{3}\%$.

14. पहली प्रकार की 1 किग्रा० चीनी का वि०मूल्य = ₹ 24, हानि = 4%.

इस चीनी का 1 किग्रा० का क्रय-मूल्य = ₹ $\left(\frac{100}{96} \times 24\right)$ = ₹ 25.

दूसरी प्रकार की 1 किग्रा० चीनी का वि०मूल्य = ₹ 30, लाभ = 20%.

इस चीनी का 1 किग्रा० का क्रय-मूल्य = ₹ $\left(\frac{100}{120} \times 30\right)$ = ₹ 25.

बराबर-बराबर मिलाने पर 2 किग्रा० मिश्रण का क्रय-मूल्य = ₹ (25 + 25) = ₹ 50.

2 किग्रा० मिश्रण का वि०मूल्य = ₹ (32×2) = ₹ 64.

लाभ % = $\left(\frac{14}{50} \times 100\right)\% = 28\%$.

15. माना दूसरे प्रकार की चाय का भाव = ₹ x प्रति किग्रा०.

पहले प्रकार की 3 किग्रा० तथा दूसरे प्रकार की 2 किग्रा० चाय के मिश्रण का क्रय मूल्य

= ₹ $[(200 \times 3) + (x \times 2)]$ = ₹ $(600 + 2x)$.

5 किग्रा० मिश्रण का क्रय-मूल्य = ₹ $(600 + 2x)$.

5 किग्रा० मिश्रण का वि० मूल्य = ₹ (177 × 5) = ₹ 885.

लाभ % = $\frac{[885-(600+2x)]}{(600+2x)}\times 100 = \left(\frac{285-2x}{600+2x}\times 100\right)\%$.

$\therefore \quad \frac{(285-2x)}{(600+2x)} \times 100 = 18 \Rightarrow \frac{(285x-2x)}{(600+2x)} = \frac{9}{50} \Rightarrow 14250 - 100x = 5400 + 18x$

$\Rightarrow 118x = 8850 \Rightarrow x = 75.$

दूसरे प्रकार की चाय का भाव = ₹ 75/किग्रा०.

16. माना सामान का क्रय मूल्य = ₹ 1 प्रति ग्राम तथा माना कि वह 1000 ग्राम के स्थान पर $(1000 - x)$ ग्राम का बाट प्रयोग करता है.

$(1000 - x)$ ग्राम वस्तु का क्रय-मूल्य = ₹ $(1000 - x)$.

$(1000 - x)$ ग्राम वस्तु का विक्रय-मूल्य = 1000 ग्राम का क्रय-मूल्य = ₹ 1000.

लाभ = ₹ $\{1000 - (1000 - x)\}$ = ₹ x.

लाभ % = $\left\{\frac{x}{(1000-x)}\times 100\right\}\%$

$\therefore \quad \frac{x\times 100}{(1000-x)} = \frac{300}{47} \Rightarrow \frac{x}{(1000-x)} = \frac{3}{47} \Rightarrow 47x = 3000 - 3x \Rightarrow 50x = 3000 \Rightarrow x = 60.$

अत: वह 1 किग्रा० के स्थान पर (1000 – 60) ग्राम अर्थात 940 ग्राम का बाट प्रयोग करता है.

17. माना वस्तु का क्रय मूल्य = ₹ 100. तब, अंकित मूल्य = ₹ 125.

8% की छूट के बाद विक्रय मूल्य ₹ $\left(125\times\frac{92}{100}\right)$ = ₹ 115.

$\therefore$ लाभ % = 15%.

18. माना दुकानदार ने अपनी वस्तुओं का अंकित मूल्य उनके क्रय मूल्य से x% अधिक निर्धारित किया हुआ है.

माना वस्तु का क्रय मूल्य = ₹ 100. तब, अंकित मूल्य = ₹ $(100 + x)$.

$(100+x)\times\frac{88}{100} = 121 \Rightarrow (100+x) = \left(121\times\frac{100}{88}\right) = \frac{275}{2} \Rightarrow x = \left(\frac{275}{2}-100\right) = \frac{75}{2} = 37\cdot 5.$

$\therefore$ अंकित मूल्य, क्रय मूल्य से 37·5% अधिक है.

19. अंकित मूल्य = ₹ 400.

वस्तु का विक्रय मूल्य = ₹ 400 का 75% = ₹ $\left(400\times\frac{75}{100}\right)$ = ₹ 300.

(वि० मूल्य = ₹ 300, हानि = ₹ 20) ⇒ क्रय-मूल्य = ₹ (300 + 20) = ₹ 320.

हानि % = $\left(\frac{20}{320}\times 100\right)\% = \frac{25}{4}\% = 6\frac{1}{4}\%$.

20. माना दूसरी कटौती की दर = x%. तब

$820 \times 80\% \times (100 - x)\% = 570\cdot 72$

$\Rightarrow 820\times\frac{80}{100}\times\frac{(100-x)}{100} = 570\cdot 72 \Rightarrow 656\times(100-x) = 57072$

$\Rightarrow 656x = 65600 - 57072 \Rightarrow 656x = 8528 \Rightarrow x = 13.$

अत: दूसरी कटौती की दर = 13%.

---

12 अनुपात तथा समानुपात (RATIO AND PROPORTION)

सामान्य नियम

(*i*) $\frac{a}{b}$ को a तथा b का अनुपात कहते हैं तथा इसे लिखते हैं, $a : b$.

(*ii*) **समानुपात:** दो अनुपातों की बराबरी को समानुपात कहते हैं.
जैसे: $2 : 5 = 6 : 15$ को हम लिखेंगे $2 : 5 :: 6 : 15$.

(*iii*) यदि $a : b :: c : d$ हो, तो हम a तथा d को **बाहरी राशियाँ** तथा b और c को **माध्यमिक राशियाँ** कहते हैं.

बाहरी राशियों का गुणनफल = माध्यमिक राशियों का गुणनफल

$$\therefore\ (a \times d) = (b \times c).$$

(*iv*) **मध्यानुपाती:** a तथा b का मध्यानुपाती = $\sqrt{ab}$.

(*v*) **चतुर्थानुपाती:** तीन राशियों a, b, c का चतुर्थानुपाती x हो, तो
$a : b :: c : x$ अर्थात् $(a \times x) = (b \times c) \Rightarrow x = \frac{(b \times c)}{a}$.

(*vi*) **तृतीयानुपाती:** माना a तथा b का तृतीयानुपाती x है. तब $a : b :: b : x \Rightarrow (a \times x) = b^2 \Rightarrow x = \frac{b^2}{a}$.

(*vii*) **मिश्र अनुपात:** $(a : b)$ तथा $(c : d)$ का मिश्र अनुपात = $(ac : bd)$.

(*viii*) **अनुपातों की तुलना:** यदि $\frac{a}{b} > \frac{c}{d}$ हो, तो हम कहते हैं कि $(a : b) > (c : d)$.

(*ix*) यदि $\frac{a}{b} = \frac{c}{d}$ हो, तो $\frac{a+b}{a-b} = \frac{c+d}{c-d}$.

(*x*) किसी राशि M को $a : b$ में बाँटने पर:
पहला भाग = $\left\{M \times \frac{a}{(a+b)}\right\}$, दूसरा भाग = $\left\{M \times \frac{b}{(a+b)}\right\}$.

(*xi*) किसी राशि M को $a : b : c$ में बाँटने पर:
प्रथम भाग = $\left\{M \times \frac{a}{(a+b+c)}\right\}$, दूसरा भाग = $\left\{M \times \frac{b}{(a+b+c)}\right\}$
तथा, तृतीय भाग = $\left\{M \times \frac{c}{(a+b+c)}\right\}$.

(*xii*) **समानुपाती:** यदि $x = ky$, जहाँ k अचर हो, तो हम कहते हैं कि x, y के समानुपाती है. इसे लिखते हैं, $x \propto y$.

(*xiii*) **विलोमानुपाती:** यदि $x = \frac{k}{y}$, जहाँ k अचर हो, तो हम कहते हैं कि x, y के विलोमानुपाती है. इसे लिखते हैं, $x \propto \frac{1}{y}$.

साधित उदाहरण

प्रश्न 1. यदि $a : b = 5 : 9$ तथा $b : c = 6 : 11$ हो, तो (i) $a : c$ (ii) $a : b : c$ ज्ञात करें.

हल : दिया है: $\frac{a}{b} = \frac{5}{9}$ तथा $\frac{b}{c} = \frac{6}{11}$.

$\therefore$ (i) $\frac{a}{c} = \left(\frac{a}{b} \times \frac{b}{c}\right) = \left(\frac{5}{9} \times \frac{6}{11}\right) = \frac{10}{33}$. अत: $a : c = 10 : 33$.

(ii) $a : b = 5 : 9, b : c = 6 : 11 = 6 \times \frac{9}{6} : 11 \times \frac{9}{6} = 9 : \frac{33}{2}$.

$\therefore$ $a : b : c = 5 : 9 : \frac{33}{2} = 10 : 18 : 33$.

प्रश्न 2. यदि $a : b = 5 : 7$ हो तो $(3a + 5b) : (5a - 2b)$ ज्ञात कीजिए.

हल : दिया है, $\frac{a}{b} = \frac{5}{7}$.

$$\therefore \quad \frac{(3a+5b)}{(5a-2b)} = \frac{3\left(\frac{a}{b}\right)+5}{5\left(\frac{a}{b}\right)-2} = \frac{3\times\frac{5}{7}+5}{5\times\frac{5}{7}-2} = \frac{50}{11}.$$ अत: $(3a + 5b) : (5a - 2b) = 50 : 11$.

प्रश्न 3. यदि $a : b = \frac{2}{9} : \frac{1}{3}$, , $b : c = \frac{2}{7} : \frac{5}{14}$ तथा $d : c = \frac{7}{10} : \frac{3}{5}$ हो, तो $a : b : c : d = ?$

हल : $\therefore$ $a : b = 2 : 3, b : c = 4 : 5$ तथा $c : d = 6 : 7$

$\Rightarrow a : b = 2 : 3, b : c = 1 : \frac{5}{4}$ तथा $c : d = 1 : \frac{7}{6}$

$\Rightarrow a : b = 2 : 3, b : c = 3 : \frac{15}{4}$ तथा $c : d = \frac{15}{4} : \frac{7}{6} \times \frac{15}{4}$

$\Rightarrow a : b = 2 : 3, b : c = 3 : \frac{15}{4}, c : d = \frac{15}{4} : \frac{35}{8}$

$\Rightarrow a : b : c : d = 2 : 3 : \frac{15}{4} : \frac{35}{8} = 16 : 24 : 30 : 35$.

प्रश्न 4. यदि A, B से 40% अधिक हो तथा B, C से 20% कम हो, तो $A : B : C = ?$

हल : माना $C = x$. तब, $B = x$ का $80\% = \left(x \times \frac{80}{100}\right) = \frac{4x}{5}$

तथा $A = \frac{4x}{5}$ का $140\% = \left(\frac{4x}{5} \times \frac{140}{100}\right) = \frac{28x}{25}$.

$\therefore$ $A : B : C = \frac{28x}{25} : \frac{4x}{5} : x = \frac{28x}{25} : \frac{20x}{25} : \frac{25x}{25} = 28x : 20x : 25x = 28 : 20 : 25$.

प्रश्न 5. यदि $0 \cdot 75 : x :: 5 : 8$ हो, तो x का मान ज्ञात कीजिए.

हल : स्पष्ट है कि : $x \times 5 = 0 \cdot 75 \times 8 \Rightarrow 5x = 6 \Rightarrow x = \frac{6}{5} = 1 \cdot 2$.

प्रश्न 6. 5, 9, 12 का चतुर्थानुपाती क्या है?

हल : माना 5, 9, 12 का चतुर्थानुपाती $= x$ है. तब,

$5 : 9 :: 12 : x \Rightarrow 5x = (9 \times 12) \Rightarrow x = \frac{9 \times 12}{5} = \frac{108}{5} = 21 \cdot 6$

$\therefore$ 5, 9, 12 का चतुर्थानुपाती $= 21 \cdot 6$ है.

प्रश्न 7. 18, 24 का तृतीयानुपाती क्या है?

हल : माना 18, 24 का तृतीयानुपाती = x. तब,

$$18 : 24 :: 24 : x \Rightarrow 18x = 24 \times 24 \Rightarrow x = \frac{24\times24}{18} = 32.$$

$\therefore$ 18, 24 का तृतीयानुपाती = 32.

प्रश्न 8. 6, 24 का मध्यानुपाती ज्ञात कीजिए.

हल : 6 तथा 24 का मध्यानुपाती = $\sqrt{6\times24} = \sqrt{144} = 12.$

प्रश्न 9. (2 : 3), (4 : 7) तथा (5 : 8) में सबसे बड़ा अनुपात कौन-सा है?

हल : $\frac{2}{3} = 0\cdot666....,\ \frac{4}{7} = 0\cdot571....,\ \frac{5}{8} = \cdot625.$

इनमें सबसे बड़ी दशमलव भिन्न 0·666 ... है.

अत: सबसे बड़ा अनुपात = 2 : 3.

प्रश्न 10. ₹ 675 को A और B में 5 : 4 के अनुपात में विभक्त कीजिए.

हल : A का भाग = ₹ $\left(675\times\frac{5}{9}\right)$ = ₹ 375; B का भाग = ₹ $\left(675\times\frac{4}{9}\right)$ = ₹ 300.

प्रश्न 11. ₹ 952 को A, B, C में 37 : 18 : 13 के अनुपात में विभक्त कीजिए.

हल : दिये गये अनुपात के पदों का योग = (37 + 18 + 13) = 68.

A का भाग = ₹ $\left(952\times\frac{5}{9}\right)$ = ₹ 518, B का भाग = ₹ $\left(952\times\frac{18}{68}\right)$ = ₹ 252,

C का भाग = ₹ $\left(952\times\frac{13}{18}\right)$ = ₹ 182.

प्रश्न 12. ₹ 846 को ऐसे दो भागों में विभक्त कीजिए कि प्रथम भाग का 5 वाँ भाग तथा द्वितीय भाग का 8वाँ भाग 3 : 4 के अनुपात में हों?

हल : माना अभीष्ट भाग A तथा B हैं. तब, $\frac{\left(\frac{A}{5}\right)}{\left(\frac{B}{8}\right)} = \frac{3}{4} \Rightarrow \frac{A}{5}\times\frac{8}{B} = \frac{3}{4} \Rightarrow \frac{A}{B} = \left(\frac{3}{4}\times\frac{5}{8}\right) = \frac{15}{32}.$

$\therefore A : B = 15 : 32.$

अत: प्रथम भाग = ₹ $\left(846\times\frac{15}{47}\right)$ = ₹ 270; द्वितीय भाग = ₹ $\left(846\times\frac{32}{47}\right)$ = ₹ 576.

प्रश्न 13. एक थैली में 1 रु०, 50 पै० तथा 25 पै० के सिक्के 5 : 9 : 25 के अनुपात में हैं. यदि थैली में कुल धन ₹ 1008 हो, तो विभिन्न प्रकार के सिक्कों की संख्या ज्ञात कीजिए.

हल : माना 1 रु०, 50 पै०, 25 पै० के सिक्कों की संख्या क्रमश: $5x, 9x, 25x$ है.

तब, इनका कुल मूल्य = ₹ $\left(\frac{5x}{1}+\frac{9x}{2}+\frac{25x}{4}\right)$ = ₹ $\frac{(20x+18x+25x)}{4}$ = ₹ $\frac{63x}{4}$.

$$\therefore \frac{63x}{4} = 1008 \Rightarrow x = \frac{(1008\times4)}{63} = 64.$$

1 रु० के सिक्कों की संख्या = (5 × 64) = 320.

50 पै० के सिक्कों की संख्या = (9 × 64) = 576.

25 पै० के सिक्कों की संख्या = (25 × 64) = 1600.

प्रश्न 14. एक कारखाने में कर्मचारियों की संख्या 9 : 8 के अनुपात में कम कर दी जाती है तथा उनके दैनिक वेतन में 14 : 15 के अनुपात में वृद्धि कर दी जाती है. कुल दैनिक वेतन बिल में किस अनुपात में कमी अथवा वृद्धि होगी?

हल : माना पहले कर्मचारी $9x$ थे तथा अब $8x$ हैं.

माना पहले प्रति कर्मचारी वेतन ₹ $14y$ था तथा अब ₹ $15y$ है.

पहले दैनिक वेतन बिल = ₹ $(9x \times 14y)$ = ₹ $(126xy)$.

अब दैनिक वेतन बिल = ₹ $(8x \times 15y)$ = ₹ $(120\,xy)$.

दैनिक वेतन बिलों का अनुपात = $126xy : 120xy = 21 : 20$, जिसमें स्पष्टतया कमी आई है.

प्रश्न 15. सोने और तांबे के दो मिश्रण *A* तथा *B* हैं. *A* में सोने और तांबे का अनुपात 7 : 2 है तथा *B* में सोने और तांबे का अनुपात 7 : 11 है. *A* तथा *B* की समान मात्राओं को मिलाने पर धातु *C* बनाई जाती है. *C* में सोने तथा तांबे का अनुपात ज्ञात कीजिए.

हल : A की 1 इकाई में सोना = $\frac{7}{9}$ तथा तांबा = $\frac{2}{9}$. B की 1 इकाई में सोना = $\frac{7}{18}$ तथा तांबा = $\frac{11}{18}$.

C में सोने तथा तांबे का अनुपात = $\left(\frac{7}{9}+\frac{7}{18}\right):\left(\frac{2}{9}+\frac{11}{18}\right)=\frac{21}{18}:\frac{15}{18} = 21 : 15 = 7 : 5.$

प्रश्न 16. दूध और पानी के 42 लीटर मिश्रण में दूध और पानी का अनुपात 5 : 2 है. यदि इस मिश्रण में 3 लीटर पानी और डाल दिया जाये, तो नये मिश्रण में दूध और पानी का अनुपात क्या होगा ?

हल : दिये गये मिश्रण में दूध की मात्रा = $\left(42\times\frac{5}{7}\right)$ लीटर = 30 लीटर

तथा पानी की मात्रा = (42 – 30) लीटर = 12 लीटर.

नये मिश्रण में दूध और पानी का अनुपात = 30 : (12 + 3) = 30 : 15 = 2 : 1.

प्रश्न 17. एक 20 लीटर मिश्रण में दूध और पानी का अनुपात 3 : 1 है. इस मिश्रण में कितना दूध और मिलाया जाये कि नये मिश्रण में दूध और पानी का अनुपात 4 : 1 हो ?

हल : दिये गये मिश्रण में दूध की मात्रा = $\left(20\times\frac{3}{4}\right)$ लीटर = 15 लीटर

तथा पानी की मात्रा = (20 – 15) लीटर = 5 लीटर.

माना मिलाई जाने वाले दूध की मात्रा = x लीटर. तब, $\frac{15+x}{5}=\frac{4}{1}\Rightarrow 15+x=20\Rightarrow x=5$ लीटर.

अतः इस मिश्रण में 5 लीटर दूध और डालना होगा.

प्रश्नमाला 12A

निम्नलिखित प्रश्नों में से प्रत्येक में ठीक उत्तर को चिन्हांकित (✓) कीजिए :

1. यदि $A : B = 3 : 2$ तथा $B : C = 3 : 4$ हो, तो $A : C = ?$ **(एस०एस०सी० परीक्षा, 2008)**

(*a*) 1 : 2 (*b*) 2 : 1 (*c*) 8 : 9 (*d*) 9 : 8

2. यदि $W_1 : W_2 = 2 : 3$ तथा $W_1 : W_3 = 1 : 2$ हो, तो $W_2 : W_3 = ?$ **(एस०एस०सी० परीक्षा, 2010)**

(*a*) 3 : 4 (*b*) 4 : 3 (*c*) 2 : 3 (*d*) 4 : 5

3. यदि $a : b = 3 : 4$ तथा $b : c = 4 : 7$ हो, तो $\frac{a+b+c}{c} = ?$ **(होटल मैनेजमैंट परीक्षा, 2010)**

(*a*) 1 (*b*) 2 (*c*) 3 (*d*) 7

4. यदि A का 60% = B का $\frac{3}{4}$ हो, तो $A : B = ?$ **(एस०एस०सी० परीक्षा, 2010)**

(*a*) 9 : 20 (*b*) 20 : 9 (*c*) 4 : 5 (*d*) 5 : 4

5. यदि $2A = 3B$ तथा $4B = 5C$ हो, तो $A : C = ?$

(*a*) 4 : 3 (*b*) 8 : 15 (*c*) 3 : 4 (*d*) 15 : 8

6. यदि $a : b = 7 : 9$ तथा $b : c = 1 : 5$ हो, तो $a : b : c = ?$ **(एस०एस०सी० परीक्षा, 2009)**

(*a*) 7 : 9 : 45 (*b*) 7 : 9 : 5 (*c*) 21 : 35 : 45 (*d*) 7 : 3 : 15

7. यदि $a : b = 5 : 7$ तथा $b : c = 6 : 11$, हो, तो $a : b : c = ?$

(*a*) 55 : 77 : 66 (*b*) 30 : 42 : 77 (*c*) 35 : 49 : 42 (*d*) इनमें से कोई नहीं

8. यदि $\frac{1}{x}:\frac{1}{y}:\frac{1}{z}=2:3:5$ हो, तो $x:y:z=?$ **(एस०एस०सी० परीक्षा, 2005)**

(*a*) 2 : 3 : 5 (*b*) 15 : 10 : 6 (*c*) 5 : 3 : 2 (*d*) 6 : 10 : 15

9. यदि $2A=3B=4C$ हो, तो $A:B:C=?$

(*a*) 2 : 3 : 4 (*b*) 4 : 3 : 2 (*c*) 6 : 4 : 3 (*d*) 3 : 4 : 6

10. यदि $\frac{A}{3}=\frac{B}{4}=\frac{C}{5}$ हो, तो $A:B:C=?$

(*a*) 3 : 4 : 5 (*b*) 4 : 3 : 5 (*c*) 5 : 4 : 3 (*d*) 20 : 15 : 12

11. यदि $A:B:C=2:3:4$ हो तो $\frac{A}{B}:\frac{B}{C}:\frac{C}{A}=?=?$ **(एस०एस०सी० परीक्षा, 2005)**

(*a*) 4 : 9 : 16 (*b*) 8 : 9 : 24 (*c*) 8 : 9 : 12 (*d*) 8 : 9 : 16

12. यदि $A:B=3:4$, $B:C=5:7$ तथा $C:D=8:9$ हो, तो $A:D=?$ **(एस०एस०सी० परीक्षा, 2005)**

(*a*) 3 : 7 (*b*) 7 : 3 (*c*) 10 : 21 (*d*) 21 : 10

13. यदि $A:B=2:3$, $B:C=9:7$, $C:D=14:15$ हो, तो $A:B:C:D=?$

(*a*) 18 : 14 : 12 : 15 (*b*) 12 : 15 : 18 : 14 (*c*) 12 : 18 : 14 : 15 (*d*) 15 : 12 : 14 : 18

14. यदि $A:B=\frac{1}{2}:\frac{3}{8}$, $B:C=\frac{1}{3}:\frac{5}{9}$ तथा $C:D=\frac{5}{6}:\frac{3}{4}$ हो, तो $A:B:C:D=?$

(*a*) 4 : 6 : 8 : 10 (*b*) 8 : 6 : 10 : 9 (*c*) 6 : 8 : 9 : 10 (*d*) 6 : 4 : 8 : 10

(एस०एस०सी० परीक्षा, 2005)

15. यदि $A:B:C=4:7:11$ तथा $B:C:D=21:33:44$ हो, तो $A:B:C:D=?$

(*a*) 12 : 21 : 36 : 44 (*b*) 12 : 21 : 33 : 44 (*c*) 12 : 22 : 31 : 44

(*d*) ज्ञात नहीं किया जा सकता (*e*) इनमें से कोई नहीं **(बैंक पी०ओ० परीक्षा, 2005)**

16. यदि *A*, *B* से 40% अधिक हो तथा *B*, *C* से 20% कम हो, तो $A:C=?$

(*a*) 3 : 1 (*b*) 3 : 2 (*c*) 26 : 25 (*d*) 28 : 25

17. यदि $a:b=2:3$ तथा $b:c=4:5$ हो, तो $(a+b):(b+c)=?$

(*a*) 3 : 4 (*b*) 4 : 3 (*c*) 20 : 27 (*d*) 27 : 20

18. यदि $x:y=2:1$ हो, तो $(x^2-y^2):(x^2+y^2)=?$ **(रेलवे परीक्षा, 2010)**

(*a*) 3 : 5 (*b*) 5 : 3 (*c*) 1 : 3 (*d*) 3 : 1

19. यदि $x:y=7:3$ हो, तो $\frac{xy+y^2}{x^2-y^2}=?$ **(एस०एस०सी० परीक्षा, 2009)**

(*a*) $\frac{3}{4}$ (*b*) $\frac{4}{3}$ (*c*) $\frac{3}{7}$ (*d*) $\frac{7}{3}$

20. यदि $x:y=2:5$ हो, तो $(3x+2y):(2x+5y)=?$

(*a*) $\frac{14}{27}$ (*b*) $\frac{15}{28}$ (*c*) $\frac{16}{29}$ (*d*) $\frac{17}{30}$

21. यदि $x:y=3:1$ हो, तो $(x^3-y^3):(x^3+y^3)=?$

(*a*) 10 : 11 (*b*) 11 : 10 (*c*) 13 : 14 (*d*) 14 : 13

22. यदि $x:y=3:4$ हो, तो $(7x+3y):(7x-3y)=?$ **(एस०एस०सी० परीक्षा, 2005)**

(*a*) 5 : 2 (*b*) 4 : 3 (*c*) 11 : 3 (*d*) 37 : 19

23. यदि $\frac{x}{5}=\frac{y}{8}$ हो, तो $(x+5):(y+8)=?$

(*a*) 3 : 5 (*b*) 13 : 8 (*c*) 8 : 5 (*d*) 5 : 8

24. यदि $(4x^2-3y^2):(2x^2+5y^2)=12:19$ हो, तो $x:y=?$

(*a*) 2 : 3 (*b*) 1 : 2 (*c*) 3 : 2 (*d*) 2 : 1

25. यदि $x^2 + 4y^2 = 4xy$ हो, तो $x : y = ?$
(*a*) 2 : 1 (*b*) 1 : 2 (*c*) 1 : 1 (*d*) 1 : 4

26. यदि $(x + y) : (x - y) = 4 : 1$ हो, तो $(x^2 + y^2) : (x^2 - y^2) = ?$
(*a*) 25 : 9 (*b*) 16 : 1 (*c*) 8 : 17 (*d*) 17 : 8

27. यदि $(2a + 3b) : (3a - 2b) = 19 : 9$ हो, तो $a : b = ?$
(*a*) 2 : 5 (*b*) 3 : 5 (*c*) 4 : 7 (*d*) 5 : 3

28. 6 : ? : : 5 : 35 में लुप्त पद क्या है ? **(एम०बी०ए० परीक्षा, 2010)**
(*a*) 30 (*b*) 36 (*c*) 42 (*d*) 48

29. यदि $(a + b) : (b + c) : (c + a) = 6 : 7 : 8$ तथा $a + b + c = 14$ हो, तो $c = ?$
(*a*) 6 (*b*) 7 (*c*) 8 (*d*) 14

30. 12, 14, 24 का चतुर्थ अनुपात क्या है ? **(एम०बी०ए० परीक्षा, 2010)**
(*a*) 30 (*b*) 28 (*c*) 32 (*d*) 36

31. 0·2, 0·12 तथा 0·3 का चतुर्थानुपाती क्या है ?
(*a*) 0·13 (*b*) 0·15 (*c*) 0·18 (*d*) 0·8

32. 16 तथा 24 का तृतीयानुपाती क्या है ? **(एम०बी०ए० परीक्षा, 2010)**
(*a*) 20 (*b*) 18 (*c*) 36 (*d*) 40

33. 6 तथा 54 के बीच मध्यानुपाती क्या है ?
(*a*) 9 (*b*) 12 (*c*) 16 (*d*) 18

34. 0·02 तथा 0·32 के बीच मध्यानुपाती क्या है ?
(*a*) 0·34 (*b*) 0·3 (*c*) 0·16 (*d*) 0·08

35. 7 : 13 के प्रत्येक पद में छोटी से छोटी कौन-सी संख्या जोड़ें कि नई संख्यायें 2 : 3 के अनुपात में हों ?
(*a*) 1 (*b*) 2 (*c*) 3 (*d*) 5

36. 15 : 19 के प्रत्येक पद में से क्या घटाया जाये कि नई संख्यायें 3 : 4 के अनुपात में हो जायें ?
(*a*) 3 (*b*) 5 (*c*) 6 (*d*) 9

37. 21, 38, 55, 106 प्रत्येक में से क्या घटाया जाये कि नई संख्यायें समानुपाती हों ?
(*a*) 2 (*b*) 4 (*c*) 6 (*d*) 8

38. 5, 13, 22 तथा 47 में से प्रत्येक में क्या जोड़ें कि प्राप्त संख्यायें समानुपाती हों ? **(एस०एस०सी० परीक्षा, 2010)**
(*a*) 2 (*b*) 4 (*c*) 3 (*d*) 5

39. दो संख्यायें 7 : 11 के अनुपात में हैं. इनमें से प्रत्येक में 7 जोड़ने पर इनका अनुपात 2 : 3 हो जाता है. इनमें से छोटी संख्या कौन-सी है ? **(एस०एस०सी० परीक्षा, 2010)**
(*a*) 39 (*b*) 49 (*c*) 66 (*d*) 77

40. दो संख्यायें 3 : 4 के अनुपात में हैं तथा इनका लघुत्तम समापवर्त्य 84 है. इनमें से बड़ी संख्या क्या होगी ?
(*a*) 21 (*b*) 24 (*c*) 28 (*d*) 84
(एस०एस०सी० परीक्षा, 2010)

41. दो प्राकृत संख्यायें 3 : 5 के अनुपात में हैं तथा इनका गुणनफल 2160 है. इनमें से छोटी संख्या क्या होगी ?
(*a*) 36 (*b*) 24 (*c*) 18 (*d*) 12
(एस०एस०सी० परीक्षा, 2010)

42. *A*, *B* तथा *C* में ₹ 1050 को इस प्रकार विभक्त किया गया है कि *A* का भाग, *B* तथा *C* के संयुक्त भाग का $\frac{2}{5}$ हो. तब, *A* को मिलेंगे : **(एस०एस०सी० परीक्षा, 2010)**
(*a*) ₹ 200 (*b*) ₹ 300 (*c*) ₹ 320 (*d*) ₹ 420

43. एक धनराशि को *A*, *B*, *C* तथा *D* में क्रमश: 3 : 4 : 9 : 10 के अनुपात में विभक्त किया जाता है. यदि *C* का भाग, *B* के भाग से ₹ 2580 अधिक हो तो *A* तथा *D* की कुल राशि कितनी है ?
(*a*) ₹ 5676 (*b*) ₹ 6192 (*c*) ₹ 6708 (*d*) ₹ 7224
(*e*) इनमें से कोई नहीं **(बैंक पी०ओ० परीक्षा, 2009)**

44. 1655 रु० 90 पै० को अमित, विपिन तथा चन्द्रा के बीच इस प्रकार बाँटा गया है कि अमित को मिलने वाले प्रति 2 रु० पर विपिन को 3 रु० मिलें तथा विपिन को मिलने वाले प्रति 4 रु० पर चन्द्रा को 3 रु० मिलें. इसमें अमित का भाग कितना होगा? **(रेलवे परीक्षा, 2010)**

(*a*) 456 रु० 80 पै० (*b*) 472 रु० 70 पै० (*c*) 486 रु० 90 पै० (*d*) इनमें से कोई नहीं

45. एक व्यक्ति ने अपनी सम्पत्ति को इस प्रकार से विभक्त किया कि उसकी पुत्री तथा पत्नी के भाग और उसकी पत्नी तथा पुत्र के भाग में से प्रत्येक 3 : 1 के अनुपात में हों. यदि पुत्र को पुत्री से 10000 रु० कम मिलें हों, तो सम्पत्ति का कुल मूल्य कितना है? **(दिल्ली पुलिस परीक्षा, 2010)**

(*a*) ₹ 15250 (*b*) ₹ 16250 (*c*) ₹ 17500 (*d*) ₹ 18500

46. ₹ 530 को *A*, *B* तथा *C* में इस प्रकार बाँटा गया है कि *A* को *B* से 70 रु० अधिक मिलें तथा *B* को *C* से ₹ 80 अधिक मिलें. इनके भागों का अनुपात कितना है?

(*a*) 15 : 8 : 30 (*b*) 16 : 9 : 18 (*c*) 18 : 25 : 10 (*d*) 25 : 18 : 10

47. एक व्यक्ति ₹ 330000 को अपनी पुत्री, पत्नी तथा पुत्र में इस प्रकार बाँटता है कि पुत्री का $\frac{1}{2}$ भाग, पत्नी का $\frac{1}{4}$ भाग तथा पुत्र का $\frac{1}{5}$ भाग परस्पर बराबर हैं. पुत्री का भाग कितना है? **(एम०बी०ए० परीक्षा, 2002)**

(*a*) ₹ 30000 (*b*) ₹ 60000 (*c*) ₹ 90000 (*d*) ₹ 120000 (*e*) ₹ 150000

48. ₹ 3068 को *A*, *B* तथा *C* में इस प्रकार वितरित किया गया है कि प्रत्येक के भाग में से ₹ 50 कम करने पर इनके भागों का अनुपात 1 : 3 : 2 है. *C* द्वारा प्राप्त धन कितना है?

(*a*) ₹ 560 (*b*) ₹ 520 (*c*) ₹ 490 (*d*) ₹ 440

49. 94 को दो भागों *A* तथा *B* में इस प्रकार विभक्त किया गया है कि *A* के पाँचवें भाग तथा *B* के आठवें भाग का अनुपात 3 : 4 है. *A* का मान कितना है?

(*a*) 27 (*b*) 30 (*c*) 36 (*d*) 48

50. ₹ 600 को *A*, *B* तथा *C* में इस प्रकार वितरित किया गया है कि *A* के $\frac{2}{5}$ से 40 रु० अधिक, *B* के $\frac{2}{7}$ से ₹ 20 अधिक तथा *C* के $\frac{9}{17}$ से ₹ 10 अधिक परस्पर बराबर हैं. इनमें से *A* का भाग कितना है?

(*a*) ₹ 150 (*b*) ₹ 170 (*c*) ₹ 200 (*d*) ₹ 280

51. ₹ 56250 को *A*, *B* तथा *C* में इस प्रकार वितरित किया गया है कि *A* को *B* तथा *C* के कुल भाग का आधा मिले तथा *B* को *A* तथा *C* के कुल भाग का $\frac{1}{4}$ मिले. *A* का भाग, *B* के भाग से कितना अधिक है?

(*a*) ₹ 7500 (*b*) ₹ 7750 (*c*) ₹ 15000 (*d*) ₹ 16000

52. ₹ 624 को *A*, *B* तथा *C* में $\frac{1}{2}:\frac{1}{3}:\frac{1}{4}$ के अनुपात में बाँटने पर *C* का भाग कितना होगा?

(*a*) ₹ 144 (*b*) ₹ 156 (*c*) ₹ 180 (*d*) ₹ 190

(रेलवे परीक्षा, 2005)

53. *A*, *B* तथा *C* की आय का अनुपात 7 : 9 : 12 है तथा इनके खर्च का अनुपात 8 : 9 : 15 है. यदि *A* की बचत उसकी कुल आय का $\frac{1}{4}$ भाग हो, तो *A*, *B* तथा *C* की बचत का अनुपात क्या होगा?

(*a*) 56 : 99 : 69 (*b*) 99 : 56 : 69 (*c*) 69 : 56 : 99 (*d*) 99 : 69 : 56

54. रामलाल दो धनों को अपने चार पुत्रों *A*, *B*, *C* तथा *D* में क्रमशः 4 : 3 : 2 : 1 तथा 5 : 6 : 7 : 8 के अनुपात में बाँटता है. यदि दूसरा धन पहले धन से दुगुना हो, तो सबसे अधिक धन प्राप्त करने वाला कौन है?

(*a*) *A* (*b*) *B* (*c*) *C* (*d*) D

55. यदि $a : b = c : d$ हो, तो $(ma + nc) : (mb + nd) = ?$

(*a*) $m : n$ (*b*) $na : mb$ (*c*) $a : b$ (*d*) $md : nc$

56. यदि $p : q = r : s = t : u = 2 : 3$ हो, तो $(mp + nr + vt) : (mq + ns + vu) = ?$
(*a*) 3 : 2 (*b*) 2 : 3 (*c*) 1 : 3 (*d*) 1 : 2
(एस०एस०सी० परीक्षा, 2005)

57. किसी मानचित्र के लिए पैमाना $1 : 4 \times 10^5$ दिया गया है. यदि मानचित्र में दो बिन्दुओं के बीच की दूरी 4 सेमी० हो, तो इन बिन्दुओं के बीच वास्तविक दूरी कितनी है? **(एस०एस०सी० परीक्षा, 2008)**
(*a*) 16 सेमी० (*b*) 16 मीटर (*c*) 16 किलोमीटर (*d*) 4 किलोमीटर

58. एक भिन्न के अंश तथा हर का अनुपात 3 : 4 है. अंश में से 9 घटाने पर नई भिन्न मूल भिन्न का $\frac{2}{3}$ हो जाती है. मूल भिन्न का अंश कितन है?
(*a*) 9 (*b*) 18 (*c*) 27 (*d*) 36

59. वह कौन-सी भिन्न है जिसका $\frac{1}{27}$ के साथ वही अनुपात है जो $\frac{3}{11}$ तथा $\frac{5}{9}$ का अनुपात है?
(*a*) $\frac{1}{11}$ (*b*) $\frac{3}{11}$ (*c*) 55 (*d*) $\frac{1}{55}$
(एस०एस०सी० परीक्षा, 2001)

60. एक पेटी में एक दर्जन शीशे थे. पेटी के गिरने पर टूटे हुए तथा बिना टूटे हुए शीशों का अनुपात निम्न में से कौन-सा नहीं हो सकता?
(*a*) 2 : 1 (*b*) 3 : 1 (*c*) 3 : 2 (*d*) 7 : 5

61. निम्नलिखित में से सबसे बड़ा अनुपात कौन-सा है?
(*a*) 7 : 15 (*b*) 15 : 23 (*c*) 17 : 25 (*d*) 21 : 29

62. किसी समकोण त्रिभुज की समकोण बनाने वाली भुजायें 5 : 12 के अनुपात में हैं. यदि त्रिभुज का क्षेत्रफल 270 वर्ग सेमी० हो, तो कर्ण की लम्बाई कितनी होगी? **(एस०एस०सी० परीक्षा, 2010)**
(*a*) 39 सेमी० (*b*) 42 सेमी० (*c*) 45 सेमी० (*d*) 51 सेमी०

63. एक चतुर्भुज के कोण 6 : 3 : 4 : 5 के अनुपात में हैं. एक त्रिभुज का सबसे छोटा कोण चतुर्भुज के सबसे बड़े कोण का एक-चौथाई है. त्रिभुज का सबसे बड़ा कोण चतुर्भुज के दूसरे सबसे बड़े कोण से 10° अधिक है. त्रिभुज का दूसरा सबसे बड़ा कोण कितना है? **(बैंक पी०ओ० परीक्षा, 2010)**
(*a*) 80° (*b*) 60° (*c*) 70°
(*d*) निर्धारित नहीं किया जा सकता (*e*) इनमें से कोई नहीं

64. चार पात्रों के मिश्रणों में दूध और पानी क्रमशः 5 : 3, 2 : 1, 3 : 2 तथा 7 : 4 के अनुपात में है. किस पात्र में पानी के सापेक्ष दूध की मात्रा सबसे कम है? **(एस०एस०सी० परीक्षा, 2010)**
(*a*) पहले (*b*) दूसरे (*c*) तीसरे (*d*) चौथे

65. एक 60 लीटर के मिश्रण में दूध और पानी का अनुपात 3 : 1 है. इस अनुपात को 2 : 1 करने के लिए इसमें कितना पानी और मिलाया जाना चाहिए? **(दिल्ली पुलिस परीक्षा, 2010)**
(*a*) 5 लीटर (*b*) 7·5 लीटर (*c*) 10 लीटर (*d*) 15 लीटर

66. एक 35 लीटर मिश्रण में दूध और पानी का अनुपात 5 : 2 है. यदि इसमें 5 लीटर दूध और डाल दिया जाये तो नये मिश्रण में दूध और पानी का अनुपात क्या होगा?
(*a*) 3 : 1 (*b*) 5 : 2 (*c*) 6 : 5 (*d*) 2 : 7

67. दो बर्तनों *A* तथा *B* में दूध और पानी के मिश्रण क्रमशः 5 : 3 तथा 2 : 3 के अनुपात में हैं. इन मिश्रणों को किस अनुपात में मिलाया जाये कि नये मिश्रण में आधा दूध और आधा पानी हो? **(एम०बी०ए० परीक्षा, 2006)**
(*a*) 2 : 5 (*b*) 3 : 5 (*c*) 4 : 5 (*d*) 7 : 3

68. तीन बराबर गिलासों में सिप्रिट तथा पानी के मिश्रण क्रमशः 3 : 4, 4 : 5 तथा 5 : 6 के अनुपात में हैं. इन मिश्रणों को एक नये गिलास में उलट कर मिला दिया जाये तो नये मिश्रण में सिप्रिट तथा पानी का अनुपात क्या होगा?
(*a*) 820 : 1149 (*b*) 920 : 1159 (*c*) 505 : 561 (*d*) 560 : 567

69. A तथा B दो मिश्र धातुयें हैं जिन्हें सोने और ताँबे को क्रमशः 5 : 3 तथा 5 : 11 के अनुपात में मिलाकर बनाया गया है. इन दोनों धातुओं की समान मात्राओं को पिघला कर एक तीसरी मिश्र धातु C बनाई गई है. C में सोने तथा ताँबे का अनुपात क्या होगा? **(एस०एस०सी० परीक्षा, 2009)**

(*a*) 25 : 33 (*b*) 33 : 25 (*c*) 15 : 17 (*d*) 17 : 15

70. सोना पानी से 19 गुना भारी है जबकि ताँबा पानी से 9 गुना भारी है. इनको किस अनुपात में मिलाया जाये ताकि मिश्रण धातु पानी से 15 गुना भारी हो? **(एम०बी०ए० परीक्षा, 2008)**

(*a*) 1 : 1 (*b*) 2 : 3 (*c*) 1 : 2 (*d*) 3 : 2

71. एक हीरे का मूल्य उसके भार के वर्ग के अनुक्रमानुपाती है. एक हीरा चार भागों में इस प्रकार टूटा कि उसके टुकड़ों का भार 1 : 2 : 3 : 4 के अनुपात में था. यदि टूटने पर हीरे के मूल्य में ₹ 7000 की हानि हुई हो, तो मूल हीरे का मूल्य कितना था? **(बीमा परीक्षा, 2010)**

(*a*) ₹ 100000 (*b*) ₹ 140000 (*c*) ₹ 150000 (*d*) ₹ 175000

72. एक बोतल में मदिरा तथा पानी का अनुपात 3 : 1 है. इसका कितना भाग निकाल कर उतना ही पानी मिला दिया जाये कि अन्त में बने मिश्रण में मदिरा तथा पानी बराबर-बराबर हों? **(एस०एस०सी० परीक्षा, 2005)**

(*a*) $\frac{1}{3}$ (*b*) $\frac{1}{4}$ (*c*) $\frac{2}{3}$ (*d*) $\frac{3}{4}$

73. सम्पूर्ण पृथ्वी पर थल और पानी का अनुपात 1 : 2 है. उत्तरी अर्द्ध-गोलार्द्ध पर यह अनुपात 2 : 3 है. दक्षिणी अर्द्ध-गोलार्द्ध पर थल और पानी का अनुपात कितना है? **(एस०एस०सी० परीक्षा, 2004)**

(*a*) 4 : 11 (*b*) 4 : 15 (*c*) 11 : 4 (*d*) 15 : 4

74. एक महाविद्यालय में कला, वाणिज्य तथा विज्ञान में अध्ययन करने वाले छात्रों की संख्या का अनुपात 3 : 5 : 8 है. यदि इन विभागों में छात्रों की संख्या में क्रमशः 20%, 40% तथा 25% की वृद्धि हुई हो तो अब इन विभागों में छात्रों की संख्या का अनुपात है क्रमशः **(बैंक पी०ओ० परीक्षा, 2008)**

(*a*) 18 : 35 : 50 (*b*) 3 : 10:10 (*c*) 4 : 8 : 5 (*d*) 32 : 35 : 25 (*e*) इनमें से कोई नहीं

75. एक कालिज में कला तथा वाणिज्य संकायों में विद्यार्थी क्रमशः 4 : 5 के अनुपात में थे. वाणिज्य संकाय में 65 और विद्यार्थियों द्वारा प्रवेश लेने पर यह अनुपात क्रमशः 8 : 11 हो गया. कला संकाय में कितने विद्यार्थी हैं?

(*a*) 520 (*b*) 650 (*c*) 715 (*d*) निर्धारित नहीं किया जा सकता

(*e*) इनमें से कोई नहीं **(बैंक पी०ओ० परीक्षा, 2009)**

76. तीन संख्यायें क्रमशः 3 : 4 : 5 के अनुपात में हैं. पहली तथा तीसरी संख्या का योग दूसरी संख्या से 52 अधिक है. सबसे बड़ी संख्या क्या है? **(बैंक पी०ओ० परीक्षा, 2010)**

(*a*) 65 (*b*) 52 (*c*) 79 (*d*) 63 (*e*) इनमें से कोई नहीं

77. दो संख्यायें 3 : 4 के अनुपात में हैं. प्रत्येक संख्या में 6 की वृद्धि करने पर यह अनुपात 4 : 5 हो जाता है. इन संख्याओं का अन्तर कितना है? **(एस०एस०सी० परीक्षा, 2009)**

(*a*) 1 (*b*) 3 (*c*) 6 (*d*) 8

78. तीन संख्यायें A, B तथा C ऐसी हैं कि A का दुगुना B के तिगुने के बराबर है तथा B का चार गुना C के पाँच गुना के बराबर है. A तथा C का अनुपात कितना है? **(एस०एस०सी० परीक्षा, 2009)**

(*a*) 3 : 4 (*b*) 8 : 15 (*c*) 15 : 8 (*d*) 4 : 3

79. तीन संख्यायें 5 : 6 : 7 के अनुपात में हैं. यदि इन संख्याओं का गुणनफल 5670 हो, तो इनमें सबसे बड़ी संख्या कौन-सी है? **(एस०एस०सी० परीक्षा, 2009)**

(*a*) 15 (*b*) 18 (*c*) 21 (*d*) 28

80. दो संख्याओं के अन्तर, योगफल तथा गुणनफल का अनुपात 1 : 7 : 24 है. इन संख्याओं का गुणनफल कितना होगा? **(एस०एस०सी० परीक्षा, 2006)**

(*a*) 36 (*b*) 52 (*c*) 48 (*d*) 40

81. तीन संख्याओं का योग 64 है. पहली तथा दूसरी संख्याओं का अनुपात 3 : 5 है जबकि दूसरी तथा तीसरी संख्याओं का अनुपात 5 : 8 है. दूसरी संख्या क्या है?

(*a*) 20 (*b*) 30 (*c*) 40 (*d*) इनमें से कोई नहीं

82. तीन कारों द्वारा 1 : 2 : 3 के अनुपात में दूरी तय की गई. यदि यात्रा के समय का अनुपात 3 : 2 : 1 हो तो उनकी चालों का अनुपात क्या है ? **(एस०एस०सी० परीक्षा, 2009)**

(*a*) 3 : 9 : 1 (*b*) 1 : 3 : 9 (*c*) 1 : 2 : 4 (*d*) 4 : 3 : 2

83. जितने समय में एक खरगोश 5 छलाँगें लगाता है, उतनी देर में एक कुत्ता 3 छलाँगें लगाता है. यदि कुत्ते की एक छलाँग में तय की गई दूरी खरगोश की 3 छलाँगों में लगाई गई दूरी के बराबर हो, तो कुत्ते व खरगोश की चालों का अनुपात क्या है ?

(*a*) 8 : 5 (*b*) 9 : 5 (*c*) 8 : 7 (*d*) 9 : 7

84. 5 केले तथा 4 सेबों का मूल्य 3 केले तथा 7 सेबों के मूल्य के बराबर है. एक केले तथा एक सेब के मूल्यों का अनुपात क्या होगा ?

(*a*) 3 : 2 (*b*) 4 : 3 (*c*) 3 : 4 (*d*) 1 : 3

85. ₹ 126 प्रति किग्रा०, ₹ 135 प्रति किग्रा० की दो प्रकार की चाय को तीसरे प्रकार के चाय के साथ 1 : 1 : 2 के अनुपात में मिलाया गया है. यदि इस प्रकार बने मिश्रण का मूल्य ₹ 153 प्रति किग्रा० हो, तो तीसरे प्रकार की चाय का मूल्य प्रति किग्रा० क्या है ? **(एस०एस०सी० परीक्षा, 2003)**

(*a*) ₹ 169·50 (*b*) ₹ 175 (*c*) ₹ 175·50 (*d*) ₹ 185

86. दो संख्याओं का अन्तर उनके योगफल का 45% है. बड़ी संख्या तथा छोटी संख्या का अनुपात क्या है ?

(*a*) 9 : 20 (*b*) 11 : 29 (*c*) 20 : 9 (*d*) 29 : 11

(एस०एस०सी० परीक्षा, 2004)

87. दो संख्यायें 3 : 4 के अनुपात में हैं. उनके लघुत्तम समापवर्त्य तथा महत्तम समापवर्तक का गुणनफल 2028 है. इन संख्याओं का योगफल कितना है ? **(एस०एस०सी० परीक्षा, 2009)**

(*a*) 68 (*b*) 72 (*c*) 86 (*d*) 91

88. तीन पात्रों के आयतन का अनुपात 3 : 4 : 5 है. इन्हें दूध और पानी के मिश्रणों से भरा जाता है. इन तीन पात्रों से भरे मिश्रणों में दूध और पानी का अनुपात 4 : 1, 3 : 1 तथा 5 : 2 है. इन तीन पात्रों के मिश्रणों को एक चौथे पात्र में डाल दिया जाता है. चौथे पात्र में दूध और पानी का अनुपात कितना होगा ?

(*a*) 5 : 2 (*b*) 157 : 53 (*c*) 151 : 48 (*d*) 4 : 1

89. यदि $(P + Q)$ का 20% = $(P - Q)$ का 50% हो, तो $P : Q = ?$

(*a*) 7 : 5 (*b*) 5 : 7 (*c*) 3 : 7 (*d*) 7 : 3

90. 1 रु०, 50 पैसे तथा 25 पैसे के 378 सिक्कों के मूल्यों का अनुपात 13 : 11 : 7 है. इनमें से 50 पैसे के सिक्कों की संख्या कितनी है ?

(*a*) 128 (*b*) 132 (*c*) 133 (*d*) 136

91. A तथा B के वेतन का अनुपात 8 : 9 है. यदि A के वेतन में 50% वृद्धि करें तथा B के वेतन में 25% कमी कर दें तो इनके वेतन का अनुपात 16 : 9 रह जाता है. A का वेतन कितना है ? **(बैंक पी०ओ० परीक्षा, 2006)**

(*a*) ₹ 22000 (*b*) ₹ 28500 (*c*) ₹ 37000

(*d*) ज्ञात नहीं किया जा सकता (*e*) इनमें से कोई नहीं

92. दो संख्याओं का अनुपात $1\frac{1}{2} : 2\frac{2}{3}$ है. प्रत्येक में 15 जोड़ने पर यह अनुपात $1\frac{2}{3} : 2\frac{1}{2}$ हो जाता है. इनमें से बड़ी संख्या क्या है ? **(एस०एस०सी० परीक्षा, 2005)**

(*a*) 27 (*b*) 36 (*c*) 48 (*d*) 64

उत्तरमाला (प्रश्नमाला 12A)

1. (*d*)	**2.** (*a*)	**3.** (*b*)	**4.** (*d*)	**5.** (*d*)	**6.** (*a*)	**7.** (*b*)	**8.** (*b*)	**9.** (*c*)	**10.** (*a*)
11. (*b*)	**12.** (*c*)	**13.** (*c*)	**14.** (*b*)	**15.** (*b*)	**16.** (*d*)	**17.** (*c*)	**18.** (*a*)	**19.** (*a*)	**20.** (*c*)
21. (*c*)	**22.** (*c*)	**23.** (*d*)	**24.** (*c*)	**25.** (*a*)	**26.** (*d*)	**27.** (*d*)	**28.** (*c*)	**29.** (*a*)	**30.** (*b*)
31. (*c*)	**32.** (*c*)	**33.** (*d*)	**34.** (*d*)	**35.** (*d*)	**36.** (*a*)	**37.** (*b*)	**38.** (*c*)	**39.** (*b*)	**40.** (*c*)
41. (*a*)	**42.** (*b*)	**43.** (*c*)	**44.** (*a*)	**45.** (*b*)	**46.** (*d*)	**47.** (*b*)	**48.** (*c*)	**49.** (*b*)	**50.** (*a*)
51. (*a*)	**52.** (*a*)	**53.** (*a*)	**54.** (*a*)	**55.** (*c*)	**56.** (*b*)	**57.** (*c*)	**58.** (*c*)	**59.** (*d*)	**60.** (*c*)

61. (*d*) **62.** (*a*) **63.** (*e*) **64.** (*c*) **65.** (*b*) **66.** (*a*) **67.** (*c*) **68.** (*b*) **69.** (*c*) **70.** (*d*)
71. (*a*) **72.** (*a*) **73.** (*a*) **74.** (*a*) **75.** (*a*) **76.** (*a*) **77.** (*c*) **78.** (*c*) **79.** (*c*) **80.** (*c*)
81. (*a*) **82.** (*b*) **83.** (*b*) **84.** (*a*) **85.** (*c*) **86.** (*d*) **87.** (*d*) **88.** (*b*) **89.** (*d*) **90.** (*b*)
91. (*d*) **92.** (*c*)

दिये गये प्रश्नों के हल | प्रश्नमाला 12A

1. $\frac{A}{C}=\left(\frac{A}{B}\times\frac{B}{C}\right)=\left(\frac{3}{2}\times\frac{3}{4}\right)=\frac{9}{8}\Rightarrow A:C=9:8.$

2. $\frac{W_2}{W_3}=\left(\frac{W_2}{W_1}\times\frac{W_1}{W_3}\right)=\left(\frac{3}{2}\times\frac{1}{2}\right)=\frac{3}{4}\Rightarrow W_2:W_3=3:4.$

3. $\frac{a}{c}=\left(\frac{a}{b}\times\frac{b}{c}\right)=\left(\frac{3}{4}\times\frac{4}{7}\right)=\frac{3}{7}$ तथा $\frac{b}{c}=\frac{4}{7}.$

$\therefore\ \frac{a+b+c}{c}=\left(\frac{a}{c}+\frac{b}{c}+\frac{c}{c}\right)=\left(\frac{a}{c}+\frac{b}{c}+1\right)=\left(\frac{3}{7}+\frac{4}{7}+1\right)=\frac{(3+4+7)}{7}=\frac{14}{7}=2.$

4. $A\times\frac{60}{100}=B\times\frac{3}{4}\Rightarrow\frac{A}{B}=\left(\frac{3}{4}\times\frac{100}{60}\right)=\frac{5}{4}\Rightarrow A:B=5:4.$

5. $\left(2A=3B\Rightarrow\frac{A}{B}=\frac{3}{2}\right),\left(4B=5C\Rightarrow\frac{B}{C}=\frac{5}{4}\right)$

$\therefore\ \frac{A}{C}=\left(\frac{A}{B}\times\frac{B}{C}\right)=\left(\frac{3}{2}\times\frac{5}{4}\right)=\frac{15}{8}\Rightarrow A:C=15:8.$

6. $a:b=7:9=\frac{7}{9}:1$ तथा $b:c=1:5\Rightarrow a:b:c=\frac{7}{9}:1:5=7:9:45.$

7. $a:b=5:7=\frac{5}{7}:1=\left(6\times\frac{5}{7}\right):(6\times1)=\frac{30}{7}:6$ तथा $b:c=6:11$

$\Rightarrow a:b:c=\frac{30}{7}:6:11\Rightarrow 30:42:77.$

8. $x:y:z=\frac{1}{2}:\frac{1}{3}:\frac{1}{5}=15:10:6.$

9. माना $2A=3B=4C=k$. तब, $A=\frac{k}{2}, B=\frac{k}{3}$ तथा $C=\frac{k}{4}\Rightarrow A:B:C=\frac{k}{2}:\frac{k}{3}:\frac{k}{4}=6:4:3.$

10. माना $\frac{A}{3}=\frac{B}{4}=\frac{C}{5}=k$. तब, $A=3k$, $B=4k$ तथा $C=5k$.

$\therefore\ A:B:C=3k:4k:5k=3:4:5.$

11. माना $A=2k$, $B=3k$ तथा $C=4k$. तब

$\frac{A}{B}=\frac{2k}{3k}=\frac{2}{3},\frac{B}{C}=\frac{3k}{4k}=\frac{3}{4}$ तथा $\frac{C}{A}=\frac{4k}{2k}=2\Rightarrow\frac{A}{B}:\frac{B}{C}:\frac{C}{A}=\frac{2}{3}:\frac{3}{4}:\frac{2}{1}=8:9:24.$

12. $\frac{A}{D}=\left(\frac{A}{B}\times\frac{B}{C}\times\frac{C}{D}\right)=\left(\frac{3}{4}\times\frac{5}{7}\times\frac{8}{9}\right)=\frac{10}{21}\Rightarrow A:D=10:21.$

13. $A:B=2:3, B:C=9:7, C:D=14:15\Rightarrow A:B=2:3, B:C=18:14$ तथा $C:D=14:15$

$\Rightarrow A:B=12:18, B:C=18:14$ तथा $C:D=14:15\Rightarrow A:B:C:D=12:18:14:15.$

14. $A:B=4:3; B:C=3:5$ तथा $C:D=10:9\Rightarrow A:B:C=4:3:5$ तथा $C:D=10:9$

$\Rightarrow A:B:C=8:6:10$ तथा $C:D=10:9\Rightarrow A:B:C:D=8:6:10:9.$

15. $A:B=4:7=12:21$ तथा $B:C:D=21:33:44\Rightarrow A:B:C:D=12:21:33:44.$

16. $A = B$ का 140% तथा $B = C$ का 80%

$$\Rightarrow A = B\times\frac{140}{100} \text{ तथा } B = C\times\frac{80}{100} \Rightarrow A = \frac{7B}{5}, B = \frac{4C}{5}$$

$$\Rightarrow A = \frac{7}{5}\times\frac{4C}{5} \Rightarrow \frac{A}{C} = \frac{28}{25} \Rightarrow A:C = 28:25.$$

17. $a:b = 2:3, b:c = 1:\frac{5}{4} = 3:\frac{15}{4} \Rightarrow a:b:c = 2:3:\frac{15}{4} = 8:12:15.$

$$\Rightarrow \frac{a+b}{b+c} = \frac{8k+12k}{12k+15k} = \frac{20k}{27k} = \frac{20}{27} \Rightarrow (a+b):(b+c) = 20:27.$$

18. $\frac{x^2-y^2}{x^2+y^2} = \frac{\frac{x^2}{y^2}-1}{\frac{x^2}{y^2}+1} = \frac{4-1}{4+1} = \frac{3}{5}\left[\because \frac{x}{y} = \frac{2}{1} \Rightarrow \frac{x^2}{y^2} = \frac{4}{1} = 4\right]$ [अंश तथा हर को y^2 से भाग देने पर]

$\therefore (x^2-y^2):(x^2+y^2) = 3:5.$

19. $\frac{xy+y^2}{x^2-y^2} = \frac{\frac{x}{y}+1}{\frac{x^2}{y^2}-1} = \frac{\frac{7}{3}+1}{\frac{49}{9}-1} = \frac{\left(\frac{10}{3}\right)}{\left(\frac{40}{9}\right)} = \left(\frac{10}{3}\times\frac{9}{40}\right) = \frac{3}{4}.$ [अंश तथा हर को y^2 से भाग देने पर]

$\therefore (xy+y^2):(x^2-y^2) = 3:4.$

20. $\frac{3x+2y}{2x+5y} = \frac{3\left(\frac{x}{y}\right)+2}{2\left(\frac{x}{y}\right)+5} = \frac{\left(3\times\frac{2}{5}\right)+2}{\left(2\times\frac{2}{5}\right)+5} = \frac{\left(\frac{6}{5}+2\right)}{\left(\frac{4}{5}+5\right)} = \frac{\left(\frac{16}{5}\right)}{\left(\frac{29}{5}\right)} = \frac{16}{29}.\ \therefore (3x+2y):(2x+5y) = 16:29.$

21. $\frac{x^3-y^3}{x^3+y^3} = \frac{\frac{x^3}{y^3}-1}{\frac{x^3}{y^3}+1} = \frac{\left(\frac{x}{y}\right)^3-1}{\left(\frac{x}{y}\right)^3+1} = \frac{(3^3-1)}{(3^3+1)} = \frac{(27-1)}{(27+1)} = \frac{26}{28} = \frac{13}{14}.$ [अंश तथा हर को y^3 से भाग देने पर]

$\therefore (x^3-y^3):(x^3+y^3) = 13:14.$

22. $\frac{(7x+3y)}{(7x-3y)} = \frac{7\left(\frac{x}{y}\right)+3}{7\left(\frac{x}{y}\right)-3} = \frac{\left(7\times\frac{3}{4}\right)+3}{\left(7\times\frac{3}{4}\right)-3} = \frac{\left(\frac{21}{4}+3\right)}{\left(\frac{21}{4}-3\right)} = \frac{\left(\frac{33}{4}\right)}{\left(\frac{9}{4}\right)} = \frac{33}{9} = \frac{11}{3}.$ [अंश तथा हर को y से भाग देने पर]

$\therefore (7x+3y):(7x-3y) = 11:3.$

23. माना $\frac{x}{5} = \frac{y}{8} = k$. तब, $x = 5k$ तथा $y = 8k$. $\therefore \frac{(x+5)}{(y+8)} = \frac{(5k+5)}{(8k+8)} = \frac{5(k+1)}{8(k+1)} = \frac{5}{8}$

$\Rightarrow (x+5):(y+8) = 5:8.$

24. $\frac{4x^2-3y^2}{2x^2+5y^2} = \frac{12}{19} \Rightarrow \frac{4\left(\frac{x^2}{y^2}\right)-3}{2\left(\frac{x^2}{y^2}\right)+5} = \frac{12}{19} \Rightarrow \frac{4z^2-3}{2z^2+5} = \frac{12}{19}$ जहाँ $\frac{x}{y} = z.$

$$\Rightarrow 76z^2-57 = 24z^2+60 \Rightarrow 52z^2 = 117 \Rightarrow z^2 = \frac{117}{52} = \frac{9}{4} \Rightarrow z = \frac{3}{2} \Rightarrow x:y = 3:2.$$

25. $x^2+4y^2-4xy=0 \Rightarrow (x-2y)^2=0 \Rightarrow x-2y=0$.

$\therefore\ x=2y \Rightarrow \frac{x}{y}=\frac{2}{1} \Rightarrow x:y=2:1.$

26. $\frac{x+y}{x-y}=\frac{4}{1} \Rightarrow x+y=4x-4y \Rightarrow 5y=3x \Rightarrow \frac{x}{y}=\frac{5}{3}$.

$$\therefore\ \frac{x^2+y^2}{x^2-y^2}=\frac{\left(\frac{x^2}{y^2}+1\right)}{\left(\frac{x^2}{y^2}-1\right)}=\frac{\left(\frac{x}{y}\right)^2+1}{\left(\frac{x}{y}\right)^2-1}=\frac{\left(\frac{5}{3}\right)^2+1}{\left(\frac{5}{3}\right)^2-1}=\frac{\left(\frac{25}{9}+1\right)}{\left(\frac{25}{9}-1\right)}=\frac{\left(\frac{34}{9}\right)}{\left(\frac{16}{9}\right)}=\frac{34}{16}=\frac{17}{8},$$

$\Rightarrow (x^2+y^2):(x^2-y^2)=17:8.$

27. $\frac{2a+3b}{3a-2b}=\frac{19}{9} \Rightarrow 9\,(2a+3b)=19\,(3a-2b) \Rightarrow 18a+27b=57a-38b$

$\Rightarrow 39a=65b \Rightarrow 3a=5b \Rightarrow \frac{a}{b}=\frac{5}{3} \Rightarrow a:b=5:3.$

28. माना $6:x::5:35$. तब, $\frac{6}{x}=\frac{5}{35} \Rightarrow 5x=(6\times 35) \Rightarrow x=\frac{6\times 35}{5}=42.$

अत: लुप्त पद $=42$.

29. माना $(a+b)=6k, (b+c)=7k$ तथा $(c+a)=8k$. तब,

$2\,(a+b+c)=21\,k \Rightarrow 2\times 14=21\,k \Rightarrow k=\frac{28}{21}=\frac{4}{3}.$

$\therefore\ c=(a+b+c)-(a+b)=\left(\frac{21}{2}k-6k\right)=\frac{9k}{2}=\frac{9}{2}\times\frac{4}{3}=6.$

30. माना 12, 14, 24 का चतुर्थ अनुपात $=x$. तब,

$12:14::24:x \Rightarrow 12\times x=14\times 24 \Rightarrow x=\frac{(14\times 24)}{12}=28.$

अभीष्ट संख्या $=28$.

31. माना $0\cdot 2:0\cdot 12::0\cdot 3:x$. तब,

$0\cdot 2\times x=0\cdot 12\times 0\cdot 3 \Rightarrow x=\frac{0\cdot 12\times 0\cdot 3}{0\cdot 2}=\frac{18}{100}=0\cdot 18$

32. माना 16 तथा 24 का तृतीयानुपाती x है. तब,

$16:24::24:x \Rightarrow 16\times x=24\times 24 \Rightarrow x=\frac{24\times 24}{16}=36.$

अत: 16 तथा 24 का तृतीयानुपाती 36 है.

33. 6 तथा 54 का मध्यानुपाती $=\sqrt{6\times 54}=\sqrt{6\times 6\times 3\times 3}=6\times 3=18.$

34. 0·02 तथा 0·32 का मध्यानुपाती $=\sqrt{0\cdot 02\times 0\cdot 32}=\sqrt{\frac{2}{100}\times\frac{32}{100}}=\sqrt{\frac{64}{100\times 100}}=\frac{8}{100}=0\cdot 08.$

35. माना अभीष्ट संख्या $=x$. तब,

$\frac{7+x}{13+x}=\frac{2}{3} \Rightarrow 3(7+x)=2(13+x) \Rightarrow (3x-2x)=(26-21) \Rightarrow x=5.$

$\therefore$ अभीष्ट संख्या $=5$.

36. माना अभीष्ट संख्या $=x$. तब,

$\frac{15-x}{19-x}=\frac{3}{4} \Rightarrow 4(15-x)=3(19-x) \Rightarrow (4x-3x)=(60-57) \Rightarrow x=3.$

$\therefore$ अभीष्ट संख्या $=3$.

37. माना अभीष्ट संख्या = x. तब,

$$\frac{21-x}{38-x}=\frac{55-x}{106-x} \Rightarrow (21-x)(106-x)=(55-x)(38-x)$$

$$\Rightarrow 2226-127x=2090-93x \Rightarrow 34x=136 \Rightarrow x=4.$$

$\therefore$ अभीष्ट संख्या = 4.

38. माना अभीष्ट संख्या = x. तब,

$$\frac{5+x}{13+x}=\frac{22+x}{47+x} \Rightarrow (5+x)(47+x)=(22+x)(13+x)$$

$$\Rightarrow 52x+235+x^2=35x+286+x^2 \Rightarrow 17x=(286-235)=51 \Rightarrow x=3.$$

39. माना अभीष्ट संख्यायें $7x$ तथा $11x$ हैं. तब,

$$\frac{7x+7}{11x+7}=\frac{2}{3} \Rightarrow 3(7x+7)=2(11x+7) \Rightarrow (22x-21x)=(21-14) \Rightarrow x=7.$$

$\therefore$ दी गई संख्यायें 49 तथा 77 हैं. इनमें से छोटी संख्या 49 है.

40. माना दी गई संख्यायें $3x$ तथा $4x$ हैं. तब, इनका ल०स० = $12x$.

$\therefore 12x=84 \Rightarrow x=7.$

अतः ये संख्यायें 21 तथा 28 हैं. इनमें से बड़ी संख्या 28 है.

41. माना दी गई संख्यायें $3x$ तथा $5x$ हैं. तब,

$3x \times 5x=2160 \Rightarrow x^2=144 \Rightarrow x=\sqrt{144}=12.$

$\therefore$ ये संख्यायें 36 तथा 60 हैं. इनमें से छोटी संख्या 36 है.

42. माना $(B+C)$ का भाग = ₹ x. तब, A का भाग = ₹ $\frac{2x}{5}$.

$\therefore A:(B+C)=\frac{2x}{5}:x=2x:5x=2:5.$

कुल धन = ₹ 1050.

A का भाग = ₹ $\left(1050\times\frac{2}{7}\right)$ = ₹ 300.

43. माना A, B, C, D के भाग क्रमशः ₹ $3x$, ₹ $4x$, ₹ $9x$ तथा ₹ $10x$ है.

तब, $(C-B)=2580 \Rightarrow 9x-4x=2580 \Rightarrow 5x=2580 \Rightarrow x=516.$

$(A+D)$ का कुल भाग = ₹ $(3x+10x)$ = ₹ $13x$ = ₹ (13×516) = ₹ 6708.

44. अमित : विपिन = 2 : 3 = 8 : 12, विपिन : चन्द्रा = 4 : 3 = 12 : 9

$\Rightarrow$ अमित : विपिन : चन्द्रा = 8 : 12 : 9.

अमित का भाग = ₹ $\left(1655{\cdot}90\times\frac{8}{29}\right)$ = ₹ $(57{\cdot}1\times 8)$ = ₹ 456·80 = 456 रु० 80 पै०.

45. पुत्री : पत्नी = 3 : 1 तथा पत्नी : पुत्र = 3 : 1

$\Rightarrow$ पुत्री : पत्नी = 9 : 3, पत्नी : पुत्र = 3 : 1 $\Rightarrow$ पुत्री : पत्नी : पुत्र = 9 : 3 : 1.

माना पुत्री का भाग ₹ $9x$, पत्नी का भाग ₹ $3x$ तथा पुत्र का भाग = ₹ x.

तब $(9x-x)=10000 \Rightarrow 8x=10000 \Rightarrow x=1250.$

$\therefore$ सम्पत्ति का कुल मूल्य = ₹ $(9x+3x+x)$ = ₹ $13x$ = ₹ (13×1250) = ₹ 16250.

46. माना C का भाग = ₹ x. तब, B का भाग = ₹ $(x+80)$ तथा A का भाग = ₹ $(x+150)$.

$\therefore x+x+80+x+150=530 \Rightarrow 3x=300 \Rightarrow x=100.$

$\therefore C$ का भाग = ₹ 100, B का भाग = ₹ 180 तथा A का भाग = ₹ 250.

$A:B:C=250:180:100=25:18:10.$

47. माना $\frac{1}{2}\times$(पुत्री का भाग) $=\frac{1}{4}\times$(पत्नी का भाग) $=\frac{1}{5}\times$(पुत्र का भाग) $=x$.

तब, पुत्री का भाग = ₹ $2x$, पत्नी का भाग = ₹ $4x$ तथा पुत्र का भाग = ₹ $5x$.

पुत्री का भाग : पत्नी का भाग : पुत्र का भाग = $2x : 4x : 5x = 2 : 4 : 5$.
कुल धन = ₹ 330000.

$\therefore$ पुत्री का भाग = ₹ $\left(330000\times\frac{2}{11}\right)$ = ₹ 60000.

48. ₹ (1470 – 150) अर्थात ₹ 1320 को 1:3:2 के अनुपात में बाँटने के बाद प्रत्येक भाग में ₹ 50 जोड़ दें.

$\therefore$ C का भाग = ₹ $\left\{\left(1320\times\frac{2}{6}\right)+50\right\}$ = ₹ $(440+50)$ = ₹ 490.

49. दिया है : $\frac{(A/5)}{(B/8)}=\frac{3}{4}\Rightarrow\frac{8A}{5B}=\frac{3}{4}\Rightarrow\frac{A}{B}=\left(\frac{3}{4}\times\frac{5}{8}\right)=\frac{15}{32}$.

94 को 15 : 32 के अनुपात में बाँटने पर, $A=\left(94\times\frac{15}{47}\right)=30$.

50. A का $\frac{2}{5}+40=B$ का $\frac{2}{7}+20=C$ का $\frac{9}{17}+10=k$ (माना)

तब, $A=\frac{5(k-40)}{2}$, $B=\frac{7(k-20)}{2}$ तथा $C=\frac{17(k-10)}{9}$.

परन्तु, $A + B + C = 600$

$\Rightarrow\frac{5(k-40)}{2}+\frac{7(k-20)}{2}+\frac{17(k-10)}{9}=600$

$\Rightarrow 45(k-40)+63(k-20)+34(k-10)=10800$

$\Rightarrow (45k+63k+34k)=10800+1800+1260+340\Rightarrow 142k=14200\Rightarrow k=100$.

$\therefore$ A का भाग = ₹ $\frac{5(100-40)}{2}$ = ₹ 150.

51. $A=\frac{1}{2}(B+C)\Rightarrow A:(B+C)=1:2\Rightarrow A$ का भाग = ₹ $\left(56250\times\frac{1}{3}\right)$ = ₹ 18750.

$B=\frac{1}{4}(A+C)\Rightarrow B:(A+C)=1:4\Rightarrow B$ का भाग = ₹ $\left(56250\times\frac{1}{5}\right)$ = ₹ 11250.

$\therefore$ $(A-B)$ = ₹ $(18750-11250)$ = ₹ 7500.

52. $A:B:C=\frac{1}{2}:\frac{1}{3}:\frac{1}{4}=6:4:3$.

C का भाग = ₹ $\left(624\times\frac{3}{13}\right)$ = ₹ 144.

53. माना A, B, C की आय क्रमशः ₹ $7x$, ₹ $9x$ तथा ₹ $12x$ है तथा इनके खर्च क्रमशः ₹ $8y$, ₹ $9y$ तथा ₹ $15y$ है.

$7x-8y=\frac{1}{4}\times 7x\Rightarrow 28x-32y=7x\Rightarrow 21x=32y\Rightarrow x=\frac{32}{21}y$.

A, B, C की बचत का अनुपात $=(7x-8y):(9x-9y):(12x-15y)$

$=\left(7\times\frac{32}{21}y-8y\right):\left(9\times\frac{32}{21}y-9y\right):\left(12\times\frac{32}{21}y-15y\right)$

$=\left(\frac{32}{3}-8\right)y:\left(\frac{96}{7}-9\right)y:\left(\frac{128}{7}-15\right)y=\frac{8}{3}y:\frac{33}{7}y:\frac{23}{7}y=56:99:69$.

54. माना पहले धन में से A, B, C, D को क्रमशः ₹ $4x$, ₹ $3x$, ₹ $2x$ तथा ₹ x मिलते हैं तथा दूसरे धन में से इन्हें क्रमशः ₹ $5y$, ₹ $6y$, ₹ $7y$ तथा ₹ $8y$ मिलते हैं.

तब $(5y+6y+7y+8y)=2(4x+3x+2x+x)\Rightarrow 26y=20x\Rightarrow x=\frac{13y}{10}$.

A का भाग $= (4x+5y) = \left(4\times\frac{13y}{10}+5y\right) = \left(\frac{26y}{5}+5y\right) = \frac{51y}{5} = ₹\ (10\cdot2)y.$

B का भाग $= (3x+6y) = \left(3\times\frac{13y}{10}+6y\right) = \left(\frac{39y}{10}+6y\right) = \frac{99y}{10} = ₹\ (9\cdot9)y.$

C का भाग $= (2x+7y) = \left(2\times\frac{13y}{10}+7y\right) = \left(\frac{26y}{10}+7y\right) = \frac{96y}{10} = ₹\ (9\cdot6)y.$

D का भाग $= (x+8y) = \left(\frac{13y}{10}+8y\right) = \frac{93y}{10} = ₹\ (9\cdot3)y.$

अतः सबसे अधिक धन A को मिलता है. $[\because\ 10\cdot2 > 9\cdot9 > 9\cdot6 > 9\cdot3]$.

55. माना $\frac{a}{b} = \frac{c}{d} = k$. तब $a = bk$ तथा $c = dk$.

$\therefore\ (ma+nc):(mb+nd) = \frac{ma+nc}{mb+nd} = \frac{mbk+ndk}{mb+nd} = \frac{k(mb+nd)}{(mb+nd)} = k = \frac{a}{b} = a : b.$

56. माना $\frac{p}{q} = \frac{r}{s} = \frac{t}{u} = \frac{2}{3}$. तब, $\frac{mp}{mq} = \frac{nr}{ns} = \frac{vt}{vu} = \frac{2}{3}$

$\Rightarrow mp = \frac{2}{3}mq,\ nr = \frac{2}{3}ns$ तथा $vt = \frac{2}{3}vu$

$\Rightarrow mp+nr+vt = \frac{2}{3}(mq+ns+vu) \Rightarrow (mp+nr+vt):(mq+ns+vu) = 2:3.$

57. 1 सेमी॰ निरूपित करेगा $= (4\times10^5)$ सेमी॰ $= \frac{4\times10^5}{10^2}$ मीटर $= \frac{4\times10^3}{10^3}$ किमी॰ $= 4$ किमी॰.

4 सेमी॰ निरूपित करेगा $= (4\times4)$ किमी॰ $= 16$ किमी॰.

58. माना मूल भिन्न का अंश $= 3x$ तथा हर $= 4x$. तब.

$\frac{3x-9}{4x} = \frac{2}{3}\times\frac{3x}{4x} \Rightarrow \frac{3x-9}{4x} = \frac{1}{2} \Rightarrow 6x-18 = 4x \Rightarrow 2x = 18 \Rightarrow x = 9.$

अतः मूल भिन्न का अंश $= (3\times9) = 27$.

59. माना $x : \frac{1}{27} = \frac{3}{11} : \frac{5}{9} \Rightarrow \frac{5}{9}x = \frac{1}{27}\times\frac{3}{11} = \frac{1}{99} \Rightarrow x = \left(\frac{1}{99}\times\frac{9}{5}\right) = \frac{1}{55}.$

अतः अभीष्ट भिन्न $= \frac{1}{55}$.

60. 12 को दो पूर्णांकों में विभक्त करने के लिए अनुपात के पदों का योग 12 का गुणनखण्ड होना चाहिए. अतः यह अनुपात 3 : 2 नहीं हो सकता.

61. $\frac{7}{15} = 0\cdot466.....,\ \frac{15}{23} = 0\cdot652....,\ \frac{17}{25} = 0\cdot68,\ \frac{21}{29} = 0\cdot724....$

इनमें सबसे बड़ा अनुपात 21 : 29 है.

62. माना दी गई भुजायें $5x$ सेमी॰ तथा $12x$ सेमी॰ हैं. तब

$\frac{1}{2}\times5x\times12x = 270 \Rightarrow x^2 = 9 \Rightarrow x = 3.$

$\therefore$ एक भुजा = 15 सेमी॰, दूसरी भुजा = 36 सेमी॰.

$(\text{कर्ण})^2 = (15)^2+(36)^2 = (225+1296) = 1521$

$\Rightarrow$ कर्ण $= \sqrt{1521} = 39$ सेमी॰.

	39
3	$\overline{15}\ \overline{21}$
	9
69	621
	621
	x

63. माना चतुर्भुज के कोण $(6x)°, (3x)°, (4x)°$, तथा $(5x)°$ हैं.

तब, $6x+3x+4x+5x = 360 \Rightarrow 18x = 360 \Rightarrow x = 20.$

∴ चतुर्भुज का सबसे बड़ा कोण 120° तथा दूसरा सबसे बड़ा कोण 100° है.

त्रिभुज का सबसे छोटा कोण $= \left(\frac{1}{4}\times 120\right)^\circ = 30^\circ$.

त्रिभुज का सबसे बड़ा कोण $= (100^\circ + 10^\circ) = 110^\circ$.

त्रिभुज का दूसरा सबसे बड़ा कोण $= 180^\circ - (30^\circ + 110^\circ) = (180^\circ - 140^\circ) = 40^\circ$.

64. पहले पात्र में दूध $\% = \left(\frac{5}{8}\times 100\right)\% = \frac{125}{2}\% = 62\cdot 5\%$.

दूसरे पात्र में दूध $\% = \left(\frac{2}{3}\times 100\right)\% = \frac{200}{3}\% = 66\cdot 6\%$.

तीसरे पात्र में दूध $\% = \left(\frac{3}{5}\times 100\right)\% = 60\%$.

चौथे पात्र में दूध $\% = \left(\frac{7}{11}\times 100\right)\% = \frac{700}{11}\% = 63\cdot 63\%$.

अभीष्ट पात्र तीसरा है जिसमें पानी के सापेक्ष दूध की मात्रा सबसे कम है.

65. दिये गये मिश्रण में दूध $= \left(60\times\frac{3}{4}\right)$ लीटर = 45 लीटर तथा पानी = 15 लीटर.

माना x लीटर पानी की अभीष्ट मात्रा है. तब,

$\frac{45}{15+x} = \frac{2}{1} \Rightarrow 30 + 2x = 45 \Rightarrow 2x = 15 \Rightarrow x = 7\cdot 5$.

अतः मिलाये जाने वाले पानी की मात्रा = 7·5 लीटर.

66. 35 लीटर मिश्रण में दूध की मात्रा $= \left(35\times\frac{5}{7}\right)$ लीटर = 25 लीटर तथा पानी = 10 लीटर.

नये मिश्रण में दूध = (25 + 5) लीटर तथा पानी = 10 लीटर.

नये मिश्रण में दूध : पानी = 30 : 10 = 3 : 1.

67. माना इन मिश्रणों को $x : 1$ के अनुपात में मिलाया जाये. तब

दूध की मात्रा $= \left(x\times\frac{5}{8}\right) + \left(1\times\frac{2}{5}\right) = \left(\frac{5x}{8} + \frac{2}{5}\right) = \frac{(25x+16)}{40}$.

पानी की मात्रा $= \left(x\times\frac{3}{8}\right) + \left(1\times\frac{3}{5}\right) = \left(\frac{3x}{8} + \frac{3}{5}\right) = \frac{(15x+24)}{40}$.

$\therefore\ \frac{25x+16}{40} = \frac{15x+24}{40} \Rightarrow 25x + 16 = 15x + 24 \Rightarrow 10x = 8 \Rightarrow 5x = 4 \Rightarrow x = \frac{4}{5}$.

अभीष्ट अनुपात $= \frac{4}{5} : 1 = 4 : 5$.

68. माना प्रत्येक मिश्रण का 1 इकाई लिया जाता है.

सिप्रिट की मात्रा $= \left(1\times\frac{3}{7}\right) + \left(1\times\frac{4}{9}\right) + \left(1\times\frac{5}{11}\right) = \left(\frac{3}{7} + \frac{4}{9} + \frac{5}{11}\right) = \frac{(297+308+315)}{693} = \frac{920}{693}$.

पानी की मात्रा $= \left(1\times\frac{4}{7}\right) + \left(1\times\frac{5}{9}\right) + \left(1\times\frac{6}{11}\right) = \left(\frac{4}{7} + \frac{5}{9} + \frac{6}{11}\right) = \frac{(396+385+378)}{693} = \frac{1159}{693}$.

∴ सिप्रिट : पानी $= \frac{920}{693} : \frac{1159}{693} = 920 : 1159$.

69. माना प्रत्येक मिश्रण की 1 इकाई ली गई. तब

सोने की मात्रा $= \left(1\times\frac{5}{8}\right) + \left(1\times\frac{5}{16}\right) = \left(\frac{5}{8} + \frac{5}{16}\right) = \frac{15}{16}$.

ताँबे की मात्रा $= \left(1\times\frac{3}{8}\right)+\left(1\times\frac{11}{16}\right)=\left(\frac{3}{8}+\frac{11}{16}\right)=\frac{17}{16}$.

C में सोना : ताँबा $= \frac{15}{16}:\frac{17}{16}=15:17$.

70. माना अभीष्ट अनुपात $= x : 1$. तब,

$19x+9\times1=15(x+1)\Rightarrow 19x-15x=(15-9)\Rightarrow 4x=6\Rightarrow x=\frac{6}{4}=\frac{3}{2}$.

अभीष्ट अनुपात $=\frac{3}{2}:1=3:2$.

71. माना हीरे का भार = 1 ग्राम तथा मूल हीरे का मूल्य = ₹ x.

पहले, दूसरे, तीसरे व चौथे टुकड़े का भार क्रमश: $\frac{1}{10}$ ग्राम, $\frac{2}{10}$ ग्राम, $\frac{3}{10}$ ग्राम व $\frac{4}{10}$ ग्राम.

इन टुकड़ों के मूल्य क्रमश: ₹ $\frac{x}{100}$, ₹ $\frac{4x}{100}$, ₹ $\frac{9x}{100}$ तथा ₹ $\frac{16x}{100}$.

$\therefore\ x-\left(\frac{x}{100}+\frac{4x}{100}+\frac{9x}{100}+\frac{16x}{100}\right)=70000$

$\Rightarrow x-\frac{(x+4x+9x+16x)}{100}=70000\Rightarrow x-\frac{30x}{100}=70000$

$\Rightarrow x-\frac{3x}{10}=70000\Rightarrow\frac{7x}{10}=70000\Rightarrow x=\frac{70000\times10}{7}=100000$.

मूल हीरे का मूल्य = ₹ 100000.

72. माना मदिरा = 3 इकाई तथा पानी = 1 इकाई. अत: कुल मिश्रण = 4 इकाई.

माना इसमें से x इकाई मिश्रण निकाल दें. तब,

x इकाई मिश्रण में मदिरा $=\left(\frac{3x}{4}\right)$ इकाई तथा पानी $=\frac{x}{4}$ इकाई.

अब प्राप्त मिश्रण में x इकाई पानी भरने पर :

नये मिश्रण में मदिरा $=\left(3-\frac{3x}{4}\right)=\frac{(12-3x)}{4}$ इकाई

तथा पानी $=\left(1-\frac{x}{4}+x\right)=\left(1+\frac{3x}{4}\right)=\frac{(4+3x)}{4}$ इकाई.

$\therefore\ \frac{12-3x}{4}=\frac{4+3x}{4}\Rightarrow 12-3x=4+3x\Rightarrow 6x=8\Rightarrow x=\frac{8}{6}=\frac{4}{3}$.

4 इकाई में से निकाला गया मिश्रण $=\frac{4}{3}$ इकाई

1 इकाई में से निकाला गया मिश्रण $=\left(\frac{4}{3}\times\frac{1}{4}\times1\right)$ इकाई $=\frac{1}{3}$ इकाई.

73. माना सम्पूर्ण पृथ्वी का क्षेत्रफल = A वर्ग किमी०.

थल $=\left(A\times\frac{1}{3}\right)$ किमी० $=\frac{A}{3}$ किमी ०, पानी $=\left(A\times\frac{2}{3}\right)$ किमी० $=\frac{2A}{3}$ किमी०.

उत्तरी अर्द्ध-गोलार्द्ध में पृथ्वी $=\frac{A}{2}$ वर्ग किमी०, दक्षिणी अर्द्ध-गोलार्द्ध में पृथ्वी $=\frac{A}{2}$ वर्ग किमी०.

उत्तरी अर्द्ध-गोलार्द्ध में भूमि $=\left(\frac{A}{2}\times\frac{2}{5}\right)$ वर्ग किमी० $=\frac{A}{5}$ वर्ग किमी०.

उत्तरी अर्द्ध-गोलार्द्ध में पानी $=\left(\frac{A}{2}\times\frac{3}{5}\right)$ वर्ग किमी० $=\frac{3A}{10}$ वर्ग किमी०.

माना दक्षिणी अर्द्ध-गोलार्द्ध में भूमि तथा पानी का अनुपात $= x : 1$.

दक्षिणी अर्द्ध-गोलार्द्ध में भूमि $= \left\{\frac{A}{2} \times \frac{x}{(x+1)}\right\}$ वर्ग किमी०.

$\therefore\ \frac{A}{5} + \frac{Ax}{2(x+1)} = \frac{A}{3} \Rightarrow \frac{x}{2(x+1)} = \frac{1}{3} - \frac{1}{5} = \frac{2}{15} \Rightarrow 15x = 4x + 4 \Rightarrow 11x = 4 \Rightarrow x = \frac{4}{11}$.

अभीष्ट अनुपात $= \frac{4}{11} : 1 = 4 : 11$.

74. माना कला, वाणिज्य तथा विज्ञान में क्रमश: $3x$, $5x$ तथा $8x$ छात्र हैं.
तब इनका अनुपात है क्रमश:
($3x$ का 120%) : ($5x$ का 140%) : ($8x$ का 125%)
अर्थात $\left(3x \times \frac{120}{100}\right) : \left(5x \times \frac{140}{100}\right) : \left(8x \times \frac{125}{100}\right)$ अर्थात $\left(\frac{18x}{5} : 7x : 10x\right)$
अर्थात 18 : 35 : 50.

75. माना कला में विद्यार्थी $= 4x$ तथा वाणिज्य में विद्यार्थी $= 5x$. तब,
$\frac{4x}{5x+65} = \frac{8}{11} \Rightarrow 44x = 40x + 520 \Rightarrow 4x = 520$.
अत: कला संकाय में 520 विद्यार्थी हैं.

76. माना तीन संख्यायें क्रमश: $3x$, $4x$ तथा $5x$ हैं. तब, $(3x+5x) - 4x = 52 \Rightarrow 4x = 52 \Rightarrow x = 13$.
सबसे बड़ी संख्या $= 5x = (5 \times 13) = 65$.

77. माना दी गई संख्यायें $3x$ तथा $4x$ हैं. तब, $\frac{3x+6}{4x+6} = \frac{4}{5} \Rightarrow 15x + 30 = 16x + 24 \Rightarrow x = 6$.
इन संख्यायों का अन्तर $= (4x - 3x) = x = 6$.

78. दिया है : $2A = 3B$ तथा $4B = 5C$
$\Rightarrow \frac{A}{B} = \frac{3}{2}$ तथा $\frac{B}{C} = \frac{5}{4} \Rightarrow \frac{A}{C} = \left(\frac{A}{B} \times \frac{B}{C}\right) = \left(\frac{3}{2} \times \frac{5}{4}\right) = \frac{15}{8} \Rightarrow A : C = 15 : 8$.

79. माना दी गई संख्यायें क्रमश: $5x$, $6x$ तथा $7x$ हैं. तब, $5x \times 6x \times 7x = 5670 \Rightarrow x^3 = 27 = 3^3 \Rightarrow x = 3$.
$\therefore$ इनमें सबसे बड़ी संख्या $= 7x = (7 \times 3) = 21$.

80. माना अभीष्ट संख्यायें a तथा b हैं.
माना $a - b = k$, $a + b = 7k$ तथा $ab = 24\,k$. तब ,
$(a+b)^2 - (a-b)^2 = 4ab \Rightarrow (7k)^2 - k^2 = 4 \times 24k \Rightarrow 49k^2 - k^2 = 96k \Rightarrow 48k^2 = 96k \Rightarrow k = 2$.
$\therefore$ इन संख्याओं का गुणनफल $= 24\,k = (24 \times 2) = 48$.

81. माना ये संख्यायें A, B तथा C हैं. तब, $A : B = 3 : 5$ तथा $B : C = 5 : 8 \Rightarrow A : B : C = 3 : 5 : 8$.
माना ये संख्यायें क्रमश: $3x$, $5x$ तथा $8x$ हैं.
तब, $3x + 5x + 8x = 64 \Rightarrow 16x = 64 \Rightarrow x = 4$.
$\therefore$ दूसरी संख्या $= 5x = (5 \times 4) = 20$.

82. माना इन कारों द्वारा तय की गई दूरी क्रमश: x, $2x$ तथा $3x$ इकाई हैं.
तथा इनकी यात्रा का समय क्रमश: $3y$, $2y$ तथा y इकाई हैं.
तब इनकी चालों का अनुपात क्रमश: $\frac{x}{3y} : \frac{2x}{2y} : \frac{3x}{y}$ अर्थात $\frac{1}{3} : 1 : 3$ अर्थात 1 : 3 : 9 है.

83. (कुत्ते की चाल) : (खरगोश की चाल) = {खरगोश की (3 × 3) छलाँगें} : {खरगोश की 5 छलाँगें} = 9 : 5.

84. $5B + 4A = 3B + 7A \Rightarrow 2B = 3A \Rightarrow \frac{B}{A} = \frac{3}{2} \Rightarrow B : A = 3 : 2$.
एक केले का मूल्य : एक सेब का मूल्य = 3 : 2.

85. माना क्रमशः 1 किग्रा०, 1 किग्रा० तथा 2 किग्रा० का मिश्रण लिया गया है.

माना तीसरे प्रकार की चाय का भाव ₹ x प्रति किग्रा० है. तब,

$$\frac{126+135+2x}{4}=153 \Rightarrow 261+2x=612 \Rightarrow 2x=351 \Rightarrow x=₹\,175\cdot 50.$$

∴ तीसरे प्रकार की चाय का मूल्य = ₹ 175·50 प्रति किग्रा० है.

86. माना बड़ी संख्या = A तथा छोटी संख्या = B. तब,

$$(A-B)=(A+B) \text{ का } 45\%=(A+B)\times\frac{45}{100} \Rightarrow 20(A-B)=9(A+B) \Rightarrow 20A-20B=9A+9B$$

$$\Rightarrow 11A=29B \Rightarrow \frac{A}{B}=\frac{29}{11} \Rightarrow A:B=29:11.$$

87. माना अभीष्ट संख्यायें $3x$ तथा $4x$ हैं. तब, इन संख्याओं का म०स० = x तथा ल०स० = $12x$.

∴ $x\times 12x=2028 \Rightarrow x^2=169=(13)^2 \Rightarrow x=13.$

∴ इन संख्याओं का योगफल $=(3x+4x)=7x=(7\times 13)=91.$

88. पहले बर्तन के 3 इकाई, दूसरे बर्तन के 4 इकाई तथा तीसरे बर्तन के 5 इकाई मिश्रणों में

$$\text{कुल दूध की मात्रा }=\left(3\times\frac{4}{5}+4\times\frac{3}{4}+5\times\frac{5}{7}\right)=\left(\frac{12}{5}+3+\frac{25}{7}\right)=\frac{(84+105+125)}{35}=\frac{314}{35}.$$

पहले बर्तन के 3 इकाई, दूसरे बर्तन के 4 इकाई तथा तीसरे बर्तन के 5 इकाई मिश्रणों में

$$\text{कुल पानी की मात्रा }=\left(3\times\frac{1}{5}+4\times\frac{1}{4}+5\times\frac{2}{7}\right)=\left(\frac{3}{5}+1+\frac{10}{7}\right)=\frac{(21+35+50)}{35}=\frac{106}{35}.$$

$$\text{चौथे पात्र में दूध और पानी का अनुपात }=\frac{314}{35}:\frac{106}{35}=314:106=157:53.$$

89. $(P+Q)$ का 20% = $(P-Q)$ का 50%

$$\Rightarrow (P+Q)\times\frac{20}{100}=(P-Q)\times\frac{50}{100} \Rightarrow (P+Q)\times\frac{1}{5}=(P-Q)\times\frac{1}{2}$$

$$\Rightarrow 2(P+Q)=5(P-Q) \Rightarrow 2P+2Q=5P-5Q \Rightarrow 3P=7Q \Rightarrow \frac{P}{Q}=\frac{7}{3} \Rightarrow P:Q=7:3.$$

90. माना 1 रु०, 50 पै० तथा 25 पै० के सिक्कों के मूल्य क्रमशः ₹ $13x$, ₹ $11x$ तथा ₹ $7x$ हैं.

तब इन सिक्कों की संख्या $=(13x\times 1)+(11x\times 2)+(7x\times 4)=(13x+22x+28x)=63x.$

∴ $63x=378 \Rightarrow x=\frac{378}{63}=6.$

50 पै० के सिक्कों की संख्या $=22x=(22\times 6)=132.$

91. माना A का वेतन = ₹ $8x$ तथा B का वेतन ₹ $9x$.

$$\frac{8x \text{ का } 150\%}{9x \text{ का } 75\%}=\frac{16}{9} \Rightarrow \frac{8x\times\frac{150}{100}}{9x\times\frac{75}{100}}=\frac{16}{9} \Rightarrow \frac{12x}{\left(\frac{27x}{4}\right)}=\frac{16}{9} \Rightarrow \frac{48}{27}=\frac{16}{9}.$$

स्पष्ट है कि इससे A का वेतन ज्ञात नहीं किया जा सकता.

92. माना ये संख्यायें $\frac{3x}{2}$ तथा $\frac{8x}{3}$ हैं. तब

$$\frac{\frac{3x}{2}+15}{\frac{8x}{3}+15}=\frac{\left(\frac{5}{3}\right)}{\left(\frac{5}{2}\right)} \Rightarrow \frac{3(3x+30)}{2(8x+45)}=\frac{2}{3} \Rightarrow 9(3x+30)=4\,(8x+45)$$

$$\Rightarrow (32x-27x)=(270-180) \Rightarrow 5x=90 \Rightarrow x=18.$$

पहली संख्या $=\left(18\times\frac{3}{2}\right)=27.$ दूसरी संख्या $=\left(18\times\frac{8}{3}\right)=48.$ अतः अभीष्ट संख्या = 48.

प्रश्नमाला 12B

1. एक थैली में 1 रु०, 50 पै० तथा 25 पै० के सिक्के 5 : 6 : 8 के अनुपात में हैं. यदि इस थैली में कुल ₹ 210 हों, तो प्रत्येक प्रकार के सिक्कों की संख्या ज्ञात कीजिए. **(एस०एस०सी० परीक्षा, 2005)**

2. *A, B, C* की पिछले वर्ष की आय का अनुपात 3 : 4 : 5 है. इनकी व्यक्तिगत पिछले वर्ष तथा इस वर्ष की आय का अनुपात क्रमशः 4 : 5, 2 : 3 तथा 3 : 4 है. यदि तीनों की वर्तमान आय का योग ₹ 78800 हो, तो इस वर्ष की प्रत्येक की आय ज्ञात कीजिए. **(एस०एस०सी० परीक्षा, 2006)**

3. एक कार के उत्पादन में तीन मदों में खर्च होता है. ये मद हैं खनिज पदार्थों का मूल्य, मजदूरी तथा ऊपरी-खर्च. एक वर्ष में इन मदों पर होने वाले खर्च का अनुपात 4 : 3 : 2 है. परन्तु खनिज-पदार्थों के मूल्यों में 10% वृद्धि होने से, मजदूरी में 8% वृद्धि होने से तथा ऊपरी-खर्च 5% घटने से, कार के मूल्य में कितने प्रतिशत वृद्धि होगी? **(एस०एस०सी० परीक्षा, 2006)**

4. *A* तथा *B* की मासिक आय का अनुपात 5 : 4 है, मासिक खर्च का अनुपात 19 : 21 है तथा उनकी मासिक बचत का अनुपात 37 : 18 है. यदि *A* तथा *B* की कुल वार्षिक बचत ₹ 66000 हो, तो प्रत्येक की मासिक आय कितनी है?

5. तीन व्यक्तियों *A, B, C* का कुल मासिक वेतन ₹ 30000 है. यदि वे अपने वेतन का क्रमशः 75%, 70% तथा 62% खर्च करें, तो उनकी बचत का अनुपात 20 : 21 : 19 है. प्रत्येक का मासिक वेतन ज्ञात कीजिए.

6. ₹ 299 को $\frac{1}{2}:\frac{2}{3}:\frac{3}{4}$ के अनुपात में बाँटिये.

7. ₹ 1040 को *A, B, C* में इस प्रकार बाँटिये कि $2A = 3B = 4C$.

8. *X* और *Y* दो प्रकार के मिश्रण हैं. मिश्रण *X* में द्रव *A, B, C* क्रमशः 3 : 5 : 2 के अनुपात में हैं जबकि मिश्रण *Y* में द्रव *A* तथा *B* क्रमशः 4 : 5 के अनुपात में हैं. एक लीटर मिश्रण *X* तथा 2 लीटर मिश्रण *Y* को मिलाकर एक नया मिश्रण बनाया जाता है. नये मिश्रण के 540 मिली० में द्रव *A* की मात्रा ज्ञात कीजिए. **(एस०एस०सी० परीक्षा, 2004)**

9. एक बर्तन में पानी तथा दूध 1 : 2 के अनुपात में हैं तथा दूसरे बर्तन में 3 : 4 के अनुपात में हैं. दोनों प्रकार के मिश्रणों में से एक-एक लीटर मिश्रण लेकर मिलाया जाता है. नये मिश्रण में पानी व दूध का अनुपात क्या होगा? **(एस०एस०सी० परीक्षा, 2003)**

10. एक व्यक्ति ने 2560 किमी० की कुल दूरी का कुछ भाग वायुयान से, कुछ भाग जलयान से तथा शेष भाग कार द्वारा तय किया. वायुयान, जलयान तथा कार द्वारा की गई यात्राओं में लिये गये समय का अनुपात 1 : 4 : 5 है तथा इन यात्राओं में प्रयोग किये गये साधनों की औसत गतियों का अनुपात 20 : 1 : 8 है. यदि पूरी यात्रा में औसत गति 64 किमी०/घण्टा रही हो तो जलयान की औसत गति, इसके द्वारा लिया गया समय तथा इस द्वारा तय की गई दूरी ज्ञात कीजिए.

11. चाँदी और ताँबे से बनी दो मिश्र धातुओं में से एक में चाँदी और ताँबे का अनुपात 7 : 3 तथा दूसरी में 5 : 1 है. इन दोनों मिश्र धातुओं की कितनी-कितनी मात्रायें मिलाई जायें कि कुल मात्रा 8 किग्रा० हो तथा उसमें 75% चाँदी हो?

12. सोने और ताँबे के दो मिश्रण *A* तथा *B* हैं. *A* में सोने और ताँबे का अनुपात 9 : 2 है जबकि *B* में यह अनुपात 7 : 15 है. यदि *A* तथा *B* की समान मात्राओं को मिलाकर तीसरी धातु *C* बनाई जाये, तो *C* में सोने और ताँबे का अनुपात क्या होगा?

13. यदि $(a+b):\sqrt{ab} = 4:1$ हो, तो सिद्ध कीजिए कि :

$$a:b = (7+4\sqrt{3}):1.$$

(एस०एस०सी० परीक्षा, 2009)

14. यदि $m : n = 3 : 2$ हो, तो $(4m+5n):(4m-5n)$ ज्ञात कीजिए. **(एस०एस०सी० परीक्षा, 2008)**

15. यदि $x:a = y:b = z:c$ हो, तो सिद्ध कीजिए कि : **(एस०एस०सी० परीक्षा, 2008)**

$$\frac{(ax-by)}{(a+b)(x-y)} + \frac{(by-cz)}{(b+c)(y-z)} + \frac{(cz-ax)}{(c+a)(z-x)} = 3.$$

16. यदि $a:(b+c) = 1:3$ तथा $c:(a+b) = 5:7$ हो, तो $b:(a+c)$ का मान ज्ञात कीजिए. **(एस०एस०सी० परीक्षा, 2006)**

उत्तरमाला (प्रश्नमाला 12B)

1. 105, 126, 168 **2.** ₹ 18000, ₹ 28800, ₹ 32000 **3.** 6% **4.** ₹ 7500, ₹ 6000
5. ₹ 12000, ₹ 10500, ₹ 7500 **6.** ₹ 78, ₹ 104, ₹ 117 **7.** ₹ 480, ₹ 320, ₹ 240
8. 214 मिली० **9.** 8 : 13 **10.** 10 किमी०/घण्टा, 16 घण्टे, 160 किमी०
11. पहली धातु के 5 किग्रा० के साथ दूसरी धातु के 3 किग्रा० **12.** 25 : 19 **14.** 11 : 1 **16.** 1 : 2

दिये गये प्रश्नों के हल प्रश्नमाला 12B

1. माना ₹ 1, 50 पै० तथा 25 पै० के सिक्कों की संख्या क्रमशः $5x$, $6x$ तथा $8x$ है।

इनका कुल मूल्य = ₹ $\left(\frac{5x}{1}+\frac{6x}{2}+\frac{8x}{4}\right)$ = ₹ $(5x + 3x + 2x)$ = ₹ $10x$.

परन्तु, कुल मूल्य = ₹ 210 (दिया गया है).

$\therefore \quad 10x = 210 \Rightarrow x = 21.$

1 रु० के सिक्कों की संख्या = $(5 \times 21) = 105$, 50 पै० के सिक्कों की संख्या = $(6 \times 21) = 126$,
25 पै० के सिक्कों की संख्या = $(8 \times 21) = 168$.

2. माना A, B, C की पिछले वर्ष की आय क्रमशः ₹ $3x$, ₹ $4x$ तथा ₹ $5x$ थी।

A की इस वर्ष की आय = ₹ $\left(\frac{5}{4}\times 3x\right)$ = ₹ $\frac{15x}{4}$.

B की इस वर्ष की आय = ₹ $\left(\frac{3}{2}\times 4x\right)$ = ₹ $6x$.

C की इस वर्ष की आय = ₹ $\left(\frac{4}{3}\times 5x\right)$ = ₹ $\frac{20x}{3}$.

$$\therefore \quad \frac{15x}{4}+6x+\frac{20x}{3} = 78800 \Rightarrow 45x + 72x + 80x = 945600.$$

$$\Rightarrow 197x = 945600 \Rightarrow x = \frac{945600}{197} = 4800.$$

$\therefore$ A की इस वर्ष की आय = ₹ $\left(\frac{15}{4}\times 4800\right)$ = ₹ 18000.

B की इस वर्ष की आय = ₹ (6×4800) = ₹ 28800.

C की इस वर्ष की आय = ₹ $\left(\frac{20}{3}\times 4800\right)$ = ₹ 32000.

3. माना खनिज पदार्थों पर, मजदूरी पर तथा ऊपरी मदों पर पिछले वर्ष खर्च क्रमशः ₹ $4x$, ₹ $3x$ तथा ₹ $2x$ था।

पिछले वर्ष कुल खर्च = ₹ $(4x + 3x + 2x)$ = ₹ $9x$.

इस वर्ष कुल खर्च = ₹ {($4x$ का 110%) + ($3x$ का 108%) + ($2x$ का 95%)}

$$= ₹ \left[\left(4x\times\frac{110}{100}\right)+\left(3x\times\frac{108}{100}\right)+\left(2x\times\frac{95}{100}\right)\right]$$

$$= ₹ \left(\frac{22x}{5}+\frac{81x}{25}+\frac{19x}{10}\right) = ₹ \frac{(220x+162x+95x)}{50} = ₹ \frac{477x}{50}.$$

कुल वृद्धि = ₹ $\left(\frac{477x}{50}-9x\right)$ = ₹ $\frac{27x}{50}$. वृद्धि % = $\left(\frac{27x}{50}\times\frac{1}{9x}\times 100\right)\% = 6\%$.

4. माना A तथा B की मासिक आय क्रमशः ₹ $5x$, ₹ $4x$ है; मासिक खर्च क्रमशः ₹ $19y$, ₹ $21y$ है तथा मासिक बचत क्रमशः ₹ $37z$, ₹ $18z$ हैं।

तब, $5x - 19y = 37z$ तथा $4x - 21y = 18z$.

A तथा B की मासिक बचत = ₹ $\frac{66000}{12}$ = ₹ 5500.

$\therefore \quad 37z + 18z = 5500 \Rightarrow 55z = 5500 \Rightarrow z = 100.$

$5x - 19y = 3700 \quad ...(i) \qquad 4x - 21y = 1800 \quad ...(ii)$

(i) को 21 से तथा (ii) को 19 से गुणा करके घटाने पर:

$105x - 76x = 77700 - 34200 \Rightarrow 29x = 43500 \Rightarrow x = 1500.$

A की मासिक आय = ₹ (5×1500) = ₹ 7500.

B की मासिक आय = ₹ (4×1500) = ₹ 6000.

5. माना A, B, C का मासिक वेतन क्रमश: ₹ x, ₹ y तथा ₹ z है.

तब, $x + y + z = 30000$ ...(i)

A की बचत = (₹ x का 25%) = ₹ $\left(x \times \frac{25}{100}\right)$ = ₹ $\frac{x}{4}$.

B की बचत = (₹ y का 30%) = ₹ $\left(y \times \frac{30}{100}\right)$ = ₹ $\frac{3y}{10}$.

C की बचत = (₹ z का 38%) = $\left(z \times \frac{38}{100}\right)$ = ₹ $\frac{19z}{50}$.

$$\frac{A \text{ की बचत}}{B \text{ की बचत}} = \frac{\left(\frac{x}{4}\right)}{\left(\frac{3y}{10}\right)} = \left(\frac{x}{4} \times \frac{10}{3y}\right) = \frac{5x}{6y}; \qquad \frac{A \text{ की बचत}}{C \text{ की बचत}} = \frac{\left(\frac{x}{4}\right)}{\left(\frac{19z}{50}\right)} = \left(\frac{x}{4} \times \frac{50}{19z}\right) = \frac{25x}{38z}.$$

$$\therefore \frac{5x}{6y} = \frac{20}{21} \Rightarrow y = \frac{21 \times 5x}{20 \times 6} = \frac{7x}{8}; \ \frac{25x}{38z} = \frac{20}{19} \Rightarrow 760z = 465x \Rightarrow z = \frac{465x}{760} = \frac{5x}{8}.$$

$$\therefore x + y + z = 30000 \Rightarrow x + \frac{7x}{8} + \frac{5x}{8} = 30000 \Rightarrow (8x + 7x + 5x) = 240000$$

$$\Rightarrow 20x = 240000 \Rightarrow x = 12000.$$

$$\therefore y = \left(\frac{7}{8} \times 12000\right) = 10500, \ z = \left(\frac{5}{8} \times 12000\right) = 7500.$$

अत: A, B, C के मासिक वेतन क्रमश: ₹ 12000, ₹ 10500 तथा ₹ 7500 हैं.

6. कुल राशि = ₹ 299. दिया गया अनुपात = $\frac{1}{2} : \frac{2}{3} : \frac{3}{4} = 6 : 8 : 9.$

प्रथम भाग = ₹ $\left(299 \times \frac{6}{23}\right)$ = ₹ 78; द्वितीय भाग = ₹ $\left(299 \times \frac{8}{23}\right)$ = ₹ 104;

तृतीय भाग = ₹ $\left(299 \times \frac{9}{23}\right)$ = ₹ 117.

7. माना $2A = 3B = 4C = K$. तब, $A = \frac{K}{2}$, $B = \frac{K}{3}$ तथा $C = \frac{K}{4}$.

$$\therefore \quad \frac{K}{2} + \frac{K}{3} + \frac{K}{4} = 1040 \Rightarrow 6K + 4K + 3K = 12480 \Rightarrow 13K = 12480 \Rightarrow K = 960.$$

$\therefore$ A का भाग = ₹ $\left(\frac{1}{2} \times 960\right)$ = ₹ 480; B का भाग = ₹ $\left(\frac{1}{3} \times 960\right)$ = ₹ 320;

C का भाग = ₹ $\left(\frac{1}{4} \times 960\right)$ = ₹ 240.

8. मिश्रण X के 1 लीटर में $A = \frac{3}{10}$ लीटर, $B = \frac{5}{10}$ लीटर, $C = \frac{2}{10}$ लीटर.

मिश्रण Y के 2 लीटर में $A = \left(\frac{4}{9}\times 2\right)$ लीटर $= \frac{8}{9}$ लीटर, $B = \left(\frac{5}{9}\times 2\right)$ लीटर $= \frac{10}{9}$ लीटर.

इन दोनों के 3 लीटर मिश्रण में, $A = \left(\frac{3}{10}+\frac{8}{9}\right)$ लीटर $= \left(\frac{107}{90}\right)$ लीटर.

3000 मिली० में $A = \left(\frac{107}{90}\times 1000\right)$ मिली०.

540 मिली० में $A = \left(\frac{107000}{90}\times\frac{1}{3000}\times 540\right)$ मिली० = 214 मिली०.

9. पहले बर्तन के 1 लीटर मिश्रण में पानी $= \frac{1}{3}$ लीटर, दूध $= \frac{2}{3}$ लीटर.

दूसरे बर्तन के 1 लीटर मिश्रण में पानी $= \frac{3}{7}$ लीटर, दूध $= \frac{4}{7}$ लीटर.

नये मिश्रण में पानी $= \left(\frac{1}{3}+\frac{3}{7}\right)$ लीटर $= \frac{16}{21}$ लीटर, दूध $= \left(\frac{2}{3}+\frac{4}{7}\right)$ लीटर $= \frac{26}{21}$ लीटर.

नये मिश्रण में पानी व दूध का अनुपात $= \frac{16}{21} : \frac{26}{21} = 16 : 26 = 8 : 13$.

10. माना वायुयान, जलयान तथा कार द्वारा तय की गई यात्राओं में लगा समय क्रमशः x घण्टे, $4x$ घण्टे तथा $5x$ घण्टे है तथा इनकी औसत गतियाँ क्रमशः $20y$ किमी०/घण्टा, y किमी०/घण्टा तथा $8y$ किमी०/घण्टा हैं.

कुल तय की गई दूरी $= [(x \times 20y) + (4x \times y) + (5x \times 8y)]$ किमी० $= (64xy)$ किमी०.

$\therefore \quad 64xy = 2560 \Rightarrow xy = \frac{2560}{64} \Rightarrow xy = 40.$

कुल दूरी = 2560 किमी०.

इस दूरी को तय करने में लगा समय $= (x + 4x + 5x)$ घण्टे $= 10x$ घण्टे.

औसत गति = 64 किमी०/घण्टा.

दूरी = (औसत गति) × समय

$\therefore \quad 2560 = 10x \times 64 \Rightarrow x = \left(\frac{2560}{10\times 64}\right) \Rightarrow x = 4.$ अब $x = 4$ रखने पर, $y = 10$.

$\therefore$ जलयान की औसत गति = 10 किमी०/घण्टा.

जलयान द्वारा लिया गया समय $= 4x$ घण्टे $= (4 \times 4)$ घण्टे = 16 घण्टे.

जलयान द्वारा तय की गई दूरी $= (10 \times 16)$ किमी० = 160 किमी०.

11. माना पहली धातु के x किग्रा० के साथ दूसरी धातु का $(8 - x)$ किग्रा० मिलाया जाये.

पहली धातु में चाँदी और ताँबे का अनुपात = 7 : 3.

पहली धातु के x किग्रा० में चाँदी की मात्रा $= \left(x\times\frac{7}{10}\right)$ किग्रा० $= \frac{7x}{10}$ किग्रा०.

दूसरी धातु में चाँदी तथा ताँबे का अनुपात = 5 : 1.

दूसरी धातु के $(8 - x)$ किग्रा० में चाँदी की मात्रा $= \left[(8-x)\frac{5}{6}\right]$ किग्रा०.

कुल 8 किग्रा० मिश्रण में चाँदी की मात्रा $= \left(8\times\frac{75}{100}\right)$ किग्रा० = 6 किग्रा०.

$\therefore \quad \frac{7x}{10} + (8-x)\times\frac{5}{6} = 6 \Rightarrow 21x + 25(8 - x) = 180 \Rightarrow 4x = 20 \Rightarrow x = 5.$

अतः पहली धातु के 5 किग्रा० के साथ दूसरी धातु का 3 किग्रा० मिलाना होगा.

12. माना धातु C बनाने हेतु A का 1 ग्राम B के 1 ग्राम के साथ मिलाया जाता है.

तब, A के 1 ग्राम में सोने की मात्रा $= \left(1\times\frac{9}{11}\right)$ ग्राम $= \frac{9}{11}$ ग्राम.

B के 1 ग्राम में सोने की मात्रा = $\left(1\times\frac{7}{22}\right)$ ग्राम = $\frac{7}{22}$ ग्राम.

C के 2 ग्राम में सोने की मात्रा = $\left(\frac{9}{11}+\frac{7}{22}\right)$ ग्राम = $\frac{25}{22}$ ग्राम.

तथा ताँबे की मात्रा = $\left(2-\frac{25}{22}\right)$ ग्राम = $\frac{19}{22}$ ग्राम.

$\therefore$ C में सोने तथा ताँबे का अनुपात = $\frac{25}{22}:\frac{19}{22}=25:19.$

13. $\frac{(a+b)}{\sqrt{ab}}=\frac{4}{1}\Rightarrow\frac{(a+b)^2}{ab}=\frac{16}{1}\Rightarrow\frac{a^2+b^2+2ab}{ab}=\frac{16}{1}\Rightarrow\left(\frac{a^2}{ab}\right)+\left(\frac{b^2}{ab}\right)+\frac{2ab}{ab}=16$

$\Rightarrow\frac{a}{b}+\frac{b}{a}+2=16\Rightarrow x+\frac{1}{x}+2=16$ $\left[\text{जहाँ } \frac{a}{b}=x\right]$

$\Rightarrow x+\frac{1}{x}-14=0\Rightarrow x^2-14x+1=0$

$\Rightarrow\quad x=\frac{14\pm\sqrt{196-4}}{2}=\frac{14\pm\sqrt{192}}{2}=\frac{14\pm8\sqrt{3}}{2}=7\pm4\sqrt{3}\Rightarrow\frac{a}{b}=7+4\sqrt{3}.$

$\therefore\ (a:b)=(7+4\sqrt{3}):1.$

14. $\frac{(4m+5n)}{(4m-5n)}=\frac{4\left(\frac{m}{n}\right)+5}{4\left(\frac{m}{n}\right)-5}=\frac{\left(4\times\frac{3}{2}\right)+5}{\left(4\times\frac{3}{2}\right)-5}=\frac{(6+5)}{(6-5)}=\frac{11}{1}\Rightarrow(4m+5n):(4m-5n)=11:1.$

15. माना $\frac{x}{a}=\frac{y}{b}=\frac{z}{c}=k$. तब $x=ak,\ y=bk$ तथा $z=ck$.

$\therefore\ \frac{(ax-by)}{(a+b)\,(x-y)}+\frac{(by-cz)}{(b+c)\,(y-z)}+\frac{(cz-ax)}{(c+a)\,(z-x)}$

$=\frac{(a^2k-b^2k)}{(a+b)\,(ak-bk)}+\frac{(b^2k-c^2k)}{(b+c)\,(bk-ck)}+\frac{(c^2k-a^2k)}{(c+a)\,(ck-ak)}$

$=\frac{(a^2-b^2)k}{(a+b)\,(a-b)\,k}+\frac{(b^2-c^2)k}{(b+c)\,(b-c)\,k}+\frac{(c^2-a^2)k}{(c+a)\,(c-a)\,k}=(1+1+1)=3.$

16. $\frac{a}{b+c}=\frac{1}{3}\Rightarrow\frac{a}{b+c}+1=\frac{1}{3}+1\Rightarrow\frac{a+b+c}{b+c}=\frac{4}{3}\Rightarrow(b+c)=\frac{3}{4}(a+b+c)$

पुन: $\frac{c}{a+b}=\frac{5}{7}\Rightarrow\frac{c}{a+b}+1=\frac{5}{7}+1\Rightarrow\frac{a+b+c}{a+b}=\frac{12}{7}\Rightarrow(a+b)=\frac{7}{12}(a+b+c)$

अब, $b=(a+b)+(b+c)-(a+b+c)$

$=\frac{7}{12}(a+b+c)+\frac{3}{4}(a+b+c)-(a+b+c)=\left(\frac{7}{12}+\frac{3}{4}-1\right)(a+b+c)$

$=\frac{(7+9-12)}{12}(a+b+c)=\frac{1}{3}(a+b+c)$

$\Rightarrow 3b=a+b+c\Rightarrow 2b=a+c\Rightarrow\frac{b}{a+c}=\frac{1}{2}.$

$\therefore\ b:(a+c)=1:2.$

13 साझा (PARTNERSHIP)

आवश्यक तथ्य एवं सूत्र

(*i*) **साझाः** दो या दो से अधिक व्यापारियों द्वारा धन लगाकर, मिलकर व्यापार करने को साझा कहते हैं तथा इसमें सम्मिलित प्रत्येक व्यक्ति को साझीदार (Partner) कहते हैं.

(*ii*) **पूँजीः** साझीदारों द्वारा लगाये गये धन को पूँजी कहते हैं.

(*iii*) **लाभ का साझीदारों में वितरणः**

प्रत्येक वर्ष (या पहले से तय की गई समयावधि) के अन्त में व्यापार में होने वाले लाभ या हानि कोः {(प्रत्येक साझीदार की पूँजी) × (पूँजी लगी रहने का समय)} के अनुपात में साझीदारों में बाँटा जाता है.

उदाहरणः माना A की पूँजी ₹ x, p महीने के लिए निवेशित है तथा B की पूँजी ₹ y, q महीने के लिए निवेशित है. तब, लाभ में $A : B = (xp) : (yq)$.

साधित उदाहरण

प्रश्न 1. तीन साझीदारों *P, Q* तथा *R* ने क्रमशः ₹ 45000, ₹ 70000 तथा ₹ 90000 का निवेश करके एक व्यापार आरम्भ किया. दो वर्ष के अन्त में ₹ 369000 का लाभ कमाया. इस लाभ में *P, Q* तथा *R* में से प्रत्येक का भाग कितना है?

हल : P, Q तथा R की पूँजियों का अनुपात $= (45000 \times 24) : (70000 \times 24) : (90000 \times 24)$

$= 45 : 70 : 90 = 9 : 14 : 18$

कुल लाभ = ₹ 369000.

P का भाग = ₹ $\left(369000 \times \frac{9}{41}\right)$ = ₹ 81000; Q का भाग = ₹ $\left(369000 \times \frac{14}{41}\right)$ = ₹ 126000;

R का भाग = ₹ $\left(369000 \times \frac{18}{41}\right)$ = ₹ 162000.

प्रश्न 2. मीनाक्षी ने ₹ 1200000 का निवेश करके एक व्यवसाय आरम्भ किया. 5 माह बाद ₹ 900000 की पूँजी के साथ अभय इस व्यापार में साझीदार हो गया. वर्ष के अन्त में ₹ 441600 के लाभ में से प्रत्येक को कितना मिला?

हल : मीनाक्षी तथा अभय की पूँजियों का अनुपात $= (1200000 \times 12) : (900000 \times 7) = 144 : 63 = 16 : 7$.

कुल लाभ = ₹ 441600.

मीनाक्षी का भाग = ₹ $\left(441600 \times \frac{16}{23}\right)$ = ₹ 307200.

अभय का भाग = ₹ $\left(441600 \times \frac{7}{23}\right)$ = ₹ 134400.

प्रश्न 3. तीन ग्वाले *A, B* तथा *C* मिलकर एक चरागाह ₹ 26600 किराये पर लेते हैं. *A* अपनी 18 गाय, 4 महीने चराता है; *B* अपनी 16 गाय, 6 महीने चराता है; *C* अपनी 14 गाय, 7 महीने चराता है. इसके लिए *B* को कितना किराया देना होगा?

हल : चरागाह का कुल किराया = ₹ 26600.

A, B, C की खपत का अनुपात $= (18 \times 4) : (16 \times 6) : (14 \times 7) = (72 : 96 : 98) = (36 : 48 : 49)$.

किराये में B का भाग = ₹ $\left(26600 \times \frac{48}{133}\right)$ = ₹ 9600.

प्रश्न 4. A, B तथा C ने मिलकर एक व्यापार आरम्भ किया. कुल पूँजी का $\frac{1}{3}$ भाग A ने लगाया तथा B ने उतनी पूँजी लगाई जितनी A तथा C ने मिलकर लगाई. वर्ष के अन्त में ₹ 2352000 के लाभ में से प्रत्येक का भाग ज्ञात करें.

हल : माना कुल पूँजी = ₹ x.

A की पूँजी = ₹ $\frac{x}{3}$, B की पूँजी = $(A + C)$ की पूँजी = ₹ $\frac{x}{2}$.

$\therefore$ C की पूँजी = ₹ $\left[x - \left(\frac{x}{3} + \frac{x}{2}\right)\right]$ = ₹ $\left(x - \frac{5x}{6}\right)$ = ₹ $\frac{x}{6}$.

A, B, C की पूँजियों का अनुपात $= \frac{x}{3} : \frac{x}{2} : \frac{x}{6} = 2 : 3 : 1$.

कुल लाभ = ₹ 2352000.

A का भाग = ₹ $\left(2352000 \times \frac{2}{6}\right)$ = ₹ 784000; B का भाग = ₹ $\left(2352000 \times \frac{3}{6}\right)$ = ₹ 1176000;

C का भाग = ₹ $\left(2352000 \times \frac{1}{6}\right)$ = ₹ 392000.

प्रश्न 5. A, B तथा C मिलकर व्यापार आरम्भ करते हैं. A पूरे वर्ष के लिए ₹ 200000 लगाता है; B पहले ₹ 300000 लगाता है तथा 4 माह बाद ₹ 100000 और लगाता है; C पहले ₹ 400000 लगाता है तथा 9 माह बाद ₹ 100000 निकाल लेता है. वर्ष के अन्त में ₹ 847500 के लाभ में से प्रत्येक का भाग ज्ञात कीजिए.

हल : A, B, C की पूँजियों का अनुपात

$= (200000 \times 12) : (300000 \times 4 + 400000 \times 8) : (400000 \times 9 + 300000 \times 3)$

$= (2400000 : 4400000 : 4500000) = 24 : 44 : 45$.

कुल लाभ = ₹ 847500.

A का भाग = ₹ $\left(847500 \times \frac{24}{113}\right)$ = ₹ (7500×24) = ₹ 180000.

B का भाग = ₹ $\left(847500 \times \frac{44}{113}\right)$ = ₹ (7500×44) = ₹ 330000.

B का भाग = ₹ $\left(847500 \times \frac{45}{113}\right)$ = ₹ (7500×45) = ₹ 337500.

प्रश्न 6. A, B तथा C मिलकर एक व्यापार आरम्भ करते हैं. आरम्भ में इनकी पूँजियों का अनुपात $\frac{1}{2} : \frac{1}{3} : \frac{1}{5}$ है. चार माह बाद, B अपनी आधी पूँजी निकाल लेता है. वर्ष के अन्त में ₹ 415000 के कुल लाभ में से प्रत्येक का भाग ज्ञात करें.

हल : प्रारम्भ में A, B, C की पूँजियों का अनुपात $= \frac{1}{2} : \frac{1}{3} : \frac{1}{5} = 15 : 10 : 6$.

माना प्रारम्भ में A, B तथा C ने क्रमशः ₹ $15x$, ₹ $10x$ तथा ₹ $6x$ लगाये.

तब, $A : B : C = (15x \times 12) : (10x \times 4 + 5x \times 8) : (6x \times 12) = 180x : 80x : 72x = 45 : 20 : 18$.

कुल लाभ = ₹ 415000.

A का भाग = ₹ $\left(415000 \times \frac{45}{83}\right)$ = ₹ 225000; B का भाग = ₹ $\left(415000 \times \frac{20}{83}\right)$ = ₹ 100000;

C का भाग = ₹ $\left(415000 \times \frac{18}{83}\right)$ = ₹ 90000.

प्रश्नमाला 13A

निम्नलिखित प्रश्नों में से प्रत्येक में ठीक उत्तर को चिन्हांकित (✓) कीजिए :

1. नीना तथा मीना ने क्रमशः ₹ 30000 तथा ₹ 45000 के निवेश से साझेदारी में व्यापार आरम्भ किया. 2 वर्ष बाद ₹ 150000 के लाभ में से मीना का भाग कितना होगा? **(बैंक पी०ओ० परीक्षा, 2010)**

(*a*) ₹ 30000 (*b*) ₹ 45000 (*c*) ₹ 75000 (*d*) निर्धारित नहीं किया जा सकता
(*e*) इनमें से कोई नहीं

2. प्रकाश, सुनील तथा अनिल ने संयुक्त रूप से क्रमशः 11 लाख रु०, 16·5 लाख रु० तथा 8·25 लाख रु० के निवेश से एक व्यापार आरम्भ किया. तीन वर्ष के अन्त में उनके द्वारा कमाया गया लाभ 19·5 लाख रु० था. इस लाभ में अनिल के भाग का 50% कितना होगा? **(बैंक पी०ओ० परीक्षा, 2009)**

(*a*) 4.5 लाख रु० (*b*) 2.25 लाख रु० (*c*) 2.5 लाख रु० (*d*) 3.75 लाख रु० (*e*) इनमें से कोई नहीं

3. मिथिलेश ने ₹ 48000 निवेश करके एक व्यापार प्रारम्भ किया. 7 माह बाद ₹ 56000 की पूँजी लगाकर विद्या भी इस व्यापार में साझीदार हो गई. वर्षान्त में कुल ₹ 5885 के लाभ में से विद्या को कितना धन मिलेगा?

(*a*) ₹ 3635 (*b*) ₹ 1650 (*c*) ₹ 1925 (*d*) ₹ 3960 (*e*) इनमें से कोई नहीं
(बैंक पी०ओ० परीक्षा, 2010)

4. 5 : 6 के अनुपात में पूँजी लगाकर *A* तथा *B* साझे में कोई व्यापार प्रारम्भ करते हैं. 8 मास के बाद *A* अपनी पूँजी वापिस ले लेता है. यदि वर्ष के अन्त में लाभांश 5 : 9 के अनुपात में हो, तो *B* ने अपनी पूँजी कितने समय के लिए निवेश की? **(एस०एस०सी० परीक्षा, 2010)**

(*a*) 6 मास (*b*) 8 मास (*c*) 10 मास (*d*) 12 मास

5. निनाद, विकास तथा मानव मिलकर साझे में एक व्यापार आरम्भ करते हैं. आरम्भ में निनाद कुछ राशि का निवेश करता है. 6 माह बाद विकास उससे दुगुना धन लगाकर व्यापार में सम्मिलित हो जाता है. इसके 8 माह बाद मानव, विकास से तिगुना धन लगाकर व्यापार में सम्मिलित हो जाता है. वर्ष के अन्त में ₹ 45000 के कुल लाभ में से मानव का भाग कितना है? **(बैंक पी०ओ० परीक्षा, 2008)**

(*a*) ₹ 25000 (*b*) ₹ 15000 (*c*) ₹ 12000 (*d*) ₹ 9000 (*e*) इनमें से कोई नहीं

6. शीना, मीना तथा रीना एक व्यापार में क्रमशः ₹ 63000, ₹ 56000 तथा ₹ 84000 का निवेश करते हैं. वर्ष के अन्त में कुल लाभ को उनके निवेश के अनुपात में वितरित किया जाता है. यदि इस लाभ में रीना का भाग ₹ 54000 हो, तो कुल अर्जित लाभ कितना है? **(बैंक पी०ओ० परीक्षा, 2007)**

(*a*) ₹ 130500 (*b*) ₹ 145000 (*c*) ₹ 135030 (*d*) निर्धारित नहीं किया जा सकता
(*e*) इनमें से कोई नहीं

7. अमन ने ₹ 40000 लगाकर एक व्यापार आरम्भ किया. 6 माह बाद सामन्त ₹ 60000 लगाकर तथा उसके 3 माह बाद रचित ₹ 50000 लगाकर साझीदार हो गया. 2 वर्ष बाद इनके लाभ का अनुपात क्या होगा?

(*a*) 5 : 8 : 9 (*b*) 25 : 32 : 36 (*c*) 36 : 32 : 25 (*d*) इनमें से कोई नहीं

8. तीन साझीदारों *A*, *B* तथा *C* ने मिलकर एक व्यापार में ₹ 50000 का निवेश किया. यदि *A* ने *B* से ₹ 4000 अधिक लगाये हों तथा *B* ने *C* से ₹ 5000 अधिक लगाये हों, तो वर्ष के अन्त में ₹ 35000 के कुल लाभ में से *A* को कितना धन मिलेगा? **(मैनेजमैन्ट परीक्षा, 2005)**

(*a*) ₹ 8400 (*b*) ₹ 11900 (*c*) ₹ 13600 (*d*) ₹ 14700

9. *A*, *B* तथा *C* ने मिलकर एक व्यापार आरम्भ किया तथा 5 : 6 : 8 के अनुपात में पूँजी लगाई. एक वर्ष बाद *C* ने अपनी 50% पूँजी वापिस ले ली तथा *A* ने अपनी पूँजी की 60% राशि और लगा दी. दो वर्ष बाद कुल लाभ को *A*, *B* तथा *C* में किस अनुपात में बाँटा जायेगा? **(बैंक पी०ओ० परीक्षा, 2004)**

(*a*) 2 : 3 : 3 (*b*) 4 : 3 : 2 (*c*) 13 : 13 : 12 (*d*) ज्ञात नहीं किया जा सकता
(*e*) इनमें से कोई नहीं

10. A, B तथा C ने मिलकर एक व्यापार आरम्भ किया. प्रारम्भ में A ने कुछ पूँजी लगाई. 6 माह बाद B ने इससे दुगुनी पूँजी लगाई तथा 8 माह बाद C ने A से तिगुनी पूँजी लगाई. वर्ष के अन्त में ₹ 27000 के कुल लाभ में से C का भाग कितना होगा? **(मैनेजमैन्ट परीक्षा, 2006)**

(*a*) ₹ 8625 (*b*) ₹ 9000 (*c*) ₹ 10800 (*d*) ₹ 11250

11. A, B तथा C ने मिलकर व्यापार आरम्भ किया तथा $\frac{7}{2}:\frac{4}{3}:\frac{6}{5}$ के अनुपात में धन लगाया. चार माह बाद A ने अपने भाग में 50% की वृद्धि कर दी. यदि वर्ष के अन्त में कुल लाभ ₹ 21600 हो, तो इसमें से B का भाग कितना है? **(जीवन बीमा निगम परीक्षा, 2003)**

(*a*) ₹ 2100 (*b*) ₹ 2400 (*c*) ₹ 3600 (*d*) ₹ 4000

12. A तथा B ने क्रमशः ₹ 50000 तथा ₹ 45000 लगाकर एक व्यापार आरम्भ किया. चार माह बाद A ने अपनी आधी पूँजी वापिस ले ली तथा B ने उसी समय अपनी एक तिहाई पूँजी वापिस ले ली. इस समय C कुल ₹ 70000 लगाकर व्यापार में साझीदार हो गया. वर्ष के अन्त में 41400 रु० के लाभ में से C का भाग कितना होगा?

(*a*) ₹ 17800 (*b*) ₹ 16800 (*c*) ₹ 18600 (*d*) ₹ 18800

13. साझे के एक व्यापार में A कुल पूँजी का $\frac{1}{6}$ भाग, $\frac{1}{6}$ समय के लिए; B कुल पूँजी का $\frac{1}{3}$ भाग, $\frac{1}{3}$ समय के लिए तथा C, कुल पूँजी का शेष भाग पूरे समय के लिए निवेश करता है. ₹ 46000 के कुल लाभ में से B का भाग कितना है?

(*a*) ₹ 6500 (*b*) ₹ 8000 (*c*) ₹ 9600 (*d*) ₹ 10000

14. A तथा B मिलकर 6 : 5 के अनुपात में पूँजी लगाकर व्यापार आरम्भ करते हैं. 7 माह बाद A अपनी सारी पूँजी वापिस ले लेता है जबकि B अपनी आधी पूँजी वापिस ले लेता है. यदि अन्त में मिले लाभ के भागों का अनुपात 4 : 5 हो, तो B का धन कितने समय तक व्यापार में लगा रहा?

(*a*) 12 माह (*b*) 9 माह (*c*) 14 माह (*d*) इनमें से कोई नहीं

15. तीन साझीदार A, B और C में एक व्यापार का लाभ इस प्रकार बाँटा जाता है कि A के भाग का 4 गुना; B के भाग का 6 गुना तथा C के भाग का 11 गुना बराबर है. तीनों को मिलने वाली लाभ की राशियों का अनुपात $A : B : C$ क्या होगा?

(*a*) 4 : 6 : 11 (*b*) $\frac{1}{6}:\frac{1}{4}:\frac{1}{11}$ (*c*) 11 : 6 : 4 (*d*) 33 : 22 : 12

16. A, B तथा C मिलकर एक व्यापार आरम्भ करते हैं. A, पूरी लागत का एक-तिहाई भाग निवेश करता है तथा B का निवेश A तथा C के कुल निवेश के बराबर है. वर्ष के अन्त में ₹ 90000 के लाभ में से C का भाग कितना है?

(*a*) ₹ 10000 (*b*) ₹ 15000 (*c*) ₹ 20000 (*d*) ₹ 30000

17. एक व्यापार में तीन साझीदारों के लाभ का अनुपात 5 : 7 : 8 है. इनका धन क्रमशः 14 महीने, 8 महीने तथा 7 महीने के लिए निवेशित रहा. इनकी पूँजियों का अनुपात क्या है?

(*a*) 5 : 7 : 8 (*b*) 20 : 49 : 64 (*c*) 38 : 28 : 21 (*d*) इनमें से कोई नहीं

18. A, B तथा C ने एक कार्य को ₹ 16500 में समाप्त करने का ठेका लिया. A तथा B ने मिलकर कुल कार्य का $\frac{7}{11}$ भाग समाप्त कर दिया तथा शेष कार्य C ने किया. इस धन में से C का भाग कितना होगा?

(*a*) ₹ 7200 (*b*) ₹ 6400 (*c*) ₹ 6000 (*d*) ₹ 8400

19. A ने ₹ 45000 के निवेश से एक व्यापार आरम्भ किया तथा कुछ समय बाद B, ₹ 54000 का निवेश करके उसका साझीदार हो गया. यदि व्यापार में होने वाले लाभ को वर्ष के अन्त में उनमें 2 : 1 में बाँटा गया हो तो कितने महीने के बाद B व्यापार में साझीदार बना? **(एस०एस०सी० परीक्षा, 2005)**

(*a*) 4 महीने (*b*) 5 महीने (*c*) 6 महीने (*d*) 7 महीने

20. चार ग्वालों A, B, C तथा D ने मिलकर एक चरागाह किराये पर ली. A ने अपनी 18 गाय 4 महीने चराई; B ने 25 गाय 2 महीने चराई; C ने 28 गाय 5 महीने चराई तथा D ने 21 गाय 3 महीने चराई. यदि कुल किराये में से A का भाग 3600 रु० हो, तो चरागाह का कुल किराया कितना है?

(*a*) ₹ 15000 (*b*) ₹ 16000 (*c*) ₹ 16250 (*d*) ₹ 16500

21. समियारा, महीरा तथा कियारा ने डी०वी०डी० का एक सैट ₹ 578 किराये पर लिया. यदि उन्होंने इसका प्रयोग क्रमशः 8 घण्टे, 12 घण्टे तथा 14 घण्टे किया हो, तो कुल किराये में से कियारा को कितना देना होगा?

(*a*) ₹ 238 (*b*) ₹ 204 (*c*) ₹ 192 (*d*) ₹ 215 (*e*) इनमें से कोई नहीं

(बैंक पी०ओ० परीक्षा, 2008)

उत्तरमाला (प्रश्नमाला 13A)

1. (*e*) **2.** (*b*) **3.** (*c*) **4.** (*d*) **5.** (*e*) **6.** (*a*) **7.** (*d*) **8.** (*d*) **9.** (*e*) **10.** (*b*)
11. (*d*) **12.** (*b*) **13.** (*b*) **14.** (*c*) **15.** (*d*) **16.** (*b*) **17.** (*b*) **18.** (*c*) **19.** (*d*) **20.** (*c*)
21. (*a*)

दिये गये प्रश्नों के हल प्रश्नमाला 13A

1. नीना : मीना = 30000 × 24 : 45000 × 24 = 2 : 3.
कुल लाभ = ₹ 150000.
मीना का भाग = ₹ $\left(150000 \times \frac{3}{5}\right)$ = ₹ 90000.

2. प्रकाश : सुनील : अनिल = 11 लाख : 16·5 लाख : 8·25 लाख $= 11 : 16 \cdot 5 : 8 \cdot 25 = 11 : \frac{165}{10} : \frac{825}{100}$
$= 11 : \frac{33}{2} : \frac{33}{4} = 44 : 66 : 33 = 4 : 6 : 3.$
कुल लाभ = 19·5 लाख रु०.
अनिल का भाग = ₹ $\left(19 \cdot 5 \text{ लाख} \times \frac{3}{13}\right)$ = ₹ (1·5 लाख × 3) = 4·5 लाख रु०.
अनिल के भाग का 5% = ₹ $\left(4 \cdot 5 \text{ लाख} \times \frac{50}{100}\right)$ = 2·25 लाख रु०.

3. मिथिलेश : विद्या = (48000 × 12 : 56000 × 5) = (6 × 12 : 7 × 5) = (72 : 35).
कुल लाभ = ₹ 5885.
विद्या का भाग = ₹ $\left(5885 \times \frac{35}{107}\right)$ = ₹ 1925.

4. माना A ने ₹ $5x$, 8 मास के लिए निवेश किये तथा B ने ₹ $6x$, y मास के लिए निवेश किये.
तब $\frac{5x \times 8}{6x \times y} = \frac{5}{9} \Rightarrow \frac{20}{3y} = \frac{5}{9}$.
$\therefore 15y = 180 \Rightarrow y = 12.$ अतः B का धन 12 मास तक निवेशित रहा.

5. माना निनाद की राशि = ₹ x. तब, विकास की राशि = ₹ $2x$, मानव की राशि = ₹ $6x$.
निनाद : विकास : मानव $= x : 2x : 6x = 1 : 2 : 6.$
कुल लाभ = ₹ 45000.
मानव का भाग = ₹ $\left(45000 \times \frac{6}{9}\right)$ = ₹ 30000.

6. शीना : मीना : रीना = 63000 : 56000 : 84000 = 9 : 8 : 12.
माना शीना, मीना, रीना का लाभांश क्रमशः ₹ $9x$, ₹ $8x$ तथा ₹ $12x$ है.
तब, $12x = 54000 \Rightarrow x = 4500.$
$\therefore$ कुल अर्जित लाभ = ₹ $(9x + 8x + 12x)$ = ₹ $29x$ = ₹ (29 × 4500) = ₹ 130500.

7. अमन : सामन्त : रचित = (40000 × 24) : (60000 × 18) : (50000 × 15)
= (96 : 108 : 75) = 32 : 36 : 25.
अतः इनके लाभ का अनुपात = 32 : 36 : 25.

8. माना C की पूँजी = ₹ x. तब, B की पूँजी = ₹ $(x + 5000)$ तथा A की पूँजी = ₹ $(x + 9000)$.

तब, $(x+9000)+(x+5000)+x = 50000 \Rightarrow 3x = 36000 \Rightarrow x = 12000$.

$\therefore$ C की पूँजी = ₹ 12000, B की पूँजी = ₹ 17000 तथा A की पूँजी = ₹ 21000.

$A : B : C = 21000 : 17000 : 12000 = 21 : 17 : 12$.

कुल लाभ = ₹ 35000.

A का भाग = ₹ $\left(35000 \times \frac{21}{50}\right)$ = ₹ 14700.

9. माना आरम्भ में A, B तथा C की पूँजियाँ क्रमशः ₹ $5x$, ₹ $6x$ तथा ₹ $8x$ थी.

A, B तथा C की पूँजियों का अनुपात

$= \{(5x \times 12) + (5x + 5x \text{ का } 60\%) \times 12\} : (6x \times 24) : (8x \times 12 + 4x \times 12)$

$= \left\{120x + \left(60x \times \frac{60}{100}\right)\right\} : (144x) : (144x)$

$= (120x + 36x) : (144x) : (144x) = (156x) : (144x) : (144x) = 13 : 12 : 12.$

10. माना A की पूँजी = ₹ x. तब,

A, B तथा C की पूँजियों का अनुपात $= (x \times 12) : (2x \times 6) : (3x \times 4) = 12x : 12x : 12x = 1 : 1 : 1.$

$\therefore$ C का भाग = ₹ $\left(27000 \times \frac{1}{3}\right)$ = ₹ 9000.

11. आरम्भ में A, B तथा C की पूँजियों का अनुपात $= \frac{7}{2} : \frac{4}{3} : \frac{6}{5} = 105 : 40 : 36.$

माना A, B, C ने आरम्भ में क्रमशः ₹ $105x$, ₹ $40x$ तथा ₹ $36x$ लगाये.

पूरे वर्ष में A, B, C की पूँजियों का अनुपात

$= \left\{(105x \times 4) + \left(105x \times \frac{150}{100}\right) \times 8\right\} : (40x \times 12) : (36x \times 12)$

$= (420x + 1260x) : (480x) : (432x) = (1680x) : (480x) : (432x)$

$= 105 : 30 : 27 = 35 : 10 : 9.$

कुल वार्षिक लाभ = ₹ 21600.

इसमें से B का लाभ = ₹ $\left(21600 \times \frac{10}{54}\right)$ = ₹ 4000.

12. A की पूँजी = ₹ $[(50000 \times 4) + (25000 \times 8)]$ = ₹ 400000.

B की पूँजी = ₹ $\left[(45000 \times 4) + \left(45000 \times \frac{2}{3} \times 8\right)\right]$ = ₹ 420000.

C की पूँजी = ₹ (70000×8) = ₹ 560000.

$A : B : C = 400000 : 420000 : 560000 = 40 : 42 : 56 = 20 : 21 : 28$. कुल लाभ = ₹ 41400.

C का भाग = ₹ $\left(41400 \times \frac{28}{69}\right)$ = ₹ 16800.

13. माना A, ₹ $\frac{x}{6}$, $\frac{y}{6}$ माह के लिए निवेश करता है; B, ₹ $\frac{x}{3}$, $\frac{y}{3}$ माह के लिए निवेश करता है;

तथा C, ₹ $\left\{x - \left(\frac{x}{6} + \frac{x}{3}\right)\right\}$ = ₹ $\frac{x}{2}$, y माह के लिए निवेश करता है.

$A : B : C = \left(\frac{x}{6} \times \frac{y}{6}\right) : \left(\frac{x}{3} \times \frac{y}{3}\right) : \left(\frac{x}{2} \times y\right) = \frac{xy}{36} : \frac{xy}{9} : \frac{xy}{2} = 1 : 4 : 18.$

कुल लाभ = ₹ 46000.

इसमें, B का भाग = ₹ $\left(46000 \times \frac{4}{23}\right)$ = ₹ 8000.

14. माना आरम्भ में A तथा B की पूँजियाँ क्रमशः ₹ $6x$ तथा ₹ $5x$ थी.
माना B का धन $(7 + y)$ महीने तक व्यापार में रहा. तब

$$\frac{(6x\times7)}{(5x\times7)+\left(\frac{5x}{2}\times y\right)}=\frac{4}{5}\Rightarrow\frac{84}{70+5y}=\frac{4}{5}\Rightarrow 4(70+5y)=420\Rightarrow 20y=140\Rightarrow y=7.$$

अतः B का धन $(7 + 7)$ अर्थात 14 महीने तक व्यापार में रहा.

15. दिया है: $4A = 6B = 11C = k$ (माना). तब, $A=\frac{k}{4}, B=\frac{k}{6}$ तथा $C=\frac{k}{11}$.

$$\therefore\ A:B:C=\frac{k}{4}:\frac{k}{6}:\frac{k}{11}=\frac{1}{4}:\frac{1}{6}:\frac{1}{11}=33:22:12.$$

16. माना कुल निवेश = ₹ x. तब, A का निवेश = ₹ $\frac{x}{3}$. शेष निवेश = ₹ $\left(x-\frac{x}{3}\right)$ = ₹ $\frac{2x}{3}$.

$\therefore\ B+C=\frac{2x}{3}$. दिया है : $B=A+C=\frac{x}{3}+C\Rightarrow B-C=\frac{x}{3}$.

$B+C=\frac{2x}{3}$ तथा $B-C=\frac{x}{3}$ को हल करने पर $B=\frac{x}{2}$ तथा $C=\left(\frac{2x}{3}-\frac{x}{2}\right)=\frac{x}{6}$.

$$\therefore\ A:B:C=\frac{x}{3}:\frac{x}{2}:\frac{x}{6}=2:3:1.$$

कुल लाभ = ₹ 90000.

इसमें से C का भाग = ₹ $\left(90000\times\frac{1}{6}\right)$ = ₹ 15000.

17. माना इनकी पूँजियाँ क्रमशः ₹ x, ₹ y तथा ₹ z है. तब,

$14x:8y:7z=5:7:8$

अतः $\frac{14x}{8y}=\frac{5}{7}\Rightarrow 40y=98x\Rightarrow y=\frac{98x}{40}=\frac{49x}{20}$.

तथा $\frac{14x}{7z}=\frac{5}{8}\Rightarrow\frac{2x}{z}=\frac{5}{8}\Rightarrow 5z=16x\Rightarrow z=\frac{16x}{5}$.

$$\therefore\ x:y:z=x:\frac{49x}{20}:\frac{16x}{5}=20x:49x:64x=20:49:64.$$

अतः इनकी पूँजियों का अनुपात 20 : 49 : 64 है.

18. $(A + B)$ का कार्य $=\frac{7}{11}$ तथा C का कार्य $=\left(1-\frac{7}{11}\right)=\frac{4}{11}$.

$$\therefore\ (A+B):C=\frac{7}{11}:\frac{4}{11}=7:4.$$

A, B, C को मिला कुल धन = ₹ 16500.

इसमें C का भाग = ₹ $\left(16500\times\frac{4}{11}\right)$ = ₹ 6000.

19. माना B व्यापार में x महीने बाद साझीदार बना. तब

$(45000 \times 12) : 54000 \times (12 - x) = 2 : 1$

$$\Rightarrow\frac{45000\times12}{54000\times(12-x)}=\frac{2}{1}\Rightarrow\frac{45\times12}{54\times(12-x)}=\frac{2}{1}$$

$$\Rightarrow 1296-108x=540\Rightarrow 108x=(1296-540)=756\Rightarrow x=7.$$

अतः B व्यापार में 7 महीने बाद साझीदार बना.

20. A, B, C, D के किराये का अनुपात $= (18 \times 4) : (25 \times 2) : (28 \times 5) : (21 \times 3) = 72 : 50 : 140 : 63$
माना किराये में A का भाग = ₹ $72x$, B का भाग = ₹ $50x$, C का भाग = ₹ $140x$
तथा D का भाग = ₹ $63x$.

$\therefore\ 72x = 3600 \Rightarrow x = \frac{3600}{72} = 50.$

चरागाह का कुल किराया = ₹ $(72x + 50x + 140x + 63x)$ = ₹ $325x$
= ₹ (325×50) = ₹ 16250.

21. $S : M : K = 8 : 12 : 14 = 4 : 6 : 7.$
कुल किराया = ₹ 578.

किराये में कियारा का भाग = ₹ $\left(578 \times \frac{7}{17}\right)$ = ₹ 238.

प्रश्नमाला 13B

1. A ₹ 5000 लगाकर एक व्यापार आरम्भ करता है तथा B दो महीने बाद ₹ 4000 लगाकर व्यापार में सम्मिलित हो जाता है. व्यापार आरम्भ होने के 6 महीने बाद C, ₹ 8000 लगाकर सम्मिलित हो जाता है. यदि वर्ष के अन्त में कुल लाभ ₹ 22200 मिला हो, तो इसमें से प्रत्येक का भाग ज्ञात कीजिए.

2. तीन ग्वाले A, B, C मिलकर एक चरागाह ₹ 5880 किराये पर लेते हैं. इसमें A अपनी 18 गाय 4 महीने चराता है; B अपनी 16 गाय 6 महीने चराता है तथा C अपनी 14 गाय 9 महीने चराता है. प्रत्येक को कितना-कितना किराया देना पड़ेगा ?

3. A, B, C मिलकर एक व्यापार आरम्भ करते हैं. आरम्भ में इनकी पूँजियाँ $\frac{1}{2} : \frac{1}{3} : \frac{1}{5}$ के अनुपात में हैं. चार माह बाद, B अपनी आधी पूँजी निकाल लेता है. वर्ष के अन्त में ₹ 41500 के कुल लाभ में से C का भाग ज्ञात कीजिए.

4. A तथा B ने मिलकर व्यापार आरम्भ किया तथा 4 : 5 के अनुपात में धन लगाया. 3 माह बाद A ने अपनी पूँजी का $\frac{1}{4}$ भाग तथा B ने अपनी पूँजी का $\frac{1}{5}$ भाग वापिस ले लिया. व्यापार आरम्भ करने के 10 माह बाद ₹ 60800 के लाभ में से प्रत्येक का भाग ज्ञात कीजिए.

5. A और B एक व्यापार में क्रमशः ₹ 10000 तथा ₹ 40000 लगाकर साझेदारी करते हैं. B को व्यापार की देखभाल के लिए ₹ 1000 प्रतिमाह मिलते हैं. प्रत्येक की पूँजी पर 5% प्रतिवर्ष की दर से ब्याज का भुगतान करने के बाद, वार्षिक लाभ को साझीदारों में उनकी पूँजी के अनुपात में बाँट दिया जाता है. ₹ 40000 के वार्षिक लाभ में से प्रत्येक का भाग ज्ञात कीजिए.

6. A तथा B मिलकर एक व्यापार आरम्भ करते हैं. A अकेला ही ₹ 450000 की कुल पूँजी इस शर्त पर लगाता है कि आधी पूँजी पर B उसे 10% वार्षिक दर से ब्याज देगा तथा लाभ को दोनों में बराबर-बराबर बाँटा जायेगा. लाभ को बराबर-बराबर बाँटने से पहले B को निरीक्षण कार्य के लिए ₹ 1200 प्रतिमाह भी दिया जाता है. यदि वर्ष के अन्त में B की आय, A की आय से आधी हो, तो कुल वार्षिक लाभ ज्ञात कीजिए.
(एस०एस०सी० परीक्षा, 2002)

7. A, B और C एक व्यापार में क्रमशः ₹ 12000, ₹ 15000 तथा ₹ 18000 निवेश करते हैं. व्यापार का प्रबन्ध देखने के लिए A को वार्षिक लाभ का 25% दिया जाता है. शेष लाभ को A, B और C में उनके पूँजी-निवेश के अनुपात में बाँट दिया जाता है. यदि वर्ष के अन्त में A को B तथा C को मिलने वाली राशि से ₹ 1000 कम मिले हों, तो उस वर्ष का लाभ ज्ञात कीजिए. **(एस०एस०सी० परीक्षा, 2002)**

8. तीन साझीदार A, B और C एक व्यापार आरम्भ करते हैं. A को प्रबन्धक तथा B को सहायक प्रबन्धक के रूप में कार्य करने के लिए कुल लाभ का क्रमशः 10% तथा 5% मिलता है. शेष लाभ को उनकी पूँजी के अनुपात में बाँटा जाता है. इस व्यापार में A तथा B की पूँजियाँ क्रमशः ₹ 700000 तथा ₹ 600000 हैं. यदि B को कुल लाभ का 35% मिलता हो, तो C की पूँजी ज्ञात करें. **(एस०एस०सी० परीक्षा, 2000)**

9. चार साझेदारों के व्यापार की कुल पूँजी ₹ 400000 है. इसमें से आधी पूँजी A ने लगाई तथा शेष आधा B और C ने मिलकर बराबर-बराबर लगाई. उन्होंने D को व्यापार का प्रबन्धक बनाया तथा सहमति हुई कि पहले D को कुल लाभ का 10% तथा B और C में से प्रत्येक को कुल लाभ का 5% दिया जायेगा तथा शेष लाभ को A, B, C में उनकी पूँजी के अनुपात में बाँट दिया जायेगा. ₹ 12600 के कुल लाभ में से A, B, C, D के भाग ज्ञात कीजिए.

(एस०एस०सी० परीक्षा, 2000)

10. A तथा B एक व्यापार में साझेदार हैं. यदि B ने कुल पूँजी का $\frac{1}{5}$ भाग 10 माह के लिए निवेशित किया हो तथा उसे 1 वर्ष बाद कुल लाभ का $\frac{1}{3}$ भाग मिला हो, तो ज्ञात कीजिए कि A ने अपनी पूँजी कितने माह के लिए निवेशित की ?

(एस०एस०सी० परीक्षा, 2008)

उत्तरमाला (प्रश्नमाला 13B)

1. A का भाग = ₹ 9000, B का भाग = ₹ 6000, C का भाग = ₹ 7200

2. A का किराये का भाग = ₹ 1440, B का किराये का भाग = ₹ 1920, C का किराये का भाग = ₹ 2520

3. ₹ 9000 **4.** A का भाग = ₹ 26400, B का भाग = ₹ 34400

5. A का भाग = ₹ 5600, B का भाग = ₹ 34400 **6.** ₹ 91800 **7.** ₹ 10000 **8.** ₹ 400000

9. A का भाग = ₹ 5040, B का भाग = ₹ 3150, C का भाग = ₹ 3150, D का भाग = ₹ 1260.

10. 5 महीने के लिए

दिये गये प्रश्नों के हल प्रश्नमाला 13B

1. A की पूँजी = ₹ 5000, 12 माह के लिए = ₹ (5000 × 12), 1 माह के लिए = ₹ 60000, 1 माह के लिए.
B की पूँजी = ₹ 4000, 10 माह के लिए = ₹ (4000 × 10), 1 माह के लिए = ₹ 40000, 1 माह के लिए.
C की पूँजी = ₹ 8000, 6 माह के लिए = ₹ (8000 × 6), 1 माह के लिए = ₹ 48000, 1 माह के लिए.

∴ A, B, C की पूँजियों का अनुपात = 60000 : 40000 : 48000 = 15 : 10 : 12.

अनुपात पदों का योग = (15 + 10 + 12) = 37.

कुल लाभ = ₹ 22200.

∴ A का भाग = ₹ $\left(22200\times\frac{15}{37}\right)$ = ₹ 9000; B का भाग = ₹ $\left(22200\times\frac{10}{37}\right)$ = ₹ 6000;

C का भाग = ₹ $\left(22200\times\frac{12}{37}\right)$ = ₹ 7200.

2. A द्वारा की गई खपत = 18 गाय 4 महीने के लिए = (18 × 4) गाय 1 महीने के लिए = 72 गाय 1 महीने के लिए.
B द्वारा की गई खपत = 16 गाय 6 महीने के लिए = (16×6) गाय 1 महीने के लिए = 96 गाय 1 महीने के लिए.
C द्वारा की गई खपत = 14 गाय 9 महीने के लिए = (14×9) गाय 1 महीने के लिए = 126 गाय 1 महीने के लिए.

∴ A, B, C की खपत का अनुपात = 72 : 96 : 126 = 12 : 16 : 21.

अनुपात पदों का योग = (12 + 16 + 21) = 49.

कुल किराया = ₹ 5880.

A द्वारा दिया जाने वाला किराया = ₹ $\left(5880\times\frac{12}{49}\right)$ = ₹ 1440;

B द्वारा दिया जाने वाला किराया = ₹ $\left(5880\times\frac{16}{49}\right)$ = ₹ 1920;

C द्वारा दिया जाने वाला किराया = ₹ $\left(5880\times\frac{21}{49}\right)$ = ₹ 2520.

3. A, B, C की पूँजियों का अनुपात $= \frac{1}{2} : \frac{1}{3} : \frac{1}{5} = 15 : 10 : 6.$

माना प्रारम्भ में A, B, C ने क्रमशः ₹ $15x$, ₹ $10x$ तथा ₹ $6x$ लगाये.

A की कुल पूँजी = ₹ $(15x)$, 12 माह के लिए = ₹ $(15x \times 12)$, 1 माह के लिए = ₹ $(180x)$, 1 माह के लिए.

B की कुल पूँजी = ₹ [$(10x)$, 4 माह के लिए] + [₹ $(5x)$, 8 माह के लिए]

= ₹ [$(40x)$, 1 माह के लिए] + [₹ $(40x)$, 1 माह के लिए] = ₹ $(80x)$, 1 माह के लिए.

C की कुल पूँजी = ₹ $6x$, 12 माह के लिए = ₹ $(6x \times 12)$, 1 माह के लिए = ₹ $(72x)$, 1 माह के लिए.

A, B, C की पूँजियों का अनुपात $= 180x : 80x : 72x = 45 : 20 : 18.$

अनुपात पदों का योग $= (45 + 20 + 18) = 83.$

वर्ष के अन्त में कुल लाभ = ₹ 41500.

कुल वार्षिक लाभ में से C का भाग = ₹ $\left(41500 \times \frac{18}{83}\right)$ = ₹ 9000.

4. माना आरम्भ में A तथा B ने क्रमशः ₹ $4x$ तथा ₹ $5x$ लगाये.

A की पूँजी = (₹ $4x$, 3 माह के लिए) + ₹ $\left(4x - \frac{1}{4} \times 4x\right)$, 7 माह के लिए

= (₹ $12x$, 1 माह के लिए) + (₹ $3x$, 7 माह के लिए)

= (₹ $12x$, 1 माह के लिए) + (₹ $21x$, 1 माह के लिए) = ₹ $33x$, 1 माह के लिए.

B की पूँजी = (₹ $5x$, 3 माह के लिए) + ₹ $\left[\left(5x - \frac{1}{5} \times 5x\right)\right.$, 7 माह के लिए $\left.\right]$

= (₹ $15x$, 1 माह के लिए) + (₹ $4x$, 7 माह के लिए)

= (₹ $15x$, 1 माह के लिए) + (₹ $28x$, 1 माह के लिए) = ₹ $43x$, 1 माह के लिए.

A तथा B की पूँजियों का अनुपात $= 33x : 43x = 33 : 43.$

अनुपात पदों का योग $= (33 + 43) = 76.$

वर्ष के अन्त में कुल लाभ = ₹ 60800.

$\therefore$ A का भाग = ₹ $\left(60800 \times \frac{33}{76}\right)$ = ₹ 26400; B का भाग = ₹ $\left(60800 \times \frac{43}{76}\right)$ = ₹ 34400.

5. A तथा B की पूँजियों का अनुपात $= 10000 : 40000 = 1 : 4.$

कुल वार्षिक लाभ = ₹ 40000.

A को मिला ब्याज = ₹ 10000 का 5% = ₹ $\left(10000 \times \frac{5}{100}\right)$ = ₹ 500.

B को मिला ब्याज = ₹ 40000 का 5% = ₹ $\left(40000 \times \frac{5}{100}\right)$ = ₹ 2000.

B को प्रबन्धक के रूप में मिला धन = ₹ (1000×12) = ₹ 12000.

वार्षिक लाभ में से कुल खर्च = ₹ $(500 + 2000 + 12000)$ = ₹ 14500.

शुद्ध लाभ = ₹ $(40000 - 14500)$ = ₹ 25500.

A तथा B के भागों का अनुपात $= 1 : 4.$

अनुपात पदों का योग $= (1 + 4) = 5.$

$\therefore$ A का लाभांश = ₹ $\left(25500 \times \frac{1}{5}\right)$ = ₹ 5100; B का लाभांश = ₹ $\left(25500 \times \frac{4}{5}\right)$ = ₹ 20400.

अतः A का कुल भाग = ₹ $(500 + 5100)$ = ₹ 5600.

तथा B का कुल भाग = ₹ $(2000 + 12000 + 20400)$ = ₹ 34400.

6. माना कुल वार्षिक लाभ = ₹ x, व्यापार में लगी कुल पूँजी = ₹ 450000.

इसमें से आधी पूँजी = ₹ $\left(\frac{1}{2} \times 450000\right)$ = ₹ 225000.

B द्वारा A को दिया गया ब्याज = ₹ $\left(225000 \times \frac{10}{100}\right)$ = ₹ 22500.

B को निरीक्षण कार्य के लिए मिला धन = ₹ (1200 × 12) = ₹ 14400.

शुद्ध वार्षिक लाभ = ₹ $(x - 14400)$, इसमें से प्रत्येक का भाग = ₹ $\frac{1}{2}(x - 14400)$.

A की कुल आय = ₹ $\left[22500 + \frac{1}{2}(x - 14400)\right]$.

B की कुल आय = ₹ $\left[14400 + \frac{1}{2}(x - 14400) - 22500\right]$.

परन्तु दिया है कि, B की आय = $\frac{1}{2} \times$ (A की आय)

$\therefore \quad 14400 + \frac{1}{2}(x - 14400) - 22500 = \frac{1}{2} \times \left[22500 + \frac{1}{2}(x - 14400)\right]$

$\Rightarrow \quad \frac{1}{4}(x - 14400) = (11250 + 22500 - 14400)$

$\Rightarrow \quad x - 14400 = (4 \times 19350) \Rightarrow x = (77400 + 14400) \Rightarrow x = 91800.$

अतः कुल वार्षिक लाभ = ₹ 91800.

7. माना कि वार्षिक लाभ = ₹ x.

A, B, C की पूँजियों का अनुपात = 12000 : 15000 : 18000 = 4 : 5 : 6.

प्रबन्धन के लिए A को मिला धन = ₹ x का 25% = ₹ $\left(x \times \frac{25}{100}\right)$ = ₹ $\frac{x}{4}$.

शेष लाभ = ₹ $\left(x - \frac{x}{4}\right)$ = ₹ $\frac{3x}{4}$.

इस लाभ में से :

A का भाग = ₹ $\left(\frac{3x}{4} \times \frac{4}{15}\right)$ = ₹ $\frac{x}{5}$; B का भाग = ₹ $\left(\frac{3x}{4} \times \frac{5}{15}\right)$ = ₹ $\frac{x}{4}$;

C का भाग = ₹ $\left(\frac{3x}{4} \times \frac{6}{15}\right)$ = ₹ $\frac{3x}{10}$.

A को मिला कुल धन = ₹ $\left(\frac{x}{4} + \frac{x}{5}\right)$ = ₹ $\frac{9x}{20}$.

B तथा C को मिला कुल धन = ₹ $\left(\frac{x}{4} + \frac{3x}{10}\right)$ = ₹ $\frac{11x}{20}$.

दिया है कि :

A को मिला धन = [(B और C को मिला धन) – 1000].

$\therefore \quad \frac{9x}{20} = \frac{11x}{20} - 1000 \Rightarrow \frac{11x}{20} - \frac{9x}{20} = 1000 \Rightarrow \frac{x}{10} = 1000 \Rightarrow x = 10000.$

अतः वार्षिक लाभ = ₹ 10000.

8. माना C की पूँजी ₹ x लाख तथा कुल लाभ ₹ y है.

A को प्रबन्धक के रूप में मिला धन = ₹ y का 10% = ₹ $\frac{y}{10}$.

B को सहायक प्रबन्धक के रूप में मिला धन = ₹ y का 5% = ₹ $\frac{y}{20}$.

शेष लाभ = ₹ $\left[y - \left(\frac{y}{10} + \frac{y}{20}\right)\right]$ = ₹ $\frac{17y}{20}$.

A, B, C की पूँजियों का अनुपात = (7 लाख) : (6 लाख) : (x लाख) = 7 : 6 : x.

इन पदों का योग = $(7 + 6 + x) = (13 + x)$.

इस लाभ में B का भाग = ₹ $\left[\frac{17y}{20}\times\frac{6}{(13+x)}\right]$ = ₹ $\frac{51y}{10(13+x)}$.

B को मिला कुल धन = ₹ $\left[\frac{y}{20}+\frac{51y}{10(13+x)}\right]$ = ₹ $\left[\frac{1}{20}+\frac{51}{10(13+x)}\right]y$

= ₹ $\left[\frac{(13+x)+102}{20(13+x)}\right]y$ = ₹ $\frac{(x+115)y}{20(13+x)}$.

परन्तु, B को मिला कुल धन = कुल लाभ का 35%

$\therefore \quad \frac{(x+115)y}{20(13+x)}=\left(y\times\frac{35}{100}\right)\Rightarrow\frac{x+115}{20(13+x)}=\frac{7}{20}$

$\Rightarrow \quad 20x+2300=1820+140x \Rightarrow 120x=480 \Rightarrow x=4.$

$\therefore$ C की पूँजी = ₹ 4 लाख = ₹ 400000.

9. A की पूँजी = ₹ $\left(\frac{1}{2}\times400000\right)$ = ₹ 200000.

शेष पूँजी = ₹ (400000 – 200000) = ₹ 200000.

B की पूँजी = C की पूँजी = ₹ $\left(\frac{1}{2}\times200000\right)$ = ₹ 100000.

A, B, C की पूँजियों का अनुपात = 200000 : 100000 : 100000 = 2 : 1 : 1.

कुल लाभ = ₹ 12600.

D को प्रबन्धन के लिए मिला धन = ₹ 12600 का 10% = ₹ 1260.

B को प्रबन्धन के लिए मिला धन = ₹ 12600 का 5% = ₹ 630.

C को प्रबन्धन के लिए मिला धन = ₹ 12600 का 5% = ₹ 630.

प्रबन्धन के लिए दिया गया धन = ₹ (1260 + 630 + 630) = ₹ 2520.

शेष लाभ = ₹ (12600 – 2520) = ₹ 10080.

इसमें A का भाग = ₹ $\left(10080\times\frac{2}{4}\right)$ = ₹ 5040, इसमें B का भाग = ₹ $\left(10080\times\frac{1}{4}\right)$ = ₹ 2520,

इसमें C का भाग = ₹ $\left(10080\times\frac{1}{4}\right)$ = ₹ 2520.

A का कुल भाग = ₹ 5040; B का कुल भाग = ₹ (630 + 2520) = ₹ 3150;

C का कुल भाग = ₹ (630 + 2520) = ₹ 3150; D का कुल भाग = ₹ 1260.

10. माना कुल पूँजी = ₹ x. तब, B ने ₹ $\frac{x}{5}$, 10 माह के लिए निवेशित किये.

माना A ने ₹ $\frac{4x}{5}$, y माह के लिए निवेश किये.

तब, $\frac{\frac{4x}{5}\times y}{\frac{x}{5}\times10}=\frac{\left(\frac{2}{3}\right)}{\left(\frac{1}{3}\right)}\Rightarrow\frac{2y}{5}=2\Rightarrow y=\frac{5\times2}{2}=5.$

$\therefore$ A ने अपनी पूँजी 5 महीनों के लिए निवेश की.

14 मिश्र समानुपात (COMPOUND PROPORTION)

सामान्य नियम

त्रैराशिक विधि (CHAIN RULE) : यदि चार राशियाँ समानुपाती हों तथा इनमें से तीन राशियाँ ज्ञात हों, तो चौथी राशि को x मान कर समानुपात के गुण का प्रयोग करके इसका मान ज्ञात करते हैं.

$$(a : b) :: (c : x) \Rightarrow (a \times x) = (b \times c) \Rightarrow x = \frac{(b \times c)}{a}.$$

सीधा अनुपात : यदि दो राशियाँ इस प्रकार हों कि एक राशि के घटने (या बढ़ने) पर दूसरी राशि भी उसी अनुपात में घटे (या बढ़े), तो ये राशियाँ सीधे अनुपात में कहलाती हैं.

विलोमानुपात : यदि दो राशियाँ इस प्रकार हों कि एक राशि के घटने (या बढ़ने) पर दूसरी राशि भी उसी अनुपात में बढ़े (या घटे), तो ये राशियाँ विलोमानुपात में कहलाती हैं.

मिश्र समानुपात : ऐसे समानुपात को जिसमें दो से अधिक अनुपात हों, मिश्र समानुपात कहते हैं. इस प्रकार के प्रश्नों में त्रैराशिक विधि को बार-बार दोहराते हैं.

साधित उदाहरण

प्रश्न 1. यदि 15 कलमों का मूल्य ₹ 198 हो, तो 25 कलमों का मूल्य कितना होगा?

हल : माना अभीष्ट मूल्य = ₹ x.

अधिक कलम, अधिक मूल्य **(सीधा अनुपात)**

$15 : 25 :: 198 : x \Rightarrow (15 \times x) = (25 \times 198) \Rightarrow x = \frac{(25 \times 198)}{15} \Rightarrow x = 330.$

अतः 25 कलमों का मूल्य = ₹ 330.

प्रश्न 2. यदि 25 आदमी किसी कार्य को 27 घण्टे में समाप्त करें, तो 15 आदमी इस कार्य को कितने समय में समाप्त कर सकेंगे?

हल : माना अभीष्ट समय = x घण्टे.

कम आदमी, अधिक घण्टे **(विलोमानुपात)**

$15 : 25 :: 27 : x \Rightarrow (15 \times x) = (25 \times 27) \Rightarrow x = \frac{(25 \times 27)}{15} \Rightarrow x = 45.$

अतः 15 आदमी इस कार्य को 45 घण्टे में समाप्त कर सकेंगे.

प्रश्न 3. यदि 45 व्यक्ति 300 किग्रा० चावल 12 दिन में खायें, तो 24 व्यक्ति 80 किग्रा० चावल कितने दिन में खायेंगे?

हल: माना अभीष्ट दिनों की संख्या = x.

कम व्यक्ति, अधिक दिन **(विलोमानुपात)**

कम चावल, कम दिन **(सीधा अनुपात)**

$$\left.\begin{array}{ll}\text{व्यक्ति} & 24:45 \\ \text{मात्रा} & 300:80\end{array}\right\} :: 12 : x$$

$\therefore (24 \times 300 \times x) = (45 \times 80 \times 12) \Rightarrow x = \frac{(45 \times 80 \times 12)}{(24 \times 300)} = 6.$

अतः अभीष्ट दिन = 6.

प्रश्न 4. यदि 35 व्यक्ति 49 मीटर लम्बी दीवार को 3 दिन में बना सकें, तो 20 व्यक्ति 6 दिन में ऐसी कितनी लम्बी दीवार बना सकेंगे?

हल: माना दीवार की अभीष्ट लम्बाई = x मीटर.

कम व्यक्ति, कम लम्बाई **(सीधा अनुपात)**

अधिक दिन, अधिक लम्बाई **(सीधा अनुपात)**

$$\left.\begin{array}{l}\text{व्यक्ति } 35 : 20 \\ \text{दिन } \quad 3 : 6\end{array}\right\} :: 49 : x$$

$$\therefore\ (35\times 3\times x) = (20\times 6\times 49) \Rightarrow x = \frac{(20\times 6\times 49)}{(35\times 3)} = 56.$$

अत: दीवार की अभीष्ट लम्बाई = 56 मीटर.

प्रश्न 5. यदि 24 मजदूर प्रतिदिन 7 घण्टे कार्य करके एक खाई को 18 दिन में खोद सकें तो कितने मजदूर 9 घण्टे प्रतिदिन कार्य करके इस खाई को 16 दिन में खोद सकेंगे?

हल: माना मजदूरों की अभीष्ट संख्या = x.

अधिक घण्टे प्रतिदिन कार्य, कम मजदूर **(विलोमानुपात)**

कम दिन, अधिक मजदूर **(विलोमानुपात)**

$$\left.\begin{array}{r}\text{घण्टे प्रतिदिन } \ 9 : 7 \\ \text{दिन } 16 : 18\end{array}\right\} :: 24 : x$$

$$\therefore\ (9\times 16\times x) = (7\times 18\times 24) \Rightarrow x = \frac{(7\times 18\times 24)}{(9\times 16)} = 21.$$

अत: मजदूरों की अभीष्ट संख्या = 21.

प्रश्न 6. यदि 17 व्यक्ति 8 घण्टे प्रतिदिन कार्य करके 26 मीटर लम्बी खाई को 18 दिन में खोद सकें, तो कितने व्यक्ति और लगाये जायें कि वे इसी प्रकार की 39 मीटर लम्बी खाई को 9 घण्टे प्रतिदिन कार्य करके 12 दिन में खोद सकें?

हल : माना कुल अभीष्ट व्यक्तियों की संख्या = x.

प्रतिदिन अधिक घण्टे कार्य, कम व्यक्ति **(विलोमानुपात)**

अधिक लम्बाई, अधिक व्यक्ति **(सीधा अनुपात)**

कम दिन, अधिक व्यक्ति **(विलोमानुपात)**

$$\left.\begin{array}{r}\text{घण्टे (प्रतिदिन) } 9 : 8 \\ \text{लम्बाई } 26 : 39 \\ \text{दिन } 12 : 18\end{array}\right\} :: 17 : x$$

$$\therefore\ (9\times 26\times 12\times x) = (8\times 39\times 18\times 17) \Rightarrow x = \frac{(8\times 39\times 18\times 17)}{(9\times 26\times 12)} = 34.$$

अतिरिक्त व्यक्तियों की संख्या = (34 – 17) = 17.

प्रश्न 7. यदि 35 घोड़ों के लिए 540 किग्रा० अनाज 21 दिन के लिए पर्याप्त हो, तो 28 घोड़ों के लिए 720 किग्रा० अनाज कितने दिनों के लिए पर्याप्त होगा?

हल : माना अभीष्ट दिनों की संख्या = x. तब

अधिक अनाज, अधिक दिन **(सीधा अनुपात)**

कम घोड़े, अधिक दिन **(विलोमानुपात)**

$$\left.\begin{array}{r}\text{अनाज (भार) } 540 : 720 \\ \text{घोड़े } \ 28 : 35\end{array}\right\} :: 21 : x$$

$$\therefore\ (540\times 28\times x) = (720\times 35\times 21) \Rightarrow x = \frac{(720\times 35\times 21)}{(540\times 28)} = 35.$$

अत: अभीष्ट दिनों की संख्या = 35.

प्रश्न 8. एक किले में 850 ग्राम प्रति व्यक्ति प्रतिदिन की दर से 3300 सैनिकों की खाद्य सामग्री थी. 7 दिन के बाद कुछ और सैनिक आने से तथा प्रत्येक को 825 ग्राम प्रतिदिन देने से शेष सामग्री केवल 17 दिन में समाप्त हो गई. किले में कितने सैनिक और आ गये ?

हल : माना नये सैनिकों की अभीष्ट संख्या $= x$.

850 ग्राम प्रति व्यक्ति की दर से 3300 सैनिकों की शेष सामग्री (32 – 7) अर्थात 25 दिन की थी.

$(3300 + x)$ सैनिकों को 825 ग्राम प्रति व्यक्ति देने पर यह सामग्री 17 दिन चली.

कम राशन प्रति व्यक्ति, अधिक व्यक्ति **(विलोमानुपात)**

कम दिन, अधिक व्यक्ति **(विलोमानुपात)**

$$\left.\begin{matrix}\text{राशन} & 825 : 850 \\ \text{दिन} & 17 : 25\end{matrix}\right\} :: 3300 : (3300 + x)$$

$$\therefore\ 825 \times 17 \times (3300 + x) = (850 \times 25 \times 3300) \Rightarrow (3300 + x) = \frac{(850 \times 25 \times 3300)}{(825 \times 17)} = 5000$$

$$\Rightarrow x = (5000 - 3300) = 1700.$$

अतः नये सैनिकों की संख्या = 1700.

प्रश्न 9. यदि 9 इंजन 8 घण्टे प्रतिदिन कार्यरत रहने पर 24 मीट्रिक टन कोयले की खपत करते हों, तो 8 इंजन प्रतिदिन 13 घण्टे कार्यरत रहकर कितने कोयले की खपत करेंगे जबकि पहली प्रकार के 3 इंजन उतनी खपत करते हों, जितनी दूसरी प्रकार के 4 ईंजन ?

हलः माना कोयले की अभीष्ट खपत $= x$ मीट्रिक टन.

कम इंजन, कम कोयले की खपत **(सीधा अनुपात)**

अधिक कार्य घण्टे, अधिक कोयले की खपत **(सीधा अनुपात)**

खपत की दर कम, कोयले की खपत कम **(सीधा अनुपात)**

पहली प्रकार के इंजन 1 इकाई खपत करें तो प्रत्येक ऐसा इंजन प्रति घण्टा $\frac{1}{3}$ इकाई खपत करेगा.

दूसरी प्रकार का प्रत्येक इंजन प्रति घण्टा $\frac{1}{4}$ इकाई खपत करेगा.

$$\left.\begin{matrix}\text{इंजनों की संख्या} & 9 : 8 \\ \text{कार्य घण्टे (प्रतिदिन)} & 8 : 13 \\ \text{खपत की दर} & \frac{1}{3} : \frac{1}{4}\end{matrix}\right\} :: 24 : x$$

$$\therefore \left(9 \times 8 \times \frac{1}{3} \times x\right) = \left(8 \times 13 \times \frac{1}{4} \times 24\right) \Rightarrow x = \frac{(26 \times 24)}{24} = 26.$$

अतः कोयले की अभीष्ट खपत = 26 मीट्रिक टन.

प्रश्नमाला 14A

निम्नलिखित प्रश्नों में से प्रत्येक में ठीक उत्तर को चिन्हांकित (✓) कीजिए:

1. 12 पुरुष एक कार्य को 24 दिन में पूरा करते हैं. 8 पुरुष इस कार्य को कितने दिन में पूरा कर सकेंगे ?

(*a*) 28 दिन (*b*) 36 दिन (*c*) 48 दिन (*d*) 52 दिन

(*e*) इनमें से कोई नहीं **(बैंक पी०ओ० परीक्षा, 2010)**

2. 120 मजदूर किसी कार्य को 15 दिनों में समाप्त कर सकते हैं. इसी कार्य को 10 दिन में समाप्त करने हेतु कितने मजदूर लगाने होंगे ? **(एस०एस०सी० परीक्षा, 2009)**

(*a*) 150 (*b*) 180 (*c*) 200 (*d*) 210

3. एक कैन्टीन में एक सप्ताह के लिए 238 किग्रा० चावल की आवश्यकता हो, तो 49 दिन के लिए कितना चावल चाहिए ? **(जीवन बीमा निगम परीक्षा, 2007)**

(*a*) 1715 किग्रा० (*b*) 1764 किग्रा० (*c*) 1568 किग्रा० (*d*) 1617 किग्रा० (*e*) इनमें से कोई नहीं

4. 10 नल जिनमें से एक ही दर से पानी प्रवाहित होता है, एक टंकी को 24 मिनट में भर सकते हैं. यदि 2 नल खराब हो जायें, तो शेष नल इस खाली टंकी को भरने में कितना समय लेंगे? **(रेलवे परीक्षा, 2009)**
(*a*) 26 मिनट (*b*) 28 मिनट (*c*) 29 मिनट (*d*) 30 मिनट

5. यदि एक बाल्टी का $\frac{4}{9}$ भाग 1 मिनट में भरा जा सके, तो शेष भाग भरने में कितने मिनट लगेंगे?
(*a*) 1 मिनट (*b*) $\frac{9}{4}$ मिनट (*c*) $\frac{5}{4}$ मिनट (*d*) $\frac{4}{5}$ मिनट
(होटल मैनेजमैंट परीक्षा, 2010)

6. यदि 1 आदमी किसी काम को 1 दिन में पूरा कर सकता हो, तो 5 आदमी मिलकर इससे 5 गुने कार्य को कितने समय में पूरा करेंगे? **(एस०एस०सी० परीक्षा, 2007)**
(*a*) 25 दिन (*b*) 1 दिन (*c*) 5 दिन (*d*) 10 दिन

7. एक किले में 150 सैनिकों के लिए 50 दिन के भोजन का प्रावधान था. 20 दिन बाद 50 सैनिक किले को छोड़ गये. बाकी बचा भोजन कितने दिन तक चलेगा? **(दिल्ली मैट्रो रेलवे परीक्षा, 2010)**
(*a*) 40 दिन (*b*) 45 दिन (*c*) 42 दिन (*d*) 50 दिन

8. 21 जिल्दसाज 1400 पुस्तकों की जिल्द 15 दिन में तैयार कर सकते हैं. 800 पुस्तकों की जिल्द 20 दिन में तैयार करने के लिए कितने जिल्दसाज चाहियें? **(बैंक पी०ओ० परीक्षा, 2009)**
(*a*) 7 (*b*) 9 (*c*) 12 (*d*) 14 (*e*) इनमें से कोई नहीं

9. यदि 12 बढ़ई प्रतिदिन 6 घण्टा कार्य करके 24 दिन में 460 कुर्सियाँ बनायें, तो 18 बढ़ई प्रतिदिन 8 घण्टा कार्य करके 36 दिन में कितनी कुर्सियाँ बनायेंगे? **(एस०एस०सी० परीक्षा, 2010)**
(*a*) 1260 (*b*) 1320 (*c*) 920 (*d*) 1380

10. 7 आदमी किसी कार्य को 12 दिन में पूरा कर सकते हैं. उससे दुगुने कार्य को 8 दिन में पूरा करने के लिए कितने अतिरिक्त आदमियों की आवश्यकता होगी? **(एस०एस०सी० परीक्षा, 2010)**
(*a*) 28 (*b*) 21 (*c*) 14 (*d*) 7

11. रवि किसी दूरी को प्रतिदिन 9 घण्टे विश्राम करके 40 दिन में तय कर सकता है. पहले से दुगुनी दूरी को, दुगुनी चाल से, प्रतिदिन दुगुने समय विश्राम करके वह कितने दिन में तय करेगा? **(जीवन बीमा निगम, 2010)**
(*a*) 40 दिन (*b*) 80 दिन (*c*) 50 दिन (*d*) 100 दिन

12. 18 व्यक्ति प्रतिदिन 6 घण्टे कार्य करके एक छोटे सभा भवन को 30 दिन में बनाते हैं. इस सभा भवन की तुलना में 16 गुना बड़े सभा भवन को प्रतिदिन 6 घण्टे कार्य करते हुए 27 दिन में बनाने के लिए कितने व्यक्तियों की आवश्यकता होगी? **(दिल्ली पुलिस परीक्षा, 2009)**
(*a*) 320 (*b*) 300 (*c*) 280 (*d*) 275

13. 3 आदमी अथवा 6 लड़के एक काम को 40 दिन में पूरा करते हैं, तो 6 आदमी तथा 8 लड़के इसी काम को कितने दिन में पूरा करेंगे? **(एस०एस०सी० परीक्षा, 2010)**
(*a*) 7 दिन (*b*) 8 दिन (*c*) 10 दिन (*d*) 12 दिन

14. यदि 8 घण्टे प्रतिदिन कार्य करके 25 व्यक्ति किसी कार्य को 15 दिन में समाप्त करें तो 20 व्यक्ति 10 घण्टे प्रतिदिन कार्य करके इससे दुगुने कार्य को कितने दिन में समाप्त कर सकेंगे? **(बी०एड० प्रवेश परीक्षा, 2010)**
(*a*) 50 दिन (*b*) 40 दिन (*c*) 30 दिन (*d*) 25 दिन

15. 8 पुरुष प्रतिदिन 9 घण्टे कार्य करके एक काम को 20 दिन में पूरा करते हैं. 7 पुरुष प्रतिदिन 10 घण्टे कार्य करके उस काम को कितने दिन में पूरा करेंगे? **(बैंक पी०ओ० परीक्षा, 2006)**
(*a*) 21 दिन (*b*) $20\frac{3}{5}$ दिन (*c*) $20\frac{4}{7}$ दिन (*d*) $21\frac{3}{7}$ दिन (*e*) इनमें से कोई नहीं

16. कुछ व्यक्ति एक काम को 90 दिन में पूरा करते हैं. यदि 15 व्यक्ति कम हो जायें तो 10 दिन अधिक लगेंगे. आरम्भ में कितने व्यक्ति थे? **(रेलवे परीक्षा, 2009)**
(*a*) 160 (*b*) 150 (*c*) 145 (*d*) 120

17. 17·5 मीटर ऊँचे एक ध्वज–दण्ड की परछाई 40·25 मीटर लम्बी है. इसी समय पर कितने ऊँचे भवन की परछाई 28·75 मीटर लम्बी होगी ?

(*a*) 10 मीटर (*b*) 12·5 मीटर (*c*) 17·5 मीटर (*d*) 21·25 मीटर

18. यदि 9 परीक्षक 5 घण्टे प्रतिदिन कार्य करके कुछ उत्तर–पुस्तिकाओं को 12 दिन में जाँच सकें, तो 4 परीक्षकों को इससे दुगुनी उत्तर–पुस्तिकाओं को 30 दिन में जाँचने के लिए कितने घण्टे प्रतिदिन कार्य करना होगा ?

(*a*) 6 (*b*) 8 (*c*) 9 (*d*) 10

19. यदि 18 पम्प 7 घण्टे प्रतिदिन कार्य करके 2170 टन पानी 10 दिन में निकाल सकें, तो 16 पम्प 9 घण्टे प्रतिदिन कार्य करके 1736 टन पानी कितने दिन में निकाल सकेंगे ?

(*a*) 6 दिन (*b*) 7 दिन (*c*) 8 दिन (*d*) 9 दिन

20. यदि 5 ईंजिन, 9 घण्टे प्रतिदिन कार्यरत रहने पर 6 मीट्रिक टन कोयले की खपत करें, तो 8 ईंजिन, 10 घण्टे प्रतिदिन कार्यरत रह कर, कितने कोयले की खपत करेंगे, जबकि पहली प्रकार के 3 ईंजिन उतनी खपत करते हैं, जितनी कि दूसरी प्रकार के 4 ईंजिन ?

(*a*) $3\frac{1}{8}$ मी० टन (*b*) $6\frac{12}{25}$ मी० टन (*c*) 8 मी० टन (*d*) $8\frac{8}{9}$ मी० टन

21. यदि 7 औरतें 7 झाड़ुओं से 7 मंजिलों को 7 घण्टे में साफ करें, तो 3 औरतें, 3 झाड़ुओं से 3 मंजिलों को साफ करने में कितने घण्टे लेंगी ? **(मैनेजमैन्ट परीक्षा, 2001)**

(*a*) $\frac{7}{3}$ घण्टे (*b*) 3 घण्टे (*c*) 7 घण्टे (*d*) $16\frac{1}{3}$ घण्टे

22. यदि 400 व्यक्ति 9 घण्टे प्रतिदिन कार्य करके किसी कार्य का $\frac{1}{4}$ भाग 10 दिन में समाप्त कर सकें, तो कितने अतिरिक्त व्यक्ति और लगाये जायें कि वे सभी 8 घण्टे प्रतिदिन कार्य करके, शेष कार्य को 20 दिन में समाप्त कर सकें ?

(*a*) 225 (*b*) 250 (*c*) 275 (*d*) 325

23. एक ठेकेदार ने कोई कार्य 38 दिन में समाप्त करने का ठेका लिया तथा 30 व्यक्ति काम पर लगाये. 25 दिन बाद उसने 5 व्यक्ति और लगाये तथा कार्य नियत समय से 1 दिन पहले समाप्त कर दिया. यदि वह अतिरिक्त व्यक्ति नहीं लगाता तो नियत समय से कितने दिन बाद कार्य समाप्त होता ?

(*a*) 1 (*b*) $1\frac{1}{2}$ (*c*) $1\frac{1}{4}$ (*d*) $1\frac{3}{4}$

24. 5 व्यक्ति 7 घण्टे प्रतिदिन कार्य करके एक प्रवेश सूची 8 दिन में तैयार कर सकते हैं. इस कार्य को 4 दिन में पूरा कराने के लिए 2 व्यक्ति और सम्मिलित कर लियें जायें, तो उन्हें प्रतिदिन कितने घंटे काम करना होगा ?

(*a*) 8 घण्टे (*b*) 9 घण्टे (*c*) 10 घण्टे (*d*) 12 घण्टे

(एस०एस०सी० परीक्षा, 2004)

25. 4 आदमी तथा 6 महिलायें मिलकर किसी कार्य को 8 दिन में पूरा कर सकते हैं, जबकि 3 आदमी तथा 7 महिलायें मिलकर इस कार्य को 10 दिन में पूरा कर सकते हैं. 10 महिलायें इसे कितने दिनों में पूरा करेंगी ?

(*a*) 35 दिन (*b*) 40 दिन (*c*) 45 दिन (*d*) 50 दिन

(एस०एस०सी० परीक्षा, 2004)

26. यदि x आदमी x घण्टे प्रतिदिन कार्य करके x इकाई कार्य x दिन में समाप्त करें, तो y आदमी y घण्टे प्रतिदिन कार्य करके y दिन में कितने इकाई कार्य करेंगे ?

(*a*) $\frac{x^2}{y^3}$ (*b*) $\frac{x^3}{y^2}$ (*c*) $\frac{y^2}{x^3}$ (*d*) $\frac{y^3}{x^2}$

27. यदि कुछ व्यक्ति 100 मीटर लम्बी, 50 मीटर चौड़ी तथा 10 मीटर गहरा खाई को 10 दिन में खोद सकें तो यही व्यक्ति 30 दिन में 25 मीटर चौड़ी तथा 15 मीटर गहरी कितनी लम्बी खाई खोद सकेंगे ?

(*a*) 400 मीटर (*b*) 200 मीटर (*c*) 100 मीटर (*d*) $88\frac{8}{9}$ मीटर

28. 7 आदमी अथवा 10 औरतें एक 100 मीटर लम्बी दीवार को 10 दिन में बना लेते हैं. 14 आदमी तथा 20 औरतें ऐसी 600 मीटर लम्बी दीवार को कितने दिन में बनायेंगे? **(एस०एस०सी० परीक्षा, 2003)**

(*a*) 15 (*b*) 20 (*c*) 25 (*d*) 30

29. एक सैनिक शिविर में 500 सैनिकों के लिए 27 दिन की खाद्य-सामग्री थी. 3 दिन बाद 300 सैनिक और आ गये. शेष सामग्री कितने दिनों के लिए पर्याप्त होगी?

(*a*) 15 दिन (*b*) 16 दिन (*c*) $17\frac{1}{2}$ दिन (*d*) 18 दिन

30. एक शिविर में ठहरे सैनिकों के लिए एक निश्चित अवधि के लिए खाद्य-सामग्री थी. 10 दिन बाद इनमें से $\frac{1}{5}$ सैनिकों के छोड़कर जाने पर ज्ञात हुआ कि शेष सामग्री उतने ही दिन और चलेगी जितने दिन के लिए आरम्भ में निश्चित की गई थी. यह निश्चित अवधि कितने दिन की थी?

(*a*) 15 दिन (*b*) 25 दिन (*c*) 35 दिन (*d*) 50 दिन

उत्तरमाला (प्रश्नमाला 14A)

1. (*b*)	**2.** (*b*)	**3.** (*e*)	**4.** (*d*)	**5.** (*c*)	**6.** (*b*)	**7.** (*b*)	**8.** (*b*)	**9.** (*d*)	**10.** (*c*)
11. (*b*)	**12.** (*a*)	**13.** (*d*)	**14.** (*c*)	**15.** (*c*)	**16.** (*b*)	**17.** (*b*)	**18.** (*c*)	**19.** (*b*)	**20.** (*c*)
21. (*d*)	**22.** (*c*)	**23.** (*a*)	**24.** (*c*)	**25.** (*b*)	**26.** (*d*)	**27.** (*a*)	**28.** (*a*)	**29.** (*a*)	**30.** (*d*)

दिये गये प्रश्नों के हल प्रश्नमाला 14A

1. माना अभीष्ट दिनों की संख्या $= x$.

कम पुरुष, अधिक दिन (विलोमानुपात)

$8:12::24:x \Rightarrow 8x = (12\times24) \Rightarrow x = \frac{(12\times24)}{8} = 36$ दिन.

2. माना अभीष्ट मजदूरों की संख्या $= x$.

कम दिन, अधिक मजदूर (विलोमानुपात)

$10:15::120:x \Rightarrow 10x = (15\times120) \Rightarrow x = \frac{(15\times120)}{10} = 180.$

अभीष्ट मजदूरों की संख्या = 180.

3. माना चावल की अभीष्ट मात्रा $= x$ किग्रा०.

अधिक दिन, अधिक चावल (सीधा अनुपात)

$7:49::238:x \Rightarrow 7\times x = 49\times238 \Rightarrow x = \frac{(49\times238)}{7} = 1666$ किग्रा०.

4. माना अभीष्ट समय $= x$ मिनट.

कम नल, अधिक समय (विलोमानुपाती)

$8:10::24:x \Rightarrow 8x = 10\times24 \Rightarrow x = \frac{10\times24}{8} = 30$ मिनट.

5. माना शेष भाग को भरने में लगा समय $= x$ मिनट.

शेष भाग $= \left(1-\frac{4}{9}\right) = \frac{5}{9}.$

अधिक भाग, अधिक समय (सीधा अनुपात)

$\frac{4}{9}:\frac{5}{9}::1:x \Rightarrow \frac{4}{9}\times x = \frac{5}{9}\times1 \Rightarrow x = \left(\frac{5}{9}\times\frac{9}{4}\right) = \frac{5}{4}$ मिनट.

6. माना अभीष्ट समय $= x$ दिन.

अधिक आदमी, कम दिन (विलोमानुपात)

अधिक कार्य, अधिक दिन (सीधा अनुपात)

$$\left.\begin{array}{l}\text{आदमी } 5:1\\ \text{कार्य } 1:5\end{array}\right\}::1:x$$

$\therefore$ $(5\times1\times x)=(1\times5\times1)\Rightarrow x=1$ दिन.

7. अब 150 सैनिकों के लिए (50 – 20) दिन अर्थात 30 दिन की सामग्री थी.

शेष बचे सैनिक = (150 – 50) = 100.

माना शेष भोजन x दिन चलेगा.

कम सैनिक, अधिक दिन (विलोमानुपात)

$$100:150::30:x\Rightarrow 100\times x=150\times30\Rightarrow x=\frac{(150\times30)}{100}=45 \text{ दिन.}$$

8. माना अभीष्ट जिल्दसाजों की संख्या = x.

कम पुस्तकें, कम जिल्दसाज (सीधा अनुपात)

अधिक दिन, कम जिल्दसाज (विलोमानुपात)

$$\left.\begin{array}{l}\text{पुस्तकें } 1400:800\\ \text{दिन } 20:15\end{array}\right\}::21:x$$

$$\therefore\ 1400\times20\times x=800\times15\times21\Rightarrow x=\frac{(800\times15\times21)}{(1400\times20)}\Rightarrow x=9 \text{ जिल्दसाज.}$$

9. माना अभीष्ट कुर्सियों की संख्या = x.

अधिक बढ़ई, अधिक कुर्सियाँ (सीधा अनुपात)

अधिक घण्टे प्रतिदिन, अधिक कुर्सियाँ (सीधा अनुपात)

अधिक दिन, अधिक कुर्सियाँ (सीधा अनुपात)

$$\left.\begin{array}{l}\text{बढ़ई } 12:18\\ \text{घण्टे / दिन } 6:8\\ \text{दिन } 24:36\end{array}\right\}::460:x$$

$$\therefore\ (12\times6\times24\times x)=(18\times8\times36\times460)\Rightarrow x=\frac{(18\times8\times36\times460)}{(12\times6\times24)}\Rightarrow x=1380 \text{ कुर्सियाँ.}$$

10. माना कुल x आदमियों की आवश्यकता है.

कम दिन, अधिक आदमी (विलोमानुपात)

अधिक कार्य, अधिक आदमी (सीधा अनुपात)

$$\left.\begin{array}{l}\text{दिन } 8:12\\ \text{कार्य } y:2y\end{array}\right\}::7:x$$

$$\therefore\ (8\times y\times x)=(12\times2y\times7)\Rightarrow x=\frac{(12\times2y\times7)}{(8\times y)}\Rightarrow x=21.$$

अतिरिक्त आदमियों की संख्या = (21 – 7) = 14.

11. माना अभीष्ट दिनों की संख्या = x.

अधिक दूरी, अधिक दिन (सीधा अनुपात)

तेज चाल, कम दिन (विलोमानुपात)

अधिक विश्राम, अधिक दिन (सीधा अनुपात)

$$\left.\begin{array}{l}\text{दूरी } y:2y\\ \text{चाल } 2z:z\\ \text{विश्राम घण्टे } 9:18\end{array}\right\}::40:x$$

$$\therefore\ (y\times2z\times9\times x)=(2y\times z\times18\times40)\Rightarrow x=\frac{(2y\times z\times18\times40)}{(y\times2z\times9)}\Rightarrow x=80 \text{ दिन.}$$

12. माना अभीष्ट व्यक्तियों की संख्या $= x$.

अधिक घण्टे कार्य, कम व्यक्ति (विलोमानुपात)

कम दिन, अधिक व्यक्ति (विलोमानुपात)

अधिक बड़ा भवन, अधिक व्यक्ति (सीधा अनुपात)

$$\left.\begin{matrix} \text{घण्टे प्रतिदिन} & 6 : 6 \\ \text{दिन} & 27 : 30 \\ \text{भवन का माप} & y : 16y \end{matrix}\right\} :: 18 : x$$

$$\therefore (6\times27\times y\times x) = (6\times30\times16y\times18) \Rightarrow x = \frac{(6\times30\times16y\times18)}{(6\times27\times y)} \Rightarrow x = 320 \text{ व्यक्ति.}$$

13. 3 आदमी ≡ 6 लड़के ⇒ एक आदमी ≡ 2 लड़के.

∴ 6 आदमी + 8 लड़के ≡ (6 × 2) लड़के + 8 लड़के = 20 लड़के.

माना अभीष्ट दिनों की संख्या $= x$.

अधिक लड़के, कम दिन (विलोमानुपात)

$$20 : 6 :: 40 : x \Rightarrow 20x = (6\times40) \Rightarrow x = \frac{(6\times40)}{20} = 12 \text{ दिन.}$$

14. माना अभीष्ट दिनों की संख्या $= x$.

कम व्यक्ति, अधिक दिन (विलोमानुपात)

अधिक घण्टे प्रतिदिन, कम दिन (विलोमानुपात)

अधिक कार्य, अधिक दिन (सीधा अनुपात)

$$\left.\begin{matrix} \text{व्यक्ति} & 20 : 25 \\ \text{घण्टे प्रतिदिन} & 10 : 8 \\ \text{कार्य} & 1 : 2 \end{matrix}\right\} :: 15 : x$$

$$\therefore (20\times10\times1\times x) = (25\times8\times2\times15) \Rightarrow x = \frac{200\times30}{200} \Rightarrow x = 30 \text{ दिन.}$$

15. माना अभीष्ट दिनों की संख्या $= x$.

कम पुरुष, अधिक दिन (विलोमानुपात)

अधिक घण्टे प्रतिदिन, कम दिन (विलोमानुपात)

$$\left.\begin{matrix} \text{पुरुष} & 7 : 8 \\ \text{घण्टे प्रतिदिन} & 10 : 9 \end{matrix}\right\} :: 20 : x$$

$$\therefore (7\times10\times x) = (8\times9\times20) \Rightarrow x = \frac{144}{7} = 20\frac{4}{7} \text{ दिन.}$$

16. माना आरम्भ में x व्यक्ति थे.

अधिक दिन, कम व्यक्ति (विलोमानुपात)

$$100 : 90 :: x : (x-15) \Rightarrow 100\times(x-15) = 90x \Rightarrow 100x - 1500 = 90x \Rightarrow 10x = 1500 \Rightarrow x = 150.$$

अभीष्ट व्यक्तियों की संख्या = 150.

17. माना भवन की अभीष्ट ऊँचाई $= x$ मीटर.

कम परछाई, कम ऊँचाई (सीधा अनुपात)

$$40{\cdot}25 : 28{\cdot}75 :: 17{\cdot}5 : x \Rightarrow 40{\cdot}25\times x = 28{\cdot}75\times17{\cdot}5$$

$$\Rightarrow x = \frac{(28{\cdot}75\times17{\cdot}5)}{40{\cdot}25} = \frac{2875\times175}{40250} = \frac{25}{2} = 12{\cdot}5 \text{ मी.}$$

18. माना प्रतिदिन कार्य घण्टे $= x$.

कम परीक्षक, अधिक कार्य घण्टे (विलोमानुपात)

अधिक दिन, कम कार्य घण्टे (विलोमानुपात)

अधिक उत्तर-पुस्तिकायें, अधिक कार्य घण्टे (सीधा अनुपात)

$$\left.\begin{array}{lr} \text{परीक्षक} & 4:9 \\ \text{दिन} & 30:12 \\ \text{उ० पुस्तिकायें} & 1:2 \end{array}\right\} :: 5:x$$

$\therefore\ (4\times30\times1\times x)=(9\times12\times2\times5) \Rightarrow x=\frac{1080}{120}=9$ घण्टे प्रतिदिन.

19. माना अभीष्ट दिनों की संख्या $= x$.

कम पम्प, अधिक दिन **(विलोमानुपात)**

अधिक घण्टे प्रति दिन, कम दिन **(विलोमानुपात)**

कम टन पानी, कम दिन **(सीधा अनुपात)**

$$\left.\begin{array}{lr} \text{पम्प} & 16:18 \\ \text{घण्टे / दिन} & 9:7 \\ \text{मात्रा (टनों में)} & 2170:1736 \end{array}\right\} :: 10:x$$

$\therefore\ (16\times9\times2170\times x)=(18\times7\times1736\times10) \Rightarrow x=\frac{(18\times7\times1736\times10)}{(16\times9\times2170)}=7$ दिन.

20. माना कोयले की अभीष्ट खपत $= x$ टन.

अधिक ईंजन, कोयले की अधिक खपत **(समानुपात)**

अधिक कार्य घण्टे प्रतिदिन, कोयले की अधिक खपत **(सीधा अनुपात)**

खपत दर कम, कोयले की कम खपत **(सीधा अनुपात)**

माना पहले 3 ईंजन 1 इकाई खपत करें, तो प्रत्येक ईंजन की खपत $= \frac{1}{3}$.

इसी प्रकार, दूसरी प्रकार के प्रत्येक ईंजन की खपत $= \frac{1}{4}$.

$$\left.\begin{array}{lr} \text{ईंजन} & 5:8 \\ \text{कार्य घण्टे} & 9:10 \\ \text{खपत दर} & \frac{1}{3}:\frac{1}{4} \end{array}\right\} :: 6:x$$

$\therefore\ \left(5\times9\times\frac{1}{3}\times x\right)=\left(8\times10\times\frac{1}{4}\times6\right) \Rightarrow 15x=120 \Rightarrow x=8$ मी० टन.

21. माना अभीष्ट घंटों की संख्या $= x$. तब,

कम औरतें, अधिक घण्टे **(विलोमानुपात)**

कम झाड़ू, अधिक घण्टे **(विलोमानुपात)**

कम मंजिल, कम घण्टे **(सीधा अनुपात)**

$$\left.\begin{array}{lr} \text{औरतें} & 3:7 \\ \text{झाड़ू} & 3:7 \\ \text{मंजिलें} & 7:3 \end{array}\right\} :: 7:x$$

$\therefore\ (3\times3\times7\times x)=(7\times7\times3\times7) \Rightarrow x=\frac{(7\times7\times3\times7)}{(3\times3\times7)}=\frac{49}{3}$ घण्टे $=16\frac{1}{3}$ घण्टे.

22. माना कुल व्यक्ति $= x$.

कम घण्टे प्रतिदिन, अधिक व्यक्ति **(विलोमानुपात)**

अधिक कार्य भाग, अधिक व्यक्ति **(सीधा अनुपात)**

अधिक दिन, कम व्यक्ति **(विलोमानुपात)**

$$\left.\begin{array}{lr} \text{घण्टे / दिन} & 8:9 \\ \text{कार्य भाग} & \frac{1}{4}:\frac{3}{4} \\ \text{दिन} & 20:10 \end{array}\right\} :: 400:x$$

$\therefore \left(8\times\frac{1}{4}\times20\times x\right)=\left(9\times\frac{3}{4}\times10\times400\right) \Rightarrow 40x = 27000 \Rightarrow x = 675.$

अभीष्ट अतिरिक्त व्यक्ति = (675 – 400) = 275.

23. 25 दिन बाद, 35 व्यक्ति कार्य को समाप्त करेंगे = 12 दिन में.

$\therefore$ शेष कार्य को 35 व्यक्ति समाप्त करेंगें = 12 दिन में.

इस कार्य को 30 व्यक्ति समाप्त करेंगे = $\frac{(12\times35)}{30}$ दिन में = 14 दिन में अर्थात् नियत समय से 1 दिन बाद.

24. माना अभीष्ट घण्टे = x. तब,

अधिक व्यक्ति, कम घण्टे **(विलोमानुपात)**

कम दिन, अधिक घण्टे **(विलोमानुपात)**

$\left.\begin{matrix}\text{व्यक्ति} & 7 : 5\\ \text{दिन} & 4 : 8\end{matrix}\right\} :: 7 : x$

$\therefore (7\times4\times x) = (5\times8\times7) \Rightarrow x = \frac{(5\times8\times7)}{(7\times4)} = 10$ घण्टे.

25. [(4 × 8) आदमी + (6 × 8) महिलायें] ≡ [(3 × 10) आदमी + (7 × 10) महिलायें]

$\therefore$ 2 आदमी ≡ 22 महिलायें

(44 + 6) महिलायें कार्य समाप्त करती हैं = 8 दिन में.

10 महिलायें कार्य समाप्त करेंगी = $\frac{(8\times50)}{10}$ = 40 दिन में.

26. माना कार्य की अभीष्ट इकाई = z.

अधिक व्यक्ति, अधिक कार्य **(सीधा अनुपात)**

अधिक कार्य घण्टे, अधिक कार्य **(सीधा अनुपात)**

अधिक दिन, अधिक कार्य **(सीधा अनुपात)**

$\left.\begin{matrix}\text{व्यक्ति} & x : y\\ \text{कार्य घण्टे} & x : y\\ \text{दिन} & x : y\end{matrix}\right\} :: x : z$

$\Rightarrow (x\times x\times x\times z) = (y\times y\times y\times x) \Rightarrow x^3\times z = y^3\times x \Rightarrow z = \frac{y^3}{x^2}.$

27. माना अभीष्ट लम्बाई = x मीटर.

कम चौड़ी, अधिक लम्बी **(विलोमानुपात)**

अधिक गहरी, कम लम्बी **(विलोमानुपात)**

अधिक दिन, अधिक लम्बी **(सीधा अनुपात)**

$\left.\begin{matrix}\text{चौड़ाई} & 25 : 50\\ \text{गहराई} & 15 : 10\\ \text{दिन} & 10 : 30\end{matrix}\right\} :: 100 : x$

$\therefore (25\times15\times10\times x) = (50\times10\times30\times100) \Rightarrow x = \frac{(50\times10\times30\times100)}{(25\times15\times10)} = 400.$

अभीष्ट लम्बाई = 400 मीटर.

28. (7 आदमी ≡ 10 औरतें) ⇒ (14 आदमी ≡ 20 औरतें) ⇒ (14 आदमी + 20 औरतें) ≡ 40 औरतें.

अधिक औरतें, कम दिन **(विलोमानुपात)**

अधिक लम्बाई, अधिक दिन **(सीधा अनुपात)**

$\left.\begin{matrix}\text{औरतें} & 40 : 10\\ \text{लंबाई} & 100 : 600\end{matrix}\right\} :: 10 : x$

$\therefore (40\times100\times x) = (10\times600\times10) \Rightarrow x = \frac{(10\times600\times10)}{(40\times100)} = 15.$

अभीष्ट दिनों की संख्या = 15.

29. 500 सैनिकों के लिए (27 – 3) = 24 दिन की सामग्री थी.
माना 800 सैनिकों के लिए यह x दिन चलेगी.
अधिक सैनिक, कम दिन **(विलोमानुपात)**

$$800 : 500 :: 24 : x \Rightarrow 800 \times x = 500 \times 24 \Rightarrow x = \frac{(500 \times 24)}{800} = 15 \text{ दिन}.$$

30. माना आरम्भ में x सैनिकों के लिए y दिन की सामग्री थी.
10 दिन बाद x सैनिकों के लिए $(y - 10)$ दिन की सामग्री थी.
अब $\left(x - \frac{x}{5}\right)$ अर्थात $\frac{4x}{5}$ सैनिकों के लिए y दिन की सामग्री थी.

$$x(y-10) = \left(\frac{4x}{5} \times y\right) \Rightarrow xy - 10x = \frac{4xy}{5}$$

$$\therefore\ 5xy - 50x = 4xy \Rightarrow xy = 50x \Rightarrow y = 50 \text{ दिन}.$$

प्रश्नमाला 14B

1. 75 लड़के किसी कार्य को 24 दिन में समाप्त कर सकते हैं. कितने पुरुष इससे दुगुने कार्य को 20 दिन में समाप्त कर सकेंगे, जबकि 2 पुरुष 1 दिन में उतना कार्य करते हैं जितना 3 लड़के 1 दिन में करते हैं ?

2. यदि 10 आदमी और 15 लड़के मिलकर किसी कार्य को 15 दिन में समाप्त करें, तो 16 आदमी और 20 लड़के मिलकर इससे तिगुने कार्य को कितने दिन में समाप्त करेंगे जबकि 3 आदमी 2 घण्टे में उतना ही कार्य करते हैं जितना कि 5 लड़के 3 घण्टे में ? **(एस०एस०सी० परीक्षा, 2003)**

3. एक ठेकेदार ने एक सड़क का निर्माण कार्य 200 दिन में पूर्ण करने का ठेका लिया तथा उसने 140 आदमी काम पर लगाये. 60 दिन के बाद उसे ज्ञात हुआ कि कुल कार्य का $\frac{1}{4}$ भाग पूरा किया गया है. वह कितने अतिरिक्त व्यक्ति काम पर लगाये कि पूर्ण कार्य समय पर समाप्त हो जाये ?

4. एक ठेकेदार ने किसी काम को 90 दिन में पूरा करने का ठेका लिया तथा कुछ आदमी काम पर लगाये. 24 दिन के बाद उसे ज्ञात हुआ कि कुल काम का $\frac{2}{7}$ भाग पूरा हो पाया है. उसने 2 आदमी हटा दिये तथा काम समय पर पूरा हो गया. आरम्भ में कितने आदमी काम पर लगाये गये थे ? **(एस०एस०सी० परीक्षा, 2009)**

5. एक ठेकेदार ने कोई कार्य 19 दिन में पूर्ण करने के लिए 15 व्यक्ति काम पर लगाये, जो 8 घण्टे प्रतिदिन कार्य करते हैं. 10 दिन के बाद किसी दुर्घटना के कारण 3 दिन कार्य न हो सका तथा 4 व्यक्ति कार्य करने योग्य न रहे. कितने अतिरिक्त व्यक्ति और लगाये जायें कि 9 घण्टे प्रतिदिन कार्य करके समय पर कार्य पूर्ण हो सके ?

6. यदि 9 व्यक्ति $7\frac{1}{2}$ घण्टे प्रतिदिन कार्य करके किसी काम को 40 दिन में समाप्त कर सकें तो इसी काम को 6 घण्टे प्रतिदिन कार्य करके 12 व्यक्ति कितने दिन में समाप्त कर सकेंगे जबकि पहले वाले 3 व्यक्ति, बाद वाले 2 व्यक्तियों के बराबर कार्य करते हों ?

7. यदि 8 व्यक्ति 9 घण्टे प्रतिदिन कार्य करके 18 मीटर लम्बी, 2 मीटर चौड़ी तथा 12 मीटर ऊँची दीवार 10 दिन में पूरी बना सकें, तो 32 मीटर लम्बी, 3 मीटर चौड़ी तथा 9 मीटर ऊँची दीवार कितने व्यक्ति 6 घण्टे प्रतिदिन कार्य करके 8 दिन में पूरी कर सकेंगे ?

8. 8 प्रेस कम्पोजिटर 600 पृष्ठ की पांडुलिपि को 12 घण्टे प्रतिदिन कार्य करके 16 दिन में सैट कर सकते हैं, जबकि प्रत्येक पृष्ठ में 60 पंक्तियाँ हैं तथा प्रत्येक पंक्ति में 40 अक्षर हैं. 1000 पृष्ठ की एक अन्य पांडुलिपि के प्रत्येक पृष्ठ में 48 पंक्तियाँ तथा प्रत्येक पंक्ति में 50 अक्षर हैं. इसे 10 कम्पोजिटर, 8 घण्टे प्रतिदिन कार्य करके कितने दिनों में सैट करेंगे ?

9. 5 घण्टे प्रतिदिन कार्य करके 60 व्यक्ति एक 300 मीटर लम्बी 6 मीटर चौड़ी तथा 2 मीटर गहरी खाई को 6 दिन में खोद सकते हैं. एक दूसरी 540 मीटर लम्बी 4 मीटर चौड़ी तथा $3\frac{1}{2}$ मीटर गहरी खाई को 40 व्यक्ति 4 घण्टे प्रतिदिन कार्य करके कितने दिन में खोद सकेंगे ? **(एस०एस०सी० परीक्षा, 2009)**

उत्तरमाला (प्रश्नमाला 14B)

1. 120 पुरुष **2.** 30 दिन **3.** 40 **4.** 22 **5.** 9 **6.** 25 दिन **7.** 30
8. 32 दिन **9.** $23\frac{5}{8}$ दिन

दिये गये प्रश्नों के हल | प्रश्नमाला 14B

1. 3 लड़के ≡ 2 पुरुष ⇒ 1 लड़का ≡ $\frac{2}{3}$ पुरुष ⇒ 75 लड़के ≡ $\left(75\times\frac{2}{3}\right)$ पुरुष = 50 पुरुष.
माना पुरुषों की अभीष्ट संख्या = x.
अधिक कार्य, अधिक पुरुष (समानुपात)
कम दिन, अधिक पुरुष (विलोमानुपात)

$$\left.\begin{array}{l}\text{व्यक्ति} \quad 1 : 2 \\ \text{दिन} \quad 20 : 24\end{array}\right\}::50:x$$

$\therefore$ $(1 \times 20 \times x) = (2 \times 24 \times 50) \Rightarrow x = 120.$
पुरुषों की अभीष्ट संख्या = 120.

2. 3 आदमियों का 2 घण्टे का कार्य = 5 लड़कों का 3 घण्टे का कार्य.
$\therefore$ (3 × 2) आदमियों का 1 घण्टे का कार्य = (5 × 3) लड़कों का 1 घण्टे का कार्य.
$\therefore$ 6 आदमी ≡ 15 लड़के ⇒ 1 आदमी ≡ $\frac{5}{2}$ लड़के.
10 आदमी + 15 लड़के ≡ $\left(10\times\frac{5}{2}\right)$ लड़के + 15 लड़के = 40 लड़के.
16 आदमी + 20 लड़के ≡ $\left(16\times\frac{5}{2}\right)$ लड़के + 20 लड़के = 60 लड़के.
माना अभीष्ट दिनों की संख्या = x.
अधिक कार्य, अधिक दिन (सीधा अनुपात)
अधिक लड़के, कम दिन (विलोमानुपात)

$$\left.\begin{array}{l}\text{कार्य} \quad 1 : 3 \\ \text{लड़के} \quad 60 : 40\end{array}\right\}::15:x$$

$(1 \times 60 \times x) = (3 \times 40 \times 15) \Rightarrow x = 30.$
अतः अभीष्ट दिनों की संख्या = 30.

3. शेष कार्य = $\left(1-\frac{1}{4}\right)=\frac{3}{4}$, , शेष दिन = (200 – 60) = 140.
माना अभीष्ट व्यक्तियों की संख्या = x.
अधिक कार्य, अधिक व्यक्ति (सीधा अनुपात)
अधिक दिन, कम व्यक्ति (विलोमानुपात)

$$\left.\begin{array}{l}\text{कार्य} \quad \frac{1}{4} : \frac{3}{4} \\ \text{दिन} \quad 140 : 60\end{array}\right\}::140:x$$

$\therefore \left(\frac{1}{4}\times140\times x\right)=\left(\frac{3}{4}\times60\times140\right)\Rightarrow x=180.$
अतिरिक्त व्यक्ति = (180 – 140) = 40.

4. माना आरम्भ में ठेकेदार ने x आदमी काम पर लगाये.

x आदमियों ने 24 दिन में $\frac{2}{7}$ काम पूरा किया.

शेष कार्य $= \left(1-\frac{2}{7}\right) = \frac{5}{7}$.

स्पष्ट है कि $(x-2)$ आदमियों ने $\frac{5}{7}$ काम $(90-24) = 66$ दिन में पूरा किया.

अधिक दिन, कम आदमी **(विलोमानुपात)**

अधिक काम, अधिक आदमी **(सीधा अनुपात)**

$$\left.\begin{array}{l} \text{दिन } 66 : 24 \\ \text{काम } \frac{2}{7} : \frac{5}{7} \end{array}\right\} :: x : (x-2)$$

$$\therefore \left[66\times\frac{2}{7}\times(x-2)\right] = \left(24\times\frac{5}{7}\times x\right) \Rightarrow 132\,(x-2) = 120x \Rightarrow 12x = 264 \Rightarrow x = 22.$$

आरम्भ में लगाये गये व्यक्ति = 22.

5. 10 दिन का कार्य $= \frac{10}{19}$. शेष कार्य $= \left(1-\frac{10}{19}\right) = \frac{9}{19}$. शेष दिन = 6.

माना कुल व्यक्ति $= x$.

$$\left.\begin{array}{l} \text{दिन } 6 : 19 \\ \text{कार्य } 1 : \frac{9}{19} \\ \text{कार्य घण्टे } 9 : 8 \end{array}\right\} :: 15 : x$$

$$\therefore (6\times1\times9\times x) = \left(19\times\frac{9}{19}\times8\times15\right) \Rightarrow x = \frac{9\times8\times15}{6\times9} = 20.$$

अतिरिक्त व्यक्ति = (20 – 11) = 9.

6. माना पहले वाले 3 व्यक्ति एक निश्चित समय में 1 इकाई कार्य करते हैं.

तब, इनमें से प्रत्येक व्यक्ति उस निश्चित समय में $\frac{1}{3}$ इकाई कार्य करेगा.

बाद वाला प्रत्येक व्यक्ति उस निश्चित समय में $\frac{1}{2}$ इकाई कार्य करेगा.

माना अभीष्ट दिनों की संख्या $= x$.

अधिक व्यक्ति, कम दिन **(विलोमानुपात)**

कम कार्य घण्टे, अधिक दिन **(विलोमानुपात)**

अधिक कार्यक्षमता, कम दिन **(विलोमानुपात)**

$$\left.\begin{array}{l} \text{व्यक्ति } 12 : 9 \\ \text{कार्य घण्टे } 6 : \frac{15}{2} \\ \text{कार्यक्षमता } \frac{1}{2} : \frac{1}{3} \end{array}\right\} :: 40 : x$$

$$\therefore \left(12\times6\times\frac{1}{2}\times x\right) = \left(9\times\frac{15}{2}\times\frac{1}{3}\times40\right) \Rightarrow 36x = 900 \Rightarrow x = \frac{900}{36} = 25.$$

अभीष्ट दिनों की संख्या = 25.

7. माना अभीष्ट व्यक्तियों की संख्या $= x$.

अधिक लम्बाई, अधिक व्यक्ति **(सीधा अनुपात)**

अधिक चौड़ाई, अधिक व्यक्ति **(सीधा अनुपात)**

अधिक ऊँचाई, अधिक व्यक्ति **(सीधा अनुपात)**

कम दिन, अधिक व्यक्ति **(विलोमानुपात)**

कम घण्टे प्रतिदिन, अधिक व्यक्ति **(विलोमानुपात)**

$$\left.\begin{array}{rrcl} \text{लंबाई} & 18 & : & 32 \\ \text{चौड़ाई} & 2 & : & 3 \\ \text{ऊँचाई} & 12 & : & 9 \\ \text{दिन} & 8 & : & 10 \\ \text{घण्टे (प्रतिदिन)} & 6 & : & 9 \end{array}\right\} :: 8 : x$$

$$\therefore\ (18\times2\times12\times8\times6\times x) = (32\times3\times9\times10\times9\times8) \Rightarrow x = \frac{(32\times3\times9\times10\times9\times8)}{(18\times2\times12\times8\times6)} = 30.$$

अभीष्ट व्यक्तियों की संख्या $= 30$.

8. माना अभीष्ट दिनों की संख्या $= x$.

अधिक कम्पोजिटर, कम दिन **(विलोमानुपात)**

अधिक कार्य, अधिक दिन **(सीधा अनुपात)**

कम कार्य घण्टे, अधिक दिन **(विलोमानुपात)**

कम पंक्तियाँ, कम दिन **(सीधा अनुपात)**

अधिक अक्षर, अधिक दिन **(सीधा अनुपात)**

$$\left.\begin{array}{rrcl} \text{कंपोजिटर} & 10 & : & 8 \\ \text{पृष्ठ} & 600 & : & 1000 \\ \text{कार्य घण्टे} & 8 & : & 12 \\ \text{पंक्तियाँ} & 60 & : & 48 \\ \text{अक्षर / पंक्ति} & 40 & : & 50 \end{array}\right\} :: 16 : x$$

$$\therefore\ (10 \times 600 \times 8 \times 60 \times 40 \times x) = (8\times1000\times12\times48\times50\times16)$$

$$\Rightarrow x = \frac{8\times1000\times12\times48\times50\times16}{10\times600\times8\times60\times40} \Rightarrow x = 32 \text{ दिन.}$$

9. माना अभीष्ट दिनों की संख्या $= x$.

कम व्यक्ति, अधिक दिन **(विलोमानुपात)**

अधिक लम्बाई, अधिक दिन **(सीधा अनुपात)**

कम चौड़ाई, कम दिन **(सीधा अनुपात)**

अधिक गहरी, अधिक दिन **(सीधा अनुपात)**

कम घण्टे प्रतिदिन कार्य, अधिक दिन **(विलोमानुपात)**

$$\left.\begin{array}{rrcl} \text{व्यक्ति} & 40 & : & 60 \\ \text{लम्बाई} & 300 & : & 540 \\ \text{चौड़ाई} & 6 & : & 4 \\ \text{गहराई} & 2 & : & \frac{7}{2} \\ \text{घण्टे / दिन} & 4 & : & 5 \end{array}\right\} :: 6 : x$$

$$(40\times300\times6\times2\times4\times x) = \left(60\times540\times4\times\frac{7}{2}\times5\times6\right) \Rightarrow x = \frac{(60\times540\times420)}{(40\times300\times48)} = \frac{189}{8} = 23\frac{5}{8} \text{ दिन.}$$

15 समय तथा कार्य (TIME & WORK)

सामान्य नियम

(i) यदि A किसी कार्य को 15 दिन में समाप्त करे, तो A का 1 दिन का कार्य $= \frac{1}{15}$.

(ii) यदि A का 1 दिन का कार्य $\frac{1}{8}$ हो, तो A पूरे कार्य को 8 दिन में समाप्त करेगा.

(iii) यदि A की कार्य-क्षमता B से दुगुनी हो, तो इनकी कार्य क्षमता का अनुपात 2 : 1 है तथा इनके द्वारा किसी काम को पूरा करने में लगे समय का अनुपात 1 : 2 है.

साधित उदाहरण

प्रश्न 1. A अकेला किसी कार्य को 6 दिन में समाप्त कर सकता है तथा B अकेला इस कार्य को 12 दिन में समाप्त कर सकता है. A तथा B दोनों मिलकर इस कार्य को कितने दिन में समाप्त कर सकेंगे?

हल : A का 1 दिन का कार्य $= \frac{1}{6}$ तथा B का 1 दिन का कार्य $= \frac{1}{12}$.

$(A+B)$ का 1 दिन का कार्य $= \left(\frac{1}{6}+\frac{1}{12}\right) = \frac{(2+1)}{12} = \frac{3}{12} = \frac{1}{4}$.

अत: A तथा B दोनों मिलकर इस कार्य को 4 दिन में समाप्त कर देंगे.

प्रश्न 2. A एक कार्य को 12 दिन में समाप्त कर सकता है. A तथा B मिलकर इसे 8 दिन में समाप्त कर सकते हैं. B अकेला इस कार्य को कितने दिन में समाप्त कर सकता है?

हल : $(A+B)$ का 1 दिन का कार्य $= \frac{1}{8}$ तथा A का 1 दिन का कार्य $= \frac{1}{12}$.

$\therefore$ B का 1 दिन का कार्य $= \left(\frac{1}{8}-\frac{1}{12}\right) = \frac{(3-2)}{24} = \frac{1}{24}$.

अत: B अकेला इस कार्य को 24 दिन में समाप्त कर सकता है.

प्रश्न 3. A, B तथा C एक कार्य को क्रमशः 10 दिन, 15 दिन तथा 18 दिन में समाप्त कर सकते हैं. यदि तीनों मिलकर इस कार्य को करें तो कितने दिन में समाप्त कर सकेंगे?

हल : A का 1 दिन का कार्य $= \frac{1}{10}$; B का 1 दिन का कार्य $= \frac{1}{15}$ तथा C का 1 दिन का कार्य $= \frac{1}{18}$.

$(A+B+C)$ का 1 दिन का कार्य $= \left(\frac{1}{10}+\frac{1}{15}+\frac{1}{18}\right) = \frac{(9+6+5)}{90} = \frac{20}{90} = \frac{2}{9}$.

अत: तीनों मिलकर इस कार्य को $\frac{9}{2}$ दिन अर्थात $4\frac{1}{2}$ दिन में समाप्त कर सकेंगे.

प्रश्न 4. A किसी कार्य का $\frac{2}{5}$ भाग 12 दिन में समाप्त कर सकता है, जबकि B इसी कार्य का $\frac{3}{4}$ भाग 15 दिन में समाप्त कर सकता है. दोनों मिलकर इस कार्य को कितने दिन में समाप्त कर सकेंगे?

हल : A, $\frac{2}{5}$ कार्य करता है $=$ 12 दिन में

A पूरा कार्य रामाप्त करेगा $= \left(12\times\frac{5}{2}\right)$ अर्थात 30 दिन में.

$B, \frac{3}{4}$ कार्य करता है = 15 दिन में

B पूरा कार्य समाप्त करेगा $= \left(15\times\frac{4}{3}\right)$ अर्थात 20 दिन में.

$(A + B)$ का 1 दिन का कार्य $= = \left(\frac{1}{30}+\frac{1}{20}\right) = \frac{(2+3)}{60} = \frac{5}{60} = \frac{1}{12}$.

अत: A तथा B दोनों मिलकर इस कार्य को 12 दिन में समाप्त कर सकेंगे.

प्रश्न 5. A तथा B मिलकर किसी कार्य को 20 दिन में समाप्त करते हैं, B तथा C मिलकर इसे 15 दिन में और C तथा A मिलकर इसे 12 दिन में पूरा करते हैं. तीनों मिलकर इस कार्य को कितने दिन में समाप्त कर सकेंगे? B अकेला इसे कितने दिनों में कर सकेगा?

हल : $(A + B)$ का 1 दिन का कार्य $= \frac{1}{20}$; $(B + C)$ का 1 दिन का कार्य $= \frac{1}{15}$

तथा $(C + A)$ का 1 दिन का कार्य $= \frac{1}{12}$.

जोड़ने पर : $2(A + B + C)$ का 1 दिन का कार्य $= \left(\frac{1}{20}+\frac{1}{15}+\frac{1}{12}\right) = \frac{12}{60} = \frac{1}{5}$

$\Rightarrow (A + B + C)$ का 1 दिन का कार्य $= \frac{1}{10}$.

अत: तीनों मिलकर इस कार्य को 10 दिन में समाप्त कर सकेंगे.

B का 1 दिन का कार्य = {$(A + B + C)$ का 1 दिन का कार्य} – {$(C + A)$ का 1 दिन का कार्य}

$$= \left(\frac{1}{10}-\frac{1}{12}\right) = \frac{1}{60}.$$

अत: B अकेला इस कार्य को 60 दिन में पूरा कर सकेगा.

प्रश्न 6. A की कार्य-क्षमता B से दुगुनी है. अत: किसी कार्य को पूरा करने में A, B से 10 दिन कम लेता है. दोनों मिलकर इस कार्य को कितने दिन में समाप्त करेंगे?

हल : माना दिये गये कार्य को समाप्त करने में B लेता है $= x$ दिन.

तब, इस कार्य को समाप्त करने में A लेगा $= (x - 10)$ दिन.

A का 1 दिन का कार्य = 2 (B का 1 दिन का कार्य)

$$\therefore \frac{1}{(x-10)} = \frac{2}{x} \Rightarrow x = 2x - 20 \Rightarrow x = 20.$$

पूरा कार्य समाप्त करने में B लेता है = 20 दिन तथा A लेता है = 10 दिन.

$\therefore (A + B)$ का 1 दिन का कार्य $= \left(\frac{1}{10}+\frac{1}{20}\right) = \frac{3}{20}$ दिन.

अत: दोनों मिलकर इस कार्य को करने में $\frac{20}{3}$ दिन अर्थात् $6\frac{2}{3}$ दिन लेंगे.

प्रश्न 7. A की कार्य-क्षमता B से दुगुनी है. यदि दोनों मिलकर किसी कार्य को 14 दिन में समाप्त करें, तो A अकेला इसे कितने दिन में समाप्त करेगा?

हल : (A का 1 दिन का कार्य) : (B का 1 दिन का कार्य) = 2 : 1.

$(A + B)$ का 1 दिन का कार्य $= \frac{1}{14}$.

A का 1 दिन का कार्य $= \left(\frac{1}{14}\times\frac{2}{3}\right) = \frac{1}{21}$.

अत: A अकेला इस कार्य को 21 दिन में समाप्त करेगा.

प्रश्न 8. A अकेला एक कार्य को 20 दिन में समाप्त कर सकता है जबकि B अकेला इस कार्य को 25 दिन में समाप्त कर सकता है. दोनों मिलकर 5 दिन कार्य करते हैं. फिर B काम छोड़कर चला जाता है. शेष कार्य को A अकेला कितने दिन में कर पायेगा?

हल : $(A+B)$ का 5 दिन का कार्य $= 5\left(\frac{1}{20}+\frac{1}{25}\right) = \frac{9}{20}$. शेष कार्य $= \left(1-\frac{9}{20}\right) = \frac{11}{20}$.

$\frac{1}{20}$ कार्य को करने में A लेता है = 1 दिन.

$\frac{11}{20}$ कार्य को करने में A लेता है $= \left(20\times\frac{11}{20}\right)$ दिन = 11 दिन.

अतः शेष कार्य को A अकेला 11 दिन में कर लेगा.

प्रश्न 9. A तथा B एक काम को क्रमशः 7 दिन तथा 8 दिन में पूरा कर सकते हैं. यदि दोनों एक दिन छोड़कर एक दिन कार्य करें तथा A कार्य को आरम्भ करे, तो सारा कार्य कितने दिन में समाप्त होगा?

हल : A तथा B का 2 दिन का कार्य $= \left(\frac{1}{7}+\frac{1}{8}\right) = \frac{15}{56}$.

A तथा B का 6 दिन का कार्य $= \left(\frac{15}{56}\times\frac{1}{2}\times 6\right) = \frac{45}{56}$.

शेष कार्य $= \left(1-\frac{45}{56}\right) = \frac{11}{56}$, A का 1 दिन का कार्य $= \frac{1}{7}$.

शेष कार्य $= \left(\frac{11}{56}-\frac{1}{7}\right) = \frac{3}{36}$. अब, B की बारी है.

$\frac{1}{8}$ कार्य B करता है = 1 दिन में. $\frac{3}{56}$ कार्य B करेगा $= \left(\frac{3}{56}\times 8\right)$ दिन में $= \frac{3}{7}$ दिन में.

कार्य समाप्त होने में लगा समय $= \left(6+1+\frac{3}{7}\right)$ दिन $= 7\frac{3}{7}$ दिन.

प्रश्न 10. 2 आदमी तथा 3 लड़के मिलकर किसी कार्य को 10 दिन में समाप्त कर सकते हैं, जबकि 3 आदमी तथा 2 लड़के मिलकर इसी कार्य को 8 दिन में समाप्त कर सकते हैं. 2 आदमी तथा 1 लड़का मिलकर इस कार्य को कितने दिन में समाप्त कर पायेंगे?

हल : माना 1 आदमी का 1 दिन का कार्य $= \frac{1}{x}$ तथा 1 लड़के का 1 दिन का कार्य $= \frac{1}{y}$.

तब, $\frac{2}{x}+\frac{3}{y}=\frac{1}{10}$ ...(*i*) तथा $\frac{3}{x}+\frac{2}{y}=\frac{1}{8}$ ...(*ii*)

(*ii*) को 3 से गुणा करने तथा (*i*) को 2 से गुणा करके, घटाने पर :

$\frac{5}{x} = \left(\frac{3}{8}-\frac{2}{10}\right) \Rightarrow \frac{5}{x} = \frac{7}{40} \Rightarrow x = \frac{200}{7}$.

(*i*) में $x = \frac{200}{7}$ रखने पर: $\frac{3}{y} = \left(\frac{1}{10}-\frac{7}{100}\right) = \frac{3}{100} \Rightarrow y = 100$.

(2 आदमी + 1 लड़के) का 1 दिन का कार्य $= \left(\frac{2}{x}+\frac{1}{y}\right) = \left(\frac{2\times 7}{200}+\frac{1}{100}\right) = \frac{8}{100} = \frac{2}{25}$.

$\therefore$ 2 आदमी तथा 1 लड़का मिलकर इस कार्य को $\frac{25}{2}$ दिनों अर्थात् $12\frac{1}{2}$ दिन में समाप्त करेंगे.

प्रश्न 11. 8 पुरुष एक काम को 20 दिन में पूरा कर सकते हैं. यही काम 8 महिलायें 32 दिन में पूरा कर सकती हैं. इसी काम को 5 पुरुष तथा 8 महिलायें मिलकर कितने दिन में पूरा कर लेंगे?

हल : (8×20) पुरुषों का 1 दिन का काम $=1 \Rightarrow 1$ पुरुष का 1 दिन का काम $= \frac{1}{160}$.

(8 × 32) महिलाओं का 1 दिन का काम $=1 \Rightarrow 1$ महिला का 1 दिन का काम $=\frac{1}{256}$.

(5 पुरुष + 8 महिलाओं) का 1 दिन का काम $=\left(5\times\frac{1}{160}+8\times\frac{1}{256}\right)=\left(\frac{1}{32}+\frac{1}{32}\right)=\frac{2}{32}=\frac{1}{16}$.

∴ 5 पुरुष तथा 8 महिलायें इस कार्य को 16 दिन में पूरा कर लेंगे.

प्रश्नमाला 15A

नीचे दिये गये प्रश्नों में से प्रत्येक में ठीक उत्तर को चिन्हांकित (✓) कीजिए :

1. *A* किसी कार्य को 12 दिन में समाप्त कर सकता है. *A* की तुलना में *B*, 60% अधिक कार्यकुशल है. उसी कार्य को पूरा करने में *B* कितने दिन लेगा? **(एस०एस०सी० परीक्षा, 2010)**
(*a*) 6 दिन (*b*) $7\frac{1}{2}$ दिन (*c*) 8 दिन (*d*) $8\frac{1}{2}$ दिन

2. *A* किसी कार्य को 10 दिन में समाप्त कर सकता है जबकि *B* इसे 15 दिन में समाप्त कर सकता है. दोनों मिलकर इस कार्य को कितने दिन में समाप्त कर सकेंगे? **(रेलवे परीक्षा, 2003)**
(*a*) 5 दिन (*b*) 6 दिन (*c*) 8 दिन (*d*) 10 दिन

3. यदि *A* तथा *B* मिलकर किसी कार्य को 15 दिन में समाप्त करें तथा *B* अकेला इस कार्य को 20 दिन में समाप्त करे, तो *A* अकेला इस कार्य को कितने दिन में समाप्त करेगा? **(एस०एस०सी० परीक्षा, 2010)**
(*a*) 60 दिन (*b*) 45 दिन (*c*) 40 दिन (*d*) 30 दिन

4. तपस मिहिर से दुगुनी गति से कार्य करता है. यदि वे दोनों मिलकर किसी कार्य को 12 दिन में पूरा करें तो तपस अकेला उसे कितने समय में पूरा कर सकेगा? **(एस०एस०सी० परीक्षा, 2010)**
(*a*) 15 दिन (*b*) 18 दिन (*c*) 20 दिन (*d*) 24 दिन

5. *A* अकेला किसी कार्य को 18 दिन में तथा *B* अकेला इसे 15 दिन में पूरा कर सकता है. *B* अकेले ने इस पर 10 दिन कार्य करके छोड़ दिया. शेष कार्य को *A* अकेला कितने और दिनों में पूरा करेगा?
(*a*) 5 दिन (*b*) $5\frac{1}{2}$ दिन (*c*) 6 दिन (*d*) 8 दिन
(एस०एस०सी० परीक्षा, 2010)

6. *A* एक कार्य का $\frac{1}{2}$ भाग 5 दिन में समाप्त करता है; *B* इस कार्य का $\frac{3}{5}$ भाग 9 दिन में समाप्त करता है तथा *C* इस कार्य का $\frac{2}{3}$ भाग 8 दिन में समाप्त कर सकता है. तीनों मिलकर इस कार्य को कितने दिन में समाप्त करेंगे?
(*a*) 3 दिन (*b*) 4 दिन (*c*) $4\frac{1}{2}$ दिन (*d*) 5 दिन
(एस०एस०सी० परीक्षा, 2005)

7. *A* तथा *B* मिलकर एक कार्य को 18 दिन में समाप्त कर सकते हैं, जबकि *B* तथा *C* मिलकर इसे 24 दिन में और *C* तथा *A* मिलकर इसे 36 दिन में समाप्त कर सकते हैं. *A*, *B*, *C* तीनों मिलकर इस कार्य को कितने दिन में समाप्त कर सकेंगे? **(एस०एस०सी० परीक्षा, 2005)**
(*a*) 15 दिन (*b*) 16 दिन (*c*) 17 दिन (*d*) 18 दिन

8. *A* तथा *B* मिलकर एक कार्य को 8 दिन में समाप्त कर सकते हैं जबकि *B* तथा *C* इसे 12 दिन में और *C* तथा *A* इसे 15 दिन में समाप्त कर सकते हैं. *C* अकेला इसे कितने दिन में समाप्त करेगा? **(एस०एस०सी० परीक्षा, 2006)**
(*a*) 80 दिन (*b*) 120 दिन (*c*) 75 दिन (*d*) 90 दिन

9. *A* किसी कार्य को 18 दिन में, *B*, 20 दिन में तथा *C*, 30 दिन में पूरा कर सकता है. *B* तथा *C* मिलकर इस कार्य को आरम्भ करते हैं किन्तु 2 दिन बाद वे कार्य छोड़कर चले जाते हैं. शेष कार्य को पूरा करने में *A* कितना समय लेगा? **(एस०एस०सी० परीक्षा, 2010)**
(*a*) 10 दिन (*b*) 12 दिन (*c*) 15 दिन (*d*) 16 दिन

10. एक पुरुष, एक स्त्री और एक लड़का मिलकर एक काम को 3 दिन में पूरा करते हैं. यदि एक पुरुष अकेला इसे 6 दिन में और एक लड़का अकेला इसे 18 दिन में पूरा करे, तो एक स्त्री अकेली इसे कितने दिन में पूरा करेगी?

(*a*) 9 दिन (*b*) 21 दिन (*c*) 24 दिन (*d*) 27 दिन

11. एक आदमी और एक लड़का मिलकर किसी कार्य को 24 दिन में पूरा कर सकते हैं. यदि अन्तिम 6 दिनों में आदमी अकेला काम करे तो कार्य 26 दिन में समाप्त हो जाता है. लड़का अकेला इस कार्य को कितने दिन में समाप्त कर पायेगा? **(एस०एस०सी० परीक्षा, 2005)**

(*a*) 72 दिन (*b*) 20 दिन (*c*) 24 दिन (*d*) 36 दिन

12. किसी कार्य के $\frac{7}{10}$ भाग को *A* 15 दिन में पूरा करता है. उसके पश्चात् वह *B* की सहायता से शेष कार्य को 4 दिन में पूरा करता है. पूरे कार्य को *A* तथा *B* मिलकर कितने दिन में पूरा करेंगे? **(एस०एस०सी०, 2005)**

(*a*) $10\frac{1}{3}$ दिन (*b*) $12\frac{2}{3}$ दिन (*c*) $13\frac{1}{3}$ दिन (*d*) $8\frac{1}{4}$ दिन

13. *A*, *B* की तुलना में तीन गुना अधिक कार्य-कुशल है. अतएव वह किसी कार्य को *B* की तुलना में 60 दिन कम में पूरा कर सकता है. *A* तथा *B* मिलकर उस कार्य को कितने दिन में पूरा कर सकेंगे? **(एस०एस०सी०, 2005)**

(*a*) $22\frac{1}{2}$ दिन (*b*) 25 दिन (*c*) $27\frac{1}{2}$ दिन (*d*) 30 दिन

14. *A* तथा *B* मिलकर एक कार्य को 12 दिन में समाप्त करते हैं जबकि *B* तथा *C* इसे 16 दिन में समाप्त कर सकते हैं. पहले इस पर *A* ने 5 दिन कार्य किया, फिर *B* ने 7 दिन कार्य किया तथा शेष कार्य *C* ने 13 दिन में समाप्त कर लिया. *C* अकेला इस कार्य को कितने दिन में पूरा करेगा?

(*a*) 16 दिन (*b*) 24 दिन (*c*) 36 दिन (*d*) 48 दिन

15. *A* अकेला एक कार्य को 16 दिन में समाप्त कर सकता है जबकि *B* अकेला इस कार्य को 12 दिन में समाप्त कर सकता है. यदि *A* कार्य आरम्भ करे तथा वे एक दिन छोड़कर एक दिन बारी-बारी से काम करें, तो सारा कार्य कितने दिन में समाप्त होगा? **(एस०एस०सी० परीक्षा, 2004)**

(*a*) 12 दिन (*b*) 13 दिन (*c*) $13\frac{3}{4}$ दिन (*d*) $13\frac{5}{7}$ दिन

16. *A*, *B*, *C* एक कार्य को क्रमशः 11 दिन, 20 दिन तथा 55 दिन में समाप्त कर सकते हैं. यदि *A* के साथ एक दिन *B* तथा अगले दिन *C*, बारी-बारी से काम करें, तो कार्य समाप्त होने में कितना समय लगेगा?

(*a*) 7 दिन (*b*) 8 दिन (*c*) 9 दिन (*d*) 10 दिन

17. *A* किसी कार्य को 10 दिन में, *B*, 15 दिन में तथा *C*, 20 दिन में पूरा कर सकता है. *A* तथा *C* ने मिलकर 2 दिन कार्य किया. तत्पश्चात् *A* के स्थान पर *B* को कार्य पर लगा दिया गया. कुल मिलाकर कार्य कितने दिन में पूरा हुआ? **(एस०एस०सी० परीक्षा, 2007)**

(*a*) 12 दिन (*b*) 10 दिन (*c*) 6 दिन (*d*) 8 दिन

18. *A* तथा *B* मिलकर किसी कार्य को 5 दिन में समाप्त कर सकते हैं. *B* तथा *C* मिलकर इसे 7 दिन में पूरा कर सकते हैं तथा *A* और *C* मिलकर इसे 4 दिन में समाप्त कर सकते हैं. इनमें से कौन अकेला सबसे कम समय में इस कार्य को समाप्त करेगा?

(*a*) *A* (*b*) *B* (*c*) *C* (*d*) *A* और *C*

19. 12 आदमी एक काम को 8 दिन में पूरा करते हैं. काम आरम्भ करने के 3 दिन बाद यह तय किया गया कि शेष कार्य 4 दिन में पूरा करना है. कितने आदमी और बढ़ाये जायें ताकि काम 4 दिन में पूरा हो जाये?

(*a*) 3 (*b*) 4 (*c*) 5 (*d*) 6

(होटल मैनेजमैंट परीक्षा, 2010)

20. 3 पुरुष 1 काम को 6 दिन में पूरा कर सकते हैं जबकि 5 महिलायें यही काम 18 दिन में पूरा कर सकती हैं. 4 पुरुष और 10 महिलायें मिलकर यह काम कितने दिनों में पूरा करेंगे? **(बैंक पी०ओ० परीक्षा, 2010)**

(*a*) 3 दिन (*b*) 5 दिन (*c*) 2 दिन (*d*) 4 दिन (*e*) इनमें से कोई नहीं

21. 4 लड़कियाँ एक काम को 8 दिन में समाप्त कर सकती हैं. यही काम 3 लड़के 9 दिन में, 7 पुरुष 2 दिन में और 5 महिलायें 4 दिन में कर सकती हैं. सबसे कम कार्यदक्ष कौन है ? **(बैंक पी०ओ० परीक्षा, 2011)**

(*a*) लड़के (*b*) लड़कियाँ (*c*) महिलायें (*d*) पुरुष (*e*) लड़के और पुरुष दोनों

22. 6 पुरुष एक काम को 12 दिन में पूरा कर सकते हैं. उसी काम को 8 महिलायें 18 दिन में तथा 18 बच्चे 10 दिन में पूरा कर सकते हैं. 4 पुरुष, 12 महिलायें और 20 बच्चे मिलकर 2 दिन काम करते हैं. यदि शेष बचे कार्य को केवल पुरुषों को 1 दिन में पूरा करना हो, तो कितने पुरुषों की आवश्यकता होगी ?

(*a*) 36 (*b*) 24 (*c*) 18 (*d*) निर्धारित नहीं किया जा सकता

(*e*) इनमें से कोई नहीं **(बैंक पी०ओ० परीक्षा, 2010)**

23. 6 लड़के या 4 पुरुष एक कार्य को 18 दिन में समाप्त कर सकते हैं. 3 लड़के तथा 10 पुरुष मिलकर इसे कितने दिन में पूरा करेंगे ? **(बैंक पी०ओ० परीक्षा, 2010)**

(*a*) 6 दिन (*b*) 8 दिन (*c*) 12 दिन (*d*) निर्धारित नहीं किया जा सकता

(*e*) इनमें से कोई नहीं

24. 4 आदमी तथा 6 औरतें मिलकर किसी कार्य को 8 दिन में पूरा कर सकते हैं जबकि 3 आदमी तथा 7 औरतें मिलकर इसे 10 दिन में पूरा कर सकते हैं. 20 औरतें मिलकर इसे कितने दिन में पूरा करेंगी ? **(एस०एस०सी०, 2010)**

(*a*) 36 दिन (*b*) 32 दिन (*c*) 24 दिन (*d*) 20 दिन

25. 18 पुरुष एक कार्य को 24 दिन में समाप्त कर सकते हैं. 54 महिलायें इस कार्य को 12 दिन में तथा 16 बच्चे इस कार्य को 54 दिन में समाप्त कर सकते हैं. 3 पुरुष, 9 महिलायें और 6 बच्चे इसे कितने दिन में पूरा कर सकेंगे ?

(*a*) 18 दिन (*b*) 36 दिन (*c*) 27 दिन (*d*) निर्धारित नहीं किया जा सकता

(*e*) इनमें से कोई नहीं **(बैंक पी०ओ० परीक्षा, 2007)**

26. A और B मिलकर किसी काम को T दिनों में करते हैं. यदि A अकेला इस काम को $(T + 3)$ दिन में पूरा करे तथा B अकेला इस काम को $(T + 12)$ दिन में पूरा करे, तो T का मान कितना है ?

(*a*) 3 (*b*) 12 (*c*) 9 (*d*) निर्धारित नहीं किया जा सकता

(*e*) इनमें से कोई नहीं **(बैंक पी०ओ० परीक्षा, 2008)**

27. A, B तथा C किसी कार्य को क्रमशः 10 दिन, 12 दिन तथा 15 दिन में पूरा कर सकते हैं. उन्होंने एक साथ मिलकर कार्य करना आरम्भ किया. किन्तु, कार्य समाप्ति के 5 दिन पूर्व A कार्य छोड़कर चला गया. A के छोड़ने के 2 दिन बाद B भी कार्य छोड़कर चला गया. कार्य कितने दिन में पूरा हुआ ? **(एस०एस०सी० परीक्षा, 2008)**

(*a*) 6 दिन (*b*) 7 दिन (*c*) 8 दिन (*d*) 9 दिन

28. A और B एक काम को क्रमशः 10 दिन और 15 दिन में पूरा कर सकते हैं. A ने अकेले 4 दिन काम किया. बाद में B ने अकेले 5 दिन काम किया. उसके बाद C ने अकेले शेष काम को 8 दिन में पूरा किया. तीनों मिलकर इस कार्य को समाप्त करने में कितना समय लगाते ? **(रेलवे परीक्षा, 2010)**

(*a*) 4 दिन (*b*) 5 दिन (*c*) 6 दिन (*d*) इनमें से कोई नहीं

उत्तरमाला (प्रश्नमाला 15A)

1. (*b*)	**2.** (*b*)	**3.** (*a*)	**4.** (*b*)	**5.** (*c*)	**6.** (*b*)	**7.** (*b*)	**8.** (*a*)	**9.** (*c*)	**10.** (*a*)
11. (*d*)	**12.** (*c*)	**13.** (*a*)	**14.** (*b*)	**15.** (*c*)	**16.** (*b*)	**17.** (*c*)	**18.** (*a*)	**19.** (*a*)	**20.** (*a*)
21. (*b*)	**22.** (*a*)	**23.** (*a*)	**24.** (*d*)	**25.** (*b*)	**26.** (*e*)	**27.** (*b*)	**28.** (*b*)		

दिये गये प्रश्नों के हल प्रश्नमाला 15A

1. A का 1 दिन का कार्य $= \frac{1}{12}$. B का 1 दिन का कार्य $= \frac{1}{12}$ का $160\% = \left(\frac{1}{12} \times \frac{160}{100}\right) = \frac{2}{15}$.

$\therefore$ कार्य समाप्त करने में B द्वारा लिया गया समय $= \frac{15}{2}$ दिन $= 7\frac{1}{2}$ दिन.

2. A का 1 दिन का कार्य $= \frac{1}{10}$, B का 1 दिन का कार्य $= \frac{1}{15}$.

$(A + B)$ का 1 दिन का कार्य $= \left(\frac{1}{10}+\frac{1}{15}\right) = \frac{(3+2)}{30} = \frac{5}{30} = \frac{1}{6}$.

$\therefore$ A तथा B दोनों मिलकर इस कार्य को 6 दिन में समाप्त करेंगे.

3. A का 1 दिन का कार्य $= \{(A+B)$ का 1 दिन कार्य$\} - \{B$ का 1 दिन कार्य$\} = \left(\frac{1}{15}-\frac{1}{20}\right) = \frac{(4-3)}{60} = \frac{1}{60}$.

अत: A अकेला इस कार्य को 60 दिन में समाप्त करेगा.

4. माना तपस इस कार्य को x दिन में समाप्त करता है तो मिहिर इसे $2x$ दिन में समाप्त करेगा.

$\therefore \frac{1}{x}+\frac{1}{2x}=\frac{1}{12} \Rightarrow \frac{3}{2x}=\frac{1}{12} \Rightarrow 2x = 36 \Rightarrow x = 18.$

अत: तपस अकेला इस कार्य को 18 दिन में समाप्त करेगा.

5. A का 1 दिन का कार्य $= \frac{1}{18}$ तथा B का 1 दिन का कार्य $= \frac{1}{15}$.

B का 10 दिन का कार्य $= \left(\frac{1}{15}\times 10\right) = \frac{2}{3}$. शेष कार्य $= \left(1-\frac{2}{3}\right) = \frac{1}{3}$.

यह कार्य अकेले A ने किया.

$\frac{1}{18}$ काम को A करता है = 1 दिन में.

$\frac{1}{3}$ काम को A करता है $= \left(1\times\frac{18}{1}\times\frac{1}{3}\right)$ दिन में = 6 दिन में.

अत: शेष कार्य को A अकेला 6 दिन में करेगा.

6. स्पष्ट है कि A इस कार्य को $\left(5\times\frac{2}{1}\right)$ अर्थात 10 दिन में, B इसे $\left(9\times\frac{5}{3}\right)$ अर्थात 15 दिन में तथा C इसे $\left(8\times\frac{3}{2}\right)$ अर्थात 12 दिन में समाप्त करेगा.

$(A + B + C)$ का 1 दिन का काम $= \left(\frac{1}{10}+\frac{1}{15}+\frac{1}{12}\right) = \frac{(6+4+5)}{60} = \frac{15}{60} = \frac{1}{4}$.

अत: तीनों मिलकर इस कार्य को 4 दिन में समाप्त करेंगे.

7. $(A + B)$ का 1 दिन का कार्य $= \frac{1}{18}$, $(B+C)$ का 1 दिन का कार्य $= \frac{1}{24}$

तथा $(C + A)$ का 1 दिन का कार्य $= \frac{1}{36}$.

जोड़ने पर : $2(A + B + C)$ का 1 दिन का कार्य $= \left(\frac{1}{18}+\frac{1}{24}+\frac{1}{36}\right) = \frac{(4+3+2)}{72} = \frac{9}{72} = \frac{1}{8}$

$\Rightarrow (A+B+C)$ का 1 दिन का कार्य $= \left(\frac{1}{2}\times\frac{1}{8}\right) = \frac{1}{16}$.

अत: A, B, C तीनों मिलकर इसे 16 दिन में समाप्त करेंगे.

8. $(A + B)$ का 1 दिन का काम $= \frac{1}{8}$, $(B+C)$ का 1 दिन का काम $= \frac{1}{12}$,

$(C + A)$ का 1 दिन का काम $= \frac{1}{15}$.

जोड़ने पर : $2(A + B + C)$ का 1 दिन का काम $= \left(\frac{1}{8}+\frac{1}{12}+\frac{1}{15}\right) = \frac{(15+10+8)}{120} = \frac{33}{120} = \frac{11}{40}$

$\Rightarrow (A+B+C)$ का 1 दिन का काम $= \frac{11}{80}$.

C का 1 दिन का काम = {($A + B + C$) का 1 दिन का काम} – ($A + B$) का 1 दिन का काम

$$= \left(\frac{11}{80} - \frac{1}{8}\right) = \frac{(11-10)}{80} = \frac{1}{80}.$$

$\therefore$ C अकेला इसे 80 दिन में समाप्त करेगा.

9. ($B + C$) का 2 दिन का काम $= 2\left(\frac{1}{20} + \frac{1}{30}\right) = \left(2 \times \frac{5}{60}\right) = \frac{1}{6}$. शेष कार्य $= \left(1 - \frac{1}{6}\right) = \frac{5}{6}$.

यह कार्य A ने किया.

$\frac{1}{18}$ कार्य करने में A लेता है = 1 दिन.

$\frac{5}{6}$ कार्य करने में A लेता है $= \left(1 \times 18 \times \frac{5}{6}\right)$ दिन = 15 दिन.

10. 1 स्त्री का 1 दिन का काम $= \frac{1}{3} - \left(\frac{1}{6} + \frac{1}{18}\right) = \frac{1}{3} - \frac{(3+1)}{18} = \left(\frac{1}{3} - \frac{4}{18}\right) = \frac{(6-4)}{18} = \frac{2}{18} = \frac{1}{9}$.

अत: 1 स्त्री अकेली इसे 9 दिन में समाप्त कर लेगी.

11. (1 आदमी + 1 लड़के) का 1 दिन का काम $= \frac{1}{24}$.

इनका 20 दिन का काम + 6 दिन का लड़के का काम = 1

$\Rightarrow \left(20 \times \frac{1}{24}\right) + 6$ दिन का लड़के का काम = 1 $\Rightarrow$ 6 दिन का लड़के का काम $= \left(1 - \frac{5}{6}\right) = \frac{1}{6}$

$\Rightarrow$ 1 दिन का लड़के का काम $= \frac{1}{36}$.

$\therefore$ लड़का अकेला इस कार्य को 36 दिन में करेगा.

12. शेष कार्य $= \left(1 - \frac{7}{10}\right) = \frac{3}{10}$.

$\frac{3}{10}$ भाग को ($A + B$) करते हैं = 4 दिन में.

सारे कार्य को ($A + B$) करेंगे $= \left(4 \times \frac{10}{3}\right)$ दिन में $= 13\frac{1}{3}$ दिन में.

13. माना B इस कार्य को x दिन में तथा A इसे ($x - 60$) दिन में पूरा करता है.

B द्वारा लिया गया समय = 3 × (A द्वारा लिया गया समय)

$\therefore\ x = 3(x - 60) \Rightarrow 2x = 180 \Rightarrow x = 90$.

$\therefore$ B इसे 90 दिन में तथा A इसे 30 दिन में पूरा करेगा.

($A + B$) का 1 दिन का काम $= \left(\frac{1}{90} + \frac{1}{30}\right) = \frac{4}{90} = \frac{2}{45}$.

अत: दोनों मिलकर इस कार्य को $\frac{45}{2}$ अर्थात् $22\frac{1}{2}$ दिन में पूरा करेंगे.

14. (A का 5 दिन का कार्य) + (B का 7 दिन का कार्य) + (C का 13 दिन का कार्य) = 1

$\Rightarrow$ {($A + B$) का 5 दिन का कार्य} + {($B + C$) का 2 दिन का कार्य} + C का 11 दिन का कार्य = 1

$\Rightarrow \left(\frac{1}{12} \times 5\right) + \left(\frac{1}{16} \times 2\right) + C$ का 11 दिन का कार्य = 1

$\Rightarrow C$ का 11 दिन का कार्य $= 1 - \left(\frac{5}{12} + \frac{1}{8}\right) = \left(1 - \frac{13}{24}\right) = \frac{11}{24}$

$\Rightarrow C$ का 1 दिन का कार्य $= \left(\frac{11}{24} \times \frac{1}{11}\right) = \frac{1}{24}$.

अत: C अकेला इस कार्य को 24 दिन में समाप्त करेगा.

15. $(A + B)$ का 2 दिन का कार्य $=\left(\frac{1}{16}+\frac{1}{12}\right)=\frac{7}{48} \Rightarrow (A+B)$ का 12 दिन का कार्य $=\left(\frac{7}{48}\times\frac{12}{2}\right)=\frac{7}{8}$

$\Rightarrow$ शेष कार्य $=\left(1-\frac{7}{8}\right)=\frac{1}{8}$.

अब, A का 1 दिन का कार्य $=\frac{1}{16}$. शेष $=\left(\frac{1}{8}-\frac{1}{16}\right)=\frac{1}{16}$.

अब, B की बारी है.

$\frac{1}{12}$ कार्य B करता है = 1 दिन में.

$\frac{1}{16}$ कार्य B करेगा $=\left(12\times\frac{1}{16}\right)$ दिन में $=\frac{3}{4}$ दिन में.

कुल समय लगा $=\left(12+1+\frac{3}{4}\right)$ दिन $=13\frac{3}{4}$ दिन.

16. 2 दिन में समाप्त हुआ कार्य = $(2A + B + C)$ का कार्य $=\left(\frac{2}{11}+\frac{1}{20}+\frac{1}{55}\right)=\frac{(40+11+4)}{220}=\frac{55}{220}=\frac{1}{4}$.

$\frac{1}{4}$ कार्य समाप्त होता है = 2 दिन में.

पूरा कार्य समाप्त होगा = (2×4) दिन में = 8 दिन में.

17. $(A + C)$ का 2 दिन का कार्य $=2\left(\frac{1}{10}+\frac{1}{20}\right)=\left(2\times\frac{3}{20}\right)=\frac{3}{10}$. शेष कार्य $=\left(1-\frac{3}{10}\right)=\frac{7}{10}$.

$(B + C)$ का 1 दिन का कार्य $=\left(\frac{1}{15}+\frac{1}{20}\right)=\frac{(4+3)}{60}=\frac{7}{60}$.

$\frac{7}{60}$ कार्य $(B + C)$ करते हैं = 1 दिन में.

$\frac{7}{10}$ कार्य $(B + C)$ करते हैं $=\left(1\times\frac{60}{7}\times\frac{7}{10}\right)$ = 6 दिन में.

18. $(A+B)\to\frac{1}{5}; (B+C)\to\frac{1}{7}; (C+A)\to\frac{1}{4}$

$2(A+B+C)=\left(\frac{1}{5}+\frac{1}{7}+\frac{1}{4}\right)=\frac{(28+20+35)}{140}=\frac{83}{140}\Rightarrow(A+B+C)\to\frac{83}{280}$.

$A\to\left(\frac{83}{280}-\frac{1}{7}\right)=\frac{43}{280}; B\to\left(\frac{83}{280}-\frac{1}{4}\right)=\frac{13}{280}; C\to\left(\frac{83}{280}-\frac{1}{5}\right)=\frac{27}{280}$.

A अकेला $\to\frac{280}{43}$ दिन में, B अकेला $\to\frac{280}{13}$ दिन में, C अकेला $\to\frac{280}{27}$ दिन में.

अत: A अकेला सबसे कम समय में कार्य समाप्त करेगा.

19. 3 दिन में किया गया कार्य $=\frac{3}{8}$. शेष कार्य $=\left(1-\frac{3}{8}\right)=\frac{5}{8}$.

कम काम, कम मजदूर **(समानुपात)**

कम दिन, अधिक मजदूर **(विलोमानुपात)**

$\left.\begin{array}{l}\text{काम } 1:\frac{5}{8}\\ \text{दिन } 4:8\end{array}\right\}::12:x \quad \therefore 1\times4\times x=\frac{5}{8}\times8\times12\Rightarrow 4x=60\Rightarrow x=15.$

बढ़ाये गये मजदूरों की संख्या = (15 – 12) = 3.

20. 3 पुरुष का 6 दिन का काम = 5 महिलाओं का 18 दिन का काम

$\Rightarrow$ (3×6) पुरुष का 1 दिन का काम = (5×18) महिलाओं का 1 दिन का काम

$\Rightarrow$ 18 पुरुष $\equiv$ 90 महिलायें $\Rightarrow$ 1 पुरुष $\equiv$ 5 महिलायें.

$\Rightarrow$ (4 पुरुष + 10 महिलायें) $\equiv$ (20 महिलायें + 10 महिलायें) = 30 महिलायें.

5 महिलायें काम समाप्त करती हैं = 18 दिन में.

1 महिला काम समाप्त करेगी = (18 × 5) दिन में.

30 महिलायें काम समाप्त करेंगी $= \frac{(18 \times 5)}{30}$ दिन में = 3 दिन में.

21. 1 लड़की काम पूरा करेगी = (4 × 8) दिन में = 32 दिन में.

1 लड़का → (3 × 9) दिन में = 27 दिन में; 1 पुरुष → (7 × 2) दिन में = 14 दिन में.

1 महिला → (5 × 4) दिन में = 20 दिन में.

लड़की सबसे ज्यादा दिन लेगी अत: लड़की काम में सबसे कम दक्ष है.

22. 1 पुरुष काम पूरा करेगा = (6 × 12) दिन में = 72 दिन में.

1 महिला काम पूरा करेगी = (8 × 18) दिन में = 144 दिन में.

1 बच्चा काम पूरा करेगा = (18 × 10) दिन में = 180 दिन में.

(4 पुरुष + 12 महिलाओं + 20 बच्चों) का 2 दिन का काम

$$= 2\left(\frac{4}{72} + \frac{12}{144} + \frac{20}{180}\right) = 2\left(\frac{1}{18} + \frac{1}{12} + \frac{1}{9}\right) = \frac{2(2+3+4)}{36} = \frac{1}{2}.$$

72 पुरुष पूरा काम करेंगे 1 दिन में.

$\frac{1}{2}$ काम 1 दिन में करेंगे 36 पुरुष.

23. (6 लड़के ≡ 4 पुरुष) ⇒ (3 लड़के ≡ 2 पुरुष).

(3 लड़के + 10 पुरुष) ≡ (2 पुरुष + 10 पुरुष) = 12 पुरुष.

4 पुरुष कार्य समाप्त करते हैं = 18 दिन में

1 पुरुष कार्य समाप्त करेगा = (18 × 4) दिन में

12 पुरुष कार्य समाप्त करेंगे $= \frac{(18 \times 4)}{12}$ दिन में = 6 दिन में.

24. माना 1 आदमी का 1 दिन का काम $= \frac{1}{x}$ तथा 1 औरत का 1 दिन का काम $= \frac{1}{y}$. तब

$\frac{4}{x} + \frac{6}{y} = \frac{1}{8}$ ...(*i*) तथा $\frac{3}{x} + \frac{7}{y} = \frac{1}{10}$ ...(*ii*)

(*ii*) को 4 से तथा (*i*) को 3 से गुणा करके घटाने पर :

$$\frac{28}{y} - \frac{18}{y} = \frac{4}{10} - \frac{3}{8} \Rightarrow \frac{10}{y} = \frac{(16-15)}{40} = \frac{1}{40} \Rightarrow y = 400.$$

1 औरत का 1 दिन का काम $= \frac{1}{400}$.

20 औरतों का 1 दिन का काम $= \left(\frac{1}{400} \times 20\right) = \frac{1}{20}$.

अत: 20 औरतें इस काम को 20 दिन में समाप्त करेंगी.

25. (18 × 24) पुरुष काम समाप्त करते हैं = 1 दिन में ⇒ 1 पुरुष का 1 दिन का काम $= \frac{1}{432}$.

(54 × 12) महिलायें काम समाप्त करती हैं = 1 दिन में ⇒ 1 महिला का 1 दिन का काम $= \frac{1}{648}$.

(16 × 54) बच्चे काम समाप्त करते हैं = 1 दिन में ⇒ 1 बच्चे का 1 दिन का काम $= \frac{1}{864}$.

(3 पुरुषों + 9 महिलाओं + 6 बच्चों) का 1 दिन का काम

$$= \left(\frac{3}{432} + \frac{9}{648} + \frac{6}{864}\right) = \left(\frac{1}{144} + \frac{1}{72} + \frac{1}{144}\right) = \frac{(1+2+1)}{144} = \frac{4}{144} = \frac{1}{36}.$$

अत: ये काम समाप्त करेंगे = 36 दिन में.

26. (A का 1 दिन का काम) + (B का 1 दिन का काम) = $(A + B)$ का 1 दिन का काम

$$\frac{1}{T+3}+\frac{1}{T+12}=\frac{1}{T} \Rightarrow \frac{(T+12)+(T+3)}{(T+3)(T+12)}=\frac{1}{T}$$

$$\Rightarrow (2T+15)T=(T+3)(T+12) \Rightarrow 2T^2+15T=T^2+15T+36 \Rightarrow T^2=36 \Rightarrow T=6.$$

27. माना कार्य x दिन में पूरा हुआ. तब

A का $(x-5)$ दिन का कार्य + B का $(x-3)$ दिन का कार्य + C का x दिन का कार्य = 1.

$$\therefore \frac{(x-5)}{10}+\frac{(x-3)}{12}+\frac{x}{15}=1 \Rightarrow 6(x-5)+5(x-3)+4x=60$$

$$\Rightarrow 15x-45=60 \Rightarrow 15x=105 \Rightarrow x=7.$$

अतः यह कार्य 7 दिन में पूरा हुआ.

28. A का 4 दिन का कार्य $=\frac{4}{10}=\frac{2}{5}$. B का 5 दिन का कार्य $=\frac{5}{15}=\frac{1}{3}$.

C का 8 दिन का कार्य $=1-\left(\frac{2}{5}+\frac{1}{3}\right)=\left(1-\frac{11}{15}\right)=\frac{4}{15}$. C का 1 दिन का कार्य $=\left(\frac{4}{15}\times\frac{1}{8}\right)=\frac{1}{30}$.

$(A + B + C)$ का 1 दिन का कार्य $=\left(\frac{1}{10}+\frac{1}{15}+\frac{1}{30}\right)=\frac{(3+2+1)}{30}=\frac{6}{30}=\frac{1}{5}$.

$\therefore$ तीनों मिलकर इस कार्य को 5 दिन में समाप्त कर सकते हैं.

प्रश्नमाला 15B

1. A किसी कार्य को 9 दिन में समाप्त कर सकता है; B इसे 10 दिन में तथा C इसे 15 दिन में समाप्त कर सकता है. B तथा C ने मिलकर कार्य आरम्भ किया परन्तु 2 दिन बाद उन्हें काम छोड़ना पड़ा. शेष कार्य को A कितने दिनों में समाप्त कर सकेगा? **(एस०एस०सी० परीक्षा, 2005)**

2. A और B मिलकर किसी कार्य को 30 दिन में समाप्त कर सकते हैं. इन्होंने मिलकर 10 दिन कार्य किया तथा इसके बाद C की सहायता से अगले 10 दिन में कार्य समाप्त कर दिया. यदि B का 3 दिन का कार्य C के 2 दिन के कार्य के बराबर हो, तो A अकेला इस कार्य को कितने दिन में समाप्त करेगा? **(एस०एस०सी० परीक्षा, 2004)**

3. A किसी कार्य को 30 दिन में पूरा कर सकता है. B तथा C मिलकर इसी कार्य को 20 दिन में पूरा कर सकते हैं. A तथा B ने मिलकर काम किया और 12 दिन में पूरे कार्य का $\frac{2}{3}$ भाग पूरा कर लिया. शेष कार्य को पूरा करने में C को कितने दिन लगेंगे? **(एस०एस०सी० परीक्षा, 2001)**

4. A तथा B मिलकर एक कार्य को 12 दिन में और B तथा C मिलकर उसी कार्य को $6\frac{2}{3}$ दिन में पूरा कर सकते हैं. A ने इस पर 3 दिन तथा B ने इस पर 4 दिन कार्य किया. शेष कार्य C ने 7 दिन में समाप्त कर लिया. प्रत्येक अलग-अलग उस कार्य को कितने दिन में समाप्त कर सकेगा? **(एस०एस०सी० परीक्षा, 2000)**

5. A, B, C किसी कार्य को क्रमशः 10 दिन, 30 दिन तथा 60 दिन में पूरा कर सकते हैं. यदि एक-एक दिन छोड़कर B और C क्रमशः A को कार्य करने में सहायता करें, तो ज्ञात कीजिए कि कार्य कितने दिनों में समाप्त हो जायेगा. **(एस०एस०सी० परीक्षा, 2002)**

6. A, B, C एक कार्य को क्रमशः 24 दिन, 32 दिन तथा 64 दिन में समाप्त कर सकते हैं. वे एक साथ मिलकर कार्य आरम्भ करते हैं. A, 6 दिन बाद कार्य छोड़कर चला जाता है तथा B कार्य समाप्त होने से 6 दिन पहले कार्य छोड़कर चला जाता है. यह कार्य कुल कितने दिनों में समाप्त हुआ?

7. A अकेला किसी कार्य को 30 घण्टे में समाप्त कर सकता है जबकि B अकेला इस कार्य को 40 घण्टे में समाप्त कर सकता है. दोनों ने मिलकर इस कार्य को समाप्त किया. कुल ₹ 770 मजदूरी में से A का भाग ज्ञात कीजिए.

8. A की कार्य-क्षमता B से दुगुनी है. अतः किसी कार्य को पूरा करने में A, B से 20 दिन कम लेता है. दोनों मिलकर इस कार्य को समाप्त करने में कितने दिन लेंगे?

9. यदि 4 आदमी अथवा 6 लड़के किसी कार्य को 20 दिन में पूरा करें, तो 6 आदमी और 11 लड़के मिलकर इस कार्य को कितने दिन में पूरा करेंगे? **(एस०एस०सी० परीक्षा, 2003)**

10. यदि 10 आदमी तथा 15 लड़के किसी कार्य को 15 दिन में समाप्त कर सकें तो 16 आदमी तथा 20 लड़के इससे तीन गुना कार्य को कितने दिन में करेंगे, जबकि 3 आदमी 2 घण्टे में उतना ही कार्य कर पाते हैं जितना कि 5 लड़के 3 घण्टे में कर सकते हैं? **(एस०एस०सी० परीक्षा, 2003)**

11. 1 आदमी अथवा 2 औरतें अथवा 3 लड़के किसी कार्य को 44 दिन में समाप्त करते हैं. एक आदमी, एक औरत तथा एक लड़का मिलकर उस कार्य को कितने दिन में पूरा करेंगे? **(एस०एस०सी० परीक्षा, 2003)**

उत्तरमाला (प्रश्नमाला 15B)

1. 6 दिन **2.** 90 दिन **3.** 12 दिन **4.** $A \to 30$ दिन, $B \to 20$ दिन, $C \to 10$ दिन
5. 8 दिन **6.** 20 दिन **7.** ₹ 440 **8.** $13\frac{1}{3}$ दिन **9.** 6 दिन **10.** 30 दिन
11. 24 दिन

दिये गये प्रश्नों के हल | प्रश्नमाला 15B

1. A का 1 दिन का कार्य $= \frac{1}{9}$, B का 1 दिन का कार्य $= \frac{1}{10}$, C का 1 दिन का कार्य $= \frac{1}{15}$.

$(B + C)$ का 2 दिन का कार्य $= \left(\frac{1}{10} + \frac{1}{15}\right) \times 2 = \left(\frac{5}{30} \times 2\right) = \frac{1}{3}$. शेष कार्य $= \left(1 - \frac{1}{3}\right) = \frac{2}{3}$.

$\frac{1}{9}$ कार्य करने में A लेता है $= 1$ दिन. $\frac{2}{3}$ कार्य करने में A लेगा $= \left(1 \times 9 \times \frac{2}{3}\right) = 6$ दिन.

2. $(A + B)$ का 1 दिन का कार्य $= \frac{1}{30} \Rightarrow (A+B)$ का 20 दिन का कार्य $= \left(\frac{1}{30} \times 20\right) = \frac{2}{3}$.

$\{(A + B)$ का 20 दिन का कार्य$\} + \{C$ का 10 दिन का कार्य$\} = 1$

$\Rightarrow \frac{2}{3} + \{C$ का 10 दिन का कार्य$\} = 1$

$\Rightarrow C$ का 10 दिन का कार्य $= \left(1 - \frac{2}{3}\right) = \frac{1}{3} \Rightarrow C$ का 1 दिन का कार्य $= \frac{1}{30}$.

अब, B का 3 दिन का कार्य $= C$ का 2 दिन का कार्य $= \left(\frac{1}{30} \times 2\right) = \frac{1}{15}$

$\Rightarrow B$ का 1 दिन का कार्य $= \frac{1}{45} \Rightarrow A$ का 1 दिन का कार्य $= \left(\frac{1}{30} - \frac{1}{45}\right) = \frac{1}{90}$.

अतः A अकेला इस कार्य को 90 दिन में समाप्त करेगा.

3. $(A + B)$ द्वारा $\frac{2}{3}$ भाग कार्य करने में लगा समय $= 12$ दिन.

$(A + B)$ द्वारा पूरा कार्य करने में लगा समय $= \left(12 \times \frac{3}{2}\right)$ दिन $= 18$ दिन.

$(A + B)$ का 1 दिन का कार्य $= \frac{1}{18}$, A का 1 दिन का कार्य $= \frac{1}{30}$.

B का 1 दिन का कार्य $= \left(\frac{1}{18} - \frac{1}{30}\right) = \frac{(5-3)}{90} = \frac{2}{90} = \frac{1}{45}$. $(B + C)$ का 1 दिन का कार्य $= \frac{1}{20}$.

C का 1 दिन का कार्य $= \left(\frac{1}{20} - \frac{1}{45}\right) = \frac{(9-4)}{180} = \frac{5}{180} = \frac{1}{36}$.

$(A + B)$ द्वारा किया गया कार्य $= \frac{2}{3}$. शेष भाग $= \left(1 - \frac{2}{3}\right) = \frac{1}{3}$.

अब, $\frac{1}{36}$ कार्य को करने में C लेता है $= 1$ दिन.

$\frac{1}{3}$ कार्य को करने में C लेगा $= \left(36 \times \frac{1}{3}\right)$ दिन = 12 दिन.

अतः शेष कार्य को पूरा करने में C को 12 दिन लगेंगे.

4. माना B अकेला उस कार्य को x दिन में समाप्त करता है. तब, B का 1 दिन का कार्य $= \frac{1}{x}$.

$(A + B)$ का 1 दिन का कार्य $= \frac{1}{12} \Rightarrow A$ का 1 दिन का कार्य $= \left(\frac{1}{12} - \frac{1}{x}\right)$.

$(B + C)$ का 1 दिन का कार्य $= \frac{3}{20} \Rightarrow C$ का 1 दिन का कार्य $= \left(\frac{3}{20} - \frac{1}{x}\right)$.

(A का 3 दिन का कार्य) + (B का 4 दिन का कार्य) + (C का 7 दिन का कार्य) = 1

$\Rightarrow 3\left(\frac{1}{12} - \frac{1}{x}\right) + \frac{4}{x} + 7\left(\frac{3}{20} - \frac{1}{x}\right) = 1$

$\Rightarrow \left(\frac{3}{x} + \frac{7}{x} - \frac{4}{x}\right) = \left(\frac{3}{12} + \frac{21}{20} - 1\right) \Rightarrow \frac{6}{x} = \frac{18}{60} = \frac{3}{10} \Rightarrow x = \left(6 \times \frac{10}{3}\right) = 20.$

$\therefore B$ अकेला इस कार्य को 20 दिन में समाप्त करेगा.

A का 1 दिन का कार्य $= \left(\frac{1}{12} - \frac{1}{20}\right) = \frac{2}{60} = \frac{1}{30}$.

$\therefore A$ अकेला इस कार्य को 30 दिन में समाप्त करेगा.

C का 1 दिन का कार्य $= \left(\frac{3}{20} - \frac{1}{20}\right) = \frac{2}{20} = \frac{1}{10}$.

$\therefore$ C अकेला इस कार्य को 10 दिन में समाप्त करेगा.

5. A का 1 दिन का कार्य $= \frac{1}{10}$, B का 1 दिन का कार्य $= \frac{1}{30}$, C का 1 दिन का कार्य $= \frac{1}{60}$.

$(A + B)$ का 1 दिन का कार्य $= \left(\frac{1}{10} + \frac{1}{30}\right) = \frac{4}{30} = \frac{2}{15}$.

$(A + C)$ का 1 दिन का कार्य $= \left(\frac{1}{10} + \frac{1}{60}\right) = \frac{7}{60}$.

अतः 2 दिनों का कुल कार्य $= \left(\frac{2}{15} + \frac{7}{60}\right) = \frac{15}{60} = \frac{1}{4}$.

$\frac{1}{4}$ कार्य करने में लगा समय = 2 दिन.

पूरा कार्य करने में लगा समय = (2×4) दिन = 8 दिन.

6. A का 1 दिन का कार्य $= \frac{1}{24}$, B का 1 दिन का कार्य $= \frac{1}{32}$, C का 1 दिन का कार्य $= \frac{1}{64}$.

$(A + B + C)$ का 1 दिन का कार्य $= \left(\frac{1}{24} + \frac{1}{32} + \frac{1}{64}\right) = \frac{(8+6+3)}{192} = \frac{17}{192}$.

$\Rightarrow (A+B+C)$ का 6 दिन का कार्य $= \left(\frac{17}{192} \times 6\right) = \frac{17}{32}$.

अब, C का 6 दिन का कार्य $= \left(\frac{1}{64} \times 6\right) = \frac{3}{32}$.

कुल समाप्त किया गया कार्य $= \left(\frac{17}{32} + \frac{3}{32}\right) = \frac{20}{32} = \frac{5}{8}$.

शेष कार्य $= \left(1 - \frac{5}{8}\right) = \frac{3}{8}$. यह कार्य $(B + C)$ ने किया.

$(B + C)$ का 1 दिन का कार्य $= \left(\frac{1}{32} + \frac{1}{64}\right) = \frac{3}{64}$.

$\frac{3}{64}$ कार्य $(B + C)$ करते हैं = 1 दिन में.

$\frac{3}{8}$ कार्य $(B + C)$ करेंगे $= \left(1 \times \frac{64}{3} \times \frac{3}{8}\right)$ दिन में = 8 दिन में.

सारा कार्य समाप्त होने में लगा समय = (6 + 6 + 8) दिन = 20 दिन.

7. A का 1 घण्टे का कार्य $= \frac{1}{30}$, B का 1 घण्टे का कार्य $= \frac{1}{40}$.

A तथा B की मजदूरी का अनुपात $= \frac{1}{30} : \frac{1}{40} = 4:3$.

कुल मजदूरी में से A का भाग = ₹ $\left(770 \times \frac{4}{7}\right)$ = ₹ 440.

8. A तथा B की कार्य-क्षमता का अनुपात = 2:1.

A तथा B द्वारा कार्य को समाप्त करने में लगे समय का अनुपात = 1:2.

माना इस कार्य को समाप्त करने में A तथा B को क्रमशः x दिन तथा $2x$ दिन लगते हैं.

तब, $2x - x = 20 \Rightarrow x = 20$.

$\therefore$ A इस कार्य को 20 दिन में तथा B इसे 40 दिन में समाप्त करेगा.

$(A + B)$ का 1 दिन का कार्य $= \left(\frac{1}{20} + \frac{1}{40}\right) = \frac{3}{40}$.

अतः दोनों मिलकर इस कार्य को $\frac{40}{3}$ दिन अर्थात $13\frac{1}{3}$ दिन में समाप्त करेंगे.

9. 4 आदमी ≡ 6 लड़के ⇒ 1 आदमी ≡ $\frac{6}{4}$ लड़के ⇒ 6 आदमी ≡ $\left(\frac{6}{4} \times 6\right)$ लड़के = 9 लड़के.

(6 आदमी + 11 लड़के) ≡ (9 लड़के + 11 लड़के) = 20 लड़के.

6 लड़के कार्य को पूरा करते हैं = 20 दिन में.

1 लड़का कार्य को पूरा करेगा = (20 × 6) दिन में.

20 लड़के कार्य को पूरा करेंगे $= \frac{(20 \times 6)}{20}$ दिन में = 6 दिन में.

10. 3 आदमियों का 2 घण्टे का काम = 5 लड़कों का 3 घण्टे का काम

⇒ (3 × 2) आदमियों का 1 घण्टे का काम = (5 × 3) लड़कों का 1 घण्टे का काम

⇒ 6 आदमी ≡ 15 लड़के ⇒ 1 आदमी ≡ $\frac{5}{2}$ लड़के

⇒ (10 आदमी + 15 लड़के) ≡ $\left(10 \times \frac{5}{2}\right)$ लड़के + 15 लड़के = 40 लड़के

तथा (16 आदमी + 20 लड़के) ≡ $\left(16 \times \frac{5}{2}\right)$ लड़के + 20 लड़के = 60 लड़के.

अब, 40 लड़के कार्य को समाप्त करते हैं = 15 दिन में.

60 लड़के कार्य को समाप्त करेंगे $= \frac{(15 \times 40)}{60}$ दिन में = 10 दिन में.

अतः 60 लड़के इससे तीन गुना कार्य को समाप्त करने में लेंगे = 30 दिन.

11. 1 आदमी ≡ 3 लड़के, 1 औरत ≡ $\frac{3}{2}$ लड़के.

(1 आदमी + 1 औरत + 1 लड़का) ≡ $\left(3 \text{ लड़के} + \frac{3}{2} \text{ लड़के} + 1 \text{ लड़का}\right) = \frac{11}{2}$ लड़के .

अधिक लड़के, कम दिन (विलोमानुपात)

$\frac{11}{2} : 3 :: 44 : x \Rightarrow \frac{11}{2}x = 3 \times 44 \Rightarrow x = \frac{3 \times 44 \times 2}{11} = 24.$

अतः 1 आदमी, 1 औरत तथा 1 लड़का मिलकर उस कार्य को 24 दिन में समाप्त करेंगे.

16 पाईप तथा टंकी के प्रश्न (PIPES & CISTERNS)

सामान्य नियम

(*i*) यदि एक पाईप किसी टंकी को x घण्टे में भरे, तो

पाईप का 1 घण्टे का भराव कार्य $= \frac{1}{x}$.

(*ii*) यदि एक निकासी पाईप किसी भरी टंकी को y घण्टे में खाली करे, तो

पाईप का 1 घण्टे का निकासी कार्य $= \frac{1}{y}$.

(*iii*) यदि एक पाईप खाली टंकी को x घण्टे में भरे तथा एक निकासी पाईप भरी टंकी को y घण्टे में खाली करे, तो

दोनों पाईपों का 1 घण्टे का भराव कार्य $= \left(\frac{1}{x} - \frac{1}{y}\right)$, **जबकि** $x < y$.

दोनों पाईपों का 1 घण्टे का निकासी कार्य $= \left(\frac{1}{y} - \frac{1}{x}\right)$, **जबकि** $x > y$.

साधित उदाहरण

प्रश्न 1. दो नल A तथा B एक टंकी को क्रमशः 12 घण्टे तथा 15 घण्टे में भर सकते हैं. यदि दोनों नल एक साथ खोल दिये जायें, तो खाली टंकी को भरने में कितना समय लगेगा?

हल : A का 1 घण्टे का कार्य $= \frac{1}{12}$, B का 1 घण्टे का कार्य $= \frac{1}{15}$.

$(A + B)$ का 1 घण्टे का कार्य $= \left(\frac{1}{12} + \frac{1}{15}\right) = \frac{9}{60} = \frac{3}{20}$.

दोनों नलों द्वारा टंकी को भरने में लगा समय $= \frac{20}{3}$ घण्टे $= 6$ घण्टे 40 मिनट.

प्रश्न 2. एक नल एक टंकी को 16 घण्टे में भरता है. परन्तु टंकी की तली में छेद होने के कारण टंकी 24 घण्टे में भरी जाती है. यदि टंकी पूरी भरी हो, तो छेद के कारण कितनी देर में खाली हो जायेगी?

हल : नल का 1 घण्टे का कार्य $= \frac{1}{16}$.

(नल + छेद) का 1 घण्टे का कार्य $= \frac{1}{24}$.

छेद का 1 घण्टे का कार्य $= \left(\frac{1}{24} - \frac{1}{16}\right) = \frac{(2-3)}{48} = -\frac{1}{48}$.

$\frac{1}{48}$ टंकी छेद के कारण खाली होती है $= 1$ घण्टे में.

पूरी टंकी को खाली होने में लगा समय $= 48$ घण्टे.

प्रश्न 3. दो नल A तथा B एक टंकी को क्रमशः 36 मिनट तथा 45 मिनट में भर देते हैं. पेंदी में लगा नल C, भरी टंकी को 30 मिनट में खाली कर देता है. A तथा B के खोले जाने के 7 मिनट बाद C भी खोल दिया जाता है. ज्ञात कीजिए कि टंकी के भरने में कितना समय लगेगा.

हल : 7 मिनट में टंकी का भरा गया भाग $= 7 \times \left(\frac{1}{36} + \frac{1}{45}\right) = \frac{7}{20}$.

शेष भाग $= \left(1 - \frac{7}{20}\right) = \frac{13}{20}$.

तीनों नलों का 1 मिनट का कार्य $= \left(\frac{1}{36} + \frac{1}{45} - \frac{1}{30}\right) = \frac{(5+4-6)}{180} = \frac{3}{180} = \frac{1}{60}$.

$\frac{1}{60}$ भाग भरने में लगा समय = 1 मिनट.

$\frac{13}{20}$ भाग भरने में लगा समय $= \left(1 \times 60 \times \frac{13}{20}\right)$ मिनट = 39 मिनट.

अत: टंकी को भरने में लगा कुल समय = (7 + 39) मिनट = 46 मिनट.

प्रश्न 4. दो नल A तथा B एक टंकी को क्रमशः 15 मिनट तथा 12 मिनट में भर सकते हैं तथा तीसरा नल C, भरी टंकी को 6 मिनट में खाली कर सकता है. पहले A तथा B, 5 मिनट तक खुले रहते हैं तथा इसके बाद C भी खोल दिया जाता है. टंकी कितनी देर में खाली हो जायेगी?

हल : $(A + B)$ द्वारा 5 मिनट में भरा गया भाग $= 5 \times \left(\frac{1}{15} + \frac{1}{12}\right) = \left(5 \times \frac{9}{60}\right) = \frac{3}{4}$.

$(A + B + C)$ द्वारा 1 मिनट में खाली किया गया भाग $= \frac{1}{6} - \left(\frac{1}{15} + \frac{1}{12}\right) = \left(\frac{1}{6} - \frac{3}{20}\right) = \frac{1}{60}$.

$\frac{1}{60}$ भाग खाली होने में लगा समय = 1 मिनट.

$\frac{3}{4}$ भाग खाली होने में लगा समय $= \left(1 \times 60 \times \frac{3}{4}\right)$ मिनट = 45 मिनट.

प्रश्नमाला 16A

निम्नलिखित प्रश्नों में से प्रत्येक में ठीक उत्तर को चिन्हांकित (✓) कीजिए :

1. दो नल A और B किसी हौज को क्रमशः 10 घण्टे तथा 15 घण्टे में भर सकते हैं. दोनों को एक साथ खाली हौज में खोल दिया जाये तो हौज को भरने में कितना समय लगेगा? **(एस०एस०सी० परीक्षा, 2009)**

   (a) 6 घण्टे (b) 7 घण्टे (c) 8 घण्टे (d) 9 घण्टे

2. किसी टंकी का $\frac{3}{5}$ भाग 10 मिनट में भर जाता है. शेष भाग को भरने के लिए कितना समय चाहिये?

   (a) 5 मिनट (b) 6 मिनट 40 सैकण्ड (c) 6 मिनट (d) 4 मिनट

   (एस०एस०सी० परीक्षा, 2010)

3. दो नल A तथा B एक टंकी को अलग-अलग क्रमशः 10 मिनट तथा 20 मिनट में भर देते हैं. टंकी के तल में रिसाव के कारण भरी हुई टंकी 40 मिनट में खाली हो जाती है. खाली टंकी को (रिसाव सहित) भरने में कितना समय लगेगा? **(एस०एस०सी० परीक्षा, 2010)**

   (a) 6 मिनट (b) 8 मिनट (c) 15 मिनट (d) 10 मिनट

4. एक नल खाली टंकी को 8 घण्टे में भर देता है. परन्तु टंकी में छेद होने के कारण इसे भरने में 2 घण्टे अधिक लगते हैं. भरी टंकी को खाली करने में यह छेद कितना समय लेगा? **(होटल मैनेजमैन्ट परीक्षा, 2003)**

   (a) 15 घण्टे (b) 20 घण्टे (c) 24 घण्टे (d) 40 घण्टे

5. एक पाईप खाली टंकी को 3 घण्टे में भर देता है. दो निकासी पाईप भरी टंकी को क्रमशः 6 घण्टे तथा 10 घण्टे में खाली कर सकते हैं. यदि खाली टंकी में तीनों पाईप इकट्ठे खोल दिये जायें, तो टंकी भरने में कितना समय लगेगा?

   (a) 18 घण्टे (b) 9 घण्टे (c) 16 घण्टे (d) 15 घण्टे

6. एक पाईप किसी पानी की टंकी को एक अन्य पाईप की तुलना में तीन गुनी तेजी से भरता है. यदि दोनों पाईप मिलकर खाली टंकी को 36 मिनट में भरें, तो धीमी गति वाला पाईप खाली टंकी को भरने में कितना समय लेगा?

(*a*) 1 घण्टा 21 मिनट (*b*) 1 घण्टा 48 मिनट (*c*) 2 घण्टे (*d*) 2 घण्टे 24 मिनट

(एस०एस०सी० परीक्षा, 2010)

7. दो नल *A* तथा *B* पानी की एक खाली टंकी को क्रमशः 20 मिनट तथा 24 मिनट में भर सकते हैं तथा एक तीसरा नल *C*, 3 गैलन प्रति मिनट की दर से टंकी खाली करता है. यदि *A*, *B* तथा *C* तीनों को एक साथ खोल दिया जाये, तो टंकी भरने में 15 मिनट लगते हैं. टंकी की धारिता कितनी है? **(एस०एस०सी० परीक्षा, 2007)**

(*a*) 180 गैलन (*b*) 150 गैलन (*c*) 120 गैलन (*d*) 60 गैलन

8. एक पाईप किसी पानी की टंकी को 5 घण्टे में भर सकता है. परन्तु, इसकी तली में एक छेद होने के कारण इस टंकी को भरने में 30 मिनट का समय अधिक लगता है. यदि टंकी पूरी भरी हो और पानी भरने वाले पाईप को बन्द कर दिया जाये, तो छेद के कारण टंकी कितने घण्टे में खाली हो जायेगी? **(ए०ए०ओ० परीक्षा, 2010)**

(*a*) 55 घण्टे (*b*) 44 घण्टे (*c*) $27\frac{1}{2}$ घण्टे (*d*) 22 घण्टे

9. दो नल *P* तथा *Q* किसी पानी की टंकी को क्रमशः 12 मिनट तथा 15 मिनट में भर सकते हैं. दोनों को एक साथ खोला जाता है. किन्तु 3 मिनट बाद *P* को बन्द कर दिया जाता है. *Q* टंकी को भरने में कितना समय और लेगा?

(*a*) 7 मिनट (*b*) $7\frac{1}{2}$ मिनट (*c*) 8 मिनट (*d*) $8\frac{1}{4}$ मिनट

(एस०एस०सी० परीक्षा, 2010)

10. तीन नल *A*, *B* और *C* एक टंकी को 6 घण्टे में भर सकते हैं. इन्हें इकट्ठे खाली टंकी में खोल दिया गया. 2 घण्टे बाद *C* को बन्द कर दिया गया तथा *A* और *B* ने शेष भाग को 7 घण्टे में भर दिया. अकेले *C* द्वारा खाली टंकी को भरने में कितना समय लगेगा? **(एस०एस०सी० परीक्षा, 2009)**

(*a*) 14 घण्टे (*b*) 15 घण्टे (*c*) 16 घण्टे (*d*) 17 घण्टे

11. एक हौज में तीन पाईप हैं. पहले दो पाईप इसे क्रमशः 3 घण्टे तथा 3 घण्टे 45 मिनट में भर सकते हैं जबकि तीसरा पाईप इसे 1 घण्टे में खाली कर सकता है. यदि तीनों नलों को अपरान्ह 1 बजे, 2 बजे तथा 3 बजे खोला गया हो, तो हौज कब खाली हो जायेगा? **(रेलवे परीक्षा, 2010)**

(*a*) सायं 4:20 बजे (*b*) सायं 4:45 बजे (*c*) सायं 5:20 बजे (*d*) सायं 5:45 बजे

12. दो नल *A* तथा *B* एक टंकी को क्रमशः 6 मिनट तथा 7 मिनट में भर सकते हैं. *A* से आरम्भ करते हुये प्रत्येक नल को बारी-बारी एक मिनट के लिए खोला जाता है. टंकी को भरने में कितना समय लगेगा?

(*a*) 5 मिनट (*b*) $5\frac{2}{3}$ मिनट (*c*) $6\frac{3}{7}$ मिनट (*d*) $6\frac{1}{4}$ मिनट

(रेलवे परीक्षा, 2006)

13. एक पाईप किसी भरी हुई टंकी को 40 मिनट में खाली कर सकता है. एक दूसरे निकासी पाईप का व्यास इस पाईप के व्यास का दुगुना है. दोनों पाईप भरी टंकी को खाली करने में कितना समय लेंगे?

(*a*) 8 मिनट (*b*) $13\frac{1}{3}$ मिनट (*c*) 30 मिनट (*d*) 38 मिनट

(एस०एस०सी० परीक्षा, 2005)

14. तीन नल *A*, *B*, *C* एक हौज को क्रमशः 6 मिनट, 8 मिनट तथा 24 मिनट में भर सकते हैं. खाली हौज में तीनों नलों को एक साथ खोल दिया जाता है तथा नल *C* को हौज भरने से 2 मिनट पहले बन्द कर दिया जाता है. हौज भरने में कितना समय लगा?

(*a*) 4 मिनट 20 सै० (*b*) 5 मिनट (*c*) 3 मिनट 15 सै० (*d*) 3 मिनट 40 सै०

15. 12 बाल्टी पानी से एक टंकी पूरी भर जाती है, जबकि प्रत्येक बाल्टी की धारिता 13·5 लीटर है. 9 लीटर धारिता वाली कितनी बाल्टियों से यह टंकी पूरी भरेगी?

(*a*) 8 (*b*) 15 (*c*) 16 (*d*) 18

16. तीन नल A, B तथा C एक टंकी को क्रमश: 12 घण्टे, 15 घण्टे तथा 20 घण्टे में भरते हैं. यदि A सदैव खुला रहे तथा B और C को एक-एक घण्टे बारी-बारी खोला जाये, तो टंकी को भरने में कितना समय लगेगा ?

(*a*) 7 घण्टे (*b*) $6\frac{2}{3}$ घण्टे (*c*) $7\frac{1}{2}$ घण्टे (*d*) 5 घण्टे

17. एक टंकी में दो पाईप लगे हुए हैं. एक पाईप इसको 8 घण्टे में पानी से भर सकता है तथा दूसरा इसको 5 घण्टे में खाली कर सकता है. यदि टंकी का $\frac{3}{4}$ भाग पानी से भरा हो और दोनों पाईप एक साथ खोल दिये जायें तो टंकी कितने समय में खाली हो जायेगी ? **(एस०एस०सी० परीक्षा, 2005)**

(*a*) $13\frac{1}{3}$ घण्टे (*b*) 10 घण्टे (*c*) 6 घण्टे (*d*) $3\frac{1}{3}$ घण्टे

18. एक पाईप एक टंकी को 15 मिनट में भर सकता है जबकि एक अन्य पाईप इसे 10 मिनट में भर सकता है. एक तीसरा पाईप भरी टंकी को 5 मिनट में खाली कर सकता है. प्रारम्भ में 4 मिनट तक पहले दोनों पाईप खोल दिये जाते हैं. इसके बाद तीसरा पाईप भी खोल दिया जाता है. तीसरा पाईप खोलने के कितने समय बाद टंकी खाली हो जायेगी ? **(एम०बी०ए० परीक्षा, 2005)**

(*a*) 35 मिनट (*b*) 15 मिनट (*c*) 20 मिनट (*d*) खाली नहीं हो सकता

उत्तरमाला (प्रश्नमाला 16A)

1. (*a*) **2.** (*b*) **3.** (*b*) **4.** (*d*) **5.** (*d*) **6.** (*d*) **7.** (*c*) **8.** (*a*) **9.** (*d*) **10.** (*a*)
11. (*c*) **12.** (*c*) **13.** (*b*) **14.** (*c*) **15.** (*d*) **16.** (*a*) **17.** (*b*) **18.** (*c*)

दिये गये प्रश्नों के हल प्रश्नमाला 16A

1. A का 1 घण्टे का भराव कार्य $= \frac{1}{10}$, B का 1 घण्टे का भराव कार्य $= \frac{1}{15}$.

$(A + B)$ का 1 घण्टे का भराव कार्य $= \left(\frac{1}{10}+\frac{1}{15}\right) = \frac{(3+2)}{30} = \frac{5}{30} = \frac{1}{6}$.

अत: दोनों नल मिलकर खाली हौज को 6 घण्टे में भरेंगे.

2. टंकी का शेष भाग $= \left(1-\frac{3}{5}\right) = \frac{2}{5}$. माना यह भाग x मिनट में भरता है.

थोड़ा भाग, थोड़ा समय (सीधा अनुपात)

$$\frac{3}{5}:\frac{2}{5}::10:x \Rightarrow \frac{3}{5}\times x = \frac{2}{5}\times 10 = 4 \Rightarrow x = 4\times\frac{5}{3} = \frac{20}{3}.$$

$\therefore$ शेष भाग $\frac{20}{3}$ मिनट में अर्थात 6 मिनट 40 सैकण्ड में भरेगा.

3. A, B तथा रिसाव का 1 मिनट का कार्य $= \left(\frac{1}{10}+\frac{1}{20}-\frac{1}{40}\right) = \frac{(4+2-1)}{40} = \frac{5}{40} = \frac{1}{8}$.

$\therefore$ खाली टंकी को भरने में 8 मिनट लगेंगे.

4. नल का 1 घण्टे का भराव कार्य $= \frac{1}{8}$.

(नल + छेद) का 1 घण्टे का भराव कार्य $= \frac{1}{10}$.

छेद का 1 घण्टे का कार्य $= \left(\frac{1}{8}-\frac{1}{10}\right) = \frac{1}{40}$.

अत: छेद भरी टंकी को 40 घण्टे में खाली कर देगा.

5. तीनों पाईपों का 1 घण्टे का शुद्ध भराव कार्य $= \frac{1}{3} - \left(\frac{1}{6} + \frac{1}{10}\right) = \frac{1}{3} - \frac{(5+3)}{30} = \left(\frac{1}{3} - \frac{8}{30}\right)$

$= \left(\frac{1}{3} - \frac{4}{15}\right) = \frac{(5-4)}{15} = \frac{1}{15}.$

अत: यदि खाली टंकी में तीनों नल इकट्ठे खोल दिये जायें तो यह 15 घण्टे में भरेगी.

6. माना धीमी गति का पाईप टंकी को x मिनट में भरेगा.

तब, तेज गति का पाईप इसे $\frac{x}{3}$ मिनट में भरेगा.

$\therefore \frac{1}{x} + \frac{3}{x} = \frac{1}{36} \Rightarrow \frac{4}{x} = \frac{1}{36} \Rightarrow x = 144$ मिनट = 2 घण्टे 24 मिनट.

7. निकासी पाईप का 1 मिनट का कार्य $= \left(\frac{1}{20} + \frac{1}{24}\right) - \frac{1}{15} = \left(\frac{11}{120} - \frac{1}{15}\right) = \frac{3}{120} = \frac{1}{40}.$

टंकी के $\frac{1}{40}$ भाग का आयतन = 3 गैलन.

टंकी की धारिता = (3×40) गैलन = 120 गैलन.

8. भरने वाले पाईप द्वारा टंकी भरने में लगा समय = 5 घण्टे.

छेद के कारण टंकी भरने में लगा समय $= 5\frac{1}{2}$ घण्टे $= \frac{11}{2}$ घण्टे .

माना छेद, भरी टंकी को x घण्टे में खाली कर देगा. तब

$\frac{1}{5} - \frac{1}{x} = \frac{2}{11} \Rightarrow \frac{1}{x} = \left(\frac{1}{5} - \frac{2}{11}\right) = \frac{1}{55} \Rightarrow x = 55.$

अत: छेद, भरी टंकी को 55 घण्टे में खाली कर देगा.

9. 3 मिनट का भराव कार्य $= 3\left(\frac{1}{12} + \frac{1}{15}\right) = \frac{3(5+4)}{60} = \frac{9}{20}$.

शेष भाग $= \left(1 - \frac{9}{20}\right) = \frac{11}{20}$. यह भाग Q द्वारा भरा गया.

$\frac{1}{15}$ भाग भरा जाता है = 1 मिनट में.

$\frac{11}{20}$ भाग भरा जायेगा $= \left(15 \times \frac{11}{20}\right)$ मिनट में $= \frac{33}{4}$ मिनट में $= 8\frac{1}{4}$ मिनट में.

10. $(A + B + C)$ का 2 घण्टे का कार्य $= \left(\frac{1}{6} \times 2\right) = \frac{1}{3}$. शेष भाग $= \left(1 - \frac{1}{3}\right) = \frac{2}{3}.$

$(A + B)$ द्वारा $\frac{2}{3}$ भाग भरने में लगा समय = 7 घण्टे.

$(A + B)$ द्वारा पूरी टंकी भरने में लगा समय $= \left(7 \times \frac{3}{2}\right)$ घण्टे $= \frac{21}{2}$ घण्टे .

C द्वारा 1 घण्टे में भरा भाग $= \left(\frac{1}{6} - \frac{2}{21}\right) = \frac{(7-4)}{42} = \frac{3}{42} = \frac{1}{14}$.

C द्वारा टंकी को भरने में लगा समय = 14 घण्टे.

11. पहले पाईप द्वारा 1 घण्टे में भरा भाग $= \frac{1}{3}$. दूसरे पाईप द्वारा 1 घण्टे में भरा भाग $= \frac{1}{(15/4)} = \frac{4}{15}.$

माना पूरा हौज 3 बजे के x घण्टे बाद पूरा खाली हो जायेगा.

$(x + 2)$ घण्टे में पहले पाईप द्वारा भरा भाग + $(x + 1)$ घण्टे में दूसरे पाईप द्वारा भरा भाग

= x घण्टे में तीसरे पाईप द्वारा खाली किया गया भाग

$\therefore\ \frac{(x+2)}{3}+(x+1)\cdot\frac{4}{15}=\frac{x}{1}\Rightarrow 5(x+2)+4(x+1)=15x$

$\Rightarrow 6x=14\Rightarrow 3x=7\Rightarrow x=\frac{7}{3}=2\frac{1}{3}.$

अभीष्ट समय = 3 बजे + 2 घण्टा 20 मिनट = सायं 5 : 20 बजे.

12. पहली 2 मिनट में भरा गया भाग $=\left(\frac{1}{6}+\frac{1}{7}\right)=\frac{13}{42}.$

पहली 6 मिनट में भरा गया भाग $=\left(\frac{13}{42}\times 3\right)=\frac{13}{14}.$

शेष भाग $=\left(1-\frac{13}{14}\right)=\frac{1}{14}.$

अब पहले नल की बारी है.

$\frac{1}{6}$ भाग भरने में लगा समय = 1 मिनट.

$\frac{1}{14}$ भाग भरने में लगा समय $=\left(1\times\frac{6}{1}\times\frac{1}{14}\right)$ मिनट $=\frac{3}{7}$ मिनट.

अभीष्ट समय $=6\frac{3}{7}$ मिनट.

13. स्पष्ट है कि दूसरा निकासी पाईप टंकी को 20 मिनट में खाली करेगा.

दोनों पाईपों का 1 मिनट का निकासी कार्य $=\left(\frac{1}{40}+\frac{1}{20}\right)=\frac{3}{40}.$

भरी टंकी खाली होने में लगा समय $=\frac{40}{3}$ मिनट $=13\frac{1}{3}$ मिनट.

14. माना हौज भरने में लगा समय = x मिनट. तब,

$\frac{x}{6}+\frac{x}{8}+\frac{(x-2)}{24}=1\Rightarrow 4x+3x+(x-2)=24\Rightarrow 8x=26\Rightarrow 4x=13\Rightarrow x=\frac{13}{4}.$

अभीष्ट समय $=\frac{13}{4}$ मिनट = 3 मिनट 15 सै०.

15. टंकी की धारिता = (13·5 × 12) लीटर = 162 लीटर.

9 लीटर धारिता वाली बाल्टियों की अभीष्ट संख्या $=\frac{162}{9}=18.$

16. $(A+B)$ का 1 घण्टे का कार्य $=\left(\frac{1}{12}+\frac{1}{15}\right)=\frac{9}{60}=\frac{3}{20}.$

$(A+C)$ का 1 घण्टे का कार्य $=\left(\frac{1}{12}+\frac{1}{20}\right)=\frac{8}{60}=\frac{2}{15}.$

2 घण्टे में भरा गया भाग $=\left(\frac{3}{20}+\frac{2}{15}\right)=\frac{17}{60}.$

6 घण्टे में भरा गया भाग $=\left(\frac{17}{60}\times 3\right)=\frac{17}{20}.$ शेष भाग $=\left(1-\frac{17}{20}\right)=\frac{3}{20}.$

अब, $(A+B)$ की बारी है जो $\frac{3}{20}$ भाग को 1 घण्टे में भरते हैं.

अतः अभीष्ट समय = (6 + 1) घण्टे = 7 घण्टे.

17. दोनों पाईपों के कार्यरत होने पर 1 घण्टे का शुद्ध निकासी कार्य $=\left(\frac{1}{5}-\frac{1}{8}\right)=\frac{3}{40}.$

$\frac{3}{40}$ भाग खाली होता है = 1 घण्टे में

$\frac{3}{4}$ भाग खाली होता है $=\left(1\times\frac{40}{3}\times\frac{3}{4}\right)$ घण्टे में = 10 घण्टे में.

18. पहले दोनों पाईपों का 4 मिनट का भराव कार्य $= 4\left(\frac{1}{15}+\frac{1}{10}\right)=\frac{4\times 5}{30}=\frac{2}{3}$.

माना तीसरा पाईप खोलने के x घण्टे बाद टंकी खाली हो जायेगी. तब,

$$x\times\frac{1}{5}=\frac{2}{3}+\frac{x}{6}\Rightarrow\frac{x}{5}-\frac{x}{6}=\frac{2}{3}\Rightarrow(6x-5x)=20\Rightarrow x=20.$$

अभीष्ट समय = 20 मिनट.

प्रश्नमाला 16B

1. दो नल एक टंकी को क्रमश: 12 मिनट तथा 18 मिनट में भर सकते हैं. 2 मिनट तक दोनों नल खाली टंकी में खोल दिये जाते हैं तथा इसके बाद पहले नल को बन्द कर दिया जाता है. इसके बाद कितने मिनट में टंकी पूर्ण रूप से भर जायेगी? **(एस०एस०सी० परीक्षा, 2006)**

2. एक टंकी को भरने के लिए तीन पाईप लगे हैं जिनके व्यास क्रमश: 1 सेमी०, $1\frac{1}{3}$ सेमी० तथा 2 सेमी० हैं. एक निश्चित समय में प्रत्येक पाईप से बहने वाले पानी की मात्रा उस पाईप के व्यास के वर्ग के समानुपाती है. सबसे अधिक व्यास वाला पाईप इस टंकी को 61 मिनट में भर देता है. यदि तीनों पाईप इकट्ठे खोल दिये जायें तो टंकी को भरने में कितना समय लगेगा? **(रेलवे परीक्षा, 2006)**

3. दो नल A तथा B किसी हौज को क्रमश: 30 मिनट तथा 40 मिनट में भर सकते हैं तथा तीसरा नल C उस हौज से 50 लीटर प्रति मिनट की दर से पानी बाहर निकालता है. यदि तीनों नल एक साथ खाली टंकी में खोल दिये जायें तथा 1 घण्टे में हौज भर जाये, तो हौज की धारिता ज्ञात कीजिए.

4. एक नल की कार्य-क्षमता दूसरे नल की अपेक्षा तीन गुनी है. यदि दोनों नल मिलकर एक खाली हौज को 18 घण्टे में भरें, तो पहला नल उस हौज को कितने घण्टे में भरेगा?

5. तीन पाईप A, B, C एक टंकी को क्रमश: 10 घण्टे, 12 घण्टे तथा 15 घण्टे में भर सकते हैं. पहले खाली टंकी में A को खोल दिया गया. एक घण्टे बाद B को भी खोल दिया गया तथा A के कार्यरत होने के 2 घण्टे बाद C को भी खोल दिया गया. पूरी टंकी को भरने में कुल कितना समय लगेगा?

6. दो नल एक टंकी को क्रमश: 30 मिनट तथा 36 मिनट में भर सकते हैं. दोनों पाईप एक साथ खाली टंकी में खोल दिये जाते हैं परन्तु अवरुद्ध होने के कारण पहले पाईप से कुल मात्रा का $\frac{5}{6}$ भाग तथा दूसरे पाईप से कुल मात्रा का $\frac{9}{10}$ भाग बहता है. कुछ देर में पाईपों को साफ करने के बाद, $15\frac{1}{2}$ मिनट में टंकी भर जाती है. पाईपों में पानी का पूरा बहाव कितनी देर बाद आरम्भ हुआ?

7. एक टंकी में दो नल A तथा B लगे हैं जो इसे क्रमश: 20 मिनट तथा 30 मिनट में भर सकते हैं तथा इसमें एक निकासी नल C लगा है. एक व्यक्ति नल A तथा B खोलकर चला जाता है तथा तभी वापिस लौटता है जबकि टंकी को भर जाना चाहिए था. परन्तु, वह वापिस आकर देखता है कि नल C भी खुला रह गया था. अब वह इसे बन्द कर देता है. इसके बाद टंकी 3 मिनट में भर जाती है. भरी टंकी को अकेला नल C कितनी देर में खाली कर देगा?

8. एक पानी की टंकी में 8 नल लगे हैं. इनमें से कुछ पानी भरने के लिए तथा शेष पानी बाहर निकालने के लिए हैं. पानी भरने वाला प्रत्येक नल टंकी को 12 घण्टे में भर सकता है तथा पानी बाहर निकालने वाला प्रत्येक नल भरी टंकी को 36 घण्टे में खाली कर सकता है. सभी नल खाली टंकी में एक साथ खोलने पर टंकी 3 मिनट में भर जाती है. पानी भरने वाले नलों की संख्या ज्ञात कीजिए. **(एस०एस०सी० परीक्षा, 2001)**

9. पाईप A तथा B एक टंकी को क्रमश: 36 मिनट तथा 45 मिनट में भरते हैं. यदि दोनों पाईप खोल दिये जायें तो कितने समय बाद A को बन्द किया जाये कि टंकी पूर्णतया कुल 25 मिनट में भर जाये?

10. दो पाईप A तथा B एक टंकी को क्रमश: 15 घण्टे तथा 20 घण्टे में भर सकते हैं, जबकि एक तीसरा पाईप C पूरी भरी हुई टंकी को 25 घण्टे में खाली कर सकता है. आरम्भ में तीनों पाईप एक साथ खोल दिये जाते हैं. 10 घण्टे बाद पाईप C को बन्द कर दिया जाता है. कुल कितने समय में टंकी पूर्णत: भर जायेगी? **(एस०एस०सी० परीक्षा, 2008)**

उत्तरमाला (प्रश्नमाला 16B)

1. 13 मिनट	**2.** 36 मिनट	**3.** 1200 लीटर	**4.** 24 घण्टे	**5.** 4 घण्टे 52 मिनट
6. 1 मिनट	**7.** 48 मिनट	**8.** 5	**9.** 16 मिनट	**10.** 12 घण्टे

दिये गये प्रश्नों के हल | प्रश्नमाला 16B

1. पहले नल का 1 मिनट का कार्य $=\frac{1}{12}$, दूसरे नल का 1 मिनट का कार्य $=\frac{1}{18}$.

दोनों नलों का 1 मिनट का कार्य $=\left(\frac{1}{12}+\frac{1}{18}\right)=\frac{5}{36}$.

2 मिनट में इन नलों द्वारा भरा गया भाग $=\left(\frac{5}{36}\times 2\right)=\frac{5}{18}$.

शेष भाग $=\left(1-\frac{5}{18}\right)=\frac{13}{18}$.

$\frac{1}{18}$ भाग भरने में दूसरा नल समय लेता है = 1 मिनट.

$\frac{13}{18}$ भाग भरने में दूसरा नल समय लेगा $=\left(1\times\frac{18}{1}\times\frac{13}{18}\right)$ मिनट = 13 मिनट.

2. एक निश्चित समय में इन पाईपों से बहने वाले पानी की मात्रा का अनुपात $=1:\frac{16}{9}:4=\frac{1}{4}:\frac{4}{9}:1$

तीसरे पाईप का 1 मिनट का कार्य $=\frac{1}{61}$.

पहले पाईप का 1 मिनट का कार्य $=\left(\frac{1}{4}\times\frac{1}{61}\right)=\frac{1}{244}$.

दूसरे पाईप का 1 मिनट का कार्य $=\left(\frac{4}{9}\times\frac{1}{61}\right)=\frac{4}{549}$.

तीनों पाईपों का 1 मिनट का कार्य $=\left(\frac{1}{61}+\frac{1}{244}+\frac{4}{549}\right)=\frac{61}{2196}=\frac{1}{36}$.

अतः तीनों पाईप खाली टंकी को 36 मिनट में भर देंगे.

3. माना हौज की धारिता $= x$ लीटर.

C द्वारा किया गया निकासी कार्य = 50 लीटर प्रति मिनट.

C का 1 मिनट का निकासी कार्य $=\frac{50}{x}$.

$(A+B+C)$ का 1 मिनट का भराव कार्य $=\left(\frac{1}{30}+\frac{1}{40}-\frac{50}{x}\right)=\left(\frac{7}{120}-\frac{50}{x}\right)$.

$(A+B+C)$ का 1 घण्टे का भराव कार्य $=\left(\frac{7}{120}-\frac{50}{x}\right)\times 60=\left(\frac{7}{2}-\frac{3000}{x}\right)$.

$\therefore\ \frac{7}{2}-\frac{3000}{x}=1 \Rightarrow \frac{3000}{x}=\left(\frac{7}{2}-1\right)=\frac{5}{2} \Rightarrow 5x=6000 \Rightarrow x=1200.$

अतः हौज में कुल 1200 लीटर पानी आता है.

4. पहले तथा दूसरे नल की कार्य-क्षमता का अनुपात = 3 : 1.

इन नलों द्वारा हौज को भरने में लगे समय का अनुपात = 1 : 3.

माना पहला नल हौज को x घण्टे में भरता है.

तब, दूसरा नल हौज को $3x$ घण्टे में भरेगा.

पहले नल द्वारा एक घण्टे में भरा गया भाग $= \frac{1}{x}$.

दूसरे नल द्वारा एक घण्टे में भरा गया भाग $= \frac{1}{3x}$.

दोनों नलों द्वारा एक घण्टे में भरा गया भाग $= \left(\frac{1}{x} + \frac{1}{3x}\right) = \frac{4}{3x}$.

परन्तु दोनों नल हौज को 18 घण्टे में भरते हैं.

$\therefore$ दोनों नलों द्वारा 1 घण्टे में भरा गया भाग $= \frac{1}{18}$.

$\therefore \frac{4}{3x} = \frac{1}{18} \Rightarrow 3x = 72 \Rightarrow x = 24$.

अत: पहला नल खाली हौज को 24 घण्टे में भरेगा.

5. A द्वारा 2 घण्टे का भराव + B द्वारा 1 घण्टे का भराव $= \left(\frac{2}{10} + \frac{1}{12}\right) = \frac{17}{60}$.

शेष भाग $= \left(1 - \frac{17}{60}\right) = \frac{43}{60}$.

$(A + B + C)$ द्वारा 1 घण्टे का भराव $= \left(\frac{1}{10} + \frac{1}{12} + \frac{1}{15}\right) = \frac{15}{60} = \frac{1}{4}$.

$\frac{1}{4}$ भाग को भरने में लगा समय = 1 घण्टा.

$\frac{43}{60}$ भाग को भरने में लगा समय $= \left(1 \times \frac{4}{1} \times \frac{43}{60}\right)$ घण्टे $= \frac{43}{15}$ घण्टे.

टंकी को भरने में लगा कुल समय $= \left(2 + \frac{43}{15}\right)$ घण्टे $= \frac{73}{15}$ घण्टे = 4 घण्टे 52 मिनट.

6. $\frac{31}{2}$ मिनट में टंकी का भरा गया भाग $= \left(\frac{1}{30} + \frac{1}{36}\right) \times \frac{31}{2} = \frac{341}{360}$.

माना दोनों पाईप x मिनट तक अवरुद्ध रहे.

इन x मिनटों में भरा गया भाग $= \left(\frac{x}{30} \times \frac{5}{6} + \frac{x}{36} \times \frac{9}{10}\right) = \frac{19x}{360}$.

शेष भाग $= \left(1 - \frac{19x}{360}\right) = \frac{(360 - 19x)}{360}$.

$\therefore \frac{360 - 19x}{360} = \frac{341}{360} \Rightarrow 360 - 19x = 341 \Rightarrow 19x = (360 - 341) = 19 \Rightarrow x = 1$.

अत: दोनों पाईप 1 मिनट तक अवरुद्ध रहे.

7. $(A + B)$ का 1 मिनट का कार्य $= \left(\frac{1}{20} + \frac{1}{30}\right) = \frac{5}{60} = \frac{1}{12}$.

स्पष्ट है कि $(A + B)$ खाली टंकी को 12 मिनट में भरेंगे.

माना C अकेला भरी टंकी को x मिनट में खाली कर देता है.

तब, C का 1 मिनट का कार्य $= \frac{1}{x}$.

$(A + B + C)$ का 12 मिनट का कार्य $= \left(\frac{1}{12} - \frac{1}{x}\right) \times 12 = \frac{(x - 12)}{x}$.

$(A+B)$ का 3 मिनट का कार्य $=\left(3\times\frac{1}{12}\right)=\frac{1}{4}$.

$\therefore\ \frac{x-12}{x}+\frac{1}{4}=1 \Rightarrow 4x-48+x=4x \Rightarrow x=48.$

अत: भरी टंकी को C, 48 मिनट में खाली कर देगा.

8. माना पानी भरने वाले नलों की संख्या $= x$.

तब, पानी बाहर निकालने वाले नलों की संख्या $= (8-x)$.

पानी भरने वाले प्रत्येक नल का 1 घण्टे का कार्य $=\frac{1}{12}$.

पानी भरने वाले x नलों का 1 घण्टे का कार्य $=\frac{x}{12}$.

पानी बाहर निकालने वाले प्रत्येक नल का 1 घण्टे का कार्य $=\frac{1}{36}$.

पानी बाहर निकालने वाले $(8-x)$ नलों का 1 घण्टे का कार्य $=\frac{(8-x)}{36}$.

सभी नलों का 1 घण्टे का भराव कार्य $=\left\{\frac{x}{12}-\frac{(8-x)}{36}\right\}=\frac{(x-2)}{9}$.

सभी नलों द्वारा टंकी को भरने में लगा समय = 3 घण्टे.

सभी नलों का 1 घण्टे का भराव कार्य $=\frac{1}{3}$.

$\therefore\ \frac{x-2}{9}=\frac{1}{3} \Rightarrow x-2=3 \Rightarrow x=5.$

अत: पानी भरने वाले नलों की संख्या = 5.

9. A का 1 मिनट का कार्य $=\frac{1}{36}$, B का 1 मिनट का कार्य $=\frac{1}{45}$.

माना A को x मिनट बाद बन्द कर दिया गया.

तब, $(A+B)$ का x मिनट का कार्य $=\left(\frac{1}{36}+\frac{1}{45}\right)x=\frac{x}{20}$.

B का $(25-x)$ मिनट का कार्य $=\frac{(25-x)}{45}$.

$\therefore\ \frac{x}{20}+\frac{(25-x)}{45}=1 \Rightarrow 9x+4\,(25-x)=180 \Rightarrow 5x=80 \Rightarrow x=16.$

अत: A को 16 मिनट बाद बन्द किया जायेगा.

10. तीनों पाईपों का 10 घण्टे का भराव कार्य $=10\left(\frac{1}{15}+\frac{1}{20}-\frac{1}{25}\right)=\frac{10\,(20+15-12)}{300}=\frac{23}{30}$.

शेष भाग $=\left(1-\frac{23}{30}\right)=\frac{7}{30}$.

$(A+B)$ द्वारा 1 घण्टे में भरा गया भाग $=\left(\frac{1}{15}+\frac{1}{20}\right)=\frac{7}{60}$.

$\frac{7}{60}$ भाग भरा जाता है = 1 घण्टे में.

$\frac{7}{30}$ भाग भरा जायेगा $=\left(1\times\frac{60}{7}\times\frac{7}{30}\right)$ घण्टे में = 2 घण्टे में.

टंकी को भरने में लगा कुल समय = (10 + 2) घण्टे = 12 घण्टे.

17 समय तथा दूरी (TIME AND DISTANCE)

आवश्यक तथ्य एवं सूत्र

(*i*) चाल $= \dfrac{\text{दूरी}}{\text{समय}}$.　　(*ii*) दूरी = (चाल × समय).

(*iii*) x किमी०/घण्टा $= \left(x \times \dfrac{5}{18}\right)$ मीटर/सैकण्ड.　　(*iv*) y मीटर/सैकण्ड $= \left(y \times \dfrac{18}{5}\right)$ किमी०/घण्टा.

(*v*) यदि A तथा B की चालों का अनुपात $\boldsymbol{a : b}$ हो, तो एक ही दूरी तय करने में इनके द्वारा लिये गये समय का अनुपात = $\boldsymbol{b : a}$.

(*vi*) माना कोई व्यक्ति एक निश्चित दूरी x किमी०/घण्टा की चाल से तथा इतनी ही दूरी y किमी०/घण्टा की चाल से तय करता है. तब,

पूरी यात्रा में औसत चाल $= \dfrac{2xy}{(x+y)}$ **किमी०/घण्टा.**

साधित उदाहरण

प्रश्न 1. एक स्कूटर सवार 54 किमी० प्रति घण्टा की चाल से 1 मिनट में कितनी दूरी तय करेगा?

हल : चाल = 54 किमी० प्रति घण्टा $= \left(54 \times \dfrac{5}{18}\right)$ मीटर प्रति सैकण्ड = 15 मीटर प्रति सैकण्ड.

1 सैकण्ड में तय की गई दूरी = 15 मीटर.

1 मिनट में तय की गई दूरी = (15 × 60) मीटर = 900 मीटर.

प्रश्न 2. स्कूटी पर सवार एक व्यक्ति 5 मीटर प्रति सैकण्ड की चाल से 3 घण्टे 20 मिनट में कितने किलोमीटर दूरी तय करेगा?

हल : चाल = 5 मीटर प्रति सैकण्ड $= \left(5 \times \dfrac{18}{5}\right)$ किमी० प्रति घण्टा = 18 किमी० प्रति घण्टा.

1 घण्टे में तय की गई दूरी = 18 किमी०.

$\dfrac{10}{3}$ घण्टे में तय की गई दूरी $= \left(18 \times \dfrac{10}{3}\right)$ किमी० = 60 किमी०.

प्रश्न 3. एक व्यक्ति कार द्वारा नगर A से नगर B तक 72 किमी० प्रति घण्टा की चाल से जाता है. वह नगर B से नगर A तक 48 किमी० प्रति घण्टा की चाल से वापिस लौटता है. पूरी यात्रा में उसकी औसत चाल कितनी है?

हल : SHORT CUT METHOD :

याद रहे : औसत चाल $= \dfrac{2xy}{(x+y)}$ किमी० प्रति घण्टा.

$\therefore$ **औसत चाल** $= \dfrac{(2 \times 72 \times 48)}{(72+48)}$ किमी० प्रति घण्टा

$= \left(\dfrac{2 \times 72 \times 48}{120}\right)$ किमी० प्रति घण्टा = 57·6 किमी०/घण्टा.

प्रश्न 4. मैं अपने घर से कॉलिज के लिए एक निश्चित समय पर चलता हूँ. यदि मैं 5 किमी० प्रति घण्टा की चाल से चलूं तो मुझे 7 मिनट की देरी हो जाती है. परन्तु, यदि मैं 6 किमी० प्रति घण्टा की चाल से चलूं तो ठीक समय से 5 मिनट पहले पहुँचता हूँ. मेरे घर से कॉलिज की दूरी कितनी है?

हल : माना मेरे घर से कॉलिज की दूरी = x किमी०.

दोनों चालों से लगे समय में अन्तर = 12 मिनट.

$\therefore \frac{x}{5}-\frac{x}{6}=\frac{12}{60} \Rightarrow \frac{x}{5}-\frac{x}{6}=\frac{1}{5} \Rightarrow (6x-5x)=6 \Rightarrow x=6.$

अभीष्ट दूरी = 6 किमी०.

प्रश्न 5. दो साईकिल सवार बराबर दूरी क्रमशः 15 किमी० प्रति घण्टा तथा 16 किमी० प्रति घण्टा की चाल से तय करते हैं. यह दूरी तय करने में एक सवार को दूसरे सवार से 16 मिनट अधिक लगते हैं. यह दूरी कितनी है?

हल : माना अभीष्ट दूरी = x किमी०. तब,

$\frac{x}{15}-\frac{x}{16}=\frac{16}{60} \Rightarrow (16x-15x)=64 \Rightarrow x=64.$

अतः अभीष्ट दूरी = 64 किमी०.

प्रश्न 6. एक कार 840 किमी० की दूरी एक निश्चित समान चाल से तय करती है. यदि कार की चाल 10 किमी० प्रति घण्टा अधिक होती, तो इस दूरी को तय करने में 2 घण्टे कम लगते. कार की वास्तविक चाल ज्ञात कीजिए.

हल : माना कार की वास्तविक चाल = x किमी० प्रति घण्टा. तब

$\frac{840}{x}-\frac{840}{(x+10)}=2 \Rightarrow 840\times[(x+10)-x]=2x\,(x+10)$

$\Rightarrow 2x^2+20x-8400=0 \Rightarrow x^2+10x-4200=0$

$\Rightarrow x^2+70x-60x-4200=0 \Rightarrow x\,(x+70)-60\,(x+70)=0$

$\Rightarrow (x+70)\,(x-60)=0 \Rightarrow x=60.$ [$\because$ चाल ऋणात्मक नहीं हो सकती]

अतः कार की वास्तविक चाल = 60 किमी० प्रति घण्टा.

प्रश्न 7. अपनी वास्तविक चाल की $\frac{5}{6}$ चाल से चलकर एक रेलगाड़ी 10 मिनट देरी से अपने गंतव्य स्थान पर पहुँचती है. वास्तविक चाल से अपनी यात्रा यह कितनी देर में तय करती है?

हल : नई चाल = वास्तविक चाल का $\frac{5}{6}$

$\Rightarrow$ नई चाल से यात्रा पूरी करने में लगा समय = वास्तविक चाल से लगे समय का $\frac{6}{5}$

$\Rightarrow$ $\frac{6}{5}$ × (वास्तविक चाल से लगा समय) – (वास्तविक चाल से लगा समय) = 10 मिनट

$\Rightarrow$ $\left(\frac{6}{5}-1\right)\times$ वास्तविक चाल से लगा समय = 10 मिनट

$\Rightarrow$ वास्तविक चाल से लगा समय = (5 × 10) मिनट = 50 मिनट.

प्रश्न 8. एक व्यक्ति को अपनी यात्रा में 7 घण्टे 20 मिनट लगते हैं. यदि वह एक तिहाई यात्रा 60 किमी० प्रति घण्टा की चाल से तय करे तथा शेष यात्रा 45 किमी० प्रति घण्टा की चाल से तय करे तो उसने कुल कितनी दूरी तय की?

हल : माना कुल यात्रा = x किमी०. तब,

यात्रा का पहला भाग = $\frac{x}{3}$ किमी०, यात्रा का दूसरा भाग = $\frac{2x}{3}$ किमी०.

$\therefore \frac{(x/3)}{60}+\frac{(2x/3)}{45}=\frac{22}{3} \Rightarrow \frac{x}{180}+\frac{2x}{135}=\frac{22}{3}$

$\Rightarrow (3x+8x) = (180\times22) \Rightarrow 11x = 180\times22 \Rightarrow x = \frac{180\times22}{11} = 360.$

अतः कुल यात्रा = 360 किमी०.

प्रश्न 9. एक व्यक्ति मोटर साईकिल द्वारा एक निश्चित दूरी तय करता है. यदि वह 6 किमी० प्रति घण्टा धीरे चलता तो उसे 8 मिनट अधिक लगते. परन्तु, यदि वह 4 किमी० प्रति घण्टा तेज चलता तो उसे $4\frac{1}{2}$ मिनट कम लगते. दूरी ज्ञात कीजिए.

हल : माना अभीष्ट दूरी = x किमी० तथा वास्तविक चाल = y किमी०/घण्टा. तब,

$$\frac{x}{(y-6)} - \frac{x}{y} = \frac{8}{60} \Rightarrow x\left[\frac{1}{(y-6)} - \frac{1}{y}\right] = \frac{2}{15}$$

$$\Rightarrow x\left[\frac{y-(y-6)}{y(y-6)}\right] = \frac{2}{15} \Rightarrow y(y-6) = 45x \qquad \ldots(i)$$

तथा $$\frac{x}{y} - \frac{x}{(y+4)} = \frac{9}{120} \Rightarrow x\left[\frac{1}{y} - \frac{1}{(y+4)}\right] = \frac{3}{40}$$

$$\Rightarrow x\left[\frac{(y+4)-y}{y(y+4)}\right] = \frac{3}{40} \Rightarrow 3y(y+4) = 160x \qquad \ldots(ii)$$

(i) को (ii) से भाग देने पर :

$$\frac{(y-6)}{3(y+4)} = \frac{9}{32} \Rightarrow 27y+108 = 32y-192 \Rightarrow 5y = 300 \Rightarrow y = 60.$$

(ii) में $y = 60$ रखने पर $3\times60\times64 = 160x$.

$$\therefore\ x = \frac{3\times60\times64}{160} = 72.$$

अभीष्ट दूरी = 72 किमी०.

प्रश्न 10. एक सिपाही को अपने से 100 मीटर आगे एक चोर दिखाई दिया. जैसे ही सिपाही ने उसका पीछा करना आरम्भ किया, चोर ने भागना आरम्भ कर दिया. यदि चोर की चाल 8 किमी० प्रति घण्टा हो तथा सिपाही की चाल 10 किमी० प्रति घण्टा हो, तो कितने मीटर भागने के बाद चोर पकड़ा जायेगा?

हल : सिपाही की चोर के सापेक्ष चाल = (10 – 8) किमी० प्रति घण्टा = 2 किमी० प्रति घण्टा.

100 मीटर दूरी को सापेक्ष चाल से तय करने में लगा समय $= \left(\frac{1}{2000}\times100\right)$ घण्टा $= \frac{1}{20}$ घण्टा.

$\frac{1}{20}$ घण्टे में चोर द्वारा तय की गई दूरी $= \left(8\times\frac{1}{20}\right)$ किमी० $= \left(\frac{2}{5}\times1000\right)$ मीटर = 400 मीटर.

प्रश्नमाला 17A

नीचे दिये गये प्रश्नों में से प्रत्येक में ठीक उत्तर को चिन्हांकित (✓) कीजिए :

1. दो रेलगाड़ियों की चाल 6 : 7 के अनुपात में हैं. यदि दूसरी रेलगाड़ी 4 घण्टे में 364 किमी० चले, तो पहली रेलगाड़ी की चाल कितनी है? **(एस०एस०सी० परीक्षा, 2010)**

(*a*) 60 किमी०/घण्टा (*b*) 72 किमी०/घण्टा (*c*) 78 किमी०/घण्टा (*d*) 84 किमी०/घण्टा

2. तीन कारों की चाल 2 : 3 : 4 के अनुपात में हैं. समान दूरी तय करने में इन कारों द्वारा लिए गये समय में क्रमशः अनुपात होगा :

(*a*) 2 : 3 : 4 (*b*) 4 : 3 : 2 (*c*) 4 : 3 : 6 (*d*) 6 : 4 : 3

3. A तथा B किसी एक ही दूरी को क्रमशः 9 किमी०/घण्टा तथा 10 किमी०/घण्टा की चाल से तय करते हैं. यदि A द्वारा लिया गया समय B द्वारा लिये गये समय से 36 मिनट अधिक हो तो यह दूरी कितनी है ?
(*a*) 48 किमी० (*b*) 54 किमी० (*c*) 60 किमी० (*d*) 66 किमी०
(एस०एस०सी० परीक्षा, 2010)

4. A, B से दुगुना तेज धावक है तथा B, C से तिगुना तेज धावक है. यदि C ने कोई दूरी 1 घण्टा 54 मिनट में तय की हो, तो A उसे तय करने में कितना समय लेगा ? **(एस०एस०सी० परीक्षा, 2010)**
(*a*) 19 मिनट (*b*) 38 मिनट (*c*) 51 मिनट (*d*) 57 मिनट

5. एक रेलगाड़ी ने 19 घण्टे में 1235 किमी० की दूरी तय की. यदि एक कार की औसत गति रेलगाड़ी की औसत गति का $\frac{4}{5}$ हो, तो कार 22 घण्टे में कितनी दूरी तय करेगी ? **(बैंक पी०ओ० परीक्षा, 2010)**
(*a*) 1234 किमी० (*b*) 1144 किमी० (*c*) 1134 किमी० (*d*) 1244 किमी० (*e*) इनमें से कोई नहीं

6. A अपने घर से अपने विद्यालय 3 किमी० प्रति घण्टा की चाल से जाने पर 5 मिनट देरी से पहुँचता है. यदि वह 4 किमी० प्रति घण्टा की चाल से चले तो विद्यालय के समय से 5 मिनट पहले पहुँच जाता है. उसके घर से विद्यालय की दूरी कितनी है ? **(एस०एस०सी० परीक्षा, 2010)**
(*a*) 1 किमी० (*b*) 2 किमी० (*c*) 3 किमी० (*d*) 4 किमी०

7. एक राजमार्ग पर दो स्थान A तथा B एक दूसरे से 100 किमी० की दूरी पर हैं. एक कार A से तथा अन्य कार B से रवाना होती है. यदि दोनों कार एक ही दिशा में चलें तो परस्पर 5 घण्टे में मिलती हैं. यदि वे एक-दूसरे की ओर विपरीत दिशाओं में चलें तो 1 घण्टे में मिलती हैं. तेज चलने वाली कार की चाल कितनी है ?
(*a*) 60 किमी०/घण्टा (*b*) 50 किमी०/घण्टा (*c*) 40 किमी०/घण्टा (*d*) 32 किमी०/घण्टा
(एस०एस०सी० परीक्षा, 2010)

8. अपनी सामान्य चाल की $\frac{3}{4}$ चाल से चलने पर कोई व्यक्ति अपने कार्यालय सामान्य समय की तुलना में 20 मिनट देरी से पहुँचता है. उसके द्वारा अपने कार्यालय पहुँचने में लिए जाने वाला सामान्य समय कितना है ?
(*a*) 75 मिनट (*b*) 60 मिनट (*c*) 40 मिनट (*d*) 30 मिनट
(एस०एस०सी० परीक्षा, 2010)

9. एक व्यक्ति A से B तक 60 किमी० प्रति घण्टा की गति से जाता है तथा B से A तक 40 किमी० प्रति घण्टा की गति से लौटता है. सम्पूर्ण यात्रा के लिए उसकी औसत गति कितनी है ? **(होटल मैनेजमैन्ट परीक्षा, 2009)**
(*a*) 50 किमी०/घण्टा (*b*) 48 किमी०/घण्टा (*c*) 45 किमी०/घण्टा (*d*) 55 किमी०/घण्टा

10. विश्रामों को छोड़कर एक बस की गति 64 किमी० प्रति घण्टा है और विश्रामों सहित बस की गति 48 किमी० प्रति घण्टा है. प्रत्येक 1 घण्टे में बस कितने समय विश्राम के लिए रुकती है ? **(बैंक पी०ओ० परीक्षा, 2009)**
(*a*) 12·5 मिनट (*b*) 15 मिनट (*c*) 10 मिनट (*d*) 18 मिनट (*e*) इनमें से कोई नहीं

11. एक व्यक्ति 24 किमी० की दूरी 6 किमी०/घण्टा की चाल से, एक अन्य 24 किमी० की दूरी 8 किमी०/घण्टा की चाल से तथा एक अन्य 24 किमी० की दूरी 12 किमी०/घण्टा की चाल से तय करता है. पूरी यात्रा के लिए उसकी औसत चाल कितनी है ? **(एस०एस०सी० परीक्षा, 2008)**
(*a*) $8\frac{2}{3}$ किमी०/घण्टा (*b*) 8 किमी०/घण्टा (*c*) $2\frac{10}{13}$ किमी०/घण्टा (*d*) 9 किमी०/घण्टा

12. रमन अपने घर से पास के एक शहर में कार द्वारा 50 किमी०/घण्टा की गति से गया तथा 45 किमी०/घण्टा की गति से वापिस आया. वापस आने में यदि उसे एक घण्टा अधिक लगा हो, तो रमन के घर से उस शहर की दूरी कितनी है ? **(बैंक पी०ओ० परीक्षा, 2008)**
(*a*) 450 किमी० (*b*) 225 किमी० (*c*) 900 किमी० (*d*) 500 किमी० (*e*) इनमें से कोई नहीं

13. रमेश 760 किमी० की कुछ दूरी रेलगाड़ी द्वारा तथा कुछ कार द्वारा तय करता है. यदि वह 160 किमी० रेलगाड़ी द्वारा तथा शेष कार द्वारा तय करे तो उसे 8 घण्टे लगते हैं. यदि वह 240 किमी० रेलगाड़ी द्वारा तथा शेष कार द्वारा तय करे, तो उसे 12 मिनट अधिक लगते हैं. रेलगाड़ी तथा कार की गतियाँ क्रमशः कितनी कितनी हैं ?

(*a*) 90 किमी०/घण्टा, 60 किमी०/घण्टा
(*b*) 100 किमी०/घण्टा, 80 किमी०/घण्टा
(*c*) 80 किमी०/घण्टा, 70 किमी०/घण्टा
(*d*) 100 किमी०/घण्टा, 90 किमी०/घण्टा

(एम०बी०ए० परीक्षा, 2007)

14. एक व्यक्ति एक निश्चित दूरी तय करने में साईकिल से जाने तथा स्कूटर से लौटने में 6 घण्टे 30 मिनट लेता है. यदि वह दोनों ओर साईकिल से जाये तो 2 घण्टे 10 मिनट अधिक लगते हैं. दोनों ओर स्कूटर से जाने में कितना समय लगेगा ? **(एम०बी०ए० परीक्षा, 2006)**

(*a*) 2 घण्टे (*b*) $4\frac{1}{3}$ घण्टे (*c*) $3\frac{1}{3}$ घण्टे (*d*) $5\frac{1}{3}$ घण्टे

15. 6000 किमी० की एक उड़ान में एक वायुयान को मौसम खराब होने के कारण अपनी औसत गति 400 किमी०/घण्टा कम करनी पड़ी तथा उसके उड़ान के समय में 30 मिनट की वृद्धि हो गई. उड़ान का मूल समय कितना था ?

(*a*) $1\frac{1}{2}$ घण्टा (*b*) $2\frac{1}{2}$ घण्टे (*c*) $3\frac{1}{2}$ घण्टे (*d*) $4\frac{1}{2}$ घण्टे

(एम०बी०ए० परीक्षा, 2006)

16. एक जीप एक कार का पीछा कर रही है जो जीप से 5 किमी० आगे है. उनकी चाल क्रमशः 90 किमी०/घण्टा तथा 75 किमी०/घण्टा है. जीप, कार को कितने समय के बाद पकड़ लेगी ? **(एस०एस०सी० परीक्षा, 2009)**

(*a*) 18 मिनट (*b*) 20 मिनट (*c*) 24 मिनट (*d*) 25 मिनट

17. कार *A* ने 448 किमी० की दूरी 8 घण्टे में तय की तथा कार *B* ने 9 घण्टे में कार *A* से 110 किमी० अधिक दूरी तय की. कार *A* कार *B* की गति का अनुपात है क्रमशः **(बैंक पी०ओ० परीक्षा, 2010)**

(*a*) 31 : 28 (*b*) 29 : 32 (*c*) 55 : 2 (*d*) 62 : 55 (*e*) इनमें से कोई नहीं

18. एक मालगाड़ी दिल्ली से मुम्बई के लिए 40 किमी०/घण्टा की औसत चाल से रवाना होती है. उसके 2 घण्टे बाद एक एक्सप्रैस गाड़ी दिल्ली से मुम्बई के लिए 60 किमी०/घण्टा की औसत चाल से चलकर पहले रवाना हुई मालगाड़ी के समान्तर पथ पर रवाना होती है. दिल्ली से किस दूरी पर एक्सप्रैस गाड़ी मालगाड़ी से जा मिलेगी ?

(*a*) 230 किमी० (*b*) 240 किमी० (*c*) 260 किमी० (*d*) 280 किमी०

19. एक व्यक्ति एक खड़ी हुई बस को 18 सेकण्ड में पार करता है. यही बस 4 सेकण्ड में एक खम्भा पार करती है. बस तथा उस व्यक्ति की गतियों का अनुपात है क्रमशः **(बैंक पी०ओ० परीक्षा, 2010)**

(*a*) 9 : 2 (*b*) 9 : 4 (*c*) 18 : 5 (*d*) निर्धारित नहीं किया जा सकता
(*e*) इनमें से कोई नहीं

20. दो शहर *A* तथा *B* एक-दूसरे से 500 किमी० की दूरी पर हैं. एक रेलगाड़ी प्रातः 8 बजे *A* से *B* की ओर 70 किमी०/घण्टा की गति से चलती है. 10 बजे एक अन्य गाड़ी *B* से *A* की ओर 110 किमी०/घण्टा की गति से चलती है. दोनों गाड़ियाँ आपस में कब मिलेंगी ? **(एस०एस०सी० परीक्षा, 2009)**

(*a*) 1 बजे अपराह्न (*b*) 12 बजे दोपहर (*c*) 12·30 बजे अपराह्न (*d*) 1·30 बजे अपराह्न

21. एक किसान 61 किमी० की दूरी 9 घण्टे में तय करता है. वह आंशिक रूप से 4 किमी०/घण्टा की दर से पैदल तथा 9 किमी०/घण्टा की दर से साईकिल द्वारा तय करता है. पैदल तय की गई दूरी कितनी है ?

(*a*) 17 किमी० (*b*) 16 किमी० (*c*) 15 किमी० (*d*) 14 किमी०

22. 54 किमी०/घण्टा के वेग को मीटर/सैकण्ड में बदलने पर प्राप्त होता है : **(रेलवे परीक्षा, 2009)**

(*a*) 14 मीटर/सैकण्ड (*b*) 21 मीटर/सैकण्ड (*c*) 15 मीटर/सैकण्ड (*d*) 27 मीटर/सैकण्ड

23. एक साईकिल सवार 100 मीटर अर्द्धव्यास के एक गोलाकार रास्ते का एक चक्कर 2 मिनट में पूरा करता है. साईकिल सवार की गति कितनी है ? ($\pi = 3{\cdot}14$ लें) **(रेलवे परीक्षा, 2009)**

(*a*) 200 मीटर/मिनट (*b*) 314 मीटर/मिनट (*c*) 300 मीटर/मिनट (*d*) 900 मीटर/मिनट

24. एक रेलगाड़ी अपनी सामान्य चाल की $\frac{7}{11}$ चाल से चलकर किसी स्थान पर 22 घण्टे में पहुँचती है. यदि रेलगाड़ी अपनी सामान्य चाल से चली होती, तो कितने समय की बचत होती? **(एस०एस०सी० परीक्षा, 2005)**

(*a*) 14 घण्टे (*b*) 7 घण्टे (*c*) 8 घण्टे (*d*) 16 घण्टे

25. एक कार की चाल 10 मीटर/सैकण्ड है. इसकी चाल कितने किमी० प्रति घण्टा है?

(*a*) 32 किमी०/घण्टा (*b*) 36 किमी०/घण्टा (*c*) 40 किमी०/घण्टा (*d*) 50 किमी०/घण्टा

(एस०एस०सी० परीक्षा, 2002)

26. एक रेलगाड़ी 40 किमी०/घण्टा की औसत चाल से चलकर अपने गंतव्य स्थान पर ठीक समय पर पहुँच जाती है. यदि इसकी औसत चाल 35 किमी०/घण्टा हो, तो यह अपने गंतव्य स्थान पर 15 मिनट देरी से पहुँचती है. यह दूरी कितनी है?

(*a*) 30 किमी० (*b*) 40 किमी० (*c*) 70 किमी० (*d*) 80 किमी०

27. किसी दूरी को तय किये जाने वाले समय में 20% कमी करने हेतु एक कार चालक को कार की चाल में कितने प्रतिशत वृद्धि करनी होगी?

(*a*) 20% (*b*) 25% (*c*) 30% (*d*) 40%

28. *A* तथा *B* की चालों का अनुपात 3:4 है. एक निश्चित दूरी *B* ने 24 मिनट में तय की है. इस दूरी को तय करने में *A* कितना समय लेगा?

(*a*) 18 मिनट (*b*) 32 मिनट (*c*) $10\frac{6}{7}$ मिनट (*d*) $13\frac{5}{7}$ मिनट

29. एक व्यक्ति बिन्दु *A* से बिन्दु *B* तक 4 किमी०/घण्टा की गति से जाता है तथा वापिस बिन्दु *B* से बिन्दु *A* तक 6 किमी०/घण्टा की गति से लौटता है. *A* से *B* तक पहुँचने तथा *B* से *A* तक आने में लगे समय का अनुपात क्या होगा? **(बैंक पी०ओ० परीक्षा, 2009)**

(*a*) 5 : 3 (*b*) 2 : 3 (*c*) 2 : 1 (*d*) 4 : 3 (*e*) 3 : 2

30. एक व्यक्ति जो पहाड़ी के ढ़लान के अनुदिश $4\frac{1}{2}$ किमी०/घण्टा की चाल से तथा ढ़लान की विपरीत दिशा में 3 किमी०/घण्टा की चाल से चल सकता है. पहाड़ी के ऊपर जाकर वापिस अपने प्रारम्भिक स्थान पर 5 घण्टे में आता है. वह पहाड़ी पर कितनी ऊँचाई तक चढ़ा? **(एस०एस०सी० परीक्षा, 2004)**

(*a*) 13·5 किमी० (*b*) 3 किमी० (*c*) 15 किमी० (*d*) 9 किमी०

31. एक व्यक्ति किसी दूरी को तय करने में पैदल चलकर जाने तथा घुड़सवारी द्वारा वापिस आने में 4 घण्टे 30 मिनट का समय लेता है. वह उसी दूरी को पैदल चलकर जाने तथा आने में 8 घण्टे 20 मिनट का समय लेता है. उसी दूरी को घुड़सवारी द्वारा जाने तथा आने में उसे कितना समय लगेगा? **(एस०एस०सी० परीक्षा, 2009)**

(*a*) 20 मिनट (*b*) 30 मिनट (*c*) 40 मिनट (*d*) 1 घण्टा

32. दो रेलगाड़ियाँ क्रमशः स्टेशन *A* तथा *B* से क्रमशः 50 किमी०/घण्टा तथा 60 किमी०/घण्टा की चाल से एक दूसरे की ओर एक ही समय में चलना आरम्भ करती हैं. जब ये परस्पर मिलती हैं, तो दूसरी रेलगाड़ी पहली रेलगाड़ी से 120 किमी० अधिक चल चुकी होती है. *A* तथा *B* के बीच की दूरी कितनी है?

(*a*) 990 किमी० (*b*) 1200 किमी० (*c*) 1320 किमी० (*d*) 1440 किमी०

(एस०एस०सी० परीक्षा, 2005)

उत्तरमाला (प्रश्नमाला 17A)

1. (*c*)	**2.** (*d*)	**3.** (*b*)	**4.** (*a*)	**5.** (*b*)	**6.** (*b*)	**7.** (*a*)	**8.** (*b*)	**9.** (*b*)	**10.** (*b*)
11. (*b*)	**12.** (*a*)	**13.** (*b*)	**14.** (*b*)	**15.** (*b*)	**16.** (*b*)	**17.** (*e*)	**18.** (*b*)	**19.** (*a*)	**20.** (*b*)
21. (*b*)	**22.** (*c*)	**23.** (*b*)	**24.** (*a*)	**25.** (*b*)	**26.** (*c*)	**27.** (*b*)	**28.** (*b*)	**29.** (*e*)	**30.** (*d*)
31. (*c*)	**32.** (*c*)								

दिये गये प्रश्नों के हल प्रश्नमाला 17A

1. दूसरी रेलगाड़ी की चाल $= \frac{364}{4}$ किमी०/घण्टा = 91 किमी०/घण्टा.

पहली रेलगाड़ी की चाल $= \left(\frac{6}{7} \times 91\right)$ किमी०/घण्टा = 78 किमी०/घण्टा.

2. तीन कारों की चाल का अनुपात = 2 : 3 : 4.

समान दूरी तय करने में इनके द्वारा लिये गये समय का अनुपात $= \frac{1}{2} : \frac{1}{3} : \frac{1}{4} = 6 : 4 : 3.$

3. माना अभीष्ट दूरी = x किमी०. तब

$\frac{x}{9} - \frac{x}{10} = \frac{36}{60} \Rightarrow \frac{x}{9} - \frac{x}{10} = \frac{3}{5} \Rightarrow 10x - 9x = 54 \Rightarrow x = 54.$

∴ अभीष्ट दूरी = 54 किमी०.

4. C द्वारा लिया गया समय = 1 घण्टा 54 मिनट = 114 मिनट.

B द्वारा लिया गया समय $= \frac{1}{3} \times$ (C द्वारा लिया गया समय) $= \left(\frac{1}{3} \times 114\right)$ मिनट = 38 मिनट.

A द्वारा लिया गया समय $= \frac{1}{2} \times$ (B द्वारा लिया गया समय) $= \left(\frac{1}{2} \times 38\right)$ मिनट = 19 मिनट.

5. रेलगाड़ी की औसत गति $= \frac{1235}{19}$ किमी०/घण्टा = 65 किमी०/घण्टा.

कार की औसत गति $= \left(\frac{4}{5} \times 65\right)$ किमी०/घण्टा = 52 किमी०/घण्टा.

22 घण्टे में कार द्वारा तय की गई दूरी = (52 × 22) किमी० = 1144 किमी०.

6. माना अभीष्ट दूरी = x किमी०. दोनों समयों में अन्तर = 10 मिनट $= \frac{1}{6}$ घण्टा.

∴ $\frac{x}{3} - \frac{x}{4} = \frac{1}{6} \Rightarrow (4x - 3x) = 2 \Rightarrow x = 2.$

अत: अभीष्ट दूरी = 2 किमी०.

7. माना A पर स्थित कार की चाल x किमी०/घण्टा है तथा B पर स्थित कार की चाल y किमी०/घण्टा है, जहाँ $y > x$.

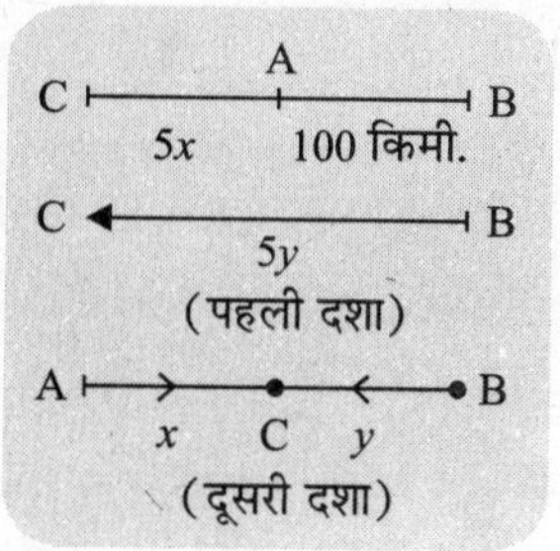

पहली दशा में

$5y - 5x = 100 \Rightarrow y - x = 20 \quad \ldots(i)$

दूसरी दशा में

$y + x = 100 \quad \ldots(ii)$

इन्हें हल करने पर $y = 60$ तथा $x = 40$.

तेज चलने वाली कार की चाल = 60 किमी०/घण्टा.

8. माना वास्तविक चाल = x किमी०/घण्टा.

तब, नई चाल $= \frac{3x}{4}$ किमी०/घण्टा.

माना कुल दूरी = y किमी०.

$\frac{y}{(3x/4)} - \frac{y}{x} = \frac{20}{60} \Rightarrow \left(\frac{4}{3} - 1\right)\frac{y}{x} = \frac{1}{3} \Rightarrow \frac{y}{x} = 1.$

∴ वास्तविक चाल से लिया गया समय = 1 घण्टा = 60 मिनट.

9. Short Cut Method

औसत गति $= \frac{2xy}{(x+y)} = \left(\frac{2\times 60\times 40}{100}\right)$ किमी०/घण्टा = 48 किमी०/घण्टा.

10. 1 घण्टे में बस की रुकने वाली दूरी = (64 – 48) किमी० = 16 किमी०.

इस दूरी को तय करने में लगा समय $= \left(\frac{16}{64}\times 60\right)$ मिनट = 15 मिनट.

$\therefore$ 1 घण्टे में विश्राम का समय = 15 मिनट.

11. कुल दूरी = (24 + 24 + 24) किमी० = 72 किमी०.

कुल समय $= \left(\frac{24}{6}+\frac{24}{8}+\frac{24}{12}\right)$ घण्टे = (4 + 3 + 2) घण्टे = 9 घण्टे.

औसत चाल $= \frac{72}{9}$ किमी०/घण्टा = 8 किमी०/घण्टा.

12. माना अभीष्ट दूरी = x किमी०. तब

$\frac{x}{45}-\frac{x}{50}=1 \Rightarrow (10x-9x)=450 \Rightarrow x=450.$

अभीष्ट दूरी = 450 किमी०.

13. माना रेलगाड़ी की चाल = x किमी०/घण्टा तथा कार की चाल = y किमी०/घण्टा.

तब $\frac{160}{x}+\frac{600}{y}=8$ ...(*i*)

$\frac{240}{x}+\frac{520}{y}=8\frac{1}{5} \Rightarrow \frac{240}{x}+\frac{520}{y}=\frac{41}{5}$

$\therefore \frac{1200}{x}+\frac{2600}{y}=41$ ...(*ii*)

(*ii*) को 3 से तथा (*i*) को 13 से गुणा करके घटाने पर :

$\frac{3600}{x}-\frac{2080}{x}=19 \Rightarrow 19x=(3600-2080)=1520 \Rightarrow x=80.$

(*i*) में $x = 80$ रखने पर :

$\frac{160}{80}+\frac{600}{y}=8 \Rightarrow \frac{600}{y}=(8-2)=6 \Rightarrow 6y=600 \Rightarrow y=100.$

$\therefore$ रेलगाड़ी की चाल = 80 किमी०/घण्टा, कार की चाल = 100 किमी०/घण्टा.

14. माना दूरी = a किमी०, साईकिल की चाल = x किमी०/घण्टा, स्कूटर की चाल = y किमी०/घण्टा.

$\therefore \frac{a}{x}+\frac{a}{y}=\frac{13}{2}$ ...(*i*) तथा $\frac{2a}{x}=\frac{26}{3} \Rightarrow \frac{a}{x}=\frac{13}{3}$ ...(*ii*)

(*i*) में $\frac{a}{x}=\frac{13}{3}$ रखने पर $\frac{a}{y}=\left(\frac{13}{2}-\frac{13}{3}\right)=\frac{13}{6}.$

दोनों ओर स्कूटर से जाने में लगा समय $=\frac{2a}{y}=\left(2\times\frac{13}{6}\right)$ घण्टे $=\frac{13}{3}$ घण्टे $=4\frac{1}{3}$ घण्टे.

15. माना वायुयान की मूल गति = x किमी०/घण्टा. नई गति = $(x-400)$ किमी०/घण्टा.

$\frac{6000}{(x-400)}-\frac{6000}{x}=\frac{1}{2} \Rightarrow 6000\times\left[\frac{1}{(x-400)}-\frac{1}{x}\right]=\frac{1}{2}$

$\Rightarrow 12000\times\frac{[x-(x-400)]}{(x-400)\,x}=1 \Rightarrow x^2-400x-4800000=0$

$\Rightarrow x^2 - 2400x + 2000x - 4800000 = 0$

$\Rightarrow x(x-2400) + 2000(x-2400) = 0 \Rightarrow (x-2400)(x+2000) = 0$

$\Rightarrow x = 2400$ [$\because$ गति ऋणात्मक नहीं हो सकती]

अतः वायुयान की मूल गति = 2400 किमी०/घण्टा.

उड़ान का मूल समय $= \frac{6000}{2400}$ घण्टे $= 2\frac{1}{2}$ घण्टे.

16. जीप की कार के सापेक्ष चाल = (90 – 75) किमी०/घण्टा = 15 किमी०/घण्टा.

सापेक्ष चाल से 5 किमी० दूरी तय करने में लगा समय $= \left(\frac{1}{15}\times 5\right)$ घण्टा $= \frac{1}{3}$ घण्टा

$= \left(\frac{1}{3}\times 60\right)$ मिनट = 20 मिनट.

17. अभीष्ट अनुपात $= \frac{448}{8} : \frac{(448+110)}{9} = 56 : \frac{558}{9} = 56 : 62 = 28 : 31.$

18. मालगाड़ी द्वारा 2 घण्टे में तय की गई दूरी = (40 × 2) किमी० = 80 किमी०.

एक्सप्रैस गाड़ी की मालगाड़ी के सापेक्ष गति = (60 – 40) किमी०/घण्टा = 20 किमी०/घण्टा.

80 किमी० दूरी को सापेक्ष गति से तय करने में लगा समय $= \frac{80}{20}$ घण्टे = 4 घण्टे.

4 घण्टे में एक्सप्रैस गाड़ी द्वारा तय की गई दूरी = (60 × 4) किमी० = 240 किमी०.

दूसरी विधि :

माना दोनों रेलगाड़ियाँ t घण्टे बाद मिलती हैं.

तब $40t = 60(t-2) \Rightarrow 20t = 120 \Rightarrow t = 6.$

6 घण्टे में मालगाड़ी द्वारा तय की गई दूरी = (40 × 6) किमी० = 240 किमी०.

अतः एक्सप्रैस गाड़ी मालगाड़ी से, दिल्ली से 240 किमी० की दूरी पर मिलेगी.

19. माना बस की लम्बाई = x मीटर.

बस की गति $= \frac{x}{4}$ मीटर/सैकण्ड, व्यक्ति की गति $= \frac{x}{18}$ मीटर/सैकण्ड. अभीष्ट अनुपात $= \frac{x}{4} : \frac{x}{18} = 9 : 2.$

20. माना ये रेलगाड़ियाँ 8 बजे के x घण्टे बाद मिलती हैं.

A से चलने वाली रेलगाड़ी द्वारा x घण्टे में तय की गई दूरी = $70x$ किमी०.

B से चलने वाली रेलगाड़ी द्वारा $(x-2)$ घण्टे में तय की गई दूरी = $110(x-2)$ किमी०.

$\therefore\ 70x + 110(x-2) = 500 \Rightarrow 180x = (500+220) = 720 \Rightarrow x = 4.$

अतः ये रेलगाड़ियाँ आपस में 12 बजे दोपहर मिलेंगी.

21. माना पैदल तय की गई दूरी = x किमी०.

तब, साईकिल द्वारा तय की गई दूरी = $(61-x)$ किमी०.

$\therefore\ \frac{x}{4} + \frac{61-x}{9} = 9 \Rightarrow 9x + 4(61-x) = 324 \Rightarrow 5x = (324-244) = 80 \Rightarrow x = 16.$

अतः पैदल तय की गई दूरी = 16 किमी०.

22. 54 किमी०/घण्टा $= \left(54\times\frac{5}{18}\right)$ मीटर/सैकण्ड = 15 मीटर/सैकण्ड.

23. गोलाकार रास्ते की परिधि $= 2\pi R = (2\times 3\cdot 14\times 100)$ मीटर = 628 मीटर.

2 मिनट में तय की गई दूरी = 628 मीटर.

1 मिनट में तय की गई दूरी $= \frac{628}{2}$ मीटर = 314 मीटर.

$\therefore$ साईकिल सवार की गति = 314 मीटर/मिनट.

24. माना रेलगाड़ी की सामान्य चाल = x किमी०/घण्टा.

नई चाल $= \frac{7x}{11}$ किमी०/घण्टा.

दूरी = (चाल × समय) $= \left(\frac{7x}{11} \times 22\right)$ किमी० = $14x$ किमी०.

सामान्य चाल से लगा समय $= \frac{14x}{x}$ घण्टे = 14 घण्टे.

25. 10 मीटर/सैकण्ड $= \left(10 \times \frac{18}{5}\right)$ किमी०/घण्टा = 36 किमी०/घण्टा.

26. माना अभीष्ट दूरी = x किमी०. तब

$$\frac{x}{35} - \frac{x}{40} = \frac{15}{60} \Rightarrow \frac{x}{35} - \frac{x}{40} = \frac{1}{4} \Rightarrow (8x - 7x) = 70 \Rightarrow x = 70.$$

∴ अभीष्ट दूरी = 70 किमी.

27. माना पहले चाल = x किमी०/ घण्टा तथा इस दूरी को तय करने में लगा समय = y घण्टे.

तब, दूरी = xy किमी०.

नया समय = (y का 80%) घण्टे $= \left(y \times \frac{80}{100}\right)$ घण्टे $= \frac{4y}{5}$ घण्टे.

नई चाल $= \frac{\text{दूरी}}{\text{समय}} = \frac{xy}{(4y/5)}$ किमी०/ घण्टा $= \frac{5x}{4}$ किमी०/ घण्टा.

चाल में वृद्धि $= \left(\frac{5x}{4} - x\right)$ किमी०/ घण्टा $= \frac{x}{4}$ किमी०/ घण्टा.

चाल में वृद्धि % $= \left(\frac{x}{4} \times \frac{1}{x} \times 100\right)\% = 25\%$.

28. A तथा B की चालों का अनुपात = 3 : 4

A तथा B द्वारा समान दूरी तय करने में लगे समय का अनुपात = 4 : 3.

माना A ने $4x$ मिनट तथा B ने $3x$ मिनट में यह दूरी तय की. तब

$3x = 24 \Rightarrow x = 8$.

A द्वारा लिया गया समय = $4x$ मिनट = (4 × 8) मिनट = 32 मिनट.

29. माना दूरी AB = दूरी BA = x किमी०.

A से B तक जाने में लगा समय $= \frac{x}{4}$ घण्टे.

B से A तक आने में लगा समय $= \frac{x}{6}$ घण्टे.

अभीष्ट अनुपात $= \frac{x}{4} : \frac{x}{6} = \frac{1}{4} : \frac{1}{6} = 3 : 2$.

30. माना वह पहाड़ी पर x किमी० चढ़ा. तब,

$$\frac{x}{3} + \frac{x}{4 \cdot 5} = 5 \Rightarrow \frac{x}{3} + \frac{2x}{9} = 5 \Rightarrow 3x + 2x = 45 \Rightarrow 5x = 45 \Rightarrow x = 9.$$

अभीष्ट ऊँचाई = 9 किमी०.

31. पैदल चलकर केवल जाने में लगा समय $= \left(\frac{1}{2} \times 8\frac{1}{3}\right)$ घण्टे $= \left(\frac{1}{2} \times \frac{25}{3}\right)$ घण्टे

$= \frac{25}{6}$ घण्टे = 4 घण्टे 10 मिनट.

घुड़सवारी द्वारा आने में लगा समय = (4 घण्टे 30 मिनट) − (4 घण्टे 10 मिनट) = 20 मिनट.

घुड़सवारी द्वारा जाने तथा आने में लगा समय = (2 × 20) मिनट = 40 मिनट.

32. माना ये रेलगाड़ियाँ चलने के x घण्टे बाद मिलती हैं. तब

$60x - 50x = 120 \Rightarrow 10x = 120 \Rightarrow x = 12.$

12 घण्टे में पहली रेलगाड़ी द्वारा तय की गई दूरी = (50 × 12) किमी॰ = 600 किमी॰.

12 घण्टे में दूसरी रेलगाड़ी द्वारा तय की गई दूरी = (60 × 12) किमी॰ = 720 किमी॰.

दूरी AB = (600 + 720) किमी॰ = 1320 किमी॰.

प्रश्नमाला 17B

1. एक साईकिल सवार 5 मीटर प्रति सैकण्ड की चाल से 2 घण्टे 20 मिनट में कितने किलोमीटर दूरी तय करेगा?

2. एक व्यक्ति 6 किमी॰/घण्टा की चाल से 4 मिनट में कितने मीटर दूरी तय करेगा?

3. 3 किमी॰ प्रति घण्टा की चाल से चलकर मैं अपने गन्तव्य पर 40 मिनट देर से पहुँचता हूँ तथा 4 किमी॰ प्रति घण्टा की चाल से चलकर मैं अपने गन्तव्य पर निर्धारित समय से 30 मिनट पहले पहुँच जाता हूँ. मेरे गन्तव्य की दूरी कितनी है? **(एस॰एस॰सी॰ परीक्षा, 2008)**

4. दो स्टेशनों A तथा B के बीच की दूरी 200 किमी॰ है. एक मोटर साईकिल सवार स्टेशन A से प्रातः 7 बजे, 20 किमी॰ प्रति घण्टा की चाल से B के लिए चलता है. एक अन्य मोटर साईकिल सवार स्टेशन B से उसी दिन प्रातः 8 बजे, 25 किमी॰ प्रति घण्टा की चाल से स्टेशन A की ओर चलता है. वे आपस में किस समय मिलेंगे? **(एस॰एस॰सी॰ परीक्षा, 2009)**

5. एक कार द्वारा 100 किमी॰ की दूरी एक निश्चित चाल से की जानी थी. परन्तु आधी दूरी तय करने के बाद इन्जिन में कुछ खराबी हो जाने के कारण इसने शेष दूरी उस चाल की आधी चाल से तय की तथा गन्तव्य स्थान पर यह 2 घण्टे देरी से पहुँचा. कार की प्रारम्भिक चाल कितनी थी? **(एस॰एस॰सी॰ परीक्षा, 2004)**

6. दो स्थान A तथा B एक दूसरे से 80 किमी॰ के फासले पर स्थित हैं. एक कार A से चलना आरम्भ करती है तथा दूसरी B से. यदि वे एक ही दिशा में चलें तो 8 घण्टे बाद परस्पर मिलती हैं. यदि वे एक दूसरे की विपरीत दिशा में चलें तो 1 घण्टा 20 मिनट बाद मिलती हैं. प्रत्येक कार की गति ज्ञात कीजिए. **(एस॰एस॰सी॰ परीक्षा, 2006)**

7. दो रेलगाड़ियाँ दो स्थानों से जिनके बीच की दूरी 650 किमी॰ है, एक दूसरे की ओर चलती हैं. यदि वे एक ही समय पर चलें तो 10 घण्टे बाद मिलती हैं. परन्तु, यदि एक गाड़ी दूसरी गाड़ी से 4 घण्टे 20 मिनट देरी से चले, तो वे दूसरी गाड़ी के चलने के 8 घण्टे बाद मिलती हैं. प्रत्येक गाड़ी की औसत गति ज्ञात कीजिए. **(एस॰एस॰सी॰ परीक्षा, 2000)**

8. एक व्यक्ति ने 3990 किमी॰ की दूरी का कुछ भाग वायुयान द्वारा, कुछ भाग जलयान द्वारा तथा शेष भाग थल यात्रा से तय किया. वायुयान, जलयान तथा थल पर की गई यात्रा में लिये गये समय का अनुपात 1:16:2 है तथा यात्रा के साधनों की औसत गतियों का अनुपात क्रमशः 20:1:3 है. यदि उसकी कुल औसत गति 42 किमी॰ प्रति घण्टा हो, तो जलयान द्वारा तय की गई दूरी ज्ञात कीजिए.

9. एक रेलगाड़ी को किसी स्टेशन से चलने के 3 घण्टे बाद दुर्घटनाग्रस्त होने के कारण एक घण्टा रुकना पड़ा. इसके बाद यह रेलगाड़ी मूलगति की 75% गति से आगे चली तथा अपने गंतव्य स्थान पर 4 घण्टे देरी से पहुँची. यदि दुर्घटना उसी रेलवे लाईन पर 150 किमी॰ आगे हुई होती, तो गाड़ी केवल $3\frac{1}{2}$ घण्टे विलम्ब से पहुँचती. यात्रा की दूरी तथा गाड़ी की मूल गति ज्ञात कीजिए. **(एस॰एस॰सी॰ परीक्षा, 2001)**

10. एक मालगाड़ी स्टेशन A से स्टेशन B की ओर जाती हुई, चलने के ठीक 1 घण्टे के बाद दुर्घटनाग्रस्त हो जाती है. वहाँ पर 30 मिनट रुकने के बाद वह अपनी प्रारम्भिक चाल की $\frac{4}{5}$ चाल से पुनः चलना आरम्भ कर देती है तथा इसी चाल से B पर 2 घण्टे देरी से पहुँचती है. यदि गाड़ी दुर्घटनाग्रस्त होने से पहले 80 किमी॰ और अधिक चल लेती, तो वह ठीक एक घण्टा देरी से पहुँचती. गाड़ी की प्रारम्भिक चाल ज्ञात कीजिए. **(एस॰एस॰सी॰ परीक्षा, 2002)**

उत्तरमाला (प्रश्नमाला 17B)

1. 42 किमी० **2.** 400 मीटर **3.** 14 किमी० **4.** 12 बजे दोपहर **5.** 25 किमी०/घण्टा
6. 35 किमी०/घण्टा, 25 किमी०/घण्टा **7.** 30 किमी०/घण्टा, 35 किमी०/घण्टा **8.** 1520 किमी०
9. 1200 किमी०, 100 किमी०/घण्टा **10.** 20 किमी०/घण्टा

दिये गये प्रश्नों के हल प्रश्नमाला 17B

1. साईकिल सवार की चाल = 5 मीटर/सै० $= \left(5 \times \frac{18}{5}\right)$ किमी०/घण्टा = 18 किमी०/घण्टा.
1 घण्टे में तय की गई दूरी = 18 किमी०.
$\frac{7}{3}$ घण्टे में तय की गई दूरी $= \left(18 \times \frac{7}{3}\right)$ किमी० = 42 किमी०.

2. व्यक्ति की चाल = 6 किमी०/घण्टा $= \left(6 \times \frac{5}{18}\right)$ मीटर/सैकण्ड $= \frac{5}{3}$ मीटर/सैकण्ड.

1 सैकण्ड में तय की गई दूरी $= \frac{5}{3}$ मीटर.

(4×60) सैकण्ड में तय की गई दूरी $= \left(\frac{5}{3} \times 4 \times 60\right)$ मीटर = 400 मीटर.

3. माना मेरे गन्तव्य की दूरी = x किमी०. तब
$$\frac{x}{3} - \frac{x}{4} = \frac{(30+40)}{60} \Rightarrow \frac{x}{3} - \frac{x}{4} = \frac{7}{6} \Rightarrow 4x - 3x = 14 \Rightarrow x = 14.$$
अभीष्ट दूरी = 14 किमी०.

4. माना पहला मोटर साईकिल सवार X है तथा दूसरा Y है.
माना X के स्टेशन A से चलने के t घण्टे बाद दोनों सवार मिलते हैं.
तब, (X द्वारा t घण्टे में तय की गई दूरी) + [Y द्वारा $(t-1)$ घण्टे में तय की गई दूरी] = 200 किमी०.
$$\therefore\ 20t + 25(t-1) = 200 \Rightarrow 45t - 25 = 200 \Rightarrow 45t = 225 \Rightarrow t = \frac{225}{45} = 5 \text{ घण्टे}.$$
अत: वे दोनों (7 बजे + 5 घण्टे) = 12 बजे दोपहर मिलेंगे.

5. माना प्रारम्भिक चाल = x किमी०/घण्टा. तब
$$\frac{50}{(x/2)} - \frac{50}{x} = 2 \Rightarrow \frac{100}{x} - \frac{50}{x} = 2 \Rightarrow 2x = (100-50) = 50 \Rightarrow x = 25.$$
अत: प्रारम्भिक चाल = 25 किमी०/घण्टा.

6. माना A तथा B से चलने वाली कारों की गति क्रमश: x किमी० प्रति घण्टा तथा y किमी० प्रति घण्टा हैं तथा ये कार क्रमश: A तथा B हैं.

दशा 1 : जब दोनों कारें एक ही दिशा में चलें :

इस दशा में :
(कार A द्वारा 8 घण्टे में चली दूरी) – (कार B द्वारा 8 घण्टे में चली दूरी)
= 80 किमी०.

$$\Rightarrow 8x - 8y = 80$$
$$\Rightarrow x - y = 10 \qquad \ldots(i)$$

दशा 2 : जब दोनों कारें विपरीत दिशा में चलें :

इस दशा में :
(कार A द्वारा $\frac{4}{3}$ घण्टे में चली दूरी) + (कार B द्वारा $\frac{4}{3}$ घण्टे में चली दूरी) = 80 किमी०

$\Rightarrow \frac{4x}{3} + \frac{4y}{3} = 80 \Rightarrow 4x + 4y = 240 \Rightarrow x + y = 60$ ...(ii)

(i) तथा (ii) को जोड़ने पर : $2x = 70 \Rightarrow x = 35$.

(i) में $x = 35$ रखने पर : $35 - y = 10 \Rightarrow y = (35 - 10) = 25$.

कार A की गति = 35 किमी०/घण्टा.

कार B की गति = 25 किमी०/घण्टा.

7. माना रेलगाड़ियों A तथा B की औसत गति क्रमशः x किमी०/ घण्टा तथा y किमी०/घण्टा है.

स्थिति 1. जब A तथा B एक ही समय पर चलें :

तब, A द्वारा 10 घण्टे में तय की गई दूरी = $(10x)$ किमी०.

B द्वारा 10 घण्टे में तय की गई दूरी = $(10y)$ किमी०.

$\therefore 10x + 10y = 650 \Rightarrow x + y = 65$ ...(i)

स्थिति 2. जब गाड़ी B, गाड़ी A से 4 घण्टे 20 मिनट देरी से चले :

$12\frac{1}{3}$ घण्टे में A द्वारा तय की गई दूरी = $\left(\frac{37x}{3}\right)$ किमी०.

8 घण्टे में B द्वारा तय की गई दूरी = $(8y)$ किमी०.

$\therefore \frac{37x}{3} + 8y = 650 \Rightarrow 37x + 24y = 1950$ ...(ii)

(i) को 37 से गुणा करके इसमें से (ii) घटाने पर, $13y = 455 \Rightarrow y = 35$.

अब (i) में $y = 35$ रखने पर, $x = 30$.

अतः इन गाड़ियों की औसत गति क्रमशः 30 किमी०/घण्टा तथा 35 किमी०/घण्टा हैं.

8. माना वायुयान, जलयान तथा तल पर यात्राओं में लिये गये समय क्रमशः x घण्टे, $16x$ घण्टे तथा $2x$ घण्टे हैं तथा इन यानों की गति क्रमशः $20y$ किमी० प्रति घण्टा, y किमी० प्रति घण्टा तथा $3y$ किमी० प्रति घण्टा है.

तब कुल दूरी $= [(20y \times x) + (y \times 16x) + (3y \times 2x)]$ किमी० $= (42xy)$ किमी०.

$\therefore 42xy = 3990 \Rightarrow xy = \frac{3990}{42} \Rightarrow xy = 95$.

कुल लिया गया समय $= (x + 16x + 2x)$ घण्टे $= 19x$ घण्टे.

$\therefore \frac{3990}{19x} = 42 \Rightarrow 19x \times 42 = 3990 \Rightarrow x = \frac{3990}{19 \times 42} \Rightarrow x = 5$.

$x = 5$ रखने पर $5y = 95 \Rightarrow y = 19$.

$\therefore x = 5$ तथा $y = 19$.

अतः जलयान द्वारा तय की गई दूरी $= (16 \times x \times y)$ किमी० $= (16 \times 5 \times 19)$ किमी० $= 1520$ किमी०.

9. माना यात्रा की कुल दूरी = d किमी० तथा रेलगाड़ी की मूल गति = x किमी०/घण्टा.

इस चाल से यात्रा पूरी करने में लगा समय $= \frac{d}{x}$ घण्टे.

3 घण्टे में रेलगाड़ी द्वारा चली दूरी = $3x$ किमी०.

शेष दूरी = $(d - 3x)$ किमी०.

दुर्घटना के बाद रेलगाड़ी की गति $= \frac{75x}{100}$ किमी०/ घण्टा $= \frac{3x}{4}$ किमी०/ घण्टा.

शेष दूरी तय करने में लगा समय $= \frac{(d - 3x)}{(3x/4)}$ घण्टे $= \frac{4(d - 3x)}{3x}$ घण्टे.

अतः रेलगाड़ी द्वारा पूरी यात्रा में लिया गया समय $= \left\{3 + 1 + \frac{4(d - 3x)}{3x}\right\}$ घण्टे $= \frac{4d}{3x}$ घण्टे.

सामान्य चाल से पूरी यात्रा में लिया गया समय $= \frac{d}{x}$ घण्टे.

$\therefore \frac{4d}{3x} - \frac{d}{x} = 4 \Rightarrow \frac{(4d-3d)}{3x} = 4 \Rightarrow d = 12x.$ ...(i)

यदि रेलगाड़ी 150 किमी० आगे चलकर दुर्घटनाग्रस्त होती, तो रेलगाड़ी द्वारा लिया गया समय

$= 3+1+\frac{150}{x}+\frac{\{d-(150+3x)\}}{(3x/4)} = 4+\frac{150}{x}+\frac{4\{d-(150+3x))}{3x} = \frac{(4d-150)}{3x}$ घण्टे.

$\therefore \frac{(4d-150)}{3x} - \frac{d}{x} = \frac{7}{2} \Rightarrow \frac{(4d-150)-3d}{3x} = \frac{7}{2} \Rightarrow 2d - 21x = 300.$ ...(ii)

(i) तथा (ii) को हल करने पर, $x = 100$ तथा $d = 1200$.

अत: यात्रा की कुल दूरी = 1200 किमी० तथा गाड़ी की मूल गति = 100 किमी०/ घण्टा.

10. माना दूरी $AB = d$ किमी० तथा मालगाड़ी की प्रारम्भिक चाल $= x$ किमी०/घण्टा.

इस चाल से यात्रा पूरी करने में लगा समय $= \frac{d}{x}$ घण्टे.

1 घण्टे में मालगाड़ी द्वारा चली दूरी $= x$ किमी०.

शेष दूरी $= (d-x)$ किमी०.

दुर्घटना के बाद मालगाड़ी की चाल $= \frac{4x}{5}$ किमी०/घण्टा.

शेष दूरी तय करने में लगा समय $= \frac{(d-x)}{(4x/5)}$ घण्टे $= \frac{5(d-x)}{4x}$ घण्टे.

मालगाड़ी द्वारा लिया गया कुल समय $= \left\{1+\frac{1}{2}+\frac{5(d-x)}{4x}\right\}$ घण्टे $= \left\{\frac{3}{2}+\frac{5(d-x)}{4x}\right\}$ घण्टे.

$\therefore \frac{3}{2}+\frac{5(d-x)}{4x} = \frac{d}{x}+2 \Rightarrow \frac{5(d-x)}{4x} - \frac{d}{x} = \frac{1}{2} \Rightarrow \frac{5(d-x)-4d}{4x} = \frac{1}{2} \Rightarrow 2d - 10x = 4x$

$\Rightarrow 2d = 14x \Rightarrow d = 7x.$ ...(i)

यदि मालगाड़ी 80 किमी० आगे चलकर दुर्घटनाग्रस्त हुई होती, तो :

मालगाड़ी द्वारा लिया गया कुल समय $= 1+\frac{80}{x}+\frac{1}{2}+\frac{d-(80+x)}{(4x/5)}$

$\therefore 1+\frac{80}{x}+\frac{1}{2}+\frac{d-(80+x)}{(4x/5)} = \frac{d}{x}+1 \Rightarrow \frac{80}{x} - \frac{100}{x} + \frac{5d}{4x} - \frac{5}{4} + \frac{1}{2} = \frac{d}{x}$

$\Rightarrow \frac{d}{4x} - \frac{20}{x} = \frac{3}{4} \Rightarrow d = (80+3x)$ ...(ii)

(i) तथा (ii) को हल करने पर : $x = 20$ तथा $d = 140$.

अत: गाड़ी की प्रारम्भिक चाल = 20 किमी०/घण्टा.

18 रेल सम्बन्धित प्रश्न
(PROBLEMS ON TRAINS)

सामान्य नियम

1. (*i*) x किमी॰ प्रति घण्टा $= \left(x \times \frac{5}{18}\right)$ मीटर प्रति सैकण्ड.

(*ii*) x मीटर प्रति सैकण्ड $= \left(x \times \frac{18}{5}\right)$ किमी॰ प्रति घण्टा.

2. x मीटर लम्बी रेलगाड़ी द्वारा एक खड़े व्यक्ति अथवा खम्भे को पार करने में लगा समय
= अपनी चाल से x मी॰ दूरी तय करने में लगा समय.

3. x मीटर लम्बी रेलगाड़ी द्वारा y मीटर लम्बी स्थिर वस्तु (जैसेः प्लेटफार्म, पुल, सुरंग, खड़ी गाड़ी आदि) को पार करने में लगा समय $= (x + y)$ मीटर दूरी तय करने में लगा समय.

4. (*i*) माना किसी रेलगाड़ी की चाल x किमी॰ प्रतिघण्टा है तथा इसी की दिशा में कोई चलायमान वस्तु y किमी॰ प्रति घण्टा की चाल से जा रही है. तब गाड़ी की उस वस्तु के सापेक्ष चाल $= (x - y)$ किमी॰ प्रति घण्टा.

(*ii*) माना किसी रेलगाड़ी की चाल x किमी॰ प्रति घण्टा है तथा इसकी विपरीत दिशा में कोई चलायमान वस्तु y किमी॰ प्रति घण्टा की चाल से आ रही है. तब,
गाड़ी की उस वस्तु के सापेक्ष चाल $= (x + y)$ किमी॰ प्रति घण्टा.

5. (*i*) माना a मीटर लम्बी रेलगाड़ी x मीटर प्रति सैकण्ड की चाल से जा रही है तथा b मीटर लम्बी रेलगाड़ी इसी की दिशा में समान्तर पटरी पर y मीटर प्रति सैकण्ड की गति से जा रही है. तब,
तेज गाड़ी द्वारा दूसरी गाड़ी को पार करने में लगा समय $= \left(\frac{a+b}{x-y}\right)$ सै॰.

(*ii*) माना a मीटर लम्बी रेलगाड़ी x मीटर प्रति सैकण्ड की चाल से जा रही है तथा b मीटर लम्बी रेलगाड़ी इसकी विपरीत दिशा में y मीटर प्रति सैकण्ड की गति से जा रही है. तब,
इन गाड़ियों द्वारा एक दूसरे को पार करने में लगा समय $= \left(\frac{a+b}{x+y}\right)$ सै॰.

6. (*i*) माना एक रेलगाड़ी की लम्बाई a मीटर है. यह रेलगाड़ी x मीटर प्रति सैकण्ड की गति से जा रही है. एक व्यक्ति y मीटर प्रति सै॰ की दर से गाड़ी की दिशा में दौड़ रहा है.
इस व्यक्ति को पार करने में गाड़ी द्वारा लिया गया समय $= \frac{a}{(x-y)}$ सै॰.

(*ii*) माना एक रेलगाड़ी की लम्बाई a मीटर है. यह रेलगाड़ी x मीटर प्रति सैकण्ड की गति से जा रही है. एक व्यक्ति y मीटर प्रति सै॰ की दर से गाड़ी की विपरीत दिशा में दौड़ रहा है.
इस व्यक्ति को पार करने में गाड़ी द्वारा लिया गया समय $= \frac{a}{(x+y)}$ सै॰.

साधित उदाहरण

प्रश्न 1. 72 किमी० /घण्टा की चाल से जा रही 60 मीटर लम्बी रेलगाड़ी एक बिजली के खम्भे को कितनी देर में पार कर लेगी ?

हल : गाड़ी की चाल $= \left(72 \times \frac{5}{18}\right)$ मीटर/सै० = 20 मीटर/सैकण्ड.

खम्भे को पार करने में लगा समय = 60 मीटर दूरी तय करने में लगा समय $= \frac{60}{20}$ सै० = 3 सैकण्ड.

प्रश्न 2. 350 मीटर लम्बी रेलगाड़ी 54 किमी० /घण्टा की चाल से 250 मीटर लम्बी गुफा को कितनी देर में पार कर लेगी ?

हल : गाड़ी की चाल $= \left(54 \times \frac{5}{18}\right)$ मीटर/सै० = 15 मीटर/सै०.

गुफा को पार करने में लगा समय = (350 + 250) मीटर दूरी तय करने में लगा समय

$= \frac{600}{15}$ सै० = 40 सै०.

प्रश्न 3. एक रेलगाड़ी 120 मीटर लम्बे प्लेटफार्म को 10 सैकण्ड में तथा एक खम्भे को 4 सैकण्ड में पार करती है. रेलगाड़ी की लम्बाई तथा चाल किमी० /घण्टा में ज्ञात कीजिए.

हल : माना रेलगाड़ी की लम्बाई = x मीटर. तब,

रेलगाड़ी की चाल $= \frac{x}{4}$ मीटर/सै०. रेलगाड़ी की चाल $= \frac{(x+120)}{10}$ मीटर/सै०.

$\therefore \frac{x}{4} = \frac{(x+120)}{10} \Rightarrow 10x = 4x + 480 \Rightarrow 6x = 480 \Rightarrow x = 80.$

$\therefore$ रेलगाड़ी की लम्बाई = 80 मीटर.

रेलगाड़ी की चाल $= \frac{80}{4}$ मीटर/सै० $= \left(20 \times \frac{18}{5}\right)$ किमी०/घण्टा = 72 किमी०/घण्टा.

प्रश्न 4. 62 किमी० /घण्टा की चाल से जा रही 120 मीटर लम्बी रेलगाड़ी उसी दिशा में 8 किमी० /घण्टा की चाल से भागे जा रहे व्यक्ति को कितनी देर में पार कर लेगी ?

हल : रेलगाड़ी की व्यक्ति के सापेक्ष चाल = (62 – 8) किमी०/घण्टा $= \left(54 \times \frac{5}{18}\right)$ मीटर/सै० = 15 मीटर/सैकण्ड.

रेलगाड़ी द्वारा व्यक्ति को पार करने में लगा समय

= 120 मीटर दूरी को 15 मीटर/सैकण्ड की चाल से तय करने में लगा समय

$= \left(120 \times \frac{1}{15}\right)$ सैकण्ड = 8 सैकण्ड.

प्रश्न 5. 64 किमी० /घण्टा की चाल से जा रही 200 मीटर लम्बी रेलगाड़ी अपने सामने से 8 किमी० /घण्टा की चाल से भागे आ रहे व्यक्ति को कितनी देर में पार कर लेगी ?

हल : रेलगाड़ी की व्यक्ति के सापेक्ष चाल = (64 + 8) किमी०/घण्टा $= \left(72 \times \frac{5}{18}\right)$ मीटर/सै० = 20 मीटर/सै०.

रेलगाड़ी द्वारा व्यक्ति को पार करने में लगा समय

= 20 मीटर/सै० की चाल से 200 मीटर दूरी तय करने में लगा समय $= \frac{200}{20}$ सै० = 10 सैकण्ड.

प्रश्न 6. 100 मीटर लम्बी एक रेलगाड़ी अपनी विपरीत दिशा से 5 किमी० प्रति घण्टा की चाल से अपनी ओर आते हुए व्यक्ति को 6 सैकण्ड में पार कर जाती है. गाड़ी की चाल क्या है ?

हल : माना गाड़ी की चाल = x किमी०/घण्टा.

गाड़ी की व्यक्ति के सापेक्ष चाल = (x + 5) किमी०/घण्टा $= \left\{(x+5) \times \frac{5}{18}\right\}$ मीटर/सै०.

$\therefore \dfrac{100}{(x+5)\times\frac{5}{18}} = 6 \Rightarrow \dfrac{360}{(x+5)} = 6 \Rightarrow x+5 = \dfrac{360}{6} = 60 \ \Rightarrow x = 55$ किमी०/घण्टा.

अत: गाड़ी की चाल = 55 किमी०/घण्टा.

प्रश्न 7. 126 मीटर तथा 114 मीटर लम्बी दो रेलगाड़ियाँ विपरीत दिशाओं में क्रमानुसार 30 किमी०/घण्टा तथा 42 किमी०/घण्टा की चाल से जा रही हैं. मिलने के कितने समय बाद वे एक दूसरे को पार कर लेंगी?

हल : रेलगाड़ियों की लम्बाई का योग = (126 + 114) मीटर = 240 मीटर.

आपेक्षिक चाल = (30 + 42) किमी०/घण्टा = $\left(72\times\dfrac{5}{18}\right)$ मीटर/सै० = 20 मीटर/सै०.

अभीष्ट समय = $\left(\dfrac{240}{20}\right)$ सै० =12 सैकण्ड.

प्रश्नमाला 18A

निम्नलिखित प्रश्नों में से प्रत्येक में ठीक उत्तर को चिन्हांकित (✓) कीजिए :

1. 100 मीटर लम्बी रेलगाड़ी 30 किमी० प्रति घण्टा की चाल से जाते हुए रेलवे लाइन के पास खड़े व्यक्ति को कितनी देर में पार करेगी? **(रेलवे परीक्षा, 2006)**

(*a*) 12 सैकण्ड (*b*) 15 सकण्ड (*c*) 10 सैकण्ड (*d*) 11 सैकण्ड

2. 171 मीटर लम्बी रेलगाड़ी 45 किमी० प्रति घण्टा की चाल से 229 मीटर लम्बे पुल को कितने समय में पार करेगी?

(*a*) 30 सैकण्ड (*b*) 35 सैकण्ड (*c*) 32 सैकण्ड (*d*) 40 सैकण्ड

(रेलवे परीक्षा, 2006)

3. 180 मीटर लम्बी रेलगाड़ी अपने समान लम्बाई के प्लेटफार्म को पार करने में 18 सैकण्ड लेती है. रेलगाड़ी की चाल कितनी है? **(बैंक पी०ओ० परीक्षा, 2006)**

(*a*) 22 मीटर/सै० (*b*) 10 मीटर/सै० (*c*) 15 मीटर/सै० (*d*) 18 मीटर/सै० (*e*) इनमें से कोई नहीं

4. 125 मीटर लम्बी रेलगाड़ी 60 किमी० प्रति घण्टा की चाल से चलकर एक पुल को 30 सैकण्ड में पार कर जाती है. पुल की लम्बाई कितनी है? **(एस०एस०सी० परीक्षा, 2006)**

(*a*) 375 मीटर (*b*) 225 मीटर (*c*) 125 मीटर (*d*) इनमें से कोई नहीं

5. एक रेलगाड़ी की बिना रुके औसत चाल 90 किमी०/घण्टा है. बार-बार रुकने के कारण इसकी औसत चाल 80 किमी०/घण्टा हो जाती है. गाड़ी कितने मिनट प्रति घण्टे रुकती है? **(रेलवे परीक्षा, 2006)**

(*a*) $13\frac{1}{3}$ मिनट/घण्टा (*b*) $6\frac{2}{3}$ मिनट/घण्टा (*c*) 8 मिनट/घण्टा (*d*) 12 मिनट/घण्टा

6. एक 250 मीटर लम्बी रेलगाड़ी एक सिग्नल के खम्भे को 15 सैकण्ड में पार करती है. रेलगाड़ी की चाल कितनी है? **(बैंक पी०ओ० परीक्षा, 2009)**

(*a*) 48 किमी०/घण्टा (*b*) 60 किमी०/घण्टा (*c*) 72 किमी०/घण्टा (*d*) 64 किमी०/घण्टा
(*e*) इनमें से कोई नहीं

7. 108 किमी०/घण्टा की चाल से जा रही 240 मीटर लम्बी रेलगाड़ी एक प्लेटफार्म को 20 सैकण्ड में पार कर जाती है. एक व्यक्ति इसी प्लेटफार्म को 5 मिनट में पार करता है. उस व्यक्ति की चाल कितनी है?

(*a*) 1·8 मीटर/सै० (*b*) 2·2 मीटर/सै० (*c*) 1·2 मीटर/सै० (*d*) 1·6 मीटर/सै०

(एस०एस०सी० परीक्षा, 2010)

8. एक रेलगाड़ी एक बिजली के खम्भे को 5 सैकण्ड में पार कर जाती है तथा एक 600 मीटर लम्बे पुल को 35 सैकण्ड में. रेलगाड़ी की चाल कितनी है? **(बी०बी०ए० परीक्षा, 2007)**

(*a*) 40 किमी०/घण्टा (*b*) 64 किमी०/घण्टा (*c*) 72 किमी०/घण्टा (*d*) 84 किमी०/घण्टा

9. एक रेलगाड़ी एक समान चाल से चलकर 122 मीटर लम्बे प्लेटफार्म को 17 सैकण्ड में तथा 210 मीटर लम्बे पुल को 25 सैकण्ड में पार करती है. रेलगाड़ी की चाल कितनी है? **(एस०एस०सी० परीक्षा, 2008)**

(*a*) 46·5 किमी०/घण्टा (*b*) 37·5 किमी०/घण्टा (*c*) 37·6 किमी०/घण्टा (*d*) 39·6 किमी०/घण्टा

10. एक 240 मीटर लम्बी रेलगाड़ी को एक खम्भे को पार करने में जितना समय लगता है, उतनी ही गति से उसे अपनी लम्बाई की दुगुनी लम्बाई के प्लेटफार्म को पार करने में उससे 40 सैकण्ड अधिक लगते हैं. रेलगाड़ी की चाल कितनी है? **(बैंक पी०ओ० परीक्षा, 2008)**

(*a*) 6 मीटर/सैकण्ड (*b*) 24 मीटर/सैकण्ड (*c*) 36 मीटर/सैकण्ड (*d*) 12 मीटर/सैकण्ड (*e*) इनमें से कोई नहीं

11. एक रेलगाड़ी 110 मीटर लम्बे प्लेटफार्म को 40 सैकण्ड में तथा उस प्लेटफार्म पर खड़े लड़के को 30 सैकण्ड में पार कर जाती है. रेलगाड़ी की लम्बाई कितनी है? **(एस०एस०सी० परीक्षा, 2008)**

(*a*) 100 मीटर (*b*) 110 मीटर (*c*) 220 मीटर (*d*) 330 मीटर

12. दो रेलगाड़ियाँ A तथा B एक ही बिन्दु से एक ही समय पर आरम्भ होकर क्रमशः 60 किमी०/घण्टा तथा 72 किमी०/घण्टा की चाल से एक ही दिशा में जाती हैं. यदि प्रत्येक रेलगाड़ी की लम्बाई 240 मीटर हो, तो B द्वारा A को पार करने में कितना समय लगेगा? **(बैंक पी०ओ० परीक्षा, 2005)**

(*a*) 1 मिनट 12 सै० (*b*) 1 मिनट 24 सै० (*c*) 2 मिनट 12 सै० (*d*) 2 मिनट 24 सै० (*e*) इनमें से कोई नहीं

13. 60 किमी०/घण्टा की चाल से जा रही 240 मीटर लम्बी एक रेलगाड़ी अपनी विपरीत दिशा में 48 किमी०/घण्टा की गति से आ रही एक 270 मीटर लम्बी रेलगाड़ी को कितने समय में पार करेगी?

(*a*) 17 सैकण्ड (*b*) 13 सैकण्ड (*c*) 12 सैकण्ड (*d*) 8 सैकण्ड (*e*) इनमें से कोई नहीं

(बैंक पी०ओ० परीक्षा, 2009)

14. 120 मीटर और 90 मीटर लम्बी दो रेलगाड़ियाँ क्रमशः 80 किमी०/घण्टा तथा 55 किमी०/घण्टा की चाल से एक दूसरे की ओर समान्तर पटरियों पर दौड़ रही हैं. यदि उनके बीच की दूरी 90 मीटर हो, तो वे कितने समय बाद एक दूसरे को पार कर जायेंगी? **(होटल मैनेजमैन्ट परीक्षा, 2009)**

(*a*) 5·6 सैकण्ड (*b*) 7·2 सैकण्ड (*c*) 8 सैकण्ड (*d*) 9 सैकण्ड

15. 240 मीटर लम्बी एक रेलगाड़ी अपने सामने से विपरीत दिशा में 3 किमी०/घण्टा की चाल से रेलवे लाईन के साथ-साथ आ रहे व्यक्ति को 10 सैकण्ड में पार कर जाती है. रेलगाड़ी की चाल कितनी है?

(*a*) 63 किमी०/घण्टा (*b*) 75 किमी०/घण्टा (*c*) 83·4 किमी०/घण्टा (*d*) 86·4 किमी०/घण्टा

(एस०एस०सी० परीक्षा, 2010)

16. एक रेलगाड़ी 30 किमी०/घण्टा की चाल से जा रही है. एक व्यक्ति उसी दिशा में पटरियों के समान्तर 15 किमी०/घण्टा की गति से दौड़ रहा है. यदि रेलगाड़ी उस व्यक्ति को 48 सैकण्ड में पार करे तो रेलगाड़ी की लम्बाई कितनी है? **(रेलवे परीक्षा, 2008)**

(*a*) 220 मीटर (*b*) 300 मीटर (*c*) 250 मीटर (*d*) 200 मीटर

17. दो रेलगाड़ियाँ जिनकी चाल 3 : 4 के अनुपात में हैं, समान्तर पटरियों पर विपरीत दिशाओं में जा रही हैं. यदि प्रत्येक रेलगाड़ी एक खम्भे को पार करने में 3 सैकण्ड ले, तो वे कितने समय में एक दूसरे को पार कर लेंगी?

(*a*) 3 सैकण्ड (*b*) 4 सैकण्ड (*c*) 7 सैकण्ड (*d*) 21 सैकण्ड

18. समान लम्बाई की दो रेलगाड़ियाँ एक दूसरे के समान्तर पटरियों पर एक ही दिशा में क्रमशः 56 किमी०/घण्टा तथा 46 किमी०/घण्टा की चाल से जा रही हैं. तेज गति वाली रेलगाड़ी दूसरी रेलगाड़ी को 36 सैकण्ड में पार कर जाती है. प्रत्येक रेलगाड़ी की लम्बाई कितनी है?

(*a*) 50 मीटर (*b*) 60 मीटर (*c*) 72 मीटर (*d*) 80 मीटर

19. दो मालगाड़ियाँ जिनमें से प्रत्येक 500 मीटर लम्बी है, समान्तर पटरियों पर एक दूसरे की विपरीत दिशा में क्रमशः 45 किमी०/घण्टा तथा 30 किमी०/घण्टा की चाल से जा रही हैं. धीमी गति वाली रेलगाड़ी दूसरी गाड़ी के चालक को कितनी देर में पार कर जायेगी?

(*a*) 12 सैकण्ड (*b*) 24 सैकण्ड (*c*) 48 सैकण्ड (*d*) 60 सैकण्ड

20. दो स्टेशन A तथा B एक दूसरे से 110 किमी० दूरी पर स्थित हैं. एक रेलगाड़ी A से प्रातः 7 बजे B की ओर 20 किमी०/घण्टा की चाल से चलती है. दूसरी रेलगाड़ी उसी दिन प्रातः 8 बजे B से A की ओर 25 किमी०/घण्टा की चाल से चलती है. वे किस समय मिलेंगी?

(*a*) प्रातः 9 बजे (*b*) प्रातः 10 बजे (*c*) प्रातः 10·30 बजे (*d*) प्रातः 11 बजे

21. 120 किमी०/घण्टा की चाल से जा रही एक रेलगाड़ी A इसी की दिशा में समान्तर पटरी पर जा रही गाड़ी B को 2 मिनट में पार कर जाती है. यदि इन गाड़ियों की लम्बाईयाँ क्रमश: 100 मीटर तथा 200 मीटर हों, तो B की चाल कितनी है ?

(*a*) 111 किमी०/घण्टा (*b*) 123 किमी०/घण्टा (*c*) 127 किमी०/घण्टा (*d*) 129 किमी०/घण्टा

22. दो रेलगाड़ियाँ X तथा Y, स्टेशन A तथा B से क्रमश: B तथा A की ओर एक ही समय पर चलना प्रारम्भ करती हैं. एक दूसरे को मिलने के बाद वे क्रमश: 4 घण्टे 48 मिनट तथा 3 घण्टे 20 मिनट में B तथा A पर पहुँचती हैं. यदि X की चाल 45 किमी०/घण्टा हो, तो Y की चाल कितनी है ?

(*a*) 60 किमी०/घण्टा (*b*) 54 किमी०/घण्टा (*c*) 64·8 किमी०/घण्टा (*d*) 37·5 किमी०/घण्टा

23. दो रेलगाड़ियाँ एक ही दिशा में क्रमश: 60 किमी०/घण्टा तथा 40 किमी०/घण्टा की चाल से समान्तर पटरियों पर जा रही हैं. तेज रफ्तार वाली रेलगाड़ी धीमी गति वाली रेलगाड़ी में बैठे एक व्यक्ति को 18 सैकण्ड में पार कर जाती है. तेज गति वाली गाड़ी की लम्बाई कितनी है ?

(*a*) 100 मीटर (*b*) 90 मीटर (*c*) 72 मीटर (*d*) 108 मीटर

24. एक व्यक्ति एक खड़ी हुई रेलगाड़ी को 5 मिनट में पार करता है. यही रेलगाड़ी एक खम्भे को 48 सैकण्ड में पार करती है. व्यक्ति तथा रेलगाड़ी की चालों के बीच क्रमश: क्या अनुपात है ? **(बैंक पी०ओ० परीक्षा, 2010)**

(*a*) 3 : 25 (*b*) 4 : 25 (*c*) 25 : 3 (*d*) निर्धारित नहीं किया जा सकता

(*e*) इनमें से कोई नहीं

25. एक 300 मीटर लम्बी रेलगाड़ी ने रेलवे लाइन के साथ-साथ रेलगाड़ी की ही दिशा में 3 किमी०/घण्टा की चाल से जा रहे व्यक्ति को 33 सैकण्ड में पार किया. रेलगाड़ी की चाल कितनी है ?

(*a*) 30 किमी०/घण्टा (*b*) 32 किमी०/घण्टा (*c*) $32\frac{8}{11}$ किमी०/घण्टा (*d*) $35\frac{8}{11}$ किमी०/घण्टा

(एस०एस०सी० परीक्षा, 2010)

26. एक 180 मीटर लम्बी रेलगाड़ी एक अपने से विपरीत दिशा में चल रही 270 मीटर लम्बी रेलगाड़ी को 10·8 सैकण्ड में पार कर जाती है. यदि पहली रेलगाड़ी की चाल 60 किमी०/घण्टा हो, तो दूसरी रेलगाड़ी की चाल कितनी है ?

(*a*) 80 किमी०/घण्टा (*b*) 90 किमी०/घण्टा (*c*) 150 किमी०/घण्टा

(*d*) ज्ञात नहीं की जा सकती (*e*) इनमें से कोई नहीं **(बैंक पी०ओ० परीक्षा, 2010)**

उत्तरमाला (प्रश्नमाला 18A)

1. (*a*)	**2.** (*c*)	**3.** (*e*)	**4.** (*a*)	**5.** (*b*)	**6.** (*b*)	**7.** (*c*)	**8.** (*c*)	**9.** (*d*)	**10.** (*d*)
11. (*d*)	**12.** (*d*)	**13.** (*a*)	**14.** (*c*)	**15.** (*c*)	**16.** (*d*)	**17.** (*a*)	**18.** (*a*)	**19.** (*c*)	**20.** (*b*)
21. (*a*)	**22.** (*b*)	**23.** (*a*)	**24.** (*b*)	**25.** (*d*)	**26.** (*b*)				

दिये गये प्रश्नों के हल प्रश्नमाला 18A

1. रेलगाड़ी की चाल $= \left(30 \times \frac{5}{18}\right)$ मीटर प्रति सै० $= \frac{25}{3}$ मीटर प्रति सै०.

अभीष्ट समय $= \frac{(100)}{(25/3)}$ सैकण्ड $= \frac{(100 \times 3)}{25}$ सैकण्ड = 12 सैकण्ड.

2. रेलगाड़ी की चाल $= \left(45 \times \frac{5}{18}\right)$ मीटर प्रति सैकण्ड $= \frac{25}{2}$ मीटर प्रति सैकण्ड.

अभीष्ट समय = रेलगाड़ी द्वारा (171 + 229) मीटर दूरी तय करने में लगा समय

$= \left(400 \times \frac{2}{25}\right)$ सैकण्ड = 32 सैकण्ड.

3. प्लेटफार्म को पार करने में तय की गई दूरी = (180 + 180) मीटर = 360 मीटर.

रेलगाड़ी की चाल $= \frac{\text{दूरी}}{\text{समय}} = \frac{360}{18}$ मीटर/सै० = 20 मीटर/सै०.

4. रेलगाड़ी की चाल $= \left(60 \times \frac{5}{18}\right)$ मीटर/सै० $= \frac{50}{3}$ मीटर/सै०.

माना पुल की लम्बाई = x मीटर.

$\left(\frac{\text{दूरी}}{\text{चाल}} = \text{समय}\right) \Rightarrow \frac{(125+x)}{(50/3)} = 30 \Rightarrow 125 + x = 500 \Rightarrow x = 375.$

अत: पुल की लम्बाई = 375 मीटर.

5. बिना रुके लिया गया समय = 8 घण्टे, रुकते हुए लिया गया समय = 9 घण्टे.

9 घण्टे में से रुकने में लगा समय = 1 घण्टा = 60 मिनट.

1 घण्टे में से रुकने में लगा समय $= \left(\frac{60}{9}\right)$ मिनट $= 6\frac{2}{3}$ मिनट.

6. रेलगाड़ी की चाल $= \left(\frac{250}{15}\right)$ मीटर/सै० $= \left(\frac{250}{15} \times \frac{18}{5}\right)$ किमी०/घण्टा = 60 किमी०/घण्टा.

7. रेलगाड़ी की चाल $= \left(108 \times \frac{5}{18}\right)$ मीटर/सै० = 30 मीटर/सै०.

माना प्लेटफार्म की लम्बाई = x मीटर.

$\frac{(240+x)}{30} = 20 \Rightarrow 240 + x = 600 \Rightarrow x = (600 - 240) = 360$ मी०.

व्यक्ति की चाल $= \frac{(360)}{(5 \times 60)}$ मीटर/सै० = 1·2 मीटर/सैकण्ड.

8. माना रेलगाड़ी की लम्बाई = x मीटर. तब,

$\frac{x}{5} = \frac{(600+x)}{35} \Rightarrow 35x = 3000 + 5x \Rightarrow 30x = 3000 \Rightarrow x = 100.$

अत: रेलगाड़ी की लम्बाई = 100 मीटर.

रेलगाड़ी की चाल $= \frac{100}{5}$ मीटर/सै० $= \left(20 \times \frac{18}{5}\right)$ किमी०/घण्टा = 72 किमी०/घण्टा.

9. माना रेलगाड़ी की लम्बाई = x मीटर. तब

$\frac{(x+122)}{17} = \frac{(x+210)}{25} \Rightarrow 25x + 3050 = 17x + 3570$

$\Rightarrow 8x = 520 \Rightarrow x = 65$ मीटर.

रेलगाड़ी की चाल $= \frac{(65+122)}{17}$ मीटर/सै० $= \left(\frac{187}{17}\right)$ मीटर/सै०

$= \left(11 \times \frac{18}{5}\right)$ किमी०/घण्टा $= \frac{198}{5}$ किमी०/घण्टा = 39·6 किमी०/घण्टा.

10. माना रेलगाड़ी की चाल = x मीटर/सैकण्ड. तब

$\frac{240}{x} + 40 = \frac{(240+480)}{x} \Rightarrow \frac{720}{x} - \frac{240}{x} = 40 \Rightarrow 40x = (720 - 240) = 480 \Rightarrow x = 12.$

∴ रेलगाड़ी की चाल = 12 मीटर/सैकण्ड.

11. माना रेलगाड़ी की लम्बाई = x मीटर. तब

$\frac{(110+x)}{40} = \frac{x}{30} \Rightarrow 3300 + 30x = 40x \Rightarrow 10x = 3300 \Rightarrow x = 330$ मीटर.

12. तेज गाड़ी की धीमी गाड़ी के सापेक्ष चाल = (72 – 60) किमी०/घण्टा

$$= \left(12 \times \frac{5}{18}\right) \text{ मीटर/सै०} = \frac{10}{3} \text{ मीटर/सै०.}$$

अभीष्ट समय = सापेक्ष चाल से (240 + 240) मीटर दूरी तय करने में लगा समय

$$= \left(480 \times \frac{3}{10}\right) \text{ सैकण्ड} = 144 \text{ सैकण्ड} = 2 \text{ मिनट } 24 \text{ सैकण्ड.}$$

13. रेलगाड़ियों की सापेक्ष चाल = (60 + 48) किमी०/घण्टा $= \left(108 \times \frac{5}{18}\right)$ मीटर/सै० = 30 मीटर/सै०.
कुल तय की गई दूरी = (240 + 270) मीटर = 510 मीटर.

एक दूसरे को पार करने में लगा समय $= \frac{510}{30}$ सैकण्ड = 17 सैकण्ड.

14. रेलगाड़ियों के सापेक्ष चाल = (80 + 55) किमी०/घण्टा $= \left(135 \times \frac{5}{18}\right)$ मीटर/सै० $= \frac{75}{2}$ मीटर/सै०.

कुल दूरी = (90 + 120 + 90) मीटर = 300 मीटर.

अभीष्ट समय $= \left(300 \times \frac{2}{75}\right)$ सैकण्ड = 8 सैकण्ड.

15. माना रेलगाड़ी की चाल = x किमी०/घण्टा.
रेलगाड़ी की सामने से आ रहे व्यक्ति के सापेक्ष चाल = $(x + 3)$ किमी०/घण्टा.

$$\therefore \ (x+3) \times \frac{5}{18} = \frac{240}{10} \Rightarrow 5\,(x+3) = 432 \Rightarrow 5x = (432 - 15) = 417 \Rightarrow x = 83 \cdot 4 .$$

∴ रेलगाड़ी की चाल = 83·4 किमी०/घण्टा.

16. माना रेलगाड़ी की लम्बाई = x मीटर.
रेलगाड़ी की व्यक्ति के सापेक्ष चाल = (30 – 15) किमी०/घण्टा

$$= \left(15 \times \frac{5}{18}\right) \text{ मीटर/सै०} = \frac{25}{6} \text{ मीटर/सै०.}$$

$$\therefore \ \frac{x}{(25/6)} = 48 \Rightarrow 6x = 25 \times 48 \Rightarrow x = 200 \text{ मीटर.}$$

17. माना गाड़ियों की चाल क्रमश: $3x$ मीटर/सै० तथा $4x$ मीटर/सै० हैं.
इनके द्वारा 3 सैकण्ड में तय की गई दूरियाँ क्रमश: $9x$ मीटर तथा $12x$ मीटर हैं.
अत: इन गाड़ियों की लम्बाईयाँ क्रमश: $9x$ मीटर तथा $12x$ मीटर हैं.
इन गाड़ियों की सापेक्ष चाल = $(3x + 4x)$ मीटर/सै० = $7x$ मीटर/सै०.

एक दूसरे को पार करने में लगा समय $= \frac{(9x + 12x)}{7x}$ सै० = 3 सैकण्ड.

18. तेज गाड़ी की धीमी गाड़ी के सापेक्ष चाल = (56 – 46) किमी०/घण्टा

$$= \left(10 \times \frac{5}{18}\right) \text{ मीटर/सै०} = \frac{25}{9} \text{ मीटर/सै०.}$$

माना प्रत्येक गाड़ी की लम्बाई = x मीटर. तब

$$\frac{2x}{\left(\frac{25}{9}\right)} = 36 \Rightarrow \frac{18x}{25} = 36 \Rightarrow x = \frac{36 \times 25}{18} = 50 \text{ मीटर.}$$

19. मालगाड़ियों की सापेक्ष गति = (45 + 30) किमी०/घण्टा $= \left(75 \times \frac{5}{18}\right)$ मीटर/सै० $= \frac{125}{6}$ मीटर/सै०.
तय की गई दूरी = (500 + 500) मीटर = 1000 मीटर.

अभीष्ट समय $= \left(1000 \times \frac{6}{125}\right)$ सैकण्ड = 48 सैकण्ड.

20. माना दोनों रेलगाड़ियाँ 7 बजे से x घण्टे बाद मिलती हैं. तब

A द्वारा x घण्टे में तय की गई दूरी = $(20x)$ किमी०.

B द्वारा $(x-1)$ घण्टे में तय की गई दूरी = $25(x-1)$ किमी०.

$\therefore\ 20x+25(x-1)=110 \Rightarrow 45x=135 \Rightarrow x=3.$

अत: दोनों रेलगाड़ियाँ प्रात: 10 बजे मिलेंगी.

21. माना रेलगाड़ी B की चाल = x किमी०/घण्टा.

A की B के सापेक्ष चाल = $(120-x)$ किमी०/घण्टा

$$= \left[(120-x)\times\frac{5}{18}\right] \text{ मीटर/सैकण्ड } = \frac{(600-5x)}{18} \text{ मीटर/सै०.}$$

$$\therefore\ \frac{30}{\frac{(600-5x)}{18}} = 120 \Rightarrow \frac{5400}{(600-5x)} = 120 \Rightarrow \frac{45}{(600-5x)} = 1$$

$$\Rightarrow 600-5x=45 \Rightarrow 5x=(600-45)=555 \Rightarrow x=111 \text{ किमी०/घण्टा.}$$

22. **विशेष संक्षिप्त विधि :**

$$\frac{X \text{ की चाल}}{Y \text{ की चाल}} = \left(\frac{Y \text{ द्वारा } A \text{ तक पहुँचने में लिया गया समय}}{X \text{ द्वारा } B \text{ तक पहुँचने में लिया गया समय}}\right)^{\frac{1}{2}}$$

$$\Rightarrow \frac{45}{y} = \sqrt{\frac{10}{3}\times\frac{5}{24}} = \sqrt{\frac{25}{36}} = \frac{5}{6} \Rightarrow y = \frac{6\times45}{5} \Rightarrow y=54.$$

$\therefore$ Y की चाल = 54 किमी०/घण्टा.

23. तेज गाड़ी की धीमी गाड़ी के सापेक्ष चाल = $(60-40)$ किमी०/घण्टा

$$= \left(20\times\frac{5}{18}\right) \text{ मीटर/सै० } = \frac{50}{9} \text{ मीटर/सै०.}$$

अभीष्ट गाड़ी की लम्बाई = सापेक्ष गति से 18 सैकण्ड में तय की गई दूरी

$$= \left(\frac{50}{9}\times18\right) \text{ मीटर} = 100 \text{ मीटर.}$$

24. माना रेलगाड़ी की लम्बाई = x मीटर.

तब, व्यक्ति की चाल $= \frac{x}{(5\times60)}$ मीटर/सै० $= \frac{x}{300}$ मीटर/सै०

तथा, रेलगाड़ी की चाल $= \frac{x}{48}$ मीटर/सै०.

(व्यक्ति की चाल) : (रेलगाड़ी की चाल) $= \frac{x}{300} : \frac{x}{48} = \frac{1}{300} : \frac{1}{48} = 48:300 = 4:25.$

25. माना रेलगाड़ी की चाल = x किमी०/घण्टा.

व्यक्ति के सापेक्ष रेलगाड़ी की चाल = $(x-3)$ किमी०/घण्टा $= \frac{(x-3)\times5}{18}$ मीटर/सैकण्ड.

$$\therefore\ \frac{(x-3)\times5}{18} = \frac{300}{33} \Rightarrow x-3 = \left(\frac{100}{11}\times\frac{18}{5}\right) = \frac{360}{11}$$

$$\Rightarrow 11x-33=360 \Rightarrow 11x=393 \Rightarrow x=35\frac{8}{11} \text{ किमी०/घण्टा.}$$

26. माना दूसरी रेलगाड़ी की चाल = x किमी०/घण्टा.

पहली गाड़ी की दूसरी गाड़ी के सापेक्ष चाल = $(60+x)$ किमी०/घण्टा

$$= \left[(60+x)\times\frac{5}{18}\right] \text{ मीटर/सैकण्ड.}$$

$$\therefore\ \frac{(60+x)\times5}{18} = \frac{(180+270)}{10\cdot8} \Rightarrow (60+x) = \left(\frac{4500}{108}\times\frac{18}{5}\right) \Rightarrow 60+x=150 \Rightarrow x=90 \text{ किमी०/घण्टा.}$$

प्रश्नमाला 18B

1. एक रेलगाड़ी 30 किमी० की दूरी तय करने के बाद दुर्घटनाग्रस्त हो गई. इसके परिणामस्वरूप गाड़ी की चाल अपनी सामान्य चाल की $\frac{4}{5}$ हो गई तथा यह अपने गंतव्य स्थान पर 45 मिनट देरी से पहुंची. यदि दुर्घटना इस दुर्घटनास्थल से 18 किमी० आगे हुई होती तो यह रेलगाड़ी अपने गंतव्य पर केवल 36 मिनट देर से पहुँचती. रेलगाड़ी की सामान्य चाल कितनी थी? **(एस०एस०सी० परीक्षा, 2009)**
2. एक 100 मीटर लम्बी रेलगाड़ी 60 किमी० प्रति घण्टा की चाल से जा रही है. यह अपने सामने से दुगुनी चाल से आ रही रेलगाड़ी को 10 सैकण्ड में पार कर जाती है. दूसरी रेलगाड़ी की लम्बाई कितनी है? **(एस०एस०सी० परीक्षा, 2008)**
3. दो रेलगाड़ियाँ 650 किमी० की दूरी पर स्थित दो बिन्दुओं से एक दूसरी की ओर चलना आरम्भ करती हैं. यदि वे दोनों एक ही समय पर एक दूसरी की ओर चलें तो 10 घण्टे बाद मिलती हैं. परन्तु यदि इनमें से एक दूसरी से 4 घण्टे 20 मिनट बाद चले तो बाद में चलने वाली रेलगाड़ी के चलने के 8 घण्टे बाद ये दोनों मिलती हैं. प्रत्येक रेलगाड़ी की औसत चाल ज्ञात कीजिए. **(एस०एस०सी० परीक्षा, 2000)**
4. दो रेलगाड़ियाँ एक ही दिशा में क्रमश: 30 किमी०/घण्टा तथा 58 किमी०/घण्टा की गति से जा रही हैं. धीमी गति वाली रेलगाड़ी में बैठा हुआ एक व्यक्ति तेज गति वाली रेलगाड़ी को 18 सैकण्ड में पार कर जाता है. तेज गति वाली रेलगाड़ी की लम्बाई कितनी है? **(एस०एस०सी० परीक्षा, 2006)**
5. 72 किमी०/घण्टा की गति से जा रही एक रेलगाड़ी समान्तर पटरी पर उसी दिशा में 54 किमी०/घण्टा की गति से जा रही 192 मीटर लम्बी रेलगाड़ी के पास पहुँच जाती है तथा इसे पूर्णतया $1\frac{1}{2}$ मिनट में पार कर जाती है. यदि ये दोनों गाड़ियाँ विपरीत दिशाओं में जा रही हों, तो कितने समय में एक दूसरे को पार कर जायेंगी? तेज गति से जा रही रेलगाड़ी की लम्बाई भी ज्ञात करें.
6. 126 मीटर तथा 114 मीटर लम्बी दो रेलगाड़ियाँ विपरीत दिशाओं में क्रमश: 30 किमी०/घण्टा तथा 42 किमी०/घण्टा की चाल से जा रही हैं. मिलने के कितने समय बाद वे एक दूसरे को पार कर लेंगी?
7. 54 किमी०/घण्टा की चाल से जा रही एक रेलगाड़ी एक प्लेटफार्म को 20 सैकण्ड में पार कर जाती है. यही रेलगाड़ी अपनी ही दिशा में 6 किमी०/घण्टा की चाल से भागे जा रहे व्यक्ति को 12 सैकण्ड में पार कर जाती है. गाड़ी की लम्बाई तथा प्लेटफार्म की लम्बाई ज्ञात कीजिए.
8. दो रेलगाड़ियाँ समान्तर पटरियों पर विपरीत दिशाओं में क्रमश: 75 किमी०/घण्टा तथा 60 किमी०/घण्टा की गति से जा रही हैं तथा एक दूसरे को 8 सैकेण्ड में पार कर जाती हैं. जब वे एक ही दिशा में जा रही होती हैं तो तेज गति वाली रेलगाड़ी में बैठे व्यक्ति को दूसरी रेलगाड़ी $32\frac{1}{2}$ सैकण्ड में पार कर जाती है. प्रत्येक रेलगाड़ी की लम्बाई ज्ञात करें.

उत्तरमाला (प्रश्नमाला 18B)

1. 30 किमी०/घण्टा **2.** 400 मीटर **3.** 30 किमी०/घण्टा, 35 किमी०/घण्टा **4.** 140 मीटर

5. $12\frac{6}{7}$ सै०, 258 मीटर **6.** 12 सै०

7. गाड़ी की लम्बाई = 160 मीटर, प्लेटफार्म की लम्बाई = 140 मीटर **8.** 168·75 मीटर, 131·25 मीटर

दिये गये प्रश्नों के हल प्रश्नमाला 18B

1. माना कुल दूरी = x किमी० तथा सामान्य चाल = y किमी०/घण्टा. तब,

$$\frac{(x-30)}{\frac{4}{5}y} - \frac{(x-30)}{y} = \frac{45}{60} \Rightarrow \frac{5(x-30)}{4y} - \frac{(x-30)}{y} = \frac{3}{4}$$

$$\Rightarrow (5x-150)-(4x-120)=3y$$

$$\Rightarrow x-3y=30 \qquad \ldots(i)$$

तथा $\dfrac{(x-48)}{\frac{4}{5}y}-\dfrac{(x-48)}{y}=\dfrac{36}{60}\Rightarrow\dfrac{5(x-48)}{4y}-\dfrac{(x-48)}{y}=\dfrac{3}{5}$

$$\Rightarrow 25\,(x-48)-20\,(x-48)=12y$$

$$\Rightarrow 5x-12y=240 \qquad \ldots(ii)$$

(i) को 5 से गुणा करके (ii) में से घटाने पर : $3y=90\Rightarrow y=30.$

अत: रेलगाड़ी की सामान्य चाल = 30 किमी०/घण्टा.

2. माना दूसरी रेलगाड़ी की लम्बाई $= x$ मीटर.

पहली रेलगाड़ी की चाल = 60 किमी०/घण्टा, दूसरी रेलगाड़ी की चाल = 120 किमी०/घण्टा.

ये दोनों रेलगाड़ियाँ एक दूसरे की विपरीत दिशा में जा रही हैं.

$\therefore$ इनकी सापेक्ष गति = (60 + 120) किमी०/घण्टा $=\left(180\times\frac{5}{18}\right)$ मीटर/सै० = 50 मीटर/सै०.

एक दूसरे को पार करने में लगा समय $=\dfrac{(100+x)}{50}$ सै०.

$\therefore\ \dfrac{(100+x)}{50}=10\Rightarrow(100+x)=500\Rightarrow x=400.$

अत: दूसरी गाड़ी की लम्बाई = 400 मीटर.

3. माना इन रेलगाड़ियों की औसत चाल क्रमश: x किमी०/घण्टा तथा y किमी० प्रति घण्टा हैं.

जब दोनों एक साथ एक दूसरे की ओर चलती हैं तो सापेक्ष चाल = $(x + y)$ किमी०/घण्टा.

$\therefore\ 10\,(x+y)=650\Rightarrow x+y=65 \qquad \ldots(i)$

दूसरी दशा में पहली रेलगाड़ी दूसरी से $4\frac{20}{60}$ घण्टे अर्थात $\frac{13}{3}$ घण्टे पहले चलती है.

पहली रेलगाड़ी द्वारा $\frac{13}{3}$ घण्टे में तय की गई दूरी $=\frac{13x}{3}$ किमी०.

शेष दूरी $(x + y)$ किमी०/घण्टा की दर से 8 घण्टे में तय की जाती है.

$\therefore\ \dfrac{13x}{3}+8\,(x+y)=650\Rightarrow\dfrac{13x}{3}+8\times65=650$

$$\Rightarrow\frac{13x}{3}=(650-520)=130\Rightarrow x=\frac{130\times3}{13}\Rightarrow x=30.$$

(i) में $x=30$ रखने पर, $y=35$.

अत: इन रेलगाड़ियों की चाल क्रमश: 30 किमी०/घण्टा तथा 35 किमी०/घण्टा हैं.

4. धीमी गति वाली रेलगाड़ी की चाल = 30 किमी०/घण्टा.

तेज गति वाली रेलगाड़ी की चाल = 58 किमी०/घण्टा.

दोनों रेलगाड़ियाँ एक ही दिशा में जा रही हैं.

इनकी सापेक्ष चाल = (58 – 30) किमी०/घण्टा $=\left(28\times\frac{5}{18}\right)$ मीटर/सै० $=\frac{70}{9}$ मीटर/सै०.

इस चाल से 18 सै० में तय की गई दूरी $=\left(\frac{70}{9}\times18\right)$ मीटर =140 मीटर.

तेज चाल वाली गाड़ी की लम्बाई = 140 मीटर.

5. माना तेज चलने वाली गाड़ी की लम्बाई $= x$ मीटर.

तेज चलने वाली रेलगाड़ी की चाल $=\left(72\times\frac{5}{18}\right)$ मीटर/सै० = 20 मीटर/सै०,

धीमी चलने वाली रेलगाड़ी की चाल $=\left(54\times\frac{5}{18}\right)$ मीटर/सै० = 15 मीटर/सै०.

इन गाड़ियों की आपेक्षिक चाल = (20 – 15) मीटर/सै० = 5 मीटर/सै०.

$(192+x)$ मीटर दूरी तय करने में लगा समय $=\left(\frac{3}{2}\times 60\right)$ सै० = 90 सैकण्ड.

$\therefore\ \frac{(192+x)}{5}=90 \Rightarrow 192+x=450 \Rightarrow x=(450-192)=258.$

∴ तेज रेलगाड़ी की लम्बाई = 258 मीटर.

जब गाड़ियाँ विपरीत दिशाओं में चलती हैं तो सापेक्ष गति = (20 + 15) मी०/सै० = 35 मीटर/सै०

दोनों गाड़ियों की लम्बाई का योग = (192 + 258) मीटर = 450 मीटर.

एक दूसरे को पार करने में लगा समय $=\frac{450}{35}$ सैकण्ड $=\frac{90}{7}$ सैकण्ड $=12\frac{6}{7}$ सैकण्ड.

6. रेलगाड़ियों की लम्बाइयों का योग = (126 + 114) मीटर = 240 मीटर.

आपेक्षिक चाल = (30 + 42) किमी०/घण्टा = $\left(72\times\frac{5}{18}\right)$ मीटर/सै० = 20 मीटर/सै०.

अभीष्ट समय $=\frac{240}{20}$ सै० = 12 सै०.

7. गाड़ी की चाल $=\left(54\times\frac{5}{18}\right)$ मीटर/सै० = 15 मीटर/सै०.

व्यक्ति के सापेक्ष गाड़ी की चाल = (54 – 6) किमी०/घण्टा $=\left(48\times\frac{5}{18}\right)$ मीटर/सै० $=\frac{40}{3}$ मीटर/सै०.

माना गाड़ी की लम्बाई = x मीटर.

गाड़ी द्वारा व्यक्ति को पार करने में लगा समय $=\frac{x}{(40/3)}$ सै० $=\frac{3x}{40}$ सै०.

$\therefore\ \frac{3x}{40}=12 \Rightarrow x=\frac{(12\times 40)}{3}=160.$

अत: गाड़ी की लम्बाई = 160 मीटर.

माना प्लेटफार्म की लम्बाई = y मीटर.

प्लेटफार्म को पार करने में लगा समय $=\frac{(160+y)}{15}$ सैकण्ड.

$\therefore\ \frac{(160+y)}{15}=20 \Rightarrow (160+y)=300 \Rightarrow y=140.$

अत: प्लेटफार्म की लम्बाई = 140 मीटर.

8. पहली रेलगाड़ी की गति $=\left(75\times\frac{5}{18}\right)$ मीटर/सै० $=\frac{125}{6}$ मीटर/सै०.

दूसरी रेलगाड़ी की गति $=\left(60\times\frac{5}{18}\right)$ मीटर/सै० $=\frac{50}{3}$ मीटर/सै०.

विपरीत दिशा में जा रही गाड़ियों की सापेक्षित गति $=\left(\frac{125}{6}+\frac{50}{3}\right)$ मीटर/सै० $=\frac{225}{6}$ मीटर/सै०.

एक दूसरे को पार करने में लिया गया समय = 8 सैकण्ड.

दोनों गाड़ियों की लम्बाई का योग $=\left(\frac{225}{6}\times 8\right)$ मी० = 300 मीटर.

समान दिशा में जाते हुए गाड़ियों की आपेक्षिक गति $=\left(\frac{125}{6}-\frac{50}{3}\right)$ मीटर/सै० $=\frac{25}{6}$ मीटर/सै०.

$\frac{63}{2}$ सै० में इस गति से तय की गई दूरी $=\left(\frac{25}{6}\times\frac{63}{2}\right)$ मीटर = 131·25 मीटर.

दूसरी रेलगाड़ी की लम्बाई = 131·25 मीटर.

पहली रेलगाड़ी की लम्बाई = (300 – 131·25) मीटर = 168·75 मीटर.

19 धारा तथा नाव सम्बन्धी प्रश्न (BOATS AND STREAMS)

सामान्य नियम

माना शान्त जल में नाव का वेग = a किमी०/घण्टा तथा धारा का वेग = b किमी०/घण्टा.

1. (*i*) धारा की दिशा में नाव का वेग (अनुप्रवाह) = $(a + b)$ किमी०/घण्टा.

   (*ii*) धारा की विपरीत दिशा में नाव का वेग (ऊर्ध्वप्रवाह) = $(a - b)$ किमी०/घण्टा.

2. यदि धारा की दिशा में नाव का वेग = x किमी०/घण्टा

   तथा धारा की विपरीत दिशा में नाव का वेग = y किमी०/घण्टा.

   तब, शान्त जल में नाव का वेग $= \frac{1}{2}(x - y)$ किमी०/घण्टा,

   धारा का वेग $= \frac{1}{2}(x - y)$ किमी०/घण्टा.

साधित उदाहरण

प्रश्न 1. एक तैराक की चाल धारा की दिशा में 10 किमी० प्रति घण्टा है तथा धारा के विरुद्ध 6 किमी० प्रति घण्टा है. धारा का वेग तथा शान्त जल में तैराक की चाल ज्ञात कीजिए.

हल : धारा की दिशा में चाल = 10 किमी०/घण्टा.

धारा के विरुद्ध चाल = 6 किमी०/घण्टा.

धारा का वेग $= \frac{1}{2}(10-6)$ किमी०/घण्टा = 2 किमी०/घण्टा.

शान्त जल में तैराक की चाल $= \frac{1}{2}(10+6)$ किमी०/घण्टा = 8 किमी०/घण्टा

प्रश्न 2. एक नाविक धारा के विरुद्ध 15 किमी० जाता है तथा धारा की दिशा में 25 किमी० जाता है. उसे प्रत्येक दशा में 5 घण्टे लगते हैं. धारा का वेग तथा शान्त जल में नाविक की चाल ज्ञात कीजिए.

हल : धारा की दिशा में चाल $= \frac{25}{5}$ किमी०/घण्टा = 5 किमी०/घण्टा.

धारा के विरुद्ध चाल $= \frac{15}{5}$ किमी०/घण्टा = 3 किमी०/घण्टा.

धारा का वेग $= \frac{1}{2}(5-3)$ किमी०/घण्टा = 1 किमी०/घण्टा.

शान्त जल में नाविक की चाल $= \frac{1}{2}(5+3)$ किमी०/घण्टा = 4 किमी०/घण्टा.

प्रश्न 3. एक नाविक का शान्त जल में वेग 6 किमी० प्रति घण्टा है तथा धारा का वेग 2 किमी० प्रति घण्टा है. नदी में नाविक को स्थान *A* से स्थान *B* तक जाने तथा वापिस *A* तक आने में कुल 4 घण्टे 30 मिनट लगते हैं. दूरी *AB* ज्ञात कीजिए.

हल : धारा की दिशा में वेग = (6 + 2) किमी०/घण्टा = 8 किमी०/घण्टा.

धारा के विपरीत वेग = (6 – 2) किमी०/घण्टा = 4 किमी०/घण्टा.

माना दूरी $AB = x$ किमी०. तब

$\frac{x}{8}+\frac{x}{4}=\frac{9}{2} \Rightarrow x+2x=36 \Rightarrow 3x=36 \Rightarrow x=12.$

अभीष्ट दूरी = 12 किमी०.

प्रश्न 4. शान्त जल में एक नाव 13 किमी० प्रति घण्टा की चाल से जाती है तथा धारा का वेग 4 किमी० प्रति घण्टा है. धारा के अनुकूल 68 किमी० दूरी तय करने में इसे कितना समय लगेगा ?

हल : धारा के अनुकूल नाव की चाल = (13 + 4) किमी०/घण्टा = 17 किमी०/घण्टा.

धारा के अनुकूल 68 किमी० जाने में लगा समय $=\frac{68}{17}$ घण्टे = 4 घण्टे.

प्रश्न 5. एक नाव धारा की दिशा में 30 किमी० दूरी 2 घण्टे 30 मिनट में तय करती है तथा धारा के विपरीत इतनी दूरी तय करने में इसे 3 घण्टे 45 मिनट लगते हैं. धारा का वेग ज्ञात कीजिए.

हल : धारा की दिशा में नाव का वेग $=\frac{30}{(5/2)}$ किमी०/घण्टा = 12 किमी०/घण्टा.

धारा के विपरीत नाव का वेग $=\frac{30}{(15/4)}$ किमी०/घण्टा $=\frac{(30\times4)}{15}$ किमी०/घण्टा = 8 किमी०/घण्टा.

धारा का वेग $=\frac{1}{2}(12-8)$ किमी०/घण्टा = 2 किमी०/घण्टा.

प्रश्न 6. एक नदी में धारा का वेग 2 किमी०/घण्टा है. इसमें एक मोटर बोट 6 किमी० धारा के विपरीत जाकर वापिस प्रारम्भिक बिन्दु पर 33 मिनट में पहुँचती है. मोटर बोट की शान्त जल में चाल कितनी है ?

हल : माना मोटर बोट की शान्त जल में चाल = x किमी०/घण्टा.

तब, धारा की दिशा में मोटर बोट की चाल = $(x+2)$ किमी०/घण्टा.

तथा, धारा के विपरीत मोटर बोट की चाल = $(x-2)$ किमी०/घण्टा.

$$\therefore \frac{6}{(x+2)}+\frac{6}{(x-2)}=\frac{33}{60} \Rightarrow \frac{1}{(x+2)}+\frac{1}{(x-2)}=\frac{11}{120}$$

$$\Rightarrow \frac{(x-2)+(x+2)}{(x+2)(x-2)}=\frac{11}{120} \Rightarrow 240x=11(x^2-4)$$

$$\therefore 11x^2-240x-44=0 \Rightarrow 11x^2-242x+2x-44=0$$

$$\Rightarrow 11x(x-22)+2(x-22)=0 \Rightarrow (x-22)(11x+2)=0 \Rightarrow x=22.$$

∴ मोटर बोट की शान्त जल में चाल = 22 किमी०/घण्टा.

प्रश्नमाला 19A

निम्नलिखित प्रश्नों में से प्रत्येक में ठीक उत्तर को चिन्हांकित (✓) कीजिए :

1. एक नाव धारा की दिशा में 24 किमी० दूरी 4 घण्टे में तय करती है तथा धारा के विपरीत इतनी ही दूरी तय करने में 6 घण्टे लेती है. शान्त जल में नाव की चाल कितनी है ? **(बैंक पी०ओ० परीक्षा, 2006)**

(*a*) 3.5 किमी०/घण्टा (*b*) 5.5 किमी०/घण्टा (*c*) 6 किमी०/घण्टा (*d*) आँकड़े अपर्याप्त

(*e*) इनमें से कोई नहीं

2. एक नाविक धारा के अनुदिश 5 मिनट में 1 किमी० की गति से तथा धारा के विपरीत 1 घण्टे में 6 किमी० की गति से नाव खेता है. धारा का वेग कितना है ? **(एस०एस०सी० परीक्षा, 2010)**

(*a*) 6 किमी०/घण्टा (*b*) 10 किमी०/घण्टा (*c*) 3 किमी०/घण्टा (*d*) 12 किमी०/घण्टा

3. एक मोटर बोट बहाव की दिशा में 9 किमी० की दूरी तय करने में 2 घण्टे लेती है तथा बहाव की विपरीत दिशा में वही दूरी तय करने में 6 घण्टे लेती है. स्थिर पानी में बोट की चाल कितनी है ? **(सी०डी०एस० परीक्षा, 2010)**

(*a*) 3 किमी०/घण्टा (*b*) 2 किमी०/घण्टा (*c*) 1·5 किमी०/घण्टा (*d*) 1 किमी०/घण्टा

4. एक आदमी धारा के विपरीत 15 मिनट में तीन-चौथाई किलोमीटर नाव खे सकता है तथा उसी दूरी को वापिस तय करनें में उसे 10 मिनट लगते हैं. उसकी शान्त जल में चाल का धारा की चाल से क्या अनुपात है ?

(*a*) 3 : 5 (*b*) 5 : 3 (*c*) 1 : 5 (*d*) 5 : 1

(एस०एस०सी० परीक्षा, 2010)

5. कोई मोटर बोट शान्त जल में 36 किमी०/घण्टा की चाल से चलती है. यह धारा के विपरीत दिशा में 1 घण्टे 45 मिनट में 56 किमी० जाती है. उतनी ही दूरी को धारा के अनुकूल तय करने में उसे कितना समय लगेगा ?

(*a*) 2 घण्टे 25 मिनट (*b*) 3 घण्टे (*c*) 1 घण्टा 24 मिनट (*d*) 2 घण्टे 21 मिनट

(एस०एस०सी० परीक्षा, 2007)

6. किसी मोटर बोट की शान्त जल में चाल 45 किमी०/घण्टा है. यदि धारा के अनुकूल 80 किमी० की दूरी तय करने में मोटर बोट 1 घण्टा 20 मिनट का समय ले तो उतनी ही दूरी धारा के विपरीत दिशा में तय करने में वह कितना समय लेगी ? **(एस०एस०सी० परीक्षा, 2008)**

(*a*) 3 घण्टे (*b*) 1 घण्टा 20 मिनट (*c*) 2 घण्टे 40 मिनट (*d*) 2 घण्टे 55 मिनट

7. किसी धारा के प्रवाह की चाल 4 किमी०/घण्टा है. एक नाव धारा के प्रवाह के प्रतिकूल 6 किमी० जाकर अपने पहले वाले स्थान पर 2 घण्टे में लौट आती है. नाव को धारा के प्रवाह के प्रतिकूल जाने में लगा समय कितना है ?

(*a*) 1 घण्टा (*b*) $1\frac{1}{5}$ घण्टा (*c*) $1\frac{1}{4}$ घण्टा (*d*) $1\frac{1}{2}$ घण्टा

(बीमा कम्पनी परीक्षा, 2010)

8. अनुप्रवाह जाती हुई एक नौका 20 किमी० की दूरी 2 घण्टे में तय करती है तथा ऊर्ध्वप्रवाह वही दूरी 5 घण्टे में तय करती है. स्थिर पानी में नौका की गति कितनी है ? **(एस०एस०सी० परीक्षा, 2009)**

(*a*) 7 किमी०/घण्टा (*b*) 8 किमी०/घण्टा (*c*) 9 किमी०/घण्टा (*d*) 10 किमी०/घण्टा

9. एक व्यक्ति नदी में 48 किमी० दूरी तक जाने तथा वापिस आने में 14 घण्टे का समय लेता है. वह धारा की दिशा में जितने समय में 4 किमी० जाता है उतने ही समय में धारा के विपरीत 3 किमी० जाता है. धारा की गति कितनी है ? **(एम०बी०ए० परीक्षा, 2005)**

(*a*) 1 किमी०/घण्टा (*b*) 1·5 किमी०/घण्टा (*c*) 1·8 किमी०/घण्टा (*d*) 3·5 किमी०/घण्टा

10. एक नदी में धारा का वेग 1 किमी०/घण्टा है. एक मोटर बोट धारा के विपरीत 35 किमी० जाकर प्रारम्भिक बिन्दु पर वापिस आने में 12 घण्टे लेती है. शान्त जल में मोटर बोट का बेग कितना है ?

(*a*) 6 किमी०/घण्टा (*b*) 7 किमी०/घण्टा (*c*) 8 किमी०/घण्टा (*d*) 5 किमी०/घण्टा

(जीवन बीमा निगम परीक्षा, 2003)

11. एक नाव धारा के विपरीत 30 किमी० तथा धारा की दिशा में 44 किमी० दूरी तय करने में 10 घण्टे लेती है. यही नाव उसी चाल से धारा के विपरीत 40 किमी० तथा धारा की दिशा में 55 किमी० दूरी तय करने में 13 घण्टे लेती है. शान्त जल में नाव की चाल कितनी है ?

(*a*) 3 किमी०/घण्टा (*b*) 8 किमी०/घण्टा (*c*) 11 किमी०/घण्टा (*d*) 12 किमी०/घण्टा

12. एक निश्चित दूरी तय करने में एक नाव धारा के अनुकूल जाने में, धारा के प्रतिकूल जाने में लिए गये समय से आधा समय लेती है. स्थिर जल में नाव की चाल तथा धारा के वेग का अनुपात कितना है ?

(*a*) 2 : 1 (*b*) 3 : 1 (*c*) 1 : 2 (*d*) 1 : 3

(रेलवे परीक्षा, 2006)

13. एक तैराक शान्त जल में 5 किमी०/घण्टा की चाल से तैर सकता है. यदि धारा का वेग 1 किमी०/घण्टा हो तो इस तैराक को एक स्थान से दूसरे स्थान तक जाने तथा प्रारम्भिक बिन्दु तक वापिस आने में 1 घण्टा लगता है. वह स्थान प्रारम्भिक बिन्दु से कितनी दूर है ? **(एस०एस०सी० परीक्षा, 2004)**

(*a*) 2.4 किमी० (*b*) 2.5 किमी० (*c*) 3 किमी० (*d*) 3.6 किमी०

14. एक तैराक धारा के विरुद्ध $11\frac{1}{4}$ मिनट में $\frac{3}{4}$ किमी० दूरी तय करता है तथा वहाँ से वापिस $7\frac{1}{2}$ मिनट में प्रारम्भिक बिन्दु पर पहुँच जाता है. शान्त जल में तैराक की चाल कितनी है ? **(मैनेजमैन्ट परीक्षा, 2005)**

(*a*) 2 किमी०/घण्टा (*b*) 3 किमी०/घण्टा (*c*) 4 किमी०/घण्टा (*d*) 5 किमी०/घण्टा

उत्तरमाला (प्रश्नमाला 19A)

1. (*e*) **2.** (*c*) **3.** (*a*) **4.** (*d*) **5.** (*c*) **6.** (*c*) **7.** (*d*) **8.** (*a*) **9.** (*a*) **10.** (*a*)
11. (*b*) **12.** (*b*) **13.** (*a*) **14.** (*d*)

दिये गये प्रश्नों के हल | प्रश्नमाला 19A

1. धारा की दिशा में नाव की चाल $= \frac{24}{4}$ किमी०/घण्टा = 6 किमी०/घण्टा.

धारा के विरुद्ध नाव की चाल $= \frac{24}{6}$ किमी०/घण्टा = 4 किमी०/घण्टा.

शान्त जल में नाव की चाल $= \frac{1}{2}(6+4)$ किमी०/घण्टा = 5 किमी०/घण्टा.

2. धारा के अनुदिश नाव की चाल $= \left(\frac{1}{5}\times 60\right)$ किमी०/घण्टा = 12 किमी०/घण्टा.

धारा के विपरीत नाव की चाल = 6 किमी०/घण्टा.

धारा का वेग $= \frac{1}{2}(12-6)$ किमी०/घण्टा = 3 किमी०/घण्टा.

3. बहाव की दिशा में मोटर बोट की चाल $= \frac{9}{2}$ किमी०/घण्टा.

बहाव के विपरीत मोटर बोट की चाल $= \frac{9}{6}$ किमी०/घण्टा $= \frac{3}{2}$ किमी०/घण्टा.

स्थिर पानी में मोटर बोट की चाल $= \frac{1}{2}\left(\frac{9}{2}+\frac{3}{2}\right)$ किमी०/घण्टा = 3 किमी०/घण्टा.

4. धारा के विपरीत तैराक की चाल $= \left(\frac{3}{4}\times\frac{1}{15}\times 60\right)$ किमी०/घण्टा = 3 किमी०/घण्टा.

धारा की दिशा में तैराक की चाल $= \left(\frac{3}{4}\times\frac{1}{10}\times 60\right)$ किमी०/घण्टा $= \frac{9}{2}$ किमी०/घण्टा.

अभीष्ट अनुपात $= \frac{1}{2}\left(\frac{9}{2}+3\right) : \frac{1}{2}\left(\frac{9}{2}-3\right) = \frac{15}{2} : \frac{3}{2} = 5:1.$

5. शान्त जल में मोटर बोट की चाल = 36 किमी०/घण्टा.

माना धारा का वेग = x किमी०/घण्टा.

धारा के विपरीत मोटर बोट की चाल $= \left(\frac{56}{7/4}\right)$ किमी०/घण्टा $= \left(\frac{56\times 4}{7}\right)$ किमी०/घण्टा = 32 किमी०/घण्टा.

$\therefore\ 36-x=32 \Rightarrow x=(36-32)=4.$

अत: धारा का वेग = 4 किमी०/घण्टा.

धारा के अनुकूल 56 किमी० जाने में लगा समय $= \frac{56}{(36+4)}$ घण्टे

$= \frac{56}{40}$ घण्टे $= \frac{7}{5}$ घण्टे = 1 घण्टा 24 मिनट.

6. शान्त जल में मोटर बोट की चाल = 45 किमी०/घण्टा.

माना धारा का वेग = x किमी०/घण्टा

धारा के अनुकूल वेग $= \left(\frac{80}{4/3}\right)$ किमी०/घण्टा $= \frac{(80\times 3)}{4}$ किमी०/घण्टा = 60 किमी०/घण्टा.

$\therefore\ 45+x=60 \Rightarrow x=15.$ अत: धारा का वेग = 15 किमी०/घण्टा.

धारा के विपरीत वेग = (45 – 15) किमी०/घण्टा = 30 किमी०/घण्टा.

धारा के विपरीत 80 किमी० तय करने में लगा समय $= \frac{80}{30}$ घण्टे $= \frac{8}{3}$ घण्टे = 2 घण्टे 40 मिनट.

7. माना शान्त जल में चाल $= x$ किमी०/घण्टा. तब

$$\frac{6}{(x-4)} + \frac{6}{(x+4)} = 2 \Rightarrow 6\left[\frac{1}{(x-4)} + \frac{1}{(x+4)}\right] = 2$$

$$\therefore \frac{(x+4)+(x-4)}{(x-4)(x+4)} = \frac{2}{6} = \frac{1}{3} \Rightarrow x^2 - 16 = 6x \Rightarrow x^2 - 6x - 16 = 0$$

$$\Rightarrow x^2 - 8x + 2x - 16 = 0 \Rightarrow x(x-8) + 2(x-8) = 0 \Rightarrow (x-8)(x+2) = 0 \Rightarrow x = 8.$$

$\therefore$ शान्त जल में वेग = 8 किमी०/घण्टा.

धारा के प्रतिकूल वेग = (8 – 4) किमी०/घण्टा = 4 किमी०/घण्टा

अभीष्ट समय $= \frac{6}{4}$ घण्टे $= \frac{3}{2}$ घण्टे $= 1\frac{1}{2}$ घण्टा.

8. धारा की दिशा में नौका की गति $= \frac{20}{2}$ किमी०/घण्टा = 10 किमी०/घण्टा.

धारा के विपरीत नौका की गति $= \frac{20}{5}$ किमी०/घण्टा = 4 किमी०/घण्टा.

स्थिर पानी में नौका की गति $= \frac{1}{2}(10+4)$ किमी०/घण्टा = 7 किमी०/घण्टा.

9. माना उस व्यक्ति की शान्त जल में चाल $= x$ किमी०/घण्टा तथा धारा की गति $= y$ किमी०/घण्टा.

$$\therefore \frac{48}{x+y} + \frac{48}{x-y} = 14 \qquad \ldots(i)$$

तथा $\frac{4}{(x+y)} = \frac{3}{(x-y)} \Rightarrow 4x - 4y = 3x + 3y \Rightarrow x = 7y \qquad \ldots(ii)$

(i) में $x = 7y$ रखने पर : $\frac{48}{8y} + \frac{48}{6y} = 14 \Rightarrow \frac{6}{y} + \frac{8}{y} = 14 \Rightarrow 14y = 14 \Rightarrow y = 1.$

$\therefore$ धारा की गति = 1 किमी०/घण्टा.

10. माना शान्त जल में मोटर बोट का वेग $= x$ किमी०/घण्टा.
धारा की दिशा में वेग $= (x+1)$ किमी०/घण्टा, धारा के विपरीत वेग $= (x-1)$ किमी०/घण्टा.

$$\therefore \frac{35}{(x+1)} + \frac{35}{(x-1)} = 12 \Rightarrow \frac{1}{(x-1)} + \frac{1}{(x+1)} = \frac{12}{35} \Rightarrow \frac{(x+1+x-1)}{(x^2-1)} = \frac{12}{35}$$

$$\Rightarrow 12x^2 - 12 = 70x \Rightarrow 6x^2 - 35x - 6 = 0 \Rightarrow 6x^2 - 36x + x - 6 = 0$$

$$\Rightarrow 6x(x-6) + (x-6) = 0 \Rightarrow (x-6)(6x+1) = 0 \Rightarrow x = 6.$$

$\therefore$ शान्त जल में मोटर बोट का वेग = 6 किमी०/घण्टा.

11. माना धारा के विपरीत नाव की चाल $= x$ किमी०/घण्टा तथा धारा की दिशा में चाल $= y$ किमी०/घण्टा.

तब, $\frac{30}{x} + \frac{44}{y} = 10 \quad \ldots(i)$ तथा $\frac{40}{x} + \frac{55}{y} = 13 \quad \ldots(ii)$

(ii) को 4 से तथा (i) को 5 से गुणा करके घटाने पर :

$$\left(\frac{160}{x} - \frac{150}{x}\right) = 2 \Rightarrow \frac{10}{x} = 2 \Rightarrow 2x = 10 \Rightarrow x = 5.$$

(i) में $x = 5$ रखने पर $\frac{44}{y} = 4 \Rightarrow 4y = 44 \Rightarrow y = 11.$

$\therefore$ शान्त जल में नाव की चाल $= \frac{1}{2}(5+11)$ किमी०/घण्टा = 8 किमी०/घण्टा.

12. माना धारा के अनुकूल नाव की गति $= x$ किमी०/घण्टा.

तब, धारा के विपरीत नाव की गति $= \frac{x}{2}$ किमी०/घण्टा.

$\therefore$ शान्त जल में नाव की चाल $= \frac{1}{2}\left(x + \frac{x}{2}\right)$ किमी०/घण्टा $= \frac{3x}{4}$ किमी०/घण्टा.

धारा का वेग $= \frac{1}{2}\left(x - \frac{x}{2}\right)$ किमी०/घण्टा $= \frac{x}{4}$ किमी०/घण्टा.

अभीष्ट अनुपात $= \frac{3x}{4} : \frac{x}{4} = 3:1$.

13. धारा की दिशा में तैराक की चाल = (5 + 1) किमी०/घण्टा = 6 किमी०/घण्टा.

धारा के विपरीत तैराक की चाल = (5 – 1) किमी०/घण्टा = 4 किमी०/घण्टा,

माना अभीष्ट दूरी $= x$ किमी०. तब

$\frac{x}{6} + \frac{x}{4} = 1 \Rightarrow 2x + 3x = 12 \Rightarrow 5x = 12 \Rightarrow x = 2 \cdot 4$.

अत: अभीष्ट दूरी = 2·4 किमी०.

14. धारा के विरुद्ध तैराक की चाल $= \left(\frac{3}{4} \times \frac{4}{45} \times 60\right)$ किमी०/घण्टा = 4 किमी०/घण्टा.

धारा की दिशा में तैराक की चाल $= \left(\frac{3}{4} \times \frac{2}{15} \times 60\right)$ किमी०/घण्टा = 6 किमी०/घण्टा.

शान्त जल में तैराक की चाल $= \frac{1}{2}(4+6)$ किमी०/घण्टा = 5 किमी०/घण्टा.

प्रश्नमाला 19B

1. एक नदी में धारा का वेग 4 किमी०/घण्टा है. एक नाव एक निश्चित बिन्दु से धारा के विपरीत 6 किमी० दूरी तय करके वापिस उसी बिन्दु पर 2 घण्टे में पहुँच जाती है. नाव का शान्त जल में वेग ज्ञात कीजिए तथा धारा के विपरीत जाने में समय ज्ञात कीजिए. **(एस०एस०सी० परीक्षा, 2009)**

2. नदी में एक व्यक्ति किसी निश्चित बिन्दु से धारा के विपरीत d किमी० दूरी तय करके वापिस उसी बिन्दु तक 5 घण्टे 15 मिनट में पहुँच जाता है. वह धारा के विपरीत $2d$ किमी० की दूरी 7 घण्टे में तैर सकता है. यही $2d$ किमी० दूरी धारा की दिशा में तय करने में उसे कितना समय लगेगा? **(एस०एस०सी० परीक्षा, 2004)**

3. एक स्टीमर धारा के विपरीत 20 किमी० दूरी तय करने में उतना ही समय लेता है जितना कि वह धारा की दिशा में 50 किमी० दूरी तय करने में लेता है. यदि धारा का वेग 3 किमी०/घण्टा हो, तो शान्त जल में स्टीमर का वेग ज्ञात कीजिए. **(एस०एस०सी० परीक्षा, 2003)**

4. एक नाविक अपनी नाव से 30 किमी० धारा के विपरीत जाने में तथा 44 किमी० धारा की दिशा में जाने में 10 घण्टे लेता है. वह 40 किमी० धारा के विपरीत जाने में तथा 55 किमी० धारा की दिशा में जाने में 13 घण्टे लेता है. धारा का वेग तथा शान्त जल में नाव की गति ज्ञात कीजिए. **(एस०एस०सी० परीक्षा, 2000)**

5. एक व्यक्ति शान्त जल में 5 किमी० प्रति घण्टा की दर से तैर सकता है. एक निश्चित दूरी को धारा की दिशा में तैरकर पार करने में उसे जो समय लगता है उससे तिगुना समय उसे इस दूरी को धारा के विपरीत पार करने में लगता है. धारा का वेग ज्ञात कीजिए.

6. एक व्यक्ति नाव द्वारा धारा के विपरीत बिन्दु A से बिन्दु B तक 21 किमी० की दूरी तय करके वापिस बिन्दु A तक आने में 10 घण्टे लेता है. यदि उसे धारा की दिशा में 7 किमी० दूरी तय करने में उतना ही समय लगे जितना कि धारा की विपरीत दिशा में 3 किमी० दूरी तय करने में लगता है, तो धारा का वेग तथा शान्त जल में नाव का वेग ज्ञात कीजिए.

उत्तरमाला (प्रश्नमाला 19B)

1. 8 किमी०/घण्टा, 1 घण्टा 30 मिनट	**2.** 3 घण्टे 30 मिनट	**3.** 7 किमी०/घण्टा
4. 3 किमी०/घण्टा, 8 किमी०/घण्टा	**5.** 2·5 किमी०/घण्टा	**6.** 2 किमी०/घण्टा, 5 किमी०/घण्टा

दिये गये प्रश्नों के हल प्रश्नमाला 19B

1. माना शान्त जल में नाव का वेग = x किमी०/घण्टा.

धारा की दिशा में नाव का वेग = $(x + 4)$ किमी०/घण्टा.

धारा के विपरीत नाव का वेग = $(x - 4)$ किमी०/घण्टा.

$$\therefore \frac{6}{(x-4)}+\frac{6}{(x+4)}=2 \Rightarrow \frac{1}{(x-4)}+\frac{1}{(x+4)}=\frac{1}{3} \Rightarrow \frac{(x+4)+(x-4)}{(x^2-16)}=\frac{1}{3}$$

$$\Rightarrow x^2-16=6x \Rightarrow x^2-6x-16=0 \Rightarrow x^2-8x+2x-16=0$$

$$\Rightarrow x(x-8)+2(x-8)=0 \Rightarrow (x-8)\,(x+2)=0$$

$\Rightarrow x=8.$ [$\therefore$ नाव का वेग ऋणात्मक नहीं हो सकता]

$\therefore$ शान्त जल में नाव का वेग = 8 किमी०/घण्टा

धारा के विपरीत जाने में लगा समय $=\frac{6}{(8-4)}$ घण्टे $=\frac{6}{4}$ घण्टे $=\frac{3}{2}$ घण्टे = 1 घण्टा 30 मिनट.

2. माना शान्त जल में तैराक की चाल = x किमी०/घण्टा तथा धारा का वेग = y किमी०/घण्टा.

धारा की दिशा में तैराक का वेग = $(x + y)$ किमी०/घण्टा.

धारा के विपरीत तैराक का वेग = $(x - y)$ किमी०/घण्टा.

$$\therefore \frac{d}{(x+y)}+\frac{d}{(x-y)}=\frac{21}{4} \quad \ldots(i) \quad \text{तथा} \quad \frac{2d}{(x-y)}=7 \Rightarrow \frac{d}{(x-y)}=\frac{7}{2} \quad \ldots(ii)$$

(ii) से (i) में मान रखने पर : $\frac{d}{(x+y)}+\frac{7}{2}=\frac{21}{4} \Rightarrow \frac{d}{(x+y)}=\left(\frac{21}{4}-\frac{7}{2}\right)=\frac{7}{4} \Rightarrow \frac{2d}{(x+y)}=\frac{7}{2}.$

अभीष्ट समय $=\frac{7}{2}$ घण्टे = 3 घण्टे 30 मिनट.

3. माना शान्त जल में स्टीमर का वेग = x किमी०/घण्टा.

धारा के विपरीत स्टीमर का वेग = $(x - 3)$ किमी०/घण्टा.

धारा की दिशा में स्टीमर का वेग = $(x + 3)$ किमी०/घण्टा.

$$\frac{20}{(x-3)}=\frac{50}{x+3} \Rightarrow 20\,(x+3)=50\,(x-3) \Rightarrow 30x=(60+150)=210 \Rightarrow x=7.$$

शान्त जल में स्टीमर का वेग = 7 किमी०/घण्टा.

4. माना शान्त जल में वेग = x किमी०/घण्टा तथा धारा का वेग = y किमी०/घण्टा.

धारा की दिशा में नाव का वेग = $(x + y)$ किमी०/घण्टा.

धारा के विपरीत नाव का वेग = $(x - y)$ किमी०/घण्टा

$$\frac{30}{(x-y)}+\frac{44}{(x+y)}=10 \quad \ldots(i) \quad \text{तथा} \quad \frac{40}{(x-y)}+\frac{55}{(x+y)}=13 \quad \ldots(ii)$$

$$\left.\begin{aligned} \therefore\ 30\,a+44\,b&=10 \quad \ldots(iii) \\ 40\,a+55\,b&=13 \quad \ldots(iv) \end{aligned}\right\} \text{जहाँ} \quad \frac{1}{x-y}=a \quad \text{तथा} \quad \frac{1}{x+y}=b.$$

(*iii*) को 4 से तथा (*iv*) को 3 से गुणा करके घटाने पर :

$$(176\,b - 165\,b) = (40 - 39) \Rightarrow 11\,b = 1 \Rightarrow b = \frac{1}{11}.$$

(*iii*) में $b = \frac{1}{11}$ रखने पर $30\,a + 4 = 10 \Rightarrow 30\,a = 6 \Rightarrow a = \frac{1}{5}$.

$\therefore\ x - y = 5$ तथा $x + y = 11$.

इन्हें हल करने पर $x = 8$ तथा $y = 3$.

$\therefore$ धारा का वेग = 3 किमी०/घण्टा, शान्त जल में नाव की गति = 8 किमी०/घण्टा.

5. माना धारा का वेग = x किमी०/घण्टा तथा निश्चित दूरी = y किमी०.

धारा की दिशा में व्यक्ति की चाल = $(5 + x)$ किमी०/घण्टा.

धारा के विपरीत व्यक्ति की चाल = $(5 - x)$ किमी०/घण्टा.

$\therefore\ \frac{y}{(5-x)} = \frac{3y}{5+x} \Rightarrow (5+x) = 3\,(5-x) \Rightarrow 4x = 10 \Rightarrow x = 2\cdot 5$ किमी०/घण्टा.

6. माना शान्त जल में नाव का वेग = x किमी०/घण्टा तथा धारा का वेग = y किमी०/घण्टा.

तब, धारा के अनुकूल नाव का वेग = $(x + y)$ किमी०/घण्टा.

धारा के विपरीत नाव का वेग = $(x - y)$ किमी०/घण्टा.

$$\frac{21}{(x-y)} + \frac{21}{(x+y)} = 10 \Rightarrow \frac{(x+y)+(x-y)}{(x^2-y^2)} = \frac{10}{21} \Rightarrow 10\,(x^2 - y^2) = 42\,x$$

$$\frac{7}{(x+y)} = \frac{3}{(x-y)} \Rightarrow 7(x-y) = 3\,(x+y) \Rightarrow 4x = 10y \Rightarrow y = \frac{2x}{5}.$$

$y = \frac{2x}{5}$ रखने पर : $10\left(x^2 - \frac{4x^2}{25}\right) = 42\,x \Rightarrow \frac{210\,x^2}{25} = 42\,x \Rightarrow x = \left(\frac{42\times 5}{42}\right) = 5$ किमी०/घण्टा.

$\therefore\ y = \left(\frac{2}{5}\times 5\right)$ किमी०/घण्टा = 2 किमी०/घण्टा.

शान्त जल में नाव का वेग = 5 किमी०/घण्टा तथा धारा का वेग = 2 किमी०/घण्टा.

20 मिश्रण (ALLIGATION & MIXTURE)

सामान्य नियम

मिश्रण: बहुधा एक सस्ती तथा दूसरी महंगी वस्तु को एक विशेष अनुपात में मिलाकर एक नया मिश्रण प्राप्त होता है.

औसत-मूल्य: मिश्रण के एक इकाई माप के क्रय-मूल्य को **औसत-मूल्य** कहते हैं.

माना सस्ती वस्तु की 1 इकाई का क्रय-मूल्य = ₹ c.

माना महंगी वस्तु की 1 इकाई का क्रय-मूल्य = ₹ d.

माना, औसत मूल्य = ₹ m. तब,

(सस्ती वस्तु की मात्रा) : (महंगी वस्तु की मात्रा) = $(d - m) : (m - c)$.

एक इकाई सस्ती वस्तु का क्रय-मूल्य (c) — एक इकाई महंगी वस्तु का क्रय-मूल्य (d)

औसत मूल्य (m)

$(d - m)$ — $(m - c)$

(सस्ती वस्तु की मात्रा) : (महंगी वस्तु की मात्रा) = $(d - m) : (m - c)$.

साधित उदाहरण

प्रश्न 1. ₹ 63 प्रति किग्रा० की चाय, ₹ 90 प्रति किग्रा० की चाय के साथ किस अनुपात में मिलाई जाये कि मिश्रण का क्रय-मूल्य ₹ 72 प्रति किग्रा० हो जाये ?

हल : मिश्रण नियम द्वारा :

(1 किग्रा० सस्ती चाय का क्र०-मूल्य) (₹ 63) — (1 किग्रा० महँगी चाय का क्र०-मूल्य) (₹ 90)

औसत मूल्य (₹ 72)

18 — 9

∴ (सस्ती चाय की मात्रा) : (मृहंगी चाय की मात्रा) = 18 : 9 = 2 : 1.

प्रश्न 2. ₹ 37 प्रति किग्रा० के कितने चावल, ₹ 48·40 प्रति किग्रा० वाले 25 किग्रा० चावल से मिलाये जायें कि मिश्रण को ₹ 46 प्रति किग्रा० बेचने से 15% लाभ हो ?

हल : 1 किग्रा० मिश्रण का विक्रय-मूल्य = ₹ 46, लाभ = 15%.

1 किग्रा० मिश्रण का क्रय-मूल्य = ₹ $\left(\frac{100}{115} \times 46\right)$ = ₹ 40.

अब मिश्रण नियम द्वारा :

(1 किग्रा० सस्ते चावल का क्र०-मूल्य) (1 किग्रा० महँगे चावल का क्र०-मूल्य)

(₹ 37) (₹ 48·40)

औसत मूल्य

(₹ 40·00)

8·40 3

$\therefore$ (सस्ते चावल की मात्रा) : (महंगे चावल की मात्रा) = 8·4 : 3 = 84 : 30 = 14 : 5.

माना x किग्रा० सस्ते चावल, 25 किग्रा० महँगे चावल में मिलाये जायें.

तब, $\frac{x}{25}=\frac{14}{5} \Rightarrow x=\left(\frac{14}{5}\times 25\right) \Rightarrow x=70.$ अत: अभीष्ट मात्रा = 70 किग्रा०.

प्रश्न 3. दूध और पानी किस अनुपात में मिलाया जाये कि मिश्रण को क्रय-मूल्य पर भी बेचने से 20% लाभ हो ?

हल : माना 1 किग्रा० दूध का क्रय-मूल्य = ₹ 1.

तब, 1 किग्रा० मिश्रण का विक्रय-मूल्य = ₹ 1.

$\therefore$ 1 किग्रा० मिश्रण का क्रय-मूल्य = ₹ $\left(\frac{100}{120}\times 1\right)$ = ₹ $\frac{5}{6}$.

अब मिश्रण नियम द्वारा:

(1 किग्रा० दूध का क्र०-मूल्य) (1 किग्रा० पानी का क्र०-मूल्य)

(₹ 1) (₹ 0)

औसत मूल्य

₹ $\frac{5}{6}$

$\frac{5}{6}$ $\frac{1}{6}$

$\therefore$ दूध : पानी = $\frac{5}{6}:\frac{1}{6}$ = 5 : 1.

प्रश्न 4. दो बर्तनों A तथा B में दूध और पानी के मिश्रण हैं. इनमें दूध और पानी का अनुपात क्रमश: 5 : 2 तथा 8 : 5 है. इन मिश्रणों को किस अनुपात में मिलाया जाये कि नये मिश्रण में दूध और पानी का अनुपात 9 : 4 हो ?

हल : माना दूध का क्रय मूल्य ₹ 1 प्रति लीटर है.

A के 1 लीटर में दूध की मात्रा $=\frac{5}{7}$ लीटर. B के 1 लीटर में दूध की मात्रा $=\frac{8}{13}$ लीटर.

A तथा B के 1 लीटर मिश्रण में दूध की मात्रा $=\frac{9}{13}$ लीटर.

A के 1 लीटर मिश्रण का मूल्य = ₹ $\frac{5}{7}$. B के 1 लीटर मिश्रण का मूल्य = ₹ $\frac{8}{13}$.

1 लीटर मिश्रण का औसत मूल्य = ₹ $\frac{9}{13}$.

A के 1 लीटर का मूल्य B के 1 लीटर का मूल्य

$\left(₹ \frac{5}{7}\right)$ $\left(₹ \frac{8}{13}\right)$

औसत मूल्य

$\left(₹ \frac{9}{13}\right)$

$\frac{1}{13}$ $\frac{2}{91}$

अभीष्ट अनुपात $=\frac{1}{13}:\frac{2}{91}$ = 7 : 2.

प्रश्नमाला 20A

निम्नलिखित प्रश्नों में से प्रत्येक में ठीक उत्तर को चिन्हांकित (✓) कीजिए :

1. ₹ 14·40 प्रति किग्रा० के गेहूँ को ₹ 11·40 प्रति किग्रा० के गेहूँ के साथ किस अनुपात में मिलाया जाये कि मिश्रण का मूल्य ₹ 12·60 प्रति किग्रा० हो जाये ?
(*a*) 1 : 3 (*b*) 2 : 3 (*c*) 3 : 4 (*d*) 4 : 5

2. ₹ 36 प्रति लीटर के दूध के साथ पानी किस अनुपात में मिलाया जाये कि मिश्रण का मूल्य ₹ 28 प्रति लीटर हो जाये ?
(*a*) 9 : 7 (*b*) 7 : 9 (*c*) 9 : 2 (*d*) 7 : 2

3. 30% सान्द्रता वाले ऐलकोहल को 50% सान्द्रता वाले ऐल्कोहल में किस अनुपात में मिलाया जाये कि 35% सान्द्रता वाला ऐल्कोहल प्राप्त हो ? **(एस०एस०सी० परीक्षा, 2009)**
(*a*) 2 : 1 (*b*) 3 : 1 (*c*) 6 : 7 (*d*) 3 : 5

4. ₹ 48 प्रति किग्रा० मूल्य वाली 60 किग्रा० चीनी में ₹ 55 प्रति किग्रा० वाली कितनी चीनी मिलाई जाये ताकि मिश्रित चीनी का मूल्य ₹ 52·50 प्रति किग्रा० हो जाये ? **(रेलवे परीक्षा, 2005)**
(*a*) 90 किग्रा० (*b*) 95 किग्रा० (*c*) 102 किग्रा० (*d*) 108 किग्रा०

5. एक पंसारी ₹ 60 प्रति किग्रा० की चाय को ₹ 65 प्रति किग्रा० की चाय के साथ किस अनुपात में मिलाये कि मिश्रण को ₹ 68·20 प्रति किग्रा० की दर से बेचने पर उसे 10% लाभ हो ? **(एस०एस०सी० परीक्षा, 2004)**
(*a*) 3 : 2 (*b*) 3 : 4 (*c*) 3 : 5 (*d*) 4 : 5

6. सिप्रिट के साथ पानी किस अनुपात में मिलाया जाये कि मिश्रण को लागत मूल्य पर बेचने से 20% लाभ हो ?
(*a*) 5 : 2 (*b*) 5 : 1 (*c*) 5 : 3 (*d*) 5 : 4
(एम०बी०ए० परीक्षा, 2005)

7. शुद्ध दूध से भरे किसी बर्तन से 20% दूध निकालकर उतनी ही मात्रा में पानी डाल दिया जाता है. यह प्रक्रिया कुल तीन बार की जाती है. तीसरी प्रक्रिया के बाद बर्तन में शुद्ध दूध की मात्रा घटकर कितनी रह जायेगी ?
(*a*) 40% (*b*) 50% (*c*) 51·2% (*d*) 58·8%
(एस०एस०सी० परीक्षा, 2008)

8. एक कनस्तर शराब से भरा था. इसमें से 8 लीटर शराब निकाल कर खाली बचे भाग में 8 लीटर पानी भर दिया गया. यह प्रक्रिया तीन बार और दोहराई गई. अन्त में प्राप्त घोल में शराब तथा पानी का अनुपात 16 : 65 रह गया. प्रारम्भ में कनस्तर में कितनी शराब थी ?
(*a*) 18 लीटर (*b*) 24 लीटर (*c*) 32 लीटर (*d*) 42 लीटर

9. एक कनस्तर में बने मिश्रण में दो द्रवों *A* तथा *B* का अनुपात 7 : 5 था. इसमें से 9 लीटर मिश्रण निकाल कर उसके स्थान पर *B* भरने पर प्राप्त मिश्रण में इन द्रवों का अनुपात 7 : 9 हो गया. कनस्तर में आरम्भ में द्रव *A* की मात्रा कितनी थी ?
(*a*) 10 लीटर (*b*) 20 लीटर (*c*) 21 लीटर (*d*) 25 लीटर

10. एक व्यक्ति के पास ₹ 100000 थे. वह इसमें से कुछ धन को 9% वार्षिक दर पर तथा शेष धन को 10% वार्षिक दर से साधारण ब्याज पर देता है. यदि इनसे उसकी कुल वार्षिक आय ₹ 9400 हो, तो 10% की दर पर उसने कितना धन उधार दिया ?
(*a*) ₹ 60000 (*b*) ₹ 40000 (*c*) ₹ 36500 (*d*) ₹ 45000

11. नीता ₹ 180 प्रति किग्रा० की चाय को ₹ 200 प्रति किग्रा० की चाय के साथ 5 : 3 के अनुपात में मिलाकर बने मिश्रण को ₹ 210 प्रति किग्रा० के भाव से बेचती है. उसका लाभ प्रतिशत कितना होगा ?
(*a*) 10% (*b*) 11% (*c*) 12% (*d*) 13%

12. 729 मिली० मिश्रण में दूध और पानी का अनुपात 7 : 2 है. इसमें कितना पानी और डाला जाये कि नये मिश्रण में दूध और पानी का अनुपात 7 : 3 हो ?
(*a*) 79 मिली० (*b*) 72 मिली० (*c*) 81 मिली० (*d*) 91 मिली०

उत्तरमाला (प्रश्नमाला 20A)

1. (*b*) **2.** (*d*) **3.** (*b*) **4.** (*d*) **5.** (*a*) **6.** (*b*) **7.** (*c*) **8.** (*b*) **9.** (*c*) **10.** (*b*)
11. (*c*) **12.** (*c*)

दिये गये प्रश्नों के हल प्रश्नमाला 20A

1. मिश्रण नियम द्वारा :

(1 किग्रा० सस्ते गेहूँ का क्रय मूल्य) (1 किग्रा० महँगे गेहूँ का क्रय मूल्य)

(1440 पैसे) (1140 पैसे)

औसत मूल्य

(1260 पैसे)

120 180

अभीष्ट अनुपात = 120 : 180 = 2 : 3.

2. मिश्रण नियम द्वारा :

(1 किग्रा० दूध का क्रय मूल्य) (1 किग्रा० पानी का क्रय मूल्य)

(₹ 36) (₹ 0)

औसत मूल्य

(₹ 28)

28 8

अभीष्ट अनुपात = 28 : 8 = 7 : 2.

3. मिश्रण नियम द्वारा :

(पहली प्रकार के घोल की सान्द्रता) (दूसरी प्रकार के घोल की सान्द्रता)

(30%) (50%)

मिश्रण की सान्द्रता

(35%)

15 5

अभीष्ट अनुपात = 15 : 5 = 3 : 1.

4. मिश्रण नियम द्वारा :

(सस्ती चीनी का भाव प्रति किग्रा०) (महँगी चीनी का भाव प्रति किग्रा०)

(₹ 48) (₹ 55)

औसत मूल्य

(₹ 52·50)

2·50 4·50

इन दोनों का अनुपात $= 2\cdot50 : 4\cdot50 = \frac{250}{450} = \frac{5}{9} = 5 : 9.$

अभीष्ट भार $= \left(\frac{9}{5} \times 60\right)$ किग्रा० = 108 किग्रा०.

5. 1 किग्रा० मिश्रण का विक्रय मूल्य = ₹ 68·20, लाभ = 10%

माना 1 किग्रा० मिश्रण का क्रय मूल्य = ₹ x. तब,

$x \times \frac{110}{100} = 68\cdot20 \Rightarrow 11x = 682 \Rightarrow x = 62.$

$\therefore$ 1 किग्रा० मिश्रण का क्रय मूल्य = ₹ 62.

(1 किग्रा० सस्ती चाय का क्रय मूल्य) (1 किग्रा० महँगी चाय का क्रय मूल्य)

(₹ 60) (₹ 65)

औसत मूल्य

(₹ 62)

3 2

अभीष्ट अनुपात = 3 : 2.

6. माना 1 इकाई सिप्रिट का क्रय मूल्य = ₹ 100.

तब, 1 इकाई मिश्रण का विक्रय मूल्य = ₹ 100, लाभ अर्जित = 20%.

माना 1 इकाई मिश्रण का क्रय मूल्य = ₹ x. तब,

$$x\times\frac{120}{100}=100 \Rightarrow x=\frac{100\times100}{120}=\frac{250}{3}.$$

(1 इकाई सिप्रिट का क्रय मूल्य) (1 इकाई पानी का क्रय मूल्य)

(₹ 100) (₹ 0)

औसत मूल्य

$\left(₹\ \frac{250}{3}\right)$

$\frac{250}{3}$ $\frac{50}{3}$

अभीष्ट अनुपात $=\frac{250}{3}:\frac{50}{3}=250:50=5:1.$

7. माना कुल दूध = 100 लीटर प्रत्येक बार ली गई मात्रा = 20 लीटर.

तीन क्रियाओं के बाद बने घोल में दूध की मात्रा $=a\left(\frac{a-b}{a}\right)^n$, जहाँ $a=100, b=20, n=3$

$$=\left[100\times\left(\frac{100-20}{100}\right)^3\right] \text{ लीटर} =\left[100\times\left(\frac{80}{100}\right)^3\right] \text{ लीटर} =100\times\left(\frac{4}{5}\right)^3 \text{ लीटर}$$

$$=\left(\frac{100\times64}{125}\right)\text{लीटर}=\frac{256}{5} \text{ लीटर}=51\cdot2 \text{ लीटर}.$$

अभीष्ट % = 51·2%.

8. माना कनस्तर में प्रारम्भ में a लीटर शराब थी.

4 प्रक्रियाओं के बाद कनस्तर में बची शराब $=a\left(\frac{a-8}{a}\right)^4$.

$$\therefore \frac{a\left(1-\frac{8}{a}\right)^4}{a}=\frac{16}{81}\Rightarrow\left(1-\frac{8}{a}\right)^4=\left(\frac{16}{81}\right)=\left(\frac{2}{3}\right)^4\Rightarrow 1-\frac{8}{a}=\frac{2}{3}\Rightarrow\frac{8}{a}=\left(1-\frac{2}{3}\right)=\frac{1}{3}\Rightarrow a=24.$$

अतः कनस्तर में प्रारम्भ में 24 लीटर शराब थी.

9. माना आरम्भ में द्रव A तथा B क्रमशः $7x$ लीटर तथा $5x$ लीटर थे.

अब कुल मिश्रण = $(12x-9)$ लीटर.

इस मिश्रण में $A=(12x-9)\times\frac{7}{12}$ तथा $B=(12x-9)\times\frac{5}{12}$.

पुनः भरने पर, $A=(12x-9)\times\frac{7}{12}=\frac{(84x-63)}{12}=\frac{(28x-21)}{4}$

तथा $B = (12x-9)\times\frac{5}{12}+9 = \frac{(60x-45)}{12}+9 = \frac{(60x-45+108)}{12} = \frac{60x+63}{12} = \frac{(20x+21)}{4}$.

$\therefore \frac{(28x-21)}{4}\times\frac{4}{(20x+21)} = \frac{7}{9} \Rightarrow 7\,(20x+21) = 9\,(28x-21)$

$\Rightarrow (252-140)x = 147+189 = 336 \Rightarrow 112x = 336 \Rightarrow x = 3.$

आरम्भ में A की मात्रा = (7 × 3) लीटर = 21 लीटर.

10. कुल धन पर ब्याज की औसत दर % = $\left(\frac{100\times 9400}{100000\times 1}\right)\% = 9\cdot 4\%$.

(पहले भाग पर दर %) (दूसरे भाग पर दर %)

(9) (10)

औसत दर %

(9·4)

0·6 0·4

(पहला भाग) : (दूसरा भाग) = $\frac{0\cdot 6}{0\cdot 4} = \frac{3}{2} = 3:2.$

10% की दर पर दिया गया धन = ₹ $\left(100000\times\frac{2}{5}\right)$ = ₹ 40000.

11. माना पहली प्रकार की 5 किग्रा॰ चाय के साथ दूसरे प्रकार की 3 किग्रा॰ चाय मिलाती है.

तब क्रय मूल्य = ₹ $[(180\times 5)+(200\times 3)]$ = ₹ $(900+600)$ = ₹ 1500.

विक्रय मूल्य = ₹ (210 × 8) = ₹ 1680.

लाभ = ₹ (1680 – 1500) = ₹ 180.

लाभ % = $\left(\frac{180}{1500}\times 100\right)\% = 12\%$.

12. दिये गये मिश्रण में दूध की मात्रा = $\left(729\times\frac{7}{9}\right)$ मिली॰ = 567 मिली॰.

इस मिश्रण में पानी की मात्रा = (729 – 567) मिली॰ = 162 मिली॰.

माना पानी की अभीष्ट मात्रा = x मिली॰. तब,

$$\frac{567}{162+x} = \frac{7}{3} \Rightarrow 1134 + 7x = 1701 \Rightarrow 7x = 567 \Rightarrow x = 81.$$

अतः पानी की अभीष्ट मात्रा = 81 मिली॰.

प्रश्नमाला 20B

1. बाजार में दो टाईप के स्टील A तथा B उपलब्ध हैं. टाईप A में 5% निक्कल है तथा टाईप B में 40% निक्कल है. दोनों प्रकार के स्टील कितनी-कितनी मात्रा में मिलाये जायें कि कुल 140 टन स्टील प्राप्त हो, जिसमें 30% निक्कल हो? **(एस॰एस॰सी॰ परीक्षा, 2000)**

2. नमक व पानी के घोल में 15% नमक है. इस घोल से 30 किग्रा॰ पानी को वाष्प के रूप में उड़ा देने पर शेष घोल में 20% नमक है. प्रारम्भिक दशा में घोल कितना था? **(एस॰एस॰सी॰ परीक्षा, 2008)**

3. एल्कोहल तथा पानी के 5 लीटर घोल में एल्कोहल की सान्द्रता 20% है. इसमें से 2 लीटर घोल निकाल कर उसके स्थान पर 2 लीटर पानी डाल दिया जाता है. नये घोल में एल्कोहल की सान्द्रता कितनी है? **(एस॰एस॰सी॰ परीक्षा, 2008)**

4. एक बर्तन में अम्ल तथा पानी का घोल है जिसमें अम्ल की सान्द्रता 36% है. इसमें से 4 लीटर घोल निकाल कर उसके स्थान पर इतना ही पानी मिला दिया जाता है. इस घोल में अम्ल की सान्द्रता 30% है. उस बर्तन में घोल की मात्रा कितनी थी? **(एस॰एस॰सी॰ परीक्षा, 2007)**

5. एक बर्तन में दूध और पानी का अनुपात 7 : 3 है तथा दूसरे बर्तन में यह अनुपात 8 : 5 है. दोनों बर्तनों में से किस अनुपात में मिश्रण लिये जायें कि इन्हें मिलाकर बने मिश्रण में दूध और पानी का अनुपात 42 : 23 हो जाये ?

6. रमेश ने ₹ 120000 में से कुछ धन A को 10% वार्षिक साधारण ब्याज की दर से तथा शेष धन B को 12% वार्षिक साधारण ब्याज की दर से उधार दिया. यदि 2 वर्ष के अन्त में उसे कुल ब्याज ₹ 25920 प्राप्त हुआ हो, तो भिन्न-भिन्न दरों पर उसने कितना-कितना रुपया उधार दिया ?

उत्तरमाला (प्रश्नमाला 20B)

1. A = 40 टन, B = 100 टन **2.** 120 किग्रा० **3.** 12% **4.** 24 लीटर **5.** 4 : 7
6. ₹ 72000, ₹ 48000

दिये गये प्रश्नों के हल प्रश्नमाला 20B

1. (टाईप A में निक्कल का %) (टाईप B में निक्कल का %)

(5%) (40%)

निक्कल की औसत %

(30%)

10 25

टाईप A : टाईप B = 10 : 25 = 2 : 5.

140 टन में A की मात्रा $= \left(140 \times \frac{2}{7}\right)$ टन = 40 टन.

140 टन में B की मात्रा $= \left(140 \times \frac{5}{7}\right)$ टन = 100 टन.

2. माना कुल घोल का भार = x किग्रा०.

इस घोल में पानी का भार $= \frac{85x}{100}$ किग्रा० $= \frac{17x}{20}$ किग्रा०,

तथा नमक का भार $= \left(x - \frac{17x}{20}\right)$ किग्रा० $= \frac{3x}{20}$ किग्रा० .

30 किग्रा० पानी वाष्प के रूप में उड़ने के बाद घोल का भार = $(x - 30)$ किग्रा०.

इस घोल में नमक का भार $= \frac{3x}{20}$ किग्रा०.

$$\therefore \frac{\left(\frac{3x}{20}\right)}{(x-30)} \times 100 = 20 \Rightarrow \frac{3x}{20} \times \frac{1}{(x-30)} \times 100 = 20$$

$$\Rightarrow \frac{3x}{(x-30)} = \frac{20}{5} = 4 \Rightarrow 3x = 4x - 120 \Rightarrow x = 120.$$

अत: कुल घोल का भार = 120 किग्रा०.

3. 3 लीटर घोल में एल्कोहल की मात्रा $= \left(3 \times \frac{20}{100}\right)$ लीटर $= \frac{3}{5}$ लीटर.

इस घोल में पानी की मात्रा $= \left(3 - \frac{3}{5}\right)$ लीटर $= \frac{12}{5}$ लीटर.

नये 5 लीटर घोल में एल्कोहल की मात्रा $= \frac{3}{5}$ लीटर.

$\therefore$ इस घोल की सान्द्रता % $= \left(\frac{\frac{3}{5}}{5} \times 100\right)\% = \left(\frac{3}{5} \times \frac{1}{5} \times 100\right)\% = 12\%.$

4. माना कुल घोल की मात्रा $= x$ लीटर.

$(x-4)$ लीटर घोल में अम्ल की मात्रा $= (x-4)\times\frac{36}{100}$ लीटर $= \frac{(9x-36)}{25}$ लीटर.

नये घोल के x लीटर में अम्ल की मात्रा $= \frac{(9x-36)}{25}$ लीटर.

इस घोल की सान्द्रता = 30%

$$\therefore \frac{(9x-36)}{25\times x}\times 100 = 30 \Rightarrow 30x = 4\,(9x-36) \Rightarrow 6x = 144 \Rightarrow x = 24.$$

अत: आरम्भ में उस बर्तन में घोल की मात्रा 24 लीटर थी.

5. माना दूध का क्रय-मूल्य ₹ 1 प्रति लीटर है.

माना ये बर्तन A तथा B हैं. तथा नये मिश्रण का बर्तन C है.

A के 1 लीटर में दूध की मात्रा $= \frac{7}{10}$ लीटर. B के 1 लीटर में दूध की मात्रा $= \frac{8}{13}$ लीटर.

C के 1 लीटर में दूध की मात्रा $= \frac{42}{65}$ लीटर.

(A के 1 लीटर का मूल्य) (B के 1 लीटर का मूल्य)

$\left(₹\,\frac{7}{10}\right)$ $\left(₹\,\frac{8}{13}\right)$

औसत मूल्य

$\left(₹\,\frac{42}{65}\right)$

$\frac{2}{65}$ $\frac{7}{130}$

अभीष्ट अनुपात $= \frac{2}{65} : \frac{7}{130} = 4:7.$

6. ₹ 120000 का 2 वर्ष का कुल ब्याज = ₹ 25920.

ब्याज की औसत दर $= \left(\frac{100\times 25920}{120000\times 2}\right)\%$ वार्षिक $= 10{\cdot}8\%$ वार्षिक.

(पहली ब्याज की दर %) (दूसरी ब्याज की दर %)

(10) (12)

औसत दर %

(10·8)

1·2 0·8

दोनों धनों का अनुपात $= 1{\cdot}2 : 0{\cdot}8 = \frac{1{\cdot}2}{0{\cdot}8} = \frac{12}{8} = \frac{3}{2} = 3:2.$

10% की दर पर दिया गया धन = ₹ $\left(120000\times\frac{3}{5}\right)$ = ₹ 72000.

12% की दर पर दिया गया धन = ₹ (120000 − 72000) = ₹ 48000.

21 साधारण ब्याज (SIMPLE INTEREST)

सामान्य नियम

जब कोई व्यक्ति किसी साहूकार अथवा बैंक से रुपया उधार लेता है, तो दूसरे का धन प्रयोग करने के लिए उसे अतिरिक्त धन देना पड़ता है. इस अतिरिक्त धन को **ब्याज** कहते हैं.

उधार लिए गये धन को **मूलधन** (मू०)कहते हैं.

मूलधन तथा ब्याज के योगफल को **मिश्रधन** कहते हैं.

साधारण ब्याज : जो ब्याज केवल मूलधन पर एक निश्चित अवधि के लिए एक ही दर पर लगाया जाता है, उसे साधारण ब्याज (सा० ब्याज) कहते हैं.

सूत्र

(*i*) साधारण ब्याज $= \dfrac{(\text{मू०} \times \text{दर} \times \text{समय})}{100}$. (*ii*) मू० $= \dfrac{(100 \times \text{सा० ब्याज})}{(\text{दर} \times \text{समय})}$.

(*iii*) दर $= \dfrac{(100 \times \text{सा० ब्याज})}{(\text{मू०} \times \text{समय})}$. (*iv*) समय $= \dfrac{(100 \times \text{सा० ब्याज})}{(\text{मू०} \times \text{दर})}$.

(*v*) माना कोई धन T वर्ष बाद देय है तथा ब्याज की दर $R\%$ वार्षिक है. तब

तत्काल धन $= \dfrac{\text{देय धन} \times 100}{100 + (R \times T)}$.

साधित उदाहरण

प्रश्न 1. ₹ 6000 पर 6% वार्षिक दर से 8 माह का साधारण ब्याज तथा मिश्रधन ज्ञात कीजिए.

हल : मूलधन = ₹ 6000, दर = 6% वार्षिक, समय $= \dfrac{8}{12}$ वर्ष $= \dfrac{2}{3}$ वर्ष.

साधारण ब्याज = ₹ $\left(6000 \times 6 \times \dfrac{2}{3} \times \dfrac{1}{100}\right)$ = ₹ 240.

मिश्रधन = ₹ (6000 + 240) = ₹ 6240.

प्रश्न 2. ₹ 2500 का 5% वार्षिक दर से 219 दिन का साधारण ब्याज कितना होगा ?

हल : मूलधन = ₹ 2500, दर = 5% वार्षिक, समय $= \dfrac{219}{365}$ वर्ष $= \dfrac{3}{5}$ वर्ष.

साधारण ब्याज = ₹ $\left(2500 \times \dfrac{5}{100} \times \dfrac{3}{5}\right)$ = ₹ 75.

प्रश्न 3. ₹ 3200 पर 4 अप्रैल 2012 से 16 जून 2012 तक का 5% वार्षिक दर पर साधारण ब्याज कितना होगा ?

टिप्पणी : जिस दिन धन जमा होता है वह दिन ब्याज हेतु नहीं गिना जाता. परन्तु जिस दिन धन निकाला जाता है वह दिन ब्याज हेतु गिना जाता है.

हल : मूलधन = ₹ 3200, दर = 5% वार्षिक

$$\text{समय} = (\underset{\text{अप्रैल}}{26} + \underset{\text{मई}}{31} + \underset{\text{जून}}{16}) \text{ दिन} = 73 \text{ दिन} = \frac{73}{365} \text{ वर्ष} = \frac{1}{5} \text{ वर्ष}.$$

$$\therefore \text{साधारण ब्याज} = ₹ \left(3200 \times \frac{5}{100} \times \frac{1}{5}\right) = ₹\ 32.$$

प्रश्न 4. किसी धन का साधारण ब्याज की 8% वार्षिक दर से 3 वर्ष का मिश्रधन ₹ 6944 है. वह धन ज्ञात कीजिए.

हल : माना मूलधन = ₹ x. तब,

$$\text{साधारण ब्याज} = ₹ \left(x \times \frac{8}{100} \times 3\right) = ₹\ \frac{6x}{25}.$$

$$\therefore \text{मिश्रधन} = ₹ \left(x + \frac{6x}{25}\right) = ₹\ \frac{31x}{25}.$$

$$\therefore \frac{31x}{25} = 6944 \Rightarrow x = \frac{6944 \times 25}{31} = 5600.$$

अत: अभीष्ट धन = ₹ 5600.

प्रश्न 5. किसी धन का साधारण ब्याज से 2 वर्ष का मिश्रधन ₹ 8700 तथा $3\frac{1}{2}$ वर्ष का मिश्रधन ₹ 9600 है. मूलधन तथा ब्याज की दर ज्ञात करें.

हल : $\frac{3}{2}$ वर्ष का ब्याज = ₹ (9600 – 8700) = ₹ 900.

$$2 \text{ वर्ष का ब्याज} = ₹ \left(900 \times \frac{2}{3} \times 2\right) = ₹\ 1200.$$

∴ मूलधन = ₹ (8700 – 1200) = ₹ 7500.

$$\therefore \text{दर} = \left(\frac{100 \times 1200}{7500 \times 2}\right)\% \text{ वार्षिक} = 8\% \text{ वार्षिक}.$$

अत: मूलधन = ₹ 7500 तथा दर = 8% वार्षिक.

प्रश्न 6. साधारण ब्याज की किस दर से कोई धन 8 वर्ष में दुगुना हो जायेगा ?

हल : माना मूलधन = ₹ x. तब, सा० ब्याज = ₹ x, समय = 8 वर्ष.

$$\therefore \text{दर} = \left(\frac{100 \times x}{x \times 8}\right)\% \text{ वार्षिक} = 12{\cdot}5\% \text{ वार्षिक}.$$

प्रश्न 7. एक व्यापारी ने ₹ 45000 का ऋण दो बैंकों से लिया. एक ऋण के लिए 8% वार्षिक ब्याज दिया तथा दूसरे ऋण के लिए 12% वार्षिक. यदि एक वर्ष का कुल ब्याज ₹ 4440 हो, तो 8% की दर पर कितना धन लिया गया ?

हल : माना 8% की दर पर लिया गया धन = ₹ x.

तब, 12% की दर पर लिया गया धन = ₹ (45000 – x).

$$\therefore \left(x \times \frac{8}{100} \times 1\right) + \left\{(45000 - x) \times \frac{12}{100} \times 1\right\} = 4440$$

$$\Rightarrow \frac{2x}{25} + \frac{3(45000 - x)}{25} = 4440$$

$$\Rightarrow 2x + 135000 - 3x = 111000 \Rightarrow x = (135000 - 111000) = 24000.$$

अत: 8% की दर पर लिया गया धन = ₹ 24000.

प्रश्न 8. कोई धन किसी निश्चित दर पर 2 वर्ष के लिए साधारण ब्याज पर दिया गया. यदि ब्याज की दर 3% अधिक होती तो ₹ 108 ब्याज अधिक मिलता. मूलधन ज्ञात कीजिए.

हल : माना मूलधन = ₹ x तथा दर = R % वार्षिक. तब

$$\left\{\frac{x\times(R+3)\times 2}{100}\right\}-\left(\frac{x\times R\times 2}{100}\right)=108 \Rightarrow \left(\frac{x\times R\times 2}{100}\right)+\left(\frac{x\times 3\times 2}{100}\right)-\left(\frac{x\times R\times 2}{100}\right)=108$$

$$\Rightarrow \frac{3x}{50}=108 \Rightarrow x=\frac{108\times 50}{3}=1800.$$

अत: मूलधन = ₹ 1800.

प्रश्न 9. 3 वर्ष बाद देय ₹ 1092 बराबर वार्षिक किस्तों में चुकाना है. यदि साधारण ब्याज की दर 12% वार्षिक हो, तो प्रत्येक किस्त का मान ज्ञात कीजिए.

हल : माना वार्षिक किस्त का मान = ₹ x. तब,

₹ x का 2 वर्ष का मिश्रधन + ₹ x का 1 वर्ष का मिश्रधन + ₹ x = 1092

$$\Rightarrow \left(x+\frac{x\times 2\times 12}{100}\right)+\left(x+\frac{x\times 1\times 12}{100}\right)+x=1092 \Rightarrow \left(x+\frac{6x}{25}\right)+\left(x+\frac{3x}{25}\right)+x=1092$$

$$\Rightarrow \frac{31\,x}{25}+\frac{28\,x}{25}+x=1092 \Rightarrow (31\,x+28\,x+25\,x)=(1092\times 25)$$

$$\Rightarrow 84\,x=1092\times 25 \Rightarrow x=\frac{1092\times 25}{84}=325.$$

अत: प्रत्येक किस्त का मान = ₹ 325.

प्रश्नमाला 21A

निम्नलिखित प्रश्नों में से प्रत्येक में ठीक उत्तर को चिन्हांकित (✓) कीजिए :

1. ₹ 988 की राशि पर 18% वार्षिक दर से 5 वर्ष के अन्त में कितना साधारण ब्याज अर्जित होगा?
(*a*) ₹ 711.36 (*b*) ₹ 889.20 (*c*) ₹ 799.25 (*d*) ₹ 805.40
(बैंक पी०ओ० परीक्षा, 2007)

2. एक व्यक्ति ने ₹ 8500 साधारण ब्याज पर 9% वार्षिक दर से उधार लिये. $2\frac{1}{2}$ वर्ष के अन्त में उसे कितना धन वापिस देना होगा? **(रेलवे परीक्षा, 2005)**
(*a*) ₹ 10412.50 (*b*) ₹ 11412.50 (*c*) ₹ 12412.50 (*d*) ₹ 13412.50

3. ₹ 3600 की राशि को दो भागों में इस प्रकार विभक्त करें कि पहले भाग पर 5% वार्षिक दर से 3 वर्ष का साधारण ब्याज, दूसरे भाग पर $6\frac{1}{4}$% वार्षिक दर से 4 वर्ष के साधारण ब्याज के बराबर हो. ये राशियाँ हैं क्रमश:
(*a*) ₹ 2250 तथा ₹ 1350 (*b*) ₹ 2150 तथा ₹ 1450
(*c*) ₹ 2350 तथा ₹ 1250 (*d*) ₹ 2050 तथा ₹ 1550
(एस०एस०सी० परीक्षा, 2010)

4. X तथा Y को दो समान राशियाँ 7.5% वार्षिक दर से क्रमश: 4 वर्ष तथा 5 वर्ष के लिए उधार दी गई. यदि इनके द्वारा दिये गये ब्याज में ₹ 150 का अन्तर हो, तो प्रत्येक दी गई राशि कितनी है? **(एस०एस०सी०, 2009)**
(*a*) ₹ 500 (*b*) ₹ 1000 (*c*) ₹ 2000 (*d*) ₹ 3000

5. अरुण ने 4 वर्ष के लिए किसी धनराशि का साधारण ब्याज की एक निश्चित दर पर निवेश किया. यदि उसने इसी राशि का 6 वर्ष के लिए निवेश किया होता तो उसके द्वारा अर्जित ब्याज की राशि पहले अर्जित ब्याज की राशि से 50% अधिक होती. ब्याज की वार्षिक दर क्या है? **(बैंक पी०ओ० परीक्षा, 2010)**
(*a*) 4% (*b*) 8% (*c*) 5% (*d*) निर्धारित नहीं की जा सकती
(*e*) इनमें से कोई नहीं

6. एक राशि का साधारण ब्याज की किसी दर पर 2 वर्ष के लिए निवेश किया गया. यदि यह निवेश 3% अधिक ब्याज की दर पर किया जाता, तो ₹ 72 अधिक मिलते. यह राशि कितनी है? **(एस०एस०सी० परीक्षा, 2009)**
(*a*) ₹ 1200 (*b*) ₹ 1500 (*c*) ₹ 1600 (*d*) ₹ 1800

7. ब्याज पर धन देने वाले एक व्यक्ति को ज्ञात हुआ कि उसके धन पर ब्याज की दर में 8% से $7\frac{3}{4}$% गिरावट होने पर उसकी वार्षिक आय में ₹ 61.50 की कमी हो जाती है. उसकी पूँजी कितनी है ?

(*a*) ₹ 26000 (*b*) ₹ 24600 (*c*) ₹ 23800 (*d*) ₹ 22400

(जीवन बीमा निगम परीक्षा, 2009)

8. किसी राशि पर 8% वार्षिक दर से 6 वर्ष में उपचित साधारण ब्याज ₹ 1200 है. इस मूलधन से तिगुनी राशि पर 10% वार्षिक दर से 2 वर्ष के अन्त में साधारण ब्याज कितना होगा ? **(बैंक पी०ओ० परीक्षा, 2010)**

(*a*) ₹ 3750 (*b*) ₹ 1250 (*c*) ₹ 3650 (*d*) ₹ 1950 (*e*) इनमें से कोई नहीं

9. किसी धनराशि का एक तिहाई 3% वार्षिक दर पर, $\frac{1}{6}$ भाग 6% वार्षिक दर पर तथा शेष धनराशि 8% वार्षिक दर पर निवेश की जाती है. यदि एक वर्ष में कुल साधारण ब्याज ₹ 600 मिले तो वह धनराशि कितनी है ?

(*a*) ₹ 6000 (*b*) ₹ 6666 (*c*) ₹ 7500 (*d*) ₹ 10000

(होटल मैनेजमैन्ट परीक्षा, 2010)

10. समिता ने 6% वार्षिक दर से साधारण ब्याज पर कोई ऋण लिया. यह दर प्रति वर्ष 1.5% वार्षिक दर से बढ़ती है. तीन वर्ष की समाप्ति पर वह ₹ 8190 ब्याज के रूप में देती है. यह ऋण-राशि कितनी है ?

(*a*) ₹ 36000 (*b*) ₹ 35400 (*c*) ₹ 36800 (*d*) निर्धारित नहीं की जा सकती

(*e*) इनमें से कोई नहीं **(बैंक पी०ओ० परीक्षा, 2010)**

11. *A* ने *B* को ₹ 5000, 2 वर्ष के लिए तथा *C* को ₹ 3000, 4 वर्ष के लिए साधारण ब्याज की एक ही दर से उधार दिये. उसने उन दोनों से ब्याज के रूप में कुल ₹ 2200 प्राप्त किये. ब्याज की वार्षिक दर कितनी है ?

(*a*) 5% (*b*) 7% (*c*) 8% (*d*) 10%

(एस०एस०सी० परीक्षा, 2010)

12. ₹ 2500 पर 6 वर्ष में उपचित साधारण ब्याज ₹ 1875 है. इसी दर पर इतने ही समय के लिए ₹ 6875 पर कितना साधारण ब्याज उपचित होगा ? **(बैंक पी०ओ० परीक्षा, 2009)**

(*a*) ₹ 4556.50 (*b*) ₹ 5025.25 (*c*) ₹ 4895.25 (*d*) ₹ 5245.50 (*e*) इनमें से कोई नहीं

13. कितने समय में 3% वार्षिक दर से ₹ 8000 का साधारण ब्याज उतना ही होगा जितना कि 4% वार्षिक दर से ₹ 6000 का साधारण ब्याज 5 वर्ष में होगा ? **(रेलवे परीक्षा, 2007)**

(*a*) 3 वर्ष (*b*) 4 वर्ष (*c*) 5 वर्ष (*d*) 6 वर्ष

14. साधारण ब्याज की एक निश्चित दर से कोई धन 20 वर्ष में दुगुना हो जाता है. इस धन को तिगुना होने में कितना समय लगेगा ? **(एस०एस०सी० परीक्षा, 2009)**

(*a*) 30 वर्ष (*b*) 38 वर्ष (*c*) 41 वर्ष (*d*) 40 वर्ष

15. कोई धनराशि साधारण ब्याज की किसी दर से 8 वर्ष में ₹ 2900 तथा 10 वर्ष में ₹ 3000 हो जाती है. वार्षिक ब्याज की दर कितनी है ? **(एस०एस०सी० परीक्षा, 2009)**

(*a*) 4% (*b*) $2\frac{1}{2}$% (*c*) 3% (*d*) 2%

16. विश्वास ने कुल ₹ 30000 उधार लिये. इसका एक भाग 12% वार्षिक साधारण ब्याज की दर से तथा शेष भाग 10% वार्षिक साधारण ब्याज की दर से लिया गया. यदि 2 वर्ष बाद कुल ₹ 36480 का भुगतान किया गया हो, तो 12% की दर पर ली गई राशि कितनी थी ? **(बैंक पी०ओ० परीक्षा, 2008)**

(*a*) ₹ 16000 (*b*) ₹ 18000 (*c*) ₹ 17500 (*d*) ₹ 12000 (*e*) इनमें से कोई नहीं

17. किसी राशि पर साधारण ब्याज मूलधन का $\frac{1}{4}$ है तथा वर्षों की संख्या प्रतिशत दर के बराबर है. ब्याज की वाषिक दर कितनी है ? **(रेलवे परीक्षा, 2009)**

(*a*) 2.5% (*b*) 5% (*c*) $7\frac{1}{2}$% (*d*) 10%

18. साधारण ब्याज की वार्षिक दर $6\frac{1}{2}\%$ से 8% हो जाने के कारण एक व्यक्ति की वार्षिक आय में ₹ 40.50 की वृद्धि हो जाती है. मूलधन कितना है ? **(एस०एस०सी० परीक्षा, 2003)**

(*a*) ₹ 2500 (*b*) ₹ 2700 (*c*) ₹ 3000 (*d*) ₹ 3500

19. एक व्यक्ति क्रमशः 6 वर्ष, 10 वर्ष तथा 12 वर्ष के लिए साधारण ब्याज की क्रमशः 10%, 12% तथा 15% वार्षिक दर पर धन लगाता है. यदि 3 वर्ष बाद प्रत्येक स्कीम से बराबर ब्याज मिले, तो इन मूलधनों का अनुपात क्या होगा ? **(रेलवे परीक्षा, 2002)**

(*a*) 2 : 3 : 4 (*b*) 3 : 4 : 6 (*c*) 4 : 6 : 2 (*d*) 6 : 3 : 2

20. एक व्यक्ति ₹ 10000 के एक भाग को 5% तथा दूसरे भाग को 6% वार्षिक दर पर निवेशित करता है. यदि 5% पर निवेशित राशि, 6% पर निवेशित राशि से प्रतिवर्ष ₹ 76.50 अधिक ब्याज दे, तो 6% पर निवेशित धनराशि कितनी है ? **(एस०एस०सी० परीक्षा, 2008)**

(*a*) ₹ 3600 (*b*) ₹ 3550 (*c*) ₹ 3850 (*d*) ₹ 4000

21. सुहित ने विकास से साधारण ब्याज पर 14% वार्षिक दर से 3 वर्ष के लिए ₹ 6300 उधार लिए. उसने इसमें कुछ और धनराशि जोड़कर मोहित को उतनी ही अवधि के लिए 16% वार्षिक दर पर साधारण ब्याज पर उधार दे दिये. इस सारे लेन-देन में सुहित को ₹ 618 का लाभ हुआ. उसने मोहित को कितनी राशि उधार दी थी ?

(*a*) ₹ 7000 (*b*) ₹ 6800 (*c*) ₹ 7200 (*d*) निर्धारित नहीं की जा सकती

(*e*) इनमें से कोई नहीं **(बैंक पी०ओ० परीक्षा, 2007)**

22. साधारण ब्याज की 4% वार्षिक दर से 4 वर्ष बाद देय ₹ 848 के ऋण के निपटान हेतु कितना वार्षिक भुगतान करना होगा ? **(एस०एस०सी० परीक्षा, 2010)**

(*a*) ₹ 212 (*b*) ₹ 200 (*c*) ₹ 250 (*d*) ₹ 225

23. *A* को *B* के $1\frac{1}{2}$ वर्ष बाद ₹ 1573 देने हैं तथा *B* को *A* के 6 माह बाद ₹ 1444.50 देने हैं. यदि साधारण ब्याज की दर 14% वार्षिक हो तथा अभी एक दूसरे के कर्ज का निपटारा करना हो तो किसको कितने रुपये देने होंगे ?

(*a*) *A*, ₹ 28.50 (*b*) *B*, ₹ 17.50 (*c*) *A*, ₹ 56.00 (*d*) *B*, ₹ 50.00

उत्तरमाला (प्रश्नमाला 21A)

1. (*b*) **2.** (*a*) **3.** (*a*) **4.** (*c*) **5.** (*d*) **6.** (*a*) **7.** (*b*) **8.** (*e*) **9.** (*d*) **10.** (*e*)
11. (*d*) **12.** (*e*) **13.** (*c*) **14.** (*d*) **15.** (*d*) **16.** (*d*) **17.** (*b*) **18.** (*b*) **19.** (*d*) **20.** (*c*)
21. (*b*) **22.** (*b*) **23.** (*d*)

दिये गये प्रश्नों के हल प्रश्नमाला 21A

1. मूलधन = ₹ 988, दर = 18% वार्षिक, समय = 5 वर्ष.

$$\text{साधारण ब्याज} = \frac{\text{मू०} \times \text{दर} \times \text{समय}}{100} = ₹ \left(\frac{988 \times 18 \times 5}{100}\right) = ₹ \frac{4446}{5} = ₹ 889.20.$$

2. मूलधन = ₹ 8500, दर = 9% वार्षिक, समय $= \frac{5}{2}$ वर्ष.

$$\text{साधारण ब्याज} = ₹ \left(8500 \times \frac{9}{100} \times \frac{5}{2}\right) = ₹ \left(\frac{3825}{2}\right) = ₹ 1912.50$$

वापिस किया गया धन = ₹ (8500 + 1912.50) = ₹ 10412.50.

3. माना पहला भाग = ₹ x तथा दूसरा भाग = ₹ $(3600 - x)$.

$$x \times \frac{5}{100} \times 3 = (3600 - x) \times \frac{25}{4} \times \frac{1}{100} \times 4 \Rightarrow \frac{3x}{20} = \frac{(3600 - x)}{4} \Rightarrow 12x = 72000 - 20x$$

$$\Rightarrow 32\,x = 72000 \Rightarrow x = \frac{72000}{32} = 2250.$$

$\therefore$ पहला भाग = ₹ 2250, दूसरा भाग = ₹ (3600 – 2250) = ₹ 1350.

4. माना प्रत्येक राशि = ₹ x. तब

$$\left(x\times\frac{15}{2}\times\frac{1}{100}\times 5\right)-\left(x\times\frac{15}{2}\times\frac{1}{100}\times 4\right)=150 \Rightarrow \frac{3x}{8}-\frac{3x}{10}=150 \Rightarrow 15x-12x=6000$$

$$\Rightarrow 3x = 6000 \Rightarrow x = 2000.$$ अत: प्रत्येक राशि = ₹ 2000.

5. माना मूलधन = ₹ P तथा दर = R % वार्षिक.

$P\times\frac{R}{100}\times 6 = P\times\frac{R}{100}\times 4\times\frac{150}{100}$. स्पष्ट है कि इससे R ज्ञात नहीं किया जा सकता.

6. माना अभीष्ट राशि = ₹ P तथा दर = R % वार्षिक. तब

$$\left\{P\times\frac{(R+3)}{100}\times 2\right\}-\left(P\times\frac{R}{100}\times 2\right)=72$$

$$\Rightarrow \left(P\times\frac{R}{100}\times 2\right)+\frac{6P}{100}-\left(P\times\frac{R}{100}\times 2\right)=72 \Rightarrow \frac{6P}{100}=72$$

$\Rightarrow P=\frac{72\times 100}{6}=1200.$ अत: अभीष्ट राशि = ₹ 1200.

7. माना अभीष्ट राशि = ₹ x. तब

$$\left(x\times\frac{8}{100}\times 1\right)-\left(x\times\frac{31}{4}\times\frac{1}{100}\times 1\right)=61\cdot 50 \Rightarrow \frac{2x}{25}-\frac{31\,x}{400}=61\cdot 50$$

$$\Rightarrow 32\,x-31\,x=61\cdot 50\times 400 \Rightarrow x=24600.$$

$\therefore$ अभीष्ट राशि = ₹ 24600.

8. पहला मूलधन = ₹ $\left(\frac{100\times 1200}{8\times 6}\right)$ = ₹ 2500. नया मूलधन = ₹ 7500.

अभीष्ट ब्याज = ₹ $\left(7500\times\frac{10}{1000}\times 2\right)$ = ₹ 1500.

9. माना अभीष्ट धनराशि = ₹ x.

$$\left(\frac{x}{3}\times\frac{3}{100}\times 1\right)+\left(\frac{x}{6}\times\frac{6}{100}\times 1\right)+\left(\frac{x}{2}\times\frac{8}{100}\times 1\right)=600$$

$$\Rightarrow \frac{x}{100}+\frac{x}{100}+\frac{4x}{100}=600 \Rightarrow 6x=600\times 100 \Rightarrow x=10000.$$

$\therefore$ अभीष्ट राशि = ₹ 10000.

10. माना ऋण-राशि = ₹ x. तब

$$\left(x\times\frac{6}{100}\times 1\right)+\left(x\times\frac{15}{2}\times\frac{1}{100}\times 1\right)+\left(x\times\frac{9}{100}\times 1\right)=8190$$

$$\Rightarrow \frac{3x}{50}+\frac{3x}{40}+\frac{9x}{100}=8190 \Rightarrow 12\,x+15\,x+18\,x=1638000 \Rightarrow 45\,x=1638000 \Rightarrow x=36400.$$

$\therefore$ ऋण राशि = ₹ 36400.

11. माना ब्याज की दर = R % वार्षिक. तब

$$\left(5000\times\frac{R}{100}\times 2\right)+\left(3000\times\frac{R}{100}\times 4\right)=2200$$

$$\Rightarrow (100\,R+120\,R)=2200 \Rightarrow 220\,R=2200 \Rightarrow R=10.$$

अत: ब्याज की दर = 10% वार्षिक.

12. मूलधन = ₹ 2500, समय = 6 वर्ष, सा० ब्याज = ₹ 1875

दर $=\left(\frac{100\times1875}{6\times2500}\right)\%$ वार्षिक $=\frac{25}{2}\%$ वार्षिक.

अभीष्ट ब्याज = ₹ $\left(6875\times\frac{25}{2}\times6\times\frac{1}{100}\right)$ = ₹ $\left(\frac{20625}{4}\right)$ = ₹ 5156.25.

13. सा० ब्याज = ₹ $\left(6000\times\frac{4}{100}\times5\right)$ = ₹ 1200.

अभीष्ट समय $=\left(\frac{100\times1200}{8000\times3}\right)$ वर्ष = 5 वर्ष.

14. माना मूलधन = ₹ x, समय = 20 वर्ष, मिश्रधन = ₹ $2x$.

अत: सा० ब्याज = ₹ $(2x-x)$ = ₹ x.

दर $=\left(\frac{100\times x}{x\times20}\right)\%=5\%$ वार्षिक.

अब, मूलधन = ₹ x, दर = 5% वार्षिक, मिश्रधन = ₹ $3x$.

$\therefore$ सा० ब्याज = ₹ $(3x-x)$ = ₹ $2x$.

$\therefore$ अभीष्ट समय $=\left(\frac{100\times2x}{x\times5}\right)$ वर्ष = 40 वर्ष.

15. 2 वर्ष का ब्याज = ₹ (3000 – 2900) = ₹ 100

$\therefore$ 8 वर्ष का ब्याज = ₹ $\left(100\times\frac{1}{2}\times8\right)$ = ₹ 400.

$\therefore$ मूलधन = ₹ (2900 – 400) = ₹ 2500, ब्याज = ₹ 400, समय = 8 वर्ष.

दर $=\left(\frac{100\times400}{2500\times8}\right)\%=2\%$.

16. माना 12% की दर पर ली गई राशि = ₹ x तथा 10% की दर पर ली गई राशि = ₹ $(30000-x)$.

$$\left(x\times\frac{12}{100}\times2\right)+(30000-x)\times\frac{10}{100}\times2=(36480-30000)$$

$$\Rightarrow\frac{6x}{25}+\frac{(30000-x)}{5}=6480\Rightarrow6x+150000-5x=6480\times25$$

$$\Rightarrow x=(162000-150000)=12000.$$

$\therefore$ 12% पर ली गई राशि = ₹ 12000.

17. माना मूलधन = ₹ x. तब, सा० ब्याज = ₹ $\frac{x}{4}$. माना दर = R % तथा समय = R वर्ष.

$$x\times\frac{R}{100}\times R=\frac{x}{4}\Rightarrow R^2=25\Rightarrow R=5.$$

$\therefore$ दर = 5% वार्षिक.

18. माना मूलधन = ₹ x. तब

$$\left(x\times\frac{8}{100}\times1\right)-\left(x\times\frac{13}{2}\times\frac{1}{100}\times1\right)=\frac{81}{2}\Rightarrow\frac{2x}{25}-\frac{13x}{200}=\frac{81}{2}$$

$$\Rightarrow16x-13x=8100\Rightarrow3x=8100\Rightarrow x=2700.$$

$\therefore$ मूलधन = ₹ 2700.

19. माना मूलधन क्रमश: ₹ x, ₹ y तथा ₹ z हैं. तब

$$\frac{x\times6\times10}{100}=\frac{y\times10\times12}{100}=\frac{z\times12\times15}{100}=k \text{ (माना)}$$

$\Rightarrow \frac{3x}{5} = \frac{6y}{5} = \frac{9z}{5} = k \Rightarrow x = \frac{5k}{3}, y = \frac{5k}{6}, z = \frac{5k}{9}$

$\Rightarrow x : y : z = \frac{5k}{3} : \frac{5k}{6} : \frac{5k}{9} = \frac{1}{3} : \frac{1}{6} : \frac{1}{9} = 6 : 3 : 2.$

20. माना 6% की दर पर दिया गया धन = ₹ x.

तब 5% की दर पर दिया गया धन = ₹ $(10000 - x)$.

$(10000 - x) \times \frac{5}{100} \times 1 - \left(x \times \frac{6}{100} \times 1 \right) = 76 \cdot 50 \Rightarrow 50000 - 5x - 6x = 7650$

$\Rightarrow 11\,x = (50000 - 7650) = 42350 \Rightarrow x = 3850.$

अत: 6% की दर पर दिया गया धन = ₹ 3850.

21. माना अभीष्ट राशि = ₹ $(6300 + x)$. तब

$\left[(6300 + x) \times \frac{16}{100} \times 3 \right] - \left(6300 \times \frac{14}{100} \times 3 \right) = 618$

$\Rightarrow \frac{4(6300 + x)}{25} - 882 = 206 \Rightarrow \frac{4(6300 + x)}{25} = 1088$

$\Rightarrow (6300 + x) = \left(1088 \times \frac{25}{4} \right) = 272 \times 25 = 6800 \Rightarrow x = 500.$

अभीष्ट राशि = ₹ (6300 + 500) = ₹ 6800.

22. माना प्रत्येक वार्षिक किस्त = ₹ x. तब

$\left(x + \frac{x \times 4 \times 3}{100} \right) + \left(x + \frac{x \times 4 \times 2}{100} \right) + \left(x + \frac{x \times 4 \times 1}{100} \right) + x = 848$

$\Rightarrow \frac{28\,x}{25} + \frac{27\,x}{25} + \frac{26\,x}{25} + x = 848$

$\Rightarrow (28\,x + 27\,x + 26\,x + 25\,x) = 848 \times 25 \Rightarrow 106\,x = 848 \times 25$

$\Rightarrow x = \frac{848 \times 25}{106} = 200.$

अत: प्रत्येक किस्त = ₹ 200.

23. तत्काल धन $= \frac{\text{देयधन} \times 100}{100 + (\text{दर} \times \text{समय})}$.

A के कर्ज का तत्काल धन = ₹ $\left\{ \frac{1573 \times 100}{100 + \left(14 \times \frac{3}{2} \right)} \right\}$ = ₹ $\left(\frac{1573 \times 100}{121} \right)$ = ₹ 1300.

B के कर्ज का तत्काल धन = ₹ $\left\{ \frac{1444 \cdot 50 \times 100}{100 + \left(14 \times \frac{1}{2} \right)} \right\}$ = ₹ $\left(\frac{144450}{107} \right)$ = ₹ 1350.

अत: B द्वारा A को ₹ 50 देने होंगे.

प्रश्नमाला 21B

1. कोई धनराशि साधारण ब्याज पर 3 वर्ष में ₹ 1016 तथा 7 वर्ष में ₹ 1304 हो जाती है. धनराशि तथा ब्याज की दर ज्ञात कीजिए. **(एस०एस०सी० परीक्षा, 2006)**
2. साधारण ब्याज की किस वार्षिक प्रतिशत दर से कोई धनराशि 12 वर्ष में स्वयं की दुगुनी हो जायेगी ? **(एस०एस०सी० परीक्षा, 2008)**

3. कोई व्यक्ति ₹ 375000 की राशि को अपने पुत्र तथा पुत्री में जो क्रमश: 12 वर्ष तथा 14 वर्ष की आयु के हैं, इस प्रकार बाँटना चाहता है कि प्रत्येक को 18 वर्ष का होने पर 5% वार्षिक साधारण ब्याज की दर से समान धनराशि मिले. प्रत्येक का भाग ज्ञात कीजिए. **(एस०एस०सी० परीक्षा, 2004)**

4. ₹ 28740 को तीन भागों में इस प्रकार बाँटिये कि 12% वार्षिक दर से इनके साधारण ब्याज पर क्रमश: 1 वर्ष, 2 वर्ष तथा 3 वर्ष के मिश्रधन बराबर हों.

5. किसी धन पर एक निश्चित दर से एक निश्चित समय के लिए साधारण ब्याज मूलधन का $\frac{16}{25}$ है. यदि दर प्रतिशत वार्षिक तथा वर्षों के संख्यात्मक मान बराबर हों, तो दर तथा समय ज्ञात कीजिए.

6. 5 वर्ष बाद देय ₹ 3600 के ऋण को बराबर वार्षिक किस्तों में चुकाना है. यदि ब्याज की दर 10% वार्षिक हो, तो प्रत्येक किस्त कितने रुपये की है ?

7. किसी व्यक्ति ने स्टेट बैंक में लगातार 3 वर्ष तक 11% वार्षिक साधारण ब्याज पर प्रत्येक वर्ष के प्रारम्भ में एक निश्चित धनराशि जमा की. यदि 3 वर्ष बाद उसके बैंक खाते में ₹ 15006 हों, तो ज्ञात कीजिए कि प्रतिवर्ष उसने कितना धन जमा किया ?

8. एक व्यक्ति ₹ 9000 इस शर्त पर उधार लेता है कि उधार दी गई धनराशि को ₹ 1000 मासिक की दस किस्तों में दस मास में वापिस करना होगा. साधारण ब्याज की वार्षिक दर ज्ञात कीजिए. **(एस०एस०सी० परीक्षा, 2006)**

उत्तरमाला (प्रश्नमाला 21B)

1. ₹ 800, 9% वार्षिक **2.** $8\frac{1}{3}\%$ वार्षिक **3.** पुत्र का भाग = ₹ 180000, पुत्री का भाग = ₹ 195000
4. ₹ 10540, ₹ 9520, ₹ 8680 **5.** दर = 8% वार्षिक, समय = 8 वर्ष **6.** ₹ 600
7. ₹ 4100 **8.** $26\frac{2}{3}\%$ वार्षिक

दिये गये प्रश्नों के हल | प्रश्नमाला 21B

1. 4 वर्ष का ब्याज = ₹ (1304 – 1016) = ₹ 288.

3 वर्ष का ब्याज = ₹ $\left(\frac{288}{4}\times 3\right)$ = ₹ 216.

∴ मूलधन = ₹ (1016 – 216) = ₹ 800, ब्याज = ₹ 216, समय = 3 वर्ष

दर $=\left(\frac{100\times 216}{800\times 3}\right)\%$ वार्षिक = 9% वार्षिक. अत: मूलधन = ₹ 800 तथा दर = 9% वार्षिक.

2. माना मूलधन = ₹ x. तब, सा० ब्याज = ₹ x, समय = 12 वर्ष.

दर $=\left(\frac{100\times x}{x\times 12}\right)\%$ वार्षिक $=8\frac{1}{3}\%$ वार्षिक.

3. माना पुत्र का भाग = ₹ x. तब, पुत्री का भाग = ₹ $(375000 - x)$.

₹ x का 6 वर्ष का मिश्रधन = ₹ $(375000 - x)$ का 4 वर्ष का मिश्रधन

$$\Rightarrow \left(x+x\times 6\times\frac{5}{100}\right)=(375000-x)+\left[(375000-x)\times\frac{5}{100}\times 4\right]$$

$$\Rightarrow \frac{13x}{10}=(375000-x)\left(1+\frac{1}{5}\right)\Rightarrow\frac{13x}{10}=\frac{6(375000-x)}{5}$$

$$\Rightarrow 13x=12\,(375000-x)\Rightarrow 25x=12\times 375000$$

$$\Rightarrow x=\frac{12\times 375000}{25}=180000\,.$$

∴ पुत्र का भाग = ₹ 180000, पुत्री का भाग = ₹ (375000 – 180000) = ₹ 195000.

4. माना अभीष्ट भाग क्रमशः ₹ x, ₹ y तथा ₹ z हैं. तब

₹ x का 1 वर्ष का मिश्रधन = ₹ y का 2 वर्ष का मिश्रधन = ₹ z का 3 वर्ष का मिश्रधन

$$\Rightarrow \left(x + x\times\frac{12}{100}\times 1\right) = \left(y + y\times\frac{12}{100}\times 2\right) = \left(z + z\times\frac{12}{100}\times 3\right)$$

$$\Rightarrow \frac{28x}{25} = \frac{31y}{25} = \frac{34z}{25} = k \text{ (माना)} \Rightarrow x = \frac{25k}{28}, y = \frac{25k}{31}, z = \frac{25k}{34}$$

$$\Rightarrow x : y : z = \frac{25k}{28} : \frac{25k}{31} : \frac{25k}{34} = \frac{1}{28} : \frac{1}{31} : \frac{1}{34}$$

$$\Rightarrow x : y : z = (31\times 34) : (28\times 34) : (28\times 31) = (31\times 17) : (28\times 17) : (14\times 31) = 527 : 476 : 434.$$

इन पदों का योग = (527 + 476 + 434) = 1437.

$\therefore$ पहला भाग = ₹ $\left(\frac{28740\times 527}{1437}\right)$ = ₹ 10540; दूसरा भाग = ₹ $\left(\frac{28740\times 476}{1437}\right)$ = ₹ 9520;

तीसरा भाग = ₹ $\left(\frac{28740\times 434}{1437}\right)$ = ₹ 8680.

5. माना मूलधन = ₹ x. तब, साधारण ब्याज = ₹ $\frac{16x}{25}$.

माना दर = R % वार्षिक तथा समय = R वर्ष.

तब, $\frac{x\times R\times R}{100} = \frac{16x}{25} \Rightarrow R^2 = \left(\frac{16}{25}\times 100\right) = 64 \Rightarrow R = 8.$ $\therefore$ दर = 8% वार्षिक तथा समय = 8 वर्ष.

6. माना प्रत्येक किस्त = ₹ x. तब

$$\left(x + x\times 4\times\frac{10}{100}\right) + \left(x + x\times 3\times\frac{10}{100}\right) + \left(x + x\times 2\times\frac{10}{100}\right) + \left(x + x\times 1\times\frac{10}{100}\right) + x = 3600$$

$$\Rightarrow \frac{7x}{5} + \frac{13x}{10} + \frac{6x}{5} + \frac{11x}{10} + x = 3600$$

$$\Rightarrow (14x + 13x + 12x + 11x + 10x) = 36000 \Rightarrow 60x = 36000 \Rightarrow x = 600.$$

प्रत्येक किस्त = ₹ 600.

7. माना प्रति वर्ष बैंक में जमा कराई गई धनराशि = ₹ x. तब

(₹ x का 3 वर्ष का मिश्रधन) + (₹ x का 2 वर्ष का मिश्रधन) + (₹ x का 1 वर्ष का मिश्रधन) = ₹ 15006

$$\Rightarrow \left(x + x\times\frac{11}{100}\times 3\right) + \left(x + x\times\frac{11}{100}\times 2\right) + \left(x + x\times\frac{11}{100}\times 1\right) = 15006$$

$$\Rightarrow \frac{133x}{100} + \frac{61x}{50} + \frac{111x}{100} = 15006$$

$$\Rightarrow (133x + 122x + 111x) = 1500600 \Rightarrow 366x = 1500600 \Rightarrow x = 4100.$$

अतः अभीष्ट धन = ₹ 4100.

8. ब्याज = ₹ $[(1000\times 10) - 9000]$ = ₹ 1000.

स्पष्ट है कि ₹ 9000 का 1 महीने का ब्याज, ₹ 8000 का 1 महीने का ब्याज,

₹ 7000 का 1 महीने का ब्याज + ... + ₹ 1000 का 1 महीने का ब्याज = ₹ 1000.

$$[9000 + 8000 + 7000 + \ldots\ldots + 1000]\times\frac{R}{100}\times\frac{1}{12} = 1000$$

$$\Rightarrow 45000\times\frac{R}{100}\times\frac{1}{12} = 1000 \Rightarrow R = \frac{100\times 12\times 1000}{45000} = \frac{80}{3} = 26\frac{2}{3}\%.$$

22 चक्रवृद्धि ब्याज (COMPOUND INTEREST)

सामान्य नियम

चक्रवृद्धि ब्याज : कभी-कभी उधार दिये गये धन को चुकता करने के लिए एक निश्चित अवधि तय कर ली जाती है. यह अवधि प्राय: **वार्षिक** अथवा **छमाही** अथवा ***तिमाही*** होती है. इस अवधि की समाप्ति के बाद ब्याज को मूलधन में जोड़ने पर बना मिश्रधन, अगली अवधि के लिए मूलधन बन जाता है.

प्रत्येक अवधि के लिए यही क्रिया दोहराई जाती है.

अन्त में प्राप्त मिश्रधन ही **चक्रवृद्धि मिश्रधन** कहलाता है.

चक्रवृद्धि ब्याज = (चक्रवृद्धि मिश्रधन) – (मूलधन).

चक्रवृद्धि मिश्रधन के लिए सूत्र

1. माना मूलधन = ₹ P, दर = $R\%$ वार्षिक तथा समय = n वर्ष.

   (*i*) जब ब्याज वार्षिक देय हो, तब **चक्रवृद्धि मिश्रधन** $= \mathbf{P\left(1+\frac{R}{100}\right)^n}$.

   (*ii*) जब ब्याज **छमाही देय** हो, तब दर $= \left(\frac{R}{2}\right)\%$ **प्रति छमाही** तथा **समय = (2*n*) छमाही.**

   $\therefore$ **चक्रवृद्धि मिश्रधन** $= \mathbf{P\times\left(1+\frac{R}{2\times 100}\right)^{2n}}$.

   (*iii*) जब ब्याज तिमाही देय हो, तब दर $= \left(\frac{R}{4}\right)\%$ **प्रति तिमाही** तथा **समय = (4*n*) तिमाही.**

   $\therefore$ **चक्रवृद्धि मिश्रधन** $= \mathbf{P\times\left(1+\frac{R}{4\times 100}\right)^{4n}}$.

   (*iv*) जब समय एक परिमेय संख्या हो, जैसे $4\frac{2}{3}$ वर्ष तथा ब्याज वार्षिक देय हो, तब

   चक्रवृद्धि मिश्रधन $= \mathbf{P\times\left(1+\frac{R}{100}\right)^4\times\left(1+\frac{\frac{2}{3}R}{100}\right)}$.

   (*v*) जब ब्याज की दर पहले वर्ष $= R_1\%$, दूसरे वर्ष $= R_2\%$ तथा तीसरे वर्ष $= R_3\%$ हो, तब

   चक्रवृद्धि मिश्रधन $= \mathbf{P\times\left(1\times\frac{R_1}{100}\right)\times\left(1+\frac{R_2}{100}\right)\times\left(1+\frac{R_3}{100}\right)}$.

2. माना कोई धन = ₹ x, n वर्ष बाद देय है तथा ब्याज की दर = $R\%$ वार्षिक है,

   तो **इस धन का वर्तमान मूल्य** $= \dfrac{x}{\left(1+\frac{R}{100}\right)^n}$.

साधित उदाहरण

प्रश्न 1. ₹ 6750 का $6\frac{2}{3}\%$ वार्षिक दर से 3 वर्ष का चक्रवृद्धि ब्याज ज्ञात कीजिए.

हल : मूलधन = ₹ 6750, दर $= \frac{20}{3}\%$ वार्षिक, समय = 3 वर्ष.

चक्रवृद्धि मिश्रधन = ₹ $\left\{6750\times\left(1+\frac{20}{3\times100}\right)^3\right\}$ = ₹ $\left(6750\times\frac{16}{15}\times\frac{16}{15}\times\frac{16}{15}\right)$ = ₹ 8192.

चक्रवृद्धि ब्याज = ₹ (8192 – 6750) = ₹ 1442.

प्रश्न 2. ₹ 16000 का 10% वार्षिक दर से 1 वर्ष का चक्रवृद्धि ब्याज ज्ञात कीजिए जबकि ब्याज प्रति छमाही देय हो.

हल : मूलधन = ₹ 16000, दर = 5% प्रति छमाही, समय = 2 छमाही.

चक्रवृद्धि मिश्रधन = ₹ $\left\{16000\times\left(1+\frac{5}{100}\right)^2\right\}$ = ₹ $\left(16000\times\frac{21}{20}\times\frac{21}{20}\right)$ = ₹ 17640.

चक्रवृद्धि ब्याज = ₹ (17640 – 16000) = ₹ 1640.

प्रश्न 3. ₹ 125000 का 8% वार्षिक दर से 9 माह का चक्रवृद्धि ब्याज ज्ञात कीजिए, जबकि ब्याज तिमाही देय हो.

हल : मूलधन = ₹ 125000, दर $= \frac{8}{4}\%$ प्रति तिमाही = 2% प्रति तिमाही, समय = 3 तिमाही.

चक्रवृद्धि मिश्रधन = ₹ $\left\{125000\times\left(1+\frac{2}{100}\right)^3\right\}$ = ₹ $\left(125000\times\frac{51}{50}\times\frac{51}{50}\times\frac{51}{50}\right)$ = ₹ 132651.

चक्रवृद्धि ब्याज = ₹ (132651 – 125000) = ₹ 7651.

प्रश्न 4. ₹ 9000 का 10% वार्षिक दर पर 2 वर्ष 4 माह का चक्रवृद्धि ब्याज कितना होगा, जबकि ब्याज वार्षिक देय हो ?

हल : मूलधन = ₹ 9000, दर = 10% वार्षिक, समय $= 2\frac{4}{12}$ वर्ष $= 2\frac{1}{3}$ वर्ष.

चक्रवृद्धि मिश्रधन = ₹ $\left\{9000\times\left(1+\frac{10}{100}\right)^2\times\left(1+\frac{10\times\frac{1}{3}}{100}\right)\right\}$ = ₹ $\left(9000\times\frac{11}{10}\times\frac{11}{10}\times\frac{31}{30}\right)$ = ₹ 11253.

∴ चक्रवृद्धि ब्याज = ₹ (11253 – 9000) = ₹ 2253.

प्रश्न 5. किसी धन का 12% वार्षिक दर पर 2 वर्ष के चक्रवृद्धि ब्याज तथा साधारण ब्याज का अन्तर ₹ 180 है. मूलधन ज्ञात कीजिए.

हल : माना मूलधन = ₹ x, दर = 12% वार्षिक, समय = 2 वर्ष.

चक्रवृद्धि मिश्रधन = ₹ $\left\{x\times\left(1+\frac{12}{100}\right)^2\right\}$ = ₹ $\left\{x\times\frac{28}{25}\times\frac{28}{25}\right\}$ = ₹ $\left(\frac{784x}{625}\right)$.

चक्रवृद्धि ब्याज = ₹ $\left(\frac{784x}{625}-x\right)$ = ₹ $\left\{\frac{(784x-625x)}{625}\right\}$ = ₹ $\frac{159x}{625}$.

साधारण ब्याज = ₹ $\left(x\times\frac{12}{100}\times2\right)$ = ₹ $\frac{6x}{25}$.

$$\therefore \frac{159x}{625}-\frac{6x}{25}=180 \Rightarrow (159x-150x)=180\times625$$

$$\Rightarrow 9x=180\times625 \Rightarrow x=\frac{180\times625}{9}=12500.$$

अत: मूलधन = ₹ 12500.

प्रश्न 6. चक्रवृद्धि ब्याज पर दिये गये धन के 2 वर्ष तथा 3 वर्ष के मिश्रधन क्रमशः ₹ 9680 तथा ₹ 10648 हो जाते हैं. दर प्रतिशत तथा मूलधन ज्ञात कीजिए.

हल : ₹ 9680 का 1 वर्ष का ब्याज = ₹ (10648 – 9680) = ₹ 968.

दर $= \left(\frac{100\times968}{9680\times1}\right)\%$ वार्षिक = 10% वार्षिक.

माना मूलधन = ₹ x. तब $x\left(1+\frac{10}{100}\right)^2 = 9680$.

$\therefore\ x\times\frac{11}{10}\times\frac{11}{10} = 9680 \Rightarrow x = \left(9680\times\frac{10}{11}\times\frac{10}{11}\right) = 8000.$

अतः मूलधन = ₹ 8000 तथा दर = 10% वार्षिक.

प्रश्न 7. किसी धन का 8% वार्षिक दर से 2 वर्ष का चक्रवृद्धि ब्याज ₹ 2080 है. इस धन का इसी दर पर इतने ही समय का साधारण ब्याज कितना होगा ?

हल : माना अभीष्ट धन = ₹ x. तब

$x\left(1+\frac{8}{100}\right)^2 - x = 2080 \Rightarrow \left(x\times\frac{27}{25}\times\frac{27}{25} - x\right) = 2080$

$\therefore\ (729x - 625x) = 625\times2080 \Rightarrow 104x = 625\times2080 \Rightarrow x = (625\times20) = 12500.$

∴ मूलधन = ₹ 12500.

साधारण ब्याज = ₹ $\left(12500\times\frac{8}{100}\times2\right)$ = ₹ 2000.

प्रश्न 8. कितने समय में 10% वार्षिक चक्रवृद्धि ब्याज की दर से ₹ 2000 का मिश्रधन ₹ 2420 हो जायेगा ?

हल : माना अभीष्ट समय = n वर्ष. तब

$2000\times\left(1+\frac{10}{100}\right)^n = 2420 \Rightarrow \left(\frac{11}{10}\right)^n = \frac{2420}{2000} = \frac{121}{100} = \left(\frac{11}{10}\right)^2 \Rightarrow n = 2.$

∴ अभीष्ट समय = 2 वर्ष.

प्रश्न 9. कितने समय में ₹ 800 का 10% वार्षिक दर से छमाही देय चक्रवृद्धि मिश्रधन ₹ 926·10 हो जायेगा ?

हल : माना अभीष्ट समय = n वर्ष = $2n$ छमाही, दर = 5% प्रति छमाही. तब

$800\times\left(1+\frac{5}{100}\right)^{2n} = 926\cdot10 \Rightarrow \left(\frac{21}{20}\right)^n = \frac{926\cdot10}{800} = \frac{9261}{8000} = \left(\frac{21}{20}\right)^3 \Rightarrow n = 3$ छमाही.

अभीष्ट समय = 3 छमाही = $1\frac{1}{2}$ वर्ष.

प्रश्न 10. किसी धन पर एक निश्चित दर से 2 वर्ष का साधारण ब्याज ₹ 160 तथा चक्रवृद्धि ब्याज ₹ 170 है. ब्याज की वार्षिक दर कितनी है ?

हल : 1 वर्ष का साधारण ब्याज = ₹ 80.

2 वर्ष के चक्रवृद्धि ब्याज तथा साधारण ब्याज का अन्तर = ₹ (170 – 160) = ₹ 10.

₹ 80 का 1 वर्ष का ब्याज = ₹ 10.

∴ दर $= \left(\frac{10}{80}\times100\right)\% = 12\frac{1}{2}\%$ वार्षिक.

प्रश्न 11. 8% वार्षिक चक्रवृद्धि ब्याज की दर से 2 वर्ष बाद देय ₹ 14580 का वर्तमान मूल्य कितना होगा ?

हल : अभीष्ट मूल्य = ₹ $\left\{\frac{14580}{\left(1+\frac{8}{100}\right)^2}\right\}$ = रु० $\left(14580\times\frac{25}{27}\times\frac{25}{27}\right)$ = रु० 12500.

अतः देय धन का वर्तमान मूल्य ₹ 12500 है.

प्रश्नमाला 22A

निम्नलिखित प्रश्नों में से प्रत्येक में ठीक उत्तर को चिन्हांकित (✓) कीजिए :

1. ₹ 45000 पर 15% वार्षिक दर से 2 वर्ष के अन्त में कितना चक्रवृद्धि ब्याज उपचित होगा ?
(*a*) ₹ 16411.50 (*b*) ₹ 14461.50 (*c*) ₹ 16461.50 (*d*) ₹ 14641.50
(e) इनमें से कोई नहीं **(बैंक पी०ओ० परीक्षा, 2010)**

2. ₹ 10000 का 3 वर्ष का चक्रवृद्धि ब्याज कितना होगा जबकि ब्याज की दर प्रथम वर्ष 4%, द्वितीय वर्ष 5% तथा तृतीय वर्ष 6% हो ? **(एस०एस०सी० परीक्षा, 2006)**
(*a*) ₹ 1600 (*b*) ₹ 1625.80 (*c*) ₹ 1575.20 (*d*) ₹ 2000

3. ₹ 160000 का 2 वर्ष में 10% वार्षिक दर से छमाही देय चक्रवृद्धि ब्याज कितना होगा ?
(*a*) ₹ 34846 (*b*) ₹ 34481 (*c*) ₹ 19448 (*d*) ₹ 37946

4. ₹ 16000 का 20% वार्षिक दर से 9 माह का चक्रवृद्धि ब्याज कितना होगा जबकि ब्याज त्रैमासिक संयोजित हो ? **(एस०एस०सी० परीक्षा, 2006)**
(*a*) ₹ 2530 (*b*) ₹ 2524 (*c*) ₹ 2522 (*d*) ₹ 2518

5. 10% वार्षिक दर से 3 वर्ष के लिए किसी धनराशि के चक्रवृद्धि ब्याज तथा साधारण ब्याज का अन्तर ₹ 620 हो, तो वह धनराशि कितनी होगी ? **(बैंक पी०ओ० परीक्षा, 2010)**
(*a*) ₹ 40000 (*b*) ₹ 12000 (*c*) ₹ 10000 (*d*) ₹ 20000

6. किसी धन का 4% वार्षिक दर से 2 वर्ष का चक्रवृद्धि ब्याज ₹ 102 है. उसी धन का उसी दर से उतनी ही अवधि के लिए साधारण ब्याज कितना होगा ? **(होटल मैनेजमैन्ट परीक्षा, 2010)**
(*a*) ₹ 99 (*b*) ₹ 100 (*c*) ₹ 101 (*d*) ₹ 102

7. एक राशि पर 3 वर्ष के अन्त में 15% वार्षिक दर से उपचित चक्रवृद्धि ब्याज ₹ 6500.52 है. राशि कितनी है ?
(*a*) ₹ 12480 (*b*) ₹ 10500 (*c*) ₹ 14800 (*d*) ₹ 13620 (*e*) इनमें से कोई नहीं
(एम०बी०ए० परीक्षा, 2008)

8. ₹ 6000 का 10% वार्षिक दर से $1\frac{1}{2}$ वर्ष का चक्रवृद्धि ब्याज कितना है जबकि ब्याज वार्षिक रूप में संयोजित हो ? **(एस०एस०सी० परीक्षा, 2008)**
(*a*) ₹ 910 (*b*) ₹ 870 (*c*) ₹ 930 (*d*) ₹ 900

9. चक्रवृद्धि ब्याज की किसी दर से कोई धनराशि 2 वर्ष में ₹ 2420 तथा 3 वर्ष में ₹ 2662 हो जाती है, जबकि ब्याज वार्षिक रूप में संयोजित होता है. ब्याज की वार्षिक दर कितनी है ? **(एस०एस०सी० परीक्षा, 2008)**
(*a*) 6% (*b*) 8% (*c*) 9% (*d*) 10%

10. कोई धन चक्रवृद्धि ब्याज से 15 वर्ष में दुगुना हो जाता है. कितने वर्षों में यह अपने से 8 गुना हो जायेगा ?
(*a*) 20 वर्ष (*b*) 30 वर्ष (*c*) 40 वर्ष (*d*) 45 वर्ष
(एम०बी०ए० परीक्षा, 2004)

11. चक्रवृद्धि ब्याज पर जमा की गई ₹ 12000 की धनराशि 5 वर्ष में दुगुनी हो जाती है. 20 वर्ष बाद यह कितनी हो जायेगी ? **(एस०एस०सी० परीक्षा, 2010)**
(*a*) ₹ 144000 (*b*) ₹ 120000 (*c*) ₹ 150000 (*d*) ₹ 192000

12. किसी धन पर एक निश्चित दर से 2 वर्ष का साधारण ब्याज ₹ 120 तथा चक्रवृद्धि ब्याज ₹ 129 है. ब्याज की वार्षिक दर क्या है ?
(*a*) 12% (*b*) $12\frac{1}{2}$% (*c*) 14% (*d*) 15%

13. ₹ 1025 का ऋण दो बराबर वार्षिक किस्तों में चुकाना है. यदि चक्रवृद्धि ब्याज की दर 5% वार्षिक हो, तो प्रत्येक किस्त का मान कितना होगा ?
(*a*) ₹ 550 (*b*) ₹ 560 (*c*) ₹ 560.75 (*d*) ₹ 551.25

14. ₹ 66200 का ऋण तीन बराबर वार्षिक किस्तों में चुकाना है. यदि चक्रवृद्धि ब्याज की दर 10% वार्षिक हो, तो प्रत्येक किस्त का मान कितना होगा ?

(*a*) ₹ 13310 (*b*) ₹ 19965 (*c*) ₹ 26620 (*d*) ₹ 23540

15. कुछ धन उधार लिया गया तथा उसे दो वार्षिक किस्तों में चुकाया गया. यदि प्रत्येक किस्त का मान ₹ 882 हो तथा ब्याज की दर 5% वार्षिक हो, तो कितना धन उधार लिया गया ?

(*a*) ₹ 1620 (*b*) ₹ 1640 (*c*) ₹ 1680 (*d*) ₹ 1780

उत्तरमाला (प्रश्नमाला 22A)

1. (*e*) **2.** (*c*) **3.** (*b*) **4.** (*c*) **5.** (*d*) **6.** (*b*) **7.** (*a*) **8.** (*c*) **9.** (*d*) **10.** (*d*)
11. (*d*) **12.** (*d*) **13.** (*d*) **14.** (*c*) **15.** (*b*)

दिये गये प्रश्नों के हल प्रश्नमाला 22A

1. मूलधन = ₹ 45000, दर = 15% वार्षिक, समय = 2 वर्ष.

चक्रवृद्धि मिश्रधन $= ₹ \left\{45000 \times \left(1+\frac{15}{100}\right)^2\right\} = ₹ \left(45000 \times \frac{23}{20} \times \frac{23}{20}\right) = ₹ \frac{119025}{2}$.

चक्रवृद्धि ब्याज $= ₹ \left(\frac{119025}{2} - 45000\right) = ₹ \frac{29025}{2} = ₹ 14512 \cdot 50$.

2. चक्रवृद्धि मिश्रधन $= ₹ \left\{10000 \times \left(1+\frac{4}{100}\right) \times \left(1+\frac{5}{100}\right) \times \left(1+\frac{6}{100}\right)\right\}$

$= ₹ \left(10000 \times \frac{26}{25} \times \frac{21}{20} \times \frac{53}{50}\right) = ₹ \frac{57876}{5}$.

चक्रवृद्धि ब्याज $= ₹ \left(\frac{57876}{5} - 10000\right) = ₹ \frac{7876}{5} = ₹ 1575 \cdot 20$.

3. मूलधन = ₹ 160000, दर = 5% प्रति छमाही, समय = 4 छमाही.

चक्रवृद्धि मिश्रधन $= ₹ \left\{160000 \times \left(1+\frac{5}{100}\right)^4\right\} = ₹ \left(160000 \times \frac{21}{20} \times \frac{21}{20} \times \frac{21}{20} \times \frac{21}{20}\right) = ₹ 194481$.

चक्रवृद्धि ब्याज = ₹ (194481 – 160000) = ₹ 34481.

4. मूलधन = ₹ 16000, दर = 5% त्रैमासिक, समय = 3 तिमाही.

चक्रवृद्धि मिश्रधन $= ₹ \left\{16000 \times \left(1+\frac{5}{100}\right)^3\right\} = ₹ \left(16000 \times \frac{21}{20} \times \frac{21}{20} \times \frac{21}{20}\right) = ₹ 18522$.

चक्रवृद्धि ब्याज = ₹ (18522 – 16000) = ₹ 2522.

5. माना राशि = ₹ 100. तब

साधारण ब्याज $= ₹ \left(\frac{100 \times 10 \times 3}{100}\right) = ₹ 30$.

चक्रवृद्धि मिश्रधन $= ₹ \left\{100 \times \left(1+\frac{10}{100}\right)^3\right\} = ₹ \left(100 \times \frac{11}{10} \times \frac{11}{10} \times \frac{11}{10}\right) = ₹ \frac{1331}{10}$.

$\therefore$ चक्रवृद्धि ब्याज $= ₹ \left(\frac{1331}{10} - 100\right) = ₹ \frac{331}{10}$.

(चक्रवृद्धि ब्याज) – (साधारण ब्याज) $= ₹ \left(\frac{331}{10} - 30\right) = ₹ \frac{31}{10}$.

यदि दोनों ब्याजों का अन्तर ₹ $\frac{31}{10}$ है, तो मूलधन = ₹ 100.

यदि दोनों ब्याजों का अन्तर ₹ 620 है, तो मूलधन = ₹ $\left(100\times\frac{10}{31}\times620\right)$ = ₹ 20000.

6. माना मूलधन = ₹ x. तब

$$x\left(1+\frac{4}{100}\right)^2-x=102\Rightarrow\left(x\times\frac{26}{25}\times\frac{26}{25}\right)-x=102$$

$$\therefore\left(\frac{676x}{625}-x\right)=102\Rightarrow(676x-625x)=102\times625\Rightarrow51x=102\times625\Rightarrow x=1250.$$

$\therefore$ साधारण ब्याज = ₹ $\left(1250\times\frac{4}{100}\times2\right)$ = ₹ 100.

7. माना अभीष्ट राशि = ₹ x. तब

$$x\times\left(1+\frac{15}{100}\right)^3-x=\frac{650052}{100}\Rightarrow\left(x\times\frac{23}{20}\times\frac{23}{20}\times\frac{23}{20}\right)-x=\frac{650052}{100}$$

$$\Rightarrow(12167x-8000x)=\frac{650052}{100}\times8000$$

$$\Rightarrow x=\left(\frac{650052}{100}\times\frac{8000}{4167}\right)=(156\times80)=12480.$$

8. चक्रवृद्धि ब्याज = ₹ $\left\{6000\times\left(1+\frac{10}{100}\right)\times\left(1+\frac{5}{100}\right)-6000\right\}$

$$= ₹\left(6000\times\frac{11}{10}\times\frac{21}{20}-6000\right)= ₹\,(6930-6000)= ₹\,930.$$

9. ₹ 2420 का 1 वर्ष का ब्याज = ₹ (2662 – 2420) = ₹ 242.

$\therefore$ ब्याज की दर $=\left(\frac{100\times242}{2420\times1}\right)\%$ वार्षिक = 10% वार्षिक.

10. माना मूलधन = ₹ x. तब, 15 वर्ष में मिश्रधन = ₹ $2x$.

$$x\times\left(1+\frac{R}{100}\right)^{15}=2x\Rightarrow\left(1+\frac{R}{100}\right)^{15}=2\quad\ldots(i)$$

माना n वर्ष में मूलधन 8 गुना हो जायेगा. तब

$$x\times\left(1\times\frac{R}{100}\right)^n=8x\Rightarrow\left(1+\frac{R}{100}\right)^n=8=2^3=\left(1+\frac{R}{100}\right)^{45}\Rightarrow n=45 \text{ वर्ष}.$$

11. $12000\times\left(1+\frac{R}{100}\right)^5=24000\Rightarrow\left(1+\frac{R}{100}\right)^5=2\Rightarrow\left\{\left(1+\frac{R}{100}\right)^5\right\}^4=2^4=16$.

20 वर्ष बाद मिश्रधन = ₹ $\left\{12000\times\left(1+\frac{R}{100}\right)^{20}\right\}$ = ₹ (12000×16) = ₹ 192000.

12. 1 वर्ष का साधारण ब्याज = ₹ 60.

2 वर्ष के चक्रवृद्धि ब्याज तथा साधारण ब्याज का अन्तर = ₹ (129 – 120) = ₹ 9.

₹ 60 का 1 वर्ष का ब्याज = ₹ 9.

$\therefore$ दर $=\left(\frac{9}{60}\times100\right)\%=15\%$ वार्षिक.

13. माना प्रत्येक किस्त का मान = ₹ x. तब

(1 वर्ष बाद देय ₹ x का वर्तमान मूल्य) + (2 वर्ष बाद देय ₹ x का वर्तमान मूल्य) = ₹ 1025

$$\Rightarrow \frac{x}{\left(1+\frac{5}{100}\right)}+\frac{x}{\left(1+\frac{5}{100}\right)^2}=1025 \Rightarrow \frac{20x}{21}-\frac{400x}{441}=1025$$

$$\Rightarrow (420x+400x)=(1025\times 441) \Rightarrow 820x=(1025\times 441)$$

$$\Rightarrow x=\frac{1025\times 441}{820}=\frac{2205}{4}=551\cdot 25.$$

अत: प्रत्येक किस्त का मान = ₹ 551.25.

14. माना प्रत्येक किस्त का मान = ₹ x. तब

$$\frac{x}{\left(1+\frac{10}{100}\right)}+\frac{x}{\left(1+\frac{10}{100}\right)^2}+\frac{x}{\left(1+\frac{10}{100}\right)^3}=66200$$

$$\Rightarrow \frac{10x}{11}+\frac{100x}{121}+\frac{1000x}{1331}=66200$$

$$\Rightarrow (1210x+1100x+1000x)=(66200\times 1331)$$

$$\Rightarrow 3310x=66200\times 1331 \Rightarrow x=\frac{66200\times 1331}{3310}=26620.$$

∴ प्रत्येक किस्त का मान = ₹ 26620.

15. उधार लिया गया धन

= (1 वर्ष बाद देय ₹ 882 का वर्तमान मूल्य) + (2 वर्ष बाद देय ₹ 882 का वर्तमान मूल्य)

$$= ₹ \left\{\frac{882}{\left(1+\frac{5}{100}\right)}+\frac{882}{\left(1+\frac{5}{100}\right)^2}\right\} = ₹ \left\{\left(882\times\frac{20}{21}\right)+\left(882\times\frac{20}{21}\times\frac{20}{21}\right)\right\}$$

= ₹ (840 + 800) = ₹ 1640.

प्रश्नमाला 22B

1. यदि किसी धनराशि पर 8% वार्षिक ब्याज की दर से 1 वर्ष के अर्द्ध-वार्षिक रूप से संयोजित चक्रवृद्धि ब्याज तथा साधारण ब्याज का अन्तर ₹ 30 हो, तो वह धनराशि ज्ञात कीजिए. **(एस०एस०सी० परीक्षा, 2008)**
2. ₹ 66300 को A तथा B में इस प्रकार बाँटिये कि 10 वर्ष बाद B के भाग का चक्रवृद्धि मिश्रधन 8 वर्ष बाद के A के भाग के चक्रवृद्धि मिश्रधन के बराबर हो, जबकि ब्याज की दर 10% वार्षिक है. **(एस०एस०सी० परीक्षा, 2006)**
3. एक टी०वी० सैट ₹ 19650 के नकद भुगतान अथवा ₹ 3100 के नकद भुगतान तथा तीन समान वार्षिक किस्तों में उपलब्ध है. यदि दुकानदार वार्षिक रूप से संयोजित 10% वार्षिक चक्रवृद्धि ब्याज की दर से लगाये, तो प्रत्येक किस्त में दी जाने वाली धनराशि ज्ञात कीजिए. **(एस०एस०सी० परीक्षा, 2005)**
4. 3 वर्ष बाद देय ₹ 4913 का वर्तमान मूल्य क्या होगा जबकि ब्याज की दर $6\frac{1}{4}\%$ वार्षिक हो ? **(एस०एस०सी० परीक्षा, 2005)**
5. कोई धन चक्रवृद्धि ब्याज पर 3 वर्ष में ₹ 6690 तथा 6 वर्ष में ₹ 10035 हो जाता है. धन ज्ञात कीजिए.
6. एक व्यक्ति ने ₹ 19860 उधार लिये तथा कुल मिश्रधन का तीन समान किस्तों में भुगतान किया. यदि ब्याज 10% वार्षिक दर से संयोजित हो, तो वार्षिक किस्त की राशि ज्ञात कीजिए.

उत्तरमाला (प्रश्नमाला 22B)

1. ₹ 18750 **2.** $A \rightarrow$ ₹ 36300, $B \rightarrow$ ₹ 30000 **3.** ₹ 6655 **4.** ₹ 4096 **5.** ₹ 4460 **6.** ₹ 7986

दिये गये प्रश्नों के हल प्रश्नमाला 22B

1. माना मूलधन = ₹ x, दर $= \frac{8}{2}\%$ प्रति छमाही = 4% प्रति छमाही, समय = 2 छमाही.

$\therefore$ चक्रवृद्धि मिश्रधन = ₹ $\left\{x\times\left(1+\frac{4}{100}\right)^2\right\}$ = ₹ $\left(x\times\frac{26}{25}\times\frac{26}{25}\right)$ = ₹ $\left(\frac{676x}{625}\right)$.

चक्रवृद्धि ब्याज = ₹ $\left(\frac{676x}{625}-x\right)$ = ₹ $\left(\frac{676x-625x}{625}\right)$ = ₹ $\frac{51x}{625}$.

पुनः ₹ x पर 8% वार्षिक दर से 1 वर्ष का सा० ब्याज = ₹ $\left(x\times\frac{8}{100}\times 1\right)$ = ₹ $\frac{2x}{25}$.

(चक्रवृद्धि ब्याज) – (साधारण ब्याज) = ₹ $\left(\frac{51x}{625}-\frac{2x}{25}\right)$ = ₹ $\frac{x}{625}$.

$\therefore \frac{x}{625} = 30 \Rightarrow x = (625\times 30) = 18750.$

अतः मूलधन = ₹ 18750.

2. माना A का भाग = ₹ x. तब, B का भाग = ₹ $(66300 - x)$.

$$x\times\left(1+\frac{10}{100}\right)^8 = (66300-x)\left(1+\frac{10}{100}\right)^{10}$$

$$\Rightarrow x\times\left(\frac{11}{10}\right)^8 = (66300-x)\left(\frac{11}{10}\right)^{10} \Rightarrow x = (66300-x)\times\frac{121}{100}$$

$$\Rightarrow 100x = (66300\times 121) - 121x \Rightarrow 221x = (66300\times 121)$$

$$\Rightarrow x = \frac{66300\times 121}{221} = 36300.$$

$\therefore A$ का भाग = ₹ 36300, B का भाग = ₹ (66300 – 36300) = ₹ 30000.

3. ₹ 3100 के नकद भुगतान के बाद शेष नकद मूल्य = ₹ (19650 – 3100) = ₹ 16550.

माना प्रत्येक वार्षिक किस्त = ₹ x.

1 वर्ष बाद देय ₹ x, 2 वर्ष बाद देय ₹ x, 3 वर्ष बाद देय ₹ x के वर्तमान मूल्य क्रमशः

₹ $\frac{x}{\left(1+\frac{10}{100}\right)}$, ₹ $\frac{x}{\left(1+\frac{10}{100}\right)^2}$ ₹ $\frac{x}{\left(1+\frac{10}{100}\right)^3}$, अर्थात ₹ $\frac{10x}{11}$, ₹ $\frac{100x}{121}$ तथा ₹ $\frac{1000x}{1331}$ हैं.

$$\therefore \frac{10x}{11}+\frac{100x}{121}+\frac{1000x}{1331} = 16550 \Rightarrow (1210x+110x+1000x) = (16550\times 1331)$$

$$\therefore 3310x = 16550\times 1331 \Rightarrow x = \frac{16550\times 1331}{3310} = 6655.$$

अतः प्रत्येक वार्षिक किस्त = ₹ 6655.

4. अभीष्ट वर्तमान मूल्य = ₹ $\left\{\frac{4913}{\left(1+\frac{25}{4\times 100}\right)^3}\right\}$ = ₹ $\left(\frac{4913\times 16\times 16\times 16}{17\times 17\times 17}\right)$ = ₹ 4096.

5. माना मूलधन = ₹ x तथा दर = R% वार्षिक. तब

$$x\left(1+\frac{R}{100}\right)^3 = 6690 \quad \ldots(i) \quad \text{तथा} \quad x\left(1+\frac{R}{100}\right)^6 = 10035 \quad \ldots(ii)$$

भाग देने पर $\left(1+\frac{R}{100}\right)^3 = \frac{10035}{6690} = \frac{3}{2}$

यह मान (*i*) में रखने पर : $x \times \frac{3}{2} = 6690 \Rightarrow x = \left(6690 \times \frac{2}{3}\right) = 4460.$

$\therefore$ मूलधन = ₹ 4460.

6. माना प्रत्येक वार्षिक किस्त = ₹ x.

इन किस्तों के कुल वर्तमान मूल्य

$$= ₹ \left\{\frac{x}{\left(1+\frac{10}{100}\right)} + \frac{x}{\left(1+\frac{10}{100}\right)^2} + \frac{x}{\left(1+\frac{10}{100}\right)^3}\right\}$$

$$= ₹ \left(\frac{10x}{11} + \frac{100x}{121} + \frac{1000x}{1331}\right) = \frac{(1210x + 1100x + 1000x)}{1331} = \frac{3310x}{1331}.$$

$\therefore \frac{3310x}{1331} = 19860 \Rightarrow x = \frac{19860 \times 1331}{3310} = 7986.$

अत: प्रत्येक किस्त की राशि = ₹ 7986.

---

23 क्षेत्रफल (AREA)

सामान्य नियम

I. (*i*) आयत का क्षेत्रफल = (लम्बाई × चौड़ाई).

$\therefore$ लम्बाई $= \left(\dfrac{\text{क्षेत्रफल}}{\text{चौड़ाई}}\right)$, चौड़ाई $= \left(\dfrac{\text{क्षेत्रफल}}{\text{लंबाई}}\right)$.

(*ii*) आयत का परिमाप = 2 (लम्बाई + चौड़ाई).

II. (*i*) वर्ग का क्षेत्रफल $= (\text{भुजा})^2 = \dfrac{1}{2} \times (\text{विकर्ण})^2$. (*ii*) वर्ग का विकर्ण = ($\sqrt{2} \times$ भुजा).

III. कमरे की चार दीवारों का क्षेत्रफल = 2×(लम्बाई + चौड़ाई)×ऊँचाई.

IV. (*i*) त्रिभुज का क्षेत्रफल $= \left(\dfrac{1}{2} \times \text{आधार} \times \text{ऊँचाई}\right)$.

(*ii*) त्रिभुज का क्षेत्रफल $= \sqrt{s(s-a)(s-b)(s-c)}$, जहाँ $s = \dfrac{1}{2}(a+b+c)$ तथा a, b, c त्रिभुज की भुजायें हैं.

(*iii*) समबाहु त्रिभुज का क्षेत्रफल $= \left[\dfrac{\sqrt{3}}{4} \times (\text{भुजा})^2\right]$.

(*iv*) a भुजा वाली समबाहु त्रिभुज के अन्तः वृत्त की त्रिज्या $= \dfrac{a}{2\sqrt{3}}$.

(*v*) a भुजा वाली समबाहु त्रिभुज के परिवृत्त की त्रिज्या $= \dfrac{a}{\sqrt{3}}$.

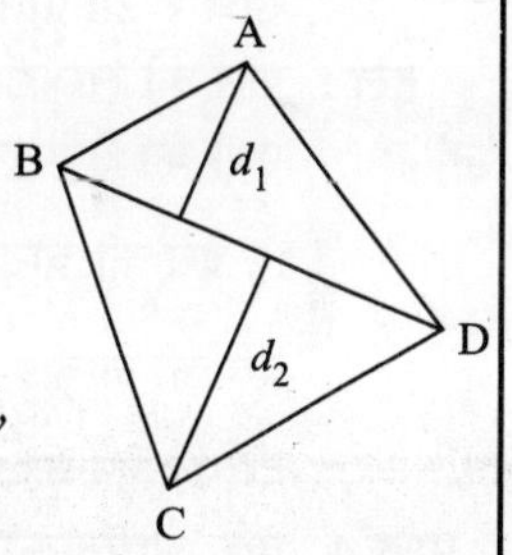

V. (*i*) समान्तर चतुर्भुज का क्षेत्रफल = (आधार×ऊँचाई).

(*ii*) समचतुर्भुज का क्षेत्रफल $= \dfrac{1}{2} \times$ (विकर्णों का गुणनफल).

(*iii*) किसी समचतुर्भुज के विकर्णों के आधे भाग एवं समचतुर्भुज की एक भुजा, एक समकोण त्रिभुज बनाते हैं जिसका कर्ण चतुर्भुज की भुजा होती है.

VI. समलम्ब चतुर्भुज का क्षेत्रफल

$= \dfrac{1}{2} \times$ (समान्तर भुजाओं का योग) × उनके बीच की दूरी.

VII. एक चतुर्भुज के विकर्ण की लम्बाई d सेमी० है तथा इसके विपरीत शीर्षों से विकर्ण पर डाले गये लम्बों की लम्बाई p_1 तथा p_2 हैं. तब, इस चतुर्भुज का क्षेत्रफल $= \dfrac{1}{2}(p_1 + p_2)d$.

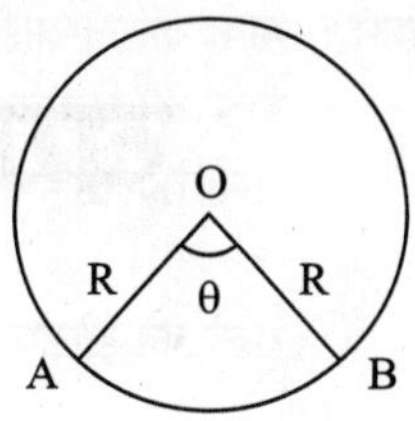

VIII. (*i*) वृत्त का क्षेत्रफल $= \pi R^2$.

(*ii*) वृत्त की परिधि $= 2\pi R$.

(*iii*) अर्द्ध-वृत्त का क्षेत्रफल $= \dfrac{1}{2} \times \pi R^2$.

(*iv*) अर्द्ध-वृत्त की परिमिति $= (\pi R + 2R)$.

(*v*) चाप की लम्बाई $= \dfrac{2\pi R\theta}{360}$.

(*vi*) वृत्तखण्ड AOB का क्षेत्रफल $= \dfrac{1}{2} \times (\text{चाप } AB) \times R = \dfrac{\pi R^2 \theta}{360}$.

साधित उदाहरण

प्रश्न 1. एक आयताकार भूखण्ड की लम्बाई तथा चौड़ाई क्रमशः 40 मीटर तथा 30 मीटर हैं. भूखण्ड का क्षेत्रफल तथा इसके विकर्ण की लम्बाई ज्ञात कीजिए.

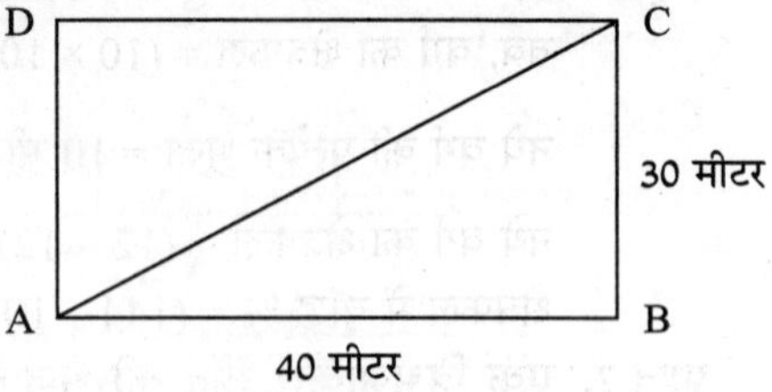

हल : लम्बाई = 40 मीटर, चौड़ाई = 30 मीटर.

भूखण्ड का क्षेत्रफल = (40 × 30) वर्ग मीटर

= 1200 वर्ग मीटर.

माना आयताकार भूखण्ड $ABCD$ है. तब

विकर्ण $AC = \sqrt{AB^2 + BC^2} = \sqrt{(40)^2 + (30)^2} = \sqrt{1600 + 900} = \sqrt{2500} = 50$ मीटर.

प्रश्न 2. एक आयत की लम्बाई 15 सेमी० तथा इसके विकर्ण की लम्बाई 17 सेमी० है. आयत का क्षेत्रफल ज्ञात कीजिए.

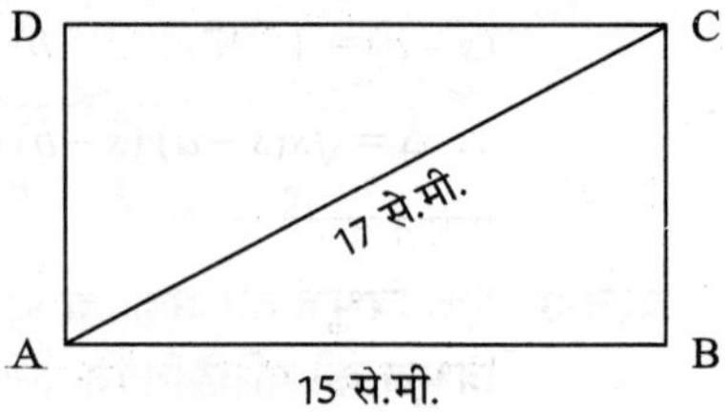

हल : माना दी गई आयत $ABCD$ है जिसमें

$AB = 15$ सेमी० तथा $AC = 17$ सेमी०.

$BC^2 = (AC)^2 - (AB)^2$

$= (17)^2 - (15)^2 = (289 - 225) = 64.$

$\therefore\ BC = \sqrt{64} = 8$ सेमी०.

$\therefore$ लम्बाई = 15 सेमी० तथा चौड़ाई = 8 सेमी०.

अतः आयत का क्षेत्रफल = (15 × 8) वर्ग सेमी० = 120 वर्ग सेमी०.

प्रश्न 3. एक कमरा 20 मीटर लम्बा तथा 15 मीटर चौड़ा है. इसके फर्श पर 60 सेमी० चौड़ी दरी बिछाने का खर्च ₹ 20 प्रति मीटर की दर से कितना होगा ?

हल : फर्श की लम्बाई = 20 मीटर तथा चौड़ाई = 15 मीटर.

फर्श का क्षेत्रफल = (20 × 15) वर्ग मीटर = 300 वर्ग मीटर.

$\therefore$ दरी की चौड़ाई $= \frac{60}{100}$ मीटर $= \frac{3}{5}$ मीटर.

दरी की लम्बाई = (क्षेत्रफल ÷ चौड़ाई) $= \left(300 \times \frac{5}{3}\right)$ मीटर = 500 मीटर.

दरी बिछाने का खर्च = ₹ (500 × 20) = ₹ 10000.

प्रश्न 4. एक आयताकार पार्क की लम्बाई 90 मीटर तथा चौड़ाई 60 मीटर है. इसके अन्दर चारों ओर 5 मीटर चौड़ा रास्ता है. इस रास्ते पर ₹ 15 प्रति वर्ग मीटर की दर से रोड़ी बिछाने का खर्च क्या होगा ?

हल : पार्क की लम्बाई = 90 मीटर तथा चौड़ाई = 60 मीटर.

पार्क का क्षेत्रफल = (90 × 60) वर्ग मी० = 5400 वर्ग मी०.

रास्ते को छोड़कर शेष भाग की लम्बाई = (90 – 2×5) मी०

= 80 मीटर.

रास्ते को छोड़कर शेष भाग की चौड़ाई = (60 – 2×5) मी०

= 50 मीटर.

रास्ते को छोड़कर शेष भाग का क्षेत्रफल = (80 × 50) वर्गमीटर = 4000 वर्गमीटर.

रास्ते का क्षेत्रफल = (5400 – 4000) वर्ग मीटर = 1400 वर्ग मी०.

रास्ते पर रोड़ी बिछाने का खर्च = ₹ (1400 × 15) = ₹ 21000.

प्रश्न 5. उस वर्ग का क्षेत्रफल ज्ञात करें जिसके विकर्ण की लम्बाई 6 मीटर है.

हल : वर्ग का क्षेत्रफल $= \frac{1}{2}d^2 = \left(\frac{1}{2} \times 6 \times 6\right)$ वर्ग मी० = 18 वर्ग मी०

प्रश्न 6. एक वर्ग की प्रत्येक भुजा की लम्बाई में 20% वृद्धि करने पर इसके क्षेत्रफल में कितने प्रतिशत वृद्धि होगी?

हल : माना वर्ग की प्रत्येक भुजा = 10 मीटर.

तब, वर्ग का क्षेत्रफल = (10 × 10) वर्ग मी० = 100 वर्ग मीटर.

नये वर्ग की प्रत्येक भुजा = 10 मीटर का 120% = $\left(10\times\frac{120}{100}\right)$ मीटर = 12 मीटर.

नये वर्ग का क्षेत्रफल = (12 × 12) वर्गमीटर = 144 वर्गमीटर.

क्षेत्रफल में वृद्धि % = (144 – 100)% = 44%.

प्रश्न 7. एक त्रिभुजाकार खेत की भुजायें क्रमशः 20 मीटर, 21 मीटर तथा 29 मीटर लम्बी हैं. इस खेत में ₹ 25 प्रति वर्ग मीटर की दर से फसल काटने का खर्च क्या होगा?

हल : यहाँ $a = 20$ मीटर, $b = 21$ मीटर तथा $c = 29$ मीटर.

$\therefore\ s = \frac{1}{2}$ (20 + 21 + 29) मीटर = 35 मी०,

$(s-a) = 15$ मी०, $(s-b) = 14$ मी० तथा $(s-c) = 6$ मीटर.

$\therefore\ \Delta = \sqrt{s(s-a)(s-b)(s-c)} = \sqrt{35\times15\times14\times6} = (5\times7\times3\times2)$ वर्ग मी० = 210 वर्ग मी०.

फसल काटने का खर्च = ₹ (210 × 25) = ₹ 5250.

प्रश्न 8. एक त्रिभुज की भुजाओं का अनुपात 3 : 4 : 5 है तथा इस त्रिभुज का क्षेत्रफल 216 वर्ग सेमी० है. इस त्रिभुज की परिमिति कितनी है?

हल : माना त्रिभुज की भुजायें $3x$ सेमी०, $4x$ सेमी० तथा $5x$ सेमी० हैं. तब

$s = \frac{1}{2}(3x+4x+5x) = 6x,\ (s-a) = 3x, (s-b) = 2x$ तथा $(s-c) = x$.

$\Delta = \sqrt{s(s-a)(s-b)(s-c)} = \sqrt{6x\times3x\times2x\times x} = 6x^2$

$\therefore\ 6x^2 = 216 \Rightarrow x^2 = 36 = 6\times6 \Rightarrow x = 6.$

अतः त्रिभुज की परिमिति = $(3x + 4x + 5x)$ सेमी० = $12x$ सेमी० = (12 × 6) सेमी० = 72 सेमी०.

प्रश्न 9. दो त्रिभुजों के क्षेत्रफलों का अनुपात 4 : 3 है तथा इनकी ऊँचाइयों का अनुपात 3 : 4 है. इनके आधार की लम्बाइयों का अनुपात क्या होगा?

हल : माना त्रिभुजों के आधार क्रमशः x_1 तथा x_2 तथा ऊँचाइयाँ क्रमशः $3y$ तथा $4y$ हैं.

$$\frac{\frac{1}{2}\times x_1\times3y}{\frac{1}{2}\times x_2\times4y} = \frac{4}{3} \Rightarrow \frac{3x_1}{4x_2} = \frac{4}{3} \Rightarrow \frac{x_1}{x_2} = \left(\frac{4}{3}\times\frac{4}{3}\right) = \frac{16}{9}.$$

$\therefore$ इन त्रिभुजों के आधार की लम्बाइयों का अनुपात = 16 : 9.

प्रश्न 10. एक समकोण त्रिभुज का आधार 12 सेमी० तथा कर्ण 13 सेमी० है. इस त्रिभुज का क्षेत्रफल ज्ञात कीजिए.

हल : माना ΔABC में $\angle B = 90°$.

आधार $BC = 12$ सेमी०, कर्ण $AC = 13$ सेमी०.

$AB^2 = (AC^2 - BC^2) = (13)^2 - (12)^2 = (169 - 144) = 25.$

$\therefore\ AB = \sqrt{25} = 5$ सेमी०.

त्रिभुज का क्षेत्रफल = $\left(\frac{1}{2}\times12\times5\right)$ वर्ग सेमी० = 30 वर्ग सेमी०.

प्रश्न 11. एक समबाहु त्रिभुज की प्रत्येक भुजा 8 सेमी० है. इसका क्षेत्रफल कितना है? इस त्रिभुज की ऊँचाई भी ज्ञात कीजिए.

हल : त्रिभुज का क्षेत्रफल $=\left(\frac{\sqrt{3}}{4}\times a^2\right)=\left(\frac{\sqrt{3}}{4}\times 8\times 8\right)$ वर्ग सेमी० $=16\sqrt{3}$ वर्ग सेमी.

$\frac{1}{2}\times$ आधार $\times$ ऊँचाई $=16\sqrt{3}\Rightarrow\frac{1}{2}\times 8\times$ऊँचाई $=16\sqrt{3}\Rightarrow$ ऊँचाई $=\frac{16\sqrt{3}}{4}=4\sqrt{3}$ सेमी०.

प्रश्न 12. एक त्रिभुजाकार खेत का आधार इसकी ऊँचाई का तीन गुना है. यदि इस खेत की फसल काटने का खर्च ₹ 100 प्रति हैक्टेयर की दर से ₹ 1350 हो, तो इसका आधार तथा ऊँचाई ज्ञात कीजिए.

हल : खेत का क्षेत्रफल $=\frac{\text{कुल खर्च}}{\text{दर}}=\left(\frac{1350}{100}\right)$ हैक्टेयर $=13\cdot 5$ हैक्टेयर

$=(13.5\times 10000)$ वर्ग मी० $=135000$ वर्ग मी०.

माना ऊँचाई $=h$ मीटर. तब, आधार $=3h$ मीटर.

$\therefore\ \frac{1}{2}\times 3h\times h=135000\Rightarrow h^2=\left(135000\times\frac{2}{3}\right)=90000$.

$\therefore\ h=\sqrt{90000}=300$ मीटर.

अत: आधार $=900$ मीटर तथा ऊँचाई $=300$ मीटर.

प्रश्न 13. एक समान्तर चतुर्भुज का आधार उसकी ऊँचाई से दुगुना है. यदि इसका क्षेत्रफल 72 वर्ग सेमी० हो तो इसका आधार तथा ऊँचाई ज्ञात कीजिए.

हल : माना ऊँचाई $=x$ सेमी० तथा आधार $=2x$ सेमी०.

$\therefore$ क्षेत्रफल = आधार × ऊँचाई $=(2x\times x)$ वर्ग सेमी० $=2x^2$ वर्ग सेमी०.

परन्तु, क्षेत्रफल $=72$ वर्ग सेमी०.

$\therefore\ 2x^2=72\Rightarrow x^2=36=6^2\Rightarrow x=6$.

अत: आधार $=(2\times 6)$ सेमी० $=12$ सेमी० तथा ऊँचाई $=6$ सेमी०.

प्रश्न 14. एक समचतुर्भुज की प्रत्येक भुजा 20 सेमी० लम्बी है तथा इसके एक विकर्ण की लम्बाई 24 सेमी० है. समचतुर्भुज का क्षेत्रफल ज्ञात कीजिए.

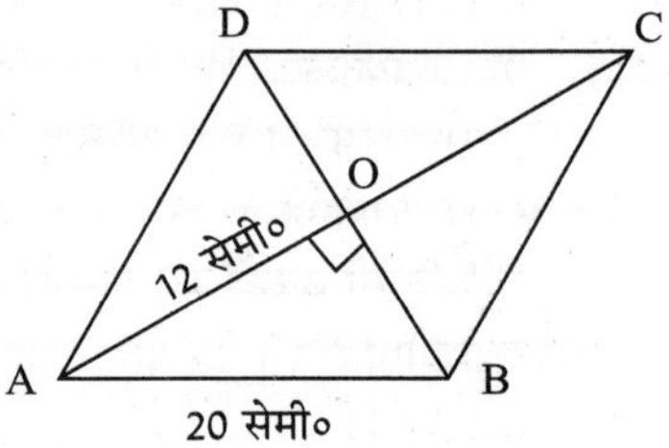

हल : हम जानते हैं कि किसी समचतुर्भुज के विकर्ण परस्पर एक दूसरे को समकोण पर समद्विभाजित करते हैं.

अब ΔOAB में $\angle AOB=90°$, $AB=20$ सेमी०,

$OA=\frac{1}{2}AC=\left(\frac{1}{2}\times 24\right)$ सेमी० $=12$ सेमी०.

$\therefore\ OB^2=AB^2-OA^2=(20)^2-(12)^2=(400-144)=256$.

अत: $OB=\sqrt{256}=16$ सेमी०. अत: $BD=2\times OB=(2\times 16)$ सेमी० $=32$ सेमी०.

$\therefore$ समचतुर्भुज का क्षेत्रफल $=\frac{1}{2}\times AC\times BD=\left(\frac{1}{2}\times 24\times 32\right)$ वर्ग सेमी० $=384$ वर्ग सेमी०.

प्रश्न 15. एक पहिया 88 किमी० दूरी तय करने में 4000 चक्कर लगाता है. पहिये की त्रिज्या ज्ञात कीजिए.

हल : 4000 चक्करों में तय की गई दूरी $=(88\times 1000)$ मीटर.

1 चक्कर में तय की गई दूरी $=\frac{(88\times 1000)}{4000}$ मीटर $=22$ मीटर

$\therefore$ पहिये की परिधि $=22$ मीटर.

माना पहिये की त्रिज्या $=R$ मीटर.

तब, $2\pi R=22\Rightarrow 2\times\frac{22}{7}\times R=22$

$\Rightarrow R=\left(22\times\frac{7}{44}\right)$ मीटर $=\frac{7}{2}$ मीटर $=3\cdot 5$ मीटर.

प्रश्न 16. बस के एक पहिये की त्रिज्या 70 सेमी० है. इसे 66 किमी०/घण्टा की गति के लिए प्रति मिनट कितने चक्कर लगाने होंगे?

हल : बस की चाल = (66 × 1000) मीटर/घण्टा $= \left(\frac{66 \times 1000}{60}\right)$ मीटर/मिनट = 1100 मीटर/मिनट.

1 मिनट में तय की गई दूरी = 1100 मीटर.

पहिये की परिधि $= \left(2 \times \frac{22}{7} \times 70\right)$ सेमी० = 440 सेमी० $= \frac{440}{100}$ मीटर $= \frac{22}{5}$ मीटर.

एक चक्कर में तय की गई दूरी $= \frac{22}{5}$ मीटर.

1 मिनट में लगाये गये चक्करों की संख्या $= \left(1100 \times \frac{5}{22}\right) = 250.$

प्रश्नमाला 23A

निम्नलिखित प्रश्नों में से प्रत्येक में ठीक उत्तर को चिन्हांकित (✓) कीजिए :

1. एक आयत का क्षेत्रफल 252 वर्ग सेमी० है. इसकी लम्बाई तथा चौड़ाई का अनुपात 9 : 7 है. इसकी परिमिति कितनी है? **(बैंक पी०ओ० परीक्षा, 2009)**

(*a*) 64 सेमी० (*b*) 68 सेमी० (*c*) 128 सेमी० (*d*) 96 सेमी० (*e*) इनमें से कोई नहीं

2. उस आयत की परिमिति कितनी होगी जिसकी एक भुजा 10 सेमी० तथा विकर्ण 26 सेमी० हो?

(*a*) 64 सेमी० (*b*) 72 सेमी० (*c*) 60 सेमी० (*d*) 68 सेमी०

(एस०एस०सी० परीक्षा, 2008)

3. एक आयताकार खेत की लम्बाई उसकी चौड़ाई से 48 मीटर अधिक है तथा इसका परिमाप 800 मीटर है. खेत का क्षेत्रफल कितना है? **(बैंक पी०ओ० परीक्षा, 2008)**

(*a*) 39424 वर्ग मीटर (*b*) 40000 वर्ग मीटर (*c*) 31376 वर्ग मीटर

(*d*) निर्धारित नहीं किया जा सकता (*e*) इनमें से कोई नहीं

4. एक आयताकार क्षेत्र के चारों ओर घूमने पर एक व्यक्ति 6 किमी० की दूरी तय करता है. यदि इसका क्षेत्रफल 2 वर्ग किमी० हो तो इसकी लम्बाई तथा चौड़ाई का अन्तर कितना है? **(एस०एस०सी० परीक्षा, 2009)**

(*a*) 0·5 किमी० (*b*) 1 किमी० (*c*) 1·5 किमी० (*d*) 2 किमी०

5. यदि किसी आयत की लम्बाई तथा परिमिति 5 : 16 के अनुपात में हों तो इसकी लम्बाई तथा चौड़ाई का अनुपात क्या होगा? **(एस०एस०सी० परीक्षा, 2008)**

(*a*) 5 : 11 (*b*) 5 : 8 (*c*) 5 : 4 (*d*) 5 : 3

6. एक आयत के एक विकर्ण की लम्बाई 25 सेमी० तथा इसका क्षेत्रफल 168 वर्ग सेमी० है. इस आयत की लम्बाई कितनी होगी? **(एस०एस०सी० परीक्षा, 2010)**

(*a*) 31 सेमी० (*b*) 24 सेमी० (*c*) 17 सेमी० (*d*) 7 सेमी०

7. एक आयताकार खेत के विकर्ण की लम्बाई 17 मीटर तथा परिमाप 46 मीटर है. इस खेत का क्षेत्रफल कितना है?

(*a*) 112 वर्ग मीटर (*b*) 120 वर्ग मीटर (*c*) 132 वर्ग मीटर (*d*) 289 वर्ग मीटर

8. यदि किसी आयताकार भूखण्ड की लम्बाई में 5% वृद्धि तथा चौड़ाई में 10% कमी कर दी जाये तो उसके क्षेत्रफल में कितने प्रतिशत वृद्धि अथवा कमी होगी? **(एस०एस०सी० परीक्षा, 2010)**

(*a*) 6·5% वृद्धि (*b*) 5·5% कमी (*c*) 5·5 की वृद्धि (*d*) 6·5% की कमी

9. एक आयत की लम्बाई 50% कम कर दी जाती है तथा चौड़ाई में 80% वृद्धि कर दी जाती है. उस आयत के क्षेत्रफल में कितना परिवर्तन होगा? **(दिल्ली पुलिस परीक्षा, 2010)**

(*a*) 5% कमी (*b*) 10% कमी (*c*) 20% वृद्धि (*d*) 50% कमी

10. एक आयत की लम्बाई में 25% वृद्धि कर दी जाती है. इसकी चौड़ाई में कितने प्रतिशत कमी की जाये कि क्षेत्रफल में कोई परिवर्तन न हो?

(*a*) 20% (*b*) 25% (*c*) 18% (*d*) 28% (*e*) इनमें से कोई नहीं

11. एक आयताकार मैदान की परिमिति 480 मीटर है. इसकी लम्बाई तथा चौड़ाई का अनुपात 5 : 3 है. मैदान का क्षेत्रफल कितना है? **(रेलवे परीक्षा, 2006)**

(*a*) 13500 वर्ग मीटर (*b*) 12000 वर्ग मीटर (*c*) 18500 वर्ग मीटर (*d*) 2200 वर्ग मीटर

12. एक 40 मीटर लम्बे तथा 15 मीटर चौड़े बरामदे को आयताकार पत्थरों से पक्का कराना है. यदि प्रत्येक पत्थर का आकार 6 डेसीमीटर × 5 डेसीमीटर हो, तो इन पत्थरों की संख्या कितनी है? **(रेलवे परीक्षा, 2006)**

(*a*) 1000 (*b*) 2000 (*c*) 3000 (*d*) 4000

13. एक कमरे के फर्श का परिमाप 18 मीटर है तथा इसकी ऊँचाई 3 मीटर है. इस कमरे की चार दीवारों का क्षेत्रफल कितना है? **(एस०एस०सी० परीक्षा, 2007)**

(*a*) 21 वर्ग मीटर (*b*) 42 वर्ग मीटर (*c*) 54 वर्ग मीटर (*d*) 108 वर्ग मीटर

14. एक श्रोताकक्ष की लम्बाई तथा चौड़ाई का अनुपात 3 : 2 है. यदि छत का क्षेत्रफल 600 वर्ग मीटर तथा चार दीवारों का क्षेत्रफल 1500 वर्ग मीटर हो, तो इस कक्ष की ऊँचाई कितनी है? **(रेलवे परीक्षा, 2005)**

(*a*) 12 मीटर (*b*) 15 मीटर (*c*) 20 मीटर (*d*) 10 मीटर

15. एक आयत की लम्बाई इसकी चौड़ाई से दुगुनी है. लम्बाई में 5 सेमी० कमी करने तथा चौड़ाई में 5 सेमी० की वृद्धि करने पर इसके क्षेत्रफल में 75 वर्ग सेमी० की वृद्धि हो जाती है. आयत की लम्बाई कितनी है?

(*a*) 20 सेमी० (*b*) 30 सेमी० (*c*) 40 सेमी० (*d*) 50 सेमी०

16. 18 सेमी० लम्बे तथा 14 सेमी० चौड़े आयत के अन्तर्गत खींचे जाने वाले सबसे बड़े वृत्त का क्षेत्रफल कितना होगा?

(*a*) 49 वर्ग सेमी० (*b*) 154 वर्ग सेमी० (*c*) 378 वर्ग सेमी० (*d*) 1078 वर्ग सेमी०

(एस०एस०सी० परीक्षा, 2007)

17. एक कमरे की चार दीवारों पर कागज लगाने का खर्च ₹ 750 है. एक दूसरे कमरे की लम्बाई, चौड़ाई तथा ऊँचाई में से प्रत्येक इस कमरे से दुगुनी है. नये कमरे की चार दीवारों पर कागज लगाने का खर्च क्या होगा?

(*a*) ₹ 1500 (*b*) ₹ 2250 (*c*) ₹ 3000 (*d*) इनमें से कोई नहीं

18. 25 मीटर लम्बे तथा 15 मीटर चौड़े आयताकार पार्क में लम्बाई तथा चौड़ाई के समानान्तर बीचों-बीच 2 मीटर चौड़ी दो सड़कें परस्पर काटती हैं. शेष भाग में घास उगाई गई है. घास वाला क्षेत्रफल कितना है?

(*a*) 295 वर्ग मी० (*b*) 299 वर्ग मी० (*c*) 300 वर्ग मी० (*d*) 375 वर्ग मी०

19. एक 38 मीटर लम्बे तथा 32 मीटर चौड़े आयताकार क्षेत्र के अन्दर की ओर चारों ओर एक समान चौड़ाई का रास्ता बनाया गया है. यदि इस रास्ते का क्षेत्रफल 600 वर्ग मीटर हो, तो रास्ते की चौड़ाई कितनी है?

(*a*) 3 मीटर (*b*) 5 मीटर (*c*) 10 मीटर (*d*) 18·75 मीटर

(एस०एस०सी० परीक्षा, 2007)

20. एक आयत का क्षेत्रफल 360 वर्ग सेमी० है जो एक वर्ग के क्षेत्रफल का 90% है. वर्ग की प्रत्येक भुजा की लम्बाई कितनी है? **(बैंक पी०ओ० परीक्षा, 2010)**

(*a*) 20 सेमी० (*b*) 15 सेमी० (*c*) 40 सेमी० (*d*) 25 सेमी० (*e*) इनमें से कोई नहीं

21. किसी वर्ग के क्षेत्रफल तथा वर्ग के विकर्ण पर बने वर्ग के क्षेत्रफल में क्या अनुपात है?

(*a*) 1 : 1 (*b*) $1:\sqrt{2}$ (*c*) 1 : 2 (*d*) 1 : 4

(होटल मैनेजमैंट परीक्षा, 2010)

22. एक वर्ग के अन्त:वृत्त तथा परिवृत्त के क्षेत्रफलों का अनुपात क्या होगा?

(*a*) 1 : 2 (*b*) $\sqrt{2}:1$ (*c*) $1:\sqrt{2}$ (*d*) 2 : 1

23. यदि किसी वर्ग की प्रत्येक भुजा में 10% की वृद्धि कर दी जाये तो इसके क्षेत्रफल में कितनी वृद्धि होगी?

(*a*) 10% (*b*) 21% (*c*) 42% (*d*) 100%

(एस०एस०सी० परीक्षा, 2010)

24. एक वर्ग की परिमिति एक 39424 वर्ग सेमी० के क्षेत्रफल वाले वृत्त की त्रिज्या के समान है. वर्ग का क्षेत्रफल कितना है? **(बैंक पी०ओ० परीक्षा, 2009)**

(*a*) 1225 वर्ग सेमी० (*b*) 441 वर्ग सेमी० (*c*) 784 वर्ग सेमी०
(*d*) निर्धारित नहीं किया जा सकता (*e*) इनमें से कोई नहीं

25. एक वर्गाकार बंजर भूमि की परिमिति 208 मीटर है. इसके चारों ओर 2 मीटर चौड़ा रास्ता है. रास्ते सहित भूमि के चारों ओर ₹ 12·50 प्रति मीटर की दर से बाड़ लगाने का खर्च कितना होगा? **(रेलवे परीक्षा, 2010)**

(*a*) ₹ 2500 (*b*) ₹ 2700 (*c*) ₹ 2800 (*d*) इनमें से कोई नहीं

26. एक वर्ग तथा एक आयत के परिमाप बराबर हैं. यदि उनके क्षेत्रफल क्रमशः A वर्ग मी० तथा B वर्ग मी० हों, तो निम्नलिखित में से कौन-सा कथन सत्य है?

(*a*) $A < B$ (*b*) $A \le B$ (*c*) $A > B$ (*d*) $A \ge B$

27. एक वर्ग तथा एक आयत के क्षेत्रफल बराबर हैं. यदि इनके परिमाप क्रमशः p_1 तथा p_2 हों, तो निम्नलिखित में से सही कथन कौन-सा है?

(*a*) $p_1 < p_2$ (*b*) $p_1 \le p_2$ (*c*) $p_1 > p_2$ (*d*) $p_1 \ge p_2$

28. एक आयत तथा एक वर्ग की परिमिति समान है तथा प्रत्येक 80 सेमी० है. इनके क्षेत्रफलों का अन्तर 100 वर्ग सेमी० है. आयत की भुजायें हैं:

(*a*) 30 सेमी०, 10 सेमी० (*b*) 28 सेमी०, 12 सेमी० (*c*) 25 सेमी०, 15 सेमी० (*d*) इनमें से कोई नहीं

29. दो वर्गों के क्षेत्रफलों में क्या अनुपात होगा जबकि पहले वर्ग का विकर्ण दूसरे वर्ग के विकर्ण से दुगुना हो?

(*a*) 2 : 1 (*b*) 3 : 1 (*c*) 1 : 4 (*d*) 4 : 1

30. यदि दो वर्गों के क्षेत्रफलों में 1 : 2 का अनुपात हो, तो उनकी परिमापों में क्या अनुपात होगा?

(*a*) 1 : 2 (*b*) 1 : 4 (*c*) 2 : 1 (*d*) $1 : \sqrt{2}$

31. 14 सेमी० भुजा वाले वर्ग के अन्तर्गत खींचे जाने वाले अधिकतम त्रिज्या के वृत्त का क्षेत्रफल क्या होगा?

(*a*) 154 वर्ग सेमी० (*b*) 84 वर्ग सेमी० (*c*) 204 वर्ग सेमी० (*d*) इनमें से कोई नहीं

32. एक वृत्त की त्रिज्या तीन गुनी करने से उसकी परिधि अपनी पूर्व परिधि से कितने गुना होगी?

(*a*) 3 गुना (*b*) $\frac{1}{3}$ गुना (*c*) 9 गुना (*d*) इनमें से कोई नहीं

(रेलवे परीक्षा, 2006)

33. यदि किसी वृत्त की त्रिज्या में 50% वृद्धि कर दी जाये, तो इसके क्षेत्रफल में कितनी वृद्धि होगी?

(*a*) 125% (*b*) 100% (*c*) 75% (*d*) 50%

(एस०एस०सी० परीक्षा, 2005)

34. वर्गाकार रूप में मुड़ी हुई एक इस्पात की तार 121 वर्ग सेमी० क्षेत्रफल घेरे हुए है. इस तार को वृत्ताकार रूप में मोड़े जाने पर वृत्त का क्षेत्रफल क्या होगा? **(रेलवे परीक्षा, 2006)**

(*a*) 168 वर्ग सेमी० (*b*) 172 वर्ग सेमी० (*c*) 154 वर्ग सेमी० (*d*) 180 वर्ग सेमी०

35. एक गाड़ी के पहिये की त्रिज्या 0·25 मीटर है. 11 किमी० दूरी तय करने में यह पहिया कितने चक्कर लगायेगा?

(*a*) 7000 (*b*) 4000 (*c*) 5500 (*d*) 2800

(रेलवे परीक्षा, 2005)

36. एक वृत्त के अन्तर्गत एक वर्ग खींचा जाता है तथा इसी त्रिज्या के अर्द्धवृत्त के अन्तर्गत एक वर्ग खींचा जाता है. दोनों वर्गों के क्षेत्रफलों का अनुपात क्या है? **(होटल मैनेजमैंट परीक्षा, 2009)**

(*a*) 5 : 2 (*b*) 5 : 4 (*c*) 4 : 5 (*d*) 2 : 5

37. ₹ 15 प्रति मीटर की दर से एक वृत्ताकार प्लॉट की बाड़ लगाने का खर्च ₹ 3300 है. इस प्लॉट का फर्श ₹ 100 प्रति वर्ग मीटर की दर से पक्का कराने का खर्च कितना होगा? **(बैंक पी०ओ० परीक्षा, 2009)**

(*a*) ₹ 385000 (*b*) ₹ 220000 (*c*) ₹ 350000

(*d*) निर्धारित नहीं किया जा सकता (*e*) इनमें से कोई नहीं

38. 176 मीटर परिधि वाले किसी वृत्ताकार पार्क के बाहर चारों ओर एक 7 मीटर चौड़ी सड़क बनाई गई है. सड़क का क्षेत्रफल कितना होगा? **(एस०एस०सी० परीक्षा, 2010)**

(*a*) 1386 वर्ग मी० (*b*) 1742 वर्ग मी० (*c*) 1512 वर्ग मी० (*d*) 1760 वर्ग मी०

39. एक आयत का क्षेत्रफल 21 सेमी० त्रिज्या वाले एक वृत्त के क्षेत्रफल के समान है. यदि आयत की लम्बाई तथा चौड़ाई का अनुपात क्रमशः 14 : 11 हो, तो इसकी परिमिति कितनी है? **(बैंक पी०ओ० परीक्षा, 2009)**

(*a*) 142 सेमी० (*b*) 140 सेमी० (*c*) 132 सेमी० (*d*) 150 सेमी० (*e*) इनमें से कोई नहीं

40. एक वृत्त की परिधि 100 सेमी० है. इस वृत्त के अन्त:वर्ग की प्रत्येक भुजा की माप कितनी होगी ?

(*a*) $(25\sqrt{2})\pi$ सेमी० (*b*) $\frac{50\sqrt{2}}{\pi}$ सेमी० (*c*) $(50\sqrt{2})\pi$ सेमी० (*d*) $\frac{25\sqrt{2}}{\pi}$ सेमी०

(बैंक पी०ओ० परीक्षा, 2009)

41. उस वृत्त की त्रिज्या क्या होगी जिसका क्षेत्रफल 5 मीटर तथा 12 मीटर त्रिज्या वाले दो वृत्तों के क्षेत्रफल के योग के बराबर है ? **(रेलवे परीक्षा, 2010)**

(*a*) 13 मीटर (*b*) 14 मीटर (*c*) 15 मीटर (*d*) इनमें से कोई नहीं

42. यदि किसी वृत्त की परिधि को 50% कम कर दिया जाये तो इसके क्षेत्रफल में कितने प्रतिशत कमी होगी ?

(*a*) 25% (*b*) 50% (*c*) 60% (*d*) 75%

(एस०एस०सी० परीक्षा, 2010)

43. दो वृत्तों की परिधि क्रमशः 132 मीटर तथा 176 मीटर है. इनके क्षेत्रफलों में कितना अन्तर है ?

(*a*) 1048 वर्ग मी० (*b*) 1076 वर्ग मी० (*c*) 1078 वर्ग मी० (*d*) 1090 वर्ग मी०

(*e*) इनमें से कोई नहीं **(बैंक पी०ओ० परीक्षा, 2010)**

44. एक समकोण समद्विबाहु त्रिभुज का कर्ण 5 सेमी० है. त्रिभुज का क्षेत्रफल कितना है ?

(*a*) 5 सेमी०^2 (*b*) 6·25 सेमी०^2 (*c*) 6·50 सेमी०^2 (*d*) 12.5 सेमी०^2

(एस०एस०सी० परीक्षा, 2009)

45. 6 सेमी० भुजा वाले एक समबाहु त्रिभुज के कोनों को काटकर एक समषटभुज बनाया गया है. इस समषटभुज का क्षेत्रफल कितना होगा ? **(एस०एस०सी० परीक्षा, 2010)**

(*a*) $3\sqrt{3}$ सेमी०^2 (*b*) $3\sqrt{6}$ सेमी०^2 (*c*) $6\sqrt{3}$ सेमी०^2 (*d*) $\frac{5\sqrt{3}}{2}$ सेमी०^2

46. एक समकोण त्रिभुज की परिमिति 60 सेमी० तथा विकर्ण 26 सेमी० हो, तो उसका क्षेत्रफल कितना होगा ?

(*a*) 120 सेमी०^2 (*b*) 125 सेमी०^2 (*c*) 115 सेमी०^2 (*d*) 110 सेमी०^2

(बी०एड० परीक्षा, 2005)

47. एक त्रिभुजाकार खेत की भुजायें क्रमशः 20 मीटर, 21 मीटर तथा 29 मीटर हैं. इस खेत में ₹ 9 प्रति वर्ग मीटर की दर से फसल काटने का खर्च कितना होगा ?

(*a*) ₹ 1800 (*b*) ₹ 1890 (*c*) ₹ 2610 (*d*) ₹ 3780

48. एक समबाहु त्रिभुज की प्रत्येक भुजा 8 सेमी० है. इसका क्षेत्रफल कितना है ?

(*a*) $2\sqrt{3}$ वर्ग सेमी० (*b*) $16\sqrt{3}$ वर्ग सेमी० (*c*) 32 वर्ग सेमी० (*d*) 64 वर्ग सेमी०

49. एक समबाहु त्रिभुज का क्षेत्रफल $4\sqrt{3}$ वर्ग सेमी० है. इसकी प्रत्येक भुजा की लम्बाई कितनी है ?

(*a*) 3 सेमी० (*b*) 4 सेमी० (*c*) $\frac{4}{\sqrt{3}}$ सेमी० (*d*) $\frac{\sqrt{3}}{4}$ सेमी०

50. एक समबाहु त्रिभुज की प्रत्येक भुजा $2\sqrt{3}$ सेमी० है. इसकी ऊँचाई कितनी है ?

(*a*) 3 सेमी० (*b*) $\sqrt{3}$ सेमी० (*c*) $\frac{\sqrt{3}}{2}$ सेमी० (*d*) $\frac{\sqrt{3}}{4}$ सेमी०

51. एक समबाहु त्रिभुज की ऊँचाई $\sqrt{6}$ सेमी० है. इसका क्षेत्रफल कितना होगा ?

(*a*) $3\sqrt{3}$ वर्ग सेमी० (*b*) $2\sqrt{3}$ वर्ग सेमी० (*c*) $2\sqrt{2}$ वर्ग सेमी० (*d*) $6\sqrt{2}$ वर्ग सेमी०

52. एक समबाहु त्रिभुज की माध्यिका की लम्बाई x हो, तो त्रिभुज का क्षेत्रफल कितना होगा ?

(*a*) x^2 (*b*) $\frac{1}{2}x^2$ (*c*) $\frac{\sqrt{3}}{2}x^2$ (*d*) $\frac{\sqrt{3}x^2}{3}$

(एम०बी०ए० परीक्षा, 2005)

53. एक समबाहु त्रिभुज की प्रत्येक भुजा 24 सेमी० है. इसके अन्त:वृत्त का क्षेत्रफल क्या होगा ?

(*a*) 18 π वर्ग सेमी० (*b*) 24 π वर्ग सेमी० (*c*) 36 π वर्ग सेमी० (*d*) 48 π वर्ग सेमी०

54. एक समबाहु त्रिभुज के अन्तःवृत्त का क्षेत्रफल 462 वर्ग सेमी० है. इस त्रिभुज का परिमाप क्या होगा?
(*a*) $42\sqrt{3}$ सेमी० (*b*) 72·6 सेमी० (*c*) 126 सेमी० (*d*) 168 सेमी०

55. एक वर्ग तथा एक समबाहु त्रिभुज की परिमिति समान हैं. यदि वर्ग के विकर्ण की लम्बाई $12\sqrt{2}$ सेमी० हो, तो त्रिभुज का क्षेत्रफल क्या होगा?
(*a*) $64\sqrt{3}$ वर्ग सेमी० (*b*) $32\sqrt{3}$ वर्ग सेमी० (*c*) $24\sqrt{3}$ वर्ग सेमी० (*d*) $24\sqrt{2}$ वर्ग सेमी०

56. एक वर्ग तथा एक समबाहु त्रिभुज एक ही आधार पर बनाये गये हैं. इनके क्षेत्रफलों का अनुपात क्या होगा?
(*a*) 2 : 1 (*b*) 1 : 1 (*c*) $\sqrt{3} : 4$ (*d*) $4 : \sqrt{3}$
(एस०एस०सी० परीक्षा, 2005)

57. एक त्रिभुज के आधार की लम्बाई 15 मीटर तथा ऊँचाई 12 मीटर है. एक दूसरी त्रिभुज का क्षेत्रफल इस त्रिभुज के क्षेत्रफल से दुगुना है तथा इस त्रिभुज के आधार की लम्बाई 20 मीटर है. इस त्रिभुज की ऊँचाई कितनी होगी?
(*a*) 4·5 मीटर (*b*) 9 मीटर (*c*) 12 मीटर (*d*) 18 मीटर

58. किसी समान्तर चतुर्भुज की एक भुजा 18 सेमी० है तथा इस भुजा की विपरीत भुजा से दूरी 8 सेमी० है. समान्तर चतुर्भुज का क्षेत्रफल कितना है?
(*a*) 48 वर्ग सेमी० (*b*) 72 वर्ग सेमी० (*c*) 100 वर्ग सेमी० (*d*) 144 वर्ग सेमी०

59. एक समान्तर चतुर्भुज की संगत भुजायें क्रमशः 30 मीटर तथा 14 मीटर लम्बी हैं तथा इन भुजाओं के शीर्षों को मिलाने वाले विकर्ण की लम्बाई 40 मीटर है. समान्तर चतुर्भुज का क्षेत्रफल कितना है?
(*a*) 336 वर्ग मीटर (*b*) 168 वर्ग मीटर (*c*) 372 वर्ग मीटर (*d*) 480 वर्ग मीटर

60. एक वर्ग तथा एक समचतुर्भुज एक ही आधार पर बने हैं. इनके क्षेत्रफलों का अनुपात क्या होगा?
(*a*) 1 : 1 (*b*) 1 : 2 (*c*) 1 : 4 (*d*) 1 से बड़ा

61. एक समचतुर्भुज का क्षेत्रफल 144 वर्ग सेमी० है. इसके एक विकर्ण की लम्बाई 18 सेमी० है. दूसरे विकर्ण की लम्बाई कितनी है?
(*a*) 8 सेमी० (*b*) 12 सेमी० (*c*) 16 सेमी० (*d*) 20 सेमी०

62. एक समचतुर्भुज की एक भुजा 5 सेमी० तथा एक विकर्ण 8 सेमी० हैं. इसका क्षेत्रफल क्या होगा?
(*a*) 20 वर्ग सेमी० (*b*) 24 वर्ग सेमी० (*c*) 26 वर्ग सेमी० (*d*) 40 वर्ग सेमी०

63. एक समलम्ब चतुर्भुज की समान्तर भुजायें क्रमशः 1·5 मीटर तथा 2·5 मीटर लम्बी हैं तथा इन भुजाओं के बीच की लम्बवत् दूरी 6·5 मीटर है. इस चतुर्भुज का क्षेत्रफल कितना होगा? **(एस०एस०सी० परीक्षा, 2005)**
(*a*) 13 वर्ग मीटर (*b*) 14 वर्ग मीटर (*c*) 12 वर्ग मीटर (*d*) 11 वर्ग मीटर

64. एक घोड़ा 40 मीटर लम्बे तथा 24 मीटर चौड़े आयताकार घास के मैदान के एक कोने पर गाडी गई खूँटी से 14 मीटर लम्बी रस्सी से बँधा हुआ है. घोड़ा खेत के कितने क्षेत्रफल तक चर सकता है? **(रेलवे परीक्षा, 2008)**
(*a*) 154 मी०^2 (*b*) 308 मी०^2 (*c*) 240 मी०^2 (*d*) 480 मी०^2

65. एक समबाहु त्रिभुज की प्रत्येक भुजा 8 सेमी० लम्बी है इस त्रिभुज के परिवृत्त तथा अन्तःवृत्त के बीच के क्षेत्र का क्षेत्रफल कितना होगा, जबकि $\pi = \frac{22}{7}$? **(एस०एस०सी० परीक्षा, 2008)**
(*a*) $50\frac{1}{7}$ सेमी०^2 (*b*) $50\frac{2}{7}$ सेमी०^2 (*c*) $75\frac{1}{7}$ सेमी०^2 (*d*) $75\frac{2}{7}$ सेमी०^2

उत्तरमाला (प्रश्नमाला 23A)

1. (*a*)	**2.** (*d*)	**3.** (*a*)	**4.** (*b*)	**5.** (*d*)	**6.** (*b*)	**7.** (*b*)	**8.** (*b*)	**9.** (*b*)	**10.** (*a*)
11. (*a*)	**12.** (*b*)	**13.** (*c*)	**14.** (*b*)	**15.** (*c*)	**16.** (*b*)	**17.** (*c*)	**18.** (*b*)	**19.** (*b*)	**20.** (*a*)
21. (*c*)	**22.** (*a*)	**23.** (*b*)	**24.** (*c*)	**25.** (*c*)	**26.** (*c*)	**27.** (*a*)	**28.** (*a*)	**29.** (*d*)	**30.** (*d*)
31. (*a*)	**32.** (*a*)	**33.** (*a*)	**34.** (*c*)	**35.** (*a*)	**36.** (*a*)	**37.** (*a*)	**38.** (*a*)	**39.** (*d*)	**40.** (*b*)
41. (*a*)	**42.** (*d*)	**43.** (*c*)	**44.** (*b*)	**45.** (*c*)	**46.** (*a*)	**47.** (*b*)	**48.** (*b*)	**49.** (*b*)	**50.** (*a*)
51. (*b*)	**52.** (*d*)	**53.** (*d*)	**54.** (*c*)	**55.** (*a*)	**56.** (*d*)	**57.** (*d*)	**58.** (*d*)	**59.** (*a*)	**60.** (*d*)
61. (*c*)	**62.** (*b*)	**63.** (*a*)	**64.** (*a*)	**65.** (*b*)					

दिये गये प्रश्नों के हल | प्रश्नमाला 23A

1. माना लम्बाई = $9x$ सेमी० तथा चौड़ाई = $7x$ सेमी०. तब,

$9x \times 7x = 252 \Rightarrow x^2 = \frac{252}{63} = 4 = 2^2 \Rightarrow x = 2.$

$\therefore$ लम्बाई = 18 सेमी० तथा चौड़ाई = 14 सेमी०.

अत: परिमिति $= 2(l+b) = 2(18+14)$ सेमी० = 64 सेमी०.

2. दिया है आयत $ABCD$ में $BC = 10$ सेमी० तथा $AC = 26$ सेमी०

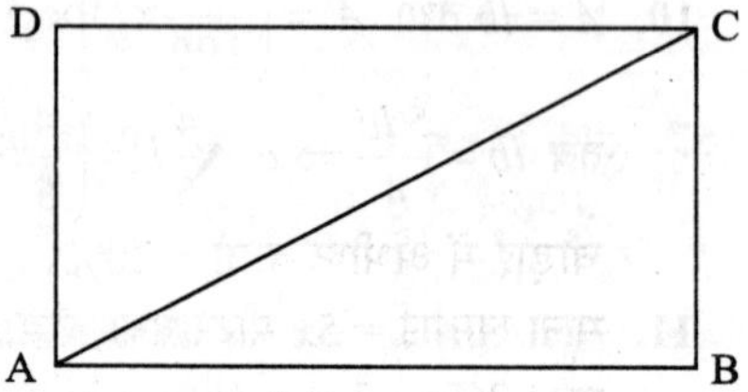

$AB^2 = (AC)^2 - (BC)^2 = (26)^2 - (10)^2$

$= (26+10)(26-10) = (36 \times 16)$

$\Rightarrow AB = (6 \times 4) = 24$ सेमी०.

$\therefore$ लम्बाई = 24 सेमी० तथा चौड़ाई = 10 सेमी०.

परिमिति $= 2(l+b) = 2(24+10)$ सेमी० = 68 सेमी०.

3. माना चौड़ाई = x मीटर तथा लम्बाई = $(x + 48)$ मीटर.

$\therefore$ परिमाप $= 2(l + b) = 2[(x + 48) + x]$ मीटर $= (4x + 96)$ मीटर.

$\therefore 4x + 96 = 800 \Rightarrow 4x = (800 - 96) = 704 \Rightarrow x = 176.$

अत: चौड़ाई = 176 मीटर तथा लम्बाई = (176 + 48) मीटर = 224 मीटर

खेत का क्षेत्रफल $= (224 \times 176) = (200 + 24)(200 - 24)$

$= (200)^2 - (24)^2 = (40000 - 576) = 39424$ वर्ग मीटर.

4. [$2(l + b) = 6$ किमी० $\Rightarrow (l+b) = 3$ किमी०] तथा $lb = 2$ वर्ग किमी०

$(l-b)^2 = (l+b)^2 - 4lb = (3^2 - 4 \times 2) = (9-8) = 1 \Rightarrow l - b = \sqrt{1} = 1.$

अत: लम्बाई तथा चौड़ाई का अन्तर = 1 किमी०.

5. माना $l = 5x$ तथा $2(l + b) = 16x$ अर्थात $(l + b) = 8x$.

$\therefore b = (8x - 5x) = 3x.$

अत: $l : b = 5x : 3x = 5 : 3.$

6. दिया है $l^2 + b^2 = (25)^2 = 625$ तथा $lb = 168$.

$(l+b)^2 = (l^2 + b^2) + 2lb = (625 + 2 \times 168) = (625 + 336) = 961$

$\Rightarrow (l+b) = \sqrt{961} \Rightarrow (l+b) = 31.$ ...(*i*)

$(l-b)^2 = (l^2 + b^2) - 2lb = (625 - 2 \times 168) = (625 - 336) = 289$

$\Rightarrow (l-b) = \sqrt{289} \Rightarrow (l-b) = 17.$ ...(*ii*)

(*i*) तथा (*ii*) को जोड़ने पर : $2l = 48 \Rightarrow l = 24$ सेमी०.

7. दिया है : $l^2 + b^2 = (17)^2 \Rightarrow l^2 + b^2 = 289$.

तथा $2(l+b) = 46 \Rightarrow (l+b) = 23 \Rightarrow (l+b)^2 = (23)^2 = 529.$

$2lb = (l+b)^2 - (l^2 + b^2) = (529 - 289) = 240.$

$\therefore lb = \left(\frac{1}{2} \times 240\right) = 120.$

अत: खेत का क्षेत्रफल = 120 वर्ग मीटर.

8. $A = lb$ तथा $A' = \left(\frac{105}{100} \times l\right) \times \left(\frac{90}{100} \times b\right) = \frac{189}{200}(lb).$

क्षेत्रफल में कमी $= \left(lb - \frac{189}{200} lb\right) = \frac{11}{200} lb.$

क्षेत्रफल में कमी % $= \left(\frac{11}{200} lb \times \frac{1}{lb} \times 100\right)\% = \frac{11}{2}\% = 5 \cdot 5\%$

9. $A = lb$ तथा $A' = \left(\frac{50}{100}\times l\right)\left(\frac{180}{100}\times b\right) = \frac{9}{10}\,lb$

क्षेत्रफल में कमी $= \left(lb - \frac{9}{10}\,lb\right) = \frac{lb}{10}$.

क्षेत्रफल में कमी $\% = \left(\frac{lb}{10}\times\frac{1}{lb}\times 100\right)\% = 10\%$.

10. $A = lb$ तथा $A' = \left(\frac{125}{100}\times l\right)\times c$, माना नई चौड़ाई $= c$.

तब $lb = \frac{5\,lc}{4} \Rightarrow c = \frac{4}{5}b = \left(\frac{4}{5}b\times 100\right)\% = 80\%$ *of* b.

चौड़ाई में अभीष्ट कमी = 20%.

11. माना लम्बाई = $5x$ मीटर तथा चौड़ाई = $3x$ मीटर.

तब, $2(5x+3x) = 480 \Rightarrow 8x = 240 \Rightarrow x = 30$.

$\therefore$ लम्बाई = 150 मीटर तथा चौड़ाई = 90 मीटर.

अत: क्षेत्रफल = (150 × 90) वर्ग मीटर = 13500 वर्ग मीटर.

12. बरामदे का क्षेत्रफल = (40 × 15) वर्ग मीटर = 600 वर्ग मीटर.

प्रत्येक पत्थर का क्षेत्रफल $= \left(\frac{6}{10}\times\frac{5}{10}\right)$ वर्ग मीटर $= \frac{3}{10}$ वर्ग मीटर.

पत्थरों की संख्या $= \left(600 \div \frac{3}{10}\right) = \left(600\times\frac{10}{3}\right) = 2000$.

13. $2\,(l + b) = 18$ मीटर तथा $h = 3$ मीटर.

कमरे की चार दीवारों का क्षेत्रफल = $[2\,(l + b)\times h]$ = (18 × 3) वर्ग मीटर = 54 वर्ग मीटर.

14. माना लम्बाई = $3x$ मीटर तथा चौड़ाई = $2x$ मीटर.

तब, $3x\times 2x = 600 \Rightarrow 6x^2 = 600 \Rightarrow x^2 = 100 = (10)^2 \Rightarrow x = 10$.

$\therefore$ लम्बाई = 30 मीटर तथा चौड़ाई = 20 मीटर.

$2\,(30+20)\times h = 1500 \Rightarrow h = \frac{1500}{100}$ मीटर = 15 मीटर.

अत: कक्ष की ऊँचाई = 15 मीटर.

15. माना चौड़ाई = x सेमी० तथा लम्बाई = $2\,x$ सेमी०. तब,

$(2x-5)\,(x+5) - 2x\times x = 75 \Rightarrow 2x^2 + 5x - 25 - 2x^2 = 75 \Rightarrow 5x = 100 \Rightarrow x = 20$.

$\therefore$ लम्बाई = 40 सेमी०.

16. स्पष्ट है कि वृत्त की त्रिज्या $= \left(\frac{1}{2}\times\right.$आयत की चौड़ाई$\left.\right)$

$= \left(\frac{1}{2}\times 14\right)$ सेमी० = 7 सेमी०.

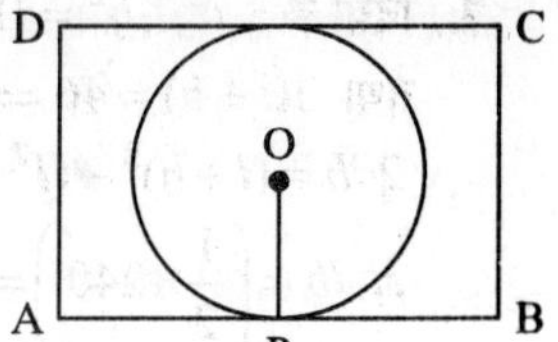

इस वृत्त का क्षेत्रफल $= \pi R^2 = \left(\frac{22}{7}\times 7\times 7\right)$ वर्ग सेमी० = 154 वर्ग सेमी०.

17. पहले कमरे की चार दीवारों का क्षेत्रफल = $[2\,(l + b)\times h] = A$ माना

दूसरे कमरे की चार दीवारों का क्षेत्रफल = $[2\,(2l + 2b)\times 2h] = 4\times[2\,(l + b)\times h] = (4\times A)$.

$\therefore$ अभीष्ट खर्च = ₹ (4 × 750) = ₹ 3000.

18. पार्क का कुल क्षेत्रफल = (25 × 15) वर्ग मी० = 375 वर्ग मी०.

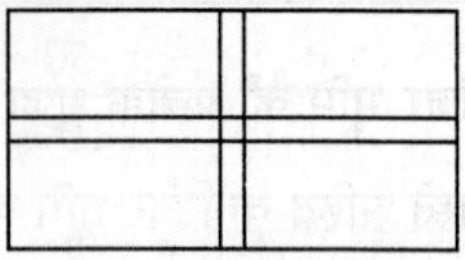

सड़कों का कुल क्षेत्रफल = [(25 × 2) + (15 × 2) – (2 × 2)] वर्ग मी०
= (50 + 30 – 4) वर्ग मी० = 76 वर्ग मी०.

घास वाले भाग का क्षेत्रफल = (375 – 76) वर्ग मी० = 299 वर्ग मीटर.

19. सारे क्षेत्र का क्षेत्रफल = (38 × 32) वर्ग मीटर = 1216 वर्ग मीटर.

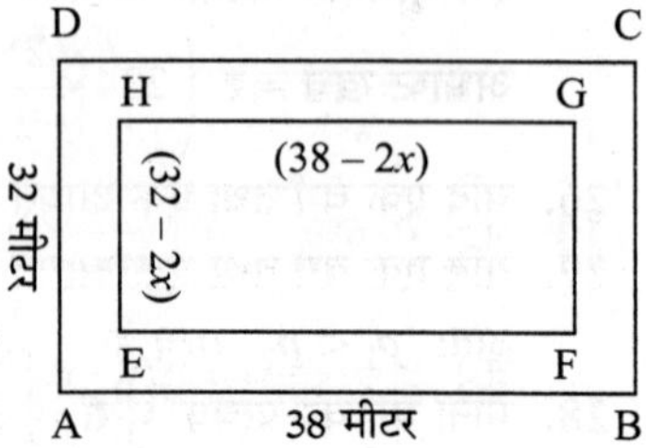

माना रास्ते की चौड़ाई = x मीटर.

इस रास्ते का क्षेत्रफल = (क्षेत्रफल $ABCD$) – (क्षेत्रफल $EFGH$)

$=\left[(1216)-(38-2x)\,(32-2x)\right]$ वर्ग मीटर

$=\left[1216-(1216-140x+4x^2)\right]$ वर्ग मी० $=(140x-4x^2)$ वर्ग मी०

$\therefore\ 140x-4x^2=600 \Rightarrow x^2-35x+150=0$

$\Rightarrow x^2-30x-5x+150=0 \Rightarrow x(x-30)-5\,(x-30)=0$

$\Rightarrow (x-30)\,(x-5)=0 \Rightarrow x=5 \quad [\because\ x\neq 30]$

अत: रास्ते की चौड़ाई = 5 मीटर.

20. माना वर्ग का क्षेत्रफल $=a^2$. तब

$\frac{90}{100}\times a^2=360 \Rightarrow a^2=\left(\frac{360\times 10}{9}\right)=400=(20)^2.$

$\therefore\ a=20$ सेमी०. अत: वर्ग की प्रत्येक भुजा 20 सेमी० है.

21. माना वर्ग की प्रत्येक भुजा = a. तब, इसका विकर्ण $=\left(\sqrt{2}a\right)$

इन पर बने वर्गों के क्षेत्रफलों का अनुपात $=a^2:\left(\sqrt{2}a\right)^2=a^2:2a^2=1:2.$

22. माना वर्ग की प्रत्येक भुजा = a. तब, इसका विकर्ण $=\left(\sqrt{2}a\right)$.

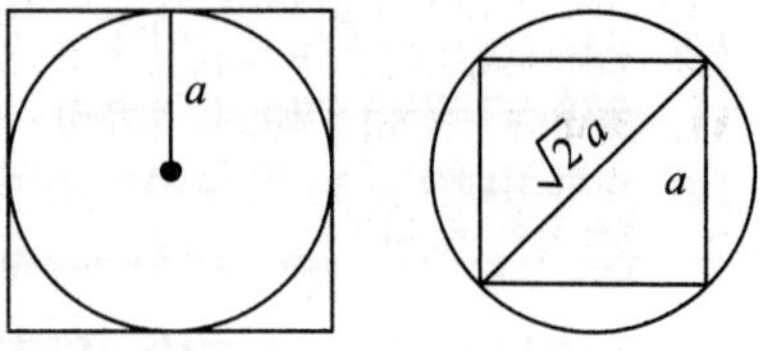

अत:वृत्त की त्रिज्या $=\frac{a}{2}$.

परिवृत्त की त्रिज्या $=\frac{\sqrt{2}a}{2}=\frac{a}{\sqrt{2}}$.

इनके क्षेत्रफलों का अनुपात $=\pi\times\left(\frac{a}{2}\right)^2:\pi\times\left(\frac{a}{\sqrt{2}}\right)^2=\frac{\pi a^2}{4}:\frac{\pi a^2}{2}=1:2.$

23. माना वर्ग की प्रत्येक भुजा = a. तब, क्षेत्रफल $=a^2$.

वृद्धि के बाद प्रत्येक भुजा $=\frac{110\,a}{100}=\frac{11\,a}{10}$. नये वर्ग का क्षेत्रफल $=\left(\frac{11\,a}{10}\times\frac{11\,a}{10}\right)=\frac{121\,a^2}{100}.$

क्षेत्रफल में वृद्धि $=\left(\frac{121\,a^2}{100}-a^2\right)=\frac{21\,a^2}{100}.$

क्षेत्रफल में वृद्धि % $=\left(\frac{21\,a^2}{100}\times\frac{1}{a^2}\times 100\right)\%=21\%.$

24. माना वृत्त की त्रिज्या = R सेमी०. तब $\pi R^2=39424.$

$\therefore\ R^2=\left(39424\times\frac{7}{22}\right)=(1792\times 7)=7\times 256\times 7=(7\times 7\times 16\times 16)$

$\Rightarrow R=(7\times 16)=112$ सेमी०.

वर्ग की परिमिति = 112 सेमी० $\Rightarrow 4a=112 \Rightarrow a=28.$

वर्ग की प्रत्येक भुजा = 28 सेमी०.

वर्ग का क्षेत्रफल = (28 × 28) वर्ग सेमी० = 784 वर्ग सेमी०.

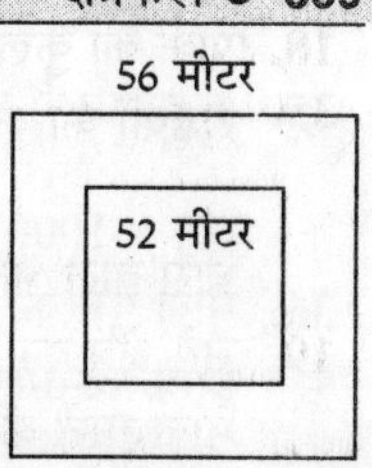

25. बंजर भूमि की प्रत्येक भुजा $= \left(\frac{1}{4}\times 208\right)$ मीटर = 52 मीटर.

रास्ते सहित वर्गाकार भूमि की प्रत्येक भुजा = (52 + 2 + 2) मीटर = 56 मीटर.

इस भूमि का परिमाप = (4 × 56) मीटर = 224 मीटर.

अभीष्ट खर्च = ₹ $\left(224\times\frac{25}{2}\right)$ = ₹ 2800.

26. यदि एक वर्ग तथा एक आयत के परिमाप बराबर हैं, तो वर्ग का क्षेत्रफल सदैव बड़ा होगा. अत: $A > B$ सत्य है.

27. यदि एक वर्ग तथा एक आयत के क्षेत्रफल बराबर हैं, तो वर्ग की परिमिति छोटी होगी.

अत: $p_1 < p_2$ सत्य है.

28. माना वर्ग की प्रत्येक भुजा = a सेमी०. तब, $4a = 80 \Rightarrow a = 20$ सेमी०.

वर्ग का क्षेत्रफल = (20 × 20) वर्ग सेमी० = 400 वर्ग सेमी०.

वर्ग तथा आयत की परिमिति बराबर हों, तो वर्ग का क्षेत्रफल अधिक होगा.

∴ आयत का क्षेत्रफल = (400 – 100) वर्ग सेमी० = 300 वर्ग सेमी०.

$2(l+b) = 80 \Rightarrow (l+b) = 40.$

अब, ($l+b=40$ तथा $lb=300$) $\Rightarrow (l-b)^2 = (l+b)^2 - 4lb = (1600-4\times 300) = 400 \Rightarrow (l-b) = 20.$

$l+b = 40$ तथा $l-b = 20$ को हल करने पर $l = 30, b = 10$.

29. माना दूसरे वर्ग का विकर्ण = d. तब, पहले वर्ग का विकर्ण = $2d$.

इनके क्षेत्रफलों का अनुपात $= \frac{1}{2}\times(2d)^2 : \frac{1}{2}\times d^2 = 4d^2 : d^2 = 4:1.$

30. $a^2 : b^2 = 1:2 \Rightarrow a:b = \sqrt{1}:\sqrt{2} = 1:\sqrt{2} \Rightarrow 4a:4b = 4:4\sqrt{2} = 1:\sqrt{2}.$

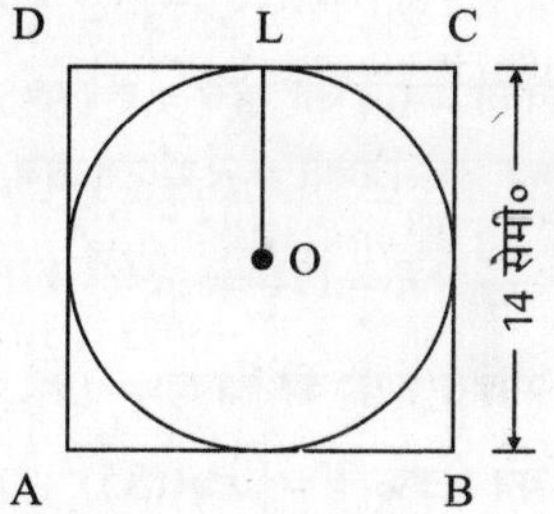

31. अभीष्ट वृत्त की त्रिज्या = 7 सेमी०.

इस वृत्त का क्षेत्रफल $= \pi R^2 = \left(\frac{22}{7}\times 7\times 7\right)$ वर्ग सेमी०.

= 154 वर्ग सेमी०.

32. $C_1 = 2\pi R \Rightarrow C_2 = 2\pi(3R) = 3\times(2\pi R) = 3\times C_1.$

33. माना प्रारम्भिक त्रिज्या = R. तब, क्षेत्रफल $= \pi R^2$.

नया क्षेत्रफल $= \pi\times\left(\frac{150}{100}R\right)^2 = \pi\times\left(\frac{3R}{2}\right)^2 = \frac{9}{4}\pi R^2.$

क्षेत्रफल में वृद्धि $= \left(\frac{9}{4}\pi R^2 - \pi R^2\right) = \frac{5}{4}\pi R^2.$

क्षेत्रफल में वृद्धि % $= \left(\frac{5}{4}\pi R^2 \times \frac{1}{\pi R^2}\times 100\right)\% = 125\%.$

34. माना वर्ग की प्रत्येक भुजा = a सेमी०.

तब, $a^2 = 121 \Rightarrow a = \sqrt{121} = 11$ सेमी० $\Rightarrow$ तार की लम्बाई = (4 × 11) सेमी० = 44 सेमी०.

वृत्ताकार रूप में लेने पर, $2\pi R = 44 \Rightarrow 2\times\frac{22}{7}\times R = 44 \Rightarrow R = \left(44\times\frac{7}{44}\right) = 7$ सेमी०.

वृत्त का क्षेत्रफल $= \pi R^2 = \left(\frac{22}{7}\times 7\times 7\right)$ वर्ग सेमी० = 154 वर्ग सेमी०.

35. 1 चक्कर में तय की गई दूरी $= 2\pi R = \left(2\times\frac{22}{7}\times\frac{25}{100}\right)$ मीटर $= \frac{11}{7}$ मीटर.

(11 × 1000) मीटर दूरी तय करने में लगे चक्करों की संख्या $= \left(11\times1000\times\frac{7}{11}\right) = 7000.$

36. माना वृत्त की त्रिज्या $= a.$

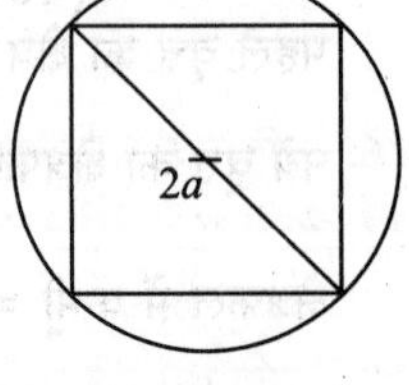

इसके अन्तर्गत बने वर्ग का विकर्ण $= 2a.$

इस वर्ग का क्षेत्रफल $= \frac{1}{2}\times(2a)^2 = 2a^2.$

अर्द्ध-वृत्त की त्रिज्या $= a.$ इसमें बने वर्ग की भुजा $= b$ (माना)

तब $AB = b,\ OA = \frac{b}{2},\ OB = a.$

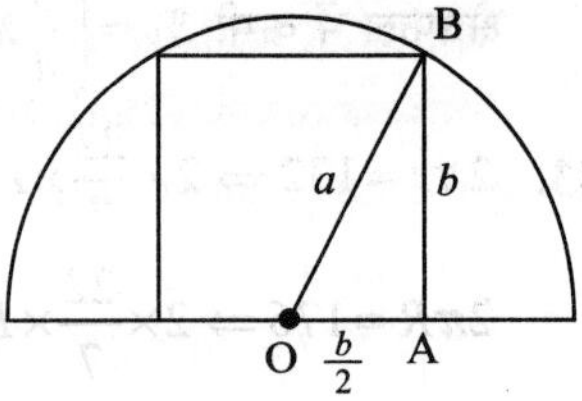

$\therefore\ a^2 = b^2 + \left(\frac{b}{2}\right)^2 \Rightarrow b^2 + \frac{b^2}{4} = a^2 \Rightarrow \frac{5b^2}{4} = a^2 \Rightarrow b^2 = \frac{4a^2}{5}.$

नये वर्ग का क्षेत्रफल $= b^2 = \frac{4a^2}{5}.$

अभीष्ट अनुपात $= 2a^2 : \frac{4a^2}{5} = 10 : 4 = 5 : 2.$

37. वृत्ताकार प्लॉट की परिमिति $= \left(\frac{3300}{15}\right)$ मीटर = 220 मीटर.

$2\pi R = 220 \Rightarrow 2\times\frac{22}{7}\times R = 220 \Rightarrow R = \left(220\times\frac{7}{44}\right) = 35$ मीटर.

फर्श का क्षेत्रफल $= \pi R^2 = \left(\frac{22}{7}\times35\times35\right)$ वर्ग मी० = 3850 वर्ग मीटर.

फर्श पक्का कराने का खर्च = ₹ (3850 × 100) = ₹ 385000.

38. माना पार्क की त्रिज्या $= R$ मीटर. तब, $2\pi R = 176.$

$\therefore\ 2\times\frac{22}{7}\times R = 176 \Rightarrow R = \left(176\times\frac{7}{44}\right) = 28$ मीटर.

सड़क सहित पार्क की त्रिज्या = (28 + 7) मीटर = 35 मीटर.

सड़क का क्षेत्रफल $= \left[\pi\times(35)^2 - \pi\times(28)^2\right]$ वर्ग मी० $= \pi\times\left[(35)^2 - (28)^2\right]$ वर्ग मी०

$= \left[\frac{22}{7}\times(35+28)\times(35-28)\right]$ वर्ग मी० = (22 × 63) वर्ग मी० = 1386 वर्ग मीटर.

39. माना आयत की लम्बाई $= 14\,x$ सेमी० तथा चौड़ाई $= 11\,x$ सेमी०.

आयत का क्षेत्रफल $= (14\,x\times11\,x)$ वर्ग सेमी० $= (154\,x^2)$ वर्ग सेमी०.

वृत्त का क्षेत्रफल $= \left[\pi\times(21)^2\right]$ वर्ग सेमी० $= \left(\frac{22}{7}\times21\times21\right)$ वर्ग सेमी० = 1386 वर्ग सेमी०.

$\therefore\ 154x^2 = 1386 \Rightarrow x^2 = \frac{1386}{154} = 9 = (3)^2 \Rightarrow x = 3.$

आयत की परिमिति $= 2\,(14\,x + 11\,x)$ सेमी० $= 50\,x$ सेमी० = (50 × 3) सेमी० = 150 सेमी०.

40. माना वृत्त की त्रिज्या $= R$ सेमी०. तब, $2\pi R = 100 \Rightarrow R = \frac{50}{\pi}.$

$\therefore$ इस वृत्त में बने वर्ग के विकर्ण की लम्बाई $= 2R.$

माना वर्ग की प्रत्येक भुजा $= a$ सेमी०.

तब, $a^2 + a^2 = (2R)^2 = 4R^2 \Rightarrow 2a^2 = 4R^2 \Rightarrow a^2 = 2R^2.$

$\Rightarrow a = \left(\sqrt{2}R\right) = \left(\frac{50\sqrt{2}}{\pi}\right)$ सेमी०.

41. माना अभीष्ट त्रिज्या = R मीटर. तब

$$\pi R^2 = \pi \times (5)^2 + \pi \times (12)^2 \Rightarrow R^2 = (5)^2 + (12)^2 = (25+144) = 169 = (13)^2 \Rightarrow R = 13 \text{ मीटर.}$$

42. माना दिये गये वृत्त की त्रिज्या = R. तब, इसकी परिधि = $2\pi R$.

$$\text{नई परिधि} = \left(\frac{50}{100} \times 2\pi R\right) = \pi R = 2\pi \times \left(\frac{R}{2}\right).$$

पहले वृत्त का क्षेत्रफल $= \pi R^2$.

$$\text{नये वृत्त का क्षेत्रफल} = \pi \times \left(\frac{R}{2}\right)^2 = \frac{1}{4}\pi R^2$$

$$\text{क्षेत्रफल में कमी} = \left(\pi R^2 - \frac{1}{4}\pi R^2\right) = \frac{3}{4}\pi R^2.$$

$$\text{क्षेत्रफल में कमी \%} = \left(\frac{3}{4}\pi R^2 \times \frac{1}{\pi R^2} \times 100\right)\% = 75\%.$$

43. $$2\pi r = 132 \Rightarrow 2 \times \frac{22}{7} \times r = 132 \Rightarrow r = \left(132 \times \frac{7}{44}\right) = 21 \text{ सेमी०.}$$

$$2\pi R = 176 \Rightarrow 2 \times \frac{22}{7} \times R = 176 \Rightarrow R = \left(176 \times \frac{7}{44}\right) = 28 \text{ सेमी०.}$$

$$\text{दोनों वृत्तों के क्षेत्रफलों में अन्तर} = \pi \times \left[(28)^2 - (21)^2\right] \text{ वर्ग सेमी०.}$$

$$= \left[\frac{22}{7} \times (28+21) \times (28-21)\right] \text{ वर्ग सेमी०} = \left(\frac{22}{7} \times 49 \times 7\right) \text{ वर्ग सेमी०} = 1078 \text{ वर्ग सेमी०.}$$

44. समकोण समद्विबाहु त्रिभुज में कर्ण $AC = 5$ सेमी०.

माना $AB = BC = x$ सेमी०. तब

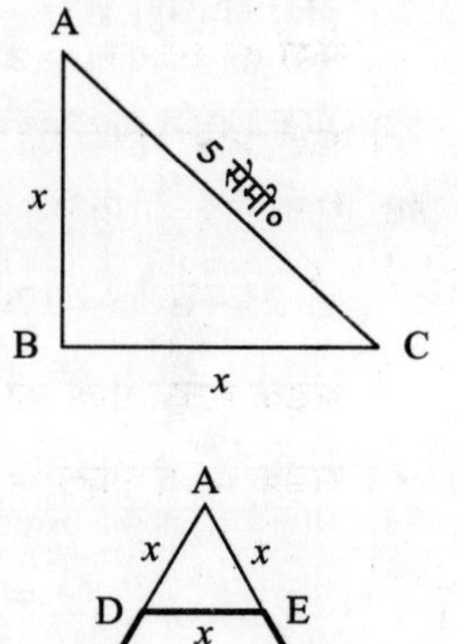

$$x^2 + x^2 = 5^2 \Rightarrow 2x^2 = 25 \Rightarrow x^2 = \frac{25}{2}$$

$$\text{त्रिभुज का क्षेत्रफल} = \left(\frac{1}{2} \times x \times x\right) \text{ वर्ग सेमी०} = \left(\frac{1}{2}x^2\right) \text{ वर्ग सेमी०}$$

$$= \left(\frac{1}{2} \times \frac{25}{2}\right) \text{ वर्ग सेमी०} = \frac{25}{4} \text{ वर्ग सेमी०} = 6{\cdot}25 \text{ सेमी०}^2.$$

45. माना त्रिभुज की प्रत्येक भुजा = $3x$ सेमी०. तब

$$3x = 6 \Rightarrow x = 2.$$

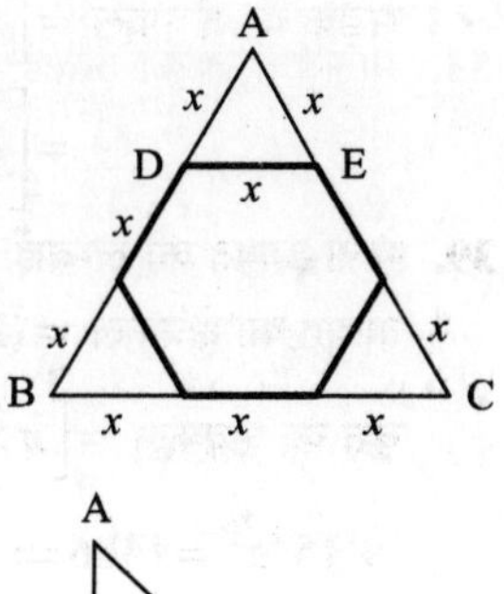

समषटभुज का क्षेत्रफल = ΔABC का क्षेत्रफल $-3\times(\Delta ADE$ का क्षेत्रफल)

$$= \left[\left(\frac{\sqrt{3}}{4} \times 6 \times 6\right) - \left(3 \times \frac{\sqrt{3}}{4} \times 2 \times 2\right)\right] \text{ वर्ग सेमी०.}$$

$$= (9\sqrt{3} - 3\sqrt{3}) \text{ वर्ग सेमी०} = 6\sqrt{3} \text{ वर्ग सेमी०.}$$

46. दिया है: $a + b + 26 = 60 \Rightarrow a + b = 34 \Rightarrow (a+b)^2 = (34)^2$.

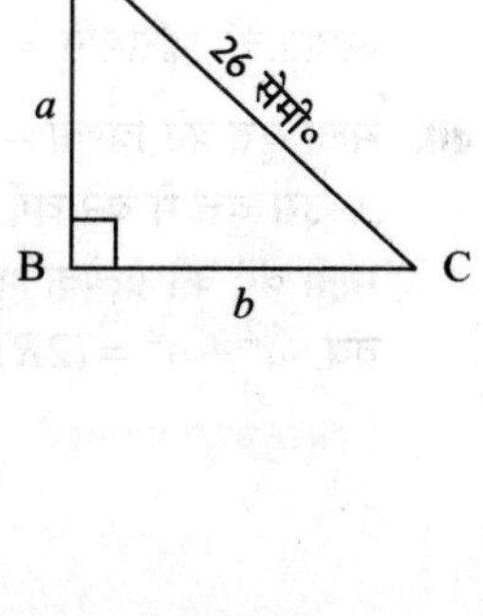

$a^2 + b^2 = (26)^2$.

$$2ab = (a+b)^2 - (a^2+b^2) = (34)^2 - (26)^2 = (34+26)(34-26)$$

$$\Rightarrow 2ab = 60 \times 8 \Rightarrow ab = 240.$$

$$\Delta ABC \text{ का क्षेत्रफल} = \frac{1}{2} \times a \times b = \left(\frac{1}{2} \times 240\right) = 120 \text{ सेमी०}^2.$$

47. माना $a = 20$ मीटर, $b = 21$ मीटर तथा $c = 29$ मीटर. तब

$$s = \frac{1}{2}(a+b+c) = \frac{1}{2}(20+21+29) \text{ मीटर} = 35 \text{ मीटर.}$$

$\therefore\ \Delta=\sqrt{s(s-a)(s-b)(s-c)}=\sqrt{35\times15\times14\times6}$

$=\sqrt{7\times7\times5\times5\times6\times6}=(7\times5\times6)=210$ वर्ग सेमी०.

अभीष्ट खर्च = ₹ (210 × 9) = ₹ 1890.

48. $\Delta=\left(\frac{\sqrt{3}}{4}\times a^2\right)=\left(\frac{\sqrt{3}}{4}\times8\times8\right)$ वर्ग सेमी० $=16\sqrt{3}$ वर्ग सेमी०.

49. माना प्रत्येक भुजा = a सेमी०. तब, क्षेत्रफल $=\left(\frac{\sqrt{3}}{4}a^2\right)$ वर्ग सेमी०.

$\therefore\ \frac{\sqrt{3}}{4}a^2=4\sqrt{3}\Rightarrow a^2=16\Rightarrow a=4.$

अत: प्रत्येक भुजा = 4 सेमी०.

50. $\Delta=\left(\frac{\sqrt{3}}{4}\times a^2\right)=\left[\frac{\sqrt{3}}{4}\times(2\sqrt{3})^2\right]$ वर्ग सेमी० $=\left(\frac{\sqrt{3}}{4}\times12\right)$ वर्ग सेमी० $=3\sqrt{3}$ वर्ग सेमी०.

$\frac{1}{2}\times2\sqrt{3}\times h=3\sqrt{3}\Rightarrow\sqrt{3}\times h=3\sqrt{3}\Rightarrow h=3$ सेमी०.

अत: त्रिभुज की ऊँचाई = 3 सेमी०.

51. $\frac{1}{2}\times a\times$ ऊँचाई $=\frac{\sqrt{3}}{4}a^2\Rightarrow$ ऊँचाई $=\left(\frac{\sqrt{3}}{2}\times a\right)$

$\therefore\ \frac{\sqrt{3}}{2}\times a=\sqrt{6}\Rightarrow a=\frac{\sqrt{6}\times2}{\sqrt{3}}=2\sqrt{2}.$

अत: क्षेत्रफल $=\left\{\frac{\sqrt{3}}{4}\times(2\sqrt{2})^2\right\}$ सेमी०^2 $=\left(\frac{\sqrt{3}}{4}\times8\right)$ सेमी०^2 $=(2\sqrt{3})$ सेमी०^2.

52. माना त्रिभुज की प्रत्येक भुजा = a. तब

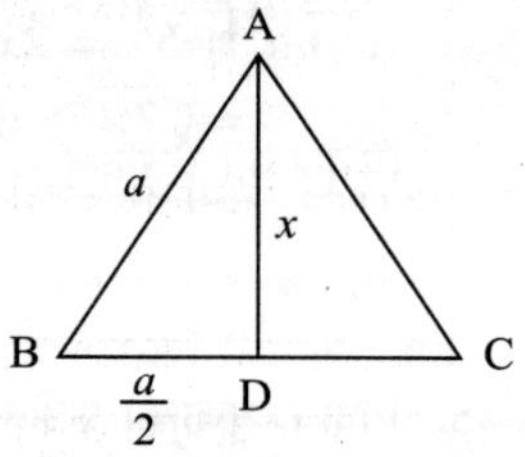

$x^2=a^2-\left(\frac{a}{2}\right)^2=\left(a^2-\frac{a^2}{4}\right)=\frac{3a^2}{4}\Rightarrow a^2=\frac{4x^2}{3}.$

$\therefore\ \Delta=\frac{\sqrt{3}}{4}\times a^2=\left(\frac{\sqrt{3}}{4}\times\frac{4x^2}{3}\right)=\frac{\sqrt{3}x^2}{3}.$

53. माना त्रिभुज की ऊँचाई = h सेमी०. तब

$\frac{1}{2}\times24\times h=\frac{\sqrt{3}}{4}\times24\times24\Rightarrow h=12\sqrt{3}$ सेमी०.

$3r=12\sqrt{3}$ (नोट करें) $\Rightarrow r=4\sqrt{3}$.

अन्त:वृत्त का क्षेत्रफल $=\pi r^2=\pi\times(4\sqrt{3})^2=(48\pi)$ वर्ग सेमी०.

54. $\pi r^2=462\Rightarrow\frac{22}{7}\times r^2=462\Rightarrow r^2=\left(462\times\frac{7}{22}\right)=147\Rightarrow r=7\sqrt{3}$ सेमी०

त्रिभुज की ऊँचाई $=3r=21\sqrt{3}$ सेमी०.

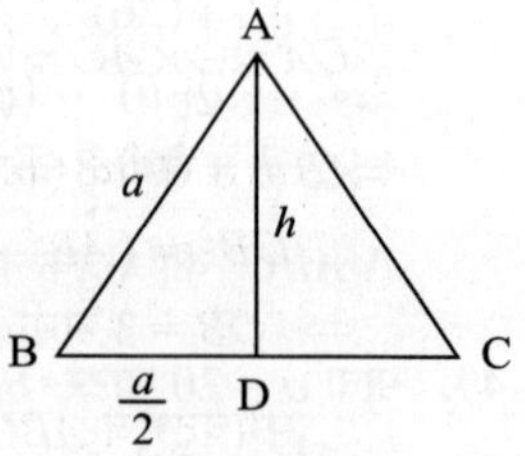

$\therefore\ h^2=a^2-\left(\frac{a}{2}\right)^2=\left(a^2-\frac{a^2}{4}\right)=\frac{3a^2}{4}$

$\Rightarrow\frac{3a^2}{4}=(21\sqrt{3})^2=1323$

$\Rightarrow a^2=\left(\frac{1323\times4}{3}\right)=(441\times4)\Rightarrow a=(21\times2)=42$ सेमी०.

त्रिभुज का परिमाप = (3 × 42) सेमी० = 126 सेमी०.

55. माना वर्ग की प्रत्येक भुजा = a सेमी०. तब, वर्ग का विकर्ण $=\sqrt{2}a.$

$\therefore\ \sqrt{2}a = 12\sqrt{2} \Rightarrow a = 12.$

त्रिभुज की परिमिति = वर्ग की परिमिति = (4 × 12) सेमी० = 48 सेमी०.

त्रिभुज की प्रत्येक भुजा $=\left(\frac{1}{3}\times 48\right)$ सेमी० = 16 सेमी०.

त्रिभुज का क्षेत्रफल $=\left(\frac{\sqrt{3}}{4}\times 16\times 16\right)$ वर्ग सेमी० $= 64\sqrt{3}$ वर्ग सेमी०.

56. माना वर्ग की प्रत्येक भुजा = a सेमी० तथा त्रिभुज की प्रत्येक भुजा = a सेमी०.

(वर्ग का क्षेत्रफल) : (त्रिभुज का क्षेत्रफल) $= a^2 : \frac{\sqrt{3}}{4}a^2 = 4 : \sqrt{3}.$

57. पहले त्रिभुज का क्षेत्रफल $=\left(\frac{1}{2}\times 15\times 12\right)$ वर्ग मीटर = 90 वर्ग मीटर.

नई त्रिभुज का क्षेत्रफल = (2 × 90) वर्ग मीटर = 180 वर्ग मीटर.

माना इस त्रिभुज की ऊँचाई = h मीटर.

तब, $\frac{1}{2}\times 20\times h = 180 \Rightarrow h = 18$ मीटर.

58. समान्तर चतुर्भुज का क्षेत्रफल = (आधार × ऊँचाई) = (18 × 8) वर्ग सेमी० = 144 वर्ग सेमी०.

59. माना दिया गया समान्तर चतुर्भुज $ABCD$ है. जिसमें

AB = 30 मीटर, BC = 14 मीटर तथा AC = 40 मीटर.

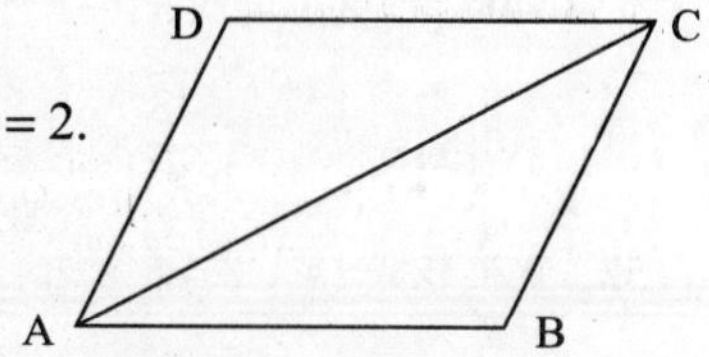

$\therefore\ s = \frac{1}{2}(30+14+40) = 42, (s-a) = 12, (s-b) = 28, (s-c) = 2.$

$\Rightarrow \Delta = \sqrt{s(s-a)(s-b)(s-c)} = \sqrt{42\times 12\times 28\times 2}$

$= \sqrt{7\times 7\times 6\times 6\times 4\times 4} = (7\times 6\times 4) = 168$ वर्ग मीटर.

$\Rightarrow$ समान्तर चतुर्भुज $ABCD$ का क्षेत्रफल = (2 × 168) वर्ग मीटर = 336 वर्ग मीटर.

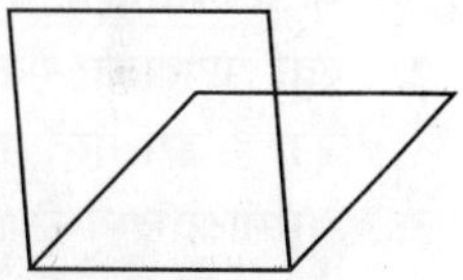

60. स्पष्ट है कि वर्ग का क्षेत्रफल, समचतुर्भुज के क्षेत्रफल से बड़ा होगा.

अतः अभीष्ट अनुपात 1 से बड़ा होगा.

61. समचतुर्भुज का क्षेत्रफल $=\left(\frac{1}{2}\times d_1\times d_2\right)$

$\therefore\ \frac{1}{2}\times 18\times x = 144 \Rightarrow 9x = 144 \Rightarrow x = 16.$

अतः दूसरा विकर्ण = 16 सेमी०.

62. समचतुर्भुज $ABCD$ में :

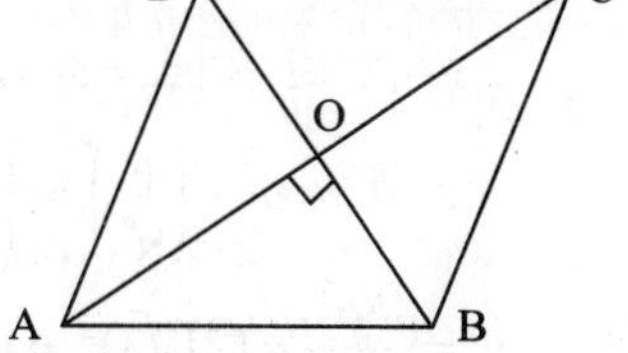

$OA = \frac{1}{2}\times AC = \left(\frac{1}{2}\times 8\right)$ सेमी० = 4 सेमी०

AB = 5 सेमी० (दिया है) तथा $\angle AOB = 90°$.

$\therefore\ OB^2 = (AB^2 - OA^2) = (5)^2 - (4)^2 = (25-16) = 9$

$\Rightarrow OB$ = 3 सेमी० $\Rightarrow BD$ = (2 × OB) = 6 सेमी०.

$\therefore$ समचतुर्भुज $ABCD$ का क्षेत्रफल $= \frac{1}{2}\times AC\times BC = \left(\frac{1}{2}\times 8\times 6\right)$ वर्ग सेमी० = 24 वर्ग सेमी०.

63. समलम्ब चतुर्भुज का क्षेत्रफल $= \frac{1}{2} \times$ (समान्तर भुजाओं का योग) × उनके बीच की दूरी

$$= \left\{\frac{1}{2} \times (1 \cdot 5 + 2 \cdot 5) \times 6 \cdot 5\right\} \text{ वर्ग मी॰} = 13 \text{ वर्ग मी॰}.$$

64. अभीष्ट क्षेत्रफल $= \frac{1}{4} \times \pi R^2$

$$= \left(\frac{1}{4} \times \frac{22}{7} \times 14 \times 14\right) \text{ मी॰}^2 = 154 \text{ मी॰}^2.$$

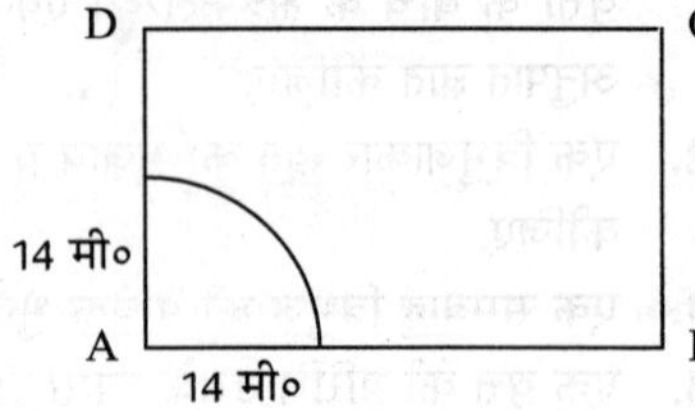

65. परिवृत्त की त्रिज्या, $R = \frac{abc}{4\Delta}$

$$\Rightarrow R = \left(\frac{8 \times 8 \times 8}{4 \times \frac{\sqrt{3}}{4} \times 8 \times 8}\right) = \frac{8}{\sqrt{3}}.$$

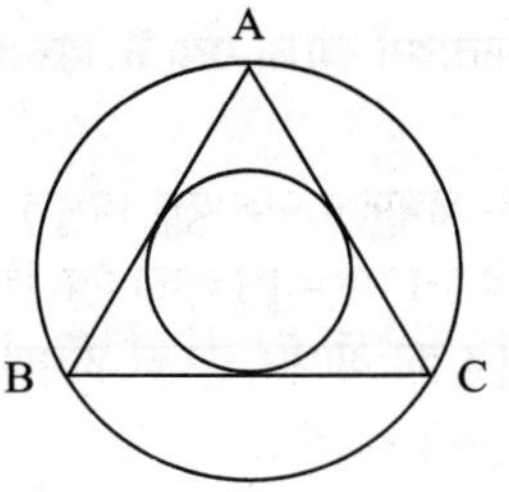

अन्त:वृत्त की त्रिज्या, $r = \frac{\Delta}{s}$

$$\Rightarrow r = \frac{\frac{\sqrt{3}}{4} \times 8 \times 8}{\frac{1}{2}(8+8+8)} = \frac{\sqrt{3} \times 16 \times 2}{24} = \frac{4}{\sqrt{3}}.$$

अभीष्ट क्षेत्रफल $= \pi(R^2 - r^2) = \frac{22}{7} \times \left(\frac{64}{3} - \frac{16}{3}\right) = \left(\frac{22}{7} \times 16\right)$ सेमी॰^{2}

$$= \frac{352}{7} \text{ सेमी॰}^2 = 50\frac{2}{7} \text{ सेमी॰}^2.$$

प्रश्नमाला 23B

1. एक आयताकार खेल का मैदान 160 मीटर लम्बा तथा 120 मीटर चौड़ा है. इसके चारों ओर अन्दर की ओर समान चौड़ाई का रास्ता बना है. यदि इस रास्ते का क्षेत्रफल 2176 वर्गमीटर हो, तो रास्ते की चौड़ाई ज्ञात कीजिए.

2. एक आयताकार मैदान की लम्बाई 31 मीटर तथा चौड़ाई 14 मीटर है. इसके बाहर चारों ओर 2 मीटर चौड़ा रास्ता बना है. इस रास्ते पर ₹ 7 प्रति वर्ग मीटर की दर से रोड़ी बिछाने का खर्च क्या होगा?

3. 80 मीटर लम्बे तथा 60 मीटर चौड़े एक आयताकार मैदान के बीचों-बीच परस्पर काटती हुई समान चौड़ाई वाली दो सड़कें हैं. यदि इन सड़कों का क्षेत्रफल 675 वर्ग मीटर हो, तो प्रत्येक सड़क की चौड़ाई कितनी है?

(एस॰एस॰सी॰ परीक्षा, 2001)

4. एक वर्गाकार मैदान की परिमिति एक वृत्ताकार मैदान की परिमिति के बराबर है. यदि वर्गाकार मैदान का क्षेत्रफल 3025 वर्ग मीटर हो, तो वृत्ताकार मैदान का क्षेत्रफल ज्ञात कीजिए.

5. किसी चतुर्भुज के एक विकर्ण की लम्बाई 30 सेमी॰ है तथा विपरीत शीर्ष बिन्दुओं से इस विकर्ण पर डाले गये लम्बों की लम्बाइयाँ क्रमश: 6·8 सेमी॰ तथा 9·6 सेमी॰ हैं. चतुर्भुज का क्षेत्रफल ज्ञात कीजिए.

6. एक तार को 28 सेमी॰ की त्रिज्या के वृत्त के आकार में मोड़ा गया है. इसे यदि वर्ग के आकार में मोड़ा जाये, तो इस वर्ग का क्षेत्रफल कितना होगा? **(एस॰एस॰सी॰ परीक्षा, 2004)**

7. एक वृत्त की त्रिज्या 35 सेमी॰ है. इसकी 44 सेमी॰ लम्बी चाप तथा दो त्रिज्याओं के बीच बने वृत्तखण्ड का क्षेत्रफल ज्ञात कीजिए.

8. एक वृत्त की 22 सेमी॰ लम्बी एक चाप केन्द्र पर 72° का कोण बनाती है. वृत्त की त्रिज्या ज्ञात कीजिए.

9. एक वृत्त की त्रिज्या 28 सेमी॰ है. इसकी एक चाप केन्द्र पर 72° का कोण बनाती है. इस चाप की लम्बाई ज्ञात कीजिए तथा इस प्रकार बने वृत्तखण्ड का क्षेत्रफल ज्ञात कीजिए.

10. बस के एक पहिये का व्यास 140 सेमी० है. 66 किमी० प्रति घण्टा की चाल के लिये यह पहिया प्रति मिनट कितने चक्कर लगायेगा ?

11. दो एक-केन्द्रीय वृत्तों में से बाहरी वृत्त का अर्द्धव्यास 24 सेमी० है. यदि अन्दर वाले वृत्त का क्षेत्रफल उन दोनों वृत्तों के बीच के क्षेत्रफल का एक-तिहाई हो, तो बाहर वाले वृत्त की परिधि का अन्दर वाले वृत्त की परिधि से अनुपात ज्ञात कीजिए. **(एस०एस०सी० परीक्षा, 2009)**

12. एक त्रिभुजाकार खेत की भुजायें क्रमश: 112 मीटर, 78 मीटर तथा 50 मीटर लम्बी हैं. इस खेत का क्षेत्रफल ज्ञात कीजिए.

13. एक समबाहु त्रिभुज की प्रत्येक भुजा 20 सेमी० लम्बी है. इस त्रिभुज की ऊँचाई ज्ञात कीजिए.

14. एक वृत्त की परिधि उसके व्यास से 16·8 सेमी० अधिक है. वृत्त की त्रिज्या कितनी है ? **(एस०एस०सी० परीक्षा, 2003)**

15. एक वृत्त में एक अन्त:वर्ग खींचा गया है. वृत्त के क्षेत्रफल का वर्ग के क्षेत्रफल से क्या अनुपात है ? **(एस०एस०सी० परीक्षा, 2003)**

16. एक समचतुर्भुज का क्षेत्रफल एक ऐसे त्रिभुज के क्षेत्रफल के बराबर है जिसका आधार 24·8 सेमी० तथा ऊँचाई 16·5 सेमी० हैं. यदि इस समचतुर्भुज का एक विकर्ण 22 सेमी० लम्बा हो, तो दूसरे विकर्ण की लम्बाई ज्ञात कीजिए.

17. एक समान्तर चतुर्भुज का आधार इसकी ऊँचाई का तिगुना है. यदि इसका क्षेत्रफल 108 वर्ग सेमी० हो तो इसका आधार तथा ऊँचाई ज्ञात कीजिए.

18. एक समलम्ब चतुर्भुज का क्षेत्रफल 352 वर्ग सेमी० है तथा इसकी समान्तर भुजाओं के बीच की दूरी 16 सेमी० है. यदि समान्तर भुजाओं में से एक भुजा 25 सेमी० लम्बी हो, तो दूसरी भुजा की लम्बाई ज्ञात कीजिए.

उत्तरमाला (प्रश्नमाला 23B)

1. 4 मीटर	**2.** ₹ 1372	**3.** 5 मीटर	**4.** 3850 वर्ग मीटर	**5.** 246 वर्ग मी०
6. 1936 वर्ग सेमी०	**7.** 770 वर्ग सेमी०	**8.** 17·5 सेमी०	**9.** 492·8 वर्ग सेमी०	**10.** 250
11. 2 : 1	**12.** 1680 वर्ग सेमी०	**13.** 17·32 वर्ग सेमी०	**14.** 3·92 सेमी०	**15.** 11 : 7
16. 18·6 सेमी०	**17.** 18 सेमी०, 6 सेमी०	**18.** 19 सेमी०		

दिये गये प्रश्नों के हल प्रश्नमाला 23B

1. मैदान की लम्बाई = 160 मीटर तथा चौड़ाई = 120 मीटर.

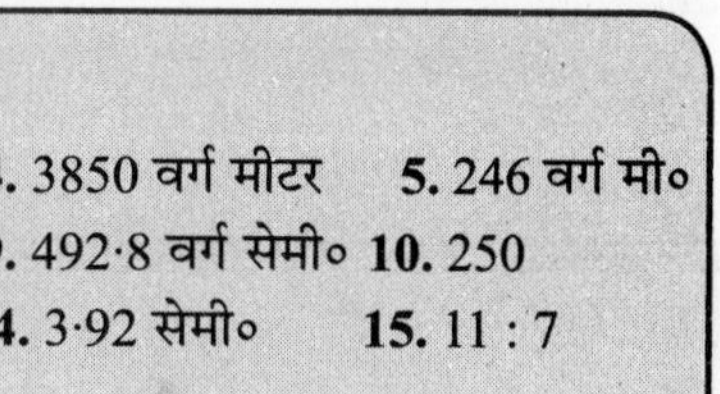

मैदान का क्षेत्रफल = (160 × 120) वर्ग मीटर = 19200 वर्ग मीटर.

माना रास्ते की चौड़ाई = x मीटर.

रास्ते को छोड़कर शेष मैदान की लम्बाई = $(160 - 2x)$ मी०

तथा चौड़ाई = $(120 - 2x)$ मी०.

रास्ते को छोड़कर मैदान का क्षेत्रफल = $(160 - 2x)(120 - 2x)$ वर्ग मीटर.

रास्ते का क्षेत्रफल = $[19200 - (160 - 2x)(120 - 2x)]$ वर्ग मीटर = $(560x - 4x^2)$ वर्ग मीटर.

$\therefore\ 560x - 4x^2 = 2176 \Rightarrow 4x^2 - 560x + 2176 = 0 \Rightarrow x^2 - 140x + 544 = 0$

$\Rightarrow x^2 - 136x - 4x + 544 = 0 \Rightarrow x(x-136) - 4(x-136) = 0$

$\Rightarrow (x-136)(x-4) = 0 \Rightarrow x = 4 \quad [\because x \neq 136]$

अत: रास्ते की चौड़ाई = 4 मीटर.

2. मैदान की लम्बाई = 31 मीटर तथा चौड़ाई = 14 मीटर.

रास्ते सहित मैदान की लम्बाई = (31 + 2 × 2) मीटर = 35 मीटर तथा चौड़ाई = (14 + 2 × 2) मी० = 18 मी०.

रास्ते का क्षेत्रफल = [(35 × 18) – (31 × 14)] वर्ग मी० = (630 – 434) वर्ग मी० = 196 वर्ग मी०.

रोड़ी बिछाने का खर्च = ₹ (196 × 7) = ₹ 1372.

3. माना प्रत्येक सड़क की चौड़ाई = 3 मीटर.

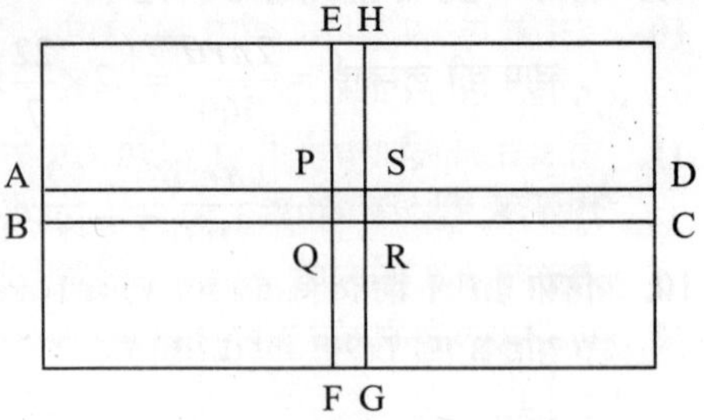

सड़कों का क्षेत्रफल = $ABCD + EFGH - PQRS$

$= (80 \times x + 60 \times x - x \times x)$ वर्ग मी॰.

$\therefore\ 80x + 60x - x^2 = 675 \Rightarrow x^2 - 140x + 675 = 0$

$\Rightarrow x^2 - 135x - 5x + 675 = 0$

$\Rightarrow x(x - 135) - 5(x - 135) = 0$

$\Rightarrow (x - 135)(x - 5) = 0 \Rightarrow x = 5.$

अत: सड़क की चौड़ाई = 5 मीटर.

4. वर्गाकार मैदान का क्षेत्रफल = 3025 वर्ग मी॰.

वर्गाकार मैदान की प्रत्येक भुजा $= \sqrt{3025} = 55$ मीटर.

5 | 3025 (55
  | 25
105 | 525
  | 525
  | x

वर्गाकार मैदान की परिमिति = (4 × 55) मीटर = 220 मीटर.

वृत्ताकार मैदान की परिमिति = 220 मीटर.

माना इस मैदान की त्रिज्या = R मीटर. तब,

$$2\pi R = 220 \Rightarrow 2 \times \frac{22}{7} \times R = 220 \Rightarrow R = \left(220 \times \frac{7}{44}\right) = 35 \text{ मीटर.}$$

वृत्ताकार मैदान का क्षेत्रफल $= \pi R^2 = \left(\frac{22}{7} \times 35 \times 35\right)$ वर्ग मी॰ = 3850 वर्ग मी॰.

5. माना दिया गया चतुर्भुज $ABCD$ है जिसमें $AC = 30$ सेमी॰

माना $BL \perp AC$ तथा $DM \perp AC$. तब, $BL = 6 \cdot 8$ सेमी॰ तथा $DM = 9{\cdot}6$ सेमी॰.

$ABCD$ का क्षेत्रफल = $\Delta\, ABC$ का क्षेत्रफल + $\Delta\, DAC$ का क्षेत्रफल

$$= \left(\frac{1}{2} \times AC \times BL\right) + \left(\frac{1}{2} \times AC \times DM\right)$$

$$= \left[\left(\frac{1}{2} \times 30 \times 6 \cdot 8\right) + \left(\frac{1}{2} \times 30 \times 9 \cdot 6\right)\right] \text{ वर्ग सेमी॰}$$

$$= \left[\frac{1}{2} \times 30 \times (6 \cdot 8 + 9 \cdot 6)\right] \text{ वर्ग सेमी॰}$$

$= (15 \times 16{\cdot}4)$ वर्ग सेमी॰ = 246 वर्ग सेमी॰.

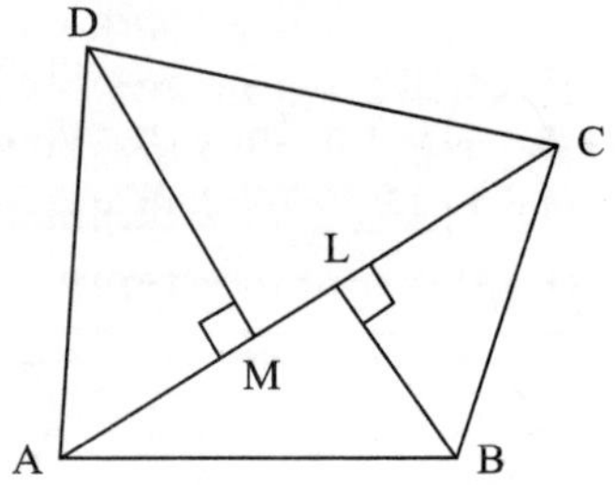

6. तार की लम्बाई = वृत्त की परिधि = $2\pi R$, जहाँ $R = 28$ सेमी॰.

वृत्त की परिधि $= 2\pi R = \left(2 \times \frac{22}{7} \times 28\right)$ सेमी॰ = 176 सेमी॰.

$\therefore$ वर्ग की परिमिति = 176 सेमी॰ $\Rightarrow$ वर्ग की प्रत्येक भुजा $= \frac{176}{4}$ सेमी॰ = 44 सेमी॰.

वर्ग का क्षेत्रफल = (44 × 44) वर्ग सेमी॰ = 1936 वर्ग सेमी॰.

7. माना केन्द्रीय कोण $= \theta^\circ$. तब, $\frac{2\pi R\theta}{360} = 44.$

$$\therefore\ 2 \times \frac{22}{7} \times 35 \times \frac{\theta}{360} = 44 \Rightarrow \theta = \left(\frac{44}{220} \times 360\right)^\circ = 72^\circ.$$

वृत्तखण्ड का क्षेत्रफल $= \frac{\pi R^2 \theta}{360} = \left(\frac{22}{7} \times \frac{35 \times 35 \times 72}{360}\right)$ वर्ग सेमी॰ = 770 वर्ग सेमी॰.

8. माना वृत्त की त्रिज्या = R सेमी॰. तब,

$$2 \times \frac{22}{7} \times R \times \frac{72}{360} = 22 \Rightarrow \frac{44R}{35} = 22 \Rightarrow R = \frac{22 \times 35}{44} \text{ सेमी॰} = 17{\cdot}5 \text{ सेमी॰.}$$

अत: वृत्त की त्रिज्या = 17·5 सेमी॰.

9. यहाँ $r = 28$ सेमी० तथा $\theta = 72°$.

$\therefore$ चाप की लम्बाई $= \frac{2\pi r\theta}{360} = \left(2\times\frac{22}{7}\times 28\times\frac{72}{360}\right)$ सेमी० $= 35{\cdot}2$ सेमी०.

वृत्तखण्ड का क्षेत्रफल $= \frac{\pi r^2\theta}{360} = \left(\frac{22}{7}\times 28\times 28\times\frac{72}{360}\right)$ वर्ग सेमी० $= 492{\cdot}8$ वर्ग सेमी०.

10. पहिया द्वारा 1 मिनट में तय की गई दूरी $= \frac{(66\times 1000\times 100)}{60}$ सेमी० $= 110000$ सेमी०.

इस पहिया की त्रिज्या $= 70$ सेमी०.

इस पहिया की परिधि $= 2\pi R = \left(2\times\frac{22}{7}\times 70\right)$ सेमी० $= 440$ सेमी०.

एक चक्कर में तय की गई दूरी $= 440$ सेमी०.

1 मिनट में लगाये गये चक्करों की संख्या $= \left(\frac{110000}{440}\right) = 250.$

11. माना अन्दर वाले वृत्त की त्रिज्या $= R$ सेमी०.

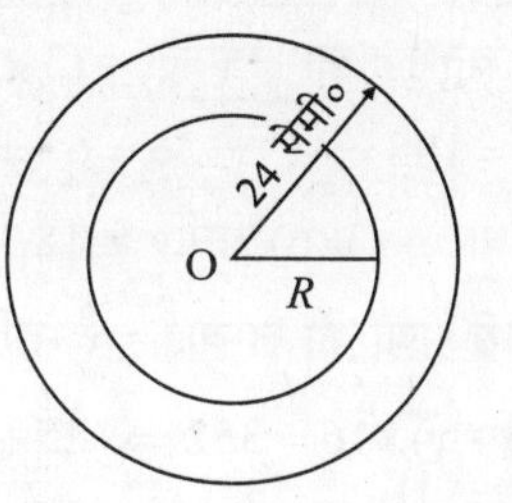

तब, $\pi R^2 = \frac{1}{3}\times\left[\pi\times(24)^2 - \pi R^2\right]$

$\Rightarrow \left(\pi R^2 + \frac{1}{3}\pi R^2\right) = 192\pi \Rightarrow \left(R^2 + \frac{1}{3}R^2\right) = 192$

$\Rightarrow \frac{4R^2}{3} = 192 \Rightarrow R^2 = \left(192\times\frac{3}{4}\right) = 144 = (12)^2$

$\Rightarrow R = 12$ सेमी०.

अभीष्ट अनुपात $= \frac{\text{बाहर वाले वृत्त की परिधि}}{\text{अन्दर वाले वृत्त की परिधि}} = \frac{2\pi\times 24}{2\pi\times 12} = \frac{2}{1} = 2:1.$

12. माना $a = 112$ मीटर, $b = 78$ मीटर, $c = 50$ मीटर.

$s = \frac{1}{2}(a+b+c) = \frac{1}{2}(112+78+50)$ मी० $= 120$ मीटर.

$(s-a) = (120-112)$ मी० $= 8$ मी०, $(s-b) = (120-78)$ मी० $= 42$ मी०,

$(s-c) = (120-50)$ मी० $= 70$ मी०.

$\therefore$ खेत का क्षेत्रफल $= \sqrt{s(s-a)(s-b)(s-c)} = \sqrt{120\times 8\times 42\times 70} = 1680$ वर्ग मी०.

13. दिये गये त्रिभुज का क्षेत्रफल $= \left(\frac{\sqrt{3}}{4}\times a^2\right) = \left(\frac{\sqrt{3}}{4}\times 20\times 20\right)$ वर्ग सेमी०

$= (1{\cdot}732\times 100)$ वर्ग सेमी० $= 173{\cdot}2$ वर्ग सेमी०.

माना त्रिभुज की ऊँचाई $= h$ सेमी०. तब $\frac{1}{2}\times 20\times h = 173{\cdot}2 \Rightarrow h = 17.32$ सेमी०.

अत: त्रिभुज की ऊँचाई $= 17{\cdot}32$ सेमी०.

14. माना दिये गये वृत्त की त्रिज्या $= R$ सेमी०. तब

$(2\pi R - 2R) = 16\cdot 8 \Rightarrow 2R(\pi - 1) = \frac{168}{10} \Rightarrow 2R\left(\frac{22}{7} - 1\right) = \frac{84}{5}$

$\Rightarrow 2R\times\frac{15}{7} = \frac{84}{5} \Rightarrow R = \left(\frac{84}{5}\times\frac{7}{30}\right) = \frac{98}{25} = 3\cdot 92.$

अत: दिये गये वृत्त की त्रिज्या $= 3{\cdot}92$ सेमी०.

15. माना वृत्त की त्रिज्या = R. तब, वर्ग का विकर्ण = $2R$.

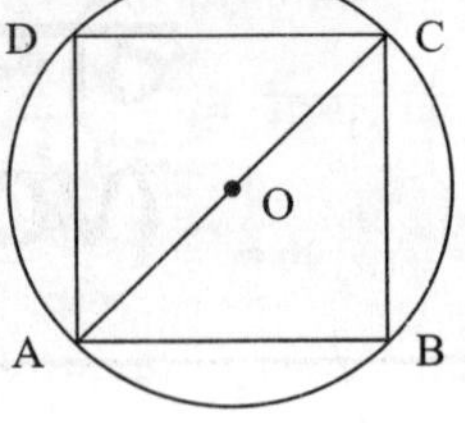

$$\frac{\text{वृत्त का क्षेत्रफल}}{\text{वर्ग का क्षेत्रफल}} = \frac{\pi R^2}{\frac{1}{2}\times(2R)^2} = \frac{\pi}{2} = \left(\frac{22}{7}\times\frac{1}{2}\right) = \frac{11}{7}.$$

अभीष्ट अनुपात = 11 : 7.

16. समचतुर्भुज का क्षेत्रफल = त्रिभुज का क्षेत्रफल

$$= \left(\frac{1}{2}\times 24\cdot 8\times 16\cdot 5\right) \text{ वर्ग सेमी॰} = 204\cdot 6 \text{ वर्ग सेमी॰}.$$

माना समचतुर्भुज का दूसरा विकर्ण = d सेमी॰.

तब, $\frac{1}{2}\times 22\times d = 204\cdot 6 \Rightarrow d = \frac{204\cdot 6}{11}$ सेमी॰ = 18·6 सेमी॰.

17. माना दिये गये समान्तर चतुर्भुज की ऊँचाई = x सेमी॰ तथा आधार = $3x$ सेमी॰.

तब, इस चतुर्भुज का क्षेत्रफल = $(3x \times x)$ वर्ग सेमी॰ = $(3x^2)$ वर्ग सेमी॰.

$\therefore\ 3x^2 = 108 \Rightarrow x^2 = 36 = 6^2 \Rightarrow x = 6.$

अतः आधार = (3×6) सेमी॰ = 18 सेमी॰ तथा ऊँचाई = 6 सेमी॰.

18. माना दूसरी भुजा की लम्बाई = x सेमी॰. तब,

$\frac{1}{2}\times(25+x)\times 16 = 352 \Rightarrow (25+x) = 44 \Rightarrow x = 19.$

अतः दूसरी भुजा की लम्बाई = 19 सेमी॰.

---

24 ठोस वस्तुओं के आयतन
(VOLUME OF SOLIDS)

सूत्र

1. घनाभ (CUBOID) : इसके छः फलक होते हैं तथा प्रत्येक फलक आयताकार होता है. माना घनाभ की लम्बाई = l सेमी॰, चौड़ाई = b सेमी॰ तथा ऊँचाई = h सेमी॰. तब,

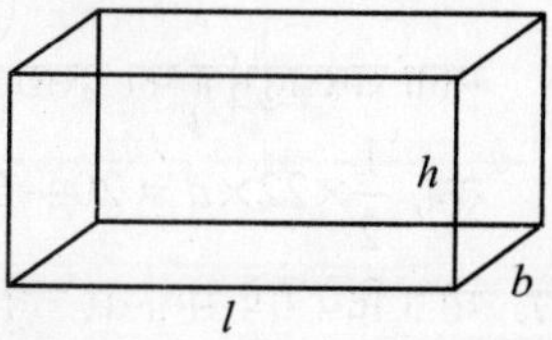

(*i*) घनाभ का आयतन = $(l \times b \times h)$ घन सेमी॰.

(*ii*) घनाभ का विकर्ण = $\sqrt{l^2 + b^2 + h^2}$ सेमी॰.

(*iii*) घनाभ के सम्पूर्ण पृष्ठ का क्षेत्रफल = $2\,(lb + bh + lh)$ वर्ग सेमी॰.

2. घन (CUBE) : इसके छः फलक होते हैं तथा प्रत्येक फलक वर्गाकार होता है.
माना घन की प्रत्येक भुजा = a सेमी॰. तब,

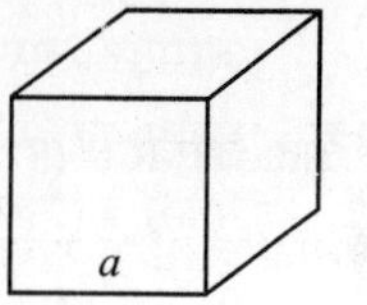

(*i*) घन का आयतन = a^3 घन सेमी॰.

(*ii*) घन के सम्पूर्ण पृष्ठ का क्षेत्रफल = $(6a^2)$ वर्ग सेमी॰.

(*iii*) घन का विकर्ण = $\left(\sqrt{3}a\right)$ सेमी॰.

3. बेलन (CYLINDER): माना बेलन के आधार की त्रिज्या = r सेमी॰
तथा बेलन की लम्बाई (अथवा ऊँचाई) = h सेमी॰. तब,

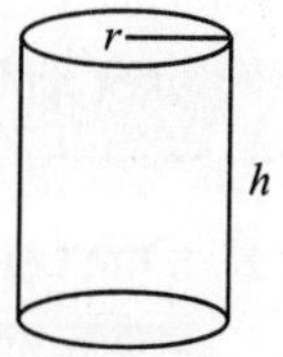

(*i*) बेलन का आयतन = $(\pi r^2 h)$ घन सेमी॰.

(*ii*) बेलन के वक्र-पृष्ठ का क्षेत्रफल = $(2\pi rh)$ वर्ग सेमी॰.

(*iii*) बेलन के सम्पूर्ण पृष्ठ का क्षेत्रफल = $(2\pi rh + 2\pi r^2)$ वर्ग सेमी॰.

4. शंकु (CONE) : माना शंकु के आधार की त्रिज्या = r सेमी॰, ऊँचाई = h सेमी॰ तथा तिर्यक ऊँचाई = l सेमी॰. तब,

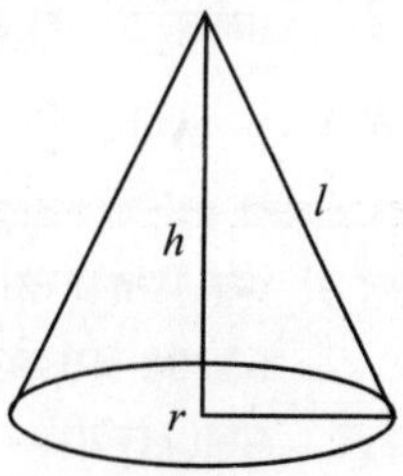

(*i*) $l = \sqrt{r^2 + h^2}$.

(*ii*) शंकु का आयतन = $\left(\frac{1}{3}\pi r^2 h\right)$ घन सेमी॰.

(*iii*) शंकु का वक्र पृष्ठ = (πrl) वर्ग सेमी॰.

(*iv*) शंकु का सम्पूर्ण पृष्ठ = $(\pi rl + \pi r^2)$ वर्ग सेमी॰.

5. गोला (SPHERE): माना किसी गोले की त्रिज्या = r सेमी॰. तब,

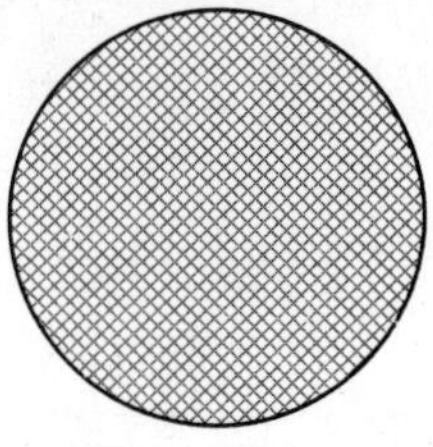

(*i*) गोले का आयतन = $\left(\frac{4}{3}\pi r^3\right)$ घन सेमी॰.

(*ii*) गोले का वक्र-पृष्ठ = $(4\pi r^2)$ वर्ग सेमी॰.

(*iii*) अर्द्ध-गोले का आयतन = $\left(\frac{2}{3}\pi r^3\right)$ घन सेमी॰.

(*iv*) अर्द्ध-गोले का सम्पूर्ण पृष्ठ = $3\pi r^2$ वर्ग सेमी॰.

6. शंकु का छिन्नक (FRUSTUM OF A CONE) :
माना किसी शंकु के छिन्नक के आधार तथा शीर्ष की त्रिज्यायें क्रमशः R सेमी॰ तथा r सेमी॰ हैं.
माना इसकी ऊँचाई = h सेमी॰ तथा तिर्यक ऊँचाई = l सेमी॰.

(*i*) शंकु के छिन्नक का आयतन $= \frac{\pi h}{3}(R^2 + r^2 + Rr)$ घन सेमी०.

(*ii*) तिर्यक भाग का क्षेत्रफल $= \pi l(R + r)$ वर्ग सेमी०,
जहाँ $l^2 = h^2 + (R - r)^2$.

(*iii*) छिन्नक के सम्पूर्ण पृष्ठ का क्षेत्रफल
= (आधार का क्षेत्रफल) + (शीर्ष भाग का क्षेत्रफल)
+ (वक्र पृष्ठ का क्षेत्रफल)
$= \left\{\pi R^2 + \pi r^2 + \pi l(R + r)\right\}$ वर्ग सेमी०
$= \pi[R^2 + r^2 + l(R + r)]$ वर्ग सेमी०.

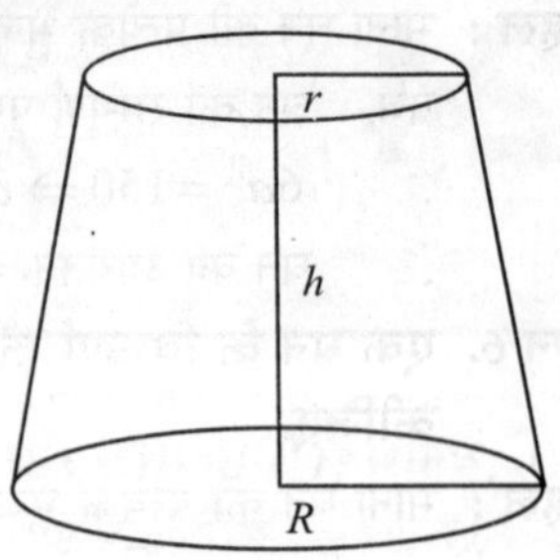

साधित उदाहरण

प्रश्न 1. एक घनाभ की लम्बाई, चौड़ाई तथा ऊँचाई क्रमशः 20 सेमी०, 12 सेमी० तथा 9 सेमी० है. इसका आयतन, सम्पूर्ण पृष्ठ तथा विकर्ण ज्ञात कीजिए.

हल : घनाभ का आयतन $= (l \times b \times h) = (20 \times 12 \times 9)$ सेमी०^3 $= 2160$ सेमी०^3.

घनाभ का सम्पूर्ण पृष्ठ $= 2 \times [(l \times b) + (b \times h) + (l \times h)]$
$= 2 \times [(20 \times 12) + (12 \times 9) + (20 \times 9)]$ सेमी०^2
$= [2 \times (240 + 108 + 180)]$ सेमी०^2 $= (2 \times 528)$ सेमी०^2 $= 1056$ सेमी०^2.

घनाभ का विकर्ण $= \sqrt{l^2 + b^2 + h^2}$
$= \sqrt{(20)^2 + (12)^2 + (9)^2} = \sqrt{400 + 144 + 81} = \sqrt{625} = 25$ सेमी०.

प्रश्न 2. 8 मीटर लम्बी, 6 मीटर ऊँची तथा 22.5 सेमी० चौड़ी एक दीवार को बनाने के लिए कितनी ईंटें चाहियें जबकि प्रत्येक ईंट 25 सेमी० लम्बी, 11.25 सेमी० चौड़ी तथा 6 सेमी० ऊँची हो?

हल : दीवार का आयतन $= (800 \times 600 \times 22.5)$ सेमी०^3.

प्रत्येक ईंट का आयतन $= (25 \times 11.25 \times 6)$ सेमी०^3.

$\therefore$ अभीष्ट ईंटों की संख्या $= \frac{\text{दीवार का आयतन}}{\text{प्रत्येक ईंट का आयतन}} = \left(\frac{800 \times 600 \times 22 \cdot 5}{25 \times 11 \cdot 25 \times 6}\right) = 6400$.

प्रश्न 3. एक घनाभ की लम्बाई, चौड़ाई तथा ऊँचाई का अनुपात 8 : 5 : 3 है तथा इसके सम्पूर्ण पृष्ठ का क्षेत्रफल 63200 वर्ग सेमी० है. इसका आयतन ज्ञात कीजिए.

हल : माना लम्बाई $= 8x$ सेमी०, चौड़ाई $= 5x$ सेमी० तथा ऊँचाई $= 3x$ सेमी०.

$\therefore$ घनाभ के सम्पूर्ण पृष्ठ का क्षेत्रफल $= 2 \times [(l \times b) + (b \times h) + (l \times h)]$ सेमी०^2
$= 2 \times [(8x \times 5x) + (5x \times 3x) + (8x \times 3x)]$ सेमी०^2 $= (158x)$ सेमी०^2.

$\therefore 158x = 63200 \Rightarrow x = \frac{63200}{158} = 400$.

अतः लम्बाई =3200 सेमी० =32 मी०, चौड़ाई =2000 सेमी० =20 मी०, ऊँचाई =1200 सेमी० =12 मी०.

$\therefore$ घनाभ का आयतन $= (32 \times 20 \times 12)$ घन मीटर $= 7680$ घन मीटर.

प्रश्न 4. एक घन की प्रत्येक भुजा 8 सेमी० लम्बी है. घन का आयतन, सम्पूर्ण पृष्ठ तथा विकर्ण ज्ञात कीजिए.

हल : घन का आयतन $= a^3 = (8 \times 8 \times 8)$ सेमी०^3 $= 512$ सेमी०^3.

घन का सम्पूर्ण पृष्ठ $= 6a^2 = (6 \times 8 \times 8)$ सेमी०^2 $= 384$ सेमी०^2.

घन का विकर्ण $= \sqrt{3}a = 8\sqrt{3}$ सेमी०.

प्रश्न 5. किसी घन का सम्पूर्ण पृष्ठ 150 वर्ग सेमी० है. इस घन का आयतन ज्ञात कीजिए.

हल : माना घन की प्रत्येक भुजा = a सेमी०.

तब, घन का सम्पूर्ण पृष्ठ $= 6a^2$ सेमी०^2.

$\therefore \quad 6a^2 = 150 \Rightarrow a^2 = 25 = 5^2 \Rightarrow a = 5$ सेमी०.

$\therefore$ घन का आयतन $= a^3 = 5^3 = 125$ सेमी०^3.

प्रश्न 6. एक घन के विकर्ण की लम्बाई $6\sqrt{3}$ सेमी० है. इसका आयतन तथा सम्पूर्ण पृष्ठ का क्षेत्रफल ज्ञात कीजिए.

हल : माना घन की प्रत्येक भुजा = a सेमी०. तब, घन का विकर्ण $= \sqrt{3}\, a$ सेमी०.

$\therefore \sqrt{3}\, a = 6\sqrt{3} \Rightarrow a = 6.$

अत: घन का आयतन $= a^3 = (6 \times 6 \times 6)$ सेमी०$^3 = 216$ सेमी०^3.

तथा घन का सम्पूर्ण पृष्ठ $= 6\,a^2 = (6 \times 6 \times 6)$ सेमी०$^2 = 216$ सेमी०^2.

प्रश्न 7. एक लम्बवृत्तीय बेलन की लम्बाई 80 सेमी० तथा आधार की त्रिज्या 3.5 सेमी० हैं. इस बेलन का आयतन, वक्रपृष्ठ तथा सम्पूर्ण पृष्ठ ज्ञात कीजिए.

हल : यहाँ $r = \frac{7}{2}$ सेमी० तथा $h = 80$ सेमी०.

बेलन का आयतन $= \pi r^2 h = \left(\frac{22}{7} \times \frac{7}{2} \times \frac{7}{2} \times 80\right)$ सेमी०$^3 = 3080$ सेमी०^3.

बेलन का वक्रपृष्ठ $= 2\pi rh = \left(2 \times \frac{22}{7} \times \frac{7}{2} \times 80\right)$ सेमी०$^2 = 1760$ सेमी०^2.

बेलन का सम्पूर्ण पृष्ठ $= \left(2\pi rh + 2\pi r^2\right) = 2\pi r(h + r)$

$$= \left[2 \times \frac{22}{7} \times \frac{7}{2} \times \left(80 + \frac{7}{2}\right)\right] \text{ सेमी०}^2 = (11 \times 167) \text{ सेमी०}^2 = 1837 \text{ सेमी०}^2.$$

प्रश्न 8. एक बेलनाकार टंकी की धारिता 1848 मीटर^3 तथा इसका व्यास 14 मीटर है. टंकी की गहराई ज्ञात कीजिए.

हल : दिया है : टंकी का अर्द्धव्यास $r = 7$ मीटर तथा टंकी की धरिता $= 1848$ मी^{3}.

माना टंकी की गहराई $= h$ मीटर. तब

$$\pi r^2 h = 1848 \Rightarrow \frac{22}{7} \times 7 \times 7 \times h = 1848 \Rightarrow h = \frac{1848}{154} = 12.$$

$\therefore$ टंकी की गहराई = 12 मीटर.

प्रश्न 9. लोहे के बने एक खोखले पाईप की लम्बाई 1 मीटर तथा इसकी अन्दरी चौड़ाई 3 सेमी० है. यह 1 सेमी० मोटी लोहे की चादर का बना है. यदि 1 घन सेमी० लोहे का भार 21 ग्राम हो, तो इस पाईप का भार कितना है?

हल : पाईप की अन्दरी त्रिज्या = 1·5 सेमी०, बाहरी त्रिज्या = 2·5 सेमी०.

लोहे का आयतन $= \{\pi \times (2.5)^2 \times 100 - \pi \times (1{\cdot}5)^2 \times 100\}$ घन सेमी०

$$= \pi \times 100 \times \{(2{\cdot}5)^2 - (1{\cdot}5)^2\} \text{ घन सेमी०}$$

$$= \left\{\frac{22}{7} \times 100 \times (2{\cdot}5 + 1{\cdot}5)\,(2{\cdot}5 - 1{\cdot}5)\right\} \text{ घन सेमी०}$$

$$= \left(\frac{22}{7} \times 100 \times 4 \times 1\right) \text{ घन सेमी०} = \frac{8800}{7} \text{ घन सेमी०}.$$

पाईप का भार $= \left(\frac{8800}{7} \times \frac{21}{1000}\right)$ किग्रा० = 26·4 किग्रा०.

प्रश्न 10. एक शंकु के आधार की त्रिज्या 21 सेमी० तथा ऊँचाई 28 सेमी० है. इसकी तिर्यक ऊँचाई, आयतन, वक्र-पृष्ठ का क्षेत्रफल तथा सम्पूर्ण पृष्ठ का क्षेत्रफल ज्ञात कीजिए.

हल : दिया है : $r = 21$ सेमी० तथा $h = 28$ सेमी०.

तिर्यक ऊँचाई, $l = \sqrt{r^2 + h^2} = \sqrt{(21)^2 + (28)^2} = \sqrt{1225} = 35$ सेमी०.

(i) शंकु का आयतन $= \frac{1}{3}\pi r^2 h = \left(\frac{1}{3} \times \frac{22}{7} \times 21 \times 21 \times 28\right)$ घन सेमी० = 12936 घन सेमी०.

(ii) वक्र-पृष्ठ का क्षेत्रफल $= \pi r l = \left(\frac{22}{7} \times 21 \times 35\right)$ वर्ग सेमी० = 2310 वर्ग सेमी०.

(iii) सम्पूर्ण पृष्ठ का क्षेत्रफल $= (\pi r l + \pi r^2) = \left(2310 + \frac{22}{7} \times 21 \times 21\right)$ वर्ग सेमी० = 3696 वर्ग सेमी०.

प्रश्न 11. एक शंक्वाकार तम्बू के आधार की त्रिज्या 7 मीटर तथा ऊँचाई 24 मीटर है. इसे बनाने में 1·25 मीटर चौड़ा कितना कपड़ा लगेगा ?

हल : यहाँ $r = 7$ मीटर तथा $h = 24$ मीटर.

$l = \sqrt{r^2 + h^2} = \sqrt{49 + 576} = \sqrt{625} = 25$ मीटर.

कपड़े का क्षेत्रफल $= \pi r l = \left(\frac{22}{7} \times 7 \times 25\right)$ वर्ग मीटर = 550 वर्ग मीटर.

कपड़े की चौड़ाई = 1·25 मीटर.

कपड़े की लम्बाई $= \frac{\text{क्षेत्रफल}}{\text{चौड़ाई}} = \frac{550}{1 \cdot 25}$ मीटर = 440 मीटर.

प्रश्न 12. दो लम्बवृत्तीय शंकुओं की ऊँचाई का अनुपात 1 : 2 है तथा इनके आधार की परिमिति का अनुपात 3 : 4 है. इनके आयतनों का अनुपात ज्ञात कीजिए.

हल : माना शंकुओं की ऊँचाई क्रमशः $h, 2h$ हैं तथा आधार की त्रिज्यायें क्रमशः r तथा R हैं. तब, $\frac{2\pi r}{2\pi R} = \frac{3}{4} \Rightarrow \frac{r}{R} = \frac{3}{4}$.

दिये गये शंकुओं के आयतनों का अनुपात $= \dfrac{\frac{1}{3}\pi r^2 h}{\frac{1}{3}\pi R^2 (2h)} = \frac{r^2}{2R^2} = \frac{1}{2} \cdot \left(\frac{r}{R}\right)^2 = \frac{1}{2} \times \left(\frac{3}{4}\right)^2 = \frac{9}{32}$.

अतः अभीष्ट अनुपात = 9 : 32.

प्रश्न 13. एक गोले की त्रिज्या 10·5 सेमी० है. इसका आयतन तथा सम्पूर्ण पृष्ठ ज्ञात कीजिए.

हल : यहाँ $r = \frac{21}{2}$ सेमी०.

गोले का आयतन $= \frac{4}{3}\pi r^3 = \left(\frac{4}{3} \times \frac{22}{7} \times \frac{21}{2} \times \frac{21}{2} \times \frac{21}{2}\right)$ घन सेमी० = 4851 घन सेमी०.

गोले के सम्पूर्ण पृष्ठ का क्षेत्रफल $= 4\pi r^2$

$= \left(4 \times \frac{22}{7} \times \frac{21}{2} \times \frac{21}{2}\right)$ वर्ग सेमी० = 1386 वर्ग सेमी०.

प्रश्न 14. एक गोले की त्रिज्या में 50% वृद्धि करने पर इसके आयतन में कितने प्रतिशत वृद्धि होगी तथा इसके सम्पूर्ण पृष्ठ के क्षेत्रफल में कितने प्रतिशत वृद्धि होगी ?

हल : माना गोले की प्रारम्भिक त्रिज्या = r.

तब इसका सम्पूर्ण पृष्ठ $= 4\pi r^2$.

नई त्रिज्या = r का 150% $= \left(r \times \frac{150}{100}\right) = \frac{3r}{2}$.

नया सम्पूर्ण पृष्ठ $= 4\pi \left(\frac{3r}{2}\right)^2 = 9\pi r^2$.

सम्पूर्ण पृष्ठ में वृद्धि $\% = \left(\dfrac{5\pi r^2}{4\pi r^2} \times 100\right)\% = 125\%.$

प्रश्न 15. एक गोले की त्रिज्या में 20% वृद्धि होने पर इसके आयतन में कितने प्रतिशत वृद्धि होगी?

हल : माना गोले की प्रारम्भिक त्रिज्या $= r$. तब, इसका आयतन $= \dfrac{4}{3}\pi r^3$.

नई त्रिज्या $= \left(r \times \dfrac{120}{100}\right) = \dfrac{6r}{5}$. नया आयतन $= \dfrac{4}{3}\pi\left(\dfrac{6r}{5}\right)^3 = \dfrac{216}{125}\left(\dfrac{4}{3}\pi r^3\right)$.

आयतन में वृद्धि $= \dfrac{4}{3}\pi r^3\left(\dfrac{216}{125} - 1\right) = \dfrac{4}{3}\pi r^3 \times \dfrac{91}{125}$.

आयतन में वृद्धि $\% = \left\{\dfrac{\frac{4}{3}\pi r^3}{\frac{4}{3}\pi r^3}\left(\dfrac{91}{125}\right) \times 100\right\}\% = \dfrac{364}{5}\% = 72 \cdot 8\%.$

प्रश्न 16. धातु के बने 28 सेमी० ऊँचे तथा 6 सेमी० त्रिज्या वाले ठोस बेलन को पिघलाकर गोलियाँ बनाई गई हैं जिनमें से प्रत्येक का व्यास 1·5 सेमी० है. इन गोलियों की संख्या कितनी है?

हल : बेलन का आयतन $= \pi R^2 H = (\pi \times 6 \times 6 \times 28)$ घन सेमी०.

एक गोली का अर्द्ध-व्यास $= \dfrac{3}{4}$ सेमी०.

1 गोली का आयतन $= \dfrac{4}{3}\pi r^3 = \dfrac{4}{3}\pi \times \left(\dfrac{3}{4}\right)^3 = \dfrac{9\pi}{16}$ घन सेमी०.

गोलियों की संख्या $= \dfrac{\text{बेलन का आयतन}}{\text{1 गोली का आयतन}} = \left(36 \times 28 \times \pi \times \dfrac{16}{9\pi}\right) = 1792.$

प्रश्न 17. जस्ते के बने एक गोले का व्यास 18 सेमी० है. इस गोले से 4 मिमी० व्यास की तार खींची गई है. इस तार की लम्बाई कितनी है?

हल : गोले का अर्द्धव्यास = 9 सेमी०.

गोले का आयतन $= \dfrac{4}{3}\pi R^3 = \left\{\dfrac{4}{3}\pi \times (9)^3\right\}$ घन सेमी०.

तार की त्रिज्या $= \dfrac{2}{10}$ सेमी० $= \dfrac{1}{5}$ सेमी०.

माना तार की लम्बाई $= x$ सेमी०. तब $\pi \times \dfrac{1}{5} \times \dfrac{1}{5} \times x = \dfrac{4}{3}\pi \times 9 \times 9 \times 9 \Rightarrow x = 24300$ सेमी० = 243 मीटर.

अत: तार की अभीष्ट लम्बाई = 243 मीटर.

प्रश्न 18. एक शंकु तथा एक गोले की बराबर त्रिज्या तथा बराबर आयतन हैं. गोले के व्यास तथा शंकु की ऊँचाई का अनुपात ज्ञात कीजिए.

हल : माना प्रत्येक की त्रिज्या $= R$ तथा शंकु की ऊँचाई $= h$. तब

$\dfrac{4}{3}\pi R^3 = \dfrac{1}{3}\pi R^2 h \Rightarrow \dfrac{R}{h} = \dfrac{1}{4} \Rightarrow \dfrac{2R}{h} = \dfrac{2}{4} = \dfrac{1}{2}.$ अभीष्ट अनुपात = 1 : 2.

प्रश्न 19. एक अर्द्ध गोले की त्रिज्या 10·5 सेमी० है. इसका आयतन, वक्र-पृष्ठ तथा सम्पूर्ण पृष्ठ का क्षेत्रफल ज्ञात कीजिए.

हल : दिया है : $r = \dfrac{21}{2}$ सेमी०.

(*i*) अर्द्ध-गोले का आयतन $= \dfrac{2}{3}\pi r^3 = \left(\dfrac{2}{3} \times \dfrac{22}{7} \times \dfrac{21}{2} \times \dfrac{21}{2} \times \dfrac{21}{2}\right)$ घन सेमी० $= \dfrac{4851}{2}$ घन सेमी०

= 2425.5 घन सेमी०.

(*ii*) अर्द्ध-गोले का वक्र-पृष्ठ $= 2\pi r^2 = \left(2\times\frac{22}{7}\times\frac{21}{2}\times\frac{21}{2}\right)$ वर्ग सेमी० = 693 वर्ग सेमी०.

(*iii*) अर्द्ध-गोले का सम्पूर्ण पृष्ठ $= 3\pi r^2 = \left(3\times\frac{22}{7}\times\frac{21}{2}\times\frac{21}{2}\right)$ वर्ग सेमी० = 1039·5 वर्ग सेमी०.

प्रश्न 20. एक शंकु, एक अर्द्ध-गोला तथा एक बेलन के बराबर आधार तथा बराबर ऊँचाई हैं. इनके आयतनों का अनुपात ज्ञात कीजिए.

हल : माना प्रत्येक की त्रिज्या = R = अर्द्ध गोले की ऊँचाई = बेलन की ऊँचाई.

(शंकु का आयतन) : (अर्द्ध गोले का आयतन) : (बेलन का आयतन)

$$= \left(\frac{1}{3}\pi R^2 \times R\right) : \left(\frac{2}{3}\pi R^3\right) : (\pi R^2 \times R) = \frac{1}{3} : \frac{2}{3} : 1 = 1 : 2 : 3.$$

अत: अभीष्ट अनुपात = 1 : 2 : 3.

प्रश्नमाला 24A

निम्नलिखित प्रश्नों में से प्रत्येक में ठीक उत्तर को चिन्हांकित (✓) कीजिए :

1. एक कमरा 12 मीटर लम्बा, 9 मीटर चौड़ा तथा 8 मीटर ऊँचा है. इसमें अधिकतम किस लम्बाई का बाँस रखा जा सकता है? **(एस०एस०सी० परीक्षा, 2008)**

(*a*) 17 मीटर (*b*) 16 मीटर (*c*) 15 मीटर (*d*) 14 मीटर

2. रीता और मीता दोनों के लंच बॉक्स घनाभाकार हैं. रीता के बॉक्स की लम्बाई तथा चौड़ाई मीता के बॉक्स से 10% अधिक है. परन्तु रीता के बॉक्स की गहराई मीता के बॉक्स से 20% कम है. रीता के बॉक्स की धारिता और मीता के बॉक्स की धारिता में क्या अनुपात है? **(होटल मैनेजमैंट परीक्षा, 2010)**

(*a*) 11 : 15 (*b*) 15 : 11 (*c*) 125 : 121 (*d*) 121 : 125

3. एक आयताकार जलाशय में 42000 लीटर जल है. यदि जलाशय की लम्बाई 6 मीटर तथा चौड़ाई 3·5 मीटर हो, तो जलाशय में जल की गहराई कितनी है? **(रेलवे परीक्षा, 2006)**

(*a*) 2 मीटर (*b*) 5 मीटर (*c*) 6 मीटर (*d*) 8 मीटर

4. एक कमरे की चौड़ाई इसकी ऊँचाई की दुगुनी तथा लम्बाई से आधी है. यदि कमरे का आयतन 512 घन मीटर हो, तो कमरे की लम्बाई कितनी है?

(*a*) 12 मीटर (*b*) 16 मीटर (*c*) 20 मीटर (*d*) 32 मीटर

5. 24 मीटर लम्बी, 8 मीटर ऊँची तथा 60 सेमी० चौड़ी दीवार बनाने के लिए 24 सेमी० लम्बी, 12 सेमी० चौड़ी तथा 8 सेमी० ऊँची कितनी ईंटें लगेंगी, जबकि दीवार के कुल आयतन का 10% भाग सीमेंट तथा रेत के मिश्रण से बना हो?

(*a*) 50000 (*b*) 45000 (*c*) 40000 (*d*) 25000

6. एक घनाभ के विकर्ण की नाप 28 सेमी० है तथा इसके तीनों कोरों की लम्बाई का योग 44 सेमी है. इस घनाभ के सम्पूर्ण पृष्ठ का क्षेत्रफल कितना होगा?

(*a*) 576 वर्ग सेमी० (*b*) 1152 वर्ग सेमी० (*c*) 1728 वर्ग सेमी० (*d*) 2304 वर्ग सेमी०

7. एक घनाभ का आयतन 210 घन सेमी० है तथा इसके सम्पूर्ण पृष्ठ का क्षेत्रफल 214 वर्ग सेमी० है. यदि इसके आधार का क्षेत्रफल 42 वर्ग सेमी० हो, तो इस घनाभ की विभायें हैं:

(*a*) 5 सेमी०, 4 सेमी०, 3 सेमी० (*b*) 6 सेमी०, 5 सेमी०, 4 सेमी०

(*c*) 7 सेमी०, 6 सेमी०, 5 सेमी० (*d*) 8 सेमी०, 7 सेमी०, 6 सेमी०

8. संगमरमर के एक आयताकार टुकड़े की चौड़ाई 28 सेमी० तथा मोटाई 5 सेमी० है. इस टुकड़े का भार 112 किग्रा० है. यदि 1 घन सेमी० संगमरमर का भार 25 ग्राम हो, तो टुकड़े की लम्बाई कितनी है?

(*a*) 36 सेमी० (*b*) 37.5 सेमी० (*c*) 32 सेमी० (*d*) 26·5 सेमी०

9. एक 45 मीटर चौड़ी तथा 2·5 मीटर गहरी नदी का बहाव 3·6 किमी०/घण्टा है. इससे कितना पानी प्रति मिनट समुद्र में गिरता है ?

(*a*) 6650 घन मीटर (*b*) 6750 घन मीटर (*c*) 6850 घन मीटर (*d*) 6950 घन मीटर

10. धातु के बने एक घनाभ का भार 16 किग्रा० है. यदि इसकी सभी विभाओं में से प्रत्येक को पहले का एक-चौथाई कर दें, तो नये घनाभ का भार कितना होगा ? **(मैट्रो रेलवे परीक्षा, 2003)**

(*a*) 0·25 किग्रा० (*b*) 0·50 किग्रा० (*c*) 0·75 किग्रा० (*d*) 1 किग्रा०

11. 1·5 हैक्टेयर के क्षेत्रफल के मैदान में 5 सेमी० गहरी वर्षा गिरने पर इक्कट्ठे हुये पानी का आयतन कितना होगा ?

(*a*) 75 घन मीटर (*b*) 750 घन मीटर (*c*) 7500 घन मीटर (*d*) 75000 घन मीटर

12. एक 0·6 घन मीटर की सोने की चादर को पीटकर इस प्रकार फैलाया गया है कि यह ठीक 1 हैक्टेयर क्षेत्रफल को पूरा का पूरा ढ़क लेती है. इस फैली हुई चादर की मोटाई कितनी है ?

(*a*) 6 मिमी० (*b*) 0.6 मिमी० (*c*) ·06 मिमी० (*d*) ·006 मिमी०

13. एक 24 सेमी० लम्बे, 14 सेमी० चौड़े तथा 7·5 सेमी० ऊँचे घनाभ का सम्पूर्ण पृष्ठ कितना है ?

(*a*) 2520 वर्ग सेमी० (*b*) 1260 वर्ग सेमी० (*c*) 1242 वर्ग सेमी० (*d*) 621 वर्ग सेमी०

14. एक घनाभ की लम्बाई, चौड़ाई तथा ऊँचाई का अनुपात 6 : 5 : 4 है. यदि इसका सम्पूर्ण पृष्ठ 33300 वर्ग सेमी० हो, तो इसका आयतन कितना होगा ?

(*a*) 45000 घन सेमी० (*b*) 455000 घन सेमी० (*c*) 405000 घन सेमी० (*d*) आँकड़े अपर्याप्त

15. तैरने के लिए बना एक तालाब 24 मीटर लम्बा तथा 15 मीटर चौड़ा है. कुछ व्यक्तियों के इस तालाब में डुबकी लगाने पर पानी के तल की ऊँचाई में 1 सेमी० की वृद्धि हो जाती है. यदि प्रत्येक व्यक्ति 0·1 घन मीटर पानी विस्थापित करे, तो तालाब में कितने व्यक्ति हैं ? **(मैनेजमैन्ट परीक्षा, 2005)**

(*a*) 32 (*b*) 36 (*c*) 42 (*d*) 46

16. एक आयताकार प्लाट 13·5 मीटर लम्बा तथा 2·5 मीटर चौड़ा है. इसमें एक आयताकार टंकी (5 मीटर × 4.5 मीटर × 2.1 मीटर) खोदी गई है. इसमें से निकाली गई मिट्टी को प्लाट के शेष भाग में समान रूप से बिछाया गया है. इससे प्लाट के धरातल की ऊँचाई में कितनी वृद्धि होगी ? **(मैनेजमैन्ट परीक्षा, 2005)**

(*a*) 4 मीटर (*b*) 4·1 मीटर (*c*) 4·2 मीटर (*d*) 4·3 मीटर

17. एक घनाभ के तीन आसन्न पृष्ठों के क्षेत्रफल क्रमशः x, y तथा z वर्ग इकाई हैं तथा इसका आयतन V घन इकाई है. तब, $xyz = ?$

(*a*) V (*b*) V^2 (*c*) $2V$ (*d*) $2V^2$

18. किसी घनाभ की माप 25 सेमी० × 20 सेमी० × 4 सेमी० है. एक घन का आयतन इस घनाभ के आयतन से आधा है. घन के सम्पूर्ण पृष्ठ का क्षेत्रफल कितना है ? **(एस०एस०सी० परीक्षा, 2007)**

(*a*) 400 सेमी०^2 (*b*) 600 सेमी०^2 (*c*) 800 सेमी०^2 (*d*) 1200 सेमी०^2

19. किसी घन के विकर्ण की लम्बाई 6 सेमी० है. घन का आयतन कितना होगा ?

(*a*) $18\sqrt{3}$ सेमी०^3 (*b*) $24\sqrt{3}$ सेमी०^3 (*c*) $28\sqrt{3}$ सेमी०^3 (*d*) $30\sqrt{3}$ सेमी०^3

(एस०एस०सी० परीक्षा, 2010)

20. एक घन के सम्पूर्ण पृष्ठ का क्षेत्रफल 13254 सेमी०^2 है. इसके विकर्ण की लम्बाई कितनी होगी ?

(*a*) $44\sqrt{3}$ सेमी० (*b*) $45\sqrt{3}$ सेमी० (*c*) $46\sqrt{3}$ सेमी० (*d*) $47\sqrt{3}$ सेमी०

21. एक घन का आयतन 512 सेमी०^3 है. इसका सम्पूर्ण पृष्ठ कितना होगा ?

(*a*) 192 सेमी०^2 (*b*) 256 सेमी०^2 (*c*) 320 सेमी०^2 (*d*) 384 सेमी०^2

22. 25 सेमी० भुजा वाले एक घन को पिघलाकर, 5 सेमी० भुजा वाले कितने घन बनेंगे ? **(रेलवे परीक्षा, 2004)**

(*a*) 100 (*b*) 120 (*c*) 125 (*d*) 150

23. लोहे के तीन घनों के सिरों की लम्बाई क्रमशः 6 सेमी०, 8 सेमी० तथा 10 सेमी० है. इन्हें पिघला कर बनाये गये घन की प्रत्येक भुजा की लम्बाई कितनी होगी ? **(मैनेजमैंट परीक्षा, 2008)**

(*a*) 12 सेमी० (*b*) 14 सेमी० (*c*) 16 सेमी० (*d*) 18 सेमी०

24. एक घन के सम्पूर्ण पृष्ठ का क्षेत्रफल 150 वर्ग सेमी० है. इसका आयतन कितना होगा ?
(*a*) 100 सेमी०^3 (*b*) 125 सेमी०^3 (*c*) 150 सेमी०^3 (*d*) 175 सेमी०^3

25. धातु के बने एक घन की प्रत्येक भुजा 12 सेमी० है. इसे पिघला कर तीन छोटे घनों में ढ़ाला गया है. यदि इनमें से दो घनों की भुजायें क्रमश: 6 सेमी० तथा 8 सेमी० हों, तो तीसरे घन की प्रत्येक भुजा की लम्बाई कितनी है ?
(*a*) 10 सेमी० (*b*) 12 सेमी० (*c*) 14 सेमी० (*d*) 18 सेमी०
(मैनेजमैन्ट परीक्षा, 2006)

26. 8 सेमी० कोर वाले दो घनों को उनके सिरों से मिलाने पर प्राप्त घनाभ का पृष्ठीय क्षेत्रफल कितना होगा ?
(*a*) 1440 वर्ग सेमी० (*b*) 830 वर्ग सेमी० (*c*) 640 वर्ग सेमी० (*d*) 560 वर्ग सेमी०
(एस०एस०सी० परीक्षा, 2006)

27. 125 घन सेमी० आयतन वाले तीन समान घनों को परस्पर साथ रखकर किनारे से इस प्रकार जोड़ा गया है कि एक घनाभ बन जाता है. इस घनाभ का कुल पृष्ठीय क्षेत्रफल कितना होगा ? **(बी०एड० प्रवेश परीक्षा, 2007)**
(*a*) 175 सेमी०^2 (*b*) 200 सेमी०^2 (*c*) 300 सेमी०^2 (*d*) 350 सेमी०^2

28. दो घनों के आयतनों का अनुपात 27 : 64 है. इनके सम्पूर्ण पृष्ठों के क्षेत्रफलों का अनुपात क्या होगा ?
(*a*) 3 : 8 (*b*) 3 : 4 (*c*) 9 : 16 (*d*) 27 : 64
(एस०एस०सी० परीक्षा, 2002)

29. एक घन की प्रत्येक भुजा में 50% वृद्धि करने पर इसके आयतन में कितनी वृद्धि होगी ?
(*a*) 50% (*b*) 150% (*c*) $133\frac{1}{3}$% (*d*) $237\frac{1}{2}$%
(एस०एस०सी० परीक्षा, 2009)

30. एक घन की प्रत्येक भुजा को दुगुना करने पर इसके सम्पूर्ण पृष्ठ के क्षेत्रफल में कितने प्रतिशत वृद्धि होगी ?
(*a*) 150% (*b*) 200% (*c*) 300% (*d*) 600%
(रेलवे परीक्षा, 2005)

31. एक बेलन के आधार की त्रिज्या 3·5 सेमी० तथा लम्बाई 8 सेमी० है. इस बेलन का सम्पूर्ण पृष्ठ कितना है ?
(*a*) 165 सेमी०^2 (*b*) 126·5 सेमी०^2 (*c*) 253 सेमी०^2 (*d*) 214·5 सेमी०^2

32. दो बेलनों की आधार त्रिज्यायें 2 : 3 के अनुपात में हैं तथा इनकी ऊँचाइयों का अनुपात 5 : 3 है. इनके आयतनों का अनुपात कितना है ? **(एस०एस०सी० परीक्षा, 2005)**
(*a*) 27 : 28 (*b*) 20 : 27 (*c*) 9 : 4 (*d*) 4 : 9

33. दो बेलनों की आधार त्रिज्यायें क्रमश: 3 : 5 के अनुपात में हैं तथा इनकी ऊँचाइयाँ क्रमश: 2 : 3 के अनुपात में हैं. इनके वक्रपृष्ठों के क्षेत्रफलों का अनुपात क्या होगा ? **(एस०एस०सी० परीक्षा, 2007)**
(*a*) 2 : 5 (*b*) 2 : 3 (*c*) 3 : 5 (*d*) 5 : 3

34. एक बेलनाकार स्तम्भ का वक्रपृष्ठ 264 वर्ग मीटर तथा आयतन 924 घन मीटर है. इसके व्यास का इसकी ऊँचाई से क्या अनुपात होगा ? **(एस०एस०सी० परीक्षा, 2005)**
(*a*) 7 : 6 (*b*) 6 : 7 (*c*) 3 : 7 (*d*) 7 : 3

35. एक बेलन के आधार का व्यास 42 सेमी० है तथा इसके वक्रपृष्ठ का क्षेत्रफल 1320 सेमी०^2 है. इस बेलन की ऊँचाई कितनी है ?
(*a*) 8 सेमी० (*b*) 9 सेमी० (*c*) 10 सेमी० (*d*) 12 सेमी०

36. एक लम्बवृत्तीय बेलन के आधार की त्रिज्या तथा ऊँचाई का अनुपात क्रमश: 2 : 3 है. यदि इसका आयतन 12936 सेमी०^3 हो, तो इस बेलन के सम्पूर्ण पृष्ठ का क्षेत्रफल कितना होगा ?
(*a*) 3080 सेमी०^2 (*b*) 38808 सेमी०^2 (*c*) 25872 सेमी०^2 (*d*) 2587·2 सेमी०^2

37. एक लम्बवृत्तीय बेलन की ऊँचाई 14 सेमी० है तथा इसका वक्रपृष्ठीय क्षेत्रफल 88 वर्ग सेमी० है. इसके आधार की त्रिज्या कितनी है ? **(एस०एस०सी० परीक्षा, 2008)**
(*a*) 4 सेमी० (*b*) 8 सेमी० (*c*) 1 सेमी० (*d*) 2 सेमी०

38. 0·75 सेमी० त्रिज्या तथा 0·2 सेमी० मोटाई वाले सिक्कों को पिघला कर 3 सेमी० त्रिज्या तथा 8 सेमी० ऊँचाई वाला एक लम्बवृत्तीय बेलन बनाने के लिए कितने सिक्कों की आवश्यकता होगी? **(एस०एस०सी० परीक्षा, 2010)**
(*a*) 640 (*b*) 600 (*c*) 500 (*d*) 480

39. एक लम्बवृत्तीय बेलन के आधार के अर्द्धव्यास तथा उसकी ऊँचाई में से प्रत्येक में 10% वृद्धि कर दिये जाने पर बेलन के आयतन में कितनी वृद्धि होगी? **(एस०एस०सी० परीक्षा, 2008)**
(*a*) 3·31% (*b*) 14·5% (*c*) 33·1% (*d*) 19·5%

40. यदि एक बेलन की ऊँचाई में 15% वृद्धि तथा इसके आधार के अर्द्धव्यास में 10% कमी कर दी जाये तो उसके वक्रपृष्ठ में कितना परिवर्तन होगा? **(एस०एस०सी० परीक्षा, 2006)**
(*a*) 3·5% की कमी (*b*) 3·5% की वृद्धि (*c*) 5% की वृद्धि (*d*) 5% की कमी

41. एक बेलनाकार खम्भे के वक्र-पृष्ठ का क्षेत्रफल 528 मी०^2 है तथा इसका आयतन 2772 मी०^3 है. खम्भे की ऊँचाई कितनी है?
(*a*) 10·5 मीटर (*b*) 7·5 मीटर (*c*) 8 मीटर (*d*) 5·25 मीटर

42. 3 सेमी० त्रिज्या वाले ताँबे के एक गोले को पीट पीट कर 0·2 सेमी० व्यास की एक तार में बदलें, तो इस तार की लम्बाई कितनी होगी? **(एस०एस०सी० परीक्षा, 2005)**
(*a*) 9 मीटर (*b*) 12 मीटर (*c*) 18 मीटर (*d*) 36 मीटर

43. दो बेलनों के बराबर आयतन हैं तथा इनकी ऊँचाइयों का अनुपात 1 : 3 है. इनकी त्रिज्याओं का अनुपात क्या होगा?
(*a*) $4:\sqrt{3}$ (*b*) $3:2\sqrt{3}$ (*c*) $2:\sqrt{3}$ (*d*) $3:\sqrt{3}$

44. एक बेलनाकार पाईप का अन्दरी व्यास 2 सेमी० है. इसमें से 6 मीटर प्रति सैकन्ड की दर से पानी बहकर एक बेलनाकार टंकी में गिरता है जिसके आधार की त्रिज्या 60 सेमी० है. 30 मिनट में इस टंकी में पानी के स्तर में कितनी वृद्धि होगी? **(मैनेजमैन्ट परीक्षा, 2006)**
(*a*) 2 मीटर (*b*) 3 मीटर (*c*) 4 मीटर (*d*) 5 मीटर

45. ताँबे की एक गोल छड़ 8 सेमी० लम्बी है तथा इसका व्यास 1 सेमी० है. इसे पिघला कर 18 मीटर लम्बी तथा समान व्यास की तार बनाई गई है. इस तार की त्रिज्या कितनी है? **(एस०एस०सी० परीक्षा, 2005)**
(*a*) $\frac{1}{15}$ सेमी० (*b*) $\frac{1}{30}$ सेमी० (*c*) $\frac{2}{15}$ सेमी० (*d*) $\frac{1}{5}$ सेमी०

46. एक आयताकार कागज का साइज 100 सेमी० × 44 सेमी० है. इस कागज को इसकी लम्बाई के अनुदिश मोड़कर एक बेलन बनाया जाता है. बेलन का आयतन कितना है? **(एस०एस०सी० परीक्षा, 2007)**
(*a*) 4400 घन सेमी० (*b*) 15400 घन सेमी० (*c*) 35000 घन सेमी० (*d*) 144 घन सेमी०

47. समान अर्द्धव्यास वाले एक लम्ब-वृत्तीय बेलन तथा एक गोले के आयतन बराबर हैं. गोले के व्यास का बेलन की ऊँचाई से अनुपात कितना है? **(एस०एस०सी० परीक्षा, 2007)**
(*a*) 3 : 2 (*b*) 2 : 3 (*c*) 1 : 2 (*d*) 2 : 1

48. एक ठोस बेलन के आधार का व्यास 16 सेमी० तथा ऊँचाई 2 सेमी० है. इसे पिघलाकर समान माप के 12 गोले बनाये गये हैं. प्रत्येक गोले का व्यास क्या होगा? **(एस०एस०सी० परीक्षा, 2005)**
(*a*) 2 सेमी० (*b*) 4 सेमी० (*c*) 3 सेमी० (*d*) $\sqrt{3}$ सेमी०

49. यदि किसी गोले के अर्द्धव्यास में 2 मीटर की वृद्धि कर दी जाये तो उसके पृष्ठीय क्षेत्रफल में 704 वर्ग मीटर की वृद्धि हो जाती है. गोले का प्रारम्भिक अर्द्धव्यास कितना है? **(एस०एस०सी० परीक्षा, 2010)**
(*a*) 16 मीटर (*b*) 15 मीटर (*c*) 14 मीटर (*d*) 13 मीटर

50. 1 सेमी०, 2 सेमी० तथा 3 सेमी० त्रिज्या की तीन गोलाकार गेंदों को पिघलाकर एक नई गेंद बनाई गई है. इस प्रक्रिया में 25% सामग्री नष्ट हुई है. नई गेंद की त्रिज्या कितनी है? **(एस०एस०सी० परीक्षा, 2010)**
(*a*) 6 सेमी० (*b*) 5 सेमी० (*c*) 3 सेमी० (*d*) 2 सेमी०

51. यदि दो गोलों के अर्द्धव्यास क्रमश: 3 : 2 के अनुपात में हों तो उनके आयतनों का अनुपात क्या होगा?
(*a*) 9 : 4 (*b*) 3 : 2 (*c*) 8 : 27 (*d*) 27 : 8
(एस०एस०सी० परीक्षा, 2007)

52. यदि दो गोलों के अर्द्धव्यास क्रमश: 1 : 4 के अनुपात में हों तो उनके पृष्ठीय क्षेत्रफलों का अनुपात क्या होगा?

(*a*) 1 : 2 (*b*) 1 : 4 (*c*) 1 : 8 (*d*) 1 : 16

(एस०एस०सी० परीक्षा, 2007)

53. r सेमी० त्रिज्या वाली गोलीय खोखली गेंद के अन्तर्गत बड़े से बड़े घन का आयतन कितना होगा?

(*a*) $\frac{2r^2}{\sqrt{3}}$ सेमी०^3 (*b*) $\frac{4r^2}{3}$ सेमी०^3 (*c*) $\frac{8r^3}{3\sqrt{3}}$ सेमी०^3 (*d*) $\frac{r^3}{3\sqrt{3}}$ सेमी०^3

(होटल मैनेजमेंट परीक्षा, 2009)

54. एक गोले का आयतन 4851 सेमी०^3 है. इसके वक्र पृष्ठ का क्षेत्रफल कितना होगा?

(*a*) 1716 सेमी०^2 (*b*) 1386 सेमी०^2 (*c*) 1625 सेमी०^2 (*d*) 3087 सेमी०^2

55. एक गोले के वक्र-पृष्ठ का क्षेत्रफल 5544 सेमी०^2 है. इसका आयतन कितना है?

(*a*) 38808 सेमी०^3 (*b*) 42304 सेमी०^3 (*c*) 22176 सेमी०^3 (*d*) 33951 सेमी०^3

56. एक घन तथा एक गोले के सम्पूर्ण पृष्ठ समान हैं. इनके आयतनों का अनुपात क्या होगा?

(*a*) $\sqrt{\pi} : \sqrt{6}$ (*b*) $\sqrt{\pi} : \sqrt{2}$ (*c*) $\sqrt{\pi} : \sqrt{3}$ (*d*) इनमें से कोई नहीं

57. एक शंकु तथा एक गोले की समान त्रिज्यायें तथा समान आयतन हैं. गोले के व्यास तथा शंकु की ऊँचाई का अनुपात क्या होगा?

(*a*) 3 : 1 (*b*) 1 : 3 (*c*) 6 : 1 (*d*) 1 : 2

58. एक बेलन तथा एक शंकु की त्रिज्याओं का अनुपात 3 : 4 है तथा इनकी ऊँचाइयों का अनुपात 2 : 3 है. इनके आयतनों का अनुपात क्या होगा?

(*a*) 9 : 8 (*b*) 3 : 4 (*c*) 8 : 9 (*d*) 4 : 3

59. दो शंकुओं के आयतनों का अनुपात 1 : 4 है तथा इनके व्यास 4 : 5 के अनुपात में हैं. इनकी ऊँचाइयों का अनुपात क्या होगा?

(*a*) 1 : 5 (*b*) 5 : 4 (*c*) 5 : 16 (*d*) 25 : 64

60. दो शंकुओं की ऊँचाइयों का अनुपात 1 : 3 है तथा उनके आधार के व्यास 3 : 5 के अनुपात में हैं. इनके आयतनों का अनुपात क्या होगा?

(*a*) 1 : 5 (*b*) 5 : 9 (*c*) 3 : 25 (*d*) इनमें से कोई नहीं

61. समान व्यास तथा समान ऊँचाई वाले एक बेलन, एक शंकु तथा एक गोले के आयतनों का अनुपात क्या होगा?

(*a*) 1 : 3 : 2 (*b*) 2 : 3 : 1 (*c*) 3 : 1 : 2 (*d*) 3 : 2 : 1

62. यदि एक गोले, एक बेलन तथा एक शंकु की त्रिज्यायें समान हों तथा इनके सम्पूर्ण पृष्ठ समान हों, तो इनकी ऊँचाइयों का अनुपात क्या होगा?

(*a*) $2:1:2\sqrt{2}$ (*b*) $\sqrt{2}:1:2$ (*c*) $2:1:3\sqrt{2}$ (*d*) $6\sqrt{2}:3\sqrt{3}:4$

63. एक शंकु, एक अर्द्ध गोला तथा एक बेलन के समान आधार तथा समान ऊँचाइयाँ हैं. इनके आयतनों का अनुपात क्या होगा?

(*a*) 1 : 2 : 3 (*b*) 2 : 1 : 3 (*c*) 2 : 3 : 1 (*d*) 3 : 2 : 1

64. एक लम्ब-वृत्तीय शंकु की ऊँचाई में 200% की वृद्धि तथा उसके आधार के अर्द्धव्यास में 50% की कमी करने पर शंकु के आयतन में क्या परिवर्तन होगा? **(एस०एस०सी० परीक्षा, 2006)**

(*a*) 25% की वृद्धि (*b*) 50% की वृद्धि (*c*) 25% की कमी (*d*) कोई परिवर्तन नहीं

65. एक समकोण त्रिभुज की भुजायें 3 सेमी०, 4 सेमी०, 5 सेमी० लम्बी हैं. यदि इसे 3 सेमी० वाली भुजा के अनुदिश घुमाया गया हो, तो इस तरह से बने शंकु का आयतन क्या होगा? **(एस०एस०सी० परीक्षा, 2007)**

(*a*) (16π) सेमी०^3 (*b*) (12π) सेमी०^3 (*c*) (15π) सेमी०^3 (*d*) (20π) सेमी०^3

66. यदि किसी लम्बवृत्तीय शंकु के आधार की त्रिज्या तथा उसकी ऊँचाई में से प्रत्येक में 10% की वृद्धि कर दी जाये तो शंकु के आयतन में कितने प्रतिशत वृद्धि होगी? **(एस०एस०सी० परीक्षा, 2010)**

(*a*) 20% (*b*) 33·1% (*c*) 44·2% (*d*) 100%

67. 9 सेमी० ऊँचाई तथा 18 सेमी० आधार के व्यास वाला एक शंकु एक 9 सेमी० त्रिज्या वाले लकड़ी के ठोस गोले से काट लिया जाता है. इस प्रक्रिया में नष्ट हुई लकड़ी कितने प्रतिशत है ? **(रेलवे परीक्षा, 2006)**

(*a*) 55% (*b*) 65% (*c*) 75% (*d*) 60%

68. 3 सेमी० त्रिज्या वाली एक गोलाकार गेंद को पिघलाकर तीन गोलाकार गेंदें बनाई जाती हैं. इनमें से दो गेंदों की त्रिज्यायें क्रमशः 1·5 सेमी० तथा 2 सेमी० हैं. तीसरी गेंद की त्रिज्या कितनी है ? **(एस०एस०सी० परीक्षा, 2006)**

(*a*) 0·5 सेमी० (*b*) 1 सेमी० (*c*) 1·5 सेमी० (*d*) 2·5 सेमी०

69. एक अर्द्ध-गोलाकार आकृति के बर्तन की आन्तरिक त्रिज्या 9 सेमी० है. यह बर्तन किसी द्रव से भरा है. इस द्रव को छोटी बेलनाकार बोतलों से भरा गया है. यदि प्रत्येक बोतल के आधार का व्यास 3 सेमी० तथा ऊँचाई 4 सेमी० हो, तो ऐसी कितनी बोतलों की आवश्यकता होगी ?

(*a*) 27 (*b*) 35 (*c*) 54 (*d*) 63

70. एक अर्द्ध गोले तथा एक शंकु के आधार की त्रिज्यायें बराबर हैं. यदि इनकी ऊँचाइयाँ भी समान हों, तो उनके वक्रपृष्ठों के क्षेत्रफलों का अनुपात क्या होगा ? **(एस०एस०सी० परीक्षा, 2005)**

(*a*) $1:\sqrt{2}$ (*b*) $\sqrt{2}:1$ (c) 1 : 2 (d) 2 : 1

71. धातु के बने 10·5 सेमी० त्रिज्या वाले एक गोले को पिघलाकर छोटे-छोटे लम्ब-वृत्तीय शंकुओं में ढ़ाला गया है. यदि प्रत्येक शंकु के आधार की त्रिज्या 3·5 सेमी० तथा ऊँचाई 3 सेमी० हो, तो ऐसे शंकुओं की संख्या कितनी होगी ? **(एस०एस०सी० परीक्षा, 2005)**

(*a*) 105 (*b*) 113 (*c*) 126 (*d*) 135

72. 5 मिमी० व्यास के एक बेलनाकार पाईप द्वारा पानी 10 मीटर प्रति मिनट की गति से बहकर एक शंक्वाकार बर्तन में गिरता है, जिसके आधार का व्यास 40 सेमी० तथा ऊँचाई 24 सेमी० है. कितनी देर में यह बर्तन पानी से भर जायेगा ?

(*a*) 48 मिनट 15 सै० (*b*) 51 मिनट 12 सै० (*c*) 52 मिनट 1 सै० (*d*) 55 मिनट

73. एक लम्बवृत्तीय बेलन एक अर्द्धगोले के परिगत इस प्रकार है कि इनके आधार उभयनिष्ठ हैं. इनके आयतनों में क्या अनुपात है ? **(एस०एस०सी० परीक्षा, 2010)**

(*a*) 1 : 3 (*b*) 1 : 2 (*c*) 2 : 3 (*d*) 3 : 4

74. यदि r त्रिज्या के एक गोले को समान चार भागों में विभक्त किया जाये, तो चारों भागों का सम्पूर्ण पृष्ठीय क्षेत्रफल कितना होगा ? **(एस०एस०सी० परीक्षा, 2010)**

(*a*) $4\pi r^2$ वर्ग इकाई (*b*) $2\pi r^2$ वर्ग इकाई (*c*) $8\pi r^2$ वर्ग इकाई (*d*) $3\pi r^2$ वर्ग इकाई

उत्तरमाला (प्रश्नमाला 24A)

1. (*a*)	**2.** (*d*)	**3.** (*a*)	**4.** (*b*)	**5.** (*b*)	**6.** (*b*)	**7.** (*c*)	**8.** (*c*)	**9.** (*b*)	**10.** (*a*)
11. (*b*)	**12.** (*c*)	**13.** (*c*)	**14.** (*c*)	**15.** (*b*)	**16.** (*c*)	**17.** (*b*)	**18.** (*b*)	**19.** (*b*)	**20.** (*d*)
21. (*d*)	**22.** (*c*)	**23.** (*a*)	**24.** (*b*)	**25.** (*a*)	**26.** (*c*)	**27.** (*d*)	**28.** (*c*)	**29.** (*d*)	**30.** (*c*)
31. (*c*)	**32.** (*b*)	**33.** (*a*)	**34.** (*d*)	**35.** (*c*)	**36.** (*a*)	**37.** (*c*)	**38.** (*a*)	**39.** (*c*)	**40.** (*b*)
41. (*c*)	**42.** (*d*)	**43.** (*d*)	**44.** (*b*)	**45.** (*b*)	**46.** (*b*)	**47.** (*a*)	**48.** (*b*)	**49.** (*d*)	**50.** (*c*)
51. (*d*)	**52.** (*d*)	**53.** (*c*)	**54.** (*b*)	**55.** (*a*)	**56.** (*a*)	**57.** (*d*)	**58.** (*a*)	**59.** (*d*)	**60.** (*c*)
61. (*c*)	**62.** (*a*)	**63.** (*a*)	**64.** (*c*)	**65.** (*a*)	**66.** (*b*)	**67.** (*c*)	**68.** (*d*)	**69.** (*c*)	**70.** (*b*)
71. (*c*)	**72.** (*b*)	**73.** (*d*)	**74.** (*c*)						

दिये गये प्रश्नों के हल | प्रश्नमाला 24A

1. बाँस की अभीष्ट लम्बाई = कमरे के विकर्ण की लम्बाई

$$= \sqrt{l^2 + b^2 + h^2} = \sqrt{(12)^2 + (9)^2 + (8)^2} = \sqrt{144 + 81 + 64}$$

$$= \sqrt{289} = 17 \text{ मीटर.}$$

2. माना मीता के बॉक्स की लम्बाई, चौड़ाई तथा ऊँचाई क्रमश: x, y तथा z है.

तब रीता के बॉक्स की लम्बाई, चौड़ाई तथा ऊँचाई क्रमश: $\frac{110x}{100}, \frac{110y}{100}, \frac{80z}{100}$ अर्थात $\frac{11x}{10}, \frac{11y}{10}, \frac{4z}{5}$

$$\therefore \frac{\text{रीता के बॉक्स की धारिता}}{\text{मीता के बॉक्स की धारिता}} = \frac{\left(\frac{11x}{10}\times\frac{11y}{10}\times\frac{4z}{5}\right)}{xyz} = \frac{121}{125}.$$

अभीष्ट अनुपात = 121 : 125.

3. जलाशय का आयतन = 42000 लीटर = 42 घन मीटर.

माना जलाशय की गहराई = x मीटर. तब,

$$6\times3\cdot5\times x = 42 \Rightarrow 21\,x = 42 \Rightarrow x = 2.$$

अत: जलाशय की गहराई = 2 मीटर.

4. माना ऊँचाई = x मीटर. तब, चौड़ाई = $2\,x$ मीटर तथा लम्बाई = $4\,x$ मीटर.

कमरे का आयतन = $(4\,x \times 2\,x \times x)$ घन मीटर $= 8\,x^3$ घन मीटर.

$\therefore\ 8\,x^3 = 512 \Rightarrow x^3 = 64 = (4)^3 \Rightarrow x = 4.$

अत: कमरे की लम्बाई = $4\,x$ मीटर = (4×4) मीटर = 16 मीटर.

5. दीवार का कुल आयतन = $(2400 \times 800 \times 60)$ घन सेमी०.

दीवार में लगी ईंटों का कुल आयतन $= \left(2400\times800\times60\times\frac{90}{100}\right)$ घन सेमी०.

1 ईंट का आयतन = $(24 \times 12 \times 8)$ घन सेमी०.

ईंटों की संख्या $= \left(2400\times800\times60\times\frac{90}{100}\times\frac{1}{24\times12\times8}\right) = 45000.$

6. विकर्ण $= \sqrt{l^2+b^2+h^2} = 28$ तथा $(l + b + h) = 44.$

अब, $(l^2 + b^2 + h^2) = (l + b + h)^2 - 2(lb + bh + lh)$

$\Rightarrow\ (28)^2 = (44)^2 -$ (सम्पूर्ण पृष्ठ का क्षेत्रफल)

$\Rightarrow$ सम्पूर्ण पृष्ठ का क्षेत्रफल = $[(44)^2 - (28)^2]$ वर्ग सेमी० = $(44 + 28)\,(44 - 28)$ वर्ग सेमी०

= (72×16) वर्ग सेमी० = 1152 वर्ग सेमी०.

7. $lbh = 210,\ 2(lb+bh+lh) = 214$ तथा $lb = 42.$

$$\therefore\ h = \frac{lbh}{lb} = \frac{210}{42} = 5.$$

अत: $2(42+5b+5l) = 214 \Rightarrow 42+5(l+b) = 107 \Rightarrow 5(l+b) = 65 \Rightarrow l+b = 13.$

$(l-b)^2 = (l+b)^2 - 4lb = (13)^2 - (4\times42) = (169-168) = 1 \Rightarrow (l-b) = 1.$

$(l+b=13)$ तथा $(l-b)=1$ को हल करने पर, $l = 7$ तथा $b = 6.$

अत: घनाभ की विभायें हैं 7 सेमी०, 6 सेमी० तथा 5 सेमी०.

8. माना टुकड़े की लम्बाई = x सेमी०. तब, आयतन = $(x \times 28 \times 5)$ घन सेमी०.

टुकड़े का भार $= \left(x\times28\times5\times\frac{25}{1000}\right)$ किग्रा०. $= \frac{7x}{2}$ किग्रा०.

$$\therefore\ \frac{7x}{2} = 112 \Rightarrow x = \frac{(112\times2)}{7} = 32.$$

अत: टुकड़े की लम्बाई = 32 सेमी०.

9. पानी का बहाव $= \frac{3\cdot6\times1000}{60}$ मीटर/मिनट = 60 मीटर/मिनट.

पानी का अभीष्ट आयतन $= \left(60\times45\times\frac{25}{10}\right)$ घन मीटर = 6750 घन मीटर.

10. माना दिये गये घनाभ की लम्बाई $= x$ मी०, चौड़ाई $= y$ मी० तथा ऊँचाई $= z$ मी०.

घनाभ का आयतन $= xyz$ घन मी०.

नई लम्बाई $= \frac{x}{4}$ मी०, नई चौड़ाई $= \frac{y}{4}$ मी०, नई ऊँचाई $= \frac{z}{4}$ मी०.

नये घनाभ का आयतन $= \left(\frac{x}{4}\times\frac{y}{4}\times\frac{z}{4}\right)$ घन मी० $= \frac{xyz}{64}$ घन मी०.

नये घनाभ का भार $= \left(\frac{1}{64}\times 16\right)$ किग्रा० $= \frac{1}{4}$ किग्रा० $= 0.25$ किग्रा०.

11. मैदान का क्षेत्रफल $= (1\cdot 5 \times 10000)$ वर्ग मी० $= 15000$ वर्ग मी०, गहराई $= \frac{5}{100}$ मीटर.

पानी का आयतन = (क्षेत्रफल × गहराई) $= \left(15000\times\frac{5}{100}\right)$ घन मीटर $= 750$ घन मीटर.

12. चादर का आयतन $= 0.6$ घन मी० $= (0.6 \times 100 \times 100 \times 100)$ घन सेमी०.

चादर का क्षेत्रफल $= 1$ हैक्टेयर $= 10000$ वर्ग मी० $= (10000 \times 100 \times 100)$ वर्ग सेमी०.

चादर की मोटाई $= \frac{\text{आयतन}}{\text{क्षेत्रफल}} = \frac{0\cdot 6\times 100\times 100\times 100}{10000\times 100\times 100}$ सेमी० $= \frac{0\cdot 6\times 10}{100}$ मिमी० $= 0\cdot 06$ मिमी०.

13. दिये गये घनाभ का सम्पूर्ण पृष्ठ $= 2(lb + bh + lh)$

$= 2 \times (24 \times 14 + 14 \times 7.5 + 24 \times 7.5)$ वर्ग सेमी० $= 1242$ वर्ग सेमी०.

14. माना लम्बाई $= 6\,x$ सेमी०, चौड़ाई $= 5\,x$ सेमी० तथा ऊँचाई $= 4\,x$ सेमी०. तब,

घनाभ का सम्पूर्ण पृष्ठ $= 2[(6x\times 5x)+(5x\times 4x)+(6x\times 4x)]$ वर्ग सेमी० $= (148x^2)$ वर्ग सेमी०.

$\therefore\ 148x^2 = 33300 \Rightarrow x^2 = 225 = (15)^2 \Rightarrow x = 15.$

$\therefore$ लम्बाई $= 90$ सेमी०, चौड़ाई $= 75$ सेमी० तथा ऊँचाई $= 60$ सेमी०

घनाभ का आयतन $= (90 \times 75 \times 60)$ घन सेमी० $= 405000$ घन सेमी०.

15. माना कुल डुबकी लगाने वालों की संख्या $= x$. तब,

$x\times 0\cdot 1 = 24\times 15\times\frac{1}{100} \Rightarrow x\times\frac{1}{10} = \frac{18}{5} \Rightarrow x = \left(\frac{18}{5}\times 10\right) \Rightarrow x = 36.$

अत: अभीष्ट व्यक्तियों की संख्या $= 36$.

16. दिये गये प्लाट का क्षेत्रफल $= \left(\frac{27}{2}\times\frac{5}{2}\right)$ वर्ग मीटर $= \frac{135}{4}$ वर्ग मीटर.

आयताकार टंकी का क्षेत्रफल $= \left(5\times\frac{9}{2}\right)$ वर्ग मीटर $= \frac{45}{2}$ वर्ग मीटर.

शेष जगह का क्षेत्रफल $= \left(\frac{135}{4}-\frac{45}{2}\right)$ वर्ग मीटर $= \frac{45}{4}$ वर्ग मीटर.

निकाली गई मिट्टी का आयतन $= \left(5\times\frac{9}{2}\times\frac{21}{10}\right)$ घन मीटर $= \frac{189}{4}$ घन मीटर.

ऊँचाई में वृद्धि $= \left(\frac{189}{4}\times\frac{4}{45}\right)$ मीटर $= \frac{21}{5}$ मीटर $= 4\cdot 2$ मीटर.

17. दिया है $lb = x, bh = y$ तथा $lh = z.$

$\therefore\ xyz = (lb)\times(bh)\times(lh) = (lbh)^2 = V^2.$

18. घन का आयतन $= \frac{1}{2}(25\times 20\times 4)$ सेमी०^3 $= (1000)$ सेमी०^3 $= (10)^3$ सेमी०^3.

घन की प्रत्येक भुजा $= 10$ सेमी०.

घन का सम्पूर्ण पृष्ठ $= 6a^2 = (6\times 10\times 10)$ सेमी०^2 $= 600$ सेमी०^2.

19. घन का विकर्ण $= \sqrt{3}a$. अत: $\sqrt{3}a = 6 \Rightarrow a = \frac{6}{\sqrt{3}} = \frac{3\times 2}{\sqrt{3}} = 2\sqrt{3}$ सेमी०.

घन का आयतन $= a^3 = (2\sqrt{3})^3 = (8\times 3\times\sqrt{3}) = 24\sqrt{3}$ सेमी०^3.

20. माना घन की प्रत्येक भुजा = a सेमी०. तब इसका सम्पूर्ण पृष्ठ $= 6a^2$ सेमी०^2.

$\therefore\ 6a^2 = 13254 \Rightarrow a^2 = 2209 = (47)^2 \Rightarrow a = 47$ सेमी०.

विकर्ण की लम्बाई $= \sqrt{3}a$ सेमी० $= 47\sqrt{3}$ सेमी०.

4	$\overline{22}\ \overline{09}$ (47
	16
87	609
	609
	X

21. माना घन की प्रत्येक भुजा = a सेमी०. तब, इसका आयतन $= a^3$ सेमी०^3.

$\therefore\ a^3 = 512 = (8)^3 \Rightarrow a = 8.$

अत: सम्पूर्ण पृष्ठ $= 6a^2 = (6\times 8\times 8)$ सेमी०^2 $= 384$ सेमी०^2.

22. बड़े घन का आयतन = $(25 \times 25 \times 25)$ सेमी०^3.

प्रत्येक छोटे घन का आयतन = $(5 \times 5 \times 5)$ सेमी०^3.

छोटे घनों की संख्या $= \frac{(25\times 25\times 25)}{(5\times 5\times 5)} = 125.$

23. नये घन का आयतन $= \left[(6)^3 + (8)^3 + (10)^3\right]$ सेमी०^3 $= (216 + 512 + 1000)$ सेमी०^3 $= 1728$ सेमी०^3.

नये घन की प्रत्येक भुजा $= (1728)^{\frac{1}{3}} = \sqrt[3]{2^3 \times 6^3} = (2 \times 6)$ सेमी० = 12 सेमी०.

24. माना घन की प्रत्येक भुजा = a सेमी०. तब, सम्पूर्ण पृष्ठ $= 6a^2$ सेमी०^2.

$\therefore\ 6a^2 = 150 \Rightarrow a^2 = 25 = (5)^2 \Rightarrow a = 5.$

घन का आयतन $= a^3 = 5^3 = 125$ सेमी०^3.

25. माना तीसरे घन की प्रत्येक भुजा = a सेमी०. तब

$$(12)^3 = (6)^3 + (8)^3 + a^3 \Rightarrow a^3 = (1728) - (216 + 512) = (1728 - 728) = 1000$$

$$\Rightarrow a^3 = (10)^3 \Rightarrow a = 10 \text{ सेमी०}.$$

अत: घन की प्रत्येक भुजा = 10 सेमी०.

26. घनाभ की लम्बाई = 16 सेमी०, चौड़ाई = 8 सेमी० तथा ऊँचाई = 8 सेमी०.

$\therefore$ घनाभ का पृष्ठीय क्षेत्रफल $= 2(lb + bh + lh)$

$= 2(16\times 8 + 8\times 8 + 16\times 8)$ सेमी०^2 $= 2(128 + 64 + 128)$ सेमी०^2 $= 640$ सेमी०^2.

27. प्रत्येक घन का आयतन = 125 सेमी०^3 = $(5)^3$ सेमी०^3.

प्रत्येक घन की प्रत्येक भुजा = 5 सेमी०.

नये घनाभ की लम्बाई = (3×5) सेमी० = 15 सेमी०, चौड़ाई = 5 सेमी०, ऊँचाई = 5 सेमी०.

$\therefore$ इस घनाभ का कुल पृष्ठीय क्षेत्रफल = $2\ (lb + bh + lh)$

$= 2\ (15 \times 5 + 5 \times 5 + 15 \times 5)$ सेमी०^2 $= 2\ (75 + 25 + 75)$ सेमी०^2 $= 350$ सेमी०^2.

28. माना इन घनों की भुजायें क्रमश: a तथा b हैं. तब,

$\frac{a^3}{b^3} = \frac{27}{64} = \frac{3^3}{4^3} \Rightarrow \frac{a}{b} = \frac{3}{4}.$

इनके सम्पूर्ण पृष्ठों के क्षेत्रफलों का अनुपात $= \frac{6a^2}{6b^2} = \frac{a^2}{b^2} = \left(\frac{a}{b}\right)^2 = \left(\frac{3}{4}\right)^2 = \frac{9}{16} = 9 : 16.$

29. माना घन की प्रत्येक भुजा = a. तब, इसका आयतन $= a^3$.

नये घन की प्रत्येक भुजा $= \left(a\times\frac{150}{100}\right) = \frac{3a}{2}$. नये घन का आयतन $= \left(\frac{3a}{2}\right)^3 = \frac{27a^3}{8}$.

आयतन में वृद्धि $=\left(\frac{27a^3}{8}-a^3\right)=\frac{19a^3}{8}$.

आयतन में वृद्धि $\%=\left(\frac{19a^3}{8}\times\frac{1}{a^3}\times100\right)\%=\frac{475}{2}\%=237\frac{1}{2}\%$.

30. माना घन की प्रत्येक भुजा = a. तब, इसका सम्पूर्ण पृष्ठ $=6a^2$.
नये घन की प्रत्येक भुजा = $2a$. नये घन का सम्पूर्ण पृष्ठ $=6\times(2a)^2=24a^2$.
सम्पूर्ण पृष्ठ में वृद्धि $=(24a^2-6a^2)=18a^2$.
सम्पूर्ण पृष्ठ में वृद्धि $\%=\left(\frac{18a^2}{6a^2}\times100\right)\%=300\%$.

31. यहाँ $r=\frac{7}{2}$ सेमी० तथा $h=8$ सेमी०,
बेलन का सम्पूर्ण पृष्ठ $=(2\pi rh+2\pi r^2)=2\pi r(h+r)$
$=\left[2\times\frac{22}{7}\times\frac{7}{2}\times\left(8+\frac{7}{2}\right)\right]$ सेमी०^2 $=\left(22\times\frac{23}{2}\right)$ सेमी०^2 $=253$ सेमी०^2.

32. माना बेलनों की आधार त्रिज्यायें क्रमशः $2x$ तथा $3x$ हैं तथा इनकी ऊँचाईयाँ क्रमशः $5y$ तथा $3y$ हैं. तब,
इनके आयतनों का अनुपात $=\frac{\pi\times(2x)^2\times5y}{\pi\times(3x)^2\times3y}=\frac{20}{27}=20:27$.

33. माना बेलनों की आधार त्रिज्यायें क्रमशः $3x$ तथा $5x$ हैं तथा इनकी ऊँचाईयाँ क्रमशः $2y$ तथा $3y$ हैं. तब,
इनके वक्रपृष्ठों के क्षेत्रफलों का अनुपात $=\frac{2\pi\times3x\times2y}{2\pi\times5x\times3y}=\frac{2}{5}=2:5$.

34. माना स्तम्भ का अर्द्धव्यास = r मीटर तथा ऊँचाई = h मीटर.
तब, $\frac{\text{वक्रपृष्ठ}}{\text{आयतन}}=\frac{264}{924}\Rightarrow\frac{2\pi rh}{\pi r^2h}=\frac{2}{7}\Rightarrow r=7$ मीटर.
$2\pi rh=264\Rightarrow2\times\frac{22}{7}\times7\times h=264\Rightarrow h=\frac{264}{44}=6$.
$\therefore$ व्यास : ऊँचाई $=2r:h=14:6=7:3$.

35. दिया है $2r=42$ तथा $2\pi rh=1320$.
$\therefore\ 2\times\frac{22}{7}\times21\times h=1320\Rightarrow132h=1320\Rightarrow h=10$ सेमी०.

36. माना $r=2x$ सेमी० तथा $h=3x$ सेमी०.
तब, $\pi r^2h=12936\Rightarrow\frac{22}{7}\times4x^2\times3x=12936\Rightarrow x^3=\left(\frac{12936\times7}{22\times12}\right)=(7)^3\Rightarrow x=7$.
$\therefore r=14$ सेमी० तथा $h=21$ सेमी०.
अतः सम्पूर्ण पृष्ठ $=(2\pi rh+2\pi r^2)=2\pi r(h+r)$
$=\left[2\times\frac{22}{7}\times14\times(21+14)\right]$ सेमी०^2 $=3080$ सेमी०^2.

37. दिया है : $h=14$ सेमी० तथा $2\pi rh=88$.
$\therefore\ 2\times\frac{22}{7}\times r\times14=88\Rightarrow r=1$.
अतः बेलन के आधार की त्रिज्या = 1 सेमी०.

38. प्रत्येक सिक्के के लिए, $r=\frac{75}{100}$ सेमी० $=\frac{3}{4}$ सेमी० तथा $h=\frac{2}{10}$ सेमी० $=\frac{1}{5}$ सेमी०.

प्रत्येक सिक्के का आयतन $= \pi r^2 h = \left(\pi \times \frac{9}{16} \times \frac{1}{5}\right)$ सेमी॰$^3 = \frac{9\pi}{80}$ सेमी॰^{3}.

माना सिक्कों की अभीष्ट संख्या $= n$.

बनाये जाने वाले बेलन का आयतन $= \pi R^2 H = [\pi \times (3)^2 \times 8]$ सेमी॰^{3} $= 72\,\pi$ सेमी॰^{3}.

$\therefore\ n \times \frac{9\pi}{80} = 72\pi \Rightarrow n = \left(\frac{72 \times 80}{9}\right) = 640.$

अत: सिक्कों की अभीष्ट संख्या = 640.

39. माना बेलन के आधार की त्रिज्या $= r$ तथा ऊँचाई $= h$.

तब, बेलन का आयतन $= \pi r^2 h$.

नया आधार $= \left(r \times \frac{110}{100}\right) = \frac{11r}{10}$, नई ऊँचाई $= \left(h \times \frac{110}{100}\right) = \frac{11h}{10}$.

नये बेलन का आयतन $= \pi \times \left(\frac{11r}{10}\right)^2 \times \left(\frac{11h}{10}\right) = \left(\frac{1331}{1000}\right)\pi r^2 h.$

आयतन में वृद्धि $= \left(\frac{1331}{1000}\pi r^2 h - \pi r^2 h\right) = \left(\frac{331}{1000}\right)\pi r^2 h.$

आयतन में वृद्धि % $= \left(\frac{331}{1000} \times \pi r^2 h \times \frac{1}{\pi r^2 h} \times 100\right)\% = \frac{331}{10}\% = 33 \cdot 1\%.$

40. माना बेलन के आधार की त्रिज्या $= r$ तथा ऊँचाई $= h$.

तब, बेलन का वक्रपृष्ठ $= 2\pi rh$.

नये आधार की त्रिज्या $= \left(r \times \frac{90}{100}\right) = \frac{9r}{10}$, नई ऊँचाई $= \left(h \times \frac{115}{100}\right) = \frac{23h}{20}$.

नये बेलन का वक्रपृष्ठ $= \left(2\pi \times \frac{9r}{10} \times \frac{23h}{20}\right) = \frac{207}{200}(2\pi rh)$.

वक्रपृष्ठ में वृद्धि $= \left(\frac{207}{200} - 1\right)(2\pi rh) = \frac{7}{200}(2\pi rh)$.

वक्रपृष्ठ में वृद्धि % $= \left(\frac{7}{200} \times 2\pi rh \times \frac{1}{2\pi rh} \times 100\right)\% = \frac{7}{2}\% = 3 \cdot 5\%.$

41. दिया है : $2\pi rh = 528$ तथा $\pi r^2 h = 2772$.

$\frac{\pi r^2 h}{2\pi rh} = \frac{2772}{528} = 5 \cdot 25 \Rightarrow r = 10 \cdot 5 = \frac{21}{2}.$

$\therefore\ 2 \times \frac{22}{7} \times \frac{21}{2} \times h = 528 \Rightarrow h = \frac{528}{66} = 8.$

अत: खम्भे की ऊँचाई = 8 मीटर.

42. माना तार की अभीष्ट लम्बाई $= x$ मीटर. गोले की त्रिज्या = 0·1 सेमी॰ $= \frac{1}{1000}$ मी॰.

तब, तार का आयतन = गोले का आयतन

$\Rightarrow \pi \times \left(\frac{1}{1000}\right)^2 \times x = \frac{4}{3}\pi \times \left(\frac{3}{100}\right)^3 \Rightarrow x = \left(\frac{4}{3} \times \frac{27}{1000000} \times 1000000\right)$ मीटर = 36 मीटर.

43. माना दिये गये बेलनों की त्रिज्यायें क्रमश: R तथा r हैं तथा ऊँचाईयाँ क्रमश: h तथा $3h$ हैं. तब

$\pi R^2 h = \pi r^2 (3h) \Rightarrow \frac{R^2}{r^2} = \frac{3}{1} \Rightarrow \frac{R}{r} = \frac{\sqrt{3}}{1} = \frac{3}{\sqrt{3}} \Rightarrow R : r = 3 : \sqrt{3}.$

44. 1 सैकण्ड में गिरने वाले पानी का आयतन $= \left\{\pi \times \left(\frac{1}{100}\right)^2 \times 6\right\}$ घन मीटर.

30 मिनट में गिरने वाले पानी का आयतन $= \left(\pi \times \frac{1}{100} \times \frac{1}{100} \times 6 \times 60 \times 30\right)$ घन मीटर

$= \frac{108\pi}{100}$ घन मीटर $= \frac{27\pi}{25}$ घन मीटर.

माना पानी के स्तर में वृद्धि $= x$ मीटर. तब

$$\pi \times \left(\frac{60}{100}\right)^2 \times x = \frac{27\pi}{25} \Rightarrow \frac{9}{25}x = \frac{27}{25} \Rightarrow x = \left(\frac{27}{25} \times \frac{25}{9}\right) = 3.$$

अतः पानी के स्तर में वृद्धि = 3 मीटर.

45. माना तार की त्रिज्या $= r$ सेमी०. तब

$$\pi \times \left(\frac{1}{2}\right)^2 \times 8 = \pi r^2 \times 1800 \Rightarrow r^2 = \frac{1}{900} = \left(\frac{1}{30}\right)^2 \Rightarrow r = \frac{1}{30}.$$

अतः तार की त्रिज्या $= \frac{1}{30}$ सेमी०.

46. माना बेलन के आधार की त्रिज्या $= r$ सेमी०. तब

$$2\pi r = 44 \Rightarrow 2 \times \frac{22}{7} \times r = 44 \Rightarrow r = \left(44 \times \frac{7}{44}\right) = 7 \text{ सेमी०}.$$

अतः $r = 7$ तथा $h = 100$.

$$\therefore V = \pi r^2 h = \left(\frac{22}{7} \times 7 \times 7 \times 100\right) \text{ सेमी०}^3 = 15400 \text{ सेमी०}^3.$$

अतः बेलन का आयतन = 15400 घन सेमी०.

47. माना प्रत्येक का अर्द्धव्यास $= r$ इकाई तथा बेलन की ऊँचाई $= h$ इकाई. तब,

$$\pi r^2 h = \frac{4}{3}\pi r^3 \Rightarrow r = \frac{3}{4}h \Rightarrow 2r = \frac{3}{2}h.$$

(गोले का व्यास) : (बेलन की ऊँचाई) $= \frac{2r}{h} = \frac{3}{2} = 3:2.$

48. बेलन का आयतन $= \pi R^2 H = (\pi \times 8 \times 8 \times 2)$ सेमी०^3 $= (128\pi)$ सेमी०^3.

माना प्रत्येक गोले का व्यास $= 2r$ सेमी०.

तब, प्रत्येक गोले का आयतन $= \left(\frac{4}{3}\pi r^3\right)$ सेमी०^3.

$$\therefore 12 \times \left(\frac{4}{3}\pi r^3\right) = 128\pi \Rightarrow r^3 = 8 = 2^3 \Rightarrow r = 2.$$

अतः प्रत्येक गोले का व्यास $= 2r = 4$ सेमी०.

49. माना गोले का प्रारम्भिक अर्द्धव्यास $= r$ मीटर.

तब, गोले का पृष्ठीय क्षेत्रफल $= (4\pi r^2)$ वर्ग मीटर.

गोले का नया अर्द्धव्यास $= (r + 2)$ मीटर.

$\therefore$ नये गोले का पृष्ठीय क्षेत्रफल $= 4\pi(r+2)^2$ वर्ग मीटर.

$$\therefore 4\pi(r+2)^2 - 4\pi r^2 = 704$$

$$\Rightarrow 4\pi(r^2 + 4r + 4) - 4\pi r^2 = 704$$

$$\Rightarrow 16\pi r + 16\pi = 704 \Rightarrow 16\pi(r+1) = 704$$

$$\Rightarrow 16 \times \frac{22}{7} \times (r+1) = 704 \Rightarrow (r+1) = \left(704 \times \frac{7}{16 \times 22}\right) = 14 \Rightarrow r = 13.$$

$\therefore$ गोले का प्रारम्भिक अर्द्धव्यास = 13 मीटर.

50. तीनों गेंदों को पिघलाने पर प्राप्त आयतन $= \left[\frac{4}{3}\pi\times(1)^3+\frac{4}{3}\pi\times(2)^3+\frac{4}{3}\pi\times(3)^3\right]$ सेमी॰ ^{3}

$= \frac{4}{3}\pi\times\{1+8+27\}$ सेमी॰ ^{3} $= (48\pi)$ सेमी॰ ^{3}.

इनसे बची सामग्री $= \left(48\pi\times\frac{75}{100}\right)$ सेमी॰ ^{3} $= (36\pi)$ सेमी॰ ^{3}.

माना नई गेंद की त्रिज्या $= r$ सेमी॰.

$\therefore \frac{4}{3}\pi r^3 = 36\pi \Rightarrow r^3 = \left(36\times\frac{3}{4}\right) = 27 = 3^3 \Rightarrow r = 3$ सेमी॰.

अत: नई गेंद की त्रिज्या = 3 सेमी॰.

51. माना गोलों के अर्द्धव्यास क्रमश: $3x$ तथा $2x$ हैं. तब,

इन गोलों के आयतनों का अनुपात $= \frac{\frac{4}{3}\pi\,(3x)^3}{\frac{4}{3}\pi\,(2x)^3} = \frac{27x^3}{8x^3} = \frac{27}{8} = 27:8.$

52. माना गोलों के अर्द्धव्यास क्रमश: x तथा $4x$ हैं. तब,

इनके पृष्ठीय क्षेत्रफलों का अनुपात $= \frac{4\pi(x)^2}{4\pi(4x)^2} = \frac{4\pi x^2}{64\pi x^2} = \frac{4}{64} = \frac{1}{16} = 1:16.$

53. बड़े से बड़े सम्भव घन का विकर्ण = गोले का व्यास $= 2r$ सेमी॰.

इस घन की प्रत्येक भुजा $= \frac{2r}{\sqrt{3}}$ सेमी॰.

इस घन का आयतन $= \left(\frac{2r}{\sqrt{3}}\right)^3$ सेमी॰ ^{3} $= \frac{8r^3}{3\sqrt{3}}$ सेमी॰ ^{3}.

54. माना गोले की त्रिज्या $= r$ सेमी॰. तब

$\frac{4}{3}\pi r^3 = 4851 \Rightarrow \frac{4}{3}\times\frac{22}{7}\times r^3 = 4851 \Rightarrow r^3 = \left(4851\times\frac{21}{88}\right) = \frac{441\times21}{8} = \left(\frac{21}{2}\right)^3 \Rightarrow r = \frac{21}{2}.$

गोले के वक्र-पृष्ठ का क्षेत्रफल $= 4\pi r^2$

$= \left(4\times\frac{22}{7}\times\frac{21}{2}\times\frac{21}{2}\right)$ सेमी॰ ^{2} = 1386 सेमी॰ ^{2}.

55. माना गोले की त्रिज्या $= r$ सेमी॰. तब

$4\pi r^2 = 5544 \Rightarrow 4\times\frac{22}{7}\times r^2 = 5544 \Rightarrow r^2 = \left(5544\times\frac{7}{88}\right) = 441 = (21)^2 \Rightarrow r = 21.$

$\therefore$ गोले का आयतन $= \frac{4}{3}\pi r^3 = \left(\frac{4}{3}\times\frac{22}{7}\times21\times21\times21\right)$ सेमी॰ ^{3} = 38808 सेमी॰ ^{3}.

56. माना घन की प्रत्येक भुजा $= a$ तथा गोले की त्रिज्या $= r$.

तब, $6a^2 = 4\pi r^2 \Rightarrow \frac{a^2}{r^2} = \frac{4\pi}{6}.$

इनके आयतनों का अनुपात $= \frac{a^3}{\frac{4}{3}\pi r^3} = \frac{3a^3}{4\pi r^3} = \frac{3}{4\pi}\cdot\left(\frac{a^2}{r^2}\right)\cdot\left(\frac{a}{r}\right)$

$= \frac{3}{4\pi}\times\frac{4\pi}{6}\times\sqrt{\frac{4\pi}{6}} = \sqrt{\frac{\pi}{6}} = \sqrt{\pi}:\sqrt{6}.$

57. माना गोले की त्रिज्या = शंकु की त्रिज्या = r तथा शंकु की ऊँचाई = h.
दिया है कि गोले तथा शंकु के आयतन समान हैं.
अत: $\frac{4}{3}\pi r^3 = \frac{1}{3}\pi r^2 h \Rightarrow 4r = h \Rightarrow \frac{2r}{h} = \frac{1}{2} = 1:2.$

58. माना बेलन की त्रिज्या = $3x$ तथा शंकु की त्रिज्या = $4x$.
माना बेलन की ऊँचाई = $2h$ तथा शंकु की ऊँचाई = $3h$.

इनके आयतनों का अनुपात $= \dfrac{\pi \times (3x)^2 \times 2h}{\frac{1}{3}\pi \times (4x)^2 \times 3h} = \frac{18}{16} = \frac{9}{8} = 9:8.$

59. माना दो शंकुओं के आधार के व्यास क्रमश: $4x$ तथा $5x$ हैं तथा इनकी ऊँचाईयाँ क्रमश: h तथा H हैं. तब

इनके आयतनों का अनुपात $= \dfrac{\frac{1}{3}\pi \times (4x)^2 \times h}{\frac{1}{3}\pi \times (5x)^2 \times H} = \frac{16h}{25H}.$

दिया है : $\frac{16h}{25H} = \frac{1}{4} \Rightarrow \frac{h}{H} = \left(\frac{1}{4} \times \frac{25}{16}\right) = \frac{25}{64} = 25:64.$

60. माना दो शंकुओं के आधार के व्यास क्रमश: $3x$ तथा $5x$ हैं तथा इनकी ऊँचाईयाँ क्रमश: y तथा $3y$ हैं. तब

इनके आयतनों का अनुपात $= \dfrac{\frac{1}{3}\pi \times (3x)^2 \times y}{\frac{1}{3}\pi \times (5x)^2 \times 3y} = \frac{9}{75} = \frac{3}{25} = 3:25.$

61. माना प्रत्येक का अर्द्धव्यास = r तथा प्रत्येक की ऊँचाई = h. तब

इनके आयतनों का अनुपात $= \pi r^2 h : \frac{1}{3}\pi r^2 h : \frac{4}{3}\pi r^3 = h : \frac{1}{3}h : \frac{4}{3}r = 3h : h : 4r$

$= 3h : h : 2h = 3:1:2$ [$\because$ गोले में $2r = h$]

62. माना प्रत्येक की त्रिज्या = r तथा गोले की ऊँचाई = $2r$.
माना बेलन की ऊँचाई = h तथा शंकु की ऊँचाई = H.
दिया है : गोले का सम्पूर्ण पृष्ठ = बेलन का सम्पूर्ण पृष्ठ = शंकु का सम्पूर्ण पृष्ठ

$\therefore\ 4\pi r^2 = (2\pi rh + 2\pi r^2) = (\pi rl + \pi r^2) = \pi r\left(\sqrt{r^2 + H^2}\right) + \pi r^2$

$4\pi r^2 = 2\pi r(h + r) \Rightarrow h + r = 2r \Rightarrow h = r.$

$4\pi r^2 = \pi r\sqrt{r^2 + H^2} + \pi r^2 \Rightarrow 4\pi r^2 = \pi r\left[\sqrt{r^2 + H^2} + r\right] \Rightarrow \sqrt{r^2 + H^2} = 3r$

$\Rightarrow r^2 + H^2 = 9r^2 \Rightarrow 8r^2 = H^2 \Rightarrow H = 2\sqrt{2}r.$

इनकी ऊँचाइयों का अनुपात $= 2r : h : H = 2r : r : 2\sqrt{2}r = 2:1:2\sqrt{2}.$

63. माना शंकु, अर्द्ध-गोले तथा बेलन में से प्रत्येक की त्रिज्या = r
तथा प्रत्येक की ऊँचाई = h. तब $h = r$.

इनके आयतनों का अनुपात $= \frac{1}{3}\pi r^2 h : \frac{2}{3}\pi r^3 : \pi r^2 h = \frac{1}{3}\pi r^3 : \frac{2}{3}\pi r^3 : \pi r^3 = 1:2:3.$

64. माना शंकु के आधार की त्रिज्या = r तथा ऊँचाई = h.

तब, शंकु का आयतन $= \frac{1}{3}\pi r^2 h.$

नई त्रिज्या $= \left(r \times \frac{50}{100}\right) = \frac{r}{2}$, नई ऊँचाई $= \left(h \times \frac{300}{100}\right) = 3h.$

शंकु का नया आयतन $=\frac{1}{3}\pi\left(\frac{r}{2}\right)^2\times 3h=\frac{1}{4}\pi r^2 h.$

आयतन में कमी $=\left(\frac{1}{3}\pi r^2 h-\frac{1}{4}\pi r^2 h\right)=\left(\frac{1}{3}-\frac{1}{4}\right)\pi r^2 h=\frac{1}{12}\pi r^2 h.$

आयतन में कमी % $=\left(\frac{1}{12}\pi r^2 h\times\frac{3}{\pi r^2 h}\times 100\right)\%=25\%.$

65. इस शंकु के लिए $r=4$ सेमी० तथा $h=3$ सेमी०.

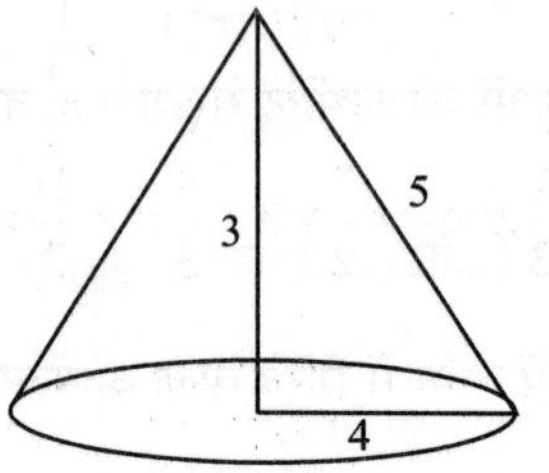

शंकु का आयतन $=\frac{1}{3}\pi r^2 h=\left(\frac{1}{3}\pi\times 16\times 3\right)$

$=(16\pi)$ सेमी०^3.

66. माना शंकु के आधार की त्रिज्या $=r$ तथा ऊँचाई $=h$.

तब, शंकु का आयतन $=\frac{1}{3}\pi r^2 h.$

नए शंकु के आधार की त्रिज्या $=\left(\frac{110}{100}\times r\right)=\frac{11\,r}{10}$ तथा नई ऊँचाई $=\left(\frac{110}{100}\times h\right)=\frac{11\,h}{10}.$

नए शंकु का आयतन $=\frac{1}{3}\pi\left(\frac{11\,r}{10}\right)^2\times\frac{11\,h}{10}=\frac{1}{3}\pi r^2 h\left(\frac{1331}{1000}\right).$

आयतन में वृद्धि $=\frac{1}{3}\pi r^2 h\left(\frac{1331}{1000}-1\right)=\frac{1}{3}\pi r^2 h\times\frac{331}{1000}.$

आयतन में वृद्धि % $=\left(\frac{1}{3}\pi r^2 h\times\frac{331}{1000}\times\frac{3}{\pi r^2 h}\times 100\right)\%=\frac{331}{10}\%=33\cdot 1\%.$

67. ठोस गोले का आयतन $=\frac{4}{3}\pi\times(9)^3$ घन सेमी० $=972\,\pi$ घन सेमी०.

शंकु के लिए $r=9$ सेमी० तथा $h=9$ सेमी०.

शंकु का आयतन $=\frac{1}{3}\pi\times(9)^2\times 9=243\pi$ घन सेमी०.

नष्ट हुई लकड़ी $=(972\,\pi-243\,\pi)$ घन सेमी० $=729\,\pi$ घन सेमी०.

नष्ट हुई लकड़ी की प्रतिशतता $=\left(\frac{729\pi}{972\pi}\times 100\right)\%=75\%.$

68. माना तीसरी गेंद की त्रिज्या $=r$ सेमी०. तब,

$$\frac{4}{3}\pi\times\left(\frac{3}{2}\right)^3+\frac{4}{3}\pi\times 2^3+\frac{4}{3}\pi r^3=\frac{4}{3}\pi\times(3)^3$$

$$\Rightarrow\frac{27}{8}+8+r^3=27\Rightarrow r^3=\left(27-8-\frac{27}{8}\right)=\left(19-\frac{27}{8}\right)=\frac{125}{8}=\left(\frac{5}{2}\right)^3\Rightarrow r=\frac{5}{2}.$$

अत: तीसरी गेंद की त्रिज्या $=2\cdot 5$ सेमी०.

69. अर्द्ध-गोलाकार बर्तन में द्रव का आयतन $=\left(\frac{2}{3}\pi\times 9\times 9\times 9\right)$ सेमी०^3 $=(486\,\pi)$ सेमी०^3.

एक भरी बोतल में द्रव का आयतन $=\left\{\pi\times\left(\frac{3}{2}\right)^2\times 4\right\}$ सेमी०^3 $=(9\pi)$ सेमी०^3.

बोतलों की अभीष्ट संख्या $=\left(\frac{486\pi}{9\pi}\right)=54.$

70. माना अर्द्ध-गोले तथा शंकु में से प्रत्येक की त्रिज्या $= r$ तथा ऊँचाई $= r$.

शंकु की त्रिर्यक ऊँचाई, $l = \sqrt{h^2 + r^2} = \sqrt{r^2 + r^2} = \sqrt{2r^2} = \sqrt{2}r$.

अर्द्ध गोले का वक्र-पृष्ठ $= 2\pi r^2$.

शंकु का वक्र पृष्ठ $= \pi rl = \pi r \times \sqrt{2}r = \sqrt{2}\ (\pi r^2)$.

अभीष्ट अनुपात $= \dfrac{2\pi r^2}{\sqrt{2}(\pi r^2)} = \dfrac{\sqrt{2}}{1} = \sqrt{2} : 1$.

71. माना शंकुओं की अभीष्ट संख्या $= n$. तब,

$$n \times \frac{1}{3}\pi \times \frac{7}{2} \times \frac{7}{2} \times 3 = \frac{4}{3}\pi \times \frac{21}{2} \times \frac{21}{2} \times \frac{21}{2} \Rightarrow \frac{49n}{4} = \frac{3087}{2} \Rightarrow n = \frac{3087}{2} \times \frac{4}{49} = 126.$$

72. 1 मिनट में बर्तन में गिरने वाला आयतन $= \left\{\pi \times \left(\dfrac{2 \cdot 5}{10}\right)^2 \times 1000\right\}$ सेमी॰^{3}.

$$= \left\{\pi \times \left(\frac{25}{100}\right)^2 \times 1000\right\} \text{ सेमी॰}^3 = \left(\frac{125\pi}{2}\right) \text{ सेमी॰}^3.$$

शंक्वाकार बर्तन का आयतन $= \left\{\dfrac{1}{3}\pi \times (20)^2 \times 24\right\}$ सेमी॰^{3} $= (3200\pi)$ सेमी॰^{3}.

बर्तन भरने में लगा समय $= \left(3200\pi \times \dfrac{2}{125\pi}\right)$ मिनट = 51 मिनट 12 सैकण्ड.

73. माना अर्द्धगोले की त्रिज्या $= r$.

तब, बेलन की त्रिज्या $= r$ तथा बेलन की ऊँचाई $= r$.

बेलन तथा अर्द्धगोले के आयतनों का अनुपात

$$= \frac{\pi r^2 \times r}{\frac{4}{3}\pi r^3} = \frac{3}{4} = 3 : 4.$$

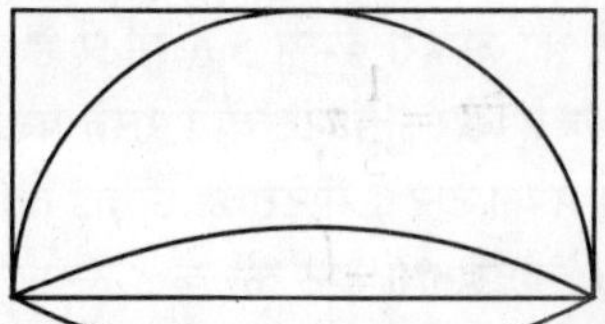

74. एक गोले को समान चार भागों में विभक्त करने पर प्रत्येक भाग की ऊपरी सतह गोले की कुल सतह का $\dfrac{1}{4}$ भाग होगी तथा नीचे दो अर्द्धवृत्त बनेंगे.

अतः चारों भागों का सम्पूर्ण पृष्ठीय क्षेत्रफल

$$= 4 \times \left[\left(\frac{1}{4} \times 4\pi r^2\right) + \frac{1}{2}(\pi r^2) + \frac{1}{2}(\pi r^2)\right] = 4 \times \left[\left(\pi r^2 + \pi r^2\right)\right]$$

$$= (4 \times 2\pi r^2) = (8\pi r^2) \text{ वर्ग इकाई.}$$

प्रश्नमाला 24B

1. ΔABC एक समकोण त्रिभुज है जिसमें $\angle B = 90°$. इस त्रिभुज को भुजा BC के अनुदिश घुमाने पर बने शंकु का आयतन 2512 सेमी॰^{3} है तथा इस त्रिभुज को भुजा AB के अनुदिश घुमाने पर बने शंकु का आयतन 6028·8 सेमी॰^{3} है. इस त्रिभुज के कर्ण की लम्बाई ज्ञात कीजिये. (दिया है : $\pi = 3.14$)

(एस॰एस॰सी॰ परीक्षा, 2009)

2. धातु के बने एक ठोस आयताकार टुकड़े की लम्बाई 32 सेमी॰, चौड़ाई 22 सेमी॰ तथा ऊँचाई 14 सेमी॰ है. इसे पिघलाकर एक ठोस बेलन में ढाला गया है जिसकी ऊँचाई 16 सेमी॰ है. इस बेलन के सम्पूर्ण पृष्ठ का क्षेत्रफल ज्ञात कीजिए $\left(\pi = \dfrac{22}{7} \text{ लें}\right)$.

(एस॰एस॰सी॰ परीक्षा, 2009)

3. धातु के बने एक ठोस बेलन के आधार की त्रिज्या r सेमी० तथा ऊँचाई 3 सेमी० है. इसे पिघलाकर आधार की उसी त्रिज्या वाले शंकु में ढ़ाला गया है. इस शंकु की ऊँचाई कितनी है? **(एस०एस०सी० परीक्षा, 2008)**
4. एक लम्बवृत्तीय बेलन के आधार की त्रिज्या तथा ऊँचाई का योग 37 सेमी० है. यदि बेलन के सम्पूर्ण पृष्ठ का क्षेत्रफल 1628 सेमी०^2 हो, तो इसका आयतन ज्ञात कीजिए. $\left(\pi = \frac{22}{7} \text{ लीजिए}\right)$. **(एस०एस०सी० परीक्षा, 2008)**
5. एक बेलनाकार पाईप की भीतरी त्रिज्या 7 सेमी० है. इस पाईप से 5 किमी०/घण्टा की गति से पानी बहकर 100 मीटर लम्बी तथा 44 मीटर चौड़ी एक आयताकार टंकी में गिरता है. कितने समय में इस टंकी में पानी के स्तर में 14 सेमी० की वृद्धि होगी. $\left(\pi = \frac{22}{7} \text{ लीजिए}\right)$. **(एस०एस०सी० परीक्षा, 2007)**
6. एक बेलनाकार पाईप की भीतरी त्रिज्या 0·5 सेमी० है. इस पाईप से 10 मीटर/मिनट की दर से पानी बहकर एक शंक्वाकार बर्तन में गिरता है जिसकी ऊपरी सिरे की त्रिज्या 20 सेमी० तथा गहराई 21 सेमी० है. इस बर्तन को भरने में कितना समय लगेगा? **(एस०एस०सी० परीक्षा, 2007)**
7. एक टंकी घनाभ आकार की है जिसकी लम्बाई 7·2 मीटर तथा चौड़ाई 2·5 मीटर है. 5 सेमी० × 3 सेमी० के अनुप्रस्थ काट वाले एक पाईप से 10 मीटर प्रति सैकण्ड की गति से पानी इस टंकी में भरा जा रहा है. ज्ञात कीजिए कि 40 मिनट बाद टंकी में पानी का स्तर कितना ऊँचा उठ जायेगा? **(एस०एस०सी० परीक्षा, 2004)**
8. किसी ठोस का आकार एक लम्ब वृत्तीय बेलन जैसा है जिसके दोनों सिरे अर्द्धगोलाकार हैं. ठोस की कुल ऊँचाई 35 सेमी० है तथा बेलन का व्यास उसकी ऊँचाई का $\frac{1}{4}$ है. उस ठोस का आयतन तथा सम्पूर्ण-पृष्ठीय क्षेत्रफल ज्ञात कीजिए. **(एस०एस०सी० परीक्षा, 2008)**
9. एक कुएँ का अन्दरी व्यास 5·6 मीटर है तथा इसे 10 मीटर गहरा खोदा गया है. इसमें से निकाली गई मिट्टी को कुएँ के चारों ओर 7 मीटर चौड़े रास्ते पर फैलाया गया है. रास्ते की ऊँचाई ज्ञात कीजिए.
10. एक सर्कस का टैन्ट 7 मीटर की ऊँचाई तक बेलनाकार तथा उसके ऊपर शंकु के आकार का है. बेलनाकार भाग का व्यास 10 मीटर तथा टैन्ट की कुल ऊँचाई 19 मीटर है. टैन्ट को बनाने में ₹ 35 प्रति वर्ग मीटर की दर से कपड़ा लगाने का व्यय ज्ञात कीजिए.
11. 45 सेमी० ऊँची एक बाल्टी एक शंकु के छिन्नक के रूप में है. इसके सिरों की त्रिज्यायें क्रमशः 28 सेमी० तथा 7 सेमी० हैं. बाल्टी की धारिता तथा पृष्ठ-क्षेत्रफल ज्ञात कीजिए. **(एस०एस०सी० परीक्षा, 2000)**
12. 120 सेमी० लम्बे एक रोलर का व्यास 84 सेमी० है. एक खेल के मैदान को समतल करने के लिए यदि इसे 1000 चक्कर लगाने पड़ें, तो ₹ 5 प्रति वर्ग मीटर की दर से कितना धन खर्च होगा?
13. एक अर्द्ध-गोले पर एक खोखला बेलन टिका कर रखने से एक बर्तन बना है. अर्द्ध-गोले का व्यास 12 सेमी० तथा बर्तन की कुल ऊँचाई 16 सेमी० है. बर्तन की धारिता ज्ञात कीजिए.
14. एक लम्ब-वृत्तीय बेलन तथा एक गोले के आयतनों का अनुपात 3 : 2 है. यदि गोले की त्रिज्या बेलन के आधार की त्रिज्या की दुगुनी हो, तो बेलन तथा गोले के पृष्ठीय क्षेत्रफलों का अनुपात ज्ञात कीजिए. **(एस०एस०सी० परीक्षा, 2001)**

उत्तरमाला (प्रश्नमाला 24B)

1. 26 सेमी० **2.** 2640 सेमी०^2 **3.** 9 सेमी० **4.** 4620 सेमी०^3 **5.** 8 घण्टे
6. 11 मिनट 12 सैकण्ड **7.** 1 मीटर^3 **8.** 1257·67 सेमी०^3, 770 सेमी०^2 **9.** 89 सेमी०
10. ₹ 14850 **11.** 48510 घन सेमी०, 8074 वर्ग सेमी० **12.** ₹ 15840
13. 1584 घन सेमी० **14.** 2 : 1

दिये गये प्रश्नों के हल | प्रश्नमाला 24B

1. भुजा BC के अनुदिश घुमाने पर

$r = BC = a, h = AB = c$.

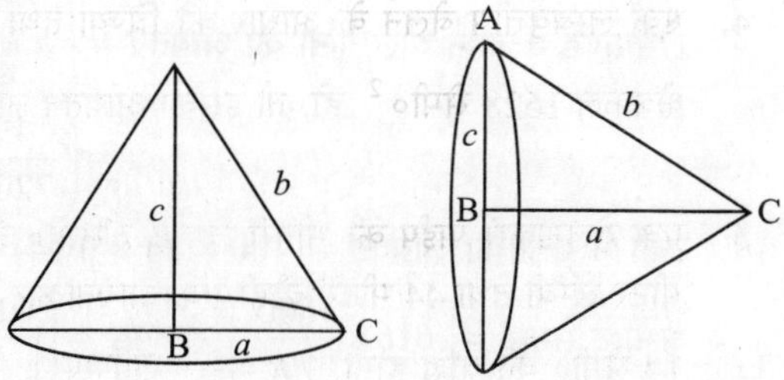

इस शंकु का आयतन $= \frac{1}{3}\pi \times a^2 \times c$.

भुजा AB के अनुदिश घुमाने पर बने शंकु के लिए

$r = AB = c, h = BC = a$.

इस शंकु का आयतन $= \frac{1}{3}\pi \times c^2 \times a$.

$\therefore \frac{1}{3}\pi \times a^2 \times c = 2512$ तथा $\frac{1}{3}\pi \times c^2 \times a = 6028 \cdot 8$

भाग देने पर $\frac{a^2c}{c^2a} = \frac{2512}{6028 \cdot 8} \Rightarrow \frac{a}{c} = \frac{25120}{60288} = \frac{5}{12}$.

माना $a = 5x$ तथा $c = 12x$.

तब, $\frac{1}{3} \times 3 \cdot 14 \times 25x^2 \times 12x = 2512 \Rightarrow x^3 = \frac{2512 \times 3 \times 100}{314 \times 25 \times 12} = 8 = 2^3 \Rightarrow x = 2$.

$\therefore b^2 = (c^2 + a^2) = (12x)^2 + (5x)^2 = 169x^2 = (169 \times 4) \Rightarrow b = \sqrt{169 \times 4} = (13 \times 2) = 26$ सेमी॰.

अत: कर्ण की लम्बाई = 26 सेमी॰.

2. दिये गये ठोस आयताकार टुकड़े का आयतन = (32 × 22 × 14) सेमी॰^{3} = 9856 सेमी॰^{3}.

दिया गया है, बेलन की ऊँचाई = 16 सेमी॰. माना बेलन की त्रिज्या = r सेमी॰

तब, $\pi r^2 \times 16 = 9856 \Rightarrow r^2 = \left(9856 \times \frac{1}{16} \times \frac{7}{22}\right) = 196 \Rightarrow r = \sqrt{196} = 14$ सेमी॰.

बेलन का सम्पूर्ण पृष्ठ $= 2\pi rh + 2\pi r^2 = 2\pi r(h + r)$

$= \left[2 \times \frac{22}{7} \times 14 \times (16 + 14)\right]$ सेमी॰^{2} = (88 × 30) सेमी॰^{2} = 2640 सेमी॰^{2}.

3. बेलन का आयतन $= (\pi \times r^2 \times 3)$ सेमी॰^{3}.

माना शंकु की ऊँचाई = h सेमी॰. दिया है शंकु के लिए आधार की त्रिज्या = r सेमी॰.

तब, शंकु का आयतन $= \frac{1}{3}\pi r^2 h$.

$\therefore 3\pi r^2 = \frac{1}{3}\pi r^2 h \Rightarrow h = 9$.

अत: शंकु की ऊँचाई = 9 सेमी॰.

4. माना लम्बवृत्तीय बेलन के आधार की त्रिज्या = r सेमी॰, तथा ऊँचाई = h सेमी॰.

$\therefore (h + r) = 37$.

बेलन का सम्पूर्ण पृष्ठ = 1628 सेमी॰^{2}

$\Rightarrow 2\pi rh + 2\pi r^2 = 1628 \Rightarrow 2\pi r(h + r) = 1628 \Rightarrow 2\pi r \times 37 = 1628$

$\Rightarrow 2\pi r = \frac{1628}{37} = 44 \Rightarrow 2 \times \frac{22}{7} \times r = 44 \Rightarrow r = \left(44 \times \frac{7}{44}\right) = 7$ सेमी॰.

$\therefore r = 7$ सेमी॰ तथा $h = (37 - 7)$ सेमी॰ = 30 सेमी॰.

बेलन का आयतन $= \pi r^2 h = \left(\frac{22}{7} \times 7 \times 7 \times 30\right)$ सेमी॰^{3} = 4620 सेमी॰^{3}.

5. पानी के बहाव की दर = 5 किमी०/घण्टा $= \left(5\times\frac{5}{18}\right)$ मीटर/सैकण्ड $= \frac{25}{18}$ मीटर/सैकण्ड.

1 सैकण्ड में बहने वाले पाना का आयतन $= \left(\pi\times\frac{7}{100}\times\frac{7}{100}\times\frac{25}{18}\right)$ मीटर^3.

$= \left(\frac{49}{7200}\times\frac{22}{7}\right)$ मीटर^3 $= \left(\frac{77}{3600}\right)$ मीटर^3.

टंकी में पानी का आयतन = $(100 \times 44 \times 0{\cdot}14)$ मीटर^3 = 616 मीटर^3.

अभीष्ट समय $= \left(616\times\frac{3600}{77}\right)$ सैकण्ड $= \left(\frac{616\times3600}{77}\times\frac{1}{60\times60}\right)$ घण्टे = 8 घण्टे.

6. बेलनाकार पाईप की त्रिज्या $= \frac{1}{2}$ सेमी०.

पानी के बहाव की गति = 10 मीटर/मिनट = 1000 सेमी०/मिनट.

इस पाईप से प्रति मिनट बहने वाले पानी का आयतन $= \pi r^2 h$

$= \left\{\pi\times\left(\frac{1}{2}\right)^2\times1000\right\}$ सेमी०^3 $= (250\,\pi)$ सेमी०^3.

शंक्वाकार बर्तन के लिए $r = 20$ सेमी० तथा $h = 21$ सेमी०.

इस बर्तन का आयतन $= \left\{\frac{1}{3}\pi\times(20)^2\times21\right\}$ सेमी०^3 $= (2800\pi)$ सेमी०^3.

अभीष्ट समय $= \left(\frac{2800\pi}{250\pi}\right)$ मिनट $= \frac{56}{5}$ मिनट = 11 मिनट 12 सैकण्ड.

7. माना टंकी में पानी की अभीष्ट गहराई = x मीटर.

इस टंकी में पानी का आयतन $= (7{\cdot}2\times2{\cdot}5\times x)$ मीटर^3 $= (18x)$ मीटर^3.

40 मिनट में टंकी में भरे पानी का आयतन $= \left(\frac{5}{100}\times\frac{3}{100}\times10\times40\times60\right)$ मीटर^3 = 36 मीटर^3.

$\therefore\ 18x = 36 \Rightarrow x = 2.$

पानी के ऊँचे उठे स्तर की गहराई = 2 मीटर.

8. एक लम्बवृत्तीय बेलन दिया गया है जिसके दोनों सिरे अर्द्ध-गोलाकार हैं.

माना बेलन का व्यास = d सेमी०.

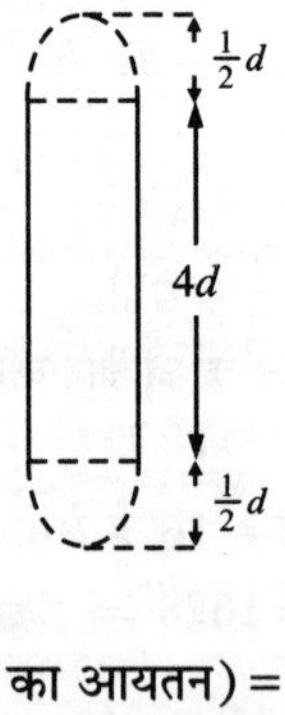

प्रत्येक अर्द्धगोले की त्रिज्या $= \frac{d}{2}$ सेमी०.

बेलन की ऊँचाई = $4d$ सेमी०.

पूर्ण ठोस की ऊँचाई $= \left(4d+\frac{d}{2}+\frac{d}{2}\right)$ सेमी० = $5d$ सेमी०.

$\therefore\ 5d = 35 \Rightarrow d = 7.$

अर्द्ध गोले की त्रिज्या $= \frac{d}{2} = \frac{7}{2}$ सेमी०.

बेलन की ऊँचाई = (4×7) सेमी० = 28 सेमी०.

दिये गये ठोस का आयतन = (बेलन का आयतन) + (दो अर्द्धगोलों का आयतन) $= \left(\pi r^2 h + 2\times\frac{2}{3}\pi r^3\right)$

$= \left[\left(\frac{22}{7}\times\frac{7}{2}\times\frac{7}{2}\times28\right)+\left(\frac{4}{3}\times\frac{22}{7}\times\frac{7}{2}\times\frac{7}{2}\times\frac{7}{2}\right)\right]$ घन सेमी० = 1257·67 घन सेमी०.

दिये गये ठोस के सम्पूर्ण पृष्ठ का क्षेत्रफल

$= (2\pi rh + 2\pi r^2 + 2\pi r^2) = (2\pi rh + 4\pi r^2) = 2\pi r\,(h + 2r) = \left\{2\times\frac{22}{7}\times\frac{7}{2}\times(28+7)\right\}$ वर्ग सेमी०

= (22×35) वर्ग सेमी० = 770 वर्ग सेमी०.

9. कुएँ की त्रिज्या = 2·8 मीटर तथा गहराई = 10 मीटर.

कुएँ से निकाली गई मिट्टी का आयतन $= \pi R^2 H = \left(\frac{22}{7} \times \frac{28}{10} \times \frac{28}{10} \times 10\right)$ घन मीटर $= \frac{1232}{5}$ घन मीटर.

रास्ते सहित कुएँ की त्रिज्या = (2·8 + 7) मीटर = 9·8 मीटर.

रास्ते का क्षेत्रफल $= \frac{22}{7} \times [(9 \cdot 8)^2 - (2 \cdot 8)^2]$ वर्ग मीटर $= \left[\frac{22}{7} \times (9 \cdot 8 + 2 \cdot 8)(9 \cdot 8 - 2 \cdot 8)\right]$ वर्ग मीटर

$= \left(\frac{22}{7} \times 12 \cdot 6 \times 7\right)$ वर्ग मीटर $= \frac{1386}{5}$ वर्ग मीटर.

रास्ते की ऊँचाई $= \frac{\text{आयतन}}{\text{क्षेत्रफल}} = \left(\frac{1232}{5} \times \frac{5}{1386}\right)$ मीटर = 0·89 मी० = 89 सेमी०.

10. बेलनाकार भाग का अर्द्धव्यास = 5 मीटर तथा ऊँचाई = 7 मीटर.

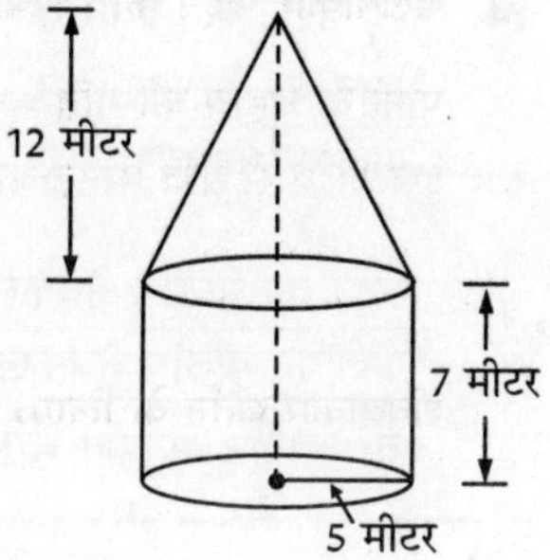

बेलनाकार भाग में लगने वाले कपड़े का क्षेत्रफल

$= 2\pi rh = \left(2 \times \frac{22}{7} \times 5 \times 7\right)$ वर्ग मी० = 220 मीटर^2.

शंक्वाकार भाग की त्रिज्या = 5 मीटर, ऊँचाई = 12 मीटर.

शंक्वाकार भाग की तिर्यक ऊँचाई

$= \sqrt{5^2 + (12)^2} = \sqrt{25 + 144} = \sqrt{169} = 13$ मीटर.

शंक्वाकार भाग पर लगने वाले कपड़े का क्षेत्रफल $= \pi rl$

$= \left(\frac{22}{7} \times 5 \times 13\right)$ मीटर^2 $= \frac{1430}{7}$ मीटर^2.

टैन्ट में लगने वाले कुल कपड़े का क्षेत्रफल $= \left(220 + \frac{1430}{7}\right)$ मीटर^2 $= \left(\frac{2970}{7}\right)$ मीटर^2.

अभीष्ट व्यय = ₹ $\left(\frac{2970}{7} \times 35\right)$ = ₹ 14850.

11. यहाँ $R = 28$ सेमी०, $r = 7$ सेमी० तथा $h = 45$ सेमी०.

$\therefore\ l = \sqrt{h^2 + (R - r)^2} = \sqrt{(45)^2 + (21)^2} = \sqrt{2466} = 49 \cdot 6$ सेमी०.

(*i*) बाल्टी की धारिता = छिन्नक का आयतन

$= \frac{\pi h}{3} . (R^2 + r^2 + Rr) = \frac{22}{7} \times \frac{1}{3} \times 45 \times [(28)^2 + 7^2 + (28 \times 7)]$ घन सेमी०

$= \left(\frac{330}{7} \times 1029\right)$ घन सेमी० = 48510 घन सेमी०.

(*ii*) बाल्टी का क्षेत्रफल $= \{\pi R^2 + \pi r^2 + \pi l (R + r)\}$

$= \pi\{R^2 + r^2 + l(R + r)\} = \frac{22}{7} \times \{784 + 49 + 49 \cdot 6 \times 35\}$ वर्ग सेमी०

$= \left(\frac{22}{7} \times 2569\right)$ वर्ग सेमी० = 8074 वर्ग सेमी०.

12. रोलर का अर्द्धव्यास $= r = \frac{42}{100}$ मीटर $= \frac{21}{50}$ मीटर, लम्बाई $= h = \frac{120}{100}$ मीटर $= \frac{6}{5}$ मीटर.

रोलर का वक्र-पृष्ठ $= 2\pi rh = \left(2 \times \frac{22}{7} \times \frac{21}{50} \times \frac{6}{5}\right)$ वर्ग मीटर $= \frac{396}{125}$ वर्ग मीटर.

1 चक्कर लगाने पर समतल क्षेत्रफल $= \frac{396}{125}$ वर्ग मीटर.

1000 चक्कर लगाने पर समतल क्षेत्रफल $= \left(\frac{396}{125} \times 1000\right)$ वर्ग मीटर = 3168 वर्ग मीटर.

कुल खर्च = ₹ (3168 × 5) = ₹ 15840.

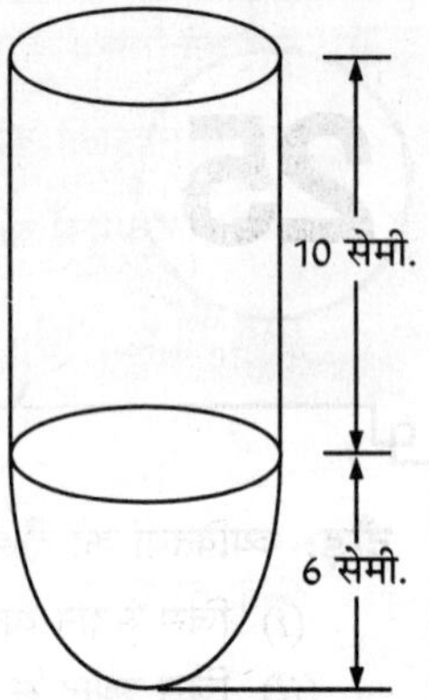

13. अर्द्ध–गोले की त्रिज्या = $r = 6$ सेमी०.

बेलन की त्रिज्या = अर्द्ध–गोले की त्रिज्या = $r = 6$ सेमी०.

बेलन की ऊँचाई = $h = (16 - 6)$ सेमी० = 10 सेमी०.

बर्तन की धारिता = (अर्द्ध–गोले का आयतन) + (बेलन का आयतन)

$$= \left(\frac{2}{3}\pi r^3 + \pi r^2 h\right) = \pi r^2\left(\frac{2r}{3} + h\right)$$

$$= \left\{\frac{22}{7} \times 6 \times 6 \times \left(\frac{2}{3} \times 6 + 10\right)\right\} \text{ घन सेमी०}$$

$$= \left(\frac{22}{7} \times 36 \times 14\right) \text{ घन सेमी०} = 1584 \text{ घन सेमी०}.$$

14. माना बेलन के आधार की त्रिज्या = r सेमी०. तब, गोले की त्रिज्या = $2\,r$ सेमी०

$$\frac{\text{बेलन का आयतन}}{\text{गोले का आयतन}} = \frac{3}{2} \Rightarrow \frac{\pi r^2 h}{\frac{4}{3}\pi (2r)^3} = \frac{3}{2} \Rightarrow \frac{3\pi r^2 h}{32\pi r^3} = \frac{3}{2} \Rightarrow \frac{h}{r} = \left(\frac{3}{2} \times \frac{32}{3}\right) = 16 \Rightarrow h = 16r.$$

$$\frac{\text{बेलन का पृष्ठीय क्षेत्रफल}}{\text{गोले का पृष्ठीय क्षेत्रफल}} = \frac{2\,\pi rh}{4\,\pi (2r)^2} = \frac{2\,\pi rh}{16\,\pi r^2} = \frac{h}{8r} = \frac{16\,r}{8\,r} = \frac{2}{1}.$$

अतः अभीष्ट अनुपात = 2 : 1.

---

25 दौड़ (RACES)

सामान्य नियम

दौड़: व्यक्तियों की दौड़, घुड़दौड़, नौका–दौड़ तथा तैराकी आदि प्रतिस्पर्धायें दौड़ कहलाती हैं.

(*i*) जिस मैदान या रास्ते पर ये प्रतिस्पर्धायें होती हैं, उसे **रेस कोर्स** कहते हैं.

(*ii*) जिस स्थान से दौड़ आरम्भ होती है, उसे **प्रारम्भिक बिन्दु** कहते हैं.

(*iii*) जिस स्थान पर दौड़ समाप्त होती है, उसे **जीत-बिन्दु** कहते हैं.

(*iv*) आरम्भ में यदि *A* प्रारम्भिक बिन्दु पर हो तथा *B*, *A* से 12 मीटर आगे हो, तो हम कहते हैं कि *A*, *B* को 12 मीटर का स्टार्ट देता है.

साधित उदाहरण

प्रश्न 1. 1 किमी० की दौड़ में *A*, *B* को 28 मीटर अथवा 7 सैकण्ड से हरा देता है. इस दौड़ को पूरा करने में *A* कितना समय लेता है ?

हल : स्पष्ट है कि *B*, 7 सैकण्ड में 28 मीटर दौड़ता है.

1 किमी० दौड़ने में *B* द्वारा लिया गया समय $= \left(\frac{7}{28}\times1000\right)$ सैकण्ड = 250 सैकण्ड.

1 किमी० दौड़ने में *A* द्वारा लिया गया समय = (250 – 7) सैकण्ड = 243 सैकण्ड = 4 मिनट 3 सैकण्ड.

$\therefore$ अभीष्ट समय = 4 मिनट 3 सैकण्ड.

प्रश्न 2. *A*, 1 किमी० दौड़ में 3 मिनट 10 सैकण्ड लेता है, जबकि *B* इस दौड़ में 3 मिनट 20 सैकण्ड लेता है. *A*, *B* को कितने मीटर से हराता है ?

हल : *A*, *B* को 10 सैकण्ड से हराता है.

B द्वारा 200 सैकण्ड में तय की गई दूरी = 1000 मीटर.

B द्वारा 10 सैकण्ड में तय की गई दूरी $= \left(\frac{1000}{200}\times10\right)$ मीटर = 50 मीटर.

अत: *A*, *B* को 50 मीटर से हराता है.

प्रश्न 3. 100 मीटर की दौड़ में *A*, 8 किमी०/घण्टा की गति से दौड़ता है. यदि *A*, *B* को 4 मीटर का आरम्भ दे तथा 15 सैकण्ड से उसे हरा दे, तो *B* की चाल ज्ञात करें.

हल : *A* की चाल = 8 किमी०/घण्टा $= \left(8\times\frac{5}{18}\right)$ मीटर/सै० $= \frac{20}{9}$ मीटर/सै०.

A द्वारा 100 मीटर दौड़ने में लिया गया समय $= \left(100\times\frac{9}{20}\right)$ सै० = 45 सै०.

B को 4 मीटर का आरम्भ दिया गया है. अत: *B*, (100 – 4) मी० = 96 मी० दौड़ता है.

96 मीटर दौड़ने में *B* द्वारा लिया गया समय = (45 + 15) सै० = 60 सै०.

B की चाल $= \frac{96}{60}$ मीटर/सै० $= \left(\frac{96}{60}\times\frac{18}{5}\right)$ किमी०/घण्टा = 5·76 किमी०/घण्टा.

प्रश्न 4. एक किमी० की दौड़ में रवि, नितिन को 400 मीटर से तथा दीपक को 200 मीटर से हरा देता है. दीपक, नितिन को कितने मीटर से हरायेगा? (एस०एस०सी० परीक्षा, 2001)

हल : स्पष्ट है कि जितनी देर में रवि 1000 मीटर दौड़ता है, उतनी देर में नितिन दौड़ता है (1000 – 400) मी० अर्थात् 600 मीटर तथा दीपक दौड़ता है (1000 – 200) मी० अर्थात् 800 मीटर.

800 मीटर की दौड़ में दीपक नितिन को हराता है = 200 मीटर से.

1000 मीटर की दौड़ में दीपक नितिन को हराता है = $\left(\frac{200}{800}\times1000\right)$ मीटर से = 250 मीटर से.

अत: 1 किमी० की दौड़ में दीपक नितिन को 250 मीटर से हरायेगा.

प्रश्न 5. 200 मीटर की एक दौड़ में *A*, *B* को 20 मीटर से हरा देता है, जबकि 100 मीटर की दौड़ में *B*, *C* को 5 मीटर से हरा देता है. यह मानते हुए कि विभिन्न दौड़ों में *A*, *B*, *C* की अपनी चालें एक समान रहती हैं, एक किमी० की दौड़ में *A*, *C* को कितने मीटर से हरायेगा? (असिस्टैंट ग्रेड परीक्षा, 2004)

हल : जितने समय में *A* 200 मीटर दौड़ेगा, उतने समय में *B* दौड़ेगा = (200 – 20) मी० = 180 मी०.

∴ जितने समय में *A* 100 मीटर दौड़ेगा, उतने समय में *B* दौड़ेगा = $\left(\frac{180}{200}\times100\right)$ मी० = 90 मी०.

जितने समय में *B* 100 मीटर दौड़ेगा, उतने समय में *C* दौड़ेगा = (100 – 5) मीटर = 95 मीटर.

जितने समय में *B* 90 मीटर दौड़ेगा, उतने समय में *C* दौड़ेगा = $\left(\frac{95}{100}\times90\right)$ मीटर = 85.5 मीटर.

∴ जितने समय में *A* 100 मीटर दौड़ेगा, उतने समय में *C* दौड़ेगा = 85.5 मीटर.

जितने समय में *A* 1000 मीटर दौड़ेगा, उतने समय में *C* दौड़ेगा = $\left(\frac{85\cdot5}{100}\times1000\right)$ मीटर = 855 मीटर.

अत: 1 किमी० की दौड़ में *A*, *C* को (1000 – 855) मीटर अर्थात् 145 मीटर से हराता है.

प्रश्न 6. एक किमी० दौड़ में तीन व्यक्ति *A*, *B*, *C* भाग लेते हैं. यदि *A*, *B* को 40 मीटर का तथा *C* को 64 मीटर का आरम्भ दे, तो *B*, *C* को कितने मीटर का आरम्भ दे सकता है?

हल : जितनी देर में *A* 1000 मीटर तय करता है, उतनी देर में *B*, (1000 – 40) मी० अर्थात् 960 मीटर दूरी तय करता है तथा *C*, (1000 – 64) मी० अर्थात् 936 मी० दूरी तय करता है.

जितनी देर में *B* 960 मी० दूरी तय करता है, उतनी देर में *C* तय करता है = 936 मी०.

जितनी देर में *B* 1000 मी० दूरी तय करता है, उतनी देर में *C* तय करता है = $\left(\frac{936}{960}\times1000\right)$ मी०

= 975 मी०.

अत: *B*, *C* को (1000 – 975) मी० अर्थात् 25 मीटर का आरम्भ दे सकता है.

प्रश्नमाला 25A

नीचे दिये गये प्रश्नों में से प्रत्येक प्रश्न में ठीक उत्तर को चिन्हांकित (√) कीजिए:

1. 100 मीटर दौड़ में, *A* इस दूरी को 36 सैकण्ड में तथा *B* 45 सैकण्ड में तय करता है. इस दौड़ में *A*, *B* को कितने मीटर से हराता है?
   (*a*) 20 मीटर से (*b*) 25 मीटर से (*c*) 22·5 मीटर से (*d*) 9 मीटर से
2. *A* एक 200 मीटर की दौड़ में *B* को 35 मीटर अथवा 7 सैकण्ड से हरा देता है. *A* कितनी देर में यह दौड़ पूरी करता है?
   (*a*) 40 सैकण्ड (*b*) 47 सैकण्ड (*c*) 33 सैकण्ड (*d*) इनमें से कोई नहीं

3. 800 मीटर की दौड़ में A ने B को 15 सैकण्ड से परास्त किया. यदि A की चाल 8 किमी०/घण्टा हो, तो B की चाल कितनी है ? **(एस०एस०सी० परीक्षा, 2004)**

(*a*) $8\frac{17}{25}$ किमी०/घण्टा (*b*) $7\frac{17}{25}$ किमी०/घण्टा (*c*) $2\frac{16}{27}$ किमी०/घण्टा (*d*) $1\frac{11}{16}$ किमी०/घण्टा

4. A, 1 किमी० की दूरी दौड़कर 3 मिनट 10 सै० में तय करता है जबकि B इसे 3 मिनट 20 सै० में. A, B को कितनी दूरी से हराता है ? **(रेलवे परीक्षा, 2005)**

(*a*) 50 मीटर (*b*) 52 मीटर (*c*) 55 मीटर (*d*) 60 मीटर

5. 1 किमी० की दौड़ में A, B को 100 मीटर से हराता है तथा B, C को 150 मीटर से. इसी दौड़ में A, C को कितने मीटर से हराता है ? **(मैनेजमैन्ट परीक्षा, 2004)**

(*a*) 225 मीटर (*b*) 235 मीटर (*c*) 240 मीटर (*d*) 250 मीटर

6. 100 मीटर की दौड़ में A, B को 10 मीटर से तथा C को 13 मीटर से हरा सकता है. 180 मीटर की दौड़ में B, C को कितने मीटर से हरायेगा ? **(जीवन बीमा निगम परीक्षा, 2003)**

(*a*) 4·5 मीटर (*b*) 5·4 मीटर (*c*) 5 मीटर (*d*) 6 मीटर

7. 200 मीटर की दौड़ को A तथा B क्रमशः 22 सैकण्ड तथा 25 सैकण्ड में पूरा करते हैं. जब A दौड़ के अन्तिम छोर पर पहुँचेगा तो B उससे कितनी दूर होगा ? **(रेलवे परीक्षा, 2004)**

(*a*) 24 मीटर (*b*) 30 मीटर (*c*) 48 मीटर (*d*) 54 मीटर

8. 500 मीटर की एक दौड़ में दो धावकों A तथा B की चालों का अनुपात 3 : 4 है. आरम्भ में A, B से 140 मीटर आगे है. इस दौड़ में A कितने मीटर से जीत जाता है ?

(*a*) 60 मीटर (*b*) 40 मीटर (*c*) 20 मीटर (*d*) 10 मीटर

9. 400 मीटर की एक दौड़ में A, B को 5 मीटर से हराता है. इसी रास्ते पर B, C से 4 मीटर से जीत जाता है. इसी रास्ते पर D, C से 16 मीटर से जीत जाता है. यदि A तथा D इस रास्ते पर दौड़ें तो कौन तथा कितने मीटर से जीतेगा ?

(*a*) A, 7·2 मीटर से (*b*) A, 8·4 मीटर से (*c*) D, 7·3 मीटर से (*d*) D, 8·4 मीटर से

(मैनेजमैन्ट परीक्षा, 2002)

उत्तरमाला (प्रश्नमाला 25A)

1. (*a*) **2.** (*c*) **3.** (*b*) **4.** (*a*) **5.** (*b*) **6.** (*d*) **7.** (*a*) **8.** (*c*) **9.** (*c*)

दिये गये प्रश्नों के हल प्रश्नमाला 25A

1. B द्वारा लिया गया अधिक समय = (45 – 36) सै० = 9 सै०.

9 सै० में B द्वारा तय की गई दूरी = $\left(\frac{100}{45}\times 9\right)$ मीटर = 20 मीटर.

अतः A, B को 20 मीटर से हरा देता है.

2. B, 35 मीटर दूरी तय करता है = 7 सै० में.

B, 200 मीटर दूरी तय करेगा = $\left(\frac{7}{35}\times 200\right)$ सै० में = 40 सै० में.

$\therefore$ A द्वारा लिया गया समय = (40 – 7) सै० = 33 सै०.

3. A की चाल = 8 किमी०/घण्टा = $\left(8\times\frac{5}{18}\right)$ मीटर/सै० = $\frac{20}{9}$ मीटर/सै०.

A द्वारा 800 मीटर दूरी तय करने में लगा समय = $\frac{800}{\left(\frac{20}{9}\right)}$ सै० = 360 सै०.

B द्वारा 800 मीटर दूरी तय करने में लगा समय = (360 + 15) सै० = 375 सै०.

B की चाल = $\frac{800}{375}$ मी०/सै० = $\left(\frac{800}{375}\times\frac{18}{5}\right)$ किमी०/घण्टा = $\frac{192}{25}$ किमी०/घण्टा = $7\frac{17}{25}$ किमी०/घण्टा.

4. स्पष्ट है कि A, B को 10 सै० से हराता है.
B द्वारा 200 सै० में तय की गई दूरी = 1000 मीटर.
B द्वारा 10 सै० में तय की गई दूरी = $\left(\frac{1000}{200}\times 10\right)$ मीटर = 50 मीटर.
अत: A, B को 50 मीटर से हराता है.

5. जितनी देर में A 1000 मी० दौड़ता है उतनी देर में B दौड़ता है = (1000 – 100) मी० = 900 मी०.
जितनी देर में B 1000 मी० दौड़ता है उतनी देर में C दौड़ता है = (1000 – 150) मी० = 850 मी०.
जितनी देर में B 900 मी० दौड़ता है उतनी देर में C दौड़ता है = $\left(\frac{850}{1000}\times 900\right)$ मीटर = 765 मीटर.
A, C को (1000 – 765) मी० = 235 मी० से हराता है.

6. $A : B = 100 : 90$ तथा $A : C = 100 : 87$.
$\therefore \quad \frac{B}{C}=\left(\frac{B}{A}\times\frac{A}{C}\right)=\left(\frac{90}{100}\times\frac{100}{87}\right)=\frac{30}{29}$.
जितनी देर में B 30 मीटर दौड़ता है उतनी देर में C दौड़ता है = 29 मीटर.
जितनी देर में B 180 मीटर दौड़ता है उतनी देर में C दौड़ता है = $\left(\frac{29}{30}\times 180\right)$ मी० = 174 मीटर.
अत: B, C को (180 – 174) = 6 मी० से हराता है.

7. 25 सैकण्ड में B द्वारा तय की गई दूरी = 200 मीटर.
22 सैकण्ड में B द्वारा तय की गई दूरी = $\left(\frac{200}{25}\times 22\right)$ मीटर = 176 मीटर.
अत: दौड़ के अन्तिम छोर में B, A से (200 – 176) = 24 मीटर दूर होगा.

8. जीतने के बिन्दु तक पहुँचने के लिए A को दूरी तय करनी होगी = (500 – 140) मी० = 360 मी०.
जितनी देर में A 3 मी० दूरी तय करता है, उतनी देर में B तय करता है = 4 मी०.
जितनी देर में A 360 मी० दूरी तय करता है, उतनी देर में B तय करता है = $\left(\frac{4}{3}\times 360\right)$ मीटर = 480 मीटर.
अत: A, (500 – 480) = 20 मीटर से जीत जाता है.

9. A दौड़ता है 400 मी० तो B दौड़ता है = 395 मीटर.
B दौड़ता है 400 मी० तो C दौड़ता है = 396 मीटर.
B दौड़ता है 395 मी० तो C दौड़ता है = $\left(\frac{396}{400}\times 395\right)$ मी० = $\frac{(99\times 79)}{20}$ मी०.
D दौड़ता है 400 मी० तो C दौड़ता है = 384 मीटर.
यदि C दौड़ता है 384 मी० तो D दौड़ता है = 400 मी०.
यदि C दौड़ता है $\frac{(99\times 79)}{20}$ मी० तो D दौड़ता है = $\left(\frac{400}{384}\times\frac{99\times 79}{20}\right)$ मी० = 407·3 मी०.
स्पष्ट है कि D, A से 7·3 मीटर से जीत जाता है.

26 कैलेण्डर (CALENDAR)

सामान्य नियम

इस अध्याय में हम मुख्य रूप से ऐसी विधि विकसित करेंगे जिसके अन्तर्गत किसी भी वर्ष के किसी भी दिन सप्ताह का कौन-सा दिन होगा, यह ज्ञात कर सकेंगे.

ध्यान देने योग्य बातें

(*i*) **अतिरिक्त दिन (odd days):** किसी दिए हुए अन्तराल में ऐसे दिनों की संख्या जो पूर्ण-सप्ताहों की संख्या से अधिक हों, अतिरिक्त दिन कहलाते हैं.

(*ii*) **लीप वर्ष:** प्रत्येक ऐसा वर्ष (शताब्दी न हो), जो 4 से पूर्णतया विभक्त हो तथा प्रत्येक वह शताब्दी जो 400 से पूर्णतया विभक्त हो, लीप वर्ष कहलाता है. स्पष्ट है कि जो शताब्दी 400 से विभक्त न हो, लीप वर्ष नहीं होगी.

उदाहरण:

(*i*) वर्ष 1620, 1860, 1940, 1984, 1996, 2004, 2008 आदि सभी लीप वर्ष हैं.

(*ii*) वर्ष 400, 800, 1200, 1600, 2000, 2400 आदि सभी लीप वर्ष हैं.

(*iii*) वर्ष 1726, 1982, 1800, 2100 आदि लीप वर्ष नहीं हैं.

(*iii*) 1 साधारण वर्ष = 365 दिन तथा 1 लीप-वर्ष = 366 दिन.

(*iv*) **अतिरिक्त दिनों की गिनती करना:**

I. 1 साधारण वर्ष = 365 दिन = (52 सप्ताह) + (1 दिन).
अत: 1 साधारण वर्ष में 1 अतिरिक्त दिन होता है.

II. 1 लीप वर्ष = 366 दिन = (52 सप्ताह) + (2 दिन).
अत: 1 लीप वर्ष में 2 अतिरिक्त दिन होते हैं.

III. 100 वर्ष = 76 साधारण वर्ष + 24 लीप वर्ष
= 76 अतिरिक्त दिन + (24 × 2) अतिरिक्त दिन
= 124 अतिरिक्त दिन = (17 सप्ताह + 5 दिन)
= 5 अतिरिक्त दिन.

100 वर्ष के अतिरिक्त दिन = 5.

200 वर्ष के अतिरिक्त दिन = 10 अर्थात् (1 सप्ताह 3 दिन) = 3 दिन.

300 वर्ष के अतिरिक्त दिन = 15 अर्थात् (2 सप्ताह 1 दिन) = 1 दिन.

400 वर्ष के अतिरिक्त दिन = (20 + 1) = 21 अर्थात् 0.

800 वर्ष, 1200 वर्ष, 1600 वर्ष, 2000 वर्ष आदि के अतिरिक्त दिन = 0.

दिन	रवि	सोम	मंगल	बुध	बृह०	शुक्र	शनि
अतिरिक्त दिनों की संख्या	0	1	2	3	4	5	6

साधित उदाहरण

प्रश्न 1. 15 अगस्त 1947 को भारत देश स्वतंत्र हुआ. वह सप्ताह का कौन-सा दिन था?

हल : (15 अगस्त 1947) = (1946 वर्ष + 1 जनवरी 1947 से 15 अगस्त 1947).

1600 वर्ष में अतिरिक्त दिन = 0.

300 वर्ष में अतिरिक्त दिन = 1.

46 वर्ष = (11 लीप वर्ष + 35 सा० वर्ष) = (22 + 35) अति० दिन = 57 अति० दिन ≡ 1 अति० दिन.

जन० फर० मार्च अप्रैल मई जून जुलाई अग०

(31 + 28 + 31 + 30 + 31 + 30 + 31 + 15) = 227 दिन = (7 × 32 + 3) दिन = 3 अति० दिन.

कुल अति० दिन = (0 + 1 + 1 + 3) = 5.

अत: अभीष्ट दिन = शुक्रवार.

प्रश्न 2. 8 मार्च 2012 को सप्ताह का कौन-सा दिन था?

हल : 8 मार्च 2012 = (2011 वर्ष + 1 जनवरी 2012 से 8 मार्च 2012).

1600 वर्ष में अतिरिक्त दिन = 0.

400 वर्ष में अतिरिक्त दिन = 0.

11 वर्ष = (2 लीप वर्ष + 9 सा० वर्ष) = (4 + 9) अति० दिन = 6 अति० दिन.

जनवरी फरवरी मार्च

(31 + 29 + 8) दिन = 68 दिन = (7 × 9 + 5) दिन = 5 अति० दिन.

कुल अतिरिक्त दिन = (0 + 0 + 6 + 5) दिन = 11 दिन = 4 दिन.

अत: अभीष्ट दिन बृहस्पतिवार होगा.

प्रश्न 3. 31 मई 2020 को सप्ताह का कौन-सा दिन होगा?

हल : 31 मई 2020 = (2019 वर्ष + 1 जनवरी 2020 से 31 मई 2020).

1600 वर्ष में अतिरिक्त दिन = 0.

400 वर्ष में अतिरिक्त दिन = 0.

19 वर्ष = (4 लीप वर्ष + 15 सा० वर्ष) = (4 × 2 + 15 × 1) अति० दिन = 23 अति० दिन ≡ 2 अति० दिन.

जनवरी फरवरी मार्च अप्रैल मई

(31 + 29 + 31 + 30 + 31) = 152 दिन = (7 × 21 + 5) दिन = 5 अति० दिन.

कुल अतिरिक्त दिन = (0 + 0 + 2 + 5) = 7 ≡ 0 अति० दिन.

अत: अभीष्ट दिन रविवार होगा.

प्रश्न 4. सिद्ध कीजिए कि वर्ष 2006 तथा वर्ष 2017 के कैलेण्डर एक समान होंगे.

हल: अभीष्ट तथ्य सिद्ध करने हेतु हमें सिद्ध करना होगा कि 1 जनवरी 2017 का साप्ताहिक दिन वही होगा जो 1 जनवरी 2006 को है.

इसके लिए 31 दिसम्बर 2005 तथा 31 दिसम्बर 2016 के बीच अतिरिक्त दिनों की संख्या शून्य होगी.

इस अन्तराल में 2008, 2012, 2016 लीप वर्ष होंगे.

वर्ष	2006	2007	2008	2009	2010	2011	2012	2013	2014	2015	2016
अति० दिन	1	1	2	1	1	1	2	1	1	1	2

∴ कुल अति० दिन = 14 = (7 × 2 + 0) ≡ 0.

अत: वर्ष 2006 तथा 2017 के कैलेण्डर एक समान होंगे.

प्रश्न 5. मार्च 2011 में किस-किस दिन मंगलवार था?

हल : पहले हम 1 मार्च 2011 का दिन ज्ञात करेंगे.

2000 वर्षों में अतिरिक्त दिन = 0

10 वर्ष = (2 लीप वर्ष + 8 सा० वर्ष) = $(2 \times 2 + 8 \times 1)$ अति० दिन.

≡ 12 अति० दिन ≡ 5 अति० दिन.

जनवरी फरवरी मार्च

(31 + 28 + 1) = 60 दिन ≡ 4 अति० दिन.

कुल अतिरिक्त दिन = (0 + 5 + 4) = 9 ≡ 2 अति० दिन.

∴ 1 मार्च 2011 को मंगलवार था.

अत: 1 मार्च, 8 मार्च, 15 मार्च, 22 मार्च तथा 29 मार्च 2011 को मंगलवार था.

प्रश्नमाला 26A

निम्नलिखित प्रश्नों में से प्रत्येक में ठीक उत्तर को चिन्हांकित (√) कीजिए:

1. x सप्ताह तथा x दिनों में कुल कितने दिन होते हैं ?

(*a*) $7x^2$ (*b*) $8x$ (*c*) $14x$ (*d*) इनमें से कोई नहीं

2. p सप्ताह तथा q दिनों में कुल कितने दिन होते हैं ?

(*a*) $(p+q)$ दिन (*b*) pq दिन (*c*) $(7p+q)$ दिन (*d*) $(7q+p)$ दिन

3. 26 जनवरी 1950 को भारतवर्ष गणतन्त्र घोषित हुआ. वह दिन सप्ताह का कौन-सा दिन था ?

(*a*) सोमवार (*b*) मंगलवार (*c*) बृहस्पतिवार (*d*) शनिवार

4. 8 नवम्बर 2018 को सप्ताह का कौन-सा दिन होगा ?

(*a*) शुक्रवार (*b*) शनिवार (*c*) रविवार (*d*) बृहस्पतिवार

5. 29 जुलाई 1969 को सप्ताह का कौन-सा दिन था ?

(*a*) सोमवार (*b*) मंगलवार (*c*) बुधवार (*d*) शुक्रवार

6. जुलाई 2007 में पहला सोमवार किस तिथि को था ?

(*a*) 1 जुलाई (*b*) 2 जुलाई (*c*) 3 जुलाई (*d*) 5 जुलाई

7. 5 जून 2007 को मंगलवार था. 5 जून 2006 को कौन-सा दिन था ?

(*a*) रविवार (*b*) सोमवार (*c*) मंगलवार (*d*) बुधवार

8. आज मंगलवार है. आज से 62 दिन बाद कौन-सा दिन होगा ?

(*a*) बुधवार (*b*) मंगलवार (*c*) सोमवार (*d*) रविवार

9. निम्नलिखित में से किस वर्ष का कैलेण्डर वर्ष 1990 के कैलेण्डर जैसा है ? **(एम०बी०ए० परीक्षा, 2004)**

(*a*) 1994 (*b*) 1996 (*c*) 1997 (*d*) 2000

10. 5 मार्च 2012 को सोमवार था, 5 नवम्बर 2012 को कौन-सा दिन होगा ?

(*a*) सोमवार (*b*) रविवार (*c*) मंगलवार (*d*) बुधवार

उत्तरमाला (प्रश्नमाला 26A)

1. (*b*) **2.** (*c*) **3.** (*c*) **4.** (*d*) **5.** (*b*) **6.** (*b*) **7.** (*b*) **8.** (*c*) **9.** (*b*) **10.** (*a*)

दिये गये प्रश्नों के हल | प्रश्नमाला 26A

1. x सप्ताह + x दिन = $(x \times 7)$ दिन + x दिन = $(7x + x)$ दिन = $8x$ दिन.

2. p सप्ताह + q दिन = $(7p + q)$ दिन.

3. 1600 वर्ष के अतिरिक्त दिन = 0.

300 वर्ष के अतिरिक्त दिन = 1.

49 वर्ष = (12 लीप वर्ष + 37 सा० वर्ष) = (24 + 37) अति० दिन = 61 अति० दिन

= 8 सप्ताह 5 दिन ≡ 5 अति० दिन.

जनवरी के अतिरिक्त दिन = 5.

कुल अतिरिक्त दिन = (0 + 1 + 5 + 5) ≡ 4.

अत: अभीष्ट दिन बृहस्पतिवार था.

4. 8 नवम्बर 2018 = (2017 वर्ष + 1 जनवरी 2018 से 8 नवम्बर 2018).

2000 वर्ष में अतिरिक्त दिन = 0.

17 वर्ष = (4 लीप वर्ष + 13 सा० वर्ष) = (8 + 13) अति० दिन ≡ 0 अति० दिन.

1 जनवरी से 8 नवम्बर तक दिनों की संख्या

= (31 + 28 + 31 + 30 + 31 + 30 + 31 + 31 + 30 + 31 + 8) = 312 दिन = 4 अति० दिन.

कुल अति० दिन = (0 + 0 + 4) = 4.

अभीष्ट दिन बृहस्पतिवार होगा.

5. 1600 वर्ष के अति० दिन = 0.

300 वर्ष के अति० दिन = 1.

68 वर्ष = (17 लीप वर्ष + 51 सा० वर्ष) = (34 + 51) अति० दिन = 85 अति० दिन

= (7 × 12 + 1) अति० दिन ≡ 1 अति० दिन.

जन० फर० मार्च अप्रैल मई जून जुलाई

(31 + 28 + 31 + 30 + 31 + 30 + 29) = 210 अति० दिन ≡ (0 अति० दिन)

कुल अतिरिक्त दिनों की संख्या = (0 + 1 + 1 + 0) = 2.

अत: अभीष्ट दिन मंगलवार था.

6. 2000 वर्षों में अतिरिक्त दिन = 0.

6 वर्ष = (1 लीप वर्ष + 5 साधा० वर्ष) = (2 + 5) अति दिन ≡ 0 अति० दिन.

जनवरी फरवरी मार्च अप्रैल मई जून जुलाई

(31 + 28 + 31 + 30 + 31 + 30 + 1) = 182 दिन = (7 × 26) दिन = 0 अति० दिन.

∴ 1 जुलाई 2007 को रविवार होगा.

अत: 2 जुलाई 2007 को उस माह का पहला सोमवार था.

7. वर्ष 2006 एक साधारण वर्ष है. इसके अतिरिक्त दिन = 1.

अत: अभीष्ट दिन 5 जून 2007 के दिन से 1 दिन पहले होगा.

अभीष्ट दिन = सोमवार.

8. सप्ताह का प्रत्येक दिन 7 दिन बाद आता है.

∴ 63 दिन बाद मंगलवार होगा.

अत: 62 दिन बाद सोमवार होगा.

9. 31 दिसम्बर 1989 के बाद अतिरिक्त दिनों की संख्या

वर्ष	1990	1991	1992	1993	1994	1995
अति० दिन	1	1	2	1	1	1

= 7 दिन ≡ 0 अति० दिन.

अत: वर्ष 1996 का कलैण्डर वर्ष 1990 के समान होगा.

10. मार्च की किसी तिथि को जो दिन होगा वही दिन उस वर्ष के नवम्बर मास की उसी तिथि को होगा. अत: अभीष्ट दिन सोमवार होगा.

27 घड़ी (CLOCKS)

सामान्य नियम

घड़ी का डायल प्राय: वृत्ताकार होता है जिसकी परिधि को 60 बराबर भागों में बाँटा जाता है. प्रत्येक भाग को मिनट-दूरी कहा जाता है. घड़ी में दो सुइयाँ होती हैं. छोटी सुई घण्टे की सुई तथा बड़ी सुई मिनट की सुई कहलाती है.

कुछ विशेष तथ्य

(*i*) घण्टे की सुई 1 घण्टे में कोण बनाती है = 30°.

(*ii*) मिनट की सुई 5 मिनट में कोण बनाती है = 30°.

(*iii*) घण्टे की सुई 1 घण्टे में तय करती है = 5 मिनट की दूरी.

(*iv*) मिनट की सुई 1 मिनट में तय करती है = 1 मिनट की दूरी.

(*v*) प्रत्येक घण्टे में मिनट की सुई, घण्टे की सुई से 55 मिनट की अधिक दूरी तय करती है.

(*vi*) प्रत्येक घण्टे में दोनों सुई परस्पर सम्पाती होती हैं.

(*vii*) जब दोनों सुई 90° पर होती हैं, वे 15 मिनट के फासले पर होती हैं. यह प्रति घण्टा दो बार होता है.

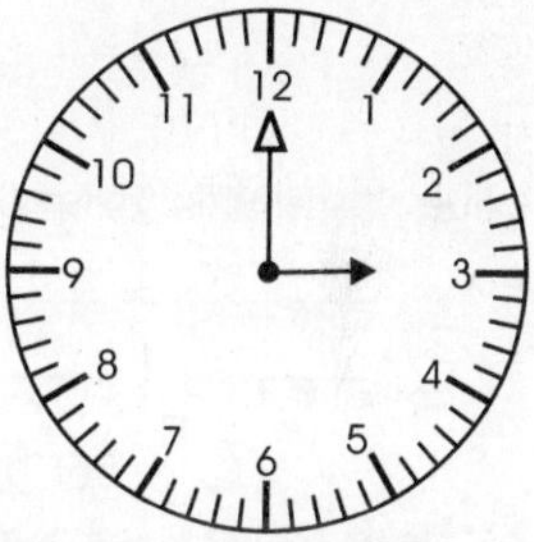

(*viii*) यदि ठीक समय 9 बजे है तथा घड़ी में उस समय 9·15 बजे हैं, तो हम कहते हैं कि घड़ी 15 मिनट तेज है.

(*ix*) यदि ठीक समय 8 बजे है तथा घड़ी में उस समय 7·45 बजे हैं, तो हम कहते हैं कि घड़ी 15 मिनट सुस्त है.

साधित उदाहरण

प्रश्न 1. 7 बजकर 20 मिनट पर घड़ी में घण्टे की सुई तथा मिनट की सुई के बीच का कोण ज्ञात कीजिए.

हल : घण्टे की सुई द्वारा 1 घण्टे में बना कोण = 30°.

घण्टे की सुई द्वारा $7\frac{20}{60}$ घण्टे में बना कोण $= \left(30 \times \frac{22}{3}\right)^\circ = 220^\circ$.

मिनट की सुई द्वारा 1 मिनट में बना कोण = 6°.

मिनट की सुई द्वारा 20 मिनट में बना कोण = $(6 \times 20)^\circ = 120^\circ$.

अभीष्ट कोण = $(220^\circ - 120^\circ) = 100^\circ$.

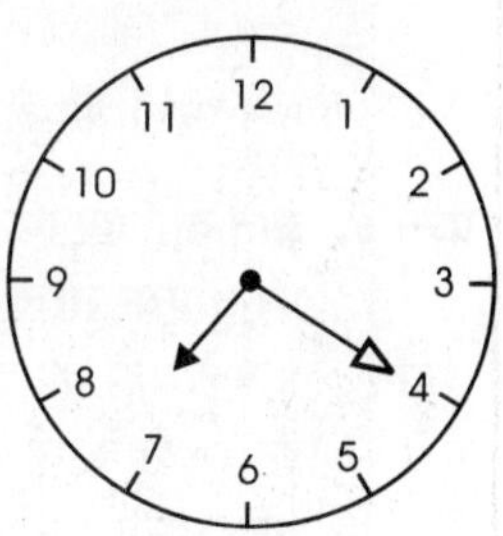

प्रश्न 2. 2 बजकर 40 मिनट पर घड़ी में घण्टे की सुई तथा मिनट की सुई के बीच का कोण ज्ञात कीजिए.

हल : घण्टे की सुई द्वारा 1 घण्टे में बना कोण = 30°.

घण्टे की सुई द्वारा $2\frac{2}{3}$ घण्टे में बना कोण $= \left(30 \times \frac{8}{3}\right)^\circ = 80^\circ$.

मिनट की सुई द्वारा 1 मिनट में बना कोण = 6°.

मिनट की सुई द्वारा 40 मिनट में बना कोण = $(6 \times 40)^\circ = 240^\circ$.

अभीष्ट कोण = $(240^\circ - 80^\circ) = 160^\circ$.

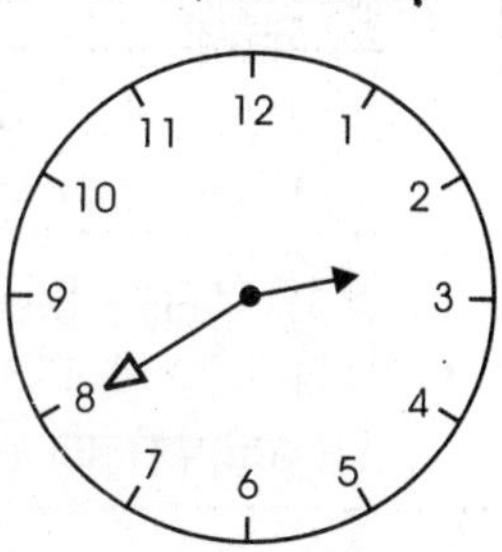

प्रश्न 3. एक दीवार घड़ी को एक दिन प्रातः 5 बजे ठीक कर दिया गया. यह घड़ी 24 घण्टे में 16 मिनट सुस्त पड़ जाती है. जब इस घड़ी में चौथे दिन रात के 10 बजे हों, तो इसका ठीक समय क्या होगा ?

हल : किसी दिन प्रातः 5 बजे से चौथे दिन रात के 10 बजे तक का समय = 89 घण्टे.

इस घड़ी के 23 घण्टे 44 मिनट अर्थात् $\frac{356}{15}$ घण्टे = ठीक घड़ी के 24 घण्टे

$\Rightarrow$ इस घड़ी के 89 घण्टे = ठीक घड़ी के $\left(24 \times \frac{15}{356} \times 89\right)$ घण्टे = 90 घण्टे.

अतः ठीक समय है इस घड़ी से (90 – 89) अर्थात 1 घण्टा आगे अर्थात 11 बजे.

प्रश्न 4. एक दीवार घड़ी में एक दिन प्रातः 8 बजे ठीक समय कर दिया गया. यह घड़ी 24 घण्टे में 10 मिनट आगे चलती है. अगले दिन जब इस घड़ी में दोपहर के 1 बजे हों, तो इसका ठीक समय क्या होगा ?

हल : किसी दिन प्रातः 8 बजे से अगले दिन दोपहर 1 बजे तक का समय = 29 घण्टे.

इस घड़ी के 24 घण्टे 10 मिनट = ठीक घड़ी के 24 घण्टे.

$\Rightarrow$ इस घड़ी के $\frac{145}{6}$ घण्टे = ठीक घड़ी के 24 घण्टे

$\Rightarrow$ इस घड़ी के 29 घण्टे = ठीक घड़ी के $\left(24 \times \frac{6}{145} \times 29\right)$ घण्टे = ठीक घड़ी के 28 घण्टे 48 मिनट.

$\Rightarrow$ दोनों समयों में अन्तर = 29 घण्टे – (28 घण्टे 48 मिनट) = 12 मिनट

$\Rightarrow$ ठीक समय = दोपहर 1 बजे से 12 मिनट पहले

= दिन में 12 बजकर 48 मिनट.

प्रश्न 5. किसी घड़ी में 8 बजे तथा 9 बजे के बीच में किस समय मिनट तथा घण्टे की सुई परस्पर सम्पाती होंगी ?

हल : 8 बजे, घण्टे की सुई 8 पर तथा मिनट की सुई 12 पर होंगी.

अतः ये सुइयाँ 40 मिनट के अन्तराल पर हैं.

इन दोनों को परस्पर सम्पात्ती होने के लिए मिनट की सुई को घण्टे की सुई से 40 मिनट अधिक चलना होगा.

मिनट की सुई द्वारा 55 मिनट का अन्तराल पूरा होता है = 60 मिनट में

मिनट की सुई द्वारा 40 मिनट का अन्तराल पूरा होता है

$$= \left(\frac{60}{55} \times 40\right) \text{ मिनट में } = \frac{480}{11} \text{ मिनट में } = 43\frac{7}{11} \text{ मिनट में.}$$

अतः घड़ी की दोनों सुईयाँ 8 बजकर $43\frac{7}{11}$ मिनट पर परस्पर सम्पाती होंगी.

प्रश्न 6. ज्ञात कीजिए कि 8 बजे तथा 9 बजे के बीच किस समय घड़ी की दोनों सुइयाँ परस्पर सम्पाती नहीं होंगी परन्तु एक सरल रेखा में होंगी ?

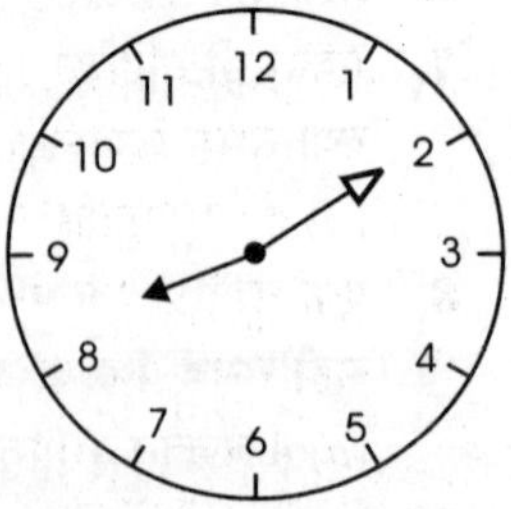

हल : 8 बजे घड़ी की छोटी सुई 8 पर तथा बड़ी सुई 12 पर होगी.

इन सुइयों के बीच में 20 मिनट का फासला है.

यदि सुइयाँ सम्पाती न हों परन्तु सरल रेखा में हों, तो इनके बीच में 30 मिनट का फासला होगा.

अतः मिनट वाली सुई को अभी घण्टे वाली सुई से (30 – 20) मिनट

= 10 मिनट का और फासला तय करना होगा.

अब मिनट की सुई द्वारा 55 मिनट का अन्तराल पूरा होगा = 60 मिनट में.

$\therefore$ मिनट की सुई द्वारा 10 मिनट का अन्तराल पूरा होगा = $\left(\frac{60}{55} \times 10\right)$ मिनट में = $10\frac{10}{11}$ मिनट में.

अतः घड़ी की सुइयाँ सम्पाती नहीं परन्तु सरल रेखा में होंगी = 8 बजकर $10\frac{10}{11}$ मिनट पर.

प्रश्न 7. 4 बजे तथा 4·30 बजे के बीच में कितने बजे घड़ी की सुईयाँ परस्पर लम्बवत होंगी?

हल : 4 बजे, घण्टे की सुई 4 पर तथा मिनट की सुई 12 पर होगी.

इनका अन्तराल 20 मिनट का है.

दोनों सुइयों के लम्बवत होने की स्थिति में उनके बीच का अन्तराल 15 मिनट का होना चाहिए.

4 बजे तथा 4·30 बजे के बीच दोनों सुइयों को लम्बवत् होने के लिए मिनट की सुई को $(20-15)=5$ मिनट का और फासला तय करना होगा.

मिनट की सुई द्वारा 55 मिनट का अन्तराल पूरा होगा = 60 मिनट में.

मिनट की सुई द्वारा 5 मिनट का अन्तराल पूरा होगा = $\left(\frac{60}{55}\times 5\right)$ मिनट में = $5\frac{5}{11}$ मिनट में.

अत: 4 बजकर $5\frac{5}{11}$ मिनट पर घड़ी की दोनों सुईयाँ परस्पर लम्बवत् होंगी.

प्रश्नमाला 27A

निम्नलिखित प्रश्नों में से प्रत्येक में ठीक उत्तर को चिन्हांकित (✓) कीजिए :

1. 4·56 बजे अपराह्न से 5·32 बजे अपराह्न के बीच का समय 1 घण्टे का कौन-सा भाग है?
   (*a*) $\frac{1}{4}$ (*b*) $\frac{3}{4}$ (*c*) $\frac{3}{5}$ (*d*) $\frac{1}{2}$
   (रेलवे परीक्षा, 2010)
2. घड़ी की दोनों सुईयों के बीच का कोण कितने बजे सर्वाधिक होता है? **(दिल्ली पुलिस परीक्षा, 2010)**
   (*a*) 4 बजे (*b*) 5 बजे (*c*) 9 बजे (*d*) 6 बजे
3. किसी घड़ी की मिनट वाली सुई को $\frac{3\pi}{2}$ रेडियन के कोण की रचना करने में कितना समय लगेगा?
   (*a*) 60 मिनट (*b*) 45 मिनट (*c*) 30 मिनट (*d*) 15 मिनट
   (अध्यापक पात्रता परीक्षा, 2009)
4. 3 बजकर 40 मिनट पर घड़ी की दो सुइयों के बीच कितने अंश का कोण होता है? **(पुलिस परीक्षा, 2008)**
   (*a*) 120° (*b*) 130° (*c*) 150° (*d*) इनमें से कोई नहीं
5. 5 बजकर 15 मिनट पर घड़ी की दो सुइयों के बीच कितने अंश का कोण होता है?
   (*a*) 72·5° (*b*) 64° (*c*) 67·5° (*d*) 58·5°
   (जीवन बीमा निगम परीक्षा, 2006)
6. एक घड़ी हर 30 मिनट में 3 मिनट आगे हो जाती है. यदि प्रात: 5 बजे ठीक समय मिलाया जाये तो 6 घण्टे बाद यह घड़ी क्या समय दिखायेगी? **(बैंक पी०ओ० परीक्षा, 2009)**
   (*a*) 10 : 54 प्रात: (*b*) 11:30 प्रात: (*c*) 11 : 36 प्रात: (*d*) 11 : 42 प्रात: (*e*) 11 : 38 सायं
7. एक घड़ी प्रतिदिन 15 मिनट आगे हो जाती है. इसे दोपहर 12 बजे मिलाया गया. यह घड़ी अगले दिन प्रात: 4 बजे क्या समय दिखायेगी? **(रेलवे परीक्षा, 2006)**
   (*a*) 4 : 10 पूर्वाह्न (*b*) 4 : 15 पूर्वाह्न (*c*) 4 : 30 पूर्वाह्न (*d*) 3 : 45 पूर्वाह्न
8. एक घड़ी प्रत्येक घण्टे में 10 सैकण्ड आगे हो जाती है. इसे प्रात: 10 बजे ठीक घड़ी से मिलाया गया. अगले दिन सही समय क्या था जबकि यह सायं 4 बजकर 5 मिनट दर्शाती है? **(रेलवे परीक्षा, 2005)**
   (*a*) 4 बजकर 10 मिनट (*b*) 4 बजकर 5 मिनट (*c*) सायं 4 बजे (*d*) सायं 4 बजने में 5 मिनट कम
9. किसी घड़ी में 5 बजे से 6 बजे के बीच कितने बजे घण्टे तथा मिनट की सुई एक-दूसरे के सम्पाती होंगी?
   (*a*) 5 बजकर 25 मिनट पर (*b*) 5 बजकर $27\frac{3}{11}$ मिनट पर
   (*c*) 5 बजकर $26\frac{3}{11}$ मिनट पर (*d*) इनमें से कोई नहीं

10. किसी घड़ी में 10 बजे तथा 11 बजे के बीच कितने बजे घण्टे तथा मिनट की सुई एक दूसरे के सम्पाती होंगी ?

(*a*) 10 बजकर 50 मिनट पर (*b*) 10 बजकर 54 मिनट पर

(*c*) 10 बजकर $54\frac{6}{11}$ मिनट पर (*d*) इनमें से कोई नहीं

11. 5·30 बजे तथा 6 बजे के बीच में कितने बजे घड़ी की सुइयाँ परस्पर लम्बवत् होंगी ?

(*a*) 5 बजकर 43 मिनट पर (*b*) 5 बजकर $43\frac{7}{11}$ मिनट पर

(*c*) 5 बजकर $36\frac{7}{11}$ मिनट पर (*d*) इनमें से कोई नहीं

उत्तरमाला (प्रश्नमाला 27A)

1. (*c*) **2.** (*d*) **3.** (*b*) **4.** (*b*) **5.** (*c*) **6.** (*c*) **7.** (*a*) **8.** (*c*) **9.** (*b*) **10.** (*c*) **11.** (*b*)

दिये गये प्रश्नों के हल | प्रश्नमाला 27A

1. अभीष्ट समय = (5·32 घण्टे – 4·56 घण्टे) = 36 मिनट

अभीष्ट भाग $=\frac{36}{60}=\frac{3}{5}$.

घण्टे	मिनट
~~5~~ 4	~~32~~ 92
– 4	56
0	36

2. स्पष्ट है कि 6 बजे दोनों सुइयों के बीच 180° का कोण होता है, जो सर्वाधिक है.

3. मिनट की सुई द्वारा 2□ रेडियन कोण बनाने में लगा समय = 60 मिनट

मिनट की सुई द्वारा $\frac{3\pi}{2}$ रेडियन कोण बनाने में लगा समय $=\left(\frac{60}{2\pi}\times\frac{3\pi}{2}\right)$ मिनट = 45 मिनट.

4. घण्टे की सुई द्वारा 1 घण्टे में बना कोण = 30°

घण्टे की सुई द्वारा $3\frac{40}{60}$ घण्टे में बना कोण $=\left(30\times\frac{11}{3}\right)^\circ=110^\circ$.

मिनट की सुई द्वारा 1 मिनट में बना कोण = 6°.

मिनट की सुई द्वारा 40 मिनट में बना कोण = (6 × 40)° = 240°.

अभीष्ट कोण = (240° – 110°) = 130°.

5. घण्टे की सुई द्वारा 1 घण्टे में बना कोण = 30°

घण्टे की सुई द्वारा $5\frac{15}{60}$ घण्टे में बना कोण $=\left(30\times\frac{21}{4}\right)^\circ=\left(\frac{315}{2}\right)^\circ=(157\cdot5)^\circ$.

मिनट की सुई द्वारा 1 मिनट में बना कोण = 6°.

मिनट की सुई द्वारा 15 मिनट में बना कोण $=(6\times15)=90^\circ$.

अभीष्ट कोण = (157·5 – 90)° = 67·5°.

6. 1 घण्टे में घड़ी में बढ़ा समय = 6 मिनट.

6 घण्टे में घड़ी में बढ़ा समय = (6 × 6) मिनट = 36 मिनट.

अभीष्ट समय = 11 : 36 प्रातः

7. 24 घण्टे में बढ़त = 15 मिनट.

16 घण्टे में बढ़त $=\left(\frac{15}{24}\times16\right)$ मिनट = 10 मिनट.

अतः घड़ी द्वारा दिखाया गया समय = 4 : 10 पूर्वाह्न.

8. पहले दिन प्रात: 10 बजे से अगले दिन सायं 4 बजे तक का समय = (24 + 6) घण्टे = 30 घण्टे.

1 घण्टे में आगे बढ़ती है = 10 सेकण्ड.

30 घण्टे में आगे बढ़ती है = (10 × 30) सेकण्ड $= \frac{300}{60}$ मिनट = 5 मिनट.

अत: जब घड़ी 4 बजकर 5 मिनट दर्शाती है तब सही समय 4 बजे सायं था.

9. 5 बजे घण्टे की सुई 5 पर तथा मिनट की सुई 12 पर होगी.

ये सुईयाँ 25 मिनट के अन्तराल पर हैं.

इन दोनों को सम्पाती होने के लिए मिनट की सुई को घण्टे की सुई से 25 मिनट अधिक चलना होगा.

मिनट की सुई द्वारा 55 मिनट का अन्तराल पूरा होता है = 60 मिनट में.

मिनट की सुई द्वारा 25 मिनट का अन्तराल पूरा होता है = $\left(\frac{60}{55}\times 25\right)$ मिनट में = $27\frac{3}{11}$ मिनट में.

$\therefore$ दोनों सुईयों के मिलने का समय = 5 बजकर $27\frac{3}{11}$ मिनट.

10. 10 बजे घण्टे की सुई 10 पर तथा मिनट की सुई 12 पर होगी.

इन्हें सम्पाती होने के लिए मिनट की सुई को घण्टे की सुई से 50 मिनट अधिक चलना होगा.

मिनट की सुई द्वारा 55 मिनट का अन्तराल पूरा होता है = 60 मिनट में.

मिनट की सुई द्वारा 50 मिनट का अन्तराल पूरा होता है = $\left(\frac{60}{55}\times 50\right)$ मिनट में = $54\frac{6}{11}$ मिनट में.

$\therefore$ अभीष्ट समय = 10 बजकर $54\frac{6}{11}$ मिनट.

11. 5 बजे, घण्टे की सुई 5 पर तथा मिनट की सुई 12 पर होगी.

इनका अन्तराल 25 मिनट का है.

5·30 बजे तथा 6 बजे के बीच दोनों सुइयों के लम्बवत् होने की स्थिति में मिनट की सुई घण्टे की सुई से 15 मिनट के अन्तराल से आगे होगी.

अत: मिनट की सुई को (25 + 15) = 40 मिनट का और फासला तय करना होगा.

अब मिनट की सुई द्वारा 55 मिनट का अन्तराल पूरा होगा = 60 मिनट में.

मिनट की सुई द्वारा 40 मिनट का अन्तराल पूरा होगा = $\left(\frac{60}{55}\times 40\right)$ मिनट में = $43\frac{7}{11}$ मिनट में.

अत: घड़ी की दोनों सुइयाँ लम्बवत् होंगी 5 बजकर $43\frac{7}{11}$ मिनट पर.

28 स्टॉक तथा शेयर (STOCK AND SHARES)

आवश्यक तथ्य एवं सूत्र

किसी कारखाने अथवा कम्पनी को चलाने के लिए अत्यधिक धन की आवश्यकता होती है. कुछ लोग मिलकर भी इसे चलाना चाहें तो इतना धन इकट्ठा करना इनके सामर्थ्य से बाहर होता है. अतः कुछ लोग मिलकर एक कम्पनी बना लेते हैं तथा इस कम्पनी को चलाने हेतु इसके बारे में विस्तार से अपनी योजनाओं को जनता के सामने प्रस्तुत करते हैं तथा पब्लिक को इसमें धन लगाने के लिए आमन्त्रित करते हैं. इसके लिए निम्नलिखित तथ्यों का जानना आवश्यक है.

(*i*) **स्टॉक अथवा पूँजी:** कम्पनी चलाने हेतु जिस कुल धन की आवश्यकता होती है, उसे स्टॉक अथवा पूँजी कहते हैं.

(*ii*) **शेयर:** पूरी पूँजी को छोटी–छोटी बराबर मूल्य की इकाइयों में बाँट दिया जाता है. प्रत्येक इकाई को एक शेयर कहते हैं. जिस व्यक्ति के पास ये शेयर होते हैं उसे **शेयर-धारक** कहते हैं.

(*iii*) **लाभांश:** कम्पनी द्वारा अर्जित कुल वार्षिक लाभ में से कुछ भाग शेयर धारकों में बाँट दिया जाता है. इसे लाभांश कहते हैं. यह प्रायः प्रतिशेयर अथवा शेयरों के कुल अंकित पूँजी की प्रतिशतता के रूप में दिया जाता है.

(*iv*) **प्रत्यक्ष मूल्य अथवा अंकित मूल्य:** शेयर सर्टीफिकेट पर छपे मूल्य को उस शेयर का अंकित मूल्य कहते हैं.

(*v*) **बाजारी मूल्य:** विभिन्न कम्पनियों के शेयर, शेयर बाजार में बेचे अथवा खरीदे जाते हैं. जिस मूल्य पर कोई शेयर खरीदा अथवा बेचा जाता है उसे इस शेयर का बाजारी मूल्य कहते हैं.

(*vi*) किसी शेयर के विक्रय मूल्य को कहते हैं:

- (*i*) **समतोल मूल्य,** यदि **(वि०मू०) = (अंकित मूल्य).**
- (*ii*) **अवमूल्य,** यदि **(वि०मू०) < (अंकित मूल्य).**
- (*iii*) **अधिमूल्य,** यदि **(वि०मू०) > (अंकित मूल्य).**

उदाहरण: (*i*) ₹ 8 अधिमूल्य का अर्थ है, अंकित मूल्य से ₹ 8 अधिक.

(*ii*) ₹ 5 अवमूल्य का अर्थ है, अंकित मूल्य से ₹ 5 कम.

(*vii*) **दलाली:** प्रायः शेयर खरीदने तथा बेचने की प्रक्रिया किसी दलाल के माध्यम से होती है, जो कुछ धन दलाली के रूप में लेता है.

ध्यान रहे : (*i*) शेयर खरीदने पर वास्तविक क्रय-मूल्य = (क्र० मू० + दलाली).

(*ii*) शेयर बेचने पर प्राप्त धन = (वि०मू० – दलाली).

ध्यान रहे : (*i*) प्रत्येक शेयर का अंकित मूल्य स्थिर होता है.

(*ii*) शेयर का बाजारी मूल्य परिवर्तित होता रहता है.

(*iii*) किसी शेयर पर लाभांश उसके अंकित मूल्य पर मिलता है.

उदाहरण : ₹ 100 के, ₹ 120 पर 9% स्टॉक का अर्थ है :

(*i*) प्रत्येक शेयर का अंकित मूल्य = ₹ 100.

(*ii*) प्रत्येक शेयर का विक्रय मूल्य = ₹ 120.

(*iii*) 1 शेयर पर वार्षिक लाभांश = ₹ 9.

(*iv*) ₹ 120 की लागत पर 1 वर्ष में आय = ₹ 9.

साधित उदाहरण

प्रश्न 1. ₹ 5400 के 9% स्टॉक का ₹ 90 पर मूल्य कितना होगा?

हल : ₹ 100 के स्टॉक का मूल्य = ₹ 90. ₹ 5400 के स्टॉक का मूल्य = ₹ $\left(\frac{90}{100}\times 5400\right)$ = ₹ 4860.

प्रश्न 2. ₹ 7000 के 8% स्टॉक का 3 अधिमूल्य पर मूल्य क्या होगा?

हल : ₹ 100 के स्टॉक का मूल्य = ₹ 103.

₹ 7000 के स्टॉक का मूल्य = ₹ $\left(\frac{103}{100}\times 7000\right)$ = ₹ 7210.

प्रश्न 3. ₹ 4500 के 6% स्टॉक का मूल्य 10 अवमूल्य पर कितना होगा?

हल : ₹ 100 के स्टॉक का मूल्य = ₹ (100 – 10) = ₹ 90.

₹ 4500 के स्टॉक का मूल्य = ₹ $\left(\frac{90}{100}\times 4500\right)$ = ₹ 4050.

प्रश्न 4. ₹ 5000 का 8% स्टॉक 120 पर खरीदने हेतु कितने धन की आवश्यकता होगी, जबकि दलाली 2% हो?

हल : ₹ 100 के स्टॉक का मूल्य = ₹ $\left(120+\frac{2}{100}\times 120\right)$ = ₹ 122.40.

₹ 5000 के स्टॉक का मूल्य = ₹ $\left(\frac{122\cdot 40}{100}\times 5000\right)$ = ₹ 6120.

प्रश्न 5. ₹ 15000 के 9% स्टॉक को 10 अवमूल्य पर बेचने से कितने धन की प्राप्ति होगी जबकि दलाली 2% हो?

हल : ₹ 100 के स्टॉक का विक्रय मूल्य = ₹ $\left\{(100-10)-\left(\frac{2}{100}\times 90\right)\right\}$ = ₹ (90 – 1·80) = ₹ 88·20

₹ 15000 के स्टॉक का विक्रय मूल्य = ₹ $\left(\frac{88\cdot 20}{100}\times 15000\right)$ = ₹ 13230.

प्रश्न 6. ₹ 105 पर 8% स्टॉक में ₹ 6300 निवेश करने पर वार्षिक आय कितनी होगी?

हल : ₹ 105 निवेश करने पर आय = ₹ 8.

₹ 6300 निवेश करने पर आय = ₹ $\left(\frac{8}{105}\times 6300\right)$ = ₹ 480.

प्रश्न 7. निम्नलिखित में से किस स्टॉक में धन लगाना अधिक लाभप्रद है : 112 पर 8% स्टॉक में अथवा 120 पर 10% स्टॉक में?

हल : माना प्रत्येक स्टॉक में निवेशित धन = ₹ (112 × 120).

प्रथम स्टॉक से आय :

₹ 112 निवेश करने पर वार्षिक आय = ₹ 8.

₹ (112 × 120) निवेश करने पर वार्षिक आय = ₹ $\left(\frac{8}{112}\times 112\times 120\right)$ = ₹ 960.

द्वितीय स्टॉक से आय :

₹ 120 निवेश करने पर वार्षिक आय = ₹ 10.

₹ (112 × 120) निवेश करने पर वार्षिक आय = ₹ $\left(\frac{10}{120}\times 112\times 120\right)$ = ₹ 1120.

स्पष्ट है कि 120 पर 10% स्टॉक में धन लगाना अधिक लाभप्रद है.

प्रश्न 8. ₹ 10 वाले 96 शेयरों का $\frac{3}{4}$ अवमूल्य पर क्रय मूल्य कितना होगा, जबकि दलाली $\frac{1}{4}$ प्रति शेयर हो?

हल : 1 शेयर का क्रय मूल्य = ₹ $\left(10-\frac{3}{4}+\frac{1}{4}\right)$ = ₹ $\frac{19}{2}$.

96 शेयरों का क्रय-मूल्य = ₹ $\left(\frac{19}{2}\times 96\right)$ = ₹ 912.

प्रश्नमाला 28A

निम्नलिखित प्रश्नों में से प्रत्येक में ठीक उत्तर को चिन्हांकित (✓) कीजिए:

1. ₹ 2800 के 3·5% स्टॉक का ₹ 94 की दर से मूल्य कितना होगा? **(एस०एस०सी० परीक्षा, 2010)**
(*a*) ₹ 2632 (*b*) ₹ 2500 (*c*) ₹ 2362 (*d*) ₹ 2178

2. $4\frac{1}{2}\%$ स्टॉक में ₹ 9600 निवेश करने पर ₹ 360 वार्षिक आय हो, तो ₹ 100 के स्टॉक का मूल्य कितना होगा? **(रेलवे परीक्षा, 2002)**
(*a*) ₹ 115 (*b*) ₹ 120 (*c*) ₹ 100 (*d*) ₹ 125

3. ₹ 87 की दर वाले $3\frac{1}{4}\%$ के ₹ 4000 के स्टॉक को ₹ 145 की दर से $6\frac{1}{4}\%$ के स्टॉक में बदलने पर आय में कितनी वृद्धि होगी? **(रेलवे परीक्षा, 2002)**
(*a*) ₹ 20 (*b*) ₹ 58 (*c*) ₹ 36·90 (*d*) ₹ 18

4. एक व्यक्ति 15% के ऋणपत्र (Debentures) पर, जिसका अंकित मूल्य ₹ 100 है तथा बाजार मूल्य ₹ 104 है, ₹ 1500 वार्षिक आय चाहता है. यदि दलाली 1% हो, तो उसको कितना धन लगाना होगा?
(*a*) ₹ 19642 (*b*) ₹ 10784 (*c*) ₹ 10504 (*d*) ₹ 15000
(मैनेजमैन्ट परीक्षा, 2002)

5. ₹ 16000 के 14% लाभांश वाले शेयर 10% अवमूल्य पर बेचने से कितना धन मिलेगा, जबकि दलाली 1·5% हो? **(इ०गा०वि०वि० परीक्षा, 2004)**
(*a*) ₹ 14300 (*b*) ₹ 14384 (*c*) ₹ 14184 (*d*) ₹ 15184 (*d*) इनमें से कोई नहीं

6. ₹ 96 पर 8% स्टॉक से ₹ 750 वार्षिक आय प्राप्त करने हेतु कितना धन निवेश करना होगा?
(*a*) ₹ 7200 (*b*) ₹ 9000 (*c*) ₹ 10836 (*d*) ₹ 10940

7. ₹ 120 के 6% स्टॉक से कितने प्रतिशत वार्षिक आय होती है?
(*a*) $7\frac{1}{5}\%$ (*b*) 6% (*c*) 5% (*d*) 20%

8. सजल अपने धन का कुछ भाग ₹ 96 के 9% स्टॉक में तथा शेष भाग ₹ 120 के 12% स्टॉक में लगाता है. यदि दोनों स्टॉकों से वार्षिक लाभांश बराबर हो, तो दोनों स्टॉकों में लगे धनों का अनुपात कितना है?
(*a*) 3 : 4 (*b*) 3 : 5 (*c*) 4 : 5 (*d*) 16 : 15

9. निम्नलिखित में से किस स्टॉक में धन लगाना लाभप्रद है : ₹ 144 के 11% स्टॉक में अथवा ₹ 117 के $9\frac{3}{4}\%$ स्टॉक में?
(*a*) ₹ 144 के 11% स्टॉक में (*b*) ₹ 117 के $9\frac{3}{4}\%$ स्टॉक में
(*c*) दोनों बराबर लाभ देने वाले हैं (*d*) ज्ञात नहीं किया जा सकता

10. ₹ 12750 में ₹ 25 मूल्य वाले कितने शेयर खरीदे जा सकेंगे, जबकि दलाली प्रति शेयर $\frac{1}{2}$ हो?
(*a*) 450 (*b*) 500 (*c*) 550 (*d*) 600
(मैनेजमैन्ट परीक्षा, 2002)

11. 175 शेयरों से वार्षिक आय कितनी होगी, जबकि प्रति शेयर तिमाही लाभांश ₹ 3 हो? **(रेलवे परीक्षा, 2004)**
(*a*) ₹ 525 (*b*) ₹ 1800 (*c*) ₹ 2100 (*d*) ₹ 2400

12. एक व्यक्ति किसी कम्पनी के ₹ 50 वाले तथा 10% लाभांश वाले शेयर खरीदता है. यदि उसे उसकी लागत पर 12·5% वार्षिक आय प्राप्त हो, तो एक शेयर का बाजार भाव कितना है? **(एम०बी०ए० परीक्षा, 2006)**
(*a*) ₹ 37·50 (*b*) ₹ 40 (*c*) ₹ 48 (*d*) ₹ 52

उत्तरमाला (प्रश्नमाला 28A)

1. (*a*) **2.** (*b*) **3.** (*a*) **4.** (*c*) **5.** (*c*) **6.** (*b*) **7.** (*c*) **8.** (*d*) **9.** (*b*) **10.** (*b*)
11. (*c*) **12.** (*b*)

दिये गये प्रश्नों के हल प्रश्नमाला 28A

1. ₹ 100 के स्टॉक का मूल्य = ₹ 94.

₹ 2800 के स्टॉक का मूल्य = ₹ $\left(\frac{94}{100}\times 2800\right)$ ₹ 2632.

2. ₹ 360 की वार्षिक आय हेतु निवेश = ₹ 9600.

₹ $\frac{9}{2}$ की वार्षिक आय हेतु निवेश = ₹ $\left(\frac{9600}{360}\times\frac{9}{2}\right)$ = ₹ 120.

अत: ₹ 100 के स्टॉक का मूल्य = ₹ 120.

3. प्रथम स्टॉक से आय :

₹ 100 के स्टॉक से आय = ₹ $\frac{13}{4}$.

₹ 4000 के स्टॉक से आय = ₹ $\left(\frac{13}{4}\times\frac{1}{100}\times 4000\right)$ = ₹ 130.

इस स्टॉक को बेचने पर :

₹ 100 के स्टॉक का विक्रय मूल्य = ₹ 87.

₹ 4000 के स्टॉक का विक्रय मूल्य = ₹ $\left(\frac{87}{100}\times 4000\right)$ = ₹ 3480.

द्वितीय स्टॉक से आय :

₹ 3480 की लागत पर आय = ₹ $\left(\frac{25}{4}\times\frac{1}{145}\times 3480\right)$ = ₹ 150.

आय में वृद्धि = ₹ (150 – 130) = ₹ 20.

4. ₹ 100 के ऋण पत्र का बाजार मूल्य = ₹ $\left(104+\frac{104\times 1}{100}\right)$ = ₹ 105·04.

₹ 15 आय हेतु धन लगाना होगा = ₹ 105.04.

₹ 1500 आय हेतु धन लगाना होगा = ₹ $\left(\frac{105\cdot 04}{15}\times 1500\right)$ = ₹ 10504.

5. ₹ 100 का स्टॉक बेचने से प्राप्त धन = ₹ $\left(90-\frac{90\times 1\cdot 5}{100}\right)$ = ₹ (90 – 1·35) = ₹ 88.65.

₹ 16000 का स्टॉक बेचने से प्राप्त धन = ₹ $\left(\frac{88\cdot 65}{100}\times 16000\right)$ = ₹ 14184.

6. ₹ 8 आय हेतु निवेश = ₹ 96.

₹ 750 आय हेतु निवेश = ₹ $\left(\frac{96}{8}\times 750\right)$ = ₹ 9000.

7. ₹ 120 की लागत पर आय = ₹ 6.

₹ 100 की लागत पर आय = ₹ $\left(\frac{6}{120}\times 100\right)$ = ₹ 5.

अत: इस स्टॉक से वार्षिक आय = 5%.

8. माना निवेशित धन का अभीष्ट अनुपात = x : 1. तब,

$$\frac{9}{96}\times x=\frac{12}{120}\times 1 \Rightarrow x=\left(\frac{1}{10}\times\frac{96}{9}\right)=\frac{16}{15}.$$

अभीष्ट अनुपात $=\frac{16}{15}:1=16:15.$

9. माना प्रत्येक स्टॉक में निवेश = ₹ (144 × 117).

प्रथम स्टॉक से वार्षिक आय = ₹ $\left(144\times 117\times\frac{11}{144}\right)$ = ₹ 1287.

द्वितीय स्टॉक से वार्षिक आय $= ₹ \left(144 \times 117 \times \frac{39}{4 \times 117}\right) = ₹ 1404.$

चूँकि द्वितीय स्टॉक से वार्षिक आय अधिक है, अतः ₹ 117 के $9\frac{3}{4}\%$ स्टॉक में धन लगाना लाभप्रद है.

10. 1 शेयर का मूल्य $= ₹ \left(25 + \frac{1}{2}\right) = ₹ \frac{51}{2}.$

शेयरों का कुल मूल्य = ₹ 12750.

शेयरों की संख्या $= \frac{12750}{(51/2)} = \left(12750 \times \frac{2}{51}\right) = 500.$

11. प्रति शेयर वार्षिक लाभांश = ₹ (3 × 4) = ₹ 12.

175 शेयरों से वार्षिक लाभांश = ₹ (175 × 12) = ₹ 2100.

12. माना प्रति शेयर लागत = ₹ x. तब,

₹ (x का 12·5%) = ₹ (50 का 10%)

$$\Rightarrow x \times \frac{12 \cdot 5}{100} = 50 \times \frac{10}{100} \Rightarrow \frac{25x}{2} = 500 \Rightarrow x = \frac{500 \times 2}{25} = 40.$$

प्रश्नमाला 28B

1. (*i*) ₹ 6000 के 5 अवमूल्य पर 9% स्टॉक का मूल्य कितना है ?

(*ii*) ₹ 7500 के 16 अधिमूल्य पर 10% स्टॉक का मूल्य कितना है ?

2. (*i*) ₹ 6400 के समतोल पर 8% स्टॉक का क्रय मूल्य ज्ञात कीजिए जबकि दलाली $\frac{1}{4}\%$ हो.

(*ii*) ₹ 1600 के 10 अधिमूल्य पर 12% स्टॉक का क्रय मूल्य ज्ञात कीजिए जबकि दलाली $\frac{1}{2}\%$ हो.

3. एक व्यक्ति ₹ 5000 का ₹ 156 पर 12% स्टॉक बेचता है. इससे प्राप्त राशि के कुछ भाग को ₹ 90 के 8% स्टॉक में तथा शेष राशि को ₹ 108 के 9% स्टॉक में निवेश करता है. इससे उसकी आय में ₹ 70 की वृद्धि होती है. प्रत्येक स्टॉक पर उसने कितने धन का निवेश किया ? **(मैनेजमैन्ट परीक्षा, 2005)**

4. एक व्यापारी के पास किसी कम्पनी के ₹ 5 वाले 1000 शेयर थे. इनमें से उसने 400 शेयर ₹ 9 प्रति शेयर की दर से बेच दिये तथा इस धन को ₹ 90 के स्टॉक में लगा दिया. यदि शेयरों का लाभांश 9% वार्षिक तथा स्टॉक पर 10% वार्षिक हो, तो व्यापारी की वार्षिक आय ज्ञात कीजिए.

5. एक कम्पनी ₹ 50 के प्रत्येक शेयर पर 10% अनुलाभ देती है. एक व्यक्ति ने इस कम्पनी के शेयर खरीदे तथा उसे अपनी लागत पर 12·5% लाभ प्राप्त हुआ. उसने किस मूल्य पर शेयर खरीदे ?

(जीवन बीमा निगम परीक्षा, 2006)

6. कोई व्यक्ति ₹ 10 प्रति शेयर की दर से कुछ शेयर खरीदता है जिनसे वर्ष के अन्त में 8% लाभांश मिलता है. यदि कुल लाभांश ₹ 300 हो, तो उसने कितने शेयर खरीदे ?

7. यदि ₹ 9600 के निवेश से ₹ 360 वार्षिक आय हो तो $4\frac{1}{2}\%$ स्टॉक का बाजारी मूल्य कितना है ?

(रेलवे परीक्षा, 2002)

उत्तरमाला (प्रश्नमाला 28B)

1. (*i*) ₹ 5700 (*ii*) ₹ 8700 **2.** (*i*) ₹ 6416 (*ii*) ₹ 1768·80 **3.** ₹ 3600, ₹ 4200 **4.** ₹ 670
5. ₹ 40 प्रति शेयर **6.** 375 **7.** ₹ 120

दिये गये प्रश्नों के हल प्रश्नमाला 28B

1. (*i*) ₹ 100 के स्टॉक का मूल्य = ₹ (100 – 5) = ₹ 95.

₹ 6000 के स्टॉक का मूल्य $= ₹ \left(\frac{95}{100} \times 6000\right) = ₹ 5700.$

(*ii*) ₹ 100 के स्टॉक का मूल्य = ₹ 116.

₹ 7500 के स्टॉक का मूल्य = ₹ $\left(\frac{116}{100}\times 7500\right)$ = ₹ 8700.

2. (*i*) ₹ 100 के स्टॉक का क्रय-मूल्य = ₹ $\left(100+\frac{1}{4}\times\frac{100}{100}\right)$ = ₹ (100 + 0·25) = ₹ 100·25.

₹ 6400 के स्टॉक का क्रय-मूल्य = ₹ $\left(\frac{100\cdot25}{100}\times 6400\right)$ = ₹ 6416.

(*ii*) ₹ 100 के स्टॉक का क्रय-मूल्य = ₹ $\left(110+\frac{1}{2}\times\frac{110}{100}\right)$ = ₹ 110·55.

₹ 1600 के स्टॉक का क्रय-मूल्य = ₹ $\left(\frac{110\cdot55}{100}\times 1600\right)$ = ₹ 1768·80.

3. ₹ 5000 के 12% स्टॉक से आय = ₹ $\left(\frac{12}{100}\times 5000\right)$ = ₹ 600.

इस स्टॉक को ₹ 156 पर बेचने से प्राप्त धन = ₹ $\left(\frac{156}{100}\times 5000\right)$ = ₹ 7800.

माना ₹ 90 के 8% में निवेशित धन = ₹ x.

तब ₹ 108 के 9% में निवेशित धन = ₹ $(7800 - x)$.

दोनों से कुल वार्षिक आय = ₹ (600 + 70) = ₹ 670.

$\therefore \frac{8}{90}\times x+\frac{9}{108}\times(7800-x)=670 \Rightarrow \frac{4x}{45}+\frac{(7800-x)}{12}=670 \Rightarrow 16\,x+15\,(7800-x)=120600$

$\Rightarrow x=(120600-117000) \Rightarrow x=3600.$

∴ ₹ 90 के 8% में निवेशित धन = ₹ 3600 तथा ₹ 108 के 9% में निवेशित धन = ₹ 4200.

4. 600 शेयरों का वास्तविक मूल्य = ₹ (5 × 600) = ₹ 3000.

इन शेयरों पर लाभांश = ₹ $\left(3000\times\frac{9}{100}\right)$ = ₹ 270.

400 शेयरों का विक्रय मूल्य = ₹ (9 × 400) = ₹ 3600.

इन धन से खरीदा गया स्टॉक = ₹ $\left(\frac{100}{90}\times 3600\right)$ = ₹ 4000.

इस स्टॉक से आय = ₹ $\left(4000\times\frac{10}{100}\right)$ = ₹ 400.

कुल वार्षिक आय = ₹ (270 + 400) = ₹ 670.

5. माना उसने ₹ x प्रति शेयर की दर से शेयर खरीदे.

1 शेयर पर अनुलाभ = ₹ $\left(50\times\frac{10}{100}\right)$ = ₹ 5.

$\therefore \frac{x\times 12\cdot5}{100}=5 \Rightarrow x=\frac{5\times100}{12\cdot5}=40.$

अतः उसने ₹ 40 प्रति शेयर की दर से शेयर खरीदे.

6. माना उसने x शेयर खरीदे. तब $\frac{x\times10\times8}{100}=300 \Rightarrow x=\frac{300\times100}{10\times8} \Rightarrow x=375.$

अतः उसने कुल 375 शेयर खरीदे.

7. ₹ 360 आय हेतु निवेश = ₹ 9600. ₹ $\frac{9}{2}$ आय हेतु निवेश = ₹ $\left(\frac{9600}{360}\times\frac{9}{2}\right)$ = ₹ 120.

अतः ₹ 100 के स्टॉक का बाजारी भाव = ₹ 120.

29 मिती काटा (TRUE DISCOUNT)

सामान्य नियम

मिती काटा: माना किसी कर्जदार व्यक्ति को कोई धन एक निश्चित समय के बाद वापिस देना है. परन्तु, वह इस कर्ज को अभी चुकाना चाहता है. प्रश्न उठता है कि उसे अपना कर्ज चुकाने के लिए कितना धन देना होगा. स्पष्ट है कि तय किये गये ब्याज की दर से जिस धन का मिश्रधन, देय धन हो, उतना ही धन देकर कर्ज चुकता हो जायेगा.

इस समय दिये गये धन को **तत्काल धन** कहते हैं तथा देय धन और तत्काल धन के अन्तर को **मिती-काटा** कहते हैं.

(*i*) **मिती काटा = (देय धन) – (तत्काल धन).**

(*ii*) **मिती काटा = तत्काल धन पर ब्याज.**

सूत्र

(*i*) $\text{मिती काटा} = \dfrac{(\text{देय धन} \times \text{दर} \times \text{समय})}{\{100 + (\text{दर} \times \text{समय})\}} = ₹\ \dfrac{(x \times R \times T)}{\{100 + (R \times T)\}}$.

(*ii*) $\text{तत्काल धन} = \dfrac{(100 \times \text{देय धन})}{\{100 + (\text{दर} \times \text{समय})\}} = ₹\ \dfrac{(100 \times \text{देयधन})}{\{100 + (R \times T)\}} = \dfrac{(100 \times \text{मिती काटा})}{(\text{दर} \times \text{समय})}$.

(*iii*) मिती काटा = तत्काल धन पर ब्याज.

(*iv*) $\text{देय धन} = \dfrac{(\text{सा० ब्याज}) \times (\text{मिती काटा})}{(\text{सा० ब्याज}) - (\text{मिती काटा})}$.

(*v*) (साधारण ब्याज) – (मिती काटा) = मिती काटा पर साधारण ब्याज.

(*vi*) $\text{चक्रवृद्धि ब्याज पर तत्काल धन} = \dfrac{\text{देय धन}}{\left(1 + \dfrac{\text{दर}}{100}\right)^{\text{समय}}}$.

साधित उदाहरण

प्रश्न 1. 3 वर्ष बाद देय ₹ 6500 का तत्काल धन तथा मिती काटा ज्ञात करें जबकि ब्याज की दर 10% वार्षिक हो.

हल : देय धन = ₹ 6500, समय = 3 वर्ष, दर = 10% वार्षिक.

$\therefore \text{तत्काल धन} = \dfrac{(100 \times \text{देय धन})}{\{100 + (\text{दर} \times \text{समय})\}} = ₹\ \dfrac{(100 \times 6500)}{\{100 + (10 \times 3)\}} = ₹ \left(\dfrac{100 \times 6500}{130}\right) = ₹\ 5000.$

मिती काटा = (देय धन) – (तत्काल धन) = ₹ (6500 – 5000) = ₹ 1500.

प्रश्न 2. 2 वर्ष बाद देय धन पर 8% वार्षिक दर से मिती काटा ₹ 1200 है. देय धन तथा तत्काल धन ज्ञात कीजिए.

हल : मिती काटा = ₹ 1200, दर = 8% वार्षिक, समय = 2 वर्ष.

माना देय धन = ₹ x. तब

$\text{मिती काटा} = \dfrac{(x \times R \times T)}{100 + (R \times T)} = ₹ \left\{\dfrac{(x \times 8 \times 2)}{100 + (8 \times 2)}\right\} = ₹ \left(\dfrac{16x}{116}\right) = ₹ \left(\dfrac{4x}{29}\right).$

$\therefore \dfrac{4x}{29} = 1200 \Rightarrow x = \dfrac{(1200 \times 29)}{4} = 8700.$

अत: देय धन = ₹ 8700 तथा तत्काल धन = ₹ (8700 – 1200) = ₹ 7500.

प्रश्न 3. 3 वर्ष बाद देय किसी धन पर मिती काटा ₹ 900 है तथा इसी धन पर इसी दर से इतने ही समय का साधारण ब्याज ₹ 1170 है. देय धन तथा दर प्रतिशत ज्ञात कीजिए.

हल : मिती काटा = ₹ 900 तथा साधारण ब्याज = ₹ 1170.

$$\text{देय धन} = \frac{(\text{सा० ब्याज}) \times (\text{मिती काटा})}{(\text{सा० ब्याज}) - (\text{मिती काटा})} = ₹\left(\frac{1170 \times 900}{1170 - 900}\right) = ₹\left(\frac{1170 \times 900}{270}\right) = ₹\ 3900.$$

$$\text{दर} = \frac{100 \times \text{सा० ब्याज}}{\text{मूलधन} \times \text{समय}} = \left(\frac{100 \times 1170}{3900 \times 3}\right)\%\ \text{वार्षिक} = 10\%\ \text{वार्षिक}.$$

प्रश्न 4. 6 माह बाद देय किसी धन पर 8% वार्षिक दर से मिती काटा तथा साधारण ब्याज का अन्तर ₹ 30 है. देय धन ज्ञात कीजिए.

हल : माना देय धन = ₹ x. तब इस धन पर :

$$\text{साधारण ब्याज} = ₹\left(\frac{x \times 8 \times \frac{6}{12}}{100}\right) = ₹\left(\frac{x}{25}\right).$$

$$\text{मिती काटा} = ₹\left\{\frac{\left(x \times 8 \times \frac{6}{12}\right)}{100 + \left(8 \times \frac{6}{12}\right)}\right\} = ₹\left(\frac{4x}{104}\right) = ₹\left(\frac{x}{26}\right).$$

$$\therefore \frac{x}{25} - \frac{x}{26} = 30 \Rightarrow \frac{(26x - 25x)}{(25 \times 26)} = 30 \Rightarrow x = (30 \times 25 \times 26) \Rightarrow x = 19500.$$

अत: देय धन = ₹ 19500.

प्रश्न 5. एक बिल 1 वर्ष बाद देय है. ऋणदाता आधा धन तत्काल लेकर शेष आधा धन 2 वर्ष बाद लेने को तैयार है. यदि ब्याज की दर 8% वार्षिक हो तथा इस सौदे से ₹ 40 का लाभ हो, तो देय धन ज्ञात कीजिए.

हल : माना देय धन = ₹ x. तब

$$\frac{x}{2} + \frac{\left(\frac{x}{2} \times 100\right)}{\{100 + (8 \times 2)\}} - \frac{(x \times 100)}{\{100 + (8 \times 1)\}} = 40 \Rightarrow \frac{x}{2} + \frac{25x}{58} - \frac{25x}{27} = 40 \Rightarrow \frac{54x}{58} - \frac{25x}{27} = 40$$

$$\Rightarrow \frac{27x}{29} - \frac{25x}{27} = 40 \Rightarrow \frac{(729x - 725x)}{29 \times 27} = 40$$

$$\Rightarrow 4x = 40 \times 29 \times 27 \Rightarrow x = (10 \times 29 \times 27) = 7830.$$

अत: देय धन = ₹ 7830.

प्रश्नमाला 29A

निम्नलिखित प्रश्नों में से प्रत्येक में ठीक उत्तर को चिन्हांकित (✓) कीजिए :

1. 2 वर्ष बाद देय ₹ 5800 का तत्काल धन कितना होगा, जबकि ब्याज की दर 8% वार्षिक हो ?

(*a*) ₹ 6728 (*b*) ₹ 4872 (*c*) ₹ 5000 (*d*) इनमें से कोई नहीं

2. 3 वर्ष बाद देय किसी धन का 10% वार्षिक दर से मिती काटा ₹ 390 है. देय धन कितना है ?

(*a*) ₹ 1300 (*b*) ₹ 1690 (*c*) ₹ 910 (*d*) इनमें से कोई नहीं

3. 6 माह बाद देय ₹ 5200 पर मिती काटा ₹ 200 है. ब्याज की वार्षिक दर कितनी है ?
(*a*) $7\frac{9}{13}\%$ (*b*) $8\frac{1}{3}\%$ (*c*) 8% (*d*) इनमें से कोई नहीं

4. कुछ समय बाद देय ₹ 2580 का 6% वार्षिक दर से मिती काटा ₹ 180 है. यह धन कितने समय बाद देय है ?
(*a*) 4 माह (*b*) 5 माह (*c*) 1 वर्ष 3 माह (*d*) 1 वर्ष 4 माह

5. एक दुकानदार को किसी व्यापारी को 1 वर्ष बाद देय ₹ 10028 देना है. 3 माह बाद दुकानदार अपना ऋण चुकाना चाहता है. यदि ब्याज की दर 12% वार्षिक हो, तो उसे कितना धन देना होगा ?
(*a*) ₹ 9200 (*b*) ₹ 9600 (*c*) ₹ 9560 (*d*) ₹ 9025·20

6. एक व्यक्ति ने एक घड़ी ₹ 1950 में नकद खरीदी तथा उसी समय 1 वर्ष बाद देय ₹ 2160 में बेच दी. यदि ब्याज की दर 8% वार्षिक हो, तो उस व्यक्ति को कितना लाभ हुआ ?
(*a*) ₹ 210 (*b*) ₹ 60 (*c*) ₹ 50 (*d*) इनमें से कोई नहीं

7. एक व्यक्ति ने एक गाय ₹ 15000 नकद में खरीदी तथा उसी दिन 2 वर्ष बाद देय ₹ 18720 में उधार बेच दी. यदि ब्याज की दर 10% वार्षिक हो, तो उस व्यक्ति को कितने प्रतिशत लाभ हुआ ?
(*a*) 2% (*b*) 3% (*c*) 5% (*d*) 4%

8. एक व्यक्ति अपना स्कूटर बेचना चाहता है. इसके दो ग्राहक हैं. एक ग्राहक ₹ 24000 नकद देना चाहता है तथा दूसरा 8 माह बाद देय ₹ 27000. यदि ब्याज की दर 12% वार्षिक हो, तो बेचने वाले व्यक्ति को कौन-सा सौदा लाभप्रद होगा ?
(*a*) ₹ 24000 नकद (*b*) 8 माह बाद देय ₹ 27000 (*c*) दोनों एक जैसे हैं

9. दो बराबर छमाही किस्तों में देय ₹ 7020 का तत्काल धन कितना होगा जबकि ब्याज की दर 8% वार्षिक हो ?
(*a*) ₹ 6750 (*b*) ₹ 7500 (*c*) ₹ 6625 (*d*) ₹ 6500

10. 6 माह के अन्त में देय एक निश्चित धन पर मिती काटा ₹ 24 है तथा उसी धन पर उसी दर से 6 माह का साधारण ब्याज ₹ 25 है. ब्याज की वार्षिक दर कितनी है ?
(*a*) $8\frac{1}{3}\%$ (*b*) $8\frac{3}{4}\%$ (*c*) $8\frac{1}{2}\%$ (*d*) 8%

11. एक निश्चित समय बाद देय ₹ 260 के बिल पर मिती काटा ₹ 20 है. इसी दर पर आधे समय के बाद देय इसी बिल पर मिती काटा कितना होगा ?
(*a*) ₹ 10 (*b*) ₹ 10·40 (*c*) ₹ 13 (*d*) ₹ 15·20

उत्तरमाला (प्रश्नमाला 29A)

1. (*c*) **2.** (*b*) **3.** (*c*) **4.** (*c*) **5.** (*a*) **6.** (*c*) **7.** (*d*) **8.** (*b*) **9.** (*c*) **10.** (*a*) **11.** (*b*)

दिये गए प्रश्नों के हल प्रश्नमाला 29A

1. देय धन = ₹ 5800, दर = 8% वार्षिक, समय = 2 वर्ष.

$$\text{तत्काल धन} = \frac{(100 \times \text{देय धन})}{100 + (\text{दर} \times \text{समय})} = ₹ \left\{\frac{100 \times 5800}{100 + (8 \times 2)}\right\} = ₹ \left(\frac{100 \times 5800}{116}\right) = ₹\ 5000.$$

2. $$\text{तत्काल धन} = \frac{100 \times \text{मिती काटा}}{\text{दर} \times \text{समय}} = ₹\ \frac{(100 \times 390)}{(10 \times 3)} = ₹\ 1300.$$

देय धन = ₹ (1300 + 390) = ₹ 1690.

3. तत्काल धन = ₹ (5200 – 200) = ₹ 5000.

$$\text{ब्याज की दर} = \left(\frac{100 \times 200}{5000 \times \frac{6}{12}}\right)\% \text{ वार्षिक} = 8\% \text{ वार्षिक}.$$

4. तत्काल धन = ₹ (2580 – 180) = ₹ 2400.

समय $= \left(\frac{100\times180}{2400\times6}\right)$ वर्ष $= \frac{5}{4}$ वर्ष = 1 वर्ष 3 माह.

5. स्पष्ट है कि अब दुकानदार को देना होगा = 9 माह बाद देय ₹ 10028 का वर्तमान मूल्य

$$= ₹ \left\{\frac{100\times10028}{100+\left(12\times\frac{9}{12}\right)}\right\} = ₹ \left(\frac{100\times10028}{109}\right) = ₹\ 9200.$$

6. घड़ी का क्रय मूल्य = ₹ 1950 तथा

विक्रय मूल्य = 1 वर्ष बाद देय ₹ 2160 का तत्काल धन

$$= ₹ \frac{(100\times2160)}{\{100+(8\times1)\}} = ₹ \left(\frac{100+2160}{108}\right) = ₹\ 2000 \text{ नकद.}$$

∴ लाभ = ₹ (2000 – 1950) = ₹ 50.

7. गाय का क्रय मूल्य = ₹ 15000.

गाय का विक्रय मूल्य = 2 वर्ष बाद देय ₹ 18720 का वर्तमान मूल्य

$$= ₹ \left\{\frac{(100\times18720)}{100+(10\times2)}\right\} = ₹ \left(\frac{100\times18720}{120}\right) = ₹\ 15600.$$

लाभ = ₹ (15600 – 15000) = ₹ 600.

∴ लाभ % $= \left(\frac{600}{15000}\times100\right)\% = 4\%.$

8. 8 माह बाद देय ₹ 27000 का वर्तमान मूल्य $= ₹ \left\{\frac{100\times27000}{100+\left(12\times\frac{8}{12}\right)}\right\} = ₹\ 25000.$

नकद मूल्य = ₹ 27000.

अत: 8 माह बाद देय ₹ 27000, बेचने वाले के लिए लाभप्रद है.

9. तत्काल धन = 6 माह बाद देय ₹ 3510 का तत्काल धन + 1 वर्ष बाद देय ₹ 3510 का तत्काल धन

$$= ₹ \left\{\frac{100\times3510}{100+\left(8\times\frac{1}{2}\right)}\right\} + ₹ \left\{\frac{100\times3510}{100+(8\times1)}\right\}$$

$$= ₹ \left(\frac{100\times3510}{104}\right) + ₹ \left(\frac{100\times3510}{108}\right) = ₹\ (3375+3250) = ₹\ 6625.$$

10. देय धन $= ₹ \left(\frac{25\times24}{25-24}\right) = ₹\ 600.$

∴ ₹ 600 का 6 माह का साधारण ब्याज = ₹ 25.

अत: ब्याज की दर $= \left(\frac{100\times25}{600\times\frac{6}{12}}\right)\%$ वार्षिक $= \frac{25}{3}\%$ वार्षिक $= 8\frac{1}{3}\%$ वार्षिक.

11. ₹ (260 – 20) पर एक निश्चित समय का सा० ब्याज = ₹ 20.

₹ 240 पर आधे समय का ब्याज = ₹ 10.

₹ 250 पर मिती काटा = ₹ 10.

₹ 260 पर मिती काटा $= ₹ \left(\frac{10}{250}\times260\right) = ₹\ 10{\cdot}40.$

30 महाजनी बट्टा
(BANKER'S DISCOUNT)

सामान्य नियम

कई बार एक व्यापारी दूसरे व्यापारी से उधार माल खरीदता है तथा इसका भुगतान हुण्डी द्वारा करता है. हुण्डी एक प्रकार का बिल है जिसमें अंकित धनराशि को खरीददार एक निश्चित समय के अन्त में चुकाने का लिखित वायदा करता है. इस पर खरीददार अपने हस्ताक्षर करके विक्रेता को वापिस कर देता है. हुण्डी को लिखित तिथि के तीन दिन बाद, जिन्हें रियायती दिन कहते हैं, भुनाया जा सकता है.

यदि माल विक्रेता को हुण्डी की अवधि समाप्त होने से पहले धन चाहिए तो वह इसे बैंकर को बेच देता है. बैंकर देय धन पर शेष समय का ब्याज (जिसे **महाजनी बट्टा** कहते हैं), काट कर हुण्डी का भुगतान कर देता है.

(महाजनी बट्टा) – (मिती काटा) = महाजनी लाभ.

महाजनी बट्टा = देय धन पर ब्याज.

सूत्र

1. महाजनी बट्टा = शेष समय के लिए बिल पर ब्याज.
2. महाजनी लाभ = (महाजनी बट्टा) – (मिती काटा) = मिती काटा पर सा० ब्याज = $\frac{(\text{मिती काटा})^2}{\text{तत्काल धन}}$.
3. महाजनी बट्टा = $\frac{\text{देय धन} \times \text{दर} \times \text{समय}}{100}$.
4. मिती काटा = $\sqrt{\text{तत्काल धन} \times \text{महाजनी लाभ}}$
5. देय धन = $\frac{(\text{महाजनी बट्टा}) \times (\text{मिती काटा})}{(\text{महाजनी बट्टा}) - (\text{मिती काटा})}$.
6. मिती काटा = $\frac{\text{महाजनी लाभ} \times 100}{\text{दर} \times \text{समय}}$.

साधित उदाहरण

प्रश्न 1. 2 वर्ष बाद देय ₹ 1850 का महाजनी बट्टा कितना होगा जबकि ब्याज की दर 8% वार्षिक हो ?

हल : महाजनी बट्टा = $\frac{\text{देय धन} \times \text{दर} \times \text{समय}}{100}$ = ₹ $\left(\frac{1850\times8\times2}{100}\right)$ = ₹ 296.

प्रश्न 2. 8 माह बाद देय किसी धन के महाजनी बट्टा तथा मिती काटा क्रमशः ₹ 1300 तथा ₹ 1200 हैं. देय धन तथा दर प्रतिशत ज्ञात कीजिए.

हल : देय धन = $\frac{(\text{महाजनी बट्टा}) \times (\text{मिती काटा})}{(\text{महाजनी बट्टा}) - (\text{मिती काटा})}$ = ₹ $\left\{\frac{(1300\times1200)}{(1300-1200)}\right\}$ = ₹ 15600.

महाजनी बट्टा = देय धन पर ब्याज.

अत: दर = $\frac{(100\times1300)}{\left(15600\times\frac{8}{12}\right)}\% = \frac{25}{2}\% = 12\cdot5\%$.

प्रश्न 3. 8 माह बाद देय धन पर मिती काटा ₹ 216 है तथा इतने ही धन पर उसी दर से $2\frac{1}{2}$ वर्ष का साधारण ब्याज ₹ 855 है. देय धन तथा ब्याज की दर ज्ञात कीजिये.

हल : देय धन पर $\frac{5}{2}$ वर्ष का सा० ब्याज = ₹ 855.

देय धन पर $\frac{8}{12}$ वर्ष का सा० ब्याज = ₹ $\left(855\times\frac{2}{5}\times\frac{8}{12}\right)$ = ₹ 228.

∴ महाजनी बट्टा = ₹ 228 तथा मिती काटा = ₹ 216.

देय धन = $\frac{(\text{महाजनी बट्टा})\times(\text{मिती काटा})}{(\text{महाजनी बट्टा})-(\text{मिती काटा})}$ = ₹ $\left(\frac{228\times216}{228-216}\right)$ = ₹ $\left(\frac{228\times216}{12}\right)$ = ₹ 4104 .

महाजनी बट्टा देय धन पर साधारण ब्याज है.

∴ ₹ 4104 पर $\frac{2}{3}$ वर्ष का साधारण ब्याज = ₹ 228.

अतः दर = $\left(\frac{100\times228}{4104\times\frac{2}{3}}\right)$% वार्षिक = $\frac{25}{3}$% वार्षिक = $8\frac{1}{3}$% वार्षिक.

प्रश्न 4. कुछ समय बाद देय ₹ 1650 पर मिती काटा ₹ 150 है. इस पर महाजनी बट्टा कितना होगा?

हल : तत्काल धन = (देय धन) – (मिती काटा) = ₹ (1650 – 150) = ₹ 1500.

₹ 1500 पर साधारण ब्याज = ₹ 150.

₹ 1650 पर साधारण ब्याज = ₹ $\left(\frac{150}{1500}\times1650\right)$ = ₹ 165.

अतः महाजनी बट्टा = ₹ 165.

प्रश्न 5. एक निश्चित समय बाद देय ₹ 2028 पर महाजनी बट्टा ₹ 169 है. मिती काटा तथा महाजनी लाभ ज्ञात कीजिए.

हल : देय धन = $\frac{(\text{महाजनी बट्टा})\times(\text{मिती काटा})}{(\text{महाजनी बट्टा})-(\text{मिती काटा})}=\frac{(\text{महाजनी बट्टा})\times(\text{मिती काटा})}{\text{महाजनी लाभ}}$

$\Rightarrow \frac{(\text{मिती काटा})}{\text{महाजनी लाभ}}=\frac{\text{देय धन}}{\text{महाजनी बट्टा}}=\frac{2028}{169}=\frac{12}{1}$.

माना महाजनी लाभ = ₹ x. तब, मिती काटा = ₹ $12x$.

महाजनी बट्टा = (मिती काटा) + (महाजनी लाभ) = ₹ $(12x + x)$ = ₹ $13x$.

∴ $13x = 169 \Rightarrow x = 13$.

अतः महाजनी लाभ = ₹ 13 तथा मिती काटा = ₹ (12 × 13) = ₹ 156.

प्रश्न 6. एक निश्चित समय बाद देय किसी धन का वर्तमान मूल्य ₹ 28900 तथा मिती काटा ₹ 850 है. महाजनी बट्टा तथा महाजनी लाभ ज्ञात कीजिए.

हल : मिती काटा = $\sqrt{\text{तत्काल धन}\times\text{महाजनी लाभ}}$

$\Rightarrow$ $(\text{मिती काटा})^2 = (\text{तत्काल धन})\times(\text{महाजनी लाभ})$

$\Rightarrow$ महाजनी लाभ = $\frac{(\text{मिती काटा})^2}{\text{तत्काल धन}}$ = ₹ $\left(\frac{850\times850}{28900}\right)$ = ₹ 25.

$\Rightarrow$ महाजनी बट्टा = (मिती काटा + महाजनी लाभ) = ₹ (850 + 25) = ₹ 875.

प्रश्नमाला 30A

निम्नलिखित प्रश्नों में से प्रत्येक में ठीक उत्तर को चिन्हांकित (✓) कीजिए :

1. कुछ समय बाद देय किसी धन पर महाजनी बट्टा तथा मिती काटा क्रमशः ₹ 720 तथा ₹ 600 हैं. देय धन कितना है ?

(*a*) ₹ 5400 (*b*) ₹ 4320 (*c*) ₹ 4050 (*d*) ₹ 3600

2. 4 माह बाद देय किसी धन का महाजनी बट्टा तथा मिती काटा क्रमशः ₹ 515 तथा ₹ 500 हैं. ब्याज की वार्षिक दर कितनी है? **(मैनेजमैन्ट परीक्षा, 2004)**

   (*a*) 8% (*b*) 9% (*c*) 10% (*d*) 7·5%

3. $1\frac{1}{2}$ वर्ष बाद देय किसी धन पर महाजनी बट्टा ₹ 360 है तथा 2 वर्ष बाद देय इसी धन पर मिती काटा ₹ 400 है. ब्याज की वार्षिक दर कितनी है?

   (*a*) 10% (*b*) 8% (*c*) 9% (*d*) 12%

4. 9 माह बाद देय किसी धन पर 8% वार्षिक दर से मिती काटा ₹ 300 है. इस धन पर महाजनी बट्टा कितना होगा?

   (*a*) ₹ 312 (*b*) ₹ 316 (*c*) ₹ 318 (*d*) ₹ 324

5. 2 वर्ष बाद देय किसी धन पर महाजनी बट्टा, मिती काटा का $\frac{6}{5}$ है. ब्याज की वार्षिक दर कितनी है?

   (*a*) 8% (*b*) 9% (*c*) 10% (*d*) 7·5%

6. एक निश्चित समय के बाद देय किसी बिल का वर्तमान मूल्य ₹ 1100 है तथा इस बिल पर मिती काटा ₹ 110 है. महाजनी बट्टा कितना होगा?

   (*a*) ₹ 165 (*b*) ₹ 121 (*c*) ₹ 141 (*d*) इनमें से कोई नहीं

7. कुछ समय बाद देय किसी धन का वर्तमान मूल्य ₹ 1600 है तथा इस पर मिती काटा ₹ 120 है. महाजनी लाभ कितना है?

   (*a*) ₹ 9 (*b*) ₹ 10 (*c*) ₹ 12 (*d*) ₹ 16

8. 2 वर्ष बाद देय किसी धन का 10% वार्षिक दर से महाजनी लाभ ₹ 160 है. देय धन कितना है?

   (*a*) ₹ 3200 (*b*) ₹ 3600 (*c*) ₹ 4000 (*d*) ₹ 4800

9. 8 माह बाद देय किसी धन पर $7\frac{1}{2}\%$ वार्षिक दर से महाजनी बट्टा ₹ 210 है. मिती काटा कितना होगा?

   (*a*) ₹ 200 (*b*) ₹ 205 (*c*) ₹ 202·50 (*d*) इनमें से कोई नहीं

10. 3 वर्ष बाद देय किसी धन पर 9% वार्षिक दर से महाजनी लाभ ₹ 405 है. महाजनी बट्टा कितना होगा?

   (*a*) ₹ 1620 (*b*) ₹ 1500 (*c*) ₹ 1180 (*d*) ₹ 3645

उत्तरमाला (प्रश्नमाला 30A)

1. (*d*) **2.** (*b*) **3.** (*a*) **4.** (*c*) **5.** (*c*) **6.** (*b*) **7.** (*a*) **8.** (*d*) **9.** (*a*) **10.** (*b*)

दिये गये प्रश्नों का हल | प्रश्नमाला 30A

1. देय धन $= \dfrac{(\text{महाजनी बट्टा}) \times (\text{मिती काटा})}{(\text{महाजनी बट्टा}) - (\text{मिती काटा})} = ₹\left(\dfrac{720\times600}{120}\right) = ₹\ 3600.$

2. देय धन $= \dfrac{(\text{महाजनी बट्टा}) \times (\text{मिती काटा})}{(\text{महाजनी बट्टा}) - (\text{मिती काटा})} = ₹\left(\dfrac{515\times500}{15}\right) = ₹\ \dfrac{51500}{3}.$

$\therefore$ ₹ $\frac{51500}{3}$ पर $\frac{1}{3}$ वर्ष का सा॰ ब्याज = ₹ 515.

अतः ब्याज की दर $= \dfrac{(515\times100)}{\left(\dfrac{51500}{3}\times\dfrac{1}{3}\right)}\%$ वार्षिक = 9% वार्षिक.

3. $\frac{3}{2}$ वर्ष का महाजनी बट्टा = ₹ 360 ⇒ 2 वर्ष का महाजनी बट्टा = ₹ $\left(360\times\frac{2}{3}\times2\right)$ = ₹ 480.

देय धन $= \dfrac{(\text{महाजनी बट्टा}) \times (\text{मिती काटा})}{(\text{महाजनी बट्टा}) - (\text{मिती काटा})} = ₹\left(\dfrac{480\times400}{80}\right) = ₹\ 2400.$

₹ 2400 का 2 वर्ष का सा० ब्याज = ₹ 480.

अत: ब्याज की दर $= \left(\frac{100 \times 480}{2400 \times 2}\right)\%$ वार्षिक = 10% वार्षिक.

4. महाजनी लाभ = मिती काटा पर सा० ब्याज = ₹ $\left(300 \times \frac{9}{12} \times \frac{8}{100}\right)$ = ₹ 18.

∴ महाजनी बट्टा = (मिती काटा) + (महाजनी लाभ) = ₹ (300 + 18) = ₹ 318.

5. माना मिती काटा = ₹ x. तब, महाजनी बट्टा = ₹ $\frac{6x}{5}$.

देय धन = $\frac{\text{(महाजनी बट्टा)} \times \text{(मिती काटा)}}{\text{(महाजनी बट्टा)} - \text{(मिती काटा)}}$ = ₹ $\frac{\left(\frac{6x}{5} \times x\right)}{\left(\frac{6x}{5} - x\right)}$ = ₹ $6x$.

∴ ₹ $6x$ पर 2 वर्ष का ब्याज = ₹ $\frac{6x}{5}$.

अत: ब्याज की दर $= \left(\frac{100 \times \frac{6x}{5}}{6x \times 2}\right)\%$ वार्षिक = 10% वार्षिक.

6. महाजनी लाभ = $\frac{\text{(मिती काटा)}^2}{\text{वर्तमान मूल्य}}$ = ₹ $\frac{(110 \times 110)}{1100}$ = ₹ 11.

महाजनी बट्टा = ₹ (110 + 11) = ₹ 121.

7. महाजनी लाभ = $\frac{\text{(मिती काटा)}^2}{\text{वर्तमान मूल्य}}$ = ₹ $\left(\frac{120 \times 120}{1600}\right)$ = ₹ 9.

8. मिती काटा = $\frac{\text{महाजनी लाभ} \times 100}{\text{दर} \times \text{समय}}$ = ₹ $\left(\frac{160 \times 100}{10 \times 2}\right)$ = ₹ 800.

महाजनी बट्टा = ₹ (800 + 160) = ₹ 960.

देय धन = $\frac{\text{(महाजनी बट्टा)} \times \text{(मिती काटा)}}{\text{(महाजनी बट्टा)} - \text{(मिती काटा)}}$ = ₹ $\left(\frac{960 \times 800}{160}\right)$ = ₹ 4800.

9. मिती काटा = $\frac{\text{(महाजनी बट्टा)} \times 100}{100 + (\text{दर} \times \text{समय})}$ = ₹ $\left\{\frac{210 \times 100}{100 + \left(\frac{15}{2} \times \frac{8}{12}\right)}\right\}$ = ₹ $\left(\frac{210 \times 100}{105}\right)$ = ₹ 200.

10. मिती काटा = $\left(\frac{\text{महाजनी लाभ} \times 100}{\text{दर} \times \text{समय}}\right)$ = ₹ $\left(\frac{405 \times 100}{9 \times 3}\right)$ = ₹ 1500.

31 बीजगणित (ALGEBRA)

आवश्यक तथ्य एवं सूत्र

1. (i) $(a+b)^2 = a^2+b^2+2ab$. (ii) $(a-b)^2 = a^2+b^2-2ab$.
(iii) $(a+b)^2-(a-b)^2 = 4ab$. (iv) $(a+b)^2+(a-b)^2 = 2(a^2+b^2)$.
(v) $(a+b+c)^2 = a^2+b^2+c^2+2(ab+bc+ca)$.
(vi) $(a^2-b^2) = (a+b)(a-b)$.

2. (i) $(a+b)^3 = a^3+b^3+3ab(a+b)$. (ii) $(a-b)^3 = a^3-b^3-3ab(a-b)$.
(iii) $(a^3+b^3) = (a+b)(a^2+b^2-ab)$. (iv) $(a^3-b^3) = (a-b)(a^2+b^2+ab)$.
(v) $(a^3+b^3+c^3-3abc) = (a+b+c)(a^2+b^2+c^2-ab-bc-ca)$.
(vi) $a+b+c=0 \Rightarrow a^3+b^3+c^3 = 3abc.$

3. (i) **गुणनखण्ड प्रमेय (Factor Theorem) :** यदि $f(x)$ का एक गुणनखण्ड $(x-a)$ हो, तो $f(a)=0$.
(ii) **शेषफल प्रमेय (Remainder Theorem) :** यदि $f(x)$ को $(x-a)$ से भाग दें तो शेषफल $= f(a)$.

4. **कुछ विशेष परिणाम :**
(i) (x^n-a^n) सदैव $(x-a)$ से पूर्णतया विभक्त होगा.
(ii) (x^n-a^n) तभी $(x+a)$ से पूर्णतया विभक्त होगा, जबकि n एक समसंख्या हो.
(iii) (x^n+a^n) तभी $(x+a)$ से पूर्णतया विभक्त होगा, जबकि n एक विषम संख्या हो.
(iv) (x^n+a^n) कभी भी $(x-a)$ से पूर्णतया विभक्त नहीं होगा.

5. **करणी (SURDS)**
माना a एक धनात्मक परिमेय संख्या है तथा n एक धनपूर्णांक है. तब $\sqrt[n]{a} = a^{\frac{1}{n}}$ को nवें घात की करणी कहते हैं, जबकि किसी भी धनात्मक परिमेय संख्या की nवीं घात a के बराबर नहीं है.

उदाहरणार्थ : (i) $\sqrt{11}$ एक करणी है, चूँकि किसी भी धनात्मक परिमेय संख्या का वर्ग 11 नहीं है.
(ii) $\sqrt[3]{12}$ एक करणी है, चूँकि किसी भी धनात्मक परिमेय संख्या का घन 12 नहीं है.
(iii) $\sqrt{9}$ एक करणी नहीं है, क्योंकि $9 = 3^2$.
(iv) $\sqrt[3]{8}$ एक करणी नहीं है, क्योंकि $8 = 2^3$.

नोट : प्रत्येक अपरिमेय संख्या का करणी होना आवश्यक नहीं.
जैसे : π एक अपरिमेय संख्या है, परन्तु करणी नहीं.

6. **करणी के नियम :**
(i) $\left(\sqrt[n]{a}\right)^n = \left(a^{1/n}\right)^n = a^{\left(\frac{1}{n}\times n\right)} = a^1 = a.$
(ii) $\left(\sqrt[n]{a}\times\sqrt[n]{b}\right)^n = \left(a^{\frac{1}{n}}\times b^{\frac{1}{n}}\right)^n = \left\{(ab)^{\frac{1}{n}}\right\}^n = (ab)^{\left(\frac{1}{n}\times n\right)} = (ab)^1 = ab.$
(iii) $\left(\sqrt[m]{\sqrt[n]{a}}\right)^{mn} = \left\{\left(a^{\frac{1}{n}}\right)^{\frac{1}{m}}\right\}^{mn} = a^{\left(\frac{1}{nm}\times mn\right)} = a^1 = a.$

7. (i) **शुद्ध करणी (Pure Surd) :**
यदि किसी एकपदी करणी में गुणांक 1 हो, तो यह शुद्ध करणी कहलाती है.
जैसे : $\sqrt{2}, \sqrt[3]{6}, \sqrt[4]{8}$ आदि सभी शुद्ध करणी हैं.

(*ii*) **मिश्र करणी (Mixed Surd) :**

यदि किसी एकपदी करणी में 1 के अतिरिक्त कोई अन्य परिमेय गुणांक हो, तो उसे मिश्र करणी कहते हैं.

जैसे : $3\sqrt{2},\ 5\sqrt[3]{6},\ 2\sqrt[4]{8}$ आदि.

बहुपद (Polynomial) : एक चर x के विभिन्न घात वाले पदों को + चिन्ह से एकत्रित करने पर प्राप्त व्यंजक

$p(x) = a_0x^n + a_1x^{n-1} + a_2x^{n-2} + ... + a_{n-1}x + a_n$

को चर x में एक बहुपद कहते हैं जहाँ a_0, a_1 इत्यादि धनात्मक या ऋणात्मक वास्तविक संख्याएँ हैं एवं n एक पूर्ण संख्या है.

जैसे : $4x^3 - 2x^2 + 5x - 8$ चर x में एक बहुपद है जबकि $5\sqrt{y} + \sqrt{7}y$ चर y में बहुपद नहीं है क्योंकि प्रथम पद $5\sqrt{y}$ में y का घात $\frac{1}{2}$ है जो एक पूर्ण संख्या नहीं है.

बहुपद का घात (Degree of a Polynomial) : किसी बहपद में सबसे बड़े घात वाले पद के घातांक को उस बहुपद का घात कहा जाता है.

जैसे : बहुपद $x^3 + 3x^2 + 2x + 5$ में x के सबसे बड़े घात वाला पद x^3 है. इसका घातांक 3 है. अत: इस बहुपद का घात 3 है.

रैखिक बहुपद (Linear Polynomial) : यदि बहुपद में प्रयुक्त चर का अधिकतम घात 1 हो तो उसे रैखिक बहुपद कहते हैं.

जैसे : $4x,\ 2x + 5,\ \sqrt{3} - y$

द्विघाती बहुपद (Quadratic Polynomial) : यदि बहुपद में प्रयुक्त चर का अधिकतम घात 2 हो तो उसे द्विघाती बहुपद कहते हैं.

जैसे : $3x^2,\ 2x^2 - 5x + 3,\ y^2 + \frac{3}{5}y.$

प्रश्नमाला 31

निम्नलिखित प्रश्नों में से प्रत्येक में ठीक उत्तर को चिन्हांकित (✓) कीजिए :

1. निम्नलिखित व्यंजकों में से कौन-सा बहुपद है ?

(*a*) $x+\frac{1}{x}-2$ (*b*) $\sqrt{x}+\frac{1}{\sqrt{x}}+3$ (*c*) $\sqrt{3}\,x^2+\sqrt{2}x+6$ (*d*) $x+2\sqrt{x}+3$

2. निम्नलिखित व्यंजकों में से कौन-सा बहुपद है ?

(*a*) $\sqrt{x}-2$ (*b*) $\frac{1}{\sqrt{x}}+3$ (*c*) $x-\frac{1}{x}$ (*d*) $2\,x$

3. निम्नलिखित व्यंजकों में से कौन-सा बहुपद है ?

(*a*) $x+\frac{1}{x}+1$ (*b*) $\frac{1}{x}+3$ (*c*) $\sqrt{x}+3$ (*d*) -5

4. निम्नलिखित में से कौन-सा रैखिक बहुपद है ?

(*a*) $x+\frac{1}{x}$ (*b*) $x+x^2$ (*c*) $x + 8$ (*d*) $\frac{3}{x}+3$

5. $\sqrt{2}$ किस घात का बहुपद है ?

(*a*) 2 (*b*) $\frac{1}{2}$ (*c*) 1 (*d*) 0

6. शून्य-बहुपद की घात कितनी है ?

(*a*) 0 (*b*) 1 (*c*) परिभाषित नहीं है (*d*) इनमें से कोई नहीं

7. यदि $p(x) = x^{\frac{1}{3}} + 3$ हो, तो निम्नलिखित में से कौन-सा कथन सत्य है ?

(a) $p(x)$ एक बहुपदी है जिसकी घात 3 है
(b) $p(x)$ एक बहुपदी है जिसकी घात $\frac{1}{3}$ है
(c) $p(x)$ एक व्यंजक है जो बहुपदी नहीं है
(d) इनमें से कोई नहीं

8. यदि $\sqrt{3} = 1 \cdot 732$ हो, तो $\frac{1}{\sqrt{3}} = ?$

(a) 0·866 (b) 0·433 (c) 0·577 (d) इनमें से कोई नहीं

9. यदि $\frac{3+\sqrt{2}}{3-\sqrt{2}} = a + b\sqrt{2}$ हो, तो

(a) $a = \frac{11}{7}, b = \frac{3}{7}$ (b) $a = \frac{11}{7}, b = \frac{4}{7}$ (c) $a = \frac{11}{7}, b = \frac{5}{7}$ (d) $a = \frac{11}{7}, b = \frac{6}{7}$

10. यदि $\frac{\sqrt{2}-1}{\sqrt{2}+1} = a - b\sqrt{2}$ हो, तो

(a) $a = 3,\ b = 2$ (b) $a = 2,\ b = 3$ (c) $a = 5,\ b = 3$ (d) $a = 3,\ b = 5$

11. यदि $\frac{5+2\sqrt{3}}{7+4\sqrt{3}} = a + b\sqrt{3}$ हो, तो

(a) $a = 11,\ b = 6$ (b) $a = -11,\ b = 6$ (c) $a = 11,\ b = -6$ (d) $a = -11,\ b = -6$

12. यदि $\frac{4+2\sqrt{5}}{4-3\sqrt{5}} = a + b\sqrt{5}$ हो, तो

(a) $a = \frac{46}{29}, b = \frac{-20}{29}$ (b) $a = \frac{-46}{29}, b = \frac{20}{29}$ (c) $a = \frac{46}{29}, b = \frac{20}{29}$ (d) $a = \frac{-46}{29}, b = \frac{-20}{29}$

13. यदि $\frac{(3\sqrt{2}-2\sqrt{3})}{(\sqrt{3}+\sqrt{2})} = a + b\sqrt{6}$ हो, तो

(a) $a = 12,\ b = -5$ (b) $a = -12,\ b = 5$ (c) $a = -12,\ b = -5$ (d) $a = 12,\ b = 5$

14. यदि $\sqrt{5} = 2 \cdot 236$ हो, तो $\frac{(3-\sqrt{5})}{(3+\sqrt{5})}$ का मान कितना होगा ?

(a) 0·134 (b) 0·124 (c) 0·764 (d) 0·146

15. यदि $x = \frac{(\sqrt{5}+\sqrt{3})}{(\sqrt{5}-\sqrt{3})}$ हो, तो $\left(x^3 + \frac{1}{x^3}\right) = ?$

(a) 512 (b) 625 (c) 488 (d) 424

16. यदि $x = (2+\sqrt{3})$ हो, तो $\left(x^3 + \frac{1}{x^3}\right) = ?$

(a) 52 (b) 56 (c) 72 (d) इनमें से कोई नहीं

17. यदि $\left(x + \frac{1}{x}\right) = 3$ हो, तो $\left(x^2 + \frac{1}{x^2}\right) = ?$

(a) 9 (b) 7 (c) 11 (d) 13

18. यदि $\left(x + \frac{1}{x}\right) = 2$ हो, तो $\left(x^3 + \frac{1}{x^3}\right) = ?$

(a) 64 (b) 14 (c) 8 (d) 2

19. यदि $\left(x-\frac{1}{x}\right)=\frac{1}{2}$ हो, तो $\left(4x^2+\frac{4}{x^2}\right)=?$

(*a*) 7 (*b*) – 7 (*c*) 9 (*d*) – 9

20. यदि $\left(x+\frac{1}{x}\right)=\sqrt{3}$ हो, तो $\left(x^3+\frac{1}{x^3}\right)=?$

(*a*) 0 (*b*) $3\sqrt{3}$ (*c*) $3(\sqrt{3}-1)$ (*d*) $3(\sqrt{3}+1)$

21. यदि $\left(x^2+\frac{1}{x^2}\right)=102$ हो, तो $\left(x-\frac{1}{x}\right)=?$

(*a*) 8 (*b*) 10 (*c*) 12 (*d*) 13

22. यदि $\left(x^4+\frac{1}{x^4}\right)=322$ हो, तो $\left(x-\frac{1}{x}\right)=?$

(*a*) 4 (*b*) 6 (*c*) 8 (*d*) $3\sqrt{2}$

23. यदि $\left(x^3+\frac{1}{x^3}\right)=52$ हो, तो $\left(x+\frac{1}{x}\right)=?$

(*a*) 6 (*b*) 4 (*c*) 3 (*d*) 13

24. यदि $\left(x^3-\frac{1}{x^3}\right)=14$ हो, तो $\left(x-\frac{1}{x}\right)=?$

(*a*) 5 (*b*) 4 (*c*) 3 (*d*) 2

25. यदि $\left(2x-\frac{3}{x}\right)=5$ हो, तो $\left(4x^2-\frac{9}{x^2}\right)=?$

(*a*) 25 (*b*) 30 (*c*) 35 (*d*) 49

26. यदि $a+b=7$ तथा $ab=12$ हो, तो $(a^2+b^2)=?$

(*a*) 25 (*b*) 29 (*c*) 37 (*d*) 49

27. यदि $a+b=7$ तथा $ab=6$ हो, तो $(a^3+b^3)=?$

(*a*) 91 (*b*) 133 (*c*) 217 (*d*) 343

28. यदि $a+b=5$ तथा $ab=6$ हो, तो $(a^3-b^3)=?$

(*a*) 19 (*b*) – 19 (*c*) 63 (*d*) – 63

29. यदि $a+b+c=0$ हो, तो $(a^3+b^3+c^3)=?$

(*a*) 0 (*b*) abc (*c*) 3 abc (*d*) $(ab+bc+ca)$

30. यदि $a+b+c=0$ हो, तो $\left(\frac{a^2}{bc}+\frac{b^2}{ca}+\frac{c^2}{ab}\right)=?$

(*a*) 0 (*b*) 1 (*c*) – 1 (*d*) 3

31. यदि $a+b+c=9$ तथा $ab+bc+ca=23$ हो, तो $(a^3+b^3+c^3-3abc)=?$

(*a*) 108 (*b*) 207 (*c*) 669 (*d*) 723

32. यदि (x^3+6x^2+4x+k) पूर्णतया $(x+2)$ से विभाज्य हो, तो $k=?$

(*a*) – 6 (*b*) – 7 (*c*) – 8 (*d*) – 10

33. यदि $(x^{100}+x^{99}+k)$ पूर्णतया $(x+1)$ से विभक्त हो, तो $k=?$

(*a*) 1 (*b*) – 1 (*c*) 2 (*d*) 0

34. यदि (x^3+10x^2+mx+n) के दो गुणनखण्ड $(x-1)$ तथा $(x+2)$ हों, तो

(*a*) $m=5,\ n=-3$ (*b*) $m=7,\ n=-18$ (*c*) $m=17,\ n=-8$ (*d*) $m=23,\ n=-19$

35. यदि $f(x)$ एक बहुपद ऐसा है कि $f(-2) = 0$, तो $f(x)$ का एक गुणनखण्ड है :
(a) $x - 2$ (b) $x + 2$ (c) $2 - x$ (d) इनमें से कोई नहीं

36. $(3x^3 + x^2 - 12x - 4)$ का एक गुणनखण्ड निम्नलिखित में से कौन-सा है ?
(a) $3x - 1$ (b) $3x + 1$ (c) $3x - 2$ (d) $3x + 2$

37. $(x^3 - 6x + 7)$ को $(x + 1)$ से भाग देने पर शेषफल क्या होगा ?
(a) 0 (b) 2 (c) 7 (d) 12

38. $(5x^3 + 5x^2 - 6x + 9)$ को $(x + 3)$ से भाग देने पर शेषफल क्या होगा ?
(a) 63 (b) – 63 (c) 135 (d) – 135

39. यदि एक बहुपद $f(x)$ को $(2x + 3)$ से भाग दें, तो शेषफल क्या होगा ?
(a) $f\left(\frac{2}{3}\right)$ (b) $f\left(\frac{-2}{3}\right)$ (c) $f\left(\frac{3}{2}\right)$ (d) $f\left(\frac{-3}{2}\right)$

40. $(2x^3 + 5x^2 - 4x - 6)$ को $(2x + 1)$ से भाग देने पर शेषफल क्या होगा ?
(a) 3 (b) – 3 (c) 6 (d) $\frac{-13}{2}$

41. यदि n एक धन पूर्णांक हो, तो $(x^n - a^n)$ पूर्णतया $(x - a)$ से विभक्त होगा :
(a) n के सभी मानों के लिए (b) केवल n के सम मानों के लिए
(c) केवल n के विषम मानों के लिए (d) केवल n के अभाज्य मानों के लिए

42. यदि n एक धन पूर्णांक हो, तो $(x^n + a^n)$ पूर्णतया $(x + a)$ से विभक्त होगा :
(a) n के सभी मानों के लिए (b) केवल n के सम मानों के लिए
(c) केवल n के विषम मानों के लिए (d) केवल n के अभाज्य मानों के लिए

43. $(x + 3)^3$ में x का गुणांक क्या होगा ?
(a) 1 (b) 9 (c) 18 (d) 27

44. बहुपद $p(x) = x^2 - 3x$ की शून्य कौन-सी हैं ?
(a) 0, 0 (b) 0, 3 (c) 0, – 3 (d) 3, – 3

45. बहुपद $p(x) = 3x^2 - 1$ की शून्य कौन-सी हैं ?
(a) $\frac{1}{3}, \frac{-1}{3}$ (b) $\frac{1}{3}, \frac{-1}{\sqrt{3}}$ (c) $\frac{1}{\sqrt{3}}, \frac{-1}{\sqrt{3}}$ (d) इनमें से कोई नहीं

46. $a^2 + b - ab - a = ?$
(a) $(a+1)(a-b)$ (b) $(a-1)(a+b)$ (c) $(a-1)(a-b)$ (d) इनमें से कोई नहीं

47. $a(a + b - c) - bc = ?$
(a) $(a+c)(a-b)$ (b) $(a-c)(a-b)$ (c) $(a-c)(a+b)$ (d) इनमें से कोई नहीं

48. $a(a-1) - b(b-1) = ?$
(a) $(a+b)(a-b+1)$ (b) $(a-b)(a-b+1)$ (c) $(a-b)(a+b-1)$ (d) इनमें से कोई नहीं

49. $a - b - a^2 + b^2 = ?$
(a) $(a+b)(a-b-1)$ (b) $(a-b)(1-a-b)$ (c) $(a-b)(1+a-b)$ (d) इनमें से कोई नहीं

50. $1 + 2ab - a^2 - b^2 = ?$
(a) $(1+a-b)(1-a+b)$ (b) $(1-a+b)(1-a-b)$ (c) $(1+a-b)(1-a+b)$ (d) इनमें से कोई नहीं

51. $20x^2 - 45 = ?$
(a) $(5x-9)(4x-5)$ (b) $5(2x-3)^2$
(c) $5(x-3)(x+3)$ (d) $5(2x-3)(2x+3)$

52. $x - 64x^3 = ?$
(a) $x(8x-1)(8x+1)$ (b) $(8x^2-1)(8x^2+1)$ (c) $x(1-8x)(1+8x)$ (d) इनमें से कोई नहीं

53. $a^2 - b^2 - 4ac + 4c^2 = ?$

(a) $(a-b-2c)(a-b+2c)$ (b) $(a-2c+b)(a-2c-b)$

(c) $(a+2c-b)(a+2c+b)$ (d) इनमें से कोई नहीं

54. $3x^3 - 48x = ?$

(a) $3x(x^2+16)$ (b) $3x(x-4)(x+4)$ (c) $4x(x-3)(x+3)$ (d) इनमें से कोई नहीं

55. $2 - 50x^2 = ?$

(a) $(\sqrt{2}-5x)(\sqrt{2}+5x)$ (b) $2(1-5x)^2$

(c) $2(1-5x)(1+5x)$ (d) $2(5x-1)(5x+1)$

56. $150 - 6x^2 = ?$

(a) $6(25+x^2)$ (b) $6(x+5)(x-5)$ (c) $6(5-x)(5+x)$ (d) इनमें से कोई नहीं

57. $(3a-1)^2 - 6a + 2 = ?$

(a) $(3a-1)(a-3)$ (b) $3(3a-1)(a-1)$ (c) $3(1-3a)(1+a)$ (d) इनमें से कोई नहीं

58. $x^2 - (a+b)x + ab = ?$

(a) $(x-a)(x-b)$ (b) $(x-a)(x+b)$ (c) $(x+a)(x-b)$ (d) इनमें से कोई नहीं

59. $(x^2 + 5x - 24) = ?$

(a) $(x-8)(x-3)$ (b) $(x-8)(x+3)$ (c) $(x+8)(x-3)$ (d) इनमें से कोई नहीं

60. $6x^2 + 7x - 3 = ?$

(a) $(2x-3)(3x+1)$ (b) $(2x+3)(3x-1)$ (c) $(3x-1)(2x-3)$ (d) इनमें से कोई नहीं

61. $6 - x - x^2 = ?$

(a) $(2+x)(3-x)$ (b) $(2-x)(3+x)$ (c) $(x-2)(3-x)$ (d) इनमें से कोई नहीं

62. $2x^2 - x - 21 = ?$

(a) $(2x+7)(x-3)$ (b) $(2x-7)(x+3)$ (c) $(2x-3)(x+7)$ (d) $(2x+3)(x-7)$

63. $2x^2 + 3\sqrt{3}x + 3 = ?$

(a) $(x+\sqrt{3})(2x+\sqrt{3})$ (b) $(\sqrt{3}x+1)(2x+1)$ (c) $(\sqrt{3}x+1)(2\sqrt{3}x+3)$ (d) इनमें से कोई नहीं

64. $\sqrt{2}x^2 + 3x + \sqrt{2} = ?$

(a) $(x+\sqrt{2})(x+\sqrt{3})$ (b) $(x+\sqrt{2})(2x+1)$ (c) $(x+\sqrt{2})(\sqrt{2}x+1)$ (d) इनमें से कोई नहीं

65. $8a^2 - 27ab + 9b^2 = ?$

(a) $(a-3b)(8a-3b)$ (b) $(3b-a)(8a+3b)$ (c) $(a+3b)(3b-8a)$ (d) इनमें से कोई नहीं

66. $16a^4 + 54a = ?$

(a) $(2a+3)(4a^3-6a+9)$ (b) $(2a^2+3)(4a^2-6a+9)$

(c) $2a(2a+3)(4a^2-6a+9)$ (d) इनमें से कोई नहीं

67. $(1-27x^3) = ?$

(a) $(1-3x)(1+9x^2-3x)$ (b) $(1-3x)(1+3x+9x^2)$

(c) $(1+3x)(1-3x+9x^2)$ (d) इनमें से कोई नहीं

68. $(7a^3 + 56b^3) = ?$

(a) $7(a+2b)(a^2+2ab+4b^2)$ (b) $7(a+2b)(a^2-2ab+4b^2)$

(c) $(7a+8b)(a^2-2ab+4b^2)$ (d) इनमें से कोई नहीं

69. $a^3 - 0\cdot064 = ?$

(a) $(a-0\cdot4)(a^2+0\cdot4a+1\cdot6)$ (b) $(a-0\cdot04)(a^2+0\cdot04a-0\cdot0016)$

(c) $(a-0\cdot4)(a^2+0\cdot4a+0\cdot16)$ (d) इनमें से कोई नहीं

70. $a-8ab^3=?$

(a) $a(1-2b)(1-2b+4b^2)$ (b) $a(1-2b)(1+2b+4b^2)$

(c) $(a-2b)(a^2+2ab+4b^2)$ (d) इनमें से कोई नहीं

71. $32x^4-500x=?$

(a) $x(8x-25)(4x^2+10x+20)$ (b) $4x(2x-5)(4x^2-10x+25)$

(c) $4x(2x-5)(4x^2+10x+25)$ (d) इनमें से कोई नहीं

72. $(x^4+4)=?$

(a) $(x^2+2)^2$ (b) $(x^2+2)(x^2-2)$

(c) $(x^2+2+2x)(x^2+2-2x)$ (d) इनमें से कोई नहीं

73. $(a-b)^3+(b-c)^3+(c-a)^3=?$

(a) $(a+b+c)(a^2+b^2+c^2-ab-bc-ca)$ (b) $(a-b-c)(a^2+b^2+c^2+ab+bc+ca)$

(c) $(a-b)(b-c)(c-a)$ (d) $3(a-b)(b-c)(c-a)$

74. $(x^4+x^2+25)=?$

(a) $(x^2+3x+5)(x^2+3x-5)$ (b) $(x^2+5-3x)(x^2+5+3x)$

(c) $(x^2-5-3x)(x^2-5+3x)$ (d) इनमें से कोई नहीं

75. $(x^2-1-2a-a^2)=?$

(a) $(x-a+1)(x-a-1)$ (b) $(x+a-1)(x-a+1)$

(c) $(x+a+1)(x-a-1)$ (d) इनमें से कोई नहीं

उत्तरमाला (प्रश्नमाला 31)

1. (c)	2. (d)	3. (d)	4. (c)	5. (d)	6. (c)	7. (c)	8. (c)	9. (d)	10. (a)
11. (c)	12. (d)	13. (b)	14. (d)	15. (c)	16. (a)	17. (b)	18. (d)	19. (c)	20. (a)
21. (b)	22. (a)	23. (b)	24. (d)	25. (c)	26. (a)	27. (c)	28. (a)	29. (c)	30. (d)
31. (a)	32. (c)	33. (d)	34. (b)	35. (b)	36. (b)	37. (d)	38. (b)	39. (d)	40. (b)
41. (a)	42. (c)	43. (d)	44. (d)	45. (c)	46. (c)	47. (c)	48. (c)	49. (b)	50. (a)
51. (d)	52. (c)	53. (b)	54. (b)	55. (c)	56. (c)	57. (b)	58. (a)	59. (c)	60. (b)
61. (b)	62. (b)	63. (a)	64. (c)	65. (a)	66. (c)	67. (b)	68. (b)	69. (c)	70. (b)
71. (c)	72. (c)	73. (d)	74. (b)	75. (c)					

दिये गये प्रश्नों के हल | प्रश्नमाला 31

1. स्पष्ट है कि $(\sqrt{3}x^2+\sqrt{2}x+6)$ एक बहुपद है.

2. स्पष्ट है कि $2x$ एक बहुपद है.

3. स्पष्ट है कि -5 एक अचर बहुपद है.

4. स्पष्ट है कि $x+8$ एक रैखिक बहुपद है.

5. स्पष्ट है कि $\sqrt{2}$ एक अचर बहुपद है जिसकी घात शून्य है.

6. शून्य-बहुपद की घात परिभाषित नहीं है.

7. $p(x)=x^{1/3}+3$ एक व्यंजक है जो बहुपदी नहीं है.

8. $\frac{1}{\sqrt{3}}=\left(\frac{1}{\sqrt{3}}\times\frac{\sqrt{3}}{\sqrt{3}}\right)=\frac{\sqrt{3}}{3}=\frac{1\cdot 732}{3}=0\cdot 577.$

9. $\frac{3+\sqrt{2}}{3-\sqrt{2}}=\frac{(3+\sqrt{2})}{(3-\sqrt{2})}\times\frac{(3+\sqrt{2})}{(3+\sqrt{2})}=\frac{(3+\sqrt{2})^2}{(9-2)}=\frac{9+2+6\sqrt{2}}{7}=\frac{11}{7}+\frac{6\sqrt{2}}{7}\Rightarrow a=\frac{11}{7}$ तथा $b=\frac{6}{7}.$

10. $\frac{(\sqrt{2}-1)}{(\sqrt{2}+1)}=\frac{(\sqrt{2}-1)}{(\sqrt{2}+1)}\times\frac{(\sqrt{2}-1)}{(\sqrt{2}-1)}=\frac{(\sqrt{2}-1)^2}{(2-1)}=(2+1-2\sqrt{2})=(3-2\sqrt{2}).$

$\therefore\ a=3,\ b=2.$

11. $\frac{(5+2\sqrt{3})}{(7+4\sqrt{3})}=\frac{(5+2\sqrt{3})}{(7+4\sqrt{3})}\times\frac{(7-4\sqrt{3})}{(7-4\sqrt{3})}=\frac{(5+2\sqrt{3})(7-4\sqrt{3})}{(49-48)}$

$=(35-24+14\sqrt{3}-20\sqrt{3})=(11-6\sqrt{3})$

$(a+b\sqrt{3})=(11-6\sqrt{3})\Rightarrow a=11, b=-6.$

12. $\frac{(4+2\sqrt{5})}{(4-3\sqrt{5})}=\frac{(4+2\sqrt{5})}{(4-3\sqrt{5})}\times\frac{(4+3\sqrt{5})}{(4+3\sqrt{5})}=\frac{(4+2\sqrt{5})(4+3\sqrt{5})}{(16-45)}$

$=\frac{(16+30+12\sqrt{5}+8\sqrt{5})}{-29}=\frac{(46+20\sqrt{5})}{-29}=\frac{-46}{29}-\frac{20}{29}\cdot\sqrt{5}$

$\therefore\ (a+b\sqrt{5})=\frac{-46}{29}-\frac{20}{29}\cdot\sqrt{5}\Rightarrow a=\frac{-46}{29}, b=\frac{-20}{29}.$

13. $\frac{(3\sqrt{2}-2\sqrt{3})}{(\sqrt{3}+\sqrt{2})}=\frac{(3\sqrt{2}-2\sqrt{3})}{(\sqrt{3}+\sqrt{2})}\times\frac{(\sqrt{3}-\sqrt{2})}{(\sqrt{3}-\sqrt{2})}=\frac{(3\sqrt{2}-2\sqrt{3})(\sqrt{3}-\sqrt{2})}{(3-2)}$

$=3\sqrt{6}-6-6+2\sqrt{6}=(5\sqrt{6}-12).$

$\therefore\ (a+b\sqrt{6})=(-12+5\sqrt{6})\Rightarrow a=-12, b=5.$

14. $\frac{(3-\sqrt{5})}{(3+\sqrt{5})}=\frac{(3-\sqrt{5})}{(3+\sqrt{5})}\times\frac{(3-\sqrt{5})}{(3-\sqrt{5})}=\frac{(3-\sqrt{5})^2}{(9-5)}=\frac{(9+5-6\sqrt{5})}{4}=\frac{(14-6\sqrt{5})}{4}=\frac{(7-3\sqrt{5})}{2}$

$=\frac{(7-3\times2\cdot236)}{2}=\frac{(7-6\cdot708)}{2}=\frac{0\cdot292}{2}=0\cdot146.$

15. $\left(x+\frac{1}{x}\right)=\frac{(\sqrt{5}+\sqrt{3})}{(\sqrt{5}-\sqrt{3})}+\frac{(\sqrt{5}-\sqrt{3})}{(\sqrt{5}+\sqrt{3})}=\frac{(\sqrt{5}+\sqrt{3})^2+(\sqrt{5}-\sqrt{3})^2}{(5-3)}=\frac{2(5+3)}{2}=8$

$\Rightarrow\left(x+\frac{1}{x}\right)^3=8^3=512\Rightarrow\left(x^3+\frac{1}{x^3}\right)+3x\cdot\frac{1}{x}\left(x+\frac{1}{x}\right)=512$

$\Rightarrow x^3+\frac{1}{x^3}+3\times1\times8=512\Rightarrow\left(x^3+\frac{1}{x^3}\right)=(512-24)=488.$

16. $\frac{1}{x}=\frac{1}{(2+\sqrt{3})}\times\frac{(2-\sqrt{3})}{(2-\sqrt{3})}=\frac{(2-\sqrt{3})}{(4-3)}=(2-\sqrt{3}).$

$\therefore\ \left(x+\frac{1}{x}\right)=(2+\sqrt{3})+(2-\sqrt{3})=4\Rightarrow\left(x+\frac{1}{x}\right)^3=64\Rightarrow x^3+\frac{1}{x^3}+3x\cdot\frac{1}{x}\left(x+\frac{1}{x}\right)=64$

$\Rightarrow x^3+\frac{1}{x^3}+3\times4=64\Rightarrow x^3+\frac{1}{x^3}=52.$

17. $\left(x+\frac{1}{x}\right)=3\Rightarrow\left(x+\frac{1}{x}\right)^2=9\Rightarrow x^2+\frac{1}{x^2}+2=9\Rightarrow x^2+\frac{1}{x^2}=(9-2)=7.$

18. $\left(x+\frac{1}{x}\right)^3=2^3\Rightarrow\left(x^3+\frac{1}{x^3}\right)+3x\cdot\frac{1}{x}\left(x+\frac{1}{x}\right)=8\Rightarrow x^3+\frac{1}{x^3}+3\times2=8\Rightarrow x^3+\frac{1}{x^3}=2.$

19. $\left(x-\frac{1}{x}\right)=\frac{1}{2} \Rightarrow \left(x-\frac{1}{x}\right)^2=\frac{1}{4} \Rightarrow x^2+\frac{1}{x^2}-2x\times\frac{1}{x}=\frac{1}{4} \Rightarrow x^2+\frac{1}{x^2}-2=\frac{1}{4}$

$\Rightarrow \left(x^2+\frac{1}{x^2}\right)=\left(2+\frac{1}{4}\right)=\frac{9}{4} \Rightarrow \left(4x^2+\frac{4}{x^2}\right)=4\left(x^2+\frac{1}{x^2}\right)=\left(4\times\frac{9}{4}\right)=9.$

20. $\left(x+\frac{1}{x}\right)=\sqrt{3} \Rightarrow \left(x+\frac{1}{x}\right)^3=3\sqrt{3} \Rightarrow x^3+\frac{1}{x^3}+3x\cdot\frac{1}{x}\left(x+\frac{1}{x}\right)=3\sqrt{3}$

$\Rightarrow x^3+\frac{1}{x^3}+3\sqrt{3}=3\sqrt{3} \Rightarrow \left(x^3+\frac{1}{x^3}\right)=0.$

21. $\left(x^2+\frac{1}{x^2}\right)=102 \Rightarrow x^2+\frac{1}{x^2}-2=100 \Rightarrow \left(x-\frac{1}{x}\right)^2=(10)^2 \Rightarrow \left(x-\frac{1}{x}\right)=10.$

22. $\left(x^4+\frac{1}{x^4}\right)=322 \Rightarrow \left(x^4+\frac{1}{x^4}+2\right)=324 \Rightarrow \left(x^2+\frac{1}{x^2}\right)^2=(18)^2 \Rightarrow x^2+\frac{1}{x^2}=18$

$\Rightarrow x^2+\frac{1}{x^2}-2=16 \Rightarrow \left(x-\frac{1}{x}\right)^2=4^2 \Rightarrow \left(x-\frac{1}{x}\right)=4.$

23. $\left(x+\frac{1}{x}\right)^3=\left(x^3+\frac{1}{x^3}\right)+3\left(x+\frac{1}{x}\right) \Rightarrow \left(x+\frac{1}{x}\right)^3-3\left(x+\frac{1}{x}\right)=\left(x^3+\frac{1}{x^3}\right)$

$\Rightarrow \left(x+\frac{1}{x}\right)^3-3\left(x+\frac{1}{x}\right)=52 \Rightarrow y^3-3y=52,$ जहाँ $\left(x-\frac{1}{x}\right)=y$

$\Rightarrow y^3-3y-52=0 \Rightarrow y=4 \Rightarrow \left(x+\frac{1}{x}\right)=4.$

24. $\left(x-\frac{1}{x}\right)^3=\left(x^3-\frac{1}{x^3}\right)-3\left(x-\frac{1}{x}\right) \Rightarrow \left(x-\frac{1}{x}\right)^3+3\left(x-\frac{1}{x}\right)=\left(x^3-\frac{1}{x^3}\right)$

$\Rightarrow \left(x-\frac{1}{x}\right)^3+3\left(x-\frac{1}{x}\right)=14 \Rightarrow y^3+3y-14=0,$ जहाँ $\left(x-\frac{1}{x}\right)=y$

$\Rightarrow y=2 \Rightarrow \left(x-\frac{1}{x}\right)=2.$

25. $\left(2x-\frac{3}{x}\right)=5 \Rightarrow \left(2x-\frac{3}{x}\right)^2=5^2 \Rightarrow 4x^2+\frac{9}{x^2}-2\times2x\times\frac{3}{x}=25$

$\Rightarrow 4x^2+\frac{9}{x^2}-12=25 \Rightarrow 4x^2+\frac{9}{x^2}=37$

$\Rightarrow (2x)^2+\left(\frac{3}{x}\right)^2+2\times2x\times\frac{3}{x}=37+12=49$

$\Rightarrow \left(2x+\frac{3}{x}\right)^2=7^2 \Rightarrow \left(2x+\frac{3}{x}\right)=7$

$\Rightarrow \left(4x^2-\frac{9}{x^2}\right)=\left(2x+\frac{3}{x}\right)\left(2x-\frac{3}{x}\right)=(7\times5)=35.$

26. $(a^2+b^2)=(a+b)^2-2ab=(7)^2-2\times12=(49-24)=25.$

27. $(a^3+b^3)=(a+b)^3-3ab\,(a+b)=(7)^3-3\times6\times7=(343-126)=217.$

28. $(a-b)^2=(a+b)^2-4ab=(5)^2-4\times6=(25-24)=1 \Rightarrow (a-b)=1.$

$\therefore\ (a^3-b^3)=(a-b)^3+3ab\,(a-b)=1^3+3\times6\times1=19.$

29. $(a+b+c)=0 \Rightarrow (a+b+c)^3=0 \Rightarrow a^3+b^3+c^3-3abc=0 \Rightarrow a^3+b^3+c^3=3abc.$

30. $(a+b+c)=0 \Rightarrow a^3+b^3+c^3=3abc$

$$\Rightarrow \frac{a^3}{abc}+\frac{b^3}{abc}+\frac{c^3}{abc}=3 \Rightarrow \frac{a^2}{bc}+\frac{b^2}{ac}+\frac{c^2}{ab}=3.$$

31. $(a^3+b^3+c^3-3abc)=(a+b+c)(a^2+b^2+c^2-ab-bc-ca)$

$$=(a+b+c)\cdot\left[(a+b+c)^2-3(ab+bc+ca)\right]$$

$$=9\times\left[(9)^2-3\times23\right]=9\times[81-69]=(9\times12)=108.$$

32. माना $f(x)=x^3+6x^2+4x+k.$ तब, $f(-2)=0.$

$\therefore\ (-2)^3+6\times(-2)^2+4\times(-2)+k=0 \Rightarrow -8+24-8+k=0 \Rightarrow k=-8.$

33. माना $f(x)=x^{100}+x^{99}+k.$ तब, $f(-1)=0.$

$\therefore\ (-1)^{100}+(-1)^{99}+k=0 \Rightarrow 1-1+k=0 \Rightarrow k=0.$

34. माना $f(x)=x^3+10x^2+mx+n.$ तब, $f(1)=0$ तथा $f(-2)=0.$

$f(1)=0 \Rightarrow 1^3+10\times1^2+m\times1+n=0 \Rightarrow m+n=-11.$

$f(-2)=0 \Rightarrow -8+10\times(-2)^2+m\times(-2)+n=0 \Rightarrow 2m-n=32.$

इन्हें हल करने पर : $m=7$ तथा $n=-18.$

35. चूँकि $f(-2)=0$ है, अत: $f(x)$ का एक गुणनखण्ड $(x+2)$ है.

36. माना $f(x)=3x^3+x^2-12x-4.$

तब, $f\left(\frac{-1}{3}\right)=3\times\frac{(-1)}{27}+\frac{1}{9}-12\times\frac{(-1)}{3}-4=0.$

अत: $f(x)$ का एक गुणनखण्ड $(3x+1)$ है.

37. माना $f(x)=x^3-6x+7.$

तब, $f(-1)=(-1)^3-6\times(-1)+7=(-1+6+7)=12.$

अत: (x^3-6x+7) को $(x+1)$ से भाग देने पर शेषफल $=12.$

38. माना $f(x)=5x^3+5x^2-6x+9.$

$f(x)$ को $(x+3)$ से भाग देने पर शेषफल $=f(-3).$

$\therefore$ शेषफल $=f(-3)=5\times(-3)^3+5\times(-3)^2-6\times(-3)+9$

$=5\times(-27)+45+18+9=-135+72=-63.$

39. $2x+3=0 \Rightarrow x=\frac{-3}{2}.$

$\therefore\ f(x)$ को $(2x+3)$ से भाग देने पर शेषफल $=f\left(\frac{-3}{2}\right).$

40. $2x+1=0 \Rightarrow x=\frac{-1}{2}.$

$f(x)=2x^3+5x^2-4x-6$ को $(2x+1)$ से भाग देने पर :

शेषफल $=f\left(\frac{-1}{2}\right)=2\times\left(\frac{-1}{2}\right)^3+5\times\left(\frac{-1}{2}\right)^2-4\times\left(\frac{-1}{2}\right)-6$

$$=2\times\frac{(-1)}{8}+5\times\frac{1}{4}+2-6=\frac{-1}{4}+\frac{5}{4}+2-6=(1+2-6)=-3.$$

41. सभी पूर्णांकों n के लिए (x^n-a^n) सदैव $(x-a)$ से पूर्णतया विभक्त होता है.

42. यदि n एक विषम संख्या है, तो (x^n+a^n) सदैव $(x+a)$ से पूर्णतया विभक्त होगा.

43. $(a+b)^3=a^3+b^3+3ab(a+b).$

$\therefore\ (x+3)^3=x^3+27+9x(x+3)=x^3+9x^2+27x+27.$ अत: x का गुणांक $=27.$

44. $p(x)=0 \Rightarrow x^2-3x=0 \Rightarrow x(x-3)=0 \Rightarrow x=0$ अथवा $x=3$.

45. $p(x)=0 \Rightarrow 3x^2-1=0 \Rightarrow 3x^2=1 \Rightarrow x^2=\frac{1}{3} \Rightarrow x=\frac{1}{\sqrt{3}}$ अथवा $\frac{-1}{\sqrt{3}}$.

46. $a^2+b-ab-a=(a^2-ab)-a+b=a(a-b)-(a-b)=(a-b)(a-1)$.

47. $a(a+b-c)-bc=a^2+ab-ac-bc=a(a+b)-c(a+b)=(a+b)(a-c)$.

48. $a(a-1)-b(b-1)=a^2-a-b^2+b=(a^2-b^2)-(a-b)=(a-b)(a+b-1)$.

49. $a-b-a^2+b^2=(a-b)-(a^2-b^2)=(a-b)[1-(a+b)]=(a-b)(1-a-b)$.

50. $1+2ab-a^2-b^2=1-(a^2+b^2-2ab)=1-(a-b)^2=(1+a-b)(1-a+b)$.

51. $20x^2-45=5(4x^2-9)=5(2x-3)(2x+3)$.

52. $x-64x^3=x(1-64x^2)=x(1-8x)(1+8x)$.

53. $a^2-b^2-4ac+4c^2=(a^2+4c^2-4ac)-b^2=(a-2c)^2-b^2=(a-2c+b)(a-2c-b)$.

54. $3x^3-48x=3x(x^2-16)=3x(x-4)(x+4)$.

55. $2-50x^2=2(1-25x^2)=2(1-5x)(1+5x)$.

56. $(150-6x^2)=6(25-x^2)=6(5-x)(5+x)$.

57. $(3a-1)^2-6a+2=(3a-1)^2-2(3a-1)=(3a-1)[(3a-1)-2]$
$=(3a-1)(3a-3)=3(3a-1)(a-1)$.

58. $x^2-(a+b)x+ab=x^2-ax-bx+ab=x(x-a)-b(x-a)=(x-a)(x-b)$.

59. $x^2+5x-24=x^2+8x-3x-24=x(x+8)-3(x+8)=(x+8)(x-3)$.

60. $6x^2+7x-3=6x^2+9x-2x-3=3x(2x+3)-(2x+3)=(2x+3)(3x-1)$.

61. $6-x-x^2=-x^2-x+6=-x^2-3x+2x+6=-x(x+3)+2(x+3)=(x+3)(2-x)$.

62. $2x^2-x-21=2x^2-7x+6x-21=x(2x-7)+3(2x-7)=(2x-7)(x+3)$.

63. $2x^2+3\sqrt{3}x+3=2x^2+2\sqrt{3}x+\sqrt{3}x+3=2x(x+\sqrt{3})+\sqrt{3}(x+\sqrt{3})=(x+\sqrt{3})(2x+\sqrt{3})$.

64. $\sqrt{2}x^2+3x+\sqrt{2}=\sqrt{2}x^2+2x+x+\sqrt{2}=\sqrt{2}x(x+\sqrt{2})+(x+\sqrt{2})=(x+\sqrt{2})(\sqrt{2}x+1)$.

65. $8a^2-27ab+9b^2=8a^2-24ab-3ab+9b^2=8a(a-3b)-3b(a-3b)=(a-3b)(8a-3b)$.

66. $16a^4+54a=2a(8a^3+27)=2a\times\left[(2a)^3+3^3\right]=2a(2a+3)(4a^2-6a+9)$.

67. $(1-27x^3)=[1^3-(3x)^3]=(1-3x)(1+3x+9x^2)$

68. $(7a^3+56b^3)=7(a^3+8b^3)=7\left[a^3+(2b)^3\right]=7(a+2b)(a^2-2ab+4b^2)$.

69. $(a^3-0\cdot064)=a^3-(0\cdot4)^3=(a-0\cdot4)(a^2+0\cdot4a+0\cdot16)$

70. $a-8ab^3=a(1-8b^3)=a\left[(1)^3-(2b)^3\right]=a(1-2b)(1+2b+4b^2)$.

71. $32x^4-500x=4x(8x^3-125)=4x\times\left[(2x)^3-5^3\right]=4x(2x-5)(4x^2+10x+25)$.

72. $(x^4+4)=(x^4+4x^2+4)-4x^2=(x^2+2)^2-(2x)^2=(x^2+2+2x)(x^2+2-2x)$.

73. माना $a-b=x, b-c=y$ तथा $c-a=z$. तब
$x+y+z=0 \Rightarrow x^3+y^3+z^3=3xyz \Rightarrow (a-b)^3+(b-c)^3+(c-a)^3=3(a-b)(b-c)(c-a)$.

74. $x^4+x^2+25=\left(x^2\right)^2+5^2+10x^2-9x^2=\left(x^2+5\right)^2-(3x)^2=(x^2+5-3x)(x^2+5+3x)$.

75. $(x^2-1-2a-a^2)=x^2-(1+2a+a^2)=x^2-(a+1)^2=(x-a-1)(x+a+1)$.

32 दो चरों में रैखिक समीकरण (LINEAR EQUATIONS IN TWO VARIABLES)

सामान्य नियम

1. समीकरण $ax + by + c = 0$, जहाँ a, b, c वास्तविक संख्यायें हैं तथा $x \neq 0, y \neq 0$ दो चरों x तथा y में रैखिक समीकरण कहलाता है. यहाँ x तथा y चर राशियाँ कहलाती हैं.
2. $x = \alpha, y = \beta$ दिये गये समीरकरण $ax + by + c = 0$ को सन्तुष्ट करेंगें, यदि $a\alpha + b\beta + c = 0$ हो.
3. माना दो समीकरण $a_1x + b_1y + c_1 = 0$ तथा $a_2x + b_2y + c_2 = 0$ दिये गये हैं.
   दिये गये समीकरणों :
   (*i*) का एक अद्वितीय हल होगा, यदि $\frac{a_1}{a_2} \neq \frac{b_1}{b_2}$ हो.
   (*ii*) के अनन्त हल होंगे, यदि $\frac{a_1}{a_2} = \frac{b_1}{b_2} = \frac{c_1}{c_2}$ हो.
   (*iii*) का कोई हल नहीं होगा, यदि $\frac{a_1}{a_2} = \frac{b_1}{b_2} \neq \frac{c_1}{c_2}$ हो.
4. दो समीकरणों $a_1x + b_1y = 0$, $a_2x + b_2y = 0$
   (*i*) का हल केवल $x = 0, y = 0$ होगा, यदि $\frac{a_1}{a_2} \neq \frac{b_1}{b_2}$ हो.
   (*ii*) के अनन्त हल होंगे, यदि $\frac{a_1}{a_2} = \frac{b_1}{b_2}$ हो.

साधित उदाहरण

प्रश्न 1. यदि $3x + 7y = 75$, $5x - 5y = 25$ हो, तो $(x + y)$ का मान क्या होगा?

हल: $3x + 7y = 75$ ...(*i*) $5x - 5y = 25$ ...(*ii*)

(*i*) को 5 से तथा (*ii*) को 7 से गुणा करके जोड़ने पर:

$$(15x + 35x) = (375 + 175) \Rightarrow 50x = 550 \Rightarrow x = \frac{550}{50} \Rightarrow x = 11.$$

(*i*) में $x = 11$ रखने पर $33 + 7y = 75 \Rightarrow 7y = 42 \Rightarrow y = \frac{42}{7} = 6.$

$\therefore x = 11, y = 6.$

प्रश्न 2. यदि $x + \frac{1}{y} = 5, 2x + \frac{3}{y} = 13$ हो, तो $(2x - 3y)$ का मान क्या होगा?

हल: $x + \frac{1}{y} = 5$ ...(*i*) $2x + \frac{3}{y} = 13$ ...(*ii*)

(*i*) को 2 से गुणा करके गुणनफल को (*ii*) में से घटाने पर : $\frac{1}{y} = (13 - 10) = 3 \Rightarrow y = \frac{1}{3}.$

(*ii*) $y = \frac{1}{3}$ रखने पर $x + 3 = 5 \Rightarrow x = 2.$

$\therefore x = 2, y = \frac{1}{3}.$

प्रश्न 3. सिद्ध कीजिए कि युगपत रैखिक समीकण $3x + 4y = 2, 6x + 8y = 5$ का कोई हल नहीं है.

हलः दिये गये समीकरण हैं $3x + 4y - 2 = 0$ तथा $6x + 8y - 5 = 0$.

इनके प्रारूप हैं क्रमशः $a_1 x + b_1 y + c_1 = 0$ तथा $a_2 x + b_2 y + c_2 = 0$,

जहाँ $a_1 = 3, b_1 = 4, c_1 = -2$ तथा $a_2 = 6, b_2 = 8, c_2 = -5$.

$\therefore \quad \frac{a_1}{a_2} = \frac{3}{6} = \frac{1}{2}, \frac{b_1}{b_2} = \frac{4}{8} = \frac{1}{2}$ तथा $\frac{c_1}{c_2} = \frac{-2}{-5} = \frac{2}{5}$.

अतः $\frac{a_1}{a_2} = \frac{b_1}{b_2} \neq \frac{c_1}{c_2}$.

अतः दिये गये युगपत समीकरण का कोई हल नहीं है.

प्रश्न 4. युगपत रैखिक समीकरण $3x - y = 5, 6x - 2y = 10$ के कितने हल हैं ?

हलः दिये गये समीकरण हैं $3x - y - 5 = 0, 6x - 2y - 10 = 0$.

इनके प्रारूप हैं क्रमशः $a_1 x + b_1 y + c_1 = 0, a_2 x + b_2 y + c_2 = 0$.

जहाँ $a_1 = 3, b_1 = -1, c_1 = -5$ तथा $a_2 = 6, b_2 = -2, c_2 = -10$.

$\therefore \quad \frac{a_1}{a_2} = \frac{3}{6} = \frac{1}{2}, \frac{b_1}{b_2} = \frac{-1}{-2} = \frac{1}{2}$ तथा $\frac{c_1}{c_2} = \frac{-5}{-10} = \frac{1}{2}$.

अतः $\frac{a_1}{a_2} = \frac{b_1}{b_2} = \frac{c_1}{c_2}$.

अतः दिये गये युगपत समीकरण के अनन्त हल हैं.

प्रश्न 5. युगपत रैखिक समीकरण $2x + 5y = 17, 5x + 3y = 14$ के कितने हल हैं?

हलः दिये गये समीकरण हैं $2x + 5y - 17 = 0, 5x + 3y - 14 = 0$.

इसके प्रारूप हैं क्रमशः $a_1 x + b_1 y + c_1 = 0$ तथा $a_2 x + b_2 y + c_2 = 0$, जहाँ

$a_1 = 2, b_1 = 5, c_1 = -17$ तथा $a_2 = 5, b_2 = 3, c_2 = -14$.

$\therefore \quad \frac{a_1}{a_2} = \frac{2}{5}, \frac{b_1}{b_2} = \frac{5}{3}$ तथा $\frac{c_1}{c_2} = \frac{-17}{-14} = \frac{17}{14}$.

$\therefore \quad \frac{a_1}{a_2} \neq \frac{b_1}{b_2}$.

अतः दिये गये युगपत समीकरण का अद्वितीय हल है.

प्रश्न 6. युगपत रैखिक समीकरण $23x - 29y = 98, 29x - 23y = 110$ को हल करें.

हलः दिये गये समीकरण हैं: $23x - 29y = 98$ ...(*i*)

$29x - 23y = 110$ ...(*ii*)

(*i*) तथा (*ii*) को जोड़ने पर: $52x - 52y = 208 \Rightarrow 52(x - y) = 208 \Rightarrow (x - y) = 4$ ...(*iii*)

(*ii*) में से (*i*) घटाने पर: $6x + 6y = 12 \Rightarrow 6(x + y) = 12 \Rightarrow (x + y) = 2$ ...(*iv*)

(*iii*) तथा (*iv*) को जोड़ने पर: $2x = 6 \Rightarrow x = 3$.

(*iv*) में से (*iii*) घटाने पर, $2y = -2 \Rightarrow y = -1$.

$\therefore \quad x = 3, y = -1$ अभीष्ट हल है.

प्रश्नमाला 32

निम्नलिखित प्रत्येक प्रश्न में ठीक उत्तर को चिन्हांकित (✓) कीजिए :

1. यदि $\frac{2x+7}{5} - \frac{3x+11}{2} = \frac{2x+8}{3} - 5$ हो, तो $x = ?$

(*a*) 1 (*b*) −1 (*c*) 2 (*d*) −2

2. यदि $\frac{2}{x-1}+\frac{1}{x-3}=\frac{3}{x-2}$ हो, तो $x=?$

(*a*) 3 (*b*) 4 (*c*) 5 (*d*) – 3

3. यदि $\frac{x+1}{x}+\frac{x}{x+1}=2\frac{1}{2}$ हो, तो $x=?$

(*a*) 2 अथवा -1 (*b*) -2 अथवा 1 (*c*) -2 अथवा -1 (*d*) 2 अथवा 1

4. यदि $\frac{x+1}{x-1}+\frac{x+2}{x-2}=\frac{22x+30}{11x-18}$ हो, तो $x=?$

(*a*) 6 (*b*) – 6 (*c*) 5 (*d*) – 5

5. यदि $2x+3y=13$, $4x-y=5$ हो, तो x तथा y के मान क्या होंगे ?

(*a*) $x=2, y=3$ (*b*) $x=3, y=-2$ (*c*) $x=-3, y=-2$ (*d*) $x=-2, y=-3$

6. यदि $x+2y=-1$, $2x-3y=12$, हो, तो x तथा y के मान क्या होंगे?

(*a*) $x=2, y=-3$ (*b*) $x=3, y=-2$ (*c*) $x=3, y=-1$ (*d*) $x=-3, y=1$

7. यदि $\frac{2x}{a}+\frac{y}{b}=2, \frac{x}{a}-\frac{y}{b}=4$ हो, तो x तथा y के मान क्या होंगे ?

(*a*) $x=a, y=-b$ (*b*) $x=-2a, y=2b$ (*c*) $x=2a, y=-2b$ (*d*) $x=-a, y=b$

8. यदि $x+y=a+b$, $ax-by=a^2-b^2$ हो, तो x तथा y के मान क्या होंगे ?

(*a*) $x=a, y=b$ (*b*) $x=-a, y=b$ (*c*) $x=a, y=-b$ (*d*) $x=-a, y=-b$

9. यदि $47x+31y=63$, $31x+47y=15$ हो, तो x तथा y के मान क्या होंगे?

(*a*) $x=2, y=1$ (*b*) $x=-2, y=1$ (*c*) $x=2, y=-1$ (*d*) $x=-2, y=-1$

10. यदि $(a-b)x+(a+b)y=a^2-2ab-b^2$, $(a+b)(x+y)=a^2+b^2$ हो, तो

(*a*) $x=(a+b), y=\frac{2ab}{(a+b)}$ (*b*) $x=(a-b), y=\frac{2ab}{(a-b)}$

(*c*) $x=(a+b), y=\frac{-2ab}{(a+b)}$ (*d*) इनमें से कोई नहीं

11. यदि $\frac{4}{x}+3y=14, \frac{3}{x}-4y=23$ हो तथा $x \neq 0$ हो, तो x तथा y के मान क्या होंगे ?

(*a*) $x=5, \quad y=\frac{-1}{2}$ (*b*) $x=\frac{1}{5}, \quad y=-2$ (*c*) $x=5, y=-2$ (*d*) $x=-5, y=2$

12. यदि $\frac{2}{x}+\frac{3}{y}=13, \frac{5}{x}-\frac{4}{y}=-2$ हो तथा $x \neq 0, y \neq 0$ हो, तो x तथा y के मान क्या होंगे ?

(*a*) $x=\frac{1}{2}, y=\frac{1}{3}$ (*b*) $x=2, y=3$ (*c*) $x=\frac{-1}{2}, y=\frac{-1}{3}$ (*d*) $x=-2, y=-3$

13. $3x-2y=12$ का आलेख खींचें तथा आलेख से ज्ञात करें कि निम्न में से इसका सही हल कौन सा है?

(*a*) $x=3, y=2$ (*b*) $x=2, y=-3$ (*c*) $x=3, y=-2$ (*d*) $x=4, y=-1$

14. युगपत रैखिक समीकरण $2x-3y=3$, $6x-9y=12$ के कितने हल हैं?

(*a*) केवल एक (*b*) केवल दो (*c*) अनन्त (*d*) कोई नहीं

15. युगपत रैखिक समीकरण $4x+3y=2$, $8x+6y=4$ के कितने हल हैं?

(*a*) केवल एक (*b*) केवल दो (*c*) कोई नहीं (*d*) अनन्त

उत्तरमाला (प्रश्नमाला 32)

1. (*b*) **2.** (*c*) **3.** (*b*) **4.** (*b*) **5.** (*a*) **6.** (*b*) **7.** (*c*) **8.** (*a*) **9.** (*c*) **10.** (*c*)
11. (*b*) **12.** (*a*) **13.** (*b*) **14.** (*d*) **15.** (*d*)

दिये गये प्रश्नों के हल | प्रश्नमाला 32

1. दिये गये समीकरण को लिख सकते है:

$$6(2x+7)-15(3x+11)=10(2x+8)-150 \Rightarrow 12x+42-45x-165=20x+80-150$$

$$\Rightarrow \quad 20x+45x-12x=42-165-80+150 \Rightarrow 53x=-53 \Rightarrow x=-1.$$

2. दिये गये समीकरण को लिख सकते हैं:

$$\frac{2}{x-1}+\frac{1}{x-3}=\frac{2}{x-2}+\frac{1}{x-2}$$

$$\Rightarrow \quad \frac{2}{x-1}-\frac{2}{x-2}=\frac{1}{x-2}-\frac{1}{x-3} \Rightarrow \frac{2(x-2)-2(x-1)}{(x-1)(x-2)}=\frac{(x-3)-(x-2)}{(x-2)(x-3)}$$

$$\Rightarrow \quad \frac{2x-4-2x+2}{(x-1)(x-2)}=\frac{x-3-x+2}{(x-2)(x-3)} \Rightarrow \frac{-2}{(x-1)}=\frac{-1}{(x-3)}$$

$$\Rightarrow \quad -2(x-3)=-(x-1) \Rightarrow -2x+6=-x+1 \Rightarrow 2x-x=6-1 \Rightarrow x=5.$$

3. $\frac{x+1}{x}=y$ रखने पर : $y+\frac{1}{y}=\frac{5}{2} \Rightarrow 2y^2+2=5y \Rightarrow 2y^2-5y+2=0$

$$\Rightarrow \quad 2y^2-4y-y+2=0 \Rightarrow 2y(y-2)-(y-2)=0$$

$\Rightarrow \quad (y-2)(2y-1)=0 \Rightarrow y=2$ अथवा $y=\frac{1}{2}$.

$\therefore \quad \frac{x+1}{x}=2$ अथवा $\frac{x+1}{x}=\frac{1}{2} \Rightarrow x+1=2x$ अथवा $2x+2=x \Rightarrow x=1$ अथवा $x=-2$.

4. दिये गये समीकरण को लिख सकते हैं:

$$\left(\frac{x+1}{x-1}-1\right)+\left(\frac{x+2}{x-2}-1\right)=\frac{22x+30}{11x-18}-2$$

$$\Rightarrow \quad \frac{(x+1)-(x-1)}{(x-1)}+\frac{(x+2)-(x-2)}{(x-2)}=\frac{(22x+30)-2(11x-18)}{(11x-18)}$$

$$\Rightarrow \quad \frac{(x+1-x+1)}{(x-1)}+\frac{(x+2-x+2)}{(x-2)}=\frac{(22x+30-22x+36)}{11x-18}$$

$$\Rightarrow \quad \frac{2}{(x-1)}+\frac{4}{(x-2)}=\frac{66}{(11x-18)} \Rightarrow \frac{2(x-2)+4(x-1)}{(x-1)(x-2)}=\frac{66}{(11x-18)}$$

$$\Rightarrow \quad \frac{(2x-4+4x-4)}{(x^2-3x+2)}=\frac{66}{(11x-18)} \Rightarrow \frac{(6x-8)}{(x^2-3x+2)}=\frac{66}{(11x-18)}$$

$$\Rightarrow \quad (6x-8)(11x-18)=66(x^2-3x+2)$$

$$\Rightarrow \quad 66x^2-108x-88x+144=66x^2-198x+132$$

$$\Rightarrow \quad 198x-108x-88x=132-144 \Rightarrow 2x=-12 \Rightarrow x=-6.$$

5. $2x+3y=13 \quad ...(i) \qquad 4x-y=5 \quad ...(ii)$

(*ii*) को 3 से गुणा करके (*i*) में जोड़ने पर:

$$(2x+12x)=(13+15) \Rightarrow 14x=28 \Rightarrow x=2.$$

(*ii*) में $x=2$ रखने पर : $8-y=5 \Rightarrow y=(8-5) \Rightarrow y=3$.

$\therefore \ x=2, y=3.$

6. $x + 2y = -1$ ...(*i*) $2x - 3y = 12$ ...(*ii*)

(*i*) को 2 से गुणा करके गुणनफल में से (*ii*) घटाने पर:

$$(2x + 4y) - (2x - 3y) = (-2 - 12) \Rightarrow 7y = -14 \Rightarrow y = -2.$$

(*i*) में $y = -2$ रखने पर : $x - 4 = -1 \Rightarrow x = 3$.

$\therefore \quad x = 3, y = -2.$

7. $\dfrac{2x}{a} + \dfrac{y}{b} = 2$ ...(*i*) $\dfrac{x}{a} - \dfrac{y}{b} = 4$ ...(*ii*)

(*i*) तथा (*ii*) को जोड़ने पर : $\dfrac{3x}{a} = 6 \Rightarrow 3x = 6a \Rightarrow x = 2a.$

(*i*) में $x = 2a$ रखने पर: $\dfrac{4a}{a} + \dfrac{y}{b} = 2 \Rightarrow 4 + \dfrac{y}{b} = 2 \Rightarrow \dfrac{y}{b} = -2 \Rightarrow y = -2b.$

अत: $x = 2a, y = -2b.$

8. $x + y = a + b$ ...(*i*) $ax - by = a^2 - b^2$ ...(*ii*)

(*i*) को b से गुणा करके गुणनफल में (*ii*) जोड़ने पर:

$$(bx + ax) = (ab + b^2 + a^2 - b^2) \Rightarrow x(b + a) = (ab + a^2) \Rightarrow x = \frac{a(b + a)}{(b + a)} \Rightarrow x = a.$$

(*i*) में $x = a$ रखने पर, $y = b$.

$\therefore \quad x = a, y = b.$

9. $47x + 31y = 63$ ...(*i*) $31x + 47y = 15$ ...(*ii*)

(*i*) तथा (*ii*) को जोड़ने पर $78x + 78y = 78 \Rightarrow 78(x + y) = 78 \Rightarrow x + y = 1$ ...(*iii*)

(*i*) में से (*ii*) घटाने पर: $16x - 16y = 48 \Rightarrow 16(x - y) = 48 \Rightarrow x - y = 3$ ...(*iv*)

(*iii*) तथा (*iv*) को जोड़ने पर: $2x = 4 \Rightarrow x = 2.$

(*i*) में $x = 2$ रखने पर: $2 + y = 1 \Rightarrow y = -1.$

$\therefore \quad x = 2, y = -1.$

10. $(a - b)x + (a + b)y = a^2 - 2ab - b^2$ ...(*i*) $(a + b)x + (a + b)y = a^2 + b^2$ ...(*ii*)

(*ii*) में से (*i*) घटाने पर : $(a + b)x - (a - b)x = (a^2 + b^2) - (a^2 - 2ab - b^2)$

$\Rightarrow \quad [(a + b) - (a - b)]x = 2b^2 + 2ab$

$\Rightarrow \quad (a + b - a + b)x = 2b(a + b) \Rightarrow 2bx = 2b(a + b) \Rightarrow x = (a + b).$

(*i*) में $x = (a + b)$ रखने पर: $(a - b)(a + b) + (a + b)y = a^2 - 2ab - b^2$

$\Rightarrow \quad (a + b)y = (a^2 - 2ab - b^2) - (a^2 - b^2) \Rightarrow (a + b)y = -2ab \Rightarrow y = \dfrac{-2ab}{(a + b)}.$

$\therefore \quad x = (a + b),\ y = \dfrac{-2ab}{(a + b)}.$

11. $\dfrac{4}{x} + 3y = 14$ ...(*i*) $\dfrac{3}{x} - 4y = 23$ ...(*ii*)

(*i*) को 4 से तथा (*ii*) को 3 से गुणा करके जोड़ने पर:

$$\frac{16}{x} + \frac{9}{x} = 56 + 69 \Rightarrow \frac{25}{x} = 125 \Rightarrow 125x = 25 \Rightarrow x = \frac{25}{125} \Rightarrow x = \frac{1}{5}.$$

(*i*) में $x = \dfrac{1}{5}$ रखने पर: $20 + 3y = 14 \Rightarrow 3y = -6 \Rightarrow y = -2.$

$\therefore\ x = \dfrac{1}{5},\ y = -2.$

12. $\frac{1}{x} = u$ तथा $\frac{1}{y} = v$ रखने पर :

$2u + 3v = 13 \quad ...(i) \qquad 5u - 4v = -2 \quad ...(ii)$

(i) को 4 से तथा (ii) को 3 से गुणा करके जोड़ने पर:

$(8u + 15u) = (52 - 6) \Rightarrow 23u = 46 \Rightarrow u = \frac{46}{23} \Rightarrow u = 2.$

(i) में $u = 2$ रखने पर $4 + 3v = 13 \Rightarrow 3v = 9 \Rightarrow v = 3.$

$\therefore u = 2, v = 3 \Rightarrow \frac{1}{x} = 2, \frac{1}{y} = 3 \Rightarrow x = \frac{1}{2}, y = \frac{1}{3}.$

13. दिया गया समीकरण है : $3x - 2y = 12.$

इसमें $x = 0$ रखने पर $-2y = 12 \Rightarrow y = -6$

तथा $y = 0$ रखने पर $3x = 12 \Rightarrow x = 4.$

अत: $A(4, 0)$ तथा $B(0, -6)$ दिये गये समीकरण को सन्तुष्ट करते हैं.

ग्राफ पेपर पर $X'OX$ तथा YOY′ क्रमश: x-अक्ष तथा y-अक्ष लें.

इस पर बिन्दु $A(4, 0)$ तथा $B(0, -6)$ निरूपित करके AB को मिलायें यह इस दिये गये समीकरण का ग्राफ है.

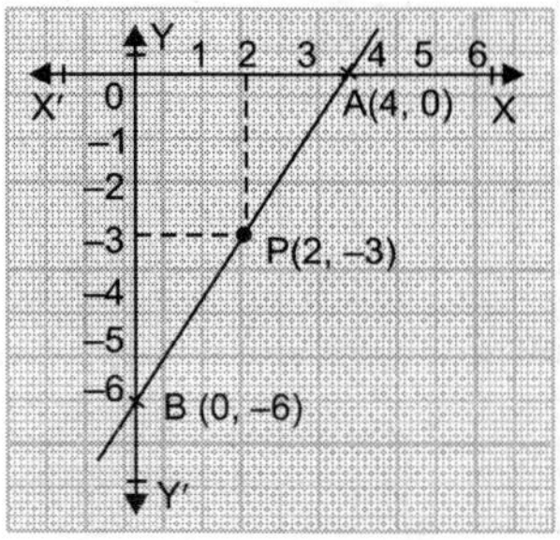

स्पष्ट है कि बिन्दु $P(2, -3)$ इस ग्राफ की रेखा पर स्थित है.

अत: $x = 2, y = -3$ इसका अभीष्ट हल है.

14. दिये गये समीकरण हैं $2x - 3y - 3 = 0$ तथा $6x - 9y - 12 = 0.$

इनके प्रारूप हैं $a_1 x + b_1 y + c_1 = 0$ तथा $a_2 x + b_2 y + c_2 = 0,$

जहाँ $a_1 = 2, b_1 = -3, c_1 = -3$ तथा $a_2 = 6, b_2 = -9, c_2 = -12.$

$\therefore \quad \frac{a_1}{a_2} = \frac{2}{6} = \frac{1}{3}; \; \frac{b_1}{b_2} = \frac{-3}{-9} = \frac{1}{3}$ तथा $\frac{c_1}{c_2} = \frac{-3}{-12} = \frac{1}{4}.$

अत: $\frac{a_1}{a_2} = \frac{b_1}{b_2} \neq \frac{c_1}{c_2}.$

अत: दिये गये समीकरणों का कोई हल नहीं होगा.

15. दिये गये समीकरण हैं $4x + 3y - 2 = 0$ तथा $8x + 6y - 4 = 0.$

इनके प्रारूप हैं $a_1 x + b_1 y + c_1 = 0$ तथा $a_2 x + b_2 y + c_2 = 0,$

जहाँ $a_1 = 4, b_1 = 3, c_1 = -2$ तथा $a_2 = 8, b_2 = 6, c_2 = -4.$

$\therefore \quad \frac{a_1}{a_2} = \frac{4}{8} = \frac{1}{2}, \; \frac{b_1}{b_2} = \frac{3}{6} = \frac{1}{2}$ तथा $\frac{c_1}{c_2} = \frac{-2}{-4} = \frac{1}{2}.$

$\therefore \quad \frac{a_1}{a_2} = \frac{b_1}{b_2} = \frac{c_1}{c_2}.$

अत: दिये गये समीकरणों के अनन्त हल हैं.

33 द्विघात समीकरण
(QUADRATIC EQUATIONS)

आवश्यक तथ्य एवं सूत्र

1. ऐसा समीकरण जिसका प्रारूप $ax^2 + bx + c = 0$ जैसा हो, जहाँ a, b, c वास्तविक संख्यायें हैं तथा $a \neq 0$ एक द्विघात समीकरण कहलाता है.
   इसमें $D = (b^2 - 4\,ac)$ इस समीकरण का **विविक्तकर (Discriminant)** कहलाता है.
2. समीकरण $\boldsymbol{ax^2 + bx + c = 0}$ के मूल यदि α **तथा** β हों, तो
   $$\alpha = \frac{-b + \sqrt{b^2 - 4ac}}{2a} \quad \text{तथा} \quad \beta = \frac{-b - \sqrt{b^2 - 4ac}}{2a}.$$
3. द्विघात समीकण के मूलों की प्रकृति:
   माना $ax^2 + bx + c = 0, a \neq 0$ दिया गया द्विघात समीकरण है तथा माना $\boldsymbol{D = (b^2 - 4ac)}$. तब

D का मान	मूलों की प्रकृति	मूल
(*i*) $D > 0$ तथा एक पूर्ण वर्ग है।	परिमेय तथा असमान	$\dfrac{-b \pm \sqrt{D}}{2a}$
(*ii*) $D > 0$ तथा एक पूर्ण वर्ग नहीं है।	अपरिमेय तथा असमान	$\dfrac{-b \pm \sqrt{D}}{2a}$
(*iii*) $D = 0$	परिमेय तथा समान	प्रत्येक $= \dfrac{-b}{2a}$
(*iv*) $D < 0$	कोई वास्तविक मूल नहीं	

4. माना $ax^2 + bx + c = \mathbf{0}$ के मूल α तथा β हैं, तब
   (*i*) $\alpha + \beta = \dfrac{-b}{a}$. (*ii*) $\alpha\beta = \dfrac{c}{a}$.
5. ऐसा समीकरण जिसके मूल α तथा β हैं, होगा $x^2 - (\alpha + \beta)\,x + \alpha\,\beta = 0$.

साधित उदाहरण

प्रश्न 1. हल कीजिए: $\boldsymbol{3x^2 + 2x = 0}$.

हल : $3x^2 + 2x = 0 \Rightarrow x\,(3x + 2) = 0 \Rightarrow x = 0$ अथवा $3x + 2 = 0 \Rightarrow x = 0$ अथवा $x = \dfrac{-2}{3}$.

प्रश्न 2. हल कीजिए: $\boldsymbol{(2x - 3)\,(3x + 5) = 0}$.

हल : $(2x - 3)\,(3x + 5) = 0 \Rightarrow 2x - 3 = 0$ अथवा $3x + 5 = 0 \Rightarrow x = \dfrac{3}{2}$ अथवा $x = \dfrac{-5}{3}$.

प्रश्न 3. हल कीजिए: $\boldsymbol{2x^2 - 9x + 10 = 0}$.

हल : $2x^2 - 9x + 10 = 0 \Rightarrow 2x^2 - 5x - 4x + 10 = 0 \Rightarrow x\,(2x - 5) - 2\,(2x - 5) = 0$

$\Rightarrow (2x - 5)\,(x - 2) = 0 \Rightarrow 2x - 5 = 0$ अथवा $x - 2 = 0$

$\Rightarrow x = \dfrac{5}{2}$ अथवा $x = 2$.

प्रश्न 4. हल करें : $15x^2 - x - 28 = 0$.

हल : यहाँ $a = 15, b = -1$ तथा $c = -28$.

$\therefore \quad D = (b^2 - 4ac) = (-1)^2 - 4 \times 15 \times (-28) = (1 + 1680) = 1681$

$\Rightarrow \sqrt{D} = \sqrt{1681} = 41.$

4	$\overline{16}\,\overline{81}$ (41
	16
81	81
	81
	×

$\therefore \quad \alpha = \frac{-b + \sqrt{D}}{2a} = \frac{(1+41)}{(2 \times 15)} = \frac{42}{30} = \frac{7}{5}; \ \beta = \frac{-b - \sqrt{D}}{2a} = \frac{(1-41)}{(2 \times 15)} = \frac{-40}{30} = \frac{-4}{3}.$

अतः अभीष्ट मूल हैं: $\frac{7}{5}$ तथा $\frac{-4}{3}$.

प्रश्न 5. ऐसा समीकरण ज्ञात कीजिए जिसके मूल $\frac{1}{2}$ तथा $\frac{1}{3}$ हैं:

हल : माना $\alpha = \frac{1}{2}$ तथा $\beta = \frac{1}{3}$. तब, $(\alpha + \beta) = \left(\frac{1}{2} + \frac{1}{3}\right) = \frac{5}{6}$ तथा $\alpha\beta = \left(\frac{1}{2} \times \frac{1}{3}\right) = \frac{1}{6}$.

$\therefore$ अभीष्ट समीकरण है :

$x^2 - (\alpha + \beta)x + \alpha\beta = 0$ अर्थात $x^2 - \frac{5}{6}x + \frac{1}{6} = 0$ अर्थात $6x^2 - 5x + 1 = 0$.

प्रश्न 6. यदि समीकरण $x^2 - px + q = 0$ के मूल α तथा β हों, तो

***(i)* $(\alpha^2 + \beta^2)$ का मान ज्ञात कीजिए** ***(ii)* $(\alpha^3 + \beta^3)$ का मान ज्ञात कीजिए**

हल : स्पष्ट है कि $(\alpha + \beta) = p$ तथा $\alpha\beta = q$. तब,

(i) $(\alpha^2 + \beta^2) = (\alpha + \beta)^2 - 2\alpha\beta = (p^2 - 2q)$.

(ii) $(\alpha^3 + \beta^3) = (\alpha + \beta)^3 - 3\alpha\beta(\alpha + \beta) = (p^3 - 3pq)$.

प्रश्न 7. यदि समीकरण $9x^2 - kx + 81$ के मूल बराबर हों, तो k का मान ज्ञात कीजिए.

हल : $9x^2 - kx + 81$ की $ax^2 + bx + c$ से तुलना करने पर :

$a = 9, b = -k$ तथा $c = 81$.

$\therefore D = (b^2 - 4ac) = [(-k)^2 - 4 \times 9 \times 81] = (k^2 - 2916)$.

मूल बराबर हैं, अतः $D = 0$.

अब $D = 0 \Rightarrow k^2 - 2916 = 0 \Rightarrow k^2 = (2916)$

$\Rightarrow k = \pm\sqrt{2916} \Rightarrow k = \pm 54.$

5	$\overline{29}\,\overline{16}$ (54
	25
104	416
	416
	×

प्रश्नमाला 33

1. निम्नलिखित में से कौन-सा समीकरण एक द्विघात समीकरण है?
(*a*) $x - \frac{3}{x} = x^2$ (*b*) $x^2 + \frac{3}{x^2} = 1$ (*c*) $2x^2 + \sqrt{3x} + 5 = 0$ (*d*) $x^2 - 1 = 2x^2 + 4$

2. निम्नलिखित में से कौन-सा समीकरण एक द्विघात समीकरण नहीं है?
(*a*) $x^2 - 5x + 6 = 0$ (*b*) $4x^2 + 8 = 0$ (*c*) $x^2 + x + 6 = 0$ (*d*) $x^3 - x - 4 = 0$

3. निम्नलिखित में से किस समीकरण के वास्तविक मूल होंगे?
(*a*) $x^2 + x + 6 = 0$ (*b*) $2x^2 - 3x + 4 = 0$ (*c*) $3x^2 + 4x + 5 = 0$ (*d*) $2x^2 - 7x + 5 = 0$

4. द्विघात समीकरण $2x^2 - 3x - 12 = 0$ का विविक्तकर कितना है?
(*a*) 87 (*b*) – 87 (*c*) 105 (*d*) – 33

5. समीकरण $x^2 - 9x + 18 = 0$ के मूल हैं:
(*a*) 3, 6 (*b*) – 3, 6 (*c*) 3, – 6 (*d*) – 3, – 6

6. समीकरण $2x^2 - 11x + 15 = 0$ के मूल हैं :
(*a*) $3, \frac{5}{2}$ (*b*) $5, \frac{3}{2}$ (*c*) $-3, \frac{-5}{2}$ (*d*) इनमें से कोई नहीं

7. समीकरण $x^2 - 4\sqrt{3}x + 9 = 0$ के मूल हैं :
(a) $2\sqrt{3}, \sqrt{3}$ (b) $3\sqrt{3}, \sqrt{3}$ (c) $2\sqrt{3}, -\sqrt{3}$ (d) $3\sqrt{3}, -\sqrt{3}$

8. समीकरण $ax^2 + x + b = 0$ के मूल समान होंगे, यदि
(a) $b^2 = 4a$ (b) $b^2 < 4a$ (c) $b^2 > 4a$ (d) $ab = \frac{1}{4}$

9. p के किस मान के लिए समीकरण $px^2 - 2\sqrt{5}\,x + 4 = 0$ के मूल वास्तविक तथा बराबर होंगे?
(a) $\frac{3}{4}$ (b) $\frac{5}{4}$ (c) $\frac{6}{7}$ (d) $\frac{7}{10}$

10. द्विघात समीकरण $4x^2 + 4x + 1 = 0$ के मूल हैं :
(a) वास्तविक तथा असमान (b) वास्तविक तथा समान (c) अभिकल्पित (d) वास्तविक धनात्मक

11. p के किस मान के लिए $x^2 - 4x + p = 0$ के मूल भिन्न तथा वास्तविक होंगे?
(a) $p < 4$ (b) $p > 4$ (c) $p = 4$ (d) इनमें से कोई नहीं

12. एक द्विघात समीकरण के मूलों का योगफल –2 तथा गुणनफल – 4 है. यह समीकरण है :
(a) $x^2 - 2x - 4 = 0$ (b) $x^2 - 2x + 4 = 0$ (c) $x^2 + 2x - 4 = 0$ (d) $x^2 + 2x + 4 = 0$

13. यदि समीकरण $3x^2 + 5x - 7 = 0$ के मूल्य α तथा β हों, तो $\left(\frac{1}{\alpha} + \frac{1}{\beta}\right) = ?$
(a) $\frac{5}{7}$ (b) $\frac{5}{11}$ (c) $\frac{5}{7}$ (d) इनमें से कोई नहीं

14. एक द्विघात समीकरण के मूल $(2 + \sqrt{5})$ तथा $(2 - \sqrt{5})$ हैं. यह समीकरण है :
(a) $x^2 - 4x - 1 = 0$ (b) $x^2 + 4x - 1 = 0$ (c) $x^2 - 4x + 1 = 0$ (d) $x^2 + 4x + 1 = 0$

15. यदि $x^2 - px + q = 0$ के मूल α तथा β हों, तो $(\alpha^3 + \beta^3)$ का मान कितना होगा ?
(a) $q^3 + 3pq$ (b) $q^3 - 3pq$ (c) $p^3 + 3pq$ (d) $p^3 - 3pq$

16. यदि $x^2 + px + q = 0$ के मूल α तथा β हों, तो $\left(\frac{\alpha}{\beta} + \frac{\beta}{\alpha}\right)$ का मान क्या होगा ?
(a) $\frac{(p^2 - 2q)}{q}$ (b) $\frac{(p^2 + 2q)}{q}$ (c) $\frac{(-p^2 + 2q)}{q}$ (d) $\frac{(-p^2 - 2q)}{q}$

17. यदि $3x^2 + 8x + 2 = 0$ के मूल α तथा β हों, तो $(\alpha^3 + \beta^3) = ?$
(a) $-\frac{46}{3}$ (b) $\frac{368}{27}$ (c) $-\frac{368}{27}$ (d) इनमें से कोई नहीं

18. यदि $ax^2 + bx + c = 0$ के मूल एक दूसरे के व्युत्क्रम हों, तो
(a) $a = b$ (b) $b = ac$ (c) $a = c$ (d) $ac = 1$

उत्तरमाला (प्रश्नमाला 33)

1. (d) **2.** (d) **3.** (d) **4.** (c) **5.** (a) **6.** (a) **7.** (b) **8.** (d) **9.** (b) **10.** (b)
11. (a) **12.** (c) **13.** (c) **14.** (a) **15.** (d) **16.** (a) **17.** (c) **18.** (c)

दिये गये प्रश्नों के हल | प्रश्नमाला 33

1. (a) $x - \frac{3}{x} = x^2 \Rightarrow x^2 - 3 = x^3$, जो एक द्विघात समीकरण नहीं है.

(b) $x^2 + \frac{3}{x^2} = 1 \Rightarrow x^4 + 3 = x^2$, जो एक द्विघात समीकरण नहीं है.

(c) $2x^2 + \sqrt{3x} + 5 = 0$ स्पष्टतया एक द्विघात समीकरण नहीं है.

(d) $x^2 - 1 = 2x^2 + 4 \Rightarrow 2x^2 + 4 - x^2 + 1 = 0 \Rightarrow x^2 + 5 = 0$, जो एक द्विघात समीकरण है.

2. स्पष्ट है कि $x^3 - x - 4 = 0$ एक द्विघात समीकरण नहीं है.

3. प्रत्येक दिये समीकरण की $ax^2 + bx + c = 0$ से तुलना करने पर:

(*a*) $a = 1, b = 1, c = 6.$

$\therefore D = (b^2 - 4ac) = (1 - 4 \times 1 \times 6) = (1 - 24) = -23 < 0.$

अत: $x^2 + x + 6 = 0$ के वास्तविक मूल नहीं होंगे.

(*b*) $a = 2, b = -3, c = 4.$

$\therefore D = (b^2 - 4ac) = (9 - 4 \times 2 \times 4) = (9 - 32) = -23 < 0.$

अत: $2x^2 - 3x + 4 = 0$ के वास्तविक मूल नहीं होंगे.

(*c*) $a = 3, b = 4, c = 5.$

$\therefore D = (b^2 - 4ac) = (16 - 4 \times 3 \times 5) = (16 - 60) = -44 < 0.$

अत: $3x^2 + 4x + 5 = 0$ के वास्तविक मूल नहीं होंगे.

(*d*) $a = 2, b = -7, c = 5.$

$\therefore D = (b^2 - 4ac) = (49 - 4 \times 2 \times 5) = (49 - 40) = 9 > 0.$

अत: $2x^2 - 7x + 5 = 0$ के वास्तविक मूल होंगे.

4. $2x^2 - 3x - 12 = 0$ की $ax^2 + bx + c = 0$ से तुलना करने पर: $a = 2, b = -3$ तथा $c = -12.$

$\therefore$ विविक्तकर, $D = (b^2 - 4ac) = (-3)^2 - 4 \times 2 \times (-12) = (9 + 96) = 105.$

5. $x^2 - 9x + 18 = 0 \Rightarrow x^2 - 6x - 3x + 18 = 0 \Rightarrow x(x - 6) - 3(x - 6) = 0$

$\Rightarrow (x - 6)(x - 3) = 0 \Rightarrow x = 6$ अथवा $x = 3.$

$\therefore$ अभीष्ट मूल 3 तथा 6 हैं.

6. $2x^2 - 11x + 15 = 0$ की $ax^2 + bx + c = 0$ से तुलना करने पर: $a = 2, b = -11$ तथा $c = 15.$

$\therefore D = (b^2 - 4ac) = [(-11)^2 - 4 \times 2 \times 15] = (121 - 120) = 1 \Rightarrow \sqrt{D} = \sqrt{1} = 1.$

माना अभीष्ट मूल α तथा β हैं. तब,

$$\alpha = \frac{-b + \sqrt{D}}{2a} = \frac{(11+1)}{(2\times2)} = \frac{12}{4} = 3 \text{ तथा } \beta = \frac{-b - \sqrt{D}}{2a} = \frac{(11-1)}{(2\times2)} = \frac{10}{4} = \frac{5}{2}.$$

अत: अभीष्ट मूल 3 तथा $\frac{5}{2}$ हैं.

7. $x^2 - 4\sqrt{3}x + 9 = 0$ की तुलना $ax^2 + bx + c = 0$ से करने पर: $a = 1, b = -4\sqrt{3}$ तथा $c = 9.$

$\therefore D = (b^2 - 4ac) = [(-4\sqrt{3})^2 - 4 \times 1 \times 9] = (48 - 36) = 12.$

$\therefore \sqrt{D} = \sqrt{12} = \sqrt{4 \times 3} = 2\sqrt{3}.$

$$\text{अत: } \alpha = \frac{-b + \sqrt{D}}{2a} = \frac{(4\sqrt{3} + 2\sqrt{3})}{(2\times1)} = \frac{6\sqrt{3}}{2} = 3\sqrt{3}$$

$$\text{तथा } \beta = \frac{-b - \sqrt{D}}{2a} = \frac{4\sqrt{3} - 2\sqrt{3}}{(2\times1)} = \frac{2\sqrt{3}}{2} = \sqrt{3}.$$

अत: अभीष्ट मूल हैं $3\sqrt{3}$ तथा $\sqrt{3}$.

8. $ax^2 + x + b = 0$ की तुलना $Ax^2 + Bx + C = 0$ से करने पर: $A = a, B = 1$ तथा $C = b.$

$\therefore D = (B^2 - 4AC) = (1^2 - 4 \times a \times b) = (1 - 4ab).$

मूल समान तभी होंगे जबकि $D = 0.$

अब $D = 0 \Rightarrow 1 - 4ab = 0 \Rightarrow 4ab = 1 \Rightarrow ab = \frac{1}{4}.$

9. $px^2 - 2\sqrt{5}x + 4 = 0$ की तुलना $ax^2 + bx + c = 0$ से करने पर: $a = p, b = -2\sqrt{5}$ तथा $c = 4.$

$\therefore D = (b^2 - 4ac) = [(-2\sqrt{5})^2 - 4 \times p \times 4] = (20 - 16p).$

मूल वास्तविक तथा बराबर तभी होंगे जबकि $D = 0$.

अब, $D = 0 \Rightarrow 20 - 16p = 0 \Rightarrow 16p = 20 \Rightarrow p = \frac{20}{16} = \frac{5}{4}$.

10. $4x^2 + 4x + 1 = 0$ की तुलना $ax^2 + bx + c = 0$ से करने पर: $a = 4, b = 4$ तथा $c = 1$.

$\therefore D = (b^2 - 4ac) = (16 - 4 \times 4 \times 1) = 0$.

अत: $4x^2 + 4x + 1 = 0$ के मूल वास्तविक तथा समान होंगे.

11. $x^2 - 4x + p = 0$ की तुलना $ax^2 + bx + c = 0$ से करने पर: $a = 1, b = -4$ तथा $c = p$.

$\therefore D = (b^2 - 4ac) = (16 - 4 \times 1 \times p) = (16 - 4p)$.

इसके मूल भिन्न तथा वास्तविक तभी होंगे जबकि $D > 0$.

$\therefore\ 16 - 4p > 0 \Rightarrow 16 > 49 \Rightarrow 49 < 16 \Rightarrow p < 4$.

12. माना अभीष्ट समीकरण के मूल α तथा β हैं. तब, $\alpha + \beta = -2$ तथा $\alpha\beta = -4$.

अभीष्ट समीकरण है: $x^2 - (\alpha + \beta)x + \alpha\beta = 0$ अर्थात $x^2 - (-2)x - 4 = 0$ अर्थात $x^2 + 2x - 4 = 0$.

13. दिया गया है कि $3x^2 + 5x - 7 = 0$ के मूल α तथा β हैं.

अत: $(\alpha + \beta) = \frac{-5}{3}$ तथा $\alpha\beta = \frac{-7}{3}$.

$$\therefore\ \left(\frac{1}{\alpha} + \frac{1}{\beta}\right) = \frac{(\alpha + \beta)}{\alpha\beta} = \frac{\left(\frac{-5}{3}\right)}{\left(-\frac{7}{3}\right)} = \left(\frac{5}{3} \times \frac{3}{7}\right) = \frac{5}{7}.$$

14. माना $\alpha = (2 + \sqrt{5})$ तथा $\beta = \beta = (2 - \sqrt{5})$. तब,

$(\alpha + \beta) = (2 + \sqrt{5}) + (2 - \sqrt{5}) = 4$ तथा $\alpha\beta = (2 + \sqrt{5})\ (2 - \sqrt{5}) = (4 - 5) = -1$.

$\therefore$ अभीष्ट समीकरण है: $x^2 - (\alpha + \beta)x + \alpha\beta = 0$ अर्थात $x^2 - 4x - 1 = 0$.

15. $x^2 - px + q = 0$ की तुलना $ax^2 + bx + c = 0$ से करने पर:

$\alpha + \beta = \frac{-b}{a} = p, \quad \alpha\beta = \frac{c}{a} = q$.

$\therefore\ (\alpha^3 + \beta^3) = (\alpha + \beta)^3 - 3\alpha\beta(\alpha + \beta) = (p^3 - 3pq)$.

16. चूंकि $x^2 + px + q = 0$ के मूल α तथा β हैं, अत: $\alpha + \beta = -p$ तथा $\alpha\beta = q$.

$$\therefore\ \left(\frac{\alpha}{\beta} + \frac{\beta}{\alpha}\right) = \frac{(\alpha^2 + \beta^2)}{\alpha\beta} = \frac{(\alpha + \beta)^2 - 2\alpha\beta}{\alpha\beta} = \frac{(-p)^2 - 2q}{q} = \frac{(p^2 - 2q)}{q}.$$

17. $3x^2 + 8x + 2 = 0$ की तुलना $ax^2 + bx + c = 0$ से करने पर: $a = 3, b = 8$ तथा $c = 2$.

$\therefore (\alpha + \beta) = \frac{-b}{a} = \frac{-8}{3}$ तथा $\alpha\beta = \frac{c}{a} = \frac{2}{3}$.

$$\therefore (\alpha^3 + \beta^3) = (\alpha + \beta)^3 - 3\alpha\beta(\alpha + \beta)$$

$$= \left(-\frac{8}{3}\right)^3 - 3 \times \frac{2}{3} \times \frac{(-8)}{3} = \left(-\frac{512}{27} + \frac{16}{3}\right) = \left(\frac{-512}{27} + \frac{16}{3}\right) = \frac{(-512 + 144)}{27} = \frac{-368}{27}.$$

18. माना $ax^2 + bx + c = 0$ के मूल α तथा $\frac{1}{\alpha}$ हैं. तब इनका गुणनफल $= \left(\alpha \times \frac{1}{\alpha}\right) = 1$.

$\therefore\ \frac{c}{a} = 1$ अर्थात $c = a \Rightarrow a = c$.

---

34 त्रिकोणमिति (TRIGONOMETRY)

परिभाषायें तथा सूत्र

1. कोण नापने की विभिन्न ईकाइयाँ :

(*i*) **डिग्री में :** 1 समकोण = 90°. (*ii*) **रेडियन में :** π radian = π^c = 180°.

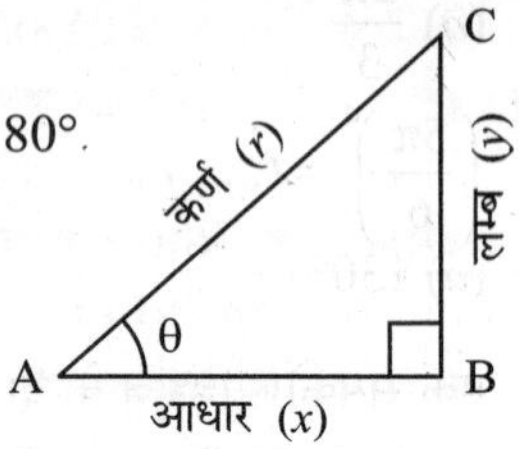

2. त्रिकोणमितीय अनुपात (T-RATIOS)

माना समकोण ΔABC में, $\angle B = 90°$ तथा $\angle A = \theta$. तब,

(*i*) $\sin\theta = \dfrac{\text{लम्ब}}{\text{कर्ण}} = \dfrac{y}{r}$; (*ii*) $\cos\theta = \dfrac{\text{आधार}}{\text{कर्ण}} = \dfrac{x}{r}$;

(*iii*) $\tan\theta = \dfrac{\text{लम्ब}}{\text{आधार}} = \dfrac{y}{x}$; (*iv*) $\cot\theta = \dfrac{1}{\tan\theta} = \dfrac{\text{आधार}}{\text{लम्ब}} = \dfrac{x}{y}$;

(*v*) $\sec\theta = \dfrac{1}{\cos\theta} = \dfrac{\text{कर्ण}}{\text{आधार}} = \dfrac{r}{x}$; (*vi*) $\text{cosec}\,\theta = \dfrac{1}{\sin\theta} = \dfrac{\text{कर्ण}}{\text{लम्ब}} = \dfrac{r}{y}$.

3. (*i*) $\sin^2\theta + \cos^2\theta = 1$ (*ii*) $1 + \tan^2\theta = \sec^2\theta$ (*iii*) $1 + \cot^2\theta = \text{cosec}^2\theta$

(*iv*) $\tan\theta = \dfrac{\sin\theta}{\cos\theta}$ (*v*) $\cot\theta = \dfrac{\cos\theta}{\sin\theta}$

4. विभिन्न कोणों के त्रिकोणमितीय अनुपात :

θ	sin θ	cos θ	tan θ	cosec θ	sec θ	cot θ
30°	$\frac{1}{2}$	$\frac{\sqrt{3}}{2}$	$\frac{1}{\sqrt{3}}$	2	$\frac{2}{\sqrt{3}}$	$\sqrt{3}$
45°	$\frac{1}{\sqrt{2}}$	$\frac{1}{\sqrt{2}}$	1	$\sqrt{2}$	$\sqrt{2}$	1
60°	$\frac{\sqrt{3}}{2}$	$\frac{1}{2}$	$\sqrt{3}$	$\frac{2}{\sqrt{3}}$	2	$\frac{1}{\sqrt{3}}$
90°	1	0	परिभाषित नहीं	1	परिभाषित नहीं	0
0°	0	1	0	परिभाषित नहीं	1	परिभाषित नहीं

5. पूरक कोणों के त्रिकोणमितीय अनुपात :

(*i*) sin (90° − θ) = cos θ (*ii*) cos (90° − θ) = sin θ (*iii*) tan (90° − θ) = cot θ

(*iv*) cosec (90° − θ) = sec θ (*v*) sec (90° − θ) = cosec θ (*iv*) cot (90° − θ) = tan θ.

6. उन्नयन कोण (Angle of Elevation) :

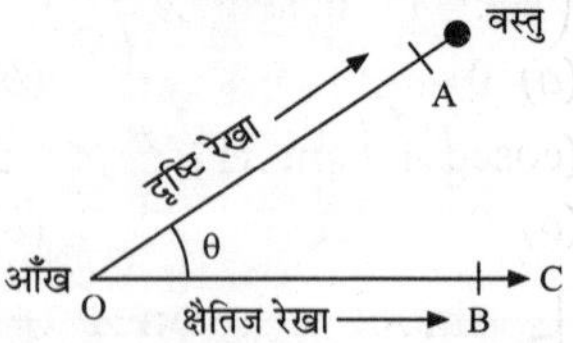

यदि हम नीचे से ऊपर की ओर किसी वस्तु को देखें, तो दृष्टि रेखा क्षैतिज के साथ जो कोण बनाती है, उसे उन्नयन कोण कहते हैं.

यहाँ $\angle AOB = \theta$ एक उन्नयन कोण है.

7. अवनमन कोण (Angle of Depression) :

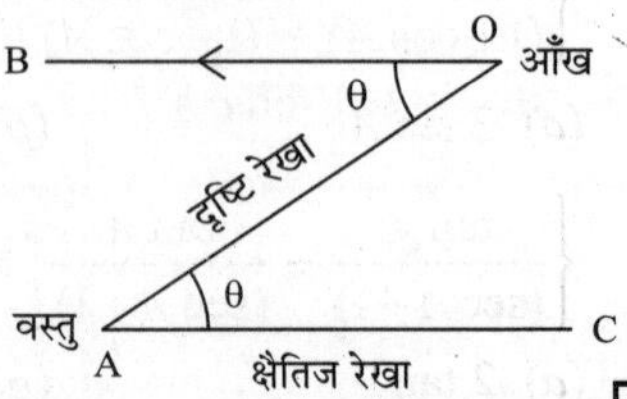

यदि हम ऊपर से नीचे की ओर किसी वस्तु को देखें तो दृष्टि रेखा क्षैतिज के साथ जो कोण बनाती है उसे अवनमन कोण कहते हैं.

यहाँ $\angle OAC = \angle AOB = \theta$ अवनमन कोण है.

प्रश्नमाला 34

निम्नलिखित प्रश्नों में से प्रत्येक में ठीक उत्तर को चिन्हांकित (✓) कीजिए :

1. $75° = (......)^c$

(*a*) $\frac{2\pi}{3}$ (*b*) $\frac{3\pi}{4}$ (*c*) $\frac{5\pi}{12}$ (*d*) इनमें से कोई नहीं

2. $\left(\frac{5\pi}{6}\right)^c = (......)^o$

(*a*) 130° (*b*) 140° (*c*) 150° (*d*) 135°

3. एक समकोण त्रिभुज के दो न्यून कोणों का अन्तर $\left(\frac{3\pi}{10}\right)^c$ है. इन कोणों के माप निम्न में से कौन-से हैं ?

(*a*) 60°, 30° (*b*) 72°, 18° (*c*) 70°, 20° (*d*) इनमें से कोई नहीं

4. $(\sin A + \cos A)^2 + (\sin A - \cos A)^2 = ?$

(*a*) 1 (*b*) 2 (*c*) $4 \sin A$ (*d*) $3 \cos A$

5. $\sqrt{\frac{1+\sin A}{1-\sin A}} = ?$

(*a*) $\sec A + \tan A$ (*b*) $\sec^2 A + \tan^2 A$ (*c*) $\sec^2 A - \tan^2 A$ (*d*) $\sec A \tan A$

6. $\sqrt{\frac{1-\cos A}{1+\cos A}} = ?$

(*a*) $\text{cosec}\, A + \cot A$ (*b*) $\text{cosec}\, A - \cot A$ (*c*) $\cot A - \tan A$ (*d*) $\sec A - \tan A$

7. $\sqrt{\frac{\sec A - \tan A}{\sec A + \tan A}} = ?$

(*a*) $\text{cosec}\, A + \cot A$ (*b*) $\text{cosec}\, A - \cot A$ (*c*) $\sec A + \tan A$ (*d*) $\sec A - \tan A$

8. $(1 + \cot A - \text{cosec}\, A)(1 + \tan A + \sec A) = ?$

(*a*) 0 (*b*) 1 (*c*) 2 (*d*) 4

9. $(1 + \tan A)^2 + (1 - \tan A)^2 = ?$

(*a*) $2 \tan^2 A$ (*b*) $2 \tan A$ (*c*) $4 \tan A$ (*d*) $2 \sec^2 A$

10. $\frac{(1-\tan^2 A)}{(1+\tan^2 A)} = ?$

(*a*) $(\sin^2 A - \cos^2 A)$ (*b*) $(\cos^2 A - \sin^2 A)$ (*c*) $(\cot^2 A - \tan^2 A)$ (*d*) $(\tan^2 A - \cot^2 A)$

11. $\left(\frac{1}{\sec^2 A} + \frac{1}{\text{cosec}^2 A}\right) = ?$

(*a*) 0 (*b*) 1 (*c*) – 1 (*d*) 2

12. $(\text{cosec}\, A - \sin A)(\sec A - \cos A)(\tan A + \cot A) = ?$

(*a*) 0 (*b*) 1 (*c*) – 1 (*d*) 2

13. $\left\{\frac{\sin A}{(1+\cos A)} + \frac{\tan A}{(1-\cos A)}\right\} = ?$

(*a*) $2 \sin A$ (*b*) $2 \tan A \sec A$ (*c*) $2 \sec A$ (*d*) $2\, \text{cosec}\, A$

14. $\left\{\frac{\tan A}{(\sec A - 1)} + \frac{\tan A}{(\sec A + 1)}\right\} = ?$

(*a*) $2 \tan A$ (*b*) $2 \tan A \sec A$ (*c*) $2\, \text{cosec}\, A$ (*d*) $2 \sec A$

15. $\dfrac{\sin A}{(1-\cot A)}+\dfrac{\cos A}{(1-\tan A)}=?$

(*a*) $(\sin A+\cos A)$ (*b*) $\tan A$ (*c*) 0 (*d*) 1

16. यदि $\sin A+\operatorname{cosec} A=2$ हो, तो $(\sin^2 A+\operatorname{cosec}^2 A)=?$

(*a*) 1 (*b*) 2 (*c*) 4 (*d*) इनमें से कोई नहीं

17. यदि $\tan A+\cot A=2$ हो, तो $\sin A=?$

(*a*) $\dfrac{1}{\sqrt{2}}$ (*b*) $\dfrac{1}{\sqrt{3}}$ (*c*) $\dfrac{1}{2}$ (*d*) $\dfrac{1}{3}$

18. यदि $\dfrac{\sin A}{(1+\cos A)}+\dfrac{\sin A}{(1-\cos A)}=4$ हो, तो $A=?$

(*a*) 30° (*b*) 45° (*c*) 60° (*d*) 90°

19. यदि $5\cot\theta=4$ हो, तो $\left(\dfrac{5\sin\theta-3\cos\theta}{\sin\theta+2\cos\theta}\right)$ का मान क्या होगा?

(*a*) $\dfrac{5}{14}$ (*b*) $\dfrac{3}{4}$ (*c*) 1 (*d*) इनमें से कोई नहीं

20. यदि $a\tan\theta=b$ हो, तो $\left(\dfrac{b\sin\theta-a\cos\theta}{b\sin\theta+a\cos\theta}\right)$ का मान क्या होगा?

(*a*) $\dfrac{(a^2+b^2)}{(a^2-b^2)}$ (*b*) $\dfrac{(a^2-b^2)}{(a^2+b^2)}$ (*c*) $\dfrac{(b^2-a^2)}{(b^2+a^2)}$ (*d*) इनमें से कोई नहीं

21. यदि $\sec^2 A=3$ हो, तो $\dfrac{\tan^2 A-\operatorname{cosec}^2 A}{\tan^2 A+\operatorname{cosec}^2 A}=?$

(*a*) $\dfrac{1}{7}$ (*b*) $\dfrac{2}{7}$ (*c*) $\dfrac{3}{7}$ (*d*) $\dfrac{4}{7}$

22. यदि $\tan A=\dfrac{1}{\sqrt{7}}$ हो, तो $\dfrac{(\operatorname{cosec}^2 A-\sec^2 A)}{(\operatorname{cosec}^2 A+\sec^2 A)}=?$

(*a*) $\dfrac{5}{7}$ (*b*) $\dfrac{3}{7}$ (*c*) $\dfrac{3}{4}$ (*d*) $\dfrac{1}{12}$

23. यदि $\cot A=\dfrac{1}{\sqrt{3}}$ हो, तो $\dfrac{(1-\cos^2 A)}{(2-\sin^2 A)}=?$

(*a*) $\dfrac{2}{\sqrt{3}}$ (*b*) $\dfrac{3}{2}$ (*c*) $\dfrac{5}{3}$ (*d*) $\dfrac{3}{5}$

24. यदि $\tan A=\dfrac{4}{3}$ हो, तो $\sqrt{\dfrac{1-\sin A}{1+\sin A}}=?$

(*a*) $\dfrac{2}{3}$ (*b*) $\dfrac{1}{3}$ (*c*) $\dfrac{-1}{3}$ (*d*) $\dfrac{3}{4}$

25. यदि $\sin A=\dfrac{1}{2}$ हो, तो $\cot A=?$

(*a*) $\sqrt{3}$ (*b*) $\dfrac{1}{\sqrt{3}}$ (*c*) $\dfrac{\sqrt{3}}{2}$ (*d*) 1

26. यदि $\cos A=\dfrac{4}{5}$ हो, तो $\tan A=?$

(*a*) $\dfrac{3}{4}$ (*b*) $\dfrac{4}{3}$ (*c*) $\dfrac{3}{5}$ (*d*) $\dfrac{5}{3}$

27. यदि $\tan A = \frac{8}{15}$ हो, तो $\text{cosec } A = ?$

(a) $\frac{15}{17}$ (b) $\frac{17}{15}$ (c) $\frac{8}{17}$ (d) $\frac{17}{8}$

28. यदि $\text{cosec } A = \sqrt{10}$ हो, तो $\sec A = ?$

(a) $\frac{1}{\sqrt{10}}$ (b) $\frac{2}{\sqrt{10}}$ (c) $\frac{3}{\sqrt{10}}$ (d) $\frac{\sqrt{10}}{3}$

29. यदि $\sec A = \frac{25}{7}$ हो, तो $\sin A = ?$

(a) $\frac{7}{24}$ (b) $\frac{24}{7}$ (c) $\frac{24}{25}$ (d) $\frac{25}{24}$

30. यदि $\sin\theta = \frac{a}{b}$ हो, तो $\cos\theta = ?$

(a) $\frac{a}{\sqrt{b^2 - a^2}}$ (b) $\frac{b}{\sqrt{b^2 - a^2}}$ (c) $\frac{b}{a}$ (d) $\frac{\sqrt{b^2 - a^2}}{b}$

31. यदि $\sin\theta = \frac{\sqrt{3}}{2}$ हो, तो $(\text{cosec }\theta + \cot\theta) = ?$

(a) $\sqrt{3}$ (b) $2\sqrt{3}$ (c) $\frac{2\sqrt{3}}{3}$ (d) $(2+\sqrt{3})$

32. यदि $(\tan\theta + \cot\theta) = 5$ हो, तो $(\tan^2\theta + \cot^2\theta) = ?$

(a) 23 (b) 24 (c) 25 (d) 27

33. यदि $\tan\theta = \frac{8}{15}$ हो, तो $\frac{(2+2\sin\theta)(1-\sin\theta)}{(1+\cos\theta)(2-2\cos\theta)} = ?$

(a) $\frac{64}{289}$ (b) $\frac{289}{64}$ (c) $\frac{64}{225}$ (d) $\frac{225}{64}$

34. यदि $7\sin^2\theta + 3\cos^2\theta = 4$ हो, तो $\tan\theta = ?$

(a) $\sqrt{3}$ (b) $\frac{1}{\sqrt{3}}$ (c) 1 (d) 0

35. यदि $\cos\theta = 0\cdot 6$ हो, तो $(5\sin\theta - 3\tan\theta) = ?$

(a) 2 (b) $\sqrt{2}$ (c) 0 (d) $\frac{1}{2}$

36. यदि $(\cos x + \sin x) = \sqrt{2}\cos x$ हो, तो $(\cos x - \sin x) = ?$

(a) $-\sqrt{2}\cos x$ (b) $\sqrt{2}\sin x$ (c) $\frac{1}{\sqrt{2}}\sec x$ (d) $\frac{1}{\sqrt{2}}\text{cosec } x$

37. यदि $a\cos\theta + b\sin\theta = 8$ तथा $a\sin\theta - b\cos\theta = 5$ हो, तो $(a^2+b^2) = ?$

(a) 13 (b) 40 (c) 89 (d) 39

38. यदि $x = a\sec\theta$ तथा $y = b\tan\theta$ हो, तो $\left(\frac{x^2}{a^2} - \frac{y^2}{b^2}\right)$ का मान क्या होगा ?

(a) 1 (b) -1 (c) 2 (d) -2

39. यदि $\frac{x}{a}\cos\theta + \frac{y}{b}\sin\theta = 1$ तथा $\frac{x}{a}\sin\theta - \frac{y}{b}\cos\theta = -1$ हो, तो $\left(\frac{x^2}{a^2} + \frac{y^2}{b^2}\right) = ?$

(a) 1 (b) 2 (c) -1 (d) -2

40. यदि $(a\cot\theta + b\,\text{cosec }\theta) = x$ तथा $(b\cot\theta + a\,\text{cosec }\theta) = y$ हो, तो $x^2 - y^2 = ?$

(a) a^2+b^2 (b) a^2-b^2 (c) b^2-a^2 (d) $(a-b)^2$

41. यदि $(\tan x + \sin x) = m$ तथा $(\tan x - \sin x) = n$ हो, तो $(m^2 - n^2) = ?$

(a) $\sqrt{mn}$ (b) $2\sqrt{mn}$ (c) $4\sqrt{mn}$ (d) $4mn$

42. यदि $x = r \sin A \cos B$, $y = r \sin A \sin B$ तथा $z = r \cos A$ हो, तो $x^2 + y^2 + z^2 = ?$

(a) $3r^2$ (b) r^3 (c) r^2 (d) $3r$

43. $(\sin^2 30° + 4 \cot^2 45° - \sec^2 60°)$ का मान है :

(a) 0 (b) $\frac{1}{4}$ (c) 1 (d) 2

44. यदि $x \tan 45° \cos 60° = \sin 60° \cot 60°$ हो, तो $x = ?$

(a) 1 (b) $\frac{1}{2}$ (c) $\sqrt{3}$ (d) $\frac{1}{\sqrt{2}}$

45. यदि $\tan x = 3 \cot x$ हो, तो $x = ?$

(a) 15° (b) 30° (c) 45° (d) 60°

46. यदि $\sin 2A = \cos 3A$ हो, तो $A = ?$

(a) 18° (b) 20° (c) 24° (d) 36°

47. $\sin^2 30° \cos^2 45° + 4 \tan^2 30° + \frac{1}{2} \sin^2 90° + \frac{1}{8} \cot^2 60° = ?$

(a) 2 (b) $2\frac{1}{3}$ (c) $3\frac{1}{2}$ (d) $3\frac{3}{4}$

48. $\frac{(\tan 60° - \tan 30°)}{1 + \tan 60° \tan 30°} = ?$

(a) $\sqrt{3}$ (b) $\frac{2}{\sqrt{3}}$ (c) $\frac{1}{\sqrt{3}}$ (d) $\frac{1}{2\sqrt{3}}$

49. $\cot^2 30° - 2 \cos^2 30° - \frac{3}{4} \sec^2 45° + \frac{1}{4} \text{cosec}^2 30° = ?$

(a) $1\frac{3}{4}$ (b) 1 (c) $2\frac{3}{4}$ (d) $\frac{3}{4}$

50. $\frac{\tan^2 60° + 4 \cos^2 45° + 3 \text{cosec}^2 60° + 2 \cos^2 90°}{2 \text{cosec} 30° + 3 \sec 60° - \frac{7}{3} \cot^2 30°} = ?$

(a) $1\frac{1}{3}$ (b) $2\frac{1}{3}$ (c) $3\frac{1}{3}$ (d) 3

51. यदि $\sqrt{3} \tan 2\theta - 3 = 0$ हो, तो $\theta = ?$

(a) 15° (b) 30° (c) 45° (d) 60°

52. यदि $2 \sin 2\theta = \sqrt{3}$ हो, तो $\theta = ?$

(a) 30° (b) 45° (c) 60° (d) 90°

53. यदि $2 \cos 3\theta = 1$ हो, तो $\theta = ?$

(a) 10° (b) 15° (c) 20° (d) 30°

54. $\frac{(\tan^2 60° + 4 \sin^2 45° + 3 \sec^2 30° + 5 \cos^2 90°)}{(\text{cosec} 30° + \sec 60° - \cot^2 30°)} = ?$

(a) $\frac{7}{9}$ (b) $\frac{9}{7}$ (c) 6 (d) 9

55. $\tan 9° \tan 43° \tan 60° \tan 47° \tan 81° = ?$

(a) $\sqrt{2}$ (b) $\sqrt{3}$ (c) $\frac{1}{\sqrt{2}}$ (d) $\frac{1}{\sqrt{3}}$

56. $\cot 16° \cot 48° \cot 42° \cot 60° \cot 74° = ?$

(*a*) $\sqrt{2}$ (*b*) $\frac{1}{\sqrt{2}}$ (*c*) $\sqrt{3}$ (*d*) $\frac{1}{\sqrt{3}}$

57. $\tan 1° \tan 2° \tan 3° \tan 4° \ldots\ldots\ldots\ldots \tan 89° = ?$

(*a*) $\sqrt{3}$ (*b*) $\frac{1}{\sqrt{3}}$ (*c*) 0 (*d*) 1

58. $\frac{\tan 50° + \sec 50°}{\cot 40° + \operatorname{cosec} 40°} + \cos 40° \operatorname{cosec} 50° = ?$

(*a*) 2 (*b*) $1\frac{1}{2}$ (*c*) $2\frac{1}{2}$ (*d*) 1

59. $\frac{2 \sin^2 53° + 1 + 2 \sin^2 37°}{3 \cos^2 27° - 2 + 3 \cos^2 63°} = ?$

(*a*) $\frac{1}{3}$ (*b*) $\frac{2}{3}$ (*c*) 3 (*d*) $\frac{3}{2}$

60. $\frac{\cos 58°}{\sin 32°} + \frac{\sin 42°}{\cos 48°} - \frac{\cos 38° \operatorname{cosec} 52°}{\tan 18° \tan 45° \tan 72°} = ?$

(*a*) 1 (*b*) – 1 (*c*) $\frac{3}{2}$ (*d*) $\frac{2}{3}$

61. $\sin (50° + \theta) - \cos (40° - \theta) = ?$

(*a*) 1 (*b*) sin 10° (*c*) 0 (*d*) cos 10°

62. यदि $\sec 5A = \operatorname{cosec} (A - 30°)$ हो तथा $5A$ एक न्यून कोण हो, तो $A = ?$

(*a*) 60° (*b*) 12° (*c*) 20° (*d*) 30°

63. यदि $\sin (\theta + 32°) = \cos \theta$ हो तथा $(\theta + 32°)$ एक न्यून कोण हो, तो $\theta = ?$

(*a*) 58° (*b*) 29° (*c*) 43° (*d*) 23°

64. यदि A तथा B न्यूनकोण हैं तथा $\sin A = \cos B$ हो, तो $A + B = ?$

(*a*) 90° (*b*) 45° (*c*) 30° (*d*) 60°

65. यदि $\sin \theta = \frac{\sqrt{3}}{2}$ हो, तो $(\operatorname{cosec} \theta + \cot \theta) = ?$

(*a*) $(2 + \sqrt{3})$ (*b*) $2\sqrt{3}$ (*c*) $\sqrt{2}$ (*d*) $\sqrt{3}$

66. दिन के एक निश्चित समय पर एक स्तम्भ तथा इसकी परछाई की ऊँचाईयों का अनुपात क्रमश: $1 : \sqrt{3}$ है. उस समय सूर्य का उन्नयन कोण क्या होगा ?

(*a*) 30° (*b*) 45° (*c*) 60° (*d*) इनमें से कोई नहीं

67. किसी समय सूर्य का उन्नतांश 60° है. उसी समय एक उर्ध्वाधर खड़े खम्भे की परछाईं 100 मीटर लम्बी है. इस खम्भे की ऊँचाई कितनी है ?

(*a*) $100\sqrt{3}$ मीटर (*b*) $50\sqrt{3}$ मीटर (*c*) $\frac{100}{\sqrt{3}}$ मीटर (*d*) 50 मीटर

68. एक मीनार की ऊँचाई $100\sqrt{3}$ मीटर है. इस मीनार की पाद से 100 मीटर दूरी पर स्थित बिन्दु से इसकी चोटी का उन्नयन कोण कितना है ?

(*a*) 45° (*b*) 60° (*c*) 30° (*d*) 75°

69. एक पतंग की डोर 100 मीटर लम्बी है तथा यह क्षैतिज तल से 60° का कोण बनाती है. भूतल से पतंग की ऊँचाई कितनी है ?

(*a*) $50\sqrt{2}$ मीटर (*b*) $50\sqrt{3}$ मीटर (*c*) 100 मीटर (*d*) $100\sqrt{3}$ मीटर

70. एक आयत के विकर्ण की लम्बाई 8 सेमी० है. इस आयत की एक भुजा तथा विकर्ण के बीच का कोण 30° है. इस आयत का क्षेत्रफल कितना है ?

(*a*) 16 वर्ग सेमी० (*b*) $16\sqrt{3}$ वर्ग सेमी० (*c*) $8\sqrt{3}$ वर्ग सेमी० (*d*) $\frac{16}{\sqrt{3}}$ वर्ग सेमी०

71. एक मीनार की पाद से क्रमशः a तथा b दूरी पर एक ही रेखा पर स्थित दो बिन्दुओं से मीनार की चोटी के उन्नयन कोण एक दूसरे के पूरक हैं. इस मीनार की ऊँचाई कितनी है ?

(*a*) $\sqrt{a+b}$ (*b*) $\sqrt{a-b}$ (*c*) $\sqrt{ab}$ (*d*) $\sqrt{\frac{a}{b}}$

72. 7 मीटर ऊँचे एक भवन के शिखर से किसी मीनार के शीर्ष का उन्नयन कोण 60° है तथा मीनार के पाद का अवनति कोण 30° है. मीनार की ऊँचाई कितनी है ?

(*a*) 21 मीटर (*b*) 28 मीटर (*c*) 24 मीटर (*d*) 35 मीटर

73. 1·5 मीटर ऊँचा एक व्यक्ति एक मीनार से 28·5 मीटर की दूरी पर सीधा खड़ा है. इस व्यक्ति की आँख मीनार की चोटी से 45° का उन्नयन कोण बनाती है. मीनार की ऊँचाई कितनी है ?

(*a*) 27 मीटर (*b*) 30 मीटर (*c*) 28·5 मीटर (*d*) इनमें से कोई नहीं

74. एक व्यक्ति एक भवन से 50 मीटर दूरी पर खड़ा है. वह भवन पर लगे झण्डे की चोटी तथा पाद से क्रमशः 60° तथा 45° के कोण बनाता है. इस झण्डे की लम्बाई कितनी है ?

(*a*) $50\sqrt{3}$ मीटर (*b*) $\frac{50}{\sqrt{3}}$ मीटर (*c*) $50(\sqrt{3}+1)$ मीटर (*d*) $50(\sqrt{3}-1)$ मीटर

75. हवा के झोंके से एक पेड़ का ऊपरी भाग टूटकर 15 मीटर की दूरी पर 30° के कोण पर पृथ्वी को छूता है. पेड़ की कुल ऊँचाई कितनी थी ?

(*a*) $15\sqrt{3}$ मीटर (*b*) $5\sqrt{3}$ मीटर (*c*) $15(\sqrt{3}+1)$ मीटर (*d*) $15(\sqrt{3}-1)$ मीटर

76. 60 मीटर ऊँचे भवन की चोटी से एक मीनार की चोटी और पाद के अवनमन कोण क्रमशः 30° तथा 60° हैं. मीनार की ऊँचाई कितनी है ?

(*a*) 45 मीटर (*b*) 30 मीटर (*c*) 36 मीटर (*d*) 40 मीटर

77. एक प्रकाश-स्तम्भ से पूर्व की ओर दो जहाजों के अवनमन कोण 45° तथा 30° के हैं. यदि दोनों जहाजों के बीच की दूरी 200 मीटर हो, तो प्रकाश-स्तम्भ की ऊँचाई कितनी है ?

(*a*) $100(\sqrt{3}+1)$ मी० (*b*) $100(\sqrt{3}-1)$ मी० (*c*) $\left(100+\frac{100}{\sqrt{3}}\right)$ मी० (*d*) $\left(100-\frac{100}{\sqrt{3}}\right)$ मी०

78. एक मीनार की ऊँचाई $100\sqrt{3}$ मीटर है. मीनार की तली से 100 मीटर की दूरी पर स्थित एक बिन्दु से मीनार की चोटी का उन्नयन कोण कितना होगा ?

(*a*) 30° (*b*) 45° (*c*) 60° (*d*) इनमें से कोई नहीं

उत्तरमाला (प्रश्नमाला 34)

1. (*c*)	**2.** (*c*)	**3.** (*b*)	**4.** (*b*)	**5.** (*a*)	**6.** (*b*)	**7.** (*d*)	**8.** (*c*)	**9.** (*d*)	**10.** (*b*)
11. (*b*)	**12.** (*b*)	**13.** (*d*)	**14.** (*c*)	**15.** (*a*)	**16.** (*b*)	**17.** (*a*)	**18.** (*a*)	**19.** (*c*)	**20.** (*c*)
21. (*a*)	**22.** (*c*)	**23.** (*d*)	**24.** (*b*)	**25.** (*a*)	**26.** (*a*)	**27.** (*d*)	**28.** (*d*)	**29.** (*c*)	**30.** (*d*)
31. (*a*)	**32.** (*a*)	**33.** (*d*)	**34.** (*b*)	**35.** (*c*)	**36.** (*b*)	**37.** (*c*)	**38.** (*a*)	**39.** (*b*)	**40.** (*c*)
41. (*c*)	**42.** (*c*)	**43.** (*b*)	**44.** (*a*)	**45.** (*d*)	**46.** (*a*)	**47.** (*a*)	**48.** (*c*)	**49.** (*b*)	**50.** (*d*)
51. (*b*)	**52.** (*a*)	**53.** (*c*)	**54.** (*d*)	**55.** (*b*)	**56.** (*d*)	**57.** (*d*)	**58.** (*a*)	**59.** (*c*)	**60.** (*a*)
61. (*c*)	**62.** (*c*)	**63.** (*b*)	**64.** (*c*)	**65.** (*d*)	**66.** (*a*)	**67.** (*a*)	**68.** (*b*)	**69.** (*b*)	**70.** (*b*)
71. (*c*)	**72.** (*b*)	**73.** (*b*)	**74.** (*d*)	**75.** (*a*)	**76.** (*d*)	**77.** (*a*)	**78.** (*c*)		

दिये गये प्रश्नों के हल प्रश्नमाला 34

1. $x^\circ = \left(\frac{\pi}{180}\times x\right)^c \Rightarrow 75^\circ = \left(\frac{\pi}{180}\times 75\right)^c = \left(\frac{5\pi}{12}\right)^c.$

2. $y^c = \left(\frac{180}{\pi}\times y\right)^\circ \Rightarrow \left(\frac{5\pi}{6}\right)^c = \left(\frac{180}{\pi}\times\frac{5\pi}{6}\right)^\circ = 150^\circ.$

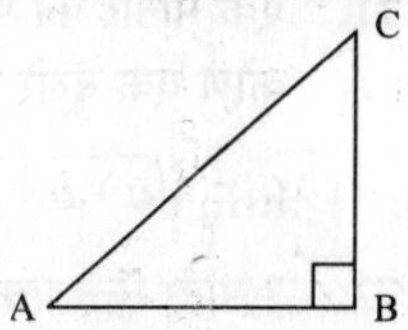

3. माना दी गई ΔABC है जिसमें $\angle B = 90°$.

$$\left(\frac{3\pi}{10}\right)^c = \left(\frac{180}{\pi}\times\frac{3\pi}{10}\right)^\circ = 54°.$$

$\therefore\ A - C = 54$ तथा $A + C = 90$. इन्हें हल करने पर $A = 72$ तथा $C = 18$.

अतः इन कोणों के माप 72° तथा 18° हैं.

4. $(\sin A+\cos A)^2+(\sin A-\cos A)^2$

$$= \sin^2 A+\cos^2 A+2\sin A\cos A+\sin^2 A+\cos^2 A-2\sin A\cos A$$
$$= 2(\sin^2 A+\cos^2 A) = (2\times 1) = 2.$$

5. $$\sqrt{\frac{1+\sin A}{1-\sin A}} = \frac{\sqrt{1+\sin A}}{\sqrt{1-\sin A}}\times\frac{\sqrt{1+\sin A}}{\sqrt{1+\sin A}} = \frac{(1+\sin A)}{\sqrt{1-\sin^2 A}} = \frac{(1+\sin A)}{\cos A}$$
$$= \left(\frac{1}{\cos A}+\frac{\sin A}{\cos A}\right) = (\sec A+\tan A).$$

6. $$\sqrt{\frac{1-\cos A}{1+\cos A}} = \frac{\sqrt{1-\cos A}}{\sqrt{1+\cos A}}\times\frac{\sqrt{1-\cos A}}{\sqrt{1-\cos A}} = \frac{(1-\cos A)}{\sqrt{1-\cos^2 A}} = \frac{(1-\cos A)}{\sin A}$$
$$= \left(\frac{1}{\sin A}-\frac{\cos A}{\sin A}\right) = (\operatorname{cosec} A-\cot A).$$

7. $$\sqrt{\frac{\sec A-\tan A}{\sec A+\tan A}} = \frac{\sqrt{\sec A-\tan A}}{\sqrt{\sec A+\tan A}}\times\frac{\sqrt{\sec A-\tan A}}{\sqrt{\sec A-\tan A}} = \frac{(\sec A-\tan A)}{\sqrt{\sec^2 A-\tan^2 A}}$$
$$= (\sec A-\tan A)\ \left[\because\ (\sec^2 A-\tan^2 A)=1\right]$$

8. दिया गया व्यंजक $= \left(1+\frac{\cos A}{\sin A}-\frac{1}{\sin A}\right)\left(1+\frac{\sin A}{\cos A}+\frac{1}{\cos A}\right)$

$$= \frac{(\sin A+\cos A-1)}{\sin A}\times\frac{(\sin A+\cos A+1)}{\cos A} = \frac{(\sin A+\cos A)^2-1}{\sin A\cos A}$$
$$= \frac{\sin^2 A+\cos^2 A+2\sin A\cos A-1}{\sin A\cos A} = \frac{2\sin A\cos A}{\sin A\cos A} = 2.$$

9. दिया गया व्यंजक $= (1+\tan^2 A+2\tan A)+(1+\tan^2 A-2\tan A) = 2(1+\tan^2 A) = 2\sec^2 A.$

10. दिया गया व्यंजक $= \dfrac{\left(1-\dfrac{\sin^2 A}{\cos^2 A}\right)}{\left(1+\dfrac{\sin^2 A}{\cos^2 A}\right)} = \dfrac{(\cos^2 A-\sin^2 A)}{(\cos^2 A+\sin^2 A)} = (\cos^2 A-\sin^2 A).$

11. दिया गया व्यंजक $= (\cos^2 A+\sin^2 A) = 1.$

12. दिया गया व्यंजक $= \left(\frac{1}{\sin A}-\sin A\right)\left(\frac{1}{\cos A}-\cos A\right)\left(\frac{\sin A}{\cos A}+\frac{\cos A}{\sin A}\right)$

$$= \frac{(1-\sin^2 A)}{\sin A}\times\frac{(1-\cos^2 A)}{\cos A}\times\frac{(\sin^2 A+\cos^2 A)}{\sin A\cos A} = \frac{\cos^2 A\sin^2 A}{\sin^2 A\cos^2 A} = 1.$$

13. दिया गया व्यंजक $= \dfrac{\sin A(1-\cos A)-\sin A(1+\cos A)}{(1-\cos^2 A)} = \dfrac{2\sin A}{\sin^2 A} = \dfrac{2}{\sin A} = 2\operatorname{cosec} A.$

14. दिया गया व्यंजक $= \dfrac{\tan A(\sec A+1)+\tan A(\sec A-1)}{(\sec^2 A-1)} = \dfrac{2\tan A\sec A}{(1+\tan^2 A-1)}$

$$= \frac{2\tan A \sec A}{\tan^2 A} = \frac{2\sec A}{\tan A} = \left(\frac{2}{\cos A} \times \frac{\cos A}{\sin A}\right) = \frac{2}{\sin A} = 2 \text{ cosec } A.$$

15. दिया गया व्यंजक $= \dfrac{\sin A}{\left(1 - \dfrac{\cos A}{\sin A}\right)} + \dfrac{\cos A}{\left(1 - \dfrac{\sin A}{\cos A}\right)} = \dfrac{\sin^2 A}{(\sin A - \cos A)} + \dfrac{\cos^2 A}{(\cos A - \sin A)}$

$$= \frac{\sin^2 A}{(\sin A - \cos A)} - \frac{\cos^2 A}{(\sin A - \cos A)} = \frac{(\sin^2 A - \cos^2 A)}{(\sin A - \cos A)} = (\sin A + \cos A).$$

16. वर्ग करने पर : $(\sin A + \text{cosec } A)^2 = 4.$

$\therefore \sin^2 A + \text{cosec}^2 A + 2\sin A \text{ cosec } A = 4 \Rightarrow \sin^2 A + \text{cosec}^2 A + 2 = 4.$

$\therefore \sin^2 A + \text{cosec}^2 A = 2.$

17. $\tan A + \dfrac{1}{\tan A} = 2 \Rightarrow \tan^2 A - 2\tan A + 1 = 0$

$$\Rightarrow (\tan A - 1)^2 = 0 \Rightarrow \tan A - 1 = 0 \Rightarrow \tan A = 1 \Rightarrow A = 45°.$$

$\therefore \sin A = \sin 45° = \dfrac{\ }{\sqrt{2}}.$

18. दिया है : $\sin A \cdot \left[\dfrac{1}{(1 + \cos A)} + \dfrac{1}{(1 - \cos A)}\right] = 4$

$\Rightarrow \sin A \cdot \left\{\dfrac{(1 - \cos A) + (1 + \cos A)}{(1 - \cos^2 A)}\right\} = 4 \Rightarrow \dfrac{2\sin A}{\sin^2 A} = 4 \Rightarrow \sin A = \dfrac{1}{2}.$

$\therefore A = 30°.$

19. $\left(\dfrac{5\sin\theta - 3\cos\theta)}{\sin\theta + 2\cos\theta}\right) = \left(\dfrac{5 - 3\cot\theta}{1 + 2\cot\theta}\right)$ [अंश तथा हर को $\sin\theta$ से भाग देने पर]

$$= \frac{\left(5 - 3 \times \frac{4}{5}\right)}{\left(1 + 2 \times \frac{4}{5}\right)} = \frac{(25 - 12)}{(5 + 8)} = \frac{13}{13} = 1. \left[\because \cot\theta = \frac{4}{5}\right]$$

20. $\dfrac{(b\sin\theta - a\cos\theta)}{(b\sin\theta + a\cos\theta)} = \dfrac{(b\tan\theta - a)}{(b\tan\theta + a)}$ [अंश तथा हर को $\cos\theta$ से भाग देने पर]

$$= \frac{\left(b \times \frac{b}{a} - a\right)}{\left(b \times \frac{b}{a} + a\right)} = \frac{(b^2 - a^2)}{(b^2 + a^2)}. \left[\because \tan\theta = \frac{b}{a}\right].$$

21. $\tan^2 A = (\sec^2 A - 1) = (3 - 1) = 2,\ \text{cosec}^2 A = (1 + \cot^2 A) = \left(1 + \dfrac{1}{2}\right) = \dfrac{3}{2}.$

$\therefore \dfrac{\tan^2 A - \text{cosec}^2 A}{\tan^2 A + \text{cosec}^2 A} = \dfrac{\left(2 - \frac{3}{2}\right)}{\left(2 + \frac{3}{2}\right)} = \dfrac{(4 - 3)}{(4 + 3)} = \dfrac{1}{7}.$

22. $\sec^2 A = 1 + \tan^2 A = \left(1 + \dfrac{1}{7}\right) = \dfrac{8}{7}.\ \text{cosec}^2 A = 1 + \cot^2 A = (1 + 7) = 8.$

$\dfrac{(\text{cosec}^2 A + \sec^2 A)}{(\text{cosec}^2 + \sec^2 A)} = \dfrac{\left(8 - \frac{8}{7}\right)}{\left(8 + \frac{8}{7}\right)} = \dfrac{48}{64} = \dfrac{3}{4}.$

23. $\text{cosec}^2 A = (1+\cot^2 A) = \left(1+\frac{1}{3}\right) = \frac{4}{3} \Rightarrow \sin^2 A = \frac{3}{4}.$

$$\frac{(1-\cos^2 A)}{(2-\sin^2 A)} = \frac{\sin^2 A}{(2-\sin^2 A)} = \frac{(3/4)}{\left(2-\frac{3}{4}\right)} = \left(\frac{3}{4}\times\frac{4}{5}\right) = \frac{3}{5}.$$

24. $\text{cosec}^2 A = (1+\cot^2 A) = \left(1+\frac{9}{16}\right) = \frac{25}{16} \Rightarrow \text{cosec } A = \sqrt{\frac{25}{16}} = \frac{5}{4} \Rightarrow \sin A = \frac{4}{5}.$

$$\therefore \sqrt{\frac{1-\sin A}{1+\sin A}} = \sqrt{\frac{\left(1-\frac{4}{5}\right)}{\left(1+\frac{4}{5}\right)}} = \sqrt{\frac{1}{9}} = \frac{1}{3}.$$

25. $\sin A = \frac{BC}{AC} = \frac{1}{2} = \frac{K}{2K}. \quad \therefore BC = K$ तथा $AC = 2K$

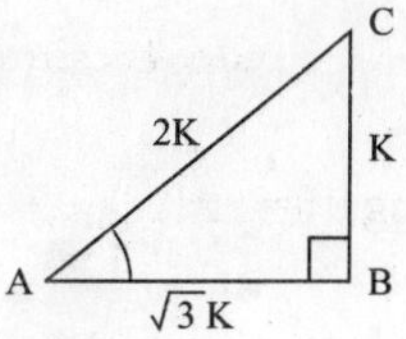

$AB^2 = (AC^2 - BC^2) = (4K^2 - K^2) = 3K^2 \Rightarrow AB = \sqrt{3}K.$

$\therefore \cot A = \frac{AB}{BC} = \frac{\sqrt{3}K}{K} = \sqrt{3}.$

26. $\cos A = \frac{AB}{AC} = \frac{4}{5} = \frac{4K}{5K}. \quad \therefore AB = 4K$ तथा $AC = 5K.$

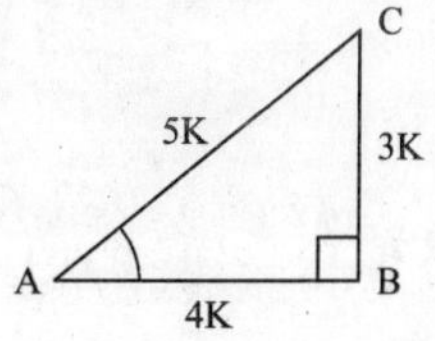

$BC^2 = (AC^2 - AB^2) = (5K)^2 - (4K)^2 = (25K^2 - 16K^2) = 9K^2$

$\Rightarrow BC = 3K$

$\Rightarrow \tan A = \frac{BC}{AB} = \frac{3K}{4K} = \frac{3}{4}.$

27. $\tan A = \frac{BC}{AB} = \frac{8}{15} = \frac{8K}{15K}.$

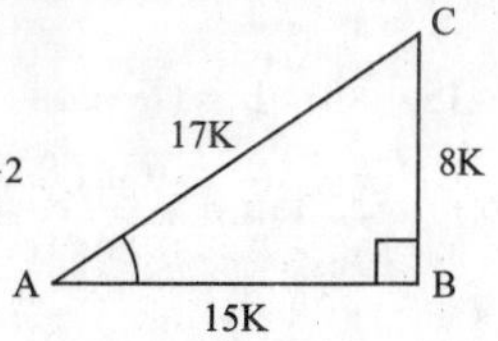

$\therefore BC = 8K$ तथा $AB = 15K$

$\Rightarrow AC^2 = (AB^2 + BC^2) = (15K)^2 + (8K)^2 = (225K^2 + 64K^2) = 289K^2$

$\Rightarrow AC = 17K.$

$\therefore \text{cosec } A = \frac{AC}{BC} = \frac{17K}{8K} = \frac{17}{8}.$

28. $\text{cosec } A = \frac{AC}{BC} = \frac{\sqrt{10}}{1} = \frac{\sqrt{10}K}{K}.$

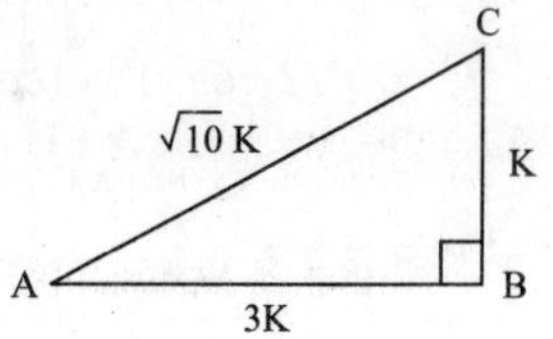

$\therefore AC = \sqrt{10}K$ तथा $BC = K.$

$AB^2 = AC^2 - BC^2 = (\sqrt{10}K)^2 - K^2 = (10K^2 - K^2) = 9K^2$

$\Rightarrow AB = 3K.$

$\therefore \sec A = \frac{AC}{AB} = \frac{\sqrt{10}K}{3K} = \frac{\sqrt{10}}{3}.$

29. $\sec A = \frac{AC}{AB} = \frac{25}{7} = \frac{25K}{7K} \Rightarrow AC = 25K$ तथा $AB = 7K.$

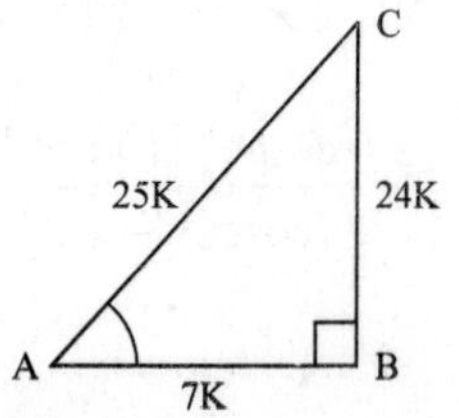

$BC^2 = (AC^2 - AB^2) = (25K)^2 - (7K)^2 = (625K^2 - 49K^2) = 576K^2$

$\Rightarrow BC = \sqrt{576K^2} = 24K.$

$\therefore\ \sin A = \dfrac{BC}{AC} = \dfrac{24K}{25K} = \dfrac{24}{25}.$

30. $\cos\theta = \sqrt{1-\sin^2\theta} = \sqrt{1-\dfrac{a^2}{b^2}} = \dfrac{\sqrt{b^2-a^2}}{b}.$

31. $\text{cosec}\,\theta = \dfrac{1}{\sin\theta} = \dfrac{2}{\sqrt{3}},\ \text{cosec}^2\,\theta = (1+\cot^2\theta).$

$\therefore\ \cot^2\theta = (\text{cosec}^2\,\theta - 1) = \left(\dfrac{4}{3}-1\right) = \dfrac{1}{3} \Rightarrow \cot\theta = \dfrac{1}{\sqrt{3}}.$

$\therefore\ (\text{cosec}\,\theta + \cot\theta) = \left(\dfrac{2}{\sqrt{3}}+\dfrac{1}{\sqrt{3}}\right) = \dfrac{3}{\sqrt{3}} = \sqrt{3}.$

32. $(\tan\theta+\cot\theta)^2 = 5^2 = 25 \Rightarrow \tan^2\theta + \cot^2\theta + 2 = 25 \Rightarrow (\tan^2\theta+\cot^2\theta) = 23.$

33. दिया गया व्यंजक $= \dfrac{2(1+\sin\theta)\,(1-\sin\theta)}{(1+\cos\theta)\cdot 2\,(1-\cos\theta)} = \dfrac{(1-\sin^2\theta)}{(1-\cos^2\theta)} = \dfrac{\cos^2\theta}{\sin^2\theta}$

$= \cot^2\theta = (\cot\theta)^2 = \left(\dfrac{15}{8}\right)^2 = \dfrac{225}{64}.$

34. $7\sin^2\theta + 3\cos^2\theta = 4 \Rightarrow 4\sin^2\theta + 3\sin^2\theta + 3\cos^2\theta = 4$

$\Rightarrow 4\sin^2\theta + 3(\sin^2\theta+\cos^2\theta) = 4$

$\Rightarrow 4\sin^2\theta + 3 = 4 \Rightarrow 4\sin^2\theta = 1 \Rightarrow \sin^2\theta = \dfrac{1}{4}.$

$\therefore\ \cos^2\theta = (1-\sin^2\theta) = \left(1-\dfrac{1}{4}\right) = \dfrac{3}{4}.$

$\tan^2\theta = \dfrac{\sin^2\theta}{\cos^2\theta} = \left(\dfrac{1}{4}\times\dfrac{4}{3}\right) = \dfrac{1}{3} \Rightarrow \tan\theta = \dfrac{1}{\sqrt{3}}.$

35. $\sin^2\theta = (1-\cos^2\theta) = (1-0\cdot36) = 0\cdot64 = (0\cdot8)^2 \Rightarrow \sin\theta = 0\cdot8.$

$\therefore\ \tan\theta = \dfrac{\sin\theta}{\cos\theta} = \dfrac{0\cdot8}{0\cdot6} = \dfrac{4}{3}.$

$(5\sin\theta - 3\tan\theta) = \left(5\times0\cdot8 - 3\times\dfrac{4}{3}\right) = (4-4) = 0.$

36. $(\cos x+\sin x)^2 + (\cos x - \sin x)^2 = 2(\cos^2 x + \sin^2 x)$

$\Rightarrow (\sqrt{2}\cos x)^2 + (\cos x-\sin x)^2 = 2 \Rightarrow (\cos x - \sin x)^2 = (2-2\cos^2 x)$

$\Rightarrow (\cos x-\sin x)^2 = 2\,(1-\cos^2 x) = 2\sin^2 x \Rightarrow (\cos x - \sin x) = \sqrt{2}\sin x.$

37. दोनों में से प्रत्येक का वर्ग करके जोड़ने पर :

$(a\cos\theta + b\sin\theta)^2 + (a\sin\theta - b\cos\theta)^2 = (64+25)$

$\Rightarrow a^2(\cos^2\theta+\sin^2\theta) + b^2(\sin^2\theta+\cos^2\theta) = 89 \Rightarrow a^2+b^2 = 89.$

38. हम जानते हैं कि $\sec^2\theta - \tan^2\theta = 1.$

$\therefore\ \left(\dfrac{x}{a}\right)^2 - \left(\dfrac{y}{b}\right)^2 = 1 \Rightarrow \left(\dfrac{x^2}{a^2}-\dfrac{y^2}{b^2}\right) = 1.$

39. वर्ग करके जोड़ने पर : $\left(\frac{x}{a}\cos\theta+\frac{y}{b}\sin\theta\right)^2+\left(\frac{x}{a}\sin\theta-\frac{y}{b}\cos\theta\right)^2=2$

$\frac{x^2}{a^2}(\cos^2\theta+\sin^2\theta)+\frac{y^2}{b^2}(\sin^2\theta+\cos^2\theta)=2 \Rightarrow \frac{x^2}{a^2}+\frac{y^2}{b^2}=2.$

40. वर्ग करके घटाने पर : $(x^2-y^2)=(a\cot\theta+b\,\text{cosec}\,\theta)^2-(b\cot\theta+a\,\text{cosec}\,\theta)^2$

$\Rightarrow (x^2-y^2)=a^2(\cot^2\theta-\text{cosec}^2\theta)+b^2(\text{cosec}^2\theta-\cot^2\theta)=(b^2-a^2).$

41. $m=\tan x(1+\cos x)$ तथा $n=\tan x(1-\cos x) \Rightarrow mn=\tan^2 x(1-\cos^2 x)=\tan^2 x\sin^2 x$

$\Rightarrow \sqrt{mn}=\tan x\sin x$

पुन: $(m^2-n^2)=\tan^2 x\left[(1+\cos x)^2-(1-\cos x)^2\right]=4\tan^2 x\cos x=4\tan x\sin x=4\sqrt{mn}$

$\Rightarrow (m^2-n^2)=4\sqrt{mn}.$

42. $x^2+y^2+z^2=r^2\sin^2 A\cos^2 B+r^2\sin^2 A\sin^2 B+r^2\cos^2 A$

$=r^2\sin^2 A(\cos^2 B+\sin^2 B)+r^2\cos^2 A=r^2\sin^2 A+r^2\cos^2 A$

$=r^2(\sin^2 A+\cos^2 A)=r^2.$

43. $(\sin^2 30°+4\cot^2 45°-\sec^2 60°)=\left(\frac{1}{2}\right)^2+4\times(1)^2-2^2=\left(\frac{1}{4}+4-4\right)=\frac{1}{4}.$

44. $x=\frac{\sin 60°\cot 60°}{\tan 45°\cos 60°}=\frac{\left(\frac{\sqrt{3}}{2}\times\frac{1}{\sqrt{3}}\right)}{\left(1\times\frac{1}{2}\right)}=\left(\frac{1}{2}\times 2\right)=1.$

45. $\tan x=3\cot x=\frac{3}{\tan x}\Rightarrow \tan^2 x=3\Rightarrow \tan x=\sqrt{3}=\tan 60°\Rightarrow x=60°.$

46. $\sin 2A=\cos 3A=\sin(90°-3A)\Rightarrow 2A=90-3A\Rightarrow 5A=90\Rightarrow A=18°.$

47. $\sin^2 30°\cos^2 45°+4\tan^2 30°+\frac{1}{2}\sin^2 90°+\frac{1}{8}\cot^2 60°$

$=\left(\frac{1}{2}\right)^2\times\left(\frac{1}{\sqrt{2}}\right)^2+4\times\left(\frac{1}{\sqrt{3}}\right)^2+\frac{1}{2}\times(1)^2+\frac{1}{8}\times\left(\frac{1}{\sqrt{3}}\right)^2$

$=\left(\frac{1}{4}\times\frac{1}{2}\right)+\left(4\times\frac{1}{3}\right)+\left(\frac{1}{2}\times 1\right)+\left(\frac{1}{8}\times\frac{1}{3}\right)=\frac{1}{8}+\frac{4}{3}+\frac{1}{2}+\frac{1}{24}=\frac{48}{24}=2.$

48. $\frac{(\tan 60°-\tan 30°)}{(1+\tan 60°\tan 30°)}=\frac{\left(\sqrt{3}-\frac{1}{\sqrt{3}}\right)}{\left(1+\sqrt{3}\times\frac{1}{\sqrt{3}}\right)}=\left(\frac{2}{\sqrt{3}}\times\frac{1}{2}\right)=\frac{1}{\sqrt{3}}.$

49. $\cot^2 30°-2\cos^2 30°-\frac{3}{4}\sec^2 45°+\frac{1}{4}\text{cosec}^2 30°$

$=(\sqrt{3})^2-2\times\left(\frac{\sqrt{3}}{2}\right)^2-\frac{3}{4}\times(\sqrt{2})^2+\frac{1}{4}\times(2)^2$

$=3-\left(2\times\frac{3}{4}\right)-\left(\frac{3}{4}\times 2\right)+\left(\frac{1}{4}\times 4\right)=\left(3-\frac{3}{2}-\frac{3}{2}+1\right)=1.$

50. दिया गया व्यंजक $= \dfrac{(\sqrt{3})^2 + 4\times\left(\dfrac{1}{\sqrt{2}}\right)^2 + 3\times\left(\dfrac{2}{\sqrt{3}}\right)^2}{(2\times 2)+(3\times 2)-\left[\dfrac{7}{3}\times(\sqrt{3})^2\right]} = \dfrac{3+\left(4\times\dfrac{1}{2}\right)+\left(3\times\dfrac{4}{3}\right)}{4+6-\left(\dfrac{7}{3}\times 3\right)} = \dfrac{(3+2+4)}{(4+6-7)} = \dfrac{9}{3} = 3.$

51. $\sqrt{3}\tan 2\theta = 3 \Rightarrow \tan 2\theta = \dfrac{3}{\sqrt{3}} = \sqrt{3} = \tan 60° \Rightarrow 2\theta = 60° \Rightarrow \theta = 30°.$

52. $2\sin 2\theta = \sqrt{3} \Rightarrow \sin 2\theta = \dfrac{\sqrt{3}}{2} = \sin 60° \Rightarrow 2\theta = 60° \Rightarrow \theta = 30°.$

53. $2\cos 3\theta = 1 \Rightarrow \cos 3\theta = \dfrac{1}{2} = \cos 60° \Rightarrow 3\theta = 60° \Rightarrow \theta = 20°.$

54. दिया गया व्यंजक $= \dfrac{(\sqrt{3})^2 + 4\times\left(\dfrac{1}{\sqrt{2}}\right)^2 + 3\times\left(\dfrac{2}{\sqrt{3}}\right)^2 + 5\times 0^2}{2+2-(\sqrt{3})^2}$

$= \dfrac{3+\left(4\times\dfrac{1}{2}\right)+\left(3\times\dfrac{4}{3}\right)+0}{(4-3)} = (3+2+4+0) = 9.$

55. दिया गया व्यंजक $= (\tan 9° \tan 81°)(\tan 43° \tan 47°)\tan 60°$

$= \tan 9° \cdot \tan(90°-9°)\cdot \tan 43° \cdot \tan(90°-43°)\cdot \tan 60°$

$= (\tan 9° \cdot \cot 9°)(\tan 43° \cdot \cot 43°)\cdot \tan 60° = (1\times 1\times\sqrt{3}) = \sqrt{3}.$

56. दिया गया व्यंजक $= (\cot 16° \cdot \cot 74°)(\cot 48° \cdot \cot 42°)\cdot \cot 60°$

$= \cot 16° \cdot \cot(90°-16°)\cdot \cot 48° \cdot \cot(90°-48°)\cdot \cot 60°$

$= (\cot 16° \cdot \tan 16°)(\cot 48° \cdot \tan 48°)\cdot \cot 60° = \left(1\times 1\times\dfrac{1}{\sqrt{3}}\right) = \dfrac{1}{\sqrt{3}}.$

57. दिया गया व्यंजक $= (\tan 1° \tan 89°)(\tan 2° \tan 88°)\ldots\ldots(\tan 44° \cdot \tan 46°)\cdot \tan 45°$

$= \{\tan 1° \cdot \tan(90°-1°)\}\cdot\{\tan 2° \cdot \tan(90°-2°)\}\ldots\ldots\{\tan 44° \cdot \tan(90°-44°)\}\cdot \tan 45°$

$= (\tan 1° \cdot \cot 1°)(\tan 2° \cdot \cot 2°)\ldots\ldots(\tan 44° \cdot \cot 44°)\cdot 1$

$= (1\times 1)\cdot(1\times 1)\ldots\ldots(1\times 1)\times 1 = 1.$

58. दिया गया व्यंजक $= \dfrac{\tan(90°-40°)+\sec(90°-40°)}{\cot 40° + \operatorname{cosec} 40°} + \cos 40° \operatorname{cosec}(90°-40°)$

$= \dfrac{\cot 40° + \operatorname{cosec} 40°}{\cot 40° + \operatorname{cosec} 40°} + \cos 40° \sec 40° = (1+1) = 2.$

59. दिया गया व्यंजक $= \dfrac{2\sin^2 53° + 1 + 2[\sin(90°-53°)]^2}{3\cos^2 27° - 2 + 3[\cos(90°-27°)]^2}$

$= \dfrac{2\sin^2 53° + 1 + 2\cos^2 53°}{3\cos^2 27° - 2 + 3\sin^2 27°} = \dfrac{2(\sin^2 53° + \cos^2 53°)+1}{3(\cos^2 27° + \sin^2 27°)-2}$

$= \dfrac{(2\times 1)+1}{(3\times 1)-2} = \dfrac{3}{1} = 3.$

60. दिया गया व्यंजक $= \dfrac{\cos 58°}{\sin(90°-58°)} + \dfrac{\sin 42°}{\cos(90°-42°)} - \dfrac{\cos 38° \operatorname{cosec}(90°-38°)}{\tan 18° \tan(90°-18°)\cdot \tan 45°}$

$= \dfrac{\cos 58°}{\cos 58°} + \dfrac{\sin 42°}{\sin 42°} - \dfrac{\cos 38° \cdot \sec 38°}{\tan 18° \cdot \cot 18° \cdot 1} = \left(1+1-\dfrac{1}{1}\right) = (2-1) = 1.$

61. $\sin(50°+\theta)-\cos(40°-\theta)=\sin(50°+\theta)-\sin[90°-(40°-\theta)]$
$=\sin(50°+\theta)-\sin(50°+\theta)=0.$

62. $\sec 5A=\operatorname{cosec}(A-30°)=\sec[90°-(A-30°)]=\sec(120°-A)$
$\Rightarrow 5A=(120°-A)\Rightarrow 6A=120\Rightarrow A=20°.$

63. $\sin(\theta+32°)=\cos\theta=\sin(90°-\theta)\Rightarrow \theta+32=90-\theta\Rightarrow 2\theta=(90-32)=58\Rightarrow\theta=29°.$

64. $\sin A=\cos B=\sin(90°-B)\Rightarrow A=90°-B\Rightarrow A+B=90°.$

65. $\sin\theta=\dfrac{\sqrt{3}}{2}=\sin 60°\Rightarrow\theta=60°.$

$\therefore\ (\operatorname{cosec}\theta+\cot\theta)=(\operatorname{cosec}60°+\cot 60°)=\left(\dfrac{2}{\sqrt{3}}+\dfrac{1}{\sqrt{3}}\right)=\dfrac{3}{\sqrt{3}}=\sqrt{3}.$

66. माना AB एक स्तम्भ है तथा AC इसकी परछाई है.
माना $AB=x$ मीटर. तब, $AC=\sqrt{3}x$ मीटर.
माना उस समय सूर्य का उन्नयन कोण $=\theta$. तब,
$\tan\theta=\dfrac{AB}{AC}=\dfrac{x}{\sqrt{3}x}=\dfrac{1}{\sqrt{3}}=\tan 30°\Rightarrow\theta=30°.$

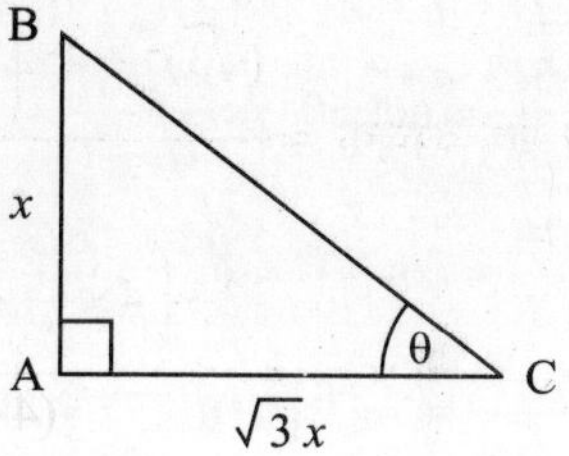

67. माना खम्भा AB तथा इसकी परछाई AC है.
तब, $AC=100$ मीटर तथा $\angle ACB=60°.$
माना $AB=x$ मीटर. तब,
$\dfrac{AB}{AC}=\tan 60°\Rightarrow\dfrac{x}{100}=\sqrt{3}\Rightarrow x=100\sqrt{3}$ मीटर
अत: खम्भे की ऊँचाई $=100\sqrt{3}$ मीटर.

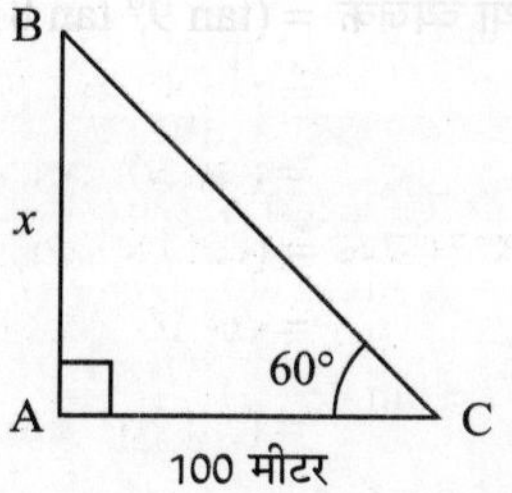

68. माना AB एक मीनार है तथा बिन्दु C से इसकी चोटी का उन्नयन कोण θ है.
तब, $AC=100$ मीटर तथा $AB=100\sqrt{3}$ मीटर.
$\therefore\ \tan\theta=\dfrac{AB}{AC}=\dfrac{100\sqrt{3}}{100}=\sqrt{3}\Rightarrow\theta=60°$
$\therefore$ अभीष्ट कोण $=60°.$

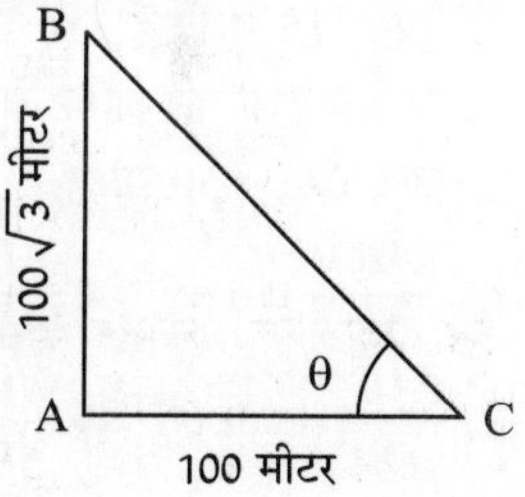

69. माना AB एक पतंग की डोर है जिससे पतंग B बँधी है.
माना AC भूतल है तथा $BC\perp AC$.
तब, $\angle BAC=60°$ तथा $AB=100$ मीटर. माना $BC=h$ मीटर.
अब, $\dfrac{BC}{AB}=\sin 60°\Rightarrow\dfrac{h}{100}=\dfrac{\sqrt{3}}{2}\Rightarrow h=\left(\dfrac{\sqrt{3}}{2}\times 100\right)=50\sqrt{3}$ मीटर.

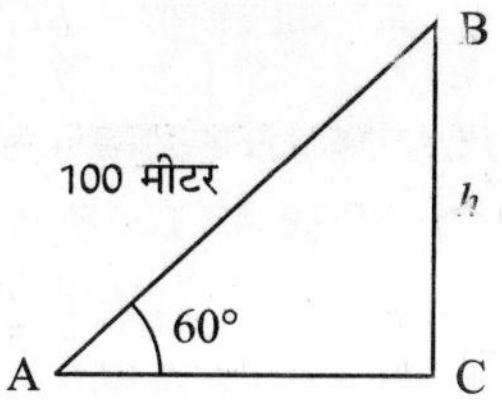

70. माना आयत $ABCD$ में विकर्ण $AC=8$ सेमी०
तथा $\angle BAC=30°$. तब,
$\dfrac{AB}{AC}=\cos 30°=\dfrac{\sqrt{3}}{2}\Rightarrow\dfrac{AB}{8}=\dfrac{\sqrt{3}}{2}\Rightarrow AB=\left(\dfrac{\sqrt{3}}{2}\times 8\right)=4\sqrt{3}.$
$\dfrac{BC}{AC}=\sin 30°=\dfrac{1}{2}\Rightarrow\dfrac{BC}{8}=\dfrac{1}{2}\Rightarrow BC=\left(8\times\dfrac{1}{2}\right)=4.$

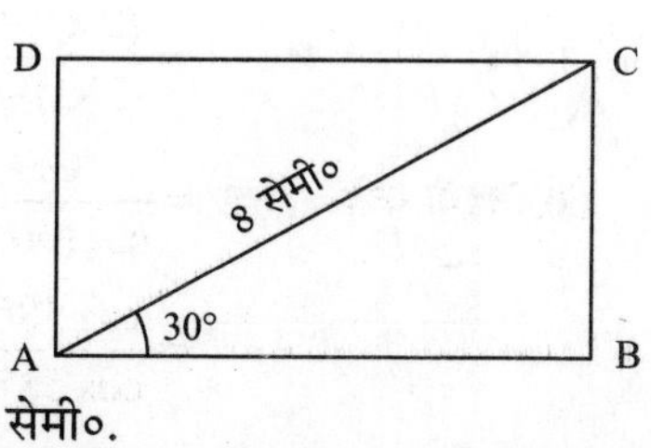

आयत $ABCD$ का क्षेत्रफल $=(AB\times BC)=(4\sqrt{3}\times 4)=16\sqrt{3}$ वर्ग सेमी०.

71. माना AB दी गई मीनार है तथा C तथा D भूतल पर स्थित ऐसे बिन्दु हैं कि $AC = a$ तथा $AD = b$.

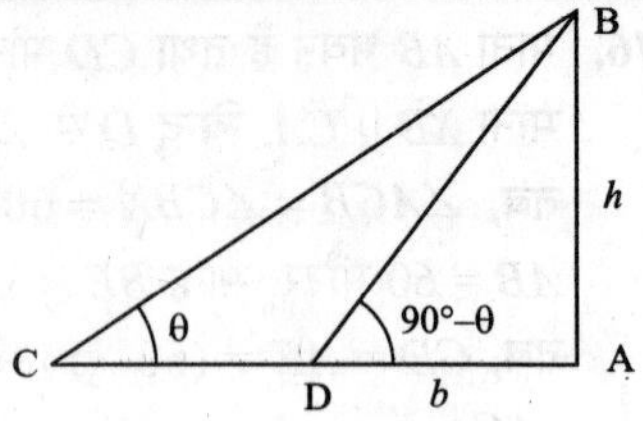

माना $\angle ACB = \theta$. तब, $\angle ADB = (90° - \theta)$. माना $AB = h$.

अब, $\frac{h}{a} = \tan\theta$ तथा $\frac{h}{b} = \tan(90° - \theta) = \cot\theta$.

$\therefore\ \frac{h}{a} \times \frac{h}{b} = 1 \Rightarrow h^2 = ab \Rightarrow h = \sqrt{ab}$.

72. माना AB भवन है तथा CD एक मीनार है तथा $BE \perp CD$.

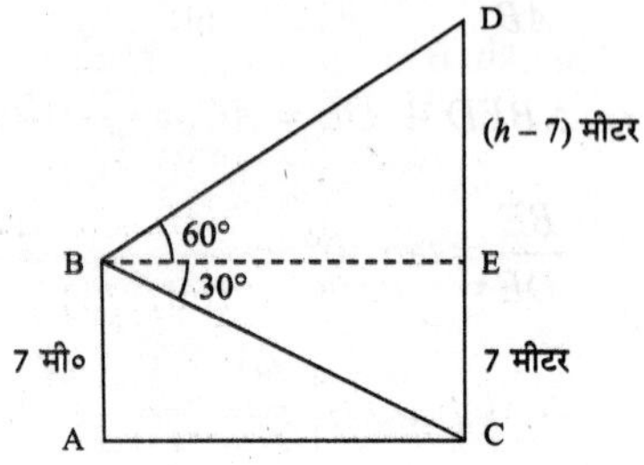

तब $\angle EBD = 60°$ तथा $\angle CBE = 30°$.

स्पष्ट है कि $CE = AB = 7$ मीटर.

माना $CD = h$ मीटर. तब $DE = (h - 7)$ मीटर.

अब, $\frac{BE}{DE} = \cot 60° \Rightarrow \frac{BE}{(h-7)} = \frac{1}{\sqrt{3}} \Rightarrow BE = \frac{(h-7)}{\sqrt{3}}$

पुन: $\frac{BE}{CE} = \cot 30° = \sqrt{3} \Rightarrow \frac{BE}{7} = \sqrt{3} \Rightarrow BE = 7\sqrt{3}$.

$\therefore\ \frac{(h-7)}{\sqrt{3}} = 7\sqrt{3} \Rightarrow (h-7) = 21 \Rightarrow h = 28$.

मीनार की ऊँचाई = 28 मीटर.

73. माना AB व्यक्ति खड़ा है तथा CD मीनार है.

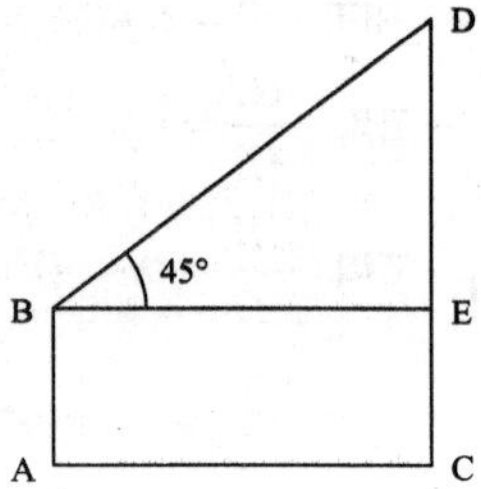

$BE \perp CD$ खींचें. तब $\angle DBE = 45°$.

माना $CD = h$ मीटर. अत: $DE = (h - 1{\cdot}5)$ मीटर.

अब, $\frac{DE}{BE} = \tan 45° \Rightarrow \frac{(h - 1{\cdot}5)}{28{\cdot}5} = 1 \Rightarrow h - 1{\cdot}5 = 28{\cdot}5 \Rightarrow h = 30$.

अत: मीनार की ऊँचाई = 30 मीटर.

74. माना AB भवन है तथा इसकी चोटी पर झंडा BC लगा है.

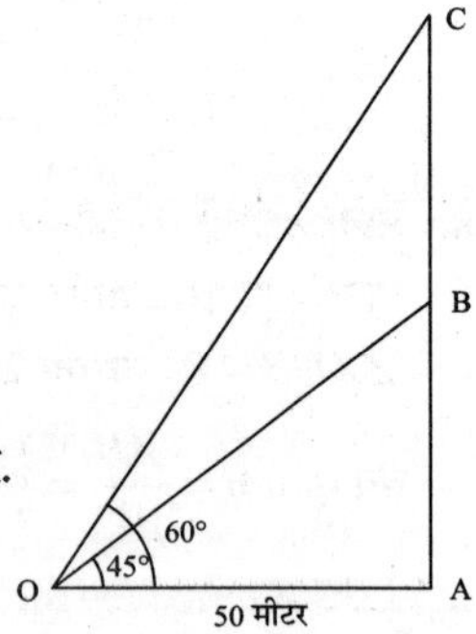

माना दर्शक की आँख बिन्दु O पर है.

तब, $OA = 50$ मीटर, $\angle AOB = 45°$ तथा $\angle AOC = 60°$.

$\frac{AB}{OA} = \tan 45° \Rightarrow \frac{AB}{50} = 1 \Rightarrow AB = 50$ मी०

$\frac{AC}{OA} = \tan 60° \Rightarrow \frac{AC}{50} = \sqrt{3} \Rightarrow AC = 50\sqrt{3}$ मी०

झंडे की लम्बाई = $BC = (AC - AB) = (50\sqrt{3} - 50)$ मी० $= 50(\sqrt{3} - 1)$ मीटर.

75. माना AB एक पेड़ है जो बिन्दु C पर टूट जाता है तथा इस पेड़ का ऊपरी भाग CB टूट कर CD की दशा में आ जाता है तथा पृथ्वी को बिन्दु D पर छूता है.

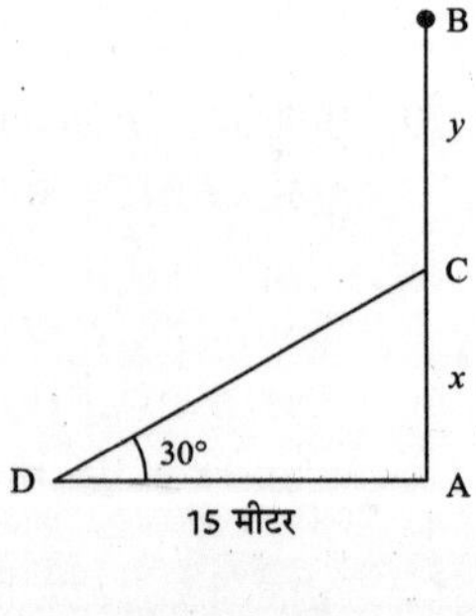

तब, $AD = 15$ मीटर तथा $\angle ADC = 30°$.

माना $AC = x$ मीटर तथा $CB = CD = y$ मीटर.

तब, $\frac{AC}{AD} = \tan 30° \Rightarrow \frac{x}{15} = \frac{1}{\sqrt{3}} \Rightarrow x = \left(15 \times \frac{1}{\sqrt{3}}\right) = \frac{(15 \times \sqrt{3})}{3} = 5\sqrt{3}$

तथा $\frac{CD}{AD} = \sec 30° \Rightarrow \frac{y}{15} = \frac{2}{\sqrt{3}} \Rightarrow y = \left(30 \times \frac{1}{\sqrt{3}}\right) = \frac{(30 \times \sqrt{3})}{3} = 10\sqrt{3}$.

$\therefore$ पेड़ की कुल ऊँचाई $= (x + y) = (5\sqrt{3} + 10\sqrt{3}) = 15\sqrt{3}$ मीटर.

76. माना AB भवन है तथा CD मीनार है.

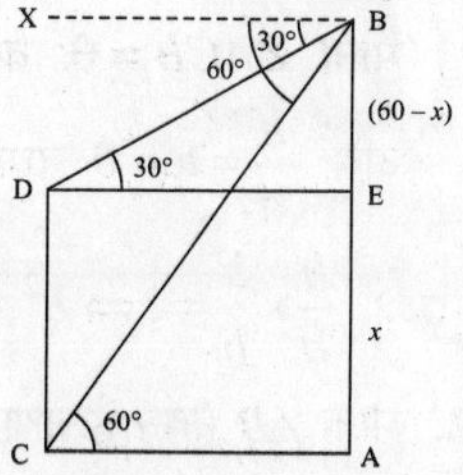

माना $XB \parallel CA$. बिन्दु D से $DE \perp AB$ खींचें.

तब, $\angle ACB = \angle CBX = 60°$ तथा $\angle EDB = \angle DBX = 30°$.

$AB = 60$ मीटर. माना $BE = x$ मीटर.

तब, $CD = AE = (60 - x)$ मीटर.

$$\frac{AC}{AB} = \cot 60° \Rightarrow \frac{AC}{60} = \frac{1}{\sqrt{3}} \Rightarrow AC = \frac{60}{\sqrt{3}} \text{ मी}॰$$

ΔBED में $DE = AC = \dfrac{60}{\sqrt{3}}$ मी॰.

$$\frac{BE}{DE} = \tan 30° \Rightarrow \frac{(60-x)}{(60/\sqrt{3})} = \frac{1}{\sqrt{3}}.$$

$$\therefore\ (60-x) = \left(\frac{60}{\sqrt{3}} \times \frac{1}{\sqrt{3}}\right) = 20 \Rightarrow x = (60-20) = 40 \text{ मीटर.}$$

अत: मीनार की ऊँचाई = 40 मीटर.

77. माना AB एक प्रकाश-स्तम्भ है तथा C तथा D दो जहाज हैं.

$\angle ACB = \angle XBC = 45°$, $\angle ADB = \angle XBD = 30°$

तथा $CD = 200$ मीटर.

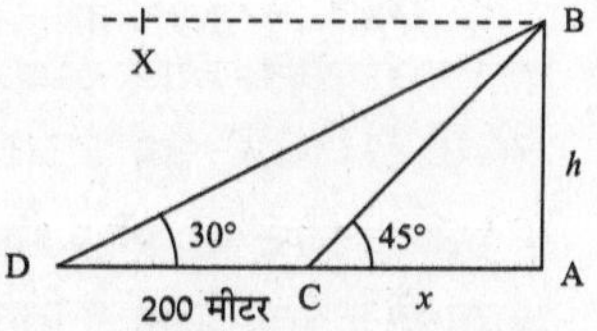

माना $AC = x$ मीटर तथा $AB = h$ मीटर.

तब, $\dfrac{AC}{AB} = \cot 45° = 1 \Rightarrow \dfrac{x}{h} = 1 \Rightarrow x = h.$

तथा $\dfrac{AB}{AD} = \tan 30° = \dfrac{1}{\sqrt{3}} \Rightarrow \dfrac{h}{x+200} = \dfrac{1}{\sqrt{3}}$

$$\therefore\ \frac{x}{x+200} = \frac{1}{\sqrt{3}} \Rightarrow \sqrt{3}x = x + 200 \Rightarrow (\sqrt{3}-1)x = 200$$

$$\Rightarrow x = \frac{200}{(\sqrt{3}-1)} \times \frac{(\sqrt{3}+1)}{(\sqrt{3}+1)} = \frac{200 \times (\sqrt{3}+1)}{2} = 100\,(\sqrt{3}+1) \text{ मीटर.}$$

78. माना AB दी गई मीनार है जिसकी ऊँचाई $100\sqrt{3}$ मीटर है.

माना A से 100 मीटर दूरी पर स्थित बिन्दु C से उन्नयन कोण $\angle ACB = \theta°$ बनता है.

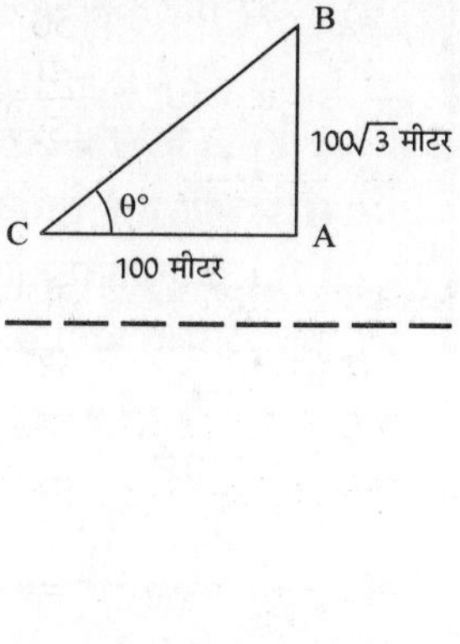

तब $\tan\theta = \dfrac{AB}{AC} = \dfrac{100\sqrt{3}}{100} = \sqrt{3} \Rightarrow \theta = 60°.$

35 रेखायें तथा कोण
(LINES AND ANGLES)

आवश्यक तथ्य

1. **(I) यदि कोई किरण किसी रेखा पर खड़ी हो, तो इस प्रकार बने दो आसन्न कोणों का योग 180° होता है.**

दिये गये चित्र में एक सरल रेखा AOB है जिस पर किरण $\overrightarrow{OC}$ खड़ी है. तब $\angle AOC + \angle BOC = 180°$.

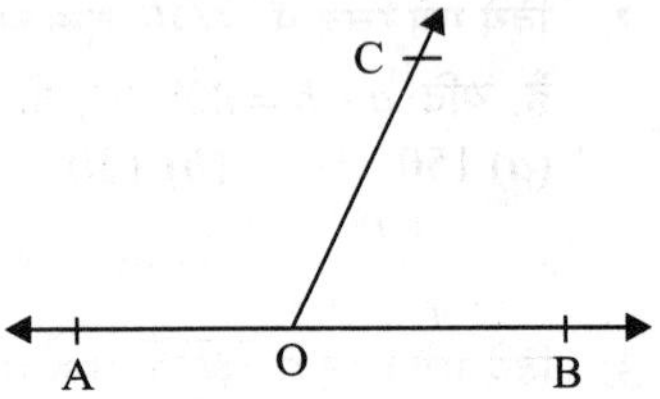

(II) यदि दो आसन्न कोणों का योग 180° हो तो उनकी बाह्य भुजायें एक ही रेखा में होती हैं.

2. **यदि दो रेखायें प्रतिच्छेद करें तो शीर्षाभिमुख कोण बराबर होते हैं.**

दिये गये चित्र में दो सरल रेखायें $\overleftrightarrow{AB}$ तथा $\overleftrightarrow{CD}$ एक दूसरे को परस्पर बिन्दु O पर काटती हैं. तब

$\angle AOC = \angle BOD$ तथा $\angle BOC = \angle AOD$.

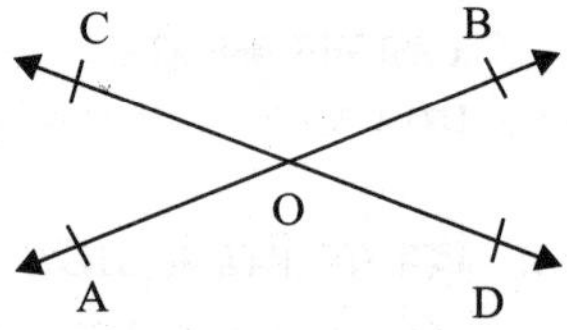

3. **एक ही बिन्दु पर बने सभी कोणों का योग 360° होता है.**

सामने दिये गये चित्र में बिन्दु O पर बने सभी कोणों का योग 360° होगा.

$\therefore\ \angle AOB + \angle BOC + \angle COD + \angle DOE + \angle EOA = 360°$.

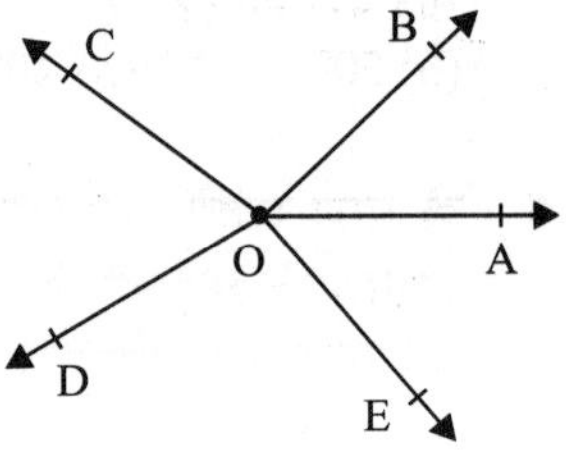

4. **(I) यदि एक तिर्यक छेदी रेखा (transversal) दो समांतर रेखाओं को काटे तो संगत कोण (Corresponding Angles) बराबर होते हैं.**

यहाँ $AB \parallel CD$ है तथा EF एक तिर्यक रेखा है.

इसमें संगत कोणों के निम्नलिखित जोड़े बनेंगे :

$\angle EGB = \angle GHD,\ \angle AGE = \angle CHG$,

$\angle BGH = \angle DHF,\ \angle AGH = \angle CHF$.

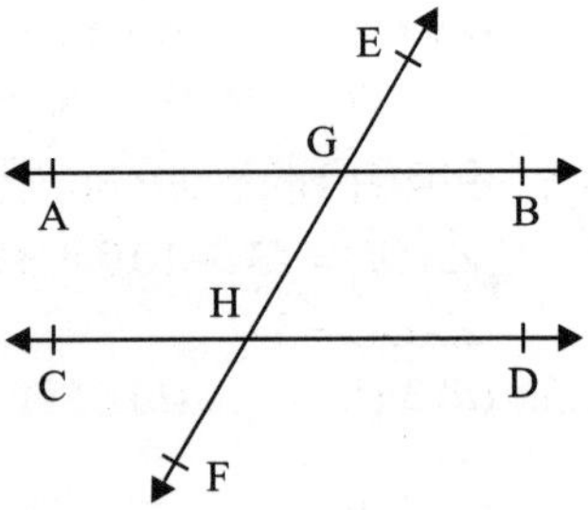

(II) यदि एक तिर्यक छेदी रेखा दो समान्तर रेखाओं को काटे तो एकान्तर कोणों (Alternate Angles) का प्रत्येक जोड़ा बराबर होता है.

यहाँ $AB \parallel CD$ तथा एक तिर्यक रेखा EF इन्हें काटती है. इसमें एकान्तर कोणों के निम्नलिखित जोड़े बनेंगे.

$\angle AGH = \angle GHD,\ \angle BGH = \angle GHC$.

(III) यदि एक तिर्यक छेदी रेखा दो समान्तर रेखाओं को काटे तो इस छेदी रेखा के प्रत्येक ओर के अन्तःकोण संपूरक होते हैं.

चित्र में $AB \parallel CD$ है तथा एक तिर्यक रेखा EF इन्हें बिन्दु G तथा H पर काटती है. तब,

$\angle AGH + \angle GHC = 180°$ तथा $\angle BGH + \angle DHG = 180°$.

प्रश्नमाला 35

निम्नलिखित प्रश्नों में से प्रत्येक में ठीक उत्तर को चिन्हांकित (✓) कीजिए :

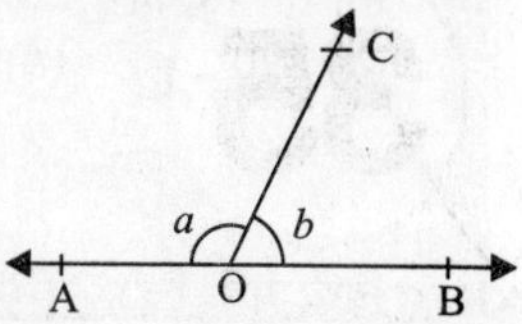

1. दिये गये चित्र में $\overleftrightarrow{AOB}$ एक सरल रेखा है जिस पर किरण $\overrightarrow{OC}$ खड़ी है. यदि $a:b=2:1$ हो, तो a का मान क्या होगा?

(*a*) 80 (*b*) 100 (*c*) 120 (*d*) 140

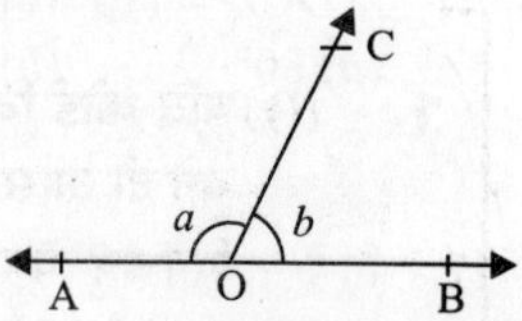

2. दिये गये चित्र में $\overleftrightarrow{AOB}$ एक सरल रेखा है जिस पर किरण $\overrightarrow{OC}$ खड़ी है. यदि $a-b=80°$ हो, तो a का मान क्या होगा?

(*a*) 150 (*b*) 130 (*c*) 110 (*d*) 140

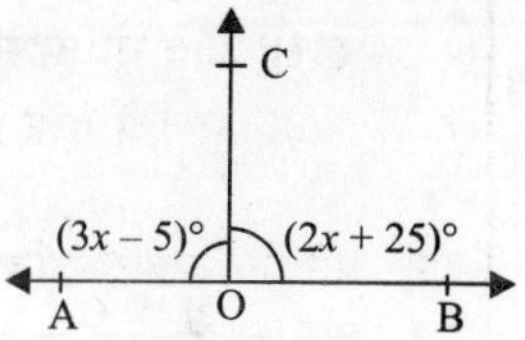

3. दिये गये चित्र में $\overleftrightarrow{AOB}$ एक सरल रेखा है जिस पर किरण $\overrightarrow{OC}$ खड़ी है. यदि $\angle AOC=(3x-5)°$ तथा $\angle BOC=(2x+25)°$ हो, तो x का मान क्या होगा?

(*a*) $x=28$ (*b*) $x=30$ (*c*) $x=34$ (*d*) $x=32$

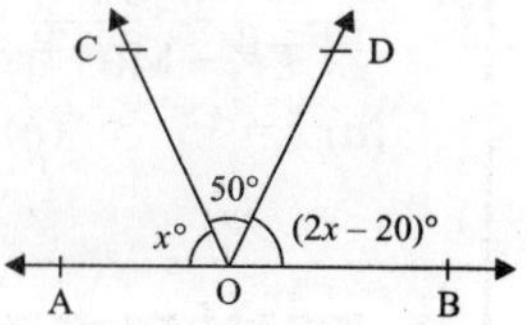

4. दिये गये चित्र में $\overleftrightarrow{AOB}$ एक सरल रेखा है. यदि $\angle AOC=x°$, $\angle COD=50°$ तथा $\angle BOD=(2x-20)°$ हो, तो $\angle AOC$ का मान क्या होगा?

(*a*) 50° (*b*) 40° (*c*) 60° (*d*) 70°

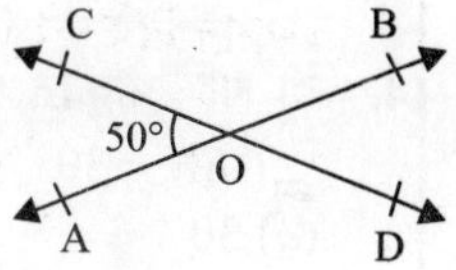

5. दो सरल रेखायें $\overleftrightarrow{AB}$ तथा $\overleftrightarrow{CD}$ परस्पर बिन्दु O पर काटती हैं. यदि $\angle AOC=50°$ हो, तो $\angle BOC=?$

(*a*) 40° (*b*) 50° (*c*) 140° (*d*) 130°

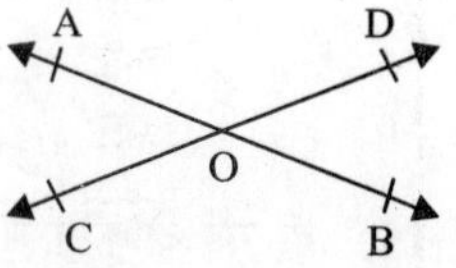

6. दो सरल रेखायें $\overleftrightarrow{AB}$ तथा $\overleftrightarrow{CD}$ परस्पर बिन्दु O पर काटती हैं. यदि $\angle BOC+\angle AOD=280°$ हो, तो $\angle AOC=?$

(*a*) 70° (*b*) 80° (*c*) 40° (*d*) 35°

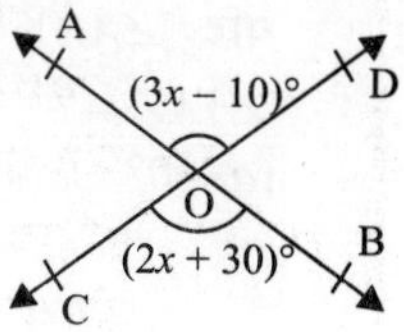

7. दो सरल रेखायें $\overleftrightarrow{AB}$ तथा $\overleftrightarrow{CD}$ परस्पर बिन्दु O पर काटती हैं. यदि $\angle AOD=(3x-10)°$ तथा $\angle BOC=(2x+30)°$ हो, तो $\angle AOC=?$

(*a*) 35° (*b*) 45° (*c*) 60° (*d*) 70°

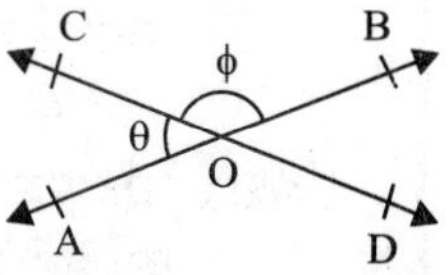

8. चित्र में दो सरल रेखायें $\overleftrightarrow{AB}$ तथा $\overleftrightarrow{CD}$ परस्पर बिन्दु O पर काटती हैं. यदि $\angle AOC=\theta$, $\angle BOC=\phi$ तथा $\phi=3\theta$ हो, तो θ का मान कितना होगा?

(*a*) 30° (*b*) 40° (*c*) 45° (*d*) 60°

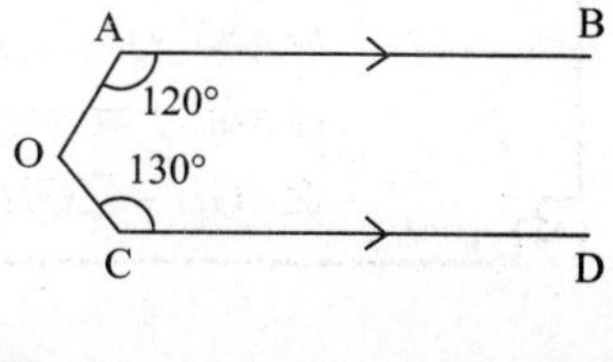

9. दिये गये चित्र में $AB \parallel CD$, $\angle OAB=120°$ तथा $\angle OCD=130°$ हो, तो $\angle AOC=?$

(*a*) 80° (*b*) 90° (*c*) 120° (*d*) 110°

10. दिये गये चित्र में $AB \parallel CD$, $\angle ABO = 30°$ तथा $\angle CDO = 40°$ हो, तो बहुत्कोण $\angle BOD = ?$
(*a*) 290° (*b*) 240° (*c*) 280° (*d*) 260°

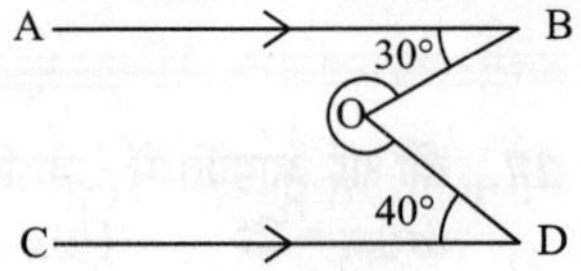

11. दिये गये चित्र में $AB \parallel CD$. यदि $\angle ABO = 100°$ तथा $\angle OCD = 115°$ हो, तो $\angle BOC = ?$
(*a*) 80° (*b*) 65° (*c*) 35° (*d*) 45°

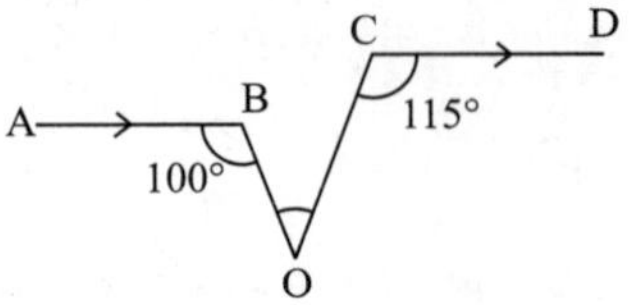

12. दिये गये चित्र में $AB \parallel CD$. यदि $\angle OAB = 50°$ तथा $\angle OCD = 100°$ हो, तो $\angle AOC = ?$
(*a*) 40° (*b*) 30° (*c*) 50° (*d*) 60°

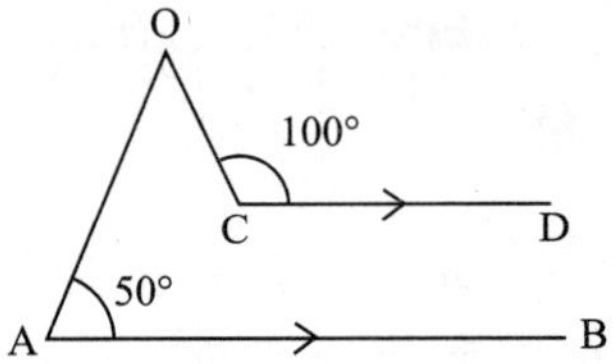

13. दी गई आकृति में $\overrightarrow{AB} \parallel \overrightarrow{CD} \parallel \overrightarrow{EF}$. यदि $\angle ABC = 70°$, $\angle CEF = 140°$ तथा $\angle BCE = x°$, तो x का मान कितना है ?
(*a*) $x = 35$ (*b*) $x = 30$ (*c*) $x = 40$ (*d*) $x = 25$

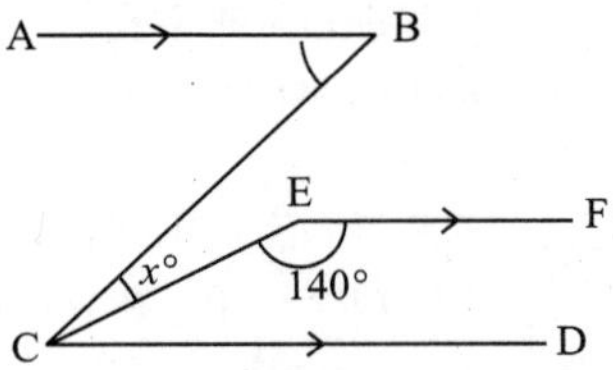

14. दी गई आकृति में $\overrightarrow{AB} \parallel \overrightarrow{CD}$. यदि $\angle CAB = 80°$, $\angle CEF = 30°$ तथा $\angle CFE = x°$ हो, तो $x = ?$
(*a*) 30 (*b*) 40 (*c*) 50 (*d*) 60

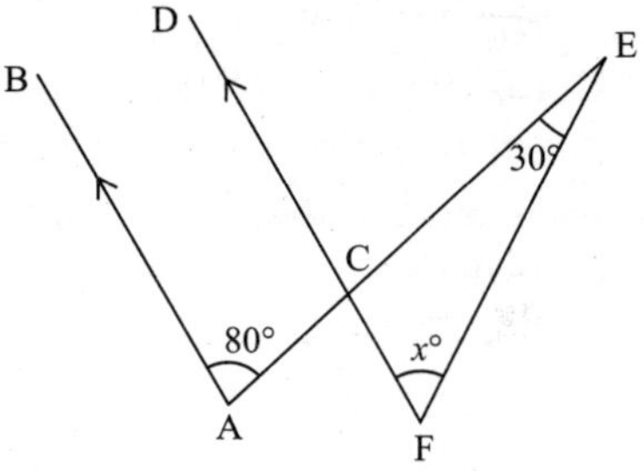

15. दी गई आकृति में $\overrightarrow{AB} \parallel \overrightarrow{CD}$ तथा XYZ एक त्रिभुज है. यदि $\angle AXY = 70°$ तथा $\angle XZD = 120°$ हो, तो $\angle YXZ = ?$
(*a*) 40° (*b*) 50° (*c*) 85° (*d*) 60°

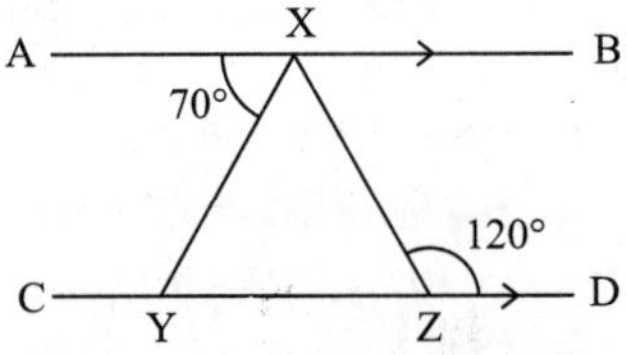

16. दी गई आकृति में $\overrightarrow{AB} \parallel \overrightarrow{CD}$ तथा एक तिर्यक रेखा EF इन्हें काटती है. यदि $\angle EGB = 80°$, $\angle BGK = 30°$ तथा $\angle GHK = 35°$ हो, तो $\angle KHD = ?$
(*a*) 35° (*b*) 40° (*c*) 45° (*d*) 50°

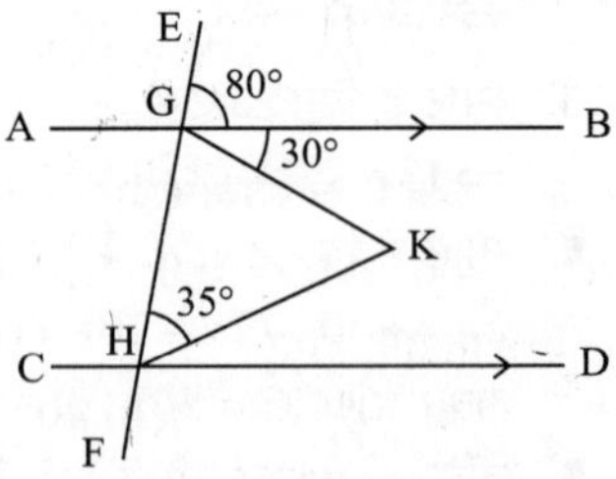

17. दी गई आकृति में x के किस मान के लिए $l \parallel m$ होगा ?
(*a*) $x = 25$ (*b*) $x = 30$ (*c*) $x = 35$ (*d*) $x = 20$

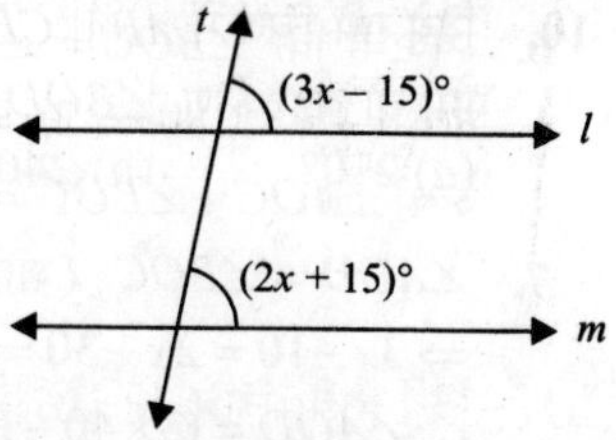

18. दी गई आकृति में x के किस मान के लिए $l \parallel m$ होगा ?
(*a*) $x = 25$ (*b*) $x = 35$ (*c*) $x = 20$ (*d*) $x = 30$

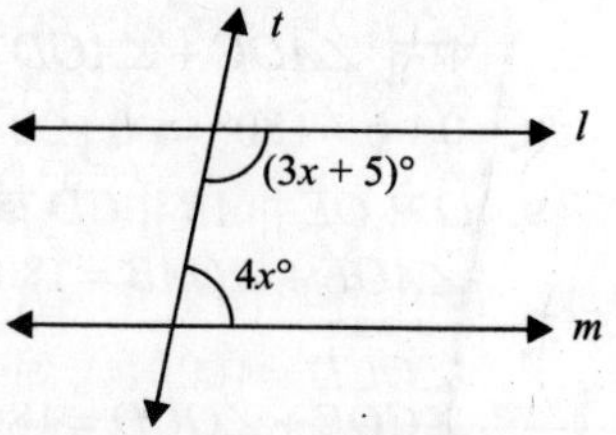

19. दी गई आकृति में $\overrightarrow{AB} \parallel \overrightarrow{CD}$ तथा PQ एवं RQ दो तिर्यक रेखायें हैं. यदि $\angle PEF = 85°$, $\angle CHQ = 115°$ तथा $\angle PQR = x°$ हो, तो x का मान क्या होगा ?
(*a*) $x = 30$ (*b*) $x = 25$ (*c*) $x = 20$ (*d*) $x = 15$

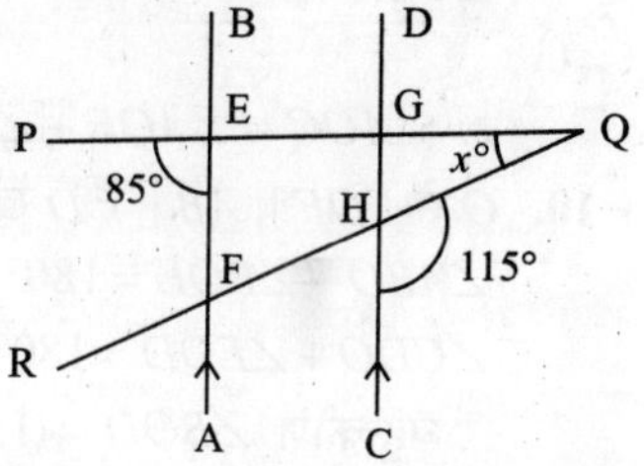

20. दी गई आकृति में $\overrightarrow{AB} \parallel \overrightarrow{CD}$. तब $(p + q - r)$ का मान कितना होगा ?
(*a*) 100 (*b*) 120 (*c*) 90 (*d*) 180

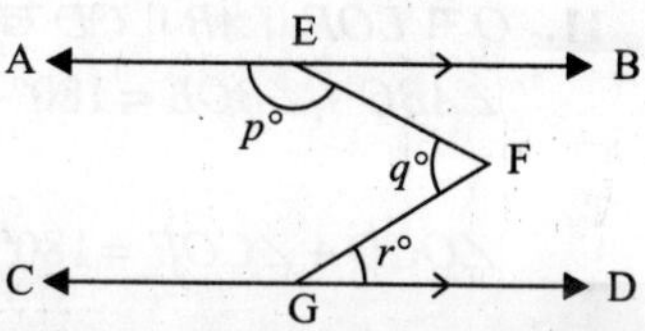

उत्तरमाला (प्रश्नमाला 35)

1. (*c*) **2.** (*b*) **3.** (*d*) **4.** (*a*) **5.** (*d*) **6.** (*c*) **7.** (*d*) **8.** (*c*) **9.** (*d*) **10.** (*a*)
11. (*c*) **12.** (*c*) **13.** (*b*) **14.** (*c*) **15.** (*d*) **16.** (*c*) **17.** (*b*) **18.** (*a*) **19.** (*c*) **20.** (*d*)

दिये गये प्रश्नों के हल प्रश्नमाला 35

1. माना $a = 2x$ तथा $b = x$. तब
$a + b = 180 \Rightarrow 2x + x = 180 \Rightarrow 3x = 180 \Rightarrow x = 60.$
$\therefore\ a = (2 \times 60) = 120.$

2. स्पष्ट है कि $a + b = 180$ ...(*i*) तथा $a - b = 80$ ...(*ii*)
इन्हें जोड़ने पर $2a = 260 \Rightarrow a = 130.$

3. स्पष्ट है कि $\angle AOC + \angle BOC = 180°$
$\Rightarrow (3x - 5) + (2x + 25) = 180 \Rightarrow 5x + 20 = 180 \Rightarrow 5x = 160 \Rightarrow x = 32.$

4. स्पष्ट है कि $\angle AOC + \angle COD + \angle BOD = 180°.$
$\therefore\ x + 50 + (2x - 20) = 180 \Rightarrow 3x + 30 = 180 \Rightarrow 3x = 150 \Rightarrow x = 50.$
अत: $\angle AOC = 50°.$

5. चूँकि AOB एक सीधी रेखा है, अत: $\angle AOC + \angle BOC = 180°$.
$\therefore\ 50° + \angle BOC = 180° \Rightarrow \angle BOC = (180° - 50°) = 130°.$

6. स्पष्ट है कि $\angle BOC = \angle AOD = x^\circ$ (माना)

तब $x + x = 280 \Rightarrow 2x = 280 \Rightarrow x = 140 \Rightarrow \angle BOC = 140^\circ$.

अब $\angle AOC + \angle BOC = 180^\circ \Rightarrow \angle AOC + 140^\circ = 180^\circ \Rightarrow \angle AOC = 40^\circ$.

7. $\angle AOD = \angle BOC$ (शीर्षाभिमुख कोण)

$\Rightarrow 3x - 10 = 2x + 30 \Rightarrow x = 40^\circ$.

$\therefore \angle AOD = (3 \times 40 - 10)^\circ = (120 - 10)^\circ = 110^\circ$.

परन्तु $\angle AOC + \angle AOD = 180^\circ \Rightarrow \angle AOC + 110^\circ = 180^\circ \Rightarrow \angle AOC = 70^\circ$.

8. $\theta + \phi = 180^\circ \Rightarrow \theta + 3\theta = 180^\circ \Rightarrow 4\theta = 180^\circ \Rightarrow \theta = 45^\circ$.

9. O से $OE \parallel AB \parallel CD$ खींचें.

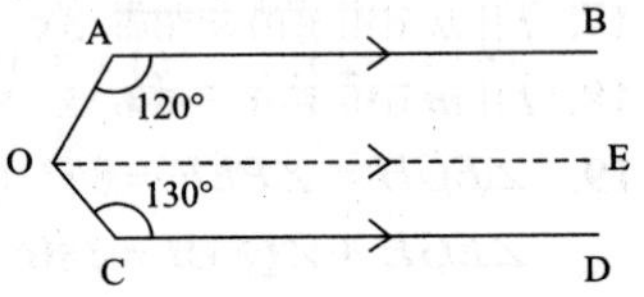

$\angle AOE + \angle OAB = 180^\circ \Rightarrow \angle AOE + 120^\circ = 180^\circ$

$\Rightarrow \angle AOE = 60^\circ$.

$\angle COE + \angle OCD = 180^\circ \Rightarrow \angle COE + 130^\circ = 180^\circ$

$\Rightarrow \angle COE = 50^\circ$.

$\therefore \angle AOC = \angle AOE + \angle COE = (60^\circ + 50^\circ) = 110^\circ$.

10. O से $EOF \parallel AB \parallel CD$ खींचें.

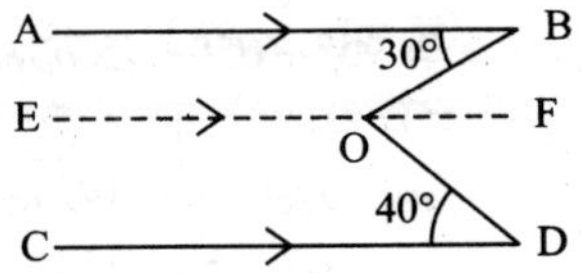

$\angle ABO + \angle BOE = 180^\circ \Rightarrow 30^\circ + \angle BOE = 180^\circ \Rightarrow \angle BOE = 150^\circ$.

$\angle CDO + \angle EOD = 180^\circ \Rightarrow 40^\circ + \angle EOD = 180^\circ \Rightarrow \angle EOD = 140^\circ$

$\therefore$ बहुत्कोण $\angle BOD = (150^\circ + 140^\circ) = 290^\circ$.

11. O से $EOF \parallel AB \parallel CD$ खींचें.

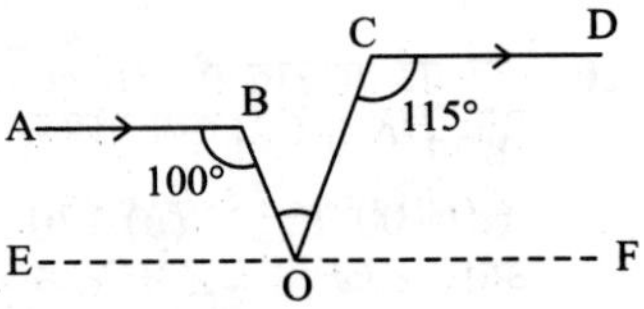

$\angle ABO + \angle BOE = 180^\circ \Rightarrow 100^\circ + \angle BOE = 180^\circ$

$\Rightarrow \angle BOE = 80^\circ$.

$\angle OCD + \angle COF = 180^\circ \Rightarrow 115^\circ + \angle COF = 180^\circ$

$\Rightarrow \angle COF = 65^\circ$.

$\angle BOE + \angle BOC + \angle COF = 180^\circ \Rightarrow 80^\circ + x + 65^\circ = 180^\circ$

$\Rightarrow x = (180 - 145) = 35^\circ$.

12. $EOF \parallel AB \parallel CD$ खींचें.

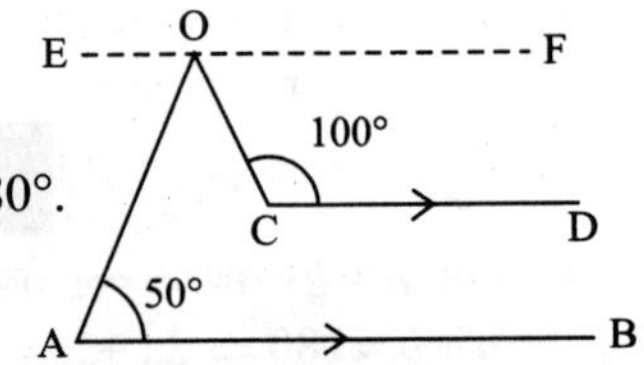

$\angle EOA = \angle OAB = 50^\circ$ (एकान्तर कोण)

$\angle COF + \angle OCD = 180^\circ \Rightarrow \angle COF + 100^\circ = 180^\circ \Rightarrow \angle COF = 80^\circ$.

अब $\angle EOA + \angle AOC + \angle COF = 180^\circ$

$\Rightarrow 50^\circ + \angle AOC + 80^\circ = 180^\circ \Rightarrow \angle AOC = 50^\circ$.

13. $\overrightarrow{CD} \parallel \overrightarrow{EF}$ तथा $\overline{CE}$ एक तिर्यक रेखा है.

$\therefore \angle FEC + \angle ECD = 180^\circ \Rightarrow 140^\circ + \angle ECD = 180^\circ \Rightarrow \angle ECD = 40^\circ$.

$\overrightarrow{AB} \parallel \overrightarrow{CD}$ तथा $\overline{BC}$ एक तिर्यक रेखा है.

$\therefore \angle BCD = \angle ABC = 70^\circ$ (एकान्तर कोण)

$\Rightarrow \angle BCE + \angle ECD = 70^\circ \Rightarrow \angle BCE + 40^\circ = 70^\circ \Rightarrow \angle BCE = 30^\circ$.

$\therefore x = 30$.

14. $\overrightarrow{AB} \parallel \overrightarrow{CD} \Rightarrow \angle ACD + \angle BAC = 180^\circ \Rightarrow \angle ACD + 80^\circ = 180^\circ \Rightarrow \angle ACD = 100^\circ$.

$\therefore \angle ECF = \angle ACD = 100^\circ$ (शीर्षाभिमुख कोण)

ΔCEF में $\angle ECF + \angle CFE + \angle CEF = 180^\circ$

$\Rightarrow 100^\circ + x^\circ + 30^\circ = 180^\circ \Rightarrow x = 50$.

15. चूँकि $\overrightarrow{AB} \parallel \overrightarrow{CD}$ तथा तिर्यक रेखा XZ इन्हें काटती है, अतः

$\therefore\ \angle BXZ + \angle XZD = 180° \Rightarrow \angle BXZ + 120° = 180° \Rightarrow \angle BXZ = 60°.$

अब $\angle AXY + \angle YXZ + \angle BXZ = 180° \Rightarrow 70° + \angle YXZ + 60° = 180°$

$\therefore\ \angle YXZ = (180° - 130°) = 50°.$

16. $\angle EGB + \angle BGK + \angle KGH = 180°$

$\Rightarrow 80° + 30° + \angle KGH = 180° \Rightarrow \angle KGH = (180° - 110°) = 70°.$

अब, $\angle BGH + \angle GHD = 180° \Rightarrow 30° + 70° + 35° + x = 180°$

$\therefore\ x = (180° - 135°) = 45° \Rightarrow \angle KHD = 45°.$

17. $l \parallel m$ तभी होंगे जबकि $3x - 15 = 2x + 15 \Rightarrow x = 30.$

18. $l \parallel m$ तभी होंगे जबकि $3x + 5 + 4x = 180° \Rightarrow 7x = 175 \Rightarrow x = 25.$

19. $\angle EGH = \angle PEF = 85°$ (संगत कोण)

$\angle EGH + \angle QGH = 180° \Rightarrow 85° + \angle QGH = 180° \Rightarrow \angle QGH = 95°.$

$\angle GHQ + \angle QHC = 180° \Rightarrow \angle GHQ + 115° = 180° \Rightarrow \angle GHQ = 65°.$

ΔGHQ में $\angle QGH + \angle GHQ + \angle GQH = 180°$

$\Rightarrow 95° + 65° + \angle GQH = 180° \Rightarrow \angle GQH = (180° - 160°) = 20°.$

20. F से $HFK \parallel AB \parallel CD$ खींचें.

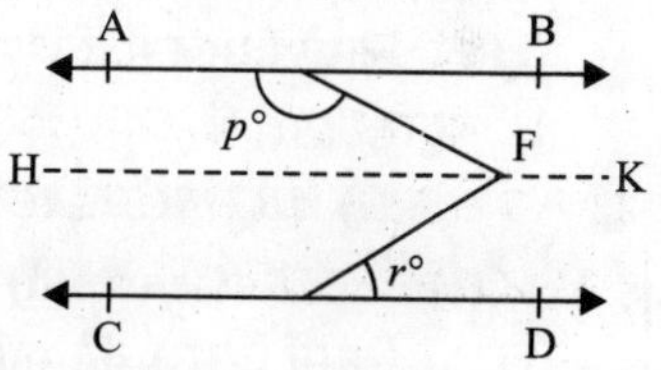

अब, $AB \parallel HK$ तथा तिर्यक रेखा EF इन्हें काटती है.

$\therefore\ \angle AEF + \angle HFE = 180° \Rightarrow p + \angle HFE = 180°$

$\Rightarrow \angle HFE = (180° - p).$

पुनः $HK \parallel CD$ तथा तिर्यक रेखा FG इन्हें काटती है.

$\angle HFG = \angle FGD = r°.$

अतः $\angle EFG = \angle HFE + \angle HFG = 180° - p + r \Rightarrow q = 180 - p + r \Rightarrow p + q - r = 180.$

36 त्रिभुज (TRIANGLES)

आवश्यक तथ्य

1. **(I)** किसी त्रिभुज के तीनों कोणों का योग 180° होता है.
ΔABC में $\angle A + \angle B + \angle C = 180°$.

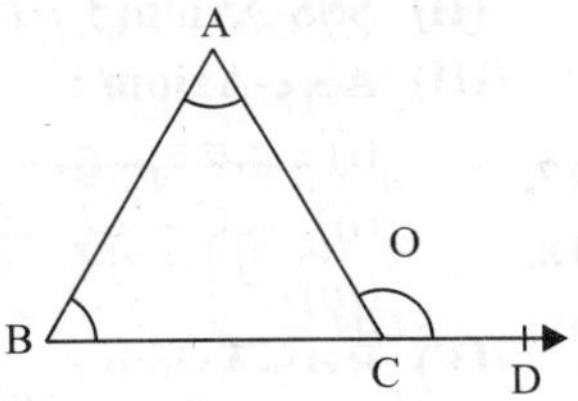

(II) किसी त्रिभुज की एक भुजा बढ़ाने पर बना बहिष्कोण (Exterior Angle) सदैव प्रत्येक सुदूर अन्त:कोण से बड़ा होता है.
ΔABC में भुजा BC को D तक बढ़ाने पर
(*i*) (बहिष्कोण $\angle ACD) > (\angle BAC)$
(*ii*) (बहिष्कोण $\angle ACD) > (\angle ABC)$

(III) किसी त्रिभुज में दो भुजाओं का योग सदैव तीसरी भुजा से बड़ा होता है.
ΔABC में
(*i*) $AB + BC > AC$ (*ii*) $AB + AC > BC$ (*iii*) $BC + AC > AB$

(IV) किसी त्रिभुज में दो भुजाओं का अन्तर सदैव तीसरी भुजा से छोटा होता है :
ΔABC में
(*i*) $AB - BC < AC$ (*ii*) $AB - AC < BC$ (*iii*) $BC - AC < AB$.

2. **(I) केन्द्रक (Centroid) :**
किसी त्रिभुज की माध्यिकाओं का प्रतिच्छेद बिन्दु उस त्रिभुज का केन्द्रक कहलाता है.
ΔABC में भुजाओं BC, AC तथा AB के मध्य बिन्दु क्रमश: D, E तथा F हैं. इन माध्यिकाओं AD, BE तथा CF का प्रतिच्छेद बिन्दु G इस त्रिभुज का केन्द्रक है.

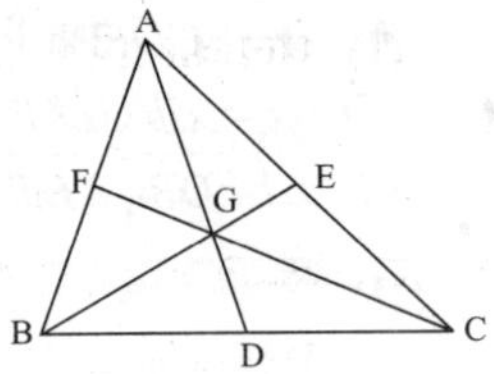

(II) लम्ब केन्द्र (Orthocentre) :
किसी त्रिभुज के प्रत्येक शीर्ष से विपरीत भुजा पर डाले गये तीनों लम्बों का प्रतिच्छेद बिन्दु त्रिभुज का लम्ब-केन्द्र कहलाता है.
ΔABC में यदि $AL \perp BC$, $BM \perp AC$ तथा $CN \perp AB$ हो, तो इन तीनों लम्बों का प्रतिच्छेद बिन्दु H इस त्रिभुज का लम्ब-केन्द्र कहलाता है.

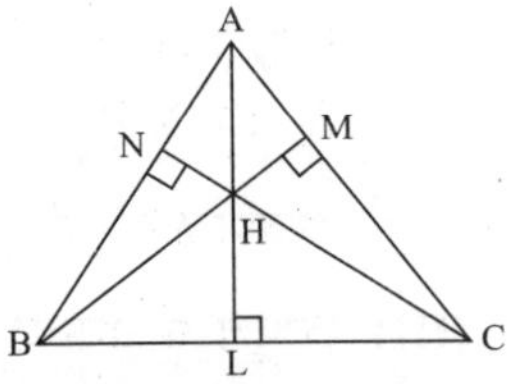

(III) अन्त:केन्द्र (Incentre) :
किसी त्रिभुज के सभी कोणों के आन्तरिक समद्विभाजकों का प्रतिच्छेद बिन्दु इस त्रिभुज का अन्त:केन्द्र कहलाता है.
ΔABC में $\angle A, \angle B, \angle C$ के समद्विभाजक क्रमश: AD, BE तथा CF हैं. इनका प्रतिच्छेद बिन्दु I इस त्रिभुज का अन्त:केन्द्र कहलाता है.

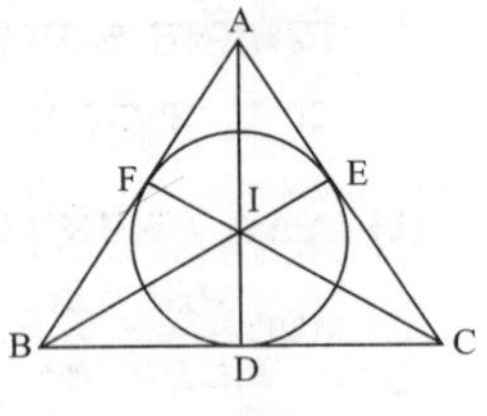

(IV) परिकेन्द्र (Circumcentre) :
किसी त्रिभुज की भुजाओं के लम्ब अर्द्धकों का प्रतिच्छेद बिन्दु इस त्रिभुज का परिकेन्द्र कहलाता है.
ΔABC में भुजाओं BC, CA तथा AB के लम्ब अर्द्धक क्रमश: OL, OM तथा ON परस्पर O पर काटते हैं. अत: बिन्दु O इस त्रिभुज का परिकेन्द्र है.

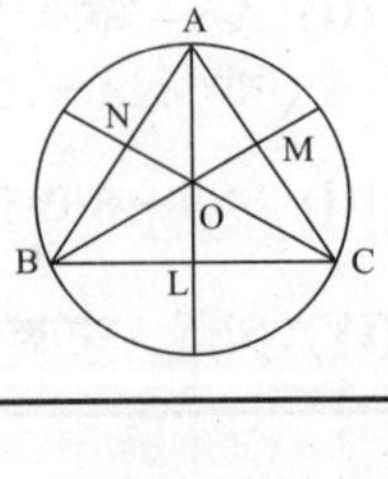

3. दो त्रिभुजों की सर्वांगसमता (Congruence) :

$\Delta ABC \cong \Delta DEF$ होगा यदि

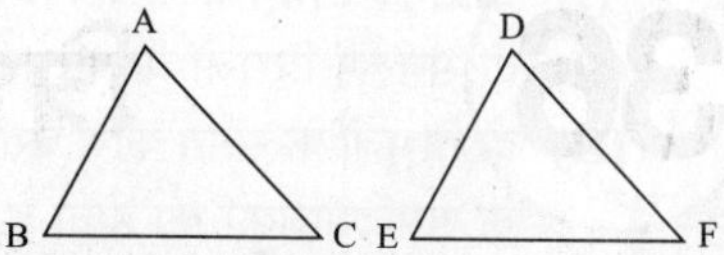

(I) SAS-Axiom :

(*i*) $AB = DE, BC = EF$ तथा $\angle B = \angle E$.

(*ii*) $AB = DE, AC = DF$ तथा $\angle A = \angle D$.

(*iii*) $BC = EF, AC = DF$ तथा $\angle C = \angle F$.

(II) SSS-Axiom : $AB = DE, BC = EF$ तथा $AC = DF$.

(III) ASA-Axiom :

(*i*) $\angle B = \angle E, \angle C = \angle F$ तथा $BC = EF$.

(*ii*) $\angle C = \angle F, \angle A = \angle D$ तथा $AC = DF$.

(*iii*) $\angle A = \angle D, \angle B = \angle E$ तथा $AB = DE$.

(IV) RHS-Axiom :

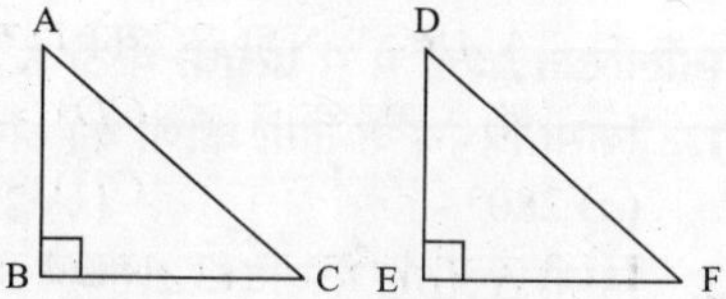

$\Delta ABC \cong \Delta DEF$ होगा यदि

(*i*) $\angle B = \angle E = 90°,\ AB = DE, AC = DF$

(*ii*) $\angle B = \angle E = 90°,\ BC = EF, AC = DF$.

(V) किसी $\Delta\, ABC$ में समान भुजाओं के सम्मुख कोण समान होते हैं.

(*i*) यदि $AB = AC$ हो, तो $\angle C = \angle B$. (*ii*) यदि $AC = BC$ हो, तो $\angle B = \angle A$.

(*iii*) यदि $AB = BC$ हो, तो $\angle C = \angle A$.

(VI) किसी $\Delta\, ABC$ में समान कोणों की सम्मुख भुजायें समान होती हैं.

4. दो त्रिभुजों की समरूपता (Similarity) :

(I) थेल का प्रमेय : $\Delta\, ABC$ में यदि $DE \parallel BC$ हो, तो

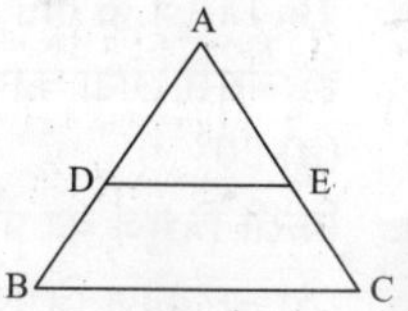

(*i*) $\dfrac{AD}{DB} = \dfrac{AE}{EC}$ (*ii*) $\dfrac{AD}{AB} = \dfrac{AE}{AC}$ (*iii*) $\dfrac{AB}{DB} = \dfrac{AC}{EC}$

(II) किसी त्रिभुज की दो भुजाओं के मध्य बिन्दुओं को मिलाने वाला रेखाखण्ड तीसरी भुजा के समानान्तर तथा इसके आधे के बराबर होता है.

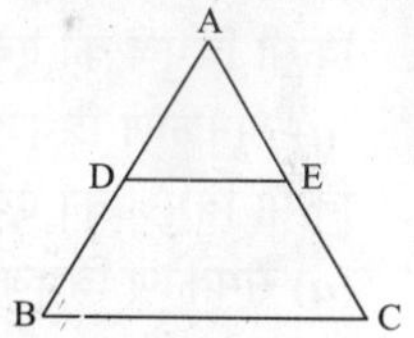

$\Delta\, ABC$ में भुजाओं AB तथा AC के मध्य बिन्दु क्रमश: D तथा E हों, तो $DE = \dfrac{1}{2}\, BC$.

(III) त्रिभुज के किसी कोण का समद्विभाजक उसकी सम्मुख भुजा को शेष दो भुजाओं के अनुपात में विभाजित करता है.

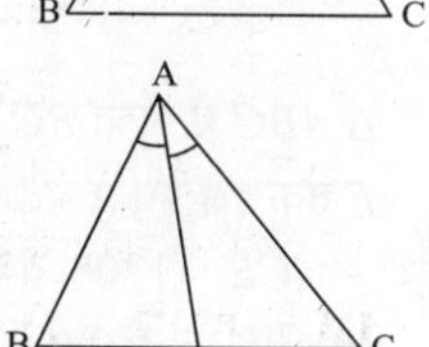

दी गई आकृति में $\angle A$ का समद्विभाजक AD है. अत: $\dfrac{BD}{DC} = \dfrac{AB}{AC}$.

5. (I) AAA – समरूपता : यदि $\angle A = \angle D,\ \angle B = \angle E,\ \angle C = \angle F$ तथा $\dfrac{AB}{DE} = \dfrac{BC}{EF} = \dfrac{CA}{FD}$ हो, तो $\Delta ABC \sim \Delta DEF$.

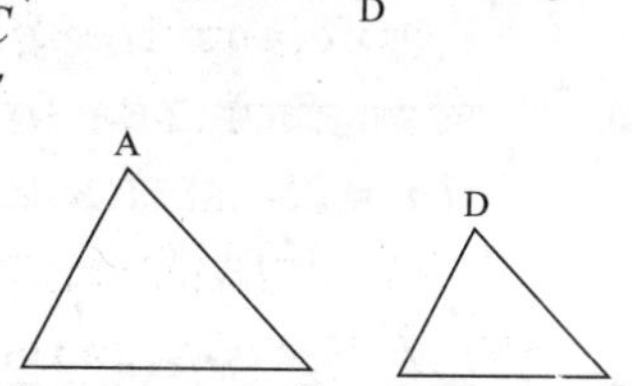

(II) AA – समरूपता :

यदि $\angle A = \angle D$ तथा $\angle B = \angle E$, तो $\Delta ABC \sim \Delta DEF$.

(III) SSS – समरूपता : यदि $\dfrac{AB}{DE} = \dfrac{BC}{EF} = \dfrac{AC}{DF}$ हो, तो $\Delta ABC \sim \Delta DEF$.

(IV) SAS – समरूपता : यदि $\angle A = \angle D$ तथा $\dfrac{AB}{DE} = \dfrac{AC}{DF}$ हो, तो $\Delta ABC \sim \Delta DEF$.

6. **(I)** दो समरूप त्रिभुजों के क्षेत्रफलों का अनुपात उनकी संगत भुजाओं के वर्गों के अनुपात के बराबर होता है.
(II) दो समरूप त्रिभुजों के परिमापों का अनुपात उनकी संगत भुजाओं के अनुपात के बराबर होता है.
(III) दो त्रिभुजों के संगत कोण बराबर हों तो उनकी संगत भुजाओं का अनुपात वही होता है जो कि संगत कोणों के समद्विभाजकों का होता है.
(IV) दो त्रिभुजों के संगत कोण बराबर हों, तो उनकी संगत भुजाओं का अनुपात वही होता है जो कि संगत माध्यिकाओं का होता है.
(V) दो त्रिभुजों के संगत कोण बराबर हों, तो उनकी संगत भुजाओं का अनुपात वही होता है जो कि संगत शीर्षलम्बों का होता है.

प्रश्नमाला 36

निम्नलिखित प्रश्नों में से प्रत्येक में ठीक उत्तर को चिन्हांकित (✓) कीजिए :

1. किसी त्रिभुज के तीनों कोणों का अनुपात 2 : 3 : 7 है. इनमें सबसे बड़े कोण की नाप क्या होगी ?
(*a*) 280° (*b*) 210° (*c*) 140° (*d*) 105°

2. किसी ΔABC में यदि $3\angle A = 4\angle B = 6\angle C$ हो, तो $\angle A = ?$
(*a*) 60° (*b*) 80° (*c*) 30° (*d*) 40°

3. किसी ΔABC में यदि $\angle A - \angle B = 45°$ तथा $\angle B - \angle C = 30°$, तो $\angle A + \angle B = ?$
(*a*) 150° (*b*) 155° (*c*) 145° (*d*) 135°

4. एक त्रिभुज के दो कोणों का योग 116° तथा अन्तर 24° है. इस त्रिभुज के तीसरे कोण का माप कितना होगा ?
(*a*) 46° (*b*) 64° (*c*) 56° (*d*) 66°

5. एक त्रिभुज के तीन कोणों में से एक कोण सबसे छोटे कोण का दुगुना तथा दूसरा कोण सबसे छोटे कोण का तिगुना है. सबसे छोटा कोण कितना है ?
(*a*) 20° (*b*) 30° (*c*) 40° (*d*) 60°

6. किसी त्रिभुज का प्रत्येक कोण शेष दो कोणों के योग से कम है. ऐसी त्रिभुज है :
(*a*) न्यूनकोण त्रिभुज (*b*) अधिककोण त्रिभुज (*c*) समकोण त्रिभुज (*d*) विषमबाहु त्रिभुज

7. किसी त्रिभुज का एक कोण शेष दो कोणों के योग के बराबर है. ऐसी त्रिभुज है :
(*a*) न्यूनकोण त्रिभुज (*b*) अधिककोण त्रिभुज (*c*) समकोण त्रिभुज (*d*) समबाहु त्रिभुज

8. किसी त्रिभुज का एक कोण शेष दो कोणों के योग से बड़ा है. ऐसी त्रिभुज है :
(*a*) समकोण त्रिभुज (*b*) न्यूनकोण त्रिभुज (*c*) अधिककोण त्रिभुज (*d*) विषमबाहु त्रिभुज

9. ΔABC में भुजा BC को बायीं ओर D तक तथा दायीं ओर E तक इस प्रकार बढ़ाया गया है कि $\angle ABD = 110°$ तथा $\angle ACE = 120°$. तब $\angle BAC = ?$
(*a*) 70° (*b*) 60° (*c*) 50° (*d*) 65°

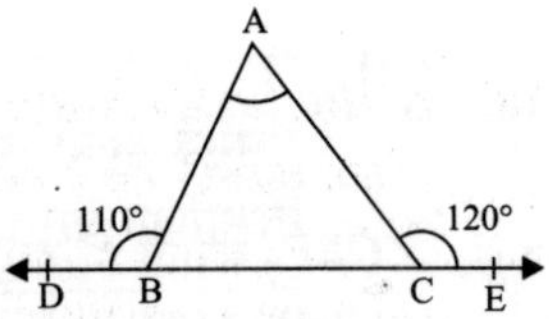

10. दी गई आकृति में $\angle BAC = 30°, \angle ABC = 50°$ तथा $\angle CDE = 25°$ हो तो $\angle AED = ?$
(*a*) 105° (*b*) 115° (*c*) 95° (*d*) 75°

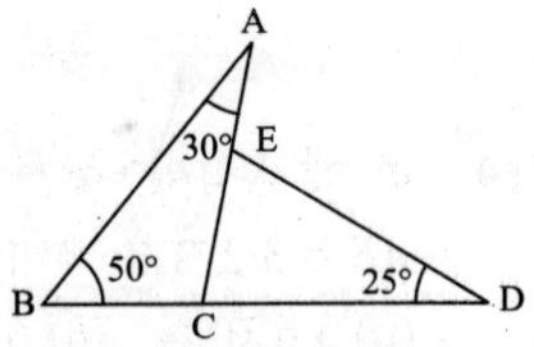

11. दी गई आकृति में ΔABC की भुजा CB को D तक तथा भुजा BA को E तक बढ़ाया गया है. यदि $\angle ABD = 130°$ तथा $\angle CAE = 80°$ हो, तो $\angle ACB = ?$
(*a*) 50° (*b*) 25° (*c*) 30° (*d*) 40°

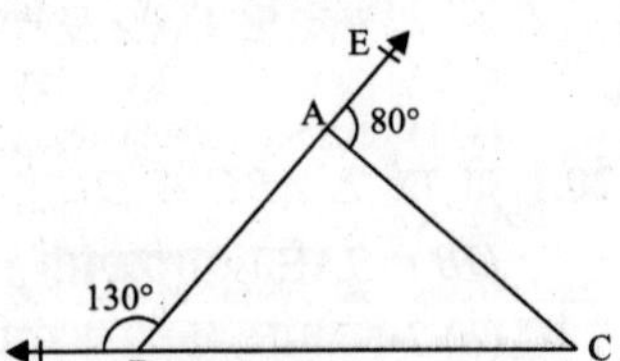

12. दी गई आकृति में $\angle BAC = 40°$. यदि $\angle B$ तथा $\angle C$ के अर्द्धक क्रमशः BO तथा CO हों, तो $\angle BOC = ?$

(*a*) 140° (*b*) 100° (*c*) 110° (*d*) 80°

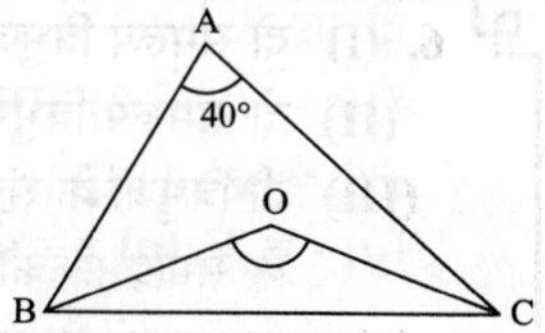

13. दी गई आकृति में $\angle ACO = 65°, \angle OAC = 45°$ तथा $\angle ODB = 85°$ हो, तो $\angle OBD = ?$

(*a*) 35° (*b*) 30° (*c*) 25° (*d*) 20°

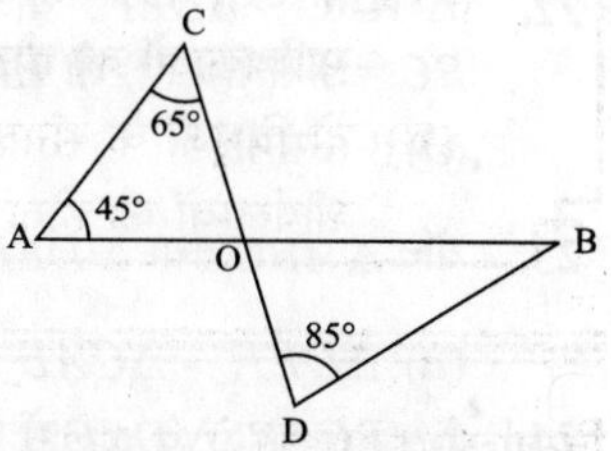

14. दिये गये चित्र में ΔABC की भुजायें BC, CA तथा BA क्रमशः बिन्दु D तक, बिन्दु E तक तथा बिन्दु F तक बढ़ाई गई हैं. यदि $\angle ACD = 140°$ तथा $\angle EAF = 90°$ हो, तो $\angle ABC = ?$

(*a*) 40° (*b*) 50° (*c*) 65° (*d*) 25°

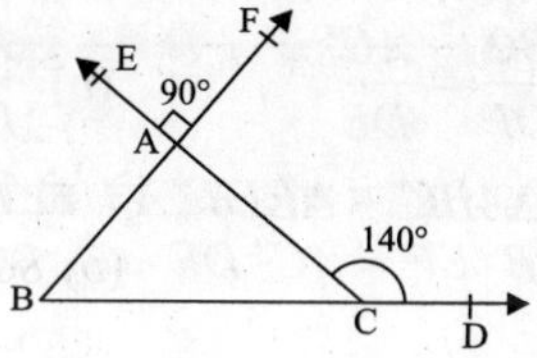

15. दी गई आकृति में $AM \perp BC$ है तथा $\angle A$ का समद्विभाजक AN है. यदि $\angle ABC = 70°$ तथा $\angle ACB = 30°$, तो $\angle MAN = ?$

(*a*) 40° (*b*) 20° (*c*) 30° (*d*) 55°

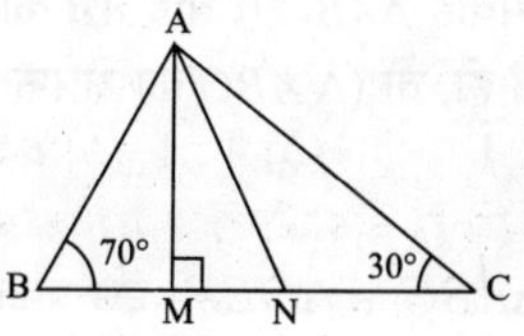

16. किसी ΔABC के कोणों का अनुपात 3 : 5 : 7 है. ऐसी त्रिभुज है :

(*a*) न्यूनकोण त्रिभुज (*b*) अधिककोण त्रिभुज (*c*) समकोण त्रिभुज (*d*) समद्विबाहु त्रिभुज

17. दी गई आकृति में x का मान कितना होगा ?

(*a*) 130 (*b*) 120 (*c*) 110 (*d*) 100

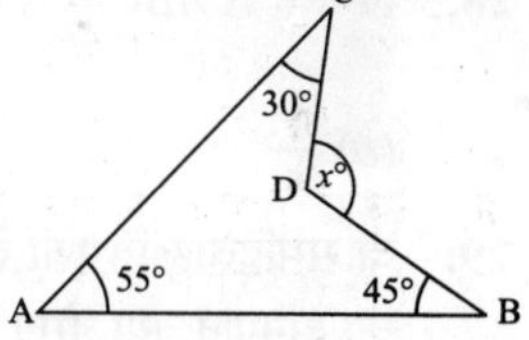

18. ΔABC की भुजायें BC, CA तथा AB क्रमशः बिन्दु D, E तथा F तक बढ़ा दी गई हैं तथा बाह्य कोण $\angle ACD, \angle BAE$ तथा $\angle CBF$ बनाती हैं. तब $\angle BAE + \angle CBF + \angle ACD = ?$

(*a*) 240° (*b*) 300° (*c*) 320° (*d*) 360°

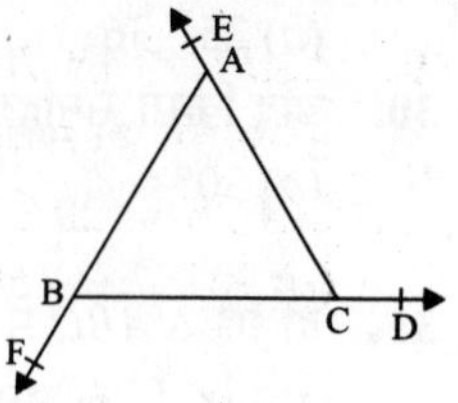

19. दी गई ΔABC में $DE \parallel BC$. यदि $AD = 2{\cdot}4$ सेमी॰, $AE = 3{\cdot}2$ सेमी॰ तथा $EC = 4{\cdot}8$ सेमी॰. तब, $AB = ?$

(*a*) 3·6 सेमी॰ (*b*) 6 सेमी॰ (*c*) 6·4 सेमी॰ (*d*) 7·2 सेमी॰

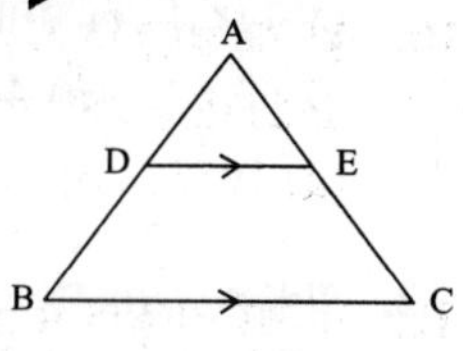

20. दी गई ΔABC में $DE \parallel BC$. यदि $AD = 4$ सेमी॰, $DB = 7$ सेमी॰ तथा $AC = 6{\cdot}6$ सेमी॰ हो तो $AE = ?$

(*a*) 3·6 सेमी॰ (*b*) 2·4 सेमी॰ (*c*) 2·8 सेमी॰ (*d*) 3·3 सेमी॰

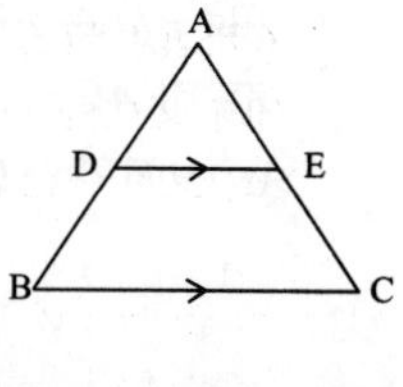

21. दी गई ΔABC में, $DE \parallel BC$. यदि $AD = x$ सेमी०, $DB = (x-2)$ सेमी०, $AE = (x+2)$ सेमी० तथा $EC = (x-1)$ सेमी० हो, तो $x = ?$

(*a*) $x = 3$ (*b*) $x = 4$ (*c*) $x = 5$ (*d*) $x = 6$

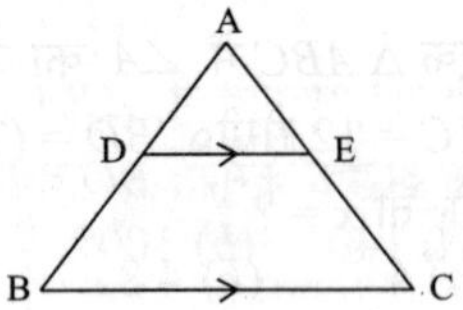

22. $\Delta ABC \sim \Delta DEF$. यदि ΔABC तथा ΔDEF की परिमिति क्रमशः 25 सेमी० और 15 सेमी० हों तथा $BC = 9$ सेमी० हो, तो $EF = ?$

(*a*) 3·6 सेमी० (*b*) 5·4 सेमी० (*c*) 7·2 सेमी० (*d*) 6 सेमी०

23. यदि ΔABC तथा ΔDEF में $\frac{AB}{EF} = \frac{BC}{DF} = \frac{CA}{DE}$ हो, तो निम्नलिखित में से सत्य कथन कौन-सा है ?

(*a*) $\Delta DEF \sim \Delta CAB$ (*b*) $\Delta DEF \sim \Delta ABC$ (*c*) $\Delta DEF \sim \Delta CBA$ (*d*) $\Delta DEF \sim \Delta BCA$

24. ΔABC तथा ΔDEF में यदि $\angle A = \angle E$ तथा $\angle B = \angle F$, तब निम्नलिखित में से सत्य कथन कौन-सा है ?

(*a*) $\frac{BC}{DF} = \frac{AC}{DE}$ (*b*) $\frac{AB}{DE} = \frac{BC}{FD}$ (*c*) $\frac{AB}{EF} = \frac{AC}{DE}$ (*d*) $\frac{BC}{FD} = \frac{AB}{EF}$

25. यदि $\Delta ABC \sim \Delta EDF$ हो, तो निम्नलिखित में से कौन-सा कथन सत्य नहीं है ?

(*a*) $AB \cdot EF = AC \cdot DE$ (*b*) $BC \cdot DE = AB \cdot FD$ (*c*) $BC \cdot DE = AB \cdot EF$ (*d*) $BC \cdot EF = AC \cdot FD$

26. एक समबाहु ΔABC में यदि AB का मध्य बिन्दु D हो तथा AC का मध्य बिन्दु E हो, तो (ΔABC का क्षेत्रफल) : (ΔADE का क्षेत्रफल) = ?

(*a*) 2 : 1 (*b*) 4 : 1 (*c*) 3 : 1 (*d*) 3 : 2

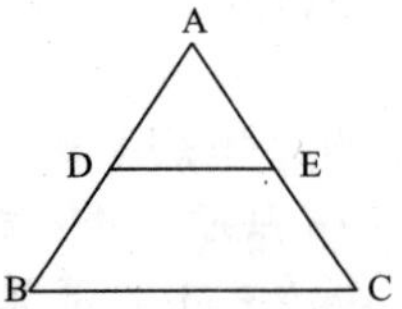

27. यदि $\Delta ABC \sim \Delta DEF$ इस प्रकार हो कि ΔABC का क्षेत्रफल = 25 सेमी०^2 तथा ΔDEF का क्षेत्रफल = 36 सेमी०^2 तब इन त्रिभुजों की संगत भुजाओं का अनुपात क्या होगा ?

(*a*) 25 : 36 (*b*) 36 : 25 (*c*) 5 : 6 (*d*) 6 : 5

28. दिया है $\Delta ABC \sim \Delta DEF$ तथा $\frac{BC}{EF} = \frac{3}{5}$, तब $\frac{ar\,(\Delta DEF)}{ar\,(\Delta ABC)} = ?$

(*a*) $\frac{3}{5}$ (*b*) $\frac{5}{3}$ (*c*) $\frac{9}{25}$ (*d*) $\frac{25}{9}$

29. दो समद्विबाहु त्रिभुजों के संगत कोण बराबर हैं तथा इनके क्षेत्रफलों का अनुपात 25 : 36 है. इनकी संगत ऊँचाइयों का अनुपात क्या होगा ?

(*a*) 25 : 36 (*b*) 36 : 25 (*c*) 5 : 6 (*d*) 6 : 5

30. यदि किसी समद्विबाहु ΔABC में $AC = BC$ हो तथा $AB^2 = 2AC^2$ हो, तो $\angle C = ?$

(*a*) 30° (*b*) 45° (*c*) 60° (*d*) 90°

31. दी गई ΔABC में यदि $AB = 8$ सेमी०, $AC = 12$ सेमी० तथा $\angle A$ का समद्विभाजक AD है तो $BD : DC = ?$

(*a*) 2 : 3 (*b*) 4 : 9 (*c*) $\sqrt{2} : \sqrt{3}$ (*d*) 3 : 2

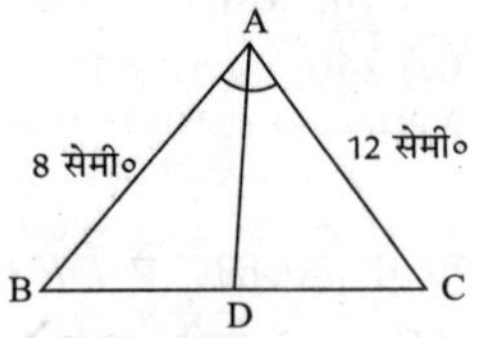

32. एक ΔABC में $\angle A$ का अर्द्धक AD है. यदि $BD = 5$ सेमी०, $DC = 6$ सेमी० तथा $AB = 8$ सेमी० हो, तो $AC = ?$

(*a*) 9 सेमी० (*b*) 9·6 सेमी० (*c*) 7 सेमी० (*d*) 6 सेमी०

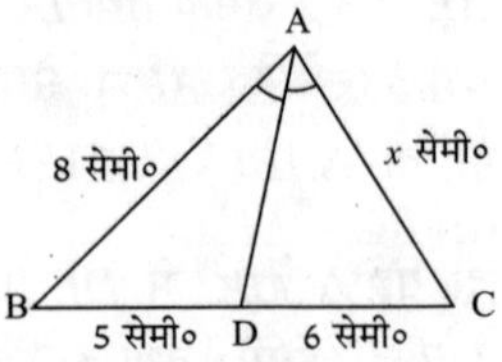

33. एक ΔABC में $\angle A$ का अर्द्धक AD है. यदि $AB = 9$ सेमी०, $AC = 12$ सेमी०, $BD = (7 - x)$ सेमी० तथा $DC = x$ सेमी० हो, तो $x = ?$

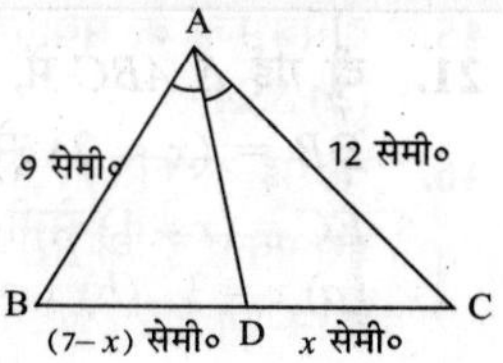

(*a*) 4 (*b*) 4·8 (*c*) 3·5 (*d*) 2·5

34. एक त्रिभुज में शीर्ष से डाला गया लम्ब आधार को समद्विभाजित करता है. यह त्रिभुज है :
(*a*) एक समकोण त्रिभुज (*b*) एक अधिककोण त्रिभुज
(*c*) एक समद्विबाहु त्रिभुज (*d*) एक विषमबाहु त्रिभुज

35. एक समबाहु त्रिभुज की प्रत्येक भुजा 10 सेमी० लम्बी है. इस त्रिभुज की ऊँचाई कितनी है ?
(*a*) $5\sqrt{3}$ सेमी० (*b*) $6\sqrt{2}$ सेमी० (*c*) $5\sqrt{2}$ सेमी० (*d*) $6\sqrt{3}$ सेमी०

36. एक समकोण त्रिभुज के कर्ण की लम्बाई 25 सेमी० है. शेष दोनों भुजाओं में से एक भुजा दूसरी भुजा से 5 सेमी० बड़ी है. इन दो भुजाओं की लम्बाईयाँ हैं क्रमशः
(*a*) 10 सेमी०, 15 सेमी० (*b*) 12 सेमी०, 17 सेमी० (*c*) 13 सेमी०, 18 सेमी० (*d*) 15 सेमी०, 20 सेमी०

37. एक व्यक्ति एक बिन्दु से 12 मीटर दक्षिण की ओर जाकर वहाँ से 35 मीटर पश्चिम की ओर जाता है. वह प्रारम्भिक बिन्दु से कितनी दूरी पर है ?
(*a*) 23 मीटर (*b*) 23·5 मीटर (*c*) 47 मीटर (*d*) 37 मीटर

38. जमीन में गड़े हुये दो खम्भे क्रमशः 7 मीटर तथा 13 मीटर ऊँचे हैं तथा इनके बीच की क्षैतिज दूरी 8 मीटर है. इन खम्भों की चोटियों के बीच की दूरी कितनी है ?
(*a*) 12 मीटर (*b*) 11 मीटर (*c*) 10 मीटर (*d*) 9 मीटर

39. ΔABC में यदि $AB = 3·5$ सेमी० तथा $BC = 7$ सेमी० हो, तो निम्नलिखित में से कौन-सी नाप AC की लम्बाई नहीं हो सकती ?
(*a*) 3·4 सेमी० (*b*) 4 सेमी० (*c*) 4·5 सेमी० (*d*) 10 सेमी०

40. ΔABC में यदि $\angle A = 60°$ तथा $\angle B = 80°$ हो, तो त्रिभुज की सबसे बड़ी भुजा कौन-सी है ?
(*a*) BC (*b*) AC (*c*) AB (*d*) तीनों भुजायें बराबर हैं

41. ΔABC में $\angle B = 35°, \angle C = 65°$ तथा $\angle BAC$ का अर्द्धक BC को X पर काटता है. तब, निम्नलिखित में से कौन-सा कथन सत्य है ?

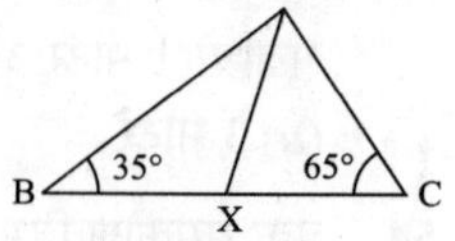

(*a*) $AX > BX > CX$ (*b*) $BX > CX > AX$
(*c*) $BX > AX > CX$ (*d*) $CX > BX > AX$

42. ΔABC में भुजा BC पर कोई बिन्दु D हो, तो निम्नलिखित में से सत्य कथन कौन-सा है ?

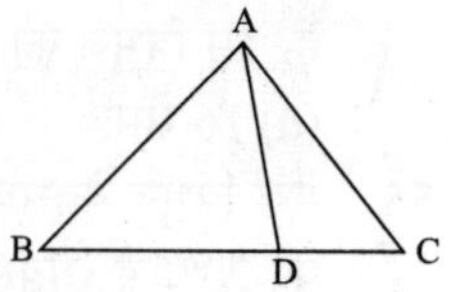

(*a*) $AB + BC + CA = AD$ (*b*) $AB + BC + CA > AD$
(*c*) $AB + BC + CA = 2AD$ (*d*) $AB + BC + CA > 2AD$

43. ΔABC के अभ्यन्तर में कोई बिन्दु O है. तब निम्नलिखित में से सही कथन कौन-सा है ?
(*a*) $(OA + OB + OC) > (AB + BC + CA)$ (*b*) $(OA + OB + OC) > \frac{1}{2}(AB + BC + CA)$
(*c*) $(OA + OB + OC) < \frac{1}{2}(AB + BC + CA)$ (*d*) इनमें से कोई नहीं

44. ΔABC तथा ΔDEF में यदि $\angle B = \angle E$ तथा $\angle C = \angle F$ हो, तो $\Delta ABC \cong \Delta DEF$ तभी होगा जबकि

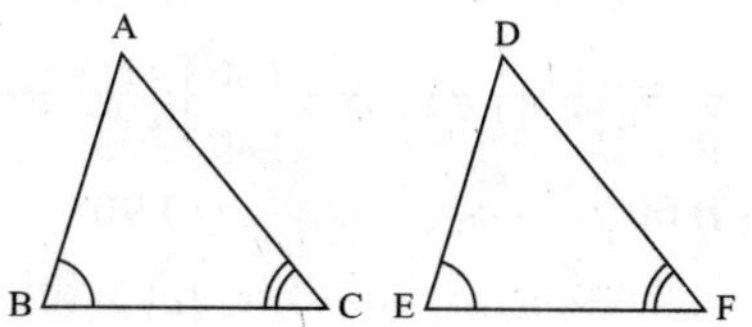

(*a*) $BC = EF$ (*b*) $AB = DF$
(*c*) $AC = DE$ (*d*) $\angle A = \angle D$

45. दो त्रिभुजों के सर्वांगसम होने के लिए निम्नलिखित में से कौन-सी प्रतिबंधता पर्याप्त नहीं है ?
(*a*) *SSA* (*b*) *SAS* (*c*) *ASA* (*d*) *SSS*

46. दी गई आकृति में ΔABC में $BL \perp AC$ तथा $CM \perp AB$ इस प्रकार हैं कि $BL = CM$. तब निम्नलिखित में से सत्य कथन कौन-सा है ?

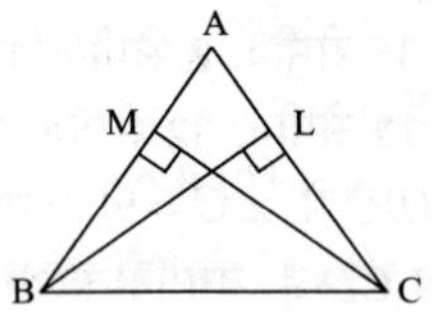

(*a*) $\Delta ABL \cong \Delta ACM$ (*b*) $\Delta ABL \cong \Delta AMC$
(*c*) $\Delta ABL \cong \Delta CAN$ (*d*) $\Delta ABC \cong \Delta EFD$

47. यदि किसी त्रिभुज के दो शीर्षों से विपरीत भुजाओं पर डाले गये लम्ब बराबर हों, तो ऐसी त्रिभुज होगी :
(*a*) समबाहु त्रिभुज (*b*) समद्विबाहु त्रिभुज (*c*) विषमबाहु त्रिभुज (*d*) समकोण त्रिभुज

48. निम्नलिखित में से सत्य कथन कौन-सा है ?
(*a*) एक त्रिभुज में दो कोण समकोण हो सकते हैं. (*b*) एक त्रिभुज में दो कोण अधिक कोण हो सकते हैं.
(*c*) एक त्रिभुज में दो न्यूनकोण हो सकते हैं.
(*d*) किसी त्रिभुज की एक भुजा को बढ़ाने पर बना बाह्यकोण प्रत्येक आन्तरिक कोण से छोटा होता है.

49. ΔABC की तीन माध्यिकायें *AD, BE* तथा *CF* हों, तो निम्नलिखित कथनों में से सत्य कथन कौन-सा है ?
(*a*) $(AB + BC + CA) = (AD + BE + CF)$ (*b*) $(AB + BC + CA) < (AD + BE + CF)$
(*c*) $(AB + BC + CA) > (AD + BE + CF)$ (*d*) इनमें से कोई नहीं

50. ΔABC की तीन शीर्षों से ऊँचाईयाँ क्रमशः *AL, BM* तथा *CN* हों तो निम्नलिखित कथनों में से सत्य कथन कौन-सा है ?
(*a*) $(AB + BC + CA) = (AL + BM + CN)$ (*b*) $(AB + BC + CA) < (AL + BM + CN)$
(*c*) $(AB + BC + CA) > (AL + BM + CN)$ (*d*) इनमें से कोई नहीं

51. किसी त्रिभुज की भुजाओं की लम्बाईयाँ क्रमशः *p, q, r* हैं. यदि $p^2 + q^2 + r^2 = pq + qr + pr$ हो, तो यह त्रिभुज कौन-सा है ? **(लोक सेवा आयोग परीक्षा, 2008)**
(*a*) समद्विबाहु त्रिभुज (*b*) समबाहु त्रिभुज (*c*) समकोण त्रिभुज (*d*) अधिककोण त्रिभुज

52. किसी त्रिभुज की भुजायें 3 : 4 : 6 के अनुपात में हैं. यह त्रिभुज है : **(एस०एस०सी० परीक्षा, 2007)**
(*a*) न्यूनकोणीय (*b*) समकोणीय (*c*) अधिक कोणीय (*d*) न्यूनकोणीय अथवा समकोणीय

53. एक समकोण त्रिभुज का कर्ण त्रिभुज की छोटी भुजा के दुगुने से 1 मीटर कम है. यदि तीसरी भुजा सबसे छोटी भुजा से 1 मीटर अधिक हो, तो त्रिभुज की सबसे छोटी भुजा कितनी है ? **(बी०एड० प्रवेश परीक्षा, 2007)**
(*a*) 3 मीटर (*b*) 4 मीटर (*c*) 5 मीटर (*d*) 6 मीटर

54. एक समकोण त्रिभुज की सबसे बड़ी भुजा, सबसे छोटी भुजा का $\frac{5}{3}$ है. इसकी तीसरी भुजा की लम्बाई 8 सेमी० है. इस त्रिभुज की सबसे बड़ी तथा सबसे छोटी भुजाओं का योग कितना है ? **(बैंक पी०ओ० परीक्षा, 2010)**
(*a*) 16 सेमी० (*b*) 14 सेमी० (*c*) 18 सेमी० (*d*) 12 सेमी० (*e*) इनमें से कोई नहीं

55. एक त्रिभुज के सबसे बड़े तथा उससे छोटे कोण का अनुपात 3 : 2 है. सबसे छोटा कोण इन दोनों कोणों के योग का 20% है. सबसे बड़े कोण को छोड़कर शेष दो कोणों का योग कितना है ?**(बैंक पी०ओ० परीक्षा, 2010)**
(*a*) 80° (*b*) 60° (*c*) 100° (*d*) 90° (*e*) इनमें से कोई नहीं

56. एक समकोण त्रिभुज की एक भुजा की लम्बाई 126 सेमी० है. अन्य भुजा तथा कर्ण के बीच का अन्तर 42 सेमी० है. कर्ण की लम्बाई कितनी है ? **(मैट्रो रेल परीक्षा, 2002)**
(*a*) 168 सेमी० (*b*) 189 सेमी० (*c*) 210 सेमी० (*d*) 378 सेमी०

57. एक त्रिभुज का एक कोण $\left(\frac{\pi}{4}\right)^c$ तथा दूसरा कोण $\left(\frac{\pi}{6}\right)^c$ है. तीसरे कोण का माप क्या होगा ?
(*a*) 60° (*b*) 90° (*c*) 105° (*d*) 180°

58. एक समकोण त्रिभुज की दो भुजायें जो समकोण बनाती हैं क्रमशः $5x$ सेमी॰ तथा $(3x-1)$ सेमी॰ लम्बी हैं. यदि त्रिभुज का क्षेत्रफल 60 वर्ग सेमी॰ हो, तो त्रिभुज की भुजायें हैं :

(*a*) 15 सेमी॰, 8 सेमी॰, 17 सेमी॰ (*b*) 16 सेमी॰, 10 सेमी॰, 18 सेमी॰

(*c*) 13 सेमी॰, 12 सेमी॰, 20 सेमी॰ (*d*) 6 सेमी॰, 10 सेमी॰, 14 सेमी॰

59. ΔABC में $\angle C = 90°$ तथा बिन्दु C से कर्ण AB पर खींचा गया लम्ब CD है. तब निम्नलिखित में से सत्य कथन कौन-सा है ?

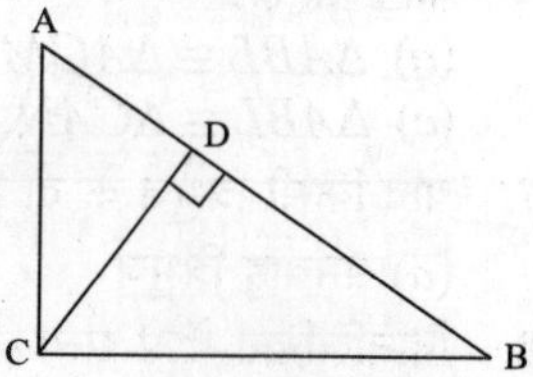

(*a*) $\frac{1}{CD^2} = \frac{1}{BC^2} + \frac{1}{CA^2}$ (*b*) $\frac{1}{CD^2} = \frac{1}{CA^2} + \frac{1}{AD^2}$

(*c*) $\frac{1}{CD^2} = \frac{1}{CB^2} + \frac{1}{BD^2}$

60. दिये गये ΔABC में AD एक माध्यिका है तथा AD का मध्य बिन्दु E है. BE को मिलाकर आगे बढ़ाने पर यह AC को F पर काटती है. तब निम्नलिखित में से सत्य कथन कौन-सा है ?

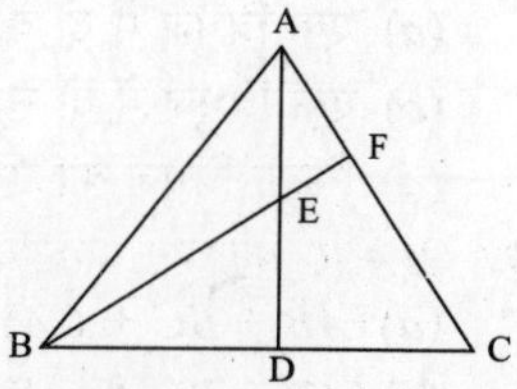

(*a*) $AF = \frac{AC}{4}$ (*b*) $AF = \frac{AC}{2}$ (*c*) $AF = \frac{AC}{3}$ (*d*) $AF = \frac{2AC}{3}$

उत्तरमाला (प्रश्नमाला 36)

1. (*d*)	**2.** (*b*)	**3.** (*b*)	**4.** (*b*)	**5.** (*b*)	**6.** (*a*)	**7.** (*c*)	**8.** (*c*)	**9.** (*c*)	**10.** (*a*)
11. (*c*)	**12.** (*c*)	**13.** (*c*)	**14.** (*b*)	**15.** (*b*)	**16.** (*a*)	**17.** (*a*)	**18.** (*d*)	**19.** (*b*)	**20.** (*b*)
21. (*b*)	**22.** (*b*)	**23.** (*a*)	**24.** (*d*)	**25.** (*c*)	**26.** (*b*)	**27.** (*c*)	**28.** (*d*)	**29.** (*c*)	**30.** (*d*)
31. (*a*)	**32.** (*b*)	**33.** (*a*)	**34.** (*c*)	**35.** (*a*)	**36.** (*d*)	**37.** (*d*)	**38.** (*c*)	**39.** (*a*)	**40.** (*b*)
41. (*c*)	**42.** (*d*)	**43.** (*b*)	**44.** (*a*)	**45.** (*a*)	**46.** (*a*)	**47.** (*b*)	**48.** (*c*)	**49.** (*c*)	**50.** (*c*)
51. (*b*)	**52.** (*c*)	**53.** (*a*)	**54.** (*a*)	**55.** (*d*)	**56.** (*c*)	**57.** (*c*)	**58.** (*a*)	**59.** (*a*)	**60.** (*c*)

दिये गये प्रश्नों के हल प्रश्नमाला 36

1. माना $\angle A = (2x)°, \angle B = (3x)°$ तथा $\angle C = (7x)°$.

तब, $\angle A + \angle B + \angle C = 180° \Rightarrow 2x + 3x + 7x = 180 \Rightarrow 12x = 180 \Rightarrow x = 15.$

सबसे बड़ा कोण $= (7 \times 15)° = 105°.$

2. माना $3A = 4B = 6C = K$. तब $A = \frac{K}{3}, B = \frac{K}{4}, C = \frac{K}{6}.$

$$A + B + C = 180° \Rightarrow \frac{K}{3} + \frac{K}{4} + \frac{K}{6} = 180 \Rightarrow 4K + 3K + 2K = (180 \times 12)$$

$$\Rightarrow 9K = (180 \times 12) \Rightarrow K = (20 \times 12) = 240.$$

$$\therefore A = \left(\frac{240}{3}\right)^{\circ} = 80°.$$

3. $(A - B = 45$ तथा $B - C = 30)$. इन्हें जोड़ने पर $A - C = 75$.

माना $A = K$. तब $B = K - 45$ तथा $C = K - 75$.

जोड़ने पर $3K - 120 = 180 \Rightarrow 3K = 300 \Rightarrow K = 100.$

$\therefore A + B = K + K - 45 = (200 - 45) = 155.$

4. दिया है : $A + B = 116$ तथा $A - B = 24$. इन्हें हल करने पर $A = 70°, B = 46°.$

$\therefore C = 180° - (70° + 46°) = (180 - 116)° = 64°.$

5. माना त्रिभुज के कोण $x°, (2x)°$ तथा $(3x)°$ हैं. तब, $x + 2x + 3x = 180 \Rightarrow 6x = 180 \Rightarrow x = 30.$

अत: सबसे छोटा कोण $= 30°.$

6. $A<(B+C)\Rightarrow 2A<(A+B+C)=180^\circ\Rightarrow A<90^\circ.$
$B<(A+C)\Rightarrow 2B<(A+B+C)=180^\circ\Rightarrow B<90^\circ$
$C<(A+B)\Rightarrow 2C<(A+B+C)=180^\circ\Rightarrow C<90^\circ.$
$\therefore\ \Delta ABC$ एक न्यूनकोण त्रिभुज है.

7. $A=B+C\Rightarrow 2A=A+B+C=180^\circ\Rightarrow A=90^\circ.$

8. माना $A>B+C.$ तब $2A>A+B+C=180^\circ\Rightarrow A>90^\circ.$
$\therefore\ \Delta ABC$ एक अधिक कोण त्रिभुज है.

9. $\angle ABC=(180^\circ-110^\circ)=70^\circ$ तथा $\angle ACB=(180^\circ-120^\circ)=60^\circ$.
$\angle ABC+\angle ACB+\angle BAC=180^\circ\Rightarrow 70^\circ+60^\circ+\angle BAC=180^\circ\Rightarrow\angle BAC=50^\circ.$

10. ΔABC में $\angle BAC+\angle ABC+\angle ACB=180^\circ\Rightarrow 30^\circ+50^\circ+\angle ACB=180^\circ\Rightarrow\angle ACB=100^\circ.$
$\therefore\ \angle ECD=\angle ACD=(180^\circ-100^\circ)=80^\circ.$
ΔECD में $\angle ECD+\angle EDC+\angle CED=180^\circ\Rightarrow 80^\circ+25^\circ+\angle CED=180^\circ\Rightarrow\angle CED=75^\circ.$
$\therefore\ \angle AED=(180^\circ-75^\circ)=105^\circ.$

11. $\angle ABC=(180^\circ-130^\circ)=50^\circ,\ \angle BAC=(180^\circ-80^\circ)=100^\circ.$
ΔABC में $\angle ABC+\angle BAC+\angle ACB=180^\circ\Rightarrow 50^\circ+100^\circ+\angle ACB=180^\circ\Rightarrow\angle ACB=30^\circ.$

12. $\angle ABC+\angle ACB=(180^\circ-40^\circ)=140^\circ$
$\Rightarrow\frac{1}{2}\angle ABC+\frac{1}{2}\angle ACB=70^\circ\Rightarrow\angle OBC+\angle OCB=70^\circ.$
$\therefore\ \angle BOC=(180^\circ-70^\circ)=110^\circ.$

13. ΔAOC में $\angle OAC+\angle OCA+\angle AOC=180^\circ\Rightarrow 45^\circ+65^\circ+\angle AOC=180^\circ\Rightarrow\angle AOC=70^\circ.$
$\angle BOD=\angle AOC=70^\circ$.
ΔBOD में, $\angle BOD+\angle BDO+\angle OBD=180^\circ\Rightarrow 70^\circ+85^\circ+\angle OBD=180^\circ$
$\Rightarrow\angle OBD=(180^\circ-155^\circ)=25^\circ.$

14. $\angle ACB+\angle ACD=180^\circ\Rightarrow\angle ACB+140^\circ=180^\circ\Rightarrow\angle ACB=40^\circ.$
$\angle BAC=\angle EAF-90^\circ$ (शीर्षाभिमुख कोण)
ΔABC में, $\angle BAC+\angle ABC+\angle ACB=180^\circ\Rightarrow 90^\circ+\angle ABC+40^\circ=180^\circ\Rightarrow\angle ABC=50^\circ.$

15. ΔAMB में, $\angle AMB+\angle ABM+\angle BAM=180^\circ$
$\Rightarrow 90^\circ+70^\circ\angle BAM=180^\circ\Rightarrow\angle BAM=(180^\circ-160^\circ)=20^\circ$.
ΔABC में $\angle BAC+\angle ABC+\angle ACB=180^\circ$
$\Rightarrow\angle BAC+70^\circ+30^\circ=180^\circ\Rightarrow\angle BAC=(180^\circ-100^\circ)=80^\circ.$
$\angle BAN=\frac{1}{2}\angle BAC=\frac{1}{2}\times 80^\circ=40^\circ.$
$\therefore\ \angle MAN=\angle BAN-\angle BAM=(40^\circ-20^\circ)=20^\circ.$

16. माना दी गई त्रिभुज के कोण क्रमश: $(3x)^\circ,(5x)^\circ$ तथा $(7x)^\circ$ हैं.
तब $3x+5x+7x=180\Rightarrow 15x=180\Rightarrow x=12.$
$\therefore$ त्रिभुज के कोणों के माप हैं $36^\circ, 60^\circ$ तथा 84°. अत: यह एक न्यूनकोण त्रिभुज है.

17. A तथा D को मिलाकर आगे E तक बढ़ायें.
$\angle CDE=y+30$ तथा $\angle BDE=z+45$
$\Rightarrow\angle CDE+\angle BDE=(y+z+75)^\circ=(55+75)^\circ=130^\circ.$
$\therefore\ x=130.$

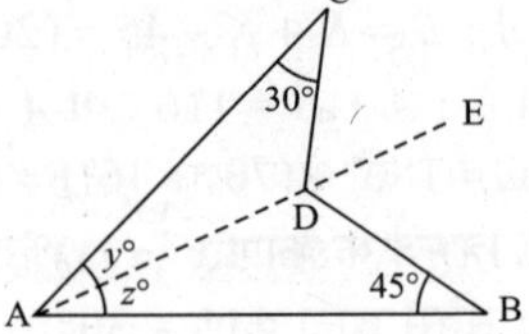

18. $\angle CAB + \angle BAE = 180°$, $\angle ABC + \angle CBF = 180°$ तथा $\angle ACB + \angle ACD = 180°$

$\Rightarrow (\angle CAB + \angle ABC + \angle ACB) + (\angle BAE + \angle CBF + \angle ACD) = 540°$

$\Rightarrow 180° + (\angle BAE + \angle CBF + \angle ACD) = 540° \Rightarrow \angle BAE + \angle CBF + \angle ACD = 360°$.

19. यहाँ $AD = 2{\cdot}4$ सेमी०, माना $DB = x$ सेमी०.

दिया है : $AE = 3{\cdot}2$ सेमी० तथा $EC = 4{\cdot}8$ सेमी०.

अनुपातिकता प्रमेय से :

$$\frac{AD}{DB} = \frac{AE}{EC} \Rightarrow \frac{2\cdot 4}{x} = \frac{3\cdot 2}{4\cdot 8} = \frac{32}{48} = \frac{2}{3} \Rightarrow 2x = (3\times 2\cdot 4) \Rightarrow x = \frac{3\times 2\cdot 4}{2} = (3\times 1\cdot 2) = 3\cdot 6.$$

$\therefore DB = 3{\cdot}6$ सेमी०.

अत: $AB = (AD + DB) = (2{\cdot}4 + 3{\cdot}6)$ सेमी० $= 6$ सेमी०.

20. माना $EC = x$ सेमी०. तब अनुपातिकता प्रमेय से :

$$\frac{AD}{DB} = \frac{AE}{EC} \Rightarrow \frac{4}{7} = \frac{6\cdot 6 - x}{x} \quad [\because AE = AC - EC = 6\cdot 6 - x]$$

$$\therefore 4x = 7(6\cdot 6 - x) \Rightarrow 4x = 7\times 6\cdot 6 - 7x \Rightarrow 11x = \frac{7\times 66}{10} \Rightarrow x = \left(\frac{7\times 66}{10}\times\frac{1}{11}\right) = \frac{42}{10} = 4\cdot 2 \text{ सेमी०.}$$

$\therefore AE = (AC - EC) = (6{\cdot}6 - 4{\cdot}2)$ सेमी० $= 2{\cdot}4$ सेमी०.

21. अनुपातिकता प्रमेय से :

$$\frac{AD}{DB} = \frac{AE}{EC} \Rightarrow \frac{x}{x-2} = \frac{x+2}{x-1} \Rightarrow x(x-1) = (x+2)(x-2) \Rightarrow x^2 - x = x^2 - 4 \Rightarrow x = 4.$$

22. $\dfrac{\Delta ABC \text{ की परिमिति}}{\Delta DEF \text{ की परिमिति}} = \dfrac{BC}{EF}$. माना $EF = x$ सेमी०. तब,

$$\frac{25}{15} = \frac{9}{x} \Rightarrow 25x = 15\times 9 \Rightarrow x = \frac{15\times 9}{25} = \frac{27}{5} = 5\cdot 4 \text{ सेमी०.}$$

23. $\dfrac{AB}{EF} = \dfrac{BC}{DF} = \dfrac{CA}{DE} \Rightarrow E \to A, F \to B, D \to C$

$\therefore \Delta DEF \sim \Delta CAB$.

24. $(A \leftrightarrow E, B \leftrightarrow F, C \leftrightarrow D) \Rightarrow \Delta ABC \sim \Delta EFD$.

$\therefore \dfrac{AB}{EF} = \dfrac{BC}{FD}$ सत्य है.

25. ($A \leftrightarrow E, B \leftrightarrow D$ तथा $C \leftrightarrow F$)

$\therefore \dfrac{AB}{AC} = \dfrac{DE}{EF}$ (सत्य); $\dfrac{BC}{AB} = \dfrac{FD}{DE}$ (सत्य); $\dfrac{BC}{AB} = \dfrac{EF}{DE}$ (असत्य); $\dfrac{BC}{AC} = \dfrac{FD}{EF}$ (सत्य).

अत: कथन (*c*) असत्य है.

26. स्पष्ट है कि $\dfrac{AD}{AB} = \dfrac{AE}{AC} = \dfrac{1}{2}$ तथा $\angle A = \angle A$.

$\therefore \Delta ABC \sim \Delta ADE$ तथा $\dfrac{AB}{AD} = \dfrac{2}{1}$.

$\therefore$ (ΔABC का क्षेत्रफल) : (ΔADE का क्षेत्रफल) $= \left(\dfrac{AB}{AD}\right)^2 = \left(\dfrac{2}{1}\right)^2 = \dfrac{4}{1} = 4:1$.

27. $\dfrac{\Delta ABC \text{ का क्षेत्रफल}}{\Delta DEF \text{ का क्षेत्रफल}} = \dfrac{AB^2}{DE^2} \Rightarrow \left(\dfrac{AB}{DE}\right)^2 = \dfrac{25}{36} = \left(\dfrac{5}{6}\right)^2 \Rightarrow \dfrac{AB}{DE} = \dfrac{5}{6} \Rightarrow AB : DE = 5:6.$

28. $\dfrac{ar\,(\Delta DEF)}{ar\,(\Delta ABC)} = \dfrac{EF^2}{BC^2} = \left(\dfrac{EF}{BC}\right)^2 = \left(\dfrac{5}{3}\right)^2 = \dfrac{25}{9}.$

29. माना इन त्रिभुजों की संगत ऊँचाईयाँ क्रमशः h_1 तथा h_2 हैं. तब

$$\frac{h_1^2}{h_2^2}=\frac{25}{36}\Rightarrow\left(\frac{h_1}{h_2}\right)^2=\left(\frac{5}{6}\right)^2\Rightarrow\frac{h_1}{h_2}=\frac{5}{6}\Rightarrow h_1:h_2=5:6.$$

30. दिया है $AC = BC$.

$\therefore\ AB^2=2AC^2\Rightarrow AB^2=AC^2+AC^2\Rightarrow AB^2=AC^2+BC^2\ [\because\ \mathbf{AC=BC}]\Rightarrow\angle C=90°.$

31. $BD:DC=AB:AC=8:12=2:3.$

32. $\frac{AB}{AC}=\frac{BD}{DC}\Rightarrow\frac{8}{x}=\frac{5}{6}\Rightarrow x=\frac{6\times 8}{5}=\frac{48}{5}=9\cdot 6$ सेमी०.

33. स्पष्ट है कि $\frac{AB}{AC}=\frac{BD}{DC}\Rightarrow\frac{9}{12}=\frac{7-x}{x}\Rightarrow 9x=84-12x\Rightarrow 21x=84\Rightarrow x=4.$

34. एक समद्विबाहु त्रिभुज में शीर्ष से डाला गया लम्ब आधार को समद्विभाजित करता है.

35. माना $\Delta\, ABC$ एक समबाहु त्रिभुज है जिसमें $AB = AC = BC = 10$ सेमी०.

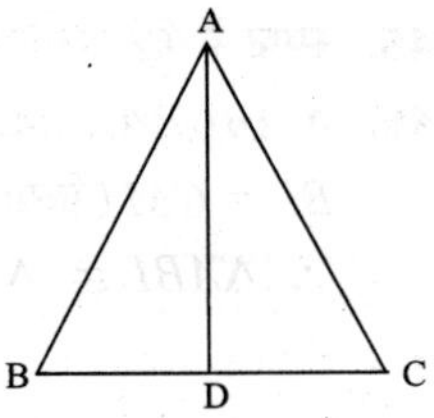

$AD\perp BC$ खींचो. अब $BD=\frac{1}{2}BC=5$ सेमी०.

अब, $AD^2=AB^2-BD^2=(10)^2-5^2=(100-25)=75$

$\Rightarrow AD=\sqrt{75}=\sqrt{25\times 3}=5\sqrt{3}$ सेमी०.

36. माना समकोण त्रिभुज की शेष दो भुजायें x सेमी० तथा $(x + 5)$ सेमी० हैं. तब

$x^2+(x+5)^2=(25)^2\Rightarrow x^2+(x^2+10x+25)=625$

$\therefore\ 2x^2+10x-600=0\Rightarrow x^2+5x-300=0\Rightarrow x^2+20x-15x-300=0$

$\Rightarrow x(x+20)-15\,(x+20)=0\Rightarrow(x+20)\,(x-15)=0\Rightarrow x=15.$

अतः शेष दो भुजायें 15 सेमी० तथा 20 सेमी० लम्बी हैं.

37. माना प्रारम्भिक बिन्दु O है. माना OS दक्षिण दिशा है तथा इस दशा में $OA = 12$ मीटर.

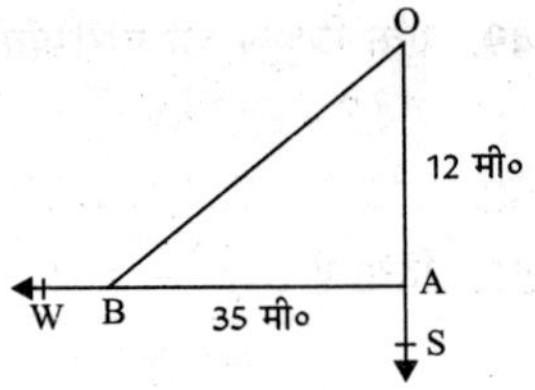

अब AW पश्चिम दिशा है तथा $AB = 35$ मीटर. OB को मिलायें. अब

$OB^2=OA^2+AB^2=(12)^2+(35)^2=(144+1225)=1369$

$\Rightarrow OB=\sqrt{1369}=37$ मीटर.

38. माना दो खम्भे AB तथा CD हैं. तब, $AB = 7$ मीटर तथा $CD = 13$ मीटर.

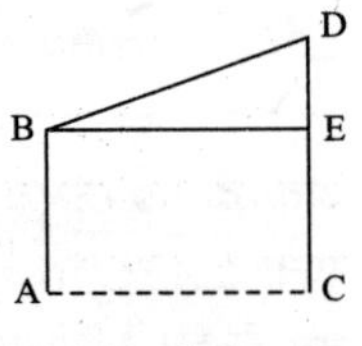

$BE\perp CD$ खींचें तथा BD को मिलायें.

अब, $CE = AB = 7$ मीटर, $DE = (CD - CE) = (13 - 7)$ मीटर $= 6$ मीटर

तथा $BE = AC = 8$ मीटर.

समकोण त्रिभुज $\Delta\, BED$ में,

$BD^2=BE^2+DE^2=(8)^2+(6)^2=64+36=100\Rightarrow BD^2=(10)^2\Rightarrow BD=10$ मीटर.

अतः इन खम्भों की चोटियों के बीच की दूरी 10 मीटर है.

39. किसी त्रिभुज में किन्हीं दो भुजाओं का योग तीसरी भुजा से बड़ा होता है परन्तु $(3\cdot 5+3\cdot 4)<7$ है.

अतः यह संभव नहीं.

40. $\angle C=180°-(60°+80°)=40°.$

इनमें सबसे बड़ा कोण $\angle B$ है जिसके सामने की भुजा AC सबसे बड़ी है.

41. $\angle A=(180°-(35°+65°)=(180°-100°)=80°\Rightarrow\angle BAX=\angle CAX=40°$.

ΔABX में $\angle ABX=35°,\angle BAX=40°,\angle AXB=180°-75°=105°$.

$\angle AXB>\angle BAX>\angle ABX\Rightarrow AB>BX>AX$ ...(*i*)

$\Delta\, ACX$ में $\angle ACX=65°,\angle CAX=40°,\angle AXC=180°-105°=75°.$

$\therefore\ \angle AXC > \angle ACX > \angle CAX \Rightarrow AC > AX > CX$ ...(*ii*)

अब (*i*) तथा (*ii*) से $AB > BX > AX > CX \Rightarrow BX > AX > CX$.

42. $\Delta\, ABD$ में, $AB + BD > AD$. [दो भुजाओं का योग तीसरी भुजा से बड़ा है]

$\Delta\, ACD$ में, $AC + CD > AD$

जोड़ने पर $AB+(BD+CD)+AC > 2AD \Rightarrow (AB+BC+CA) > 2AD$.

43. हम जानते हैं कि किसी त्रिभुज में दो भुजाओं का योग तीसरी भुजा से बड़ा है.

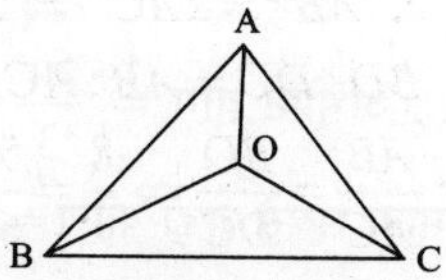

$\therefore\ (OB+OA) > AB, (OA+OC) > AC, (OB+OC) > BC$

जोड़ने पर $2\,(OA+OB+OC) > (AB+AC+BC)$

$$\Rightarrow (OA+OB+OC) > \frac{1}{2}(AB+BC+CA).$$

44. स्पष्ट है कि दो त्रिभुज सर्वांगसम होने के लिए इनके दो कोण तथा उनके बीच की भुजा बराबर होने चाहियें. अतः दिये गये प्रश्न में $BC = EF$ होना चाहिये.

45. स्पष्ट है कि सर्वांगसमता के लिए *SSA* पर्याप्त प्रतिबन्ध नहीं है.

46. $\Delta\, ABL$ तथा $\Delta\, ACM$ में

$BL = CM$ (दिया है), $\angle BLA = \angle CMA = 90°$ तथा $\angle A = \angle A$.

$\therefore\ \Delta ABL \cong \Delta ACM$.

47. माना $\Delta\, ABC$ में $BL \perp AC$ तथा $CM \perp AB$.

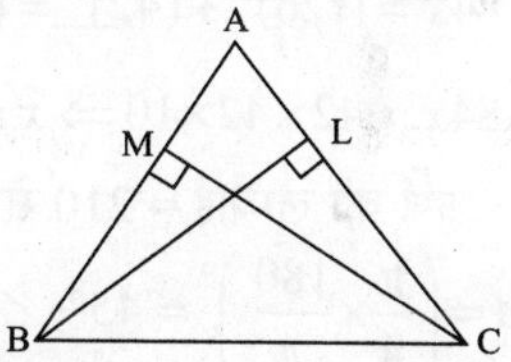

तब $\Delta ABL \cong \Delta ACM$ $\left[\because BL = CM, \angle BAL = \angle CAM \text{ तथा } \angle ALB = \angle AMC = 90°\right]$

$\Rightarrow AB = AC$

$\Rightarrow \Delta ABC$ एक समद्विबाहु त्रिभुज है.

48. स्पष्ट है कि एक त्रिभुज के दो कोण न्यूनकोण हो सकते हैं, एक सत्य कथन है.

49. एक त्रिभुज की परिमिति इसकी तीनों माध्यिकाओं के योग से बड़ी है.

$(AB+BC+CA) > (AD+BE+CF)$.

50. $AL < AB, BM < BC$ तथा $CN < CA \Rightarrow (AL+BM+CN) < (AB+BC+CA)$.

51. दिया है : $p^2+q^2+r^2 = pq+qr+pr$

$$\Rightarrow 2p^2+2q^2+2r^2 = 2pq+2qr+2pr$$

$$\Rightarrow (p^2+q^2-2pq)+(q^2+r^2-2qr)+(r^2+p^2-2pr) = 0$$

$$\Rightarrow (p-q)^2+(q-r)^2+(r-p)^2 = 0 \Rightarrow p-q=0, q-r=0 \text{ तथा } r-p=0$$

$$\Rightarrow p=q, q=r \text{ तथा } r=p \Rightarrow p=q=r.$$

अतः दी गई त्रिभुज एक समबाहु त्रिभुज है.

52. माना $\Delta\, ABC$ में $a=3x, b=4x$ तथा $c=6x$.

तब $(a^2+b^2) = (3x)^2+(4x)^2 = (9x^2+16x^2) = 25x^2 < (36x^2) = c^2$.

$\therefore\ c^2 > (a^2+b^2)$. अतः दिया गया त्रिभुज अधिककोणीय है.

53. माना $\Delta\, ABC$ में $\angle B = 90°$. माना छोटी भुजा $BC < AB$. माना $BC = x$ मीटर. तब,

$AC = (2x-1)$ मीटर तथा $AB = (BC+1) = (x+1)$ मी०.

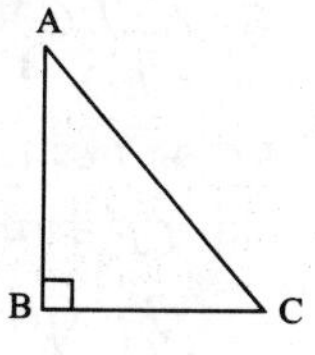

$AC^2 = AB^2+BC^2 \Rightarrow (2x-1)^2 = (x+1)^2+x^2$

$$\Rightarrow 4x^2-4x+1 = 2x^2+2x+1$$

$$\Rightarrow 2x^2-6x = 0 \Rightarrow 2x\,(x-3) = 0 \Rightarrow x = 3.$$

$\therefore$ सबसे छोटी भुजा = 3 मीटर.

54. माना सबसे छोटी भुजा $= x$ सेमी० तब, सबसे बड़ी भुजा $= \left(\frac{5x}{3}\right)$ सेमी०, तीसरी भुजा = 8 सेमी०.

$$\left(\frac{5x}{3}\right)^2 = x^2 + (8)^2 \Rightarrow \left(\frac{25x^2}{9} - x^2\right) = 64 \Rightarrow \frac{(25x^2 - 9x^2)}{9} = 64$$

$$\Rightarrow 16x^2 = (64\times 9) \Rightarrow x^2 = (4\times 9) = 36 = (6)^2 \Rightarrow x = 6.$$

$\therefore$ अभीष्ट योग $= \left(\frac{5x}{3} + x\right) = \frac{(5x+3x)}{3} = \frac{8x}{3} = \frac{(8\times 6)}{3}$ सेमी० = 16 सेमी०.

55. माना सबसे बड़ा कोण $= (3x)^\circ$ तथा उससे छोटा कोण $= (2x)^\circ$.

$\therefore$ सबसे छोटा कोण $[(3x+2x)$ का $20\%] = \left[(5x)\times\frac{20}{100}\right]^\circ = x^\circ$.

$\Rightarrow 3x + 2x + x = 180 \Rightarrow 6x = 180 \Rightarrow x = 30.$

$\Rightarrow$ अभीष्ट योग $= (2x + x)^\circ = (3x)^\circ = (3\times 30)^\circ = 90^\circ$.

56. माना त्रिभुज की भुजायें 126 सेमी०, x सेमी० तथा $(x - 42)$ सेमी० हैं.

$\therefore\ x^2 = (126)^2 + (x-42)^2 \Rightarrow x^2 = (126)^2 + x^2 - 84x + (42)^2$

$\Rightarrow 84x = (126)^2 + (42)^2 = (42\times 3)^2 + (42)^2 = (42)^2 \times (3^2 + 1^2)$

$\Rightarrow 84x = 42\times 42\times 10 \Rightarrow x = \frac{42\times 42\times 10}{84} = 210.$

अत: कर्ण की लम्बाई = 210 सेमी०.

57. $\angle A = \left(\frac{\pi}{4}\times\frac{180}{\pi}\right)^\circ = 45^\circ, \angle B = \left(\frac{\pi}{6}\times\frac{180}{\pi}\right)^\circ = 30^\circ.$

$\therefore\ \angle C = 180^\circ - (45^\circ + 30^\circ) = (180^\circ - 75^\circ) = 105^\circ.$

58. त्रिभुज का क्षेत्रफल $= \frac{1}{2}\times$ आधार $\times$ ऊँचाई.

$\therefore\ \frac{1}{2}\times 5x\times(3x-1) = 60 \Rightarrow 5x(3x-1) = 120 \Rightarrow 15x^2 - 5x - 120 = 0 \Rightarrow 3x^2 - x - 24 = 0$

$\Rightarrow 3x^2 - 9x + 8x - 24 = 0 \Rightarrow 3x(x-3) + 8(x-3) = 0$

$\Rightarrow (x-3)\,(3x+8) = 0 \Rightarrow x = 3$ [$\because x$ का मान ऋणात्मक नहीं हो सकता]

$5x = (5\times 3) = 15$ सेमी०, $(3x - 1) = (3 \times 3 - 1)$ सेमी० = 8 सेमी०.

तीसरी भुजा $= \sqrt{(15)^2 + 8^2} = \sqrt{225 + 64} = \sqrt{289} = 17$ सेमी०.

अत: त्रिभुज की भुजायें 15 सेमी०, 8 सेमी० तथा 17 सेमी० हैं.

59. $\frac{BC}{BC} = \sin B$ तथा $\frac{CD}{CA} = \sin A = \sin(90^\circ - B) = \cos B.$

$\sin^2 B + \cos^2 B = 1 \Rightarrow \frac{CD^2}{BC^2} + \frac{CD^2}{CA^2} = 1 \Rightarrow \frac{1}{CD^2} = \frac{1}{BC^2} + \frac{1}{CA^2}.$

60. $DG \parallel BEF$ खींचें.

अब ΔADG में AD का मध्य बिन्दु E है तथा $DG \parallel EF$.

$AE = ED \Rightarrow AF = FG.$

BC का मध्य बिन्दु D है तथा $DG \parallel BF$.

अत: CF का मध्य बिन्दु G है.

$\therefore CG = GF.$

अत: $(AF = FG = GC) \Rightarrow AF = \frac{1}{3}AC.$

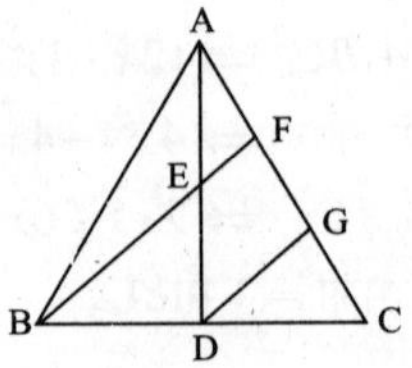

37 चतुर्भुज (QUADRILATERALS)

आवश्यक तथ्य

1. चतुर्भुज : चार रेखाखण्डों से घिरी आकृति को चतुर्भुज कहते हैं.

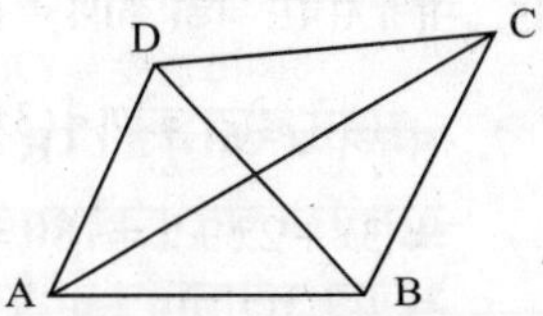

दी गई आकृति में चार रेखाखण्डों *AB, BC, CD* तथा *DA* से घिरी आकृति को चतुर्भुज *ABCD* कहते हैं.

इसे □ *ABCD* से व्यक्त करते हैं.

(I) इस चतुर्भुज की चार भुजायें (sides) *AB, BC, CD* तथा *DA* हैं.

(*i*) इनमें से (*AB* और *DC*) तथा (*BC* और *AD*) सम्मुख भुजाओं के दो युग्म हैं.

(*ii*) (*AB* और *BC*), (*BC* और *CD*), (*CD* और *DA*) तथा (*DA* और *AB*) संलग्न भुजाओं के जोड़े हैं.

(II) इस चतुर्भुज के चार कोण $\angle A, \angle B, \angle C$ तथा $\angle D$ हैं.

इनमें ($\angle A$ और $\angle C$) तथा ($\angle B$ और $\angle D$) सम्मुख कोणों के दो युग्म हैं.

($\angle A$ और $\angle B$), ($\angle B$ और $\angle C$), ($\angle C$ और $\angle D$) तथा ($\angle D$ और $\angle A$) संलग्न कोणों के जोड़े हैं.

(III) इस चतुर्भुज के दो विकर्ण *AC* तथा *BD* हैं.

2. किसी चतुर्भुज के चारों कोणों का योग 360° होता है.

□ *ABCD* में $\angle A + \angle B + \angle C + \angle D = 360°$.

3. समान्तर चतुर्भुज (Parallelogram) : ऐसा चतुर्भुज जिसकी आमने-सामने की भुजायें समान्तर हों, एक समान्तर चतुर्भुज कहलाता है.

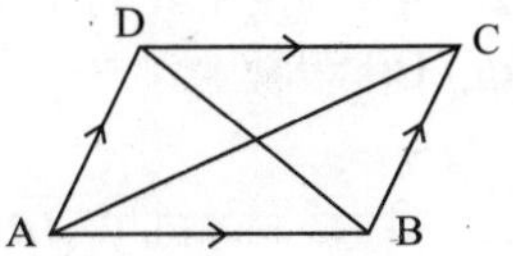

चित्र में *ABCD* एक समान्तर चतुर्भुज है. इसमें $AB \parallel DC$ तथा $BC \parallel AD$ हैं.

(I) एक समान्तर चतुर्भुज में :

(*i*) **विपरीत भुजायें बराबर होती हैं.** यहाँ □ *ABCD* में $AB = DC$ तथा $AD = BC$.

(*ii*) **विपरीत कोण बराबर होते हैं.** यहाँ □*ABCD* में $\angle A = \angle C$ तथा $\angle B = \angle D$.

(*iii*) प्रत्येक विकर्ण सारे चतुर्भुज को दो बराबर भागों में बाँटता है.

$ar(\Delta ABD) = ar(\Delta BCD)$, $ar(\Delta ABC) = ar(\Delta ACD)$.

4. आयत (Rectangle) :

एक ऐसा समान्तर चतुर्भुज जिसका प्रत्येक कोण 90° का हो, आयत कहलाता है.

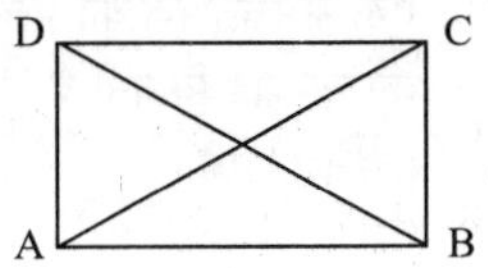

चित्र में *ABCD* एक आयत है जिसमें

$AB = DC, AD = BC, \angle A = \angle B = \angle C = \angle D = 90°$.

एक आयत के विकर्ण बराबर होते हैं.

5. वर्ग (SQUARE) : एक ऐसी आकृति जिसकी चारों भुजायें बराबर हों तथा प्रत्येक कोण का माप 90° हो, वर्ग कहलाता है.

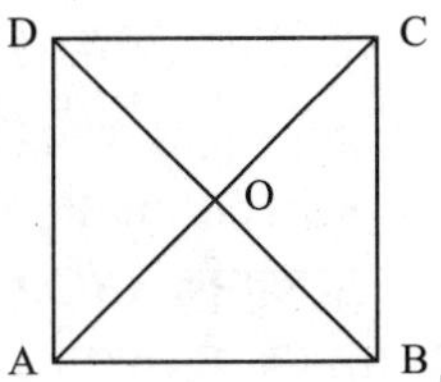

वर्ग *ABCD* में $AB = BC = CD = DA$, $\angle A = \angle B = \angle C = \angle D = 90°$

तथा विकर्ण AC = विकर्ण BD.

$\angle AOB = \angle BOC = \angle COD = \angle DOA = 90°$

$AO = OC$ तथा $BO = OD$.

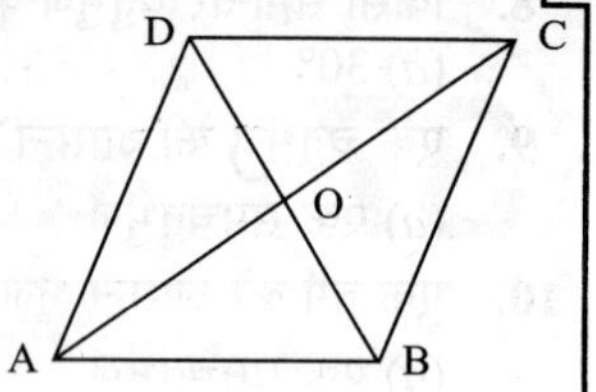

6. समचतुर्भुज (RHOMBUS) :

एक ऐसा समान्तर चतुर्भुज जिसकी सारी भुजायें बराबर हों, समचतुर्भुज कहलाता है.

चित्र में *ABCD* एक समचतुर्भुज है.

(I) एक समचतुर्भुज में चारों भुजायें बराबर होती हैं.

यहाँ समचतुर्भुज *ABCD* में $AB = BC = CD = DA$.

(II) $\angle A + \angle C = 180°$ तथा $\angle B + \angle D = 180°$

(III) एक समचतुर्भुज के विकर्ण एक-दूसरे को समकोण पर समद्विभाजित करते हैं.

अर्थात $AO = OC,\ BO = OD,\ \angle AOB = \angle BOC = \angle COD = \angle DOA = 90°$.

7. समलम्ब चतुर्भुज (TRAPEZIUM) :

एक ऐसा चतुर्भुज जिसकी दो विपरीत भुजायें समान्तर हों तथा दो विपरीत भुजायें समान्तर न हों एक समलम्ब चतुर्भुज कहलाता है.

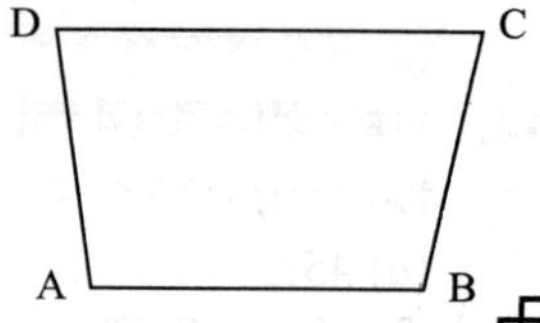

चित्र में *ABCD* एक समलम्ब चतुर्भुज है जिसमें $AB \parallel DC$ है; *AD* तथा *BC* परस्पर समान्तर नहीं हैं. *AD* तथा *BC* के मध्य बिन्दुओं को मिलाने वाली रेखा इसकी माध्यिका (*Median*) कहलाती है.

प्रश्नमाला 37

निम्नलिखित प्रश्नों में से प्रत्येक में ठीक उत्तर को चिन्हांकित (✓) कीजिए :

1. एक चतुर्भुज के तीन कोण क्रमश: 110°, 85° तथा 70° हैं. चौथे कोण का माप कितना होगा ?

(*a*) 85° (*b*) 90° (*c*) 95° (*d*) 100°

2. एक चतुर्भुज के कोणों का अनुपात 3 : 4 : 5 : 6 है. इनमें सबसे छोटे कोण का माप कितना है ?

(*a*) 90° (*b*) 60° (*c*) 30° (*d*) 45°

3. दी गई आकृति में *ABCD* एक समान्तर चतुर्भुज है जिसमें $\angle BAD = 70°$ तथा $\angle CBD = 65°$. तब, $\angle BDC = ?$

(*a*) 45° (*b*) 35° (*c*) 25° (*d*) 55°

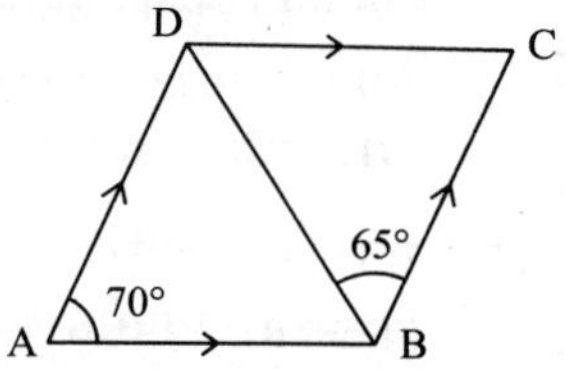

4. एक समचतुर्भुज के दो विकर्णों की लम्बाई क्रमश: 16 सेमी० तथा 12 सेमी० है. इस समचतुर्भुज की प्रत्येक भुजा की लम्बाई कितनी है ?

(*a*) 8 सेमी० (*b*) 9 सेमी० (*c*) 10 सेमी० (*d*) 12 सेमी०

5. एक समचतुर्भुज की प्रत्येक भुजा 10 सेमी० लम्बी है तथा इसके एक विकर्ण की लम्बाई 16 सेमी० है. दूसरे विकर्ण की लम्बाई कितनी है ?

(*a*) 12 सेमी० (*b*) 6 सेमी० (*c*) 13 सेमी० (*d*) $2\sqrt{39}$ सेमी०

6. किसी समचतुर्भुज *ABCD* में निम्नलिखित में से सत्य कथन कौन-सा है ?

(*a*) $(AC^2 + BD^2) = AB^2$ (*b*) $(AC^2 + BD^2) = 2AB^2$

(*c*) $2(AC^2 + BD^2) = 3AB^2$ (*d*) $(AC^2 + BD^2) = 4AB^2$

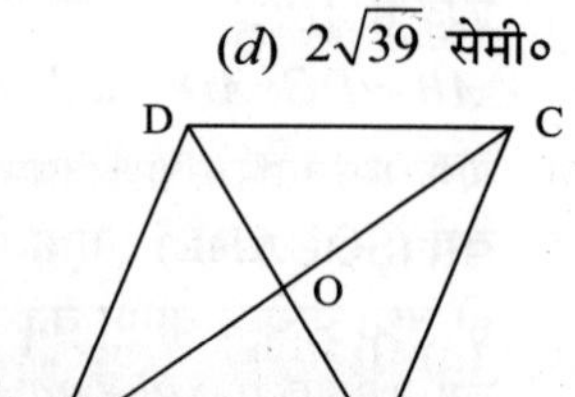

7. एक चतुर्भुज *ABCD* में $\angle A : \angle B : \angle C : \angle D = 3 : 7 : 6 : 4$ हो, तो यह आकृति है :

(*a*) एक समचतुर्भुज (*b*) एक समलम्ब समचतुर्भुज (*c*) एक समान्तर चतुर्भुज (*d*) एक काइट (kite)

8. किसी समान्तर चतुर्भुज के दो आसन्न कोणों के समद्विभाजकों के बीच के कोण का माप कितना होगा?
(*a*) 30° (*b*) 45° (*c*) 60° (*d*) 90°

9. एक चतुर्भुज की आसन्न भुजाओं के मध्य बिन्दुओं को क्रमशः मिलाने पर प्राप्त आकृति क्या होगी?
(*a*) एक समचतुर्भुज (*b*) एक आयत (*c*) एक वर्ग (*d*) एक समान्तर चतुर्भुज

10. एक वर्ग की आसन्न भुजाओं के मध्य बिन्दुओं को क्रमशः मिलाने पर प्राप्त आकृति क्या होगी?
(*a*) एक समचतुर्भुज (*b*) एक वर्ग (*c*) एक आयत (*d*) एक समान्तर चतुर्भुज

11. एक आयत की आसन्न भुजाओं के मध्य बिन्दुओं को क्रमशः मिलाने पर प्राप्त आकृति क्या होगी?
(*a*) एक समचतुर्भुज (*b*) एक वर्ग (*c*) एक आयत (*d*) एक समान्तर चतुर्भुज

12. एक समचतुर्भुज की आसन्न भुजाओं के मध्य बिन्दुओं को क्रमशः मिलाने पर प्राप्त आकृति क्या होगी?
(*a*) एक समचतुर्भुज (*b*) एक वर्ग (*c*) एक आयत (*d*) एक समान्तर चतुर्भुज

13. एक समान्तर चतुर्भुज की आसन्न भुजाओं के मध्य बिन्दुओं को क्रमशः मिलाने पर प्राप्त आकृति क्या होगी?
(*a*) एक समचतुर्भुज (*b*) एक वर्ग (*c*) एक आयत (*d*) एक समान्तर चतुर्भुज

14. एक समान्तर चतुर्भुज का एक कोण अपने आसन्न कोण के दुगुने से 15° कम है. इसके सबसे बड़े कोण का नाप कितना होगा?
(*a*) 45° (*b*) 55° (*c*) 65° (*d*) 75°

15. दी गई आकृति में एक आयत $ABCD$ के अन्दर एक बिन्दु O है. यदि $OA = 5$ सेमी०, $OB = 6$ सेमी०, $OC = x$ सेमी० तथा $OD = 8$ सेमी० हो, तो x का मान कितना है?
(*a*) 9·6 सेमी० (*b*) 6·6 सेमी०
(*c*) $5\sqrt{2}$ सेमी० (*d*) $5\sqrt{3}$ सेमी०

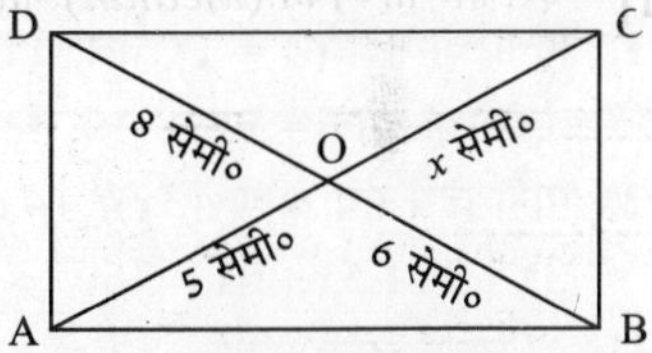

16. दी गई आकृति में $ABCD$ एक समलम्ब चतुर्भुज है जिसके विकर्ण AC तथा BD बिन्दु O पर प्रतिच्छेद करते हैं. यदि $OA = (3x - 1)$ सेमी०, $OB = (2x + 1)$ सेमी०, $OC = (5x - 3)$ सेमी० तथा $OD = (6x - 5)$ सेमी० हो, तो x का मान क्या होगा?
(*a*) $x = 2$ (*b*) $x = 3$ (*c*) $x = 4$ (*d*) $x = 2{\cdot}5$

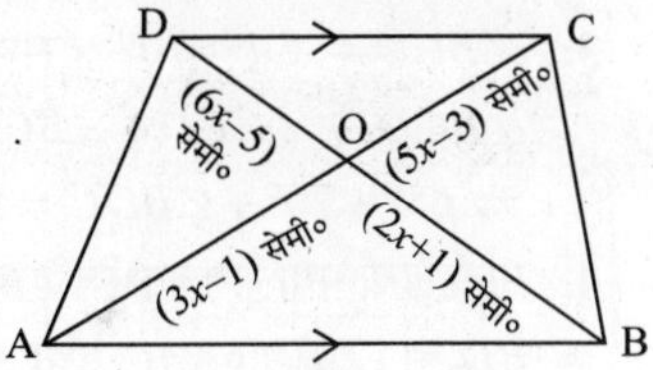

17. चतुर्भुज $ABCD$ में $\angle A = \frac{1}{2}\angle B, \angle B = \angle C + 12°$ तथा $\angle C = 2\angle D$ हो, तो $(\angle A + \angle D)$ का मान कितना है? **(बैंक पी०ओ० परीक्षा, 2010)**
(*a*) 183° (*b*) 177° (*c*) 118° (*d*) 120° (*e*) इनमें से कोई नहीं

18. एक चतुर्भुज $ABCD$ में $\angle A = (\angle B - 26°), \angle B = 2\angle C$ तथा $\angle C = \angle D + 10°$ हो, तो $\angle A = ?$
(*a*) 104° (*b*) 126° (*c*) 56° (*d*) 132° (*e*) 106°
(बैंक पी०ओ० परीक्षा, 2009)

19. किसी आयत का विकर्ण उसकी छोटी भुजा से तीन गुना है. इसकी भुजाओं का अनुपात क्या होगा?
(*a*) 3 : 2 (*b*) $\sqrt{3} : 1$ (*c*) $2\sqrt{2} : 1$ (*d*) $\sqrt{2} : 1$
(रेलवे परीक्षा, 2004)

20. एक समचतुर्भुज के दो सम्मुख कोणों में से प्रत्येक की नाप 60° है तथा इसकी प्रत्येक भुजा 10 सेमी० लम्बी है. इसके छोटे विकर्ण की लम्बाई कितनी है? **(एस०एस०सी० परीक्षा, 2007)**
(*a*) 10 सेमी० (*b*) $10\sqrt{3}$ सेमी० (*c*) $10\sqrt{2}$ सेमी० (*d*) $\frac{5}{2}\sqrt{2}$ सेमी०

21. एक समान्तर चतुर्भुज का एक कोण उसके सबसे छोटे कोण के दुगुने से 30° कम है. इसके सबसे बड़े कोण का नाप कितना है? **(रेलवे परीक्षा, 2005)**
(*a*) 70° (*b*) 110° (*c*) 100° (*d*) 170°

22. निम्नलिखित में से किस आकृति में कर्ण आपस में लम्बवत् होते हैं ?

(*a*) समलम्ब चतुर्भुज (*b*) समान्तर चतुर्भुज (*c*) समचतुर्भुज (*d*) आयत

23. किसी समलम्ब चतुर्भुज $ABCD$ की असमान्तर भुजाओं AD तथा BC के मध्य बिन्दु क्रमशः E तथा F हैं. तब, $EF = ?$

(*a*) $\frac{(AB+CD)}{2}$ (*b*) $\frac{(AB+CD)}{3}$ (*c*) $\frac{(AB+CD)}{4}$ (*d*) $\frac{(AB-CD)}{2}$

24. एक समान्तर चतुर्भुज के सम्मुख कोणों का एक जोड़ा क्रमशः $(3x-10)°$ तथा $(x-80)°$ है. x का मान है :

(*a*) $x = 25$ (*b*) $x = 45$ (*c*) $x = 60$ (*d*) $x = 75$

उत्तरमाला (प्रश्नमाला 37)

1. (*c*) **2.** (*b*) **3.** (*a*) **4.** (*c*) **5.** (*a*) **6.** (*d*) **7.** (*c*) **8.** (*d*) **9.** (*d*) **10.** (*b*) **11.** (*a*) **12.** (*c*) **13.** (*d*) **14.** (*c*) **15.** (*d*) **16.** (*a*) **17.** (*d*) **18.** (*c*) **19.** (*c*) **20.** (*a*) **21.** (*b*) **22.** (*c*) **23.** (*a*) **24.** (*b*)

दिये गये प्रश्नों के हल प्रश्नमाला 37

1. माना चौथा कोण $= x°$, तब, $110+85+70+x=360 \Rightarrow 265+x=360 \Rightarrow x=(360-265)=95.$

$\therefore$ चौथा कोण $= 95°$.

2. माना दिये गये कोण $(3x)°, (4x)°, (5x)°$ तथा $(6x)°$ हैं. तब,

$3x+4x+5x+6x=360 \Rightarrow 18x=360 \Rightarrow x=20.$

$\therefore$ सबसे छोटा कोण $= (3 \times 20)° = 60°$.

3. $\angle BCD = \angle A = 70°$ [समान्तर चतुर्भुज के विपरीत कोण]

$\Delta\, BCD$ में $\angle CBD + \angle BCD + \angle BDC = 180°$

$\Rightarrow 65°+70°+\angle BDC = 180° \Rightarrow \angle BDC = (180°-135°) = 45°.$

4. माना दिया गया समचतुर्भुज $ABCD$ है जिसमें विकर्ण $AC = 16$ सेमी० तथा विकर्ण $BD = 12$ सेमी०. AC तथा BD का प्रतिच्छेद बिन्दु इन्हें $90°$ पर समद्विभाजित करता है.

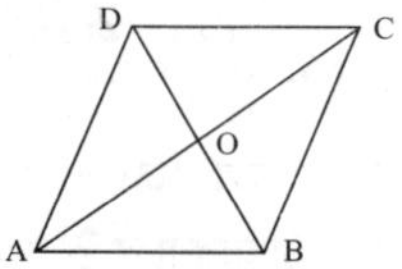

$\therefore\ AO = OC = 8$ सेमी०, $BO = OD = 6$ सेमी० तथा $\angle AOB = 90°$.

$AB^2 = OA^2 + OB^2 = (8)^2 + (6)^2 = (64+36) = 100 = (10)^2 \Rightarrow AB = 10$ सेमी०.

अतः $ABCD$ की प्रत्येक भुजा 10 सेमी० है.

5. माना समचतुर्भुज $ABCD$ है जिसके विकर्ण बिन्दु O पर काटते हैं. माना विकर्ण $AC = 16$ सेमी०.

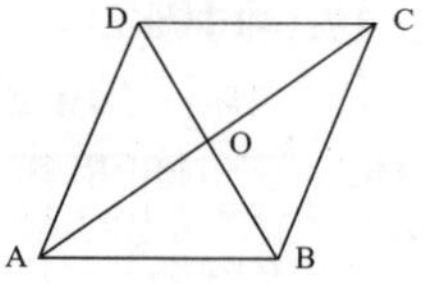

तब, $AB = 10$ सेमी०, $OA = 8$ सेमी० तथा $\angle AOB = 90°$.

$\therefore\ OB^2 = (AB^2 - OA^2) = [(10)^2 - (8)^2] = (100-64) = 36 = 6^2$

$\Rightarrow OB = 6$ सेमी० $\Rightarrow BD = 2 \times OB = (2 \times 6)$ सेमी० $= 12$ सेमी०.

6. $OA^2 + OB^2 = AB^2 \Rightarrow \left(\frac{1}{2}AC\right)^2 + \left(\frac{1}{2}BD\right)^2 = AB^2$

$\therefore\ \frac{1}{4}AC^2 + \frac{1}{4}BD^2 = AB^2 \Rightarrow AC^2 + BD^2 = 4AB^2.$

7. $3x+7x+6x+4x=360 \Rightarrow 20x=360 \Rightarrow x=18.$

$\therefore\ \angle A = 54°, \angle B = 126°, \angle C = 108°$ तथा $\angle D = 72°$.

अतः $ABCD$ एक समान्तर चतुर्भुज है.

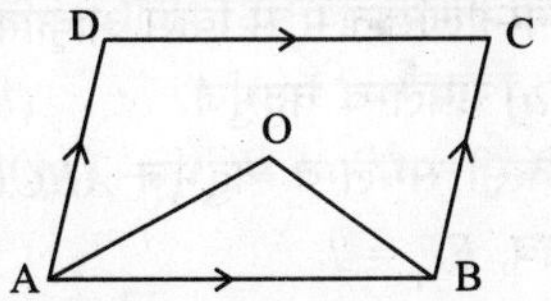

8. $\angle A + \angle B = 180° \Rightarrow \frac{1}{2}\angle A + \frac{1}{2}\angle B = 90°$

$\frac{1}{2}\angle A + \frac{1}{2}\angle B + \angle AOB = 180° \Rightarrow 90° + \angle AOB = 180°$

अत: $\angle AOB = 90°$.

9. एक चतुर्भुज की आसन्न भुजाओं के मध्य बिन्दुओं को क्रमश: मिलाने पर प्राप्त आकृति एक समान्तर चतुर्भुज होती है.

10. एक वर्ग की आसन्न भुजाओं के मध्य बिन्दुओं को क्रमश: मिलाने पर प्राप्त आकृति एक वर्ग होगी.

11. एक आयत की आसन्न भुजाओं के मध्य बिन्दुओं को क्रमश: मिलाने पर प्राप्त आकृति एक समचतुर्भुज होती है.

12. एक समचतुर्भुज की आसन्न भुजाओं के मध्य बिन्दुओं को क्रमश: मिलाने पर प्राप्त आकृति एक आयत होती है.

13. एक समान्तर चतुर्भुज की आसन्न भुजाओं के मध्य बिन्दुओं को क्रमश: मिलाने पर प्राप्त आकृति एक समान्तर चतुर्भुज होती है.

ध्यान रहे : ऊपर वाली आकृति की आसन्न भुजाओं के मध्य बिन्दुओं को मिलाने पर नीचे वाली आकृति प्राप्त होती है.

चतुर्भुज	वर्ग	समान्तर चतुर्भुज	आयत	समचतुर्भुज
समान्तर चतुर्भुज	वर्ग	समान्तर चतुर्भुज	समचतुर्भुज	आयत

14. माना सबसे छोटा कोण $= x°$. तब इसका आसन्न कोण $= (2x - 15)°$.

$\therefore\ x + (2x - 15) = 180 \Rightarrow 3x = 195 \Rightarrow x = 65$.

एक कोण $= 65°$, दूसरा कोण $= (180° - 65°) = 115°$.

सबसे छोटा कोण $= 65°$.

15. $OA^2 + OC^2 = OB^2 + OD^2 \Rightarrow 5^2 + x^2 = 6^2 + 8^2$

$\therefore\ x^2 = (36 + 64 - 25) = 75 \Rightarrow x = \sqrt{75} = 5\sqrt{3}$ सेमी०.

16. $\frac{OA}{OC} = \frac{OB}{OD} \Rightarrow \frac{3x-1}{5x-3} = \frac{2x+1}{6x-5}$.

$\therefore\ (3x-1)(6x-5) = (5x-3)(2x+1) \Rightarrow 18x^2 - 21x + 5 = 10x^2 - x - 3$

$\Rightarrow 8x^2 - 20x + 8 = 0 \Rightarrow 2x^2 - 5x + 2 = 0 \Rightarrow 2x^2 - 4x - x + 2 = 0$

$\Rightarrow 2x(x-2) - (x-2) = 0 \Rightarrow (x-2)(2x-1) = 0 \Rightarrow x = 2 \left[\because\ x = \frac{1}{2} \Rightarrow (6x-5) < 0\right]$

17. माना $\angle D = x°$. तब $\angle C = (2x)°, \angle B = (x+12)°, \angle A = \frac{1}{2}(x+12)°$.

परन्तु $\angle A + \angle B + \angle C + \angle D = 360°$

$\Rightarrow \frac{1}{2}(x+12) + (x+12) + (2x) + x = 360 \Rightarrow \frac{1}{2}(x+12) + (4x+12) = 360$

$\Rightarrow \left(4x + \frac{1}{2}x\right) + 18 = 360 \Rightarrow \frac{9x}{2} = 342 \Rightarrow x = \frac{342 \times 2}{9} = 76.$

$\therefore\ (\angle A + \angle D) = \left\{\frac{1}{2}(x+12) + x\right\}^\circ = \left[\frac{1}{2}(76+12) + 76\right]^\circ = 120°.$

18. माना $\angle D = x°$. तब $\angle C = (x+10)°, \angle B = 2(x+10)°, \angle A = (2x+20-26)° = (2x-6)°$.

$\angle A + \angle B + \angle C + \angle D = 360°$

$\Rightarrow (2x-6) + (2x+20) + (x+10) + x = 360 \Rightarrow 6x + 24 = 360 \Rightarrow 6x = 336 \Rightarrow x = 56.$

$\Rightarrow \angle A = (2 \times 56 - 6)° = (112 - 6)° = 106°.$

19. माना आयत की बड़ी भुजा = x इकाई तथा छोटी भुजा = y इकाई.

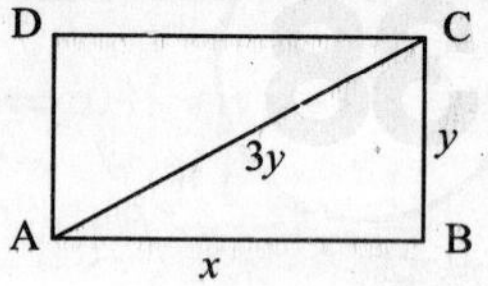

तब विकर्ण = $3y$.

$$AC^2 = AB^2 + BC^2 \Rightarrow (3y)^2 = x^2 + y^2 \Rightarrow x^2 = 8y^2 \Rightarrow x = 2\sqrt{2}y$$

$$\Rightarrow \frac{x}{y} = \frac{2\sqrt{2}}{1} \Rightarrow x : y = 2\sqrt{2} : 1.$$

20. समचतुर्भुज $ABCD$ में माना प्रत्येक भुजा = 10 सेमी०

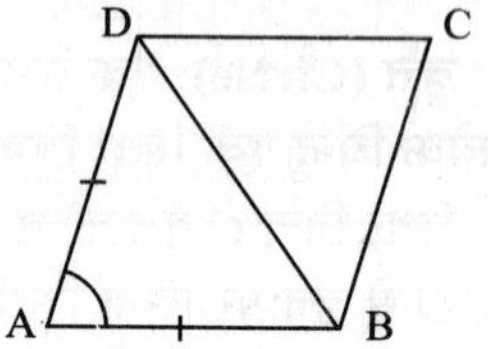

तथा $\angle A = \angle C = 60°$. तब $\angle B = \angle D = 120°$.

स्पष्ट है कि $\angle A = 60°$ तथा $AB = BD$.

$\therefore \angle ABD = \angle ADB = 60°$. अत: $\Delta\, ABD$ समबाहु त्रिभुज है

अत: $BD = AB = AD = 10$ सेमी०.

21. माना सबसे छोटा कोण $= \alpha°$. तब, सबसे बड़ा कोण $= (180° - \alpha)$.

$\therefore (180° - \alpha) = 2\alpha - 30 \Rightarrow 3\alpha = 210 \Rightarrow \alpha = 70$.

सबसे बड़ा कोण $= (180° - 70°) = 110°$.

22. समचतुर्भुज में कर्ण आपस में लम्बवत् होते हैं.

23. याद रखें $EF = \dfrac{(AB + CD)}{2}$.

24. समान्तर चतुर्भुज में सम्मुख कोण बराबर होते हैं.

$\therefore 3x - 10 = x + 80 \Rightarrow 2x = 90 \Rightarrow x = 45$.

38 वृत्त (CIRCLES)

आवश्यक तथ्य

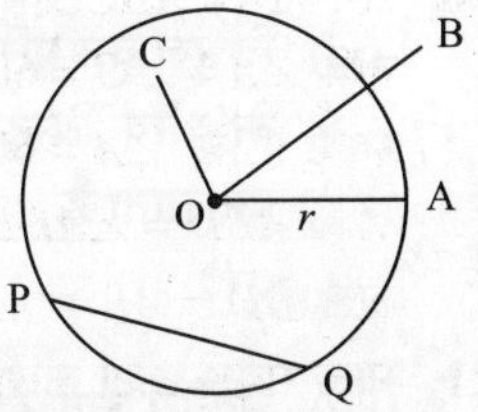

वृत्त (Circle): एक तल में स्थित उन सभी बिन्दुओं का समुच्चय जिनमें से प्रत्येक बिन्दु एक स्थिर बिन्दु से एक अचर दूरी पर स्थित है, वृत्त कहलाता है.

स्थिर बिन्दु O वृत्त का **केन्द्र (Centre)** कहलाता है.

O से वृत्त पर स्थित किसी बिन्दु A की दूरी OA, वृत्त की **त्रिज्या (Radius)** कहलाती है.

माना किसी वृत्त का केन्द्र O तथा त्रिज्या r है.

(i) वृत्त का बाह्य भाग (Exterior of a circle) : कोई बिन्दु B वृत्त के बाह्य भाग में होगा, यदि $OB > r$.

(ii) वृत्त का आन्तरिक भाग (Interior of a Circle) : कोई बिन्दु C वृत्त के आन्तरिक भाग में होगा, यदि $OC < r$.

(iii) कोई बिन्दु A वृत्त पर होगा, यदि $OA = r$.

(iv) जीवा (Chord) : एक रेखाखण्ड $\overline{PQ}$ जिसके अन्तिम बिन्दु P तथा Q वृत्त के ऊपर हों, वृत्त की जीवा कहलाता है.

(v) व्यास (Diameter) : वृत्त के केन्द्र से गुजरने वाली जीवा व्यास कहलाती है.

व्यास = (2 × अर्द्धव्यास) = (2 × त्रिज्या).

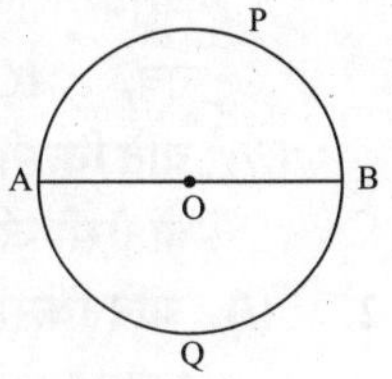

नोट 1. व्यास किसी वृत्त की सबसे बड़ी जीवा है.

नोट 2. व्यास वृत्त को दो बराबर भागों में बाँटता है. प्रत्येक भाग को अर्द्धवृत्त (semi-circle) कहते हैं.

साथ में दिये गये चित्र में वृत्त का केन्द्र O है. AB वृत्त का व्यास है तथा $\overparen{APB}$ एवं $\overparen{AQB}$ में से प्रत्येक अर्द्ध-वृत्त है.

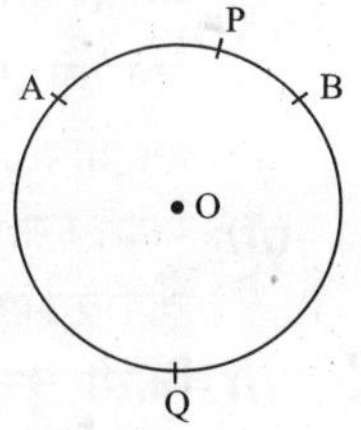

(vi) चाप (Arc) : वृत्त का कोई भी भाग चाप कहलाता है. यदि चाप अर्द्धवृत्त से छोटी हो, तो इसे लघु चाप कहते हैं. यदि चाप अर्द्धवृत्त से बड़ी हो, तो इसे दीर्घ चाप कहते हैं. साथ में दी गई आकृति में $\overparen{APB}$ एक लघु चाप है तथा $\overparen{AQB}$ एक दीर्घ चाप है.

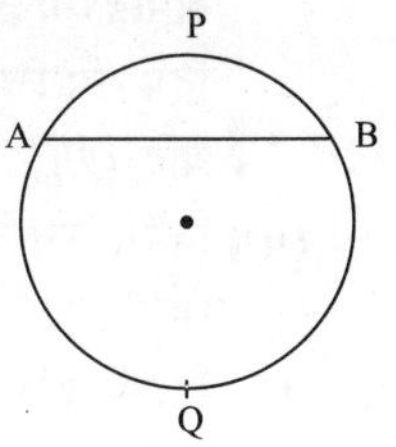

(vii) वृत्त खण्ड (Segment) : एक चाप तथा इसके अन्तिम छोरों को मिलाने वाली सरल रेखा के बीच के क्षेत्र को वृत्त खण्ड कहते हैं. लघु चाप से बना वृत्त खण्ड, लघु वृत्त-खण्ड (Minor segment) कहलाता है तथा दीर्घ चाप से बना वृत्त खण्ड, दीर्घ वृत्त-खण्ड (Major segment) कहलाता है. दी गई आकृति में वृत्त खण्ड APB, लघु वृत्त खण्ड है तथा वृत्त खण्ड AQB, दीर्घ वृत्त खण्ड है.

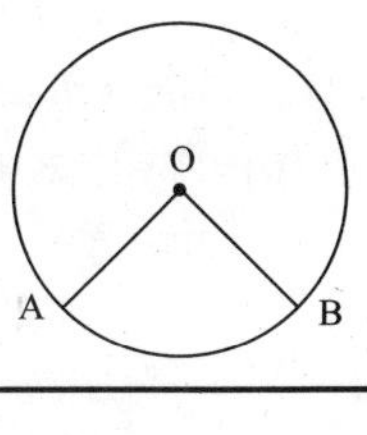

(viii) वृत्त का द्वैत्रिज्य (Sector of a Circle) : दो त्रिज्याओं तथा उनके अन्तिम बिन्दुओं से बनने वाले चाप से घिरे क्षेत्र को वृत्त का द्वैत्रिज्य कहते हैं.

दिये गये चित्र में वृत्त का केन्द्र O है तथा OAB एक द्वैत्रिज्य है.

(ix) वृत्त की परिधि (Circumference of a Circle) : वृत्त के परिमाप को उसकी परिधि कहते हैं.

त्रिज्या r के वृत्त की परिधि $= 2\pi r$.

(x) समकेन्द्रीय वृत्त (Concentric Circles) : किसी तल में एक ही केन्द्र से खींचे गये विभिन्न त्रिज्याओं के वृत्त, समकेन्द्रीय वृत्त कहलाते हैं.

(xi) त्रिभुज का परिवृत्त (Circumcircle) : वह वृत्त जो किसी त्रिभुज के शीर्ष बिन्दुओं से होकर गुजरता है, उस त्रिभुज का परिवृत्त कहलाता है.

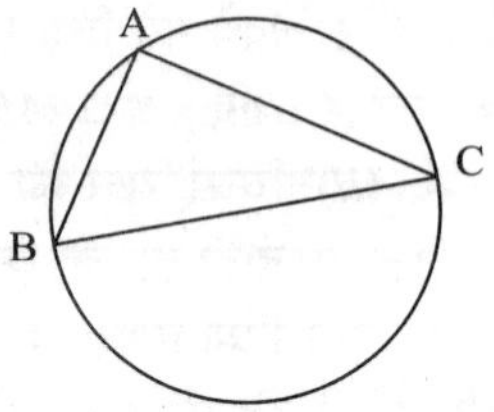

(xii) चक्रीय चतुर्भुज (Cyclic Quadrilateral) : एक ऐसा चतुर्भुज जिसके चारों शीर्ष बिन्दु किसी वृत्त पर स्थित हों, एक चक्रीय चतुर्भुज कहलाता है.

संलग्न चित्र में $ABCD$ एक चक्रीय चतुर्भुज है.

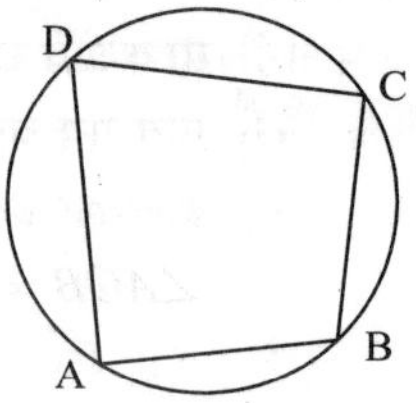

वृत्त पर आधारित प्रमेय

1. (i) किसी वृत्त की दो समान जीवायें केन्द्र पर समान कोण बनाती हैं.

दिये गये चित्र में एक वृत्त का केन्द्र O है तथा AB एवं CD इसकी दो बराबर जीवायें हैं.

तब, $\angle AOB = \angle COD$.

(ii) यदि किसी वृत्त की दो जीवायें वृत्त के केन्द्र पर समान कोण बनायें, तो ऐसी जीवायें बराबर होती हैं.

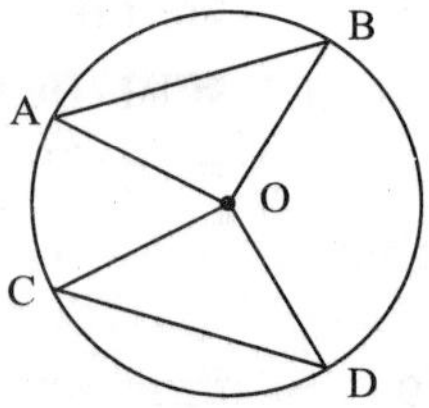

2. (i) यदि किसी वृत्त की दो चाप सर्वांगसम हों तो उनकी संगत जीवायें बराबर होती हैं.

दिये गये चित्र में वृत का केन्द्र O है जिसमें $\overparen{AB} = \overparen{CD}$.

तब जीवा AB = जीवा CD.

(ii) यदि किसी वृत्त की दो जीवायें बराबर हों तो इन जीवाओं से काटी गई चाप बराबर होंगी.

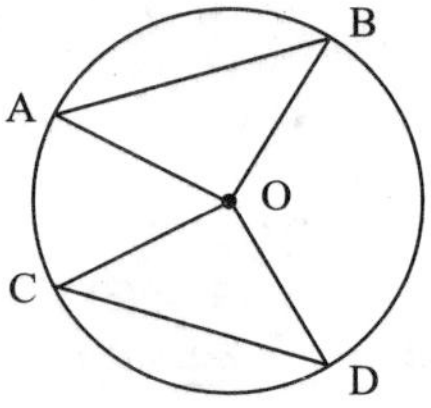

3. (i) किसी वृत्त के केन्द्र से जीवा पर डाला गया लम्ब जीवा को समद्विभाजित करता है.

दिये गये चित्र में वृत्त का केन्द्र O है तथा AB एक जीवा है.

यदि $OL \perp AB$ हो, तो $AL = BL$.

(ii) किसी वृत्त के केन्द्र तथा इसकी एक जीवा के मध्य बिन्दु को मिलाने वाली रेखा जीवा पर लम्ब होती है.

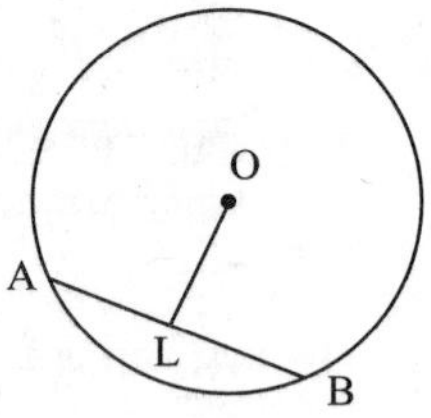

4. (i) किसी वृत्त की समान जीवायें केन्द्र से समदूरस्थ होती हैं.

दिये गये चित्र में वृत्त का केन्द्र O है तथा जीवा AB = जीवा CD.

यदि $OL \perp AB$ तथा $OM \perp CD$ हो, तो $OL = OM$.

(ii) किसी वृत्त की दो जीवायें जो केन्द्र से समदूरस्थ हैं, परस्पर समान होती हैं.

$$OL = OM \Rightarrow AB = CD.$$

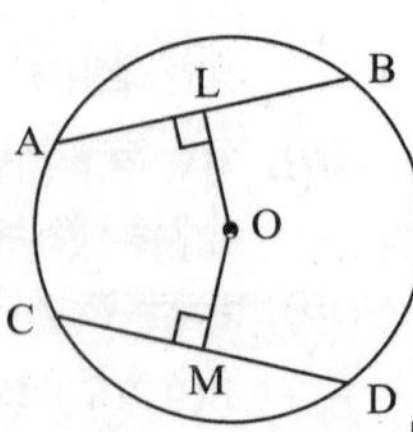

5. तीन असंरेख बिन्दुओं से होकर एक और केवल एक वृत्त गुजरता है.

6. (*i*) **किसी वृत्त की दो असमान जीवाओं में से बड़ी जीवा, छोटी जीवा की अपेक्षा केन्द्र से निकटतर होती है.**

दिये गये चित्र में वृत्त का केन्द्र O है तथा जीवा $AB >$ जीवा CD.

यदि $OL \perp AB$ तथा $OM \perp CD$. तब, $OL < OM$.

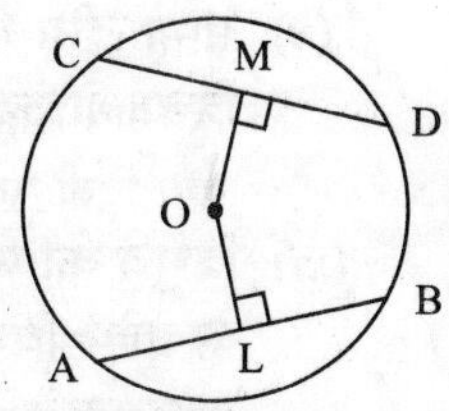

(*ii*) **किसी वृत्त की दो असमान जीवाओं में से जो जीवा केन्द्र के निकटतर होती है, वह बड़ी होती है.**

दिया है $OL < OM$. तब $AB > CD$.

7. **किसी वृत्त की एक चाप द्वारा केन्द्र पर बना कोण, इस चाप द्वारा शेष वृत्त-खण्ड में किसी बिन्दु पर बने कोण का दुगुना होता है.**

दिये गये वृत्त का केन्द्र O है तथा चाप AB केन्द्र O पर $\angle AOB$ बनाती है. यह चाप शेष वृत्त-खण्ड के बिन्दु C पर $\angle ACB$ बनाती है. तब, $\angle AOB = 2\angle ACB$.

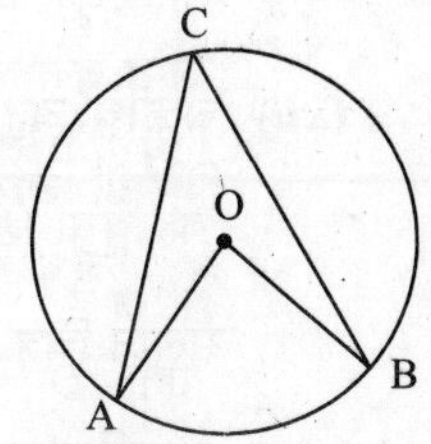

8. **एक ही वृत्तखण्ड में बने दो कोण परस्पर समान होते हैं.**

केन्द्र O का एक वृत्त है जिसमें चाप AB द्वारा एक ही वृत्त खण्ड $ACDB$ में दो कोण $\angle ACB$ तथा $\angle ADB$ बनते हैं. तब, $\angle ACB = \angle ADB$.

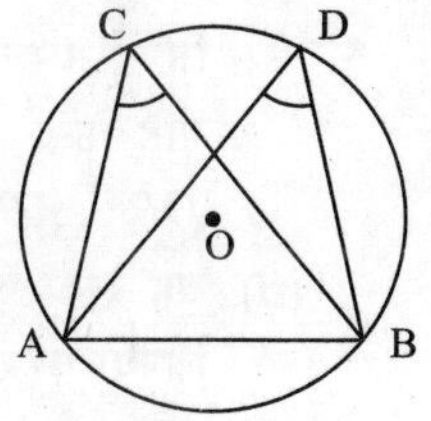

9. **किसी अर्द्ध-वृत्त में बना कोण समकोण होता है.**

संलग्न चित्र में किसी वृत्त का केन्द्र O है तथा अर्द्धवृत्त में $\angle ACB$ बना है.

तब, $\angle ACB = 90°$.

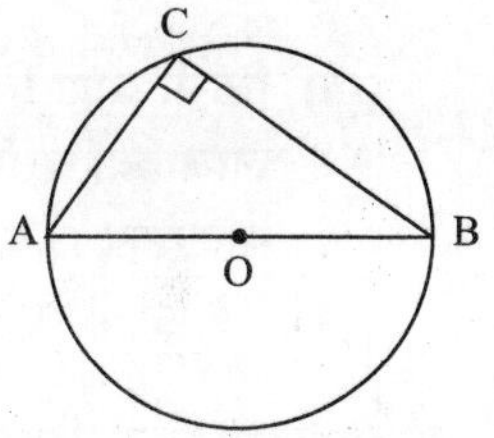

10. **किसी वृत्त की लघु-चाप द्वारा एकान्तर खण्ड में बना कोण न्यूनकोण तथा दीर्घ-चाप द्वारा बना कोण अधिक कोण होता है.**

माना दिये गये वृत्त का केन्द्र O है. लघु-चाप BAC द्वारा एकान्तर खण्ड में बना कोण $\angle BDC$ एक न्यूनकोण है. जबकि दीर्घ चाप BDC द्वारा एकान्तर खण्ड में बना कोण $\angle BAC$ एक अधिक कोण है.

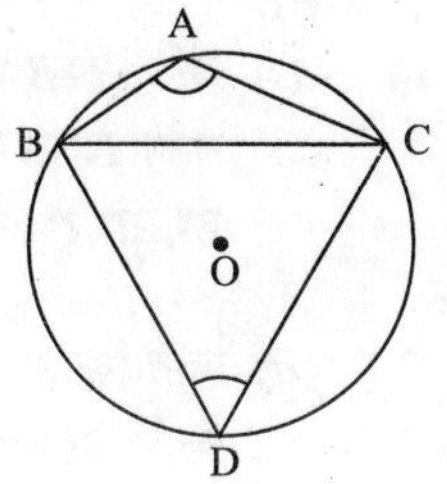

11. (*i*) **एक चक्रीय चतुर्भुज के सम्मुख कोणों का योग 180° होता है.**

दिये गये चित्र में $ABCD$ एक चक्रीय चतुर्भुज है.

अत: $\angle A + \angle C = 180°$ तथा $\angle B + \angle D = 180°$.

(*ii*) **यदि किसी चतुर्भुज के सम्मुख कोणों का योग 180° हो, तो यह एक चक्रीय-चतुर्भुज होगा.**

(*iii*) **प्रत्येक चक्रीय समान्तर चतुर्भुज एक आयत होता है.**

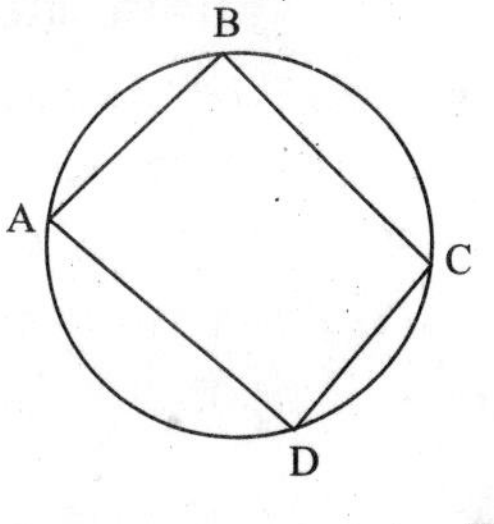

(*iv*) यदि किसी चतुर्भुज की एक भुजा बढ़ा दी जाये तो इस प्रकार बना बाह्य कोण इसके अभिमुख अन्त:कोण के बराबर होता है.

दिये गये चित्र में चक्रीय चतुर्भुज $ABCD$ की भुजा AB को E तक बढ़ा दिया गया है. तब, $\angle CBE = \angle ADC$.

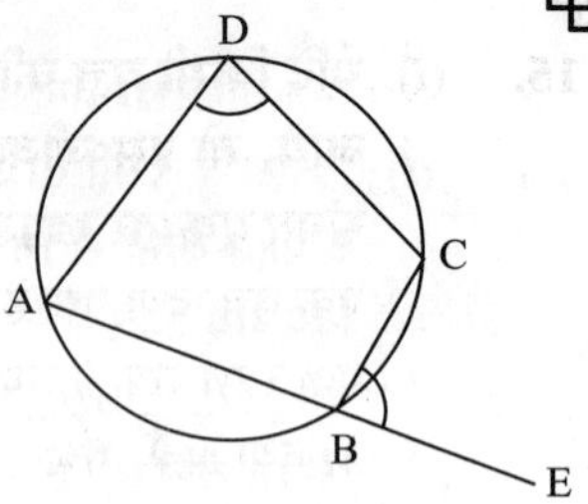

12. त्रिभुज का अन्त:वृत्त (Incircle of a Triangle) :

यदि कोई वृत्त एक त्रिभुज की तीनों भुजाओं को स्पर्श करे तो उसे अन्त:वृत्त कहते हैं.

अन्त:वृत्त के केन्द्र को अन्त:केन्द्र (Incentre) कहते हैं.

दिये गये चित्र में ΔABC के अन्त:वृत्त का केन्द्र O है.

यह वृत्त AB, BC तथा CA को क्रमश: बिन्दु D, E तथा F पर स्पर्श करता है.

यहाँ $AD = AF$, $BD = BE$ तथा $CE = CF$.

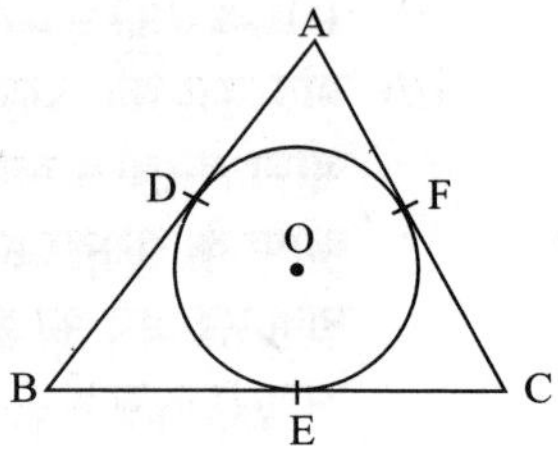

13. (*i*) किसी वृत्त की स्पर्श रेखा, स्पर्श बिन्दु से होकर जाने वाली त्रिज्या पर लम्ब होती है.

यदि केन्द्र O के वृत्त के बिन्दु P पर स्पर्श रेखा APB हो, तो $OP \perp AB$ होगी.

(*ii*) वह रेखा जो त्रिज्या के अन्तिम सिरे से होकर जाती है तथा त्रिज्या पर लम्ब है, वृत्त की स्पर्श रेखा होती है.

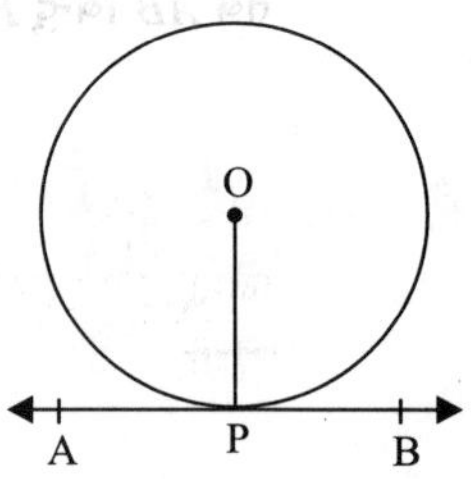

(*iii*) किसी बाह्य बिन्दु से वृत्त पर खींची गई दो स्पर्श रेखाओं की लम्बाइयाँ बराबर होती हैं.

यदि केन्द्र O के वृत्त के बाहर बिन्दु P से दो स्पर्श रेखायें PA तथा PB खींची जायें, तो $PA = PB$.

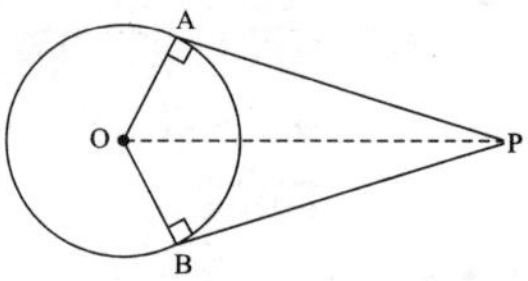

14. (*i*) यदि PAB एक वृत्त की छेदक रेखा हो जो वृत्त को बिन्दु A तथा B पर प्रतिच्छेद करती है तथा PT एक स्पर्श रेखाखण्ड हो, तो $PA \cdot PB = PT^2$ होगा.

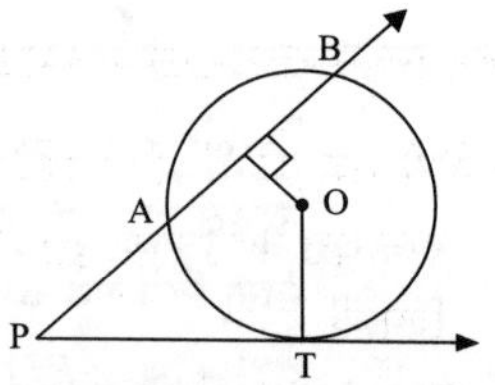

(*ii*) यदि किसी वृत्त की दो जीवायें वृत्त के अन्दर या बढ़ाने पर बाहर प्रतिच्छेद करती हों, तो एक जीवा के दो खण्डों से बने आयत का क्षेत्रफल दूसरी जीवा के दो खण्डों से बने आयत के क्षेत्रफल के बराबर होता है.

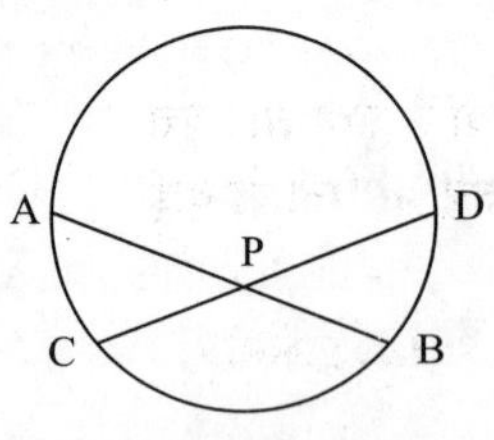

$PA \cdot PB = PC \cdot PD$

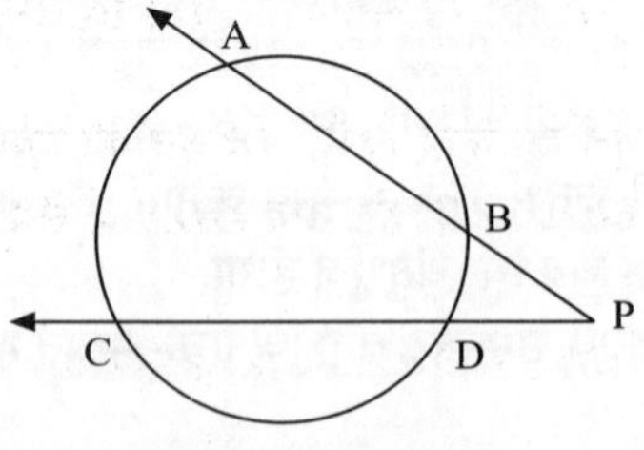

$PA \cdot PB = PC \cdot PD$

15. (*i*) यदि किसी वृत्त की स्पर्श रेखा के स्पर्शबिन्दु से एक जीवा खींची जाये, तो इस जीवा द्वारा दी गई स्पर्श रेखा के साथ बने कोण, संगत एकांतर खण्डों में बने कोणों के क्रमशः बराबर होते हैं.

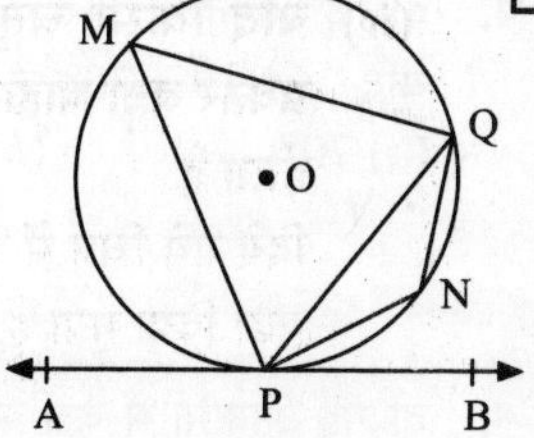

एक वृत्त दिया गया है जिसका केन्द्र O है. इस वृत्त के बिन्दु P पर APB एक स्पर्श रेखा है तथा PQ एक जीवा है. वृत्त पर PQ के विपरीत बिन्दु M तथा N हैं. तब

(*i*) $\angle APQ = \angle PNQ$ तथा (*ii*) $\angle BPQ = PMQ$.

(*ii*) यदि वृत्त की जीवा के एक अन्तिम बिन्दु से होती हुई रेखा और जीवा के बीच का कोण, एकान्तर खण्ड में जीवा द्वारा अंतरित कोण के बराबर हो, तो यह रेखा वृत्त की स्पर्श रेखा होती है.

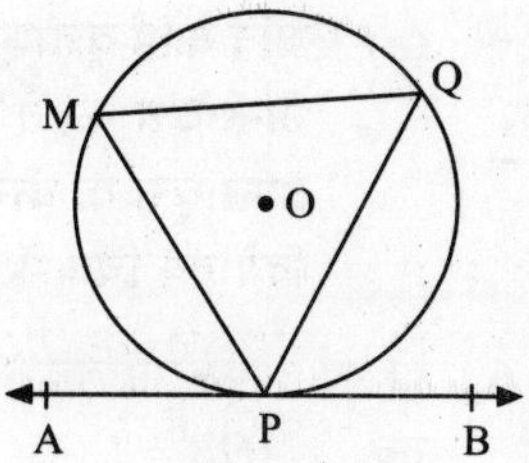

माना एक वृत्त का केन्द्र O है तथा PQ इस वृत्त की जीवा है. बिन्दु P से जाती हुई एक सरल रेखा AB इस प्रकार खींची गई है कि $\angle BPQ = \angle PMQ$, जहाँ $\angle PMQ$ एकान्तर वृत्तखण्ड में स्थित है. तब AB बिन्दु P पर वृत्त की स्पर्श रेखा है.

16. (*i*) यदि दो वृत्त जिनके केन्द्र क्रमशः O तथा O' हैं बिन्दु A पर स्पर्श करें तो यह बिन्दु, OO' पर स्थित होगा.

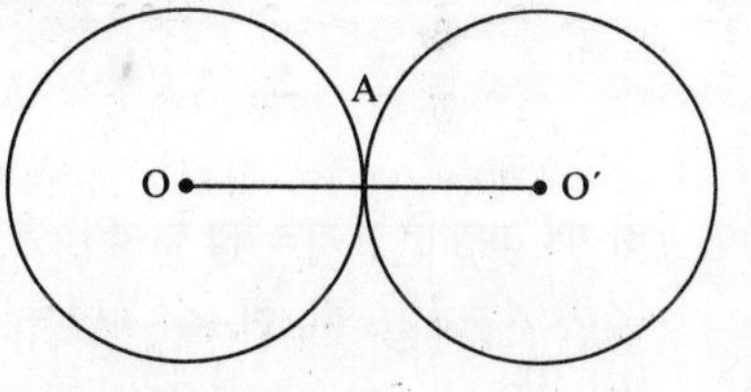

(*ii*) यदि दो वृत्त एक बिन्दु पर स्पर्श करें तो इन वृत्तों के स्पर्श बिन्दु पर एक उभयनिष्ठ स्पर्श रेखा होती है.

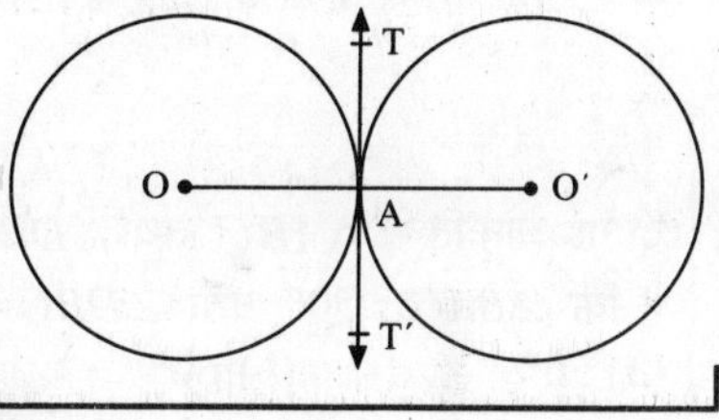

प्रश्नमाला 38

नीचे दिये गये प्रश्नों में से प्रत्येक में ठीक उत्तर को चिन्हांकित (✓) कीजिए :

1. एक वृत्त की त्रिज्या 10 सेमी० है तथा इस वृत्त की एक जीवा की लम्बाई 12 सेमी० है. इस जीवा की केन्द्र से दूरी कितनी है ?

(*a*) $2\sqrt{11}$ सेमी० (*b*) 22 सेमी० (*c*) 2 सेमी० (*d*) 8 सेमी०

2. एक वृत्त के केन्द्र से 12 सेमी० की दूरी पर 32 सेमी० लम्बी जीवा खींची गई है. इस वृत्त की त्रिज्या कितनी है ?

(*a*) 20 सेमी० (*b*) 22 सेमी० (*c*) 16 सेमी० (*d*) $2\sqrt{11}$ सेमी०

3. दी गई आकृति में वृत्त का केन्द्र O है, AB वृत्त की एक जीवा है तथा BC वृत्त का व्यास है. यदि $OD \perp AB$ हो, तथा $OD = 4$ सेमी०. तब AC की लम्बाई कितनी होगी ?

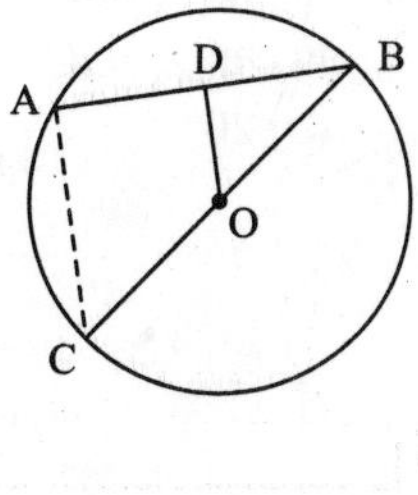

(*a*) 4 सेमी० (*b*) 6 सेमी० (*c*) 8 सेमी० (*d*) 5 सेमी०

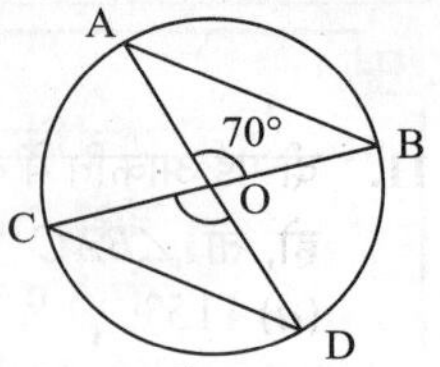

4. दी गई आकृति में वृत्त का केन्द्र O है, AB तथा CD इसकी दो बराबर जीवायें हैं. यदि $\angle AOB = 70°$ है, तो $\angle COD$ का मान क्या होगा?
(*a*) 70° (*b*) 105° (*c*) 110° (*d*) 90°

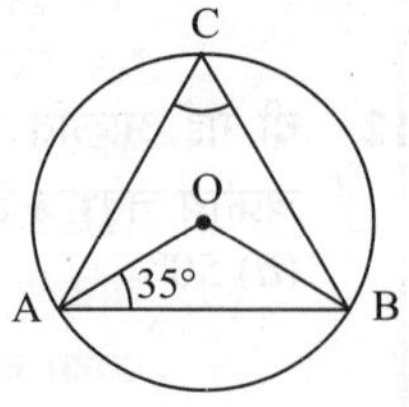

5. दी गई आकृति में वृत्त का केन्द्र O है. यदि $\angle OAB = 35°$ हो तथा C वृत्त पर कोई बिन्दु लिया गया हो, तो $\angle ACB = ?$
(*a*) 35° (*b*) 45° (*c*) 55° (*d*) 70°

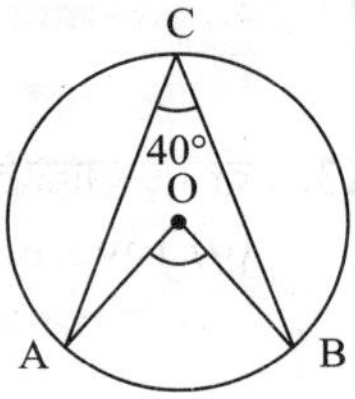

6. दी गई आकृति में वृत्त का केन्द्र O है तथा $\angle ACB = 40°$ है. तब, $\angle AOB = ?$
(*a*) 30° (*b*) 40° (*c*) 60° (*d*) 80°

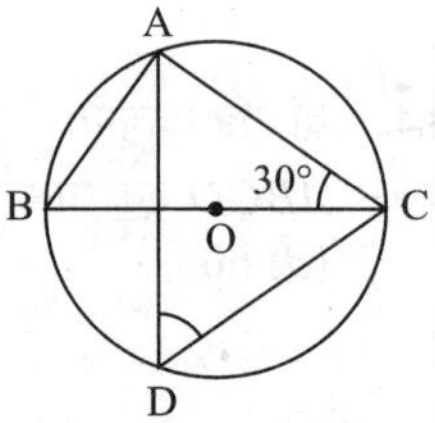

7. दी गई आकृति में वृत्त का केन्द्र O है तथा BOC इस वृत्त का एक व्यास है. यदि $\angle BCA = 30°$ हो, तो $\angle CDA = ?$
(*a*) 30° (*b*) 45° (*c*) 60° (*d*) 50°

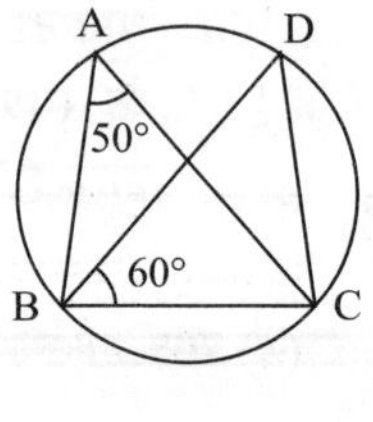

8. दी गई आकृति में ΔABC तथा ΔDBC का परिवृत्त खींचा गया है जो इस प्रकार है कि $\angle BAC = 50°$ तथा $\angle DBC = 60°$. तब, $\angle BCD = ?$
(*a*) 50° (*b*) 60° (*c*) 70° (*d*) 80°

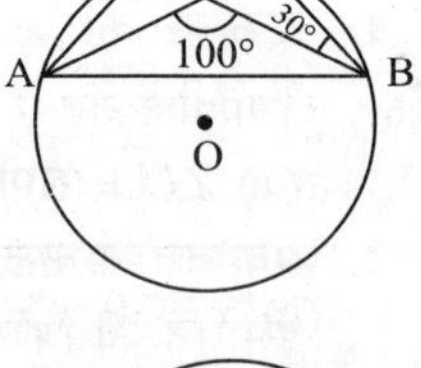

9. दी गई आकृति में वृत्त का केन्द्र O है तथा जीवायें AC तथा BD बिन्दु E पर काटती हैं. यदि $\angle AEB = 100°$ तथा $\angle CBE = 30°$ हो, तो $\angle ADB = ?$
(*a*) 80° (*b*) 90° (*c*) 70° (*d*) 50°

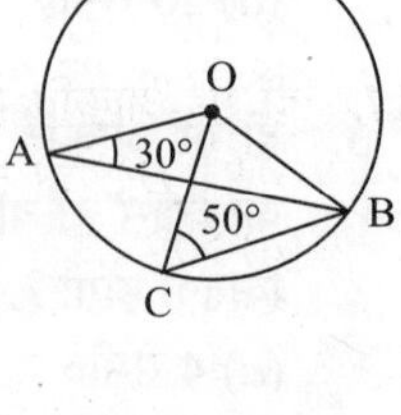

10. दी गई आकृति में वृत्त का केन्द्र O है, $\angle OAB = 30°$ तथा $\angle OCB = 50°$ हो, तो $\angle AOC$ कितना होगा?
(*a*) 20° (*b*) 40° (*c*) 50° (*d*) 60°

11. दी गई आकृति में वृत्त का केन्द्र O है. यदि $\angle OBA = 30°$ तथा $\angle OCA = 25°$ हो, तो $\angle BAC$ कितना होगा ?
(*a*) 115° (*b*) 95° (*c*) 125° (*d*) 100°

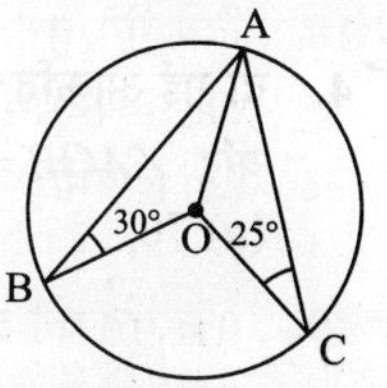

12. दी गई आकृति में वृत्त का केन्द्र O है, AOB वृत्त का व्यास है तथा $ABCD$ एक चक्रीय चतुर्भुज है यदि $\angle ADC = 130°$ हो, तो $\angle BAC = ?$
(*a*) 50° (*b*) 40° (*c*) 65° (*d*) 30°

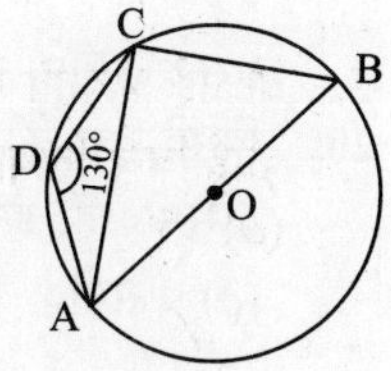

13. दी गई आकृति में वृत्त का केन्द्र O है तथा $\angle AOC = 130°$. तब, $\angle ABC = ?$
(*a*) 130° (*b*) 100° (*c*) 115° (*d*) 65°

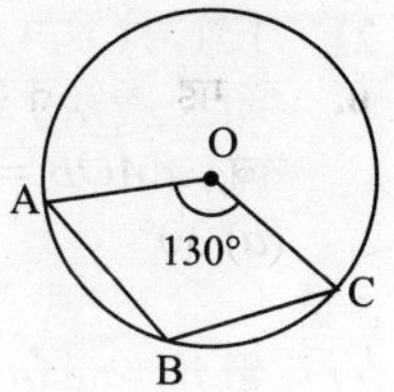

14. दी गई आकृति में एक वृत्त के अन्तर्गत समबाहु त्रिभुज ΔABC खींची गई है तथा $ABCD$ एक चक्रीय चतुर्भुज है. इसमें $\angle BCD$ का माप क्या होगा ?
(*a*) 60° (*b*) 120° (*c*) 90° (*d*) 150°

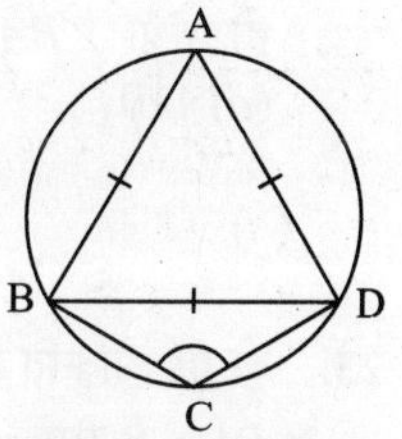

15. दी गई आकृति में एक चक्रीय चतुर्भुज $ABCD$ की भुजाओं AB तथा AD को क्रमश: E तथा F तक बढ़ाया गया है. यदि $\angle CBE = 110°$ हो, तो $\angle CDF = ?$
(*a*) 70° (*b*) 110° (*c*) 140° (*d*) 40°

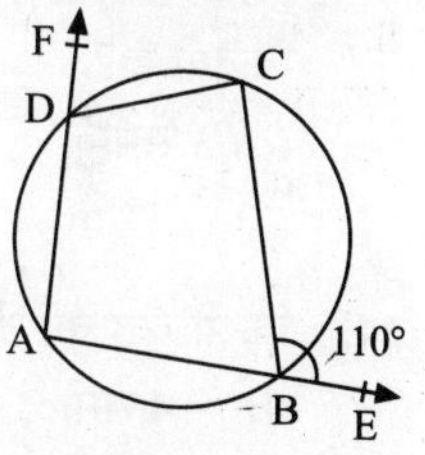

16. दी गई आकृति में यदि $\angle A = (2x+4)°, \angle B = (x+10)°, \angle C = (4y-4)°$ तथा $\angle D = (5y+5)°$ हो, तो
(*a*) $x = 25, y = 40$ (*b*) $x = 40, y = 25$
(*c*) $x = 30, y = 45$ (*d*) $x = 45, y = 30$

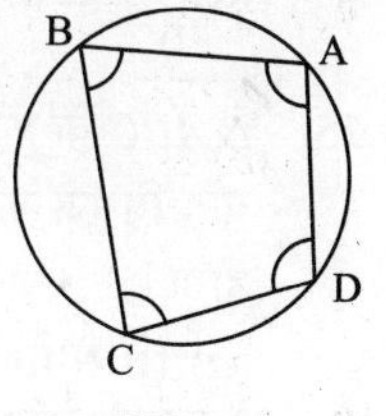

17. दी गई आकृति में वृत्त का केन्द्र O है तथा $ABCD$ एक चक्रीय चतुर्भुज है. यदि $AB \parallel DC$ हो तथा $\angle BAC = 25°$ हो, तो $\angle CAD$ का मान कितना होगा ?
(*a*) 50° (*b*) 75° (*c*) 40° (*d*) 80°

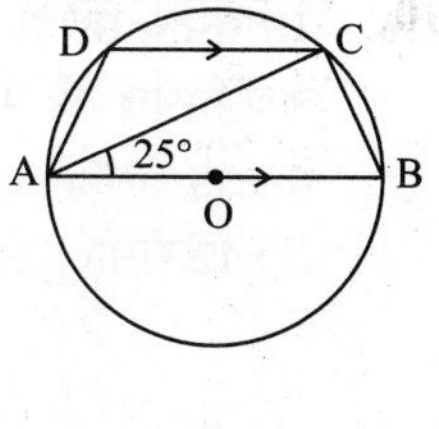

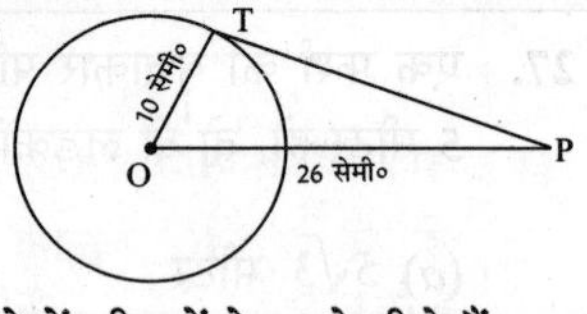

18. दिये गये वृत्त का केन्द्र O है. इसमें जीवा $AB = 16$ सेमी०. $OC \perp AB$ तथा $OC = 6$ सेमी०. इस वृत्त की त्रिज्या कितनी है ?
(*a*) 6 सेमी० (*b*) 8·5 सेमी० (*c*) 10 सेमी० (*d*) 12·5 सेमी०

19. एक वृत्त की दो समान्तर जीवाओं की लम्बाई क्रमशः 6 सेमी० तथा 8 सेमी० हैं. दोनों जीवायें केन्द्र से नीचे हैं तथा इनके बीच की दूरी 1 सेमी० है. वृत्त की त्रिज्या कितनी है ?
(*a*) 8 सेमी० (*b*) 7 सेमी० (*c*) 6 सेमी० (*d*) 5 सेमी०

20. किसी वृत्त की त्रिज्या 5 सेमी० है. केन्द्र के विपरीत दो समान्तर जीवाओं की लम्बाईयाँ क्रमशः 8 सेमी० तथा 6 सेमी० हैं. इन जीवाओं के बीच की दूरी कितनी है ? **(एम०बी०ए० परीक्षा, 2001)**
(*a*) 9 सेमी० (*b*) 8 सेमी० (*c*) 7·5 सेमी० (*d*) 7 सेमी०

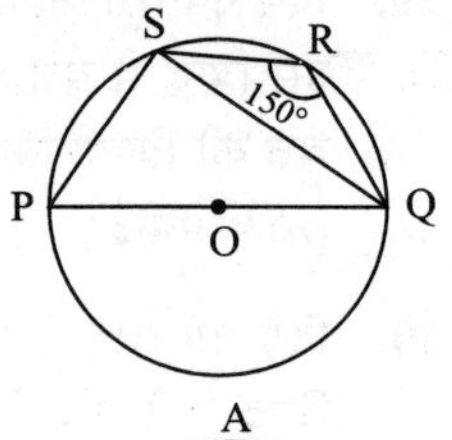

21. दिये गये चित्र में $PQRS$ एक चक्रीय चतुर्भुज है तथा POQ इस वृत्त का व्यास है. यदि $\angle QRS = 150°$ हो, तो $\angle SQP$ का मान कितना है ?
(*a*) 40° (*b*) 30° (*c*) 60° (*d*) 50°

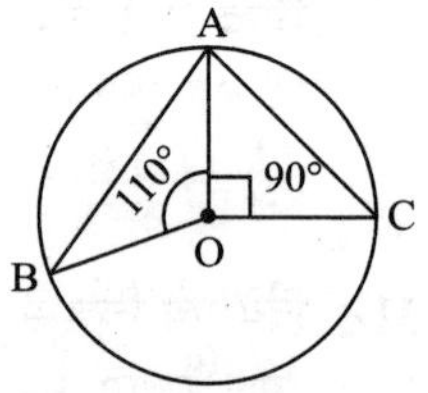

22. दी गई आकृति में वृत्त का केन्द्र O है. यदि $\angle AOC = 90°$ तथा $\angle AOB = 110°$ हो, तथा $\angle BAC = x°$ हो, तो x का मान क्या होगा ?
(*a*) 110 (*b*) 90 (*c*) 100 (*d*) 80
(होटल मैनेजमैन्ट परीक्षा, 2005)

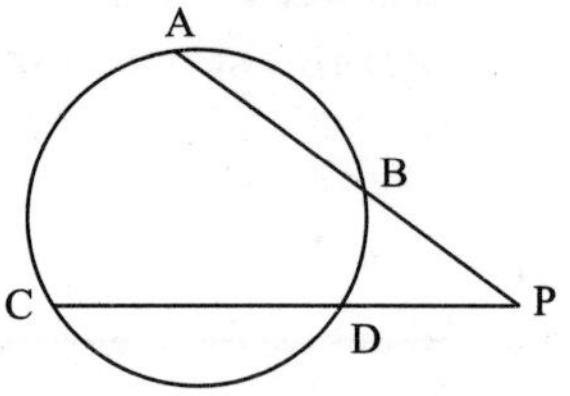

23. दी गई आकृति में वृत्त के बाहर बिन्दु P से जीवायें PA तथा PC खींची गई हैं. यदि $PA = 8$ सेमी०, $PD = 4$ सेमी० तथा $CD = 3$ सेमी० हों, तो AB की लम्बाई कितनी है ?
(*a*) 3 सेमी० (*b*) 3·5 सेमी० (*c*) 4 सेमी० (*d*) 4·5 सेमी०

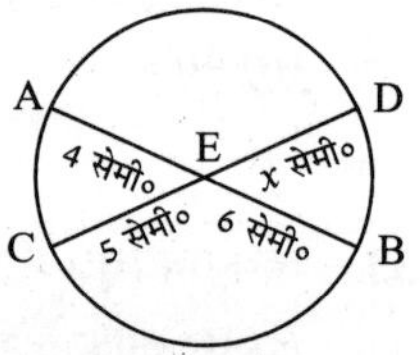

24. किसी वृत्त की दो जीवायें AB तथा CD एक-दूसरे को बिन्दु E पर काटती हैं. यदि $AE = 4$ सेमी०, $EB = 6$ सेमी० तथा $CE = 5$ सेमी० हो तो ED का नाप कितना होगा ?
(*a*) 7·5 सेमी० (*b*) 4·8 सेमी० (*c*) 6·3 सेमी० (*d*) 7 सेमी०

25. ΔABC के शीर्षों को केन्द्र मान कर तीन वृत्त खींचे जाते हैं जिनमें से प्रत्येक अन्य दो को बाह्यतः स्पर्श करता है. यदि त्रिभुज की भुजायें 4 सेमी०, 6 सेमी० तथा 8 सेमी० लम्बी हों, तो तीनों वृत्तों की त्रिज्याओं का योग कितना होगा ?
(*a*) 10 सेमी० (*b*) 14 सेमी० (*c*) 12 सेमी० (*d*) 9 सेमी०

26. 10 सेमी० त्रिज्या के वृत्त के अन्तर्गत एक समकोण त्रिभुज बनाया गया है. वृत्त का व्यास त्रिभुज की एक भुजा है तथा त्रिभुज की परिमिति 48 सेमी० है. इस त्रिभुज की अन्य दो भुजाओं की माप क्या है ?
(*a*) 13 सेमी०, 15 सेमी० (*b*) 14 सेमी०, 14 सेमी०
(*c*) 12 सेमी०, 16 सेमी० (*d*) 10 सेमी०, 18 सेमी० **(बी०बी०ए० परीक्षा, 2007)**

27. एक फर्श की वृत्ताकार परिधि पर तीन लड़के खड़े हैं. वे एक-दूसरे से समान दूरी पर हैं. यदि फर्श की त्रिज्या 5 मीटर हो, तो दो लड़कों के बीच न्यूनतम दूरी कितनी है ? **(होटल मैनेजमैंट परीक्षा, 2010)**

(*a*) $5\sqrt{3}$ मीटर (*b*) $\frac{5\sqrt{3}}{2}$ मीटर (*c*) $\frac{15\sqrt{3}}{2}$ मीटर (*d*) $\frac{10\pi}{3}$ मीटर

28. दी गई आकृति में *ABCD* एक चक्रीय चतुर्भुज है जिसमें *DC* को *E* तक बढ़ाया गया है तथा $CF \parallel AB$ खींचा गया है. यदि $\angle ADC = 95°$ तथा $\angle ECF = 20°$ हो, तो $\angle BAD$ का माप क्या होगा ?

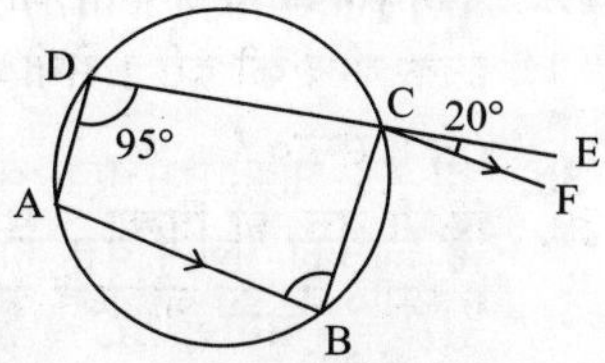

(*a*) 75° (*b*) 85° (*c*) 95° (*d*) 105°

29. दिये गये वृत्त का केन्द्र *O* है. *O* से 10 सेमी॰ दूरी पर एक बिन्दु *P* लिया गया है. इस बिन्दु से वृत्त पर स्पर्श रेखा *PT* खींची गई है. यदि *PT* = 8 सेमी॰ हो, तो वृत्त की त्रिज्या कितनी है ?

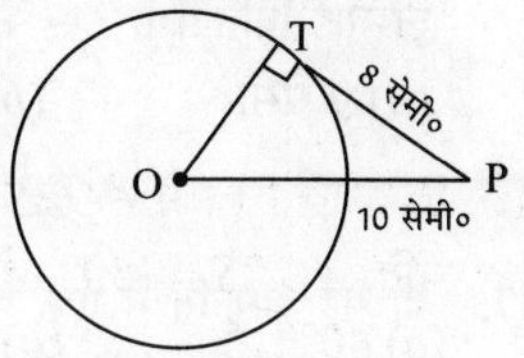

(*a*) 9 सेमी॰ (*b*) 8 सेमी॰ (*c*) 6 सेमी॰ (*d*) 5 सेमी॰

30. दिये गये चित्र में एक वृत्त का केन्द्र *O* है. केन्द्र से 26 सेमी॰ दूरी पर स्थित बिन्दु *P* से स्पर्श रेखा *PT* खींची गई है. यदि वृत्त की त्रिज्या 10 सेमी॰ हो तो *PT* की लम्बाई कितनी है ?

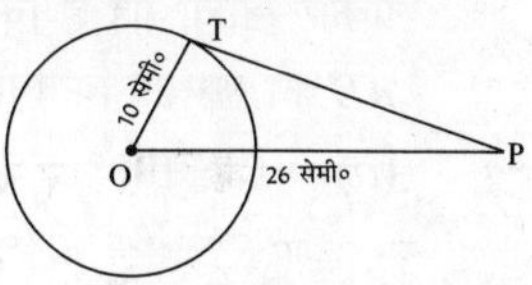

(*a*) 24 सेमी॰ (*b*) 36 सेमी॰ (*c*) 16 सेमी॰ (*d*) 20 सेमी॰

31. दिये गये चित्र में वृत्त का केन्द्र *O* है. वृत्त के बाहर स्थित एक बिन्दु *P* से स्पर्श रेखायें *PA* तथा *PB* खींची गई हैं. यदि $\angle APB = 50°$ हो, तो $\angle OAB$ का मान कितना है ?

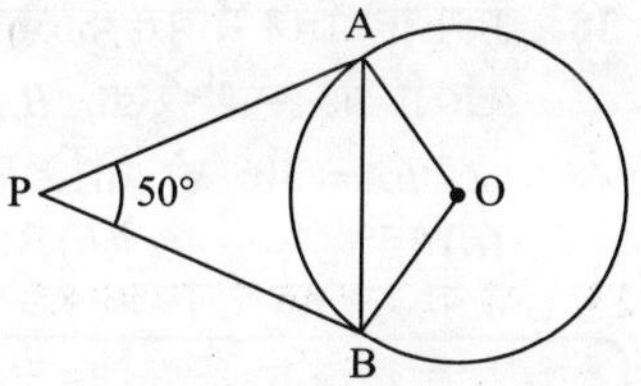

(*a*) 25° (*b*) 30° (*c*) 40° (*d*) 50°

32. यदि किसी वृत्त की दो त्रिज्याओं के बीच 130° का कोण हो, तो इन त्रिज्याओं के अन्त में बनी स्पर्श रेखाओं के बीच का कोण कितना होगा ?

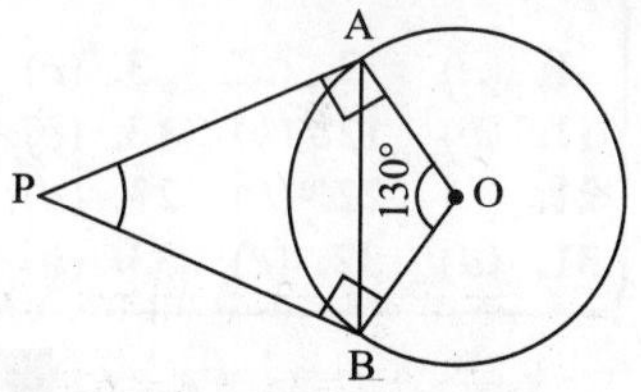

(*a*) 40° (*b*) 65° (*c*) 50° (*d*) 25°

33. दिये गये चित्र में वृत्त का केन्द्र *O* है तथा *OP* वृत्त की एक त्रिज्या है. बिन्दु *P* पर स्पर्श रेखा *PT* खींची गई है. यदि *OT* = 8 सेमी॰ हो तथा $\angle PTO = 30°$ हो, तो *PT* की लम्बाई कितनी है ?

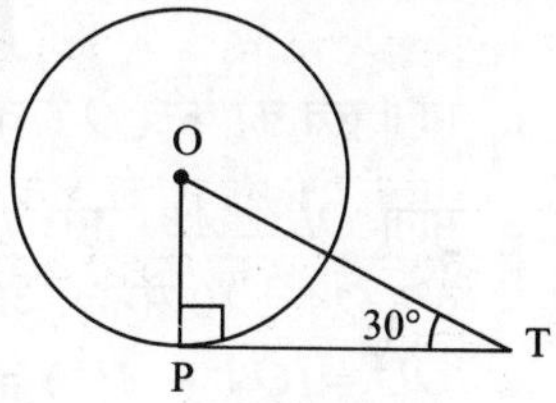

(*a*) 4 सेमी॰ (*b*) $4\sqrt{3}$ सेमी॰ (*c*) $4\sqrt{2}$ सेमी॰ (*d*) 6 सेमी॰

34. दिये गये चित्र में दो समकेन्द्रीय वृत्त दिये गये हैं जिनमें से प्रत्येक का केन्द्र *O* है तथा इनकी त्रिज्यायें क्रमशः 3 सेमी॰ तथा 5 सेमी॰ हैं. बाहरी वृत्त की एक जीवा *AB* है जो अन्दर वाले वृत्त को बिन्दु *P* पर स्पर्श करता है. जीवा *AB* की लम्बाई कितनी है ?

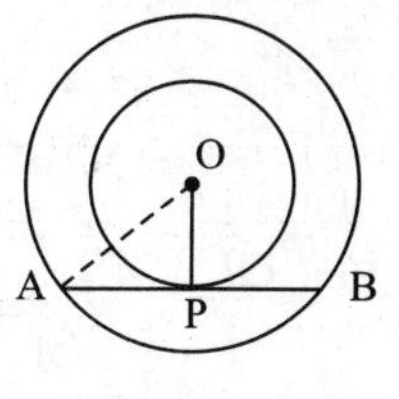

(*a*) 4 सेमी॰ (*b*) 7 सेमी॰ (*c*) 8 सेमी॰ (*d*) $\sqrt{3^4}$ सेमी॰

35. संलग्न आकृति में तीन वृत्त जिनके केन्द्र क्रमशः *A, B* तथा *C* हैं प्रत्येक एक-दूसरे को बाह्यतः स्पर्श करते हैं. यदि $AB = 5$ सेमी०, $BC = 7$ सेमी० तथा $CA = 6$ सेमी० हो, तो केन्द्र *A* वाले वृत्त की त्रिज्या कितनी है ?

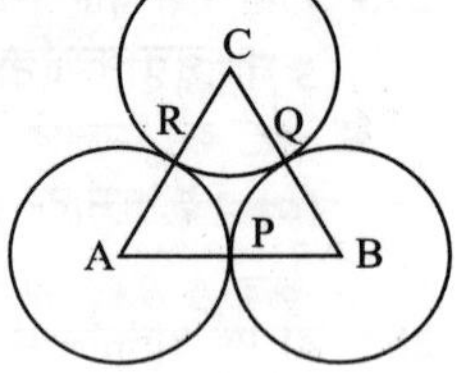

(*a*) 1·5 सेमी० (*b*) 2 सेमी० (*c*) 2·5 सेमी० (*d*) 3 सेमी०

36. दी गई आकृति में एक वृत्त की परिगत एक चतुर्भुज *ABCD* खींचा गया है जिसकी भुजायें वृत्त को क्रमशः बिन्दु *P, Q, R* तथा *S* पर छूती हैं. यदि $AP = 5$ सेमी०, $BC = 7$ सेमी० तथा $CS = 3$ सेमी० हो तो भुजा *AB* की लम्बाई कितनी है ?

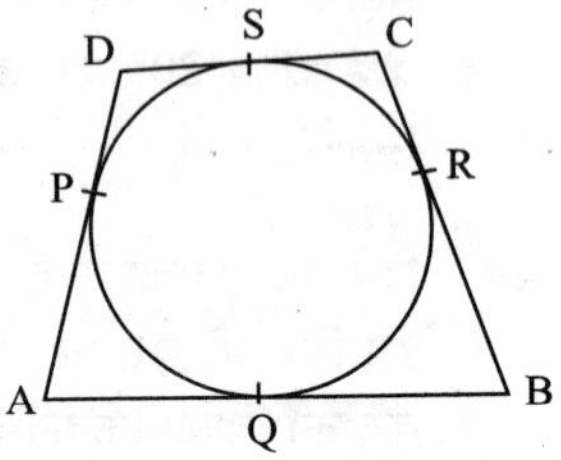

(*a*) 9 सेमी० (*b*) 10 सेमी० (*c*) 12 सेमी० (*d*) 8 सेमी०

37. दी गई आकृति में एक वृत्त पर बिन्दु *P* से स्पर्श रेखायें *PA* तथा *PB* इस प्रकार खींची गई हैं कि $\angle APB = 60°$ तथा $PA = 6$ सेमी० तब जीवा *AB* की लम्बाई कितनी है ?

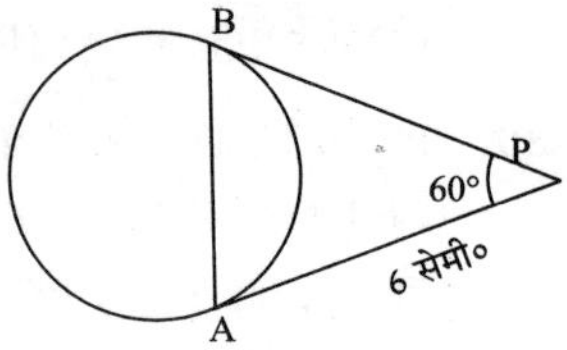

(*a*) $6\sqrt{2}$ सेमी० (*b*) $6\sqrt{3}$ सेमी० (*c*) 6 सेमी० (*d*) 7·5 सेमी०

38. दिये गये चित्र में वृत्त का केन्द्र *O* है, *BOA* इस वृत्त का व्यास है. *P* पर खींची गई स्पर्श रेखा, *BA* को बढ़ाने पर *T* पर मिलती है. यदि $\angle PBA = 30°$ हो, तो $\angle PTA = ?$

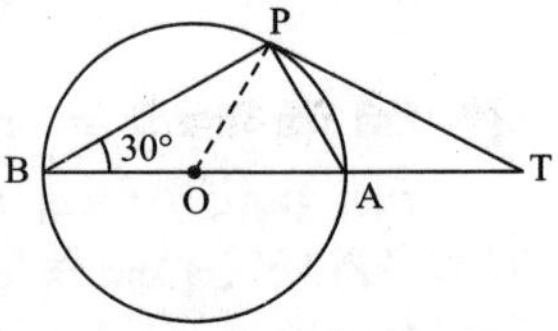

(*a*) 15° (*b*) 30° (*c*) 45° (*d*) 60°

उत्तरमाला (प्रश्नमाला 38)

1. (*d*)	**2.** (*a*)	**3.** (*c*)	**4.** (*a*)	**5.** (*c*)	**6.** (*d*)	**7.** (*c*)	**8.** (*c*)	**9.** (*c*)	**10.** (*b*)
11. (*b*)	**12.** (*b*)	**13.** (*c*)	**14.** (*b*)	**15.** (*a*)	**16.** (*a*)	**17.** (*c*)	**18.** (*c*)	**19.** (*d*)	**20.** (*d*)
21. (*c*)	**22.** (*d*)	**23.** (*d*)	**24.** (*b*)	**25.** (*d*)	**26.** (*c*)	**27.** (*a*)	**28.** (*d*)	**29.** (*c*)	**30.** (*a*)
31. (*a*)	**32.** (*c*)	**33.** (*b*)	**34.** (*c*)	**35.** (*b*)	**36.** (*a*)	**37.** (*c*)	**38.** (*b*)		

दिये गये प्रश्नों के हल प्रश्नमाला 38

1. माना वृत्त का केन्द्र *O* है तथा जीवा *AB* है.

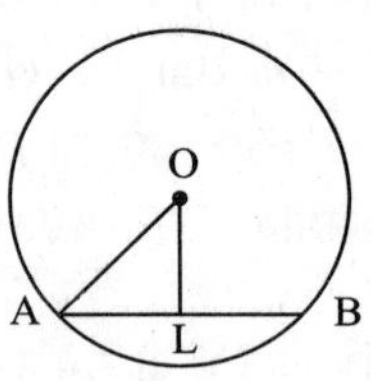

माना $OL \perp AB$. तब $AL = \frac{1}{2} AB = \left(\frac{1}{2} \times 12\right)$ सेमी० = 6 सेमी०

तथा $OA = 10$ सेमी०. अब,

$$OL^2 = (OA^2 - AL^2) = (10)^2 - 6^2 = (100 - 36) = 64$$

$$\Rightarrow OL = \sqrt{64} = 8 \text{ सेमी०}$$

अतः जीवा की केन्द्र से दूरी = 8 सेमी०.

2. माना वृत्त का केन्द्र *O* है तथा जीवा *AB* है.

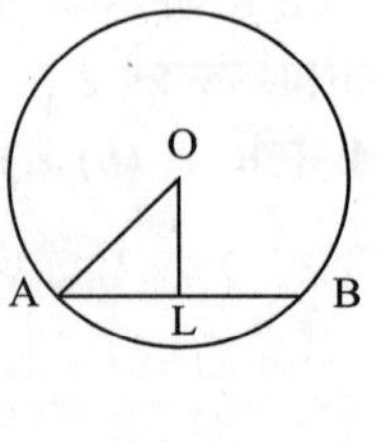

माना $OL \perp AB$. तब, $OL = 12$ सेमी०.

$AL = \frac{1}{2} AB = \left(\frac{1}{2} \times 32\right)$ सेमी० = 16 सेमी०.

$$OA^2 = (AL^2 + OL^2) = (16)^2 + (12)^2 = (256 + 144) = 400$$

$\Rightarrow OA = \sqrt{400} = 20$ सेमी०

$\Rightarrow$ वृत्त की त्रिज्या $= 20$ सेमी०.

3. AC को मिलायें. अब, $OD \perp AB \Rightarrow D, AB$ का मध्य बिन्दु है.
स्पष्ट है कि O, BC का मध्य बिन्दु है.
अब ΔBAC में D तथा O क्रमश: BA तथा BC के मध्य बिन्दु हैं.
अत: $DO \parallel AC$ तथा $DO = \frac{1}{2}AC \Rightarrow \frac{1}{2}AC = 4 \Rightarrow AC = 8$ सेमी०.

4. हम जानते हैं कि किसी वृत्त की समान जीवायें वृत्त के केन्द्र पर समान कोण बनाती हैं.
अत: $\angle COD = \angle AOB = 70°$.

5. $OA = OB \Rightarrow \angle OBA = \angle OAB = 35°$.
$\therefore \angle AOB = 180° - (35° + 35°) = 110° \Rightarrow \angle ACB = \frac{1}{2}\angle AOB = \left(\frac{1}{2} \times 110°\right) = 55°$.

6. स्पष्ट है कि $\angle AOB = 2 \times (\angle ACB) = (2 \times 40°) = 80°$.

7. अर्द्ध-वृत्त में बना कोण $90°$ का होता है. अत: $\angle BAC = 90°$.
$\therefore \angle ABC = 180° - (30° + 90°) = 60°$.
$\Rightarrow \angle CDA = \angle ABC = 60°$ [एक ही वृत्त खण्ड में बने दो कोण समान होते हैं.]

8. $\angle BDC = \angle BAC = 50°$ [एक ही वृत्त खण्ड में बने कोण]
$\therefore \angle BCD = 180° - (60° + 50°) = 70°$.

9. $\angle AEB + \angle BEC = 180° \Rightarrow \angle BEC = (180° - 100°) = 80°$.
ΔBEC में $\angle CBE + \angle BEC + \angle ECB = 180° \Rightarrow \angle ECB = 180° - (30° + 80°) = 70°$
$\Rightarrow \angle ADB = \angle ACB = 70°$ [एक ही वृत्त खण्ड में बने कोण]

10. $OA = OB \Rightarrow \angle OBA = \angle OAB = 30°$.
ΔOAB में $30° + 30° + \angle AOB = 180° \Rightarrow \angle AOB = 120°$.
$OB = OC \Rightarrow \angle OBC = \angle OCB = 50°$.
ΔOBC में $\angle OCB + \angle OBC + \angle BOC = 180° \Rightarrow 50° + 50° + \angle BOC = 180° \Rightarrow \angle BOC = 80°$.
$\therefore \angle AOC = (120° - 80°) = 40°$.

11. $OA = OB \Rightarrow \angle OBA = \angle OAB = x°$ (माना).
तब, $x + x + 80 = 180 \Rightarrow 2x = 100 \Rightarrow x = 50$.
$\therefore \angle OAB = 50°$.
$OA = OC \Rightarrow \angle OCA = \angle OAC = y°$ (माना).
तब, $y + y + 90 = 180° \Rightarrow 2y = 90° \Rightarrow y = 45°$.
$\therefore \angle OAC = 45°$.
अत: $\angle BAC = \angle OAB + \angle OAC = (50° + 45°) = 95°$.

12. चूँकि $ABCD$ एक चक्रीय चतुर्भुज है, अत:
$\angle ABC + \angle ADC = 180° \Rightarrow \angle ABC + 130° = 180° \Rightarrow \angle ABC = 50°$.
$\Rightarrow \angle ABC + \angle ACB + \angle BAC = 180° \Rightarrow 50° + 90° + \angle BAC = 180° \Rightarrow \angle BAC = 40°$.

13. वृत्त की परिधि के शेष भाग में बिन्दु D लें.
AD तथा CD खींचें.
तब, $\angle ADC = \frac{1}{2}\angle AOC = \left(\frac{1}{2} \times 130°\right) = 65°$.
अब, $ABCD$ एक चक्रीय चतुर्भुज है.
$\therefore \angle ADC + \angle ABC = 180° \Rightarrow 65° + \angle ABC = 180° \Rightarrow \angle ABC = 115°$.

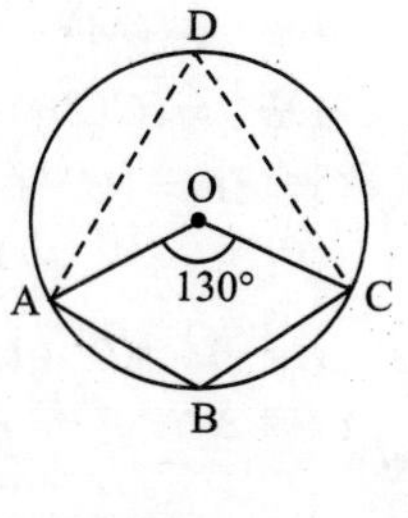

14. $\angle BAD = 60°$ [$\because AB = BD = AD$]
अब $ABCD$ एक चक्रीय चतुर्भुज है.
$\therefore\ \angle BAD + \angle BCD = 180° \Rightarrow 60° + \angle BCD = 180° \Rightarrow \angle BCD = 120°$.

15. चूँकि $ABCD$ एक चक्रीय चतुर्भुज है जिसकी भुजा AB को E तक बढ़ाया गया है.
$\therefore\ \angle ADC = \angle EBC = 110°$.
परन्तु $\angle ADC + \angle CDF = 180° \Rightarrow 110° + \angle CDF = 180° \Rightarrow \angle CDF = 70°$.

16. $ABCD$ एक चक्रीय चतुर्भुज है. अत: $\angle A + \angle C = 180°$ तथा $\angle B + \angle D = 180°$.
$\therefore\ (2x+4)+(4y-4) = 180$ तथा $(x+10)+(5y+5) = 180$
$\Rightarrow 2x + 4y = 180$ तथा $x + 5y = 165$
$\Rightarrow x + 2y = 90 \quad ...(i)$ तथा $x + 5y = 165 \quad ...(ii)$
$\Rightarrow y = 25$ तथा $x = 40$.

17. $AB \parallel DC$ तथा AC इन्हें काटती है. अत: $\angle ACD = \angle CAB = 25°$.
$\angle ACB = 90°$ [अर्द्धवृत्त में बना कोण]
माना $\angle CAD = x°$. तथा $\angle BAD + \angle BCD = 180°$.
$\therefore\ 25° + x° + 90° + 25° = 180° \Rightarrow x + 140 = 180 \Rightarrow x = 40$.
अत: $\angle CAD = 40°$.

18. O तथा A को मिलायें. तब $AB = 16$ सेमी० तथा $OC = 6$ सेमी०.

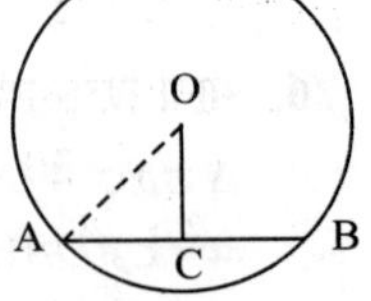

$\therefore\ AC = CB = 8$ सेमी०. माना $OA = r$ सेमी०.
तब, $r^2 = (OC)^2 + (AC)^2 = (6)^2 + (8)^2 = 36 + 64 = 100$
$\Rightarrow r = \sqrt{100}$ सेमी० $= 10$ सेमी०.
अत: दिये गये वृत्त की त्रिज्या 10 सेमी०.

19. माना वृत्त का केन्द्र O है. इसकी जीवायें $AB = 8$ सेमी० तथा $CD = 6$ सेमी० हैं.
माना $OE \perp AB$ तथा $OEF \perp CD$. माना $OE = x$ सेमी०. तब $OF = (x + 1)$ सेमी०.
माना $OA = OC = R$ (वृत्त की त्रिज्या). तब

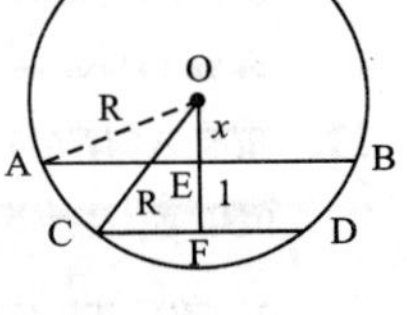

$AE = \frac{1}{2} AB = 4$ सेमी०, $CF = \frac{1}{2} CD = 3$ सेमी०.
$\Delta\, OAE$ से $R^2 = x^2 + 4^2$ तथा ΔOCF में $R^2 = (x+1)^2 + 3^2$
$\therefore\ x^2 + 4^2 = (x+1)^2 + 3^2 \Rightarrow x^2 + 16 = x^2 + 2x + 10 \Rightarrow 2x = 6 \Rightarrow x = 3$.
$\therefore\ R^2 = (x^2 + 4^2) = (3^2 + 4^2) = (9 + 16) = 25 \Rightarrow R = \sqrt{25} = 5$ सेमी०.

20. माना वृत्त का केन्द्र O है जिसकी त्रिज्या $r = 5$ सेमी०.

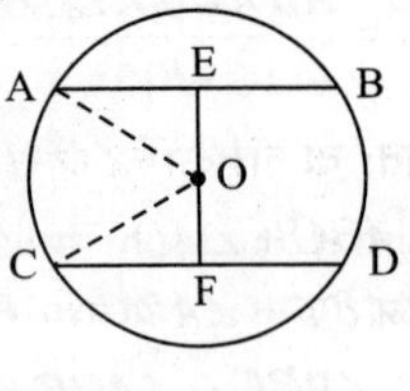

जीवा $AB = 8$ सेमी० तथा जीवा $CD = 6$ सेमी०.
$OE \perp AB$ तथा $OF \perp CD$ खींचें.
तब, $AE = \frac{1}{2} AB = 4$ सेमी०, $CF = \frac{1}{2} CD = 3$ सेमी०
तथा $OA = OC = 5$ सेमी०.
$OE^2 = (OA^2 - AE^2) = (5^2 - 4^2) = (25 - 16) = 9 \Rightarrow OE = \sqrt{9} = 3$ सेमी०.
$OF^2 = (OC^2 - CF^2) = (5^2 - 3^2) = (25 - 9) = 16 \Rightarrow OF = \sqrt{16} = 4$ सेमी०.
$\therefore\ EF = (OE + OF) = (3 + 4)$ सेमी० $= 7$ सेमी०.

21. $\angle QPS + \angle SRQ = 180° \Rightarrow \angle QPS + 150° = 180° \Rightarrow \angle QPS = 30°$.
$\angle PSQ = 90°$ [अर्द्धवृत्त में बना कोण]
अब $\Delta\, SPQ$ में, $\angle PSQ + \angle QPS + \angle PQS = 180°$

$\Rightarrow 90° + 30° + \angle PQS = 180° \Rightarrow \angle PQS = 60°.$

22. $110° + 90° + \angle BOC = 360° \Rightarrow \angle BOC = (360° - 200°) = 160°$.

$\therefore \angle BAC = \frac{1}{2}\angle BOC = \frac{1}{2} \times 160° = 80°.$

$\therefore x = 80.$

23. माना $AB = x$ सेमी०. $PC = PD + CD = (4 + 3)$ सेमी० = 7 सेमी०.

$PA \times PB = PC \times PD \Rightarrow 8 \times (8 - x) = 7 \times 4$

$\therefore 64 - 8x = 28 \Rightarrow 8x = (64 - 28) = 36 \Rightarrow x = \frac{36}{8} = 4 \cdot 5.$

अत: $AB = 4{\cdot}5$ सेमी०.

24. दिया है $AE = 4$ सेमी०, $EB = 6$ सेमी०, $CE = 5$ सेमी०. माना $ED = x$ सेमी०.

तब, $AE \times EB = CE \times ED \Rightarrow 4 \times 6 = 5 \times x \Rightarrow x = \frac{24}{5} = 4 \cdot 8.$

अत: $ED = 4{\cdot}8$ सेमी०.

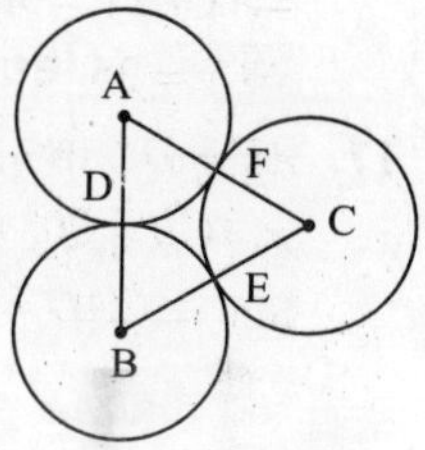

25. माना इन वृत्तों के स्पर्श बिन्दु क्रमश: D, E तथा F हैं.

माना $AD = r_1$ सेमी०, $BE = r_2$ सेमी० तथा $CF = r_3$ सेमी०.

तब $r_1 + r_2 = 4$ ...(i), $r_2 + r_3 = 6$ ...(ii) तथा $r_3 + r_1 = 8$ ...(iii)

इन्हें जोड़ने पर : $2(r_1 + r_2 + r_3) = 18$

$\therefore r_1 + r_2 + r_3 = 9$ सेमी०.

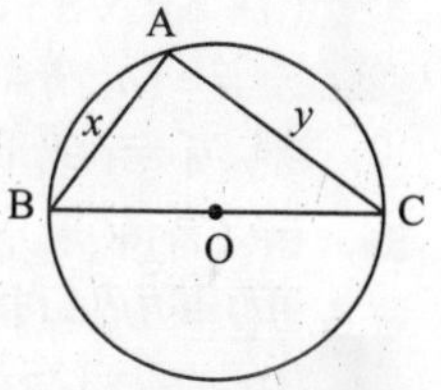

26. माना दिये गये समकोण त्रिभुज की भुजायें x सेमी०, y सेमी० तथा 20 सेमी० हैं. तब

$x + y + 20 = 48 \Rightarrow x + y = 28$ ...(i)

$x^2 + y^2 = (20)^2 \Rightarrow x^2 + y^2 = 400$ ...(ii)

(i) का वर्ग करने पर : $x^2 + y^2 + 2xy = 784$

$\therefore 400 + 2xy = 784 \Rightarrow 2xy = 384 \Rightarrow xy = 192.$

$(x - y)^2 = x^2 + y^2 - 2xy = (400 - 384) = 16 \Rightarrow x - y = 4.$

$x + y = 28$ तथा $x - y = 4$ को हल करने पर $x = 16$, $y = 12$.

अत: त्रिभुज की शेष भुजायें 16 सेमी० तथा 12 सेमी० हैं.

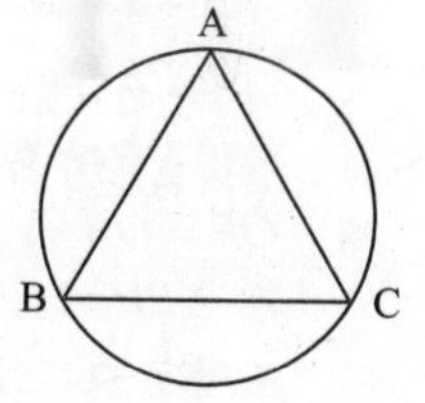

27. माना ΔABC में $AB = BC = CA = x$ सेमी०.

दिया है, $R = 5$ मीटर.

ΔABC का क्षेत्रफल $= \Delta = \left(\frac{\sqrt{3}}{4}x^2\right)$ वर्ग मी०.

$\Delta = \frac{AB \times BC \times AC}{4R} \Rightarrow \frac{x \times x \times x}{4 \times 5} = \frac{\sqrt{3}}{4}x^2 \Rightarrow x = \left(\frac{20 \times \sqrt{3}}{4}\right) = 5\sqrt{3}.$

अत: दो लड़कों के बीच की दूरी $= 5\sqrt{3}$ मीटर.

28. $\angle ABC + \angle ADC = 180° \Rightarrow \angle ABC + 95° = 180° \Rightarrow \angle ABC = 85°.$

अब $CF \parallel AB$ है तथा CB एक तिर्यक रेखा इन्हें काटती है.

$\therefore \angle BCF = \angle ABC = 85°$ [एकान्तर कोण]

$\Rightarrow \angle BCE = (85° + 20°) = 105° \Rightarrow \angle BAD = 105°.$

29. दिया है : $PT = 8$ सेमी० तथा $OP = 10$ सेमी०.

$OT^2 = (OP^2 - PT^2) = (10)^2 - 8^2 = (100 - 64) = 36 \Rightarrow OT = \sqrt{36} = 6$ सेमी०.

$\therefore$ वृत्त की त्रिज्या = 6 सेमी०.

30. दिया है : $OP = 26$ सेमी० तथा $OT = 10$ सेमी०.

$PT^2 = (OP^2 - OT^2) = (26)^2 - (10)^2 = (26 + 10)(26 - 10) = (36 \times 16)$

$\Rightarrow PT = (6 \times 4) = 24$ सेमी०.

31. स्पष्ट है कि $\angle OAP = \angle OBP = 90°$.

$\therefore \angle OAP + \angle OBP = (90° + 90°) = 180°$

$\Rightarrow \angle APB + \angle AOB = 180° \Rightarrow 50° + \angle AOB = 180° \Rightarrow \angle AOB = 130°$.

अब $OA = OB \Rightarrow \angle OAB = \angle OBA = x°$ (माना)

तब $x + x + 130 = 180 \Rightarrow 2x = 50 \Rightarrow x = 25$.

$\therefore \angle OAB = 25°$.

32. $\angle PAO = 90°$ तथा $\angle PBO = 90° \Rightarrow (\angle PAO + \angle PBO) = 180°$.

$\therefore \angle APB + \angle AOB = 180° \Rightarrow \angle APB + 130° = 180° \Rightarrow \angle APB = 50°$.

33. स्पष्ट है कि $OP \perp PT$.

समकोण ΔOPT से, $\dfrac{PT}{OT} = \cos 30° = \dfrac{\sqrt{3}}{2} \Rightarrow \dfrac{PT}{8} = \dfrac{\sqrt{3}}{2} \Rightarrow PT = 4\sqrt{3}$ सेमी०.

34. रेखाखण्ड OP तथा OA खींचो. तब $OP = 3$ सेमी० तथा $OA = 5$ सेमी०.

$OA^2 = AP^2 + OP^2 \Rightarrow AP^2 = (OA^2 - OP^2) = (5^2 - 3^2) = (25 - 9) = 16$

$\Rightarrow AP = \sqrt{16}$ सेमी० $= 4$ सेमी०

$\Rightarrow$ जीवा $AB = (2 \times AP) = (2 \times 4)$ सेमी० $= 8$ सेमी०.

35. माना दिये गये वृत्तों की त्रिज्यायें क्रमशः a, b, c हैं. तब

$(a + b = 5, b + c = 7$ तथा $c + a = 6) \Rightarrow 2(a + b + c) = 18 \Rightarrow a + b + c = 9$.

$\therefore a = (a + b + c) - (b + c) = (9 - 7) = 2$ सेमी०.

अतः A वृत्त की त्रिज्या $= 2$ सेमी०.

36. स्पष्ट है कि $AQ = AP = 5$ सेमी०, $CR = CS = 3$ सेमी०

$BQ = BR = (BC - CR) = (7 - 3)$ सेमी० $= 4$ सेमी०.

$AB = AQ + BQ = (5 + 4)$ सेमी० $= 9$ सेमी०.

37. स्पष्ट है कि $PA = PB$. अतः $\angle PBA = \angle PAB = x°$.

$\therefore x + x + 60 = 180 \Rightarrow 2x = 120 \Rightarrow x = 60$.

$\therefore \angle PBA = \angle PAB = \angle APB = 60°$.

अतः ΔPAB एक समबाहु त्रिभुज है. अतः $AB = PB = PA = 6$ सेमी०.

38. $OP = OB \Rightarrow \angle OPB = \angle OBP = 30°$.

$\therefore \angle BPT = \angle OPB + \angle OPT = (30° + 90°) = 120°$.

ΔPBT में, $\angle TBP + \angle BPT + \angle PTA = 180°$

$\Rightarrow \angle OBP + \angle BPT + \angle PTA = 180° \Rightarrow 30° + 120° + \angle PTA = 180°$

$\Rightarrow \angle PTA = (180° - 150°) = 30°$.

39 बहुभुज (POLYGONS)

आवश्यक तथ्य एवं सूत्र

1. **बहुभुज (Polygon) :** कुछ सरल रेखाओं से घिरी बन्द समतल आकृति को बहुभुज कहते हैं.
2. कोई आकृति 3, 4, 5, 6, 7, 8, 9, 10 भुजाओं से घिरी हो तो उसे क्रमशः त्रिभुज, चतुर्भुज, पंचभुज, षटभुज, सप्तभुज, अष्टभुज, नवमभुज तथा दसमभुज कहते हैं.
3. (*i*) **उत्तल बहुभुज (Convex Polygon) :** यदि किसी बहुभुज का कोई भी अन्तःकोण 180° से अधिक न हो उसे उत्तल बहुभुज कहते हैं.

   (*ii*) **अवतल बहुभुज (Concave Polygon) :** यदि किसी बहुभुज का एक भी अन्तःकोण 180° से अधिक हो, तो उसे अवतल बहुभुज कहते हैं.
4. (*i*) **समबाहु बहुभुज (Regular Polygon) :** यदि किसी बहुभुज की सभी भुजायें समान हों तो उसे समबाहु बहुभुज कहते हैं.

   नोट : एक समबाहु बहुभुज के सारे अन्तःकोण बराबर होते हैं.

   (*ii*) n भुजाओं की समबाहु बहुभुज में सभी बाह्य कोणों का योग 4 समकोण होता है.

   (*iii*) n भुजाओं की समबाहु बहुभुज में :

   प्रत्येक बाह्य कोण $= \left(\dfrac{360}{n}\right)^\circ$

   तथा प्रत्येक अन्तःकोण = 180° – (बाह्य कोण).

   (*iv*) n भुजाओं की बहुभुज में सभी अन्तःकोणों का योग

   $$= (2n-4) \text{ समकोण} = [(2n-4)\times 90]^\circ$$

   उदाहरण :

   (*I*) त्रिभुज के सभी अन्तःकोणों का योग = (2 × 3 – 4) समकोण = 2 समकोण = 180°.

   (*II*) चतुर्भुज के सभी अन्तःकोणों का योग = (2 × 4 – 4) समकोण = 4 समकोण = 360°.

   (*III*) पंचभुज के सभी अन्तःकोणों का योग = (2 × 5 – 4) समकोण = 6 समकोण = 540°.

   (*v*) n भुजाओं की बहुभुज में विकर्णों की संख्या $= \left\{\dfrac{n(n-1)}{2} - n\right\} = \dfrac{(n^2-3n)}{2}$.

   उदाहरण :

   (*I*) एक चतुर्भुज में विकर्णों की संख्या $= \left(\dfrac{4\times 3}{2} - 4\right) = 2$.

   (*II*) एक पंचभुज में विकर्णों की संख्या $= \dfrac{(25-3\times 5)}{2} = 5$.

   (*III*) एक षट्भुज में विकर्णों की संख्या $= \dfrac{(36-18)}{2} = 9$.

प्रश्नमाला 39

निम्नलिखित प्रश्नों में से प्रत्येक में ठीक उत्तर को चिन्हांकित (✓) कीजिए :

1. एक पंचभुज के 4 कोणों के माप क्रमशः 130°, 85°, 108°, 82° हैं. पाँचवें कोण का माप कितना होगा?
   (*a*) 75° (*b*) 115° (*c*) 125° (*d*) 135°

2. एक सप्तभुज के कोण 1 : 2 : 3 : 4 : 5 : 6 : 7 : 8 के अनुपात में हैं. इसका न्यूनतम कोण कितना है ?
(*a*) 30° (*b*) $22\frac{1}{2}^{\circ}$ (*c*) 12° (*d*) 24°
(रेलवे परीक्षा, 2006)

3. किसी अष्टभुज के सभी कोणों का योग कितना है ? **(रेलवे परीक्षा, 2005)**
(*a*) 540° (*b*) 720° (*c*) 900° (*d*) (1080)°

4. एक बहुभुज के अन्त:कोण समान्तर श्रेणी में हैं जिसका सार्वअन्तर 5° है. यदि इसका सबसे छोटा कोण 120° हो, तो इसकी भुजाओं की संख्या कितनी है ? **(रेलवे परीक्षा, 2005)**
(*a*) 16 (*b*) 9 (*c*) 7 (*d*) 5

5. एक *n* भुजा वाले बहुभुज की भुजाओं को एक ही क्रम में बढ़ाने से बने बहिष्कोणों का योग कितना है ?
(*a*) *n* समकोण (*b*) 2*n* समकोण (*c*) (2*n* – 4) समकोण (*d*) 4 समकोण
(अध्यापक परीक्षा, 2009)

6. एक अष्टभुज के कितने विकर्ण होते हैं ? **(रेलवे परीक्षा, 2001)**
(*a*) 9 (*b*) 15 (*c*) 20 (*d*) 16

7. 100 भुजाओं वाले बहुभुज में विकर्णों की संख्या कितनी है ? **(रेलवे परीक्षा, 2001)**
(*a*) 100 (*b*) 98 (*c*) 4950 (*d*) 4850

8. एक बहुभुज के 27 विकर्ण हैं. इसकी भुजाओं की संख्या कितनी है ?
(*a*) 9 (*b*) 10 (*c*) 11 (*d*) 12

9. किसी समबहुभुज के बाह्य तथा अन्त:कोण 1 : 4 के अनुपात में हैं. बहुभुज की भुजाओं की संख्या कितनी है ?
(*a*) 10 (*b*) 12 (*c*) 15 (*d*) 16
(एस०एस०सी० परीक्षा, 2006)

10. किसी समबहुभुज का प्रत्येक अंत:कोण 150° है. इसकी भुजाओं की संख्या कितनी है ?
(*a*) 10 (*b*) 12 (*c*) 6 (*d*) 8
(रेलवे परीक्षा, 2005)

11. किसी समबाहु अष्टभुज के प्रत्येक अन्त:कोण का माप कितना है ?
(*a*) 45° (*b*) 108° (*c*) 120° (*d*) 135°

12. एक समबाहु बहुभुज का प्रत्येक बाह्यकोण 40° है. इस बहुभुज की भुजाओं की संख्या कितनी है ?
(*a*) 6 (*b*) 8 (*c*) 9 (*d*) 10

13. एक समबाहु बहुभुज के प्रत्येक अन्त:कोण तथा बाह्यकोण का अन्तर 60° है. इस बहुभुज की भुजाओं की संख्या कितनी है ?
(*a*) 5 (*b*) 6 (*c*) 8 (*d*) 10

14. एक समबाहु बहुभुज के अन्त:कोण तथा बाह्यकोण का अनुपात 7 : 2 है. इस बहुभुज की भुजाओं की संख्या कितनी है ?
(*a*) 6 (*b*) 7 (*c*) 8 (*d*) 9

15. किसी समबाहु अष्टभुज के प्रत्येक अन्त:कोण तथा बाह्यकोण का अनुपात कितना है ?
(*a*) 1 : 2 (*b*) 1 : 3 (*c*) 3 : 1 (*d*) 2 : 3

16. दो समबाहु बहुभुजों की भुजाओं की संख्या का अनुपात 1 : 2 तथा उसके अन्त:कोणों के माप 2 : 3 के अनुपात में हैं. इन बहुभुजों की भुजाओं की संख्या है, क्रमशः
(*a*) 4, 8 (*b*) 5, 10 (*c*) 6, 12 (*d*) 8, 16

17. एक समबाहु बहुभुज के सभी अन्त:कोणों का योग उसके सभी बाह्य कोणों के योग का दुगुना है. यह बहुभुज क्या है ?
(*a*) अष्टभुज (*b*) नवम्भुज (*c*) षट्भुज (*d*) इनमें से कोई नहीं

18. किसी समबाहु बहुभुज का प्रत्येक अन्त:कोण एक समबाहु षट्भुज के प्रत्येक अन्त:कोण का $\frac{9}{8}$ है. इस बहुभुज में भुजाओं की संख्या कितनी है ?
(*a*) 4 (*b*) 5 (*c*) 7 (*d*) 8

उत्तरमाला (प्रश्नमाला 39)

1. (*d*) **2.** (*a*) **3.** (*d*) **4.** (*b*) **5.** (*d*) **6.** (*c*) **7.** (*d*) **8.** (*a*) **9.** (*a*) **10.** (*b*)
11. (*d*) **12.** (*c*) **13.** (*b*) **14.** (*d*) **15.** (*b*) **16.** (*a*) **17.** (*c*) **18.** (*d*)

दिये गये प्रश्नों के हल — प्रश्नमाला 39

1. किसी पंचभुज के 5 कोणों का योग $= [(2 \times 5 - 4) \times 90]° = 540°$.

$\therefore$ 5वाँ कोण $= 540° - (130° + 85° + 108° + 82°) = (540° - 405°) = 135°$.

2. किसी सप्तभुज के 7 कोणों का योग $= [(2 \times 7 - 4) \times 90°]° = 900°$.

माना ये कोण $x°, 2x°, 3x°, 4x°, 5x°, 7x°$ तथा $8x°$ है.

तब $(x + 2x + 3x + 4x + 5x + 7x + 8x) = 900 \Rightarrow 30x = 900 \Rightarrow x = 30$.

$\therefore$ इस सप्तभुज का न्यूनतम कोण $= x = 30°$.

3. किसी अष्टभुज के सभी 8 कोणों का योग $= [(2 \times 8 - 4) \times 90]° = (1080)°$.

4. माना बहुभुज में भुजाओं की संख्या $= n$.

तब $\frac{n}{2}[2a+(n-1)\,d] = (2n-4)\times 90,$ जहाँ $a = 120$ तथा $d = 5$.

$\therefore \frac{n}{2}[240+5(n-1) = (2n-4)\times 90]$

$\Rightarrow n\,(235+5n) = (2n-4)\times 180 \Rightarrow 5n^2 + 235n = 360n - 720$

$\Rightarrow 5n^2 - 125n + 720 = 0 \Rightarrow n^2 - 25n + 144 = 0 \Rightarrow n^2 - 16n - 9n + 144 = 0$

$\Rightarrow n(n-16) - 9\,(n-16) = 0 \Rightarrow (n-9)\,(n-16) = 0 \Rightarrow n = 9$ अथवा $n = 16$.

परन्तु $n = 16$ पर सबसे बड़ा कोण $= a+(n-1)\,d = (120+15\times 5)° = 195°$, जो संभव नहीं है.

अत: $n = 9$.

5. एक n भुजा वाले बहुभुज की भुजाओं को एक ही क्रम में बढ़ाने से बने सभी बहिष्कोणों का योग = 4 समकोण.

6. एक अष्टभुज में विकर्णों की संख्या $= \frac{(n^2-3n)}{2} = \frac{(8^2-3\times 8)}{2} = \frac{(64-24)}{2} = \frac{40}{2} = 20$.

7. 100 भुजाओं वाले बहुभुज में विकर्णों की संख्या $= \frac{(n^2-3n)}{2}$

$$= \left\{\frac{(100)^2 - (3\times 100)}{2}\right\} = \frac{(10000-300)}{2} = \frac{9700}{2} = 4850.$$

8. माना भुजाओं की संख्या $= n$. तब

$\frac{(n^2-3n)}{2} = 27 \Rightarrow n^2 - 3n - 54 - 0 \Rightarrow n^2 - 9n + 6n - 54 = 0$

$\Rightarrow n(n-9) + 6\,(n-9) = 0 \Rightarrow (n-9)\,(n+6) = 0 \Rightarrow n = 9\,[\because\ n \neq -6]$.

9. माना बाह्य कोण $= x°$. तब, अन्त:कोण $= 4x°$.

$\therefore\ x + 4x = 180 \Rightarrow 5x = 180 \Rightarrow x = 36$.

अत: प्रत्येक बाह्य कोण $= 36°$. सभी बाह्य कोणों का योग $= 360°$.

बहुभुज में भुजाओं की संख्या $= \frac{360}{36} = 10$.

10. प्रत्येक बाह्य कोण $= (180° - 150°) = 30°$.

सभी बाह्य कोणों का योग $= 360°$.

भुजाओं की संख्या $= \frac{360}{30} = 12$.

11. किसी समबाहु अष्टभुज का प्रत्येक बाह्यकोण $= \left(\frac{360}{8}\right)^\circ = 45^\circ$.

इस अष्टभुज का प्रत्येक अन्त:कोण $= (180^\circ - 45^\circ) = 135^\circ$.

12. प्रत्येक बाह्यकोण $= 40^\circ$. सभी बाह्यकोणों का योग $= 360^\circ$.

भुजाओं की संख्या $= \frac{360}{40} = 9$.

13. माना प्रत्येक अन्त:कोण $= x^\circ$. तब, प्रत्येक बाह्यकोण $= (180^\circ - x)$.

$\therefore\ x-(180-x)=60 \Rightarrow 2x-180=60 \Rightarrow 2x=240 \Rightarrow x=120.$

अत: प्रत्येक बाह्यकोण $= (180^\circ - 120^\circ) = 60^\circ$. सभी बाह्यकोणों का योग $= 360^\circ$.

$\therefore$ भुजाओं की संख्या $= \frac{360}{60} = 6$.

14. माना प्रत्येक अन्त:कोण $= 7x^\circ$ तथा प्रत्येक बाह्यकोण $= 2x^\circ$.

$\therefore\ 7x+2x=180 \Rightarrow 9x=180 \Rightarrow x=20.$

अत: प्रत्येक बाह्यकोण $= (2 \times 20)^\circ = 40^\circ$.

भुजाओं की संख्या $= \frac{360}{40} = 9$.

15. समबाहु अष्टभुज का प्रत्येक बाह्यकोण $= \left(\frac{360}{8}\right)^\circ = 45^\circ$.

तथा संगत अन्त:कोण $= (180^\circ - 45^\circ) = 135^\circ$.

$\therefore$ (अन्त:कोण) : (बाह्यकोण) = 45 : 135 = 1 : 3.

16. माना इन बहुभुजों में भुजाओं की संख्या क्रमश: n तथा $2n$ हैं तथा इनके अन्त:कोण क्रमश: $(2x)^\circ$ तथा $(3x)^\circ$ हैं.

तब, इनके बाह्यकोण क्रमश: $(180 - 2x)^\circ$ तथा $(180 - 3x)^\circ$.

$\therefore\ 180-2x=\frac{360}{n}$ तथा $180-3x=\frac{360}{2n}$.

$\Rightarrow \frac{360}{n}+2x=180 \quad \ldots(i)$ तथा $\frac{180}{n}+3x=180 \quad \ldots(ii)$

(i) को 3 से तथा (ii) को 2 से गुणा करके घटाने पर :

$\left(\frac{1080}{n}-\frac{360}{n}\right)=(540-360) \Rightarrow \frac{720}{n}=180 \Rightarrow n=\frac{720}{180}=4.$

अत: इन बहुभुजों की भुजाओं की संख्या क्रमश: 4 तथा 8 है.

17. माना दिये गये बहुभुज में भुजाओं की संख्या $= n$. तब

$(2n-4)\times 90 = 360\times 2 \Rightarrow (2n-4)=\frac{720}{90}=8 \Rightarrow 2n=12 \Rightarrow n=6.$

अत: दिया गया बहुभुज एक षट्भुज है.

18. समबाहु षट्भुज का प्रत्येक बाह्यकोण $= \left(\frac{360}{6}\right)^\circ = 60^\circ$.

समबाहु षट्भुज का प्रत्येक अन्त:कोण $= (180^\circ - 60^\circ) = 120^\circ$.

दिये गये समबाहु बहुभुज का प्रत्येक अन्त:कोण $= \left(120\times\frac{9}{8}\right)^\circ = 135^\circ$.

दिये गये समबाहु बहुभुज का प्रत्येक बाह्यकोण $= (180^\circ - 135^\circ) = 45^\circ$.

इस बहुभुज में भुजाओं की संख्या $= \frac{360}{45} = 8$.

40 भाग 2 : समंकों का विश्लेषण

सारणीयन (TABULATION)

प्रश्नमाला 40

निर्देश (प्र० न० 1 से 5 तक) : नीचे दी गई तालिका में एक परीक्षा में विभिन्न छात्रों द्वारा विभिन्न विषयों में प्राप्त अंकों का प्रतिशत दिया गया है. इस तालिका का ध्यानपूर्वक अध्ययन करके निम्नलिखित प्रश्नों के उत्तर दीजिए.

(बैंक पी०ओ० परीक्षा, 2010)

एक परीक्षा में विभिन्न छात्रों द्वारा विभिन्न विषयों में प्राप्त अंकों का प्रतिशत

विषय	अंग्रेजी	हिन्दी	विज्ञान	इतिहास	गणित	भूगोल
पूर्णांक	100	100	150	60	150	40
छात्र ↓						
A	68	75	82	60	96	55
B	88	73	85	65	88	65
C	75	56	72	75	75	80
D	70	66	80	80	72	62
E	72	60	68	74	68	75
F	85	70	90	70	74	70

1. सभी विषयों में कुल मिलाकर *C* को लगभग कितने प्रतिशत अंक मिले ?
(*a*) 78% (*b*) 69% (*c*) 75% (*d*) 71% (*e*) 65%

2. *B* के अंग्रेजी तथा गणित में प्राप्तांकों का योग तथा *F* के इन विषयों में प्राप्तांकों के योग में कितना अन्तर है ?
(*a*) 24 (*b*) 17 (*c*) 15 (*d*) 28 (*e*) इनमें से कोई नहीं

3. *E* के भूगोल के प्राप्तांक उसके हिन्दी के प्राप्तांकों का कितने प्रतिशत है ?
(*a*) 45% (*b*) 55% (*c*) 50% (*d*) 60% (*e*) इनमें से कोई नहीं

4. *D* को इतिहास तथा भूगोल में मिलाकर मिले अंकों का प्रतिशत कितना है ?
(*a*) 73·4% (*b*) 72·8% (*c*) 70·5% (*d*) 68·8% (*e*) इनमें से कोई नहीं

5. विज्ञान में सभी छात्रों का औसत प्राप्तांक कितना है ?
(*a*) 77·16 (*b*) 120·5 (*c*) 118 (*d*) 121 (*e*) इनमें से कोई नहीं

दिये गये प्रश्नों के हल

1. (*d*) : *C* के सभी विषयों में मिले प्राप्तांक $= \left(75 + 56 + \frac{72}{100} \times 150 + \frac{75}{100} \times 60 + \frac{75}{100} \times 150 + \frac{80}{100} \times 40\right)$

$= (75 + 56 + 108 + 45 + 112 \cdot 5 + 32) = 428 \cdot 5.$

अभीष्ट $\% = \left(\frac{428 \cdot 5}{600} \times 100\right)\% = 71 \cdot 4\% \simeq 71\%$ लगभग.

2. (*a*) : *B* के अंग्रेजी तथा गणित के कुल प्राप्तांक $= \left(88 + \frac{88}{100} \times 150\right) = (88 + 132) = 220.$

F के अंग्रेजी तथा गणित के कुल प्राप्तांक $= \left(85 + \frac{74}{100} \times 150\right) = (85 + 111) = 196.$

अभीष्ट अन्तर = (220 – 196) = 24.

3. (*c*) : E के भूगोल में प्राप्तांक $= \left(\frac{75}{100}\times 40\right) = 30.$

E के हिन्दी में प्राप्तांक $= 60.$

अभीष्ट $\% = \left(\frac{30}{60}\times 100\right)\% = 50\%.$

4. (*b*) : D के इतिहास तथा भूगोल के कुल प्राप्तांक $= \left(\frac{80}{100}\times 60\right)+\left(\frac{62}{100}\times 40\right) = (48+24\cdot 8) = 72\cdot 8$.

कुल अंक $= (60 + 40) = 100.$

अभीष्ट $\% = 72\cdot 8\%.$

5. (*e*) : विज्ञान में सभी छात्रों के अंकों का योग

$$= \left(\frac{82}{100}\times 150\right)+\left(\frac{85}{100}\times 150\right)+\left(\frac{72}{100}\times 150\right)+\left(\frac{80}{100}\times 150\right)+\left(\frac{68}{100}\times 150\right)+\left(\frac{90}{100}\times 150\right)$$

$$= (123+127\cdot 5+108+120+102+135) = 715\cdot 5\ .$$

अभीष्ट औसत प्राप्तांक $= \frac{715\cdot 5}{6} = 119\cdot 25.$

निर्देश (प्र० न० 6 से 10 तक) : नीचे दी गई तालिका में विगत वर्षों में छः विभिन्न कम्पनियों द्वारा निर्मित इकाइयों की संख्या (हजारों में) दी गई है. इस तालिका का ध्यानपूर्वक अध्ययन करके निम्नलिखित प्रश्नों के उत्तर दीजिये. (बैंक पी०ओ० परीक्षा, 2010)

विगत वर्षों में 6 विभिन्न कम्पनियों द्वारा निर्मित इकाइयों की संख्या (हजारों में)

वर्ष	कम्पनी					
	A	**B**	**C**	**D**	**E**	**F**
2004	14·5	13·8	11·6	16·2	13·9	15·1
2005	15·8	14·9	12·4	16·3	14·1	15·2
2006	15·9	14·6	12·7	16·0	15·4	15·5
2007	16·0	15·0	12·9	15·3	15·7	16·1
2008	15·4	15·5	13·8	15·6	16·4	16·7
2009	16·2	16·7	14·9	16·3	16·6	16·7

6. वर्ष 2008 में कम्पनी F द्वारा निर्मित इकाइयों की संख्या में पिछले वर्ष की तुलना में कितने प्रतिशत वृद्धि हुई ? (दशमलव के 2 अंकों तक पूर्णांकित)

(*a*) 3·73% (*b*) 3·62% (*c*) 4·35% (*d*) 4·16% (*e*) इनमें से कोई नहीं

7. वर्ष 2004 तथा वर्ष 2007 में कुल मिलाकर कम्पनी D द्वारा निर्मित इकाइयों का औसत कितना है ?

(*a*) 14650 (*b*) 15750 (*c*) 13750 (*d*) 16470 (*e*) इनमें से कोई नहीं

8. वर्ष 2009 में कम्पनी A तथा B द्वारा निर्मित इकाइयों की कुल संख्या का उसी वर्ष कम्पनी C तथा D द्वारा निर्मित इकाइयों की कुल संख्या से क्रमशः कितना अनुपात है ?

(*a*) 312 329 (*b*) 317 : 311 (*c*) 329 : 312 (*d*) 311 : 317 (*e*) इनमें से कोई नहीं

9. वर्ष 2005 में कम्पनी E द्वारा निर्मित इकाइयों की संख्या सभी वर्षों में मिलाकर उसके द्वारा निर्मित इकाइयों की कुल संख्या का लगभग कितने प्रतिशत है ?

(*a*) 31% (*b*) 27% (*c*) 7% (*d*) 15% (*e*) 23%

10. सभी वर्षों में कुल मिलाकर कम्पनी C द्वारा निर्मित इकाइयों की संख्या कितनी है ?

(*a*) 783 (*b*) 7830 (*c*) 78300 (*d*) 783000 (*e*) इनमें से कोई नहीं

दिये गये प्रश्नों के हल

6. (*a*) : वर्ष 2007 में कम्पनी F द्वारा निर्मित इकाइयाँ = (16·1 × 1000) = 16100.

वर्ष 2008 में कम्पनी F द्वारा निर्मित इकाइयाँ = (16·7 × 1000) = 16700.

अभीष्ट वृद्धि $\% = \left(\frac{600}{16100} \times 100\right)\% = \left(\frac{600}{161}\right)\% = 3 \cdot 726\% \simeq 3 \cdot 73\%.$

7. (*b*) : वर्ष 2004 तथा 2007 में कम्पनी D द्वारा निर्मित इकाइयों का औसत

$$= \frac{(16 \cdot 2 + 15 \cdot 3) \times 1000}{2} = \frac{31 \cdot 5 \times 1000}{2} = (15 \cdot 75 \times 1000) = 15750.$$

8. (*c*) : वर्ष 2009 में $(A + B)$ की कुल इकाइयाँ = (16·2 + 16·7) × 1000 = 32900.

वर्ष 2009 में $(C + D)$ की कुल इकाइयाँ = (14·9 + 16·3) × 1000 = 31200.

अभीष्ट अनुपात $= \frac{32900}{31200} = \frac{329}{312} = 329 : 312.$

9. (*d*) : वर्ष 2005 में E द्वारा निर्मित इकाइयाँ = (14·1 × 1000) = 14100.

सभी वर्षों में E द्वारा निर्मित कुल इकाइयाँ

= (13·9 + 14·1 + 15·4 + 15·7 + 16·4 + 16·6) × 1000 = (92·1 × 1000) = 92100.

अभीष्ट $\% = \left(\frac{14100}{92100} \times 100\right)\% = \left(\frac{141}{921} \times 100\right)\% = \frac{4700}{307}\% = 15 \cdot 3\% \simeq 15\%.$

10. (*c*) : सभी वर्षों में C द्वारा निर्मित कुल इकाइयाँ

= (11·6 + 12·4 + 12·7 + 12·9 + 13·8 + 14·9) × 1000 = (78·3 × 1000) = 78300.

निर्देश (प्र० न० 11 से 15 तक) : नीचे दी गई तालिका में विगत वर्षों में 6 कम्पनियों द्वारा अर्जित लाभ प्रतिशत दिया गया है. सारणी का ध्यानपूर्वक अध्ययन करके निम्नलिखित प्रश्नों के उत्तर दीजिये.

(बैंक पी०ओ० परीक्षा, 2010)

विगत वर्षों में 6 कम्पनियों द्वारा अर्जित लाभ प्रतिशत

	कम्पनी					
वर्ष	**P**	**Q**	**R**	**S**	**T**	**U**
2004	11	12	3	7	10	6
2005	9	10	5	8	12	6
2006	4	5	7	13	12	5
2007	7	6	8	14	14	7
2008	12	8	9	15	13	5
2009	14	12	11	15	14	8

11. यदि वर्ष 2007 में कम्पनी P द्वारा अर्जित लाभ ₹ 2·1 लाख हो, तो उस वर्ष इस कम्पनी का व्यय कितना था ?

(*a*) ₹ 30 लाख (*b*) ₹ 15 लाख (*c*) ₹ 23 लाख (*d*) ₹ 27 लाख (*e*) इनमें से कोई नहीं

12. वर्ष 2005 में कम्पनी Q द्वारा अर्जित लाभ प्रतिशत तथा शेष कम्पनियों द्वारा अर्जित औसत लाभ प्रतिशत में कितना अन्तर है ?

(*a*) 4% (*b*) 2% (*c*) 1% (*d*) 3% (*e*) इनमें से कोई नहीं

13. यदि वर्ष 2008 में कम्पनी R द्वारा अर्जित लाभ ₹ 18·9 लाख हो, तो उस वर्ष इस कम्पनी की आय कितनी थी ?

(*a*) ₹ 303·7 लाख (*b*) ₹ 264·5 लाख (*c*) ₹ 329·4 लाख
(*d*) ₹ 228·8 लाख (*e*) इनमें से कोई नहीं

14. वर्ष 2009 में कम्पनी T के लाभ प्रतिशत में वर्ष 2004 की तुलना में कितने प्रतिशत वृद्धि हुई ?

(*a*) 42% (*b*) 35% (*c*) 26% (*d*) 48% (*e*) इनमें से कोई नहीं

15. सभी वर्षों में कुल मिलाकर कम्पनी S का औसत लाभ प्रतिशत कितना था ?

(*a*) 13·5% (*b*) 11% (*c*) 12% (*d*) 14% (*e*) इनमें से कोई नहीं

दिये गये प्रश्नों के हल

11. (*a*) : माना वर्ष 2007 में कम्पनी P का व्यय = ₹ x. दिया है : लाभ = ₹ 2·1 लाख,

$\therefore$ ₹ x पर लाभ = ₹ 2·1 लाख

$$\text{₹ 100 पर लाभ} = \left(\frac{2\cdot 1 \text{ लाख}}{x} \times 100\right)$$

$$\therefore \frac{2\cdot 1 \text{ लाख} \times 100}{x} = 7 \Rightarrow x = \frac{2\cdot 1 \text{ लाख} \times 100}{7} = \frac{2\cdot 1 \text{ लाख} \times 100}{7} = \text{₹ 30 लाख}.$$

12. (*b*) : वर्ष 2005 में कम्पनी Q को छोड़कर शेष कम्पनियों का औसत लाभ प्रतिशत

$$= \frac{(9+5+8+12+6)}{5} = \frac{40}{5} = 8\%.$$

अभीष्ट अन्तर = (10% – 8%) = 2%.

13. (*e*) : माना वर्ष 2008 में कम्पनी R की आय = ₹ x. लाभ = ₹ 18·9 लाख.

$$\text{तब, } \frac{x+9}{100} = 18\cdot 9 \text{ लाख} \Rightarrow x = \frac{18\cdot 9 \text{ लाख} \times 100}{9} = 2\cdot 1 \text{ लाख} \times 100 = \text{₹ 210 लाख}.$$

$\therefore$ वर्ष 2008 में कम्पनी R की आय = ₹ 210 लाख.

14. (*e*) : वर्ष 2004 में T का लाभ % = 10%, वर्ष 2009 में T का लाभ % = 14%.

लाभ में वृद्धि = 4%.

$$\text{लाभ में वृद्धि } \% = \left(\frac{4}{10} \times 100\right)\% = 40\%.$$

15. (*c*) : सभी वर्षों में S का औसत लाभ प्रतिशत $= \frac{(7+8+13+14+15+15)}{6}\% = \frac{72}{6}\% = 12\%.$

निर्देश (प्र० न० 16 से 20 तक) : नीचे दी गई सारणी में 6 अलग-अलग संगठनों के विभिन्न विभागों में कार्यरत महिलाओं की संख्या दी गई है. इस सारणी का भली-भाँति अध्ययन करके निम्नलिखित प्रश्नों के उत्तर दीजिये.

(बैंक पी०ओ० परीक्षा, 2005)

छः अलग-अलग संगठनों के विभिन्न विभागों में कार्यरत महिलाओं की संख्या

विभाग / संगठन	उत्पादन	एच०आर०	आई०टी०	वित्त	विपणन	मर्चेन्डाईजिंग
P	155	250	320	405	150	50
Q	178	300	415	318	127	90
R	58	275	204	250	188	66
S	102	190	198	200	190	75
T	110	100	256	305	250	85
U	60	150	225	220	168	35

16. संगठन P, Q तथा U में कुल मिलाकर आई०टी० विभाग में कार्यरत महिलाओं की संख्या तथा संगठन P, S तथा T में कुल मिलाकर विपणन विभाग में कार्यरत महिलाओं की संख्या का क्रमशः क्या अनुपात है ?

(*a*) 59 : 33 (*b*) 96 : 31 (*c*) 71 : 19 (*d*) 71 : 23 (*e*) इनमें से कोई नहीं

17. संगठन Q के उत्पादन विभाग में कार्यरत महिलाओं को यदि मर्चेन्डाइजिंग विभाग में कार्य करना पड़े तो इस संगठन के मर्चेन्डाइजिंग विभाग में कार्यरत महिला कर्मचारियों का प्रतिशत लगभग कितना होगा ?

(*a*) 19% (*b*) 26% (*c*) 11% (*d*) 23% (*e*) 15%

18. सभी संगठनों को मिलाकर वित्त विभाग में कार्यरत महिलाओं की औसत संख्या कितनी है ?

(*a*) 226 (*b*) 283 (*c*) 312 (*d*) 308 (*e*) इनमें से कोई नहीं

19. संगठन S के एच०आर० विभाग में कार्यरत महिलाओं की संख्या सभी संगठनों को मिलाकर एच०आर० विभाग में कार्यरत महिलाओं की संख्या का कितने प्रतिशत है ? (दशमलव के 2 अंकों तक)

(*a*) 13·45 (*b*) 19·16 (*c*) 21·92 (*d*) 15·02 (*e*) इनमें से कोई नहीं

20. किस संगठन में दिये गये सभी विभागों में कार्यरत महिला कर्मचारियों की संख्या न्यूनतम है ?

(*a*) T (*b*) R (*c*) U (*d*) S (*e*) इनमें से कोई नहीं

दिये गये प्रश्नों के हल

16. (*e*) : अभीष्ट अनुपात = (320 + 415 + 225) : (150 + 190 + 250) = 960 : 590 = 96 : 59.

17. (*a*) : $\text{अभीष्ट } \% = \left\{\frac{(178+90)}{(178+300+415+318+127+90)} \times 100\right\}\% = \left(\frac{268}{1428} \times 100\right)\%$

$= 18{\cdot}7\% \simeq 19\%.$

18. (*b*) : $\text{अभीष्ट औसत संख्या} = \frac{(405+318+250+200+305+220)}{6} = \frac{1698}{6} = 283.$

19. (*d*) : $\text{अभीष्ट } \% = \left\{\frac{190}{(250+300+275+190+100+150)} \times 100\right\}\% = \left(\frac{190}{1265} \times 100\right)\%$

$= 15{\cdot}02\%.$

20. (*c*) : $T \to (110 + 100 + 256 + 305 + 250 + 85) = 1106,$
$R \to (58 + 275 + 204 + 250 + 188 + 66) = 1041,$
$U \to (60 + 150 + 225 + 220 + 168 + 35) = 858,$
$S \to (102 + 190 + 198 + 200 + 190 + 75) = 955.$
स्पष्ट है कि यह U में न्यूनतम है.

निर्देश (प्र० न० 21 से 25) : नीचे दी गई तालिका में 6 वर्षों के दौरान पाँच अलग-अलग अकादमियों से पास होने वाले अधिकारियों की संख्या (हजारों में) दी गई है. इनका भली-भाँतिपूर्वक अध्ययन करके निम्नलिखित प्रश्नों के उत्तर दीजिए. **(बैंक पी०ओ० परीक्षा, 2010)**

अलग-अलग 6 वर्षों में 5 अलग-अलग अकादमियों से पास होने वाले अधिकारियों की संख्या (हजारों में)

वर्ष	अकादमी				
	वायु सेना	थल सेना	नौसेना	तटरक्षक	बी०एस०एफ०
2004	1·4	4·2	0·6	1·7	2·6
2005	1·7	5·1	0·9	2·8	3·1
2006	0·9	7·7	1·2	1·6	4·7
2007	2.4	3.6	1.8	4.7	5.8
2008	1.3	4.5	2.9	5.1	6.4
2009	2.7	3.9	3.5	3.9	4.3
	10.4	29.0	10.9	19.8	26.9

21. वर्ष 2007 में सभी अकादमियों से कुल मिलाकर पास होने वाले अधिकारियों की औसत संख्या कितनी थी ?
(*a*) 1830 (*b*) 3660 (*c*) 3·66 लाख (*d*) 1·83 लाख (*e*) इनमें से कोई नहीं

22. वर्ष 2004 से वर्ष 2009 तक किस अकादमी में पास होने वाले अधिकारियों की संख्या में सतत् वृद्धि हुई ?
(*a*) वायु सेना (*b*) थल सेना और बी०एस०एफ० (*c*) केवल नौसेना
(*d*) तटरक्षक (*e*) बी०एस०एफ० तथा नौसेना

23. वर्ष 2006 में वायुसेना अकादमी से पास होने वाले अधिकारियों की संख्या तथा वर्ष 2009 में तटरक्षक अकादमी से पास होने वाले अधिकारियों की संख्या में क्रमशः क्या अनुपात है ?
(*a*) 30 : 17 (*b*) 3 : 23 (*c*) 17 : 30 (*d*) 45 : 13 (*e*) इनमें से कोई नहीं

24. वर्ष 2008 में बी०एस०एफ० अकादमी से पास होने वाले अधिकारियों की संख्या सभी वर्षों में थल सेना अकादमी से पास होने वाले अधिकारियों की संख्या का लगभग कितने प्रतिशत है ?
(*a*) 12% (*b*) 19% (*c*) 33% (*d*) 28% (*e*) 22%

25. सभी वर्षों में मिलाकर किस अकादमी से पास होने वाले अधिकारियों की कुल संख्या अधिकतम है ?
(*a*) वायु सेना (*b*) थल सेना (*c*) नौसेना (*d*) तटरक्षक (*e*) बी०एस०एफ०

दिये गये प्रश्नों के हल

21. (*b*) : वर्ष 2007 में सभी अकादमियों से पास होने वालों की संख्या
$= (2·4 + 3·6 + 1·8 + 4·7 + 5·8) \times 1000 = (18·3 \times 1000) = 18300.$

अभीष्ट औसत संख्या $= \frac{18300}{5} = 3660.$

22. (*c*) : स्पष्ट है कि सतत् वृद्धि केवल नौसेना में हुई.

23. (*e*) : वर्ष 2006 में वायुसेना अकादमी से पास होने वालों की संख्या $= (0·9 \times 1000) = 900.$
वर्ष 2009 में तटरक्षक अकादमी से पास होने वालों की संख्या $= (3·9 \times 1000) = 3900.$
अभीष्ट अनुपात $= \frac{9000}{3900} = \frac{3}{13} = 3 : 13.$

24. (*e*) : वर्ष 2008 में बी०एस०एफ० से पास होने वालों की संख्या = (6·4 × 1000) = 6400.
सभी वर्षों में थल सेना अकादमी से पास होने वालों की संख्या
= (4·2 + 5·1 + 7·7 + 3·6 + 4·5 + 3·9) × 1000 = 29000.

अभीष्ट $\% = \left(\frac{6400}{29000} \times 100\right)\% = 22 \cdot 06\% \simeq 22\%.$

25. (*b*) : सभी वर्षों में अलग-अलग अकादमी से पास होने वालों की कुल संख्या तालिका में देखें.
यह अधिकतम थल सेना में है.

निर्देश (प्र० न० 26 से 30) : नीचे दी गई तालिका में 6 विभिन्न नगरों से एक प्रवेश-परीक्षा में बैठने वाले उम्मीदवारों की संख्या (लाखों में) तथा इसमें पास व फेल होने वालों का अनुपात दिया गया है. इसका भली-भाँति अध्ययन करके निम्नलिखित प्रश्नों के उत्तर दीजिये. **(बैंक पी०ओ० परीक्षा, 2010)**

6 विभिन्न शहरों में एक प्रवेश परीक्षा में बैठने वाले उम्मीदवारों की संख्या (लाखों में) तथा इसमें पास व फेल होने वालों का अनुपात

नगर	उम्मीदवारों की संख्या (लाखों में)	पास व फेल होने वालों का अनुपात
A	1·25	7 : 3
B	3·14	5 : 3
C	1·08	4 : 5
D	2·27	1 : 3
E	1·85	3 : 2
F	2·73	7 : 5

26. नगर *C* से परीक्षा देने वाले उम्मीदवारों की संख्या नगर *B* से परीक्षा देने वाले उम्मीदवारों की संख्या का कितने प्रतिशत है ? (निकटस्थ पूर्णांक तक)
(*a*) 27% (*b*) 34% (*c*) 42% (*d*) 21% (*e*) 38%

27. नगर *E* से परीक्षा में पास होने वाले उम्मीदवारों की संख्या कितनी है ?
(*a*) 13000 (*b*) 1110000 (*c*) 113000 (*d*) 11000 (*e*) इनमें से कोई नहीं

28. नगर *D* से परीक्षा में फेल हुये उम्मीदवारों की संख्या का नगर *A* से परीक्षा में फेल हुये उम्मीदवारों से क्रमशः क्या अनुपात है ?
(*a*) 289 : 42 (*b*) 42 : 289 (*c*) 227 : 50 (*d*) 50 : 227 (*e*) इनमें से कोई नहीं

29. नगर *F* से परीक्षा में पास हुये उम्मीदवारों की संख्या सभी शहरों से मिलाकर उम्मीदवारों की कुल संख्या का कितने प्रतिशत है ? (दशमलव के दो अंकों तक पूर्णांकित)
(*a*) 12·93% (*b*) 14·46% (*c*) 10·84% (*d*) 11·37% (*e*) इनमें से कोई नहीं

30. प्रवेश परीक्षा में फेल होने वाले छात्रों की सर्वाधिक संख्या किस नगर की है ?
(*a*) F (*b*) C (*c*) B (*d*) D (*e*) इनमें से कोई नहीं

दिये गये प्रश्नों के हल

26. (*b*) : अभीष्ट $\% = \left(\frac{1 \cdot 08 \text{ लाख}}{3 \cdot 14 \text{ लाख}} \times 100\right)\% = \left(\frac{108}{314} \times 100\right)\% = \frac{5400}{157}\% = 34 \cdot 39\% \simeq 34\%.$

27. (*e*) : नगर *E* से पास होने वालों की संख्या $= \left(1 \cdot 85 \text{ लाख} \times \frac{3}{5}\right)$

$= \left(1 \cdot 85 \times 100000 \times \frac{3}{5}\right) = (1 \cdot 85 \times 60000) = \left(\frac{185}{100} \times 60000\right)$

= (185 × 600) = 111000.

28. (*c*) : अभीष्ट अनुपात $= \left\{(2\cdot27\times100000)\times\frac{3}{4}\right\} : (1\cdot25\times100000)\times\frac{3}{10}$

$= \left(\frac{227\times3}{4}\right) : \left(\frac{125\times3}{10}\right) = \left(\frac{681}{4}\times\frac{2}{75}\right) = \frac{227}{50} = 227 : 50.$

29. (*a*) : सभी नगरों से उम्मीदवारों की कुल संख्या

$= (1\cdot25 + 3\cdot14 + 1\cdot08 + 2\cdot27 + 1\cdot85 + 2\cdot73)$ लाख $= (12\cdot32)$ लाख

नगर F से पास होने वाले उम्मीदवारों की संख्या $= \left(2\cdot73 \text{ लाख} \times\frac{7}{12}\right) = \frac{19\cdot11 \text{ लाख}}{12} = 1\cdot5925$ लाख.

30. (*d*) : प्रवेश परीक्षा में फेल होने वालों की संख्या = ...

$A \rightarrow \left(1\cdot25 \text{ लाख}\times\frac{3}{10}\right) = 0\cdot375$ लाख, $B \rightarrow \left(3\cdot14 \text{ लाख}\times\frac{3}{8}\right) = 1\cdot1775$ लाख

$C \rightarrow \left(1\cdot08 \text{ लाख}\times\frac{5}{9}\right) = 0\cdot60$ लाख, $D \rightarrow \left(2\cdot27 \text{ लाख}\times\frac{3}{4}\right) = 1\cdot7025$ लाख

$E \rightarrow \left(1\cdot85 \text{ लाख}\times\frac{2}{5}\right) = 0\cdot74$ लाख, $F \rightarrow \left(2\cdot73 \text{ लाख}\times\frac{5}{12}\right) = 1\cdot1375$ लाख

स्पष्ट है कि यह सर्वाधिक D की है.

निर्देश (प्र० न० 31 से 35) : नीचे दी गई तालिका में 6 विभिन्न उत्पादों का चयन करने वाले लोगों की संख्या तथा इन उत्पादों का चयन करने वाले पुरुषों, महिलाओं और बच्चों का प्रतिशत दिया गया है. इस तालिका का भली-भाँति अध्ययन करके निम्नलिखित प्रश्नों के उत्तर दीजिये. (बैंक पी०ओ० परीक्षा, 2008)

6 विभिन्न उत्पादों का चयन करने वालों की संख्या तथा इनका चयन करने वाले पुरुषों, महिलाओं और बच्चों का प्रतिशत

उत्पाद	इन उत्पादों का चयन करने वालों की कुल संख्या	प्रतिशत		
		पुरुष	महिलायें	बच्चे
A	46280	35	25	40
B	45540	25	35	40
C	32240	25	55	20
D	60430	20	50	30
E	36230	10	20	70
F	53990	40	40	20

31. उत्पाद E का चयन करने वाले बच्चों की संख्या कितनी है ?

(*a*) 27172 (*b*) 25361 (*c*) 23413 (*d*) 21781 (*e*) इनमें से कोई नहीं

32. सभी उत्पादों का मिलाकर चयन करने वाली महिलाओं की औसत संख्या कितनी है ?

(*a*) 20859 (*b*) 18765 (*c*) 19076 (*d*) 17383 (*e*) इनमें से कोई नहीं

33. उत्पाद A का चयन करने वाली महिलाओं की कुल संख्या का उत्पाद D का चयन करने वाली महिलाओं की संख्या से क्रमशः क्या अनुपात है ?

(*a*) 1 : 3 (*b*) 14 : 17 (*c*) 2314 : 6043 (*d*) 413 : 678 (*e*) इनमें से कोई नहीं

34. उत्पाद C का चयन करने वाले बच्चों की संख्या उत्पाद B का चयन करने वाले बच्चों की संख्या का कितने प्रतिशत है ? (दशमलव के 2 अंकों तक पूर्णांकित)

(*a*) 35·40% (*b*) 287·10% (*c*) 59·71% (*d*) 185·40% (*e*) इनमें से कोई नहीं

35. उत्पाद F का चयन करने वाले पुरुषों की संख्या का सभी उत्पादों का चयन करने वालों की कुल संख्या का लगभग कितने प्रतिशत है ?
(*a*) 19% (*b*) 14% (*c*) 3% (*d*) 23% (*e*) 8%

दिये गये प्रश्नों के हल

31. (*b*) : उत्पाद E का चयन करने वाले बच्चों की संख्या $= \left(36230 \times \frac{70}{100}\right) = 25361.$

32. (*d*) : सभी उत्पादों का चयन करने वाली महिलाओं की संख्या

$$= \left(46280 \times \frac{25}{100}\right) + \left(45540 \times \frac{35}{100}\right) + \left(32240 \times \frac{55}{100}\right) + \left(60430 \times \frac{50}{100}\right) + \left(36230 \frac{20}{100}\right) + \left(53990 \times \frac{40}{100}\right)$$

$= (11570 + 15939 + 17732 + 30215 + 7246 + 21596) = 104298$

अभीष्ट औसत संख्या $= \frac{104298}{6} = 17383.$

33. (*c*) : अभीष्ट अनुपात $= \left(46280 \times \frac{25}{100}\right) : \left(60430 \times \frac{50}{100}\right) = \frac{11570}{30215} = \frac{2314}{6043} = 2314 : 6043.$

34. (*a*) : उत्पाद C का चयन करने वाले बच्चों की संख्या $= \left(32240 \times \frac{20}{100}\right) = 6448.$

उत्पाद B का चयन करने वाले बच्चों की संख्या $= \left(45540 \times \frac{40}{100}\right) = 18216.$

अभीष्ट $\% = \left(\frac{6448}{18216} \times 100\right)\% = 35 \cdot 39\% \simeq 35 \cdot 40\%.$

35. (*e*) : उत्पाद F का चयन करने वाले पुरुषों की संख्या $= \left(53990 \times \frac{40}{100}\right) = 21596.$

सभी उत्पादों का चयन करने वालों की कुल संख्या

$= (46280 + 45540 + 32240 + 60430 + 36230 + 53990) = 274710$

अभीष्ट $\% = \left(\frac{21596}{274710} \times 100\right)\% = 7 \cdot 86\% \simeq 8\%$ लगभग.

निर्देश (प्र० न० 36 से 40) : नीचे दी गई सारणी में विगत वर्षों में किसी परीक्षा में बैठे विद्यार्थियों की संख्या तथा उनका उत्तीर्ण प्रतिशत दिया गया है. इस सारणी का भली-भाँति अध्ययन करके निम्नलिखित प्रश्नों के उत्तर दीजिये.
(बैंक पी०ओ० परीक्षा, 2009)

विगत वर्षों में किसी परीक्षा में बैठे विद्यार्थियों की संख्या तथा उनका उत्तीर्ण प्रतिशत

संस्थान / वर्ष ↓	A		B		C		D		E		F	
	बैठे	उत्तीर्ण %	बैठे	उत्तीर्ण %	बैठे	उत्तीर्ण %	बैठे	उत्तीर्ण %	बैठे	उत्तीर्ण %	बैठे	उत्तीर्ण %
2001	450	60	540	40	300	65	640	50	600	45	680	60
2002	520	50	430	70	350	60	620	40	580	70	560	70
2003	430	60	490	70	380	50	580	50	680	70	700	66
2004	400	65	600	75	450	70	600	75	720	60	780	70
2005	480	50	570	50	400	75	700	65	700	48	560	50
2006	550	40	450	60	500	68	750	60	450	50	650	60
2007	500	58	470	60	470	60	720	70	560	60	720	50

36. वर्ष 2003 में संस्थान F से उत्तीर्ण होने वाले विद्यार्थियों की संख्या तथा वर्ष 2005 में संस्थान B से उत्तीर्ण होने वाले विद्यार्थियों की संख्या के बीच क्रमशः क्या अनुपात है ?

(*a*) 95 : 154 (*b*) 154 : 95 (*c*) 94 : 155 (*d*) 155 : 94 (*e*) इनमें से कोई नहीं

37. सभी वर्षों में संस्थान A तथा संस्थान D से परीक्षा में बैठे विद्यार्थियों की औसत संख्या के बीच क्रमशः क्या अनुपात है ?

(*a*) 463 : 353 (*b*) 353 : 463 (*c*) 461 : 333 (*d*) 333 : 461 (*e*) इनमें से कोई नहीं

38. वर्ष 2006 में सभी संस्थानों से उत्तीर्ण हुए विद्यार्थियों की संख्या कितनी है ?

(*a*) 1895 (*b*) 1985 (*c*) 1295 (*d*) 1465 (*e*) इनमें से कोई नहीं

39. वर्ष 2004 में सभी संस्थानों से कुल मिलाकर उत्तीर्ण होने वाले विद्यार्थियों का समग्र प्रतिशत कितना है ? (निकटतम पूर्णांक तक पूर्णांकित)

(*a*) 68% (*b*) 70% (*c*) 69% (*d*) 71% (*e*) इनमें से कोई नहीं

40. सभी वर्षों में संस्थान C से उत्तीर्ण होने वाले विद्यार्थियों का लगभग समग्र प्रतिशत कितना है ?

(*a*) 60% (*b*) 70% (*c*) 75% (*d*) 55% (*e*) 65%

दिये गये प्रश्नों के हल

36. (*b*) : अभीष्ट अनुपात $=\left(700\times\frac{66}{100}\right):\left(570\times\frac{50}{100}\right)=\frac{462}{285}=\frac{154}{95}-154:95.$

37. (*d*) : सभी वर्षों में A से परीक्षा में बैठे विद्यार्थियों की संख्या

$= (450 + 520 + 430 + 400 + 480 + 550 + 500) = 3330.$

सभी वर्षों में D से परीक्षा में बैठे विद्यार्थियों की संख्या

$= (640 + 620 + 580 + 600 + 700 + 750 + 720) = 4610.$

अभीष्ट अनुपात $=\frac{3330}{4610}=\frac{333}{461}=444:461.$

38. (*a*) : वर्ष 2006 में सभी संस्थानों से उत्तीर्ण हुए विद्यार्थियों की संख्या

$$=\left(550\times\frac{40}{100}\right)+\left(450\times\frac{60}{100}\right)+\left(500\times\frac{68}{100}\right)+\left(750\times\frac{60}{100}\right)+\left(450\times\frac{50}{100}\right)+\left(650\times\frac{60}{100}\right)$$

$= (220 + 270 + 340 + 450 + 225 + 390) = 1895.$

39. (*c*) : वर्ष 2004 में सभी संस्थानों से बैठे विद्यार्थियों की संख्या

$= (400 + 600 + 450 + 600 + 720 + 780) = 3550.$

वर्ष 2004 में कुल उत्तीर्ण होने वालों की संख्या

$$=\left(400\times\frac{65}{100}\right)+\left(600\times\frac{75}{100}\right)+\left(450\times\frac{70}{100}\right)+\left(600\times\frac{75}{100}\right)+\left(720\times\frac{60}{100}\right)+\left(780\times\frac{70}{100}\right)$$

$= (260 + 450 + 315 + 450 + 432 + 546) = 2453.$

अभीष्ट $\% =\left(\frac{2453}{3550}\times100\right)\%=\frac{4906}{71}\%=69\%.$

40. (*e*) : सभी वर्षों में C से बैठे विद्यार्थियों की कुल संख्या

$= (300 + 350 + 380 + 450 + 400 + 500 + 470) = 2850.$

सभी वर्षों में C से उत्तीर्ण विद्यार्थियों की संख्या

$$=\left(300\times\frac{65}{100}\right)+\left(350\times\frac{60}{100}\right)+\left(380\times\frac{50}{100}\right)+\left(450\times\frac{70}{100}\right)+\left(400\times\frac{75}{100}\right)$$

$$+\left(500\times\frac{68}{100}\right)+\left(470\times\frac{60}{100}\right)$$

$$=(195+210+190+315+300+340+282)=1832.$$

अभीष्ट $\% = \left(\frac{1832}{2850}\times 100\right)\% = \frac{3664}{57}\% = 64\cdot 29\% \simeq 65\%.$

निर्देश (प्र० न० 41 से 45) : नीचे दी गई सारणी में दो राज्यों *A* तथा *B* का जनसंख्या विवरण दिया गया है. इसका ध्यानपूर्वक अध्ययन करके निम्नलिखित प्रश्नों के उत्तर दीजिए. (बैंक पी०ओ० परीक्षा, 2006)

2 राज्यों *A* तथा *B* का जनसंख्या विवरण

राज्य / वर्ग	*A*		*B*	
	जनसंख्या (लाख में)	स्त्री %	जनसंख्या (लाख में)	स्त्री %
ग्रामीण	22.5	47.5	18.5	47
शहरी	30.5	42	35	45.5
अर्द्ध-शहरी	26	46	32	49

41. राज्य *A* के ग्रामीण वर्ग से स्त्रियों की संख्या तथा राज्य *B* के अर्द्ध-शहरी वर्ग से स्त्रियों की संख्या का क्रमशः अनुपात कितना है ?

(*a*) 3595 : 5324 (*b*) 4275 : 6272 (*c*) 6272 : 4275 (*d*) 5324 : 3595 (*e*) इनमें से कोई नहीं

42. राज्य *A* के अर्द्ध-शहरी वर्ग में पुरुषों की संख्या इस राज्य की जनसंख्या का लगभग कितने प्रतिशत है ?

(*a*) 22% (*b*) 15% (*c*) 11% (*d*) 25% (*e*) 18%

43. दोनों राज्यों को कुल मिलाकर ग्रामीण वर्ग में पुरुषों की कुल संख्या कितनी है ?

(*a*) 1894560 (*b*) 2335650 (*c*) 2161750 (*d*) 2042400 (*e*) इनमें से कोई नहीं

44. राज्य *B* के शहरी वर्ग में पुरुषों की संख्या कितनी है ?

(*a*) 1850210 (*b*) 1960500 (*c*) 1805700 (*d*) 1907500 (*e*) इनमें से कोई नहीं

45. राज्य *B* में स्त्रियों की कुल संख्या कितनी है ?

(*a*) 4030000 (*b*) 3175000 (*c*) 4182000 (*d*) 3050000 (*e*) इनमें से कोई नहीं

दिये गये प्रश्नों के हल

41. (*b*) : राज्य *A* के ग्रामीण वर्ग से स्त्रियों की संख्या $= \left(22\cdot 5\times 100000\times\frac{47\cdot 5}{100}\right) = (225\times 4750).$

राज्य *B* के अर्द्ध-शहरी वर्ग से स्त्रियों की संख्या $= \left(32\times 100000\times\frac{49}{100}\right) = (32\times 49\times 1000).$

अभीष्ट अनुपात $= (225\times 4750) : (32\times 49\times 1000) = 4275 : 6272.$

42. (*e*) : राज्य *A* के अर्द्ध-शहरी वर्ग में पुरुषों की संख्या = 26 लाख का 54%

$$= \left(2600000\times\frac{54}{100}\right) = 1404000.$$

राज्य *A* की कुल जनसंख्या $= (22\cdot 5 + 30\cdot 5 + 26)$ लाख = 79 लाख.

अभीष्ट $\% = \left(\frac{1404000}{7900000}\times 100\right)\% = 17\cdot 77\% \cong 18\%.$

43. (*c*) : दोनों राज्यों को मिलाकर ग्रामीण वर्ग में पुरुषों की संख्या

$$= (22{\cdot}5 \times 100000 \times 52{\cdot}5\%) + (18{\cdot}5 \times 100000 \times 53\%)$$

$$= \left(\frac{225}{10} \times 100000 \times \frac{525}{1000}\right) + \left(\frac{185}{10} \times 100000 \times \frac{53}{100}\right)$$

$$= (1181250 + 980500) = 2161750.$$

44. (*d*) : राज्य B के शहरी वर्ग में पुरुषों की संख्या $= \left(3500000 \times \frac{54 \cdot 5}{100}\right) = 1907500.$

45. (*a*) : राज्य B में स्त्रियों की संख्या = (18·5 लाख का 47%) + (35 लाख का 45·5%) + (32 लाख का 49%)

$$= \left(18 \cdot 5 \times 100000 \times \frac{47}{100}\right) + \left(3500000 \times \frac{45 \cdot 5}{100}\right) + \left(3200000 \times \frac{49}{100}\right)$$

$$= (869500 + 1592500 + 1568000) = 4030000.$$

---

41 दण्ड-आलेख (BAR GRAPH)

प्रश्नमाला 41

निर्देश (प्र०न० 1 से 5) : नीचे दिये गये दण्ड-आलेख का अध्ययन करके नीचे दिये गये प्रश्नों के उत्तर दीजिए. **(बैंक पी०ओ० परीक्षा, 2011)**

एक विश्वविद्यालय में दिये गये पाँच वर्षों की अवधि में तीन अलग-अलग विषयों को चुनने वाले विद्यार्थियों की संख्या (हजारों में)

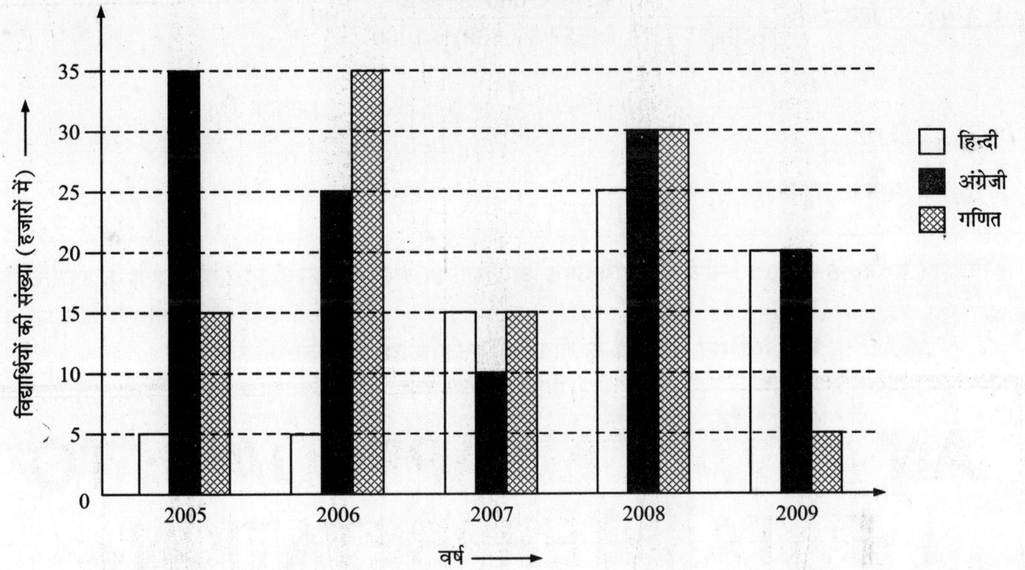

1. वर्ष 2009 में दिये गये तीन विषयों को चुनने वाले कुल विद्यार्थियों में से 38% लड़कियाँ थीं. इसी वर्ष गणित चुनने वाले लड़के कितने थे ?

(*a*) 1322 (*b*) 1332 (*c*) 1312 (*d*) निर्धारित नहीं किया जा सकता

(*e*) इनमें से कोई नहीं

2. वर्ष 2007 में विश्वविद्यालय में विद्यार्थियों की संख्या 455030 हो, तो दिये गये तीन विषयों को चुनने वाले विद्यार्थियों की कुल संख्या कुल विद्यार्थियों का लगभग कितने प्रतिशत थी ?

(*a*) 19% (*b*) 9% (*c*) 12% (*d*) 5% (*e*) 23%

3. वर्ष 2006, 2007 तथा 2009 में कुल मिलाकर हिन्दी तथा गणित चुनने वाले विद्यार्थियों की संख्या कितनी थी ?

(*a*) 97000 (*b*) 93000 (*c*) 85000 (*d*) 96000 (*e*) इनमें से कोई नहीं

4. वर्ष 2005 तथा 2008 में मिलाकर गणित चुनने वाले विद्यार्थियों की संख्या इन्हीं वर्षों में तीनों विषय चुनने वाले विद्यार्थियों की कुल संख्या का लगभग कितने प्रतिशत थी ?

(*a*) 38% (*b*) 28% (*c*) 42% (*d*) 32% (*e*) 48%

5. वर्ष 2006 तथा 2008 में मिलाकर अंग्रेजी चुनने वाले विद्यार्थियों की संख्या तथा वर्ष 2005 और 2009 में मिलाकर हिन्दी चुनने वाले विद्यार्थियों की संख्या के बीच क्रमशः क्या अनुपात है ?

(*a*) 11 : 5 (*b*) 12 : 7 (*c*) 11 : 7 (*d*) 12 : 5 (*e*) इनमें से कोई नहीं

दिये गये प्रश्नों के हल

1. (*d*) : वर्ष 2009 में तीन विषयों को चुनने वाले विद्यार्थियों की कुल संख्या
$= (20 + 20 + 5)$ हजार $= 45000$.

इसमें लड़कियों की संख्या $= \left(45000 \times \frac{38}{100}\right) = 17100.$

स्पष्ट है कि इससे गणित के लड़कों की संख्या निर्धारित नहीं की जा सकती.

2. (*b*) : अभीष्ट $\% = \left\{\frac{(15+10+15)\times 1000}{455030} \times 100\right\}\% = \left(\frac{40000 \times 100}{455030}\right)\% = 8\cdot 79\% \simeq 9\%.$

3. (*e*) : वर्ष 2006, 2007 तथा 2009 में हिन्दी और गणित चुनने वालों की संख्या
$= (5 + 15 + 20)$ हजार $+ (35 + 15 + 5)$ हजार $= (40000 + 55000) = 95000.$

4. (*d*) : अभीष्ट $\% = \left\{\frac{(15+30)\times 1000}{[(5+35+15) + (25+30+30)]\times 1000} \times 100\right\}\%$

$$= \left\{\frac{45}{(55+85)} \times 100\right\}\% = \left(\frac{45}{140} \times 100\right)\% = 32\cdot 14\% \simeq 32\%.$$

5. (*a*) : अभीष्ट अनुपात $= \frac{(25+30)\times 1000}{(5+20)\times 1000} = \frac{55}{25} = \frac{11}{5} = 11 : 5.$

निर्देश (प्र०न० 6 से 10) : नीचे दिये गये दण्ड-आलेख का अध्ययन करके दिये गये प्रश्नों के उत्तर दीजिए.

(बैंक पी०ओ० परीक्षा, 2008)

पाँच विभिन्न संस्थानों के तीन विभिन्न संकायों में छात्रों की संख्या

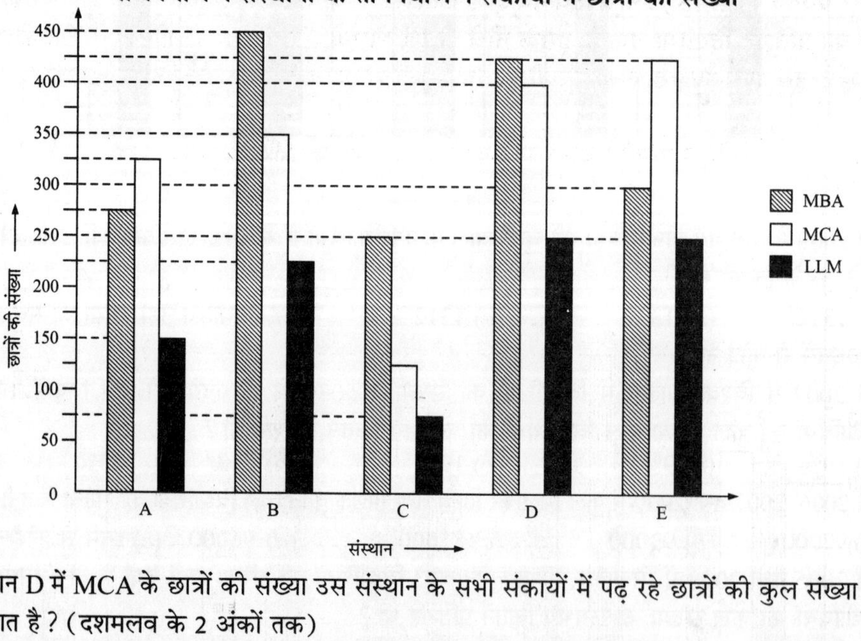

6. संस्थान D में MCA के छात्रों की संख्या उस संस्थान के सभी संकायों में पढ़ रहे छात्रों की कुल संख्या का कितने प्रतिशत है ? (दशमलव के 2 अंकों तक)

(*a*) 38·85% (*b*) 40·48% (*c*) 37·21% (*d*) 36·36% (*e*) इनमें से कोई नहीं

7. संस्थान E में MCA के छात्रों की संख्या सभी संस्थानों के MCA के कुल छात्रों की संख्या का लगभग कितने प्रतिशत है ?

(*a*) 42% (*b*) 26% (*c*) 38% (*d*) 12% (*e*) 20%

8. संस्थान C तथा E में कुल LLM के छात्रों की संख्या का संस्थान A तथा B में कुल MBA के छात्रों की संख्या से क्रमश: कितना अनुपात है ?

(*a*) 2 : 5 (*b*) 7 : 6 (*c*) 2 : 1 (*d*) 13 : 29 (*e*) इनमें से कोई नहीं

9. सभी संस्थानों में MBA के छात्रों की संख्या कुल कितनी है ?

(*a*) 1800 (*b*) 1725 (*c*) 1875 (*d*) 1650 (*e*) इनमें से कोई नहीं

10. सभी संस्थानों में MBA, MCA तथा LLM के छात्रों की संख्या में क्रमश: क्या अनुपात है ?

(*a*) 68 : 65 : 38 (*b*) 68 : 38 : 65 (*c*) 68 : 61 : 38 (*d*) 68 : 38 : 61

(*e*) इनमें से कोई नहीं

दिये गये प्रश्नों के हल

6. (*c*) : अभीष्ट % $= \left\{\frac{400}{(425+400+250)} \times 100\right\}\% = \left(\frac{400\times100}{1075}\right)\% = 37\cdot209\% \simeq 37\cdot21\%.$

7. (*b*) : अभीष्ट % $= \left\{\frac{425}{(325+350+125+400+425)} \times 100\right\}\% = \left(\frac{425\times100}{1625}\right)\% = 26\cdot15\% \simeq 26\%.$

8. (*d*) : अभीष्ट अनुपात $= \frac{(75+250)}{(275+450)} = \frac{325}{725} = \frac{13}{29} = 13:29.$

9. (*e*) : सभी संस्थानों में MBA के छात्रों की कुल संख्या = (275 + 450 + 250 + 425 + 300) = 1700

10. (*a*) : अभीष्ट अनुपात = 1700 : 1625 : (150 + 225 + 75 + 250 + 250)

= 1700 : 1625 : 950 = 68 : 65 : 38.

निर्देश (प्र०न० 11 से 15) : नीचे दिये गये दण्ड-आलेख में विभिन्न कॉलोनियों में रहने वाले पुरुषों, महिलाओं तथा बच्चों का प्रतिशत दिखाया गया है. इसके नीचे दी गई सारणी में विभिन्न कॉलोनियों के निवासियों की कुल संख्या दी गई है. इस दण्ड आलेख तथा सारणी का भली-भाँति अध्ययन करके नीचे दिये गये प्रश्नों के उत्तर दीजिए.

(बैंक पी०ओ० परीक्षा, 2010)

विभिन्न कालोनियों में रहने वाले पुरुषों, महिलाओं तथा बच्चों का प्रतिशत

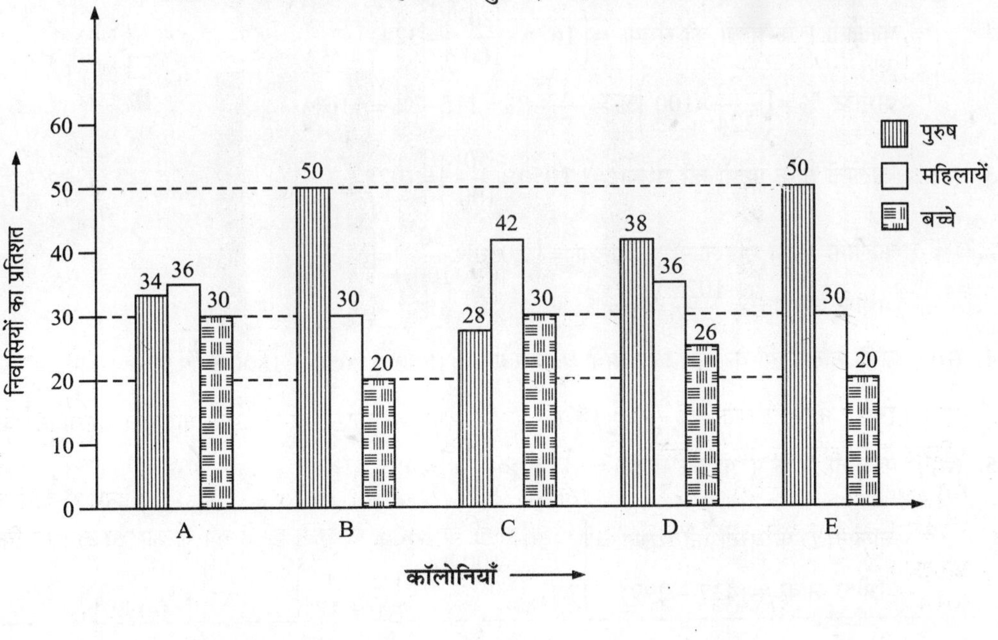

कॉलोनियाँ ⟶

विभिन्न कॉलोनियों के निवासियों की कुल संख्या

कॉलोनियाँ	निवासी
A	1250
B	2050
C	1800
D	1150
E	1620

11. कॉलोनी *A, B* तथा *C* को मिलाकर महिलाओं की कुल संख्या कितनी है ?

(*a*) 1785 (*b*) 1821 (*c*) 1479 (*d*) 1692 (*e*) इनमें से कोई नहीं

12. कॉलोनी *A* के बच्चों की संख्या कॉलोनी *E* के बच्चों की संख्या का लगभग कितने प्रतिशत है ?

(*a*) 121% (*b*) 116% (*c*) 75% (*d*) 101% (*e*) 98%

13. कॉलोनी *B* के पुरुषों की संख्या का उसी कॉलोनी की महिलाओं की संख्या से क्रमश: क्या अनुपात है ?

(*a*) 3 : 5 (*b*) 7 : 5 (*c*) 8 : 7 (*d*) 5 : 7 (*e*) इनमें से कोई नहीं

14. सभी कॉलोनियों के कुल निवासियों की औसत संख्या कितनी है ?

(*a*) 1654 (*b*) 1600 (*c*) 1580 (*d*) 1574 (*e*) इनमें से कोई नहीं

15. कॉलोनी *D* के पुरुषों की संख्या तथा उसी कॉलोनी के बच्चों की संख्या का अन्तर कितना है ?

(*a*) 138 (*b*) 126 (*c*) 136 (*d*) 135 (*e*) इनमें से कोई नहीं

दिये गये प्रश्नों के उत्तर

11. (*b*) : कॉलोनी *A, B* तथा C की कुल महिलाओं की संख्या

$$= \left\{\frac{1250\times36}{100}+\frac{2050\times30}{100}+\frac{1800\times42}{100}\right\} = (450+615+756) = 1821.$$

12. (*b*) : कॉलोनी *A* के बच्चों की संख्या $= \left(1250\times\frac{30}{100}\right) = 375.$

कॉलोनी *E* के बच्चों की संख्या $= \left(1620\times\frac{20}{100}\right) = 324.$

अभीष्ट $\% = \left(\frac{375}{324}\times100\right)\% = \frac{3125}{27}\% = 115\cdot7\% \simeq 116\%.$

13. (*e*) : कॉलोनी *B* के पुरुषों की संख्या $= \left(2050\times\frac{50}{100}\right) = 1025.$

कॉलोनी *B* की महिलाओं की संख्या $= \left(2050\times\frac{30}{100}\right) = 615.$

अभीष्ट अनुपात $= \frac{1025}{615} = \frac{5}{3} = 5:3.$

14. (*d*) : सभी कॉलोनियों के कुल निवासियों की संख्या = (1250 + 2050 + 1800 + 1150 + 1620) = 7870.

इनकी औसत संख्या $= \frac{7870}{5} = 1574.$

15. (*a*) : कॉलोनी *D* के पुरुषों की संख्या $= \left(1150\times\frac{38}{100}\right) = 437.$

कॉलोनी *D* के बच्चों की संख्या $= \left(1150\times\frac{26}{100}\right) = 299.$

अभीष्ट अन्तर = (437 – 299) = 138.

निर्देश (प्र०न० 16 से 20) : नीचे दिये गये दण्ड-आलेख में एक संगठन के विभिन्न विभागों में कार्यरत कर्मचारियों की संख्या को दिखाया गया है. इसके नीचे दी गई सारणी में अलग-अलग विभागों में कार्यरत पुरुषों तथा महिलाओं का अनुपात दिया गया है. इस दण्ड-आलेख तथा सारणी का भली-भाँति अध्ययन करके नीचे दिये गये प्रश्नों के उत्तर दीजिए. (बैंक पी०ओ० परीक्षा, 2009)

एक संगठन के विभिन्न विभागों में कार्यरत कर्मचारियों की संख्या

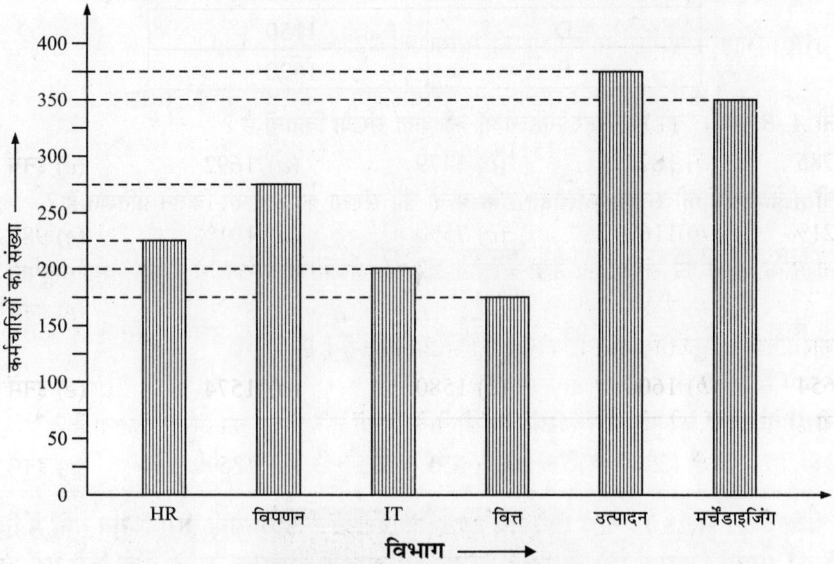

कर्मचारियों में पुरुष-महिला अनुपात

विभाग	पुरुष : महिला
HR	9 : 16
विपणन	3 : 2
IT	9 : 31
वित्त	2 : 3
उत्पादन	11 : 4
मर्चेंडाइजिंग	4 : 3

16. सभी विभागों में कार्यरत पुरुषों की कुल संख्या कितनी है ?
(*a*) 755 (*b*) 925 (*c*) 836 (*d*) 784 (*e*) इनमें से कोई नहीं

17. HR विभाग में कार्यरत महिलाओं की संख्या कितनी है ?
(*a*) 158 (*b*) 128 (*c*) 136 (*d*) 144 (*e*) इनमें से कोई नहीं

18. उत्पादन विभाग के कर्मचारियों की संख्या तथा मर्चेंडाइजिंग विभाग के कर्मचारियों की संख्या का अनुपात कितना है ?
(*a*) 15 : 14 (*b*) 8 : 7 (*c*) 14 : 15 (*d*) 7 : 8 (*e*) इनमें से कोई नहीं

19. किस विभाग में महिलाओं की न्यूनतम संख्या कार्यरत है ?
(*a*) विपणन (*b*) उत्पादन (*c*) HR (*d*) वित्त (*e*) इनमें से कोई नहीं

20. संगठन में सभी विभागों में कुल कर्मचारियों की संख्या कितनी है ?
(*a*) 1500 (*b*) 1575 (*c*) 1525 (*d*) 1625 (*e*) इनमें से कोई नहीं

दिये गये प्रश्नों के हल

16. (*c*) : सभी विभागों में कार्यरत पुरुषों की कुल संख्या

$$= \left(225\times\frac{9}{25}\right)+\left(275\times\frac{3}{5}\right)+\left(200\times\frac{9}{40}\right)+\left(175\times\frac{2}{5}\right)+\left(375\times\frac{11}{15}\right)+\left(350\times\frac{4}{7}\right)$$

$$= (81+165+45+70+275+200) = 836.$$

17. (*d*) : HR विभाग में कार्यरत महिलाओं की संख्या $= \left(225\times\frac{16}{25}\right) = 144.$

18. (*a*) : (उत्पादन में कर्मचारियों की संख्या) : (मर्चेंडाइजिंग में कर्मचारियों की संख्या)

$$= \frac{375}{350} = \frac{15}{14} = 15:14.$$

19. (*b*) : विभिन्न विभागों में महिलाओं की संख्या :

HR $\rightarrow \left(225\times\frac{16}{25}\right) = 144$, विपणन $\rightarrow \left(275\times\frac{2}{5}\right) = 110$, IT $\rightarrow \left(200\times\frac{31}{40}\right) = 155$,

वित्त $\rightarrow \left(175\times\frac{3}{5}\right) = 105$, उत्पादन $\rightarrow \left(375\times\frac{4}{15}\right) = 100$, मर्चेंडाइजिंग $\rightarrow \left(350\times\frac{3}{7}\right) = 150.$

इनमें से सबसे कम संख्या उत्पादन में है.

20. (*e*) : सभी विभागों के कुल कर्मचारियों की संख्या

$$= (225 + 275 + 200 + 175 + 375 + 350) = 1600.$$

निर्देश (प्र०न० 21 से 25) : नीचे दिये गये दण्ड-आलेख में एक कम्पनी द्वारा विगत वर्षों में विनिर्मित तथा बेची गई मदों की संख्या (लाखों में) दी गई है. इसका ध्यानपूर्वक अध्ययन करके नीचे दिये गये प्रश्नों के उत्तर दीजिए. **(बैंक पी०ओ० परीक्षा, 2009)**

विगत वर्षों में एक कम्पनी द्वारा विनिर्मित और बेची गई मदों की संख्या (लाखों में)

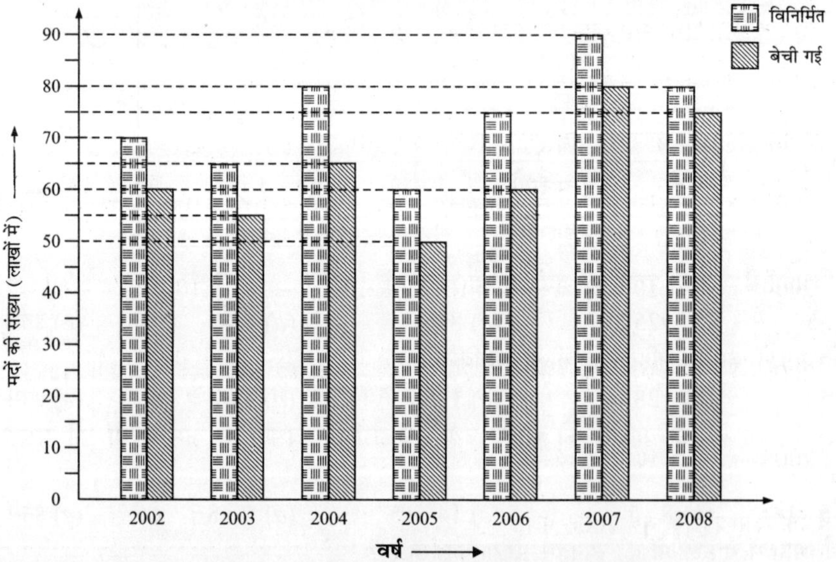

21. सभी वर्षों में कुल मिलाकर नहीं बेची गई मदों की लगभग औसत संख्या कितनी है ?

(*a*) 1050000 (*b*) 1055000 (*c*) 1043000 (*d*) 1040000 (*e*) 1070000

22. सभी वर्षों में कुल मिलाकर बेची गई मदों की लगभग औसत संख्या कितनी है ?

(*a*) 60 लाख (*b*) 61 लाख (*c*) 63 लाख (*d*) 67 लाख (*e*) 69 लाख

23. वर्ष 2007 में विनिर्मित मदों की संख्या, सभी वर्षों में विनिर्मित मदों की कुल संख्या का कितने प्रतिशत है? (दशमलव के बाद 2 अंकों तक पूर्णांकित)

(*a*) 17·31% (*b*) 13·71% (*c*) 17·03% (*d*) 13·97% (*e*) इनमें से कोई नहीं

24. सभी वर्षों में मिलाकर बेची गई मदों की कुल संख्या तथा विनिर्मित मदों की कुल संख्या के बीच का क्रमशः क्या अनुपात है?

(*a*) 87 : 104 (*b*) 89 : 102 (*c*) 87 : 102 (*d*) 89 : 104 (*e*) इनमें से कोई नहीं

25. किस वर्ष में नहीं बेची गई मदों का प्रतिशत सर्वाधिक था?

(*a*) 2004 (*b*) 2006 (*c*) 2008 (*d*) 2002 (*e*) इनमें से कोई नहीं

दिये गये प्रश्नों के हल

21. (*e*) : सभी वर्षों में नहीं बेची गई मदों की संख्या

$= [(70 - 60) + (65 - 55) + (80 - 65) + (60 - 50) + (75 - 60) + (90 - 80) + (80 - 75)]$ लाख

$= (10 + 10 + 15 + 10 + 15 + 10 + 5)$ लाख $= 75$ लाख.

22. (*c*) : सभी वर्षों में बेची गई मदों की संख्या

$= (60 + 55 + 65 + 50 + 60 + 80 + 75)$ लाख $= 445$ लाख.

अभीष्ट औसत संख्या $= \frac{445}{7}$ लाख $= 63 \cdot 57$ लाख $= 63$ लाख (लगभग).

23. (*a*) : वर्ष 2007 में विनिर्मित मदों की संख्या = 90 लाख.

सभी वर्षों में विनिर्मित मदों की संख्या

$= (70 + 65 + 80 + 60 + 75 + 90 + 80)$ लाख $= 520$ लाख.

अभीष्ट $\% = \left(\frac{90}{520} \times 100\right)\% = 17 \cdot 309\% \simeq 17 \cdot 31\%.$

24. (*d*) : सभी वर्षों में बेची गई मदों की कुल संख्या = 445 लाख.

सभी वर्षों में विनिर्मित मदों की कुल संख्या = 520 लाख.

अभीष्ट अनुपात $= \frac{445 \text{ लाख}}{520 \text{ लाख}} = \frac{445}{520} = \frac{89}{104} = 89 : 104.$

25. (*b*) : प्रत्येक वर्ष नहीं बेची गई मदों के प्रतिशत का ब्यौरा :

$2002 \rightarrow \left(\frac{10}{70} \times 100\right)\% = \frac{100}{7}\% = 14 \cdot 3\%;$ $2003 \rightarrow \left(\frac{10}{65} \times 100\right)\% = \frac{200}{13}\% = 15 \cdot 38\%;$

$2004 \rightarrow \left(\frac{15}{80} \times 100\right)\% = \frac{75}{4}\% = 18 \cdot 75\%;$ $2005 \rightarrow \left(\frac{10}{60} \times 100\right)\% = \frac{50}{3}\% = 16 \cdot 67\%;$

$2006 \rightarrow \left(\frac{15}{75} \times 100\right)\% = 20\%;$ $2007 \rightarrow \left(\frac{10}{90} \times 100\right)\% = \frac{100}{9}\% = 11 \cdot 11\%;$

$2008 \rightarrow \left(\frac{5}{80} \times 100\right)\% = \frac{25}{4}\% = 6 \cdot 25\%.$

स्पष्ट है कि ये सर्वाधिक वर्ष 2006 में है।

निर्देश (प्र०न० 26 से 30) : नीचे दिये गये दण्ड-चित्रों में पाँच संस्थानों के विभिन्न संकायों में छात्रों की संख्या दी गई है. इनका ध्यानपूर्वक अवलोकन करके नीचे दिये गये प्रश्नों के उत्तर दीजिए. (बैंक पी०ओ० परीक्षा, 2005)

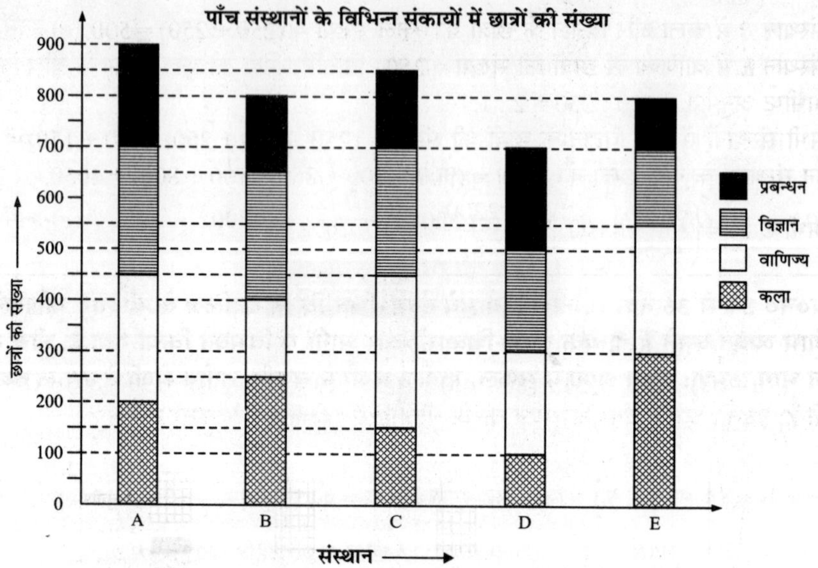

26. सभी संस्थानों को मिलाकर कला के छात्रों की संख्या कितनी है ?

(*a*) 1200 (*b*) 1050 (*c*) 1150 (*d*) 1500 (*e*) इनमें से कोई नहीं

27. संस्थान *D* में वाणिज्य के छात्रों की संख्या का उस संस्थान के कुल छात्रों की संख्या का कितना प्रतिशत है ?

(*a*) $28\frac{4}{7}\%$ (*b*) $16\frac{5}{7}\%$ (*c*) $27\frac{1}{7}\%$ (*d*) $15\frac{6}{7}\%$ (*e*) इनमें से कोई नहीं

28. किस संस्थान के प्रबन्धन के छात्रों का प्रतिशत उस संस्थान के छात्रों की कुल संख्या का सर्वाधिक है ?

(*a*) A (*b*) B (*c*) C (*d*) D (*e*) E

29. संस्थान *B* से कला और विज्ञान के कुल छात्रों की संख्या तथा संस्थान *E* से वाणिज्य के छात्रों की संख्या का क्रमशः क्या अनुपात है ?

(*a*) 2 : 3 (*b*) 3 : 2 (*c*) 5 : 4 (*d*) 4 : 5 (*e*) इनमें से कोई नहीं

30. सभी संस्थानों में कुल मिलाकर विज्ञान के छात्रों की संख्या इन संस्थानों के कुल छात्रों की संख्या का कितने प्रतिशत है ? (दशमलव के बाद 2 अंकों तक पूर्णांकित)

(*a*) 31·64% (*b*) 27·16% (*c*) 29·42% (*d*) 32·19% (*e*) इनमें से कोई नहीं

दिये गये प्रश्नों के हल

26. (*e*) : सभी संस्थानों में कला के कुल छात्र = (200 + 250 + 150 + 100 + 300) = 1000.

27. (*a*) : संस्थान *D* में वाणिज्य के छात्रों की संख्या = (300 – 100) = 200.

संस्थान *D* में कुल छात्रों की संख्या = 700.

$$\text{अभीष्ट } \% = \left(\frac{200}{700}\times 100\right)\% = \frac{200}{7}\% = 28\frac{4}{7}\%.$$

28. (*d*) : विभिन्न संस्थानों में प्रबन्धन के छात्रों का उस संस्थान के छात्रों की कुल संख्या का प्रतिशत :

$$A \to \left(\frac{200}{900}\times 100\right)\% = 22\cdot 22\%,\ B \to \left(\frac{150}{800}\times 100\right)\% = \frac{75}{4}\% = 18\cdot 75\%$$

$$C \to \left(\frac{150}{850}\times 100\right)\% = \frac{300}{17}\% = 17\cdot 65\%,\ D \to \left(\frac{200}{700}\times 100\right)\% = \frac{200}{7}\% = 28\cdot 57\%$$

$E \rightarrow \left(\frac{100}{800} \times 100\right)\% = \frac{25}{2}\% = 12 \cdot 50\%$ इनमें सर्वाधिक प्रतिशत D में है.

29. (*e*) : संस्थान B में कला और विज्ञान के छात्रों की कुल संख्या = (250 + 250) = 500.
संस्थान E में वाणिज्य के छात्रों की संख्या = 250.
अभीष्ट अनुपात = 500 : 250 = 2 : 1.

30. (*b*) : सभी संस्थानों में कुल विज्ञान के छात्रों की संख्या = (250 + 250 + 250 + 200 + 150) = 1100.
इन संस्थानों के कुल छात्रों की संख्या = (900 + 800 + 850 + 700 + 800) = 4050.
अभीष्ट $\% = \left(\frac{1100}{4050} \times 100\right)\% = \frac{2200}{81}\% = 27 \cdot 16\%$.

निर्देश (प्र०न० 31 से 36 तक) : नीचे दिये गये दण्ड-चित्र किसी कालिज के बी०ए० फाइनल परीक्षा के 3 वर्ष के परिणाम व्यक्त करते हैं. प्रत्येक दण्ड-चित्र को चार भागों में विभक्त किया गया है. नीचे से ऊपर की ओर के विभिन्न भाग क्रमशः प्रथम श्रेणी में सफल, द्वितीय श्रेणी में सफल, तृतीय श्रेणी में सफल तथा अनुत्तीर्णों को व्यक्त करते हैं. इनका ध्यानपूर्वक अध्ययन करके नीचे दिये गये प्रश्नों के उत्तर दीजिए.

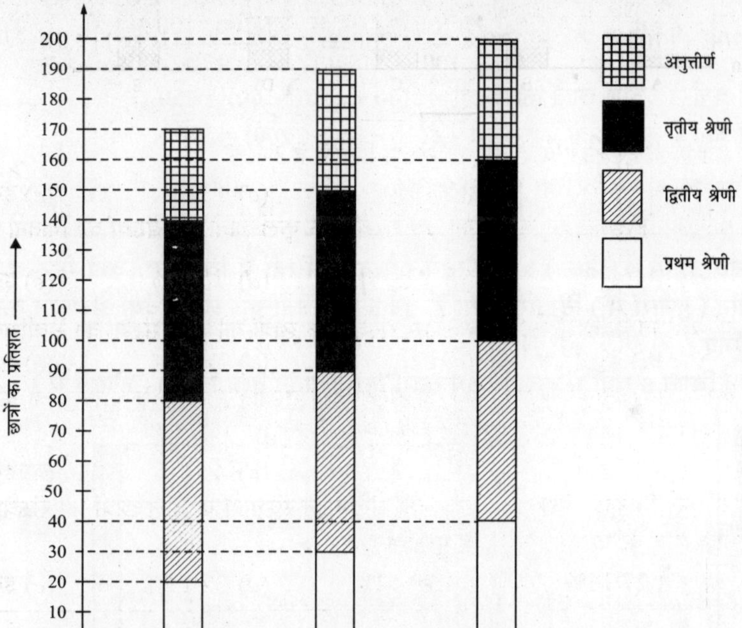

31. वर्ष 2009 में कितने प्रतिशत विद्यार्थी प्रथम श्रेणी में उत्तीर्ण हुए? (दशमलव के 2 अंकों तक)
(*a*) 10·84% (*b*) 9·92% (*c*) 11·76% (*d*) 12·24%

32. वर्ष 2010 में कितने प्रतिशत विद्यार्थी उत्तीर्ण हुए? (दशमलव के 2 अंकों तक पूर्णांकित)
(*a*) 78·95% (*b*) 73·65% (*c*) 81·46% (*d*) 88·24%

33. किस वर्ष में कालिज का बी०ए० का परिणाम सर्वोत्तम रहा?
(*a*) 2009 (*b*) 2010 (*c*) 2011 (*d*) किसी में भी नहीं

34. वर्ष 2011 में तृतीय श्रेणी में उत्तीर्ण होने वालों की संख्या कितनी रही?
(*a*) 72 (*b*) 60 (*c*) 64 (*d*) 56

35. वर्ष 2011 में विद्यार्थियों की संख्या, वर्ष 2009 के विद्यार्थियों की संख्या का कितने प्रतिशत रही?
(*a*) 123·4% (*b*) 121·6% (*c*) 117·6% (*d*) 119·3%

36. तीनों वर्षों का कुल मिलाकर उत्तीर्ण प्रतिशत कितना रहा?
(*a*) 78·2% (*b*) 80·3% (*c*) 82·1% (*d*) 84·6%

दिये गये प्रश्नों के हल

31. (*c*) : वर्ष 2009 में विद्यार्थियों की कुल संख्या = 170.
वर्ष 2009 में प्रथम श्रेणी में उत्तीर्ण विद्यार्थियों की संख्या = 20.
अभीष्ट $\% = \left(\frac{20}{170}\times 100\right)\% = 11\cdot 76\%.$

32. (*a*) : वर्ष 2010 में उत्तीर्ण हुए विद्यार्थियों का प्रतिशत $= \left(\frac{150}{190}\times 100\right)\% = 78\cdot 95\%.$

33. (*a*) : वर्ष 2009 में उत्तीर्ण $\% = \left(\frac{140}{170}\times 100\right)\% = 82\cdot 35\%.$ वर्ष 2010 में उत्तीर्ण % = 78.95%.
वर्ष 2011 में उत्तीर्ण $\% = \left(\frac{160}{200}\times 100\right)\% = 80\%.$
अतः वर्ष 2009 में परीक्षा परिणाम सर्वोत्तम रहा.

34. (*b*) : वर्ष 2011 में तृतीय श्रेणी में उत्तीर्ण होने वालों की संख्या = (160 – 100) = 60.

35. (*c*) : माना वर्ष 2011 में छात्रों की संख्या = वर्ष 2009 में छात्रों की संख्या का x%
$\therefore$ 200 = 170 का $x\% \Rightarrow 170\times\frac{x}{100} = 200 \Rightarrow x = \left(\frac{200\times 100}{170}\right) = 117\cdot 6\%.$

36. (*b*) : तीनों वर्षों में उत्तीर्ण छात्रों की संख्या = (140 + 150 + 160) = 450.
तीनों वर्षों में कुल छात्रों की संख्या = (170 + 190 + 200) = 560.
अभीष्ट $\% = \left(\frac{450}{560}\times 100\right)\% = 80\cdot 3\%.$

निर्देश (प्र०नं० 37 से 41 तक) : नीचे दिये गये दण्ड-चित्रों में विगत छः वर्षों में कुछ विशेष कारों का उत्पादन तथा निर्यात (हजारों में) दिखाया गया है. इन दण्ड-चित्रों का ध्यानपूर्वक अध्ययन करके निम्नलिखित प्रश्नों के उत्तर दीजिए.

विगत 6 वर्षों में कुछ विशेष कारों का उत्पादन तथा निर्यात (हजारों में)

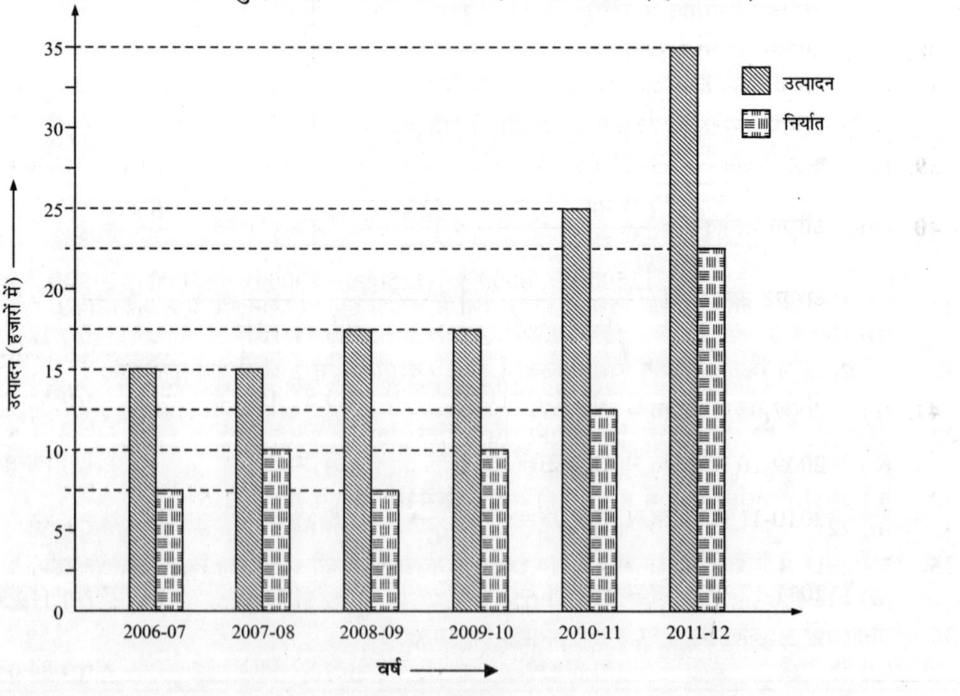

37. किस वर्ष में उत्पादन में से निर्यात का प्रतिशत अधिकतम था ?

(*a*) 2011-12 (*b*) 2010-11 (*c*) 2009-10 (*d*) 2008-09 (*e*) इनमें से कोई नहीं

38. अन्तिम तीन वर्षों तथा प्रथम तीन वर्षों के उत्पादन में कितना अन्तर है ?

(*a*) 20000 (*b*) 30000 (*c*) 35000 (*d*) 55000 (*e*) इनमें से कोई नहीं

39. दिये गये वर्षों का कुल निर्यात कितना है ?

(*a*) 7000 (*b*) 70000 (*c*) 75000 (*d*) 125000 (*e*) इनमें से कोई नहीं

40. दिये गये वर्षों में औसत उत्पादन तथा औसत निर्यात के बीच लगभग कितना अन्तर है ?

(*a*) 9200 (*b*) 11000 (*c*) 2200 (*d*) 2083 (*e*) 1166

41. पिछले वर्ष के संदर्भ में किन वर्षों में निर्यात में प्रतिशत वृद्धि–न्यूनतम थी ?

(*a*) 2007-08 (*b*) 2009-10 (*c*) 2010-11 (*d*) 2011-12 (*e*) इनमें से कोई नहीं

दिये गये प्रश्नों के हल

37. (*e*) : 2006-07 में निर्यात $\% = \left(\frac{7\cdot5\times1000}{15\times1000}\times100\right)\% = 50\%$.

2007-08 में निर्यात $\% = \left(\frac{10}{15}\times100\right)\% = \frac{200}{3}\% = 66\cdot67\%$.

2008-09 में निर्यात $\% = \left(\frac{7\cdot5}{17\cdot5}\times100\right)\% = \frac{300}{7}\% = 42\cdot9\%$.

2009-10 में निर्यात $\% = \left(\frac{10}{17\cdot5}\times100\right)\% = \frac{400}{7}\% = 57\cdot14\%$.

2010-11 में निर्यात $\% = \left(\frac{12\cdot5}{25}\times100\right)\% = 50\%$.

2011-12 में निर्यात $\% = \left(\frac{22\cdot5}{35}\times100\right)\% = \frac{450}{7}\% = 64\cdot3\%$.

अधिकतम निर्यात % वर्ष 2007-08 में रहा।

38. (*b*) : अन्तिम 3 वर्षों में कुल उत्पादन = 17·5 + 25 + 35) हजार = (77·5 × 1000) = 77500.

प्रथम 3 वर्षों में कुल उत्पादन = (15 + 15 + 17·5) हजार = (47·5 × 1000) = 47500.

अभीष्ट अन्तर = (77500 – 47500) = 30000.

39. (*b*) : कुल निर्यात = (7·5 + 10 + 7·5 + 10 + 12·5 + 22·5) हजार = (70 × 1000) = 70000.

40. (*a*) : औसत उत्पादन $= \frac{(77500+47500)}{6} = \frac{125000}{6}$. औसत निर्यात $= \frac{70000}{6}$.

अभीष्ट अन्तर $= \left(\frac{125000}{6} - \frac{70000}{6}\right) = \frac{(125000-70000)}{6} = \frac{55000}{6} = \frac{27500}{3} = 9166\cdot67$

= 9200 (लगभग).

41. (*c*) : 2007-08 में निर्यात में वृद्धि $\% = \left\{\frac{(10-7\cdot5)}{7\cdot5}\times100\right\} = \left(\frac{2\cdot5}{7\cdot5}\times100\right)\% = \frac{100}{3}\% = 33\cdot34\%$

2009-10 में निर्यात में वृद्धि $\% = 33\cdot34\%$.

2010-11 में निर्यात में वृद्धि $\% = \left\{\frac{(12\cdot5-10)}{10}\times100\right\}\% = \left(\frac{2\cdot5}{7\cdot5}\times100\right)\% = 25\%$.

2011-12 में निर्यात में वृद्धि $\% = \left\{\frac{(22\cdot5-12\cdot5)}{12\cdot5}\times100\right\}\% = \left(\frac{100}{125}\times100\right)\% = 80\%$.

स्पष्ट है कि निर्यात में न्यूनतम वृद्धि % वर्ष 2010-11 में रही।

निर्देश (प्र०न० 42 से 46) : नीचे दिये गये दण्ड-आलेख में एक कम्पनी द्वारा 5 वर्षों में उत्पादित तीन अलग-अलग उत्पाद (हजारों में) दिये गये हैं. इनका ध्यानपूर्वक अध्ययन करके निम्नलिखित प्रश्नों के उत्तर दीजिए.

(बैंक पी०ओ० परीक्षा, 2010)

किसी कम्पनी द्वारा विभिन्न वर्षों में उत्पादित तीन उत्पाद (हजारों में)

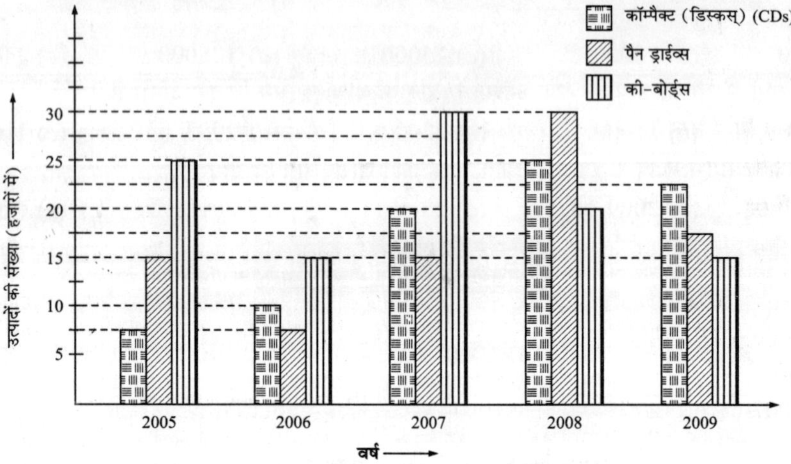

42. सभी वर्षों में कम्पनी द्वारा उत्पादित पैन-ड्राईव्स की औसत संख्या कितनी है ?

(*a*) 1700 (*b*) 1·7 लाख (*c*) 17000 (*d*) 85000 (*e*) इनमें से कोई नहीं

43. वर्ष 2006 तथा 2008 में कम्पनी ने सभी उत्पादों की कुल कितनी संख्या का उत्पादन किया था ?

(*a*) 10750 (*b*) 107·5 लाख (*c*) 105700 (*d*) 10570 (*e*) इनमें से कोई नहीं

44. वर्ष 2009 में कम्पनी द्वारा उत्पादित CDs की संख्या तथा वर्ष 2005 में कम्पनी द्वारा उत्पादित की-बोर्ड्स की संख्या के बीच क्या अनुपात था ?

(*a*) 9 : 10 (*b*) 11 : 10 (*c*) 10 : 9 (*d*) 10 : 11 (*e*) इनमें से कोई नहीं

45. वर्ष 2008 में कम्पनी द्वारा उत्पादित पेन-ड्राइव्स और CDs की कुल संख्या तथा वर्ष 2008 में कम्पनी द्वारा उत्पादित की-बोर्ड की संख्या के बीच कितना अन्तर है ?

(*a*) 40000 (*b*) 4000 (*c*) 35000 (*d*) 3500 (*e*) इनमें से कोई नहीं

46. वर्ष 2006, 2007 तथा 2009 में कम्पनी द्वारा उत्पादित की-बोर्ड्स की संख्या के बीच अनुपात क्या है ?

(*a*) 1 : 2 : 3 (*b*) 1 : 2 : 2 (*c*) 2 : 1 : 3 (*d*) 1 : 2 : 1 (*e*) इनमें से कोई नहीं

दिये गये प्रश्नों के हल

42. (*c*) : इन वर्षों में कम्पनी द्वारा उत्पादित कुल पेन-ड्राईव्स = (15 + 7·5 + 15 + 30 + 17·5) हजार = 85000.

इनकी अभीष्ट औसत संख्या $= \frac{85000}{5} = 17000.$

43. (*e*) : वर्ष 2006 तथा 2008 में उत्पादित सभी उत्पादों की कुल संख्या

= (10 + 7·5 + 15) हजार + (25 + 30 + 20) हजार

= (32·5 × 1000) + (75 × 1000) = (32500 + 75000) = 107500.

44. (*a*) : अभीष्ट अनुपात $= \frac{22500}{25000} = \frac{9}{10} = 9:10.$

45. (*c*) : वर्ष 2008 में उत्पादित पेन-ड्राइव्स तथा CDs की कुल संख्या = (30000 + 25000) = 55000.

वर्ष 2008 में उत्पादित की-बोर्ड्स की संख्या = 20000.

अभीष्ट अन्तर = (55000 – 20000) = 35000.

46. (*d*) : वर्ष 2006, 2007 तथा 2009 में उत्पादित की-बोर्ड्स की संख्याओं का अनुपात

= 15000 : 30000 : 15000 = 1 : 2 : 1.

42 रेखा चित्र (LINE GRAPH)

प्रश्नमाला 42

निर्देश (प्र०न० 1 से 5 तक) : नीचे दिये गये रेखिक-ग्राफ में विभिन्न शहरों में अभियोग्यता परीक्षा में बैठने वाले विद्यार्थियों की संख्या (हजारों में) दर्शाई गई है. इसका ध्यानपूर्वक अध्ययन करके निम्नलिखित प्रश्नों के उत्तर दीजिए.

(बैंक पी०ओ० परीक्षा, 2010)

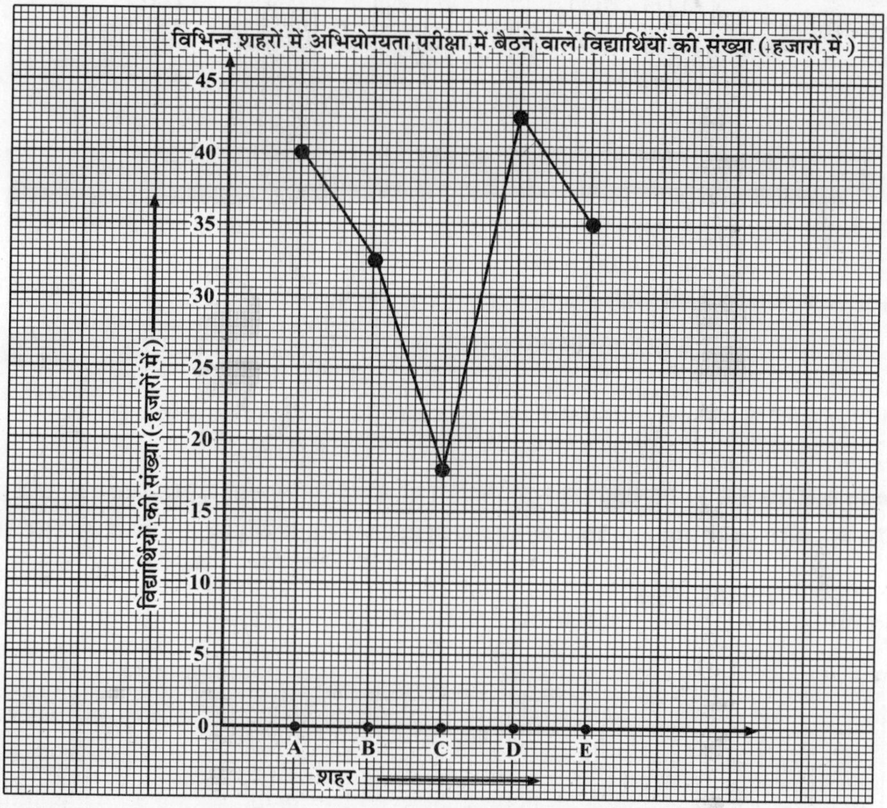

1. सभी शहरों से कुल मिलाकर अभियोग्यता परीक्षा में बैठने वाले विद्यार्थियों की औसत संख्या कितनी है ?

(*a*) 33500 (*b*) 3350 (*c*) 17500 (*d*) 33·5 (*e*) इनमें से कोई नहीं

2. शहर *D* से अभियोग्यता परीक्षा में बैठने वालों की संख्या, शहर *C* से अभियोग्यता परीक्षा में बैठने वालों की संख्या का लगभग कितने प्रतिशत है ?

(*a*) 243% (*b*) 413% (*c*) 134% (*d*) 341% (*e*) 143%

3. शहर *C* तथा *D* से कुल अभियोग्यता परीक्षा में बैठने वालों की संख्या का शहर *A, D* तथा *E* से कुल इस परीक्षा में बैठने वालों की संख्या से क्रमशः क्या अनुपात है ?

(*a*) 11 : 13 (*b*) 20 : 43 (*c*) 20 : 47 (*d*) 37 : 20 (*e*) इनमें से कोई नहीं

4. शहर *B* से अभियोग्यता परीक्षा में बैठने वालों की संख्या का शहर *A* से इस परीक्षा में बैठने वालों की संख्या का क्या अनुपात है ?

(*a*) 3 : 4 (*b*) 13 : 16 (*c*) 11 : 16 (*d*) 2 : 3 (*e*) इनमें से कोई नहीं

5. शहर E से अभियोग्यता परीक्षा में बैठने वालों की संख्या का सभी दिये गये शहरों से इस परीक्षा में बैठने वालों की संख्या का लगभग कितने प्रतिशत है ?

(*a*) 15% (*b*) 17% (*c*) 19% (*d*) 21% (*e*) 23%

दिये गये प्रश्नों के हल

उत्तर 1 (*a*) : सभी शहरों के अभियोग्यता परीक्षा में बैठने वालों की कुल संख्या

$= (40 + 32{\cdot}5 + 17{\cdot}5 + 42{\cdot}5 + 35)$ हजार $= (167{\cdot}5 \times 1000) = 167500.$

अभीष्ट औसत संख्या $= \frac{167500}{5} = 33500.$

उत्तर 2 (*a*) : अभीष्ट $\% = \left\{\frac{(42 \cdot 5 \times 1000)}{(17 \cdot 5 \times 1000)} \times 100\right\}\% = \left(\frac{42500}{17500} \times 100\right)\% = \left(\frac{17}{7} \times 100\right)\%$

$= \left(\frac{1700}{7}\right)\% = 242 \cdot 86 \simeq 243\%$ (लगभग).

उत्तर 3 (*e*) : C तथा D के कुल विद्यार्थी $= (17{\cdot}5 + 42{\cdot}5) \times 1000 = 60000.$

A, D तथा E के कुल विद्यार्थी $= (40 + 42{\cdot}5 + 35) \times 1000 = 117500.$

अभीष्ट अनुपात $= \frac{60000}{117500} = \frac{24}{47} = 24 : 47.$

उत्तर 4 (*b*) : B के विद्यार्थियों की संख्या : A के विद्यार्थियों की संख्या

$= (32 \cdot 5 \times 1000) : (40 \times 1000) = \frac{32500}{40000} = \frac{13}{16} = 13 : 16.$

उत्तर 5 (*d*) : अभीष्ट $\% = \left(\frac{35000}{167500} \times 100\right)\% = \left(\frac{14}{67} \times 100\right)\% = 20 \cdot 89\% \simeq 21\%$ लगभग.

निर्देश (प्र०न० 6 से 10 तक) : निम्नलिखित रेखा चित्रों में दो कम्पनियों A तथा B द्वारा विगत छः वर्षों में अर्जित प्रतिशत लाभ का ब्यौरा दिया गया है. इनका ध्यानपूर्वक अध्ययन करके नीचे दिये गये प्रश्नों के उत्तर दीजिए.

(बैंक पी०ओ० परीक्षा, 2009)

प्रतिशत लाभ $= \left\{\frac{(\text{आय}) - (\text{व्यय})}{\text{व्यय}} \times 100\right\}\%$

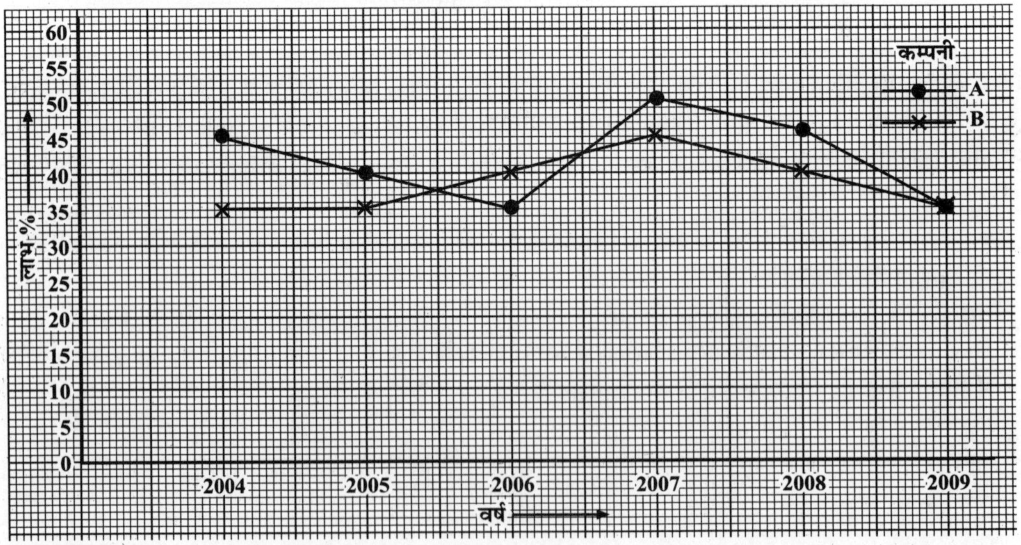

6. वर्ष 2007 में कम्पनी A की आय 6·3 लाख रुपये थी. उस वर्ष व्यय कितना था ?
(*a*) ₹ 420000 (*b*) ₹ 325000 (*c*) ₹ 516500 (*d*) ₹ 250000 (*e*) इनमें से कोई नहीं

7. वर्ष 2009 में कम्पनी A द्वारा अर्जित लाभ की राशि ₹ 31·85 लाख थी. उस वर्ष व्यय कितना था ?
(*a*) ₹ 107 लाख (*b*) ₹ 45 लाख (*c*) ₹ 91 लाख (*d*) निर्धारित नहीं किया जा सकता (*e*) इनमें से कोई नहीं

8. सभी वर्षों को मिलाकर कम्पनी A का औसत लाभ प्रतिशत लगभग कितना था ?
(*a*) 37% (*b*) 33% (*c*) 39% (*d*) 48% (*e*) 42%

9. वर्ष 2004 में यदि कम्पनियों A तथा B की आय समान हो, तो उनके व्यय का क्रमश: अनुपात क्या होगा ?
(*a*) 31 : 33 (*b*) 27 : 29 (*c*) 16 : 23 (*d*) निर्धारित नहीं किया जा सकता (*e*) इनमें से कोई नहीं

10. विगत वर्षों में कम्पनी B द्वारा अर्जित लाभ की औसत राशि कितनी है ?
(*a*) ₹ 41·69 लाख (*b*) ₹ 38·33 लाख (*c*) ₹ 26·45 लाख (*d*) निर्धारित नहीं किया जा सकता (*e*) इनमें से कोई नहीं

दिये गये प्रश्नों के हल

उत्तर 6 (*a*) : माना वर्ष 2007 में कम्पनी A का व्यय = ₹ x लाख. तब

$$\frac{6\cdot3-x}{x}=\frac{50}{100}=\frac{1}{2}\Rightarrow x=12\cdot6-2x\Rightarrow 3x=12\cdot6\Rightarrow x=4\cdot2.$$

$\therefore$ वर्ष 2007 में कम्पनी A का व्यय = ₹ 4·2 लाख.

उत्तर 7 (*c*) : वर्ष 2009 में कम्पनी A का लाभ = (आय) – (व्यय) = ₹ 31·85 लाख

$$\frac{31\cdot85}{\text{व्यय}}\times100=35\Rightarrow \text{व्यय}=\frac{3185}{35}\text{ लाख}=₹\ 91\text{ लाख}.$$

उत्तर 8 (*e*) : सभी वर्षों में A का औसत लाभ %

$$=\frac{(45+40+35+50+45+35)\%}{6}\%=\frac{250}{6}\%=\frac{125}{3}\%=41\cdot66\%=42\%\text{ लगभग.}$$

उत्तर 9 (*b*) : माना वर्ष 2004 में कम्पनी A तथा B में से प्रत्येक की आय ₹ x लाख थी. माना इस वर्ष में कम्पनी A का व्यय = ₹ y लाख तथा कम्पनी B का व्यय = ₹ z लाख. तब,

$$\frac{x-y}{y}=\frac{45}{100}\text{ तथा }\frac{x-z}{z}=\frac{35}{100}\Rightarrow 100x=145y\text{ तथा }100x=135z$$

$$\Rightarrow y=\frac{20x}{29}\text{ तथा }z=\frac{20x}{27}\Rightarrow\frac{y}{z}=\frac{20x}{29}\times\frac{27}{20x}=\frac{27}{29}\Rightarrow y:z=27:29.$$

उत्तर 10 (*d*) : स्पष्ट है कि B द्वारा अर्जित लाभ की औसत राशि ज्ञात नहीं की जा सकती.

निर्देश (प्र०न० 11 से 15 तक) : नीचे दिये गये दण्ड-आलेख में विभिन्न विद्यालयों में बच्चों की संख्या दर्शाई गई है तथा उसके नीचे दिये गये ग्राफ में लड़कियों का प्रतिशत अंकित है. इन दोनों का भली-भाँति अध्ययन करके निम्नलिखित प्रश्नों के उत्तर दीजिए. **(बैंक पी०ओ० परीक्षा, 2010)**

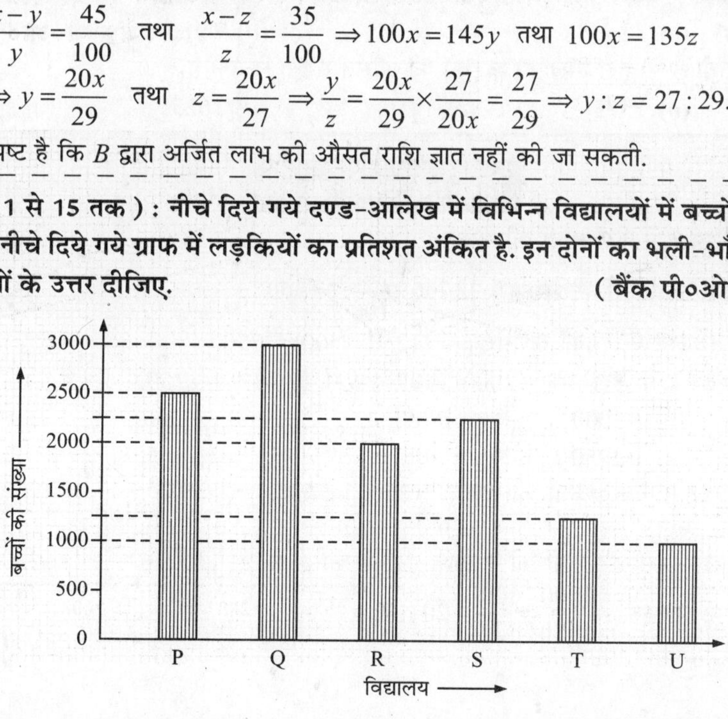

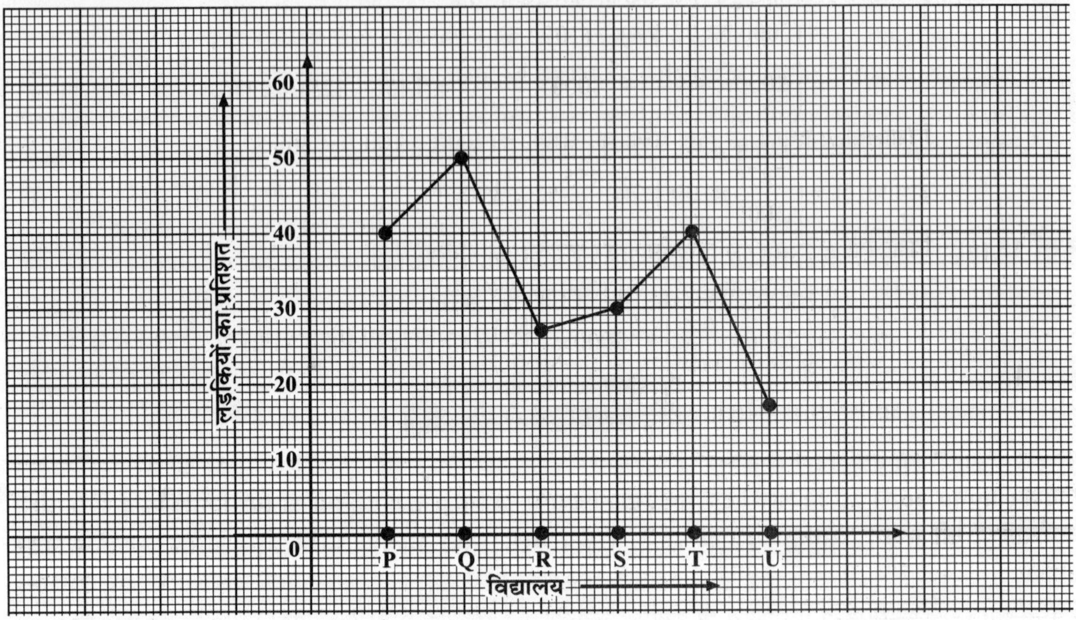

11. विद्यालय T में लड़कों की कुल संख्या कितनी है ?

(*a*) 500 (*b*) 600 (*c*) 750 (*d*) 850 (*e*) इनमें से कोई नहीं

12. विद्यालय R में छात्रों की कुल संख्या विद्यालय S के छात्रों की कुल संख्या का लगभग कितने प्रतिशत है ?

(*a*) 89% (*b*) 75% (*c*) 78% (*d*) 82% (*e*) 94%

13. विद्यालय P में लड़कियों की संख्या का विद्यालय Q में लड़कियों की संख्या से क्रमशः क्या अनुपात है ?

(*a*) 27 : 20 (*b*) 17 : 21 (*c*) 20 : 27 (*d*) 21 : 17 (*e*) इनमें से कोई नहीं

14. विद्यालयों R तथा U में कुल मिलाकर लड़कों का प्रतिशत कितना है ? (दशमलव के बाद 2 अंकों तक पूर्णांकित)

(*a*) 78·55% (*b*) 72·45% (*c*) 76·28% (*d*) 75·83% (*e*) इनमें से कोई नहीं

15. विद्यालयों P तथा Q में कुल मिलाकर लड़कों की औसत संख्या कितनी है ?

(*a*) 1425 (*b*) 1575 (*c*) 1450 (*d*) 1625 (*e*) इनमें से कोई नहीं

दिये गये प्रश्नों के हल

उत्तर 11 (*c*) : विद्यालय T में कुल बच्चों की संख्या = 1250.

इसमें से लड़कियों की संख्या $= \left(1250 \times \frac{40}{100}\right) = 500.$

इस विद्यालय में लड़कों की संख्या = (1250 – 500) = 750.

उत्तर 12 (*a*) : विद्यालय R में कुल छात्र = 2000, विद्यालय S में कुल छात्र = 2250.

अभीष्ट $\% = \left(\frac{2000}{2250} \times 100\right)\% = \frac{800}{9}\% = 88 \cdot 89\% \simeq 89\%.$

उत्तर 13 (*c*) : विद्यालय P में लड़कियों की संख्या = (2500 का 40%) $= \left(2500 \times \frac{40}{100}\right) = 1000$.

विद्यालय Q में लड़कियों की संख्या = (3000 का 45%) $= \left(3000 \times \frac{45}{100}\right) = 1350.$

अभीष्ट अनुपात $= \frac{1000}{1350} = \frac{20}{27} = 20 : 27.$

उत्तर 14 (*d*) : विद्यालयों R तथा U में कुल लड़कों की संख्या

$$= (2000 \text{ का } 72{\cdot}5\%) + (1000 \text{ का } 82{\cdot}5\%)$$

$$= \left(2000 \times \frac{72\cdot5}{100}\right) + \left(1000 \times \frac{82\cdot5}{100}\right) = (1450 + 825) = 2275.$$

विद्यालयों R तथा U में कुल बच्चों की संख्या = (2000 + 1000) = 3000.

$$\text{अभीष्ट } \% = \left(\frac{2275}{3000} \times 100\right)\% = \frac{455}{6}\% = 75\cdot83\%.$$

उत्तर 15 (*b*) : विद्यालयों P तथा Q में कुल मिलाकर लड़कों की संख्या

$$= (2500 \text{ का } 60\%) + (3000 \text{ का } 55\%)$$

$$= \left(2500 \times \frac{60}{100}\right) + \left(3000 \times \frac{55}{100}\right) = (1500 + 1650) = 3150.$$

$$\therefore \text{ अभीष्ट औसत संख्या } = \frac{3150}{2} = 1575.$$

निर्देश (प्र०न० 16 से 20) : नीचे दिये गये रेखा-चित्रों में दो विभिन्न कम्पनियों के विभिन्न विभागों में कार्यरत कर्मचारियों की संख्या (सैंकड़ों में) दी गई है. इसका भली-भाँति अध्ययन करके निम्नलिखित प्रश्नों के उत्तर दीजिए.

(बैंक पी०ओ० परीक्षा, 2010)

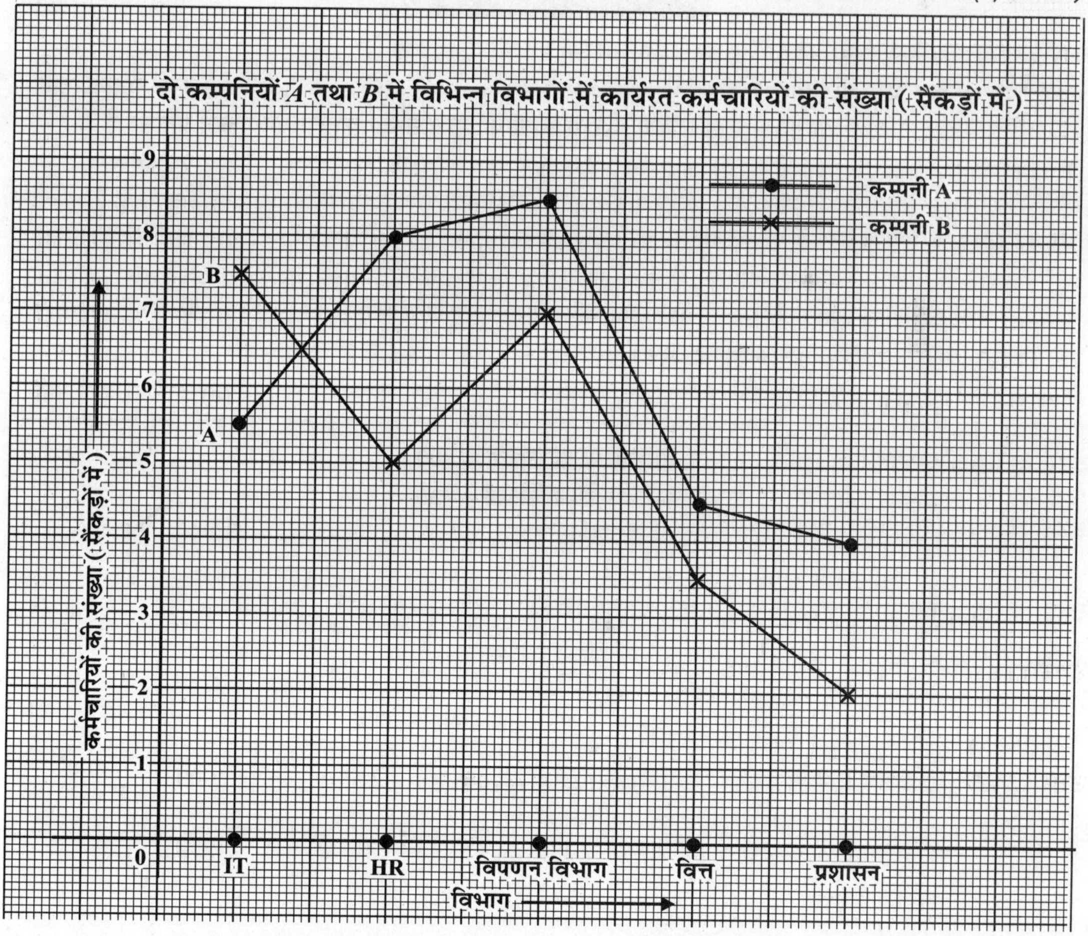

16. कम्पनी B के विपणन विभाग में कार्यरत कर्मचारियों की संख्या कम्पनी में कार्यरत कर्मचारियों की कुल संख्या का कितने प्रतिशत है ?

(*a*) 30% (*b*) 28% (*c*) 23% (*d*) 32% (*e*) इनमें से कोई नहीं

17. दोनों कम्पनियों के प्रशासन विभागों में कुल मिलाकर कार्यरत कर्मचारियों की संख्या की दोनों कम्पनियों के वित्त विभागों में कुल मिलाकर कार्यरत कर्मचारियों की संख्या से क्रमशः क्या अनुपात है ?

(*a*) 2 : 3 (*b*) 4 : 3 (*c*) 3 : 2 (*d*) 3 : 4 (*e*) इनमें से कोई नहीं

18. कम्पनी A के HR विभाग में कार्यरत कर्मचारियों की संख्या कम्पनी B के वित्त विभाग में कार्यरत कर्मचारियों की संख्या का लगभग कितने प्रतिशत है ?

(*a*) 44% (*b*) 207% (*c*) 53% (*d*) 229% (*e*) 198%

19. यदि कम्पनी B के IT विभाग में कार्यरत कर्मचारियों की संख्या में 20% वृद्धि हो जाये, तो कम्पनी B के IT विभाग तथा कम्पनी A के प्रशासन विभाग में कार्यरत कर्मचारियों की संख्या के बीच कितना अन्तर होगा ?

(*a*) 500 (*b*) 350 (*c*) 700 (*d*) 400 (*e*) इनमें से कोई नहीं

20. कम्पनी A के सभी विभागों में कार्यरत कर्मचारियों की औसत संख्या कितनी है ?

(*a*) 600 (*b*) 585 (*c*) 620 (*d*) 615 (*e*) इनमें से कोई नहीं

दिये गये प्रश्नों के हल

उत्तर 16 (*b*) : कम्पनी B में विपणन विभाग के कर्मचारियों की संख्या = 700.

कम्पनी B में कार्यरत कर्मचारियों की कुल संख्या

$$= (750 + 500 + 700 + 350 + 200) = 2500.$$

$$\text{अभीष्ट } \% = \left(\frac{700}{2500} \times 100\right)\% = 28\%.$$

उत्तर 17 (*d*) : कम्पनी A तथा B के प्रशासन विभागों के कर्मचारियों की कुल संख्या

$$= (400 + 200) = 600.$$

कम्पनी A तथा B के वित्त विभागों के कर्मचारियों की कुल संख्या

$$= (450 + 350) = 800.$$

$$\text{अभीष्ट अनुपात} = \frac{600}{800} = \frac{3}{4} = 3:4.$$

उत्तर 18 (*d*) : कम्पनी A के HR विभाग के कर्मचारियों की संख्या = 800.

कम्पनी B के वित्त विभाग के कर्मचारियों की संख्या = 350.

$$\text{अभीष्ट } \% = \left(\frac{800}{350} \times 100\right)\% = \frac{1600}{7}\% = 228\cdot57\% \simeq 229\% \text{ (लगभग)}.$$

उत्तर 19 (*a*) : कम्पनी B के IT विभाग में कर्मचारियों की नई संख्या $= \left(750 \times \frac{120}{100}\right) = 900$.

कम्पनी A के प्रशासन विभाग में कर्मचारियों की संख्या = 400.

अभीष्ट अन्तर = (900 – 400) = 500.

उत्तर 20 (*e*) : कम्पनी A के कर्मचारियों की सभी विभागों में औसत संख्या

$$= \frac{1}{5}(500 + 800 + 850 + 450 + 400) = \frac{3050}{5} = 610.$$

निर्देश (प्र०न० 21 से 25) : नीचे दिये गये ग्राफ में विगत वर्षों में तीन कम्पनियों द्वारा अर्जित लाभ (करोड़ रु० में) दिखाया गया है. इसका ध्यानपूर्वक अध्ययन करके निम्नलिखित प्रश्नों के उत्तर दीजिए.

(बैंक पी०ओ० परीक्षा, 2010)

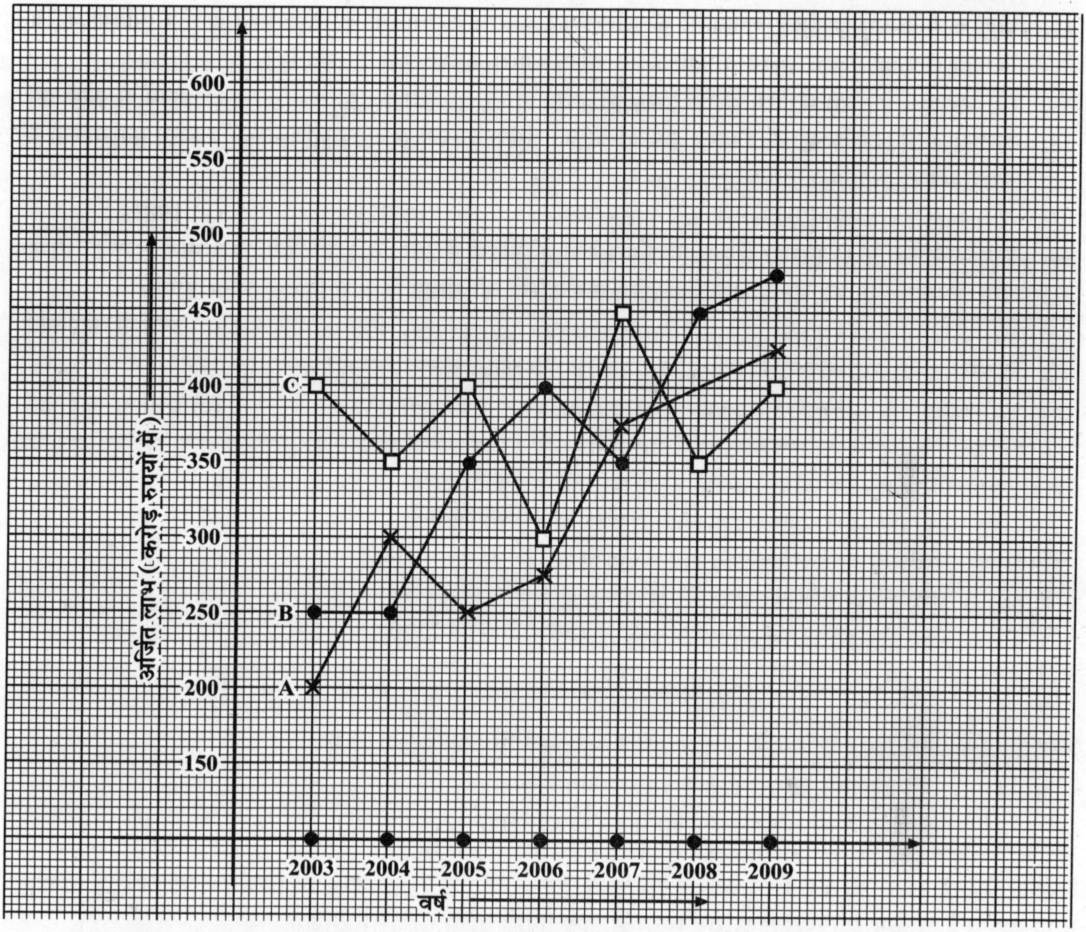

21. वर्ष 2008 में तीनों कम्पनियों द्वारा अर्जित औसत लाभ कितना था ?

(*a*) ₹ 300 करोड़ (*b*) ₹ 400 करोड़ (*c*) ₹ 350 करोड़ (*d*) ₹ 520 करोड़

(*e*) इनमें से कोई नहीं

22. निम्नलिखित में से किस वर्ष कम्पनियाँ *B* तथा *A* द्वारा अर्जित लाभ के बीच न्यूनतम अन्तर था ?

(*a*) 2003 (*b*) 2004 (*c*) 2005 (*d*) 2008 (*e*) इनमें से कोई नहीं

23. निम्नलिखित में से किस वर्ष तीनों कम्पनियों द्वारा मिलाकर कुल अर्जित लाभ सर्वाधिक था ?

(*a*) 2004 (*b*) 2007 (*c*) 2008 (*d*) 2009 (*e*) इनमें से कोई नहीं

24. वर्ष 2006 से वर्ष 2007 तक कम्पनी *A* द्वारा अर्जित लाभ में लगभग कितने प्रतिशत वृद्धि हुई ?

(*a*) 36% (*b*) 24% (*c*) 40% (*d*) 20% (*e*) 54%

25. वर्ष 2004 में कम्पनी *A* द्वारा अर्जित लाभ तथा वर्ष 2009 में कम्पनी *C* द्वारा अर्जित लाभ का कितना अन्तर था ?

(*a*) ₹ 50 करोड़ (*b*) ₹ 1 करोड़ (*c*) ₹ 100 करोड़ (*d*) ₹ 200 करोड़ (*e*) इनमें से कोई नहीं

दिये गये प्रश्नों के हल

उत्तर 21 (*b*) : अभीष्ट औसत लाभ = ₹ $\frac{1}{3}(350+400+450)$ करोड़ = ₹ 400 करोड़.

उत्तर 22 (*e*) : भिन्न-भिन्न वर्षों में *A* तथा *B* के लाभ का अन्तर :

2003 → ₹ (250 − 200) करोड़ = ₹ 50 करोड़, 2004 → ₹ (300 − 250) करोड़ = ₹ 50 करोड़.

2005 → ₹ (350 − 250) करोड़ = ₹ 100 करोड़, 2006 → ₹ (400 − 275) करोड़ = ₹ 125 करोड़

2007 → ₹ (375 − 350) करोड़ = ₹ 25 करोड़, 2008 → ₹ (450 − 400) करोड़ = ₹ 50 करोड़

2009 → ₹ (475 − 425) करोड़ = ₹ 50 करोड़.

इन सबमें से न्यूनतम अन्तर वर्ष 2007 में रहा.

उत्तर 23 (*d*) : भिन्न-भिन्न वर्षों में तीनों कम्पनियों का कुल लाभ :—

2003 → ₹ (200 + 250 + 400) करोड़ = ₹ 850 करोड़.

2004 → ₹ (300 + 250 + 350) करोड़ = ₹ 900 करोड़.

2005 → ₹ (250 + 350 + 400) करोड़ = ₹ 1000 करोड़.

2006 → ₹ (275 + 400 + 300) करोड़ = ₹ 975 करोड़.

2007 → ₹ (375 + 350 + 450) करोड़ = ₹ 1175 करोड़.

2008 → ₹ (400 + 450 + 350) करोड़ = ₹ 1200 करोड़.

2009 → ₹ (425 + 475 + 400) करोड़ = ₹ 1300 करोड़.

स्पष्ट है कि यह सर्वाधिक वर्ष 2009 में रहा.

उत्तर 24 (*a*) : वर्ष 2006 में *A* का लाभ = ₹ 275 करोड़.

वर्ष 2007 में *A* का लाभ = ₹ 375 करोड़.

वृद्धि % = $\left(\frac{100}{275}\times 100\right)\% = \frac{400}{11}\% = 36\cdot 36\% = 36\%$ लगभग.

उत्तर 25 (*c*) : वर्ष 2004 में कम्पनी *A* द्वारा अर्जित लाभ = ₹ 300 करोड़.

वर्ष 2009 में कम्पनी *C* द्वारा अर्जित लाभ = ₹ 400 करोड़.

अभीष्ट अन्तर = ₹ (300 – 300) करोड़ = ₹ 100 करोड़.

निर्देश (प्र०न० 26 से 30 तक) : नीचे दिये गये ग्राफ तीन कम्पनियों *A*, *B* तथा *C* के निर्यात में प्रतिवर्ष हुई प्रतिशत वृद्धि दर्शाते हैं. इनका ध्यानपूर्वक अध्ययन करके नीचे लिखे प्रश्नों के उत्तर दीजिए.

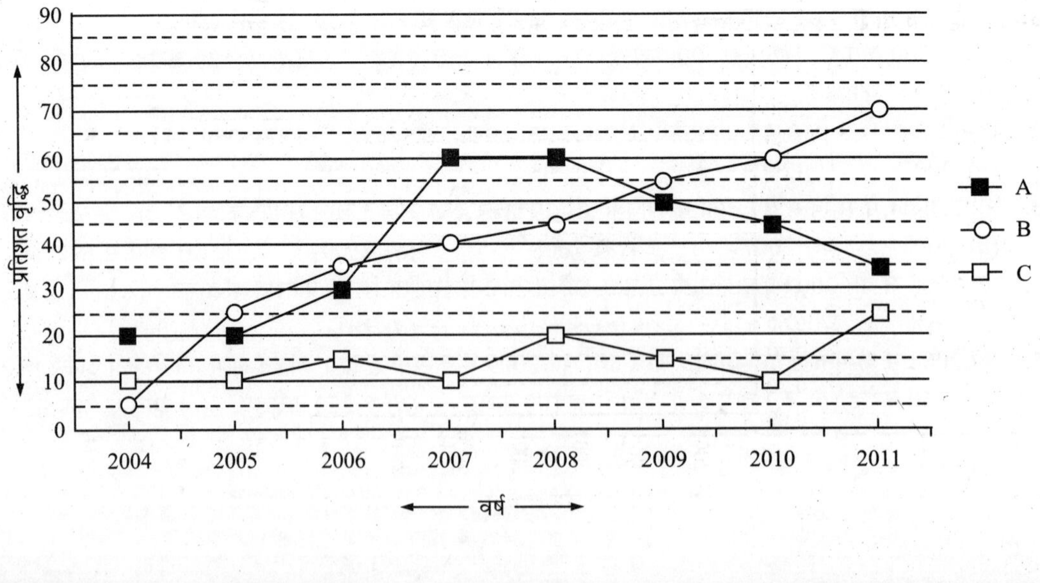

26. दिये गये वर्षों में कम्पनी A के लिये निर्यातों में प्रतिशत वृद्धि का औसत कितना है ?

(*a*) 60 (*b*) 45 (*c*) 40 (*d*) $36\frac{2}{3}$ (*e*) इनमें से कोई नहीं

27. वर्ष 2007 में किस कम्पनी के निर्यात सर्वाधिक थे ?

(*a*) A (*b*) B (*c*) C (*d*) निर्धारित नहीं किया जा सकता

(*e*) इनमें से कोई नहीं

28. कम्पनी C के वर्ष 2007 में निर्यात 950 हों, तो वर्ष 2009 में कितने थे ?

(*a*) 1311 (*b*) 1254 (*c*) 1442 (*d*) 1140 (*e*) 1268

29. दिये गये वर्षों में प्रति वर्ष पिछले वर्ष की तुलना में किस कम्पनी के निर्यातों में प्रतिशत वृद्धि सतत् रही है ?

(*a*) B (*b*) C (*c*) A (*d*) निर्धारित नहीं किया जा सकता

(*e*) इनमें से कोई नहीं

30. यदि कम्पनी C के वर्ष 2005 में कुल निर्यात 1078 हों, तो वर्ष 2004 में निर्यात कितने थे ?

(*a*) 1078 (*b*) 1186 (*c*) 990 (*d*) 1000 (*e*) 980

दिये गये प्रश्नों के हल

उत्तर 26 (*c*) : कम्पनी A के निर्यातों में प्रतिशत वृद्धि का औसत

$$= \frac{(20+20+30+60+60+50+45+35)}{8} = \frac{320}{8} = 40.$$

उत्तर 27 (*d*) : चूँकि किसी भी कम्पनी के वर्ष 2004 अथवा इसके बाद निर्यातों की संख्या अज्ञात थी, अतः यह ज्ञात नहीं किया जा सकता कि वर्ष 2007 में किस कम्पनी के निर्यात सर्वाधिक थे.

उत्तर 28 (*a*) : कम्पनी C के वर्ष 2007 में निर्यात = 950.

∴ कम्पनी C के वर्ष 2009 में निर्यात

$$= 950 \text{ का } 120\% \text{ का } 115\% = \left(950 \times \frac{120}{100} \times \frac{115}{100}\right) = 1311.$$

उत्तर 29 (*a*) : स्पष्ट है कि कम्पनी B के निर्यात में वृद्धि लगातार (सतत्) रही.

उत्तर 30 (*e*) : माना वर्ष 2004 में कम्पनी C के निर्यात $= x$.

$$\text{तब, } x\left(1+\frac{10}{100}\right) = 1078 \Rightarrow x \times \frac{11}{10} = 1078 \Rightarrow x = \left(1078 \times \frac{10}{11}\right) = 980.$$

निर्देश (प्र०न० 31 से 35 तक) : नीचे दिये गये ग्राफ में दो कम्पनियों P तथा Q के आयात तथा निर्यात का अनुपात दिया गया है. ग्राफ का ध्यानपूर्वक अध्ययन करके निम्नलिखित प्रश्नों के उत्तर दीजिए.

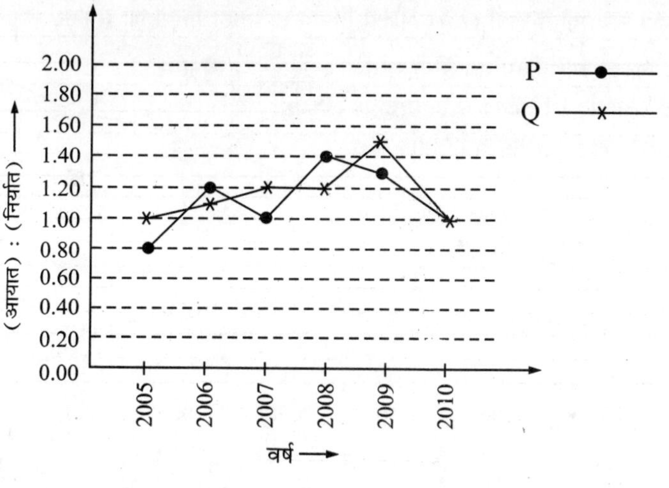

31. यदि कम्पनी Q का वर्ष 2007 तथा 2008 में कुल निर्यात ₹ 24 करोड़ हो, तो इन दो वर्षों में आयात कितना था?
(*a*) ₹ 20 करोड़ (*b*) ₹ 32 करोड़ (*c*) ₹ 16 करोड़ (*d*) इनमें से कोई नहीं

32. दिये गये वर्षों में से कितने वर्षों में Q का आयात निर्यात से अधिक रहा?
(*a*) 2 (*b*) 4 (*c*) 3 (*d*) 1

33. यदि वर्ष 2008 में कम्पनी P का निर्यात ₹ 60 करोड़ हो, तो इस वर्ष इस कम्पनी का आयात कितना था?
(*a*) ₹ 62 करोड़ (*b*) ₹ 70 करोड़ (*c*) ₹ 84 करोड़ (*d*) ₹ 88 करोड़

34. दिये गये वर्षों में कम्पनी Q का औसत निर्यात कितना था?
(*a*) ₹ 60 करोड़ (*b*) ₹ 70 करोड़ (*c*) ₹ 100 करोड़ (*d*) आँकड़े अपर्याप्त

35. दिये गये वर्षों में कम्पनी P का निर्यात, आयात की तुलना में किस वर्ष अधिकतम रहा?
(*a*) 2006 (*b*) 2007 (*c*) 2005 (*d*) 2010

दिये गये प्रश्नों के हल

उत्तर 31 (*d*) : कम्पनी Q के लिए :

वर्ष 2007 में, $\frac{I_1}{E_1} = 1\cdot2 \Rightarrow I_1 = (1\cdot2)\,E_1$.

वर्ष 2008 में, $\frac{I_2}{E_2} = 1\cdot2 \Rightarrow I_2 = (1\cdot2)\,E_2$.

$\therefore\ (I_1 + I_2) = (1\cdot2)\,E_1 + (1\cdot2)\,E_2 = (1\cdot2)\,(E_1 + E_2)$
$= ₹\ (1\cdot2 \times 24$ करोड़$) = ₹\ 28\cdot8$ करोड़

अत: कम्पनी Q का इन 2 वर्षों का आयात = 28.8 करोड़ ₹.

उत्तर 32 (*b*) : कम्पनी Q के लिए आयात > निर्यात तभी होगा जबकि $\frac{\text{आयात}}{\text{निर्यात}} > 1$ हो.
यह तब होगा जबकि (आयात : निर्यात) > 1 हो.
Q के ग्राफ से स्पष्ट है कि यह अनुपात > 1 वर्ष 2006, 2007, 2008 तथा 2009 अर्थात चार वर्षों में रहा.

उत्तर 33 (*c*) : कम्पनी P के लिए वर्ष 2008 में $\frac{I}{E} = 1\cdot4$.

$\therefore\ I = (1\cdot4 \times E) = (1\cdot4 \times ₹\ 60$ करोड़$) = ₹\ 84$ करोड़.

अत: वर्ष 2008 में P का आयात ₹ 84 करोड़ रहा.

उत्तर 34 (*d*) : दिये गये वर्षों में हमें कम्पनी Q के निर्यात की जानकारी नहीं है.
अत: इन वर्षों का कम्पनी Q का औसत निर्यात ज्ञात नहीं किया जा सकता.

उत्तर 35 (*c*) : P का निर्यात अधिकतम तब होगा जबकि $\left(\frac{\text{आयात}}{\text{निर्यात}}\right)$ न्यूनतम हो,
अर्थात् (आयात : निर्यात) न्यूनतम हो.
ग्राफ से स्पष्ट है कि यह वर्ष 2005 में है.

निर्देश (प्र०न० 36 से 40 तक) : नीचे दिये गये ग्राफ में छः वर्षों में एक राज्य में मोटे पुरुषों, मोटी महिलाओं तथा मोटे बच्चों का प्रतिशत दिखाया गया है. इसी के नीचे दी गई तालिका में इस राज्य में इन वर्षों में पुरुषों, महिलाओं तथा बच्चों की कुल संख्या दी गई है. इनका भली-भाँति अध्ययन करके नीचे दिये गये प्रश्नों के उत्तर दीजिए.

(बैंक पी०ओ० परीक्षा, 2010)

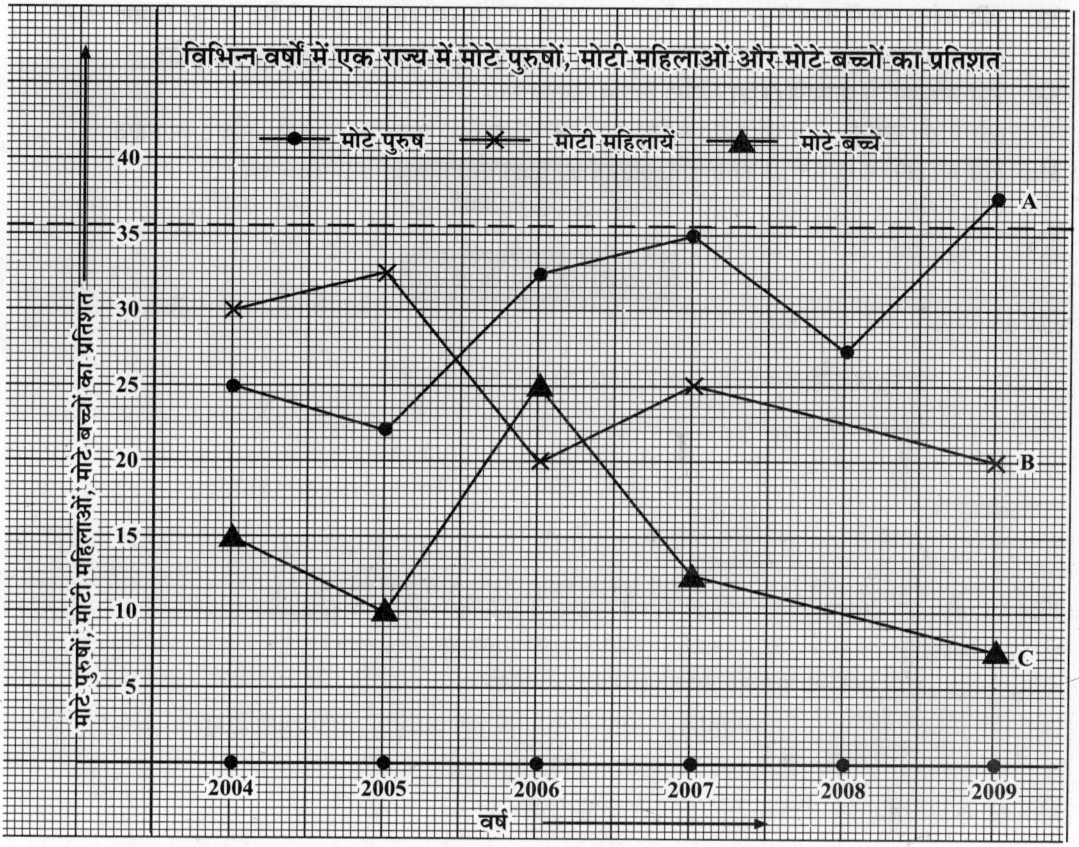

विगत वर्षों में एक राज्य में पुरुषों, महिलाओं और बच्चों की कुल संख्या

वर्ष	पुरुष	महिलायें	बच्चे
2004	54000	38000	15000
2005	75000	64000	21000
2006	63000	60000	12000
2007	66000	54000	16000
2008	70000	68000	20000
2009	78000	75000	45000

36. वर्ष 2007 में मोटे पुरुषों, मोटी महिलाओं तथा मोटे बच्चों का लगभग औसत कितना था?

(*a*) 12683 (*b*) 12795 (*c*) 12867 (*d*) 12843 (*e*) 12787

37. वर्ष 2009 में मोटे पुरुषों की संख्या उसी वर्ष मोटापे से पीड़ित न होने वाले पुरुषों की संख्या का कितने प्रतिशत थी?

(*a*) 55% (*b*) 60% (*c*) 50·5% (*d*) 65·5% (*e*) इनमें से कोई नहीं

38. वर्ष 2006 में मोटी महिलाओं की संख्या तथा वर्ष 2008 में मोटे पुरुषों की संख्या का लगभग कितना अनुपात था ?

(*a*) 6 : 7 (*b*) 21 : 65 (*c*) 15 : 73 (*d*) 48 : 77 (*e*) इनमें से कोई नहीं

39. वर्ष 2006 में मोटी महिलाओं तथा मोटे बच्चों की कुल संख्या और उसी वर्ष मोटे पुरुषों की संख्या में कितना अन्तर है ?

(*a*) 5475 (*b*) 5745 (*c*) 5045 (*d*) 5075 (*e*) इनमें से कोई नहीं

40. वर्ष 2004 तथा वर्ष 2005 में कुल मिलाकर ऐसे बच्चों की संख्या कितनी थी जो मोटापे से पीड़ित नहीं थे ?

(*a*) 4350 (*b*) 31560 (*c*) 4530 (*d*) 31650 (*e*) इनमें से कोई नहीं

दिये गये प्रश्नों के हल

उत्तर 36 (*c*) : वर्ष 2007 में मोटे पुरुषों, मोटी महिलाओं तथा मोटे बच्चों की कुल संख्या

$$= \left(66000 \times \frac{35}{100} + 54000 \times \frac{25}{100} + 16000 \times \frac{12 \cdot 5}{100}\right) = (23100 + 13500 + 2000) = 38600.$$

अभीष्ट औसत $= \frac{38600}{3} = 12866 \cdot 66 = 12867$ लगभग.

उत्तर 37 (*b*) : वर्ष 2009 में मोटे पुरुषों की संख्या $= \left(78000 \times \frac{37 \cdot 5}{100}\right) = 29250.$

इसी वर्ष उन पुरुषों की संख्या जो मोटे नहीं थे = (78000 – 29250) = 48750.

अभीष्ट $\% = \left(\frac{29250}{48750} \times 100\right)\% = 60\%.$

उत्तर 38 (*d*) : वर्ष 2006 में मोटी महिलाओं की संख्या $= \left(60000 \times \frac{20}{100}\right) = 12000.$

वर्ष 2008 में मोटे पुरुषों की संख्या $= \left(70000 \times \frac{27 \cdot 5}{100}\right) = 19250.$

अभीष्ट अनुपात $= \frac{12000}{19250} = \frac{240}{385} = \frac{48}{77} = 48 : 77.$

उत्तर 39 (*a*) : वर्ष 2006 में मोटी महिलाओं तथा मोटे बच्चों की कुल संख्या

$$= \left(60000 \times \frac{20}{100} + 12000 \times \frac{25}{100}\right) = (12000 + 3000) = 15000.$$

वर्ष 2006 में मोटे पुरुषों की संख्या $= \left(63000 \times \frac{32 \cdot 5}{100}\right) = 20475.$

अभीष्ट अन्तर = (20475 – 15000) = 5475.

उत्तर 40 (*d*) : वर्ष 2004 में मोटे बच्चों की संख्या $= \left(15000 \times \frac{15}{100}\right) = 2250.$

वर्ष 2005 में मोटे बच्चों की संख्या $= \left(21000 \times \frac{10}{100}\right) = 2100.$

इन वर्षों में कुल ऐसे बच्चों की संख्या जो मोटे नहीं हैं

= (15000 – 2250) + (21000 – 2100)

= (12750 + 18900) = 31650.

निर्देश (प्र०न० 41 से 45 तक) : नीचे दिये गये रेखाचित्रों में तीन विद्यालयों *A, B* तथा *C* में विद्यार्थियों की संख्या (हजारों में) दर्शाई गई है. इनका भली-भाँतिपूर्वक अध्ययन करके निम्नलिखित प्रश्नों के उत्तर दीजिए.

(बैंक पी०ओ० परीक्षा, 2010)

विगत 3 वर्षों में तीन विद्यालयों में छात्रों की संख्या (हजारों में)

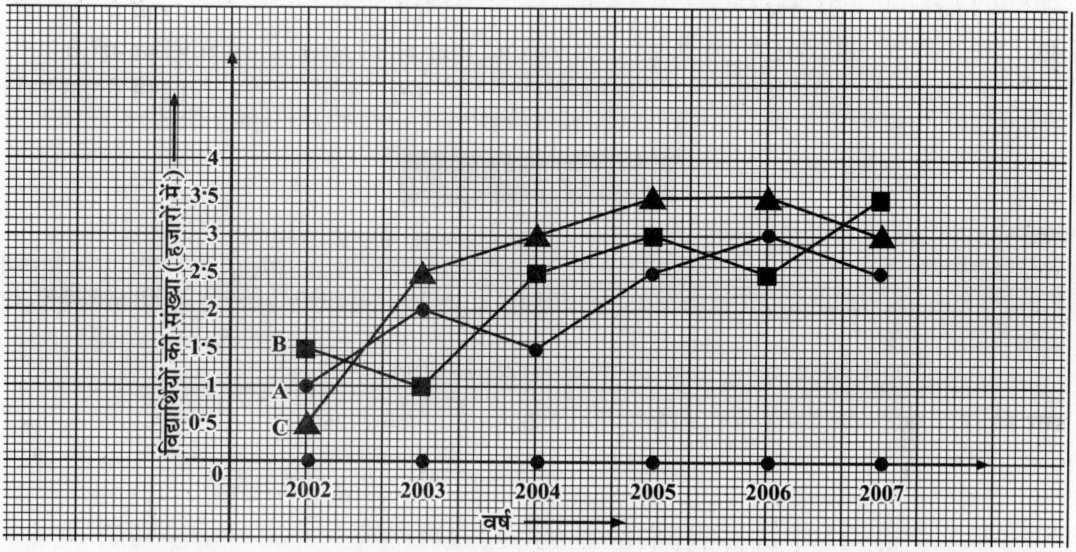

प्रश्न 41. वर्ष 2006 में सभी विद्यालयों में छात्रों की औसत संख्या कितनी थी ?

(*a*) 30000 (*b*) 9000 (*c*) 3000 (*d*) 6000 (*e*) इनमें से कोई नहीं

प्रश्न 42. दिये गये वर्षों में से कितने वर्षों में तीनों विद्यालयों में छात्रों की कुल संख्या समान थी ?

(*a*) 2 (*b*) 5 (*c*) 4 (*d*) 3 (*e*) इनमें से कोई नहीं

प्रश्न 43. वर्ष 2004 में *B* तथा *C* के विद्यार्थियों की संख्या वर्ष 2007 में *B* तथा *C* के विद्यार्थियों की संख्या का लगभग कितने प्रतिशत थी ?

(*a*) 85% (*b*) 80% (*c*) 75% (*d*) 184% (*e*) 131%

प्रश्न 44. वर्ष 2003 में सभी विद्यालयों के सभी विद्यार्थियों की कुल संख्या तथा वर्ष 2005 में *B* के विद्यार्थियों की संख्या में कितना अन्तर था ?

(*a*) 2000 (*b*) 3000 (*c*) 3500 (*d*) 2500 (*e*) इनमें से कोई नहीं

प्रश्न 45. विद्यालय *A* में सभी वर्षों को मिलाकर विद्यार्थियों की औसत संख्या कितनी थी ?

(*a*) 1990 (*b*) 2090 (*c*) 2300 (*d*) 1800 (*e*) 2700

दिये गये प्रश्नों के हल

उत्तर 41 (*c*) : वर्ष 2006 में तीनों विद्यालयों में छात्रों की कुल संख्या = (2500 + 3000 + 3500) = 9000.

इन विद्यालयों में छात्रों की औसत संख्या $= \frac{9000}{3} = 3000.$

उत्तर 42 (*d*) : विभिन्न वर्षों में, *A, B* तथा *C* में छात्रों की कुल संख्या :

$2002 \rightarrow (1000+1500+500) = 3000$, $2003 \rightarrow (2000+1000+2500) = 5500$,

$2004 \rightarrow (1500+2500+3000) = 7000$, $2005 \rightarrow (2500+3000+3500) = 9000$,

$2006 \rightarrow (3000+2500+3500) = 9000$, $2007 \rightarrow (2500+3500+3000) = 9000$.

स्पष्ट है कि 3 वर्षों 2005, 2006, 2007 में $(A + B + C) = 9000$.

उत्तर 43 (*a*) : वर्ष 2004 में $(B + C) = (2500 + 3000) = 5500.$

वर्ष 2007 में $(B + C) = (3500 + 3000) = 6500.$

अभीष्ट प्रतिशतता $= \left(\frac{5500}{6500} \times 100\right)\% = \frac{1100}{13}\% = 84 \cdot 61\% \simeq 85\%.$

उत्तर 44 (*d*) : वर्ष 2003 में $(A + B + C) = 5500.$

वर्ष 2005 में $B = 3000.$

अभीष्ट अन्तर $= (5500 - 3000) = 2500.$

उत्तर 45 (*b*) : 6 वर्षों में A की कुल संख्या $= (1000 + 2000 + 1500 + 2500 + 3000 + 2500) = 12500.$

अभीष्ट औसत $= \frac{12500}{6} = 2083 \simeq 2090$ लगभग.

निर्देश (प्र०न० 46 से 50 तक) : नीचे दिये गये रेखा-चित्रों में तीन देशों *A, B* तथा *C* द्वारा सात विभिन्न वर्षों में निर्यात किये गये गेहूँ की मात्रा (हजार टन में) दर्शाई गई है. इनका भली-भाँति अध्ययन करके नीचे दिये गये प्रश्नों के उत्तर दीजिए. **(बैंक पी०ओ० परीक्षा, 2009)**

विगत वर्षों में 3 देशों *A, B, C* द्वारा निर्यात किये गये गेहूँ की मात्रा (हजार टन में)

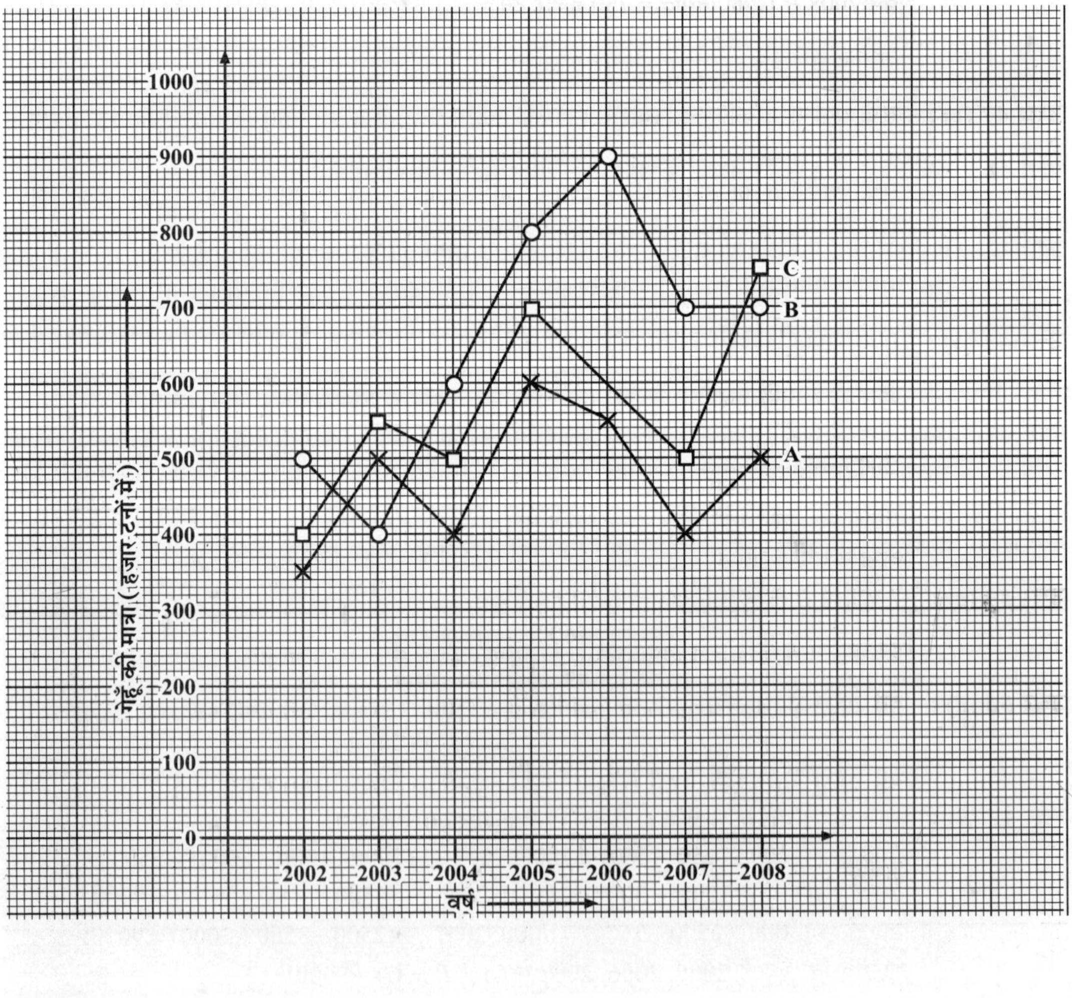

प्रश्न 46. वर्ष 2004 से वर्ष 2008 में C के निर्यात में कितने प्रतिशत वृद्धि हुई ?

(*a*) 50% (*b*) 33·33% (*c*) 150% (*d*) 133·33% (*e*) इनमें से कोई नहीं

प्रश्न 47. सभी वर्षों के लिए A का कुल निर्यात, B के कुल निर्यात का लगभग कितने प्रतिशत है ?

(*a*) 75% (*b*) 128% (*c*) 139% (*d*) 68% (*e*) 72%

प्रश्न 48. कम्पनी B के लिए किस वर्ष के निर्यात में, पिछले वर्ष की तुलना में प्रतिशत वृद्धि अधिकतम थी ?

(*a*) 2005 (*b*) 2004 (*c*) 2006 (*d*) 2008 (*e*) इनमें से कोई नहीं

प्रश्न 49. सभी वर्षों में B के औसत निर्यात कितने हैं ?

(*a*) 766.67 हजार टन (*b*) 667.14 हजार टन (*c*) 657.14 हजार टन
(*d*) 756.57 हजार टन (*e*) इनमें से कोई नहीं

प्रश्न 50. वर्ष 2003 तथा वर्ष 2006 में तीनों देशों के कुल निर्यात के बीच क्रमश: क्या अनुपात है ?

(*a*) 41 : 29 (*b*) 51 : 29 (*c*) 29 : 51 (*d*) 29 : 41 (*e*) इनमें से कोई नहीं

दिये गये प्रश्नों के हल

उत्तर 46 (*a*) : वर्ष 2004 में C का निर्यात = 500 हजार टन.

वर्ष 2008 में C का निर्यात = 750 हजार टन.

$$\text{अभीष्ट वृद्धि } \% = \left(\frac{250}{500}\times 100\right)\% = 50\%.$$

उत्तर 47 (*e*) : सभी वर्षों में A का कुल निर्यात = (350 + 500 + 400 + 600 + 550 + 400 + 500) हजार टन = 3300 हजार टन.

सभी वर्षों में B का कुल निर्यात = (500 + 400 + 600 + 800 + 900 + 700 + 700) हजार टन = 4600 हजार टन.

$$\text{अभीष्ट प्रतिशतता} = \left(\frac{3300}{4600}\times 100\right)\% = \frac{1650}{23}\% = 71\cdot 74\% \simeq 72\%.$$

उत्तर 48 (*b*) : B के निर्यात में विभिन्न वर्षों में प्रतिशत वृद्धि :

$$2003 \rightarrow \text{ वृद्धि नहीं, } 2004 \rightarrow \left\{\frac{(600-400)}{400}\times 100\right\}\% = 50\%,$$

$$2005 \rightarrow \left\{\frac{(800-600)}{600}\times 100\right\}\% = 33\cdot 34\%,\ 2006 \rightarrow \left\{\frac{(900-800)}{800}\times 100\right\}\% = 12\cdot 5\%,$$

2007 → वृद्धि नहीं, 2008 → वृद्धि नहीं.

अभीष्ट वर्ष = 2004.

उत्तर 49 (*c*) : 7 वर्षों में B के कुल निर्यात = 4600 हजार टन.

$$\text{इन वर्षों में } B \text{ के औसत निर्यात} = \frac{4600}{7} \text{ हजार टन} = 657\cdot 14 \text{ हजार टन.}$$

उत्तर 50 (*d*) : वर्ष 2003 में $(A + B + C)$ के कुल निर्यात = (500 + 400 + 550) हजार टन = 1450 हजार टन.

वर्ष 2004 में $(A + B + C)$ के कुल निर्यात = (400 + 600 + 500) हजार टन = 1500 हजार टन.

$$\text{अभीष्ट अनुपात} = \frac{1450}{1500} = \frac{29}{30} = 29 : 30.$$

---

43 पाई-चार्ट (PIE-CHART)

प्रश्नमाला 43

निर्देश (प्र०नं० 1 से 4) : दिये गये पाई-ग्राफ में एक मकान के बनाने में किये गये व्यय का ब्यौरा है. इस निर्माण में कुल ₹ 600000 व्यय हुए. ग्राफ का अध्ययन करके नीचे लिखे प्रश्नों का उत्तर दीजिए.

(एस०एस०सी० परीक्षा, 2006)

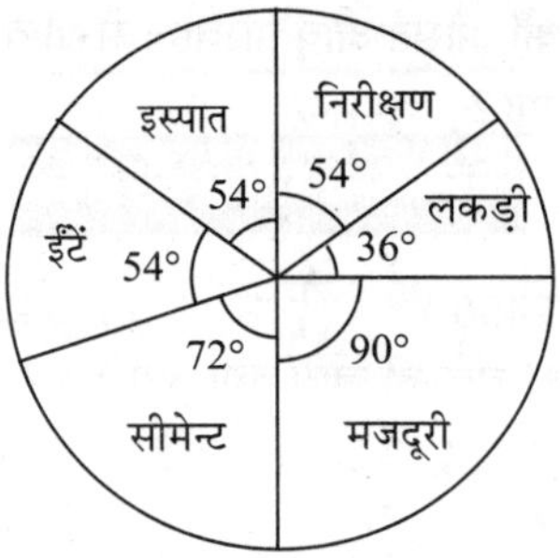

प्रश्न 1. सीमेन्ट के मद पर किए गये व्यय की धनराशि कितनी है ?

(*a*) ₹ 200000 (*b*) ₹ 160000 (*c*) ₹ 120000 (*d*) ₹ 100000

प्रश्न 2. मजदूरी की मद पर व्यय की गई धनराशि इस्पात पर आये व्यय की राशि से कितनी अधिक है ?

(*a*) कुल व्यय का 5% (*b*) कुल व्यय का 10% (*c*) कुल व्यय का 12% (*d*) कुल व्यय का 15%

प्रश्न 3. सीमेन्ट, इस्पात तथा निरीक्षण पर कुल मिलाकर व्यय की गई धनराशि कुल व्यय का कितने प्रतिशत है ?

(*a*) 40% (*b*) 45% (*c*) 50% (*d*) 55%

प्रश्न 4. मजदूरी की मद पर व्यय की गई धनराशि निरीक्षण पर की गई धनराशि से कितनी अधिक है ?

(*a*) ₹ 200000 (*b*) ₹ 160000 (*c*) ₹ 120000 (*d*) ₹ 60000

हल

उत्तर 1. (*c*) : सीमेन्ट के मद में किया गया व्यय $= ₹ \left(\frac{72}{360} \times 600000\right) = ₹\ 120000.$

उत्तर 2. (*b*) : (मजदूरी) – (इस्पात पर व्यय) $= ₹ \left[\left(\frac{90}{360} \times 600000\right) - \left(\frac{54}{360} \times 600000\right)\right]$

$= ₹\ (150000 - 90000) = ₹\ 60000.$

माना कुल व्यय का $x\% = ₹\ 60000.$

तब, $600000 \times \frac{x}{100} = 60000 \Rightarrow x = 10.$

अभीष्ट उत्तर = कुल व्यय का 10%.

उत्तर 3. (*c*) : (सीमेन्ट + इस्पात + निरीक्षण) $= (72 + 54 + 54)° = 180°$ = कुल व्यय का 50%.

उत्तर 4. (*d*) : (मजदूरी) – (निरीक्षण) $= (90° - 54°) = 36° = \left(\frac{36}{360} \times 600000\right) = ₹\ 60000.$

निर्देश (प्र० न० 5 से 9) : दिया गया पाई-चार्ट किसी शहर में विभिन्न व्यवसाय में लगे मजदूरों के भागों को प्रदर्शित करता है. इस चार्ट का अध्ययन करके नीचे दिये गये प्रश्नों के उत्तर दीजिए. (रेलवे परीक्षा, 2006)

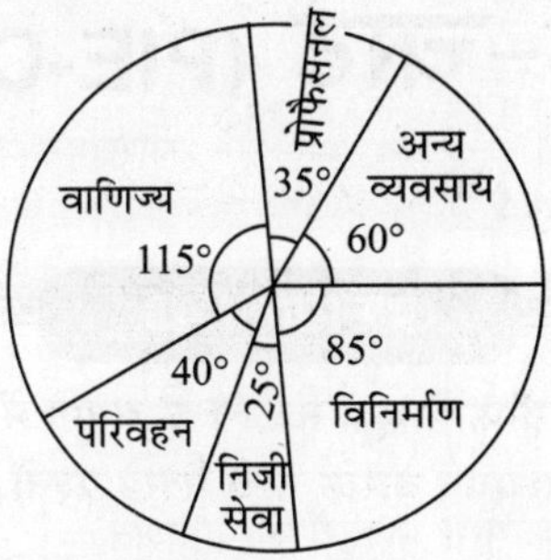

प्रश्न 5. यदि निजी सेवा से प्राप्त मजदूरों की औसत आय परिवहन से प्राप्त औसत आय की दुगुनी हो, तो इन व्यवसाय से प्राप्त आय का अनुपात क्या होगा?

(*a*) 3 : 4 (*b*) 4 : 3 (*c*) 4 : 5 (*d*) 5 : 4

प्रश्न 6. यदि निजी सेवा में लगे व्यक्तियों की संख्या 2160 हो, तो परिवहन में लगे व्यक्तियों की संख्या कितनी होगी?

(*a*) 1456 (*b*) 2456 (*c*) 3456 (*d*) 5456

प्रश्न 7. यदि मजदूरों की कुल संख्या 10% बढ़ा दी जाये तथा अगले वर्ष वाणिज्य में मजदूरों की संख्या 15% कर दी जाये, तो उस वर्ष पाई-चार्ट में वाणिज्य का समीपवर्ती केन्द्रीय कोण कितना होगा?

(*a*) 120° (*b*) 125° (*c*) 130° (*d*) 135°

प्रश्न 8. यदि वाणिज्य से प्राप्त कुल आय परिवहन से प्राप्त आय का दुगुनी हो, तो इन व्यवसायों में औसत आय का अनुपात क्या होगा?

(*a*) 16 : 23 (*b*) 23 : 16 (*c*) 5 : 4 (*d*) 23 : 8

प्रश्न 9. शहर में निर्माण फैक्टरी में कुल कितने प्रतिशत मजदूर काम में लगे हैं?

(*a*) 8·6 (*b*) 13·6 (*c*) 18·6 (*d*) 23·6

हल

उत्तर 5. (*d*) : माना कुल मजदूर $= x$.

निजी सेवा में लगे मजदूर $= \left(\frac{25}{360} \times x\right)$, परिवहन में लगे मजदूर $= \left(\frac{40}{360} \times x\right)$.

माना परिवहन से प्राप्त औसत आय = ₹ y, निजी सेवा की औसत आय = ₹ $2y$.

कुल आय का अनुपात $= \left(\frac{25}{360} \times x \times 2y\right) : \left(\frac{40}{360} \times x \times y\right) = 5 : 4.$

उत्तर 6. (*c*) : माना कुल मजदूर $= x$.

निजी सेवा में लगे मजदूर $= \left(\frac{25}{360} \times x\right)$, परिवहन में लगे मजदूर $= \left(\frac{40}{360} \times x\right)$.

$$\frac{25}{360} \times x = 2160 \Rightarrow x = \left(2160 \times \frac{360}{25}\right) = 31104.$$

परिवहन में लगे मजदूर $= \left(\frac{40}{360} \times x\right) = \left(\frac{1}{9} \times 31104\right) = 3456.$

उत्तर 7. (*b*) : माना पहले कुल मजदूर $= x$.

अब मजदूरों की संख्या $= \left(\frac{110}{100} \times x\right) = \frac{11x}{10}.$

अगले वर्ष वाणिज्य में मजदूरों की संख्या $= \left(\frac{115}{360} \times \frac{11x}{10}\right) = \frac{253x}{720}.$

अभीष्ट केन्द्रीय कोण $= \left(\frac{253}{720} \times \frac{1}{x} \times 360\right)^\circ = 126 \cdot 5^\circ = 125^\circ$ लगभग.

उत्तर 8. (*b*) : माना पहले कुल मजदूर $= x$.

वाणिज्य में लगे मजदूर $= \left(\frac{115}{360} \times x\right) = \frac{23x}{72}$, परिवहन में लगे मजदूर $= \left(\frac{40}{360} \times x\right) = \frac{x}{9}$.

माना वाणिज्य से प्राप्त औसत आय = ₹ y, परिवहन से प्राप्त औसत आय = ₹ $2y$.

अभीष्ट अनुपात $= \left(\frac{23x}{72} \times y\right) : \left(\frac{x}{9} \times 2y\right) = \frac{23}{72} : \frac{2}{9} = 23 : 16.$

उत्तर 9. (*d*) : शहर में निर्माण फैक्ट्री में कार्यरत मजदूरों का प्रतिशत $= \left(\frac{85}{360} \times 100\right)\% = 23 \cdot 6\%.$

निर्देश (प्र०न० 10 से 14) : एक संस्था के विभिन्न विभागों में कार्यरत कर्मचारियों के प्रतिशत का विवरण नीचे दिये गये पाई-चार्ट में प्रदर्शित किया गया है. उनमें से पुरुषों तथा महिलाओं का अनुपात नीचे तालिका में दिया गया है. पाई-चार्ट तथा तालिका का अध्ययन करके नीचे दिये गये प्रश्नों के उत्तर दीजिए.

(बैंक पी०ओ० परीक्षा, 2010)

कर्मचारियों की कुल संख्या = 1800.

कर्मचारियों के प्रतिशत का विवरण

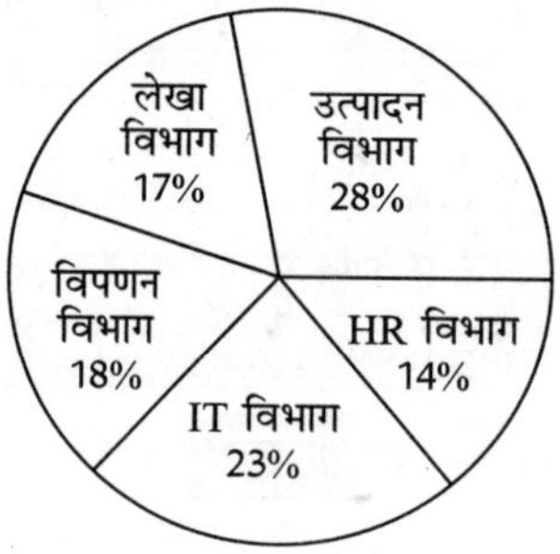

पुरुषों का महिलाओं से अनुपात

विभाग	पुरुष : महिलायें
उत्पादन	11 : 1
HR	1 : 3
IT	5 : 4
विपणन	7 : 5
लेखा	2 : 7

प्रश्न 10. विपणन विभाग में कार्यरत पुरुषों की संख्या कितनी है ?

(*a*) 132 (*b*) 174 (*c*) 126 (*d*) 189 (*e*) इनमें से कोई नहीं

प्रश्न 11. संस्था के उत्पादन विभाग में कार्यरत पुरुषों की संख्या उस विभाग में कार्यरत कर्मचारियों की कुल संख्या का कितने प्रतिशत है ? (दशमलव के दो अंकों तक पूर्णांकित)

(*a*) 89.76% (*b*) 91.67% (*c*) 88.56% (*d*) 94.29% (*e*) इनमें से कोई नहीं

प्रश्न 12. लेखा विभाग में कार्यरत पुरुषों की संख्या का उस विभाग में कार्यरत कर्मचारियों की कुल संख्या से क्रमश: अनुपात कितना है ?

(*a*) 9 : 2 (*b*) 7 : 6 (*c*) 2 : 9 (*d*) 6 : 7 (*e*) इनमें से कोई नहीं

प्रश्न 13. संस्था के HR विभाग में कार्यरत् महिलाओं की संख्या का उस विभाग में कार्यरत कर्मचारियों की कुल संख्या से क्रमश: क्या अनुपात है ?

(*a*) 3 : 4 (*b*) 2 : 5 (*c*) 2 : 9 (*d*) 3 : 7 (*e*) इनमें से कोई नहीं

प्रश्न 14. संस्था के IT विभाग में कार्यरत महिलाओं की संख्या संस्था के सभी विभागों में कार्यरत कर्मचारियों की कुल संख्या का लगभग कितने प्रतिशत है ?

(*a*) 7% (*b*) 5% (*c*) 19% (*d*) 15% (*e*) 10%

हल.

उत्तर 10. (*d*) : विपणन विभाग में कार्यरत कर्मचारियों की संख्या $= \left(\frac{18}{100} \times 1800\right) = 324.$

इनमें से पुरुषों की संख्या $= \left(324 \times \frac{7}{12}\right) = 189.$

उत्तर 11. (*b*) : उत्पादन विभाग में कुल कर्मचारियों की संख्या $= \left(\frac{28}{100} \times 1800\right) = 504.$

इनमें से पुरुषों की संख्या $= \left(504 \times \frac{11}{12}\right) = 462.$

पुरुषों का अभीष्ट % $= \left(\frac{462}{504} \times 100\right)\% = 91 \cdot 67\%.$

उत्तर 12. (*c*) : लेखा विभाग में कुल कर्मचारियों की संख्या $= \left(\frac{17}{100} \times 1800\right) = 306.$

इनमें से पुरुषों की संख्या $= \left(306 \times \frac{2}{9}\right) = 68.$ अभीष्ट अनुपात = 68 : 306 = 2 : 9.

उत्तर 13. (*a*) : HR विभाग में कुल कर्मचारियों की संख्या $= \left(\frac{14}{100} \times 1800\right) = 252.$

इनमें से स्त्रियों की संख्या $= \left(252 \times \frac{3}{4}\right) = 189.$ अभीष्ट अनुपात = 189 : 252 = 3 : 4.

उत्तर 14. (*e*) : IT विभाग में कुल कर्मचारियों की संख्या $= \left(\frac{23}{100} \times 1800\right) = 414.$

IT विभाग में कार्यरत महिलाओं की संख्या $= \left(414 \times \frac{4}{9}\right) = 184.$

सभी विभागों में कार्यरत कर्मचारियों की संख्या = 1800.

अभीष्ट % $= \left(\frac{184}{1800} \times 100\right)\% = 10 \cdot 2\% = 10\%$ (लगभग)

निर्देश (प्र०न० 15 से 19) : दिये गये पाई-चार्ट में वर्ष 2005 तथा 2006 में किसी संस्थान में विविध कोर्स पढ़ने वाले विद्यार्थियों का विवरण दिया गया है. वर्ष 2005 तथा 2006 में कुल विद्यार्थियों की संख्या क्रमश: 1900 तथा 2400 है.

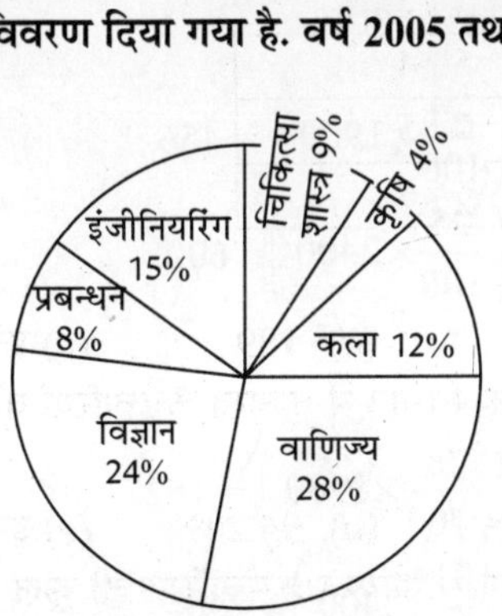

वर्ष 2005 में विविध कोर्स पढ़ने वाले छात्रों का विवरण
कुल विद्यार्थी =1900

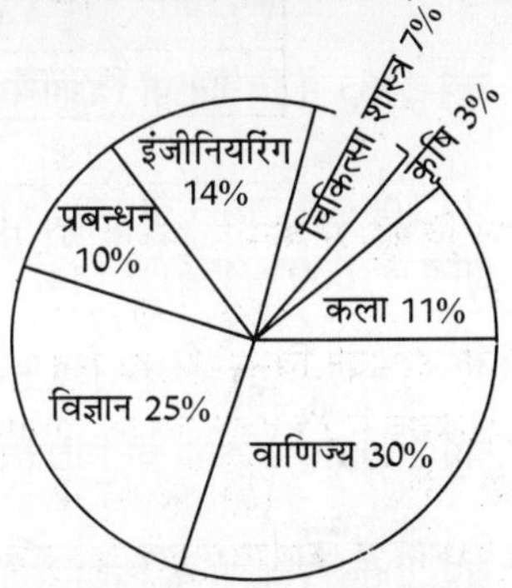

वर्ष 2006 में विविध कोर्स पढ़ने वाले छात्रों का विवरण
कुल विद्यार्थी = 2400

इन पाई-चार्टों का ध्यानपूर्वक अध्ययन करके नीचे दिये गये प्रश्नों के उत्तर दीजिए: (बैंक पी०ओ०, 2008)

प्रश्न 15. वर्ष 2005 तथा वर्ष 2006 में कृषि में पढ़ रहे विद्यार्थियों की संख्या का क्रमश: क्या अनुपात है ?

(*a*) 13 : 12 (*b*) 8 : 7 (*c*) 18 : 19 (*d*) 12 : 13 (*e*) इनमें से कोई नहीं

प्रश्न 16. वर्ष 2005 में चिकित्सा शास्त्र के विद्यार्थियों की संख्या वर्ष 2005 में विज्ञान, इन्जीनियरिंग तथा चिकित्सा शास्त्र के कुल विद्यार्थियों की संख्या का कितने प्रतिशत है ?

(*a*) 16·25% (*b*) 21·50% (*c*) 23·25% (*d*) 18·75% (*e*) इनमें से कोई नहीं

प्रश्न 17. वर्ष 2005 तथा वर्ष 2006 में कुल मिलाकर कला के विद्यार्थियों की संख्या इन दो वर्षों में सभी अनुशासनों के विद्यार्थियों की कुल संख्या का लगभग कितने प्रतिशत है ?

(*a*) 25% (*b*) 11% (*c*) 16% (*d*) 20% (*e*) 9%

प्रश्न 18. वर्ष 2005 से वर्ष 2006 में विज्ञान के विद्यार्थियों की संख्या में कितने प्रतिशत वृद्धि अथवा कमी हुई ?

(*a*) 32% वृद्धि (*b*) 32% कमी (*c*) 28% वृद्धि (*d*) 28% कमी (*e*) इनमें से कोई नहीं

प्रश्न 19. वर्ष 2005 में प्रबंधन के विद्यार्थियों की संख्या तथा वर्ष 2006 में कला के विद्यार्थियों की संख्या का क्रमश: अनुपात क्या है ?

(*a*) 33 : 19 (*b*) 16 : 31 (*c*) 19 : 33 (*d*) 31 : 16 (*e*) इनमें से कोई नहीं

हल

उत्तर 15. (*e*) : वर्ष 2005 में कृषि के विद्यार्थियों की संख्या $= \left(\frac{4}{100} \times 1900\right) = 76.$

वर्ष 2006 में कृषि के विद्यार्थियों की संख्या $= \left(\frac{3}{100} \times 2400\right) = 72.$

अभीष्ट अनुपात = 76 : 72 = 19 : 18.

उत्तर 16. (*d*) : वर्ष 2005 में चिकित्सा शास्त्र के विद्यार्थियों की संख्या $= \left(\frac{9}{100} \times 1900\right) = 171.$

वर्ष 2005 में विज्ञान, इन्जीनियरिंग तथा चिकित्सा शास्त्र के कुल विद्यार्थियों की संख्या

$= \left\{\frac{(24+15+9)}{100} \times 1900\right\} = (48 \times 19) = 912.$ अभीष्ट % $= \left(\frac{171}{912} \times 100\right)\% = 18{\cdot}75\%.$

उत्तर 17. (*b*) : दोनों वर्षों में कला के विद्यार्थियों की संख्या $= \left(\frac{12}{100} \times 1900\right) + \left(\frac{11}{100} \times 2400\right)$

$= (228 + 264) = 492.$

दोनों वर्ष में कुल विद्यार्थियों की संख्या = (1900 + 2400) = 4300.

अभीष्ट % $= \left(\frac{492}{4300} \times 100\right)\% = 11{\cdot}44\% \equiv 11\%$ लगभग.

उत्तर 18. (*a*) : वर्ष 2005 में विज्ञान के विद्यार्थियों की संख्या $= \left(\frac{24}{100} \times 1900\right) = 456.$

वर्ष 2006 में विज्ञान के विद्यार्थियों की संख्या $= \left(\frac{25}{100} \times 2400\right) = 600.$

वृद्धि = (600 – 456) = 144.

वृद्धि % $= \left(\frac{144}{456} \times 100\right)\% = 31{\cdot}57\% \equiv 32\%.$

उत्तर 19. (*e*) : वर्ष 2005 में प्रबन्धन के विद्यार्थियों की संख्या $= \left(\frac{8}{100} \times 1900\right) = 152.$

वर्ष 2006 में कला के विद्यार्थियों की संख्या $= \left(\frac{10}{100} \times 2400\right) = 240.$

अभीष्ट अनुपात = 152 : 240 = 19 : 30.

निर्देश (प्र०न० 20 से 24) : नीचे दिये गये पाई-चार्ट में एक विद्यालय के 3000 विद्यार्थियों की विभिन्न व्यवसायिक पाठ्यक्रमों की प्रतिशतता दी गई है. इनमें 1750 लड़कियाँ हैं.

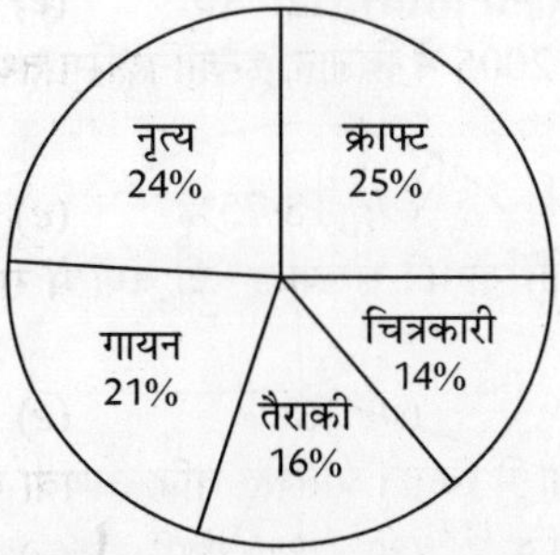

विभिन्न व्यवसायिक पाठ्यक्रमों में भर्ती 3000 विद्यार्थियों का प्रतिशत

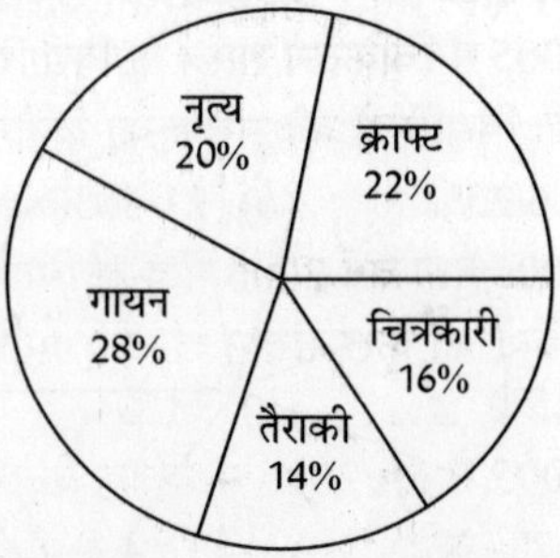

इन पाठ्यक्रमों में 1750 लड़कियों का प्रतिशत

इन चार्टों का अध्ययन करके निम्नलिखित प्रश्नों के उत्तर दीजिए :

प्रश्न 20. विद्यालय में लड़कों का लगभग प्रतिशत कितना है ?

(*a*) 34% (*b*) 56% (*c*) 28% (*d*) 50% (*e*) 42%

प्रश्न 21. गायन तथा क्राफ्ट में कुल कितने लड़के भर्ती हुए हैं ?

(*a*) 505 (*b*) 610 (*c*) 485 (*d*) 420 (*e*) इनमें से कोई नहीं

प्रश्न 22. तैराकी और चित्रकारी में मिलाकर कुल कितनी लड़कियाँ भर्ती हुई हैं ?

(*a*) 480 (*b*) 525 (*c*) 505 (*d*) 495 (*e*) इनमें से कोई नहीं

प्रश्न 23. नृत्य में भर्ती लड़कियों की संख्या विद्यालय के कुल विद्यार्थियों की संख्या का कितने प्रतिशत है ?

(*a*) 12·35% (*b*) 14·12% (*c*) 11·67% (*d*) 10·08% (*e*) इनमें से कोई नहीं

प्रश्न 24. तैराकी में भर्ती लड़कियों की संख्या का तैराकी में भर्ती लड़कों की संख्या से क्रमश: क्या अनुपात है ?

(*a*) 47 : 49 (*b*) 23 : 29 (*c*) 29 : 23 (*d*) 49 : 47 (*e*) इनमें से कोई नहीं

हल

उत्तर 20. (*e*) : विद्यालय में लड़कों की संख्या = (3000 – 1750) = 1250.

लड़कों का % $= \left(\frac{1250}{3000} \times 100\right)\% = 41{\cdot}66\% \equiv 42\%$.

उत्तर 21. (*a*) : गायन तथा क्राफ्ट में कुल विद्यार्थी = 3000 × (21 + 25)% $= \left(3000 \times \frac{46}{100}\right) = 1380$.

गायन तथा क्राफ्ट में कुल लड़कियाँ = 1750 × (28 + 22)% $= \left(1750 \times \frac{50}{100}\right) = 875$.

गायन तथा क्राफ्ट में कुल लड़के = (1380 – 875) = 505.

उत्तर 22. (*b*) : तैराकी और चित्रकारी में कुल लड़कियाँ = 1750 का (14 + 16)% $= \left(1750 \times \frac{30}{100}\right) = 525$.

उत्तर 23. (*c*) : नृत्य में भर्ती लड़कियों की संख्या = (1750 का 20%) $= \left(1750 \times \frac{20}{100}\right) = 350$.

अभीष्ट % $= \left(\frac{350}{3000} \times 100\right)\% = 11{\cdot}67\%$.

उत्तर 24. (*c*) : तैराकी में भर्ती लड़कियाँ $= \left(1750 \times \frac{14}{100}\right) = 245$.

तैराकी में भर्ती कुल विद्यार्थी $= \left(3000 \times \frac{16}{100}\right) = 480$.

तैराकी में भर्ती लड़के = (480 – 245) = 235.

अभीष्ट अनुपात = 245 : 235 = 49 : 47.

निर्देश (प्र०न० 25 से 29) : नीचे दिये गये एक पाई-चार्ट में किसी संगठन में विभिन्न स्तरों पर कार्यरत 1500 कर्मचारियों का ब्यौरा दिया गया है तथा दूसरे पाई-चार्ट में विभिन्न वेतनमानों में 800 पुरुष कर्मचारियों का ब्यौरा दिया गया है. इन पाई-चार्टों का अध्ययन करके नीचे दिये गये प्रश्नों के उत्तर दीजिए.

(बैंक पी०ओ० परीक्षा, 2009)

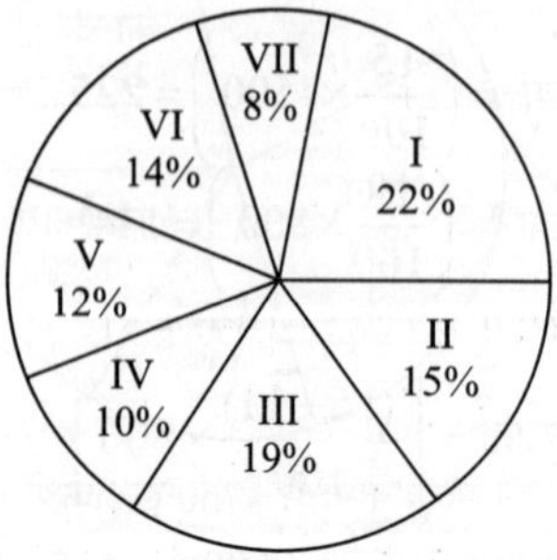

1500 कर्मचारियों का ब्यौरा

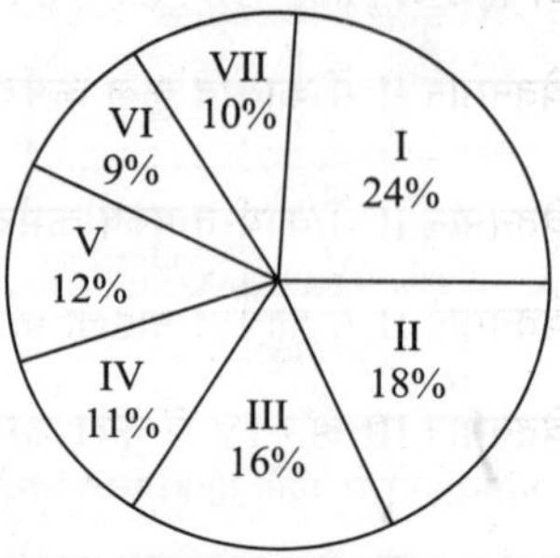

विभिन्न वेतनमानों में 800 पुरुष कर्मचारियों का ब्यौरा

प्रश्न 25. वेतनमान VI में कार्यरत पुरुष कर्मचारियों की संख्या उस वेतनमान के कुल कर्मचारियों का कितने प्रतिशत है ? (निकटतम पूर्णांक तक)

(*a*) 35% (*b*) 46% (*c*) 44% (*d*) 34% (*e*) इनमें से कोई नहीं

प्रश्न 26. वेतनमान VI की महिला कर्मचारियों तथा वेतनमान I के पुरुष कर्मचारियों के बीच क्रमशः अनुपात क्या है ?

(*a*) 32 : 33 (*b*) 22 : 33 (*c*) 12 : 23 (*d*) 23 : 12 (*e*) इनमें से कोई नहीं

प्रश्न 27. वेतनमान V में कार्यरत पुरुष तथा महिला कर्मचारियों के बीच क्रमशः अनुपात क्या है ?

(*a*) 7 : 8 (*b*) 2 : 1 (*c*) 8 : 7 (*d*) 1 : 2 (*e*) इनमें से कोई नहीं

प्रश्न 28. कितनी महिलायें वेतनमान II में कार्यरत हैं ?

(*a*) 144 (*b*) 81 (*c*) 96 (*d*) 138 (*e*) इनमें से कोई नहीं

प्रश्न 29. वेतनमान III और IV में कार्यरत महिला कर्मचारियों की कुल संख्या कितनी है ?

(*a*) 219 (*b*) 157 (*c*) 162 (*d*) 285 (*e*) इनमें से कोई नहीं

हल

उत्तर 25. (*d*) : वेतनमान VI में कार्यरत पुरुष कर्मचारियों की संख्या $= \left(\frac{9}{100}\times 800\right) = 72.$

वेतनमान VI में कार्यरत कुल कर्मचारियों की संख्या $= \left(\frac{14}{100}\times 1500\right) = 210.$

अभीष्ट % $= \left(\frac{72}{210}\times 100\right)\% = 34\cdot 2\% \simeq 34\%.$

उत्तर 26. (*e*) : वेतनमान VI के कुल कर्मचारियों की संख्या $= \left(\frac{14}{100}\times 1500\right) = 210.$

वेतनमान VI के पुरुष कर्मचारियों की संख्या $= \left(\frac{9}{100}\times 800\right) = 72.$

वेतनमान VI की महिला कर्मचारियों की संख्या $= (210 - 72) = 138.$

वेतनमान I के पुरुष कर्मचारियों की संख्या $= \left(\frac{24}{100}\times 800\right) = 192.$

अभीष्ट अनुपात $= 138 : 192 = \frac{138}{192} = \frac{23}{32} = 23 : 32.$

उत्तर 27. (*c*) : वेतनमान V में कार्यरत कुल कर्मचारी $= \left(\frac{12}{100}\times 1500\right) = 180.$

वेतनमान V में कार्यरत पुरुष कर्मचारियों की संख्या $= \left(\frac{12}{100} \times 800\right) = 96.$

वेतनमान V में कार्यरत महिला कर्मचारियों की संख्या = (180 – 96) = 84.

अभीष्ट अनुपात = 96 : 84 = 8 : 7.

उत्तर 28. (*b*) : वेतनमान II में कार्यरत कुल कर्मचारियों की संख्या $= \left(\frac{15}{100} \times 1500\right) = 225.$

वेतनमान II में कार्यरत पुरुष कर्मचारियों की संख्या $= \left(\frac{18}{100} \times 800\right) = 144.$

वेतनमान II में कार्यरत महिला कर्मचारियों की संख्या = (225 – 144) = 81.

उत्तर 29. (*a*) : वेतनमान III और IV में कुल कर्मचारियों की संख्या $= \left[\frac{(16+11)}{100} \times 800\right]$

$= \left(\frac{29}{100} \times 1500\right) = 435.$

वेतनमान III और IV में कुल पुरुष कर्मचारियों की संख्या $= \left[\frac{(16+11)}{100} \times 800\right]$

$= \left(\frac{27}{100} \times 800\right) = 216.$

$\therefore$ अभीष्ट संख्या = (435 – 216) = 219.

निर्देश (प्र०न० 30 से 33) : नीचे दिया गया पाई-चार्ट एक परिवार द्वारा विभिन्न मदों में किये गये एक महीने के खर्च को दर्शाता है. इसका भली-भाँति अध्ययन करके नीचे दिये गये प्रश्नों के उत्तर दीजिए.

(एस०एस०सी० परीक्षा, 2011)

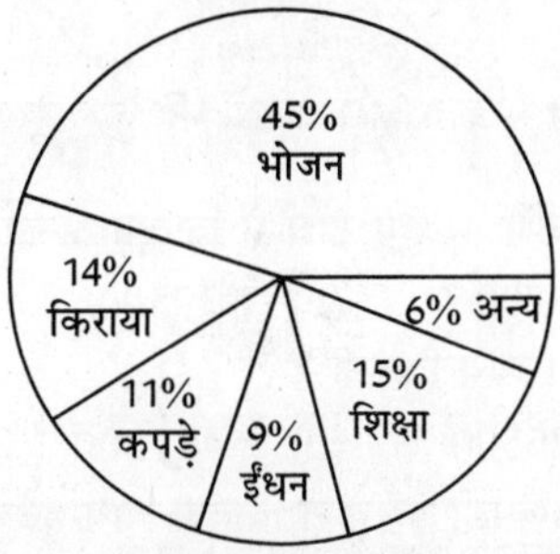

प्रश्न 30. किराये पर किया गया खर्च ईंधन के खर्च का कितने प्रतिशत है ?

(*a*) 135% (*b*) 156% (*c*) 167% (*d*) 172%

प्रश्न 31. किन तीन मदों के खर्चों में केन्द्रीय बिन्दु पर 108° का कोण बनता है ?

(*a*) ईंधन, कपड़े एवं अन्य (*b*) ईंधन, किराया एवं अन्य

(*c*) कपड़े, किराया एवं् अन्य (*d*) शिक्षा, किराया एवं अन्य

प्रश्न 32. यदि उस परिवार की कुल आय ₹ 25000 हो तो किराया तथा भोजन पर कुल मिलाकर कितना खर्च हुआ है ?

(*a*) ₹ 17250 (*b*) ₹ 14750 (*c*) ₹ 11250 (*d*) ₹ 8500

प्रश्न 33. शिक्षा तथा भोजन पर किये गये खर्च में क्या अनुपात है ?

(*a*) 1 : 3 (*b*) 3 : 1 (*c*) 3 : 5 (*d*) 5 : 3

हल

उत्तर 30. (*b*) : अभीष्ट $\% = \left(\frac{14}{9} \times 100\right)\% = \frac{1400}{9}\% = 155 \cdot 6\% \simeq 156\%.$

उत्तर 31. (*b*) : $108° = \left(\frac{108}{360} \times 100\right)\% = 30\%.$

स्पष्ट है कि यह ईंधन, किराया एवं अन्य तीन मदों में किये गये खर्च से बनता है.

उत्तर 32. (*b*) : किराया तथा भोजन पर कुल खर्च = ₹ (25000 का 59%)

$$= ₹ \left(25000 \times \frac{59}{100}\right) = ₹\ 14750.$$

उत्तर 33. (*a*) : (शिक्षा पर खर्च) : (भोजन पर खर्च) = 15 : 45 = 1 : 3.

निर्देश (प्र०न० 34 से 38) : एक संगठन का विभिन्न शीर्षों के अन्तर्गत औसत मासिक व्यय नीचे दिये गये पाई-चार्ट में दिया गया है. यदि कुल मासिक व्यय ₹ 1850000 हो, तो नीचे दिये गये प्रश्नों के उत्तर दीजिए.

(बैंक पी०ओ० परीक्षा, 2009)

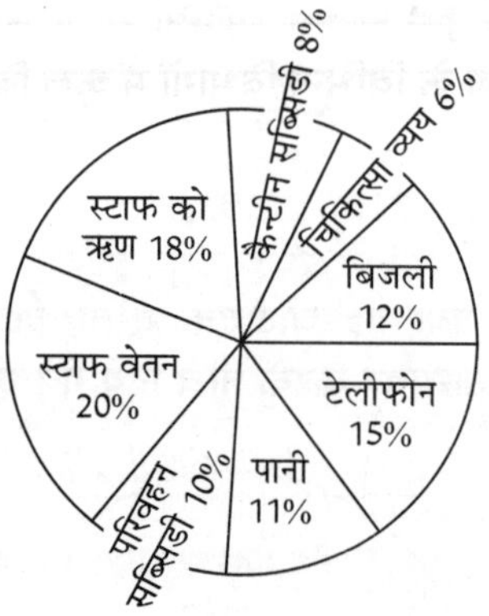

प्रश्न 34. स्टाफ के वेतन तथा स्टाफ के ऋणों पर हुए खर्च में कितना अन्तर है ?

(*a*) ₹ 37200 (*b*) ₹ 35700 (*c*) ₹ 37500 (*d*) ₹ 35000 (*e*) इनमें से कोई नहीं

प्रश्न 35. बिजली और पानी दोनों का कुल व्यय कितना है ?

(*a*) ₹ 425000 (*b*) ₹ 425500 (*c*) ₹ 422500 (*d*) ₹ 425800 (*e*) इनमें से कोई नहीं

प्रश्न 36. परिवहन सब्सिडी तथा कैंटीन सब्सिडी पर कुल कितना व्यय हुआ ?

(*a*) ₹ 334000 (*b*) ₹ 343000 (*c*) ₹ 330000 (*d*) ₹ 333000 (*e*) इनमें से कोई नहीं

प्रश्न 37. स्टाफ पर खर्च किया गया चिकित्सा व्यय, वेतन पर किये गये खर्च का कितने प्रतिशत है ?

(*a*) 30% (*b*) 33% (*c*) 25% (*d*) 22% (*e*) इनमें से कोई नहीं

प्रश्न 38. टेलीफोन पर कितना खर्च हुआ है ?

(*a*) ₹ 275000 (*b*) ₹ 270500 (*c*) ₹ 277500 (*d*) ₹ 277000 (*e*) इनमें से कोई नहीं

दिये गये प्रश्नों के हल

उत्तर 34. (*e*) : अभीष्ट अन्तर $= ₹ \left[\left(1850000 \times \frac{20}{100}\right) - \left(1850000 \times \frac{18}{100}\right)\right]$

$$= ₹ \left[1850000 \times \left(\frac{20}{100} - \frac{18}{100}\right)\right] = ₹ \left(1850000 \times \frac{2}{100}\right)$$

$$= ₹\ 37000.$$

उत्तर 35. (*b*) : अभीष्ट व्यय = ₹ $\left[1850000\times\frac{(12+11)}{100}\right]$ = ₹ $\left(1850000\times\frac{23}{100}\right)$
= ₹ 425500.

उत्तर 36. (*d*) : अभीष्ट व्यय = ₹ $\left[1850000\times\frac{(10+8)}{11}\right]$ = ₹ $\left(1850000\times\frac{18}{100}\right)$
= ₹ 333000.

उत्तर 37. (*a*) : चिकित्सा व्यय = ₹ $\left(1850000\times\frac{6}{100}\right)$ = ₹ 111000.

वेतन पर व्यय = ₹ $\left(1850000\times\frac{20}{100}\right)$ = ₹ 370000.

अभीष्ट % = $\left(\frac{111000}{370000}\times 100\right)$% = 30%.

उत्तर 38. (*c*) : टेलीफोन पर खर्च = ₹ $\left(\frac{15}{100}\times 1850000\right)$ = ₹ 277500.

निर्देश (प्र०न० 39 से 43) : एक कालिज के विभिन्न विभागों में कुल विद्यार्थियों के प्रतिशत आँकड़े तथा प्रत्येक विभाग में छात्राओं के प्रतिशत आँकड़े निम्न पाई चार्टों में दिये गये हैं. इनका भली-भाँति अध्ययन करके नीचे दिये गये प्रश्नों के उत्तर दीजिए. **(बैंक पी०ओ० परीक्षा, 2009)**

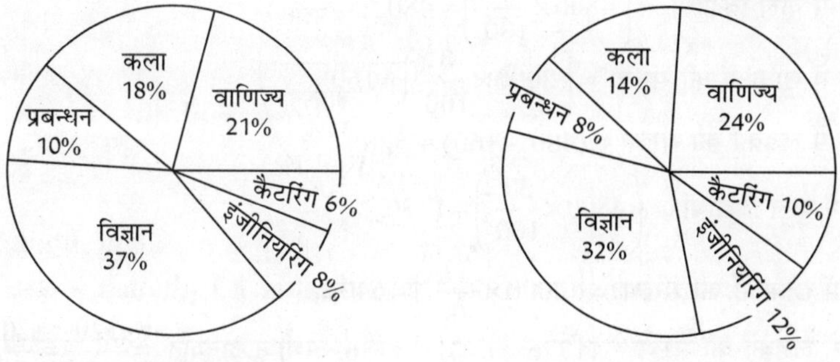

प्रत्येक विभाग में विद्यार्थियों का प्रतिशत **कुल विद्यार्थी = 4800.**

प्रत्येक विभाग में छात्राओं का प्रतिशत **कुल छात्रायें = 2000.**

प्रश्न 39. इंजीनियरिंग में छात्राओं की संख्या कितनी है ?
(*a*) 180 (*b*) 220 (*c*) 320 (*d*) 260 (*e*) इनमें से कोई नहीं

प्रश्न 40. किस विभाग में लड़कों की संख्या सर्वाधिक है ?
(*a*) विज्ञान (*b*) वाणिज्य (*c*) कला (*d*) प्रबन्धन (*e*) इनमें से कोई नहीं

प्रश्न 41. वाणिज्य में लड़कों की संख्या उस विभाग के कुल विद्यार्थियों की संख्या का कितने प्रतिशत है ?
(*a*) 41% (*b*) 52% (*c*) 36% (*d*) 28% (*e*) 68%

प्रश्न 42. प्रबन्धन में लड़कों की संख्या तथा विज्ञान में लड़कों की संख्या का क्या अनुपात है ?
(*a*) 71 : 20 (*b*) 18 : 67 (*c*) 20 : 71 (*d*) 67 : 18 (*e*) इनमें से कोई नहीं

प्रश्न 43. कैटरिंग में छात्राओं की संख्या कालेज के कुल विद्यार्थियों का कितने प्रतिशत है ? (दशमलव के दो अंकों तक)
(*a*) 3·28% (*b*) 5·61% (*c*) 3·95% (*d*) 4·17% (*e*) इनमें से कोई नहीं

दिए गए प्रश्नों के हल

39. (*e*) : इंजीनियरिंग में छात्राओं की संख्या = (2000 का 12%) = $\left(2000\times\frac{12}{100}\right)$ = 240.

40. (*a*) : विज्ञान में लड़कों की संख्या $= \left[\left(4800\times\frac{37}{100}\right)-\left(2000\times\frac{32}{100}\right)\right] = (1776-640) = 1136.$

वाणिज्य में लड़कों की संख्या $= \left[\left(4800\times\frac{21}{100}\right)-\left(2000\times\frac{24}{100}\right)\right] = (1008-480) = 528.$

कला में लड़कों की संख्या $= \left[\left(4800\times\frac{18}{100}\right)-\left(2000\times\frac{14}{100}\right)\right] = (864-280) = 584.$

प्रबन्धन में लड़कों की संख्या $= \left[\left(4800\times\frac{10}{100}\right)-\left(2000\times\frac{8}{100}\right)\right] = (480-160) = 320.$

$\therefore$ लड़कों की सर्वाधिक संख्या विज्ञान में है.

41. (*b*) : वाणिज्य में कुल विद्यार्थी $= \left(4800\times\frac{21}{100}\right) = 1008.$

वाणिज्य में छात्राओं की संख्या $= \left(2000\times\frac{24}{100}\right) = 480.$

वाणिज्य में लड़कों की संख्या $= (1008-480) = 528.$

अभीष्ट $\% = \left(\frac{528}{1008}\times100\right)\% = 52\cdot38\% \simeq 52\%.$

42. (*c*) : प्रबन्धन में कुल विद्यार्थी $= \left(4800\times\frac{10}{100}\right) = 480.$

प्रबन्धन में छात्राओं की संख्या $= \left(2000\times\frac{8}{100}\right) = 160.$

प्रबन्धन में लड़कों की संख्या $= (480-160) = 320.$

विज्ञान में कुल विद्यार्थी $= \left(4800\times\frac{37}{100}\right) = 1776.$

विज्ञान में छात्राओं की संख्या $= \left(2000\times\frac{32}{100}\right) = 640.$

विज्ञान में लड़कों की संख्या $= (1776-640) = 1136.$ अभीष्ट अनुपात $= \frac{320}{1136} = \frac{20}{71} = 20:71.$

43. (*d*) : कैटरिंग में छात्राओं की संख्या $= \left(2000\times\frac{10}{100}\right) = 200.$ अभीष्ट $\% = \left(\frac{200}{4800}\times100\right)\% = 4\cdot17\%.$

निर्देश (प्र०न० 44 से 48) : एक संगठन के कुल 4200 कर्मचारियों का विभिन्न विभागों में प्रतिशत तथा विभिन्न विभागों में पदोन्नत कर्मचारियों की संख्या दो पाई-चार्टों में नीचे दी गई है. इनका भली-भाँति अध्ययन करके नीचे दिये गये प्रश्नों के उत्तर दीजिए. (बैंक पी०ओ० परीक्षा, 2007)

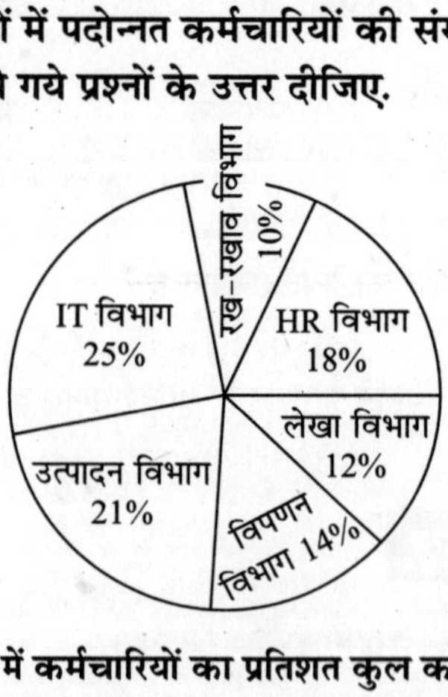

विभिन्न विभागों में कर्मचारियों का प्रतिशत कुल कर्मचारी = 4200

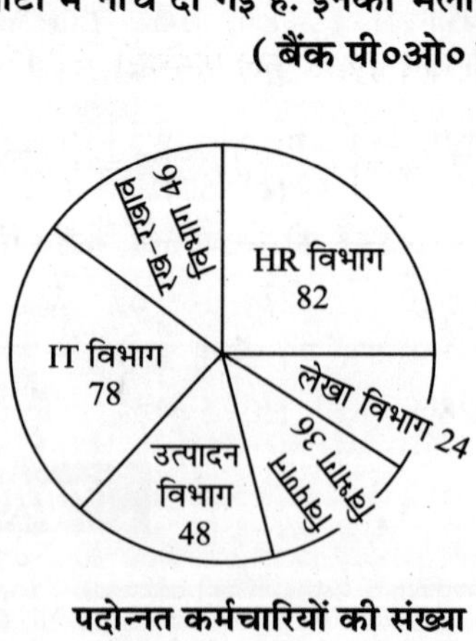

पदोन्नत कर्मचारियों की संख्या

प्रश्न 44. रखरखाव व लेखा विभाग के कुल पदोन्नत कर्मचारियों की संख्या इन विभागों के कुल कर्मचारियों की संख्या का कितने प्रतिशत है? (दशमलव के 2 अंकों तक)

(*a*) 7·58% (*b*) 6·27% (*c*) 9·15% (*d*) 8·34% (*e*) इनमें से कोई नहीं

प्रश्न 45. HR विभाग में जिन कर्मचारियों की उन्नति नहीं हुई तथा उत्पादन विभाग में जिन कर्मचारियों की उन्नति नहीं हुई इनका क्रमशः अनुपात क्या है?

(*a*) 216 : 389 (*b*) 337 : 417 (*c*) 389 : 216 (*d*) 417 : 337 (*e*) इनमें से कोई नहीं

प्रश्न 46. IT विभाग में कार्यरत कर्मचारियों की संख्या कितनी है?

(*a*) 1020 (*b*) 1045 (*c*) 1150 (*d*) 1140 (*e*) इनमें से कोई नहीं

प्रश्न 47. किस विभाग के कुल कर्मचारियों में से पदोन्नत कर्मचारियों का प्रतिशत सर्वाधिक है?

(*a*) IT (*b*) विपणन (*c*) रखरखाव (*d*) HR (*e*) इनमें से कोई नहीं

प्रश्न 48. विपणन विभाग से पदोन्नत कर्मचारियों की संख्या उस विभाग के कुल कर्मचारियों की संख्या का कितने प्रतिशत है? (निकटतम पूर्णांक तक)

(*a*) 12% (*b*) 10% (*c*) 3% (*d*) 6% (*e*) इनमें से कोई नहीं

दिए गए प्रश्नों के हल

44. (*a*) : रखरखाव व लेखा विभाग के कुल कर्मचारियों की संख्या $=\left\{\frac{(10+12)}{100}\times 4200\right\}=924.$

इन विभागों के पदोन्नत कर्मचारियों की संख्या = (46 + 24) = 70.

अभीष्ट $\% = \left(\frac{70}{924}\times 100\right)\% = 7\cdot 58\%.$

45. (*b*) : HR विभाग में कुल कर्मचारी $=\left(\frac{18}{100}\times 4200\right)=756.$

HR विभाग में वे कर्मचारी जिनकी उन्नति नहीं हुई = (756 – 82) = 674.

उत्पादन विभाग में कुल कर्मचारी $=\left(4200\times\frac{21}{100}\right)=882.$

उत्पादन विभाग के वे कर्मचारी जिनकी उन्नति नहीं हुई = (882 – 48) = 834.

अभीष्ट अनुपात $=\frac{674}{834}=\frac{337}{417}=337:417.$

46. (*e*) : IT विभाग में कुल कर्मचारियों की संख्या $=\left(4200\times\frac{25}{100}\right)=1050.$

47. (*c*) : स्वयं करें

48. (*d*) : विपणन विभाग के कुल कर्मचारी $=\left(4200\times\frac{14}{100}\right)=588.$

अभीष्ट $\% = \left(\frac{36}{588}\times 100\right)\% = 6\cdot 12\% \simeq 6\%.$

निर्देश (प्र०न० 49 से 58) : नीचे दिये गये दो पाई-चार्टों तथा एक सारणी में किसी देश की व्यस्क जनसंख्या का राज्यवार विवरण दिया गया है. इनका ध्यानपूर्वक अध्ययन करके नीचे दिये गये प्रश्नों के उत्तर दीजिए.

(बैंक पी०ओ० परीक्षा, 2009)

ग्रेजुएट एवं अधिक
कुल संख्या : 24 लाख

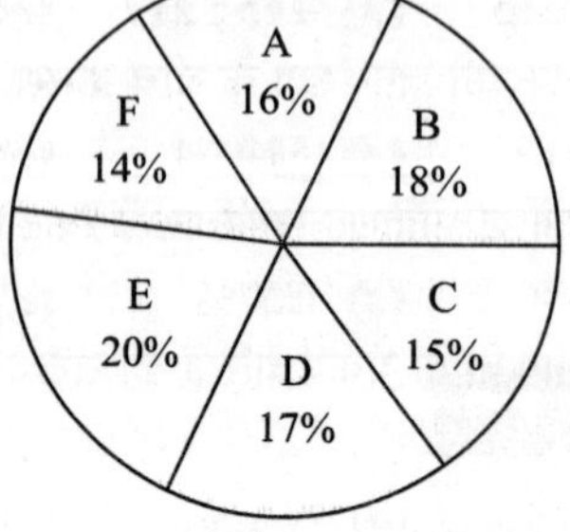

कक्षा XII तक
कुल संख्या : 32 लाख

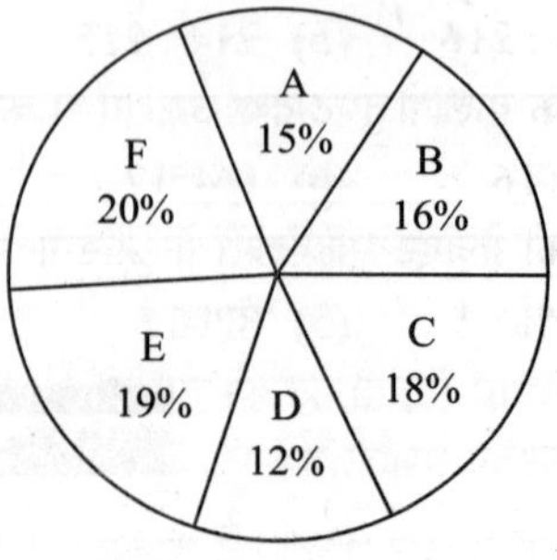

पुरुष-महिला अनुपात (M : F)

राज्य	ग्रेजुएट एवं अधिक M : F	कक्षा XII तक M : F
A	7 : 5	7 : 9
B	5 : 3	3 : 5
C	5 : 4	4 : 5
D	9 : 8	5 : 7
E	9 : 7	9 : 10
F	4 : 3	3 : 2

प्रश्न 49. राज्य *A* में ग्रेजुएट पुरुषों की संख्या तथा कक्षा XII तक के पुरुषों की संख्या के बीच कितना अन्तर है ?
(*a*) 24000 (*b*) 14000 (*c*) 28000 (*d*) 36000 (*e*) इनमें से कोई नहीं

प्रश्न 50. राज्य *E* में ग्रेजुएट महिलाओं की संख्या तथा राज्य *D* की कक्षा XII तक की महिलाओं में क्रमशः कितना अनुपात है ?
(*a*) 7 : 5 (*b*) 5 : 7 (*c*) 16 : 15 (*d*) 15 : 16 (*e*) इनमें से कोई नहीं

प्रश्न 51. राज्य *C* में ग्रेजुएट महिलाओं की संख्या उस राज्य की कक्षा XII तक की महिलाओं की संख्या का कितने प्रतिशत है ?
(*a*) 40% (*b*) 62·5% (*c*) 50% (*d*) 52·5% (*e*) इनमें से कोई नहीं

प्रश्न 52. राज्य *C* में कक्षा XII तक के पुरुषों की संख्या, कक्षा XII तक पढ़ी सारी जनसंख्या का कितने प्रतिशत है ?
(*a*) 8% (*b*) 12% (*c*) 11% (*d*) 9% (*e*) इनमें से कोई नहीं

प्रश्न 53. राज्य *E* में ग्रेजुएट पुरुषों की संख्या तथा कक्षा XII तक की महिलाओं की संख्या के बीच क्रमशः क्या अनुपात है ?
(*a*) 4 : 5 (*b*) 5 : 4 (*c*) 32 : 45 (*d*) 45 : 32 (*e*) इनमें से कोई नहीं

प्रश्न 54. राज्य *F* में कुल ग्रेजुएट जनसंख्या, राज्य *A* की कक्षा XII तक की जनसंख्या का कितने प्रतिशत है ?
(*a*) 56% (*b*) 72% (*c*) 68% (*d*) 76% (*e*) इनमें से कोई नहीं

प्रश्न 55. राज्य E के कक्षा XII तक के पुरुषों की संख्या, राज्य F के कक्षा XII तक के पुरुषों की संख्या का कितने प्रतिशत है ?

(*a*) 70% (*b*) 75% (*c*) 68% (*d*) 72% (*e*) इनमें से कोई नहीं

प्रश्न 56. राज्य A के कुल ग्रेजुएट और कक्षा XII तक की पुरुषों की संख्या तथा उसी राज्य के कुल ग्रेजुएट और कक्षा XII तक की महिलाओं की संख्या के बीच क्रमशः क्या अनुपात है ?

(*a*) 215 : 216 (*b*) 214 : 215 (*c*) 217 : 215 (*d*) 215 : 217 (*e*) इनमें से कोई नहीं

प्रश्न 57. राज्य D के कुल ग्रेजुएट तथा उसी राज्य की कक्षा XII तक की जनसंख्या के बीच क्रमशः क्या अनुपात है ?

(*a*) 17 : 16 (*b*) 16 : 17 (*c*) 64 : 51 (*d*) 51 : 64 (*e*) इनमें से कोई नहीं

प्रश्न 58. राज्य B की ग्रेजुएट महिलाओं की संख्या, राज्य E की ग्रेजुएट महिला जनसंख्या का कितने प्रतिशत है ?

(*a*) 129% (*b*) 82% (*c*) 77% (*d*) 107% (*e*) इनमें से कोई नहीं

दिए गए प्रश्नों के हल

49. (*b*) : राज्य A में ग्रेजुएट पुरुषों की संख्या $= \left(2400000 \times \frac{16}{100} \times \frac{7}{12}\right) = 224000$.

राज्य A में कक्षा XII तक के पुरुषों की संख्या $= \left(3200000 \times \frac{15}{100} \times \frac{7}{16}\right) = 210000$.

अभीष्ट अन्तर $= (224000 - 210000) = 14000$.

50. (*d*) : राज्य E में ग्रेजुएट महिलाओं की संख्या $= \left(2400000 \times \frac{20}{100} \times \frac{7}{16}\right) = 210000$.

राज्य D में कक्षा XII तक की महिलाओं की संख्या $= \left(3200000 \times \frac{12}{100} \times \frac{7}{12}\right) = 224000$.

अभीष्ट अनुपात $= 210000 : 224000 = 15 : 16$.

51. (*c*) : राज्य C में ग्रेजुएट महिलाओं की संख्या $= \left(2400000 \times \frac{15}{100} \times \frac{4}{9}\right) = 160000$.

राज्य C में कक्षा XII तक की महिलाओं की संख्या $= \left(3200000 \times \frac{18}{100} \times \frac{5}{9}\right) = 320000$.

अभीष्ट $\% = \left(\frac{160000}{320000} \times 100\right)\% = 50\%$.

52. (*a*) : राज्य C में कक्षा XII तक के पुरुषों की संख्या $= \left(3200000 \times \frac{18}{100} \times \frac{4}{9}\right) = 256000$.

कक्षा XII तक की कुल जनसंख्या $= 3200000$.

अभीष्ट $\% = \left(\frac{256000}{320000} \times 100\right)\% = 8\%$.

53. (*e*) : राज्य E में ग्रेजुएट पुरुषों की संख्या $= \left(2400000 \times \frac{20}{100} \times \frac{9}{16}\right) = 270000$.

राज्य E में कक्षा XII तक की महिलाओं की संख्या $= \left(3200000 \times \frac{19}{100} \times \frac{10}{19}\right) = 320000$.

अभीष्ट अनुपात $= 270000 : 320000 = 27 : 32$.

54. (*e*) : राज्य F में कुल ग्रेजुएट जनसंख्या $= \left(2400000 \times \frac{14}{100}\right) = 336000$.

राज्य A की कक्षा XII तक की कुल जनसंख्या $= \left(3200000 \times \frac{15}{100}\right) = 480000$.

अभीष्ट $\% = \left(\frac{336000}{480000} \times 100\right)\% = 70\%$.

55. (*b*) : राज्य E के कक्षा XII तक के पुरुषों की संख्या $= \left(3200000 \times \frac{19}{100} \times \frac{9}{19}\right) = 288000$.

राज्य F के कक्षा XII तक के पुरुषों की संख्या $= \left(3200000 \times \frac{20}{100} \times \frac{3}{5}\right) = 384000$.

अभीष्ट $\% = \left(\frac{288000}{384000} \times 100\right)\% = 75\%$.

56. (*e*) : राज्य A के कुल ग्रेजुएट और कक्षा XII तक की पुरुषों की संख्या

$$= \left(2400000 \times \frac{16}{100}\right) + \left(3200000 \times \frac{15}{100} \times \frac{7}{16}\right)$$

$$= (384000 + 21000) = 594000.$$

राज्य A के कुल ग्रेजुएट और कक्षा XII तक की महिलाओं की संख्या

$$= \left(2400000 \times \frac{16}{100}\right) + \left(3200000 \times \frac{15}{100} \times \frac{9}{16}\right)$$

$$= (384000 + 270000) = 654000.$$

अभीष्ट अनुपात $= \frac{594000}{654000} = \frac{297}{327} = 297 : 327$.

57. (*a*) : राज्य D के कुल ग्रेजुएट $= \left(2400000 \times \frac{17}{100}\right) = 408000$.

राज्य D की कुल कक्षा XII तक की जनसंख्या $= \left(3200000 \times \frac{12}{100}\right) = 384000$.

अभीष्ट अनुपात $= \frac{408000}{384000} = \frac{408}{384} = \frac{17}{16} = 17 : 16$.

58. (*c*) : राज्य B की ग्रेजुएट महिलाओं की संख्या $= \left(2400000 \times \frac{18}{100} \times \frac{3}{8}\right) = 162000$.

राज्य E की ग्रेजुएट महिला जनसंख्या $= \left(240000 \times \frac{20}{100} \times \frac{7}{16}\right) = 210000$.

अभीष्ट $\% = \left(\frac{162000}{210000} \times 100\right)\% = \left(\frac{162}{210} \times 100\right)\% = 77 \cdot 14\% \simeq 77\%$.

— —

44

भाग 3 : सामान्य सचेतता

संख्या श्रेणी (NUMBER SERIES)

इस अध्याय में दिया गया प्रत्येक प्रश्न एक निश्चित संख्या श्रेणी पर आधारित होता है. श्रेणी की प्रत्येक संख्या को उसका पद कहा जाता है. इन पदों के मध्यान्तर एक निश्चित क्रम होता है और परीक्षार्थी को इसी क्रम को ज्ञात कर तत्पश्चात् लुप्त पद अथवा गलत पद पहचानना होता है.

टाइप 1 : दी गई श्रेणी में लुप्त पद ज्ञात करना

निर्देश : ***निम्नलिखित प्रत्येक संख्या श्रेणी में प्रश्न-चिह्न (?) के स्थान पर आने वाली संख्या को उसके नीचे दिए गए विकल्पों में से चुनिए :***

प्रश्न 1. 10 20 31 ? 56 70 **(पी०सी०एस०, 2008)**

(*a*) 42 (*b*) 43 (*c*) 44 (*d*) 45 (*e*) इनमें से कोई नहीं

हल : दी गई श्रेणी में क्रम है : + 10, + 11, ...

इस प्रकार 10 + 10 = 20; 20 + 11 = 31, ...

$\therefore$ अभीष्ट पद = 31 + 12 = 43.

अत: सही उत्तर है (*b*).

प्रश्न 2. 102 99 104 97 106 ? **(बैंक पी०ओ०, 2008)**

(*a*) 94 (*b*) 95 (*c*) 96 (*d*) 100 (*e*) इनमें से कोई नहीं

हल : दी गई श्रेणी में क्रम है : – 3, + 5, – 7, + 9, ...

इस प्रकार, 102 – 3 = 99; 99 + 5 = 104; 104 – 7 = 97; 97 + 9 = 106.

$\therefore$ अभीष्ट पद = 106 – 11 = 95.

अत: सही उत्तर है (*b*).

प्रश्न 3. 14 70 350 ? 8750 43750

(*a*) 785 (*b*) 875 (*c*) 1570 (*d*) 1750 (*e*) इनमें से कोई नहीं

हल : दी गई श्रेणी में क्रम है : × 5.

इस प्रकार, 14 × 5 = 70; 70 × 5 = 350; ....

$\therefore$ अभीष्ट पद = 350 × 5 = 1750.

अत: सही उत्तर है (*d*).

प्रश्न 4. 7776 1296 216 ? **(इग्नू परीक्षा, 2004)**

(*a*) 16 (*b*) 21 (*c*) 36 (*d*) 108 (*e*) इनमें से कोई नहीं

हल : दी गई श्रेणी में क्रम है : ÷ 6.

इस प्रकार, 7776 ÷ 6 = 1296; 1296 ÷ 6 = 216; ....

$\therefore$ अभीष्ट पद = 216 ÷ 6 = 36.

अत: सही उत्तर है (*c*).

प्रश्न 5. 12 6 18 9 26 13 36 18 ? **(पी०सी०एस०, 2007)**

(*a*) 46 (*b*) 48 (*c*) 50 (*d*) इनमें से कोई नहीं

हल : दी गई श्रेणी दो श्रेणियों का मिश्रित रूप है :

I. 12, 18, 26, 36, ? तथा II. 6, 9, 13, 18

I में क्रम है : + 6, + 8, + 10, ... तथा II में क्रम है : + 3, + 4, + 5.

$\therefore$ अभीष्ट पद = 36 + 12 = 48.

अत: सही उत्तर है (*b*).

प्रश्न 6. 1 4 27 256 3125 46656 ? **(बैंक पी०ओ०, 2007)**

(*a*) 16807 (*b*) 117649 (*c*) 279936 (*d*) 705894 (*e*) 823543

हल : दी गई श्रेणी के पद हैं : $1^1, 2^2, 3^3, 4^4, 5^5, 6^6$, ...

$\therefore$ अभीष्ट पद = $7^7 = 823543$.

अत: सही उत्तर है (*e*).

प्रश्न 7. 16 14 24 66 256 1270 ? **(बैंक परीक्षा, 2008)**

(*a*) 4561 (*b*) 5672 (*c*) 6340 (*d*) 7608 (*e*) 8564

हल : दी गई श्रेणी में क्रम है : $\times 1 - 2,\ \times 2 - 4,\ \times 3 - 6,\ \times 4 - 8$, ...

इस प्रकार, $16 \times 1 - 2 = 14$; $14 \times 2 - 4 = 24$; $24 \times 3 - 6 = 66$; $66 \times 4 - 8 = 256$; $256 \times 5 - 10 = 1270$.

$\therefore$ अभीष्ट पद = $1270 \times 6 - 12 = 7608$.

अत: सही उत्तर है (*d*).

प्रश्न 8. 12 6.5 7.5 12.75 27.5 71.25 ? **(बैंक परीक्षा, 2008)**

(*a*) 209.75 (*b*) 216.75 (*c*) 225.75 (*d*) 236.75 (*e*) 249.75

हल : दी गई श्रेणी में क्रम है : $\times 0.5 + 0.5,\ \times 1 + 1,\ \times 1.5 + 1.5,\ \times 2 + 2$, ...

इस प्रकार, $12 \times 0.5 + 0.5 = 6.5$; $6.5 \times 1 + 1 = 7.5$; $7.5 \times 1.5 + 1.5 = 12.75$; $12.75 \times 2 + 2 = 27.5$; $27.5 \times 2.5 + 2.5 = 71.25$.

$\therefore$ अभीष्ट पद = $71.25 \times 3 + 3 = 213.75 + 3 = 216.75$.

अत: सही उत्तर है (*b*).

प्रश्न 9. $\frac{1}{2}$ $\frac{3}{4}$ $\frac{5}{8}$ $\frac{7}{16}$? **(मैट परीक्षा, 2006)**

(*a*) $\frac{9}{32}$ (*b*) $\frac{10}{17}$ (*c*) $\frac{11}{36}$ (*d*) $\frac{12}{35}$ (*e*) इनमें से कोई नहीं

हल : दी गई भिन्नों के अंश श्रेणी बनाते हैं : 1, 3, 5, 7 तथा हरों द्वारा निर्मित श्रेणी है : 2, 4, 8, 16 अर्थात् $2^1, 2^2, 2^3, 2^4$.

इसी क्रमानुसार अभीष्ट पद का अंश होगा (7 + 2) अर्थात् 9 तथा हर होगा 2^5 अर्थात् 32.

$\therefore$ अभीष्ट पद $= \frac{9}{32}$.

अत: सही उत्तर है (*a*).

प्रश्नमाला 44A

निर्देश : निम्नलिखित प्रत्येक प्रश्न में दी गई संख्या श्रेणी में प्रश्न-चिह्न के स्थान पर आने वाली संख्या ज्ञात कीजिए :

1. 3 5 8 12 17 ? 30 **(बैंक पी०ओ०, 2008)**

(*a*) 22 (*b*) 24 (*c*) 25 (*d*) 27 (*e*) इनमें से कोई नहीं

2. 5 16 29 46 65 88 ? **(बैंक पी०ओ०, 2006)**

(*a*) 106 (*b*) 115 (*c*) 121 (*d*) 134 (*e*) इनमें से कोई नहीं

3. 235 346 457 ? **(रेलवे परीक्षा, 2006)**

(*a*) 468 (*b*) 558 (*c*) 568 (*d*) 578 (*e*) इनमें से कोई नहीं

4. 5690 5121 4552 3983 3414 2845 ? **(बैंक पी०ओ०, 2006)**

(*a*) 2276 (*b*) 2356 (*c*) 2516 (*d*) 2746 (*e*) इनमें से कोई नहीं

5. 2 6 ? 20 30 **(पी०सी०एस०, 2007)**

(*a*) 10 (*b*) 12 (*c*) 15 (*d*) 22 (*e*) इनमें से कोई नहीं

6. 30 46 78 126 190 270 ? **(बैंक पी०ओ०, 2007)**
(*a*) 414 (*b*) 398 (*c*) 382 (*d*) 366 (*e*) 356

7. 0.5 1.5 3 5 7.5 10.5 ? **(इग्नू परीक्षा, 2004)**
(*a*) 13.5 (*b*) 14 (*c*) 15 (*d*) 21 (*e*) इनमें से कोई नहीं

8. $1 \quad \frac{1}{8} \quad \frac{-3}{4} \quad ?$ **(इग्नू परीक्षा, 2003)**
(*a*) -1 (*b*) $-\frac{4}{7}$ (*c*) $-\frac{13}{8}$ (*d*) $\frac{1}{3}$ (*e*) इनमें से कोई नहीं

9. 1.001 0.991 0.971 0.941 0.901 ?
(*a*) 0.841 (*b*) 0.851 (*c*) 0.861 (*d*) 0.871 (*e*) इनमें से कोई नहीं

10. 380 465 557 656 762 875 ? **(बैंक पी०ओ०, 2007)**
(*a*) 955 (*b*) 975 (*c*) 995 (*d*) 1015 (*e*) 1025

11. 32 49 83 151 287 559 ? **(बैंक पी०ओ०, 2006)**
(*a*) 979 (*b*) 1103 (*c*) 1118 (*d*) 1120 (*e*) इनमें से कोई नहीं

12. $1\frac{1}{3} \quad 3 \quad 4\frac{2}{3} \quad ? \quad 8$
(*a*) $5\frac{2}{3}$ (*b*) $6\frac{1}{3}$ (*c*) $6\frac{2}{3}$ (*d*) $7\frac{1}{3}$ (*e*) इनमें से कोई नहीं

13. $\frac{4}{9} \quad \frac{9}{20} \quad ? \quad \frac{39}{86}$ **(सिविल सेवा परीक्षा, 1998)**
(*a*) $\frac{17}{40}$ (*b*) $\frac{19}{42}$ (*c*) $\frac{20}{45}$ (*d*) $\frac{29}{53}$ (*e*) इनमें से कोई नहीं

14. 12 14 17 13 8 14 21 13 4 ? **(बैंक पी०ओ०, 2006)**
(*a*) 2 (*b*) 13 (*c*) 14 (*d*) 15 (*e*) इनमें से कोई नहीं

15. 18 21 16 23 12 25 ? **(बैंक पी०ओ०, 2008)**
(*a*) 8 (*b*) 10 (*c*) 14 (*d*) 24 (*e*) इनमें से कोई नहीं

16. $\frac{12}{17} \quad \frac{13}{16} \quad ? \quad \frac{14}{15} \quad \frac{10}{19}$ **(एम०बी०ए०, 2005)**
(*a*) $\frac{10}{14}$ (*b*) $\frac{11}{18}$ (*c*) $\frac{15}{17}$ (*d*) $\frac{14}{16}$ (*e*) इनमें से कोई नहीं

17. 0 1 1 2 3 5 8 13 ? 34 **(एस०एस०सी०, 2007)**
(*a*) 17 (*b*) 19 (*c*) 20 (*d*) 21 (*e*) इनमें से कोई नहीं

18. 2 3 6 ? 108 1944 209952 **(बैंक पी०ओ०, 2006)**
(*a*) 9 (*b*) 12 (*c*) 18 (*d*) 32 (*e*) इनमें से कोई नहीं

19. $4 \quad 6 \quad 9 \quad 13\frac{1}{2} \quad ?$ **(इग्नू परीक्षा, 2004)**
(*a*) $17\frac{1}{2}$ (*b*) 19 (*c*) $20\frac{1}{4}$ (*d*) $22\frac{3}{4}$ (*e*) इनमें से कोई नहीं

20. 1 0.5 0.25 0.125 ?
(*a*) 0.625 (*b*) 0.0625 (*c*) 6.25 (*d*) 0.00625

21. 600 960 1536 2457.6 3932.16 ? **(बैंक पी०ओ०, 2008)**
(*a*) 6219.456 (*b*) 6291.456 (*c*) 7684.32 (*d*) 7864.32 (*e*) इनमें से कोई नहीं

22. $\frac{1}{2}$ $\frac{3}{4}$ $\frac{5}{8}$ $\frac{7}{16}$? **(एस०एस०सी०, 2002)**

(*a*) $\frac{9}{24}$ (*b*) $\frac{10}{24}$ (*c*) $\frac{9}{32}$ (*d*) $\frac{11}{32}$

23. 7 42 504 ? 217728 6531840 **(बैंक पी०ओ०, 2008)**

(*a*) 3024 (*b*) 6048 (*c*) 9072 (*d*) 10080 (*e*) इनमें से कोई नहीं

24. – 1 3 – 15 105 – 945 10395 ? **(एम०बी०ए०, 2004)**

(*a*) – 135135 (*b*) 135135 (*c*) – 145535 (*d*) 145535

25. 3 6 9 18 27 ? 81 **(रेलवे परीक्षा, 2002)**

(*a*) 48 (*b*) 54 (*c*) 63 (*d*) 69 (*e*) इनमें से कोई नहीं

26. 88 ? 264 660 1980 6930 27720 **(बैंक परीक्षा, 2006)**

(*a*) 116 (*b*) 132 (*c*) 144 (*d*) 168 (*e*) इनमें से कोई नहीं

27. 12 12 18 45 180 1170 ? **(बैंक परीक्षा, 2008)**

(*a*) 12285 (*b*) 13485 (*c*) 14675 (*d*) 15890 (*e*) 16756

28. 980 392 156.8 ? 25.088 10.0352 **(बैंक पी०ओ०, 2006)**

(*a*) 60.28 (*b*) 62.72 (*c*) 63.85 (*d*) 65.04 (*e*) इनमें से कोई नहीं

29. 15 30 ? 40 8 48 **(बैंक परीक्षा, 2002)**

(*a*) 10 (*b*) 12 (*c*) 18 (*d*) 20 (*e*) इनमें से कोई नहीं

30. 1 8 27 64 ? 216 643 **(बैंक पी०ओ०, 2008)**

(*a*) 125 (*b*) 145 (*c*) 160 (*d*) 180 (*e*) इनमें से कोई नहीं

31. 169 ? 361 529 841 961 **(स्पेशलिस्ट आफिसर, 2006)**

(*a*) 196 (*b*) 225 (*c*) 250 (*d*) 289 (*e*) इनमें से कोई नहीं

32. 1.21 1.44 1.69 1.96 2.25 2.56 ?

(*a*) 2.85 (*b*) 2.94 (*c*) 3.24 (*d*) 3.61 (*e*) इनमें से कोई नहीं

33. 0 2 8 18 ? 50 **(एस०एस०सी०, 2005)**

(*a*) 28 (*b*) 30 (*c*) 32 (*d*) 36 (*e*) इनमें से कोई नहीं

34. 3 12 27 48 75 108 ? **(फैशन टेक्नोलोजी, 2000)**

(*a*) 147 (*b*) 162 (*c*) 183 (*d*) 192 (*e*) इनमें से कोई नहीं

35. 2 16 54 ? **(एस०एस०सी०, 2000)**

(*a*) 96 (*b*) 116 (*c*) 128 (*d*) 134 (*e*) इनमें से कोई नहीं

36. 0 7 26 63 ? 215 342 **(पुलिस सब-इंस्पेक्टर्स, 2004)**

(*a*) 115 (*b*) 124 (*c*) 125 (*d*) 135 (*e*) इनमें से कोई नहीं

37. – 1 6 25 62 123 214 ? **(एस०एस०सी०, 2005)**

(*a*) 341 (*b*) 342 (*c*) 343 (*d*) 344 (*e*) इनमें से कोई नहीं

38. 0 4 18 48 100 ? **(एस०एस०सी०, 2002)**

(*a*) 144 (*b*) 156 (*c*) 180 (*d*) 196 (*e*) इनमें से कोई नहीं

39. 5 10 17 29 40 53 71 88 107 ?

(*a*) 128 (*b*) 129 (*c*) 130 (*d*) 131 (*e*) इनमें से कोई नहीं

40. 22 23 27 36 52 77 ? **(बैंक परीक्षा, 2008)**

(*a*) 109 (*b*) 111 (*c*) 113 (*d*) 115 (*e*) 117

41. 7 8 ? 43 107 232 **(बैंक पी०ओ०, 2003)**

(*a*) 12 (*b*) 16 (*c*) 20 (*d*) 24 (*e*) इनमें से कोई नहीं

42. 4 148 248 312 ?

(*a*) 328 (*b*) 344 (*c*) 376 (*d*) 412 (*e*) इनमें से कोई नहीं

43. 0 1 2 5 26 ? **(मैट परीक्षा, 2002)**

(*a*) 30 (*b*) 56 (*c*) 273 (*d*) 677 (*e*) इनमें से कोई नहीं

44. 879 536 ? 195 131 104 **(स्पेशलिस्ट ऑफिसर, 2006)**

(*a*) 250 (*b*) 296 (*c*) 315 (*d*) 384 (*e*) इनमें से कोई नहीं

45. 112 111 119 92 156 31 ? **(बैंक पी०ओ०, 2006)**

(*a*) 247 (*b*) 287 (*c*) 375 (*d*) 387 (*e*) इनमें से कोई नहीं

46. 6 7 16 51 208 ? 6276 **(बैंक पी०ओ०, 2008)**

(*a*) 941 (*b*) 1045 (*c*) 836 (*d*) 1254 (*e*) इनमें से कोई नहीं

47. 4.5 7 18 ? 335 2004 **(बैंक पी०ओ०, 2008)**

(*a*) 63 (*b*) 64 (*c*) 72 (*d*) 76 (*e*) इनमें से कोई नहीं

48. 16 14 24 66 256 1270 ? **(बैंक परीक्षा, 2008)**

(*a*) 4561 (*b*) 5672 (*c*) 6340 (*d*) 7608 (*e*) 8564

49. 14 16 35 109 441 ?

(*a*) 2205 (*b*) 2211 (*c*) 2315 (*d*) 2651 (*e*) इनमें से कोई नहीं

50. 12 6.5 7.5 12.75 27.5 71.25 ? **(बैंक परीक्षा, 2008)**

(*a*) 209.75 (*b*) 216.75 (*c*) 225.75 (*d*) 236.75 (*e*) 249.75

51. 988 3443 10316 25779 ? 77316.5

(*a*) 38184 (*b*) 43249 (*c*) 46382 (*d*) 51549 (*e*) इनमें से कोई नहीं

52. 3600 725 150 35 12 ? **(बैंक परीक्षा, 2006)**

(*a*) 7.4 (*b*) 8 (*c*) 10 (*d*) 10.5 (*e*) इनमें से कोई नहीं

53. 354 180 64 21 10.2 ? **(बैंक परीक्षा, 2008)**

(*a*) 1.7 (*b*) 3.8 (*c*) 5.6 (*d*) 8.7 (*e*) इनमें से कोई नहीं

54. 6 16 57 244 ? 7506

(*a*) 645 (*b*) 1245 (*c*) 2166 (*d*) 3234 (*e*) इनमें से कोई नहीं

55. 12 28 75 316 1555 ? **(बैंक पी०ओ०, 2006)**

(*a*) 7811 (*b*) 9294 (*c*) 9336 (*d*) 9366 (*e*) इनमें से कोई नहीं

निर्देश (*प्रश्न 56-60*) : निम्नलिखित प्रत्येक प्रश्न में एक संख्या श्रेणी दी गई है, जिसमें किसी एक संख्या को *n* से स्थानान्तरित कर दिया गया है. *n* का मान ज्ञात कीजिए तथा उस श्रेणी के नीचे दिये गये व्यंजक में प्रश्न-चिह्न के स्थान पर आने वाली संख्या को दिए गए विकल्पों में से चुनिए.

56. 42 62 92 132 *n* 242 312

$n + 14 = ? \times 14$

(*a*) $11\frac{6}{7}$ (*b*) $12\frac{1}{6}$ (*c*) $12\frac{1}{2}$ (*d*) $12\frac{5}{7}$ (*e*) 14

57. 68 68.5 69.5 71 *n* 75.5 78.5

$n \times 121 + ? = 10000$

(*a*) 1150 (*b*) 1160 (*c*) 1180 (*d*) 1200 (*e*) इनमें से कोई नहीं

58. 510 254 *n* 62 30 14 6

n का 40% + ? = 9^2

(*a*) 29.8 (*b*) 30.6 (*c*) 31.4 (*d*) 50.4 (*e*) इनमें से कोई नहीं

59. 19 20 24 33 49 74 n 159

$n^2 \div 10000 = ?$ **(बैंक पी०ओ०, 2000)**

(*a*) 0.121 (*b*) 1.21 (*c*) 12 (*d*) 12.1 (*e*) इनमें से कोई नहीं

60. $\frac{3}{8}$ $\frac{3}{4}$ $\frac{9}{16}$ $\frac{9}{8}$ $\frac{27}{32}$ $\frac{27}{16}$ n

$\sqrt{n} = ?$

(*a*) $\frac{9}{8}$ (*b*) $\frac{3}{4}$ (*c*) $\frac{2}{3}$ (*d*) $\frac{4}{3}$ (*e*) $\frac{3}{2}$

दिए गए प्रश्नों के हल | प्रश्नमाला 44A

1. (*e*) : क्रम है : + 2, + 3, + 4, + 5, ...

$\therefore$ अभीष्ट पद = 17 + 6 = 23.

2. (*e*) : क्रम है : + 11, + 13, + 17, + 19, + 23, ... (केवल अभाज्य संख्याएँ जोड़ी गई हैं)

$\therefore$ अभीष्ट पद = 88 + 29 = 117.

3. (*c*) : क्रम है : + 111.

$\therefore$ अभीष्ट पद = 457 + 111 = 568.

4. (*a*) : क्रम है : – 569.

$\therefore$ अभीष्ट पद = 2845 – 569 = 2276.

5. (*b*) : क्रम है : + 4, + 6, + 8, + 10.

$\therefore$ अभीष्ट पद = 6 + 6 = 12.

6. (*d*) : क्रम है : + 16, + 32, + 48, + 64, + 80, ...

$\therefore$ अभीष्ट पद = 270 + 96 = 366.

7. (*b*) : क्रम है : + 1, + 1.5, + 2, + 2.5, + 3, ...

$\therefore$ अभीष्ट पद = 10.5 + 3.5 = 14.

8. (*c*) : क्रम है : $-\frac{7}{8}$.

$\therefore$ अभीष्ट पद $-\frac{3}{4}-\frac{7}{8}=-\frac{13}{8}$.

9. (*b*) : क्रम है : – 0.010, – 0.020, – 0.030, ...

$\therefore$ अभीष्ट पद = 0.901 – 0.050 = 0.851.

10. (*c*) : क्रम है : + 85, + 92, + 99, + 106, + 113, ...

$\therefore$ अभीष्ट पद = 875 + 120 = 995.

11. (*b*) : क्रम है : + 17, + 34, + 68, + 136, + 272, ...

$\therefore$ अभीष्ट पद = 559 + 544 = 1103.

12. (*b*) : क्रम है : $+1\frac{2}{3}$.

... अभीष्ट पद $= 4\frac{2}{3} + 1\frac{2}{3} = 6\frac{1}{3}$.

13. (*b*) : अंशों में क्रम है : + 5, + 10, + 20, ... तथा हरों में क्रम है : + 11, + 22, + 44, ...

अत: अभीष्ट पद का अंश = 9 + 10 = 19;

अभीष्ट पद का हर = 20 + 22 = 42.

$\therefore$ अभीष्ट पद $= \frac{19}{42}$.

14. (*c*) : क्रम है : + 2, + 3, – 4, – 5, + 6, + 7, – 8, – 9, ...

$\therefore$ अभीष्ट पद = 4 + 10 = 14.

15. (*a*) : क्रम है : + 3, – 5, + 7, – 11, + 13, ... (केवल अभाज्य संख्यायें ही जोड़ी व घटाई गई हैं)

$\therefore$ अभीष्ट पद = 25 – 17 = 8.

16. (*b*) : अंशों में क्रम है : + 1, – 2, + 3, – 4 तथा हरों में क्रम है : – 1, + 2, – 3, + 4.

अत: अभीष्ट पद का अंश = 13 – 2 = 11;

अभीष्ट पद का हर = 16 + 2 = 18.

$\therefore$ अभीष्ट पद $= \frac{11}{18}$.

17. (*d*) : श्रेणी में प्रत्येक पद अपने से पहले के दो पदों का योग है.

$\therefore$ अभीष्ट पद = 8 + 13 = 21.

18. (*c*) : श्रेणी में प्रत्येक पद अपने से पहले के दो पदों का गुणनफल है.

$\therefore$ अभीष्ट पद = 3 × 6 = 18.

19. (*c*) : क्रम है : $\times\frac{3}{2}$.

$\therefore$ अभीष्ट पद $= 13\frac{1}{2}\times\frac{3}{2} = \frac{27}{2}\times\frac{3}{2} = \frac{81}{4} = 20\frac{1}{4}$.

20. (*b*) : क्रम है : × 0.5.

$\therefore$ अभीष्ट पद = 0.125 × 0.5 = 0.0625.

21. (*b*) : क्रम है : × 1.6.

$\therefore$ अभीष्ट पद = 3932.16 × 1.6 = 6291.456.

22. (*c*) : अंशों में क्रम है : + 2 तथा हरों में क्रम है : × 2.

अत: अभीष्ट पद का अंश = 7 + 2 = 9; अभीष्ट पद का हर = 16 × 2 = 32.

$\therefore$ अभीष्ट पद $= \frac{9}{32}$.

23. (*c*) : क्रम है : × 6, × 12, × 18, × 24, × 30.

$\therefore$ अभीष्ट पद = 504 × 18 = 9072.

24. (*a*) : क्रम है : × (– 3), × (– 5), × (– 7), × (– 9), × (– 11).

$\therefore$ अभीष्ट पद = 10395 × (– 13) = – 135135.

25. (*b*) : क्रम है : $\times 2, \times 1\frac{1}{2}, \times 2, \times 1\frac{1}{2}, ...$

$\therefore$ अभीष्ट पद = 27 × 2 = 54.

26. (*b*) : क्रम है : × 1.5, × 2, × 2.5, × 3, × 3.5, × 4.

$\therefore$ अभीष्ट पद = 88 × 1.5 = 132.

27. (*a*) : क्रम है : × 1, × 1.5, × 2.5, × 4, × 6.5, ...

i.e. × 1, × 1.5, × (1 + 1.5), × (1.5 + 2.5), × (2.5 + 4), ...

$\therefore$ अभीष्ट पद = 1170 × (4 + 6.5) = 1170 × 10.5 = 12285.

28. (*b*) : क्रम है : ÷ 2.5.

$\therefore$ अभीष्ट पद = 156.8 ÷ 2.5 = 62.72.

29. (*a*) : क्रम है : × 2, ÷ 3, × 4, ÷ 5, × 6.

$\therefore$ अभीष्ट पद = 30 ÷ 3 = 10.

30. (*a*) : दी गई श्रेणी के पद हैं : $1^3, 2^3, 3^3, 4^3$, ...

$\therefore$ अभीष्ट पद = 5^3 = 125.

31. (*d*) : दी गई श्रेणी के पद हैं : 13^2, ..., 19^2, 23^2, 29^2, 31^2.
(केवल अभाज्य संख्याओं के वर्ग)
∴ अभीष्ट पद = $17^2 = 289$.

32. (*e*) : दी गई श्रेणी के पद हैं : $(1.1)^2, (1.2)^2, (1.3)^2, (1.4)^2, (1.5)^2, (1.6)^2$, ...
∴ अभीष्ट पद = $(1.7)^2 = 2.89$.

33. (*c*) : दी गई श्रेणी के पद हैं : $2 \times 0^2, 2 \times 1^2, 2 \times 2^2, 2 \times 3^2$, ...
∴ अभीष्ट पद = $2 \times 4^2 = 32$.

34. (*a*) : दी गई श्रेणी के पद हैं : $3 \times 1^2, 3 \times 2^2, 3 \times 3^2, 3 \times 4^2, 3 \times 5^2, 3 \times 6^2$, ...
∴ अभीष्ट पद = $3 \times 7^2 = 147$.

35. (*c*) : दी गई श्रेणी के पद हैं : $2 \times 1^3, 2 \times 2^3, 2 \times 3^3$, ...
∴ अभीष्ट पद = $2 \times 4^3 = 128$.

36. (*b*) : दी गई श्रेणी के पद हैं : $1^3 - 1, 2^3 - 1, 3^3 - 1, 4^3 - 1$, ...
∴ अभीष्ट पद = $5^3 - 1 = 124$.

37. (*a*) : दी गई श्रेणी के पद हैं : $1^3 - 2, 2^3 - 2, 3^3 - 2, 4^3 - 2, 5^3 - 2, 6^3 - 2$, ...
∴ अभीष्ट पद = $7^3 - 2 = 341$.

38. (*c*) : दी गई श्रेणी के पद हैं : $1^3 - 1^2, 2^3 - 2^2, 3^3 - 3^2, 4^3 - 4^2, 5^3 - 5^2$, ...
∴ अभीष्ट पद = $6^3 - 6^2 = 216 - 36 = 180$.

39. (*d*) : दी गई श्रेणी के पद हैं : $2^2 + 1, 3^2 + 1, 4^2 + 1, 5^2 + 4, 6^2 + 4, 7^2 + 4, 8^2 + 7, 9^2 + 7, 10^2 + 7$, ...
∴ अभीष्ट पद = $11^2 + 10 = 121 + 10 = 131$.

40. (*c*) : क्रम है : + 1, + 4, + 9, + 16, + 25, ... अर्थात् $+ 1^2, + 2^2, + 3^2, + 4^2, + 5^2$, ...
∴ अभीष्ट पद = $77 + 6^2 = 77 + 36 = 113$.

41. (*b*) : क्रम है : + 1, + 8, + 27, + 64, + 125 अर्थात् $+ 1^3, + 2^3, + 3^3, + 4^3, + 5^3$.
∴ अभीष्ट पद = $8 + 2^3 = 8 + 8 = 16$.

42. (*e*) : क्रम है : + 144, + 100, + 64, ... अर्थात् $+ 12^2, + 10^2, + 8^2$, ...
∴ अभीष्ट पद = $312 + 6^2 = 312 + 36 = 348$.

43. (*d*) : श्रेणी का प्रत्येक पद अपने से पहले पद के वर्ग से 1 अधिक है.
∴ अभीष्ट पद = $(26)^2 + 1 = 676 + 1 = 677$.

44. (*e*) : क्रम है : – 343, – 216, – 125, – 64, – 27 अर्थात् $- 7^3, - 6^3, - 5^3, - 4^3, -3^3$.
∴ अभीष्ट पद = $536 - 6^3 = 536 - 216 = 320$.

45. (*a*) : क्रम है : – 1, + 8, – 27, + 64, – 125, ...अर्थात् $- 1^3, + 2^3, - 3^3, + 4^3, - 5^3$, ...
∴ अभीष्ट पद = $31 + 6^3 = 31 + 216 = 247$.

46. (*b*) : क्रम है : × 1 + 1, × 2 + 2, × 3 + 3, × 4 + 4, ...
∴ अभीष्ट पद = $208 \times 5 + 5 = 1040 + 5 = 1045$.

47. (*e*) : क्रम है : × 2 – 2, × 3 – 3, × 4 – 4, × 5 – 5, ...
∴ अभीष्ट पद = $18 \times 4 - 4 = 72 - 4 = 68$.

48. (*d*) : क्रम है : × 1 – 2, × 2 – 4, × 3 – 6, × 4 – 8, × 5 – 10, ...
∴ अभीष्ट पद = $1270 \times 6 - 12 = 7620 - 12 = 7608$.

49. (*b*) : क्रम है : × 1 + 2, × 2 + 3, × 3 + 4, × 4 + 5, ...
∴ अभीष्ट पद = $441 \times 5 + 6 = 2205 + 6 = 2211$.

50. (*b*) : क्रम है : $\times 0.5 + 0.5, \times 1 + 1, \times 1.5 + 1.5, \times 2 + 2, \times 2.5 + 2.5, ...$

$\therefore$ अभीष्ट पद $= 71.25 \times 3 + 3 = 213.75 + 3 = 216.75.$

51. (*d*) : क्रम है : $\times 3.5 - 15, \times 3 - 13, \times 2.5 - 11, ...$

$\therefore$ अभीष्ट पद $= 25779 \times 2 - 9 = 51549.$

52. (*a*) : क्रम है : $\div\ 5 + 5.$

$\therefore$ अभीष्ट पद $= 12 \div 5 + 5 = 2.4 + 5 = 7.4.$

53. (*d*) : क्रम है : $\div\ 2 + 3,\ \div\ 3 + 4,\ \div\ 4 + 5,\ \div\ 5 + 6, ...$

$\therefore$ अभीष्ट पद $= 10.2 \div 6 + 7 = 1.7 + 7 = 8.7.$

54. (*b*) : क्रम है : $\times 2 + 4, \times 3 + 9, \times 4 + 16, ...$ अर्थात् $\times 2 + 2^2, \times 3 + 3^2, \times 4 + 4^2, ...$

$\therefore$ अभीष्ट पद $= 244 \times 5 + 5^2 = 1220 + 25 = 1245.$

55. (*d*) : क्रम है : $\times 2 + 4, \times 3 - 9, \times 4 + 16, \times 5 - 25, ...$ अर्थात्

$\times 2 + 2^2, \times 3 - 3^2, \times 4 + 4^2, \times 5 - 5^2, ...$

$\therefore$ अभीष्ट पद $= 1555 \times 6 + 6^2 = 9330 + 36 = 9366.$

56. (*e*) : क्रम है : $+ 20, + 30, + 40, ...$

$\therefore n = 132 + 50 = 182.$

माना अभीष्ट संख्या x है.

तब, $n + 14 = x \times 14 \Rightarrow 14x = 182 + 14 = 196 \Rightarrow x = 14.$

57. (*e*) : क्रम है : $+ 0.5, + 1, + 1.5, ...$

$\therefore n = 71 + 2 = 73.$

माना अभीष्ट संख्या x है.

तब, $n \times 121 + x = 10000 \Rightarrow 73 \times 121 + x = 10000 \Rightarrow x = 10000 - 8833 = 1167.$

58. (*b*) : क्रम है : $\div\ 2 - 1.$

$\therefore n = 254 \div 2 - 1 = 126.$

माना अभीष्ट संख्या x है.

तब, n का $40\% + x = 9^2 \Rightarrow 126$ का $40\% + x = 81$

$\Rightarrow 50.4 + x = 81 \Rightarrow x = 81 - 50.4 = 30.6.$

59. (*b*) : क्रम है : $+ 1^2, + 2^2, + 3^2, + 4^2, ...$

$\therefore n = 74 + 6^2 = 74 + 36 = 110.$

$n^2 \div 10000 = (110)^2 \div 10000 = 12100 \div 10000 = 1.21.$

60. (*a*) : क्रम है : $\times 2, \times \frac{3}{4}, \times 2, \times \frac{3}{4}, ...$

$$\therefore\ n = \frac{27}{16} \times \frac{3}{4} = \frac{81}{64} \Rightarrow \sqrt{n} = \sqrt{\frac{81}{64}} = \frac{9}{8}.$$

टाइप 2 : दी गई श्रेणी के आधार पर एक निश्चित संख्या से आरंभ होने वाली अन्य श्रेणी बनाना

इस प्रकार के प्रत्येक प्रश्न में एक संख्या श्रेणी और उसके पश्चात एक अन्य संख्या व (A), (B), (C), (D) तथा (E) दिए जाते हैं. पहली श्रेणी के पदों के मध्यान्तर जो क्रम विद्यमान है, उसी क्रम के अनुसार दी गई संख्या से आरंभ होने वाली श्रेणी का निर्माण कर (A), (B), (C), (D) तथा (E) के स्थान पर आने वाले पदों को ज्ञात करना होता है.

साधित उदाहरण

प्रश्न 1. 16 24 36 54 81 121.5

14 (A) (B) (C) (D) (E)

(B) के स्थान पर क्या आएगा ? **(बैंक परीक्षा, 2004)**

(*a*) 30.5 (*b*) 31.5 (*c*) 32 (*d*) 34 (*e*) इनमें से कोई नहीं

हल :

पहली संख्या श्रेणी		दूसरी संख्या श्रेणी	
16		14	
	$\times\frac{3}{2}$		$\times\frac{3}{2}$
24		21(A)	
	$\times\frac{3}{2}$		$\times\frac{3}{2}$
36		31.5(B)	
	$\times\frac{3}{2}$		$\times\frac{3}{2}$
54		47.25(C)	
	$\times\frac{3}{2}$		$\times\frac{3}{2}$
81		70.875(D)	
	$\times\frac{3}{2}$		$\times\frac{3}{2}$
121.5		106.3125(E)	

स्पष्ट है कि (B) के स्थान पर 31.5 आएगा. अत: सही उत्तर है (*b*).

प्रश्न 2. 3 13 37 87 191 401

1 (A) (B) (C) (D) (E)

(D) के स्थान पर क्या आएगा ? **(बैंक पी०ओ०, 2005)**

(*a*) 159 (*b*) 161 (*c*) 169 (*d*) 171 (*e*) इनमें से कोई नहीं

हल :

पहली संख्या श्रेणी		दूसरी संख्या श्रेणी	
3		1	
	$\times 2 + 7$		$\times 2 + 7$
13		9(A)	
	$\times 2 + 11$		$\times 2 + 11$
37		29(B)	
	$\times 2 + 13$		$\times 2 + 13$
87		71(C)	
	$\times 2 + 17$		$\times 2 + 17$
191		159(D)	
	$\times 2 + 19$		$\times 2 + 19$
401		337(E)	

स्पष्ट है कि (D) के स्थान पर 159 आएगा.

अत: सही उत्तर है (*a*).

प्रश्न 3. 1 2 6 39 1525

3 (A) (B) (C) (D) (E)

(B) के स्थान पर क्या आएगा ? **(बैंक पी०ओ०, 2005)**

(*a*) 10 (*b*) 21 (*c*) 22 (*d*) 101 (*e*) 102

हल : पहली संख्या श्रेणी में : $1^2 + 1 = 2$; $2^2 + 2 = 6$; $6^2 + 3 = 39$; $(39)^2 + 4 = 1525$.

दूसरी संख्या श्रेणी में : $3^2 + 1 = 10$ (A); $10^2 + 2 = 102$ (B); $(102)^2 + 3 = 10407$ (C), ...

स्पष्ट है कि (B) के स्थान पर 102 आएगा.

अत: सही उत्तर है (*e*).

प्रश्न 4. 5 6 14 41 105 230

8 (A) (B) (C) (D) (E)

(C) के स्थान पर क्या आएगा ? **(बैंक परीक्षा, 2003)**

(*a*) 43 (*b*) 44 (*c*) 56 (*d*) 63 (*e*) इनमें से कोई नहीं

हल :

पहली संख्या श्रेणी		दूसरी संख्या श्रेणी	
5		8	
	$+ 1^3$		$+ 1^3$
6		9(A)	
	$+ 2^3$		$+ 2^3$
14		17(B)	
	$+ 3^3$		$+ 3^3$
41		44(C)	
	$+ 4^3$		$+ 4^3$
105		108(D)	
	$+ 5^3$		$+ 5^3$
230		233(E)	

स्पष्ट है कि (C) के स्थान पर 44 आएगा.

अत: सही उत्तर है (*b*).

प्रश्न 5. 640 480 600 1050 2362.5

280 (A) (B) (C) (D) (E)

(C) के स्थान पर क्या आएगा ? **(बैंक पी०ओ०, 2005)**

(*a*) 625.75 (*b*) 950 (*c*) 459.375 (*d*) 345.5 (*e*) इनमें से कोई नहीं

हल :

पहली संख्या श्रेणी		दूसरी संख्या श्रेणी	
640		280	
	$\times\frac{3}{4}$		$\times\frac{3}{4}$
480		210(A)	
	$\times\frac{5}{4}$		$\times\frac{5}{4}$
600		262.5(B)	
	$\times\frac{7}{4}$		$\times\frac{7}{4}$
1050		459.375(C)	
	$\times\frac{9}{4}$		
2362.5			

स्पष्ट है कि (C) के स्थान पर 459.375 आएगा.

अत: सही उत्तर है (*c*).

प्रश्नमाला 44B

निर्देश : निम्नलिखित प्रत्येक प्रश्न में एक संख्या-शृंखला दी गई है. शृंखला के बाद एक अंक तथा उसके बाद (A), (B), (C), (D), (E) दिए गए हैं. मूल संख्या-शृंखला के अनुसार दिए गए अंक से आरम्भ होने वाली शृंखला को पूरा करके अभीष्ट उत्तर दीजिए.

1. 101 103 107 109 113
113 (A) (B) (C) (D)
(A) के स्थान पर क्या आएगा ? **(फैशन टेक्नोलोज़ी, 2003)**
(*a*) 115 (*b*) 121 (*c*) 125 (*d*) 127 (*e*) इनमें से कोई नहीं

2. 5 8 6 10 7 12
7 (A) (B) (C) (D) (E)
(C) के स्थान पर क्या आएगा ? **(बैंक पी०ओ०, 2003)**
(*a*) 9 (*b*) 11 (*c*) 14 (*d*) 16 (*e*) इनमें से कोई नहीं

3. 21 63 252 1260 7560 52920
17 (A) (B) (C) (D) (E)
(C) के स्थान पर क्या आएगा ? **(बैंक पी०ओ०, 2005)**
(*a*) 6324 (*b*) 5644 (*c*) 1020 (*d*) 4980 (*e*) इनमें से कोई नहीं

4. 8 4 6 15 52.5 236.25
12 (A) (B) (C) (D) (E)
(C) के स्थान पर क्या आएगा ? **(बैंक पी०ओ०, 2004, 2005)**
(*a*) 18.25 (*b*) 19 (*c*) 20.75 (*d*) 22.5 (*e*) इनमें से कोई नहीं

5. 360 72 18 6 3
240 (A) (B) (C) (D)
(C) के स्थान पर क्या आएगा ? **(फैशन टेक्नोलोजी, 2003)**
(*a*) 4 (*b*) 6 (*c*) 8 (*d*) 9 (*e*) इनमें से कोई नहीं

6. 1 1 4 8 9
9 (A) (B) (C) (D)
(D) के स्थान पर क्या आएगा ? **(फैशन टेक्नोलोजी, 2003)**
(*a*) 25 (*b*) 36 (*c*) 81 (*d*) 125 (*e*) इनमें से कोई नहीं

7. 7 232 488 777 1101 1462
5 (A) (B) (C) (D) (E)
(D) के स्थान पर क्या आएगा ? **(बैंक पी०ओ०, 2005)**
(*a*) 1099 (*b*) 1505 (*c*) 988 (*d*) 1005 (*e*) इनमें से कोई नहीं

8. 434 353 417 368 404 379
108 (A) (B) (C) (D) (E)
(D) के स्थान पर क्या आएगा ? **(मैट परीक्षा, 2005)**
(*a*) 27 (*b*) 42 (*c*) 53 (*d*) 78 (*e*) 91

9. 16 33 67 135 271 543
4 (A) (B) (C) (D) (E)
(B) के स्थान पर क्या आएगा ? **(बैंक पी०ओ०, 2005)**
(*a*) 12 (*b*) 19 (*c*) 6.5 (*d*) 7 (*e*) इनमें से कोई नहीं

10. 5 13 29 69 125 253
7 (A) (B) (C) (D) (E)
(D) के स्थान पर क्या आएगा ? **(बैंक पी०ओ०, 2004)**
(*a*) 77 (*b*) 143 (*c*) 153 (*d*) 157 (*e*) इनमें से कोई नहीं

11. 7 20 46 98 202 410
4 (A) (B) (C) (D) (E)
(D) के स्थान पर क्या आएगा ? **(बैंक पी०ओ०, 2003)**
(*a*) 146 (*b*) 162 (*c*) 166 (*d*) 184 (*e*) इनमें से कोई नहीं

12. 1260 628 312 154
788 (A) (B) (C) (D) (E)
(D) के स्थान पर क्या आएगा ? **(बैंक पी०ओ०, 2000)**
(*a*) 45.5 (*b*) 48 (*c*) 72.5 (*d*) 194 (*e*) इनमें से कोई नहीं

13. 7 24 10 33 14.5 46.5
11 (A) (B) (C) (D) (E)
(B) के स्थान पर क्या आएगा ? **(बैंक पी०ओ०, 2004)**
(*a*) 16 (*b*) 19.5 (*c*) 21 (*d*) 23.5 (*e*) इनमें से कोई नहीं

14. 7 13 29 53 113 217
5 (A) (B) (C) (D) (E)
(E) के स्थान पर क्या आएगा ? **(बैंक पी०ओ०, 2004)**
(*a*) 151 (*b*) 153 (*c*) 171 (*d*) 173 (*e*) इनमें से कोई नहीं

15. 6 7 16 51 208
5 (A) (B) (C) (D) (E)
(E) के स्थान पर क्या आएगा ? **(एम०बी०ए०, 2005)**
(*a*) 45 (*b*) 184 (*c*) 741 (*d*) 925 (*e*) इनमें से कोई नहीं

16. 2 3 7 25 121 721
3 (A) (B) (C) (D) (E)
(C) के स्थान पर क्या आएगा ? **(बैंक पी०ओ०, 2003)**
(*a*) 31 (*b*) 39 (*c*) 45 (*d*) 49 (*e*) इनमें से कोई नहीं

17. 3 11 59 419 3779 41579
11 (A) (B) (C) (D) (E)
(B) के स्थान पर क्या आएगा ? **(बैंक पी०ओ०, 2005)**
(*a*) 419 (*b*) 67 (*c*) 129 (*d*) 179 (*e*) इनमें से कोई नहीं

18. 3 8 30 132 680 4110
4 (A) (B) (C) (D) (E)
(C) के स्थान पर क्या आएगा ? **(बैंक पी०ओ०, 2004)**
(*a*) 136 (*b*) 142 (*c*) 148 (*d*) 156 (*e*) इनमें से कोई नहीं

19. 4 13 40 135 552 2765
2 (A) (B) (C) (D) (E)
(C) के स्थान पर क्या आएगा ? **(बैंक पी०ओ०, 2005)**
(*a*) 123 (*b*) 127 (*c*) 131 (*d*) 133 (*e*) इनमें से कोई नहीं

20. 3 4 12 45 196 1005
5 (A) (B) (C) (D) (E)
(D) के स्थान पर क्या आएगा ? **(एम०बी०ए०, 2002; बैंक पी०ओ०, 2004)**
(*a*) 216 (*b*) 224 (*c*) 236 (*d*) 244 (*e*) इनमें से कोई नहीं

21. 3 40 176 537 1078 1079
1 (A) (B) (C) (D) (E)
(E) के स्थान पर क्या आएगा ? **(बैंक पी०ओ०, 2003)**
(*a*) 738 (*b*) 829 (*c*) 839 (*d*) 938 (*e*) इनमें से कोई नहीं

22. 9 10 16 57 212 1085
2 (A) (B) (C) (D) (E)
(C) के स्थान पर क्या आएगा ? **(बैंक पी०ओ०, 2003)**
(*a*) 15 (*b*) 18 (*c*) 25 (*d*) 37 (*e*) इनमें से कोई नहीं

23. 3 19 103 439 1381 2887
5 (A) (B) (C) (D) (E)
(B) के स्थान पर क्या आएगा ? **(बैंक पी०ओ०, 2005)**
(*a*) 139 (*b*) 157 (*c*) 161 (*d*) 163 (*e*) इनमें से कोई नहीं

24. 5 6 11.25 26.5 72.5 226.5
3 (A) (B) (C) (D) (E)
(B) के स्थान पर क्या आएगा ? **(बैंक पी०ओ०, 2004)**
(*a*) 8.25 (*b*) 8.5 (*c*) 9.25 (*d*) 9.5 (*e*) इनमें से कोई नहीं

25. 5 12 4 10 3 8
6 (A) (B) (C) (D) (E)
(D) के स्थान पर क्या आएगा ? **(बैंक पी०ओ०, 2005)**
(*a*) 3 (*b*) 4 (*c*) 5 (*d*) 7 (*e*) इनमें से कोई नहीं

दिए गए प्रश्नों के हल | प्रश्नमाला 44B

1. (*a*) :

पहली संख्या श्रेणी		दूसरी संख्या श्रेणी	
101		113	
	+ 2		+ 2
103		115(A)	
	+ 4		+ 4
107		119(B)	
	+ 2		+ 2
109		121(C)	
	+ 4		+ 4
113		125(D)	

(A) के स्थान पर 115 आएगा.

2. (*e*) :

पहली संख्या श्रेणी		दूसरी संख्या श्रेणी	
5		7	
	+ 3		+ 3
8		10(A)	
	− 2		− 2
6		8(B)	
	+ 4		+ 4
10		12(C)	
	− 3		− 3
7		9(D)	
	+ 5		+ 5
12		14(E)	

(C) के स्थान पर 12 आएगा.

3. (*c*) :

पहली संख्या श्रेणी		दूसरी संख्या श्रेणी	
21		17	
	× 3		× 3
63		51(A)	
	× 4		× 4
252		204(B)	
	× 5		× 5
1260		1020(C)	
	× 6		× 6
7560		6120(D)	
	× 7		× 7
52920		42840(E)	

(C) के स्थान पर 1020 आएगा.

4. (*d*) :

पहली संख्या श्रेणी		दूसरी संख्या श्रेणी	
8		12	
	× 0.5		× 0.5
4		6(A)	
	× 1.5		× 1.5
6		9(B)	
	× 2.5		× 2.5
15		22.5(C)	
	× 3.5		× 3.5
52.5		78.75(D)	
	× 4.5		× 4.5
236.25		354.375(E)	

(C) के स्थान पर 22.5 आएगा.

5. (*a*) :

पहली संख्या श्रेणी		दूसरी संख्या श्रेणी	
360		240	
	÷ 5		÷ 5
72		48(A)	
	÷ 4		÷ 4
18		12(B)	
	÷ 3		÷ 3
6		4(C)	
	÷ 2		÷ 2
3		2(D)	

(C) के स्थान पर 4 आएगा.

6. (*a*) :

पहली संख्या श्रेणी	दूसरी संख्या श्रेणी
$x^2 \rightarrow 1^2$	$3^2 = 9$
$x^3 \rightarrow 1^3$	$3^3 = 27$(A)
$(x+1)^2 \rightarrow 2^2$	$4^2 = 16$(B)
$(x+1)^3 \rightarrow 2^3$	$4^3 = 64$(C)
$(x+2)^2 \rightarrow 3^2$	$5^2 = 25$(D)

(D) के स्थान पर 25 आएगा.

7. (*a*) :

पहली संख्या श्रेणी		दूसरी संख्या श्रेणी	
7		5	
	$+ 15^2$		$+ 15^2$
232		230(A)	
	$+ 16^2$		$+ 16^2$
488		486(B)	
	$+ 17^2$		$+ 17^2$
777		775(C)	
	$+ 18^2$		$+ 18^2$
1101		1099(D)	
	$+ 19^2$		$+ 19^2$
1462		1460(E)	

(D) के स्थान पर 1099 आएगा.

8. (*d*) :

पहली संख्या श्रेणी		दूसरी संख्या श्रेणी	
434		108	
	$- 9^2$		$- 9^2$
353		27(A)	
	$+ 8^2$		$+ 8^2$
417		91(B)	
	$- 7^2$		$- 7^2$
368		42(C)	
	$+ 6^2$		$+ 6^2$
404		78(D)	
	$- 5^2$		$- 5^2$
379		53(E)	

(D) के स्थान पर 78 आएगा.

9. (*b*) :

पहली संख्या श्रेणी		दूसरी संख्या श्रेणी	
16		4	
	× 2 + 1		× 2 + 1
33		9(A)	
	× 2 + 1		× 2 + 1
67		19(B)	
	× 2 + 1		× 2 + 1
135		39(C)	
	× 2 + 1		× 2 + 1
271		79(D)	
	× 2 + 1		× 2 + 1
543		159(E)	

(B) के स्थान पर 19 आएगा.

10. (*d*) :

पहली संख्या श्रेणी		दूसरी संख्या श्रेणी	
5		7	
	× 2 + 3		× 2 + 3
13		17(A)	
	× 2 + 3		× 2 + 3
29		37(B)	
	× 2 + 3		× 2 + 3
61		77(C)	
	× 2 + 3		× 2 + 3
125		157(D)	
	× 2 + 3		× 2 + 3
253		317(E)	

(D) के स्थान पर 157 आएगा.

11. (*e*) :

पहली संख्या श्रेणी		दूसरी संख्या श्रेणी	
7		4	
	× 2 + 6		× 2 + 6
20		14(A)	
	× 2 + 6		× 2 + 6
46		34(B)	
	× 2 + 6		× 2 + 6
98		74(C)	
	× 2 + 6		× 2 + 6
202		154(D)	
	× 2 + 6		× 2 + 6
410		314(E)	

(D) के स्थान पर 154 आएगा.

12. (*a*) : **पहली संख्या श्रेणी** — **दूसरी संख्या श्रेणी**

पहली संख्या श्रेणी		दूसरी संख्या श्रेणी	
1260		788	
	$\times\frac{1}{2}-2$		$\times\frac{1}{2}-2$
628		392(A)	
	$\times\frac{1}{2}-2$		$\times\frac{1}{2}-2$
312		194(B)	
	$\times\frac{1}{2}-2$		$\times\frac{1}{2}-2$
154		95(C)	
			$\times\frac{1}{2}-2$
		45.5(D)	
			$\times\frac{1}{2}-2$
		20.75(E)	

(D) के स्थान पर 45.5 आएगा.

13. (*a*) : **पहली संख्या श्रेणी** — **दूसरी संख्या श्रेणी**

पहली संख्या श्रेणी		दूसरी संख्या श्रेणी	
7		11	
	$\times 3+3$		$\times 3+3$
24		36(A)	
	$\times\frac{1}{2}-2$		$\times\frac{1}{2}-2$
10		16(B)	
	$\times 3+3$		$\times 3+3$
33		51(C)	
	$\times\frac{1}{2}-2$		$\times\frac{1}{2}-2$
14.5		23.5(D)	
	$\times 3+3$		$\times 3+3$
46.5		73.5(E)	

(B) के स्थान पर 16 आएगा.

14. (*b*) : **पहली संख्या श्रेणी** — **दूसरी संख्या श्रेणी**

पहली संख्या श्रेणी		दूसरी संख्या श्रेणी	
7		5	
	$\times 2-1$		$\times 2-1$
13		9(A)	
	$\times 2+3$		$\times 2+3$
29		21(B)	
	$\times 2-5$		$\times 2-5$
53		37(C)	
	$\times 2+7$		$\times 2+7$
113		81(D)	
	$\times 2-9$		$\times 2-9$
217		153(E)	

(E) के स्थान पर 153 आएगा.

15. (*d*) : **पहली संख्या श्रेणी** — **दूसरी संख्या श्रेणी**

पहली संख्या श्रेणी		दूसरी संख्या श्रेणी	
6		5	
	$\times 1+1$		$\times 1+1$
7		6(A)	
	$\times 2+2$		$\times 2+2$
16		14(B)	
	$\times 3+3$		$\times 3+3$
51		45(C)	
	$\times 4+4$		$\times 4+4$
208		184(D)	
			$\times 5+5$
		925(E)	

(E) के स्थान पर 925 आएगा.

16. (*d*) : **पहली संख्या श्रेणी** — **दूसरी संख्या श्रेणी**

पहली संख्या श्रेणी		दूसरी संख्या श्रेणी	
2		3	
	$\times 2-1$		$\times 2-1$
3		5(A)	
	$\times 3-2$		$\times 3-2$
7		13(B)	
	$\times 4-3$		$\times 4-3$
25		49(C)	
	$\times 5-4$		$\times 5-4$
121		241(D)	
	$\times 6-5$		$\times 6-5$
721		1441(E)	

(C) के स्थान पर 49 आएगा.

17. (*d*) : **पहली संख्या श्रेणी** — **दूसरी संख्या श्रेणी**

पहली संख्या श्रेणी		दूसरी संख्या श्रेणी	
3		11	
	$\times 3+2$		$\times 3+2$
11		35(A)	
	$\times 5+4$		$\times 5+4$
59		179(B)	
	$\times 7+6$		
419			
	$\times 9+8$		
3979			
	$\times 11+10$		
41579			

(B) के स्थान पर 179 आएगा.

18. (*d*) : **पहली संख्या श्रेणी** — **दूसरी संख्या श्रेणी**

पहली संख्या श्रेणी		दूसरी संख्या श्रेणी	
3		4	
	$\times 2+(1\times 2)$		$\times 2+(1\times 2)$
8		10(A)	
	$\times 3+(2\times 3)$		$\times 3+(2\times 3)$
30		36(B)	
	$\times 4+(3\times 4)$		$\times 4+(3\times 4)$
132		156(C)	
	$\times 5+(4\times 5)$		$\times 5+(4\times 5)$
680		800(D)	
	$\times 6+(5\times 6)$		$\times 6+(5\times 6)$
4110		4830(E)	

(C) के स्थान पर 156 आएगा.

19. (*a*) : **पहली संख्या श्रेणी** — **दूसरी संख्या श्रेणी**

पहली संख्या श्रेणी		दूसरी संख्या श्रेणी	
4		2	
	$\times 1+(1\times 9)$		$\times 1+(1\times 9)$
13		11(A)	
	$\times 2+(2\times 7)$		$\times 2+(2\times 7)$
40		36(B)	
	$\times 3+(3\times 5)$		$\times 3+(3\times 5)$
135		123(C)	
	$\times 4+(4\times 3)$		$\times 4+(4\times 3)$
552		504(D)	
	$\times 5+(5\times 1)$		$\times 5+(5\times 1)$
2765		2525(E)	

(C) के स्थान पर 123 आएगा.

20. (*d*) : **पहली संख्या श्रेणी** **दूसरी संख्या श्रेणी**

पहली संख्या श्रेणी		दूसरी संख्या श्रेणी	
3		5	
	$\times 1 + 1^2$		$\times 1 + 1^2$
4		6(A)	
	$\times 2 + 2^2$		$\times 2 + 2^2$
12		16(B)	
	$\times 3 + 3^2$		$\times 3 + 3^2$
45		57(C)	
	$\times 4 + 4^2$		$\times 4 + 4^2$
196		244(D)	
	$\times 5 + 5^2$		$\times 5 + 5^2$
1005		1245(E)	

(D) के स्थान पर 244 आएगा.

21. (*c*) : **पहली संख्या श्रेणी** **दूसरी संख्या श्रेणी**

पहली संख्या श्रेणी		दूसरी संख्या श्रेणी	
3		1	
	$\times 5 + 5^2$		$\times 5 + 5^2$
40		30(A)	
	$\times 4 + 4^2$		$\times 4 + 4^2$
176		136(B)	
	$\times 3 + 3^2$		$\times 3 + 3^2$
537		417(C)	
	$\times 2 + 2^2$		$\times 2 + 2^2$
1078		838(D)	
	$\times 1 + 1^2$		$\times 1 + 1^2$
1079		839(E)	

(E) के स्थान पर 839 आएगा.

22. (*a*) : **पहली संख्या श्रेणी** **दूसरी संख्या श्रेणी**

पहली संख्या श्रेणी		दूसरी संख्या श्रेणी	
9		2	
	$\times 1 + 1^2$		$\times 1 + 1^2$
10		3(A)	
	$\times 2 - 2^2$		$\times 2 - 2^2$
16		2(B)	
	$\times 3 + 3^2$		$\times 3 + 3^2$
57		15(C)	
	$\times 4 - 4^2$		$\times 4 - 4^2$
212		44(D)	
	$\times 5 + 5^2$		$\times 5 + 5^2$
1085		245(E)	

(C) के स्थान पर 15 आएगा.

23. (*d*) : **पहली संख्या श्रेणी** **दूसरी संख्या श्रेणी**

पहली संख्या श्रेणी		दूसरी संख्या श्रेणी	
3		5	
	$\times 6 + 1^3$		$\times 6 + 1^3$
19		31(A)	
	$\times 5 + 2^3$		$\times 5 + 2^3$
103		163(B)	
	$\times 4 + 3^3$		$\times 4 + 3^3$
439		679(C)	
	$\times 3 + 4^3$		$\times 3 + 4^3$
1381		2101(D)	
	$\times 2 + 5^3$		$\times 2 + 5^3$
2887		4327(E)	

(B) के स्थान पर 163 आएगा.

24. (*a*) : **पहली संख्या श्रेणी** **दूसरी संख्या श्रेणी**

पहली संख्या श्रेणी		दूसरी संख्या श्रेणी	
5		3	
	$\times 1 + 1^2$		$\times 1 + 1^2$
6		4(A)	
	$\times 1.5+(1.5)^2$		$\times 1.5+(1.5)^2$
11.25		8.25(B)	
	$\times 2 + 2^2$		$\times 2 + 2^2$
26.5		20.5(C)	
	$\times 2.5+(2.5)^2$		$\times 2.5+(2.5)^2$
72.5		57.5(D)	
	$\times 3 + 3^2$		$\times 3 + 3^2$
226.5		181.5(E)	

(B) के स्थान पर 8.25 आएगा.

25. (*b*) : **पहली संख्या श्रेणी** **दूसरी संख्या श्रेणी**

पहली संख्या श्रेणी		दूसरी संख्या श्रेणी	
5		6	
	$\times 2 + 2$		$\times 2 + 2$
12		14(A)	
	$\div 2 - 2$		$\div 2 - 2$
4		5(B)	
	$\times 2 + 2$		$\times 2 + 2$
10		12(C)	
	$\div 2 - 2$		$\div 2 - 2$
3		4(D)	
	$\times 2 + 2$		$\times 2 + 2$
8		10(E)	

(D) के स्थान पर 4 आएगा.

टाइप 3 : दी गई श्रेणी में त्रुटिपूर्ण संख्या ज्ञात करना

इस प्रकार के प्रत्येक प्रश्न में एक संख्या श्रेणी दी जाती है. इस श्रेणी के पदों के मध्यान्तर एक निश्चित क्रम होता है, किन्तु एक संख्या इस प्रकार की होती है कि वह उस क्रम का अनुसरण नहीं करती. यही संख्या त्रुटिपूर्ण होती है और परीक्षार्थी को उसी संख्या का चयन करना होता है.

निर्देश : निम्नलिखित प्रत्येक प्रश्न में त्रुटिपूर्ण संख्या ज्ञात कीजिए :

प्रश्न 1. 217 224 213 226 210 228 **(बैंक पी०ओ०, 2005)**

(*a*) 210 (*b*) 213 (*c*) 226 (*d*) 228 (*e*) इनमें से कोई नहीं

हल : दी गई श्रेढ़ी में क्रम है : + 7, – 11, + 13, ... (केवल अभाज्य संख्यायें जोड़ी व घटाई गई हैं)

इस प्रकार : 217 + 7 = 224; 224 – 11 = 213; 213 + 13 = 226; 226 – 17 = 209; 209 + 19 = 228.

∴ 210 त्रुटिपूर्ण संख्या है.

अत: सही उत्तर है (*a*).

प्रश्न 2. 900 450 180 90 38 18 **(स्पेशलिस्ट ऑफिसर, 2007)**

(*a*) 18 (*b*) 90 (*c*) 180 (*d*) 450 (*e*) इनमें से कोई नहीं

हल : दी गई श्रेढ़ी में क्रम है : $\times\frac{1}{2}, \times\frac{2}{5}, \times\frac{1}{2}, \times\frac{2}{5}, ...$

इस प्रकार : $900\times\frac{1}{2} = 450; 450\times\frac{2}{5} = 180; 180\times\frac{1}{2} = 90; 90\times\frac{2}{5} = 36; 36\times\frac{1}{2} = 18.$

∴ 38 त्रुटिपूर्ण संख्या है और उसके स्थान पर 36 होना चाहिए.

अत: सही उत्तर है (*e*).

प्रश्न 3. 7 28 63 124 215 342 511

(*a*) 7 (*b*) 28 (*c*) 124 (*d*) 215 (*e*) इनमें से कोई नहीं

हल : दी गई श्रेढ़ी में 28 के अतिरिक्त प्रत्येक पद में 1 जोड़ने पर एक पूर्ण घन प्राप्त होता है.

∴ 28 त्रुटिपूर्ण संख्या है. अत: सही उत्तर है (*b*).

प्रश्न 4. 7 4 5 9 18 52.5 160.5

(*a*) 4 (*b*) 5 (*c*) 9 (*d*) 18 (*e*) 52.5

हल : दी गई श्रेढ़ी में क्रम है : $\times 0.5 + 0.5, \times 1 + 1, \times 1.5 + 1.5, ...$

इस प्रकार : $7 \times 0.5 + 0.5 = 4;\ 4 \times 1 + 1 = 5;\ 5 \times 1.5 + 1.5 = 9;\ 9 \times 2 + 2 = 20;$
$20 \times 2.5 + 2.5 = 52.5;\ 52.5 \times 3 + 3 = 160.5.$

∴ 18 त्रुटिपूर्ण संख्या है और उसके स्थान पर 20 आना चाहिए.

अत: सही उत्तर है (*d*).

प्रश्नमाला 44C

निर्देश (प्रश्न 1 से 83) : नीचे दिए गए प्रत्येक प्रश्न में त्रुटिपूर्ण संख्या ज्ञात कीजिए :

1. 156 468 780 1094 1404 1716 **(स्पेशलिस्ट ऑफिसर, 2007)**

(*a*) 468 (*b*) 780 (*c*) 1094 (*d*) 1716 (*e*) इनमें से कोई नहीं

2. 5 8 15 20 29 40 53 **(एस०एस०सी०, 2003)**

(*a*) 15 (*b*) 20 (*c*) 29 (*d*) 40 (*e*) इनमें से कोई नहीं

3. 17 22 32 45 67 92 **(एल०आई०सी०, 2007)**

(*a*) 22 (*b*) 32 (*c*) 45 (*d*) 67 (*e*) इनमें से कोई नहीं

4. 113 130 164 215 293 368 **(बैंक पी०ओ०, 2006)**

(*a*) 130 (*b*) 164 (*c*) 215 (*d*) 293 (*e*) इनमें से कोई नहीं

5. 52 51 48 43 34 27 16 **(एम०बी०ए०, 2005)**

(*a*) 27 (*b*) 34 (*c*) 43 (*d*) 48 (*e*) इनमें से कोई नहीं

6. 3 51 663 7293 51055 255255 **(एल०आई०सी०, 2005)**

(*a*) 51 (*b*) 7293 (*c*) 51055 (*d*) 255255 (*e*) इनमें से कोई नहीं

7. 5040 3014 1814.4 1088.64 653.184 391.9104 **(स्पेशलिस्ट ऑफिसर, 2006)**

(*a*) 1088.64 (*b*) 391.9104 (*c*) 1814.4 (*d*) 653.184 (*e*) इनमें से कोई नहीं

8. 36 54 135 472.15 2126.25 11694.375 **(बैंक पी०ओ०, 2006)**

(*a*) 135 (*b*) 54 (*c*) 472.15 (*d*) 11694.375 (*e*) इनमें से कोई नहीं

9. 2 14 91 546 3002 15015 **(बैंक परीक्षा, 2002)**

(*a*) 14 (*b*) 91 (*c*) 546 (*d*) 3002 (*e*) 15015

10. 16 4 2 1.5 1.75 1.875 **(बैंक पी०ओ०, 2003)**

(*a*) 1.5 (*b*) 1.75 (*c*) 1.875 (*d*) 2 (*e*) 4

11. 4 9 16 25 34 49 64 **(रेलवे परीक्षा, 2002)**
(*a*) 4 (*b*) 16 (*c*) 34 (*d*) 64 (*e*) इनमें से कोई नहीं

12. 3 4 9 17 33 58 94 **(बैंक पी०ओ०, 2003)**
(*a*) 4 (*b*) 9 (*c*) 17 (*d*) 33 (*e*) 58

13. 778 634 488 407 358 333 324
(*a*) 333 (*b*) 358 (*c*) 407 (*d*) 488 (*e*) 634

14. 444 300 200 136 87 84 80 **(एम०बी०ए०, 2004)**
(*a*) 84 (*b*) 87 (*c*) 136 (*d*) 200 (*e*) 300

15. 7 8 16 46 107 232 448 **(बैंक पी०ओ०, 2006)**
(*a*) 8 (*b*) 16 (*c*) 46 (*d*) 107 (*e*) 232

16. 1015 799 674 615 583 575 **(एल०आई०सी०, 2007)**
(*a*) 799 (*b*) 674 (*c*) 583 (*d*) 575 (*e*) इनमें से कोई नहीं

17. 71 83 154 237 391 625 1019 **(एल०आई०सी०, 2005)**
(*a*) 154 (*b*) 237 (*c*) 391 (*d*) 625 (*e*) इनमें से कोई नहीं

18. 2 6 12 72 865 62208 **(स्पेशलिस्ट ऑफिसर, 2007)**
(*a*) 12 (*b*) 72 (*c*) 865 (*d*) 62208 (*e*) इनमें से कोई नहीं

19. 69 55 26 13 5 **(मैट परीक्षा, 2003)**
(*a*) 5 (*b*) 13 (*c*) 26 (*d*) 55 (*e*) इनमें से कोई नहीं

20. 439 778 1456 2812 5624 10948 **(स्पेशलिस्ट ऑफिसर, 2006)**
(*a*) 778 (*b*) 1456 (*c*) 2812 (*d*) 5624 (*e*) इनमें से कोई नहीं

21. 2 7 17 37 67 157 317 **(बैंक पी०ओ०, 2004)**
(*a*) 7 (*b*) 17 (*c*) 37 (*d*) 67 (*e*) 157

22. 3 4 9 33 136 685 4116 **(बैंक परीक्षा, 2005)**
(*a*) 4 (*b*) 9 (*c*) 33 (*d*) 136 (*e*) 685

23. 1 4 9 31 129 651 3913 **(एम०बी०ए०, 2002)**
(*a*) 4 (*b*) 9 (*c*) 31 (*d*) 129 (*e*) 651

24. 12 26 56 116 244 498 1008
(*a*) 26 (*b*) 56 (*c*) 116 (*d*) 244 (*e*) 498

25. 1 12 65 264 795 1590 1593 **(बैंक परीक्षा, 2003)**
(*a*) 12 (*b*) 65 (*c*) 264 (*d*) 795 (*e*) 1590

26. 2 4 16 86 610 5480 60512
(*a*) 4 (*b*) 16 (*c*) 86 (*d*) 610 (*e*) 5480

27. 2 13 65 271 817 1639 1645
(*a*) 13 (*b*) 65 (*c*) 271 (*d*) 817 (*e*) 1639

28. 3 16 113 673 3361 13441 40321 **(बैंक पी०ओ०, 2004)**
(*a*) 16 (*b*) 113 (*c*) 673 (*d*) 3361 (*e*) 13441

29. 2 11 38 197 1172 8227 65806 **(बैंक पी०ओ०, 2003)**
(*a*) 11 (*b*) 38 (*c*) 197 (*d*) 1172 (*e*) 8227

30. 2 5 13 55 271 1632 11411 **(बैंक पी०ओ०, 2005)**
(*a*) 5 (*b*) 13 (*c*) 55 (*d*) 271 (*e*) 1632

31. 6 4 5.5 10.25 22.5 60.5 **(स्पेशलिस्ट ऑफिसर, 2007)**
(*a*) 4 (*b*) 5.5 (*c*) 10.25 (*d*) 22.5 (*e*) इनमें से कोई नहीं

32. 488 245 124 64 35 20.25 **(बैंक पी०ओ०, 2005)**
(*a*) 35 (*b*) 64 (*c*) 124 (*d*) 245 (*e*) इनमें से कोई नहीं

33. 12 114 600 2428 7272 14550 **(बैंक पी०ओ०, 2006)**
(*a*) 114 (*b*) 600 (*c*) 2428 (*d*) 7272 (*e*) इनमें से कोई नहीं

34. 11 42 214 1045 4148 12417 **(बैंक पी०ओ०, 2005)**
(*a*) 42 (*b*) 214 (*c*) 1045 (*d*) 4148 (*e*) इनमें से कोई नहीं

35. 696 344 168 76 36 14 3
(*a*) 14 (*b*) 36 (*c*) 76 (*d*) 168 (*e*) 344

36. 828 424 220 116 64 33 **(बैंक पी०ओ०, 2006)**
(*a*) 33 (*b*) 64 (*c*) 116 (*d*) 220 (*e*) इनमें से कोई नहीं

37. 6066 1005 196 48 12 4 3 **(एम०बी०ए०, 2002)**
(*a*) 4 (*b*) 12 (*c*) 48 (*d*) 196 (*e*) 1005

38. 14 24 68 236 1155 6894 **(स्पेशलिस्ट ऑफिसर, 2007)**
(*a*) 24 (*b*) 68 (*c*) 236 (*d*) 1155 (*e*) इनमें से कोई नहीं

39. 5 12 7 10 3 8 2 **(बैंक पी०ओ०, 2004)**
(*a*) 3 (*b*) 7 (*c*) 8 (*d*) 10 (*e*) 12

40. 2 3 5 8 14 23 41 69 **(बैंक पी०ओ०, 2002)**
(*a*) 5 (*b*) 8 (*c*) 14 (*d*) 41 (*e*) 69

निर्देश (प्रश्न 41 से 45) : निम्नलिखित प्रत्येक प्रश्न में दी गई संख्या श्रेणी में त्रुटिपूर्ण संख्या ज्ञात करें और उस संख्या से आरंभ होती हुई समान क्रम पर आधारित एक अन्य श्रेणी बनाएँ. इस नयी श्रेणी के तीसरे पद को दिए गए विकल्पों में से सही उत्तर के रूप में चुनिए.

41. 4 9 21 66 267 1338
(*a*) 12 (*b*) 17 (*c*) 20 (*d*) 25 (*e*) इनमें से कोई नहीं

42. 1 2 6 33 148 765 4626
(*a*) 18 (*b*) 46 (*c*) 82 (*d*) 124 (*e*) इनमें से कोई नहीं

43. 3 4 10 34 136 685 4116
(*a*) 12 (*b*) 22 (*c*) 72 (*d*) 276 (*e*) 1374

44. 2 9 5 36 125 648 3861
(*a*) 11 (*b*) 12 (*c*) 72 (*d*) 75 (*e*) इनमें से कोई नहीं

45. 6 10.5 23 59.5 183 644 2580
(*a*) 182 (*b*) 182.5 (*c*) 183 (*d*) 183.5 (*e*) इनमें से कोई नहीं

निर्देश (प्रश्न 46 से 50) : निम्नलिखित प्रत्येक प्रश्न में दी गई संख्या श्रेणी में त्रुटिपूर्ण संख्या ज्ञात करें और उस संख्या से आरंभ होती हुई समान क्रम पर आधारित एक अन्य श्रेणी बनाएँ. इस नई श्रेणी के चौथे पद को दिए गए विकल्पों में से सही उत्तर के रूप में चुनिए. (बैंक पी०ओ०, 2000)

46. 8 4 4 6 12 28 90
(*a*) 18 (*b*) 21 (*c*) 24 (*d*) 42 (*e*) इनमें से कोई नहीं

47. 17 17.25 18.25 20.75 24.5 30.75
(*a*) 23.25 (*b*) 24.25 (*c*) 24.5 (*d*) 24.75 (*e*) इनमें से कोई नहीं

48. 438 487 447 476 460 469

(*a*) 425 (*b*) 475 (*c*) 485 (*d*) 496 (*e*) इनमें से कोई नहीं

49. 2 7 18 45 99 209 431

(*a*) 171 (*b*) 172 (*c*) 174 (*d*) 175 (*e*) इनमें से कोई नहीं

50. 6 8 10 42 146 770 4578

(*a*) 858 (*b*) 868 (*c*) 882 (*d*) 8872 (*e*) इनमें से कोई नहीं

दिए गए प्रश्नों के हल | प्रश्नमाला 44C

1. (*c*) : क्रम है : + 312.

अत: 1094 त्रुटिपूर्ण है तथा इसके स्थान पर (780 + 312) अर्थात् 1092 होना चाहिए.

2. (*a*) : क्रम है : + 3, + 5, + 7, + 9, + 11, + 13.

अत: 15 त्रुटिपूर्ण है तथा इसके स्थान पर (8 + 5) अर्थात् 13 होना चाहिए.

3. (*c*) : क्रम है : + 5, + 10, + 15, ...

अत: 45 त्रुटिपूर्ण है तथा इसके स्थान पर (32 + 15) अर्थात् 47 होना चाहिए.

4. (*d*) : क्रम है : + 17, + 34, + 51, ...

अत: 293 त्रुटिपूर्ण है तथा इसके स्थान पर (215 + 68) अर्थात् 283 होना चाहिए.

5. (*b*) : क्रम है : – 1, – 3, – 5, ...

अत: 34 त्रुटिपूर्ण है तथा इसके स्थान पर (43 – 7) अर्थात् 36 होना चाहिए.

6. (*c*) : क्रम है : × 17, × 13, × 11, ... (केवल अभाज्य संख्याओं से गुणा करना)

अत: 51055 त्रुटिपूर्ण है तथा इसके स्थान पर (7293 × 7) अर्थात् 51051 होना चाहिए.

7. (*e*) : क्रम है : $\times\frac{3}{5}$.

अत: 3014 त्रुटिपूर्ण है तथा इसके स्थान पर $\left(5040\times\frac{3}{5}\right)$ अर्थात् 3024 होना चाहिए.

8. (*c*) : क्रम है : × 1.5, × 2.5, ...

अत: 472.15 त्रुटिपूर्ण है तथा इसके स्थान पर (135 × 3.5) अर्थात् 472.5 होना चाहिए.

9. (*d*) : क्रम है : × 7, × 6.5, × 6, ...

अत: 3002 त्रुटिपूर्ण है तथा इसके स्थान पर (546 × 5.5) अर्थात् 3003 होना चाहिए.

10. (*b*) : क्रम है : × 0.25, × 0.5, × 0.75, ...

अत: 1.75 त्रुटिपूर्ण है तथा इसके स्थान पर (1.5 × 1) अर्थात् 1.5 होना चाहिए.

11. (*c*) : श्रेणी के पद हैं : $2^2, 3^2, 4^2, 5^2$, ...

अत: 34 त्रुटिपूर्ण है तथा इसके स्थान पर 6^2 अर्थात् 36 होना चाहिए.

12. (*b*) : क्रम है : $+ 1^2, + 2^2, + 3^2, + 4^2$, ...

अत: 9 त्रुटिपूर्ण है तथा इसके स्थान पर $(4 + 2^2)$ अर्थात् 8 होना चाहिए.

13. (*e*) : क्रम है : $– 13^2, – 11^2, – 9^2, – 7^2$, ...

अत: 634 त्रुटिपूर्ण है तथा इसके स्थान पर $(778 – 13^2)$ अर्थात् 609 होना चाहिए.

14. (*b*) : क्रम है : $– 12^2, – 10^2, – 8^2, – 6^2. – 4^2$, ...

अत: 87 त्रुटिपूर्ण है तथा इसके स्थान पर $(136 – 6^2)$ अर्थात् 100 होना चाहिए.

15. (*c*) : क्रम है : $+ 1^3, + 2^3, + 3^3, + 4^3$, ...

अत: 46 त्रुटिपूर्ण है तथा इसके स्थान पर $(16 + 3^3)$ अर्थात् 43 होना चाहिए.

16. (*e*) : क्रम है : $-6^3, -5^3, -4^3, ...$

अत: 615 त्रुटिपूर्ण है तथा इसके स्थान पर $(674 - 4^3)$ अर्थात् 610 होना चाहिए.

17. (*d*) : श्रेणी का प्रत्येक पद अपने से पहले के दो पदों का योग है.

अत: 625 त्रुटिपूर्ण है तथा इसके स्थान पर (237 + 391) अर्थात् 628 होना चाहिए.

18. (*c*) : श्रेढ़ी का प्रत्येक पद अपने से पहले के दो पदों का गुणनफल है.

अत: 865 त्रुटिपूर्ण है तथा इसके स्थान पर (12×72) अर्थात् 864 होना चाहिए.

19. (*a*) : श्रेणी का प्रत्येक पद अपने से पहले पद के अंकों के गुणनफल से 1 अधिक है.

अत: 5 त्रुटिपूर्ण है तथा इसके स्थान पर $(1 \times 3 + 1)$ अर्थात् 4 होना चाहिए.

20. (*d*) : क्रम है : $\times 2 - 100$.

अत: 5624 त्रुटिपूर्ण है तथा इसके स्थान पर $(2812 \times 2 - 100)$ अर्थात् 5524 होना चाहिए.

21. (*d*) : क्रम है : $\times 2 + 3$.

अत: 67 त्रुटिपूर्ण है तथा इसके स्थान पर $(37 \times 2 + 3)$ अर्थात् 77 होना चाहिए.

22. (*b*) : क्रम है : $\times 1 + 1, \times 2 + 2, \times 3 + 3, ...$

अत: 9 त्रुटिपूर्ण है तथा इसके स्थान पर $(4 \times 2 + 2)$ अर्थात् 10 होना चाहिए.

23. (*a*) : क्रम है : $\times 1 + 2, \times 2 + 3, \times 3 + 4, ...$

अत: 4 त्रुटिपूर्ण है तथा इसके स्थान पर $(1 \times 1 + 2)$ अर्थात् 3 होना चाहिए.

24. (*c*) : क्रम है : $\times 2 + 2, \times 2 + 4, ...$

अत: 116 त्रुटिपूर्ण है तथा इसके स्थान पर $(56 \times 2 + 6)$ अर्थात् 118 होना चाहिए.

25. (*e*) : क्रम है : $\times 6 + 6, \times 5 + 5, \times 4 + 4, \times 3 + 3, ...$

अत: 1590 त्रुटिपूर्ण है तथा इसके स्थान पर $(795 \times 2 + 2)$ अर्थात् 1592 होना चाहिए.

26. (*e*) : क्रम है : $\times 1 + 2, \times 3 + 4, \times 5 + 6, ...$

अत: 5480 त्रुटिपूर्ण है तथा इसके स्थान पर $(610 \times 9 + 10)$ अर्थात् 5500 होना चाहिए.

27. (*b*) : क्रम है : $\times 6 + 1, \times 5 + 2, \times 4 + 3, \times 3 + 4, ...$

अत: 65 त्रुटिपूर्ण है तथा इसके स्थान पर $(13 \times 5 + 2)$ अर्थात् 67 होना चाहिए.

28. (*a*) : क्रम है : $\times 8 - 7, \times 7 - 6, \times 6 - 5, \times 5 - 4, ...$

अत: 16 त्रुटिपूर्ण है तथा इसके स्थान पर $(3 \times 8 - 7)$ अर्थात् 17 होना चाहिए.

29. (*d*) : क्रम है : $\times 3 + 5, \times 4 - 6, \times 5 + 7, \times 6 - 8, ...$

अत: 1172 त्रुटिपूर्ण है तथा इसके स्थान पर $(197 \times 6 - 8)$ अर्थात् 1174 होना चाहिए.

30. (*e*) : क्रम है : $\times 2 + 1, \times 3 - 2, \times 4 + 3, \times 5 - 4, ...$

अत: 1632 त्रुटिपूर्ण है तथा इसके स्थान पर $(271 \times 6 + 5)$ अर्थात् 1631 होना चाहिए.

31. (*d*) : क्रम है : $\times 0.5 + 1, \times 1 + 1.5, \times 1.5 + 2, \times 2 + 2.5, ...$

अत: 22.5 त्रुटिपूर्ण है तथा इसके स्थान पर $(10.25 \times 2 + 2.5)$ अर्थात् 23 होना चाहिए.

32. (*a*) : क्रम है : $\times 0.5 + 1, \times 0.5 + 1.5, \times 0.5 + 2, ...$

अत: 35 त्रुटिपूर्ण है तथा इसके स्थान पर $(64 \times 0.5 + 2.5)$ अर्थात् 34.5 होना चाहिए.

33. (*c*) : क्रम है : $\times 6 + (6 \times 7), \times 5 + (5 \times 6), \times 4 + (4 \times 5), ...$

अत: 2428 त्रुटिपूर्ण है तथा इसके स्थान पर $[600 \times 4 + (4 \times 5)]$ अर्थात् 2420 होना चाहिए.

34. (*b*) : क्रम है : $\times 7 - (7 \times 5), \times 6 - (6 \times 6), \times 5 - (5 \times 7), \times 4 - (4 \times 8), ...$

अत: 214 त्रुटिपूर्ण है तथा इसके स्थान पर $[42 \times 6 - (6 \times 6)]$ अर्थात् 216 होना चाहिए.

35. (*c*) : क्रम है : $\div 2 - 4$.
अतः 76 त्रुटिपूर्ण है तथा इसके स्थान पर $(168 \div 2 - 4)$ अर्थात् 80 होना चाहिए.

36. (*b*) : क्रम है : $\div 2 + 10, \div 2 + 8, \div 2 + 6, ...$
अतः 64 त्रुटिपूर्ण है तथा इसके स्थान पर $(116 \div 2 + 4)$ अर्थात् 62 होना चाहिए.

37. (*c*) : क्रम है : $\div 6 - 6, \div 5 - 5, \div 4 - 4, ...$
अतः 48 त्रुटिपूर्ण है तथा इसके स्थान पर $(196 \div 4 - 4)$ अर्थात् 45 होना चाहिए.

38. (*b*) : क्रम है : $\times 2 - 2^2, \times 3 - 3^2, \times 4 - 4^2, \times 5 - 5^2, ...$
अतः 68 त्रुटिपूर्ण है तथा इसके स्थान पर $(24 \times 3 - 3^2)$ अर्थात् 63 होना चाहिए.

39. (*b*) : दी गई श्रेणी दो श्रेढ़ियों का मिश्रित रूप है :
I. 5, 4, 3, 2 तथा II. 12, 10, 8
अतः 7 त्रुटिपूर्ण है तथा इसके स्थान पर 4 होना चाहिए.

40. (*e*) : दी गई श्रेणी दो श्रेणियों का मिश्रित रूप है :
I. 2, 5, 14, 41 तथा II. 3, 8, 23, 68
I तथा II प्रत्येक में क्रम है : $\times 3 - 1$.
अतः 69 त्रुटिपूर्ण है तथा इसके स्थान पर $(23 \times 3 - 1)$ अर्थात् 68 होना चाहिए.

41. (*b*) : क्रम है : $\times 1 + 3, \times 2 + 3, \times 3 + 3, \times 4 + 3, ...$
अतः 4 त्रुटिपूर्ण है तथा इसके स्थान पर 6 होना चाहिए.
इस प्रकार, $6 \times 1 + 3 = 9$.
4 को प्रथम पद लेकर श्रेणी बनती है : 4, $(4 \times 1 + 3)$ अर्थात् 7, $(7 \times 2 + 3)$ अर्थात् 17, $(17 \times 3 + 3)$ अर्थात् 54, ...
स्पष्ट है कि इसका तीसरा पद 17 है.

42. (*a*) : क्रम है : $\times 1 + 1^2, \times 2 + 2^2, \times 3 + 3^2, \times 4 + 4^2, ...$
अतः 6 त्रुटिपूर्ण है तथा इसके स्थान पर $(2 \times 2 + 2^2)$ अर्थात् 8 होना चाहिए.
6 को प्रथम पद लेकर श्रेणी बनती है : 6, $(6 \times 1 + 1^2)$ अर्थात् 7, $(7 \times 2 + 2^2)$ अर्थात् 18, $(18 \times 3 + 3^2)$ अर्थात् 63, ...
स्पष्ट है कि इसका तीसरा पद 18 है.

43. (*c*) : क्रम है : $\times 1 + 1, \times 2 + 2, \times 3 + 3, ...$
अतः 34 त्रुटिपूर्ण है तथा इसके स्थान पर $(10 \times 3 + 3)$ अर्थात् 33 होना चाहिए.
34 को प्रथम पद लेकर श्रेणी बनती है : 34, $(34 \times 1 + 1)$ अर्थात् 35, $(35 \times 2 + 2)$ अर्थात् 72, $(72 \times 3 + 3)$ अर्थात् 219, ...
स्पष्ट है कि इसका तीसरा पद 72 है.

44. (*e*) : क्रम है : $\times 1 + 7, \times 2 - 11, \times 3 + 15, \times 4 - 19, ...$
अतः 5 त्रुटिपूर्ण है तथा इसके स्थान पर $(9 \times 2 - 11)$ अर्थात् 7 होना चाहिए.
5 को प्रथम पद लेकर श्रेणी बनती है : 5, $(5 \times 1 + 7)$ अर्थात् 12, $(12 \times 2 - 11)$ अर्थात् 13, $(13 \times 3 + 15)$ अर्थात् 54, ...
स्पष्ट है कि इसका तीसरा पद 13 है.

45. (*d*) : क्रम है : $\times 1.5 + 1.5, \times 2 + 2, \times 2.5 + 2.5, ...$
अतः 59.5 त्रुटिपूर्ण है तथा इसके स्थान पर $(23 \times 2.5 + 2.5)$ अर्थात् 60 होना चाहिए.
59.5 को प्रथम पद लेकर श्रेणी बनती है : 59.5, $(59.5 \times 1.5 + 1.5)$ अर्थात् 90.75, $(90.75 \times 2 + 2)$

अर्थात् 183.5, ...

स्पष्ट है कि इसका तीसरा पद 183.5 है.

46. (*b*) : क्रम है : $\times 0.5, \times 1, \times 1.5, \times 2$, ...

अत: 28 त्रुटिपूर्ण है तथा इसके स्थान पर (12×2.5) अर्थात् 30 होना चाहिए.

28 को प्रथम पद लेकर श्रेणी बनती है : 28, (28×0.5) अर्थात् 14, (14×1) अर्थात् 14, (14×1.5) अर्थात् 21, (21×2) अर्थात् 42, ...

स्पष्ट है कि इसका तीसरा पद 21 है.

47. (*b*) : क्रम है : $+ 0.25 \times 1^2, + 0.25 \times 2^2, + 0.25 \times 3^2$, ...

अत: 20.75 त्रुटिपूर्ण है तथा इसके स्थान पर $(18.25 + 0.25 \times 3^2)$ अर्थात् 20.5 होना चाहिए.

20.75 को प्रथम पद लेकर श्रेणी बनती है : 20.75, $(20.75 + 0.25 \times 1^2)$ अर्थात् 21, $(21 + 0.25 \times 2^2)$ अर्थात् 22, $(22 + 0.25 \times 3^2)$ अर्थात् 24.25, ...

स्पष्ट है कि इसका चौथा पद 24.25 है.

48. (*c*) : क्रम है : $+ 7^2, - 6^2, + 5^2, - 4^2, + 3^2$, ...

अत: 447 त्रुटिपूर्ण है तथा इसके स्थान पर $(487 - 6^2)$ अर्थात् 451 होना चाहिए.

447 को प्रथम पद लेकर श्रेणी बनती है : 447, $(447 + 7^2)$ अर्थात् 496, $(496 - 6^2)$ अर्थात् 460, $(460 + 5^2)$ अर्थात् 485, ...

स्पष्ट है कि इसका चौथा पद 485 है.

49. (*e*) : क्रम है : $\times 2 + 3, \times 2 + 5, \times 2 + 7, \times 2 + 9$, ...

अत: 18 त्रुटिपूर्ण है तथा इसके स्थान पर $(7 \times 2 + 5)$ अर्थात् 19 होना चाहिए.

18 को प्रथम पद लेकर दूसरी श्रेणी बनती है : 18, $(18 \times 2 + 3)$ अर्थात् 39, $(39 \times 2 + 5)$ अर्थात् 83, $(83 \times 2 + 7)$ अर्थात् 173, ...

स्पष्ट है कि इसका चौथा पद 173 है.

50. (*c*) : क्रम है : $\times 1 + (1 \times 2), \times 2 - (2 \times 3), \times 3 + (3 \times 4), \times 4 - (4 \times 5)$, ...

अत: 146 त्रुटिपूर्ण है तथा इसके स्थान पर $[42 \times 4 - (4 \times 5)]$ अर्थात् 148 होना चाहिए.

146 को प्रथम पद लेकर दूसरी श्रेणी बनती है : 146; $[146 \times 1 + (1 \times 2)]$ अर्थात् 148, $[148 \times 2 - (2 \times 3)]$ अर्थात् 290, $[290 \times 3 + (3 \times 4)]$ अर्थात् 882, ...

स्पष्ट है कि इसका चौथा पद 882 है.

अतिरिक्त

प्रश्न–उत्तर संग्रह

संख्या पद्धति

1. 50 लड़कियाँ खो-खो खेलना पसंद करती है, 70 कब्बड्डी खेलना पसंद करती हैं इनमें से कुछ दोनों खेलना पसंद करती हैं। यदि कुल 100 लड़कियाँ हैं, तो केवल खो-खो खेलना पसंद करने वाली लड़कियों की संख्या है:

(*a*) 20 (*b*) 30 (*c*) 40 (*d*) 50

(आर.आर.सी (दिल्ली ग्रुप डी) परीक्षा, 2014)

2. यदि 15 औरतें मिलकर एक एकड़ ज़मीन की दो दिन में बो सकती हैं, तो तीन एकड़ ज़मीन को एक दिन में बोने के लिए कितनी औरतों की आवश्यकता होगी?

(*a*) 60 (*b*) 90 (*c*) 120 (*d*) 180

(मध्य प्रदेश लोक सेवा आयोग राज्य सेवा (प्रारम्भिक) परीक्षा, 2015)

3. किसी दो अंकीय संख्या तथा इसके अंको को पलटने पर प्राप्त हुई संख्या का अन्तर 45 है तो उस संख्या के अकों के बीच कितना अन्तर होगा?

(*a*) 4 (*b*) 5 (*c*) 6 (*d*) 7 (*e*) 9

(रिजर्व बैंक ऑफ इण्डिया ऑफीसर्स ग्रेड "बी" परीक्षा, 2015)

4. जब एक संख्या के $\frac{3}{5}$ भाग में से 33.75 घटाया जाता है तो परिणाम उस संख्या के 45% के बराबर प्राप्त होता है। संख्या के एक-तिहाई का प्राप्त मान क्या है?

(*a*) 36 (*b*) 69 (*c*) 25 (*d*) 72 (*e*) 75

(स्टेट बैंक ऑफ इण्डिया क्लर्क (प्रारम्भिक) ऑनलाईन परीक्षा, 2016)

5. एक निश्चित धन राशि तीन व्यक्तियों A, B एवं C में इस प्रकार बाँटी जाती है कि A कुल धनराशि के $\frac{1}{6}$ भाग से ₹221 अधिक प्राप्त करता है, B कुल धन राशि के $\frac{2}{5}$ भाग से ₹40 कम प्राप्त करता है एवं C को ₹300 मिलते है, कुल धनराशि क्या है?

(*a*) ₹1110 (*b*) ₹1120 (*c*) ₹1220
(*d*) ₹1320 (*e*) इनमें से कोई नहीं

(एस.आई.डी.बी.आई.-अधिकारी आनॅलाइन परीक्षा, 2016)

6. ₹490 को A, B और C में इस प्रकार विभाजित किया जाता है कि A का हिस्सा B के हिस्से से आधा है और C के हिस्से से तीन गुणा है, C का हिस्सा कितना है?

(*a*) ₹49 (*b*) ₹147 (*c*) ₹294 (*d*) ₹245

(एस.एस.सी.-सी.जी.एल. (टीयर-I) (बी.ई.) परीक्षा, 2016)

7. किसी संख्या और उसके वर्ग का योग 240 है, यह संख्या है:

(*a*) 12 (*b*) 14 (*c*) 15 (*d*) 16

(उत्तर प्रदेश सम्मिलित अवर अधीनस्थ सेवा (सामान्य चयन) प्रारम्भिक सेवा परीक्षा, 2015)

8. एक संख्या और उसके $\frac{3}{5}$ वें भाग का अंतर 50 है, संख्या क्या है?

(*a*) 75 (*b*) 100 (*c*) 125 (*d*) इनमें के कोई नहीं

(जे.ई.ई. होटल मैनेजमेंट प्रवेश परीक्षा, 2015)

उत्तरमाला

1. (*b*) **2.** (*b*) **3.** (*b*) **4.** (*e*) **5.** (*a*) **6.** (*a*) **7.** (*c*) **8.** (*c*)

दिये गए प्रश्नों के हल

1. कुल लड़कियाँ = 100

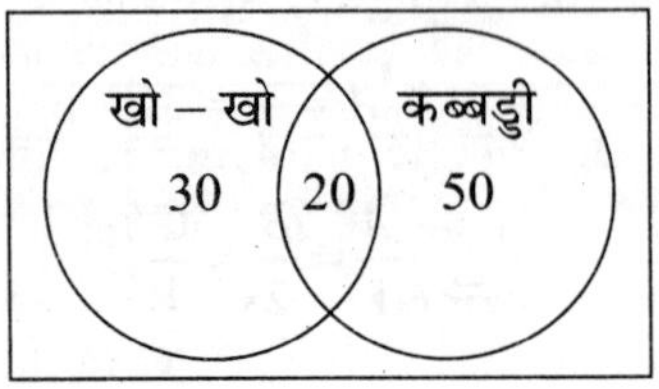

खो-खो खेलना पसंद करती हैं = 50 लड़कियाँ

कब्बडडी खेलना पसंद करती हैं = 70 लड़कियाँ

केवल खो-खो खेलना पसंद करने वाली लड़कियों की संख्या

$= 50 - [70 + 50 - 100] = 50 - [120 - 100] = 50 - 20 = 30$ लड़कियाँ

2. एक एकड़ ज़मीन को दो दिन में बोने के लिए औरतें $= 15$

एक एकड़ ज़मीन को एक दिन मे बोने के लिए औरतें $= 15 \times 2 = 30$ औरतें

तीन एकड़ ज़मीन को एक दिन में बोने के लिए औरतें $= 30 \times 3 = 90$ औरतें

3. माना दो अंकीय संख्या $10a + b$ हैं

$(10a + b) - (10b + a) = 45 \quad \Rightarrow 10a + b - 10b - a = 45$

$\Rightarrow 9a - 9b = 45 \quad \therefore$ वांछित अन्तर $= a - b = 5$

4. माना संख्या है x

$$\frac{3(x)}{5} - 33.75 = 45\% \text{ of } x$$

$$\Rightarrow \frac{3x}{5} - 33.75 = \frac{45x}{100}$$

$$\Rightarrow \frac{3x}{5} - \frac{9x}{20} = 33.75$$

$$\Rightarrow \frac{12x - 9x}{20} = 33.75$$

$$\Rightarrow \frac{3x}{20} = 33.75$$

$$\Rightarrow x = \frac{33.75 \times 20}{3} = 225$$

संख्या का एक तिहाई भाग $= \frac{1}{3}(225) = 75$

5. माना कुल धनराशि ₹x है

$$A = \frac{x}{6} + ₹221$$

$$B = \frac{2x}{5} - ₹40$$

$$C = ₹300$$

$\therefore \quad \frac{x}{6}+221+\frac{2x}{5}-40+300=x$

$\Rightarrow \quad x-\frac{x}{6}-\frac{2x}{5}=480 \qquad \Rightarrow \quad \frac{30x-5x-12x}{30}=481$

$\Rightarrow \quad 13x=481\times 30 \qquad \Rightarrow \quad x=\frac{481\times 30}{13}=₹1,110$

6. प्रश्नानुसार, कुल राशि = ₹490

$A=\frac{B}{2}=3C$

$\Rightarrow \quad \frac{A}{1}=\frac{B}{2}=\frac{C}{\frac{1}{3}}$

$\Rightarrow \quad A:B:C=1:2:\frac{1}{3}=3:6:1$

आनुपातिक योग $=3+6+1=10$

$\therefore$ C का हिस्सा $=\left(\frac{1}{10}\times ₹490\right)=₹49$

7. माना संख्या x है तो $x+x^2=240$

$\Rightarrow \quad x^2+x-240=0$

$\Rightarrow \quad x^2+16x-15x-240=0$

$\Rightarrow \quad (x-15)(x-16)=0$

$\Rightarrow \quad x=15;\ x=-16$

8. माना संख्या x है

प्रश्नानुसार, $x-\frac{3}{5}(x)=50$

$\Rightarrow \quad \frac{5x-3x}{5}=50$

$\Rightarrow \quad \frac{2x}{5}=50$

$\Rightarrow \quad x=\frac{50\times 5}{2}=125$

महत्तम समापवर्तक तथा लघुत्तम समापवर्त्य

1. वह लघुत्तम संख्या ज्ञात कीजिए, जिसे 15, 20, 36 और 48 से भाग दिए जाने पर हर बार 3 शेष बचे।
(*a*) 183 (*b*) 243 (*c*) 483 (*d*) 723

(एस.एस.सी.-सी.जी.एल. (टीयर-I) परीक्षा, 2014)

2. तीन आदमी एक स्थान से एक समय पर चलते हैं। उनके कदम क्रमश: 63 से.मी., 70 से.मी. और 77 से.मी. के है वह न्यूनतम कितनी दूरी तय करें कि सभी उस दूरी को पूरे कदमो में तय कर सके।
(*a*) 9630 से.मी. (*b*) 9360 से.मी. (*c*) 6930 से.मी. (*d*) 6950 से.मी.

(एस.एस.सी.-सी.जी.एल. (टीयर-I) परीक्षा, 2014)

3. तीन संख्याए 1 : 2 : 3 के अनुपात में है तथा उनका म.स. 12 है इन तीनो संख्याओं का ल.स. है:
(*a*) 36 (*b*) 72 (*c*) 84 (*d*) 96

(उत्तर प्रदेश सम्मिलित अवर अधीनस्थ सेवा (सामान्य चयन) प्रारम्भिक सेवा, 2015)

4. वह सबसे छोटी संख्या क्या होगी जिसे 3587 में जोडने पर वह 30, 42 और 105 द्वारा भाज्य बन जाए?
(*a*) 113 (*b*) 93 (*c*) 103 (*d*) 193

(जे.ई.ई. होटल मैनेजमेंट प्रवेश परीक्षा, 2015)

5. वह कौनसी सबसे छोटी संख्या है जिसे 20, 25, 35 तथा 40 से भाग देने पर क्रमश: 13, 18, 28 तथा 33 शेष बचते है?
(*a*) 1391 (*b*) 1393 (*c*) 1407 (*d*) 1405

(उत्तर प्रदेश सम्मिलित अवर अधीनस्थ सेवा (सामान्य चयन) प्रारम्भिक सेवा 2015)

6. 15, 25 एवं 30 से पूर्णत: विभाज्य तीन अंकों की सबसे बड़ी संख्या क्या है?
(*a*) 900 (*b*) 930 (*c*) 960 (*d*) 975

(आर.आर.बी. (एन.टी.पी.सी.) परीक्षा, 2016)

7. दो संख्याओं का गुणनफल 1380 है तथा उनका म.स. 6 हैं। उन संख्याओं का ल.स. है:
(*a*) 220 (*b*) 230 (*c*) 240 (*d*) 250

(भारतीय डाक पोस्टमैन/मेल गार्ड परीक्षा, 2016)

उत्तरमाला

1. (*d*) **2.** (*c*) **3.** (*b*) **4.** (*d*) **5.** (*b*) **6.** (*a*) **7.** (*b*)

दिये गए प्रश्नों के हल

1. $15 = 3 \times 5; 20 = 2 \times 2 \times 5; 36 = 2 \times 2 \times 3 \times 3; 48 = 2 \times 2 \times 2 \times 2 \times 3$

लघुत्तम $= 2 \times 2 \times 2 \times 2 \times 3 \times 3 \times 5 = 720$

वांछित संख्या $= 720 + 3 = 723$

2. वांछित दूरी जो कि 63, 70 एवं 77 से.मी. के लघुत्तम के बराबर है।

लघुत्तम $= 2 \times 3 \times 3 \times 5 \times 7 \times 11$

= 6930 से.मी.

वांछित दूरी = 6930 से.मी.

2	63 – 70 – 77
3	63 – 35 – 77
3	21 – 35 – 77
5	7 – 35 – 77
7	7 – 7 – 77
11	1 – 1 – 17
	1 – 1 – 1

3. माना तीनो संख्याए है x, $2x$ एवं $3x$

इनका म.स. x

$\therefore\ x = 12$

2	1 – 2 – 3
3	1 – 1 – 3
	1 – 1 – 1

ल.स. $= 2 \times 3 = 6$

इनका ल.स. $6x = 6 \times 12 = 72$

4. माना सबसे छोटी संख्या x है

30, 42 और 105 का लघुत्तम समापवर्त्य है

लघुत्तम 30, 42 एवं 105

$= 2 \times 3 \times 5 \times 7 = 210$

2	30 – 42 – 105
3	15 – 21 – 105
5	5 – 7 – 35
7	1 – 7 – 7
	1 – 1 – 1

दिए गए विकल्पों में से

$\therefore\ 3587 + 193 = 3780$

$\Rightarrow\ 3780 \div 210 = 18$

5. दिए गए विकल्पों मे से

$1393 \div 20 = 69$ भागफल शेष 13

$1393 \div 25 = 55$ भागफल शेष 18

$1393 \div 35 = 39$ भागफल शेष 28

$1393 \div 40 = 34$ भागफल शेष 33

तो सबसे छोटी संख्या है 1393

6. 15, 25 एवं 30 का ल.स. $= 2 \times 3 \times 5 \times 5 = 150$

$\therefore$ अभीष्ट संख्या $= 6 \times 150 = 900$

2	15 – 25 – 30
3	15 – 25 – 15
5	5 – 25 – 5
	1 – 5 – 1

7. दो संख्याओं का गुणनफल = ल.स × म.स.

$\Rightarrow$ $= 1380 =$ ल.स. $\times 6$ $\Rightarrow$ ल.स. $= \dfrac{1380}{6} = 230$ $\Rightarrow$ ल.स. $= 230$

दशमलव भिन्नें

1. $10.03\overline{6}$ का साधारण भिन्न रूप है:

(a) $10\frac{9}{225}$ (b) $10\frac{11}{300}$ (c) $10\frac{9}{250}$ (d) $10\frac{36}{999}$

(मध्य प्रदेश पुलिस आरक्षक (जनरल ड्यूटी) भर्ती परीक्षा, 2013)

2. $\frac{17.28 \div ?}{3.6 \times 0.2} = 2$

(a) 120 (b) 1.20 (c) 12 (d) 0.12

(दिल्ली अधीनस्थ चयन बोर्ड निम्न श्रेणी लिपिक परीक्षा, 2014)

3. $787.46 - ? + 425.13 = 687.74$

(a) 245.34 (b) 262.34 (c) 524.85 (d) 262.24 (e) 321.28

(एस.बी.आई. के सहयोगी बैंक लिपिकीय संवर्ग परीक्षा, 2015)

4. निम्नलिखित का मान है:

$\sqrt{\frac{0.324 \times 0.081 \times 4.624}{1.5625 \times 0.0289 \times 72.9 \times 64}}$

(a) 2.4 (b) 24 (c) 0.24 (d) 0.024

(संयुक्त स्नातक स्तरीय (स्तर-1) परीक्षा, 2015)

5. $32.01^2 \times 512^{\frac{1}{3}} \times 33.99^2 \div (2^9 \times 16.97^2) = 2^?$

(a) 3 (b) 4 (c) 9 (d) 10 (e) 6

(आई.बी.पी.एस. द्वारा आयोजित बैंक आईटी ऑफीसर (प्रारम्भिक) परीक्षा, 2016)

6. यदि $3x + 0.04x = 0.608$ तो x का मान ज्ञात कीजिए।

(a) 2 (b) 0.2 (c) 0.02 (d) 0.002

(आर.आर.बी. (एन.टी.पी.सी.) परीक्षा, 2016)

7. $5^{\frac{1}{4}} \times (125)^{0.25}$ का मान क्या होगा?

(a) 5 (b) 25 (c) $\sqrt{5}$ (d) $5\sqrt{5}$

(झारखंड कर्मचारी चयन आयोग (जी.एस.एस.सी.) स्नातक स्तर प्रारंभिक परीक्षा, 2016)

उत्तरमाला

1. (b) **2.** (c) **3.** (c) **4.** (d) **5.** (e) **6.** (b) **7.** (a)

दिये गए प्रश्नों के हल

1. माना $N = 10.03\overline{6}$

$= 10 + 0.03\overline{6}$

$= 10 + \frac{36-3}{900}$

$= 10 + \frac{33}{900} = 10 + \frac{11}{300} = 10\frac{11}{300}$

2. $\dfrac{17.28 \div ?}{3.6 \times 0.2} = 2$

$\Rightarrow \dfrac{17.28 \div ?}{0.72} = 2$

$\Rightarrow 17.28 \div ? = 1.44$

$\Rightarrow ? = \dfrac{17.28}{1.44} = 12$

3. $787.46 - ? + 425.13 = 687.74$

$\Rightarrow 787.46 - ? = 687.74 - 425.13$

$\Rightarrow 787.46 - ? = 262.61$

$\Rightarrow ? = 787.46 - 262.61$

$\Rightarrow ? = 524.85$

4. $\sqrt{\dfrac{0.324 \times 0.081 \times 4.624}{1.5625 \times 0.0289 \times 72.9 \times 64}}$

$= \sqrt{\dfrac{324 \times 81 \times 4624 \times 10000 \times 10000 \times 10}{15625 \times 289 \times 729 \times 64 \times 1000 \times 1000 \times 1000}}$

$= \sqrt{\dfrac{324 \times 81 \times 4624}{15625 \times 289 \times 729 \times 64}}$

$= \sqrt{\dfrac{18 \times 18 \times 9 \times 9 \times 68 \times 68}{25 \times 25 \times 25 \times 17 \times 17 \times 9 \times 9 \times 9 \times 8 \times 8}} = \dfrac{3}{125} = 0.024$

5. $32.01^2 \times 512^{\frac{1}{3}} \times 33.99^2 \div \left(2^9 \times 16.97^2\right) = 2^?$

$= 32^2 \times 512^{\frac{1}{3}} \times (32)^2 \div \left(2^9 \times 16^2\right) = 2^?$

$= \left(2^5\right)^2 \times 8 \times \left(2^5\right)^2 \div \left(2^9 \times \left((2)^4\right)^2\right) = 2^?$

$= 2^{10} \times 2^3 \times 2^{10} \div 2^9 \, 2^8 = 2^?$

$= 2^{23} \div 2^{17} = 2^?$

$= 2^6 = 2^?$

$\Rightarrow ? = 6$

6. $3x + 0.04x = 0.608$

$\Rightarrow 3.04x = 0.608$

$\Rightarrow x = \dfrac{0.608}{3.04} = 0.2$

7. $5^{\frac{1}{4}} \times (125)^{0.25} = 5^{\frac{1}{4}} \times \left(5^3\right)^{\frac{25}{100}}$

$= 5^{\frac{1}{4}} \times \left(5^3\right)^{\frac{1}{4}} = 5^{\frac{1}{4}} \times 5^{\frac{3}{4}} = 5^{\frac{1}{4}+\frac{3}{4}} = 5^1 = 5$

सरलीकरण

1. निम्नलिखित का सरलीकृत ज्ञान है:

$$\left\{\left(1+\frac{1}{10+\frac{1}{10}}\right)\left(1+\frac{1}{10+\frac{1}{10}}\right)-\left(1-\frac{1}{10+\frac{1}{10}}\right)\left(1-\frac{1}{10+\frac{1}{10}}\right)\right\}\div\left\{\left(1+\frac{1}{10+\frac{1}{10}}\right)\left(1-\frac{1}{10+\frac{1}{10}}\right)\right\}$$

(*a*) 2 (*b*) $\frac{100}{101}$ (*c*) $\frac{90}{101}$ (*d*) $\frac{20}{101}$

(संयुक्त स्नातक स्तरीय (स्तर-1) परीक्षा, 2015)

2. $(13-7\times9-2)/(23\times5-2\times5-41\times7)$ का हल होगा:

(*a*) $\frac{7}{18}$ (*b*) $-\frac{2}{7}$ (*c*) $\frac{49}{162}$ (*d*) $\frac{2}{7}$

(जे.ई.ई. होटल मैनेजमेंट प्रवेश परीक्षा, 2015)

3. यदि $ab=21$ और $\frac{(a+b)^2}{(a-b)^2}=\frac{25}{4}$ हो तो a^2+b^2+3ab का मान क्या होगा?

(*a*) 115 (*b*) 121 (*c*) 125 (*d*) 127

(एस.एस.सी.-सी.जी.एल. (टीयर-I) (सी.बी.ई.) परीक्षा, 2016)

4. $(d^{s+t}\div d^s)\div d^t$ का मान क्या होगा?

(*a*) $d^{2(s+t)}$ (*b*) 1 (*c*) 0 (*d*) d^{s-t}

(एस.एस.सी.-सी.जी.एल. (टीयर-I) (सी.बी.ई.) परीक्षा, 2016)

5. यदि $\sqrt{x^2+y^2}=25$ एवं $y=2x$ तो x का मान ज्ञात कीजिए।

(*a*) 5 (*b*) 25 (*c*) $\sqrt{125}$ (*d*) $\sqrt{5}$

(आर.आर.बी. (एन.टी.पी.सी.) परीक्षा, 2016)

6. यदि $x=(7-4\sqrt{3})$ है तो $x^2+\frac{1}{x^2}$ का मान कितना होगा?

(*a*) 96 (*b*) 112 (*c*) 194 (*d*) 224

(झारखंड कर्मचारी चयन आयोग (जी.एस.एस.सी.) स्नातक स्तर (प्रारंभिक) परीक्षा, 2016)

7. $\frac{\sqrt{25}}{2}\times\frac{\sqrt{9}}{5}\times\frac{\sqrt{4}}{3}=?$

(*a*) 1 (*b*) 2 (*c*) 3 (*d*) 5

(भारतीय डाक पोस्टमैन/मेलगार्ड परीक्षा, 2016)

उत्तरमाला

1. (*a*) 2. (*d*) 3. (*b*) 4. (*b*) 5. (*c*) 6. (*c*) 7. (*a*)

दिये गए प्रश्नों के हल

1. $$\left\{\left(1+\frac{1}{10+\frac{1}{10}}\right)\left(1+\frac{1}{10+\frac{1}{10}}\right)-\left(1-\frac{1}{10+\frac{1}{10}}\right)\left(1-\frac{1}{10+\frac{1}{10}}\right)\right\}\div\left\{\left(1+\frac{1}{10+\frac{1}{10}}\right)\left(1-\frac{1}{10+\frac{1}{10}}\right)\right\}$$

$$=\left\{\left(1+\frac{1}{\frac{101}{10}}\right)\left(1+\frac{1}{\frac{101}{10}}\right)-\left(1-\frac{1}{\frac{101}{10}}\right)\left(1-\frac{1}{\frac{101}{10}}\right)\right\}\div\left\{\left(1+\frac{1}{\frac{101}{10}}\right)\left(1-\frac{1}{\frac{101}{10}}\right)\right\}$$

$$=\left\{\left(1+\frac{10}{101}\right)\left(1+\frac{10}{101}\right)-\left(1-\frac{10}{101}\right)\left(1-\frac{10}{101}\right)\right\}\div\left\{\left(1+\frac{10}{101}\right)\left(1-\frac{10}{101}\right)\right\}$$

$$=\left\{\left(\frac{111}{101}\right)\left(\frac{111}{101}\right)-\left(\frac{91}{101}\right)\left(\frac{91}{101}\right)\right\}\div\left\{\left(\frac{111}{101}-\frac{91}{101}\right)\right\}=\left(\frac{12321-8281}{10201}\right)\div\left(\frac{20}{101}\right)$$

$$=\frac{4040}{10201}\div\frac{20}{101}=\frac{4040}{10201}\times\frac{101}{20}=\frac{202}{101}=2$$

2. $(13-7\times9-2)/(23\times5-2\times5-41\times7)$

$$=\frac{13-63-2}{115-10-287}=\frac{-52}{-182}=\frac{2}{7}$$

3. $$\frac{(a+b)^2}{(a-b)^2}=\frac{25}{4}$$

$$\Rightarrow \frac{(a+b)^2+(a-b)^2}{(a+b)^2-(a-b)^2}=\frac{25+4}{25-4}$$

$$\Rightarrow \frac{2(a^2+b^2)}{4ab}=\frac{29}{21}$$

$$\Rightarrow \frac{a^2+b^2}{2ab}=\frac{29}{21}$$

$$\Rightarrow \frac{a^2+b^2}{2\times21}=\frac{29}{21}$$

$$\Rightarrow a^2+b^2=29\times2=58$$

$$\therefore\ a^2+b^2+3ab=58+3(21)=58+63=121$$

4. $(d^{s+t}\div d^s)\div d^t$

$$=(d^{s+t-s})\div d^t$$

$$=d^t\div d^t=d^{t-t}=d^0=1$$

5. $\sqrt{x^2+y^2}=25$

$\Rightarrow \sqrt{x^2+(2x)^2}=25 \quad \{\because 2x=y\}$

$\Rightarrow \sqrt{5x^2}=25$

$\Rightarrow 5x^2=25\times 25$

$\Rightarrow x^2=\frac{25\times 25}{5}=125$

$\Rightarrow x^2=125$

$\Rightarrow x=\sqrt{125}$

6. $x=7-4\sqrt{3}$

$\therefore \frac{1}{x}=\frac{1}{7-4\sqrt{3}}=\frac{1}{7-4\sqrt{3}}\times\frac{7+4\sqrt{3}}{7+4\sqrt{3}}$

$=\frac{7+4\sqrt{3}}{(7)^2-(4\sqrt{3})^2}=\frac{7+4\sqrt{3}}{49-48}=7+4\sqrt{3}$

$\therefore x+\frac{1}{x}=7-4\sqrt{3}+7+4\sqrt{3}=14$

$\Rightarrow x+\frac{1}{x}=14$

$\Rightarrow \left(x+\frac{1}{x}\right)^2=(14)^2$

$\Rightarrow x^2+\frac{1}{x^2}+2=196$

$\Rightarrow x^2+\frac{1}{x^2}=194$

7. $\frac{\sqrt{25}}{2}\times\frac{\sqrt{9}}{5}\times\frac{\sqrt{4}}{3}=?$

$\Rightarrow \frac{5}{2}\times\frac{3}{5}\times\frac{2}{3}=?$

$\Rightarrow ?=1$

वर्गमूल तथा घनमूल

1. $\sqrt{277-\sqrt{497-?}} = 304 \div 19$

(*a*) 14 (*b*) 18 (*c*) 16 (*d*) 12 (*e*) 11

(एस.बी.आई. के सहयोगी बैंक लिपिकीय संवर्ग परीक्षा, 2015)

2. यदि $x = \frac{\sqrt{5}-\sqrt{3}}{\sqrt{5}+\sqrt{3}}$ और $y = \frac{\sqrt{5}+\sqrt{3}}{\sqrt{5}-\sqrt{3}}$ तो निम्नलिखित का मान है $\frac{x^2+xy+y^2}{x^2-xy+y^2} = ?$

(*a*) $\frac{67}{65}$ (*b*) $\frac{69}{67}$ (*c*) $\frac{63}{61}$ (*d*) $\frac{65}{63}$

(संयुक्त स्नातक स्तरीय (स्तर-1) परीक्षा, 2015)

3. यदि $\sqrt{2}$ 1.4142 हो तो $\sqrt{\frac{3-\sqrt{8}}{3+\sqrt{8}}}$ बराबर है:

(*a*) 5.8284 (*b*) 5.1716 (*c*) 0.4142 (*d*) 0.1716

(उत्तर प्रदेश सम्मिलित अवर अधीनस्थ सेवा (सामान्य चयन) प्रारंभिक सेवा परीक्षा, 2015)

4. $\sqrt{64009}$ किसके बराबर है?

(*a*) 352 (*b*) 523 (*c*) 253 (*d*) 532

(एस.एस.सी.-सी.जी.एल. (टीयर-II) परीक्षा, 2014)

5. यदि $a = 64$ और $b = 289$ है तो $\left(\sqrt{\sqrt{a}+\sqrt{b}} - \sqrt{\sqrt{b}-\sqrt{a}}\right)^{\frac{1}{2}}$ का मान क्या होगा?

(*a*) $2^{\frac{1}{2}}$ (*b*) 2 (*c*) 4 (*d*) –2

(एस.एस.सी.-सी.जी.एल. (टीयर-II) परीक्षा, 2014)

6. $\left(272^2 - 128^2\right)$ का वर्गमूल है:

(*a*) 144 (*b*) 200 (*c*) 240 (*d*) 256

(जे.ई.ई. होटल मैनेजमेंट प्रवेश परीक्षा, 2015)

7. $\sqrt{1296.002} \div 8.996 \div 9.98 + 39.4 = ?$

(*a*) 80 (*b*) 8 (*c*) 4 (*d*) 120 (*e*) 40

(आई.बी.पी.एस. द्वारा आयोजित बैंक आईटी ऑफीसर (प्रारम्भिक) परीक्षा, 2016)

उत्तरमाला

1. (*c*) **2.** (*c*) **3.** (*d*) **4.** (*c*) **5.** (*a*) **6.** (*c*) **7.** (*e*)

दिये गए प्रश्नों के हल

1. $\sqrt{277-\sqrt{497-?}} = 304 \div 19$

$\sqrt{277-\sqrt{497-?}} = 16$

केवल 441 ही ऐसी संख्या है, जिसका वर्गमूल निकाला जा सकता है वर्गमूल 21 है

$\sqrt{277-\sqrt{497-56}} = 16 = \sqrt{277-\sqrt{441}} = 16$

$\Rightarrow \sqrt{277-21}=16$

$\Rightarrow \sqrt{256}=16$

2. $x=\frac{\sqrt{5}-\sqrt{3}}{\sqrt{5}+\sqrt{3}}=\left(\frac{\sqrt{5}-\sqrt{3}}{\sqrt{5}+\sqrt{3}}\right)\left(\frac{\sqrt{5}-\sqrt{3}}{\sqrt{5}-\sqrt{3}}\right)=\frac{5+3-2\sqrt{15}}{5-3}$

$\left\{\because (a-b)^2=a^2+b^2-2ab; (a+b)(a-b)=a^2-b^2\right\}$

$=\frac{8-2\sqrt{15}}{2}=4-\sqrt{15}$

उसी प्रकार $y=4+\sqrt{15}$

$\frac{x^2+xy+y^2}{x^2-xy+y^2}=?$

$=\frac{(x+y)^2-xy}{(x+y)^2-3xy}=\frac{\left(4-\sqrt{15}+4+\sqrt{15}\right)^2-\left(4-\sqrt{15}\right)\left(4+\sqrt{15}\right)}{\left(4-\sqrt{15}+4+\sqrt{15}\right)^2-3\left(4-\sqrt{15}\right)\left(4+\sqrt{15}\right)}=\frac{64-1}{64-3}=\frac{63}{61}$

3. $\sqrt{\frac{3-\sqrt{8}}{3+\sqrt{8}}}=\sqrt{\frac{3-\sqrt{8}}{3+\sqrt{8}}\times\frac{3-\sqrt{8}}{3-\sqrt{8}}}=\sqrt{\frac{\left(3-\sqrt{8}\right)^2}{(3)^2-\left(\sqrt{8}\right)^2}}=\sqrt{\frac{\left(3-\sqrt{8}\right)^2}{9-8}}=\sqrt{\left(3-\sqrt{8}\right)^2}=\left(3-\sqrt{8}\right)$

$=3-\sqrt{2\times2\times2}=3-2\sqrt{2}=3-(2\times1.4142)$

$=3-2.8282=0.1716$

4. $\sqrt{64009}=\sqrt{253\times253}=253$

5. $a=64,\ \ b=289$

$\left(\sqrt{\sqrt{a}+\sqrt{b}}-\sqrt{\sqrt{b}-\sqrt{a}}\right)^{\frac{1}{2}}$

$\left(\sqrt{\sqrt{64}+\sqrt{289}}-\sqrt{\sqrt{289}-\sqrt{64}}\right)^{\frac{1}{2}}$

$=\left(\sqrt{8+17}-\sqrt{17-8}\right)^{\frac{1}{2}}=\left(\sqrt{25}-\sqrt{9}\right)^{\frac{1}{2}}=(5-3)^{\frac{1}{2}}$

$=(2)^{\frac{1}{2}}$

6. $\sqrt{\left(272^2-128^2\right)}=\sqrt{(272-128)(272+128)}$

$=\sqrt{144\times400}=\sqrt{12\times12\times20\times20}=240$

7. $\sqrt{1296.002}\div8.996\div9.98+39.4=?$

$\sqrt{1296}\div9\div10+39.4=?$

$\Rightarrow 36\div9\div10+39.4=?$

$\Rightarrow 39\div90+39.4=?$

$\Rightarrow 0.40+39.4=?$

$\Rightarrow ?=39.8=40$ लगभग

औसत

1. एक परिवार का औसत बिजली बिल इस प्रकार है- जनवरी से जून ₹980, जुलाई से सितम्बर ₹670, अक्टूबर से दिसम्बर ₹720. यदि परिवार जून और जुलाई के महीनों मे छुट्टी पर जाता है और बिजली की कोई खपत नहीं होती है तो इस वर्ष के लिए औसत बिजली का बिल क्या होगा?
   (*a*) ₹500 (*b*) ₹600 (*c*) ₹700 (*d*) ₹800
   (मध्य प्रदेश लोक सेवा आयोग राज्य सेवा (प्रा.) परीक्षा, 2015)
2. 6 संख्याओं का औसत 20 है यदि एक संख्या हटा दी जाए, तो औसत 15 हो जाती है। कौन-सी संख्या हटाई गई है?
   (*a*) 5 (*b*) 35 (*c*) 112 (*d*) 45
   (एस.एस.सी.-सी.जी.एल. (टीयर-II) परीक्षा, 2014)
3. मुआन ने अग्रेजी, गणित, भौतिक विज्ञान, रसायन विज्ञान एवं जीव विज्ञान में (100 में से) क्रमश: 76, 65, 82, 67 और 85 अंक प्राप्त किए उसके औसत अंक कितने है?
   (*a*) 65 (*b*) 69 (*c*) 72 (*d*) इनमें से कोई नही
   (जे.ई.ई. होटल मैनेजमेंट प्रवेश परीक्षा, 2015)
4. दो संख्याओं का औसत $2(a+b)$ है। यदि एक संख्या $4a$ है तो दूसरी संख्या है:
   (*a*) $2b$ (*b*) $4b$ (*c*) $2a-2b$ (*d*) $2b-2a$
   (आर.आर.सी (दिल्ली) ग्रुप 'डी' परीक्षा, 2014)
5. यदि 6, 4, 7, a, 10 इनका माध्य 8 है तो 'a' के मूल्य का पता लगाइए।
   (*a*) 12 (*b*) 10 (*c*) 13 (*d*) 11
   (दिल्ली अधीनस्थ सेवा चयन बोर्ड निम्न श्रेणी लिपिक परीक्षा, 2014)
6. A, B, C तीन व्यक्तियों का औसत वजन 84 किग्रा. है एक अन्य व्यक्ति D उस ग्रुप में शामिल हो जाता है और अब औसत 80 किग्रा. हो जाती है यदि एक अन्य व्यक्ति E जिसका वजन D से 3 किग्रा. अधिक है, A के स्थान पर आ जाता है तो B, C, D, E का औसत वजन 79 किग्रा. हो जाता है A का वजन (किग्रा. में) कितना है?
   (*a*) 75 (*b*) 72 (*c*) 80 (*d*) 70
   (एस.एस.सी.-सी.जी.एल. (टीयर-I) परीक्षा, 2015)
7. प्रथम 50 प्राकृत संख्याओं का औसत है:
   (*a*) 25.5 (*b*) 27.5 (*c*) 24.5 (*d*) 23.5
   (उत्तर प्रदेश सम्मिलित अवर अधीनस्थ सेवा (सामान्य चयन) प्रारंभिक सेवा परीक्षा, 2015)

उत्तरमाला

1. (*c*) **2.** (*d*) **3.** (*d*) **4.** (*b*) **5.** (*c*) **6.** (*a*) **7.** (*a*)

दिये गए प्रश्नों के हल

1. जनवरी से जून तक बिजली का औसत बिल = ₹980
   जनवरी से जून तक बिजली के बिल का कुल योग $=(980\times6)=$ ₹5880
   जुलाई से सितम्बर तक बिजली का औसत बिल = ₹670

जुलाई से सितम्बर तक बिजली के बिल का कुल योग $= (670 \times 3) =$ ₹2010

अक्टूबर से दिसम्बर तक बिजली का औसत बिल = ₹720

अक्टूबर से दिसम्बर तक बिजली के बिल का कुल योग $= (720 \times 3) =$ ₹2160

जनवरी से मई तक बिजली के बिल का कुल योग = ₹$(5880 - 980) =$ ₹4900

अगस्त से सितम्बर तक बिजली के बिल का कुल योग = ₹$(2010 - 670) =$ ₹1340

अक्टूबर से दिसम्बर तक बिजली के बिल का कुल योग = ₹2160

दस महीनों के बिजली के बिल का कुल योग = ₹8400

औसत बिल $= \dfrac{8400}{12} =$ ₹700

2. 6 संख्याओं की औसत = 20

6 संख्याओं का कुल योग $= 20 \times 6 = 120$

5 संख्याओं की औसत = 15

5 संख्याओं का कुल योग $= 15 \times 5 = 75$

हटाई गई संख्या $= 120 - 75 = 45$

3. अंग्रेजी, गणित, भौतिक विज्ञान, रसायन विज्ञान एवं जीव विज्ञान में प्राप्त अंकों का कुल योग $= 76 + 65 + 82 + 67 + 85 = 375$

वांछित औसत $= \dfrac{375}{5} = 75$

4. दो संख्याओं की औसत $= 2(a+b)$

दो संख्याओं का कुल योग $= (2(a+b)) \times 2 = 4(a+b) = 4a + 4b$

एक संख्या $= 4a$

दूसरी संख्या $= 4a + 4b - 4a = 4b$

5. प्रश्नानुसार, $\dfrac{6+4+7+a+10}{5} = 8$

$\Rightarrow\ 27 + a = 40$

$\Rightarrow\ a = 40 - 27 = 13$

6. A, B, C का औसत वजन = 84 किग्रा.

A, B, C के वजन का कुल योग $= 84 \times 3 = 252$ किग्रा.

A, B, C, D का औसत वजन = 80 किग्रा.

A, B, C, D के वजन का कुल योग $= 80 \times 4 = 320$ किग्रा.

D का वजन $= 320 - 252 = 68$ किग्रा.

E का वजन $= 68 + 3 = 71$ किग्रा.

B, C, D, E का औसत वजन = 79 किग्रा.

B, C, D, E के वजन का कुल योग $= 79 \times 4 = 316$ किग्रा.

A का वजन $= 320 + 71 - 316 = 391 - 316 = 75$ किग्रा.

7. दिया गया है $n = 50$

प्रथम 50 प्राकृत संख्याओं का योग $= \dfrac{50(50+1)}{2} = 25 \times 51 = 1275$

प्रथम 50 प्राकृत संख्याओं का औसत $= \dfrac{1275}{50} = 25.5$

संख्याओं पर आधारित प्रश्न

1. यदि 12 मीटर लम्बे छड़ को 25 समान टुकडों में काटा जाए तो प्रत्येक टुकड़े की लंबाई क्या होगी?

(*a*) 4.8 मीटर (*b*) 48 से.मी. (*c*) 48 मि.मी (*d*) 4.8 से.मी.

(आर.आर.बी. (एन.टी.पी.सी.) परीक्षा, 2016)

2. यदि किसी संख्या को दोगुना करने के बाद उसमे 20 जोड़ा जाता है तो, वह मूल संख्या के 8 गुने से 4 कम वाली संख्या प्रदान करता है। संख्या क्या है?

(*a*) 4 (*b*) 6 (*c*) 8 (*d*) 9

(झारखंड कर्मचारी चयन आयोग (जी.एस.एस.सी.) स्नातक स्तर (प्रारम्भिक) परीक्षा, 2016)

3. दो अंकीय एक संख्या, अंकों के योग से 7 गुनी है और दहाई स्थान का अंक इकाई स्थान के अंक से 4 अधिक है। अपेक्षित संख्या क्या है?

(*a*) 42 (*b*) 51 (*c*) 73 (*d*) 84

(झारखंड कर्मचारी चयन आयोग (जी.एस.एस.सी.) स्नातक स्तर (प्रारम्भिक) परीक्षा, 2016)

4. यदि एक संख्या के एक चौथाई का एक तिहाई 15 है तो उस संख्या का तीन दसवाँ है?

(*a*) 34 (*b*) 46 (*c*) 49 (*d*) 54

(उत्तराखण्ड समीक्षा अधिकारी/सहायक समीक्षा अधिकारी परीक्षा, 2016)

5. एक दो अंकों की संख्या का उसके अंकों की आपस में स्थिति बदलने पर प्राप्त संख्या का उसके अंकों से अन्तर 36 है उस संख्या के दोनों अंकों के बीच में अंतर क्या है?

(*a*) 4 (*b*) 9 (*c*) 12 (*d*) 16

(उत्तराखण्ड समीक्षा अधिकारी/सहायक समीक्षा अधिकारी परीक्षा, 2016)

6. यदि एक संख्या उसका 50% और उसी संख्या के 25% का औसत 280 है तो संख्या है:

(*a*) 280 (*b*) 480 (*c*) 360 (*d*) उपयुर्क्त में से कोई नही

(उत्तर प्रदेश लोक सेवा आयोग प्रारम्भिक परीक्षा, 2016)

7. दो संख्याएँ 5 : 6 के अनुपात में है यदि दोनों में से 8 घटा दिया जाए, तो वे 4 : 5 के अनुपात में हो जाती है, तो संख्याएँ होगी?

(*a*) (40, 48) (*b*) (15, 16) (*c*) (25, 30) (*d*) (15, 18)

(उत्तर प्रदेश लोक सेवा आयोग प्रारम्भिक परीक्षा, 2016)

उत्तरमाला

1. (*b*) **2.** (*a*) **3.** (*d*) **4.** (*d*) **5.** (*a*) **6.** (*b*) **7.** (*a*)

दिये गए प्रश्नों के हल

1. छड़ की लम्बाई = 12 मीटर

प्रत्येक छड़ के टुकड़े की लम्बाई $=\left(\frac{12\times100}{25}\right)$ से.मी. = 48 से.मी.

2. माना संख्या a है

प्रश्नानुसार, $2a+20=8a-4$

$\Rightarrow\ 20+4=8a-2a$

$\Rightarrow\ 6a=24$

$\Rightarrow \; a = \frac{24}{6} = 4$

$\Rightarrow \; a = 4$

3. माना इकाई का अंक a है, दहाई का अंक $a+4$ है।

$\therefore$ संख्या $= 10(a+4) + a = 10a + 40 + a = 11a + 40$

प्रश्नानुसार, $11a + 40 = 7(a + a + 4)$

$\Rightarrow \; 11a + 40 = 7(2a + 4)$

$\Rightarrow \; 11a + 40 = 14a + 28$

$\Rightarrow \; 14a - 11a = 40 - 28$

$\Rightarrow \; 3a = 12$

$\Rightarrow \; a = 4$

$\therefore$ अभीष्ट संख्या $= 11a + 40 = 11 \times 4 + 40 = 44 + 40 = 84$

4. माना संख्या a है

$\Rightarrow \; a \times \frac{1}{4} \times \frac{1}{3} = 15 \qquad \Rightarrow \; a = 15 \times 12 = 180$

180 का $\frac{}{10}$ हिस्सा $= 180 \times \frac{3}{10} = 54$

5. माना दो अंकों की संख्या $= 10a + b$

अभीष्ट अन्तर $(10a + b) - (10b + a) = 36 \Rightarrow 10a + b - 10b - a = 36$

$\Rightarrow \; 9a - 9b = 36$

$\Rightarrow \; a - b = \frac{36}{9} = 4$

$\Rightarrow \; a - b = 4$

6. माना संख्या है a

दूसरी संख्या $= 50\% \text{ of } a \Rightarrow \frac{a}{2}$

तीसरी संख्या $= 25\% \text{ of } a \Rightarrow \frac{a}{4}$

प्रश्नानुसार, वांछित औसत $= \frac{a + \frac{a}{2} + \frac{a}{4}}{3} = 280$

$\Rightarrow \; \frac{4a + 2a + a}{4} = 280 \times 3$

$\Rightarrow \; \frac{7a}{4} = 280 \times 3$

$\Rightarrow \; a = \frac{280 \times 3 \times 4}{7} = 480$

7. माना दो संख्याएँ $5x$ और $6x$ है

प्रश्नानुसार, $\frac{5x - 8}{6x - 8} = \frac{4}{5}$

$\Rightarrow \; 25x - 40 = 24x - 32$

$\Rightarrow \; 25x - 24x = -32 + 40$

$x = 8$

दो संख्याएँ है 40, 48

आयु सम्बन्धी प्रश्न

1. चार वर्ष पूर्व, राम और सोनू की आयु का अनुपात क्रमशः 4 : 9 था। टीना की उम्र राम से 10 वर्ष अधिक है, टीना की उम्र सोनू से 10 वर्ष कम है, टीना की वर्तमान आयु क्या है?
(*a*) 40 वर्ष (*b*) 36 वर्ष (*c*) 30 वर्ष (*d*) 20 वर्ष (*e*) 42 वर्ष
(टाई.बी.पी.एस. द्वारा आयोजित बैंक आईटी ऑफीसर (प्रारम्भिक) परीक्षा, 2016)

2. एक व्यक्ति अपने पुत्र से 24 वर्ष बड़ा है, दो वर्षों में, वह अपने पुत्र की उम्र का दोगुना हो जाएगा, पुत्र की वर्तमान उम्र है:
(*a*) 14 वर्ष (*b*) 18 वर्ष (*c*) 20 वर्ष (*d*) 22 वर्ष
(आर.आर.सी (दिल्ली) ग्रुप 'डी' परीक्षा, 2014)

3. पिता की उम्र अपने पुत्र रोहित की उम्र की तीन गुनी है। 8 वर्षों के बाद उसकी आयु रोहित की उम्र का ढाई गुनी होगी और 8 वर्षों के बाद उसकी उम्र रोहित की उम्र की कितनी गुनी होगी?
(*a*) 2 गुनी (*b*) $2\frac{1}{5}$ गुनी (*c*) $2\frac{3}{4}$ गुनी (*d*) 3 गुनी
(आर.आर.सी (दिल्ली) ग्रुप 'डी' परीक्षा, 2014)

4. पूजा 3 वर्ष पूर्व सुनीता की आयु की एक चौथाई थी। अब से 3 वर्ष बाद उनकी आयु का अनुपात 7 : 22 होगा। सुनीता की वर्तमान आयु ज्ञात करें।
(*a*) 81 वर्ष (*b*) 63 वर्ष (*c*) 18 वर्ष (*d*) 45 वर्ष
(जे.ई.ई. होटल मैनेजमेंट प्रवेश परीक्षा, 2015)

5. कमल राज से 5 वर्ष बड़ा है, जो अरूण से तीन गुणा बड़ा है। यदि उनकी आयु का योग 40 है, तब राज की आयु क्या है?
(*a*) 5 वर्ष (*b*) 10 वर्ष (*c*) 15 वर्ष (*d*) 10 वर्ष
(जे.ई.ई. होटल मैनेजमेंट प्रवेश परीक्षा, 2015)

6. एक पिता की आयु अपने पुत्र की आयु क छः गुणा है, आगामी छः वर्षों में पिता की आयु पुत्र की आयु की तीन गुनी हो जाएगी। पिता और पुत्र की आयु क्रमशः है:
(*a*) 42 वर्ष, 7 वर्ष (*b*) 30 वर्ष, 5 वर्ष (*c*) 24 वर्ष, 4 वर्ष (*d*) 18 वर्ष, 3 वर्ष
(उत्तर प्रदेश चकबन्दी लेखपाल भर्ती परीक्षा, 2015)

7. पिता और उसके पुत्र की आयु का मध्यमान 27 वर्ष है 18 साल के बाद पिता की आयु अपने पुत्र की आयु की दोगुनी होगी, उनकी वर्तमान आयु क्रमशः है:
(*a*) 42, 12 (*b*) 40, 14 (*c*) 30, 24 (*d*) 36, 18
(उतराखण्ड समीक्षा अधिकारी/सहायक समीक्षा अधिकारी परीक्षा, 2016)

उत्तरमाला

1. (*c*) **2.** (*d*) **3.** (*b*) **4.** (*b*) **5.** (*c*) **6.** (*c*) **7.** (*a*)

दिये गए प्रश्नों के हल

1. माना 4 वर्ष पूर्व राम और सोनू की आयु $4a$ एवं $9a$ है।
राम और सोनू की वर्तमान आयु $= 4a + 4$ तथा $9a + 4$ है

टीना की आयु राम से 10 वर्ष अधिक $=(4a+4+10)$

टीना की आयु सोनू से 10 वर्ष कम $=(9a+4-10)$

प्रश्नानुसार,

$4a+14=9a-6$

$\Rightarrow\ 5a=20$

$\Rightarrow\ a=4$

टीना की वर्तमान आयु $=4a+14=4\times4+14=30$ वर्ष

2. माना पुत्र की वर्तमान उम्र $=x$ वर्ष

व्यक्ति की वर्तमान उम्र $=(x+24)$ वर्ष

प्रश्नानुसार, दो वर्षों में

$x+24+2=2(x+2)$

$\Rightarrow\ x+26=2x+4$

$\Rightarrow\ x=22$ वर्ष

3. रोहित की वर्तमान आयु $=x$ वर्ष

पिता की वर्तमान आयु $=3x$ वर्ष

8 वर्षों के बाद:

रोहित की आयु $=(x+8)$ वर्ष

पिता की आयु $=(3x+8)$ वर्ष

प्रश्नानुसार, $3x+8=\frac{5}{2}(x+8)$

$\Rightarrow\ 6x+16=5x+40$

$\Rightarrow\ x=24$ वर्ष

8 वर्ष बाद:

रोहित की आयु $=x+8+8=24+16=40$ वर्ष

पिता की आयु $=3x+8+8=3\times24+8+8=88$ वर्ष

$\frac{\text{पिता की आयु}}{\text{पुत्र की आयु}}=\frac{88}{40}=\frac{11}{5}=2\frac{1}{5}$ गुनी

4. माना सुनीता की वर्तमान आयु x वर्ष है

पूजा की वर्तमान आयु $=\frac{1}{4}(x-3)+3$

तीन साल बाद:

$$\frac{\frac{1}{4}(x-3)+3+3}{x+3}=\frac{7}{22}$$

$\Rightarrow\ \frac{11}{2}(x-3)+132=7x+21$

$\Rightarrow\ 11x-33+264=14x+42$

$\Rightarrow\ 3x=264-33-42=189$

$\Rightarrow\ 3x=189$

$\Rightarrow\ x=63$ वर्ष

5. माना राज की आयु x वर्ष है।

कमल की आयु $= x+5$ वर्ष है।

अरूण की आयु $= \frac{x}{3}$ वर्ष।

प्रश्नानुसार,

$x+x+5+\frac{x}{3}=40$

$\Rightarrow\ 120=3x+3x+15+x$

$\Rightarrow\ 120-15=7x$

$\Rightarrow\ 7x=105$

$\Rightarrow\ x=15$ वर्ष

राज की आयु 15 वर्ष है।

6. माना पिता की आयु x वर्ष और पुत्र की आयु y वर्ष है

प्रश्नानुसार,

$x=6y$.....(i)

$(x+6)=3(y+6)$

$\Rightarrow\ x+6=3y+18$ (समीकरण (i) से)

$\Rightarrow\ 6y+6=3y+18$

$\Rightarrow\ 3y=12$

$\Rightarrow$ वर्ष

समीकरण (i) से $x=6(4)=24$ वर्ष

पिता और पुत्र की आयु क्रमशः 24 वर्ष और 4 वर्ष है।

7. पिता और पुत्र की कुल आयु $= 27\times 2 = 54$ वर्ष

माना पुत्र की वर्तमान आयु x वर्ष है।

पिता की वर्तमान आयु $= (54-x)$ वर्ष।

प्रश्नानुसार,

$2(x+18)=54-x+18$

$2x+36=54-x+18$

$3x=36$

$x=12$

अतः पिता और पुत्र की वर्तमान आयु क्रमशः 42 व 12 वर्ष है।

घातांक तथा करणी

1. यदि $\sqrt{7225} = 85$, तो $\sqrt{72 \cdot 25} + \sqrt{0 \cdot 7225} + \sqrt{0 \cdot 007225}$ बराबर होगा:

   (*a*) 0.9433 (*b*) 9.435 (*c*) 8.435 (*d*) 8.5935

   (उत्तर प्रदेश चकबन्दी लेखपाल भर्ती पुनः परीक्षा, 2015)

2. $\left(d^{s+t} \div d^{s}\right) \div d^{t}$ का मान क्या होगा?

   (*a*) $d^{2(s+t)}$ (*b*) 1 (*c*) 0 (*d*) d^{s-t}

   (एस.एस.सी.-सी.जी.एल. (टीयर-I) (सी.बी.ई.) परीक्षा, 2016)

3. $5^{\frac{1}{4}} \times (125)^{0.25}$ का मान क्या होगा?

   (*a*) 5 (*b*) 25 (*c*) $\sqrt{5}$ (*d*) $5\sqrt{5}$

   (झारखंड कर्मचारी चयन आयोग (जी.एस.एस.सी.) स्नातक स्तर परीक्षा, 2016)

4. यदि m और n पूर्णांक है और 121 है तो $(m-1)^{n+1}$ का मान क्या होगा?

   (*a*) 1 (*b*) 10 (*c*) 100 (*d*) 1000

   (झारखंड कर्मचारी चयन आयोग (जी.एस.एस.सी.) स्नातक स्तर परीक्षा, 2016)

5. यदि $\sqrt{676} + \sqrt{324} = \sqrt{x} \times 4$ है तो x का मान कितना होगा?

   (*a*) 100 (*b*) 121 (*c*) 144 (*d*) 169

   (झारखंड कर्मचारी चयन आयोग (जी.एस.एस.सी.) स्नातक स्तर परीक्षा, 2016)

6. $\left(\dfrac{2.5^2 \times 1.6^2}{0.8^2 \times ?^2}\right) = 1$

   (*a*) 8 (*b*) 0.6 (*c*) 5 (*d*) 0.4 (*e*) 3.6

   (एस.बी.आई. के सहयोगी बैंक लिपकीय संवर्ग परीक्षा, 2015)

7. $\left(1+\dfrac{1}{x+1}\right)\left(1+\dfrac{1}{x+2}\right)\left(1+\dfrac{1}{x+3}\right)\left(1+\dfrac{1}{x+4}\right)$ का मान है:

   (*a*) $1+\dfrac{1}{x+5}$ (*b*) $\dfrac{1}{x+5}$ (*c*) $x+\dfrac{1}{x+5}$ (*d*) $\dfrac{x+5}{x+1}$

   (उत्तर प्रदेश चकबन्दी लेखपाल भर्ती पुनः परीक्षा, 2015)

उत्तरमाला

1. (*b*) **2.** (*b*) **3.** (*a*) **4.** (*d*) **5.** (*b*) **6.** (*c*) **7.** (*d*)

दिये गए प्रश्नों के हल

1. दिया गया है:

$\sqrt{7225} = 85$

तो $\sqrt{72.25} + \sqrt{.7225} + \sqrt{0.007225}$

$= 8.5 + 0.85 + 0.085 = 9.435$

2. $\left(d^{s+t} \div d^{s}\right) \div d^{t}$

$\Rightarrow d^{s+t-s} \div d^{t} = d^{t} \div d^{t} = d^{t-t} = d^{0} = 1$

3. $5^{\frac{1}{4}} \times (125)^{0.25} = 5^{\frac{1}{4}} \times 125^{\frac{25}{100}} = 5^{\frac{1}{4}} \times 125^{\frac{1}{4}}$

$= 5^{\frac{1}{4}} \times (5)^{3\times\frac{1}{4}} = 5^{\frac{1}{4}} \times 5^{\frac{3}{4}} = 5^{\frac{1}{5}+\frac{3}{4}} = 5^{\frac{4}{4}} = 5^1 = 5$

4. $.n^n = 121 = (11)^2$

$\Rightarrow\ m = 11;\ n = 2$

$\therefore\ (m-1)^{n+1} = (11-1)^{2+1} = 10^3 = 1000$

5. $\sqrt{676} + \sqrt{324} = \sqrt{x} \times 4$

$\Rightarrow\ 26 + 18 = \sqrt{x} \times 4$

$\Rightarrow\ 44 = \sqrt{x} \times 4$

$\Rightarrow\ \sqrt{x} = 11$

$\Rightarrow\ x = 11^2 = 121$

6. $\left(\frac{2.5^2 \times 1.6^2}{0.8^2 \times ?^2}\right) = 1$

$\frac{6.25 \times 2.56}{64 \times ?^2} = 1$

$\Rightarrow\ ?^2 = \frac{16}{0.64}$

$\Rightarrow\ ?^2 = 25$

$\Rightarrow\ ? = 5$

7. $\left(1+\frac{1}{x+1}\right)\left(1+\frac{1}{x+2}\right)\left(1+\frac{1}{x+3}\right)\left(1+\frac{1}{x+4}\right)$

$\left(\frac{x+1+1}{x+1}\right)\left(\frac{x+2+1}{x+3}\right)\left(\frac{x+3+1}{x+3}\right)\left(\frac{x+4+1}{x+4}\right)$

$= \left(\frac{x+2}{x+1}\right)\left(\frac{x+3}{x+2}\right)\left(\frac{x+4}{x+3}\right)\left(\frac{x+5}{x+4}\right) = \frac{x+5}{x+1}$

प्रतिशतता

1. ________ का 16% = 88

(*a*) 5500 (*b*) 550 (*c*) 176 (*d*) 1760

(दिल्ली अधीनस्थ सेवा चयन बोर्ड निम्न श्रेणी लिपिक परीक्षा, 2014)

2. 270 का 20% − 6 = ?

(*a*) 18 (*b*) 9 (*c*) $4\sqrt{3}$ (*d*) 3 (*e*) 5

(एस.बी.आई. क्लर्क (प्रारंभिक) ऑनलाईन परीक्षा, 2016)

3. श्याम अपनी मासिक आय में से 15% एक स्कीम में निवेश करता है, 25% एक ऋण के मासिक किस्त पर व्यय करता है एवं 40% मासिक व्यय के लिए पृथक रख देता है शेष ₹4800 को वह बैंक के खाते में जमा करता है उसकी मासिक आय क्या है?

(*a*) ₹32000 (*b*) ₹40000 (*c*) ₹24000 (*d*) ₹36000 (*e*) ₹29000

(एस.बी.आई. क्लर्क (प्रारंभिक) ऑनलाईन परीक्षा, 2016)

4. 500.18 का 19.99% + 60.97 = $?^2$

(*a*) 11 (*b*) 9 (*c*) 19 (*d*) 21 (*e*) 13

(एस.आई.डी.बी.आई.-अधिकारी आनॅलाइन परीक्षा, 2016)

5. एक गाँव के चुनाव में 80% मतदाताओं ने अपना मत डाला उस चुनाव में केवल दो प्रत्याशी A तथा B चुनाव लड़ रहे है A चुनाव में 400 मतों से जीता, यदि A को 12.5% मत कम मिलते तो चुनाव का परिणाम कुछ और होता, इस गाँव में कितने पंजीकृत मतदाता है?

(*a*) 4200 (*b*) 4500 (*c*) 4000 (*d*) 4250 (*e*) 3500

(रिजर्व बैंक ऑफ इण्डिया ऑफीसर्स ग्रेड 'बी' परीक्षा, 2015)

6. एक कक्षा में 30% विद्यार्थी अंग्रेजी पढ़ते है, 20% हिन्दी तथा 10% विद्यार्थी दोनों विषय पढ़ते है। एक विद्यार्थी यदृच्छया चुना जाता है। क्या संभावित है कि वह विद्यार्थी अंग्रेजी या हिन्दी पढ़ता है?

(*a*) $\frac{2}{5}$ (*b*) $\frac{3}{4}$ (*c*) $\frac{3}{5}$ (*d*) $\frac{3}{10}$ (*e*) इनमें से कोई नहीं

(एस.आई.डी.बी.आई.-अधिकारी आनॅलाइन परीक्षा, 2016)

7. एक कक्षा में लड़कों और लड़कियों की संख्या में क्रमशः अनुपात 8 : 9 है, यदि 30% लड़को और 40% लड़कियों ने जर्मन भाषा सीखने हेतु अपना नामांकन करवाया हो तो लगभग कितने प्रतिशत विद्यार्थियों ने जर्मन भाषा सीखने हेतु नामांकन नहीं करवाया?

(*a*) 70 (*b*) 65 (*c*) 78 (*d*) 55 (*e*) 40

(एस.बी.आई. के सहयोगी बैंक लिपिकीय संवर्ग परीक्षा, 2015)

8. वर्ष 2013 में, गाँव A की जनसंख्या गाँव B की जनसंख्या से 30% थी। वर्ष 2014 में गाँव A की जनसंख्या पिछले वर्ष की तुलना में 20% बढ़ गई। यदि 2014 में गाँव A की जनसंख्या 7176 थी तब 2013 में गाँव B की जनसंख्या क्या थी?

(*a*) 4000 (*b*) 5000 (*c*) 4800 (*d*) 4600 (*e*) 5200

(आई.बी.पी.एस. द्वारा आयोजित बैंक आईटी ऑफीसर (प्रारम्भिक) परीक्षा, 2016)

उत्तरमाला

1. (*b*) **2.** (*c*) **3.** (*c*) **4.** (*e*) **5.** (*c*) **6.** (*a*) **7.** (*a*) **8.** (*d*)

दिये गए प्रश्नों के हल

1. ________ का 16% = 88

माना '______' x के बराबर है।

x का 16% = 88

$\Rightarrow \; x = \dfrac{88 \times 100}{16} = 550$

$\Rightarrow \; x = 550$

2. 270 का $20\% - 6 = ?^2$

$\Rightarrow \; \dfrac{270 \times 20}{100} - 6 = ?^2$

$\Rightarrow \; 54 - 6 = ?^2$

$\Rightarrow \; 48 = ?^2$

$\Rightarrow \; ? = \sqrt{48}$

$\Rightarrow \; ? = 4\sqrt{3}$

3. श्याम द्वारा बैंक में जमा धन राशि

$= (100 - (15 + 25 + 40)) = (100 - 80)\% = 20\%$

माना श्याम की मासिक आय ₹ x है।

$\therefore$ x का 20% = 4800

$\Rightarrow \; \dfrac{20 \times x}{100} = 4800$

$\Rightarrow \; x = \dfrac{4800 \times 100}{20} = ₹24000$

4. 500.18 का $19.99\% + 60.97 = ?^2$

$\Rightarrow \; \dfrac{500 \times 20}{100} + 61 = ?^2$

$\Rightarrow \; 100 + 61 = ?^2$

$\Rightarrow \; ?^2 = 161$

$\Rightarrow \; ? = \sqrt{161} = 13$ (लगभग)

5. चुनाव में पंजीकृत मतदाताओं द्वारा डाले गए मतों की संख्या $= \dfrac{400}{12.5} \times 100$

$\dfrac{400}{125} \times 1000 = 3200$

गाँव में पंजीकृत मतदाताओं की कुल संख्या $= \dfrac{3200}{80} \times 100 = 4000$

6. कक्षा में अंग्रेजी पढ़ते विद्यार्थी $= P(E) = \dfrac{30}{100} = \dfrac{3}{10}$

कक्षा में हिन्दी पढ़ते विद्यार्थी $= P(H) = \dfrac{20}{100} = \dfrac{1}{5}$

कक्षा में दोनों विषय पढ़ते विद्यार्थी $= P(E \cap H) = \dfrac{10}{100} = \dfrac{1}{10}$

$\therefore \; P(E \cup H) = P(E) + P(H) - P(E \cap H)$

$$= \frac{3}{10} + \frac{1}{5} - \frac{1}{10} = \frac{3+2-1}{10} = \frac{4}{10} = \frac{2}{5}$$

7. माना विद्यार्थियों की संख्या 'a' है

जर्मन सीखने वाली लड़कियों की संख्या $= \frac{8x \times 30}{17} = \frac{240x}{17}$

जर्मन सीखने वाले लड़कों की संख्या $= \frac{9 \times 30}{17} x = \frac{270x}{17}$

जर्मन सीखने वाले विद्यार्थियों की संख्या $= \left(\frac{240x}{17} + \frac{270x}{17} \right)$

$$= \frac{510}{17} x = 30x$$

$\Rightarrow \; x = 30\%$

अत: जर्मन भाषा सीखने हेतु नामांकन नहीं करने वाले विद्यार्थियों की संख्या का प्रतिशत $= 100 - 30 = 70\%$

8. माना वर्ष 2013 में गाँव B की जनसंख्या x है।

गाँव A की जनसंख्या $= x + x$ का $30\% = \frac{130x}{100}$

वर्ष 2014 में गाँव A की जनसंख्या $= \frac{120}{100} \times \frac{130}{100} \times x$

$$= \frac{156x}{100}$$

प्रश्नानुसार, $\frac{156x}{100} = 7176$

$\Rightarrow \; x = \frac{7176 \times 100}{156} = 4600$

लाभ तथा हानि

1. दो मोबाइल फोन एक समान कीमत पर खरीदे गए, एक को 30% लाभ पर बेचा गया तथा दूसरे को पहले के विक्रय मूल्य से ₹2500 कम में बेचा गया, यदि दोनों मोबाइल को बेचने पर कुल लाभ 5% हो तो एक मोबाइल का क्रय मूल्य क्या था?
(*a*) ₹8000 (*b*) ₹5000 (*c*) ₹6000 (*d*) ₹4500 (*e*) ₹5500
(टाई.बी.पी.एस. द्वारा आयोजित बैंक आईटी ऑफीसर (प्रारम्भिक) परीक्षा, 2016)

2. एक व्यक्ति ₹1200 में एक सामान खरीदकर 20 प्रतिशत के नुकसान पर बेच देता है, उस सामान का विक्रय मूल्य क्या है?
(*a*) ₹600 (*b*) ₹760 (*c*) ₹860 (*d*) ₹960
(आर.आर.सी. (दिल्ली) ग्रुप 'डी' परीक्षा, 2014)

3. एक विक्रेता ने एक साइकिल 10 प्रतिशत के लाभ पर बेची। यदि वह साइकिल 10 प्रतिशत कम कीमत पर खरीदता और उसे ₹60 अधिक पर बेचता, तो उसे 25 प्रतिशत का लाभ होता। साइकिल की लागत मूल्य था?
(*a*) ₹2200 (*b*) ₹2400 (*c*) ₹2600 (*d*) ₹2000
(एस.एस.सी. -सी.जी.एल. (टीयर-I) परीक्षा, 2015)

4. यदि एक रेडियो के अंकित मूल्य पर 10 प्रतिशत की छूट दी जाती है, तो लाभ 20 प्रतिशत होता है। यदि छूट बढ़ाकर 20 प्रतिशत कर दी जाती है, तो लाभ है:
(*a*) 5% (*b*) $6\frac{2}{3}\%$ (*c*) $6\frac{1}{4}\%$ (*d*) $7\frac{5}{8}\%$
(एस.एस.सी.- सी.जी.एल. (टीयर-I) परीक्षा, 2015)

5. एक फुटकर व्यापारी 20 पेन को ₹40 में खरीदता है और 15 पेन को ₹40 में बेचता है, उसके लाभ का क्या प्रतिशत है?
(*a*) 100% (*b*) 50% (*c*) 33% (*d*) 25%
(मध्य प्रदेश लोक सेवा आयोग राज्य सेवा (प्रा.) परीक्षा, 2015)

6. ₹200 की लागत की वस्तु 10 प्रतिशत हानि पर बेची जाती है। यदि कीमत 5 प्रतिशत और कम कर दी जाए, तो बिक्री मूल्य क्या होगा?
(*a*) ₹170 (*b*) ₹171 (*c*) ₹175 (*d*) ₹179
(एस.एस.सी.-सी.जी.एल. (टीयर-II) परीक्षा, 2014)

7. एक दुकानदार प्रति 90 पैसे की दर पर 144 वस्तुएं खरीदता है। रास्ते में 20 वस्तुएं टूट जाती हैं। शेष वस्तुएं वह प्रति ₹1.20 की दर पर बेचता है। उसका अभिलाभ प्रतिशत (दशमलव के एक स्थान तक) क्या होगा?
(*a*) 13.8% (*b*) 14.6% (*c*) 14.8% (*d*) 15.8%
(एस.एस.सी.-सी.जी.एल. (टीयर-II) परीक्षा, 2014)

उत्तरमाला

1. (*b*) **2.** (*d*) **3.** (*b*) **4.** (*b*) **5.** (*c*) **6.** (*b*) **7.** (*c*)

दिये गए प्रश्नों के हल

1. माना प्रत्येक मोबाइल का क्रय मूल्य ₹ x है

पहले मोबाइल का विक्रय मूल्य $= x + x$ का $30\% = \frac{130x}{100}$

दूसरे मोबाइल का विक्रय मूल्य $= \frac{130x}{100} - 2500$

लाभ $= \left[\frac{130x}{100}+\frac{130x}{100}-2500\right]-2x=\frac{260x}{100}-2500-2x=\frac{60x}{100}-2500$

लाभ प्रतिशत $=\frac{\frac{60x}{100}-2500}{2x}\times 100=5 \Rightarrow \frac{60x-250000}{2x}$

$\Rightarrow 10x=60x-250000 \quad \Rightarrow 50x=250000 \quad \Rightarrow x=₹5000$

2. सामान का क्रय मूल्य = ₹1200

हानि = 20%

विक्रय मूल्य $=\frac{\text{क्रय मूल्य} \times (100-\text{हानि})}{100}$

$\frac{1200\times(100-20)}{100}=12\times 80=₹960$

3. माना लागत मूल्य ₹100 है।

विक्रय मूल्य = ₹110

यदि 10 प्रतिशत कम कीमत पर साइकिल खरीदता तो नई लागत मूल्य = ₹90

विक्रय मूल्य $=90+25\% \text{ of } 90=90+\frac{90\times 25}{100}=₹112.5$

विक्रय मूल्य में अंतर $=112.5-110=₹2.5$

वास्तविक लागत मूल्य $=\frac{100}{2.5}\times 60=\frac{1000\times 60}{25}=₹2400$

4. माना लागत मूल्य ₹100 है।

विक्रय मूल्य = ₹120

अंकित मूल्य $=\frac{100}{90}\times 120=₹\frac{400}{3}$

20 प्रतिशत छूट के बाद विक्रय मूल्य $=\frac{100-20}{100}\times\frac{400}{3}=\frac{80}{100}\times\frac{400}{3}=\frac{320}{3}=₹106\frac{2}{3}$

लाभ $=6\frac{2}{3}\%$

5. 20 पेन का क्रय मूल्य = ₹40

1 पेन का क्रय मूल्य $=\frac{40}{20}=₹2$

15 पेन का क्रय मूल्य $=15\times 2=₹30$

15 पेन का विक्रय मूल्य = ₹40

लाभ = ₹(40 − 30) = ₹10

लाभ प्रतिशत $=\frac{10}{30}\times 100=33.3\% \approx 33\%$

6. वस्तु का क्रय मूल्य = ₹200

हानि = 10%

विक्रय मूल्य $=\frac{(100-10)}{100}\times 200=₹180$ कम हुई कीमत $=\frac{95}{100}\times 180=₹171$

7. कुल क्रय मूल्य $=\frac{144\times 90}{100}=₹129.60$

कुल विक्रय मूल्य $=124\times 1.20=₹148.80$

लाभ प्रतिशत $=\frac{148.80-129.60}{129.60}\times 100=14.8\%$

अनुपात तथा समानुपात

1. एक आदमी अपनी संपत्ति को इस प्रकार विभाजित करता है कि उसके पुत्र और पत्नी के शेयर तथा पत्नी और पुत्री के शेयर का अनुपात दोनों 3 : 1 के अनुपात में हो। यदि पुत्री को पुत्र से ₹10,000 कम का शेयर मिलता है, तो पूरी संपत्ति का मूल्य (रूपयों में) कितना होगा?
(*a*) ₹16250 (*b*) ₹16000 (*c*) ₹18250 (*d*) ₹17000

(एस.एस.सी. -सी.जी.एल. (टीयर-I) परीक्षा, 2015)

2. यदि 100 व्यक्तियों के वजन का माध्य 46 किग्रा. है, पुरुषों के वजन का माध्य 50 किग्रा. तथा महिलाओं के वजन का माध्य 40 किग्रा. है, तो पुरुषों की संख्या है:
(*a*) 50 (*b*) 60 (*c*) 55 (*d*) 65

(उत्तर प्रदेश चकबन्दी लेखापाल भर्ती परीक्षा, 2015)

3. P : Q = 5 : 2, Q : R = 3 : 4, P : Q : R = ?
(*a*) 15 : 6 : 4 (*b*) 15 : 6 : 8 (*c*) 5 : 2 : 3 (*d*) 5 : 3 : 4

(दिल्ली अधीनस्थ सेवा चयन बोर्ड़ निम्न श्रेणी लिपिक परीक्षा, 2014)

4. यदि A : B = 2 : 5 एवं B : C = 3 : 4 तो A : C = ?
(*a*) 1 : 2 (*b*) 3 : 10 (*c*) 2 : 3 (*d*) 5 : 4
(*a*) C (*b*) D (*c*) B (*d*) A

(आर.आर.बी. (एन.टी.पी.सी.) परीक्षा, 2016)

5. 4, 16 एवं 18 का चतुर्थ आनुपातिक ज्ञात करें।
(*a*) 42 (*b*) 52 (*c*) 62 (*d*) 72

(भारतीय डाक पोस्टमैन/मेलगार्ड परीक्षा, 2016)

6. यदि $0.75 : x :: 5 : 8$ तो x का मान है:
(*a*) 1.12 (*b*) 1.20 (*c*) 1.25 (*d*) 1.30

(उतराखण्ड समीक्षा अधिकारी/सहायक समीक्षा अधिकारी परीक्षा, 2016)

7. दो संख्याएँ 5 : 6 के अनुपात में है यदि दोनों में से 8 घटा दिया जाए तो वे 4 : 5 के अनुपात में हो जाती है तो संख्याएँ होगी:
(*a*) (40, 48) (*b*) (15, 16) (*c*) (25, 30) (*d*) (15, 18)

(उत्तर प्रदेश लोक सेवा आयोग प्रारम्भिक परीक्षा, 2016)

उत्तरमाला

1. (*a*) **2.** (*b*) **3.** (*b*) **4.** (*b*) **5.** (*d*) **6.** (*b*) **7.** (*a*)

दिये गए प्रश्नों के हल

1.

पुत्र	पत्नी	पुत्री
3 :	1	
	3 :	1
9 :	3 :	1

पुत्र का हिस्सा $= 9x$

पुत्री का हिस्सा $= x$

प्रश्नानुसार,

$9x - x = 10000$

$8x = 10000$

कुल संपत्ति $= \frac{13x}{8x} \times 10000 = ₹16250$

2. माना पुरुषों की संख्या x है

महिलाओं की संख्या $= 100 - x$

100 व्यक्तियों का कुल वजन ℵ46 100 4600 किग्रा.

x पुरुषों का कुल वजन $= 50x$

$(100 - x)$ महिलाओं का वजन $= 40(100 - x)$

$50x + 40(100 - x) = 4600$

$50x + 4000 - 40x = 4600$

$10x = 600$

$x = 60$

अतः पुरुषों की संख्या 60 है।

3. $P : Q = 5 : 2$

$Q : R = 3 : 4$

$\Rightarrow P : Q : R = 5 : 2$

$3 : 4$

$15 : 6 : 8$

4. $\frac{A}{B} = \frac{2}{5}\,;\, \frac{B}{C} = \frac{3}{4}$

$\therefore\ \frac{A}{B} \times \frac{B}{C} = \frac{2}{5} \times \frac{3}{4} = \frac{3}{10}$

$\Rightarrow\ \frac{A}{C} = \frac{3}{10}$

5. माना चतुर्थ आनुपातिक x है

$\Rightarrow\ \frac{4}{16} = \frac{18}{x} \Rightarrow 4x = 18 \times 16$

$\Rightarrow\ x = \frac{18 \times 16}{4} = 72$

$\Rightarrow\ x = 72$

6. $0.75 : x :: 5 : 8$

$x = \frac{0.75 \times 8}{5}$

$\Rightarrow\ x = 1.20$

7. माना संख्याएँ क्रमशः $5x$ और $6x$ है

प्रश्नानुसार,

$\frac{5x - 8}{6x - 8} = \frac{4}{5}$

$\Rightarrow\ 25x - 40 = 24x - 32$

$\Rightarrow\ x = 8$

दो संख्याएँ 40, 48 है

साझा

1. राज एवं पृथ्वी क्रमशः ₹x एवं $(x+₹2000)$ के निवेश से एक साझा व्यवसाय आरंभ करते है। वर्षांत में अर्जित कुल लाभ ₹8400 था जिसमें राज का लाभांश ₹3600 था। पृथ्वी नें व्यवसाय में कितना निवेश किया था?
(*a*) ₹16400 (*b*) ₹12000 (*c*) ₹12500 (*d*) ₹8000 (*e*) ₹16000
(एस.बी.आई. क्लर्क (प्रारंभिक) ऑनलाईन परीक्षा, 2016)

2. A, B और C ने क्रमशः ₹16000, ₹26000 और ₹36000 लगाकर एक व्यवसाय प्रारम्भ किया, व्यवसाय प्रारम्भ होने के 4 माह पश्चात् B ने ₹6000 और C ने ₹12000 निकाल लिए यदि वर्ष के अन्त में कुल लाभ ₹21450 अर्जित किया जाता है तो A का हिस्सा क्या है?
(*a*) ₹6000 (*b*) ₹5200 (*c*) ₹4800 (*d*) ₹12245 (*e*) ₹16365
(एस.बी.आई. के सहयोगी बैंक लिपिकीय संवर्ग परीक्षा, 2015)

3. A तथा B ने व्यापार प्रारंभ करने के लिए क्रमशः ₹3500 तथा ₹2500 लगाए. 4 माह बाद C भी ₹6000 देकर मिल गया. यदि C के हिस्से तथा B के हिस्से का अन्तर ₹1977 था तो कुल वार्षिक आय क्या थी?
(*a*) ₹15,620 (*b*) ₹16, 240 (*c*) ₹14, 690 (*d*) ₹12,770 (*e*) ₹13,180
(आई.बी.पी.एस. द्वारा आयोजित बैंक आई टी ऑफीसर (प्रारम्भिक) परीक्षा, 2016)

4. A और B ने क्रमशः ₹25 लाख और ₹30 लाख निवेश करके एक कारोबार शुरू किया। 2 महीने के बाद A ने ₹5 लाख निकाल लिए, जबकि ₹10 लाख निवेश करके C इस कारोबार में शामिल हुआ और 3 महीने के बाद B इससे निकल गया। यदि 1 वर्ष पूरा होने पर लाभ ₹9 लाख था, तो A का हिस्सा कितना है?
(*a*) ₹2.7 लाख (*b*) ₹1.8 लाख (*c*) ₹5.4 लाख (*d*) ₹4.5 लाख
(जे.ई.ई. होटल मैनेजमेंट प्रवेश परीक्षा, 2015)

5. A, B तथा C ने एक व्यापार क्रमशः ₹1600, ₹2000 तथा ₹1800 पूँजी लगाकर प्रारम्भ किया A ने 6 माह पश्चात् ₹200 का ओर निवेश किया, व्यापार शुरू करने के 8 माह पश्चात् B तथा C ने 4 : 1 के अनुपात से अत्तिरिक्त धन का निवेश किया यदि उनको साल के अन्त में ₹3550 का लाभ हुआ तथा A का हिस्सा ₹1020 है तो C ने कितना अतिरिक्त धन का निवेश किया?
(*a*) ₹250 (*b*) ₹300 (*c*) ₹400 (*d*) ₹800 (*e*) ₹100
(रिजर्व बैंक ऑफ इण्डिया ऑफीसर्स ग्रेड 'बी' परीक्षा, 2015)

6. आरव ₹3500 में एक कारोबार प्रारंभ करता है तथा 6 माह के पश्चात् बीना एक भागीदार के तौर पर आरव के साथ जुड़ जाती है एक वर्ष के पश्चात् लाभ को 2 : 3 के अनुपात में विभाजित किया जाता है। पूँजी में बीना का अंशदान क्या है?
(*a*) ₹10500 (*b*) ₹11000 (*c*) ₹11500 (*d*) ₹12000
(भारतीय डाक पोस्टमैन/मेलगार्ड परीक्षा, (प्रारम्भिक) 2016)

उत्तरमाला

1. (*d*) **2.** (*b*) **3.** (*e*) **4.** (*a*) **5.** (*a*) **6.** (*a*)

दिये गए प्रश्नों के हल

1. राज एवं पृथ्वी द्वारा क्रमशः निवेश = ₹x एवं x + ₹2000
आनुपातिक योग $= x + x + 2000 = 2x + 2000$
$\therefore$ राज का लाभांश = ₹3600

प्रश्नानुसार,

$\Rightarrow \dfrac{x}{2x+2000}\times 8400 = 3600$

$\Rightarrow \dfrac{7x}{2x+2000} = 3$

$\Rightarrow 7x = 6x + 6000$

$\Rightarrow x = ₹6000$

पृथ्वी द्वारा किया गया निवेश $= x + 2000 = 6000 + 2000 = ₹8000$

2. A का 12 महीने का निवेश $= 16000 \times 12 = 1,92,000$

B का 12 महीने का निवेश $= (26000\times 4) + (26000 - 6000)\times 8$

$104000 + 160000 = 264000$

C का 12 महीने का निवेश $= (36000\times 4) + (36000 - 12000)\times 8$

$= 144000 + 192000 = 336000$

A, B एवं C की लागत का अनुपात $= 192000 : 264000 : 336000$

$= 192 : 264 : 336$

आनुपातिक योग $= 192 + 264 + 336 = 792$

A का लाभ में हिस्सा $= 21450 \times \dfrac{192}{792} = ₹5200$

3. A का हिस्सा $= 3500 \times 12$

B का हिस्सा $= 2500 \times 12$

C का हिस्सा $= 6000 \times 8$

A, B, C के हिस्से का अनुपात:

$3500\times 12 : 2500 \times 12 : 6000 \times 8$

$420 : 300 : 480 = 7 : 5 : 8$

प्रश्नानुसार,

C तथा B के हिस्सो में अन्तर $= 1977$

$\Rightarrow 8x - 5x = 1977$

$\Rightarrow 3x = 1977$

$\Rightarrow x = 659$

कुल हिस्सा $= 7x + 5x + 8x = 20x$

$\Rightarrow 20x = 20 \times 659$

₹13180

कुल लाभ = ₹13180

4. A, B और C के लाभ का क्रमशः अनुपात $= (25\times 2 + 20\times 10) : 30\times 5 : 10\times 10$

$= 250 : 150 : 100 = 5 : 3 : 2$

अनुपातिक योग $= 5 + 3 + 2 = 10$

B का हिस्सा $= \dfrac{3}{10}\times 9 = 2.7$ लाख

5. माना अतिरिक्त जमा की गई राशि x है

A द्वारा जमा की राशि

$1600 \times 6 = 9600$

$1800 \times 6 = 10800$

कुल निवेश = 20400

B द्वारा जमा की राशि

$2000 \times 8 = 16000$

$(2000 + 4x)4 = 8000 + 16x$

कुल निवेश = $24000 + 16x$

C द्वारा जमा की राशि

$1800 \times 8 = 14400$

$(1800 + x)4 = 7200 + 4x$

कुल निवेश = $21600 + 4x$

A: B: C का कुल निवेश $= 20400 : 24000 + 16x : 21600 + 4x$

$= 5100 : 6000 + 4x : 5400 + x$

प्रश्नानुसार,

$$\frac{1020}{5100} \times (5100 + 6000 + 4x + 5400 + x) = 3550$$

$$\Rightarrow \frac{1020}{5100} \times 16500 + 5x = 3550$$

$$\Rightarrow \frac{16500 + 5x}{5} = 3550$$

$$\Rightarrow 16500 + 5x = 3550 \times 5$$

$$\Rightarrow 5x = 17750 - 16500$$

$$\Rightarrow 5x = 1250$$

$$\Rightarrow x = ₹250$$

C द्वारा निवेश किया अतिरिक्त धन ₹250 है।

6. माना बीना द्वारा किया गया निवेश x है

प्रश्नानुसार,

$$\frac{3500 \times 12}{6 \times} \quad \frac{2}{3}$$

$$\frac{3500 \times 2}{x} = \frac{2}{3}$$

$$\Rightarrow \frac{7000 \times 3}{2} = ₹10500$$

समय तथा कार्य

1. A, B और C को किसी कार्य को ₹575 में करने के लिए नियोजित किया गया है मान लो A और C मिलकर $\frac{19}{23}$ कार्य को पूरा कर लेते है तो B को कितनी राशि का भुगतान किया जाएगा?
   (*a*) ₹210 (*b*) ₹100 (*c*) ₹200 (*d*) ₹475
   (एस.एस.सी.-सी.जी.एल. (टीयर-II) परीक्षा, 2014)

2. राज और राम मिलकर किसी कार्य को 10 दिन में पूरा करते हैं। राज अकेले उस कार्य को 12 दिन मे पूरा कर सकता है, तो राम अकेला उस कार्य को कितने दिन में पूरा करेगा?
   (*a*) 20 दिन (*b*) 40 दिन (*c*) 50 दिन (*d*) 60 दिन
   (एस.एस.सी.-सी.जी.एल. (टीयर-II) परीक्षा, 2014)

3. A, B और C किसी काम को क्रमश: 12, 15 और 20 दिनों में पूरा कर सकते है, A दो दिन काम करता है, फिर B तीन दिन काम करता है और उसके बाद C चार दिन काम करता है। यदि D शेष काम को 13 दिनों में पूरा करता है, तो D अकेले पूरे काम को कितने दिनों में पूरा कर सकता है?
   (*a*) 18 दिन (*b*) 24 दिन (*c*) 30 दिन (*d*) इनमें से कोई नही
   (जे.ई.ई. होटल मैनेजमेंट प्रवेश परीक्षा, 2015)

4. A किसी खेत को 12 घंटे में तथा B उसी खेत को 16 घंटे में जोत सकता है, दोनों एक साथ मिलकर खेत को कितने घंटे में जोत लेगे?
   (*a*) $\frac{49}{9}$ (*b*) $\frac{48}{7}$ (*c*) $\frac{48}{9}$ (*d*) उपर्युकत में से कोई नही
   (उत्तर प्रदेश चकबन्दी लेखापाल भर्ती परीक्षा, 2015)

5. 10 व्यक्यिों का एक समूह एक विशेष कार्य को 10 दिनों में कर सकता है। दूसरा समूह उसी कार्य को 20 दिनों में कर सकता है, यदि दोनों समूह मिलकर कार्य करते है तो कार्य पूर्ण होने में कितने दिन लगेंगे? (प्रत्येक समूह अपनी सम्पूर्ण क्षमता को कार्य के अंश पूरा करने में उसी अनुपात में लगाते है):
   (*a*) $5\frac{1}{3}$ (*b*) $6\frac{2}{3}$ (*c*) $7\frac{1}{3}$ (*d*) $8\frac{1}{2}$
   (डी.एम.आर.सी. जूनियर इंजीनियर (इलेक्ट्रिकल) परीक्षा, 2016)

6. गणेश, राम एवं सोहन मिलकर किसी काम को 16 दिन में पूरा कर सकते है, यदि गणेश तथा राम उसी काम को 24 दिनों में पूरा कर सकते है तो सोहन अकेला उस काम को कितने दिन में पूरा करेगा?
   (*a*) 42 दिन (*b*) 24 दिन (*c*) 36 दिन (*d*) 48 दिन (*e*) 50 दिन
   (रिजर्व बैंक ऑफ इण्डिया ऑफीसर्स ग्रेड 'बी' परीक्षा, 2015)

7. 9 व्यक्ति एक खेत में 25 दिन हल चलाते है उस काम को यदि 15 किसान करेंगे तो कितने दिनों में वे उसे पूरा कर पाएंगे?
   (*a*) 11 (*b*) 20 (*c*) 18 (*d*) 15
   (दिल्ली अधीनस्थ सेवा चयन बोर्ड निम्न श्रेणी लिपिक परीक्षा, 2014)

उत्तरमाला

1. (*b*) **2.** (*d*) **3.** (*c*) **4.** (*b*) **5.** (*b*) **6.** (*d*) **7.** (*d*)

दिये गए प्रश्नों के हल

1. B द्वारा किया गया काम $= 1 - \frac{19}{23} = \frac{4}{23}$

B को की गई राशि का भुगतान $= \frac{4}{23} \times 575 = ₹100$

2. राज का एक दिन का कार्य $= \frac{1}{12}$

राज और राम का एक दिन का कार्य $= \frac{1}{10}$

राम का एक दिन का कार्य $= \frac{1}{10} - \frac{1}{12} = \frac{6-5}{60} = \frac{1}{60}$

राम कार्य को 60 दिन में पुरा कर लेता है।

3. A, B और C द्वारा किया गया कार्य $= \frac{2}{12} + \frac{3}{15} + \frac{4}{20} = \frac{1}{6} + \frac{1}{5} + \frac{1}{5} = \frac{5+6+6}{30} = \frac{17}{30}$

शेष बचा कार्य $= 1 - \frac{17}{30} = \frac{13}{30}$

D द्वारा पूरा किया गया कार्य $= \frac{13 \times 30}{13} = 30$ दिन

4. A खेत को जोतता है $= \frac{1}{12}$ घंटे में, B खेत को जोतता है $= \frac{1}{16}$ घंटे में

$(A + B)$ खेत को जोतते है $= \frac{1}{12} + \frac{1}{16} = \frac{7}{48}$

A और B किसी खेत को $\frac{48}{7}$ घंटे में जोत लेंगे।

5. दोनों समूहों द्वारा 1 दिन में किया गया कार्य $= \frac{1}{10} + \frac{1}{20} = \frac{2+1}{20} = \frac{3}{20}$

$\therefore$ अभीष्ट समय $= \frac{20}{3} = 6\frac{2}{3}$ दिन

6. गणेश, राम तथा सोहन का एक दिन का कार्य $= \frac{1}{16}$

गणेश तथा राम का एक दिन का कार्य $= \frac{1}{24}$

सोहन द्वारा एक दिन में किया गया कार्य $= \frac{1}{16} - \frac{1}{24} = \frac{1}{48}$

सोहन 48 दिनों में कार्य पूरा करेगा।

7. वांछित दिन $= \frac{9 \times 25}{15} = 15$ दिन

पाईप तथा टंकी के प्रश्न

1. एक टंकी को भरने के लिए दो नल है जबकि तीसरा उसे खाली करने के लिए। जब तीसरा नल बन्द है, तो वे उसे क्रमशः 10 मिनट और 12 मिनट में भर सकते है। यदि तीनों नल खुले है, तो टंकी 15 मिनट में भर जाती है। यदि पहले दो नल बन्द हो तो तीसरा नल पूरी भरी टंकी को कितने समय में खाली कर सकता है?
   (*a*) 7 मिनट (*b*) 9 मिनट और 32 सेकण्ड
   (*c*) 8 मिनट और 34 सेकण्ड (*d*) 6 मिनट

   (हरियाणा ऑक्शन रिकार्डर परीक्षा, 2016)

2. दो पाइप A और B एक टैंक में क्रमशः 30 मिनट और 45 मिनट में जल भर सकते है। जल पाइप C उस टैंक को 36 मिनट में खाली कर सकता है। पहले A और B को खोला जाता है फिर 12 मिनट बाद C को खोला जाता है। टैंक कुल कितने समय (मिनटो में) भरेगा?
   (*a*) 24 (*b*) 30 (*c*) 36 (*d*) 12

   (एस.एस.सी.-सी.जी.एल. (टीयर-I) परीक्षा, 2015)

3. समान क्षमता वाले 9 नल पानी की टंकी को 20 मिनट में भर देते है। उसी टंकी को 15 मिनट में भरने के लिए समान क्षमता वाले कितने नलों की आवश्यकता होगी?
   (*a*) 16 (*b*) 12 (*c*) 15 (*d*) 18

   (एस.एस.सी.-सी.जी.एल. (टीयर-II) परीक्षा, 2014)

4. A बाल्टी B बाल्टी से दोगुनी बड़ी है। टैंक T बाल्टी A से 50 बार में भरा जाता है। यदि खाली टैंक T को A बाल्टी द्वारा 20 बार में भरा जाता है, तो टैंक के खाली भाग को भरने के लिए A और B को मिलाकर कितनी बारिया लगानी होगी?
   (*a*) 15 (*b*) 10 (*c*) 30 (*d*) 20

   (जे.ई.ई. होटल मैनेजमेंट प्रवेश परीक्षा, 2015)

उत्तरमाला

1. (*c*) **2.** (*a*) **3.** (*b*) **4.** (*d*)

दिये गए प्रश्नों के हल

1. माना तीसरा नल भरी टंकी को x मिनट में खाली कर देती है। पहला और दूसरा नल उसे क्रमशः 10 मिनट और 12 मिनट में भर देते है। तीनो नल एक साथ खोलने पर:

$$\frac{1}{15}=\frac{1}{10}+\frac{1}{12}-\frac{1}{x}$$

$$\Rightarrow \quad \frac{1}{x}=\frac{1}{10}+\frac{1}{12}-\frac{1}{15}=\frac{6+5-4}{60}=\frac{11-4}{60}=\frac{7}{60}$$

2	10 – 12 – 15
3	5 – 6 – 15
5	5 – 2 – 5
	1 – 2 – 1

$2 \times 2 \times 3 \times 5 = 60$

$\therefore \quad x = \frac{60}{7}$ मिनट

$= 8$ मिनट $\frac{4}{7} \times 60$ सेकण्ड

$= 8$ मिनट 34 सेकण्ड

2. पाइप A और B द्वारा पानी भरने में लगा समय $= 12$ मिनट

$$= 12\left(\frac{1}{30} + \frac{1}{45}\right)$$

$$= 12\left(\frac{3+2}{90}\right) = 12 \times \frac{5}{90} = \frac{2}{3}$$

जब सभी नल खोल दिए जाते है तो एक मिनट में भरा टैंक

$$= \frac{1}{30} + \frac{1}{45} - \frac{1}{36} = \frac{6+4-5}{180} = \frac{5}{180} = \frac{1}{36}$$

टैंक भरने में लिया गया समय $= \frac{1}{3} \times 36 = 12$ मिनट

कुल समय $= 12 + 12 = 24$ मिनट

3.

नल	मिनट
9	20
x	15

वांछित नल $\Rightarrow x = \frac{20 \times 9}{15} = 12$ नल

4. माना बाल्टी A की क्षमता x लीटर और बाल्टी B की क्षमता $\frac{x}{2}$ लीटर है।

टैंक T की क्षमता $= 50x$ लीटर

20 लीटर टैंक A द्वारा भरा गया $= 20x$ लीटर

बाकी टैंक भरा गया $= 30$ लीटर

एक बार में A और B द्वारा भरा गया टैंक $= L + \frac{L}{2} = \frac{3L}{2}$ लीटर

वांछित बारियाँ $= \frac{30 \times 2}{3} = 20$

समय तथा दूरी

1. एक आदमी 10 किमी./घंटा की दर पर चल रहा है। प्रति किमी. पर वह 5 मिनट का विश्राम लेता है। 5 किमी. की दूरी वह कितने समय में तय करेगा?
(*a*) 60 मिनट (*b*) 50 मिनट (*c*) 40 मिनट (*d*) 70 मिनट
(एस.एस.सी.-सी.जी.एल. (टीयर-II) परीक्षा, 2014)

2. एक व्यक्ति किसी स्थान पर पैदल जाने में और वहाँ से कार से लौटने में 9 घण्टे लेता है। यदि उसने आने-जाने के लिए कार का इस्तेमाल किया होता, तो 8 घण्टे की बचत हो जाती। कार और उसके पैदल चलने की गति का अनुपात है:
(*a*) 9 : 1 (*b*) 8 : 1 (*c*) 17 : 1 (*d*) 17 : 8
(उत्तर प्रदेश चकबन्दी लेखापाल भर्ती परीक्षा, 2015)

3. एक धावक 20 मीटर दौड़ने में उतना ही समय लगाता है जितना एक कार 50 मीटर की दूरी तय करने में लगाती है। धावक द्वारा तय की गयी दूरी कितनी होगी, जब कार ने 1 किलोमीटर की दूरी तय की हो?
(*a*) 400 मीटर (*b*) 40 मीटर (*c*) 440 मीटर (*d*) इनमें से कोई नहीं
(डी.एम.आर.सी. जूनियर इंजीनियर (इलेकिट्रकल) परीक्षा, 2016)

4. एक साइकिल सवार 8 किमी. की दूरी 15 किमी./घंटा की चाल से एवं आगामी 4 किमी. की दूरी 20 किमी./घंटा की चाल से तय करता है उसकी औसत चाल (किमी./घंटा) में ज्ञात कीजिए।
(*a*) 16.8 (*b*) 16.36 (*c*) 15.71 (*d*) 17.50
(आर.आर.बी. (एन.टी.पी.सी.) परीक्षा, 2016)

5. एक बस 1 घंटे में $12\frac{2}{5}$ किमी. की दूरी तय करता है यह बस $2\frac{3}{4}$ घंटे में कितनी दूरी तय करेंगी?
(*a*) 3.41 किमी. (*b*) 34.1 किमी. (*c*) 341 किमी. (*d*) 0.341 किमी.
(आर.आर.बी. (एन.टी.पी.सी.) परीक्षा, 2016)

6. एक साइकिल चालक 2000 मीटर की दूरी 3 मिनट 20 सेकंड में तय करता है साइकिल चालक की गति कितने किलोमीटर प्रति घंटा है?
(*a*) 18 (*b*) 26 (*c*) 36 (*d*) 46
(भारतीय डाक पोस्टमैन/मेलगार्ड परीक्षा (प्रारम्भिक), 2016)

7. 36 किमी./घंटा की चाल से 110 मीटर लंबी रेलगाड़ी चल रही है उसे 132 मीटर लंबे पुल को पार करने में कितना समय लगेगा?
(*a*) 13.2 सेकण्ड (*b*) 24.2 सेकण्ड (*c*) 11.0 सेकण्ड (*d*) 16.4 सेकण्ड
(उत्तर प्रदेश लोक सेवा आयोग प्रारम्भिक परीक्षा, 2016)

उत्तरमाला

1. (*b*) **2.** (*c*) **3.** (*a*) **4.** (*b*) **5.** (*b*) **6.** (*c*) **7.** (*b*)

दिये गए प्रश्नों के हल

1. 5 किमी. दूरी तय करने में लगा समय = 30 मिनट
बाकी समय = 4 × 5 = 20 मिनट {∵ चार समय विश्राम करने में लगा समय = 20 मिनट}
कुल समय = 30 + 20 = 50 मिनट

2. माना कार की गति और पैदल चलने वालो की गति क्रमशः x किमी./घंटा और y किमी./घंटा है

$\Rightarrow D = d;\ s = y \Rightarrow T = \frac{d}{y}$ .... (i) और $D = d; s = x \Rightarrow T = \frac{d}{x}$ .... (ii)

कुल समय $= \frac{d}{y} + \frac{d}{x} = 9$ .... (iii)

कुल दूरी = $2d$

$s = x$

कुल समय = $\frac{2d}{x} = 1 \quad \Rightarrow \frac{d}{x} = \frac{1}{2}$ .... (iv)

समीकरण (iii) से, $\frac{d}{y} = 9 - \frac{1}{2} = \frac{17}{2}$ ....(v)

समीकरण (iv) और (v) से,

$\frac{d}{x} : \frac{d}{y} = \frac{1}{2} : \frac{17}{2} \qquad \frac{1}{x} : \frac{1}{y} = \frac{1}{2} : \frac{17}{2}$

$\Rightarrow x : y = 2 : \frac{2}{17} = 1 : \frac{1}{17} = 17 : 1$

3. प्रश्नानुसार, $\because$ 50 मीटर $\cong$ 20 मीटर

$\therefore$ 1 मीटर $\cong \frac{20}{50}$ मीटर

1000 मीटर $\cong \left(\frac{20}{50} \times 1000\right)$ मीटर $\cong$ 400 मीटर

4. औसत चाल $= \frac{\text{कुल दूरी}}{\text{समय}} = \left(\frac{8+4}{\frac{8}{15} + \frac{4}{20}}\right)$ किमी./घंटा

$= \left(\frac{12}{\frac{32+12}{60}}\right)$ किमी./घंटा $= \left(\frac{12 \times 60}{44}\right) = 16.36$ किमी./घंटा

5. अभीष्ट दूरी = चाल × समय

$= \left(\frac{62}{5} \times \frac{11}{4}\right)$ किमी. = 34.1 किमी.

6. साइकिल चालक की चाल $= \left(\frac{2000}{200}\right)$ मी./से. [$\because$ 3 मिनट 20 सेकंड = 3 × 60 + 20 = 200 सेंकड]

= 10 मी./से. $= \left(\frac{10 \times 18}{5}\right) = 36$ किमी./घंटा

7. कुल लंबाई 110 + 132 = 242 मीटर

ट्रेन को पुल पार करने में लगा समय $= \frac{3600 \times 242}{36 \times 1000} = 24.2$ सेकण्ड

रेल सम्बन्धित प्रश्न

1. 120 मीटर लंबी रेल A 60 किमी./घंटा की गति से चल रही है। 150 मीटर लंबी रेल B, जो उसी दिशा में दौड़ रही है, रेल A को 64.8 सेकंड में पार करती है। रेल B की गति क्या है?
(*a*) 75 किमी./घंटा (*b*) 135 किमी./घंटा
(*c*) 15 किमी./घंटा (*d*) इनमें से कोई नहीं

(जे.ई.ई. होटल मैनेजमेंट प्रवेश परीक्षा, 2015)

2. एक ट्रेन 50 किमी./घंटा की औसत चाल पर 400 किमी. जाती है और 40 किमी./घंटा की औसत चाल पर वापस आती है। समूची यात्रा के लिए ट्रेन की औसत चाल है:
(*a*) 45 किमी./घंटा (*b*) 40 किमी./घंटा
(*c*) 44.44 किमी./घंटा (*d*) 55.55 किमी./घंटा

(जे.ई.ई. होटल मैनेजमेंट प्रवेश परीक्षा, 2015)

3. विपरीत दिशाओं में चलने वाली दो ट्रेनें एक दूसरे को 7.5 सेकण्ड में पार करती हैं। यदि एक ट्रेन की लम्बाई 150 मी. है तो दूसरी ट्रेन की लम्बाई क्या होगी यदि ट्रेनें क्रमश: 50 कि.मी. एवं 70 कि.मी. प्रति घंटा की चाल से चल रही है?
(*a*) 100 मीटर (*b*) 150 मीटर (*c*) 125 मीटर (*d*) 200 मीटर

(डी.एम.आर.सी. जूनियर इंजीनियर इलेक्ट्रिकल परीक्षा, 2016)

4. एक रेलगाड़ी 80 किलोमीटर की दूरी को पार करती है। वह 40 किलोमीटर प्रतिघंटा की चाल से पहले के 60 किलोमीटर की यात्रा करती है और बची हुई दूरी को 20 किलोमीटर प्रतिघंटे की चाल में समाप्त करती है। ऐसे में रेलगाड़ी की औसत चाल का पता कीजिए।
(*a*) 30 कि.मी/घंटा (*b*) 32 कि.मी/घंटा (*c*) 35 कि.मी./घंटा (*d*) 28 कि.मी./घंटा

(दिल्ली अधीनस्थ सेवा चयन बोर्ड निम्न श्रेणी लिपिक परीक्षा, 2014)

5. 250 मीटर लंबाई की एक रेलगाड़ी 60 किलोमीटर प्रति घंटे की गति से दौड़ रही है। रेल पटरियों के पार्श्व में व्यवस्थित इलेक्ट्रिक पोल को पार करने में वह कितना समय लेती है?
(*a*) 20 सेकेंड (*b*) 23 सेकेंड (*c*) 30 सेकेंड (*d*) 15 सेकेंड

(दिल्ली अधीनस्थ सेवा चयन बोर्ड निम्न श्रेणी लिपिक परीक्षा, 2014)

6. एक रेलगाड़ी 80 किमी./घंटा की चाल से चलती है यदि रेलगाड़ी की लंबाई 400 मीटर हो तो वह एक विद्युत खंभे को पार करने में कितना समय लेगी?
(*a*) 10 सेकंड (*b*) 6 सेकंड (*c*) 18 सेकंड (*d*) 15 सेंकड

(आर.आर.बी. (एन.टी.पी.सी.) परीक्षा, 2016)

7. दो ट्रेनों की गति के बीच का अनुपात 7 : 8 है अगर दूसरी ट्रेन 4 घण्टे में 400 किमी. की दूरी तय करती है तो पहली ट्रेन की गति क्या होगी?
(*a*) 70 किमी./घंटा (*b*) 75 किमी./घंटा (*c*) 84 किमी./घंटा (*d*) 87.5 किमी./घंटा

(उत्तराखण्ड समीक्षा अधिकारी/सहायक समीक्षा अधिकारी परीक्षा, 2016)

उत्तरमाला

1. (*b*) **2.** (*c*) **3.** (*a*) **4.** (*b*) **5.** (*b*) **6.** (*c*) **7.** (*b*)

दिये गए प्रश्नों के हल

1. ट्रेन B द्वारा तय की गई दूरी = 120 + 150 = 270 मीटर
समय = 64.8 सेकंड

सापेक्ष गति $= \dfrac{270 \times 3600}{1000 \times 64.8} = 15$ किमी./घंटा

ट्रेन B की गति = 120 +15 = 135 किमी./घंटा

2. ट्रेन द्वारा लिया गया कुल समय = $\dfrac{400}{50} + \dfrac{400}{40} = 8 + 10 = 18$ घंटे

औसत गति $= \dfrac{400 + 400}{18} = 44.44$ किमी./घंटा

3. आपेक्षिक चाल = (50 + 70) = 120 किमी./घंटा = $\left(\dfrac{120 \times 5}{18}\right)$ मीटर/सेकंड

$= \dfrac{100}{3}$ मीटर/सेकण्ड

माना दूसरी ट्रेन की लंबाई x मीटर है तो आपेक्षिक चाल से पार करने में तय की गई दूरी = दोनों ट्रेनों की लम्बाई

$\therefore \dfrac{150 + x}{\frac{100}{3}} = 7.5$

$\Rightarrow 150 + x = \dfrac{7.5 \times 100}{3}$

$\Rightarrow 150 + x = 250 \Rightarrow x = 100$ मीटर

4. कुल दूरी = 80 किलोमीटर

कुल समय = $\dfrac{60}{40} + \dfrac{20}{20} = 1.5 + 1 = 2.5$ घंटे

औसत गति $= \dfrac{80}{2.5} = 32$ किमी./घंटा

5. ट्रेन की गति = 60 किमी./गति

तय की गई दूरी = 250 मी.

समय = $\dfrac{250 \times 3600}{60 \times 1000} = 15$ सेकेंड

6. रेलगाड़ी की चाल = 80 किमी./घंटा

मीटर/सेकंड $= \left(\dfrac{80 \times 5}{18}\right) = \dfrac{200}{9}$ मीटर/सेकंड

$\therefore$ अभीष्ट समय $= \dfrac{D}{S} = \dfrac{400}{\frac{200}{9}} = = \dfrac{400 \times 9}{200}$ सेकण्ड = 18 सेकण्ड

7. दूसरी ट्रेन की चाल = $\dfrac{400}{4} = 100$ किमी./घंटा

$\therefore$ पहली ट्रेन की चाल $= \dfrac{100}{8} \times 7 = 87.5$ किमी./घंटा

धारा एवं नाव सम्बन्धी प्रश्न

1. एक नाव धारा की विपरीत दिशा में एक निश्चत दूरी 5 घंटे में तय करती है और धारा के प्रवाह की दिशा में समान दूरी 2 घंटे में तय करती है। धारा की चाल से नाव की चाल का अनुपात क्या होगा?

(*a*) 7:3 (*b*) 3:7 (*c*) 10:3 (*d*) 10:7

(जे.ई.ई. होटल मैनेजमेंट प्रवेश परीक्षा, 2015)

2. 3750 घन फीट की क्षमता वाले पानी के टैंक को पूर्णतया भरने में कितना मिनट का समय लगेगा यदि पानी 800 घन फीट प्रति मिनट की दर से डाला जा रहा है और 300 घन फीट प्रति मिनट की दर से टंकी से बाहर निकल रहा है?

(*a*) 3 मिनट 36 सेकण्ड (*b*) 6 मिनट (*c*) 7 मिनट 30 सेकण्ड (*d*) 8 मिनट

(डी.एम.आर.सी. जुनियर इंजीनियर (इलैक्ट्रिकल) परीक्षा, 2016)

3. तीन पाईप A, B, C एक खाली टंकी को क्रमशः 30 मिनट, 20 एवं 10 मिनट में भर सकते है। जब टंकी खाली है तो तीनो पाइपों को खोल दिया जाता है। A, B, एवं C रासायनिक मिश्रण 'Q' 'R' 'S' क्रमशः निकलते हैं। तीन मिनट के पश्चात टंकी मे तरल में घोल 'S' का अनुपात क्या होगा?

(*a*) $\frac{7}{11}$ (*b*) $\frac{5}{11}$ (*c*) $\frac{6}{11}$ (*d*) $\frac{8}{11}$

(डी.एम.आर.सी. जुनियर इंजीनियर (इलैक्ट्रिकल) परीक्षा, 2016)

4. एक नाव बिन्दु x से बिन्दु y तक धारा प्रवाह के प्रतिकूल चलने पर दूसरी नाव B जो बिन्दु y से z तक धारा के अनुकूल चलती है कि तुलना में 2 घंटा अधिक समय लेती है x तथा y के बीच दूरी 40 किमी. है तथा y तथा x के बीच की दूरी 24 किमी. है। नाव B की शान्त जल में गति किमी./घंटा है तथा नाव A की शांत जल की गति नाव B के धारा के अनुकूल गति के बराबर है। नाव A की शान्त जल में गति है? (माना जाए कि धारा की गति एकसमान है)

(*a*) 20 किमी./घंटा (*b*) 10 किमी./घंटा (*c*) 12 किमी./घंटा (*d*) 14 किमी./घंटा (*e*) 8 किमी./घंटा

(रिजर्व बैंक ऑफ इण्डिया ऑफीसर्स ग्रेड 'बी' परीक्षा, 2015)

5. एक आदमी धारा की प्रतिकूल दिशा में 12 किमी./घंटा और अनुकूल दिशा में 18 किमी./घंटा की गति से नौका चला सकता है, स्थिर जल में उसकी नौका चलाने की गति कितनी होगी?

(*a*) 15 किमी./घंटा (*b*) 5 किमी./घंटा (*c*) 3 किमी./घंटा (*d*) 10 किमी./घंटा

(एस.एस.सी.-सी.जी.एल. (टीयर-I) (सी.बी.ई.) परीक्षा, 2016)

6. एक किश्ती जल प्रवाह के विपरीत चलते हुए 8 घंटों में 40 किलोमीटर तथा जल प्रवाह के साथ चलते हुए 6 घंटों में 36 किलोमीटर दूरी तय करती है। किश्ती की गति शांत पानी में (किमी./घंटा) में है:

(*a*) 4.5 (*b*) 5.5 (*c*) 6.5 (*d*) 6.9

(भारतीय डाक पोस्टमैन/मेलगार्ड परीक्षा, (प्रारम्भिक) 2016)

उत्तरमाला

1. (*a*) **2.** (*c*) **3.** (*c*) **4.** (*c*) **5.** (*a*) **6.** (*b*)

दिये गए प्रश्नों के हल

1. माना नाव की गति x किमी./घंटा और धारा की चाल y किमी./घंटा है

प्रश्नानुसार, $(x+y)2=(x-y)5$

$\Rightarrow 2x+2y=5x-5y$

$\Rightarrow\ 3x = 7y$

$\Rightarrow\ \frac{x}{y} = \frac{7}{3} \Rightarrow x : y = 7 : 3$

2. 1 मिनट में टंकी में भरा गया पानी

= 800 − 300 = 500 घन फीट

$\therefore$ अभीष्ट समय = $\frac{3750}{500}$ मिनट = 7.5 मिनट = 7 मिनट 30 सेकण्ड

3. प्रश्नानुसार, $Q:R:S = \frac{1}{30}:\frac{1}{20}:\frac{1}{10} = \frac{1}{30}\times 60 : \frac{1}{20}\times 60 : \frac{1}{10}\times 60 = 2:3:6$

अनुपातिक योग = 2 + 3 + 6 = 11

$\therefore$ S का अनुपात = $\frac{6}{11}$

4. माना नाव A की शांत जल में गति $= x_A$

नाव B की शांत जल में गति $= x_B$

बिन्दु x से y तक धारा गति $= y_A$

बिन्दु y से z तक धारा गति $= y_B$

धारा प्रवाह के विपरीत नाव की गति $= (x_A - y_B)$

नाव B की धारा के अनुकूल गति $= (x_B + y_B)$

प्रश्नानुसार, $x_A = (x_B + y_B)$ ....(*i*)

$\frac{40}{x_A - y_A} - \frac{2y}{x_B + y_B} = 2 \qquad \frac{40}{x_B + y_A - y_A} - \frac{24}{x_B + y_B} = 2$

$\Rightarrow\ \frac{40}{10} - \frac{24}{10 - y_B} = 2$

$\Rightarrow\ \frac{400 + 40y_B - 240}{100 + 10y_B}$

$\Rightarrow\ 160 + 40y_B = 200 + 20y_B$

$20y_B = 40$

$y_B = 2$ ....(*ii*)

समीकरण (i) तथा (ii) से,

$x_A = 10 + 2 = 12$

नाव A की शांत जल में गति = 12 किमी./घंटा

5. अनुप्रवाह चाल = 18 किमी./घंटा

ऊर्ध्वप्रवाह चाल = 12 किमी./घंटा

$\therefore$ शांत जल में नौका की चाल

$= \frac{1}{2}$ (अनुप्रवाह चाल + ऊर्ध्वप्रवाह चाल) $= \frac{1}{2}(18+12)$ = 15 किमी./घंटा

6. किश्ती की अनुप्रवाह चाल $= \frac{36}{6} = 6$ किमी./घंटा

ऊर्ध्वप्रवाह चाल $\frac{40}{8} = 5$ किमी./घंटा

$\therefore$ किश्ती की शांत जल में चाल $= \frac{1}{2}(6+5) = 5.5$ किमी./घंटा

मिश्रण

1. समान क्षमता के दो कंटेनर हैं। पहले में दूध और पानी का अनुपात 3 : 1 है और दूसरे में 5 : 2 है। यदि उन्हें मिला दिया जाए, तो मिश्रण में दूध और पानी का अनुपात कितना हो जाएगा?
(*a*) 28 : 41 (*b*) 41 : 28 (*c*) 15 : 41 (*d*) 41 : 15
(एस.एस.सी.-सी.जी.एल. (टीयर-II) परीक्षा, 2014)

2. 20 लीटर मिश्रण में 20 प्रतिशत अल्कोहल और शेष पानी है। यदि उसमें 4 लीटर पानी और मिला दिया जाए, तो नए मिश्रण में अल्कोहल का प्रतिशत कितना होगा?
(*a*) $33\frac{1}{3}\%$ (*b*) $16\frac{2}{3}\%$ (*c*) 25% (*d*) $12\frac{1}{2}\%$
(एस.एस.सी.-सी.जी.एल. (टीयर-II) परीक्षा, 2014)

3. एक बर्तन में दूध और पानी का अनुपात क्रमशः 3 : 1 है। इस बर्तन में से 32 लीटर मिश्रण निकाला जाता है तथा उतनी ही मात्रा में दूध मिलाया जाता है, इस प्रक्रिया के फलस्वरूप दूध तथा पानी का अनुपात 4 : 1 हो जाता है। यदि फिर से 10 लीटर मिश्रण निकाला जाता है तो मिश्रण में पानी की मात्रा क्या होगी? (लीटर में)
(*a*) 24 (*b*) 30 (*c*) 20 (*d*) 36 (*e*) 32
(रिजर्व बैंक ऑफ इण्डिया ऑफीसर्स ग्रेड 'बी' परीक्षा, 2015)

4. दो संख्याओं का अनुपात 2:3 है और दोनों संख्याओं में 8 जोड़नें पर अनुपात 3:4 हो जाता है तो उन दोनें संख्याओं का योग है:
(*a*) 80 (*b*) 100 (*c*) 10 (*d*) 40
(एस.एस.सी.-सी.जी.एल. (टीयर-I) परीक्षा, 2015)

उत्तरमाला

1. (*d*) **2.** (*b*) **3.** (*b*) **4.** (*d*)

दिये गए प्रश्नों के हल

1. माना कंटेनर की क्षमता x है।

कंटेनर	दूध	पानी
1	$\frac{3x}{4}$	$\frac{x}{4}$
2	$\frac{5x}{7}$	$\frac{2x}{7}$

नए मिश्रण

$$\frac{3}{4}x+\frac{5}{7}x : \frac{x}{4}+\frac{2x}{7}$$

$$\Rightarrow \frac{(21+20)x}{28} : \frac{(7+8)x}{28}$$

$\Rightarrow \frac{41x}{28} : \frac{15x}{28}$

$\Rightarrow 41x : 15x$

$\Rightarrow$ वांछित अनुपात $= 41 : 15$

2. 20 लीटर मिश्रण में अल्कोहल की मात्रा $= 20 - \frac{20 \text{ का } 20\%}{100} = 20 - 4 = 16$ लीटर

पानी की मात्रा $= 20 - 16 = 4$ लीटर

वांछित प्रतिशत $= \frac{4}{20+4} \times 100 = \frac{4}{24} \times 100 = \frac{50}{3} = 16\frac{2}{3}\%$

3. दिया गया है कि दूध तथा पानी का मिश्रण $3x : x$

कुल मिश्रण $= 3x + x = 4x$

प्रश्नानुसार,

$\Rightarrow \frac{3x - 24 + 32}{x - 8} = \frac{4}{1}$

$\Rightarrow 3x + 8 = 4x - 32$

$\Rightarrow x = 40$

कुल मिश्रण $= 40 \times 4 = 160$ लीटर

मिश्रण में से 10 लीटर फिर से निकाला जाता है $= 160 - 10 = 150$ लीटर

बचे हुए मिश्रण में पानी की मात्रा $= \frac{150}{5} \times 1 = 30$ लीटर

4. माना दो संख्याएँ क्रमशः $2x$ एवं $3x$ है।

प्रश्नानुसार,

$\frac{2x+8}{3x+8} = \frac{3}{4}$

$\Rightarrow 8x + 32 = 9x + 24$

$\Rightarrow x = 8$

दो संख्याएँ है 16 एवं 24

दो संख्याओं का योग $= 16 + 24 = 40$

साधारण ब्याज

1. श्री राजू एक सुव्यवस्थित निवेश योजनाओं में ₹1,000 प्रति वर्ष, तीन वर्ष के लिए निवेश करते हैं। सरल ब्याज की दर 11% है। तीन वर्ष बाद श्री राजू को कितना ब्याज मिलेगा?
   (*a*) ₹550 (*b*) ₹660 (*c*) ₹330 (*d*) ₹750
   (मध्य प्रदेश लोक सेवा आयोग राज्य सेवा (प्रारम्भिक) परीक्षा, 2015)

2. प्रकाश ₹20,000 में से कुछ राशि 8 प्रतिशत के साधारण ब्याज पर और शेष राशि $\frac{4}{3}\%$ के साधारण ब्याज पर उधार देता है। एक वर्ष के बाद कुल ₹800 की आय होती है। 8 प्रतिशत पर दी गई राशि ज्ञात कीजिए।
   (*a*) ₹8,000 (*b*) ₹12,000 (*c*) ₹6,000 (*d*) ₹10,000
   (एस.एस.सी.-सी.जी.एल. (टीयर-II) परीक्षा, 2014)

3. एक निश्चित रकम पर 12% प्रतिवर्ष की दर पर 2 वर्ष में प्राप्त चक्रवृद्धि ब्याज और साधारण ब्याज के बीच का अन्तर ₹1800 है। जब चक्रवृद्धि ब्याज वार्षिक लगता है तो मूल रकम बताइए:
   (*a*) ₹1,20,000 (*b*) ₹1,25,000 (*c*) ₹1,23,000 (*d*) इनमें से कोई नहीं
   (जूनियर इंजीनियर (इलेक्ट्रिकल) परीक्षा, 2016)

4. साधारण ब्याज से 8 वर्षों में एक राशि अपने आप दोगुनी हो जाती है। उसी दर से राशि कितने वर्षों में तीन गुनी हो जाएगी?
   (*a*) 16 वर्ष (*b*) 24 वर्ष (*c*) 12 वर्ष (*d*) 18 वर्ष
   (दिल्ली अधीनस्थ सेवा चयन बोर्ड निम्न श्रेणी लिपिक परीक्षा, 2014)

5. 10% प्रतिवर्ष की दर से 3 वर्ष के लिए किसी राशि पर साधारण और चक्रवृद्धि ब्याज (जिसे प्रतिवर्ष संयोजित किया जाता है) के बीच अंतर ₹93 है। राशि कितनी (रूपये में) है?
   (*a*) 30000 (*b*) 30300 (*c*) 3000 (*d*) 3030
   (एस.एस.सी.-सी.जी.एल. (टीयर-I) (सी.बी.ई.) परीक्षा, 2016)

6. ₹8,750 की धनराशि कितने समय में 8% प्रतिवर्ष साधारण ब्याज की दर से मूलधन का $\frac{6}{25}$ भाग ब्याज अर्जित करेगी?
   (*a*) 3 वर्ष (*b*) 4 वर्ष (*c*) 2 वर्ष (*d*) 5 वर्ष
   (आर.आर.बी. (एन.टी.पी.सी.) परीक्षा, 2016)

7. एक निश्चित राशि द्वारा 3 वर्षों एवं 6 वर्षों हेतु ब्याज की समान दर पर अर्जित साधारण ब्याज का अनुपात क्या होगा?
   (*a*) 1 : 2 (*b*) 1 : 3 (*c*) 1 : 4 (*d*) 1 : 6
   (भारतीय डाक पोस्टमैन/मेलगार्ड (प्रारम्भिक) परीक्षा, 2016)

उत्तरमाला

1. (*b*) **2.** (*a*) **3.** (*b*) **4.** (*a*) **5.** (*c*) **6.** (*a*) **7.** (*a*)

दिये गए प्रश्नों के हल

1. पहले वर्ष के लिए ब्याज $= \dfrac{1000 \times 1 \times 11}{100} = ₹110$

दूसरे वर्ष के लिए ब्याज $= \dfrac{2000 \times 1 \times 11}{100} = ₹220$

तीसरे वर्ष के लिए ब्याज $= \dfrac{3000 \times 1 \times 11}{100} = ₹330$

तीन वर्ष बाद कुल ब्याज = 110 + 220 + 330 = ₹660

2. माना 8% दर पर उधार ली गई राशि x है।

प्रश्नानुसार, $\dfrac{x \times 8 \times 1}{100} + \dfrac{(20000 - x) \times \frac{4}{3} \times 1}{100} = 800$

$\Rightarrow 8x + \dfrac{20000 \times 4}{3} - \dfrac{4x}{3} = 80000$

$\Rightarrow 24x + 80000 - 4x = 240000$

$\Rightarrow 20x = 160000$

$\Rightarrow x = ₹8000$

3. 2 वर्ष में प्राप्त चक्रवृद्धि ब्याज और साधारण ब्याज में अंतर $= \dfrac{PR^2}{10000}$

$\Rightarrow 1800 = \dfrac{P \times 12 \times 12}{10000}$

$\Rightarrow P = \dfrac{1800 \times 10000}{12 \times 12} = ₹125000$

4. 8 वर्षों में ब्याज राशि के बराबर हो जाएंगे

∴ इसलिए 16 वर्षों में राशि तीन गुनी हो जाएगी।

5. चक्रवृद्धि एवं साधारण ब्याज का तीन वर्षो का अंतर $= \dfrac{\mathrm{P}\, r^2 (r + 300)}{1000000}$

$\Rightarrow 93 = \dfrac{P \times 100 (10 + 300)}{1000000} = \dfrac{P \times 100 \times 310}{1000000}$

$\Rightarrow 93 = \dfrac{31P}{1000} \Rightarrow P = \dfrac{93 \times 1000}{31} = ₹3000$

6. $\dfrac{\text{ब्याज}}{\text{मूलधन}} = \dfrac{6}{25}$

∴ समय $= \dfrac{\text{ब्याज} \times 100}{\text{मूलधन} \times \text{दर}} = \dfrac{6}{25} \times \dfrac{100}{8} = 3$ वर्ष

7. अभीष्ट अनुपात संगत समय का अनुपात = 3 : 6 = 1 : 2

चक्रवृद्धि ब्याज

1. यदि $12\frac{1}{12}\%$ प्रति वर्ष पर 2 वर्ष की राशि पर चक्रवृद्धि ब्याज ₹510 है, तो उसी दर पर उसी राशि पर उसी अवधि का साधारण ब्याज कितना होगा?

(*a*) ₹400 (*b*) ₹450 (*c*) ₹460 (*d*) ₹480

(एस.एस.सी.-सी.जी.एल. (टीयर-II) परीक्षा, 2014)

2. यदि किसी राशि पर 5 प्रतिशत की दर पर 2 वर्ष की चक्रवृद्धि ब्याज ₹328 है, तो वह राशि कितनी है?

(*a*) ₹3,000 (*b*) ₹3,600 (*c*) ₹3,200 (*d*) ₹3,400

(एस.एस.सी.-सी.जी.एल. (टीयर-II) परीक्षा, 2014)

3. ₹125 की राशि 5 वर्ष में दोगुनी हो जाती है, ब्याज वार्षिक चक्रवृद्धि लगता है। कितने और वर्ष बाद इस राशि पर ₹250 अतिरिक्त ब्याज मिलेगा?

(*a*) 5 (*b*) 10 (*c*) 15 (*d*) इनमें से कोई नहीं

(जे.ई.ई. होटल मैनेजमेंट प्रवेश परीक्षा, 2015)

4. एक बराबर की धनराशि स्कीम A में X% सालाना दर से साधारण ब्याज पर 7 वर्ष के लिए तथा स्कीम B में 10% सालाना दर से चक्रवृद्धि ब्याज पर निवेश की जाती है। स्कीम A में उपार्जित ब्याज स्कीम B में उपार्जित ब्याज की तुलना में तीन गुणा है। यदि स्कीम A का साधारण ब्याज X- 4% होता तो दोनों योजनाओं में उपार्जित ब्याज के बीच ₹700 का अन्तर होता। प्रत्येक योजना में निवेश किया गया धन कितना है?

(*a*) ₹8000 (*b*) ₹5000 (*c*) ₹6000 (*d*) ₹4,500 (*e*) ₹10000

(बैंक ऑफ इण्डिया ऑफीसर्स ग्रेड 'बी' परीक्षा, 2015)

5. 10 प्रतिशत ब्याज दर पर 2 वर्ष के लिए ₹3,000 के संयुक्त ब्याज और सरल ब्याज में क्या अंतर है?

(*a*) ₹60 (*b*) ₹50 (*c*) ₹40 (*d*) ₹30

(दिल्ली अधीनस्थ सेवा चयन बोर्ड निम्न श्रेणी लिपिक परीक्षा, 2014)

उत्तरमाला

1. (*d*) **2.** (*c*) **3.** (*a*) **4.** (*e*) **5.** (*d*)

दिये गए प्रश्नों के हल

1. माना उधार ली गई राशि x है।

$r = 25\%$ $t = 2$

प्रश्नानुसार, $510 = P\left(1+\frac{25}{200}\right)^2 - P$

$\Rightarrow 510 = P\left(\frac{9}{8}\right)^2 - P$

$\Rightarrow 510 = \frac{81P}{64} - P \Rightarrow 510 = \frac{17P}{64}$

$\Rightarrow P = \frac{510\times 64}{17} = ₹1920$

साधारण ब्याज $= \frac{1920\times 2\times 25}{100\times 2} = ₹480$

2. माना उधार ली गई राशि P है।

$$328 = P\left(1+\frac{5}{100}\right)^2 - P$$

$$\Rightarrow 328 = \left(\frac{441}{400}-1\right)P \Rightarrow \frac{41P}{400} = 328$$

$$\Rightarrow P = \frac{328\times400}{41} = ₹3200$$

3. 5 वर्षों में ब्याज, मूलधन के बराबर हो जाता है।

4. माना निवेशित धन x है।

स्कीम A,

साधारण ब्याज $= \dfrac{P\times4\times7}{100} = \dfrac{28p}{100}$

स्कीम B,

चक्रवृद्धि ब्याज $= P\left(1+\dfrac{10}{100}\right)^2 - P = P\left(\dfrac{110}{100}\right)^2 - P = P\left(\dfrac{121}{100}\right) - P \Rightarrow P\left(\dfrac{121}{100}-1\right) = \dfrac{21P}{100}$

प्रश्नानुसार, $\dfrac{28P}{100} - \dfrac{21P}{100} = 700$

$$\Rightarrow \frac{7P}{100} = 700 \Rightarrow P = 10000$$

5. दिया गया है, $t = 2$ वर्ष, $r = 10\%$ $P = 3000$

चक्रवृद्धि ब्याज $= 3000\left(1+\dfrac{10}{100}\right)^2 - 3000$

$= 3000\left(\dfrac{11}{10}\right)^2 - 3000$

$= \dfrac{3000\times121}{100} - 3000$

$= 3630 - 3000 = ₹630$

साधारण ब्याज $= \dfrac{3000\times10\times2}{100} = ₹600$

वांछित अंतर = ₹(630 − 600)= ₹30

क्षेत्रफल

1. 5 मीटर लम्बे 4 मीटर चौड़े एवं 3 मीटर ऊँचे कमरे की दीवारों की पुताई का खर्च ₹5 प्रति वर्ग मीटर के हिसाब से कितना होगा?

(*a*) ₹220 (*b*) ₹450 (*c*) ₹270 (*d*) उपर्युक्त में कोई नहीं

(छत्तीसगढ़ अधीक्षक श्रेणी 'डी' भर्ती परीक्षा, 2014)

2. π का मान है:

(*a*) 2.14 (*b*) 3.14 (*c*) 4.14 (*d*) 1.14

(पटना हाईकोर्ट असिस्टेंट परीक्षा, 2016)

3. एक वृत्ताकार मैदान की परिधि एक वर्गाकार मैदान की परिमिति से 20 मीटर कम है। यदि वृत्ताकार मैदान की त्रिज्या वर्गाकार मैदान की भुजा से 9 मीटर कम हो, तो ₹50 प्रति वर्ग मीटर की दर से वृत्ताकार मैदान में पत्थर बिछाने की लागत क्या होगी?

(*a*) ₹10200 (*b*) ₹9240 (*c*) ₹8342 (*d*) ₹7700 (*e*) ₹12920

(एस.आई.डी.बी.आई. आफिसर ऑनलाईन परीक्षा, 2016)

4. एक वर्ग के विकर्ण और आयत की चौड़ाई के बीच क्रमशः अनुपात 7 : 5 है। वर्ग का क्षेत्रफल 49 मी^{2} और आयत की लम्बाई इसकी चौड़ाई से दोगुनी है, तो आयत का परिमाप (मीटर में) क्या है?

(*a*) 30 (*b*) $30\sqrt{2}$ (*c*) 60 (*d*) $15\sqrt{2}$ (*e*) $50\sqrt{2}$

(एस.बी.आई. के सहयोगी/बैंक लिपिकीय संवर्ग परीक्षा, 2015)

5. एक आयताकार मैदान की लम्बाई और चौड़ाई का अनुपात 3 : 2 है। यदि एक व्यक्ति मैदान की सीमा पर 12 किमी./घंटा की रफ्तार पर साइकिल चलाते हुए 8 मिनट में एक चक्कर पूरा करता है, तो मैदान का क्षेत्रफल (वर्ग मी. में) बताएँ:

(*a*) 15360 वर्ग मी. (*b*) 153600 वर्ग मी.

(*c*) 30720 वर्ग मी. (*d*) 307200 वर्ग मी.

(रेलवे दिल्ली ग्रुप 'डी' परीक्षा, 2014)

6. एक भूखंड की दो भुजाएं 32 मीटर और 24 मीटर की हैं और उनके बीच का कोण पूर्ण समकोण है। अन्य दो भुजाएं प्रति 25 मीटर की हैं और अन्य तीन कोण समकोण नहीं हैं। भूखंड का क्षेत्रफल m^2 में कितना होगा?

(*a*) 768 (*b*) 534 (*c*) 696.5 (*d*) 684

(एस.एस.सी.-सी.जी.एल. (टीयर-II) परीक्षा, 2015)

उत्तरमाला

1. (*c*) **2.** (*b*) **3.** (*d*) **4.** (*b*) **5.** (*b*) **6.** (*d*)

दिये गए प्रश्नों के हल

1. कमरे की लम्बाई, चौड़ाई एवं ऊँचाई = 5 मीटर, 4 मीटर, 3 मीटर

कुल घेरा = $2\ (L+b)\times h = 2(5+4)\times 3 = 2\times 9\times 3 = 54$ वर्ग मीटर

कुल खर्च = $54\times 5 = 270$:

2. $\pi = \dfrac{22}{7} = 3.1428$

3. वृत्ताकार मैदान की त्रिज्या = a मीटर

वर्गाकार मैदान की भुजा = $a+9$ मीटर

प्रश्नानुसार, $4x-2\pi a=20$

$\Rightarrow\ 4(a+9)-2\times\frac{22}{7}\times a=20 \quad \Rightarrow\ 4a+36-\frac{44a}{7}=20$

$\Rightarrow\ \frac{44a}{7}-4a=16 \quad \Rightarrow\ \frac{44a-28a}{7}=16$

$\Rightarrow\ \frac{16a}{7}=16 \quad \Rightarrow\ a=\frac{16\times 7}{16}=7$ मीटर

$\therefore$ वृत्ताकार मैदान का क्षेत्रफल = $\pi R^2=\frac{22}{7}\times 7\times 7=154$ वर्गमीटर

$\therefore$ पत्थर लगाने का कुल खर्च = 154×50 = ₹7,700

4. माना वर्ग के विकर्ण और आयत की चौड़ाई $7x$ एवं $5x$ है।

वर्ग का क्षेत्रफल = 49 मी^{2}

वर्ग की भुजा $=\sqrt{49}$ = 7 मी.

आयत की चौड़ाई = $5x$

आयत की लंबाई = 10

वर्ग के विकर्ण की लंबाई = $\sqrt{7^2+7^2}=7\sqrt{2}$ मी.

आयत की चौड़ाई = $5\sqrt{2}$ मी.

आयत की लंबाई = $10\sqrt{2}$ मी.

आयत का परिमाप = $2\left(5\sqrt{2}+10\sqrt{2}\right)=2\left(15\sqrt{2}\right)=30\sqrt{2}$ मी.

5. माना मैदान की लम्बाई और चौड़ाई क्रमशः $3x$ और $2x$ है।

मैदान का परिमाप $2(3x+2x)=10x$

प्रश्नानुसार, $10x=12\times\frac{5}{18}\times 8\times 60$

$10x=1600\Rightarrow x=\frac{1600}{10}=160$

मैदान का क्षेत्रफल $=6x^2=6\times(160)^2=153600$ वर्ग मी.

6. माना PQRS भूखंड में QR = 32m

PQ = 24m ; $\angle Q=90^\circ$

PS = SR = 25 m

In Δ PQR

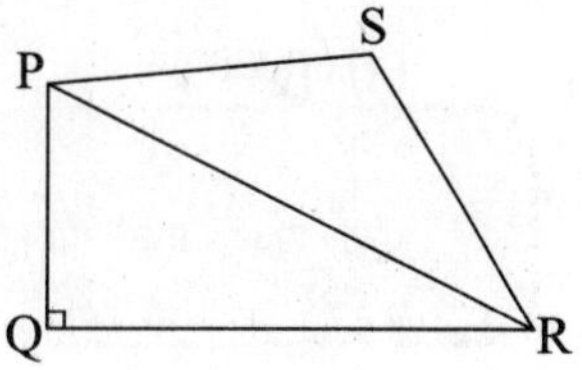

PR = $\sqrt{32^2+24^2}=40\,\text{cm}$

त्रिभुज PQR का क्षेत्रफल = $\frac{1}{2}\times 32\times 24=384\,\text{m}^2$

$$S=\frac{25+25+40}{2}=45$$

त्रिभुज PSR का क्षेत्रफल $=\sqrt{45(45-25)(45-25)(45-40)}$

$$S=\sqrt{45\times 20\times 20\times 5}=300\text{m}^2$$

कुल क्षेत्रफल = 384 + 300 = 684m^2

ठोस वस्तुओं के आयतन

1. 9 से.मी. ऊँचाई और 2.4 से.मी. की आन्तरिक एवं 2.5 से.मी. की बाह्य त्रिज्या वाले किसी खाली सिलिण्डर को जब एक बेलनाकार बर्तन में पानी में डुबोया जाता है, तो जल–स्तर 0.25 से.मी. बढ़ जाता है, तो बर्तन की त्रिज्या है:

(*a*) 6.3 से.मी. (*b*) 8.34 से.मी. (*c*) 4.2 से.मी. (*d*) 4.9 से.मी.

(उत्तर प्रदेश चकबन्दी लेखपाल भर्ती पुर्नः परीक्षा, 2015)

2. एक आयताकार समान्तर चतुष् फलक जलाशय की गहराई उसकी लम्बाई की $\frac{2}{3}$ है और इसकी चौड़ाई, लम्बाई और गहराई के अन्तर का $\frac{3}{2}$ है, यदि जलाशय में 7,2000 घन मीटर पानी आ सकता है, तो इसकी गहराई है:

(*a*) 60 मीटर (*b*) 30 मीटर (*c*) 40 मीटर (*d*) 20 मीटर

(उत्तर प्रदेश चकबन्दी लेखपाल भर्ती पुर्नः परीक्षा, 2015)

3. $1\frac{1}{2}$ मीटर ऊँचाई और 12 से.मी. व्यास वाला पीतल का एक सिलिण्डर पिघलाया जाता है और उसे 6 से.मी. व्यास वाले गोलो में ढाला जाता है, ऐसे गोलों के बनाए जा सकने की संख्या है:

(*a*) 300 (*b*) 1200 (*c*) 120 (*d*) 150

(उत्तर प्रदेश चकबन्दी लेखपाल भर्ती पुर्नः परीक्षा, 2015)

4. 14 मीटर आन्तरिक व्यास वाले एक कुएँ को 15 मीटर गहरा खोदा जाता है। इससे बाहर निकाली गई मिट्टी को चारों तरफ बराबर से फैलाकर 7 मीटर चौड़ाई वाले एक तटबन्ध का निर्माण होता है। इस प्रकार बने हुए तटबन्ध की ऊँचाई ज्ञात करें।

(*a*) 7 मीटर (*b*) 5 मीटर (*c*) 14 मीटर (*d*) इनमें से कोई नही

(डी.एम.आर.सी. जूनियर इंजीनियर (इलैकिट्रकल) परीक्षा, 2016)

5. एक धात्विक घन जिसका सिरा 12 से.मी. है, को गलाकर 3 छोटे घन बनाए गए। यदि दो छोटे घनों का सिरा 6 से.मी. और 8 से.मी. है, तो तीसरे छोटे घन का सिरा बताएँ।

(*a*) 8 से.मी. (*b*) 10 से.मी. (*c*) 12 से.मी. (*d*) इनमें से कोई नही

(डी.एम.आर.सी. जूनियर इंजीनियर (इलैकिट्रकल) परीक्षा, 2016)

6. एक बेलनीय बर्तन के आधार की त्रिज्या 14 से.मी. है। यदि उसकी ऊँचाई 10 से.मी. है तो उस सिलेंडर के आयतन का पता लगाइए।

(*a*) 6000 c.c (*b*) 6100 c.c (*c*) 6160 c.c (*d*) 6250 c.c

(दिल्ली अधीनस्थ सेवा चयन बोर्ड निम्न श्रेणी लिपिक परीक्षा, 2014)

7. एक शंकु, एक गोलार्द्ध और एक बेलन एक समकक्ष आधार पर खड़े हैं और उनकी ऊँचाइयाँ समान है। उनके आयतनों का अनुपात ज्ञात कीजिए (प्रदत्त त्रिज्या ऊँचाई के बराबर है)।

(*a*) अपेक्षिक अनुपात 1 : 2 : 3 होगा (*b*) अपेक्षिक अनुपात 2 : 1 : 3 होगा

(*c*) अपेक्षिक अनुपात 3 : 2 : 1 होगा (*d*) अपेक्षिक अनुपात 3 : 1 : 2 होगा

(झारखण्ड कर्मचारी चयन आयोग (जी.एस.एस.सी.) स्नातक स्तर (प्रारंभिक) परीक्षा, 2016)

उत्तरमाला

1. (*c*) **2.** (*a*) **3.** (*d*) **4.** (*b*) **5.** (*b*) **6.** (*c*) **7.** (*a*)

दिये गए प्रश्नों के हल

1. आयतन में वृद्धि = खाली सिलेन्डर का आयतन $\pi R_1^2 h = \pi\left(R^2 - r^2\right)h$

$R_1^2 \times 0.25 = \left((2.5)^2 - (2.4)^2\right) \times 9$

$$R_1^2 = \frac{4.9 \times 0.1 \times 9}{0.25}$$

$$\Rightarrow \quad R_1 = \sqrt{\frac{4.9 \times 0.1 \times 9}{0.25}} = \frac{0.7 \times 3}{0.5} = \frac{21}{5} = 4.2 \text{ से.मी.}$$

2. जलाशय का क्षेत्रफल = लम्बाई × चौड़ाई × ऊंचाई

प्रश्नानुसार, $\Rightarrow l \times \frac{3}{2}\left(l - \frac{2l}{3}\right) \times \frac{2}{3}l = 72,000 \quad \Rightarrow l \times \frac{3}{2}\left(\frac{1l}{3}\right) \times \frac{2}{3}l = 72,000$

$\Rightarrow l \times \frac{l}{2} \times \frac{2}{3}l = 72,000 \qquad \Rightarrow l^3 = 2,16,000$

$\Rightarrow l = 60$ मीटर

जलाशय की ऊँचाई $= \frac{2}{3}l = \frac{2}{3} \times 60 = 40$ मीटर

3. दिया गया है: $d = 12 \Rightarrow r = 6$ से.मी.

सिलेन्डर का आयतन $= \pi r^2 h = \pi \times 6 \times 6 \times 150$

गोले का आयतन $= \frac{4}{3}\pi r^3 = \frac{4}{3} \times \pi \times 3 \times 3 \times 3 \quad \Rightarrow$ गोलो की संख्या $= \frac{36 \times 150 \times \pi}{\pi \times 3 \times 3 \times 4} = 150$

4. कुएँ की आंतरिक त्रिज्या = 7 मीटर

कुएँ से निकाली मिट्टी का आयतन $= \pi r^2 h = (\pi \times 7 \times 7 \times 15)$ घन मीटर

तटबंध की अत: त्रिज्या = 7 मीटर

बाह्य त्रिज्या $= (7+7)$ मीटर = 14 मीटर

$\therefore \quad \pi\left(R^2 - r^2\right)h = \pi \times 7 \times 7 \times 15$

$\Rightarrow \left(14^2 - 7^2\right)h = 7 \times 7 \times 15$

$\Rightarrow (14-7)(14+7)h = 7 \times 7 \times 15$

$\Rightarrow 7 \times 21 \times h = 7 \times 7 \times 15$

$\Rightarrow h = \frac{7 \times 7 \times 15}{7 \times 21} = 5$ मीटर

5. माना तीसरे छोटे घन का किनारा = x से.मी.

घन का आयतन = (किनारा)^3

प्रश्नानुसार, $6^3 + 8^3 + x^3 = 12^3$

$\Rightarrow 216 + 512 + x^3 = 1728 \quad \Rightarrow x^3 = 1728 - 728 = 1000 \quad \Rightarrow x^3 = 1000 \quad \Rightarrow x = 10$ से.मी.

6. बेलनीय बर्तन का त्रिज्या = 14 से.मी.

ऊँचाई = 10 से.मी. आयतन $= \pi r^2 h = \frac{22}{7} \times 14 \times 14 \times 10 = 6,160$ c.c

7. गोलार्द्ध की त्रिज्या = शंकु की ऊँचाई = बेलन की ऊँचाई = प्रत्येक के आधार की त्रिज्या = r इकाई

$\therefore$ शंकु गोलार्द्ध एवं बेलन के आयतनों का अनुपात:

$$= \frac{1}{3}\pi r^2 h : \frac{2}{3}\pi r^3 : \pi r^2 h = \frac{1}{3}\pi r^3 : \frac{2}{3}\pi r^3 : \pi r^3 = \frac{1}{3} : \frac{2}{3} : 1 = 1 : 2 : 3$$

कैलेण्डर

1. एक कैंटीन को 7 दिनो के लिए 84 किग्रा. गेहूँ की आवश्यकता है। मई एवं जून माह के लिए उस कैन्टीन को कितने गेहूँ की आवश्यकता होगी?

   (*a*) 716 किग्रा. (*b*) 732 किग्रा. (*c*) 748 किग्रा. (*d*) 764 किग्रा.

   (पटना हाईकोर्ट असिस्टेंट परीक्षा, 2016)

2. सुरेश का जन्म 4 अक्टूबर, 1992 को हुआ था, शशिकान्त ने सुरेश से 6 दिन पहले जन्म लिया था, उस साल का स्वाधीनता दिवस रविवार को था, शशिकान्त का जन्म किस दिन हुआ था?

   (*a*) मंगलवार (*b*) बुधवार (*c*) सोमवार (*d*) रविवार

   (उत्तर चकबन्दी लेखपाल भर्ती पुनः परीक्षा, 2015)

3. 5 मार्च 1999 को शुक्रवार था, 5 मार्च 2000 को सप्ताह का कौन सा दिन था?

   (*a*) रविवार (*b*) सोमवार (*c*) मंगलवार (*d*) शुक्रवार

   (भारतीय डाक पोस्टमैन/मेलगार्ड परीक्षा, 2016)

उत्तरमाला

1. (*b*) **2.** (*b*) **3.** (*a*)

दिये गए प्रश्नों के हल

1. मई में दिनों की संख्या = 31

   जून में दिनों की संख्या = 30

   कुल दिन = 61

   माना कि गेहूँ की अभीष्ट मात्रा = x किग्रा.

   समानुपात के नियम से,

   $$\frac{84}{x} = \frac{7}{61}$$

   $$\Rightarrow \quad 7x = 84 \times 61$$

   $$\Rightarrow \quad x = \frac{84 \times 61}{7} = 732 \text{ किग्रा.}$$

2. 4 अक्टूबर 1999 को सुरेश का जन्म हुआ था, इसका मतलब 29 सितम्बर 1999 को शशिकान्त का जन्म हुआ।

   दिया है, 15 अगस्त को रविवार था तो 29 सितम्बर को बुधवार होगा।

3. 5 मार्च 1999 को शुक्रवार,

   5 मार्च 2000 के लिए $\Rightarrow$ 2 odd दिन

   $\therefore$ 5 मार्च 2000 के लिए दिन रविवार होगा।

घड़ी

1. एक घड़ी प्रति घंटा 5 मिनट तेज चलती है। यदि 12 बजे दोपहर को घड़ी का ठीक समय मिलाया गया एवं वह अभी 6:30 अपराह्न समय दर्शाती है। तो ठीक समय क्या है?

(*a*) 5:00 अपराह्न (*b*) 5:15 अपराह्न (*c*) 5:30 अपराह्न (*d*) 6 अपराह्न

(आर.आर.सी. (एन.टी.पी.सी.) परीक्षा, 2016)

2. जब घड़ी में 10 बजे हो तो घड़ी की घंटे एवं मिनट की सुइयों के बीच बने कोण का मान क्या होगा?

(*a*) 30° (*b*) 45° (*c*) 60° (*d*) 90°

(आर.आर.बी. (एन.टी.पी.सी.) परीक्षा, 2016)

3. एक दिन में एक घड़ी की सुईयां कितनी बार एक-दूसरे से मिलगी?

(*a*) 12 (*b*) 20 (*c*) 11 (*d*) 24

(भारतीय डाक पोस्टमैन/मेलगार्ड परीक्षा, 2016)

4. एक घड़ी को दोपहर में 12 बजे शुरू किया जाता है, घण्टे की सुई का घुमाव 5 बजकर 10 मिनट तक क्या होगा?

(*a*) 145° (*b*) 150° (*c*) 155° (*d*) 160°

(उत्तराखण्ड समीक्षा अधिकारी परीक्षा, 2016)

उत्तरमाला

1. (*c*) **2.** (*c*) **3.** (*c*) **4.** (*c*)

दिये गए प्रश्नों के हल

1. घड़ी प्रति घंटा 5 मिनट तेज चलती है।

$\therefore$ 6 घंटे में अर्जित समय $= 6 \times 5 = 30$ मिनट

ठीक समय = 5:30 अपराह्न

2. घड़ी के 2 घंटे की सूई 12 घंटे में 360° का कोण घूमती है।

$\therefore$ 1 घंटे में बनाया गया कोण $= \frac{360^o}{12} = 30^o$

10 घंटे में बनाया गया कोण $= 300^o$

$\therefore$ अभीष्ट कोण $= 360^o - 300^o = 60^o$

3. 12 घंटे में घड़ी की सूईयाँ 11 बार मिलती है क्योंकि 11 एवं 1 बजे के बीच घड़ी की सुईयां सिर्फ 12 बजे मिलती है।

4. घण्टों की सुई द्वारा 12 घण्टे में बनाया गया कोण $= 360^o$

घण्टो की सुई द्वारा $5\frac{10}{60}$ घंटे में बनाया गया कोण $= \frac{360}{12} \times \frac{31}{6} = 155^o$

स्टॉक तथा शेयर

1. अजय के पास 560 शेयर है। उसके प्रत्येक शेयर का अंकित मूल्य ₹25 है। कंपनी 9 प्रतिशत लाभांश की घोषणा करती है। ऐसे में अजय को जो लाभांश मिलेगा, उसकी गणना कीजिए।
(*a*) ₹1200 (*b*) ₹1260 (*c*) ₹1300 (*d*) ₹1360
(दिल्ली अधीनस्थ सेवा चयन बोर्ड निम्न श्रेणी लिपिक परीक्षा, 2014)

2. तिवारी जी ₹29,040 को 15 प्रतिशत में ₹100 शेयरों को 20 प्रतिशत उद्कृत प्रीमियम में विनिवेश करते है। तिवारी जी से खरीदे गए शेयरों की संख्या की गणना कीजिए।
(*a*) 200 (*b*) 222 (*c*) 250 (*d*) 242
(दिल्ली अधीनस्थ सेवा चयन बोर्ड निम्न श्रेणी लिपिक परीक्षा, 2014)

उत्तरमाला

1. (*b*) **2.** (*d*)

दिये गए प्रश्नों के हल

1. कुल निवेश $= 25 \times 560 = ₹14,000$
लाभांश = 14,000 का $9\% = \dfrac{14,000 \times 9}{100} = ₹1,260$

2. माना शेयरों का मूल्य $= ₹100$
एक शेयर का असल मूल्य $= ₹120$
शेयरों का गणना $= \dfrac{29040}{120} = 242$ शेयर

बीजगणित

1. $(b^2+c^2)a+(c^2+a^2)b+(a^2+b^2)c+2abc$ का सरलीकृत मान क्या होगा?

(a) $(a+b)(b+c)(c+a)$ (b) $(a-b)(b-c)(c-a)$

(c) $ab+bc+ca$ (d) $(a+b+c)(ab+bc+ca)$

(झारखण्ड कर्मचारी चयन आयोग (जी.एस.एस.सी.) स्नातक स्तर (प्रारंभिक) परीक्षा, 2016)

2. यदि $x \neq y \neq z$ हैं और यदि $\frac{x^2-yz}{a}=\frac{y^2-zx}{b}=\frac{z^2-xy}{c}$ है तो $(a+b+c)(x+y+z)$ का सरलीकृत मान क्या होगा?

(a) $ay+bz+cx$ (b) $az+bx+cx$

(c) $ax+by+cz$ (d) इसके अतिरिक्त सरलीकरण असम्भव है

(झारखण्ड कर्मचारी चयन आयोग (जी.एस.एस.सी.) स्नातक स्तर (प्रारंभिक) परीक्षा, 2016)

3. व्यंजक $(x+y)^3+(x-y)^3$ का गुणनखण्ड है:

(a) $3x(x^2-3y^2)$ (b) $3x(x^2+3y^2)$

(c) $2x(x^2-3y^2)$ (d) $2x(x^2+3y^2)$

(उत्तर प्रदेश सेवा आयोग प्रारंभिक परीक्षा, 2016)

4. यदि $\frac{A}{3}=\frac{B}{4}=\frac{C}{7}$ तो $\frac{A+B+C}{C}$ का मान क्या होगा?

(a) 1 (b) 2 (c) 3 (d) उपर्युक्त में से कोई नहीं

(उत्तर प्रदेश सेवा आयोग प्रारंभिक परीक्षा, 2016)

उत्तरमाला

1. (a) **2.** (c) **3.** (d) **4.** (b)

दिये गए प्रश्नों के हल

1. $(b^2+c^2)a+(c^2+a^2)b+(a^2+b^2)c+2abc$

$=b^2a+c^2a+c^2b+a^2b+a^2c+b^2c+2abc$

$=b^2a+a^2b+c^2a+c^2b+a^2c+abc+b^2c+abc$

$=ab(a+b)+c^2(a+b)+ac(a+b)+bc(a+b)$

$=(a+b)(ab+c^2+ac+bc)$

$=(a+b)(ab+ac+c^2+bc)$

$=(a+b)\ \{a(b+c)+c(c+b)\}$

$=(a+b)(b+c)(c+a)$

2. $\frac{x^2-yz}{a}=\frac{y^z-zx}{b}=\frac{z^2-xy}{c}$

$\Rightarrow \frac{x^2+y^2+z^2-xy-yz-zx}{a+b+c}$

पुनः $\frac{x^3 - xyz}{ax} = \frac{y^3 - xyz}{by} = \frac{z^3 - xyz}{cz}$

$$= \frac{x^3 + y^3 + z^3 - 3xyz}{ax + by + cz}$$

$$\therefore \quad \frac{x^3 + y^3 + z^3 - 3xyz}{ax + by + cz} = \frac{x^2 + y^2 + z^2 - xy - yz - zx}{a + b + c}$$

$$\Rightarrow \quad \frac{(x + y + x)(x^2 + y^2 + z^2 - xy - yz - zx)}{ax + by + cz}$$

$$= \frac{x^2 + y^2 + z^2 - xy - yx - zx}{a + b + c}$$

$$\Rightarrow \quad (x + y + z)(a + b + c) = ax + by + cz$$

3. $(x + y)^3 + (x - y)^3 = x^2 + y^3 + 3xy(x + y) + x^3 - y^3 - 3xy(x - y)$

$$= 2x^3 + 3xy(x + y - x + y)$$

$$= 2x^3 + 3xy(2y) = 2x^3 + 6xy^2$$

$$\Rightarrow \quad 2x(x^2 + 3y^2)$$

4. $\frac{A}{3} = \frac{C}{7}$

$\Rightarrow \quad A = \frac{3C}{7}$ ……(i)

$\frac{B}{4} = \frac{C}{7}$

$\Rightarrow \quad B = \frac{4C}{7}$ ……(ii)

$$\frac{A + B + C}{C} = \frac{\frac{3C}{7} + \frac{4C}{7} + C}{C} = \frac{3C + 4C + 7C}{7C} = \frac{14C}{7C} = 2$$

$$\Rightarrow \quad \frac{A + B + C}{C} = 2$$

दो चरों में रैखिक समीकरण

निर्देश (1-2): नीचे दिये गए प्रत्येक प्रश्न के बाद दो कथन I एवं II दिये गए हैं। आपको यह निर्णय लेना है कि कथन में दिये गए आँकड़े प्रश्न का उत्तर देने के लिये पर्याप्त हैं। आपको दिये गए आँकड़ों का प्रयोग तथा अपने गणितीय ज्ञान का प्रयोग संभावित उत्तर को चुनने के लिये करना है।

क. यदि कथन I अकेले प्रश्न का उत्तर देने के लिये पर्याप्त है लेकिन कथन II अकेले पर्याप्त नहीं है।

ख. यदि कथन II अकेले प्रश्न का उत्तर देने के लिये प्रर्याप्त है लेकिन कथन I अकेले पर्याप्त नहीं है।

ग. यदि दोनों कथन I एवं II प्रश्न का उत्तर देने के लिये एक साथ आवश्यक हैं।

घ. यदि कथन I अकेले या कथन II अकेले प्रश्न का उत्तर देने के लिये पर्याप्त है।

ड़. यदि आप कथा I एवं II से उत्तर नहीं प्राप्त कर सकते हैं और आपको अधिक आँकड़ों की आवश्यकता है।

1. x, y एवं z तीन क्रमिक विषय संख्याएँ है (आवश्यक नहीं कि वह इसी क्रम में हो)। नई संख्याओं का योग क्या है?

(I) y एवं z का अन्तर 4 है, (II) x का $\frac{1}{3}$, 33 है

(*a*) क (*b*) ख (*c*) ग (*d*) घ (*e*) ड़

(डी.एम.आर.सी. जूनियर इंजीनियर (इलेकिट्रकल) परीक्षा, 2016)

2. संख्या क्या है?

(I) उस संख्या का 25% उस संख्या का $\frac{1}{4}$ है, (II) उस संख्या का $\frac{3}{4}$ उस संख्या से 14 कम है।

(*a*) क (*b*) ख (*c*) ग (*d*) घ (*e*) ड़

(डी.एम.आर.सी. जूनियर इंजीनियर (इलेकिट्रकल) परीक्षा, 2016)

3. यदि दो धनात्मक का गुणनफल $\frac{14}{15}$ है और भागफल $\frac{35}{24}$ है, तो संख्याएँ होगी:

(*a*) $\frac{7}{6}$ और $\frac{1}{5}$ (*b*) $\frac{7}{6}$ और– (*c*) $\frac{7}{6}$ और $\frac{4}{5}$ (*d*) इनमें से कोई नहीं

(उत्तर प्रदेश चकबन्दी लेखापाल भर्ती पुन परीक्षा, 2015)

4. पाँच गुणा राशि x घटाव 8 को ऐसे ________ दर्शाया जाता है:

(*a*) $5(x-8)$ (*b*) $5x-8$ (*c*) $5-x$ (*d*) $5(8x)$

(भारतीय डाक पोस्टमैन/मेल गार्ड परीक्षा, (प्रथम पाली), 2016)

उत्तरमाला

1. (*e*) **2.** (*b*) **3.** (*c*) **4.** (*b*)

दिये गए प्रश्नों के हल

1. दोनों कथनो से, $\frac{x}{3}=33$

$\Rightarrow x=99$

$\because z-y=4$

$\therefore$ दोनों कथन (i) एवं (ii) से उत्तर प्राप्त नहीं कर सकते हैं।

विकल्प (ड़) उत्तर है।

2. कथन (ख) सें,

माना संख्या x है।

$\therefore \quad x-\frac{3x}{4}=14$

$\Rightarrow \quad \frac{x}{4}=14$

$\Rightarrow \quad x=56$

कथन (क) से,

$\frac{x}{4}=\frac{x}{4}$ कोई परिणाम नही।

3. माना दो संख्याएँ x एवं y है।

दिया गया है, $xy=\frac{14}{15}$ …….(i)

$\frac{x}{y}=\frac{35}{24}$

$\Rightarrow \quad 24x=35y$

$y=\frac{24x}{35}$ …..(ii)

समीकरण (i) से, $x\left(\frac{24x}{35}\right)=\frac{14}{15}$

$x^2=\frac{14}{15}\times\frac{35}{24}=\frac{49}{36}$

$\Rightarrow \quad x=\frac{7}{6}$

$\Rightarrow \quad y=\frac{24}{35}\times\frac{7}{6}=\frac{4}{5}$

4. व्यंजक $=5x-8$

द्विघात समीकरण

1. यदि $a^2+b^2+c^2=ab+bc+ac$ तो $\frac{a+c}{b}$ का मान क्या होगा?

(*a*) 0 (*b*) 2 (*c*) 1 (*d*) –1

(एस.एस.सी.-सी.जी.एल. (टीयर-II) परीक्षा, 2014)

2. यदि $x=\left(7-4\sqrt{3}\right)$ है तो $x^2+\frac{1}{x^2}$ का मान कितना होगा?

(*a*) 96 (*b*) 112 (*c*) 194 (*d*) 224

(झारखंड कर्मचारी चयन आयोग (जी.एस.एस.सी.) स्नातक (प्राम्भिक) परीक्षा, 2016)

3. $(x+3)(x+5)$ का मान ज्ञात करें।

(*a*) $x^2+8x+15$ (*b*) $x^2+2x+15$ (*c*) $x^2+15x+15$ (*d*) x^2+8x+2

(भारतीय डाक पोस्टमैन/मेलगार्ड परीक्षा, 2016)

उत्तरमाला

1. (*b*) **2.** (*c*) **3.** (*a*)

दिये गए प्रश्नों के हल

1. $a^2+b^2+c^2=ab+bc+ac$

$\Rightarrow 2a^2+2b^2+2c^2=2ab+2bc+2ca$

$\Rightarrow 2a^2+2b^2+2c^2-2ab-2bc-2ca=0$

$\Rightarrow (a-b)^2+(b-c)^2+(c-a)^2=$

$\Rightarrow a=b=c$

अत: $\frac{a+c}{b}=\frac{a+a}{a}=\frac{2a}{a}=2$

2. $x=7-4\sqrt{3}$

$\therefore \frac{1}{x}=\frac{1}{7-4\sqrt{3}}$

$=\frac{1}{7-4\sqrt{3}}\times\frac{7+4\sqrt{3}}{7+4\sqrt{3}}=\frac{7+4\sqrt{3}}{7^2-\left(4\sqrt{3}\right)^2}$

$=\frac{7+4\sqrt{3}}{49-48}=7+4\sqrt{3}$

$\therefore x+\frac{1}{x}=7-4\sqrt{3}+7+4\sqrt{3}=14$

दोनों पक्षो का वर्ग करने पर,

$\Rightarrow x^2+\frac{1}{x^2}+2=196$

$\Rightarrow x^2+\frac{1}{x^2}=196-2=194$

3. $(x+3)(x+5)=x^2+3x+5x+15$

$=x^2+8x+15$

त्रिकोणमिति

1. यदि $\frac{\sin\theta}{1+\cos\theta}+\frac{1+\cos\theta}{\sin\theta}=4$ तो θ का मान क्या है जहाँ $0\le\theta\le\frac{\pi}{2}$?
   (*a*) 30° (*b*) 45° (*c*) 60° (*d*) 90°
   (उत्तर प्रदेश चकबन्दी लेखपाल भर्ती पुर्नपरीक्षा, 2015)

2. यदि $\sec^2\theta+\tan^2\theta=\sqrt{3}$ हो तो $(\sec^4\theta-\tan^4\theta)$ का मान कितना है?
   (*a*) $\frac{1}{\sqrt{3}}$ (*b*) 1 (*c*) $\sqrt{3}$ (*d*) 0
   (एस.एस.सी.-सी.जी.एल. (टीयर-I) (सी.बी.ई.) परीक्षा, 2016)

3. यदि $\pi\sin\theta=1; \pi\cos\theta=1$ हो तो $\left\{\sqrt{3}\tan\left(\frac{2}{3}\theta\right)+1\right\}$ का मान क्या होगा?
   (*a*) 1 (*b*) $\sqrt{3}$ (*c*) 2 (*d*) $\frac{1}{\sqrt{3}}$
   (एस.एस.सी.-सी.जी.एल. (टीयर-I) (सी.बी.ई.) परीक्षा, 2016)

4. यदि $(\sec\theta-\tan\theta)=\frac{1}{3}$ तो $\sec\theta+\tan\theta=?$
   (*a*) 1 (*b*) 9 (*c*) 3 (*d*) $\frac{1}{9}$
   (आर.आर.बी. (एन.टी.पी.सी.) परीक्षा, 2016)

5. रिक्त स्थान की पूर्ति करे। $\sin A=$ ______ $\times(\cos A)$
   (*a*) sin A (*b*) tan A (*c*) cot A (*d*) cosec A
   (आर.आर.बी. (एन.टी.पी.सी.) परीक्षा, 2016)

6. $1+\tan^2 2\theta$ का मान है:
   (*a*) $\sec^2\theta$ (*b*) $\text{cosec}^2\theta$ (*c*) $\text{cosec}^2 2\theta$ (*d*) $\sec^2 2\theta$
   (भारतीय डाक पोस्टमैन/मेलगार्ड परीक्षा, 2016)

उत्तरमाला

1. (*a*) **2.** (*c*) **3.** (*c*) **4.** (*c*) **5.** (*b*) **6.** (*d*)

दिये गए प्रश्नों के हल

1. $\frac{\sin\theta}{1+\cos\theta}+\frac{1+\cos\theta}{\sin\theta}=4$

$\Rightarrow \frac{\sin^2\theta+1+\cos^2\theta+2\cos\theta}{\sin\theta(1+\cos\theta)}=4$

$\Rightarrow \frac{2+2\cos\theta}{\sin\theta(1+\cos\theta)}=4$

$\Rightarrow \frac{2(1+\cos\theta)}{\sin\theta(1+\cos\theta)}=4$

$\Rightarrow \frac{2}{\sin\theta}=4$

$\Rightarrow \sin\theta = \frac{1}{2}$

$\Rightarrow \sin\theta = \sin 30^\circ$

$\Rightarrow \theta = 30^\circ$

2. $\sec^2\theta + \tan^2\theta = \sqrt{3}$

एवं $\sec^2\theta - \tan^2\theta = 1$

$\therefore \sec^4\theta - \tan^4\theta = (\sec^2\theta + \tan^2\theta)(\sec^2\theta - \tan^2\theta)$

$= \sqrt{3} \times 1 = \sqrt{3}$

3. $\pi\sin\theta = 1$; $\pi\cos\theta = 1$

$\therefore \frac{\pi\sin\theta}{\pi\cos\theta} = 1$

$\Rightarrow \tan\theta = 1$

$\Rightarrow \theta = 45^\circ$

$\therefore \sqrt{3}\tan\left(\frac{2\theta}{3}\right) + 1 = \sqrt{3}\tan\left(\frac{2\times 45^\circ}{3}\right) + 1$

$= \sqrt{3} \quad \tan 30^\circ + 1 = \sqrt{3} \times \frac{1}{\sqrt{3}} + 1 = 1 + 1 = 2$

4. $\sec\theta - \tan\theta = \frac{1}{3}$

$\sec^2\theta - \tan^2\theta = 1$

$\Rightarrow (\sec\theta + \tan\theta)(\sec\theta - \tan\theta) = 1$

$\Rightarrow (\sec\theta + \tan\theta) \times \frac{1}{3} = 1$

$\Rightarrow \sec\theta + \tan\theta = 3$

5. $\sin A = \_\_\_\_ \times (\cos A)$

$\tan A = \frac{\sin A}{\cos A}$

$\Rightarrow \sin A = \tan A \times \cos A$

6. $1 + \tan^2 2\theta = \sec^2 2\theta$

रेखायें तथा कोण

1. एक सरल रेखा एक वक्र को काटती है:
(*a*) किसी बिन्दु पर नही (*b*) एक बिन्दु पर
(*c*) एक से अधिक बिन्दु पर (*d*) उपर्युक्त में से कोई भी नहीं
(छत्तीसगढ़ छात्रावास अधीक्षक श्रेणी 'डी' भर्ती परीक्षा, 2014)

2. यदि किसी त्रिभुज का एक कोण 130° का हो तो अन्य दो कोणों के अर्द्धकों के बीच का कोण हो सकता है:
(*a*) 50° (*b*) 65° (*c*) 145° (*d*) 155°
(उत्तर प्रदेश सम्मिलित अवर अधीनस्थ सेवा (सामान्य चयन) परीक्षा, 2015)

3. Δ ABC के ∠B और ∠C के आंतरिक द्विभाजक O पर प्रतिच्छेद करते है। यदि ∠A = 100° है तो ∠BOC का माप है:
(*a*) 140° (*b*) 130° (*c*) 120° (*d*) 110°
(एस.एस.सी.-सी.जी.एल. (टीयर-I) परीक्षा, 2015)

4. एक त्रिभुज के तीन कोणों का सम्भावित मान क्या होगा?
(*a*) 33°, 42°; 115° (*b*) 40°, 70°. 80° (*c*) 30°. 60°, 100° (*d*) 50°, 60°, 70°
(एस.एस.सी.-सी.जी.एल. (टीयर-I) (सी.बी.ई.) परीक्षा, 2016)

उत्तरमाला

1. (*b*) **2.** (*d*) **3.** (*a*) **4.** (*d*)

दिये गए प्रश्नों के हल

1. एक सरल रेखा एक वक्र को एक बिन्दु पर ही काटती है।

2. Δ ABC में ∠ACB = 130°

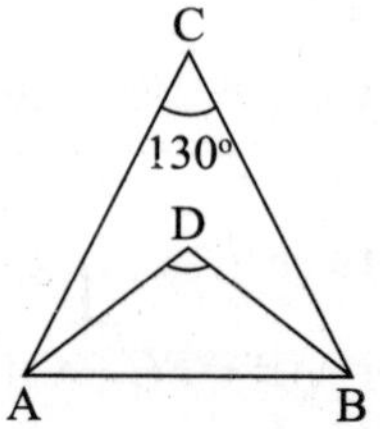

तो शेष दो कोणो का योग = 180° − 130° = 50°

शेष दोनों कोणों के अर्द्धको का योग $= \frac{50°}{2} = 25°$

अतः अर्द्धको के बीच का कोण ADB = 180° – 25° = 155°

3.

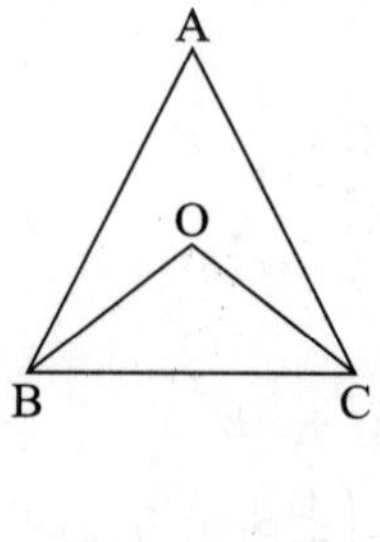

∠A = 100°

$\frac{1}{2}\angle B + \frac{1}{2}\angle C = \frac{1}{2}(180° - 100°) = 40°$

In ΔBOC

∠BOC = 180° – 40° = 140°

4. त्रिभुज के तीनो कोणो का योग 180° है।
विकल्प (4) से 50° + 60° + 70° = 180°

त्रिभुज

1. किसी समबाहु त्रिभुज ABC में भुजा BC पर एक बिन्दु D इस प्रकार है कि BD $= \frac{1}{3}$ BC है तो $AD^2 : AB^2$ बराबर है:

(*a*) 3 : 5 (*b*) 5 : 7 (*c*) 7 : 9 (*d*) 5 : 9

(उत्तर प्रदेश सम्मिलित अवर अधीनस्थ सेवा परीक्षा, 2015)

2. एक त्रिभुज की ऊँचाई एवं उसका आधार क्रमशः एक आयत की लंबाई एवं चौड़ाई के बराबर है। यदि आयत का परिमाप 90 मीटर है एवं उसकी लंबाई तथा चौड़ाई का अंतर 7 मीटर है, तो त्रिभुज का क्षेत्रफल क्या है? (वर्ग मीटर में)

(*a*) 239 (*b*) 253 (*c*) 241 (*d*) 257 (*e*) 247

(एस.बी.आई. क्लर्क (प्रारम्भिक) ऑनलाईन परीक्षा, 2016)

3. एक त्रिभुज की भुजाएं 9 से.मी. 10 से.मी. और 11 से.मी. हैं यदि ऐसे ही एक त्रिभुज की सबसे छोटी भुजा 18 से.मी. हो, तो त्रिभुज का परिमाप क्या होगा?

(*a*) 30 से.मी. (*b*) 60 से.मी. (*c*) 90 से.मी. (*d*) इनमें से कोई नहीं

(जे.ई.ई. होटल मैनेजमेंट प्रवेश परीक्षा, 2015)

4. ΔABC के तीन माध्यक AD, BE और CF एक दूसरे को G पर काटते है यदि ΔABC का क्षेत्रफल 36 सेमी^{2} है तो ΔCGE का क्षेत्रफल कितना है?

(*a*) 12 सेमी^{2} (*b*) 6 सेमी^{2} (*c*) 9 सेमी^{2} (*d*) 18 सेमी^{2}

(एस.एस.सी.-सी.जी.एल. (टीयर-I) (सी.बी.ई.) परीक्षा, 2016)

5. यदि PQ = 6 सेमी, QR = 8 से.मी. और $\angle$ PQR = 90° तो PR का मान ज्ञात कीजिए।

(*a*) 9 से.मी. (*b*) 7 से.मी. (*c*) 10 से.मी. (*d*) 11 से.मी.

(आर.आर.बी. (एन.टी.पी.सी.) परीक्षा, 2016)

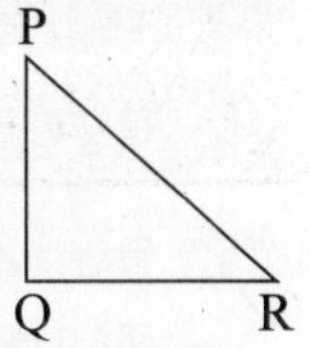

उत्तरमाला

1. (*c*) **2.** (*e*) **3.** (*b*) **4.** (*b*) **5.** (*c*)

दिये गए प्रश्नों के हल

1. दिया गया है: $AB = BC = CA$

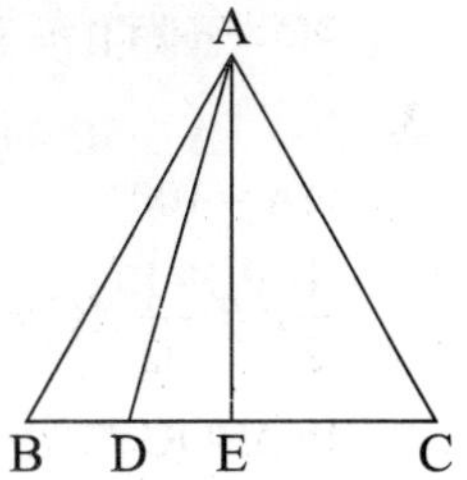

$BD = \frac{1}{3}BC$; $\angle AEC = 90°$

$CD = \frac{2}{3}BC = \frac{2}{3}AB$

$BE = EC$

ΔABE से

$AB^2 = BE^2 + AE^2$

$\Rightarrow AB^2 = \left(\frac{1}{2}BC\right)^2 + AE^2$

$\Rightarrow \; AE^2 = AB^2 - \frac{1}{4}BC^2 \Rightarrow \; AB^2 - \frac{1}{4}AB^2 = \frac{3}{4}AB^2$ ....(i)

ΔADE से $AE^2 = AD^2 - DE^2 = AD^2 \quad (CD \quad CE)^2 = AD^2 - \left[\left(\frac{2}{3}AB\right) - \left(\frac{AB}{2}\right)\right]^2$

$\Rightarrow \; AE^2 = AD^2 - \left[\frac{4AB - 3AB}{6}\right]^2 \Rightarrow \; AD^2 - \frac{AB^2}{36}$ ....(ii)

समीकरण (i) एवं (ii) से, $\frac{3}{4}AB^2 = AD^2 - \frac{AB^2}{36}$

$\Rightarrow \; AD^2 = \frac{3}{4}AB^2 + \frac{AB^2}{36} \Rightarrow \; \frac{27AB^2 + AB^2}{36} = \frac{28AB^2}{36} \Rightarrow \; \frac{AD^2}{AB^2} = \frac{28}{36} = \frac{7}{9}$

2. माना आयत की लंबाई एवं चौड़ाई x और y मीटर है।

प्रश्नानुसार, $2(x+y) = 90$

$\Rightarrow \; x + y = 45$ ...... (i)

एवं $x - y = 7$

समीकरण (i) एवं (ii) जोड़ने पर,

$2x = 52$

$\Rightarrow \; x = 26$ मीटर

समीकरण (i) से, $y = 45 - x$

$\Rightarrow \; y = 45 - 26 = 19$ मीटर

त्रिभुज का क्षेत्रफल $= \frac{1}{2} \times$ आधार $\times$ ऊँचाई $= \frac{1}{2} \times 19 \times 26 = 247$ वर्ग मीटर

3. दिया गया है कि दूसरे त्रिभुज की सबसे छोटी भुजा 18 से.मी. है।

बाहरी भुजाओं की लम्बाई 20 से.मी. और 22 से.मी. है।

{भुजाओं का अनुपात, त्रिभुज की भुजाओ के सामान है}

त्रिभुज का परिमाप $= 18 + 20 + 22 = 60$ से.मी.

4. माध्यिकाएँ बिन्दु G पर मिलती है।

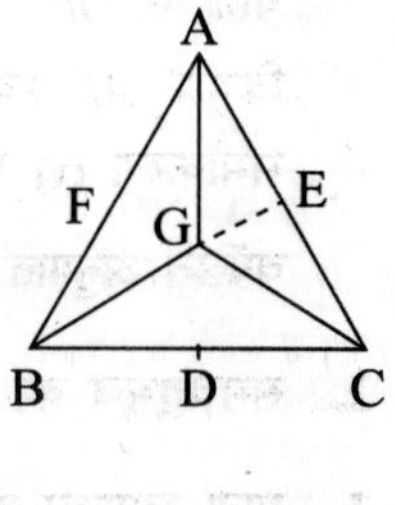

$\therefore \; \Delta ABG = \Delta BGC = \Delta AGC$

GE, ΔCGE को समद्विभाजित करता है।

$\therefore \; \Delta AGE = \Delta CGE$

ΔCGE का क्षेत्रफल $= \frac{1}{6} \times \Delta ABC$ को क्षेत्रफल $= \frac{1}{6} \times 36 = 6$ वर्ग से.मी.

5. ΔPQR एक समकोण त्रिभुज है।

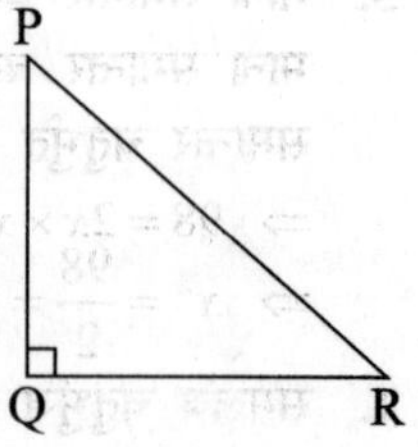

$\therefore \; PR = \sqrt{PQ^2 + QR^2} = \sqrt{6^2 + 8^2} = \sqrt{36 + 64} = \sqrt{100} = 10$ से.मी.

चतुर्भुज

1. ABCD एक AD और BC समान्तर भुजाओं वाला समलंब है। E, BC पर एक बिन्दु है। ABCD और AED के क्षेत्रफल का अनुपात क्या होगा?

(a) $\frac{\overline{AD}}{\overline{BC}}$ (b) $\frac{\overline{BE}}{\overline{EC}}$ (c) $\frac{\overline{AD}+\overline{BE}}{\overline{AD}+\overline{CE}}$ (d) $\frac{\overline{AD}+\overline{BC}}{\overline{AD}}$

(एस.एस.सी.-सी.जी.एल. (टीयर-II) परीक्षा, 2014)

2. एक समचतुर्भुज के विकर्णो की लम्बाईयाँ क्रमश: 8 से.मी. तथा 10 से.मी. है तो उस समचतुर्भुज का क्षेत्रफल पता लगाइए।

(a) 20 वर्ग से.मी. (b) 40 वर्ग से.मी. (c) 10 वर्ग से.मी. (d) 30 वर्ग से.मी.

(दिल्ली अधीनस्थ सेवा चयन बोर्ड निम्न श्रेणी लिपिक परीक्षा, 2014)

3. समान्तर चतुर्भुज का क्षेत्रफुल 98 वर्ग सेंटी मीटर है और समान्तर चतुर्भुज का आधार उसकी ऊँचाई से दोगुना है। समान्तर चतुर्भुज की ऊँचाई कितनी है?

(a) 7 से.मी. (b) 14 से.मी. (c) 49 से.मी. (d) 98 से.मी.

(झारखंड चयन आयोग (जी.एस.एस.सी.) स्नातक स्तर (प्रारम्भिक) परीक्षा, 2016)

4. एक समलंब चतुर्भुत की दो समान्तर भुजाओं की लम्बाई क्रमश: 16 मीटर और 20 मीटर है। यदि उसकी ऊँचाई 10 मीटर हो तो वर्ग मीटर में उसका क्षेत्रफल ज्ञात कीजिए।

(a) 360 (b) 260 (c) 240 (d) 180

(एस.एस.सी.-सी.जी.एल. (टीयर-I) (सी.बी.ई.) परीक्षा, 2016)

उत्तरमाला

1. (d) **2.** (b) **3.** (a) **4.** (d)

दिये गए प्रश्नों के हल

1. समलंब चतुर्भुज की क्षेत्रफल $=\left(\frac{AD+BC}{2}\right)\times h$ ....(i)

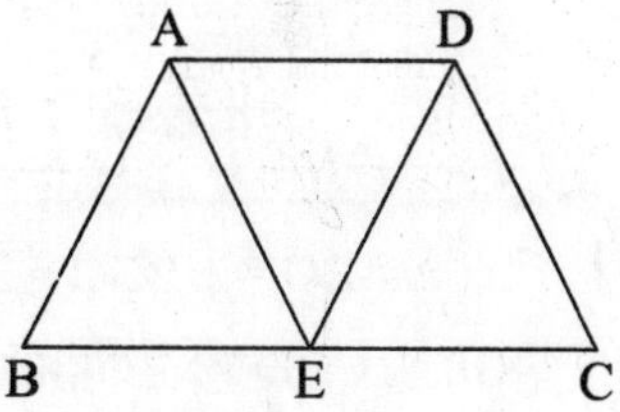

यहां पर 'h' AD और BC दो समांतर भुजाओं के बीच की लम्बाई है।

त्रिभुज AED का क्षेत्रफल $=\frac{1}{2}\times AD\times h$ ....(ii)

समीकरण (i) एवं (ii) से,

वांछित अनुपात $=\frac{AD+BC}{AD}$

2. समचतुर्भुज का क्षेत्रफल $=\frac{1}{2}\times$ विकर्णो का गुणनफल $=\frac{1}{2}\times 8\times 10=40$ वर्ग से.मी.

3. माना समान्तर चतुर्भुज की ऊँचाई x से.मी. है।

माना समान्तर चतुर्भुज का आधार $2x$ से.मी. है।

समान्तर चतुर्भुत का क्षेत्रफल = आधार × ऊँचाई

$\Rightarrow 98=2x\times x$ $\Rightarrow 2x^2=98$

$\Rightarrow x^2=\frac{98}{2}=49$ $\Rightarrow x=7$ से.मी.

4. समलंब चतुर्भुज का क्षेत्रफल $=\frac{1}{2}$ (समान्तर भुजाओं का योग) × लंबात्मक दूरी

$=\frac{1}{2}(20+16)\times 10=\frac{1}{2}\times 36\times 10=180$ वर्ग मीटर

वृत्त

1. यदि एक गोले का पृष्ठ क्षेत्र 346.5 से.मी.^{2} है, तो उसकी त्रिज्या क्या होगी? $\left[\text{माना कि } \pi = \frac{22}{7}\right]$

   (*a*) 7 से.मी (*b*) 3.25 से.मी (*c*) 5.25 से.मी (*d*) 9 से.मी

   (एस.एस.सी.-सी.जी.एल. (टीयर-I) परीक्षा, 2014)

2. एक वृत्त की त्रिज्या 6 से.मी. है। केन्द्र से वृत्त के बाहर पड़ने वाले बिन्दु की दूरी 10 से.मी. है। वृत्त के बाहरी बिन्दु से खीचीं गई त्रिज्या की लम्बाई कितनी होगी?

   (*a*) 5 से.मी. (*b*) 6 से.मी. (*c*) 7 से.मी. (*d*) 8 से.मी.

   (एस.एस.सी.-सी.जी.एल. (टीयर-I) परीक्षा, 2014)

3. एक वृत्त की जीवा उसकी त्रिज्या के बराबर है। जीवा के छोर से वृत्त पर एक स्पर्श रेखा खीची जाती है। स्पर्श रेखा और जीवा के बीच कोण कितने अंश का होगा?

   (*a*) 30° (*b*) 45° (*c*) 60° (*d*) 75°

   (एस.एस.सी.-सी.जी.एल. (टीयर-I) परीक्षा, 2016)

4. एक वृत्त से 15° के कोण का एक भाग काटकर निकाला जाता है और काट कर निकाले भाग का क्षेत्रफल $\frac{25}{\;}$ वर्ग से.मी. है। वृत्त का क्षेत्रफल कितना होगा?

   (*a*) 30 वर्ग से.मी. (*b*) 25 वर्ग से.मी. (*c*) 20 वर्ग से.मी. (*d*) 35 वर्ग से.मी.

   (झारखण्ड कर्मचारी चयन आयोग (जी.एस.एस.सी.) स्नातक स्तर (प्रारंभिक) परीक्षा, 2016)

5. दो संकेंद्रित वृत्ताकार चक्र की आंतरिक और बाह्य परिधियाँ क्रमशः 264 मीटर और 352 मीटर है। चक्र की चौड़ाई क्या होगी?

   (*a*) 14 मीटर (*b*) 12 मीटर (*c*) 16 मीटर (*d*) 18 मीटर

   (झारखण्ड कर्मचारी चयन आयोग (जी.एस.एस.सी.) स्नातक स्तर (प्रारंभिक) परीक्षा, 2016)

6. एक वृत्ताकार मैदान में 180 मीटर लम्बाई और 120 मीटर आयताकार टैंक है। यदि आयताकार टैंक के चारो ओर वृत्ताकार मैदान का क्षेत्रफल 40,000 वर्ग मीटर है तो मैदान की परिधि कितनी है?

   (*a*) 440 मीटर (*b*) 616 मीटर (*c*) 660 मीटर (*d*) 880 मीटर

   (झारखण्ड कर्मचारी चयन आयोग (जी.एस.एस.सी.) स्नातक स्तर (प्रारंभिक) परीक्षा, 2016)

उत्तरमाला

1. (*c*) **2.** (*b*) **3.** (*a*) **4.** (*a*) **5.** (*a*) **6.** (*d*)

दिये गए प्रश्नों के हल

1. माना गोले की त्रिज्या r से.मी. है।

   तब $346.5 = 4\pi r^2$

   $\Rightarrow r^2 = \frac{346.5 \times 7}{22 \times 4} = 27.5625$

   $\Rightarrow r = 5.25$ से.मी.

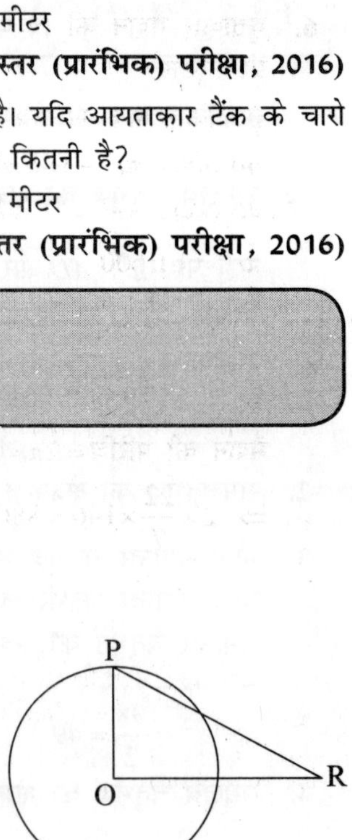

2. दिया गया है: OP = 6 से.मी.

   OR = 10 से.मी.

   $PR = \sqrt{OR^2 - OP^2} = \sqrt{10^2 - 6^2} = \sqrt{36} \quad \Rightarrow PR = 6$ से.मी.

3. OA = OB = त्रिज्या

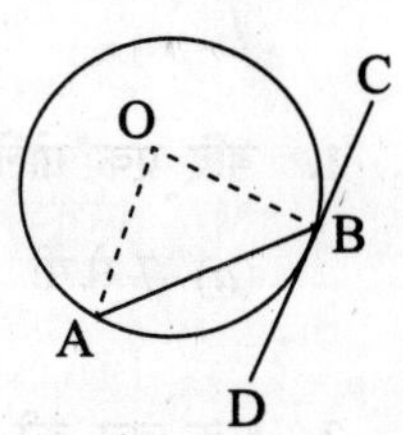

$\therefore$ ΔOAB में

OA = AB = OB

$\therefore$ $\angle OAB = \angle OBA = \angle AOB = 60°$

$OB \perp CD$

$\Rightarrow$ $\angle ABD = 90° - 60° = 30°$

4. $\because 150 \cong \dfrac{25}{2}$

$1° \cong \dfrac{25}{2 \times 150} \cong \dfrac{1}{12}$

$\therefore$ $360° \cong \dfrac{360}{12} = 30$ वर्ग से.मी.

5. $OQ = R$ मीटर; $OP = r$ मीटर

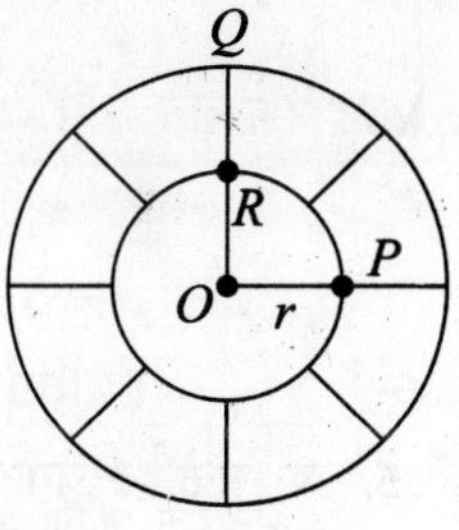

$\therefore$ $2\pi R - 2\pi r = 352 - 264$

$\Rightarrow$ $(R - r) = \dfrac{88}{2\pi}$

$\Rightarrow$ $R - r = \dfrac{88 \times 7}{2 \times 22} = 14$

$\therefore$ चक्र की चौड़ाई = 14 मीटर

6. वृत्ताकार मैदान की त्रिज्या r मीटर है।

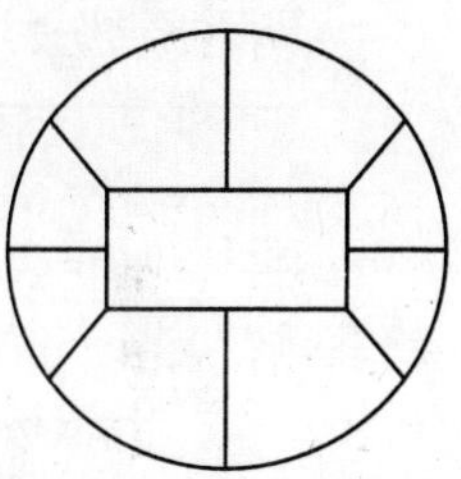

प्रश्नानुसार,

छायांकित भाग का क्षेत्रफल = πr^2 − आयताकार टैंक का क्षेत्रफल

$40,000 = \pi r^2 - 180 \times 120$

$40,000 = \pi r^2 - 21,600$

$\pi r^2 = 61,600$

$\Rightarrow$ $r^2 = \dfrac{61,600 \times 7}{22} = 19,600$

$\Rightarrow$ $r = \sqrt{19,600} = 140$ मीटर

मैदान की परिधि = $2\pi r$

$\Rightarrow$ $2 \times \dfrac{22}{7} \times 140 = 880$ मीटर

बहुभुज

1. एक समभुजकोणीय बहुभुज का आंतरिक कोण बाह्य कोण से 5 गुणा है। बहुभुज की भुजाओ की संख्या बताइए।

(*a*) 14 (*b*) 16 (*c*) 12 (*d*) 18

(एस.एस.सी.-सी.जी.एल. (टीयर-I) परीक्षा, 2014)

2. एक वर्ग एवं सामान्य षट्भुज की परिमिति बराबर है। समषट्भुज के क्षेत्रफल से वर्ग के क्षेत्रफल के बीच अनुपात है:

(*a*) $2\sqrt{3}:1$ (*b*) $2\sqrt{3}:3$ (*c*) $3\sqrt{3}:2$ (*d*) $\sqrt{2}:3$

(डी.एम.आर.सी. जूनियर इंजीनियर (इलेक्ट्रिकल) परीक्षा, 2016)

उत्तरमाला

1. (*c*) **2.** (*b*)

दिये गए प्रश्नों के हल

1. बाहरी कोण + आंतरिक कोण $= 180^o$

आंतरिक कोण $= 30^o$

बाहरी कोण $= 150^o$

भुजाओं की संख्या $= \frac{360^o}{30} = 12^o$

2. माना वर्ग की भुजा 'a' इकाई है और समषट्भुज की भुजा 'b' इकाई है।

प्रश्नानुसार,

$4a = 6b$

$\Rightarrow \frac{a}{b} = \frac{6}{4} = \frac{3}{2}$

$\therefore \frac{\text{समषट्भुज का क्षेत्रफल}}{\text{वर्ग का क्षेत्रफल}} = \frac{6\times\frac{\sqrt{3}}{4}\times b^2}{a^2}$

$= \frac{6\sqrt{3}\times 2\times 2}{4\times 3\times 3} = \frac{2\sqrt{3}}{3} = 2\sqrt{3}:3$

सारणीयन

प्रश्न (1-2): सारणी का ध्यानपूर्वक अध्ययन कीजिए तथा दिए गए प्रश्नों के उत्तर दीजिए।

एक टूर्नामेन्ट में 6 बल्लेबाज के प्रदर्शन के आँकड़े।

बल्लेबाज का नाम	टूर्नामेन्ट में खेले गए मैचों की संख्या	टूर्नामेन्ट में औसत अर्जित रन	टूर्नामेन्ट में सामना करने वाली गेंदो की संख्या	टूर्नामेन्ट में स्ट्राइक रेट
M	22	56	–	–
N	18	–	–	153-6
O	–	–	900	110
P	–	36	1200	84
Q	–	–	–	140
R	24	51	1368	–

नोटः (i) स्ट्राइक रेट = (कुल अर्जित रन/सामना की हुई गेंदें) × 100 (ii) दिए गए बल्लेबाज दी गई गेदों की संख्या में खेले (iii) कुछ स्थान खाली छोड़े गए है (जिनको – से दर्शाया गया है) अभ्यर्थी से आशा की जाती है कि गणना के आधार पर भरे, क्योंकि इन स्थानों पर भरे गए आँकड़ों से प्रश्न का हल करने में मदद मिलेगी)

1. टूर्नामेन्ट में N द्वारा सामना की गई गेंदों की संख्या उसके द्वारा बनाए रनों की संख्या से 402 कम है तो टूर्नामेंट में N द्वारा बनाए गए रनों का औसत क्या है?

(*a*) 64 (*b*) 54 (*c*) 75 (*d*) 68 (*e*) 70

(रिजर्व बैंक ऑफ इण्डिया ऑफीसर्स "ग्रेड बी" परीक्षा, 2015)

2. P ने टूर्नामेन्ट में कितने मैच खेले?

(*a*) 16 (*b*) 28 (*c*) 18 (*d*) 21 (*e*) 24

(रिजर्व बैंक ऑफ इण्डिया ऑफीसर्स "ग्रेड बी" परीक्षा, 2015)

प्रश्न (3-7): निम्नलिखित सारणी का सावधानीपूर्वक अध्ययन कीजिए एवं दिए गए प्रश्नों के उत्तर दिजिए।

एक टूर्नामेन्ट के 5 मैचों में 5 बल्लेबाजो द्वारा बनाए गए रनों की संख्या

बल्लेबाज / मैच	A	B	C	D	E
I	100	13	112	45	51
II	54	75	81	96	29
III	96	71	66	88	8
IV	39	46	115	108	65
V	45	117	106	54	108

3. दूसरे मैच में बल्लेबाज C एव D दोनों द्वारा बनाए गए रनों की सख्या एव चौथे मैच में बल्लेबाज A एवं E दोनों द्वारा बनाए गए रनों की संख्या के मध्य क्या अंतर है।

(*a*) 73 (*b*) 61 (*c*) 67 (*d*) 71 (*e*) 63

(एस.बी.आई. क्लर्क (प्रारम्भिक) ऑनलाईन परीक्षा, 2016)

4. दूसरे मैच में बल्लेबाज C द्वारा बनाए गए रनों की संख्या पाँचवें मैच में बल्लेबाज E द्वारा बनाए गए रनों की संख्या का कितना प्रतिशत है?

(*a*) $54\frac{1}{3}$ (*b*) $63\frac{1}{3}$ (*c*) $61\frac{1}{3}$ (*d*) $57\frac{1}{3}$ (*e*) 75%

(एस.बी.आई. क्लर्क (प्रारम्भिक) ऑनलाईन परीक्षा, 2016)

5. तीसरे मैच में बल्लेबाज A द्वारा बनाए गए रनों की संख्या दूसरे मैच में बल्लेबाज B द्वारा बनाए गए रनों की संख्या से कितना प्रतिशत अधिक है?

(*a*) 42 (*b*) 28 (*c*) 24 (*d*) 32 (*e*) 36

(एस.बी.आई. क्लर्क (प्रारम्भिक) ऑनलाईन परीक्षा, 2016)

6. बल्लेबाज B द्वारा पहले, तीसरे एंव पाँचवें मैच में बनाए गए रनों की औसत संख्या क्या है?

(*a*) 65 (*b*) 69 (*c*) 67 (*d*) 73 (*e*) 63

(एस.बी.आई. क्लर्क (प्रारम्भिक) ऑनलाईन परीक्षा, 2016)

7. पहले एवं दूसरे मैच को मिलाकर बल्लेबाज A द्वारा बनाए गए रनों की कुल संख्या एवं बल्लेबाज D द्वारा तीसरे एवं चौथे मैच को मिलाकर बनाए गए रनों की कुल संख्या के मध्य क्रमशः अनुपात क्या है?

(*a*) 7 : 5 (*b*) 13 : 16 (*c*) 11 : 16 (*d*) 13 : 14 (*e*) 11 : 14

(एस.बी.आई. क्लर्क (प्रारम्भिक) ऑनलाईन परीक्षा, 2016)

उत्तरमाला

1. (*a*) **2.** (*b*) **3.** (*a*) **4.** (*e*) **5.** (*b*) **6.** (*c*) **7.** (*e*)

दिये गए प्रश्नों के हल

1. माना N द्वारा बनाए गए रनों की संख्या x है तो

प्रश्नानुसार, गेंदे = रन − 402

$$153.6 = \frac{x}{x-402} \times 100$$

$$153.6x - 61747.2 = 100 \times x$$

$$\Rightarrow 53.6x = 61747.2$$

$$\Rightarrow x = \frac{61747.2}{53.6} = 1152$$

वांछित औसत $= \frac{1152}{18} = 64$

2. माना P बल्लेबाज द्वारा खेले गए मैचों की संख्या $= x$

बल्लेबाज P द्वारा बनाए गए रनों की संख्या $= 36x$

$$36x = \frac{84 \times 1200}{100}$$

$$\Rightarrow x = 28$$

बल्लेबाज P द्वारा खेले गए मैचों की संख्या $= 28$

3. C और D द्वारा दूसरे मैच में बनाए गए कुल रन $= 81 + 96 = 177$

A और E द्वारा चौथे मैच में बनाए गए कुल रन $= 39 + 65 = 104$

अभीष्ट अंतर $= 177 - 104 = 73$

4. दूसरे मैच में बल्लेबाज C द्वारा बनाए गए रनों की संख्या $= 81$

पाँचवे मैच में बल्लेबाज E द्वारा बनाए गए रनों की संख्या $= 108$

अभीष्ट प्रतिशत $= \frac{81}{108} \times 100 = 75\%$

5. तीसरे मैच में बल्लेबाज A द्वारा बनाए गए रनों की संख्या $= 96$

दूसरे मैच में बल्लेबाज B द्वारा बनाए गए रनों की संख्या $= 75$

अभीष्ट प्रतिशत $= \left(\frac{96-75}{75}\right) \times 100 = \frac{21}{75} \times 100 = 28\%$

6. बल्लेबाज B द्वारा पहले, तीसरे एवं पाँचवें मैच में बनाए गए रन $=$ 13, 71 एवं 117

अभीष्ट औसत $= \frac{13+71+117}{3} = \frac{201}{3} = 67$

7. बल्लेबाज A द्वारा पहले एवं दूसरे मैच में बनाए गए कुल रन $= 100 + 54 = 154$

बल्लेबाज D द्वारा तीसरे एव चौथे मैच में बनाए गए कुल रन $= 88 + 108 = 196$

अभीष्ट अनुपात $= 154 : 196 = 11 : 14$

दण्ड-आलेख

प्रश्न (1-4): निम्नलिखित बार डायग्राम का अध्ययन करे और प्रश्नों के उत्तर दे।
जुलाई से नंवबर के दौरान दो क्रमिक वर्षों में एक परिवार द्वारा खपत की गई बिजली की यूनिटे।

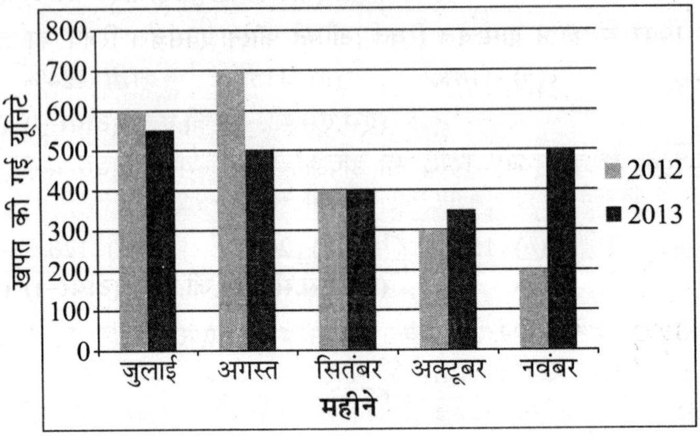

1. वर्ष 2013 के दौरान इन पांच महीनों में पिछले वर्ष के इन्हीं महीनों के मुकाबले कुल यूनिटों की खपतः
(*a*) 2.27% की वृद्धि (*b*) 2.22% की वृद्धि
(*c*) 2.27% की कमी (*d*) कोई परिवर्तन नहीं

(कर्मचारी चयन आयोग संयुक्त स्नातक स्तरीय (स्तर-I) परीक्षा, 2015)

2. 2013 में इन पांच महीनों के दौरान इस परिवार द्वारा बिजली की औसत खपत क्या है?
(*a*) 450 यूनिट (*b*) 440 यूनिट (*c*) 460 यूनिट (*d*) 470 यूनिट

(कर्मचारी चयन आयोग संयुक्त स्नातक स्तरीय (स्तर-I) परीक्षा, 2015)

3. इन दो वर्षों में यूनिटों की खपत में अधिकतम अंतर किस महीने में पाया गया।
(*a*) अगस्त (*b*) नवंबर (*c*) जुलाई (*d*) अक्टूबर

(कर्मचारी चयन आयोग संयुक्त स्नातक स्तरीय (स्तर-I) परीक्षा, 2015)

4. 2012 में कितने महीनों में बिजली के यूनिटों की खपत उस वर्ष में खपत हुई औसत यूनिटों से अधिक थी?
(*a*) 2 (*b*) 5 (*c*) 4 (*d*) 3

(कर्मचारी चयन आयोग संयुक्त स्नातक स्तरीय (स्तर-I) परीक्षा, 2015)

प्रश्न (5-8): निम्नलिखित बार ग्राफ को ध्यान से पढ़िए और प्रश्नो के उत्तर दीजिए। नीचे दिए गए बार ग्राफ में **एक देश का 1991-1992 से 1998-1999 तक का फॉरेन एक्सचेंज रिजर्व (मिलियन यू.एस.$) में दिया गया है।**

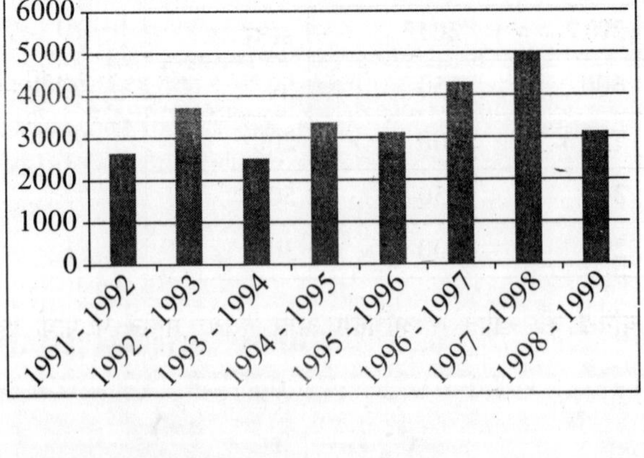

5. ऐसे वर्षों की संख्या जिसमें फॉरेन एक्सचेंज रिजर्व औसत रिजर्व से ऊपर रहा हो और ऐसे वर्षों की संख्या जिनमे फॉरेन एक्सचेंज रिजर्व औसत रिजर्व से नीचे रहा हो, का अनुपात क्या होगा?

(*a*) 2 : 6 (*b*) 3 : 4 (*c*) 3 : 5 (*d*) 4 : 4

(एस.एस.सी.-सी.जी.एल. (टीयर-I) (सी.बी.ई.) परीक्षा, 2016)

6. वर्ष 1996-1997 में फॉरेन एक्सचेंज रिजर्व, औसत फॉरेन एक्सचेंज रिजर्व का लगभग कितना प्रतिशत रहा?

(*a*) 95% (*b*) 110% (*c*) 115% (*d*) 124%

(एस.एस.सी.-सी.जी.एल. (टीयर-I) (सी.बी.ई.) परीक्षा, 2016)

7. वर्ष 1997-1998 में वर्ष 1993-1994 की अपेक्षा फॉरेन एक्सचेंज रिजर्व में कितने प्रतिशत अधिक बढ़ोतरी हुई?

(*a*) 100 (*b*) 150 (*c*) 200 (*d*) 120

(एस.एस.सी.-सी.जी.एल. (टीयर-I) (सी.बी.ई.) परीक्षा, 2016)

8. वर्ष 1991-1992, 1992-1993, 1993-1994 के फॉरेन एक्सचेंज रिजर्व के योग और वर्ष 1995-1996, 1997-1998 के फॉरेन एक्सचेंज रिजर्व के योग का अनुपात ज्ञात कीतिए?

(*a*) 31 : 35 (*b*) 35 : 31 (*c*) 37 : 52 (*d*) 52 : 37

(एस.एस.सी.-सी.जी.एल. (टीयर-I) (सी.बी.ई.) परीक्षा, 2016)

उत्तरमाला

1. (*d*) **2.** (*c*) **3.** (*b*) **4.** (*a*) **5.** (*c*) **6.** (*d*) **7.** (*a*) **8.** (*c*)

दिये गए प्रश्नों के हल

1. 2012 में कुल बिजली उपयोग: $= 600 + 700 + 400 + 300 + 200 = 2200$ यूनिट

2013 में कुल बिजली उपयोग: $= 550 + 500 + 400 + 350 + 500 = 2300$ युनिट

वृद्धि $= \frac{2300 - 2200}{2200} \times 100 = \frac{100}{2200} \times 100 = 4.5\%$

2. 2013 में पांच महीनों के दौरान इस परिवार द्वारा बिजली की औसत खपत 460 यूनिट है।

2013 में पांच महीनों मे कुल बिजली उपयोग = 2300 यूनिट

औसत खपत $= \frac{2300}{5} = 460$ यूनिट

3.

	2012	**2013**	**अंतर**
जुलाई	600	550	50
अगस्त	700	500	200
अक्टूबर	300	350	50
नंवबर	200	500	300

इन दो वर्षों में यूनिटों की खपत में अधितम अंतर नवंबर महीने में पाया गया।

4. 2012 में खपत कुल बिजली की यूनिटे = 600 + 700 + 400 + 300 + 200 = 2200

औसत खपत $= \frac{2200}{5} = 440$ यूनिट

2012 में दो महीनों में यूनिट की खपत उस वर्ष में खपत हुई औसत यूनिटों से अधिक थी।

5. कुल फॉरेन एक्सचेंज रिर्जव = 2640 + 3720 + 2520 + 3360 + 3120 + 4320 + 5040 + 3120 = 27840

औसत फॉरेन एक्सचेंज रिजर्व $= \frac{27840}{8} = 3480$ मिलियन ड़ॉलर

$\therefore$ अभीष्ट अनुपात 3 : 5

6. अभीष्ट प्रतिशत $= \frac{4320}{3480} \times 100 = 124\%$

7. प्रतिशत वृद्धि $= \frac{5040 - 2520}{2520} \times 100 = \frac{2520}{2520} \times 100 = 100\%$

8. वर्ष 1991–1992, 1992–1993, 1993–1994 में कुल फॉरेन एक्सचेंज रिजर्व के योग
= 2640 + 3720 + 2520 = 8880
वर्ष 1995–1996, 1996–1997, 1997–1998 में कुल फॉरेन एक्सचेंज रिजर्व के योग
= 3120 + 4320 + 5040 = 12480
अभीष्ट अनुपात = 8880 : 12480 = 37 : 52

रेखाचित्र

प्रश्न (1-5): निम्नाकिंत ग्राफ का अध्ययन कीजिए तथा उसके बाद दिए प्रश्नों के उत्तर दीजिए।

छः माह के दौरान एक व्यापारी की आय (रूपए हजारो में) तथा 800 व्यय (रूपए हजारो में) से सम्बन्धित आँकड़े

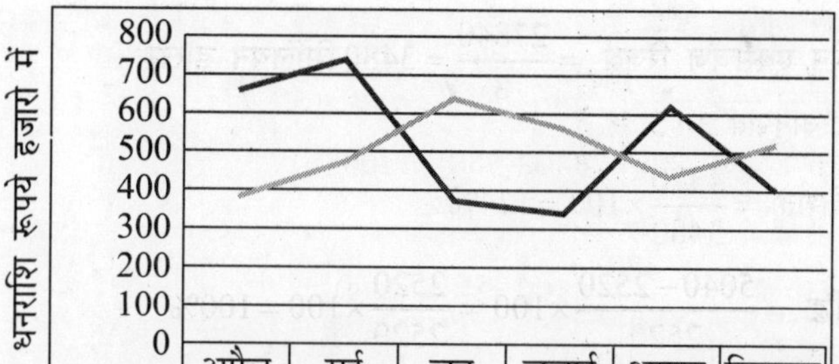

	अप्रैल	मई	जून	जुलाई	अगस्त	सितम्बर
— आय	660	740	380	340	620	400
— व्यय	380	480	640	560	440	520

नोट:

(i) लाभ = (आय - व्यय)

(ii) प्रतिशत लाभ = $\left(\frac{\text{लाभ}}{\text{व्यय}} \times 100\right)$

(iii) हानि = (व्यय - आय)

(iv) प्रतिशत हानि = $\left(\frac{\text{हानि}}{\text{व्यय}} \times 100\right)$

1. अप्रैल, मई तथा अगस्त के दौरान व्यापारी द्वारा प्राप्त औसत लाभ क्या है?

(*a*) 280 (*b*) 220 (*c*) 240 (*d*) 200 (*e*) 260

2. जून तथा जुलाई मिलाने पर, इन दो महीनों में एक साथ व्यापारी को डुई प्रतिशत हानि क्या है?

(*a*) 30 (*b*) 50 (*c*) 40 (*d*) 45 (*e*) 36

3. अप्रैल तथा अगस्त को मिलाकर व्यापारी की कुल आय तथा मई व जुलाई को मिलाकर व्यापारी के कुल व्यय के मध्य क्रमशः अनुपात क्या है?

(*a*) 16 : 11 (*b*) 24 : 17 (*c*) 18 : 17 (*d*) 16 : 13 (*e*) 18 : 13

4. मई में व्यापारी द्वारा प्राप्त लाभ अगस्त में व्यापारी द्वारा प्राप्त लाभ से कितने प्रतिशत अधिक है?

(*a*) 44.4% (*b*) 48.8% (*c*) 38.4% (*d*) 42.2% (*e*) 46.2%

5. यदि व्यापारी की आय में सितम्बर से अक्टूबर तक 40% की वृद्धि होती है तथा उसके व्यय में सितम्बर से अक्टूबर तक 30% की कमी होती है तो अक्टूबर में उसका लाभ प्रतिशत क्या था?

(*a*) 56.93% (*b*) 51.53% (*c*) 45.93% (*d*) 53.85% (*e*) 48.73%

उत्तरमाला

1. (*c*) **2.** (*c*) **3.** (*d*) **4.** (*a*) **5.** (*d*)

दिये गए प्रश्नों के हल

1. अप्रैल मई तथा अगस्त में व्यापारी द्वारा अभीष्ट लाभ

$= (660-380)+(740-480)+(620-440)$

$= 280+260+180 = 720$

अभीष्ट औसत लाभ $= \frac{720}{3} = 240$

2. जून व जुलाई में कुल आय $= 380+340 = 720$

जून व जुलाई में कुल व्यय $= 640+560 = 1200$

कुल हानि $= 1200-720 = 480$

अभीष्ट प्रतिशत हानि $= \frac{480}{1200} \times 100 = 40\%$

3. अप्रैल तथा अगस्त में मिलाकर कुल आय $= 660+620 = 1280$

मई व जुलाई, में मिलाकर कुल व्यय $= 480+560 = 1040$

अभीष्ट अनुपात $= 1280 : 1040 = 16 : 13$

4. मई में प्राप्त लाभ $= 740-480 = 260$

अगस्त में प्राप्त लाभ $= 620-440 = 180$

अभीष्ट अधिक प्रतिशत $= \frac{260-180}{100} \times 100 = \frac{80}{180} \times 100 = 44.4\%$

5. व्यापारी की अक्टूबर में आय $= \frac{440 \times 140}{100} = 560$

व्यापारी की अक्टूबर में व्यय $= \frac{520 \times 70}{100} = 364$

अक्टूबर में अभीष्ट लाभ प्रतिशत $= \frac{560-364}{364} \times 100$

$= \frac{196}{364} \times 100 = 53.85\%$

पाई-चार्ट

प्रश्न (1-6): वृत चित्र को देखकर, निम्नलिखित प्रश्नो के उत्तर दीजिए।

वर्ष 2014 में शाखा 'LMN' के विभिन्न विभागो के कर्मचारियों का प्रतिशत

कर्मचारियों की कुल संख्या 550

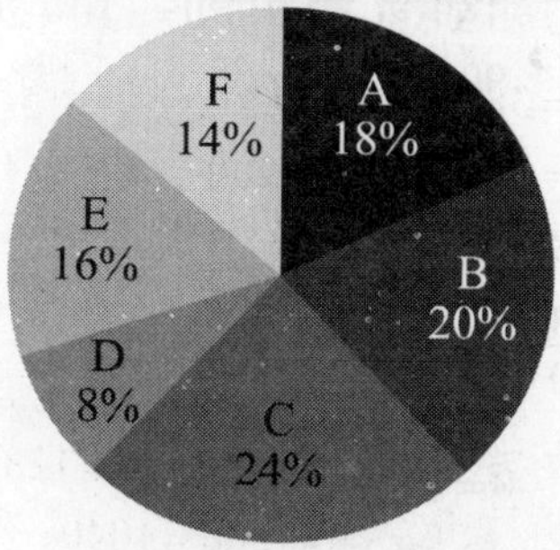

1. वर्ष 2014 में विभाग B में 30% पोस्ट ग्रेजुएट कर्मचारी थे, वर्ष 2015 में इसी विभाग के 20 कर्मचारी 'PQR' शाखा में स्थानान्तरित हो गए यदि 2015 में पोस्ट ग्रेजुएट कर्मचारियों का प्रतिशत विभाग B में समान रहता है, तो शाखा PQR में स्थानान्तरित पोस्ट ग्रेजुएट कर्मचारी कितने थे?

(*a*) 4 (*b*) 10 (*c*) 7 (*d*) 6 (*e*) 8

(आईबीपीएस द्वारा आयोजित बैंक आईटी ऑफीसर परीक्षा, 2016)

2. विभाग D के कर्मचारियों की संख्या विभागों A तथा F के कुल कर्मचारियों से कितने प्रतिशत कम है?

(*a*) 50 (*b*) 80 (*c*) 75 (*d*) 25 (*e*) 85

(आईबीपीएस द्वारा आयोजित बैंक आईटी ऑफीसर परीक्षा, 2016)

3. विभाग C में महिला कर्मचारियों तथा पुरूष कर्मचारियों का अनुपात क्रमश: 5 : 6 था विभाग C में अविवाहित महिलाओं की संख्या क्रमश: 4 : 5 है तो अविवाहित महिलाओं की संख्या क्या है?

(*a*) 20 (*b*) 8 (*c*) 10 (*d*) 12 (*e*) 16

(आईबीपीएस द्वारा आयोजित बैंक आईटी ऑफीसर परीक्षा, 2016)

4. 2014 में विभाग E में महिला कर्मचारियों की संख्या उसी विभाग में कुल कर्मचारियों की $\frac{5}{11}$ थी यदि विभाग D में महिला कर्मचारियों की संख्या विभाग E से 16 कम है तो विभाग D में पुरूष कर्मचारियों की संख्या बताईए?

(*a*) 32 (*b*) 31 (*c*) 28 (*d*) 20 (*e*) 24

(आईबीपीएस द्वारा आयोजित बैंक आईटी ऑफीसर परीक्षा, 2016)

5. विभाग C, E तथा F के कर्मचारियों की औसत संख्या ज्ञात कीजिए।

(*a*) 89 (*b*) 87 (*c*) 97 (*d*) 109 (*e*) 99

(आईबीपीएस द्वारा आयोजित बैंक आईटी ऑफीसर परीक्षा, 2016)

6 विभाग F के कर्मचारियों का कुल कर्मचारियों की तुलना में केन्द्रीय कोण क्या है? (डिग्री में)

(*a*) 55.9 (*b*) 56.5 (*c*) 50.4 (*d*) 52.8 (*e*) 51.6

(आईबीपीएस द्वारा आयोजित बैंक आईटी ऑफीसर परीक्षा, 2016)

उत्तरमाला

1. (*d*) **2.** (*c*) **3.** (*d*) **4.** (*d*) **5.** (*e*) **6.** (*c*)

दिये गए प्रश्नों के हल

1. वर्ष 2014 में विभाग B के कर्मचारियों की संख्या $= \frac{20}{100} \times 550 = 110$

B के पोस्ट ग्रेजुएट कर्मचारियों की संख्या $= \frac{110 \times 30}{100} = 33$, स्थानान्तरित पोस्ट ग्रेजुएट की संख्या = 33

वर्ष 2015 में विभाग B के कर्मचारियों की संख्या $= 110 - 20 = 90$

B के पोस्ट ग्रेजुएट कर्मचारी $= \frac{90 \times 30}{100} = 27$

स्थानान्तरित पोस्ट ग्रेजुएट की संख्या $= 33 - 27 = 6$

2. A तथा F के कर्मचारियों का कुल प्रतिशत $= 18\% + 14\% = 32\%$

D के कर्मचारी $= 8\%$

प्रतिशत में अंतर $= \frac{32-8}{32} \times 100 = 75\%$

3. विभाग C के कुल कर्मचारी $= \frac{24}{100} \times 550 = 132$

महिलाओं की संख्या $= \frac{5}{11} \times 132 = 60$

माना कि अविवाहित महीलाओं तथा पुरूषो की संख्या $= a$

विवाहित महिलाए $= 60 - x$

विवाहित पुरूष $= 72 - x$

$\Rightarrow \frac{60-x}{72-x} = \frac{4}{5}$

$\Rightarrow 300 - 5x = 288 - 4x$

$\Rightarrow 300 - 288 = x$

$\Rightarrow x = 12$

4. विभाग E में कर्मचारी $= \frac{16}{100} \times 550 = 88$

विभाग E मे महिला कर्मचारी $= \frac{5}{11} \times 88 = 40$

विभाग D में महिला कर्मचारियों की संख्या $= 40 - 16 = 24$

विभाग D में कुल कर्मचारियों की संख्या $= \frac{8}{100} \times 550 = 44$

$\therefore$ विभाग D में पुरूष कर्मचारियों की संख्या $= 44 - 24 = 20$

5. विभाग C, E और F में कुल कर्मचारियों की प्रतिशत $= 24 + 16 + 14 = 54\%$

विभाग C, E और F में कुल कर्मचारियों की संख्या $= \frac{54}{100} \times 550 = 297$

कर्मचारियों की औसत संख्या $= \frac{297}{3} = 99$

6. विभाग F का केंद्रीय कोण $= \frac{14 \times 360}{100} = 50.4$

सामान्य सचेतता

1. निम्नलिखित प्रत्येक संख्या श्रृंखला में प्रश्न चिन्ह (?) के स्थान पर कौन सी संख्या आएगी?
8 4 4 6 12 ?
(*a*) 32 (*b*) 30 (*c*) 48 (*d*) 36 (*e*) 24

(एस.बी.आई. क्लर्क (प्रारम्भिक) ऑनलाईन परीक्षा, 2016)

2. लुप्त संख्या ज्ञात कीजिए।
2 9 25 82 335 ?
(*a*) 1326 (*b*) 1682 (*c*) 1584 (*d*) 1985 (*e*) 1719

(ओरिएण्टल इंश्योरेन्स कम्पनी लि. स्पेशिलिस्ट ऑफीसर्स (फाइनेंस) परीक्षा, 2015)

3. लुप्त संख्या ज्ञात कीजिए।
16 37 62 96 146 ?
(*a*) 229 (*b*) 217 (*c*) 221 (*d*) 213 (*e*) 232

(नेशनल इंश्योरेनस कम्पनी लि. प्रशासनिक अधिकारी परीक्षा, 2015)

4. 23 15 22 58 224 ?
(*a*) 1168 (*b*) 984 (*c*) 1208 (*d*) 1076 (*e*) 1112

(नेशनल इंश्योरेनस कम्पनी लि. प्रशासनिक अधिकारी परीक्षा, 2015)

5. 606 201 46 21 6 ?
(*a*) 0.5 (*b*) 2 (*c*) 5 (*d*) 1 (*e*) 3

(आई.बी.पी.एस. द्वारा आयोजित बैंक आईटी ऑफीसर परीक्षा, 2016)

6. 6 4 5 11 ? 189
(*a*) 44 (*b*) 39 (*c*) 65 (*d*) 96 (*e*) 62

(आई.बी.पी.एस. द्वारा आयोजित बैंक आईटी ऑफीसर परीक्षा, 2016)

7. 3 9 21 45 93 189 के अंत में निम्नलिखित में से कौन सी संख्या आएगी।
(*a*) 377 (*b*) 379 (*c*) 381 (*d*) 383

(झारखण्ड कर्मचारी चयन आयोग (जी.एस.एस.सी.) स्नातक स्तर परीक्षा, 2016)

उत्तरमाला

1. (*b*) **2.** (*b*) **3.** (*c*) **4.** (*e*) **5.** (*d*) **6.** (*b*) **7.** (*c*)

दिये गए प्रश्नों के हल

1. $8\times\frac{1}{2}=4$

$4\times 1=4$

$4\times\frac{3}{2}=6$

$6\times 2=12$

$12\times\frac{5}{2}=\boxed{30}$

$\Rightarrow ?=30$

2. $2 \times 1 + 7 = 9$

$9 \times 2 + 7 = 25$

$25 \times 3 + 7 = 82$

$82 \times 4 + 7 = 335$

$335 \times 5 + 7 = 1682$

3.

16 37 62 96 146 221

+21 +25 +34 +50 +75

$+(2)^2$ $+(3)^2$ $+(4)^2$ $+(5)^2$

$\Rightarrow ? = 221$

4. $23 \times 1 - 8 = 15$

$15 \times 2 - 8 = 22$

$22 \times 3 - 8 = 58$

$58 \times 4 - 8 = 224$

$224 \times 5 - 8 = \boxed{1112}$

$\Rightarrow ? = 1112$

5. $606 \div 3 - 1 = 201$

$201 \div 3 - 1 = 66$

$66 \div 3 - 1 = 21$

$21 \div 3 - 1 = 6$

$6 \div 3 - 1 = 1$

$\Rightarrow ? = 1$

6. $(6 \times 1) - 2 = 6 - 2 = 4$

$(4 \times 2) - 3 = 8 - 3 = 5$

$(5 \times 3) - 4 = 15 - 4 = 11$

$(11 \times 4) - 5 = 44 - 5 = 39$

$(39 \times 5) - 6 = 195 - 6 = 189$

$\Rightarrow ? = 39$

7. $3 \times 2 + 3 = 6 + 3 = 9$

$9 \times 2 + 3 = 18 + 3 = 21$

$21 \times 2 + 3 = 42 + 3 = 45$

$45 \times 2 + 3 = 90 + 3 = 93$

$93 \times 2 + 3 = 186 + 3 = 189$

$189 \times 2 + 3 = 378 + 3 = 381$